代数几何熔一炉
乾坤万物坐标书
图形百态方程绘
变换有规矩阵筹

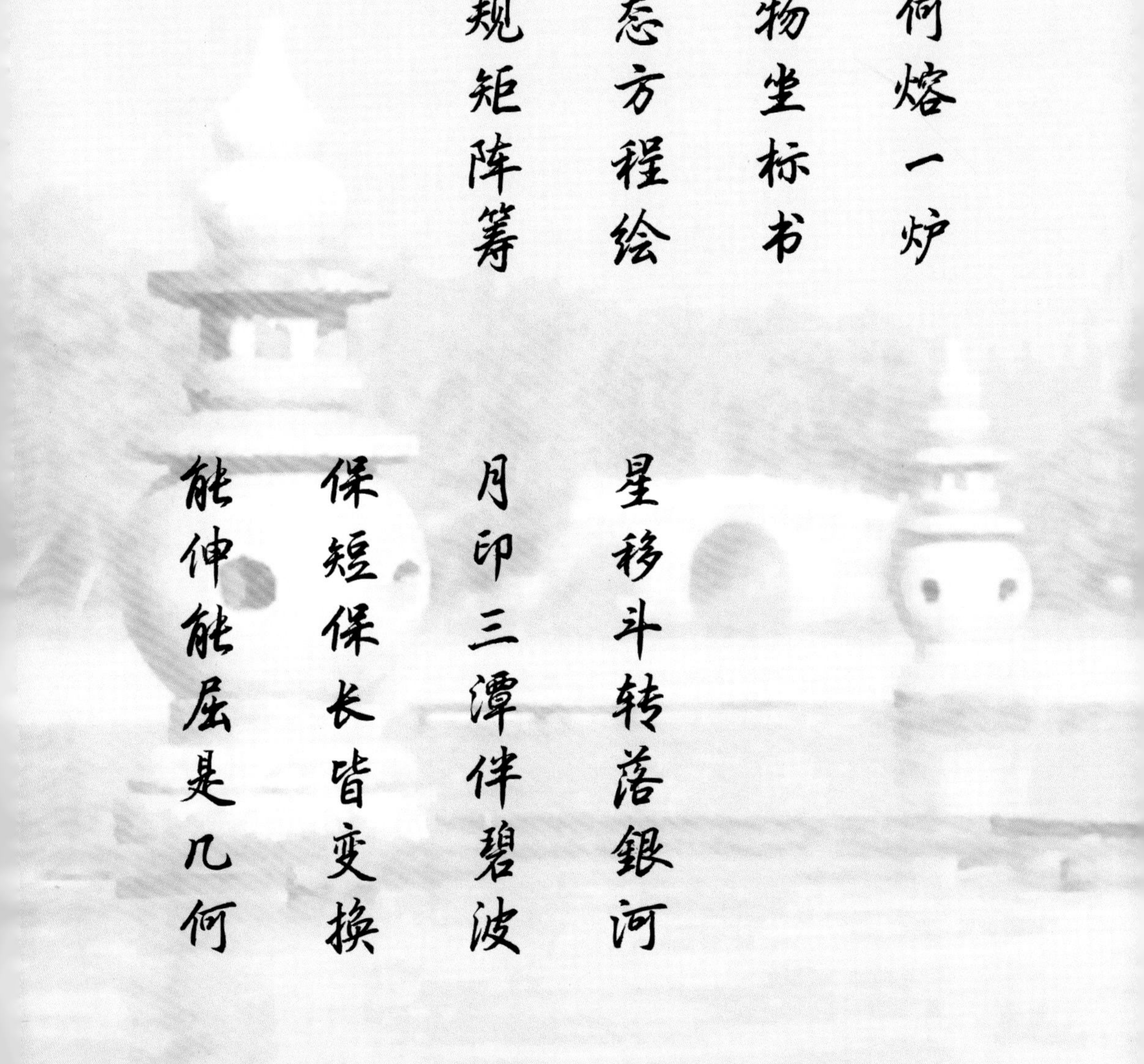

星移斗转落银河
月印三潭伴碧波
保短保长皆变换
能伸能屈是几何

“十二五”普通高等教育本科国家级规划教材

线性代数

Xianxing Daishu

数学专业用

李尚志　编著

高等教育出版社·北京

内容简介

本书是“十二五”普通高等教育本科国家级规划教材，是作者主讲的国家级精品课程“线性代数”所使用的教材。适合作为大学本科数学类专业线性代数（或称“高等代数”）课程的教材，也可作为各类大专院校师生的参考书，以及关心线性代数和矩阵论知识的科技工作者或其他读者的自学读物或参考书。

本书具有如以下特点：

1、不是从定义出发，而是从问题出发来开展课程内容，引导学生在分析和解决这些问题的过程中将线性代数的知识重新“发明”一遍，貌似抽象难懂的概念和定理也就成为显而易见。

2、”空间为体，矩阵为用”，自始至终强调几何与代数的相互渗透。

3、不板着面孔讲数学，努力采用生动活泼、学生喜闻乐见的语言。

图书在版编目(CIP)数据

线性代数/李尚志编著.—北京：高等教育出版，2006.5
(2023.11重印)
数学专业用
ISBN 978-7-04-019870-6

Ⅰ.线… Ⅱ.李… Ⅲ.线性代数-高等学校-教材 Ⅳ.O152.2

中国版本图书馆 CIP 数据核字(2006)第 079534 号

出版发行	高等教育出版社	咨询电话	400-810-0598
社　　址	北京市西城区德外大街 4 号	网　　址	http://www.hep.edu.cn
邮政编码	100120		http://www.hep.com.cn
印　　刷	北京宏伟双华印刷有限公司	网上订购	http://www.landraco.com
开　　本	787×960 1/16		http://www.landraco.com.cn
印　　张	35.75		
字　　数	670 000	版　　次	2006 年 5 月第 1 版
插　　页	1	印　　次	2023年11月第 16 次印刷
购书热线	010-58581118	定　　价	45.80 元

本书如有缺页、倒页、脱页等质量问题，请到所购图书销售部门联系调换

物 料 号　19870-A0

前　言

线性代数是大学最重要的数学基础课之一。其基本内容是线性空间和矩阵的理论。线性代数的知识，是学习数学和其他学科的重要基础，并且在科学研究各个领域和各行各业中有广泛的应用。该课程对于培养学生的逻辑推理和抽象思维能力、空间直观和想像能力具有重要的作用。

本书是"十二五"普通高等教育本科国家级规划教材，是作者主讲的国家级精品课程"线性代数"所使用的教材，适用于大学本科数学类专业的线性代数课(或称为"高等代数"课)作为教材。

"线性代数"的内容比"数学分析"或"微积分"少，但不少学生感到学起来并不更容易。主要的困难是太抽象。比如，微积分中的导数可以理解为切线的斜率、运动的速度，定积分可以理解为求图形的面积、由速度求路程，这都比较自然，容易理解。而线性代数从一开始就是一个接一个从天而降的抽象定义，使初学者感到不好理解。比如：行列式为什么要这样定义？矩阵为什么要这样相乘？向量到底是有方向和大小的量，还是数组，还是定义了加法和数乘的任意非空集合中的元素？线性相关、线性无关是什么意思，有什么用处？让许多初学者迷惑不解。

抽象确实是学习线性代数的一个拦路虎。一提起抽象，给人的印象就是莫名其妙、晦涩难懂、脱离实际、没有用处，总之是一个令人害怕的贬义词。然而，抽象并不是线性代数特有的，也不是从大学开始的。比如，幼儿园的小孩就要学 3+2=5，这是抽象还是具体？怎样教小孩 3+2=5？是先教加法的定义，然后再按照定义来做 3+2=5 吗？加法的定义，幼儿园没教过，小学和中学也没教过。然而小孩们却学会了加法，不是靠定义学会加法，而是通过例子学会了加法。比如，可以教小孩数自己的手指来学 3+2=5，3 根手指加 2 根手指就是 5 根手指。也可以数铅笔，3 枝铅笔加 2 枝铅笔就是 5 枝铅笔。假如已经数过了手指，又数过了铅笔，一个细心而胆大的小孩发现手指是肉做的，铅笔是木头做的，举手问老师："5 是肉做的还是木头做的？"老师怎样回答？假如又数了 5 个乒乓球，发现手指和铅笔是长的，乒乓球是圆的，再问："5 是长的还是圆的？"老师又怎样回答？也许老师会斥责这个不听话的调皮小孩："好好听课，不要胡说八道！"然而，这样的小孩才是聪明的小孩，会思考的小孩。他注意到了 5 根手指、5 枝铅笔、5 个乒乓球的差别，这确实是聪明的表现。但只是注意到差别还不够，还要让他学会忽略这种差别，将肉做的 5 根手指、木头做的 5 枝铅笔“混为一谈”，将 5 个长的物体(手指和铅笔)和 5 个圆的物体(乒乓球)“混为一谈”，忽略它们的差别而只关心它们的共同点：数量的多少，这才学会了 3+2=5，这才能够将 3+2=5 用到千千万万的其他例子，如 3 本书加 2 本书，3 张桌子加 2 张桌子等。要让小孩学会忽略这些差别，不是一件容易的事情。这正如郑板桥说的，聪明难，糊涂亦难，由聪明而糊涂尤难。这种忽略差别的过程，就是“由聪明而糊涂”的过程，也就是数学的抽象的过程。抽象不是从天而降，而是来自于实际，来自于具体的例子。然而，抽象又没有停留于实际，而是“脱离”了实际：它脱离了具体的例子，舍弃了不同例子的不同点而提取了它们的共同点，这样才能应用到更多更广泛的实际例子中。有一个电视节目的时事评论员常说：“许多看似不相干的事情，其实都是相互关联的。”我们可以说：“许多看似不相同的事情，其实都有共同点。”从不同的事情中发现共同点，研究共同点，得到放之四海而皆准的真理，用到更多的不同事物中去，这就是抽象。这样的抽象不是没有用处，反而是神通更广大。数学由低级到高级的过程，就是抽象的程度由低到高的过程，也是应用的范围由狭窄到广泛的过程。幼儿园的 3+2=5 忽略掉了大小、长短、原料的差别，只关心数量的多少。初中的 $(a-b)^2=a^2-2ab+b^2$ 将字母 a，b 所代表的数的多少也忽略掉了，只关心它们的共同的运算规律。更进一步的“糊涂”是：公式 $(a-b)^2=a^2-2ab+b^2$ 中的字母 a，b 可以不代表数而代表几何向量，将其中的乘法理解为向量的内积，公式照样成立。画出有向线段来表示公式中向量，如下图：$\overrightarrow{CA}=\boldsymbol{a}$，$\overrightarrow{CB}=\boldsymbol{b}$，则 $\overrightarrow{BA}=\boldsymbol{a}-\boldsymbol{b}$。

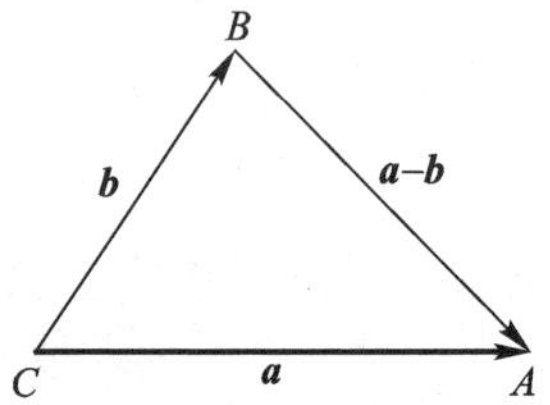

公式 $(\boldsymbol{a}-\boldsymbol{b})^2=\boldsymbol{a}^2+\boldsymbol{b}^2-2\boldsymbol{a}\cdot\boldsymbol{b}$ 的几何意义就是

$$|BA|^2=|CA|^2+|CB|^2-2|CA||CB|\cos C.$$

这就是余弦定理！当 C 是直角时就是勾股定理！只不过一念之差，在乘法公式 $(a-b)^2=a^2+b^2-2ab$ 中“难得糊涂”，将数与向量“混为一谈”，就立即得到了余弦定理和勾股定理，数学的抽象的威力由此可见一斑！

我在念研究生的时候，导师曾肯成教授经常指定一些经典著作让我们读，并且轮流到讲台上去讲，他在下面听，向讲的人提出各种问题。通常他并不问某某定义怎样叙述、某某定理怎样证明，而是问：“书上为什么要写这个内容？不写可不可以？”这样的问题很难回答，但我们不得不努力去思考怎样回答。假如我们在讲线性代数时问：“书上为什么要写矩阵和向量空间？为什么要写线性相关和线性无关？可不可以删去?”应当怎样回答？前人在发明这些内容的时候都是为了解决一定的问题。写进教科书中的内容，更是经过历史的检验被证明是最重要最有用的东西。课本上的定义和定理的叙述，每一句话甚至每个字都是经过多少年多少人的反复推敲得到的，字字值千金。我们今天没有必要完全重复当年发明这些知识的过程，更没有必要去重复他们走过的弯路。但是，如果我们的学生只是去死记硬背这些定义或定理的条文，而对这些条文的来龙和去脉毫不了解，不了解它们产生的背景，不知道它们有什么用处，不了解这些抽象的概念和结论所能代表的一些具体例子，就不能体会这些定义和定理的深刻含义和强大威力，反而觉得它们莫名其妙，枯燥乏味，学起来困难，学了也不知道有什么用处。

有鉴于此，我们形成了如下的教学模式，也就是编写本教材的指导思想：不是从定义出发，而是从问题出发展开课程内容。我们围绕线性代数的主要内容，精选了一些有重大意义而又浅显易懂的问题作为组织课程内容的主要线索。引导学生一起来分析这些问题，尝试建立一定的数学工具来解决这些问题。这实际上也就是数学建模的过程——将所要解决的问题(实际问题或理论问题)用适当的数学语言加以描述，转换为数学问题(即数学模型)，用一定的数学工具(已有的工具或发明新的工具)来加以解决，再将所得到的数学解翻译成为原来问题的解。在解决原有问题的过程中又产生新的问题，需要建立新的概念、方法和技巧。这个过程本来是这些知识当初建立的过程，也是学生今后搞科学研究和应用要经历的过程。我们不是将前人得到的知识灌输给学生，而是引导学生重新经历一次发明这些知识来解决问题的过程。这样做的好处是：不只是背诵叙述知识的条文，而是体会到这些条文的来龙去脉，体会到这些知识的原创性的想法和实质，提前接受了从事科研工作的训练，培养了创新意识和素质。

现在我们要建立创新型国家，培养具有创新精神的人才是一项重要任务。对于培养创新精神，有一种看法认为大学低年级学生基础知识不够，还谈不上创新，只有到研究生阶段才能培养创新精神和素质。其实，即使到了硕士研究生阶段，也很少有人能做出真正具有创新性的研究成果，主要还是在为以后做出创新性成果打好基础。而培养创新精神和素质，也完全可以从本科生低年级就开始。低年级大学生学的基础课内容，对人类来说是已有的知识，可能还是几百年前发明的知识，但对这些学生来说却是新的知识。让他们将这些知识重新发明一遍，虽然发明出来的东西对人类不是新的成果，但对他们自己却是发明创造的一种模拟和演习，是一次创新的实践，对于培养创新精神和素质很有好处。

我们希望通过从问题出发的教学模式引起学生探索问题的兴趣，培养创新精神。但是我们也明白，采用这种模式也可能有它的缺点和风险。如果把握不好，有可能导致叙述冗长，主线不突出，干扰学生对主干内容的理解。为了避免这一缺点，我们一方面努力做到选择问题恰当，由问题引入概念时适度，强调思路而不在细节上纠缠。另一方面，为了减少风险，我们在教材编写体例上采取了一个特殊的处理方式：在每一章的第 1，2，…节前面设置第 0 节，其内容是提出问题，对问题做一定分析，引出本章的主要概念。而从第 1 节仍是按传统的方式从定义开始叙述。使用本教材的教师可以对第 0 节灵活处理。比如可以直接从第 1 节开始讲授，将第 0 节留给感兴趣的学生自己去阅读。也可以将第 0 节的内容作提纲挈领的简单介绍，主要介绍解决问题的思路。除了每一章的第 0 节以解决问题为线索引入教材内容之外，我们还从第二章开始将每章的最后一节设为“更多的例子”，其中一部分是一些综合性、技巧性较高的问题的解答，而另一部分就是基本知识的一些有启发性的应用实例以及扩展性的知识，希望通过这样的例子展现抽象的基础知识在解决各种问题中的强大威力，并且为如何利用这些知识解决各种问题提供范例。教师在使用本教材时可以根据各自的具体情况灵活选用这些例子，不一定将它们全部讲完。

具体地说，在第 1 章我们首先选取了怎样解多元线性方程组来作为要解决的第一个问题，这是线性代数的重大问题之一，而且与中学数学中解二元一次方程组的加减消元法自然衔接，学生容易接受。我们将中学数学对方程的变形提高到方程组的同解变形，将加减消去法提高到方程的线性组合、线性方程组的初等变换。由于解线性方程组只用到加减乘除四则运算，在讨论方程组的系数与解之间的关系时很自然引入了数域的概念。在将字母略去不写之后很自然地引入了数组向量来表示线性方程，用矩阵来表示线性方程组，用矩阵的初等行变换来解线性方程组。矩阵的初等变换无疑是整个线性代数最重要的计算手段，借助于解线性方程组这一重大问题让学生得到了充分的训练。

第 2 章引入了线性空间，这可能是本教材与以往教材差别最大的一部分。在这一章中，围绕线性方程组中方程的个数与解集的大小之间的关系的讨论，以自然的方式引出了线性相关、线性无关、秩、基、维数等一批最重要而又最抽象难懂的概念，以方程作为向量的重要例子展开了对线性空间的主要内容的全面讨论。我们不是先研究了抽象的线性空间的性质再应用到各种具体空间中去，而是反过来，先对数组空间得出了这些性质，然后指出对这些性质的证明其实不依赖于数组空间的特殊性质，而是只依赖于加法和数乘的运算律(8 条公理)，因此可以适用于定义了加法和数乘的任何其他对象——抽象的线性空间。这不但使抽象的线性空间的定义的引入比较自然，而且对于什么是数学的抽象、怎样进行数学的抽象、怎样由直观而不严格的想法(方程的个数、解集的大小)建立严格的数学概念(线性相关、线性无关、秩、维数)提供了一个重要的范例，让学生在以后的学习和研究中可以模仿。在这一章的最后一节"更多的例子"中，利用子空间的思想求 Fibonacci 数列的通项公式、设计幻方，利用同构的思想得出 Lagrange 插值公式、中国剩余定理，都是应用抽象的代数概念来解决问题的很好的例子。这些例子都有另外的专门的方法和技巧来解决，而在我们这里却不需要学习任何专门的方法和技巧，只需要将线性代数中的最简单的基本思想适当地应用，问题就迎刃而解。

由于第 2 章已经建立了线性空间的概念，第 3 章就可以从几何的背景引入行列式。以往的行列式教学中有一件怪事：学生从空间解析几何中知道了三阶行列式可以代表平行六面体的体积，却不知道二阶行列式可以代表平行四边形的面积。我们将 n 元线性方程组解释为一个几何问题：由 n 个已知向量线性组合出另一个已知向量：$x_1\boldsymbol{\alpha}_1+\cdots+x_n\boldsymbol{\alpha}_n=\boldsymbol{\beta}$，求组合系数 $x_1,\cdots,x_n$。通过对二元一次线性方程组所对应的几何问题的分析和解答得到了二阶行列式以及二元一次方程组的 Cramer 法则，再将它推广到了 n 阶行列式及 n 元线性方程组的 Cramer 法则，将 n 阶行列式看成 n 维"体积"，将行列式中某一列的代数余子式组成的向量看成其余各列的"外积"。从几何的观点看来，行列式的定义和各种性质都显得理所当然，容易接受。

代数和几何相互渗透不可分割，这是线性代数的一个基本特点，也是本课程和教材的一个重要特点。线性代数名曰代数，其实也是几何。在某种意义上可以说：空间解析几何是 3 维空间的线性代数，而线性代数是 n 维空间的解析几何。线性代数的主要内容，可以用"空间为体，矩阵为用"来概括。它研究的对象是由向量组成的线性空间，这是几何对象。研究的工具则是矩阵，这是代数工具。学生如果能够将关于向量空间的几何问题转化为矩阵的问题，用矩阵运算加以解决，再"翻译"回几何的语言得到答案，就算是对线性代数的基本理论和方法有了一个较好的掌握。几何与代数紧密不可分割，是同一个事物的两个方面。然而这两个方面也各有所长，各有所短。几何的优点是形象直观便于理解，缺点是不便于计算；矩阵的优点是便于计算，缺点是不便于理解。因此，在处理问题时要发挥它们各自的长处，适当回避它们的缺点：几何观点主要用来建模，将几何语言转换为矩阵语言之后再用矩阵计算来解决问题，然后再用几何观点加以理解和解释。当然，也有很多问题可以不用矩阵计算来解决，而用几何推理来解决。对这方面的例子，我们同时给出了矩阵计算和几何推理两种解决方法。在多数情况下，用矩阵来计算有比较"死板"的现成方法，容易掌握，类似于解析几何方法；用几何推理比较灵活多变，比较有趣，然而掌握起来更困难一些，类似于综合几何的证明方法。对初学者，我们还是提倡他们先掌握将几何问题转化成矩阵、通过矩阵运算来处理的方法，在此基础上再去自由发挥，追求更为灵活多变的几何方法。我们这一指导思想贯穿于全书的所有各章。第 1 章解方程组是代数，但在第 2 章一开始就对线性方程组给了一个几何解释。整个第 2 章中，以方程组为主要的模型讨论了线性空间这一几何对象。第 3 章的行列式和第 4 章的矩阵运算虽然都是代数，但都从几何模型引入，再讲代数算法。第 6 章与第 7 章的线性变换和第 9 章的内积本来就是几何对象，重点讲怎样将它们归结为矩阵运算(相似和相合)来处理，而在讲矩阵运算时又时时指出这些运算的几何背景，始终在几何观点的指引下进行运算。第 8 章的二次型的定义方式(二次齐次多项式,矩阵的乘积)和化简二次型的算法(配方,矩阵的相合)本来都是代数的。将二次型看成线性空间上的函数，二次型的代数表达式就成为这个函数在某一组基下的坐标表示，二次型的化简就归结为选择适当的基使其坐标表示尽可能简单，变成了一个几何问题。为了实现几何与矩阵的左右逢源，我们突出了向量空间的同构的应用：在选取一定的基之后将每个向量对应于它的坐标，从而将有限维线性空间同构到数组空间来处理，在讲坐标变换、线性变换、内积时都坚持这一处理模式，将线性空间的各种问题都归结为数组空间的问题来处理，通过矩阵运算来解决。

矩阵的相似标准形的算法和证明是线性代数中最困难的问题。本书第 7 章中对这一问题分别给出了两种不同的解决方式。第一种方式是通过解线性方程组尝试和探索求 Jordan 标准形的矩阵算法，从中提炼出 Jordan 标准形理论的几何证明，并在这个几何理论指导下给出了通过解线性方程组求 Jordan 标准形和过渡矩阵的一般算法。这样一种处理方式从理论上和算法上都可以成为一个独立完整的体系，不需要再用 $\boldsymbol{\lambda}$ 矩阵来补充。而在此之后再利用 $\boldsymbol{\lambda}$ 矩阵的相抵(也称为“等价”)来研究相似标准形则是在更高观点下的另外一种独立的体系。这个更高观点就是模的观点，将线性变换 $\mathscr{A}$ 作用的空间 V 看成数域上一元多项式环 $F[\boldsymbol{\lambda}]$ 上的模，通过研究这个模的分解来研究 $\mathscr{A}$ 的标准形矩阵，其中的计算归结为多项式环 $F[\boldsymbol{\lambda}]$ 上的矩阵(即 $\boldsymbol{\lambda}$ 矩阵)的相抵。但是，在线性代数课程中一般不讲模的概念，因此就在讲了 $\boldsymbol{\lambda}$ 矩阵的相抵变换之后采用了一个较为“初等”的方式来将 $\boldsymbol{\lambda}$ 矩阵相抵的结论转化为数域上的矩阵的相似标准形的结论。这样的处理方式，回避了较高级的名词“模”而只用到较低级的知识——多项式矩阵的运算。这在逻辑上当然是对的。然而，由于它在回避“模”这个名称时将它所蕴涵的几何想法也完全抛弃，整个处理过程变得没有想法而只有运算。为什么在研究矩阵的相似的时候需要研究 $\boldsymbol{\lambda}$ 矩阵？$\boldsymbol{\lambda}$ 矩阵的相抵怎样转化为矩阵的相似？显得莫名其妙，好像纯属偶然。我们的观点是，“模”这个高级的名称可以回避，但它的思想却并非难懂反而非常精彩，可以借用。实际上，高级的东西未必比低级的东西难懂，甚至往往还更容易懂。例如，用方程来解应用题就往往比算术方法容易，用微积分基本定理求图形的面积也比用初等几何的方法直截了当。类似地，用“模”的高级观点来处理线性变换也可以比仅用矩阵运算这样的较低级的观点更容易理解。我们采取的处理方式是：只回避“模”这个“吓人的”名称，而将它实质上的几何思想换一种平易近人的方式来叙述：将线性变换 $\mathscr{A}$ 在每个向量 $\boldsymbol{\alpha}$ 上的作用看作 $\mathscr{A}$ 与 $\boldsymbol{\alpha}$ 的乘法，将 $\mathscr{A}$ 看成向量的“系数”，允许 $\mathscr{A}$ 及其多项式成为矩阵的元，这样得到的矩阵就是 $\boldsymbol{\lambda}$ 矩阵，其中的字母 $\boldsymbol{\lambda}$ 代表的就是线性变换 $\mathscr{A}$。所有的矩阵运算全部在这样的几何观点的指引下进行，每一步运算都有明确的目的，直到最后达到目标，整个过程显得自然而合理，水到渠成。

有一个俗语“挂羊头卖狗肉”，说的是将低价产品(狗肉)挂一个高价招牌(羊头)，假冒高价产品(羊肉)来出售，目的是骗取更多的钱。我们正好相反，是“挂狗头卖羊肉”：卖的是高价的“肉”——按模的思想来处理问题，但不挂“模”这样的高价招牌，免得它将学生吓着了，而换了一个较为平易近人的招牌——“将线性变换 $\mathscr{A}$ 看成向量的系数”。这样做的目的是为了让学生免受高级名词的恐吓而又能享受到高级名词背后的实惠。这样的“挂狗头卖羊肉”的事情在第 3 章引入行列式的时候也做过：将行列式看作它的各个列向量的“某种乘积”，可以按乘法的运算律展开，这实际上是说行列式是各个列向量的多重线性函数。然而，“多重线性函数”这样的高级名词听起来太吓人，我们用“按乘法的运算律展开”这样的中学数学中的初级术语来代替，实质内容相同，但更容易被学生接受。此外，第 2 章中用“有多余的方程”来讲线性相关，用“货真价实”来讲线性无关，用“方程的真正个数”来讲向量组的秩，也都是“挂狗头卖羊肉”的例子。

一般的教材都将多项式安排在全书的最前面，以便于应用。但是，由于多项式这部分内容的思想方法与其他内容很不相同，这样一种安排好像就是由多项式与线性代数两门不同风格的课程硬凑在一起。在中国科技大学数学系，经过反复考虑和多年的实践，将多项式这部分内容从线性代数中拿出去，与原有的初等数论一起组成一门课程“整数与多项式”，让学生在大学第一学期(在“线性代数”之前)学习。由于整数与多项式都有带余除法，很多性质非常类似，放到一起非常合理而融洽。但为了不开设“整数与多项式”课程的学校使用本书，书中还是写了多项式这一章，但没有放在全书最前面，而是放在第 5 章，在讲完线性空间和矩阵的代数运算之后，线性变换之前。之所以不放在第 1 章是为了一开始就开门见山展开线性代数的主要思想，将线性代数最基本的概念和基本方法(线性空间及矩阵运算)一气呵成。这些内容组成线性代数的入门阶段。从线性变换开始进入一个更高级的新阶段，而多项式对于建立线性变换的理论起着重要作用，因此将多项式放在这两个阶段之间，线性变换之前。当然，这也有一个问题：在线性变换之前的线性空间和行列式计算也用到多项式，而那时还没有讲多项式。但这个问题不大，主要是因为在中学数学中已经学过多项式的一些初步知识，稍加补充就足够在这些章节中使用了。还要指出的是：在中学数学中将多项式的字母理解为未知数，而在大学数学中将多项式的字母看作“未定元”，只作为一个符号而不代表具体的东西，这让学生不容易理解。如果将多项式放在第1章，实在是举不出例子说明多项式的字母除了代表未知数之外还能代表什么别的东西。然而，在矩阵之后讲多项式，就可以说多项式的字母不但可以代表未知数，还可以代表方阵，以后还可以代表别的对象(如线性变换)。说它是符号或者未定元，不限定它代表什么对象，是为了允许它代表更多更广泛的对象。在多项式这一章的第0节§5.0中，所举的例子就是将多项式的字母换成矩阵产生的令人惊喜的结果，从一个方面来说明为什么要将“未知数”上升为“未定元”。当然，将多项式放在线性代数的中间，确实有将线性代数拦腰斩断的感觉，这是一个缺点。为了降低这种安排的负面影响，我们在多项式这一章中也举了一些利用多项式来解决矩阵和行列式的例子。如果有的教师不喜欢这种安排，可以将多项式这一章提到最前面去，只要将涉及到矩阵或行列式的例子去掉或移到别的适当位置就行了。

本书的以上指导思想和做法是作者在20多年的教学经验中逐步形成的。特别是已经按照以上所说的指导思想在对连续8届学生的教学实践中进行了探索，在探索过程中逐步将这些指导思想转化为切实可行的实施办法，并且不断根据教学效果进行调整和完善，才形成了现在这样的教学模式，以及反映这种教学模式的教材。在教学过程中，参考了中国科学院数学与系统科学研究院许以超教授编写的《代数学引论》(上海科学技术出版社,1966)，使用了中国科技大学李炯生教授和同济大学查建国教授编写的《线性代数》(中国科学技术大学出版社,1989)作为教材，在本书编写过程中从这些教材以及北京大学王萼芳教授和首都师范大学石生明教授修订、北京大学数学系几何与代数教研室前代数小组编写的《高等代数》(高等教育出版社,2003年第3版)中选用了一些习题，特在此对以上教授表示感谢。此外，上海大学王卿文教授为本书的编写提供了一些习题，也在此表示感谢。

李尚志

2005.10

目　录

第 1 章　线性方程组的解法

线性代数就是“一次”代数，一个重要论题就是解多元一次方程组．一次方程组也称为线性方程组．本章介绍了解一般的 n 元线性方程组的高斯消去法．

§1.0　解多元一次方程组的尝试

中学数学学习了二元一次方程组的解法．但在科学研究和应用中经常需要解更多未知数的一次方程组．

例 1　在平面直角坐标系中，作一条抛物线 $y=ax^2+bx+c$ 经过三个已知点 $(-3,20)$，$(1,0)$，$(2,10)$，求抛物线方程．

解　求抛物线 $y=ax^2+bx+c$ 的方程也就是求 a,b,c 的值．将三个已知点的坐标代入抛物线方程得到

$$\begin{cases} 9a-3b+c = 20 & (1) \\ a+b+c = 0 & (2) \\ 4a+2b+c = 10 & (3) \end{cases}$$

用加减消去法消去 c：

$$(1)\text{式}-(2)\text{式}：8a-4b=20 \qquad (4)$$

$$(3)\text{式}-(2)\text{式}：3a+b=10 \qquad (5)$$

再由(4)，(5)两式消去 b：

$$(5)\text{式}+\frac{1}{4}\times(4)\text{式}：5a=15 \qquad (6)$$

由(6)解出　$a=3$.

代入(5)解出　$b=1$.

再将 $a=3$，$b=1$ 代入(2)解出　$c=-4$.

经检验可知

$$\begin{cases} a=3 \\ b=1 \\ c=-4 \end{cases}$$

是原方程组的解．所求的抛物线方程为 $y=3x^2+x-4$.　□

以上采用的仍然是中学数学解二元一次方程的加减消元法：由原方程分别乘以适当的常数再相加进行消元，得到未知数更少的新方程．新方程还可以分

别乘以适当的常数再相加进一步消元，得到含未知数更少的新方程. 最后得到只含一个未知数的方程，就能求出解来.

具体说来，在例1中由原方程(1)，(2)，(3)得到了新方程(4)，(5)，(6).由(6)，(5)，(2)解出了未知数的值. 因此，可以说是将由(1)，(2)，(3)组成的原方程组(Ⅰ)经过变形成为由(2)，(5)，(6)组成的新方程组：

$$\begin{cases}(1)\\(2)\\(3)\end{cases} \Rightarrow \begin{cases}(2)\\(5)\\(6)\end{cases}$$

由于新方程都是由原方程(1)，(2)，(3)得出来的，原方程组的解一定都是新方程组的解. 但是，反过来要问：由(2)，(5)，(6)得出的解一定是原方程组的解吗？

在中学数学中解分式方程或无理方程的时候，将原方程变形为新方程时，可以保证原方程的解都是新方程的解，但不能保证新方程的解一定是原方程的解，而可能出现增根. 而现在，同样地由原方程得出了新方程，由新方程(5)，(6)与一个原方程(2)一起得出的解是否一定是另外两个原方程(1)，(3)的解呢？是否可能是“增根”呢？这个问题的答案并不显然. 因此，在例1中将所得到的解代入原方程组进行了检验.

但是，如果由新方程组中的方程(2)，(5)，(6)也可以反过来得出另外两个原方程(1)，(3)，那就可以断定(2)，(5)，(6)的公共解一定是原方程组的解而不可能是“增根”，不需代回原方程组检验.

事实上，由(3)-(2)=(5)得(2)+(5)=(3)，可见由方程(2)，(5)可以得到(3). 另一方面，由(5)+$\frac{1}{4}$(4)=(6)得4×(6)-4×(5)=(4)，再由(1)-(2)=(4)知(2)+(4)=(1)，从而(2)+4×(6)-4×(5)=(1)，可见由(2)，(5)，(6)可以得到(1).

这说明了由(2)，(5)，(6)组成的新方程组确实可以反过来得出原方程(1)，(2)从而得出原方程组. 新方程组的解也是原方程组的解，因此原方程组与新方程组同解，不会发生“增根”.

但如果解每一个方程组都要这样来论证它不会发生增根，岂不太费事！我们希望能预先设计出方程组的一些简单的基本变形，经过这样的变形得到的新方程组可以反过来得到变形前的方程组，这就可以保证每次变形前后的方程组同解.

§1.1　线性方程组的同解变形

1. 线性方程组的定义

定义1.1.1　n个未知数$x_1,x_2,\cdots,x_n$的如下形式的方程

$$a_1x_1+a_2x_2+\cdots+a_nx_n=b \tag{1.1.1}$$

称为 n 元一次方程，也称 n **元线性方程**(linear equation in n variables)，其中一次项系数 $a_1,\cdots,a_n$ 和常数项 b 都是已知数.

如果 $c_1,c_2,\cdots,c_n$ 是 n 个数，且将 $x_1=c_1,x_2=c_2,\cdots,x_n=c_n$ 代入方程(1.1.1)能使方程变为等式，即 $a_1c_1+a_2c_2+\cdots+a_nc_n=b$ 成立，则这一组数$(c_1,c_2,\cdots,c_n)$称为方程(1.1.1)的一个**解**(solution). 数组中的第 i 个数 c_i(即 x_i 的取值)称为解的第 i 分量.

具有同样 n 个未知数 $x_1,x_2,\cdots,x_n$ 的若干个线性方程组成的方程组

$$\begin{cases} a_{11}x_1+a_{12}x_2+\cdots+a_{1n}x_n=b_1 \\ a_{21}x_1+a_{22}x_2+\cdots+a_{2n}x_n=b_2 \\ \cdots\cdots\cdots\cdots \\ a_{m1}x_1+a_{m2}x_2+\cdots+a_{mn}x_n=b_m \end{cases} \tag{1.1.2}$$

称为 n **元线性方程组**(linear equations in n variables). 如果一组数$(c_1,c_2,\cdots,c_n)$是方程组(1.1.2)中所有方程的公共解，也就是说：将 $x_1=c_1,x_2=c_2,\cdots,x_n=c_n$ 代入方程组的每一个方程，能使所有这些方程都变为等式，就称这组数$(c_1,c_2,\cdots,c_n)$为这个方程组的解. □

注意 在方程组中，一般并不要求方程的个数 m 与未知数个数 n 相等，$m<n,m=n,m>n$ 三种情况都允许.

2. 方程的线性组合

方程的加法：将两个线性方程

$$a_{11}x_1+a_{12}x_2+\cdots+a_{1n}x_n=b_1 \tag{1}$$

$$a_{21}x_1+a_{22}x_2+\cdots+a_{2n}x_n=b_2 \tag{2}$$

左、右两边分别相加得到一个新的方程

$$(a_{11}+a_{21})x_1+(a_{12}+a_{22})x_2+\cdots+(a_{1n}+a_{2n})x_n=b_1+b_2 \tag{3}$$

称为原来两个方程(1)与(2)的和. 同样可定义若干个方程的和.

方程乘常数：将方程 $a_1x_1+a_2x_2+\cdots+a_nx_n=b$ 乘以已知常数 λ，也就是将它的每一项都乘以 λ，得到一个新方程 $(\lambda a_1)x_1+(\lambda a_2)x_2+\cdots+(\lambda a_n)x_n=\lambda b$，称为原方程的 λ 倍. 方程与常数相乘，也称方程的数乘.

注意 方程所乘的常数也可以是 0. 此时得到的新方程 $0=0$ 是恒等式，任何一组数都是它的解.

方程的线性组合：将 m 个方程

$$a_{11}x_1+a_{12}x_2+\cdots+a_{1n}x_n=b_1 \qquad (1)$$

$$a_{21}x_1+a_{22}x_2+\cdots+a_{2n}x_n=b_2 \qquad (2)$$

$$\cdots\cdots$$

$$a_{m1}x_1+a_{m2}x_2+\cdots+a_{mn}x_n=b_m \qquad (m)$$

分别乘以 m 个已知常数 $\lambda_1,\lambda_2,\cdots,\lambda_m$，再将所得的 m 个方程相加，得到的新方程

$$\alpha_1x_1+\alpha_2x_2+\cdots+\alpha_nx_n=\beta$$

称为原来的 n 个方程(1),(2),…,(m)的一个**线性组合**(linear combination)，其中 x_j 的系数 $\alpha_j=\lambda_1a_{1j}+\lambda_2a_{2j}+\cdots+\lambda_ma_{mj}(1\leqslant j\leqslant n)$ 由各方程中 x_j 的系数分别乘以 $\lambda_1,\lambda_2,\cdots,\lambda_m$ 再相加得到，常数项 $\beta=\lambda_1b_1+\lambda_2b_2+\cdots+\lambda_mb_m$ 由各方程的常数项分别乘以 $\lambda_1,\lambda_2,\cdots,\lambda_m$ 再相加得到. 各方程所乘的这些常数 $\lambda_1,\lambda_2,\cdots,\lambda_m$ 称为这个线性组合的系数.

容易验证：如果一组数$(c_1,c_2,\cdots,c_n)$是方程(1),(2),…,(m)的公共解，那么它也是这 m 个方程的任一个线性组合的解.

注意　线性组合的系数 $\lambda_1,\lambda_2,\cdots,\lambda_m$ 中可以有些是 0，甚至可以全部是 0. 如果某些系数是 0，所得到的线性组合实际上也就是系数不为 0 的那些方程的线性组合. 反过来，从某一组方程 $\boldsymbol{u}_1,\boldsymbol{u}_2,\cdots,\boldsymbol{u}_m$ 中取出一部分方程，比如说取 $\boldsymbol{u}_1,\cdots,\boldsymbol{u}_k,k<m$，作线性组合 $\boldsymbol{u}=\lambda_1\boldsymbol{u}_1+\cdots+\lambda_k\boldsymbol{u}_k$，则 $\boldsymbol{u}$ 也是原来的所有 m 个方程的线性组合 $\boldsymbol{u}=\lambda_1\boldsymbol{u}_1+\cdots+\lambda_k\boldsymbol{u}_k+0\boldsymbol{u}_{k+1}+\cdots+0\boldsymbol{u}_m$. 特别，如果取某个 $\lambda_i=1$，其余 $\lambda_j=0(j\neq i)$，得到的线性组合

$$\lambda_1\boldsymbol{u}_1+\lambda_2\boldsymbol{u}_2+\cdots+\lambda_m\boldsymbol{u}_m=\cdots+0\boldsymbol{u}_{i-1}+1\boldsymbol{u}_i+0\boldsymbol{u}_{i+1}+\cdots=\boldsymbol{u}_i.$$

这也就是说，一组方程 $\boldsymbol{u}_1,\cdots,\boldsymbol{u}_m$ 中的每一个方程都是所有这些方程的线性组合。

如果方程组(Ⅱ)中每个方程都是方程组(Ⅰ)中的方程的线性组合，就称方程组(Ⅱ)是方程组(Ⅰ)的线性组合. 此时方程组(Ⅰ)的每一组解也都是方程组(Ⅱ)的解.

如果方程组(Ⅰ)与方程组(Ⅱ)互为线性组合(即:方程组(Ⅱ)是方程组(Ⅰ)的线性组合，方程组(Ⅰ)也是方程组(Ⅱ)的线性组合)，就称这两个方程组**等价**(equivalent). 此时两个方程组的解集合相同，或者说：这两个方程组同解. 并且说：将方程组(Ⅰ)变成方程组(Ⅱ)的过程是同解变形.

解方程组的基本方法，就是将方程组进行适当的同解变形，直到最后得到的方程组的解可以写出来为止.

3. 基本的同解变形

定理 1.1.1　方程组的以下三种变形是同解变形：

1. 交换其中任意两个方程的位置，其余方程不变.

2. 将任一个方程乘以一个非零的常数 λ，其余方程不变.

3. 将任一方程的常数倍加到另一方程上，其余方程不变.

证明 为叙述方便，将原方程组(Ⅰ)的 m 个方程依次记为 $\boldsymbol{u}_1,\boldsymbol{u}_2,\cdots,\boldsymbol{u}_m$，经过变形得到的新方程组(Ⅱ)的 m 个方程依次记为 $v_1,v_2,\cdots,v_m$.

第一步：证明经过这三种变形之后得到的新方程组是原方程组的线性组合.

变形 1：设在原方程组中将第 i 个方程与第 j 个方程互换位置得到新方程组，其中 $i\neq j$. 则 $v_i=\boldsymbol{u}_j,v_j=\boldsymbol{u}_i$，而 $v_k=\boldsymbol{u}_k(\forall k\neq i,j)$，它们都是原方程 $\boldsymbol{u}_1,\cdots,\boldsymbol{u}_m$ 的线性组合.

变形 2：设将原方程组的第 i 个方程乘以 λ 得到新方程组. 即 $v_i=\lambda\boldsymbol{u}_i$，$v_k=\boldsymbol{u}_k(\forall k\neq i)$，而 $\lambda\boldsymbol{u}_i$ 和 $\boldsymbol{u}_k(k\neq i)$ 都是原方程组的线性组合.

变形 3：设将原方程组的第 i 个方程乘以 λ 加到第 j 个方程上得到新方程组，其中 $i\neq j$.则 $v_j=\boldsymbol{u}_j+\lambda\boldsymbol{u}_i,v_k=\boldsymbol{u}_k(\forall k\neq j)$ 都是 $\boldsymbol{u}_1,\cdots,\boldsymbol{u}_m$ 的线性组合.

第二步：证明原方程组(Ⅰ)也可以由新方程组(Ⅱ)经过所说的三种类型的变形得到.

变形 1：设在(Ⅰ)中将第 i 个方程与第 j 个方程互换位置得到(Ⅱ)，则在(Ⅱ)中将第 i 个方程与第 j 个方程互换位置得到(Ⅰ).

变形 2：设在(Ⅰ)中将第 i 个方程乘以非零常数 λ 得到(Ⅱ)，则在(Ⅱ)中将第 i 个方程乘以非零常数 λ^{-1} 得到(Ⅰ).

变形 3：设在(Ⅰ)中将第 i 个方程乘以常数 λ 加到第 j 个方程上得到(Ⅱ)，则在(Ⅱ)中将第 i 个方程乘以常数 $-\lambda$ 加到第 j 个方程上得到(Ⅰ).

第三步：第一步已证明(Ⅱ)是(Ⅰ)的线性组合. 第二步证明(Ⅰ)可以由定理所说的三类变形得到，再用第一步的结论知(Ⅰ)也是(Ⅱ)的线性组合. 这就证明了(Ⅰ)与(Ⅱ)等价，因而(Ⅰ)与(Ⅱ)同解. □

定理 1.1.1 所说的线性方程组的三类同解变形，称为线性方程组的**初等变换**(elementary transformation).

4. 用消去法解方程组

反复利用定理 1.1.1 中所说的三种初等变换，可以将线性方程组消元，求出解来.

例 1 解线性方程组

$$\begin{cases} x_1+2x_2+3x_3+4x_4=-3 \\ x_1+2x_2 \qquad\quad -5x_4=1 \\ 3x_1-x_2-x_3 \qquad\quad =1 \\ x_1 \qquad\quad +x_3+2x_4=-1 \end{cases}$$

解 将第一个方程的-1 倍加到第二个方程上，可以将第二个方程的 x_1 的系数变成 0，从而在第二个方程中消去未知数 x_1. 同样，将第一个方程的-3 倍、-1 倍分别加到第三、第四个方程上，可以在第三、四两个方程中消去未知数 x_1. 得到的新方程组为：

$$\begin{cases} x_1+2x_2+3x_3+4x_4=-3 & (1) \\ \quad\quad -3x_3-9x_4=4 & (2) \\ -7x_2-10x_3-12x_4=10 & (3) \\ -2x_2-2x_3-2x_4=2 & (4) \end{cases} \qquad (\mathrm{I})$$

方程组(Ⅰ)中只有第一个方程含 x_1，后面三个方程都不含 x_1. 保持第一个方程不变，用与刚才同样的方法对后三个方程组成的方程组进行同解变形，使其中只有最前面一个方程含未知数 x_2，后面两个方程都不含 x_2. 由于(Ⅰ)中方程(2)不含 x_2，我们将它与含有 x_2 的方程(4)互换位置. 得

$$\begin{cases} x_1+2x_2+3x_3+4x_4=-3 & (1) \\ -2x_2-2x_3-2x_4=2 & (2) \\ -7x_2-10x_3-12x_4=10 & (3) \\ \quad\quad -3x_3-9x_4=4 & (4) \end{cases} \qquad (\mathrm{II})$$

在方程组(Ⅱ)中，方程(4)本来就不含 x_2，剩下还需用方程(2)来消去方程(3)的 x_2，为此，只要将方程(2)的$-\frac{7}{2}$倍加到方程(3)上即可. 但也可先将方程(2)乘$-\frac{1}{2}$，使方程(2)的 x_2 的系数化为 1，然后再将新的方程(2)的 7 倍加到方程(3)上以消去 x_2：

$$\begin{cases} x_1+2x_2+3x_3+4x_4=-3 & (1) \\ \quad x_2+x_3+x_4=-1 & (2) \\ \quad\quad -3x_3-5x_4=3 & (3) \\ \quad\quad -3x_3-9x_4=4 & (4) \end{cases} \qquad (\mathrm{III})$$

再将方程组(Ⅲ)中的方程(3)的-1 倍加到方程(4)上消去 x_3：

$$\begin{cases} x_1+2x_2+3x_3+4x_4=-3 & (1) \\ \quad x_2+x_3+x_4=-1 & (2) \\ \quad\quad -3x_3-5x_4=3 & (3) \\ \quad\quad\quad -4x_4=1 & (4) \end{cases} \qquad (\mathrm{IV})$$

最后得到的方程组(Ⅳ)中，方程(4)只含一个未知数 x_4，可解出

$$x_4=-\frac{1}{4}.$$

方程(3)只含 x_3,x_4，而 x_4 已解出，于是由(3)解出

$$x_3=\frac{3+5x_4}{-3}=-1+\left(-\frac{5}{3}\right)\left(-\frac{1}{4}\right)=-\frac{7}{12}.$$

再由(2)解出

$$x_2=-1-x_3-x_4=-1-\left(-\frac{7}{12}\right)-\left(-\frac{1}{4}\right)=-\frac{1}{6}.$$

由(1)解出

$$x_1=-3-2x_2-3x_3-4x_4=-3-2\left(-\frac{1}{6}\right)-3\left(-\frac{7}{12}\right)-4\left(-\frac{1}{4}\right)=\frac{1}{12}.$$

这就得出原方程组的解为$\left(\frac{1}{12},\ -\frac{1}{6},\ -\frac{7}{12},\ -\frac{1}{4}\right)$. □

例 1 主要是利用初等变换由上而下进行消元，将方程组的左边化为“上三角形”；再由下而上逐次求出所有未知数的值来. 实际上，在消元中起主要作用的是第 3 类初等变换，在第 3 类初等变换不能进行时使用第 1 类初等变换来创造消元的条件. 而第 2 类初等变换主要用来将未知数系数化为 1 以求出解来.

也可继续对已经化成的上三角形方程组(Ⅳ)作同解变形，由下而上进一步消元，使所有的方程都只含一个未知数，直接得出方程的解来. 具体作法如下：

将前述方程组(Ⅳ)中的方程(4)的$-\frac{5}{4}$倍、$\frac{1}{4}$倍、1 倍分别加到方程(3)，(2)，(1)上，消去这三个方程中的未知数 x_4，得

$$\begin{cases} x_1+2x_2+3x_3 = -2 & (1)\\ x_2+x_3 = -\frac{3}{4} & (2)\\ -3x_3 = \frac{7}{4} & (3)\\ -4x_4 = 1 & (4)\end{cases}\qquad (\text{Ⅴ})$$

将方程组(Ⅴ)的方程(3)的$\frac{1}{3}$倍、1 倍分别加到方程(2)，(1)上，消去这两个方程中的 x_3，得

$$\begin{cases} x_1+2x_2 = -\frac{1}{4} & (1)\\ x_2 = -\frac{1}{6} & (2)\\ -3x_3 = \frac{7}{4} & (3)\\ -4x_4 = 1 & (4)\end{cases}\qquad (\text{Ⅵ})$$

再将方程组(Ⅵ)的方程(2)的-2 倍加到方程(1)上，消去方程(1)中的 x_2，

得

$$\begin{cases} x_1 \qquad\qquad = \dfrac{1}{12} & (1) \\ \quad x_2 \qquad\quad = -\dfrac{1}{6} & (2) \\ \qquad -3x_3 \quad = \dfrac{7}{4} & (3) \\ \qquad\qquad -4x_4 = 1 & (4) \end{cases} \qquad (\text{Ⅶ})$$

方程组(Ⅵ)的左边成“对角形”，每个方程只含一个未知数. 将各方程分别除以所含未知数的系数，也就是将方程(1)至(4)分别乘以 $1,1,-\dfrac{1}{3},-\dfrac{1}{4}$(这是第二类基本变形)，可以将各未知数的系数化为1，得到方程组

$$\begin{cases} x_1 \qquad\qquad = \dfrac{1}{12} & (1) \\ \quad x_2 \qquad\quad = -\dfrac{1}{6} & (2) \\ \qquad x_3 \quad = -\dfrac{7}{12} & (3) \\ \qquad\qquad x_4 = -\dfrac{1}{4} & (4) \end{cases} \qquad (\text{Ⅷ})$$

它的解可以立即写出，为$\left(\dfrac{1}{12},-\dfrac{1}{6},-\dfrac{7}{12},-\dfrac{1}{4}\right)$.

以上是方程组有唯一解的例子. 解的每个分量都由方程组的系数经过加、减、乘、除四则运算得到. 如果原方程组的系数都是实数，由于实数集合对加、减、乘、除四则运算封闭(当然做除法时除数不允许为0)，方程组的唯一解的所有分量就都是实数. 同样，有理数集合对加、减、乘、除运算也封闭，因此有理系数线性方程组的唯一解的分量也都是有理数. 还可以考虑其他的系数范围，只要它们对加、减、乘、除四则运算封闭.

定义 1.1.2　设 F 是复数集合的子集，包含0和1，并且在加、减、乘、除运算下封闭(做除法时除数不为0)，就称 F 是**数域**(number field). □

例如，复数集合 **C**、实数集合 **R**、有理数集合 **Q** 都是数域.

按照这个术语，我们有：如果线性方程组的系数都在某个数域 F 的范围内，并且这个方程组有唯一解，则解的分量也都在 F 的范围内.

习　题　1.1

1. 用消元法解线性方程组：

(1) $\begin{cases} x_1+2x_2+3x_3=1, \\ 2x_1+2x_2+5x_3=2, \\ 3x_1+5x_2+x_3=3; \end{cases}$ (2) $\begin{cases} x_2+x_3+x_4=1, \\ x_1+x_3+x_4=2, \\ x_1+x_2+x_4=3, \\ x_1+x_2+x_3=4. \end{cases}$

2. (1)求证：如果复数集合的子集 P 包含至少一个非零数，并且对加、减、乘、除(除数不为 0)封闭，则 P 包含 0,1，从而是数域.

(2) 求证：所有的数域都包含有理数域.

(3) 求证：集合 $F=\{a+b\sqrt{2}\mid a,b\in\mathbf{Q}\}$ 是数域.（其中 $\mathbf{Q}$ 是有理数域.）

(4) 试求包含$\sqrt[3]{2}$的最小的数域.

3. 证明：(1) 线性组合的传递性：如果方程组(Ⅱ)是方程组(Ⅰ)的线性组合，方程组(Ⅲ)是方程组(Ⅱ)的线性组合，则方程组(Ⅲ)是方程组(Ⅰ)的线性组合.

(2) 等价的传递性：如果方程组(Ⅰ)与方程组(Ⅱ)等价，方程组(Ⅱ)与方程组(Ⅲ)等价，则方程组(Ⅰ)与方程组(Ⅲ)等价.

§1.2 矩阵消元法

以后，凡是谈到线性方程组，总假定它的系数全都在某个数域 F 中，称它为 F 上的线性方程组. 解这个线性方程组的过程就只涉及到 F 中的数之间的加、减、乘、除四则运算.

考察 §1.1 例 1 中解线性方程组的过程可以发现，在解方程组的过程中，实际上只对各方程中各项的系数进行了运算(加、减、乘、除运算)，每次将代表未知数的字母抄写一遍实际上是一种累赘. 为了书写的简便，更为了突出解方程组中本质的东西——系数的运算，我们采用分离系数法，将线性方程组中代表未知数的字母略去，将等号也略去，只写出各方程的各系数. 将每个方程的各项系数从左到右依次写成一行，将各方程中同一个未知数的系数上下对齐，常数项也上下对齐，这样得到一个矩形数表，来表示这个方程组. 一般地，线性方程组

$$\begin{cases} a_{11}x_1+a_{12}x_2+\cdots+a_{1n}x_n=b_1 \\ a_{21}x_1+a_{22}x_2+\cdots+a_{2n}x_n=b_2 \\ \cdots\cdots\cdots\cdots \\ a_{m1}x_1+a_{m2}x_2+\cdots+a_{mn}x_n=b_m \end{cases}$$

用矩形数表

$$\begin{pmatrix} a_{11} & a_{12} & \cdots & a_{1n} & b_1 \\ a_{21} & a_{22} & \cdots & a_{2n} & b_2 \\ \vdots & \vdots & & \vdots & \vdots \\ a_{m1} & a_{m2} & \cdots & a_{mn} & b_m \end{pmatrix}$$

来表示.(将数表用括号括起来是表示所有的数组成一个整体.)

定义 1.2.1 对任意正整数 m, n, 由数域 F 中 $m\times n$ 个数排成 m 行、n 列所得到的数表, 称为 F 上的 $m\times n$ **矩阵**(matrix). 数表中的每个数称为矩阵的一个**元**(element), 也称为矩阵的一个**分量**(entry), 其中排在第 i 行第 j 列的数称为矩阵的第(i,j)元或第(i,j)分量. F 上全体 $m\times n$ 矩阵的集合记作 $F^{m\times n}$. □

按照这个定义, 由 m 个 n 元线性方程组成的方程组用 $F^{m\times(n+1)}$ 中一个矩阵表示. 它的 m 行分别代表 m 个方程, 前 n 列分别是 n 个未知数的系数, 最后一列是常数项.

矩阵的第 i 行$(a_{i1},a_{i2},\cdots,a_{in},b_i)$表示方程组中第 i 个方程 $a_{i1}x_1+a_{i2}x_2+\cdots+a_{in}x_n=b_i$. 这一行的 $n+1$ 个数中每个数到底是哪个未知数的系数或是常数项, 完全由它在数组中的位置来决定. 因此, 各数的排列顺序不能搞乱. 因此, 我们说, 这个线性方程是由它的系数组成的有序数组表示的.

定义 1.2.2 由数域 F 中 n 个数 $a_i(1\leqslant i\leqslant n)$排成的有序数组$(a_1,a_2,\cdots,a_n)$称为 F 上的 n **维向量**(n-dimensional vector), 也称 n 维数组向量, a_i 称为它的第 i 分量. 所有分量都为 0 的向量$(0,\cdots,0)$称为**零向量**(zero vector), 记作$\mathbf{0}$. F 上全体 n 维向量组成的集合称为 F 上的 n **维向量空间**(n-dimensional vector space), 记作 F^n. □

按照这个定义, F 上一个 n 元线性方程用 F^{n+1} 中的一个向量表示. 而 n 元线性方程组的每一组解是 F^n 中的一个向量. $F^{m\times n}$ 中每个矩阵的每一行是一个 n 维向量, 每一列是一个 m 维向量.

在书写向量的时候, 有时将 n 维向量的 n 个分量从左到右横写成一行, 如$(a_1,\cdots,a_n)$, 此时称它为**行向量**(row vector). n 维行向量也就是 1 行 n 列的矩阵, 此时可将 F^n 写为 $F^{1\times n}$. 另一方面, 也可将 n 维向量$(a_1,\cdots,a_n)$的 n 个分量从上到下竖写为一列

$$\begin{pmatrix} a_1 \\ \vdots \\ a_n \end{pmatrix}$$

此时称它为**列向量**(column vector), 它也就是 n 行 1 列的矩阵. 此时 F^n 可写为 $F^{n\times 1}$.

特别, 每个线性方程用行向量表示. 方程组的解通常也可以用行向量表示, 以节省书写篇幅. 但我们将看到, 作理论分析时, 用列向量来表示方程组的解有它的优越性.

将线性方程用向量表示、线性方程组用矩阵表示之后, 线性方程的加法、数乘、线性组合等运算, 以及线性方程组的初等变换, 就对应于向量的如下运

算和矩阵的如下基本变形.

定义 1.2.3 (1)(向量的加法) 设 $\boldsymbol{\alpha}=(a_1,a_2,\cdots,a_n)$, $\boldsymbol{\beta}=(b_1,b_2,\cdots,b_n)$是同一个数域 F 上两个 n 维向量,将它们按分量相加得到的向量$(a_1+b_1,a_2+b_2,\cdots,a_n+b_n)\in F^n$ 称为这两个向量的和,记作 $\boldsymbol{\alpha}+\boldsymbol{\beta}$. 同样可以定义多个(有限个)向量 $\boldsymbol{\alpha}_1,\boldsymbol{\alpha}_2,\cdots,\boldsymbol{\alpha}_m\in F^n$ 的和 $\boldsymbol{\alpha}_1+\boldsymbol{\alpha}_2+\cdots+\boldsymbol{\alpha}_m\in F^n$,它的第 j 分量$(1\leqslant j\leqslant n)$等于各 $\boldsymbol{\alpha}_i(1\leqslant i\leqslant m)$的第 j 分量之和.

(2)(向量与数的乘法) 将任一 $\lambda\in F$ 遍乘任一 $\boldsymbol{\alpha}=(a_1,a_2,\cdots,a_n)\in F^n$ 的各分量,所得到的向量$(\lambda a_1,\lambda a_2,\cdots,\lambda a_n)\in F^n$ 称为 $\boldsymbol{\alpha}$ 的 λ 倍,记作 $\lambda\boldsymbol{\alpha}$.

(3)(向量的线性组合) 将 F^n 中的一组向量 $\boldsymbol{\alpha}_1,\cdots,\boldsymbol{\alpha}_m$ 分别乘以 F 中的数 $\lambda_1,\cdots,\lambda_m$ 再相加,得到的向量 $\lambda_1\boldsymbol{\alpha}_1+\lambda_2\boldsymbol{\alpha}_2+\cdots+\lambda_m\boldsymbol{\alpha}_m\in F^n$ 称为向量 $\boldsymbol{\alpha}_1,\boldsymbol{\alpha}_2,\cdots,\boldsymbol{\alpha}_m$的线性组合. 如果 $\boldsymbol{\beta}$ 可以写成 $\boldsymbol{\alpha}_1,\cdots,\boldsymbol{\alpha}_m$ 的线性组合,也称 $\boldsymbol{\beta}$ 可以由 $\boldsymbol{\alpha}_1,\cdots,\boldsymbol{\alpha}_m$ 线性表出. □

定义 1.2.4 设 $\boldsymbol{A},\boldsymbol{B}$ 是 $F^{m\times n}$中的两个矩阵.如果 $\boldsymbol{B}$ 的每一行都是 $\boldsymbol{A}$ 的行的线性组合,$\boldsymbol{A}$ 的每一行也是 $\boldsymbol{B}$ 的行的线性组合,就称两个矩阵**行等价**(row equivalent). □

定理 1.2.1 设 F 上的矩阵 $\boldsymbol{A}$ 经过以下变形之一变成矩阵 $\boldsymbol{B}$,则 $\boldsymbol{A}$ 与 $\boldsymbol{B}$ 行等价:

1. 将某两行互换位置;
2. 用 F 中某个非零的数乘以某行;
3. 将某行的常数倍加到另一行上. □

定义 1.2.5 定理 1.2.1 中所说的三类变形称为矩阵的**初等行变换**(elementary transformation of rows).

矩阵的三类初等行变换对应于线性方程组的三类基本同解变形. 用基本同解变形对线性方程组消元的过程,也就是用初等行变换将尽可能多的矩阵元化为零的过程.

为了叙述方便,我们用矩阵 $\boldsymbol{A}$ 到 $\boldsymbol{B}$ 的箭头来表示 $\boldsymbol{A}$ 经过初等行变换变为 $\boldsymbol{B}$,箭头上方注明所用的是哪一个变换:

$$(1)\boldsymbol{A}\xrightarrow{(i,j)}\boldsymbol{B}\quad(2)\boldsymbol{A}\xrightarrow{\lambda(i)}\boldsymbol{B}\quad(3)\boldsymbol{A}\xrightarrow{\lambda(i)+(j)}\boldsymbol{B}$$

箭头上方的(i,j)表示将第 i 行与第 j 行互换,$\lambda(i)$表示用非零数 λ 乘以第 i 行,$\lambda(i)+(j)$表示将第 i 行的 λ 倍加到第 j 行上.

下面用矩阵的初等行变换重新来解 §1.1 例 1 的方程组.

例 1 解线性方程组

$$\begin{cases}x_1+2x_2+3x_3+4x_4=-3\\x_1+2x_2\qquad\;\;-5x_4=1\\3x_1-x_2-x_3\qquad\;=1\\x_1\qquad\;\;+x_3+2x_4=-1\end{cases}$$

解　将方程组用矩阵表示为

$$\begin{pmatrix}1&2&3&4&-3\\1&2&0&-5&1\\3&-1&-1&0&1\\1&0&1&2&-1\end{pmatrix}$$

然后用矩阵的初等行变换进行消元(用箭头表示)：

$$\xrightarrow{-(1)+(2),-3(1)+(3),-(1)+(4)}\begin{pmatrix}1&2&3&4&-3\\0&0&-3&-9&4\\0&-7&-10&-12&10\\0&-2&-2&-2&2\end{pmatrix}$$

$$\xrightarrow{(2,4),-\frac{1}{2}(2),7(2)+(3),-2(2)+(1)}\begin{pmatrix}1&0&1&2&-1\\0&1&1&1&-1\\0&0&-3&-5&3\\0&0&-3&-9&4\end{pmatrix}$$

注意　此处的消元顺序与 § 1.1 中略有不同，不但用第 2 行(代表方程(2))的倍数向下消去第 3 行的第 2 元，而且还向上消去了第 1 行的第 2 元，这样就使第 2 列除第 2 行的元外都是 0，也就是说：未知数 x_2 只在第 2 个方程中出现.

$$\xrightarrow{-(3)+(4)}\begin{pmatrix}1&0&1&2&-1\\0&1&1&1&-1\\0&0&-3&-5&3\\0&0&0&-4&1\end{pmatrix}$$

$$\xrightarrow{-\frac{1}{4}(4),-2(4)+(1),-(4)+(2),5(4)+(3)}\begin{pmatrix}1&0&1&0&-\frac{1}{2}\\0&1&1&0&-\frac{3}{4}\\0&0&-3&0&\frac{7}{4}\\0&0&0&1&-\frac{1}{4}\end{pmatrix}$$

$$\xrightarrow{-\frac{1}{3}(3),-(3)+(1),-(3)+(2)}\begin{pmatrix}1&0&0&0&\frac{1}{12}\\0&1&0&0&-\frac{1}{6}\\0&0&1&0&-\frac{7}{12}\\0&0&0&1&-\frac{1}{4}\end{pmatrix}$$

写成方程的形式，即

$$\begin{cases} x_1 = \dfrac{1}{12} \\ x_2 = -\dfrac{1}{6} \\ x_3 = -\dfrac{7}{12} \\ x_4 = -\dfrac{1}{4} \end{cases}$$

它的解显然是$\left(\dfrac{1}{12}, -\dfrac{1}{6}, -\dfrac{7}{12}, -\dfrac{1}{4}\right)$. □

并非所有的方程组都像例 1 那样有唯一解.

例 2 解线性方程组

$$\begin{cases} x_1+2x_2+3x_3+4x_4=-3 \\ x_1+2x_2-5x_4=1 \\ 2x_1+4x_2-3x_3-19x_4=6 \\ 3x_1+6x_2-3x_3-24x_4=7 \end{cases}$$

解

$$\begin{pmatrix} 1 & 2 & 3 & 4 & -3 \\ 1 & 2 & 0 & -5 & 1 \\ 2 & 4 & -3 & -19 & 6 \\ 3 & 6 & -3 & -24 & 7 \end{pmatrix} \xrightarrow{-(1)+(2),-2(1)+(3),-3(1)+(4)} \begin{pmatrix} 1 & 2 & 3 & 4 & -3 \\ 0 & 0 & -3 & -9 & 4 \\ 0 & 0 & -9 & -27 & 12 \\ 0 & 0 & -12 & -36 & 16 \end{pmatrix}$$

$$\xrightarrow{-3(2)+(3),-4(2)+(4),(2)+(1),-\frac{1}{3}(2)} \begin{pmatrix} 1 & 2 & 0 & -5 & 1 \\ 0 & 0 & 1 & 3 & -\dfrac{4}{3} \\ 0 & 0 & 0 & 0 & 0 \\ 0 & 0 & 0 & 0 & 0 \end{pmatrix}$$

重新写成方程的形式. 注意第 3, 4 两个方程中所有的未知数及常数项都被消掉了, 成为恒等式 0=0, 可以从方程组中删去而不会改变方程组的解. 于是方程组成为:

$$\begin{cases} x_1+2x_2-5x_4=1 \\ x_3+3x_4=-\dfrac{4}{3} \end{cases}$$

未知数 x_1 只含于第 1 个方程, 未知数 x_3 只含于第 2 个方程. 将两个方程中含其余两个未知数 x_2, x_4 的项移到等号右边, 方程组化为

$$\begin{cases} x_1=1-2x_2+5x_4 & (1) \\ x_3=-\dfrac{4}{3}-3x_4 & (2) \end{cases}$$

等号右边的未知数 x_2, x_4 可以任意取值. 让 x_2 取定任意值 t_1, x_4 取定任意值 t_2,

则由(1)，(2)两式分别可算出 x_1, x_3 的值，得到一组解. 当 x_2, x_4 取遍所有的可能的值时就得到方程组的所有的解. 因此，方程组的解集合为

$$\left\{\left(1-2t_1+5t_2, t_1, -\frac{4}{3}-3t_2, t_2\right) \middle| t_1, t_2 \text{ 在允许范围内任意取值}\right\}. \qquad \square$$

例 2 的方程组的解的一般形式 $\left(1-2t_1+5t_2, t_1, -\frac{4}{3}-3t_2, t_2\right)$ 称为方程组的**通解**(general solutions)，当其中的独立参数 t_1, t_2 取遍允许范围内所有可能的值时，就得到方程组的所有的解. 当 t_1, t_2 取定一组具体的值时，就得到方程组的一个解，称为方程组的一个**特解**(special solution). 如果不加限制，t_1, t_2 可以独立取遍任意复数值. 但有时由于方程组所反映的问题本身的限制，只允许 t_1, t_2 在实数范围或有理数范围内取值. 注意通解的每个分量是独立参数 t_1, t_2 的一次多项式，其系数由原方程组的系数经加、减、乘、除得出. 如果原方程组的系数都在某个数域 F，则这些一次多项式的系数也都在 F 内，只要独立参数也同样在 F 的范围内取值，则解的所有分量也都在 F 内. 因此，系数在数域 F 内的线性方程组的求解可以限制在 F 的范围内进行，它的通解中的独立参数允许取遍 F 内的所有的值.

例 3　解线性方程组

$$\begin{cases} x_1+2x_2+3x_3+4x_4=0 \\ x_1+2x_2-5x_4=0 \\ 2x_1+4x_2-3x_3-19x_4=0 \\ 3x_1+6x_2-3x_3-24x_4=0 \end{cases}$$

解　注意这个方程组的左边与例 2 的方程组完全一样，只是右边的常数项全部换成了 0. 经过与例 2 完全相同的变换得到通解为 $(-2t_1+5t_2, t_1, -3t_2, t_2)$. $\square$

由于例 3 的方程组中每个方程的常数项都是 0，表示这个方程组的矩阵

$$\begin{pmatrix} 1 & 2 & 3 & 4 & 0 \\ 1 & 2 & 0 & -5 & 0 \\ 2 & 4 & -3 & -19 & 0 \\ 3 & 6 & -3 & -24 & 0 \end{pmatrix}$$

的最后一列全部是 0，在进行初等行变换的过程中这一列也始终是 0，对于计算过程不产生影响. 因此可以将表示常数项的这一列略去不写，直接用各个方程中未知数的系数组成的矩阵

$$\begin{pmatrix} 1 & 2 & 3 & 4 \\ 1 & 2 & 0 & -5 \\ 2 & 4 & -3 & -19 \\ 3 & 6 & -3 & -24 \end{pmatrix}$$

来表示方程组. 一般地说，任何一个线性方程组的各方程中未知数系数组成的矩阵称为这个方程组的**系数矩阵**(coefficient matrix). 当常数项全部为 0 时，用系数矩阵可以完全表示这个线性方程组. 对系数矩阵进行初等行变换就可以求出方程组的解.

例 3 的方程组的常数项全部为 0，显然(0,0,0,0)是它的解，它也就是在通解中将独立参数 t_1，t_2 都取零值得到的解.

将例 3 的通解$(-2t_1+5t_2,t_1,-3t_2,t_2)$写成列向量的形式，容易看出它可以写成两个向量的线性组合：

$$\begin{pmatrix}-2t_1 & +5t_2\\ t_1 & \\ & -3t_2\\ & t_2\end{pmatrix}=t_1\begin{pmatrix}-2\\1\\0\\0\end{pmatrix}+t_2\begin{pmatrix}5\\0\\-3\\1\end{pmatrix}$$

其中的组合系数 t_1,t_2 可以独立地取遍 F 中所有的值. 因此，例 3 方程组的解集由向量

$$\boldsymbol{\alpha}_1=\begin{pmatrix}-2\\1\\0\\0\end{pmatrix}\quad 与\quad \boldsymbol{\alpha}_2=\begin{pmatrix}5\\0\\-3\\1\end{pmatrix}$$

在 F 上所有的线性组合组成. 向量 $\boldsymbol{\alpha}_1$，$\boldsymbol{\alpha}_2$ 本身也都是解：在通解中取 $t_1=1$，$t_2=0$ 就得到解 $\boldsymbol{\alpha}_1$，取 $t_1=0,t_2=1$ 就得到解 $\boldsymbol{\alpha}_2$.

一般地，如果线性方程组中所有的方程的常数项都是 0，就称这样的线性方程组为**齐次线性方程组**(homogeneous linear equations).（“齐次”是指所有的方程中的非零项都是一次项，次数“整齐”——都等于 1.）显然，n 维零向量$(0,\cdots,0)$一定是齐次线性方程组的解，称为**零解**(zero solution)，也称为**平凡解**(trivial solution).（说它是“平凡”解，意思是不需要解方程组就可以立即写出来的解，“得来全不费功夫”.）不难验证，齐次线性方程组的解集由其中某几个特解的全体线性组合组成.

如果线性方程组中有至少一个方程的常数项不为 0，就称为**非齐次线性方程组**(inhomogeneous linear equations). 例如，例 1，例 2 都是非齐次线性方程组. 显然，零向量不是非齐次线性方程组的解.

前面的例子中的线性方程组都有解. 但线性方程组也可能无解.

例 4　解线性方程组

$$\begin{cases}x_1+2x_2+3x_3+4x_4=-3\\ x_1+2x_2-5x_4=1\\ 2x_1+4x_2-3x_3-19x_4=6\\ 3x_1+6x_2-3x_3-24x_4=6\end{cases}$$

解 经过与例 2 同样的方法消元之后化为

$$\begin{cases} x_1+2x_2+3x_3+4x_4=-3 & (1) \\ \qquad\qquad -3x_3-9x_4=4 & (2) \\ \qquad\qquad\qquad\qquad 0=0 & (3) \\ \qquad\qquad\qquad\qquad 0=-1 & (4) \end{cases}$$

其中方程(4) $0=-1$ 的等号不可能成立，方程组无解. □

习 题 1.2

1. 用矩阵消元法解线性方程组，并将其中(1)，(2)的过程及结果与习题 1.1 第 1 题比较.

(1) $\begin{cases} x_1+2x_2+3x_3=1, \\ 2x_1+2x_2+5x_3=2, \\ 3x_1+5x_2+x_3=3; \end{cases}$ (2) $\begin{cases} x_2+x_3+x_4=1, \\ x_1+x_3+x_4=2, \\ x_1+x_2+x_4=3, \\ x_1+x_2+x_3=4; \end{cases}$

(3) $\begin{cases} 2x_1+x_2-5x_3+x_4=8, \\ x_1-3x_2-6x_4=9, \\ 2x_2-x_3+2x_4=-5, \\ x_1+4x_2-7x_3+6x_4=0; \end{cases}$ (4) $\begin{cases} x_1+3x_2-5x_3-5x_4=2, \\ x_1+2x_2+2x_3-2x_4+x_5=-2, \\ 2x_1+x_2+3x_3-3x_4=2, \\ x_1-4x_2+x_3+x_4-x_5=3, \\ x_1+3x_3-x_4+x_5=1. \end{cases}$

2. 在空间直角坐标系中，求三个平面 $9x-3y+z=20$，$x+y+z=0$ 和 $-x+2y+z=-10$ 的公共点集合.

3. 已知两个变量 x，y 之间有某种函数关系 $y=f(x)$，并且有如下对应值

x	1	2	3	4
y	2	7	16	29

问：y 是否可能是 x 的二次函数？如果可能，试求出满足要求的二次函数。

4. 在实数范围内解线性方程组

$$\begin{cases} x+3y+2z=4 \\ 2x+5y-3z=-1 \\ 4x+11y+z=7 \end{cases}$$

这个方程组的解集在 3 维空间中的图像 Π 是什么？

将这个方程组的常数项全部变成 0，得到的方程组的解集在 3 维空间中的图像 Π_0 是什么？Π_0 与 Π 有什么关系？

§1.3 一般线性方程组的消元解法

现在来叙述用消元法解一般的线性方程组的操作步骤，并讨论解的所有可

能的情况.

一般的线性方程组具有形式

$$\begin{cases} a_{11}x_1+a_{12}x_2+\cdots+a_{1n}x_n=b_1 \\ a_{21}x_1+a_{22}x_2+\cdots+a_{2n}x_n=b_2 \\ \cdots\cdots\cdots\cdots \\ a_{m1}x_1+a_{m2}x_2+\cdots+a_{mn}x_n=b_m \end{cases} \tag{1.3.1}$$

先将它写成矩阵形式

$$\begin{pmatrix} a_{11} & a_{12} & \cdots & a_{1n} & b_1 \\ a_{21} & a_{22} & \cdots & a_{2n} & b_2 \\ \vdots & \vdots & & \vdots & \vdots \\ a_{m1} & a_{m2} & \cdots & a_{mn} & b_m \end{pmatrix} \tag{1.3.2}$$

然后按下面的步骤用初等行变换对矩阵消元.

1. 矩阵的第一列元不能全为 0，否则方程组中所有的方程都不含未知数 x_1. 如果 $a_{11}=0$，第一列必有某个 $a_{i1}\neq 0$，$i\geqslant 2$. 将矩阵的第 1 行与第 i 行互换，化为 $a_{11}\neq 0$ 的情形. 再将第 1 行乘以非零常数 a_{11}^{-1} 可化为 $a_{11}=1$ 的情形. 对每个 $i\geqslant 2$，将第 1 行的 $-a_{i1}$ 倍加到第 i 行上，可以将第 i 行的第一个元化为 0. 这就将第 1 列中除了第 1 行为 1 外其余各行的元全部化成了 0. 矩阵化为

$$\begin{pmatrix} 1 & a_{12}^{(1)} & \cdots & b_1^{(1)} \\ 0 & a_{22}^{(1)} & \cdots & b_2^{(1)} \\ \vdots & \vdots & & \vdots \\ 0 & a_{m2}^{(1)} & \cdots & b_m^{(1)} \end{pmatrix} \tag{1.3.3}$$

的形状.（这意味着除了第一个方程含有未知数 x_1、其系数是 1 外,其余所有的方程都不含未知数 x_1.）

2. 如果矩阵(1.3.3)只有一行，或者第一行以下的各行(即第 2 至 m 行)的前 n 列元全都等于 0(不管最后一列是否为 0)，则消元过程结束.（这意味着只有第一个方程含有未知数;其余各方程都不含未知数,左边为 0.）

若不然，在第 2 行到第 m 行的前 n 列元组成的矩阵

$$\begin{pmatrix} 0 & a_{22}^{(1)} & \cdots & a_{2n}^{(1)} \\ \vdots & \vdots & & \vdots \\ 0 & a_{m2}^{(1)} & \cdots & a_{mn}^{(1)} \end{pmatrix}$$

中必有某个元不为 0. 从中找出最左边的不为零的列，设为第 j_2 列. 当然 $j_2>1$. 则矩阵(1.3.3)具有形状

$$\begin{pmatrix} a_{11}^{(1)} & \cdots & a_{1,j_2-1}^{(1)} & a_{1j_2}^{(1)} & \cdots & b_1^{(1)} \\ 0 & \cdots & 0 & a_{2j_2}^{(1)} & \cdots & b_2^{(1)} \\ \vdots & & \vdots & \vdots & & \vdots \\ 0 & \cdots & 0 & a_{mj_2}^{(1)} & \cdots & b_m^{(1)} \end{pmatrix}$$

其中某个 $a_{i_2j_2}^{(1)}\neq 0$，$i_2\geqslant 2$. 如果 $a_{2j_2}^{(1)}=0$，则 $i_2>2$，将矩阵(1.3.3)的第2行与第 i_2 行互换可化为 $a_{2,j_2}^{(1)}\neq 0$ 的情形。再将矩阵(1.3.3)的第2行乘以$(a_{2j_2}^{(1)})^{-1}$可化 $a_{2j_2}^{(1)}$ 为1. 故总可设 $a_{2j_2}^{(1)}=1$. 现在可以进行下一步的消元：

对每个 $i\neq 2$(即 $i=1$ 或 $3\leqslant i\leqslant m$)，将第2行的 $-a_{ij_2}^{(1)}$ 倍加到第 i 行上可将 $a_{ij_2}^{(1)}$ 化为0. 这样就将第 j_2 列中除第2行以外的元全都化成了0. 矩阵化为如下的形状

$$\begin{pmatrix} a_{11}^{(2)} & \cdots & a_{1,j_2-1}^{(2)} & 0 & a_{1,j_2+1}^{(2)} & \cdots & a_{1n}^{(2)} & b_1^{(2)} \\ 0 & \cdots & 0 & a_{2j_2}^{(2)} & a_{2,j_2+1}^{(2)} & \cdots & a_{2n}^{(2)} & b_2^{(2)} \\ 0 & \cdots & 0 & 0 & a_{3,j_2+1}^{(2)} & \cdots & a_{3n}^{(2)} & b_3^{(2)} \\ \vdots & & \vdots & \vdots & \vdots & & \vdots & \vdots \\ 0 & \cdots & 0 & 0 & a_{m,j_2+1}^{(2)} & \cdots & a_{mn}^{(2)} & b_m^{(2)} \end{pmatrix} \tag{1.3.4}$$

其中 $a_{11}^{(2)}=a_{2j_2}^{(2)}=1$.

3. 如果矩阵(1.3.4)只有2行，或者除了前2行以外的以下各行的前 n 列元 $a_{ij}^{(2)}(i\geqslant 3,1\leqslant j\leqslant n)$全都等于0，则消元过程结束. 若不然，在第3行到第 m 行的前 n 列元组成的矩阵

$$\begin{pmatrix} 0 & \cdots & 0 & 0 & a_{3,j_2+1}^{(2)} & \cdots & a_{3n}^{(2)} \\ \vdots & & \vdots & \vdots & \vdots & & \vdots \\ 0 & \cdots & 0 & 0 & a_{m,j_2+1}^{(2)} & \cdots & a_{mn}^{(2)} \end{pmatrix}$$

中必有某个元不为0，从中可以找到最左边的不为零的列，设为第 j_3 列. 当然 $j_3>j_2$. 则矩阵(1.3.4)具有形状

$$\begin{pmatrix} a_{11}^{(2)} & \cdots & a_{1,j_2-1}^{(2)} & 0 & a_{1,j_2+1}^{(2)} & \cdots & a_{1j_3}^{(2)} & \cdots & b_1^{(2)} \\ 0 & \cdots & 0 & a_{2j_2}^{(2)} & a_{2,j_2+1}^{(2)} & \cdots & a_{2j_3}^{(2)} & \cdots & b_2^{(2)} \\ 0 & \cdots & 0 & 0 & \cdots & 0 & a_{3j_3}^{(2)} & \cdots & b_3^{(2)} \\ \vdots & & \vdots & \vdots & & \vdots & \vdots & & \vdots \\ 0 & \cdots & 0 & 0 & \cdots & 0 & a_{mj_3}^{(2)} & \cdots & b_m^{(2)} \end{pmatrix}$$

其中某个 $a_{i_3j_3}^{(2)}\neq 0$，$i_3\geqslant 3$. 如果 $a_{3j_3}^{(2)}=0$，则 $i_3>3$，将第 3 行与第 i_3 行互换可化为 $a_{3j_3}^{(2)}\neq 0$ 的情形，再将第 3 行乘以 $(a_{3j_3}^{(2)})^{-1}$ 可化为 $a_{3j_3}^{(2)}=1$ 的情形. 故总可设 $a_{3j_3}=1$. 现在可以进行下一步的消元：

对每个 $i\neq 3$，（即 $i\leqslant 2$ 或 $4\leqslant i\leqslant m$），将第 3 行的 $-a_{ij_3}^{(2)}$ 倍加到第 i 行上可将 a_{ij_3} 化为 0. 这样就将第 j_3 列中除第 3 行以外的元全都化成了 0. 矩阵化为如下形状

$$
\begin{pmatrix}
a_{11}^{(3)} & \cdots & a_{1,j_2-1}^{(3)} & 0 & a_{1,j_2+1}^{(3)} & \cdots & a_{1,j_3-1}^{(3)} & 0 & a_{1,j_3+1}^{(3)} & \cdots & a_{1n}^{(3)} & b_1^{(3)} \\
0 & \cdots & 0 & a_{2j_2}^{(3)} & a_{2,j_2+1}^{(3)} & \cdots & a_{2,j_3-1}^{(3)} & 0 & a_{2,j_3+1}^{(3)} & \cdots & a_{2n}^{(3)} & b_2^{(3)} \\
0 & \cdots & 0 & 0 & 0 & \cdots & 0 & a_{3j_3}^{(3)} & a_{3,j_3+1}^{(3)} & \cdots & a_{3n}^{(3)} & b_3^{(3)} \\
0 & \cdots & 0 & 0 & 0 & \cdots & 0 & 0 & a_{4,j_3+1}^{(3)} & \cdots & a_{4n}^{(3)} & b_4^{(3)} \\
\vdots & & \vdots & \vdots & \vdots & & \vdots & \vdots & \vdots & & \vdots & \vdots \\
0 & \cdots & 0 & 0 & 0 & \cdots & 0 & 0 & a_{m,j_3+1}^{(3)} & \cdots & a_{mn}^{(3)} & b_m^{(3)}
\end{pmatrix}
$$

其中 $a_{11}^{(3)}=a_{2j_2}^{(3)}=a_{3j_3}^{(3)}=1$.

将上述过程重复 k 次之后，矩阵被化为如下的阶梯形（矩阵中左下方的空格表示这些位置的元是 0）：

$$
\begin{pmatrix}
a_{11}^{(k)} & \cdots & 0 & a_{1,j_2+1}^{(k)} & \cdots & 0 & a_{1,j_k+1}^{(k)} & \cdots \\
 & & a_{2j_2}^{(k)} & \cdots & \cdots & 0 & a_{2,j_k+1}^{(k)} & \cdots \\
 & & & \vdots & & \vdots & \vdots & \\
 & & & & & a_{kj_k}^{(k)} & a_{k,j_k+1}^{(k)} & \cdots \\
 & & & & & & \vdots & \cdots \\
 & & & & & & a_{m,j_k+1}^{(k)} & \cdots
\end{pmatrix}
\tag{1.3.5}
$$

其中前 k 行每行的第一个非零元 $a_{11}^{(k)}=a_{2j_2}^{(k)}=\cdots=a_{kj_k}^{(k)}=1, 1<j_2<\cdots<j_k\leqslant n$. $a_{11}^{(k)}$，$a_{2j_2}^{(k)},\cdots,a_{kj_k}^{(k)}$ 这 k 个非零元的左方、上方和下方全是 0，而第 k 行以下各行（即第 $k+1$ 至 m 行）的前 j_k 列元全是 0.

注意　我们约定，在书写矩阵时，空白位置都表示这个位置的矩阵元是 0. 以上的矩阵中，左下角的空白位置的元都是 0.

如果此时第 $k+1$ 至 m 行的前 n 列全是 0，则消元过程结束。否则，重复前面的步骤，在第 $k+1$ 至 m 行组成的矩阵中找出最左边的非零列，设为第 j_{k+1} 列（$j_k<j_{k+1}\leqslant n$），其中含有某个元 $a_{i,j_{k+1}}^{(k)}\neq 0$（$i\geqslant k+1$）. 当 $a_{k+1,j_{k+1}}^{(k)}=0$

时还可将矩阵的第 $k+1$ 行与第 i 行互换使 $a_{k+1,j_{k+1}}^{(k)}\neq 0$. 再将第 $k+1$ 行乘以 $(a_{k+1,j_{k+1}}^{(k)})^{-1}$化为 $a_{k+1,j_{k+1}}^{(k)}=1$ 的情形. 在此基础上进行下一步的消元：将第 $k+1$ 行的 $-a_{i,j_{k+1}}^{(k)}$ 倍加到每个第 i 行($i\neq k+1$)，将 $a_{k+1,j_{k+1}}^{(k)}$ 的上方和下方的元全部化为 0.

以上过程重复下去，直到将矩阵化为下面的形状为止：

$$\begin{pmatrix} \alpha_{11} & \cdots & 0 & \alpha_{1,j_2+1} & \cdots & 0 & \alpha_{1,j_r+1} & \cdots & \alpha_{1n} & \beta_1 \\ & & \alpha_{2j_2} & \cdots & \cdots & 0 & \alpha_{2,j_r+1} & \cdots & \alpha_{2n} & \beta_2 \\ & & & \vdots & & \vdots & \vdots & & \vdots & \vdots \\ & & & & & \alpha_{rj_r} & \alpha_{r,j_r+1} & \cdots & \alpha_{rn} & \beta_r \\ & & & & & & & & & \vdots \\ & & & & & & & & & \beta_m \end{pmatrix} \tag{1.3.6}$$

其中前 r 行每行的第一个非零元 $\alpha_{11}=\alpha_{2j_2}=\cdots=\alpha_{kj_k}=1$, $1<j_2<\cdots<j_r\leqslant n$. $\alpha_{11},\alpha_{2j_2},\cdots,\alpha_{rj_r}$这 r 个非零元的左方、上方和下方全是 0，而第 r 行以下各行(即第 $r+1$ 至 m 行)的前 n 列元全是 0.

矩阵消元至此结束. 写出最后这个矩阵(1.3.6)所代表的方程组

$$\begin{cases} x_1+\alpha_{12}x_2+\cdots \quad +\alpha_{1,j_2+1}x_{j_2+1}+\cdots \quad +\alpha_{1,j_r+1}x_{j_r+1}+\cdots = \beta_1 \\ \qquad x_{j_2}+\alpha_{2,j_2+1}x_{j_2+1}+\cdots \quad +\alpha_{2,j_r+1}x_{j_r+1}+\cdots = \beta_2 \\ \qquad\qquad \cdots\cdots \qquad \cdots\cdots \\ \qquad\qquad\qquad x_{j_r}+\alpha_{r,j_r+1}x_{j_r+1}+\cdots = \beta_r \\ \qquad\qquad\qquad\qquad 0 = \beta_{r+1} \\ \qquad\qquad\qquad\qquad \vdots \\ \qquad\qquad\qquad\qquad 0 = \beta_m \end{cases} \tag{1.3.7}$$

我们称上述形式的方程组具有最简形式. 矩阵消元法的过程就是将原方程组化为最简形式的过程. 方程组化为最简形式之后，可以立即判断它是否有解，当它有解时可以立即得出它的解来.

情况 1　矩阵(1.3.6)的最后 $m-r$ 行不全为零，$\beta_i\neq 0$ 对某个 $r+1\leqslant i\leqslant m$ 成立。此时第 i 个方程 $0=\beta_i$ 的等号不可能成立，方程组无解。

情况 2　矩阵(1.3.6)的最后 $m-r$ 行全为零，这些行所代表的 $m-r$ 个方程 $0=0$ 全都是恒等式，可以从最后的方程组中删去而不影响方程组的解. 最后的方程组只剩下 r 个方程. r 个未知数 $x_1,x_{j_2},\cdots,x_{j_r}$分别只在 r 个方程中的一个中出现而且系数为 1，在其余方程中都不出现. 我们称这 r 个未知数为非独立未知数，其余 $n-r$ 个未知数都称为独立未知数. 当然，$r\leqslant n$. 而且当 $r=$

n 时不存在独立未知数，所有的未知数都是非独立的. 以下再分 $r=n$ 和 $r<n$ 两种不同情况讨论.

情况 2.1　$r=n$. 此时 n 个未知数全都是非独立未知数，$j_k=k$ 对 $1\leqslant k\leqslant n$ 成立，矩阵(1.3.6)具有形式

$$\begin{pmatrix} 1 & 0 & \cdots & 0 & \beta_1 \\ 0 & 1 & \cdots & 0 & \beta_2 \\ \vdots & \vdots & & \vdots & \vdots \\ 0 & 0 & \cdots & 1 & \beta_n \end{pmatrix}$$

对应的方程组为

$$\begin{cases} x_1=\beta_1 \\ x_2=\beta_2 \\ \quad\vdots \\ x_n=\beta_n \end{cases}$$

显然有唯一解$(\beta_1,\beta_2,\cdots,\beta_n)$.

情况 2.2　$r<n$，除 $x_1,x_{j_2},\cdots,x_{j_r}$等 r 个非独立未知数外，剩下还有 $n-r$ 个独立未知数，设它们为 $x_{j_{r+1}},\cdots,x_{j_n}$，其中 $j_{r+1},\cdots,j_n$ 是从前 n 个正整数 $1,2,\cdots,n$ 中去掉 $1,j_2,\cdots,j_r$ 之后剩下的 $n-r$ 个整数. 对每个方程移项，只保留它所独有的那个非独立未知数在左边，而将其余各项(独立未知数所在的项)全部移到右边，则方程组化为如下形状

$$\begin{aligned} x_1&=\beta_1-\alpha_{1j_{r+1}}x_{j_{r+1}}-\cdots-\alpha_{1j_n}x_{j_n} \\ x_{j_2}&=\beta_2-\alpha_{2j_{r+1}}x_{j_{r+1}}-\cdots-\alpha_{2j_n}x_{j_n} \\ &\cdots\cdots\cdots\cdots \\ x_{j_r}&=\beta_r-\alpha_{rj_{r+1}}x_{j_{r+1}}-\cdots-\alpha_{rj_n}x_{j_n} \end{aligned}$$

这 r 个方程将非独立未知数表示为独立未知数的一次函数. 将各个独立未知数 $x_{j_{r+1}},\cdots,x_{j_n}$在允许值范围——数域 F 内任意取值 $t_1,\cdots,t_{n-r}$，由上述 r 个表达式就可以算出非独立未知数的值，得到一个解，解的每个分量都是 $n-r$ 个独立参数 $t_1,\cdots,t_{n-r}$的一次多项式. 这就是方程组的通解. 当所有的参数 $t_1,\cdots,t_{n-r}$分别独立取遍 F 时，就得到所有的解.

由上面的讨论可以知道：

1. 矩阵消元法可以求出任何一个线性方程组的解.

2. 将原方程组化为最简形式之后，可以立即判断它是否有解、有解时是有唯一解还是有无穷多组解，在有解时可以立即写出它的通解.

方程组化成最简形式之后，等号左边的非独立未知数的个数 r 对于判断方

程组是否有解以及解集的大小有重要的作用.

将最简形式的方程组中的恒等式 $0=0$ 删去，不影响方程组的解. 设剩下的方程个数为 $\tilde{r}$.

1. 如果 $r<\tilde{r}$，则方程组无解.

2. 如果 $r=\tilde{r}$，则方程组有解. 此时 r 就是具有最简形式的方程组中除去恒等式 $0=0$ 之后的方程个数.

当 $r=n$ 时方程组有唯一解.

当 $r<n$ 时方程组有无穷多解，并且通解中有 $n-r$ 个独立取值的自由参数.

容易想到，当方程组有无穷多组解时，自由参数 $n-r$ 的个数反映了解集的大小. 比如，当 $n=3$ 并且方程组的系数都是实数时，在空间中建立直角坐标系，方程组的每一个解 (x,y,z) 表示空间中以 (x,y,z) 为坐标的一个点，所有的解代表的点的集合组成方程组的图像. 当 $n=r$ 时图像是一个点，当 $n-r=1$ 时图像是一条直线，当 $n-r=2$ 时图像是一个平面，我们显然认为平面上全体点的集合比直线上全体点的集合更大，并且认为平面是 2 维的，直线是 1 维的. 这个观点能不能推广到 n 为任意值的情况？对任意的 n，能不能直接将 $n-r$ 称为解集的“维数”，并且认为维数越大的解集越大？

这种观点有道理，但是还有一些问题需要进一步明确：

首先，对于每个方程组，化为最简形式之后的 r 是否唯一？由于解方程组的化简过程并不唯一，会不会发生这样的情况：不同的化简过程得到的 r 值不同？如果有可能不同，用哪一个 $n-r$ 来作为解集合的“维数”？

另一个问题是：什么是“维数”？如果将解集合中独立参数的个数作为维数，则同一个解集可能有不同的表示方法，从而有不同个数的自由参数，以哪一种表示法中独立参数的个数作为维数呢？

例如，假如 3 元一次方程组的通解是 $(x,y,z)=t_1(1,1,1)+t_2(2,1,5)+t_3(1,-3,13)$，其中有 3 个独立取值的自由参数，是否意味着解集合的图像是整个 3 维空间？但实际上，由于

$$4(2,1,5)-7(1,1,1)=(1,-3,13)$$

3 个向量 $(1,1,1)$, $(2,1,5)$, $(1,-3,13)$ 共面，这个通解所代表的图像其实与 $(x,y,z)=t_1(1,1,1)+t_2(2,1,5)$ 代表的图像相同，是一个平面，应当是 2 维的.

由此可见，“维数”的概念应当有更确切的定义.

这些问题将在下一章中得到解决.

还有一个问题：能不能不经过方程组的变形，直接根据原方程组判断它是否有解，以及在有解时判断它的解是唯一还是有无穷多？

对于一般的方程组，难以直接判断. 但对于齐次线性方程组，也就是所有方程的常数项都是 0 的线性方程组

$$\begin{cases}a_{11}x_1+a_{12}x_2+\cdots+a_{1n}x_n=0\\a_{21}x_1+a_{22}x_2+\cdots+a_{2n}x_n=0\\\cdots\cdots\cdots\cdots\\a_{m1}x_1+a_{m2}x_2+\cdots+a_{mn}x_n=0\end{cases}\tag{1.3.8}$$

我们知道它至少有平凡解 $(x_1,\cdots,x_n)=(0,\cdots,0)$. 我们进一步关心的问题是：除了平凡解以外，它是否还有非平凡解 $(x_1,\cdots,x_n)\neq(0,\cdots,0)$？

假如将齐次线性方程组(1.3.8)化成了最简形式(1.3.7)，在最简形式的方程组中去掉形如 0=0 的恒等式，设剩下的方程个数为 r. 则当 $r<n$ 时，有 $n-r$ 个可以独立取值的自由未知数，让这些未知数取非零值，就得到(1.3.8)的非零解，并且在此时方程组有无穷多组解.

不经过解方程组的过程，不知道 r 的具体值，但至少知道 $r\leqslant m$，m 是方程组(1.3.8)中方程的个数. 如果 $m<n$，则不需解方程组就可以知道 $r<n$，从而知道此时方程组(1.3.8)一定有非零解. 由此得到：

定理 1.3.1 如果齐次线性方程组的未知数个数大于方程个数，则齐次方程组有非零解，从而有无穷多组解. □

这个定理虽然只是对未知数个数大于方程个数的齐次线性方程组得出的结论，但在以后的学习中将看到，这一结论非常有用.

习 题 1.3

1. a，b 取什么值时，下面的方程组有解，并求出其解.

$$\begin{cases}3x_1+2x_2+ax_3+x_4-3x_5=4\\5x_1+4x_2+3x_3+3x_4-x_5=3\\x_1+x_2+3x_3+2x_4+x_5=1\\x_2+2x_3+2x_4+6x_5=-3\\x_3+bx_4+x_5=1\end{cases}$$

2. 讨论当 λ 取什么值时下面的方程组有解：

$$\begin{cases}\lambda x_1+x_2+x_3=1\\x_1+\lambda x_2+x_3=\lambda\\x_1+x_2+\lambda x_3=\lambda^2\end{cases}$$

当方程组有解时求出解来，并讨论 λ 取什么值时方程组有唯一解，什么时候有无穷多组解.

3. (1) 求下面的非齐次线性方程组的通解：

$$\begin{cases}x_1+x_2+x_3+x_4+x_5=1\\x_1+2x_2+3x_3+4x_4+5x_5=6\\x_1-x_3-2x_4-3x_5=-4\end{cases}\tag{I}$$

(2) 将方程组(Ⅰ)的常数项全部换成 0 得到齐次线性方程组(Ⅱ)，求方程组(Ⅱ)的通解. 并将通解写成其中几个特解的线性组合的形式.

(3) 方程组(Ⅰ)的通解能否写成几个特解的线性组合？

(4) 观察方程组(Ⅰ)与(Ⅱ)的通解之间的关系，你发现什么规律？试证明你的结论.

4. 不解方程组，判断下面的方程组是否有非零解：

(1) $\begin{cases} x+y+z=0, \\ 2x+y+5z=0; \end{cases}$　　(2) $\begin{cases} x+y+z=0, \\ 2x+y+5z=0, \\ 3x+2y+6z=0. \end{cases}$

(提示：注意第(2)题的第 3 个方程组是前两个方程的和.)

第 2 章　线 性 空 间

线性代数处理的最重要的对象是线性空间. 线性空间由向量组成.

什么是向量?

最初，我们将有方向有大小的量称为向量，向量按平行四边形法则相加，向量乘实数是向量在原方向或相反方向的伸长或缩短.

后来用坐标表示向量，向量的运算转化为坐标的运算. 坐标就是有序数组，按分量相加以及与数相乘.

线性方程也可以相加，可以乘常数，可以用数组表示，线性方程的加法与数乘也可以转化为数组的运算.

凡是可以进行加法和数乘的都是向量. 当然，加法和数乘必须满足我们熟悉的那些运算律.

向量的线性组合，以及由线性组合产生的线性关系，是向量之间最重要的关系. 在此基础上，可以将向量用数组(坐标)来表示，用坐标来运算.

§2.0　关于线性方程组中方程个数的讨论

在第 1 章中，我们已经学会了求任意一个线性方程组的通解. 但是，我们还希望研究解集的大小与方程个数的关系.

大体上，我们感觉到，方程越多，解集越小.

但是，什么叫“方程的个数”? 怎样衡量“解集的大小”? 这并不是一件简单的事情.

比如，线性方程组

$$\begin{cases} x+y+z=0 & (1) \\ 2x+y+5z=0 & (2) \\ 3x+2y+6z=0 & (3) \end{cases} \tag{2.0.1}$$

中有几个方程?

这个问题看来很容易：3 个方程!

但是，容易看出，方程(3)可以由方程(1)，(2)相加得到. 假如将方程(3)删去，保留其余的两个方程，得到的方程组

$$\begin{cases} x+y+z=0 & (1) \\ 2x+y+5z=0 & (2) \end{cases} \tag{2.0.1$'$}$$

与原方程组(2.0.1)同解. 可以认为两个方程组(2.0.1),(2.0.1′)“实质上”是相同的. 既然方程(3)可以由其余两个方程相加得出来,将它删去不会改变原方程组的解,就可以认为方程(3)是“多余的”. 方程组(2.0.1)中实质上没有3个方程,只有两个方程.

在方程组(2.0.1)中,不但方程(3)可以由其余两个方程得出来,方程(1)也可以由其余两个方程相减得出来. 将方程(1)删去,只保留方程(2),(3),方程组的解也不会改变. 因此也可以认为方程(1)是多余的. 同样也可以认为方程(2)是多余的. 事实上,从3个方程中删去任一个方程,让剩下的两个方程组成方程组,解集都不改变.

由此看来,要讨论方程组中方程个数与解集大小的关系,首先要对“方程个数”进行“打假”. 如果某个方程是其余方程的线性组合,这个方程就可以认为是“多余的”,可以从方程组中删去而不改变解集. 如果剩下的方程还有多余的,就再删去. 不断删去多余的方程,将“打假”进行到底,直到剩下的方程没有一个是多余的,一个都不能少,这时的方程个数才可以认为是“货真价实”的.

如果一个方程组中有某个方程是其余方程的线性组合,就称这个方程组中的方程**线性相关**(linearly dependent). 如果其中每个方程都不是其余方程的线性组合,就称这些方程**线性无关**(linearly independent).

例1 线性方程组

$$\begin{cases} x+y+z=0 & (1)\\ 2x+y+5z=0 & (2)\\ x-3y+13z=0 & (3)\end{cases} \qquad (2.0.2)$$

中的方程是否线性相关?

解 将3个方程依次记为 $\boldsymbol{u}_1$, $\boldsymbol{u}_2$, $\boldsymbol{u}_3$,看其中是否有某一个方程是其余方程的线性组合.

每个方程都可以分别用它们的未知数系数和常数项组成的数组向量来表示. 由于这里的方程的常数项全部为0,可以不必考虑,只用未知数系数来表示. 这样,3个方程分别表示为

$$\boldsymbol{u}_1=(1,1,1),\ \boldsymbol{u}_2=(2,1,5),\ \boldsymbol{u}_3=(1,-3,13)$$

先看是否可以用 $\boldsymbol{u}_1$, $\boldsymbol{u}_2$ 组合出 $\boldsymbol{u}_3$,也就是说:是否存在常数 λ_1, λ_2,使

$$\lambda_1\boldsymbol{u}_1+\lambda_2\boldsymbol{u}_2=\boldsymbol{u}_3 \qquad (2.0.3)$$

即

$$\lambda_1(1,1,1)+\lambda_2(2,1,5)=(1,-3,13) \qquad (2.0.4)$$

$$(\lambda_1+2\lambda_2,\lambda_1+\lambda_2,\lambda_1+5\lambda_2)=(1,-3,13) \qquad (2.0.5)$$

$$\begin{cases}\lambda_1+2\lambda_2=1\\ \lambda_1\ \ +\lambda_2=-3\\ \lambda_1+5\lambda_2=13\end{cases}\tag{2.0.6}$$

这是以 λ_1，λ_2 为未知数的方程组. 将它用矩阵表示：

$$\begin{pmatrix}1&2&1\\1&1&-3\\1&5&13\end{pmatrix}\tag{2.0.7}$$

再通过矩阵的初等行变换来解方程组：

$$\begin{pmatrix}1&2&1\\1&1&-3\\1&5&13\end{pmatrix}\xrightarrow{-1(1)+(2),\ -1(1)+(3)}\begin{pmatrix}1&2&1\\0&-1&-4\\0&3&12\end{pmatrix}$$

$$\xrightarrow{2(2)+(1),\ 3(2)+(3),\ -1(2)}\begin{pmatrix}1&0&-7\\0&1&4\\0&0&0\end{pmatrix}$$

得
$$\begin{cases}\lambda_1=-7\\ \lambda_2=4\end{cases}$$

这个答案告诉我们：

$$-7\boldsymbol{u}_1+4\boldsymbol{u}_2=\boldsymbol{u}_3\tag{2.0.8}$$

就是说：方程组(2.0.2)中的方程(2)的 4 倍减去方程(1)的 7 倍，就得到方程(3). 直接计算容易检验确实如此. □

从关系式(2.0.8)还可得出：

$$\boldsymbol{u}_1=\frac{4}{7}\boldsymbol{u}_2-\frac{1}{7}\boldsymbol{u}_3,\quad \boldsymbol{u}_2=\frac{7}{4}\boldsymbol{u}_1+\frac{1}{4}\boldsymbol{u}_3$$

可见，方程组(2.0.2)的 3 个方程中每一个方程都是其余两个方程的线性组合，无论删去哪一个方程，剩下的两个方程组成的方程组都与原方程组同解.

例 1 中将向量等式(2.0.4)写成方程组(2.0.6)之后，向量 $\boldsymbol{u}_1=(1,1,1)$ 的 3 个分量分别成为 3 个方程中 λ_1 的系数，在矩阵(2.0.7)中排成第一列. 类似地，$\boldsymbol{u}_2=(2,1,5)$ 的 3 个分量分别成为 3 个方程中 λ_2 的系数，在矩阵(2.0.7)中排成第二列；$\boldsymbol{u}_3=(1,-3,13)$ 的 3 个分量分别成为 3 个方程的常数项，在矩阵(2.0.7)中排成第三列. 如果在(2.0.3)中将 $\boldsymbol{u}_1$，$\boldsymbol{u}_2$，$\boldsymbol{u}_3$ 不写成行向量而写成列向量，这些列向量与方程组(2.0.6)和矩阵(2.0.7)的关系会更清楚：

$$\lambda_1\begin{pmatrix}1\\1\\1\end{pmatrix}+\lambda_2\begin{pmatrix}2\\1\\5\end{pmatrix}=\begin{pmatrix}1\\-3\\13\end{pmatrix}\tag{2.0.4$'$}$$

$$\begin{pmatrix}\lambda_1+2\lambda_2\\ \lambda_1+\ \lambda_2\\ \lambda_1+5\lambda_2\end{pmatrix}=\begin{pmatrix}1\\ -3\\ 13\end{pmatrix} \qquad (2.0.5')$$

$$\begin{cases}\lambda_1+2\lambda_2=1\\ \lambda_1+\ \lambda_2=-3\\ \lambda_1+5\lambda_2=13\end{cases} \qquad (2.0.6)$$

$$\begin{pmatrix}1 & 2 & 1\\ 1 & 1 & -3\\ 1 & 5 & 13\end{pmatrix} \qquad (2.0.7)$$

由(2.0.4′)很容易写出方程组(2.0.6)和矩阵(2.0.7). 甚至可以将(2.0.4′)中的3个列向量直接排成矩阵(2.0.7), 对这个矩阵进行变形就可以得出方程组(2.0.6)的解.

列向量等式(2.0.4′)可以写成方程组(2.0.6). 反过来, 方程组(2.0.6)也可以写成列向量等式(2.0.4′).

一般地, 任何一个线性方程组

$$\begin{cases}a_{11}x_1+\cdots+a_{1n}x_n=b_1\\ a_{21}x_1+\cdots+a_{2n}x_n=b_2\\ \qquad\cdots\cdots\cdots\cdots\\ a_{m1}x_1+\cdots+a_{mn}x_n=b_m\end{cases} \qquad (2.0.9)$$

都可以写成列向量等式

$$x_1\begin{pmatrix}a_{11}\\ a_{21}\\ \vdots\\ a_{m1}\end{pmatrix}+\cdots+x_n\begin{pmatrix}a_{1n}\\ a_{2n}\\ \vdots\\ a_{mn}\end{pmatrix}=\begin{pmatrix}b_1\\ b_2\\ \vdots\\ b_m\end{pmatrix} \qquad (2.0.10)$$

这样, 解方程组(2.0.9)这个代数问题, 就变成了一个几何问题: 已知向量

$$\boldsymbol{\alpha}_1=\begin{pmatrix}a_{11}\\ a_{21}\\ \vdots\\ a_{m1}\end{pmatrix},\ \cdots,\ \boldsymbol{\alpha}_n=\begin{pmatrix}a_{1n}\\ a_{2n}\\ \vdots\\ a_{mn}\end{pmatrix},\ \boldsymbol{\beta}=\begin{pmatrix}b_1\\ b_2\\ \vdots\\ b_m\end{pmatrix}$$

将向量 $\boldsymbol{\beta}$ 表示成 $\boldsymbol{\alpha}_1,\cdots,\boldsymbol{\alpha}_n$ 的线性组合, 求组合系数 $x_1,\cdots,x_n$.

例 2 线性方程组

$$\begin{cases}x\ \ +y\ \ +z=0\\ 2x\ \ +y+5z=0\\ x-3y+4z=0\end{cases} \qquad (2.0.11)$$

的 3 个方程是否线性相关？

解 将 3 个方程分别用数组向量表示：

$$\boldsymbol{u}_1=(1,1,1),\ \boldsymbol{u}_2=(2,1,5),\ \boldsymbol{u}_3=(1,-3,4)$$

为了判断 $\boldsymbol{u}_3$ 是否是 $\boldsymbol{u}_1$，$\boldsymbol{u}_2$ 的线性组合，解方程组

$$\lambda_1\begin{pmatrix}1\\1\\1\end{pmatrix}+\lambda_2\begin{pmatrix}2\\1\\5\end{pmatrix}=\begin{pmatrix}1\\-3\\4\end{pmatrix},\text{ 即 }\begin{cases}\lambda_1+2\lambda_2=1\\\lambda_1\ \ +\lambda_2=-3\\\lambda_1+5\lambda_2=4\end{cases}$$

利用矩阵消元法解此方程组，发现它无解，可见 $\boldsymbol{u}_3$ 不是 $\boldsymbol{u}_1$，$\boldsymbol{u}_2$ 的线性组合.

为了判断 $\boldsymbol{u}_1$ 或 $\boldsymbol{u}_2$ 是否是其余向量的线性组合，分别解方程组

$$x_1\boldsymbol{u}_2+x_2\boldsymbol{u}_3=\boldsymbol{u}_1\text{ 和 }y_1\boldsymbol{u}_1+y_2\boldsymbol{u}_3=\boldsymbol{u}_2$$

发现它们都没有解.

因此，方程组(2.0.11)的 3 个方程中没有一个是其余方程的线性组合，它们线性无关. □

例 2 中需要解 3 个方程组才得出结论，太繁. 是否有更好一些的办法，只解一个方程组就能作出正确的判断？

有办法！只要解下面一个方程组就可以了：

$$\lambda_1\boldsymbol{u}_1+\lambda_2\boldsymbol{u}_2+\lambda_3\boldsymbol{u}_3=0 \tag{2.0.12}$$

如果 $\boldsymbol{u}_1$，$\boldsymbol{u}_2$，$\boldsymbol{u}_3$ 中有某一个 $\boldsymbol{u}_i$ 是其余两个 $\boldsymbol{u}_j$，$\boldsymbol{u}_k$ 的线性组合，即存在 x_j，x_k 使

$$\boldsymbol{u}_i=x_j\boldsymbol{u}_j+x_k\boldsymbol{u}_k,\qquad\text{则}\qquad \boldsymbol{u}_i-x_j\boldsymbol{u}_j-x_k\boldsymbol{u}_k=0.$$

可见 $(\lambda_i,\lambda_j,\lambda_k)=(1,-x_j,-x_k)$ 是(2.0.12)的非零解.

反过来，如果(2.0.12)有非零解 $(\lambda_1,\lambda_2,\lambda_3)$，设其中的分量 $\lambda_i\neq0$，其余两个分量为 λ_j，λ_k. 则

$$\lambda_i\boldsymbol{u}_i+\lambda_j\boldsymbol{u}_j+\lambda_k\boldsymbol{u}_k=\boldsymbol{0}\quad\Rightarrow\quad \boldsymbol{u}_i=-\frac{\lambda_j}{\lambda_i}\boldsymbol{u}_j-\frac{\lambda_k}{\lambda_i}\boldsymbol{u}_k$$

因此，$\boldsymbol{u}_1$，$\boldsymbol{u}_2$，$\boldsymbol{u}_3$ 线性相关 $\Leftrightarrow$ 方程组 $\lambda_1\boldsymbol{u}_1+\lambda_2\boldsymbol{u}_2+\lambda_3\boldsymbol{u}_3=\boldsymbol{0}$ 有非零解 $(\lambda_1,\lambda_2,\lambda_3)$.

由此得到

例 2 解法 2 解关于未知数 λ_1，λ_2，λ_3 的方程组 $\lambda_1\boldsymbol{u}_1+\lambda_2\boldsymbol{u}_2+\lambda_3\boldsymbol{u}_3=\boldsymbol{0}$，即

$$\lambda_1\begin{pmatrix}1\\1\\1\end{pmatrix}+\lambda_2\begin{pmatrix}2\\1\\5\end{pmatrix}+\lambda_3\begin{pmatrix}1\\-3\\4\end{pmatrix}=\begin{pmatrix}0\\0\\0\end{pmatrix},\text{ 即 }\begin{cases}\lambda_1+2\lambda_2\ \ +\lambda_3=0\\\lambda_1\ \ +\lambda_2-3\lambda_3=0\\\lambda_1+5\lambda_2+4\lambda_3=0\end{cases}$$

通过矩阵消元法化简为

$$\begin{cases}\lambda_1+2\lambda_2+\lambda_3=0\\ \lambda_2+4\lambda_3=0\\ -3\lambda_3=0\end{cases}$$

此方程组只有零解. 因此，$\boldsymbol{u}_1$，$\boldsymbol{u}_2$，$\boldsymbol{u}_3$ 这 3 个方程线性无关. □

例 1 解法 2 解关于未知数 λ_1，λ_2，λ_3 的方程组

$$\lambda_1\begin{pmatrix}1\\1\\1\end{pmatrix}+\lambda_2\begin{pmatrix}2\\1\\5\end{pmatrix}+\lambda_3\begin{pmatrix}1\\-3\\13\end{pmatrix}=\begin{pmatrix}0\\0\\0\end{pmatrix}\quad\Leftrightarrow\quad\begin{cases}\lambda_1+2\lambda_2+\lambda_3=0\\ \lambda_1+\lambda_2-3\lambda_3=0\\ \lambda_1+5\lambda_2+13\lambda_3=0\end{cases}$$

用矩阵消元法化简为

$$\begin{cases}\lambda_1-7\lambda_3=0\\ \lambda_2+4\lambda_3=0\end{cases}$$

通解为$(\lambda_1,\lambda_2,\lambda_3)=t(7,-4,1)$，$t$ 取任意的非零值就得到非零解. 可见例 1 中的 3 个方程线性相关. □

一般地，对于数域 F 上的一组 n 维数组向量 $\boldsymbol{\alpha}_1,\cdots,\boldsymbol{\alpha}_m$，要判断是否有某个向量 $\boldsymbol{\alpha}_i$ 是其余向量的线性组合，只要看是否存在不全为 0 的数 λ_1，$\cdots$，λ_m 使

$$\lambda_1\boldsymbol{\alpha}_1+\cdots+\lambda_m\boldsymbol{\alpha}_m=0 \tag{2.0.13}$$

如果存在不全为 0 的一组数 $\lambda_1,\cdots,\lambda_m\in F$ 使上述等式(2.0.13)成立，就称向量组 $\boldsymbol{\alpha}_1,\cdots,\boldsymbol{\alpha}_m$ 线性相关. 此时可以证明其中某个 $\boldsymbol{\alpha}_i$ 是其余向量的线性组合.

反之，如果满足条件(2.0.13)的 λ_1，λ_2，$\cdots$，$\lambda_m\in F$ 仅有 $\lambda_1=\cdots=\lambda_m=0$，就称向量组 $\boldsymbol{\alpha}_1,\cdots,\boldsymbol{\alpha}_m$ 线性无关，此时其中每个向量都不是其余向量的线性组合.

§2.1 线性相关与线性无关

在第 1 章中，我们将数域 F 上的 n 元数组 $\boldsymbol{\alpha}=(a_1,\cdots,a_n)$ 称为 n 维向量，将所有这些向量组成的集合 F^n 称为 n 维向量空间. 数组 u 可以写成一行(也就是 $1\times n$ 矩阵)的形式$(a_1,\cdots,a_n)$，称为 n 维行向量，此时将 F^n 记为 $F^{1\times n}$，称为 n 维行向量空间. 也可将数组 $\boldsymbol{u}$ 写成一列的形式$\begin{pmatrix}a_1\\ \vdots\\ a_n\end{pmatrix}$，称为 n 维列向量，此时将 F^n 记为 $F^{n\times 1}$，称为 n 维列向量空间.

以下 §2.1～§2.4 中，凡是提到“数域 F 上的向量”，我们就将它理解为

F^n 中的数组向量. 凡是提到“向量组”，就将它理解为同一个向量空间 F^n 中的向量组成的集合.

（**注**：向量、向量空间、向量组的概念在 § 2.5 中将进一步推广.）

1. 线性相关（无关）的定义

定义 2.1.1　设 $\boldsymbol{\alpha}_1,\cdots,\boldsymbol{\alpha}_m$ 是数域 F 上的 n 维向量，如果存在不全为 0 的数 $\lambda_1,\cdots,\lambda_m\in F$，使

$$\lambda_1\boldsymbol{\alpha}_1+\cdots+\lambda_m\boldsymbol{\alpha}_m=\mathbf{0}$$

就称向量组 $\{\boldsymbol{\alpha}_1,\cdots,\boldsymbol{\alpha}_m\}$ **线性相关**（linearly dependent）.

反过来，如果对于 $\lambda_1,\cdots,\lambda_m\in F$，

$$\lambda_1\boldsymbol{\alpha}_1+\cdots+\lambda_m\boldsymbol{\alpha}_m=\mathbf{0}\quad\Leftrightarrow\quad\lambda_1=\cdots=\lambda_m=0$$

就称向量组 $\{\boldsymbol{\alpha}_1,\cdots,\boldsymbol{\alpha}_m\}$ **线性无关**（linearly independent）. □

例 1　已知数域 F 上的向量组 $\boldsymbol{u}_1$，$\boldsymbol{u}_2$，$\boldsymbol{u}_3$ 线性无关. 试判断 $\boldsymbol{u}_1+\boldsymbol{u}_2$，$\boldsymbol{u}_2+\boldsymbol{u}_3$，$\boldsymbol{u}_3+\boldsymbol{u}_1$ 是线性相关还是线性无关？

解　设 F 中的数 λ_1，λ_2，λ_3 满足条件

$$\lambda_1(\boldsymbol{u}_1+\boldsymbol{u}_2)+\lambda_2(\boldsymbol{u}_2+\boldsymbol{u}_3)+\lambda_3(\boldsymbol{u}_3+\boldsymbol{u}_1)=\mathbf{0}\tag{2.1.1}$$

即

$$(\lambda_1+\lambda_3)\boldsymbol{u}_1+(\lambda_1+\lambda_2)\boldsymbol{u}_2+(\lambda_2+\lambda_3)\boldsymbol{u}_3=\mathbf{0}\tag{2.1.2}$$

由于 $\boldsymbol{u}_1$，$\boldsymbol{u}_2$，$\boldsymbol{u}_3$ 线性无关，(2.1.2)成立仅当

$$\begin{cases}\lambda_1+\lambda_3=0\\ \lambda_1+\lambda_2=0\\ \lambda_2+\lambda_3=0\end{cases}\tag{2.1.3}$$

(2.1.3)是以 λ_1，λ_2，λ_3 为未知数的方程组，解之得 $(\lambda_1,\lambda_2,\lambda_3)=(0,0,0)$.

这说明 $\boldsymbol{u}_1+\boldsymbol{u}_2$，$\boldsymbol{u}_2+\boldsymbol{u}_3$，$\boldsymbol{u}_3+\boldsymbol{u}_1$ 线性无关. □

定理 2.1.1　设 $m\geqslant 2$，则：

向量组 $\boldsymbol{\alpha}_1,\cdots,\boldsymbol{\alpha}_m$ 线性相关 $\Leftrightarrow$ 其中某个向量 $\boldsymbol{\alpha}_i$ 是其余向量的线性组合.

证明　先设 $\boldsymbol{\alpha}_1,\cdots,\boldsymbol{\alpha}_m$ 线性相关，即存在不全为 0 的 $\lambda_1,\cdots,\lambda_m\in F$ 满足条件

$$\lambda_1\boldsymbol{\alpha}_1+\cdots+\lambda_m\boldsymbol{\alpha}_m=\mathbf{0}\tag{2.1.4}$$

设 $\lambda_i\neq 0$. 将等式(2.1.4)左边除了 $\lambda_i\boldsymbol{\alpha}_i$ 之外的其余各项移到右边，再将所得的等式两边同除以非零数 λ_i，得

$$\boldsymbol{\alpha}_i=-\frac{\lambda_1}{\lambda_i}\boldsymbol{\alpha}_1-\cdots-\frac{\lambda_{i-1}}{\lambda_i}\boldsymbol{\alpha}_{i-1}-\frac{\lambda_{i+1}}{\lambda_i}\boldsymbol{\alpha}_{i+1}-\cdots-\frac{\lambda_m}{\lambda_i}\boldsymbol{\alpha}_m\tag{2.1.5}$$

这说明 $\boldsymbol{\alpha}_i$ 是 $\boldsymbol{\alpha}_1,\cdots,\boldsymbol{\alpha}_m$ 中其余向量 $\boldsymbol{\alpha}_j(1\leqslant j\leqslant m,j\neq i)$ 的线性组合.

再设某个 $\boldsymbol{\alpha}_i$ 是 $\boldsymbol{\alpha}_1,\cdots,\boldsymbol{\alpha}_m$ 中其余向量 $\boldsymbol{\alpha}_j(1\leqslant j\leqslant m,j\neq i)$ 的线性组合，即存在一组数 $t_j(1\leqslant j\leqslant m,j\neq i)$，使

$$\boldsymbol{\alpha}_i=t_1\boldsymbol{\alpha}_1+\cdots+t_{i-1}\boldsymbol{\alpha}_{i-1}+t_{i+1}\boldsymbol{\alpha}_{i+1}+\cdots+t_m\boldsymbol{\alpha}_m \tag{2.1.6}$$

将等式右边的各项全部移到左边，得

$$-t_1\boldsymbol{\alpha}_1-\cdots-t_{i-1}\boldsymbol{\alpha}_{i-1}+1\boldsymbol{\alpha}_i-t_{i+1}\boldsymbol{\alpha}_{i+1}-\cdots-t_m\boldsymbol{\alpha}_m=\mathbf{0} \tag{2.1.7}$$

等式左边是 $\boldsymbol{\alpha}_1,\cdots,\boldsymbol{\alpha}_m$ 的线性组合，其中 $\boldsymbol{\alpha}_i$ 的系数 $1\neq0$，可见存在不全为 0 的 $\lambda_1,\cdots,\lambda_m$ 使 $\lambda_1\boldsymbol{\alpha}_1+\cdots+\lambda_m\boldsymbol{\alpha}_m=\mathbf{0}$. □

在定理 2.1.1 中要求 $m\geqslant2$，是因为当 $m=1$ 时向量组 $\{\boldsymbol{\alpha}_1\}$ 只含一个向量，除了 $\boldsymbol{\alpha}_1$ 之外没有“其余向量”，或者换句话说：其余向量组成的集合是空集合.

容易验证，一个向量组成的向量组 $\{\boldsymbol{\alpha}_1\}$ 线性相关的充分必要条件是 $\boldsymbol{\alpha}_1=\mathbf{0}$. 我们规定空集合的线性组合是零向量. 那么，当 $m=1$ 时，$\{\boldsymbol{\alpha}_1\}$ 线性相关 $\Rightarrow\boldsymbol{\alpha}_1=\mathbf{0}$，此时 $\boldsymbol{\alpha}_1$ 可以认为是其余向量的线性组合(尽管其余向量组成空集合)，定理 2.1.1 仍然成立.

更进一步，我们还有：

定理 2.1.2 向量组 $\{\boldsymbol{\alpha}_1,\cdots,\boldsymbol{\alpha}_m\}$ 线性相关 $\Leftrightarrow$ 其中某个 $\boldsymbol{\alpha}_i$ 是它前面的向量 $\boldsymbol{\alpha}_j(j<i)$ 的线性组合.

证明 设 $\boldsymbol{\alpha}_1,\cdots,\boldsymbol{\alpha}_m$ 线性相关，则存在不全为 0 的 $\lambda_1,\cdots,\lambda_m\in F$ 使

$$\lambda_1\boldsymbol{\alpha}_1+\cdots+\lambda_m\boldsymbol{\alpha}_m=\mathbf{0}$$

设 $\lambda_1,\cdots,\lambda_m$ 中最后一个非零的数是 λ_i，也就是说：$\lambda_i\neq0$，且 $\lambda_j=0$ 对所有的 $i<j\leqslant m$ 成立. 则

$$\lambda_1\boldsymbol{\alpha}_1+\cdots+\lambda_i\boldsymbol{\alpha}_i=\mathbf{0}$$

当 $i\geqslant2$ 时，

$$\boldsymbol{\alpha}_i=-\frac{\lambda_1}{\lambda_i}\boldsymbol{\alpha}_1-\cdots-\frac{\lambda_{i-1}}{\lambda_i}\boldsymbol{\alpha}_{i-1}$$

$\boldsymbol{\alpha}_i$ 是它前面的向量 $\boldsymbol{\alpha}_1,\cdots,\boldsymbol{\alpha}_{i-1}$ 的线性组合.

当 $i=1$ 时，$\lambda_1\neq0$，$\lambda_1\boldsymbol{\alpha}_1=\mathbf{0}$，这迫使 $\boldsymbol{\alpha}_1=\mathbf{0}$. 此时 $\boldsymbol{\alpha}_1$“前面的向量”组成的集合是空集合，我们规定零向量是空集合的线性组合，因此零向量 $\boldsymbol{\alpha}_1$ 仍然是它前面的向量的线性组合.

反过来，如果有某一个向量 $\boldsymbol{\alpha}_i$ 是它前面的向量的线性组合，则由定理 2.1.1 即可知 $\boldsymbol{\alpha}_1,\cdots,\boldsymbol{\alpha}_m$ 线性相关. □

推论 2.1.1 设 $\boldsymbol{\alpha}_1,\cdots,\boldsymbol{\alpha}_m$ 是由非零向量组成的向量组，其中每个 $\boldsymbol{\alpha}_i(2\leqslant i\leqslant m)$ 都不是它前面的向量 $\boldsymbol{\alpha}_j(1\leqslant j<i)$ 的线性组合，则 $\boldsymbol{\alpha}_1,\cdots,\boldsymbol{\alpha}_m$ 线性无关. □

这个推论告诉我们怎样从一个向量组 $S=\{\boldsymbol{\alpha}_1,\cdots,\boldsymbol{\alpha}_m\}$ 中取出尽可能多的向量组成线性无关向量组. 如果 S 含有非零向量，从 S 任取一个非零向量 $\boldsymbol{\alpha}_{i_1}$ 组成线性无关集合 $S_1=\{\boldsymbol{\alpha}_{i_1}\}$. 如果 S 中存在向量 $\boldsymbol{\alpha}_{i_2}$ 不是 $\boldsymbol{\alpha}_{i_1}$ 的线性组合，由推论 2.1.1 可知 $S_2=\{\boldsymbol{\alpha}_{i_1},\boldsymbol{\alpha}_{i_2}\}$ 线性无关. 如果 S 中存在向量 $\boldsymbol{\alpha}_{i_3}$ 不是 $\boldsymbol{\alpha}_{i_1}$，$\boldsymbol{\alpha}_{i_2}$ 的线性组合，就得到线性无关的向量集合 $S_3=\{\boldsymbol{\alpha}_{i_1},\boldsymbol{\alpha}_{i_2},\boldsymbol{\alpha}_{i_3}\}$. 照此下去，设已经从 S 取出了 $\boldsymbol{\alpha}_{i_1},\cdots,\boldsymbol{\alpha}_{i_k}$ 组成线性无关的向量集合 S_k，如果 S 中存在向量 $\boldsymbol{\alpha}_{i_{k+1}}$ 不是 $\boldsymbol{\alpha}_{i_1},\cdots,\boldsymbol{\alpha}_{i_k}$ 的线性组合，就得到更大的线性无关向量集合 $S_{k+1}=\{\boldsymbol{\alpha}_{i_1},\cdots,\boldsymbol{\alpha}_{i_k},\boldsymbol{\alpha}_{i_{k+1}}\}$. 重复这个过程直到不能再进行下去为止，得到由 S 中的向量组成的线性无关集合 $S_r=\{\boldsymbol{\alpha}_{i_1},\cdots,\boldsymbol{\alpha}_{i_r}\}$，$S$ 中剩下的所有的向量都是 S_r 中的向量的线性组合，将 S_r 在 S 中再扩大得到的任何一个集合都线性相关. 我们称 S 中这样的线性无关子集 S_r 为 S 的极大线性无关组. 关于极大线性无关组的性质，将在§2.2 中详细讨论.

我们知道由零向量单独组成的向量集合线性相关. 不仅如此，很容易看出：含有零向量的向量组也都线性相关. 设向量组 $\boldsymbol{\alpha}_1,\cdots,\boldsymbol{\alpha}_m$ 中的向量 $\boldsymbol{\alpha}_i=\mathbf{0}$，则

$$0\boldsymbol{\alpha}_1+\cdots+0\boldsymbol{\alpha}_{i-1}+1\boldsymbol{\alpha}_i+0\boldsymbol{\alpha}_{i+1}+\cdots+0\boldsymbol{\alpha}_m=\mathbf{0}$$

且其中 $\boldsymbol{\alpha}_i$ 的系数 1 不为 0. 可见 $\boldsymbol{\alpha}_1,\cdots,\boldsymbol{\alpha}_m$ 线性相关. 更一般地，含有线性相关子集的向量组线性相关：

定理 2.1.3　如果向量组 $\{\boldsymbol{\alpha}_1,\cdots,\boldsymbol{\alpha}_m\}$ 包含一个子集 $\{\boldsymbol{\alpha}_{i_1},\cdots,\boldsymbol{\alpha}_{i_k}\}$ 线性相关，那么整个向量组 $\{\boldsymbol{\alpha}_1,\cdots,\boldsymbol{\alpha}_m\}$ 线性相关. 如果向量组 $\{\boldsymbol{\alpha}_1,\cdots,\boldsymbol{\alpha}_m\}$ 线性无关，那么它的每个子集都线性无关.

证明　$\boldsymbol{\alpha}_{i_1},\cdots,\boldsymbol{\alpha}_{i_k}$ 线性相关⇒存在不全为 0 的 $\lambda_1,\cdots,\lambda_k\in F$ 使

$$\lambda_1\boldsymbol{\alpha}_{i_1}+\cdots+\lambda_k\boldsymbol{\alpha}_{i_k}=\mathbf{0}$$

设 $\boldsymbol{\alpha}_{i_{k+1}},\cdots,\boldsymbol{\alpha}_{i_n}$ 是 $\{\boldsymbol{\alpha}_1,\cdots,\boldsymbol{\alpha}_m\}$ 中去掉 $\boldsymbol{\alpha}_{i_1},\cdots,\boldsymbol{\alpha}_{i_k}$ 之后剩下的那些向量，则

$$\lambda_1\boldsymbol{\alpha}_{i_1}+\cdots+\lambda_k\boldsymbol{\alpha}_{i_k}+0\boldsymbol{\alpha}_{i_{k+1}}+\cdots+0\boldsymbol{\alpha}_{i_m}=\mathbf{0}$$

其中各向量的系数 $\lambda_1,\cdots,\lambda_k,0,\cdots,0$ 不全为 0，这说明 $\boldsymbol{\alpha}_{i_1},\cdots,\boldsymbol{\alpha}_{i_k},\boldsymbol{\alpha}_{i_{k+1}},\cdots,\boldsymbol{\alpha}_{i_m}$ 线性相关，也就是 $\boldsymbol{\alpha}_1,\cdots,\boldsymbol{\alpha}_m$ 线性相关.

由于 $\{\boldsymbol{\alpha}_1,\cdots,\boldsymbol{\alpha}_m\}$ 的任何一个子集线性相关都将导致 $\{\boldsymbol{\alpha}_1,\cdots,\boldsymbol{\alpha}_m\}$ 线性相关，要使 $\{\boldsymbol{\alpha}_1,\cdots,\boldsymbol{\alpha}_m\}$ 线性无关，必须它的所有子集线性无关. □

2. 利用解线性方程组判定线性相关(无关)

根据线性相关的定义，要判断数组向量 $\boldsymbol{\alpha}_1,\cdots,\boldsymbol{\alpha}_m$ 是否线性相关，只要将等式

$$\lambda_1\boldsymbol{\alpha}_1+\cdots+\lambda_m\boldsymbol{\alpha}_m=\mathbf{0}$$

写成以 $\lambda_1,\cdots,\lambda_m$ 为未知数的方程组，解这个方程组看它是否有非零解 $(\lambda_1,\cdots,\lambda_m)$.

例 2 线性方程组

$$\begin{cases} x_1+2x_2+3x_3+4x_4=-3 \\ x_1+2x_2 \qquad -5x_4=1 \\ 2x_1+4x_2-3x_3-19x_4=6 \\ 3x_1+6x_2-3x_3-24x_4=7 \end{cases} \tag{2.1.8}$$

中是否有某些方程是其余方程的线性组合?

解 将4个方程分别记为 $\boldsymbol{u}_1$，$\boldsymbol{u}_2$，$\boldsymbol{u}_3$，$\boldsymbol{u}_4$，分别用数组向量来表示:

$$\boldsymbol{u}_1=(1,2,3,4,-3), \qquad \boldsymbol{u}_2=(1,2,0,-5,1)$$
$$\boldsymbol{u}_3=(2,4,-3,-19,6), \qquad \boldsymbol{u}_4=(3,6,-3,-24,7)$$

根据定理2.1.1，只要看 $\boldsymbol{u}_1$，$\boldsymbol{u}_2$，$\boldsymbol{u}_3$，$\boldsymbol{u}_4$ 是否线性相关，就知道其中是否有某一个方程是其余方程的线性组合. 为此，只需看方程

$$\lambda_1\boldsymbol{u}_1+\lambda_2\boldsymbol{u}_2+\lambda_3\boldsymbol{u}_3+\lambda_4\boldsymbol{u}_4=\boldsymbol{0} \tag{2.1.9}$$

是否有非零解 $(\lambda_1,\lambda_2,\lambda_3,\lambda_4)$.

将数组向量 $\boldsymbol{u}_1$，$\boldsymbol{u}_2$，$\boldsymbol{u}_3$，$\boldsymbol{u}_4$ 写成列向量的形式代入方程(2.1.9)，得

$$\lambda_1\begin{pmatrix}1\\2\\3\\4\\-3\end{pmatrix}+\lambda_2\begin{pmatrix}1\\2\\0\\-5\\1\end{pmatrix}+\lambda_3\begin{pmatrix}2\\4\\-3\\-19\\6\end{pmatrix}+\lambda_4\begin{pmatrix}3\\6\\-3\\-24\\7\end{pmatrix}=\begin{pmatrix}0\\0\\0\\0\\0\end{pmatrix} \tag{2.1.10}$$

即

$$\begin{cases} \lambda_1+\lambda_2+2\lambda_3+3\lambda_4=0 \\ 2\lambda_1+2\lambda_2+4\lambda_3+6\lambda_4=0 \\ 3\lambda_1 \qquad -3\lambda_3-3\lambda_4=0 \\ 4\lambda_1-5\lambda_2-19\lambda_3-24\lambda_4=0 \\ -3\lambda_1+\lambda_2+6\lambda_3+7\lambda_4=0 \end{cases} \tag{2.1.11}$$

用矩阵消元法解关于未知数 λ_1，λ_2，λ_3，λ_4 的方程组(2.1.11)得通解

$$(\lambda_1,\lambda_2,\lambda_3,\lambda_4)=(t_1+t_2,-3t_1-4t_2,t_1,t_2)$$

取 $\begin{cases} t_1=1, \\ t_2=0 \end{cases}$ 得一组解 $(\lambda_1,\lambda_2,\lambda_3,\lambda_4)=(1,-3,1,0)$，可见

$$\boldsymbol{u}_1-3\boldsymbol{u}_2+\boldsymbol{u}_3=\boldsymbol{0}, \quad \text{即} \quad \boldsymbol{u}_3=-\boldsymbol{u}_1+3\boldsymbol{u}_2$$

取 $\begin{cases} t_1=0, \\ t_2=1 \end{cases}$ 得一组解 $(\lambda_1,\lambda_2,\lambda_3,\lambda_4)=(1,-4,0,1)$，可见

$$\boldsymbol{u}_1-4\boldsymbol{u}_2+\boldsymbol{u}_4=\boldsymbol{0},\quad 即\quad \boldsymbol{u}_4=-\boldsymbol{u}_1+4\boldsymbol{u}_2$$

由此可见，例 2 中的方程组中的后两个方程是前两个方程的线性组合. □

例 2 中的后两个方程是前两个方程的线性组合，可以从方程组中删去而不影响方程组的解. 方程组实际上可以认为是由前两个方程组成. 前两个方程的系数不成比例，因此其中任何一个方程都不是另一个方程的线性组合，它们线性无关. 因此可以认为：例 2 的方程组的方程的真正个数不是 4 而是 2.

定理 2.1.4 设 F^n 中的向量 $\boldsymbol{u}_1,\cdots,\boldsymbol{u}_m$ 线性无关. 如果在每个 $\boldsymbol{u}_j=(a_{1j},\cdots,a_{nj})(1\leqslant j\leqslant m)$ 上再任意添加一个分量成为 F^{n+1} 中的一个向量 $v_j=(a_{1j},\cdots,a_{nj},a_{n+1,j})$，那么所得到的向量组 $v_1,\cdots,v_m$ 线性无关.

证明 已经知道 $\boldsymbol{u}_1,\cdots,\boldsymbol{u}_m$ 线性无关，即：F 中满足条件

$$\lambda_1\boldsymbol{u}_1+\cdots+\lambda_m\boldsymbol{u}_m=\boldsymbol{0}\tag{2.1.12}$$

的数 $\lambda_1,\cdots,\lambda_m$ 只能是 $\lambda_1=\cdots=\lambda_m=0$. 而(2.1.12)即方程组

$$\begin{cases}a_{11}\lambda_1+\cdots+a_{1m}\lambda_m=0\\ \cdots\cdots\cdots\cdots\\ a_{n1}\lambda_1+\cdots+a_{nm}\lambda_m=0\end{cases}\tag{2.1.13}$$

因此，方程组(2.1.13)只有唯一解$(\lambda_1,\cdots,\lambda_m)=(0,\cdots,0)$.

设 F 中 m 个数 $\lambda_1,\cdots,\lambda_m$ 满足条件

$$\lambda_1 v_1+\cdots+\lambda_m v_m=\boldsymbol{0}\tag{2.1.14}$$

即

$$\begin{cases}a_{11}\lambda_1+\cdots+a_{1m}\lambda_m=0\\ \cdots\cdots\cdots\cdots\\ a_{n1}\lambda_1+\cdots+a_{nm}\lambda_m=0\\ a_{n+1,1}\lambda_1+\cdots+a_{n+1,m}\lambda_m=0\end{cases}\tag{2.1.15}$$

方程组(2.1.15)的前 n 个方程就是方程组(2.1.13)的全部方程，因此(2.1.15)的解一定是(2.1.13)的解. 已经知道方程组(2.1.13)只有唯一解$(\lambda_1,\cdots,\lambda_m)=(0,\cdots,0)$，因此方程组(2.1.15)除了零解之外没有别的解. 这说明了$v_1,\cdots,v_m$ 线性无关. □

3. n 维空间中线性无关向量的最大个数

例 3 如下向量组是线性相关还是线性无关?

$$\boldsymbol{u}_1=(1,1,1),\quad \boldsymbol{u}_2=(2,1,5),\quad \boldsymbol{u}_3=(1,-3,4),\quad \boldsymbol{u}_4=(3,4,5)$$

解 解关于未知数 λ_1，λ_2，λ_3，λ_4 的方程

$$\lambda_1\boldsymbol{u}_1+\lambda_2\boldsymbol{u}_2+\lambda_3\boldsymbol{u}_3+\lambda_4\boldsymbol{u}_4=\boldsymbol{0}\tag{2.1.16}$$

即方程组

$$\begin{cases}\lambda_1+2\lambda_2+\lambda_3+3\lambda_4=0\\ \lambda_1+\lambda_2-3\lambda_3+4\lambda_4=0\\ \lambda_1+5\lambda_2+4\lambda_3+5\lambda_4=0\end{cases} \tag{2.1.17}$$

此齐次线性方程组由3个方程组成，有4个未知数，未知数个数>方程个数，由定理1.3.1知(2.1.17)一定有非零解$(\lambda_1,\lambda_2,\lambda_3,\lambda_4)$. 因此$\boldsymbol{u}_1,\boldsymbol{u}_2,\boldsymbol{u}_3,\boldsymbol{u}_4$线性相关. □

在以上的例3中实际上并没有解线性方程组，只根据未知数个数大于方程个数就得出了线性相关的结论. 这个推理过程可以推广如下：

定理2.1.5 设$\boldsymbol{u}_1,\cdots,\boldsymbol{u}_m$是$n$维向量空间$F^n$中的$m$个向量. 如果$m>n$，则$\boldsymbol{u}_1,\cdots,\boldsymbol{u}_m$线性相关.

证明 考虑关于F中m个未知数$\lambda_1,\cdots,\lambda_m$的方程

$$\lambda_1\boldsymbol{u}_1+\cdots+\lambda_m\boldsymbol{u}_m=\boldsymbol{0} \tag{2.1.18}$$

对每个$1\leqslant j\leqslant m$，记$\boldsymbol{u}_j=\begin{pmatrix}a_{1j}\\ \vdots\\ a_{nj}\end{pmatrix}$，则(2.1.18)成为线性方程组

$$\begin{cases}a_{11}\lambda_1+\cdots+a_{1m}\lambda_m=0\\ \cdots\cdots\cdots\cdots\\ a_{n1}\lambda_1+\cdots+a_{nm}\lambda_m=0\end{cases} \tag{2.1.19}$$

此方程组有m个未知数，n个方程，由$m>n$知道此方程组有非零解$(\lambda_1,\cdots,\lambda_m)\neq(0,\cdots,0)$.

可见$\boldsymbol{u}_1,\cdots,\boldsymbol{u}_m$线性相关. □

定理2.1.5指出，在n维向量空间F^n中线性无关的向量个数不超过n个. 很自然要问：F^n中是否存在n个线性无关的向量？

例4 举例说明在F^n中存在n个线性无关的向量.

解 对每个$1\leqslant i\leqslant n$，记

$$\boldsymbol{e}_i=(0,\cdots,0,\underset{\substack{\uparrow\\ \text{第}\, i\, \text{个分量}}}{1},0,\cdots,0)$$

表示第i分量为1、其余分量为0的数组向量.

我们证明：n个向量$\boldsymbol{e}_1,\boldsymbol{e}_2,\cdots,\boldsymbol{e}_n$线性无关.

为此，只需证明：$\lambda_1\boldsymbol{e}_1+\cdots+\lambda_n\boldsymbol{e}_n=\boldsymbol{0}\Rightarrow(\lambda_1,\cdots,\lambda_n)=(0,\cdots,0)$.

而

$$\lambda_1\boldsymbol{e}_1+\cdots+\lambda_n\boldsymbol{e}_n=\boldsymbol{0} \quad \text{即} \quad \lambda_1\begin{pmatrix}1\\0\\ \vdots\\0\end{pmatrix}+\cdots+\lambda_n\begin{pmatrix}0\\ \vdots\\0\\1\end{pmatrix}=\begin{pmatrix}0\\0\\ \vdots\\0\end{pmatrix} \quad \Leftrightarrow \quad \begin{cases}\lambda_1=0\\ \vdots\\ \lambda_n=0\end{cases}$$

如所欲证. □

由定理 2.1.5 和例 4 的结论共同得出：

推论 2.1.2 n 维数组空间 F^n 中线性无关的向量最多有 n 个. □

F^n 中线性无关向量的最大个数是 n，这就是 F^n 被称为 n 维空间的原因.

例 5 在空间中建立了直角坐标系，点 P 的坐标同时又是向量 $\overrightarrow{OP}$ 的坐标. 已知 3 点 A，B，C 的坐标分别为 $A(1,1,1)$，$B(2,1,5)$，$C(1,-3,4)$.

(1) 向量 $\overrightarrow{OA}$，$\overrightarrow{OB}$，$\overrightarrow{OC}$ 是否共面？

(2) 是否对空间中任意一点 $P=(b_1,b_2,b_3)$，都存在唯一一组实数 x，y，z 使

$$x(1,1,1)+y(2,1,5)+z(1,-3,4)=(b_1,b_2,b_3)$$

解 (1) 这 3 个向量共面 $\Leftrightarrow$ 其中有一个向量是其余两个向量的线性组合

$\Leftrightarrow$ 这 3 个向量线性相关

$\Leftrightarrow$ 存在不全为 0 的数 λ_1，λ_2，λ_3，使

$$\lambda_1(1,1,1)+\lambda_2(2,1,5)+\lambda_3(1,-3,4)=(0,0,0)$$

即

$$\begin{cases}\lambda_1+2\lambda_2+\lambda_3=0\\ \lambda_1+\lambda_2-3\lambda_3=0\\ \lambda_1+5\lambda_2+4\lambda_3=0\end{cases}$$

解之得唯一解 $(\lambda_1,\lambda_2,\lambda_3)=(0,0,0)$. 可见 $\overrightarrow{OA}$，$\overrightarrow{OB}$，$\overrightarrow{OC}$ 不共面.

(2) $\overrightarrow{OA}$，$\overrightarrow{OB}$，$\overrightarrow{OC}$ 不共面 $\Leftrightarrow$ 空间中每个向量 $\overrightarrow{OP}$ 都能表示成

$$\overrightarrow{OP}=x\ \overrightarrow{OA}+y\ \overrightarrow{OB}+z\ \overrightarrow{OC}$$

的形式，并且其中的系数 x，y，z 由 $\overrightarrow{OP}$ 唯一决定. □

对于 3 维空间中的几何向量，我们有：

3 个向量 $\boldsymbol{\alpha}_1$，$\boldsymbol{\alpha}_2$，$\boldsymbol{\alpha}_3$ 线性相关 $\Leftrightarrow$ 这三个向量共面，可以用同一个平面内的有向线段 $\overrightarrow{OA_1}$，$\overrightarrow{OA_2}$，$\overrightarrow{OA_3}$ 表示.

两个向量 $\boldsymbol{\alpha}_1$，$\boldsymbol{\alpha}_2$ 线性相关 $\Leftrightarrow$ 这两个向量平行(也称共线)，可以用同一条直线上的有向线段 $\overrightarrow{OA_1}$，$\overrightarrow{OA_2}$ 表示.

例 5 通过 3 维空间中的几何图形得出的结论能否推广到任意的 n 维数组向量？能.

定理 2.1.6 设 $\boldsymbol{\alpha}_1,\boldsymbol{\alpha}_2,\cdots,\boldsymbol{\alpha}_n$ 是 n 维向量空间 F^n 中任意 n 个线性无关的向量，则 F^n 中任何一个向量 $\boldsymbol{\beta}$ 都能够写成 $\boldsymbol{\alpha}_1,\boldsymbol{\alpha}_2,\cdots,\boldsymbol{\alpha}_n$ 的线性组合的形式

$$\boldsymbol{\beta}=x_1\boldsymbol{\alpha}_1+x_2\boldsymbol{\alpha}_2+\cdots+x_n\boldsymbol{\alpha}_n$$

并且其中的系数 $x_1,x_2,\cdots,x_n$ 由 $\boldsymbol{\alpha}_1,\boldsymbol{\alpha}_2,\cdots,\boldsymbol{\alpha}_n,\boldsymbol{\beta}$ 唯一确定.

证明 $\boldsymbol{\alpha}_1,\cdots,\boldsymbol{\alpha}_n,\boldsymbol{\beta}$ 是 F^n 中 $n+1$ 个向量. 由定理 2.1.5 知道它们线性相关，存在不全为 0 的数 $\lambda_1,\cdots,\lambda_n,\lambda$ 使

$$\lambda_1\boldsymbol{\alpha}_1+\cdots+\lambda_n\boldsymbol{\alpha}_n+\lambda\boldsymbol{\beta}=\mathbf{0} \tag{2.1.20}$$

如果 $\lambda=0$，则 $\lambda_1,\cdots,\lambda_n$ 不全为 0 且

$$\lambda_1\boldsymbol{\alpha}_1+\cdots+\lambda_n\boldsymbol{\alpha}_n=\mathbf{0}$$

这导致 $\boldsymbol{\alpha}_1,\cdots,\boldsymbol{\alpha}_n$ 线性相关，矛盾. 故 $\lambda\neq0$. 由(2.1.20)得

$$\boldsymbol{\beta}=-\frac{\lambda_1}{\lambda}\boldsymbol{\alpha}_1-\cdots-\frac{\lambda_n}{\lambda}\boldsymbol{\alpha}_n$$

可见 $\boldsymbol{\beta}$ 是 $\boldsymbol{\alpha}_1,\cdots,\boldsymbol{\alpha}_n$ 的线性组合.

(**注**:这个命题的另外一个证明如下：

由于 $\boldsymbol{\alpha}_1,\cdots,\boldsymbol{\alpha}_n$ 线性无关,其中每个向量都不是它前面的向量的线性组合. 如果 $\boldsymbol{\beta}$ 不是 $\boldsymbol{\alpha}_1,\cdots,\boldsymbol{\alpha}_n$ 的线性组合,则向量组 $\boldsymbol{\alpha}_1,\cdots,\boldsymbol{\alpha}_n,\boldsymbol{\beta}$ 中每个向量都不是它前面的向量的线性组合,由定理 2.1.2 的推论 2.1.1 知:这导致 $\boldsymbol{\alpha}_1,\cdots,\boldsymbol{\alpha}_n,\boldsymbol{\beta}$ 线性无关,矛盾.因此 $\boldsymbol{\beta}$ 是 $\boldsymbol{\alpha}_1,\cdots,\boldsymbol{\alpha}_n$ 的线性组合.)

现在证明表达式

$$\boldsymbol{\beta}=x_1\boldsymbol{\alpha}_1+\cdots+x_n\boldsymbol{\alpha}_n$$

中系数 $x_1,\cdots,x_n$ 的唯一性.

假定有两组系数 $x_1,\cdots,x_n$ 与 $y_1,\cdots,y_n$ 满足条件

$$\boldsymbol{\beta}=x_1\boldsymbol{\alpha}_1+\cdots+x_n\boldsymbol{\alpha}_n$$

$$\boldsymbol{\beta}=y_1\boldsymbol{\alpha}_1+\cdots+y_n\boldsymbol{\alpha}_n$$

将两个表达式相减得

$$(x_1-y_1)\boldsymbol{\alpha}_1+\cdots+(x_n-y_n)\boldsymbol{\alpha}_n=\mathbf{0} \tag{2.1.21}$$

由于 $\boldsymbol{\alpha}_1,\cdots,\boldsymbol{\alpha}_n$ 线性无关，向量等式(2.1.21)仅当

$$x_1-y_1=\cdots=x_n-y_n=0$$

时成立，也就是

$$x_1=y_1,\ \cdots,\ x_n=y_n$$

这说明了系数 $x_1,\cdots,x_n$ 的唯一性. □

在空间解析几何中知道，3 维几何空间中任取 3 个线性无关(即不共面)的向量 $\boldsymbol{\alpha}_1$，$\boldsymbol{\alpha}_2$，$\boldsymbol{\alpha}_3$，则空间中每个向量 $\boldsymbol{\beta}$ 可以唯一地写成线性组合的形式 $\boldsymbol{\beta}=x\boldsymbol{\alpha}_1+y\boldsymbol{\alpha}_2+z\boldsymbol{\alpha}_3$. 我们将 $\{\boldsymbol{\alpha}_1,\boldsymbol{\alpha}_2,\boldsymbol{\alpha}_3\}$ 称为 3 维几何空间的一组基，(x,y,z) 称为向量 $\boldsymbol{\beta}$ 在这组基下的坐标. 定理 2.1.6 表明，在 n 维数组空间 F^n 中任取 n 个线性无关的向量 $\boldsymbol{\alpha}_1,\cdots,\boldsymbol{\alpha}_n$，则 F^n 中每个向量 $\boldsymbol{\beta}$ 也可以唯一地写成线性组合的形式

$$\boldsymbol{\beta}=x_1\boldsymbol{\alpha}_1+\cdots+x_n\boldsymbol{\alpha}_n$$

很自然地，我们将 $\{\boldsymbol{\alpha}_1,\cdots,\boldsymbol{\alpha}_n\}$ 称为 F^n 的一组基，$(x_1,\cdots,x_n)$ 称为 $\boldsymbol{\beta}$ 在这组基

下的坐标.

一个最简单然而重要的例子是：设 $\boldsymbol{e}_1,\cdots,\boldsymbol{e}_n$ 是例 4 中所定义的 F^n 中 n 个线性无关的向量，则 F^n 中任意一个向量 $\boldsymbol{\beta}=(b_1,\cdots,b_n)$ 可表示成

$$\begin{aligned}\boldsymbol{\beta}&=(b_1,0,\cdots,0)+(0,b_2,0\cdots,0)+\cdots+(0,\cdots,b_{n-1},0)+(0,\cdots,0,b_n)\\&=b_1\boldsymbol{e}_1+\cdots+b_n\boldsymbol{e}_n\end{aligned}$$

反过来，如果

$$\boldsymbol{\beta}=x_1\boldsymbol{e}_1+\cdots+x_n\boldsymbol{e}_n$$

则将 $\boldsymbol{\beta}=(b_1,\cdots,b_n)$ 与 $x_1\boldsymbol{e}_1+\cdots+x_n\boldsymbol{e}_n=(x_1,\cdots,x_n)$ 相比较可知 $x_i=b_i$ 对 $1\leqslant i\leqslant n$ 成立.

$\{\boldsymbol{e}_1,\cdots,\boldsymbol{e}_n\}$ 称为 F^n 的**自然基**(natural basis)，也称**标准基**(standard basis)，向量 $\boldsymbol{\beta}\in F^n$ 在自然基下的坐标就是 $\boldsymbol{\beta}$ 本身.

4. 无限集合的线性组合与线性相关

前面定义向量集合 S 的线性组合、线性相关、线性无关时，为了便于初学者理解，讨论对象只限于 S 是有限集合的情形. 但 F^n 本身是无限集合，讨论 F^n 的很多性质时不可避免地涉及到 F^n 的无限子集的线性相关问题. 例如 F 上 n 元齐次线性方程组如果有非零解，解集就是 F^n 的无限子集. 因此需要将向量集合的线性组合、线性相关等概念合理地推广到任意多个向量组成的向量集合 S，包括 S 是无限集合的情况.

设 S 是 F^n 的任意子集.

当 S 是有限集合时，S 的任何一个子集 $S_1=\{\boldsymbol{\alpha}_1,\cdots,\boldsymbol{\alpha}_k\}$ 的线性组合 $\boldsymbol{\alpha}=\lambda_1\boldsymbol{\alpha}_1+\cdots+\lambda_k\boldsymbol{\alpha}_k$ 都可以看作 S 中全体向量的线性组合：

$$\boldsymbol{\alpha}=\lambda_1\boldsymbol{\alpha}_1+\cdots+\lambda_k\boldsymbol{\alpha}_k+\sum_{\boldsymbol{\alpha}\in S,\ \boldsymbol{\alpha}\notin S_1}0\boldsymbol{\alpha}$$

如果 S 有一个子集 $S_1=\{\boldsymbol{\alpha}_1,\cdots,\boldsymbol{\alpha}_k\}$ 线性相关，也就是存在 F 中不全为 0 的数 $\lambda_1,\cdots,\lambda_k$ 满足条件

$$\lambda_1\boldsymbol{\alpha}_1+\cdots+\lambda_k\boldsymbol{\alpha}_k=0$$

于是

$$\lambda_1\boldsymbol{\alpha}_1+\cdots+\lambda_k\boldsymbol{\alpha}_k+\sum_{\boldsymbol{\alpha}\in S,\ \boldsymbol{\alpha}\notin S_1}0\boldsymbol{\alpha}=\mathbf{0}$$

这说明了集合 S 线性相关.

我们按这个观点来定义 S 是无限集合的情形下的线性组合和线性相关.

定义 2.1.2 设 V 是 F 上的线性空间，S 是 V 的任意子集，则

(1) S 的任一有限子集 $S_1=\{\boldsymbol{\alpha}_1,\cdots,\boldsymbol{\alpha}_k\}$ 的任一线性组合

$$\lambda_1\boldsymbol{\alpha}_1+\cdots+\lambda_k\boldsymbol{\alpha}_k$$

称为 S 的线性组合.

（2）如果 S 的某个有限子集 $S_1=\{\boldsymbol{\alpha}_1,\cdots,\boldsymbol{\alpha}_k\}$ 线性相关，就称 S 线性相关. □

我们还规定：空集合的线性组合是零向量，空集合线性无关.

由于 F^n 中任意 $n+1$ 个向量线性相关，F^n 的子集 S 如果含有 $n+1$ 个向量，S 一定线性相关. 特别，如果 S 是无限集合，当然含有 $n+1$ 个向量. 因此，F^n 的无限子集一定线性相关.

习 题 2.1

1. 判定 $\mathbf{R}^3$ 中的下述向量是线性相关还是线性无关：

（1）$\boldsymbol{\alpha}_1=(1,1,1)$，$\boldsymbol{\alpha}_2=(1,2,3)$，$\boldsymbol{\alpha}_3=(1,4,9)$；

（2）$\boldsymbol{\alpha}_1=(1,1,1)$，$\boldsymbol{\alpha}_2=(1,2,3)$，$\boldsymbol{\alpha}_3=(1,4,9)$，$\boldsymbol{\alpha}_4=(1,8,27)$

2. 判定 $\mathbf{R}^4$ 中的下述向量是线性相关还是线性无关？

（1）$\boldsymbol{\alpha}_1=(2,0,-1,2)$，$\boldsymbol{\alpha}_2=(0,-2,1,-3)$，$\boldsymbol{\alpha}_3=(3,-1,2,1)$，$\boldsymbol{\alpha}_4=(-2,4,-7,5)$；

（2）$\boldsymbol{\alpha}_1=(1,-1,0,0)$，$\boldsymbol{\alpha}_2=(0,1,-1,0)$，$\boldsymbol{\alpha}_3=(0,0,1,-1)$，$\boldsymbol{\alpha}_4=(-1,0,0,1)$.

3. 设3维几何空间中建立了直角坐标系. 判定如下4点是否共面：

（1）$A(1,1,1)$，$B(1,2,3)$，$C(1,4,9)$，$D(1,8,27)$；

（2）$A(1,1,1)$，$B(1,2,3)$，$C(2,5,8)$，$D(3,7,15)$.

4. 举例说明若干两两线性无关的向量，其全体不一定线性无关.

5. 设 k，p 是任意正整数. 证明：

（1）若向量组 $\boldsymbol{\alpha}_1,\boldsymbol{\alpha}_2,\cdots,\boldsymbol{\alpha}_k$ 线性相关，则 $\boldsymbol{\alpha}_1,\boldsymbol{\alpha}_2,\cdots,\boldsymbol{\alpha}_{k+p}$ 线性相关；

（2）若向量组 $\boldsymbol{\alpha}_1,\boldsymbol{\alpha}_2,\cdots,\boldsymbol{\alpha}_{k+p}$ 线性无关，则 $\boldsymbol{\alpha}_1,\boldsymbol{\alpha}_2,\cdots,\boldsymbol{\alpha}_k$ 线性无关.

6. 设 k，n，m 是任意正整数，F 是任意数域. 回答下面的问题并说明理由.

（1）若向量组 $\boldsymbol{\alpha}_1,\boldsymbol{\alpha}_2,\cdots,\boldsymbol{\alpha}_k\in F^n$ 线性无关，则 $\boldsymbol{\alpha}_1,\boldsymbol{\alpha}_2,\cdots,\boldsymbol{\alpha}_k$ 分别添加 m 维分量构成的 $n+m$ 维向量组 $\tilde{\boldsymbol{\alpha}}_1,\tilde{\boldsymbol{\alpha}}_2,\cdots,\tilde{\boldsymbol{\alpha}}_k\in\mathbf{R}^{n+m}$ 是否一定线性无关？

（2）若向量组 $\boldsymbol{\alpha}_1,\boldsymbol{\alpha}_2,\cdots,\boldsymbol{\alpha}_k\in F^n$ 线性相关，则 $\boldsymbol{\alpha}_1,\boldsymbol{\alpha}_2,\cdots,\boldsymbol{\alpha}_k$ 分别添加 m 维分量构成的 $n+m$ 维向量组 $\tilde{\boldsymbol{\alpha}}_1,\tilde{\boldsymbol{\alpha}}_2,\cdots,\tilde{\boldsymbol{\alpha}}_k\in\mathbf{R}^{n+m}$ 是否一定线性相关？

7.（1）若 $\boldsymbol{\alpha}_1,\boldsymbol{\alpha}_2,\cdots,\boldsymbol{\alpha}_n$ 线性无关，问 $\boldsymbol{\alpha}_1+\boldsymbol{\alpha}_2,\boldsymbol{\alpha}_2+\boldsymbol{\alpha}_3,\cdots,\boldsymbol{\alpha}_{n-1}+\boldsymbol{\alpha}_n,\boldsymbol{\alpha}_n+\boldsymbol{\alpha}_1$ 是否一定线性无关？为什么？

（2）若 $\boldsymbol{\alpha}_1,\boldsymbol{\alpha}_2,\cdots,\boldsymbol{\alpha}_n$ 线性相关，问 $\boldsymbol{\alpha}_1+\boldsymbol{\alpha}_2,\boldsymbol{\alpha}_2+\boldsymbol{\alpha}_3,\cdots,\boldsymbol{\alpha}_{n-1}+\boldsymbol{\alpha}_n,\boldsymbol{\alpha}_n+\boldsymbol{\alpha}_1$ 是否一定线性相关？为什么？

8. 设复数域上的向量 $\boldsymbol{\alpha}_1,\cdots,\boldsymbol{\alpha}_n$ 线性无关. λ 取什么复数值时，向量 $\boldsymbol{\alpha}_1-\lambda\boldsymbol{\alpha}_2,\boldsymbol{\alpha}_2-\lambda\boldsymbol{\alpha}_3,\cdots,\boldsymbol{\alpha}_{n-1}-\lambda\boldsymbol{\alpha}_n,\boldsymbol{\alpha}_n-\lambda\boldsymbol{\alpha}_1$ 线性无关？

9. 设 $\boldsymbol{\alpha}_1,\boldsymbol{\alpha}_2,\cdots,\boldsymbol{\alpha}_n$ 是一组 n 维数组向量，已知标准基向量 $\boldsymbol{e}_1,\boldsymbol{e}_2,\cdots,\boldsymbol{e}_n$ 可被它们线性表出，证明 $\boldsymbol{\alpha}_1,\boldsymbol{\alpha}_2,\cdots,\boldsymbol{\alpha}_n$ 线性无关.

§2.2 向量组的秩

设线性方程组 $S=\{\boldsymbol{\alpha}_1,\cdots,\boldsymbol{\alpha}_m\}$ 由 m 个方程 $\boldsymbol{\alpha}_1,\cdots,\boldsymbol{\alpha}_m$ 组成. 如果这 m 个

方程线性无关，我们认为 m 就是方程组 S 中方程的真正个数. 如果 S 线性相关，其中必有某个方程是其余方程的线性组合，可以认为这个方程是“多余的”，将这个多余的方程从方程组 S 中删去，剩下的方程组所成的方程组与原方程组 S 等价，具有相同的解. 如果能够从 S 中删去一些方程，使剩下的方程组所成的集合 $\tilde{S}=\{\boldsymbol{\alpha}_{i_1},\cdots,\boldsymbol{\alpha}_{i_r}\}$ 线性无关，并且 S 中所有其余的方程 $\boldsymbol{\alpha}_{r+1}$，$\cdots$，$\boldsymbol{\alpha}_{r_m}$（也就是被删去的方程）都是 $\tilde{S}$ 的线性组合，那么方程组 S 与 $\tilde{S}$ 等价. 我们称这样的 $\tilde{S}$ 为 S 的极大线性无关组，它所含方程的个数 r 才可以认为是原方程组 S 中的方程的“真正个数”.

当然，这里有一个问题值得研究：同一个方程组 S 可能有若干个不同的极大线性无关组，各个极大线性无关组所含方程个数 r 是否一定相同？如果不同，将哪一个 r 作为原方程组中方程的真正个数？

方程可以由数组向量代表. 只需要研究 F^n 中的向量组的极大线性无关组，所得到的结论就可以应用于方程组，也可以应用到许多其他的数学对象.

1. 极大线性无关组

定义 2.2.1　设 V 是数域 F 上的向量空间，S 是 V 中的向量组成的向量组. 如果 S 的子集 $M=\{\boldsymbol{\alpha}_1,\cdots,\boldsymbol{\alpha}_m\}$ 线性无关，并且将 S 任一向量 $\boldsymbol{\alpha}$ 添加在 M 上所得的向量组 $\{\boldsymbol{\alpha}_1,\cdots,\boldsymbol{\alpha}_m,\boldsymbol{\alpha}\}$ 线性相关，就称 M 是 S 的**极大线性无关组**（maximal linearly independent system）.　□

先证明 S 中所有的向量都是它的极大线性无关组的线性组合.

命题 2.2.1　设 S 是同一向量空间中的向量组成的向量组，$M=\{\boldsymbol{\alpha}_1,\cdots,\boldsymbol{\alpha}_m\}$ 是 S 的线性无关子集，则

M 是 S 的极大线性无关组 $\Leftrightarrow$ S 中所有的向量都是 M 的线性组合.

证明　先设 M 是 S 的极大线性无关组.

任取 $\boldsymbol{\alpha}\in S$. 当 $\boldsymbol{\alpha}\in M$ 时当然 $\boldsymbol{\alpha}$ 是 M 的线性组合：

$$\boldsymbol{\alpha}=\boldsymbol{\alpha}+\sum_{\boldsymbol{\beta}\in M,\ \boldsymbol{\beta}\neq\boldsymbol{\alpha}}0\boldsymbol{\beta}.$$

设 $\boldsymbol{\alpha}\notin M$，则 $S_1=M\cup\{\boldsymbol{\alpha}\}=\{\boldsymbol{\alpha}_1,\cdots,\boldsymbol{\alpha}_m,\boldsymbol{\alpha}\}$ 线性相关，F 中存在不全为 0 的数 $\lambda_1,\cdots,\lambda_m,\lambda$ 使

$$\lambda_1\boldsymbol{\alpha}_1+\cdots+\lambda_m\boldsymbol{\alpha}_m+\lambda\boldsymbol{\alpha}=\mathbf{0} \tag{2.2.1}$$

如果 $\lambda=0$，则(2.2.1)成为

$$\lambda_1\boldsymbol{\alpha}_1+\cdots+\lambda_m\boldsymbol{\alpha}_m=\mathbf{0}$$

其中 $\lambda_1,\cdots,\lambda_m$ 不全为 0，这意味着 $\boldsymbol{\alpha}_1,\cdots,\boldsymbol{\alpha}_m$ 线性相关，矛盾.

因此 $\lambda\neq 0$，由(2.2.1)得

$$\boldsymbol{\alpha}=-\frac{\lambda_1}{\lambda}\boldsymbol{\alpha}_1-\cdots-\frac{\lambda_m}{\lambda}\boldsymbol{\alpha}_m$$

这说明 $\boldsymbol{\alpha}$ 是 M 的线性组合.

再设 S 中每个向量 $\boldsymbol{\alpha}$ 都是 $M=\{\boldsymbol{\alpha}_1,\cdots,\boldsymbol{\alpha}_m\}$ 的线性组合，则 $\{\boldsymbol{\alpha}_1,\cdots,\boldsymbol{\alpha}_m,\boldsymbol{\alpha}\}$ 线性相关. 可见 M 是 S 的极大线性无关组. □

命题 2.2.2 设 S 是 F 上 n 维向量空间 F^n 的子集，则 S 的任一线性无关子集 S_0 都能扩充为 S 的一个极大线性无关组 M.

证明 F^n 中线性无关的向量最多有 n 个，因此 S_0 所含向量个数 $m\leqslant n$，$S_0=\{\boldsymbol{\alpha}_1,\cdots,\boldsymbol{\alpha}_m\}$，其中每个向量 $\boldsymbol{\alpha}_i(2\leqslant i\leqslant m)$ 都不是它前面的向量 $\boldsymbol{\alpha}_1$，$\cdots$，$\boldsymbol{\alpha}_{i-1}$ 的线性组合. 如果 S 中所有的向量都是 S_0 的线性组合，则 S_0 是 S 的极大线性无关组. 否则，S 中存在向量 $\boldsymbol{\alpha}_{m+1}$ 不是 S_0 的线性组合，将 S_0 扩充到 $S_1=\{\boldsymbol{\alpha}_1,\cdots,\boldsymbol{\alpha}_m,\boldsymbol{\alpha}_{m+1}\}$. 如果 S 中还存在 $\boldsymbol{\alpha}_{m+2}$ 不是 S_1 的线性组合，将 S_1 再扩充到 $S_2=\{\boldsymbol{\alpha}_1,\cdots,\boldsymbol{\alpha}_{m+1},\boldsymbol{\alpha}_{m+2}\}$. 重复这个扩充的过程，得到 $S_k=\{\boldsymbol{\alpha}_1,\cdots,\boldsymbol{\alpha}_m,\cdots,\boldsymbol{\alpha}_{m+k}\}$ 使其中每个向量 $\boldsymbol{\alpha}_i(2\leqslant i\leqslant m+k)$ 都不是它前面的向量 $\boldsymbol{\alpha}_1$，$\cdots$，$\boldsymbol{\alpha}_{i-1}$ 的线性组合，由推论 2.1.1 知 S_k 线性无关，这只有当 $m+k\leqslant n$ 时才有可能. 因此，以上扩充过程不能无限地进行下去，必然到某一步就不能再扩充了，此时 S 中所有的向量都是 S_{m+k} 的线性组合，S_{m+k} 是 S 的极大线性无关组. □

如果 F^n 的子集 S 含有非零向量 $\boldsymbol{\alpha}_1$，则按命题 2.2.2 所说方式可以将线性无关子集 $S_0=\{\boldsymbol{\alpha}_1\}$ 扩充为一个极大线性无关组.

如果 S 只含有零向量：$S=\{0\}$，它的极大线性无关组是什么？空集合 $\varnothing$ 是 S 的子集. 我们规定 $\varnothing$ 线性无关. 将 $\varnothing$ 添加 S 中仅有的向量 0 之后线性相关，因此 $\{0\}$ 的极大线性无关组是 $\varnothing$. 我们还规定空集合的线性组合是零向量，这样，命题 2.1.1 对集合 $\{0\}$ 仍成立. □

虽然采用命题 2.2.2 的方式可以得到 F^n 中的向量集合 S 的极大线性无关组，但是这个方法太繁琐. 我们来寻找更好的算法.

例 1 求由下列向量组成的向量组的一个极大线性无关组：

$$\boldsymbol{\alpha}_1=(1,2,3,4,-3),\quad \boldsymbol{\alpha}_2=(1,2,0,-5,1)$$
$$\boldsymbol{\alpha}_3=(2,4,-3,-19,6),\quad \boldsymbol{\alpha}_4=(3,6,-3,-24,7)$$

解 考虑关于 λ_1，λ_2，λ_3，λ_4 的方程

$$\lambda_1\boldsymbol{\alpha}_1+\lambda_2\boldsymbol{\alpha}_2+\lambda_3\boldsymbol{\alpha}_3+\lambda_4\boldsymbol{\alpha}_4=\mathbf{0} \tag{2.2.2}$$

此方程即齐次线性方程组

$$\begin{cases}\lambda_1+\lambda_2+2\lambda_3+3\lambda_4=0\\ 2\lambda_1+2\lambda_2+4\lambda_3+6\lambda_4=0\\ 3\lambda_1-3\lambda_3-3\lambda_4=0\\ 4\lambda_1-5\lambda_2-19\lambda_3-24\lambda_4=0\\ -3\lambda_1+\lambda_2+6\lambda_3+7\lambda_4=0\end{cases} \tag{2.2.3}$$

对(2.2.3)的系数矩阵

$$A=\begin{pmatrix}1&1&2&3\\2&2&4&6\\3&0&-3&-3\\4&-5&-19&-24\\-3&1&6&7\end{pmatrix}$$

作一系列初等行变换进行消元，化为

$$B=\begin{pmatrix}1&0&-1&-1\\0&1&3&4\\0&0&0&0\\0&0&0&0\\0&0&0&0\end{pmatrix}$$

对应的方程组为

$$\begin{cases}\lambda_1-\lambda_3-\lambda_4=0\\\lambda_2+3\lambda_3+4\lambda_4=0\end{cases}\Leftrightarrow\begin{cases}\lambda_1=\lambda_3+\lambda_4\\\lambda_2=-3\lambda_3-4\lambda_4\end{cases}$$

通解为

$$(\lambda_1,\lambda_2,\lambda_3,\lambda_4)=(t_1+t_2,-3t_1-4t_2,t_1,t_2)\tag{2.2.4}$$

在通解(2.2.4)中取$(t_1,t_2)=(1,0)$，得$(\lambda_1,\lambda_2,\lambda_3,\lambda_4)=(1,-3,1,0)$，这说明

$$\boldsymbol{\alpha}_1-3\boldsymbol{\alpha}_2+\boldsymbol{\alpha}_3=\mathbf{0},\qquad \boldsymbol{\alpha}_3=-\boldsymbol{\alpha}_1+3\boldsymbol{\alpha}_2\tag{2.2.5}$$

在通解(2.2.4)中取$(t_1,t_2)=(0,1)$，得$(\lambda_1,\lambda_2,\lambda_3,\lambda_4)=(1,-4,0,1)$，这说明

$$\boldsymbol{\alpha}_1-4\boldsymbol{\alpha}_2+\boldsymbol{\alpha}_4=\mathbf{0},\qquad \boldsymbol{\alpha}_4=-\boldsymbol{\alpha}_1+4\boldsymbol{\alpha}_2\tag{2.2.6}$$

(2.2.5)和(2.2.6)说明$\boldsymbol{\alpha}_3$，$\boldsymbol{\alpha}_4$是$\boldsymbol{\alpha}_1$，$\boldsymbol{\alpha}_2$的线性组合. 显然$\boldsymbol{\alpha}_1$，$\boldsymbol{\alpha}_2$线性无关，因此$\{\boldsymbol{\alpha}_1,\boldsymbol{\alpha}_2\}$就是$\{\boldsymbol{\alpha}_1,\boldsymbol{\alpha}_2,\boldsymbol{\alpha}_3,\boldsymbol{\alpha}_4\}$的一个极大线性无关组. □

以上例 1 中通过方程组(2.2.3)的解得到了 4 个向量$\boldsymbol{\alpha}_1$，$\boldsymbol{\alpha}_2$，$\boldsymbol{\alpha}_3$，$\boldsymbol{\alpha}_4$之间的线性组合关系，从而找到了所需的极大线性无关组.

然而，这个方法仍嫌繁琐. 可以更简便些，不需求出方程组(2.2.3)的通解(2.2.4)，只要将以$\boldsymbol{\alpha}_1$，$\boldsymbol{\alpha}_2$，$\boldsymbol{\alpha}_3$，$\boldsymbol{\alpha}_4$为各列排成的矩阵$\boldsymbol{A}$通过初等行变换化简成为$\boldsymbol{B}$，再通过$\boldsymbol{B}$的列向量组的极大线性无关组来求$\boldsymbol{A}$的列向量组的极大线性无关组.

例 1 中的矩阵$\boldsymbol{A}$的各列就是已知的向量$\boldsymbol{\alpha}_1$，$\boldsymbol{\alpha}_2$，$\boldsymbol{\alpha}_3$，$\boldsymbol{\alpha}_4$. 设$\boldsymbol{B}$的各列依次为$\boldsymbol{\beta}_1$，$\boldsymbol{\beta}_2$，$\boldsymbol{\beta}_3$，$\boldsymbol{\beta}_4$. 当$\boldsymbol{A}$经过一系列初等行变换变成$\boldsymbol{B}$时，$\boldsymbol{A}$的各列$\boldsymbol{\alpha}_1,\cdots,\boldsymbol{\alpha}_4$通过同样的行变换变成$\boldsymbol{B}$的各列$\boldsymbol{\beta}_1,\cdots,\boldsymbol{\beta}_4$. 以$\boldsymbol{A}$的一部分列$\boldsymbol{\alpha}_{i_1},\cdots,\boldsymbol{\alpha}_{i_k}$为

列排成矩阵$\boldsymbol{A}_1$，以$\boldsymbol{B}$的相应的列$\boldsymbol{\beta}_{i_1},\cdots,\boldsymbol{\beta}_{i_k}$排成矩阵$\boldsymbol{B}_1$，则当$\boldsymbol{A}$经过一系列初等行变换变成$\boldsymbol{B}$时，$\boldsymbol{A}_1$经过同样的行变换变成$\boldsymbol{B}_1$. 因此，方程组

$$\boldsymbol{A}_1\begin{pmatrix}\lambda_1\\ \vdots\\ \lambda_k\end{pmatrix}=\begin{pmatrix}0\\ \vdots\\ 0\end{pmatrix} \tag{2.2.7}$$

与

$$\boldsymbol{B}_1\begin{pmatrix}\lambda_1\\ \vdots\\ \lambda_k\end{pmatrix}=\begin{pmatrix}0\\ \vdots\\ 0\end{pmatrix} \tag{2.2.8}$$

同解.

$\boldsymbol{\alpha}_{i_1},\cdots,\boldsymbol{\alpha}_{i_k}$线性相关(无关)$\Leftrightarrow$方程组(2.2.7)有(无)非零解

$\Leftrightarrow$方程组(2.2.8)有(无)非零解$\Leftrightarrow\boldsymbol{\beta}_{i_1},\cdots,\boldsymbol{\beta}_{i_k}$线性相关(无关).

因此，$\{\boldsymbol{\alpha}_{i_1},\cdots,\boldsymbol{\alpha}_{i_k}\}$是$\{\boldsymbol{\alpha}_1,\cdots,\boldsymbol{\alpha}_m\}$的极大线性无关组$\Leftrightarrow\{\boldsymbol{\beta}_{i_1},\cdots,\boldsymbol{\beta}_{i_k}\}$是$\{\boldsymbol{\beta}_1,\cdots,\boldsymbol{\beta}_m\}$的极大线性无关组.

可见，只要求出$\boldsymbol{B}$的列向量组的极大线性无关组，就立即得到$\boldsymbol{A}$的列向量组的极大线性无关组.

容易看出，$\boldsymbol{B}$的前两列线性无关，并且后两列可以写成前两列的线性组合，因此$\boldsymbol{B}$的前两列组成$\boldsymbol{B}$的列向量组的一个极大线性无关组. 相应地，$\boldsymbol{A}$的前两列$\boldsymbol{\alpha}_1$，$\boldsymbol{\alpha}_2$组成$\{\boldsymbol{\alpha}_1,\boldsymbol{\alpha}_2,\boldsymbol{\alpha}_3,\boldsymbol{\alpha}_4\}$的一个极大线性无关组.

实际上，可以看出，$\boldsymbol{B}$的任意两列组成$\boldsymbol{B}$的列向量组的极大线性无关组，因此$\boldsymbol{A}$的任意两列组成$\{\boldsymbol{\alpha}_1,\boldsymbol{\alpha}_2,\boldsymbol{\alpha}_3,\boldsymbol{\alpha}_4\}$的极大线性无关组.

以上算法可以推广，用来求出F^n中任意有限个向量组成的向量组的极大线性无关组.

算法 2.2.1　求F^n中有限个向量$\boldsymbol{\alpha}_1,\cdots,\boldsymbol{\alpha}_m$组成的向量组的极大线性无关组.

(1) 将各向量$\boldsymbol{\alpha}_1,\cdots,\boldsymbol{\alpha}_m$写成列向量的形式，依次以它们为各列排成矩阵$\boldsymbol{A}$.

(2) 将$\boldsymbol{A}$经过一系列初等行变换化成如下的阶梯形

$$\boldsymbol{B}=\begin{pmatrix}0\cdots0 & b_{1j_1} & \cdots & \cdots & \cdots & \cdots & \cdots\\ & & & b_{2j_2} & \cdots & \cdots & \cdots\\ & & & & \ddots & \cdots & \cdots\\ & & & & & b_{rj_r} & \cdots\\ & & & & & & O\end{pmatrix}$$

其中 $1\leqslant j_1<j_2<\cdots<j_r\leqslant n$，而 b_{1j_1}，b_{2j_2}，…，b_{rj_r}都不为 0.

于是 $\boldsymbol{B}$ 的第 $j_1,j_2,\cdots,j_r$ 列组成 $\boldsymbol{B}$ 的列向量组的一个极大线性无关组，相应地，$\boldsymbol{A}$ 的第 $j_1,j_2,\cdots,j_r$ 列 $\boldsymbol{\alpha}_{j_1},\boldsymbol{\alpha}_{j_2},\cdots,\boldsymbol{\alpha}_{j_r}$组成 $\boldsymbol{\alpha}_1,\boldsymbol{\alpha}_2,\cdots,\boldsymbol{\alpha}_m$ 的一个极大线性无关组.

证明　仿照对例 1 中 $\boldsymbol{A}$，$\boldsymbol{B}$ 的讨论，可知对本算法中的 $\boldsymbol{A}$，$\boldsymbol{B}$ 有同样的结论：如果 $\boldsymbol{B}$ 的第 $j_1,j_2,\cdots,j_r$ 列组成 B 的列向量组的一个极大线性无关组，则 A 的第 $j_1,j_2,\cdots,j_r$ 列 $\boldsymbol{\alpha}_{j_1},\boldsymbol{\alpha}_{j_2},\cdots,\boldsymbol{\alpha}_{j_r}$组成 $\boldsymbol{\alpha}_1,\boldsymbol{\alpha}_2,\cdots,\boldsymbol{\alpha}_m$ 的一个极大线性无关组.

将 $\boldsymbol{B}$ 再进一步作初等变换，可以化为如下形状的矩阵

$$\boldsymbol{C}=\begin{pmatrix} 0\cdots0 & c_{1j_1} & \cdots & \cdots & \cdots & \cdots & \cdots \\ & & & c_{2j_2} & \cdots & \cdots & \cdots \\ & & & & \ddots & \cdots & \cdots \\ & & & & & c_{rj_r} & \cdots \\ & & & & & & O \end{pmatrix}$$

其中 $1\leqslant j_1<j_2<\cdots<j_r\leqslant n$，而 $c_{1j_1}=c_{2j_2}=\cdots=c_{rj_r}=1$，且与 c_{1j_1}，c_{2j_2}，…，c_{rj_r}在同一列的其余元都等于 0.

$\boldsymbol{C}$ 的第 $j_1,j_2,\cdots,j_r$ 列分别为 $\boldsymbol{e}_1,\boldsymbol{e}_2,\cdots,\boldsymbol{e}_r$，其中每个 $\boldsymbol{e}_i(1\leqslant i\leqslant r)$是第 i 分量为 1、其余分量为 0 的 m 维列向量. 显然 $\boldsymbol{e}_1,\cdots,\boldsymbol{e}_r$ 线性无关. 并且，由于 $\boldsymbol{C}$ 的最末 $n-r$ 行全部为 0，$\boldsymbol{C}$ 的每一列 $\boldsymbol{C}_j(1\leqslant j\leqslant n)$的最末 $n-r$ 个分量全都为 0，$\boldsymbol{C}_j$ 可以写为 $\boldsymbol{e}_1,\cdots,\boldsymbol{e}_r$ 的线性组合：

$$\boldsymbol{C}_j=\begin{pmatrix} c_{1j} \\ \vdots \\ c_{rj} \\ 0 \\ \vdots \end{pmatrix}=c_{1j}\boldsymbol{e}_1+\cdots+c_{rj}\boldsymbol{e}_r$$

这说明了 $\boldsymbol{C}$ 的第 $j_1,j_2,\cdots,j_r$ 列 $\boldsymbol{e}_1,\boldsymbol{e}_2,\cdots,\boldsymbol{e}_r$ 组成了 $\boldsymbol{C}$ 的列向量组的极大线性无关组. 由于 $\boldsymbol{A}$ 经过一系列初等行变换变到 $\boldsymbol{B}$，再变到 $\boldsymbol{C}$，故 $\boldsymbol{B}$ 的第 $j_1,j_2,\cdots,j_r$ 列组成 $\boldsymbol{B}$ 的列向量组的极大线性无关组，$\boldsymbol{A}$ 的第 $j_1,j_2,\cdots,j_r$ 列组成 $\boldsymbol{A}$ 的列向量组的极大线性无关组.　□

例 2　求向量

$$\boldsymbol{\alpha}_1=(1,2,0,-5,1),\ \boldsymbol{\alpha}_2=(1,2,3,4,-3),\ \boldsymbol{\alpha}_3=(2,4,-3,-19,6),$$
$$\boldsymbol{\alpha}_4=(1,1,1,1,1),\ \boldsymbol{\alpha}_5=(3,6,-3,-24,7)$$

组成的向量组 S 的一个极大线性无关组.

解

$$A=\begin{pmatrix}1&1&2&1&3\\2&2&4&1&6\\0&3&-3&1&-3\\-5&4&-19&1&-24\\1&-3&6&1&7\end{pmatrix}\xrightarrow{\text{一系列初等行变换}}B=\begin{pmatrix}1&1&2&1&3\\0&1&-1&0&-1\\0&0&0&1&0\\0&0&0&0&0\\0&0&0&0&0\end{pmatrix}$$

$\boldsymbol{B}$ 的第 1，2，4 列组成 $\boldsymbol{B}$ 的列向量组的极大线性无关组，因此 $\{\boldsymbol{\alpha}_1,\boldsymbol{\alpha}_2,\boldsymbol{\alpha}_4\}$ 是 S 的一个极大线性无关组. □

2. 向量组的等价，秩

现在我们来着手解决如下的问题：

任一向量组 $S=\{\boldsymbol{u}_1,\cdots,\boldsymbol{u}_m\}$ 的两个不同的极大线性无关组 $S_1=\{\boldsymbol{\alpha}_1,\cdots,\boldsymbol{\alpha}_r\}$ 与 $S_2=\{\boldsymbol{\beta}_1,\cdots,\boldsymbol{\beta}_s\}$ 所含向量个数 r 与 s 是否一定相等？

要解答这个问题，我们首先证明：S_1 与 S_2 互为线性组合. 然后证明：互为线性组合的线性无关向量组所含向量个数相等.

在第 1 章研究线性方程组的解法时，将互为线性组合的线性方程组称为等价的方程组. 类似地，我们定义向量组的等价.

定义 2.2.2 设 S_1 与 S_2 是同一个向量空间 V 中的两个向量组. 如果 S_2 中的每个向量都是 S_1 中的向量的线性组合，就称 S_2 是 S_1 的线性组合. 如果 S_1 与 S_2 互为线性组合，就称 S_1 与 S_2 **等价**(equivalent).

向量组的线性组合具有传递性，也就是说：

命题 2.2.3 如果数域 F 上的向量组 S_2 是 S_1 的线性组合，S_3 是 S_2 的线性组合，那么 S_3 是 S_1 的线性组合.

证明 设 $S_1=\{\boldsymbol{u}_1,\cdots,\boldsymbol{u}_m\}$，$S_2=\{v_1,\cdots,v_n\}$. 由于 S_2 是 S_1 的线性组合，则对每个 $1\leqslant j\leqslant n$，有

$$v_j=a_{1j}\boldsymbol{u}_1+\cdots+a_{mj}\boldsymbol{u}_m \tag{2.2.9}$$

其中 $a_{1j},\cdots,a_{mj}\in F$. 又因为 S_3 是 S_2 的线性组合，所以 S_3 中每个向量 $\boldsymbol{w}$ 可写为

$$\boldsymbol{w}=b_1v_1+\cdots+b_nv_n \tag{2.2.10}$$

其中 $b_1,\cdots,b_n\in F$. 将(2.2.9)代入(2.2.10)，整理得

$$\begin{aligned}\boldsymbol{w}&=b_1(a_{11}\boldsymbol{u}_1+\cdots+a_{mj}\boldsymbol{u}_m)+\cdots+b_n(a_{1n}\boldsymbol{u}_1+\cdots+a_{mn}\boldsymbol{u}_m)\\&=c_1\boldsymbol{u}_1+\cdots+c_m\boldsymbol{u}_m\end{aligned}$$

其中每个

$$c_j=b_1a_{1j}+b_2a_{2j}+\cdots+b_na_{nj}\in F,\quad \forall\, 1\leqslant j\leqslant m.$$

可见 S_3 中每个向量 $\boldsymbol{w}$ 都是 S_1 的线性组合，从而 S_3 是 S_1 的线性组合. □

由线性组合的传递性立即得出向量组的等价的传递性：

推论 2.2.1　如果向量组 S_2 与 S_1 等价，S_3 与 S_2 等价，那么 S_3 与 S_1 等价. □

定理 2.2.4　向量组 S 与它的任一极大线性无关组 S_1 等价. S 中任意两个极大线性无关组 S_1 与 S_2 等价.

证明　S_1 中每个向量 $\boldsymbol{u}$ 都含于 S，因而是 S 的线性组合：

$$\boldsymbol{u}=1\boldsymbol{u}+\sum_{\boldsymbol{v}\in S,\ \boldsymbol{v}\neq\boldsymbol{u}}0\boldsymbol{v},$$

因此 S_1 是 S 的线性组合.

反过来，设 $\boldsymbol{u}$ 是 S 中任一向量. 由命题 2.2.1 知道 $\boldsymbol{u}$ 是 S_1 的线性组合. 这说明了 S 是 S_1 的线性组合.

S 与 S_1 互为线性组合，因而相互等价.

S 的任意两个极大线性无关组 S_1，S_2 都与 S 等价，由等价的传递性知道 S_1 与 S_2 相互等价. □

以下证明：两个相互等价的线性无关向量集合所含向量的个数相等. 由此可推出同一向量集合的两个极大线性无关组所含向量个数相等.

为此，我们证明：

定理 2.2.5　设 $S_2=\{\boldsymbol{v}_1,\cdots,\boldsymbol{v}_s\}$ 是 $S_1=\{\boldsymbol{u}_1,\cdots,\boldsymbol{u}_t\}$ 的线性组合，并且 $s>t$，则 S_2 线性相关.

证明　对每个 $1\leqslant j\leqslant s$，记

$$\boldsymbol{v}_j=a_{1j}\boldsymbol{u}_1+\cdots+a_{tj}\boldsymbol{u}_t \tag{2.2.11}$$

考虑使

$$\lambda_1\boldsymbol{v}_1+\cdots+\lambda_s\boldsymbol{v}_s=\mathbf{0} \tag{2.2.12}$$

的数 $\lambda_1,\ \cdots,\ \lambda_s\in F$.

将(2.2.11)代入(2.2.12)，得

$$\lambda_1(a_{11}\boldsymbol{u}_1+\cdots+a_{t1}\boldsymbol{u}_t)+\cdots+\lambda_j(a_{1j}\boldsymbol{u}_1+\cdots+a_{tj}\boldsymbol{u}_t)+\cdots+\lambda_s(a_{1s}\boldsymbol{u}_1+\cdots+a_{ts}\boldsymbol{u}_t)=\mathbf{0}$$

整理得

$$(a_{11}\lambda_1+\cdots+a_{1s}\lambda_s)\boldsymbol{u}_1+\cdots+(a_{i1}\lambda_1+\cdots+a_{is}\lambda_s)\boldsymbol{u}_i+\cdots+(a_{t1}\lambda_1+\cdots+a_{ts}\lambda_s)\boldsymbol{u}_t=\mathbf{0} \tag{2.2.13}$$

只要能选择 $\lambda_1,\cdots,\lambda_s$ 使(2.2.13)中 $\boldsymbol{u}_1,\cdots,\boldsymbol{u}_t$ 的系数全都为 0，即

$$\begin{cases}a_{11}\lambda_1+\cdots+a_{1s}\lambda_s=0\\ \cdots\cdots\cdots\cdots\\ a_{t1}\lambda_1+\cdots+a_{ts}\lambda_s=0\end{cases} \tag{2.2.14}$$

成立，则等式(2.2.13)成立，从而(2.2.12)成立.

(2.2.14)是以 λ_1，…，λ_s 为未知数的齐次线性方程组，有 s 个未知数，t 个方程. 由于 $s>t$，(2.2.14)有非零解 $(\lambda_1,\cdots,\lambda_s)\neq(0,\cdots,0)$，这也是(2.2.12)的非零解. 因此 $\boldsymbol{v}_1$，…，$\boldsymbol{v}_s$ 线性相关. □

推论 2.2.2 如果 $S_2=\{\boldsymbol{v}_1,\cdots,\boldsymbol{v}_s\}$ 是 $S_1=\{\boldsymbol{u}_1,\cdots,\boldsymbol{u}_t\}$ 的线性组合，并且 S_2 线性无关，则 $s\leqslant t$. □

推论 2.2.3 如果线性无关向量组 $S_1=\{\boldsymbol{u}_1,\cdots,\boldsymbol{u}_s\}$ 与 $S_2=\{\boldsymbol{v}_1,\cdots,\boldsymbol{v}_t\}$ 等价，那么它们所含向量个数 s 与 t 相等. 特别，同一向量组 S 的两个极大线性无关子集 S_1，S_2 所含向量个数相等. □

定义 2.2.3 任一向量组 S 的任一极大线性无关组所含向量个数 r 称为向量组 S 的**秩**(rank)，记作 rank S.

任一矩阵 $\boldsymbol{A}$ 的行向量组的秩称为这个矩阵的**行秩**(row rank)，$\boldsymbol{A}$ 的列向量组的秩称为 $\boldsymbol{A}$ 的**列秩**(column rank). □

推论 2.2.4 设向量组 S 的秩为 r，则 S 的任何一个线性无关子集 S_1 中所含向量个数不超过 r. □

对任意有限集合 S，我们将 S 所含元素个数记为 $|S|$.

定理 2.2.6 如果向量组 S_2 是 S_1 的线性组合，则 $\operatorname{rank} S_2\leqslant\operatorname{rank} S_1$. 等价的向量组秩相等.

证明 设 T_1，T_2 分别是 S_1，S_2 的极大线性无关组，则 $|T_1|=\operatorname{rank} S_1$，$|T_2|=\operatorname{rank} S_2$.

T_1 与 S_1 等价，T_2 与 S_2 等价，S_1 是 T_1 的线性组合，T_2 是 S_2 的线性组合. 由线性组合的传递性知 T_2 是 T_1 的线性组合. 而 T_2 线性无关，由推论 2.2.2 知 $|T_2|\leqslant|T_1|$，即 $\operatorname{rank} S_2\leqslant\operatorname{rank} S_1$.

如果 S_1 与 S_2 等价，互为线性组合，则 $\operatorname{rank} S_2\leqslant\operatorname{rank} S_1$ 与 $\operatorname{rank} S_1\leqslant\operatorname{rank} S_2$ 同时成立，从而 $\operatorname{rank} S_1=\operatorname{rank} S_2$. □

例 3 求矩阵

$$\boldsymbol{A}=\begin{pmatrix}1&2&3&4&-3\\1&2&0&-5&1\\2&4&-3&-19&6\\3&6&-3&-24&7\end{pmatrix}$$

的行秩和列秩.

解 通过一系列初等行变换将 $\boldsymbol{A}$ 化为梯矩阵：

$$\boldsymbol{A}=\begin{pmatrix}1&2&3&4&-3\\1&2&0&-5&1\\2&4&-3&-19&6\\3&6&-3&-24&7\end{pmatrix}\to\boldsymbol{B}=\begin{pmatrix}1&2&0&-5&1\\0&0&3&9&-4\\0&0&0&0&0\\0&0&0&0&0\end{pmatrix}\qquad(2.2.15)$$

显然，$\boldsymbol{B}$ 的第 1 列和第 3 列组成 $\boldsymbol{B}$ 的列向量组的极大线性无关组，因此 $\boldsymbol{A}$ 的第 1 列和第 3 列组成 $\boldsymbol{A}$ 的列向量组的极大线性无关组. 因此 $\boldsymbol{A}$ 的列秩等于 2.

要计算 $\boldsymbol{A}$ 的行秩，容易想到将 $\boldsymbol{A}$ 的各行依次写成列向量，依次以这些列向量为各列组成一个新的矩阵

$$\begin{pmatrix} 1 & 1 & 2 & 3 \\ 2 & 2 & 4 & 6 \\ 3 & 0 & -3 & -3 \\ 4 & -5 & -19 & -24 \\ -3 & 1 & 6 & 7 \end{pmatrix}$$

称为 $\boldsymbol{A}$ 的**转置**(transpose)，记作 $\boldsymbol{A}^{\mathrm{T}}$(也可记作 $\boldsymbol{A}'$). $\boldsymbol{A}$ 的行向量组就是 $\boldsymbol{A}^{\mathrm{T}}$ 的列向量组，通过对 $\boldsymbol{A}^{\mathrm{T}}$ 作初等变换可以求出它的列向量组的极大线性无关组，从而求出 $\boldsymbol{A}^{\mathrm{T}}$ 的列秩，也就是 $\boldsymbol{A}$ 的行秩.

事实上，例 1 中已经对这个 A^{T} 进行了初等行变换得到

$$\boldsymbol{A}^{\mathrm{T}}=\begin{pmatrix} 1 & 1 & 2 & 3 \\ 2 & 2 & 4 & 6 \\ 3 & 0 & -3 & -3 \\ 4 & -5 & -19 & -24 \\ -3 & 1 & 6 & 7 \end{pmatrix} \to \boldsymbol{C}=\begin{pmatrix} 1 & 0 & -1 & -1 \\ 0 & 1 & 3 & 4 \\ 0 & 0 & 0 & 0 \\ 0 & 0 & 0 & 0 \\ 0 & 0 & 0 & 0 \end{pmatrix}$$

由 $\boldsymbol{C}$ 的前两列组成它的列向量组的极大线性无关组知道 $\boldsymbol{A}$ 的前两行组成行向量组的极大线性无关组，$\boldsymbol{A}$ 的行秩为 2. □

以上求列秩的方法依据的原理是：

定理 2.2.7　初等行变换不改变矩阵的列秩. □

求矩阵 $\boldsymbol{A}$ 的行秩不一定要通过求 $\boldsymbol{A}^{\mathrm{T}}$ 的列秩来实现，仍然可以通过对 $\boldsymbol{A}$ 作初等行变换来实现. 我们有：

定理 2.2.8　初等行变换不改变矩阵的行秩. □

证明　每次初等行变换前后的矩阵的行向量组等价. 由等价的传递性知道：矩阵 $\boldsymbol{A}$ 经过若干次初等行变换得到的矩阵 $\boldsymbol{B}$ 的行向量组与 $\boldsymbol{A}$ 的行向量组等价. 由命题 2.2.6 知道：$\boldsymbol{A}$ 与 $\boldsymbol{B}$ 的行秩相等. □

由定理 2.2.7 可以得到求例 3 中的矩阵 $\boldsymbol{A}$ 的行秩的另外一个解法如下：

如(2.2.15)所示，$\boldsymbol{A}$ 通过一系列初等行变换变成 $\boldsymbol{B}$，$\boldsymbol{A}$ 与 $\boldsymbol{B}$ 的行秩相等. 而 $\boldsymbol{B}$ 的仅有的两个非零行显然线性无关，组成 $\boldsymbol{B}$ 的行向量组的极大线性无关组. 因此 $\boldsymbol{B}$ 的行秩是 2，从而 $\boldsymbol{A}$ 的行秩是 2. □

在例 3 中，矩阵 $\boldsymbol{A}$ 通过初等行变换变成了 $\boldsymbol{B}$，$\boldsymbol{A}$ 与 $\boldsymbol{B}$ 的列秩相等，行秩也相等. 而 $\boldsymbol{B}$ 的行秩与列秩相等，都等于 $\boldsymbol{B}$ 中非零行的个数. 因此 $\boldsymbol{A}$ 的行秩与列秩相等. 这个结论可以推广到任意的矩阵 $\boldsymbol{A}$.

定理 2.2.9　任意矩阵的行秩与列秩相等.

证明　设 $\boldsymbol{A}\in F^{m\times n}$. 则 $\boldsymbol{A}$ 可以经过一系列初等行变换变成阶梯形矩阵

$$\boldsymbol{C}=\begin{pmatrix} 0\cdots 0 & c_{1j_1} & \cdots & \cdots & \cdots & \cdots & \cdots \\ & & & c_{2j_2} & \cdots & \cdots & \cdots \\ & & & & \ddots & \cdots & \cdots \\ & & & & & c_{rj_r} & \cdots \\ & & & & & & O \end{pmatrix}$$

其中 $1\leqslant j_1<j_2<\cdots<j_r\leqslant n$，而 $c_{1j_1}=c_{2j_2},\cdots,c_{rj_r}=1$，且与 $c_{1j_1},c_{2j_2},\cdots,c_{rj_r}$ 在同一列的其余元都等于 0，$\boldsymbol{C}$ 的最后 $n-r$ 行全为零，第 i 行($1\leqslant i\leqslant r$)的 c_{ij_i} 的左边的元 c_{ij} ($j<j_i$)也都等于 0.

由定理 2.2.7，定理 2.2.8 知道：$\boldsymbol{C}$ 与 $\boldsymbol{A}$ 的列秩相等，$\boldsymbol{C}$ 与 $\boldsymbol{A}$ 的行秩也相等. 只要证明 $\boldsymbol{C}$ 的行秩与列秩相等，则 $\boldsymbol{A}$ 的行秩与列秩相等.

在算法 2.2.1 的证明中已经知道：$\boldsymbol{C}$ 的第 $j_1,j_2,\cdots,j_r$ 列组成 $\boldsymbol{C}$ 的列向量组的极大线性无关组，$\boldsymbol{C}$ 的列秩是 r.

对 $1\leqslant i\leqslant m$，记 $\boldsymbol{C}$ 的第 i 行为 $\boldsymbol{C}_i$. 设 $\lambda_1,\cdots,\lambda_r\in F$ 满足条件

$$\lambda_1\boldsymbol{C}_1+\cdots+\lambda_r\boldsymbol{C}_r=\boldsymbol{0} \tag{2.2.16}$$

由于 $\lambda_1\boldsymbol{C}_1+\cdots+\lambda_r\boldsymbol{C}_r$ 的第 $j_1,j_2,\cdots,j_r$ 分量分别为 $\lambda_1,\lambda_2,\cdots,\lambda_r$，等式(2.2.16)仅当 $\lambda_1=\cdots=\lambda_r=0$ 时成立，这说明了 $\boldsymbol{C}$ 的前 r 行 $\boldsymbol{C}_1,\boldsymbol{C}_2,\cdots,\boldsymbol{C}_r$ 线性无关. 而 $\boldsymbol{C}$ 的其余的行都为零，显然都是 $\boldsymbol{C}_1,\boldsymbol{C}_2,\cdots,\boldsymbol{C}_r$ 的线性组合. 因此，$\boldsymbol{C}$ 的前 r 行组成 $\boldsymbol{C}$ 的行向量组的极大线性无关组. $\boldsymbol{C}$ 的行秩为 r.

可见，$\boldsymbol{C}$ 的列秩与行秩相等，都等于 r. 于是 $\boldsymbol{A}$ 的列秩与行秩也相等，都等于 r. □

定义 2.2.4　矩阵 $\boldsymbol{A}$ 的行秩和列秩称为 $\boldsymbol{A}$ 的**秩**(rank)，记作 rank $\boldsymbol{A}$. □

习　题　2.2

1. 求由下列向量组成的向量组的一个极大线性无关组与秩：

(1) $\boldsymbol{\alpha}_1=(6,4,1,-1,2)$，$\boldsymbol{\alpha}_2=(1,0,2,3,4)$，$\boldsymbol{\alpha}_3=(1,4,-9,-16,22)$，$\boldsymbol{\alpha}_4=(7,1,0,-1,3)$；

(2) $\boldsymbol{\alpha}_1=(1,-1,2,4)$，$\boldsymbol{\alpha}_2=(0,3,1,2)$，$\boldsymbol{\alpha}_3=(3,0,7,14)$，$\boldsymbol{\alpha}_4=(1,-1,2,0)$，$\boldsymbol{\alpha}_5=(2,1,5,6)$.

2. 设 $\boldsymbol{\alpha}_1=(0,1,2,3)$，$\boldsymbol{\alpha}_2=(1,2,3,4)$，$\boldsymbol{\alpha}_3=(3,4,5,6)$，$\boldsymbol{\alpha}_4=(4,3,2,1)$，$\boldsymbol{\alpha}_5=(6,5,4,3)$，

(1) 证明：$\boldsymbol{\alpha}_1$，$\boldsymbol{\alpha}_2$ 线性无关；

(2) 把 $\boldsymbol{\alpha}_1$，$\boldsymbol{\alpha}_2$ 扩充成 $\{\boldsymbol{\alpha}_1,\cdots,\boldsymbol{\alpha}_5\}$ 的极大线性无关组.

3. 求下列矩阵的秩. 并求出它们的行向量组和列向量组的一个极大线性无关组.

（1）$\begin{pmatrix} 2 & -1 & -1 \\ -1 & 2 & -1 \\ -1 & -1 & 2 \end{pmatrix}$；（2）$\begin{pmatrix} 1 & 1 & 1 & 1 & 1 \\ 1 & 2 & 3 & 4 & 5 \\ 5 & 4 & 3 & 1 & 2 \end{pmatrix}$.

4. 证明：若 $\boldsymbol{\alpha}_1,\boldsymbol{\alpha}_2,\cdots,\boldsymbol{\alpha}_n$ 线性无关，$\boldsymbol{\alpha}_1,\boldsymbol{\alpha}_2,\cdots,\boldsymbol{\alpha}_n,\boldsymbol{\beta}$ 线性相关，则 $\boldsymbol{\beta}$ 必可由 $\boldsymbol{\alpha}_1,\boldsymbol{\alpha}_2,\cdots,\boldsymbol{\alpha}_n$ 线性表出.

5. 证明：如果 $\boldsymbol{\beta}$ 可由 $\boldsymbol{\alpha}_1,\boldsymbol{\alpha}_2,\cdots,\boldsymbol{\alpha}_n$ 线性表出，则 $\boldsymbol{\beta}$ 必可由 $\boldsymbol{\alpha}_1,\boldsymbol{\alpha}_2,\cdots,\boldsymbol{\alpha}_n$ 的极大线性无关组线性表出.

6. 设向量组 $\boldsymbol{\alpha}_1,\boldsymbol{\alpha}_2,\cdots,\boldsymbol{\alpha}_n$ 的秩是 r. 求证：

（1）$\boldsymbol{\alpha}_1,\boldsymbol{\alpha}_2,\cdots,\boldsymbol{\alpha}_n$ 中任意 r 个线性无关向量都是极大线性无关组.

（2）设 $\boldsymbol{\alpha}_1,\cdots,\boldsymbol{\alpha}_n$ 能被其中某 r 个向量 $\boldsymbol{\beta}_1,\cdots,\boldsymbol{\beta}_r$ 线性表出，则 $\boldsymbol{\beta}_1,\cdots,\boldsymbol{\beta}_r$ 线性无关.

7. 证明：若向量组（Ⅰ）可以由向量组（Ⅱ）线性表出，则（Ⅰ）的秩不超过（Ⅱ）的秩.

§ 2.3 子 空 间

1. 子空间的定义

线性方程组可以用矩阵来表示，矩阵的每一行表示一个方程. 矩阵的行秩 r 就是它的线性无关的行的最大个数，也就是方程组中线性无关的方程的最大个数，我们将它称为方程组的秩. 方程组的秩可以看作是方程组中方程的“真正个数”. 等价的线性方程组的秩相等. 特别地，当方程组经过初等变换化为最简形式后，去掉恒等式 $0=0$ 之后剩下的方程个数就是原方程组的秩 r.

现在可以研究线性方程组有解时解集的结构，并研究方程组的秩与解集的大小的关系.

先来研究齐次线性方程组，也就是各方程的常数项全部等于 0 的线性方程组

$$\begin{cases} a_{11}x_1+\cdots+a_{1n}x_n=0 \\ \cdots\cdots\cdots\cdots \\ a_{m1}x_1+\cdots+a_{mn}x_n=0 \end{cases} \tag{2.3.1}$$

齐次线性方程组(2.3.1)可以用它的系数矩阵（各方程中未知数的系数组成的矩阵）

$$\begin{pmatrix} a_{11} & \cdots & a_{1n} \\ \vdots & & \vdots \\ a_{m1} & \cdots & a_{mn} \end{pmatrix}$$

来表示. 对系数矩阵进行初等行变换可以将方程组化到最简形式，求出它的通解.

齐次线性方程组(2.3.1)至少有一个解$(x_1,\cdots,x_n)=(0,\cdots,0)$.

我们还知道：当$m<n$时方程组有无穷多解. 设方程组(2.3.1)的秩为r. 任取(2.3.1)的方程的集合的一个极大线性无关组，由r个方程组成，将其余的方程删去，则这r个线性无关的方程组成的方程组

$$\begin{cases} a_{i_1 1}x_1+\cdots+a_{i_1 n}x_n=0 \\ \cdots\cdots\cdots\cdots \\ a_{i_r 1}x_1+\cdots+a_{i_r n}x_n=0 \end{cases} \tag{2.3.2}$$

与原方程组(2.3.1)等价，解集相同. 当$r<n$方程组(2.3.2)有无穷多解，因而方程组(2.3.1)也有无穷多解.

方程组(2.3.1)与(2.3.2)共同的解集W是F^n的一个子集. 我们来研究W的构造.

定理 2.3.1　齐次线性方程组(2.3.1)的解集W具有如下性质：

性质1　如果$\boldsymbol{X}$，$\boldsymbol{Y}\in W$，则$\boldsymbol{X}+\boldsymbol{Y}\in W$.

性质2　如果$\boldsymbol{X}\in W$，则对任意$\lambda\in F$有$\lambda\boldsymbol{X}\in W$.

证明　记

$$\boldsymbol{\alpha}_1=\begin{pmatrix} a_{11} \\ a_{21} \\ \vdots \\ a_{m1} \end{pmatrix},\quad \boldsymbol{\alpha}_2=\begin{pmatrix} a_{12} \\ a_{22} \\ \vdots \\ a_{m2} \end{pmatrix},\quad \cdots,\quad \boldsymbol{\alpha}_n=\begin{pmatrix} a_{1n} \\ a_{2n} \\ \vdots \\ a_{mn} \end{pmatrix}$$

则方程组(2.3.1)可以看成方程

$$x_1\boldsymbol{\alpha}_1+x_2\boldsymbol{\alpha}_2+\cdots+x_n\boldsymbol{\alpha}_n=\boldsymbol{0} \tag{2.3.3}$$

设$\boldsymbol{X}=(x_1,\cdots,x_n)$与$\boldsymbol{Y}=(y_1,\cdots,y_n)$含于$W$，都是(2.3.3)的解，则

$$x_1\boldsymbol{\alpha}_1+x_2\boldsymbol{\alpha}_2+\cdots+x_n\boldsymbol{\alpha}_n=\boldsymbol{0} \tag{2.3.4}$$

$$y_1\boldsymbol{\alpha}_1+y_2\boldsymbol{\alpha}_2+\cdots+y_n\boldsymbol{\alpha}_n=\boldsymbol{0} \tag{2.3.5}$$

成立.

将等式(2.3.4)与(2.3.5)相加，得

$$(x_1+y_1)\boldsymbol{\alpha}_1+(x_2+y_2)\boldsymbol{\alpha}_2+\cdots+(x_n+y_n)\boldsymbol{\alpha}_n=\boldsymbol{0}$$

这说明$\boldsymbol{X}+\boldsymbol{Y}=(x_1+y_1,x_2+y_2,\cdots,x_n+y_n)$是方程(2.3.3)的解，$\boldsymbol{X}+\boldsymbol{Y}\in W$. 性质1成立.

将等式(2.3.4)两边同时乘以任意$\lambda\in F$，得

$$\lambda x_1\boldsymbol{\alpha}_1+\lambda x_2\boldsymbol{\alpha}_2+\cdots+\lambda x_n\boldsymbol{\alpha}_n=\boldsymbol{0}$$

这说明$\lambda\boldsymbol{X}=(\lambda x_1,\lambda x_2,\cdots,\lambda x_n)$是方程(2.3.3)的解，$\lambda\boldsymbol{X}\in W$. 性质2成立.　□

F 上任意一个 n 元齐次线性方程组(2.3.1)的解集 W 是 n 维向量空间 F^n 的非空子集(至少包含零向量$(0,\cdots,0)$)，并且由定理 2.3.1 知道：W 所含的任意两个向量 $\boldsymbol{X}$，$\boldsymbol{Y}$ 之和 $\boldsymbol{X}+\boldsymbol{Y}\in W$，任意一个 $\boldsymbol{X}\in W$ 与 $\lambda\in F$ 之积 $\lambda\boldsymbol{X}\in W$. 也就是说：$W$ 对于 F^n 中向量的加法及向量与数的乘法运算具有封闭性，W 可以自成体系进行这两种运算，可以自成一个向量空间.

定义 2.3.1 向量空间 F^n 的非空子集 W 如果满足以下两个条件：

(1) $\boldsymbol{u}, \boldsymbol{v}\in W\Rightarrow \boldsymbol{u}+\boldsymbol{v}\in W$,

(2) $\boldsymbol{u}\in W$, $\lambda\in F\Rightarrow\lambda\boldsymbol{u}\in W$,

就称 W 是 F^n 的**子空间**(subspace). 如果 F^n 的子空间 W_1 是子空间 W_2 的子集，则称 W_1 是 W_2 的子空间. □

显然 F^n 本身是 F^n 的子空间. 零向量单独构成的集合$\{\boldsymbol{0}\}$是 F^n 的子空间.

按照定义 2.3.1，定理 2.3.1 的结论可以重新叙述为：

数域 F 上 n 元齐次线性方程组的解集是 F^n 的子空间. □

因此，我们将齐次线性方程组的解集称为**解空间**(subspace of solutions).

F^n 中向量的加法以及向量与数的乘法满足如下运算律，其中 $\boldsymbol{u},\boldsymbol{v},\boldsymbol{w}$ 是 F^n 中任意向量，a，b 是 F 中的任意数.

(A1) 加法结合律：$(\boldsymbol{u}+\boldsymbol{v})+\boldsymbol{w}=\boldsymbol{u}+(\boldsymbol{v}+\boldsymbol{w})$;

(A2) 加法交换律：$\boldsymbol{u}+\boldsymbol{v}=\boldsymbol{v}+\boldsymbol{u}$;

(A3) 具有零向量：F^n 中存在向量$\boldsymbol{0}$，称为零向量，使得$\boldsymbol{0}+\boldsymbol{u}=\boldsymbol{u}$ 对所有的 $\boldsymbol{u}\in F^n$ 成立；

(A4) 具有负向量：对每个向量 $\boldsymbol{u}\in F^n$，存在$-\boldsymbol{u}\in F^n$，称为 $\boldsymbol{u}$ 的负向量，使 $\boldsymbol{u}+(-\boldsymbol{u})=\boldsymbol{0}$;

(M1) $a(b\boldsymbol{u})=(ab)\boldsymbol{u}$;

(M2) $1\boldsymbol{u}=\boldsymbol{u}$;

(D1) 乘法对向量加法的分配律：$a(\boldsymbol{u}+\boldsymbol{v})=a\boldsymbol{u}+a\boldsymbol{v}$;

(D2) 乘法对数的加法的分配律：$(a+b)\boldsymbol{u}=a\boldsymbol{u}+b\boldsymbol{u}$.

F^n 的任何一个子空间 W 中向量的加法以及数与向量的乘法与 F^n 中同样进行，因此以上的运算律(A1)，(A2)，(M1)，(M2)，(D1)，(D2)显然仍成立.

在子空间的定义中没有明确规定 F^n 的子空间 W 必须包含零向量和每个 $\boldsymbol{u}\in W$ 的负向量. 但是，定义中规定了 W 非空，即至少包含一个向量 $\boldsymbol{u}$，由此即得 $0\boldsymbol{u}=\boldsymbol{0}\in W$. 对每个 $\boldsymbol{u}\in W$ 还有$(-1)\boldsymbol{u}=-\boldsymbol{u}\in W$. 由此可知运算律(A3)，(A4)对子空间 W 也成立. W 满足全部 8 条运算律，确实有资格自成一个向量空间.

由子空间对向量加法和数乘运算的封闭性可以推出对线性组合的封闭性.

命题 2.3.2 设 W 是 F^n 的子空间. 则 W 中任意有限个向量 $\boldsymbol{u}_1$，$\cdots$，$\boldsymbol{u}_k$ 的

任意线性组合 $\lambda_1\boldsymbol{u}_1+\cdots+\lambda_k\boldsymbol{u}_k$ 含于 W，其中 $\lambda_1,\cdots,\lambda_k\in F$.

证明　对 k 作数学归纳法.

当 $k=1$ 时，由子空间的定义得 $\boldsymbol{u}_1\in W\Rightarrow\lambda_1\boldsymbol{u}_1\in W$.

设 $k>1$，且命题对 $k-1$ 成立. 则

$$\boldsymbol{u}_1,\ \boldsymbol{u}_2,\ \cdots,\ \boldsymbol{u}_{k-1}\in W\Rightarrow v=\lambda_1\boldsymbol{u}_1+\lambda_2\boldsymbol{u}_2+\cdots+\lambda_{k-1}\boldsymbol{u}_{k-1}\in W$$

并且由子空间的定义得 $\boldsymbol{u}_k\in W\Rightarrow\lambda_k\boldsymbol{u}_k\in W$. 再由子空间定义得

$$v+\lambda_k\boldsymbol{u}_k=\lambda_1\boldsymbol{u}_1+\cdots+\lambda_{k-1}\boldsymbol{u}_{k-1}+\lambda_k\boldsymbol{u}_k\in W$$

这证明了：命题对 $k-1$ 成立⇒命题对 k 成立. 于是命题对所有的正整数 k 成立. □

2. 基与维数

向量空间的一个重要性质是它的维数.

平面上线性无关的向量最多有两个，因此平面称为 2 维空间. 平面上每个向量 $\boldsymbol{\alpha}$ 都能唯一地写成预先给定的两个线性无关向量 $\boldsymbol{e}_1$，$\boldsymbol{e}_2$ 的线性组合：$\boldsymbol{\alpha}=x\boldsymbol{e}_1+y\boldsymbol{e}_2$，从而可以用 2 元数组$(x,y)$作为坐标来表示 $\boldsymbol{\alpha}$.

空间中线性无关的向量最多有 3 个，因此空间称为 3 维空间. 空间中每个向量 $\boldsymbol{\alpha}$ 都能唯一地写成预先给定的 3 个线性无关向量 $\boldsymbol{e}_1$，$\boldsymbol{e}_2$，$\boldsymbol{e}_3$ 的线性组合 $\boldsymbol{\alpha}=x\boldsymbol{e}_1+y\boldsymbol{e}_2+z\boldsymbol{e}_3$，从而用 3 元数组$(x,y,z)$作为坐标来表示 $\boldsymbol{\alpha}$.

定义 2.3.2　设 W 是 F^n 的子空间. 如果 W 中存在 r 个线性无关向量，并且任意 $r+1$ 个向量线性相关，就称 W 的**维数**(dimension)为 r，记为 $\dim W=r$.

如果 W 中存在一组向量 $M=\{\boldsymbol{\alpha}_1,\cdots,\boldsymbol{\alpha}_r\}$，使 W 中每个向量 $\boldsymbol{\alpha}$ 都能写成 $\boldsymbol{\alpha}_1,\cdots,\boldsymbol{\alpha}_r$ 在 F 上的线性组合

$$\boldsymbol{\alpha}=x_1\boldsymbol{\alpha}_1+\cdots+x_r\boldsymbol{\alpha}_r,\tag{2.3.6}$$

并且其中的系数 $x_1,\cdots,x_r$ 由 $\boldsymbol{\alpha}$ 唯一决定，则 M 称为 W 的一组**基**(basis). $\boldsymbol{\alpha}$ 的线性组合表达式(2.3.6)中的系数组成的有序数组$(x_1,\cdots,x_r)$称为 $\boldsymbol{\alpha}$ 在基 M 下的**坐标**(coordinates). □

定理 2.3.3　设 W 是 F^n 的子空间. $M=\{\boldsymbol{\alpha}_1,\cdots,\boldsymbol{\alpha}_r\}\subset W$，则

(1) M 是 W 的基⇔M 是 W 的极大线性无关组.

(2) W 的基 M 所含向量个数 $|M|=\dim W$.

证明　(1) 先设 M 是 W 的极大线性无关组，则 W 中每个向量 $\boldsymbol{\alpha}$ 都能写成 M 的线性组合：

$$\boldsymbol{\alpha}=x_1\boldsymbol{\alpha}_1+\cdots+x_r\boldsymbol{\alpha}_r\tag{2.3.7}$$

如果还有

$$\boldsymbol{\alpha}=y_1\boldsymbol{\alpha}_1+\cdots+y_r\boldsymbol{\alpha}_r\tag{2.3.8}$$

将等式(2.3.7)与(2.3.8)相减得

$$(x_1-y_1)\boldsymbol{\alpha}_1+\cdots+(x_r-y_r)\boldsymbol{\alpha}_r=\mathbf{0}$$

由 $\boldsymbol{\alpha}_1,\cdots,\boldsymbol{\alpha}_r$ 线性无关得

$$x_1-y_1=\cdots=x_n-y_n=0$$

从而 $x_i=y_i$ 对 $1\leqslant i\leqslant r$ 成立. 可见 $(x_1,\cdots,x_r)\in F^r$ 由 $\boldsymbol{\alpha}$ 唯一决定.

这说明 M 是 W 的基.

再设 M 是 W 的基. 设 $\lambda_1,\cdots,\lambda_r\in F$ 满足条件

$$\lambda_1\boldsymbol{\alpha}_1+\cdots+\lambda_r\boldsymbol{\alpha}_r=\mathbf{0} \tag{2.3.9}$$

另一方面，有

$$0\boldsymbol{\alpha}_1+\cdots+0\boldsymbol{\alpha}_r=\mathbf{0} \tag{2.3.10}$$

(2.3.9)与(2.3.10)都是将零向量$\mathbf{0}$表示为 $\boldsymbol{\alpha}_1,\cdots,\boldsymbol{\alpha}_r$ 的线性组合的等式，由于 M 是基，表示的系数具有唯一性，这迫使

$$(\lambda_1,\cdots,\lambda_r)=(0,\cdots,0)$$

这说明 M 线性无关.

由于 W 中所有的向量都是 M 的线性组合，因此 M 是 W 的极大线性无关组.

(2) 设 $M=\{\boldsymbol{\alpha}_1,\cdots,\boldsymbol{\alpha}_r\}$ 是 W 的基，由 r 个向量组成. 则 M 中的向量就是 W 中 r 个线性无关的向量. W 中任意 $r+1$ 个向量 $\boldsymbol{\beta}_1,\cdots,\boldsymbol{\beta}_{r+1}$ 都是 M 中 r 个向量的线性组合，由定理 2.2.5 知 $\boldsymbol{\beta}_1,\cdots,\boldsymbol{\beta}_{r+1}$ 线性相关. 可见 $\dim W=r=|M|$. □

推论 2.3.1 F^n 的子空间 W 的所有的基所含向量个数相等，等于向量组 W 的秩 rank W. rank $W=\dim W$. □

子空间 W 的一个特殊情形是：$W=\{\mathbf{0}\}$ 仅由零向量组成，称为**零空间**(zero space). 零空间中仅有的一个向量线性相关，最多只有 0 个向量线性无关，维数为 0. 空集合 $\varnothing$ 是零空间的极大线性无关组，因此是零空间 $\{0\}$ 的基，$\dim\{\mathbf{0}\}=|\varnothing|=0$.

推论 2.3.2 设 F^n 的子空间 W 的维数为 r，则 W 中任意一个线性无关子集 S 都能扩充为 W 的一组基，S 所含向量个数都不超过 r. 如果 W_0 是 W 的子空间，则 W_0 的任何一组基都能扩充为 W 的基，$\dim W_0\leqslant\dim W$，且 $W_0=W\Leftrightarrow\dim W_0=\dim W$.

证明 W 的线性无关子集 S 可以扩充为 W 的一个极大线性无关组 M，M 是 W 的基，含有 r 个向量，当然 S 所含向量个数不超过 r.

W 的子空间 W_0 的基 $M_0=\{\boldsymbol{\alpha}_1,\cdots,\boldsymbol{\alpha}_k\}$ 是 W 中的线性无关子集，当然可以扩充为 W 的一组基 $M=\{\boldsymbol{\alpha}_1,\cdots,\boldsymbol{\alpha}_r\}$，且 $\dim W_0=k\leqslant r=\dim W$ 显然成立.

显然 $W_0=W \Rightarrow \dim W_0=\dim W$.

而由 $M_0 \subseteq M$ 知道 $\dim W_0=k=\dim W=r \Rightarrow M_0=M \Rightarrow W_0=W$. □

定理 2.3.4 设 F^n 的子空间 W 的维数为 r. $M=\{\boldsymbol{\alpha}_1,\cdots,\boldsymbol{\alpha}_r\}\subset W$, 则

M 线性无关$\Leftrightarrow M$ 是 W 的基$\Leftrightarrow W$ 中所有的向量都是 M 的线性组合.

证明 如果 M 是 W 的基，当然“M 线性无关”与“W 中所有的向量都是 M 的线性组合”这两个条件同时满足. 反过来，我们证明：当 M 所含向量个数 r 等于 $\dim W$ 时，只要满足这两个条件之一，M 就是 W 的基.

先设 M 线性无关，则 M 可以扩充为 W 的一组基 M_1. M_1 包含 M，并且 M_1 中所含向量个数也是 r，与 M 同样多. 因此 $M_1=M$，M 是 W 的基.

再设 W 中所有的向量都是 M 的线性组合. 取 M 的极大线性无关组 M_0，则 M 是 M_0 的线性组合. 由线性组合的传递性知道 W 中所有的向量也都是 M_0 的线性组合. 而 M_0 线性无关，因此是 W 的极大线性无关组. 从而 M_0 是 W 的基，含有 r 个向量. M_0 是 M 的子集而且所含向量个数与 M 同样多，因此 $M_0=M$，M 是 W 的基. □

例 1 求以下子空间 W 的维数及一组基.

(1) $W=F^n$.

(2) 三元一次方程 $x+y+z=0$ 的解空间 W.

(3) 三元一次方程组$\begin{cases}x+y+z=0\\2x+y+5z=0\end{cases}$ 的解空间 W.

(4) 线性方程组

$$\begin{cases}x_1+2x_2 \qquad\quad -5x_4+x_5=0\\ x_1+2x_2+3x_3+4x_4-5x_5=0\\ x_1+2x_2+2x_3+x_4-3x_5=0\\ 2x_1+4x_2-3x_3-19x_4+8x_5=0\\ 3x_1+6x_2-3x_3-24x_4+9x_5=0\end{cases}$$

的解空间 W.

解 (1) 对每个 $1\leqslant i\leqslant n$，记

$$\boldsymbol{e}_i=(0,\cdots,0,\underset{\substack{\uparrow\\ \text{第 } i \text{ 个分量}}}{1},0,\cdots,0)$$

表示第 i 分量为 1、其余分量为 0 的 n 元数组向量，则 $\{\boldsymbol{e}_1,\cdots,\boldsymbol{e}_n\}$ 是 F^n 的一个极大线性无关组，从而是 F^n 的一组基. F^n 的维数是 n.

(2) 方程 $x+y+z=0$ 的通解是

$$\begin{pmatrix} x \\ y \\ z \end{pmatrix} = \begin{pmatrix} -t_1-t_2 \\ t_1 \\ t_2 \end{pmatrix} = t_1\begin{pmatrix} -1 \\ 1 \\ 0 \end{pmatrix} + t_2\begin{pmatrix} -1 \\ 0 \\ 1 \end{pmatrix}$$

分别取$(t_1,t_2)=(1,0)$，$(t_1,t_2)=(0,1)$，得到两个解

$$X_1=\begin{pmatrix} -1 \\ 1 \\ 0 \end{pmatrix},\quad X_2=\begin{pmatrix} -1 \\ 0 \\ 1 \end{pmatrix}$$

通解 $\boldsymbol{X}=t_1\boldsymbol{X}_1+t_2\boldsymbol{X}_2$ 是 $\boldsymbol{X}_1$，$\boldsymbol{X}_2$ 的线性组合. 显然 $\boldsymbol{X}_1$，$\boldsymbol{X}_2$ 不成比例，因此线性无关，是解空间 W 的一组基.

解空间 W 的维数为 2.

（3）解方程组得通解为

$$\begin{pmatrix} x \\ y \\ z \end{pmatrix} = \begin{pmatrix} -4t \\ 3t \\ t \end{pmatrix} = t\begin{pmatrix} -4 \\ 3 \\ 1 \end{pmatrix}$$

取 $t=1$ 得一个解

$$X_1=\begin{pmatrix} -4 \\ 3 \\ 1 \end{pmatrix}$$

通解为 $t\boldsymbol{X}_1$，是 $\boldsymbol{X}_1$ 的线性组合. $\boldsymbol{X}_1$ 不等于零，线性无关，单独组成解空间 W 的一组基.

（4）方程组的系数矩阵 A 经过一系列初等行变换化为最简形式：

$$\boldsymbol{A}=\begin{pmatrix} 1 & 2 & 0 & -5 & 1 \\ 1 & 2 & 3 & 4 & -5 \\ 1 & 2 & 2 & 1 & -3 \\ 2 & 4 & -3 & -19 & 8 \\ 3 & 6 & -3 & -24 & 9 \end{pmatrix} \to \boldsymbol{B}=\begin{pmatrix} 1 & 2 & 0 & -5 & 1 \\ 0 & 0 & 1 & 3 & -2 \\ 0 & 0 & 0 & 0 & 0 \\ 0 & 0 & 0 & 0 & 0 \\ 0 & 0 & 0 & 0 & 0 \end{pmatrix}$$

以 $\boldsymbol{A}$ 为系数矩阵的原方程组化简为以 $\boldsymbol{B}$ 为系数矩阵的齐次线性方程组

$$\begin{cases} x_1+2x_2-5x_4+x_5=0 \\ x_3+3x_4-2x_5=0 \end{cases} \quad 即 \quad \begin{cases} x_1=-2x_2+5x_4-x_5 \\ x_3=-3x_4+2x_5 \end{cases}$$

x_2，x_4，x_5 是自由未知数，可以在 F 分别独立取值 t_1，t_2，t_3，这 3 个自由未知数的值决定了其余两个未知数 x_1，x_3 的值，从而确定了通解

$$X=\begin{pmatrix}x_1\\x_2\\x_3\\x_4\\x_5\end{pmatrix}=\begin{pmatrix}-2t_1+5t_2-t_3\\t_1\\-3t_2+2t_3\\t_2\\t_3\end{pmatrix}=t_1\begin{pmatrix}-2\\1\\0\\0\\0\end{pmatrix}+t_2\begin{pmatrix}5\\0\\-3\\1\\0\end{pmatrix}+t_3\begin{pmatrix}-1\\0\\2\\0\\1\end{pmatrix}\quad(2.3.11)$$

分别取$(t_1,t_2,t_3)=(1,0,0)$或$(0,1,0)$或$(0,0,1)$，得到3个解

$$X_1=\begin{pmatrix}-2\\1\\0\\0\\0\end{pmatrix},\ X_2=\begin{pmatrix}5\\0\\-3\\1\\0\end{pmatrix},\ X_3=\begin{pmatrix}-1\\0\\2\\0\\1\end{pmatrix}\quad(2.3.12)$$

由通解(2.3.11)知道：方程组的所有的解都是(2.3.12)的3个解X_1，X_2，X_3的线性组合. 我们证明X_1，X_2，X_3线性无关，组成W的一组基.

设

$$t_1X_1+t_2X_2+t_3X_3=\mathbf{0}\quad(2.3.13)$$

即

$$\begin{pmatrix}-2t_1+5x_3-t_2\\t_1\\-3t_2+2t_3\\t_2\\t_3\end{pmatrix}=\begin{pmatrix}0\\0\\0\\0\\0\end{pmatrix}\quad(2.3.14)$$

(2.3.14)成立仅当$t_1=t_2=t_3=0$，可见X_1，X_2，X_3线性无关，组成W的一组基. W的维数等于3. □

注意 例1的各小题分别说明了一些问题：

(1) 我们称F^n为“n维空间”是因为在这个空间中线性无关向量的个数最多是n. 题目中所举出的一组基$\{e_1,\cdots,e_n\}$称为这个空间的自然基. 将每个向量$X=(x_1,\cdots,x_n)$写成这组基的线性组合：

$$(x_1,\cdots,x_n)=x_1e_1+\cdots+x_ne_n$$

组合表达式中的系数$x_1,\cdots,x_n$组成X在自然基下的坐标$(x_1,\cdots,x_n)$，恰是X自己.

(2) 方程的解空间W的维数是2. 如果F是实数域，则方程的图像是过

原点的平面. 过原点的平面是 2 维空间的直观形象.

(3) 方程组的解空间维数是 1. 如果 F 是实数域, 则方程组的图像是过原点的直线. 过原点的直线是 1 维空间的直观形象.

本题的方程组包括(2)题的方程, 因此本题的方程组的解都是(2)题的方程的解. 本题的方程组的解空间是(2)题的方程的解空间的子空间.

(4) $\boldsymbol{A}$ 经过一系列初等行变换变为 $\boldsymbol{B}$, $\boldsymbol{B}$ 仅有的两个非零行线性无关, 行秩为 2, $\boldsymbol{A}$ 的行秩也为 2, 方程组中方程的"真正个数"为 2, 化成最简形式之后有两个非独立未知数 x_1, x_3, 其余 3 个未知数 x_2, x_4, x_5 可以分别独立取值. 每个解 $\boldsymbol{X}=(x_1,x_2,x_3,x_4,x_5)$ 唯一决定 x_2, x_4, x_5, 反过来也由 x_2, x_4, x_5 唯一决定. (x_2,x_4,x_5) 可以看作 X 的坐标. 让 (x_2,x_4,x_5) 取遍 F^3 的自然基 $(1,0,0)$, $(0,1,0)$, $(0,0,1)$ 就得到解空间 W 的一组基 $\{\boldsymbol{X}_1,\boldsymbol{X}_2,\boldsymbol{X}_3\}$, 其中的向量个数即 $\dim W$, 等于独立未知数 x_2, x_4, x_5 的个数, 等于

$$\text{未知数个数 } 5-\text{非独立未知数个数 } 2=5-\operatorname{rank}\boldsymbol{A}$$

这一推理过程可以推广到一般的齐次线性方程组.

3. 齐次线性方程组解空间的维数

齐次线性方程组

$$\begin{cases}a_{11}x_1+a_{12}x_2+\cdots+a_{1n}x_n=0\\ a_{21}x_1+a_{22}x_2+\cdots+a_{2n}x_n=0\\ \cdots\cdots\cdots\cdots\\ a_{m1}x_1+a_{m2}x_2+\cdots+a_{mn}x_n=0\end{cases}\tag{2.3.15}$$

中的各方程的未知数系数组成一个矩阵

$$\boldsymbol{A}=\begin{pmatrix}a_{11}&a_{12}&\cdots&a_{1n}\\ a_{21}&a_{22}&\cdots&a_{2n}\\ \vdots&\vdots&&\vdots\\ a_{m1}&a_{m2}&\cdots&a_{mn}\end{pmatrix}$$

称为方程组(2.3.15)的**系数矩阵**(coefficient matrix). 齐次线性方程组(2.3.15)完全由它的系数矩阵 $\boldsymbol{A}$ 代表, 方程组的解空间也完全由矩阵 $\boldsymbol{A}$ 决定, 我们将这个解空间记为 V_A. 系数矩阵 $\boldsymbol{A}$ 的行秩 $\operatorname{rank}\boldsymbol{A}$ 就是方程组(2.3.15)的秩. 我们有

定理 2.3.5 设数域 F 上 n 元齐次线性方程组的系数矩阵为 $\boldsymbol{A}$, 则它的解空间的维数

$$\dim V_A=n-\operatorname{rank}\boldsymbol{A}$$

证明 系数矩阵 $\boldsymbol{A}$ 可以经过初等行变换化为

$$
\boldsymbol{B}=\begin{pmatrix}
0\cdots0 & b_{1j_1}\cdots & \cdots & \cdots & \cdots & \cdots b_{1n}\\
0\cdots0 & 0\cdots0 & b_{2j_2}\cdots & \cdots & \cdots & \cdots b_{2n}\\
\vdots\ \ \vdots & \vdots\ \ \vdots & \vdots & & & \vdots\\
0\cdots0 & 0\cdots0 & 0\cdots0 & \cdots0 & b_{rj_r} & \cdots b_{rn}\\
0\cdots0 & 0\cdots0 & 0\cdots0 & \cdots0 & 0 & \cdots0\\
\vdots\ \ \vdots & \vdots\ \ \vdots & \vdots\ \ \vdots & \vdots & \vdots & \vdots
\end{pmatrix}\tag{2.3.16}
$$

其中 $b_{1j_1}=b_{2j_2}=\cdots=b_{rj_r}=1$，$1\leqslant j_1<j_2<\cdots<j_r\leqslant n$，并且 $\boldsymbol{B}$ 中第 $j_1,j_2,\cdots,j_r$ 列除了 $b_{1j_1},b_{2j_2},\cdots,b_{rj_r}$ 以外其余的元都是 0. 其中 $r=\operatorname{rank}\boldsymbol{B}=\operatorname{rank}\boldsymbol{A}$.

设 $1,2,\cdots,n$ 这 n 个数中除了 $j_1,j_2,\cdots,j_r$ 之外剩下的数从小到大依次是 $j_{r+1},\cdots,j_n$.

将 $\boldsymbol{A}$ 经过初等行变换化为 $\boldsymbol{B}$，也就是将方程组(2.3.1)经过同解变形化为

$$
\begin{cases}
x_{j_1}+b_{1j_{r+1}}x_{j_{r+1}}+\cdots+b_{1j_n}x_{j_n}=0\\
x_{j_2}+b_{2j_{r+1}}x_{j_{r+1}}+\cdots+b_{2j_n}x_{j_n}=0\\
\cdots\cdots\cdots\cdots\\
x_{j_r}+b_{rj_{r+1}}x_{j_{r+1}}+\cdots+b_{rj_n}x_{j_n}=0
\end{cases}\tag{2.3.17}
$$

将方程组(2.3.17)中含未知数 $x_{j_1},\cdots,x_{j_r}$ 的项留在左边，其余各项移到右边，成为

$$
\begin{cases}
x_{j_1}=-b_{1j_{r+1}}x_{j_{r+1}}-\cdots-b_{1j_n}x_{j_n}\\
x_{j_2}=-b_{2j_{r+1}}x_{j_{r+1}}-\cdots-b_{2j_n}x_{j_n}\\
\cdots\cdots\cdots\cdots\\
x_{j_r}=-b_{rj_{r+1}}x_{j_{r+1}}-\cdots-b_{rj_n}x_{j_n}
\end{cases}\tag{2.3.18}
$$

将独立未知数 $x_{j_{r+1}},\cdots,x_{j_n}$ 分别独立取任意值，每一组值$(x_{j_{r+1}},\cdots,x_{j_n})$代入(2.3.18)就可以计算出 $x_{j_1},x_{j_2},\cdots,x_{j_r}$ 的唯一一组值，从而得到方程(2.3.1)的一个解 $\boldsymbol{X}=(x_1,\cdots,x_n)$. 这组解 $\boldsymbol{X}$ 由 $n-r$ 元数组 $\boldsymbol{u}=(x_{j_{r+1}},\cdots,x_{j_n})\in F^{n-r}$ 唯一决定，可记为 $\boldsymbol{X}=f(\boldsymbol{u})=f(x_{j_{r+1}},\cdots,x_{j_n})$.

对每个 $1\leqslant i\leqslant n-r$，记 $\boldsymbol{e}_i$ 是 F^{n-r} 中第 i 分量为 1、其余分量为 0 的数组向量，则 $\{\boldsymbol{e}_1,\cdots,\boldsymbol{e}_{n-r}\}$ 是 F^{n-r} 的自然基，

$$
\begin{aligned}
\boldsymbol{u}&=(x_{j_{r+1}},\cdots,x_{j_n})=x_{j_{r+1}}\boldsymbol{e}_1+\cdots+x_{j_n}\boldsymbol{e}_{n-r}\\
\boldsymbol{X}&=f(\boldsymbol{u})=f(x_{j_{r+1}}\boldsymbol{e}_1+\cdots+x_{j_n}\boldsymbol{e}_{n-r})\\
&=x_{j_{r+1}}f(\boldsymbol{e}_1)+\cdots+x_{j_n}f(\boldsymbol{e}_{n-r})\\
&=x_{j_{r+1}}\boldsymbol{X}_1+\cdots+x_{j_n}\boldsymbol{X}_{n-r}
\end{aligned}\tag{2.3.19}
$$

其中 $X_1,\cdots,X_{n-r}$ 分别等于 $f(e_1),\cdots,f(e_{n-r})$，是方程组(2.3.1)的 $n-r$ 个解. (2.3.19)说明方程组所有的解 X 都是这 $n-r$ 个解 $X_1,\cdots,X_{n-r}$ 的线性组合. 设

$$x_{j_{r+1}}X_1+\cdots+x_{j_n}X_{n-r}=\mathbf{0} \tag{2.3.20}$$

即

$$X=\begin{pmatrix}x_1\\ \vdots\\ x_n\end{pmatrix}=f(x_{j_{r+1}},\cdots,x_{j_n})=\begin{pmatrix}0\\ \vdots\\ 0\end{pmatrix} \tag{2.3.21}$$

(2.3.20)成立仅当 X 的分量 $x_{j_{r+1}}=\cdots=x_{j_n}=0$，这说明了 $X_1,\cdots,X_{n-r}$ 线性无关，组成解空间 V_A 的一组基. 这组基由 $n-r$ 个向量组成，因此

$$\dim V_A=n-r=n-\operatorname{rank} A \quad \square$$

rank A 就是齐次线性方程组的线性无关的方程的最大个数，也就是方程的“真正个数”. 而解空间的维数 dim V_A 代表了解集的大小. 解空间维数公式

$$\dim V_A=n-\operatorname{rank} A$$

可以理解为

解空间的维数=未知数个数-线性无关的方程的最大个数

未知数个数 n 反映了未知数取值范围自由度的大小. 每一个方程是对未知数取值范围的一次限制. 线性无关的方程越多，未知数受到的限制就越大，允许取值的范围 V_A 就越小.

当解空间 $V_A\neq\{0\}$ 时，它是无穷集合. 但是 V_A 中这无穷多个的解都可以写成任意一组基中的 $n-r$ 个解 $X_1,\cdots,X_{n-r}$ 的线性组合. 只要知道了 V_A 的一组基，就可以写出 V_A 中全部的解.

齐次线性方程组的解空间的一组基称为这个方程组的一个**基础解系**(system of fundamental solutions).

定理 2.3.5 不但给出了求解空间 V_A 维数的公式 dim $V_A=n-\operatorname{rank} A$，而且在证明过程中给出了求方程组的基础解系的一个算法：

方程组的通解由 $n-r$ 个独立取值的参数 $t_1,\cdots,t_{n-r}$ 决定. 对每个 $1\leqslant i\leqslant n-r$，取第 i 个参数 $t_i=1$，其余参数 $t_j=0(1\leqslant j\leqslant n-r,j\neq i)$，得到一个解 X_i. 得到的这 $n-r$ 个解 $X_1,\cdots,X_{n-r}$ 就组成一个基础解系.

例如，本节例 2(2)的方程 $x+y+z=0$ 的通解为 $\begin{pmatrix}-t_1-t_2\\ t_1\\ t_2\end{pmatrix}$. 分别取 $(t_1,t_2)=(1,0)$ 或 $(0,1)$ 得到两个解

$$\begin{pmatrix}-1\\ 1\\ 0\end{pmatrix},\quad\begin{pmatrix}-1\\ 0\\ 1\end{pmatrix}$$

它们组成方程的一个基础解系.

也可先将通解写成线性组合的形式

$$\begin{pmatrix}-t_1-t_2\\t_1\\t_2\end{pmatrix}=t_1\begin{pmatrix}-1\\1\\0\end{pmatrix}+t_2\begin{pmatrix}-1\\0\\1\end{pmatrix}$$

组合式中出现的两个向量$\begin{pmatrix}-1\\1\\0\end{pmatrix}$, $\begin{pmatrix}-1\\0\\1\end{pmatrix}$就组成一个基础解系.

例 2 已知 F^5 中的向量

$$\boldsymbol{X}_1=(1,2,3,4,5),\ \boldsymbol{X}_2=(1,3,2,1,2)$$

求一个齐次线性方程组，使 $\boldsymbol{X}_1$，$\boldsymbol{X}_2$ 组成这个方程组的基础解系.

解 设

$$a_{i1}x_1+a_{i2}x_2+a_{i3}x_3+a_{i4}x_4+a_{i5}x_5=0$$

是方程组 $\boldsymbol{AX}=\boldsymbol{0}$中的任意一个方程. 将 $\boldsymbol{X}_1$，$\boldsymbol{X}_2$ 的坐标代入得

$$\begin{cases}a_{i1}+2a_{i2}+3a_{i3}+4a_{i4}+5a_{i5}=0\\a_{i1}+3a_{i2}+2a_{i3}+a_{i4}+2a_{i5}=0\end{cases}\tag{2.3.22}$$

将(2.3.22)看作以 a_{i1}，a_{i2}，a_{i3}，a_{i4}，a_{i5}为未知数的线性方程来解. 此方程组的系数矩阵

$$\boldsymbol{B}=\begin{pmatrix}1&2&3&4&5\\1&3&2&1&2\end{pmatrix}$$

就是以 X_1，X_2 为行向量组成的矩阵. 对 $\boldsymbol{B}$ 作初等行变换得

$$\boldsymbol{B}\to\begin{pmatrix}1&2&3&4&5\\0&1&-1&-3&-3\end{pmatrix}\to\begin{pmatrix}1&0&5&10&11\\0&1&-1&-3&-3\end{pmatrix}$$

方程组(2.3.22)化为

$$\begin{cases}a_{i1}=-5a_{i3}-10a_{i4}-11a_{i5}\\a_{i2}=\quad a_{i3}+3a_{i4}+3a_{i5}\end{cases}$$

因此

$$\begin{aligned}(a_{i1},a_{i2},a_{i3},a_{i4},a_{i5})&=(-5a_{i3}-10a_{i4}-11a_{i5},a_{i3}+3a_{i4}+3a_{i5},a_{i3},a_{i4},a_{i5})\\&=a_{i3}(-5,1,1,0,0)+a_{i4}(-10,3,0,1,0)+a_{i5}(-11,3,0,0,1).\end{aligned}$$

方程组(2.3.22)的一组基础解系是

$$(-5,1,1,0,0),\ (-10,3,0,1,0),\ (-11,3,0,0,1).$$

以这组基础解系为各行组成矩阵

$$A=\begin{pmatrix}-5&1&1&0&0\\-10&3&0&1&0\\-11&3&0&0&1\end{pmatrix},$$

则 rank $A=3$. 以 A 为系数矩阵的齐次线性方程组

$$\begin{cases}-5x_1+x_2+x_3=0\\-10x_1+3x_2+x_4=0\\-11x_1+3x_2+x_5=0\end{cases}\tag{2.3.23}$$

的解空间的维数为 5-rank $A=5-3=2$. 而 X_1，X_2 是方程组(2.3.23)的两个线性无关解，因此组成(2.3.23)的基础解系.

因此，方程组(2.3.23)符合要求. □

4. 子集生成的子空间

我们知道，F^n 的任一子空间 W 由它的一组基的全体线性组合构成.

F^n 的任一子集 S 不一定是子空间，但可以添加一些向量使 S 成为一个子空间 W. W 至少应当包含 S 中向量的所有的线性组合. 我们证明：所有这些线性组合组成的集合已经是一个子空间，这是包含 S 的最小的子空间.

定理 2.3.6 F^n 的任意非空子集 S 的全体线性组合组成的集合 $V(S)$ 是 F^n 的子空间. F^n 的子空间如果包含 S，必然包含 $V(S)$.

证明 根据定义 2.1.2，$V(S)$就是 S 的有限子集的线性组合的全体组成的集合. 即

$$V(S)=\{\lambda_1\boldsymbol{\alpha}_1+\cdots+\lambda_k\boldsymbol{\alpha}_k \mid k\text{ 是正整数},\boldsymbol{\alpha}_1,\cdots,\boldsymbol{\alpha}_k\in S,\lambda_1,\cdots,\lambda_k\in F\}.$$

设 $\boldsymbol{u}$，$v\in V(S)$，则

$$\boldsymbol{u}=\lambda_1\boldsymbol{u}_1+\cdots+\lambda_k\boldsymbol{u}_k,\quad v=\mu_1 v_1+\cdots+\mu_m v_m$$

其中 $\boldsymbol{u}_1,\cdots,\boldsymbol{u}_k$，$v_1,\cdots,v_m\in S$，$\lambda_1,\cdots,\lambda_k$，$\mu_1,\cdots,\mu_m\in F$. 于是

$$\boldsymbol{u}+v=\lambda_1\boldsymbol{u}_1+\cdots+\lambda_k\boldsymbol{u}_k+\mu_1 v_1+\cdots+\mu_m v_m$$

与

$$\lambda\boldsymbol{u}=\lambda\lambda_1\boldsymbol{s}_1+\cdots+\lambda\lambda_k\boldsymbol{s}_k\quad(\text{对任意 }\lambda\in F)$$

都是 S 中有限个向量的线性组合，含于 $V(S)$. 这就证明了 $V(S)$是 F^n 的子空间.

如果 W 是 F^n 中包含 S 的子空间，则由命题 2.3.2 知 W 包含 S 中向量的所有的线性组合，也就是包含 $V(S)$. 这说明 $V(S)$是 F^n 中包含 S 的最小子空间. □

定义 2.3.3 F^n 的非空子集 S 的全体线性组合组成的子空间，称为 S **生成的子空间**(subspace generated by S)，记作 $V(S)$. 当 S 是有限子集$\{\boldsymbol{\alpha}_1,\cdots,\boldsymbol{\alpha}_k\}$时，也将 $V(S)$记作 $V(\boldsymbol{\alpha}_1,\cdots,\boldsymbol{\alpha}_k)$. □

例3 设S_1，S_2，S_3是F^n的非空子集. 求证：

(1) S_2是S_1的线性组合$\Leftrightarrow V(S_2)\subseteq V(S_1)$.

S_1与S_2等价(互为线性组合)$\Leftrightarrow V(S_1)=V(S_2)$.

(2) 如果S_2是S_1的线性组合，且S_3是S_2的线性组合，则S_3是S_1的线性组合.

如果S_1与S_2等价，且S_2与S_3等价，则S_1与S_3等价.

(3) 设S_0是S_1的极大线性无关组，则S_0是$V(S_1)$的基. $\mathrm{rank}\ S_1=\dim V(S_1)$.

证明 (1) $V(S_1)$包含了S_1的全体线性组合. 因此，S_2是S_1的线性组合$\Leftrightarrow S_2\subseteq V(S_1)$.

由于$V(S_1)$是子空间，如果它包含S_2，必然包含S_2的全体线性组合组成的集合$V(S_2)$. 这说明：$S_2\subseteq V(S_1)\Rightarrow V(S_2)\subseteq V(S_1)$. 由$S_2\subseteq V(S_2)$知：$V(S_2)\subseteq V(S_1)\Rightarrow S_2\subseteq V(S_1)$.

这就证明了$V(S_2)\subseteq V(S_1)\Leftrightarrow S_2\subseteq V(S_1)\Leftrightarrow S_2$是$S_1$的线性组合.

由以上结论知:S_1与S_2互为线性组合$\Leftrightarrow V(S_1)$与$V(S_2)$相互包含$\Leftrightarrow V(S_1)=V(S_2)$.

(2) 设S_2是S_1的线性组合，且S_3是S_2的线性组合，由本题第(1)小题的结论知$V(S_2)\subseteq V(S_1)$且$V(S_3)\subseteq V(S_2)$，这导致$V(S_3)\subseteq V(S_1)$，从而S_3是S_1的线性组合.

如果S_1与S_2等价，且S_2与S_3等价，由本题第(1)小题的结论知$V(S_1)=V(S_2)=V(S_3)$，于是S_1与S_3等价.

(3) S_1的极大线性无关组S_0与S_1等价. 因而$V(S_0)=V(S_1)$. $V(S_1)$是S_0的线性组合，并且S_0线性无关，因此S_0是$V(S_1)$的极大线性无关组，S_0是$V(S_1)$的基. $\dim V(S_1)=|S_0|=\mathrm{rank}\ S_1$,这里$|S_0|$表示$S_0$所含元素个数. □

定义 2.3.4 $F^{m\times n}$中任一矩阵$\boldsymbol{A}$的行向量组在F^n中生成的空间称为$\boldsymbol{A}$的行空间，$\boldsymbol{A}$的列向量组在F^m中生成的子空间称为$\boldsymbol{A}$的列空间. □

由例1的结论知道：$\boldsymbol{A}$的行空间和列空间的维数分别等于$\boldsymbol{A}$的行秩和列秩，因而它们的维数相等. □

习 题 2.3

1. 以向量$\boldsymbol{\alpha}_1=(3,1,0)$，$\boldsymbol{\alpha}_2=(6,3,2)$，$\boldsymbol{\alpha}_3=(1,3,5)$为基，求向量$\boldsymbol{\beta}=(2,-1,2)$的坐标.

2. 设向量$\boldsymbol{\alpha}_1=(1,0,1,0)$，$\boldsymbol{\alpha}_2=(0,1,0,1)$，将$\boldsymbol{\alpha}_1$，$\boldsymbol{\alpha}_2$扩充成$R^4$的一组基.

3. 设向量$\boldsymbol{\alpha}_1=(1,1,1,1)$，$\boldsymbol{\alpha}_2=(0,1,-1,-1)$，$\boldsymbol{\alpha}_3=(0,0,1,-1)$，$\boldsymbol{\alpha}_4=(0,0,0,1)$，试将标准基向量$\boldsymbol{e}_1$，$\boldsymbol{e}_2$，$\boldsymbol{e}_3$，$\boldsymbol{e}_4$用$\boldsymbol{\alpha}_1$，$\boldsymbol{\alpha}_2$，$\boldsymbol{\alpha}_3$，$\boldsymbol{\alpha}_4$线性表出.

4. 求下列每个齐次线性方程组的一个基础解系. 并用它表出全部解.

(1) $\begin{cases} x_1+x_2+x_3+x_4+x_5=0, \\ x_1+2x_2+3x_3+4x_4+5x_5=0, \\ x_1-x_3-2x_4-3x_5=0; \end{cases}$　(2) $\begin{cases} x_1+x_2+x_3+x_4-4x_5=0, \\ x_1-2x_2+3x_3-4x_4+2x_5=0, \\ -x_1+3x_2-5x_3+7x_4-4x_5=0, \\ x_1+2x_2-x_3+4x_4-6x_5=0. \end{cases}$

5. 已知 F^5 中的向量

$$X_1=(1,2,3,4,5),\ X_2=(1,-1,1,-1,1),\ X_3=(1,2,4,8,16).$$

求一个齐次线性方程组，使 X_1，X_2，X_3 组成这个方程组的基础解系.

6. 设 S，T 是向量组. 求证：S 与 T 等价$\Leftrightarrow \operatorname{rank} S=\operatorname{rank}(S\cup T)=\operatorname{rank} T$.

7. 求证：两个齐次线性方程组(Ⅰ)，(Ⅱ)同解的充分必要条件是它们互为线性组合.（提示：利用第 6 题的结论.）

§ 2.4　非齐次线性方程组

在 § 2.3 中讨论了数域 F 上 n 元齐次线性方程组的解集的构造，发现它是 F^n 的一个子空间，维数为 $n-\operatorname{rank} \boldsymbol{A}$，其中 $\boldsymbol{A}$ 是系数矩阵.

现在我们讨论数域 F 上以 $x_1,x_2,\cdots,x_n$ 为未知数的非齐次线性方程组

$$\begin{cases} a_{11}x_1+a_{12}x_2+\cdots+a_{1n}x_n=b_1 \\ a_{21}x_1+a_{22}x_2+\cdots+a_{2n}x_n=b_2 \\ \cdots\cdots\cdots\cdots \\ a_{m1}x_1+a_{m2}x_2+\cdots+a_{mn}x_n=b_m \end{cases} \tag{2.4.1}$$

线性方程组(2.4.1)中各方程中未知数的系数组成的矩阵

$$\boldsymbol{A}=\begin{pmatrix} a_{11} & a_{12} & \cdots & a_{1n} \\ a_{21} & a_{22} & \cdots & a_{2n} \\ \vdots & \vdots & & \vdots \\ a_{m1} & a_{m2} & \cdots & a_{mn} \end{pmatrix}$$

仍称为方程组的**系数矩阵**(coefficient matrix). 显然，系数矩阵 $\boldsymbol{A}$ 不能完全决定非齐次线性方程组(2.4.1)，还需要添上由常数项组成的一列，组成下面的矩阵

$$\widetilde{\boldsymbol{A}}=\begin{pmatrix} a_{11} & a_{12} & \cdots & a_{1n} & b_1 \\ a_{21} & a_{22} & \cdots & a_{2n} & b_2 \\ \vdots & \vdots & & \vdots & \vdots \\ a_{m1} & a_{m2} & \cdots & a_{mn} & b_m \end{pmatrix}$$

才能决定非齐次线性方程组(2.4.1). 矩阵 $\widetilde{\boldsymbol{A}}$ 由非齐次线性方程组的未知数系数和常数项共同组成，称为方程组(2.4.1)的**增广矩阵**(augmented matrix). 增广

矩阵 $\widetilde{\boldsymbol{A}}$ 完全代表了非齐次线性方程组(2.4.1)，增广矩阵的秩就是非齐次线性方程组的秩.

与齐次线性方程组不同的是：非齐次线性方程组不一定有解. 我们先研究非齐次线性方程组有解的条件，再研究它的解集的构造.

考虑非齐次线性方程组的增广矩阵的各列

$$\boldsymbol{\alpha}_1=\begin{pmatrix}a_{11}\\a_{21}\\\vdots\\a_{m1}\end{pmatrix},\ \boldsymbol{\alpha}_2=\begin{pmatrix}a_{12}\\a_{22}\\\vdots\\a_{m2}\end{pmatrix},\ \cdots,\ \boldsymbol{\alpha}_n=\begin{pmatrix}a_{1n}\\a_{2n}\\\vdots\\a_{mn}\end{pmatrix},\ \boldsymbol{\beta}=\begin{pmatrix}b_1\\b_2\\\vdots\\b_m\end{pmatrix}$$

则方程组(2.4.1)可以写成向量形式：

$$x_1\boldsymbol{\alpha}_1+x_2\boldsymbol{\alpha}_2+\cdots+x_n\boldsymbol{\alpha}_n=\boldsymbol{\beta} \tag{2.4.2}$$

它的几何意义是：已知 F^m 中的向量 $\boldsymbol{\alpha}_1,\boldsymbol{\alpha}_2,\cdots,\boldsymbol{\alpha}_n,\boldsymbol{\beta}$，将 $\boldsymbol{\beta}$ 表示成$\boldsymbol{\alpha}_1,\boldsymbol{\alpha}_2,\cdots,\boldsymbol{\alpha}_n$ 的线性组合，求组合系数.

1. 非齐次线性方程组有解的条件

记 $S=\{\boldsymbol{\alpha}_1,\boldsymbol{\alpha}_2,\cdots,\boldsymbol{\alpha}_n\}$. 则

$$\begin{aligned}&\text{方程组}(2.4.1)\text{有解}\Leftrightarrow\text{方程}(2.4.2)\text{有解}\Leftrightarrow\beta\text{ 是 }S\text{ 的线性组合}\\&\Leftrightarrow\beta\in V(S)\Leftrightarrow V(S\cup\{\beta\})=V(S)\end{aligned}$$

由于 $S\cup\{\beta\}\supseteq S$，$V(S\cup\{\beta\})\supseteq V(S)$，

$$V(S\cup\{\beta\})=V(S)\Leftrightarrow\dim V(S\cup\{\beta\})=\dim V(S)$$

由于 S 是 $\boldsymbol{A}$ 的列向量组，$\dim V(S)=\operatorname{rank} S=\operatorname{rank}\boldsymbol{A}$. 而 $S\cup\{\beta\}=\{\boldsymbol{\alpha}_1,\cdots,\boldsymbol{\alpha}_n,\boldsymbol{\beta}\}$是 $\widetilde{\boldsymbol{A}}$ 的列向量组，因此 $\dim V(S\cup\{\beta\})=\operatorname{rank}(S\cup\{\beta\})=\operatorname{rank}\widetilde{\boldsymbol{A}}$.

$\dim V(S\cup\{\beta\})=\dim V(S)$，即 $\operatorname{rank}\widetilde{\boldsymbol{A}}=\operatorname{rank}\boldsymbol{A}$.

这就证明了：(2.4.1)有解$\Leftrightarrow\operatorname{rank}\widetilde{\boldsymbol{A}}=\operatorname{rank}\boldsymbol{A}$. 这就得到了非齐次线性方程组的相容性定理(即有解条件的定理)：

定理 2.4.1 线性方程组(2.4.1)有解⇔它的系数矩阵与增广矩阵的秩相等. □

例 1 求证：如果方程组

$$\begin{cases}a_{11}x_1+a_{12}x_2+a_{13}x_3=b_1\\a_{21}x_1+a_{22}x_2+a_{23}x_3=b_2\\a_{31}x_1+a_{32}x_2+a_{33}x_3=b_3\\a_{41}x_1+a_{42}x_2+a_{43}x_3=b_4\end{cases}$$

的秩等于4，这个方程组一定无解.

解法 1 方程组的秩就是它的增广矩阵 $\widetilde{\boldsymbol{A}}$ 的秩，等于4. 方程组的系数矩阵 $\boldsymbol{A}$ 是4行3列的矩阵. $\boldsymbol{A}$ 只有3列，列秩 $\operatorname{rank}\boldsymbol{A}\leqslant 3<4=\operatorname{rank}\widetilde{\boldsymbol{A}}$. 由定理

2.4.1 知方程组一定无解.

解法 2　令

$$\boldsymbol{\alpha}_1=\begin{pmatrix}a_{11}\\a_{21}\\a_{31}\\a_{41}\end{pmatrix},\ \boldsymbol{\alpha}_2=\begin{pmatrix}a_{12}\\a_{22}\\a_{32}\\a_{42}\end{pmatrix},\ \boldsymbol{\alpha}_3=\begin{pmatrix}a_{13}\\a_{23}\\a_{33}\\a_{43}\end{pmatrix},\ \boldsymbol{\beta}=\begin{pmatrix}b_1\\b_2\\b_3\\b_4\end{pmatrix}$$

则原方程组即

$$x_1\boldsymbol{\alpha}_1+x_2\boldsymbol{\alpha}_2+x_3\boldsymbol{\alpha}_3=\boldsymbol{\beta}$$

方程组的秩就是它的增广矩阵 $\widetilde{\boldsymbol{A}}$ 的行秩，等于 $\widetilde{\boldsymbol{A}}$ 的列秩. 而 $S=\{\boldsymbol{\alpha}_1,\boldsymbol{\alpha}_2,\boldsymbol{\alpha}_3,\boldsymbol{\beta}\}$ 就是 $\widetilde{\boldsymbol{A}}$ 的列向量组，秩等于 4，因而线性无关. 因此 $\boldsymbol{\beta}$ 不是 $\boldsymbol{\alpha}_1,\boldsymbol{\alpha}_2,\boldsymbol{\alpha}_3$ 的线性组合，原方程组无解. □

2. 非齐次线性方程组解集的结构

现在假定非齐次线性方程组(2.4.1)至少有一个解. 任意取定(2.4.1)的一个解 $\boldsymbol{\eta}=(\eta_1,\cdots,\eta_n)$. 称为(2.4.1)的一个特解. 我们来研究方程(2.4.1)的解集合的结构.

仍将方程组(2.4.1)写成向量形式

$$x_1\boldsymbol{\alpha}_1+x_2\boldsymbol{\alpha}_2+\cdots+x_n\boldsymbol{\alpha}_n=\boldsymbol{\beta}\tag{2.4.2}$$

将特解 $\boldsymbol{\eta}=(\eta_1,\cdots,\eta_n)$ 代入(2.4.2)得等式

$$\eta_1\boldsymbol{\alpha}_1+\eta_2\boldsymbol{\alpha}_2+\cdots+\eta_n\boldsymbol{\alpha}_n=\boldsymbol{\beta}\tag{2.4.3}$$

设 $\boldsymbol{X}=(x_1,\cdots,x_n)$ 是(2.4.2)的任一解. 将等式(2.4.2)与(2.4.3)两边相减得

$$(x_1-\eta_1)\boldsymbol{\alpha}_1+(x_2-\eta_2)\boldsymbol{\alpha}_2+\cdots+(x_n-\eta_n)\boldsymbol{\alpha}_n=\boldsymbol{0}\tag{2.4.4}$$

记 $\boldsymbol{Y}=(y_1,\cdots,y_n)=\boldsymbol{X}-\boldsymbol{\eta}=(x_1-\eta_1,\cdots,x_n-\eta_n)$，则(2.4.4)说明 $\boldsymbol{Y}$ 是方程

$$x_1\boldsymbol{\alpha}_1+\cdots+x_n\boldsymbol{\alpha}_n=\boldsymbol{0}\tag{2.4.5}$$

的解. 方程(2.4.5)也就是 n 元齐次线性方程组

$$\begin{cases}a_{11}x_1+a_{12}x_2+\cdots+a_{1n}x_n=0\\a_{21}x_1+a_{22}x_2+\cdots+a_{2n}x_n=0\\\cdots\cdots\cdots\cdots\\a_{m1}x_1+a_{m2}x_2+\cdots+a_{mn}x_n=0\end{cases}\tag{2.4.6}$$

它的系数矩阵与(2.4.1)相同，只是将(2.4.1)中的常数项 $b_1,\cdots,b_m$ 全部换成 0，成为一个齐次线性方程组，称为与非齐次线性方程组(2.4.1)对应的齐次线性方程组.

以上的论证说明：$\boldsymbol{X}=(x_1,\cdots,x_n)$ 是(2.4.1)的解 $\Rightarrow \boldsymbol{X}-\boldsymbol{\eta}=(x_1-\eta_1,\cdots,x_n-\eta_n)$ 是(2.4.6)的解，而 $\boldsymbol{X}=\boldsymbol{\eta}+(\boldsymbol{X}-\boldsymbol{\eta})$ 等于(2.4.1)的一个特解 $\boldsymbol{\eta}$ 加上

(2.4.5)的一个解.

反过来，设 $\boldsymbol{Y}=(y_1,\cdots,y_n)$ 是(2.4.6)的任一解，从而是(2.4.5)的解，等式

$$y_1\boldsymbol{\alpha}_1+\cdots+y_n\boldsymbol{\alpha}_n=\mathbf{0} \qquad (2.4.5')$$

成立. 将(2.4.3)与(2.4.5′)相加得

$$(\eta_1+y_1)\boldsymbol{\alpha}_1+(\eta_2+y_2)\boldsymbol{\alpha}_2+\cdots+(\eta_n+y_n)\boldsymbol{\alpha}_n=\boldsymbol{\beta}$$

这说明 $\boldsymbol{\eta}+\boldsymbol{Y}=(\eta_1+y_1,\cdots,\eta_n+y_n)$ 是(2.4.1)的解.

由此得到

定理 2.4.2　任意取定非齐次线性方程组(2.4.1)的一个特解 $\boldsymbol{\eta}$，则(2.4.1)的通解为 $\boldsymbol{X}=\boldsymbol{\eta}+\boldsymbol{Y}$，其中 $\boldsymbol{Y}$ 是与(2.4.1)对应的齐次线性方程组(2.4.5)的通解. □

由于齐次线性方程组(2.4.5)的通解为它的一个基础解系的全体线性组合，我们得到非齐次线性方程组的解的结构定理：

定理 2.4.3　设 $\boldsymbol{\eta}$ 是数域 F 上的非齐次线性方程组(2.4.1)的一个特解，$\boldsymbol{X}_1,\cdots,\boldsymbol{X}_{n-r}$ 是对应的齐次线性方程组(2.4.5)的一个基础解系. 则非齐次线性方程组(2.4.1)的通解为

$$\boldsymbol{X}=\boldsymbol{\eta}+t_1\boldsymbol{X}_1+\cdots+t_{n-r}\boldsymbol{X}_{n-r}$$

其中 $t_1,\cdots,t_{n-r}$ 是 F 中的任意常数. □

例如，第1章§1.3的例2中的线性方程组

$$\begin{cases} x_1+2x_2+3x_3+4x_4=-3 \\ x_1+2x_2-5x_4=1 \\ 2x_1+4x_2-3x_3-19x_4=6 \\ 3x_1+6x_2-3x_3-24x_4=7 \end{cases}$$

是非齐次线性方程组. 通过矩阵消元法化简为

$$\begin{cases} x_1+2x_2-5x_4=1, \\ x_3+3x_4=-\dfrac{4}{3}, \end{cases} \quad 得 \begin{cases} x_1=1-2x_2+5x_4 \\ x_3=-\dfrac{4}{3}-3x_4 \end{cases}.$$

将独立参数 x_2，x_4 独立取值 t_1，t_2 得通解

$$\begin{pmatrix} 1-2t_1+5t_2 \\ t_1 \\ -\dfrac{4}{3}-3t_2 \\ t_2 \end{pmatrix}=\begin{pmatrix} 1 \\ 0 \\ -\dfrac{4}{3} \\ 0 \end{pmatrix}+t_1\begin{pmatrix} -2 \\ 1 \\ 0 \\ 0 \end{pmatrix}+t_2\begin{pmatrix} 5 \\ 0 \\ -3 \\ 1 \end{pmatrix}=\boldsymbol{\eta}+t_1\boldsymbol{X}_1+t_2\boldsymbol{X}_2.$$

其中

$$\boldsymbol{\eta}=\begin{pmatrix}1\\0\\-\dfrac{4}{3}\\0\end{pmatrix},\quad \boldsymbol{X}_1=\begin{pmatrix}-2\\1\\0\\0\end{pmatrix},\quad \boldsymbol{X}_2=\begin{pmatrix}5\\0\\-3\\1\end{pmatrix}$$

$\boldsymbol{\eta}$ 是原非齐次线性方程组的一个特解，$\{\boldsymbol{X}_1,\boldsymbol{X}_2\}$ 是对应的齐次线性方程组的一个基础解系.

例 2　试研究非齐次线性方程组

$$\begin{cases}9x-3y+z=20 & (1)\\ x+y+z=0 & (2)\\ -x+2y+z=-5 & (3)\end{cases}$$

及其对应的齐次线性方程组在空间直角坐标系中的图像之间的关系.

解　求得方程组的通解为

$$\begin{pmatrix}x\\y\\z\end{pmatrix}=\begin{pmatrix}0\\-5\\5\end{pmatrix}+t\begin{pmatrix}1\\2\\-3\end{pmatrix}$$

它的图像是从点 $P_1(0,-5,5)$ 出发、沿着向量 $(1,2,-3)$ 的方向及其相反方向无限延伸所得的直线 l_1.

对应的齐次线性方程组的通解为

$$\begin{pmatrix}x\\y\\z\end{pmatrix}=t\begin{pmatrix}1\\2\\-3\end{pmatrix}$$

图像是从原点出发、沿着向量 $(1,2,-3)$ 的方向及其相反方向无限延伸所得的直线 l_0.

l_1 的方向与 l_0 相同，相互平行. 所不同的是：齐次线性方程组的图像 l_0 一定经过原点，非齐次方程组的图像 l 不经过原点. 非齐次线性方程组的一个特解 $(0,-5,5)$ 对应于图像上一点 P_1. 将齐次线性方程组的图像 l_0 保持方向不变平行移动，将原点移动到点 P_1，则 l_0 平移到 l_1.　□

一般地，可以想像 F^n 中每一个数组 $(x_1,\cdots,x_n)$ 代表 n 维空间中的一个点，F^n 是一个 n 维空间. F 上 n 元方程组的解集 $\prod$ 代表空间中的一个图像. 设 F 上某个非齐次线性方程组的解集合

$$\prod\nolimits_1=\{\boldsymbol{\eta}+t_1\boldsymbol{X}_1+\cdots+t_{n-r}\boldsymbol{X}_{n-r}\mid t_1,\cdots,t_{n-r}\in F\}$$

则对应的齐次线性方程组的解集合

$$\prod\nolimits_0=\{t_1\boldsymbol{X}_1+\cdots+t_{n-r}\boldsymbol{X}_{n-r}\mid t_1,\cdots,t_{n-r}\in F\}$$

将 $\prod_0$ 中所有的解加上同一个向量 $\boldsymbol{\eta}$，也就是将图像 $\prod_0$ 保持方向不变作平行

移动，使原点$(0,\cdots,0)$移动到$\boldsymbol{\eta}$所代表的点，则Π_0移动到Π_1.

例3 设4元线性方程组的系数矩阵$\boldsymbol{A}$的秩 rank $\boldsymbol{A}=3$. $\boldsymbol{\alpha}_1,\boldsymbol{\alpha}_2,\boldsymbol{\alpha}_3$是它的3个解，其中

$$\boldsymbol{\alpha}_1=\begin{pmatrix}1\\-2\\-3\\4\end{pmatrix},\quad 5\boldsymbol{\alpha}_2-2\boldsymbol{\alpha}_3=\begin{pmatrix}2\\0\\0\\8\end{pmatrix}$$

求这个线性方程组的通解.

解 以$\boldsymbol{A}$为系数矩阵的齐次线性方程组的解空间V_A的维数 $\dim V_A=4-\operatorname{rank}\boldsymbol{A}=4-3=1$. 如果原方程组是齐次线性方程组，则$\boldsymbol{\alpha}_1$，$5\boldsymbol{\alpha}_2-2\boldsymbol{\alpha}_3$都是它的解，都在1维空间$V_A$中. 但$\boldsymbol{\alpha}_1$，$5\boldsymbol{\alpha}_2-2\boldsymbol{\alpha}_3$线性无关，不在同一个1维子空间中. 因此原方程组是非齐次线性方程组.

原线性方程组的任意两个解的差是对应的齐次线性方程组的解，含于V_A. 因此V_A包含$\boldsymbol{\alpha}_2-\boldsymbol{\alpha}_1$，$\boldsymbol{\alpha}_3-\boldsymbol{\alpha}_1$，从而包含它们的线性组合

$$\boldsymbol{X}_1=5(\boldsymbol{\alpha}_2-\boldsymbol{\alpha}_1)-2(\boldsymbol{\alpha}_3-\boldsymbol{\alpha}_1)=(5\boldsymbol{\alpha}_2-2\boldsymbol{\alpha}_3)-3\boldsymbol{\alpha}_1=\begin{pmatrix}2\\0\\0\\8\end{pmatrix}-3\begin{pmatrix}1\\-2\\-3\\4\end{pmatrix}=\begin{pmatrix}-1\\6\\9\\-4\end{pmatrix}$$

因此，原方程组的通解为

$$\boldsymbol{\alpha}_1+t\boldsymbol{X}_1=\begin{pmatrix}1\\-2\\-3\\4\end{pmatrix}+t\begin{pmatrix}-1\\6\\9\\-4\end{pmatrix}\qquad\square$$

习 题 2.4

1. 已知5元线性方程组的系数矩阵的秩为3，且以下向量是它的解

$$\boldsymbol{X}_1=(1,1,1,1,1),\ \boldsymbol{X}_2=(1,2,3,4,5),\ \boldsymbol{X}_3=(1,0,-3,-2,-3).$$

(1) 求方程组的通解.

(2) $\boldsymbol{X}_1+\boldsymbol{X}_2+\boldsymbol{X}_3$是否是方程组的解？

(3) $\dfrac{1}{3}(\boldsymbol{X}_1+\boldsymbol{X}_2+\boldsymbol{X}_3)$是否是方程组的解？

2. 回答下列问题，并说明理由.

(1) 非齐次线性方程组(Ⅰ)，(Ⅱ)同解的充分必要条件是否是(Ⅰ)，(Ⅱ)等价(即互为线性组合)？

(2) 如果非齐次线性方程组(Ⅰ)，(Ⅱ)有解，它们同解的充分必要条件是否是(Ⅰ)，(Ⅱ)等价？

3. 已知 $\boldsymbol{X}_1,\cdots,\boldsymbol{X}_k$ 是数域 F 上某个非齐次线性方程组的解，$\lambda_1,\cdots,\lambda_k\in F$. 求 $\lambda_1\boldsymbol{X}_1+\cdots+\lambda_k\boldsymbol{X}_k$ 是方程组的解的充分必要条件.

4. 已知数域 F 上 n 元非齐次线性方程组的解生成 F^n，求方程组的系数矩阵的秩.

§ 2.5　一般的线性空间

例 1　求原函数 $\int\cos^4 x\mathrm{d}x$.

解　$\cos^4 x=(\cos^2 x)^2=\left(\dfrac{1+\cos 2x}{2}\right)^2=\dfrac{1}{4}(1+2\cos 2x+\cos^2 2x)$

$$=\frac{1}{4}\left(1+2\cos 2x+\frac{1}{2}(1+\cos 4x)\right)=\frac{3}{8}+\frac{1}{2}\cos 2x+\frac{1}{8}\cos 4x,$$

$$\int\cos^4 x\mathrm{d}x=\int\left(\frac{3}{8}+\frac{1}{2}\cos 2x+\frac{1}{8}\cos 4x\right)\mathrm{d}x=\frac{3}{8}x+\frac{1}{4}\sin 2x+\frac{1}{32}\sin 4x+C.$$

□

一般地，如果能将 $\cos^n x$ 写成 $1,\ \cos x,\cos 2x,\cdots,\cos nx$ 的线性组合

$$\cos^n x=a_0+a_1\cos x+a_2\cos 2x+\cdots+a_n\cos nx$$

的形式，就可以通过

$$\int\cos^n x\mathrm{d}x=\int(a_0+a_1\cos x+a_2\cos 2x+\cdots+a_n\cos nx)\mathrm{d}x$$

$$=a_0x+a_1\sin x+\frac{a_2}{2}\sin 2x+\cdots+\frac{a_n}{n}\sin nx+C$$

来求原函数 $\int\cos^n x\mathrm{d}x$.

例 2　(1) 对任意非负整数 n 是否都存在常数 $a_0,a_1,\cdots,a_n$ 使

$$\cos^n x=a_0+a_1\cos x+a_2\cos 2x+\cdots+a_n\cos nx \tag{2.5.1}$$

为什么？

(2) 以上表达式(2.5.1)如果成立，其中的系数 $a_0,a_1,\cdots,a_n$ 是否由 $\cos^n x$ 唯一决定？为什么？

解　(1) 对每个非负整数 n，存在有理常数 $a_0,a_1,\cdots,a_n$ 使(2.5.1)成立.

以下对 n 作数学归纳法证明这一结论.

当 $n=0$ 时，$\cos^0 x=1$，结论成立.

设结论对 $n-1$ 成立. 即存在有理数 $a_0,a_1,\cdots,a_{n-1}$ 使

$$\cos^{n-1}x=a_0+a_1\cos x+a_2\cos 2x+\cdots+a_{n-1}\cos(n-1)x$$

此等式两边乘 $\cos x$ 得

$$\cos^n x=a_0\cos x+a_1\cos^2 x+\cdots+a_k\cos kx\cos x+\cdots+a_{n-1}\cos(n-1)x\cos x$$

其中

$$\cos kx\cos x=\frac{1}{2}\cos(k-1)x+\frac{1}{2}\cos(k+1)x,\ \forall\, 0\leqslant k\leqslant n-1$$

因而

$$\cos^n x=b_0+b_1\cos x+\cdots+b_k\cos kx+\cdots+b_n\cos nx$$

其中 $b_0=\frac{1}{2}a_1, b_n=\frac{1}{2}a_{n-1}, b_k=\frac{1}{2}(a_{k-1}+a_{k+1})$，$(1\leqslant k\leqslant n-1)$. 结论成立.

（**注**:以上的证明可以得出进一步的结论:$a_0,a_1,\cdots,a_n$ 都是有理数.）

（2）设 $\cos^n x=a_0+a_1\cos x+a_2\cos 2x+\cdots+a_n\cos nx$

$=b_0+b_1\cos x+b_2\cos 2x+\cdots+b_n\cos nx$

则

$$(a_0-b_0)+(a_1-b_1)\cos x+(a_2-b_2)\cos 2x+\cdots+(a_n-b_n)\cos nx=0 \qquad (2.5.2)$$

如果 $1,\cos x,\cos 2x,\cdots,\cos nx$ 线性无关,也就是说

$$\lambda_0+\lambda_1\cos x+\lambda_2\cos 2x+\cdots+\lambda_n\cos nx=0\Leftrightarrow\lambda_0=\lambda_1=\cdots=\lambda_n$$

则:(2.5.2)成立$\Leftrightarrow a_k=b_k$，$0\leqslant k\leqslant n$. 这就是说(2.5.1)中的系数 $a_0,a_1,\cdots,a_n$ 由 $\cos^n x$ 唯一决定.

注意 $1,\cos x,\cos^2 x,\cdots,\cos^n x$ 这 $n+1$ 个函数都是 $1,\cos x,\cos 2x,\cdots,\cos nx$ 这 $n+1$ 个函数的线性组合. 如果能将集合 $S_2=\{1,\cos x,\cos^2 x,\cdots,\cos^n x\}$ 与 $S_1=\{1,\cos x,\cos 2x,\cdots,\cos nx\}$ 都看作向量组，则 S_2 是 S_1 的线性组合，由定理 2.2.6 知 $\operatorname{rank} S_2\leqslant\operatorname{rank} S_1$. 如果还能证明 S_2 线性无关，则 $n+1=\operatorname{rank} S_2\leqslant\operatorname{rank} S_1$. S_1 的秩为 $n+1$，线性无关.

现在证明 $S_2=\{1,\cos x,\cos^2 x,\cdots,\cos^n x\}$ 线性无关. 设有常数 $\lambda_0,\lambda_1,\cdots,\lambda_n$ 使

$$\lambda_0+\lambda_1\cos x+\lambda_2\cos^2 x+\cdots+\lambda_n\cos^n x=0$$

即对自变量 x 的所有的值，$\cos x$ 都是方程 $f(y)=0$ 的根，其中

$$f(y)=\lambda_0+\lambda_1 y+\lambda_2 y^2+\cdots+\lambda_n y^n$$

是多项式. 如果 $\lambda_0,\lambda_1,\cdots,\lambda_n$ 不全为零，则 $f(y)$ 是次数不超过 n 的非零多项式，至多有 n 个不同的根. 但 $\cos x$ 显然可以取无穷多个不同的值，都是 $f(y)$ 的根. 这说明 $f(y)$ 只能是零多项式，$\lambda_0=\lambda_1=\cdots=\lambda_n=0$. 这就证明了 S_2 线性无关,从而 $S_1=\{1,\cos x,\cos 2x,\cdots,\cos nx\}$ 线性无关，(2.5.1)中的系数 a_0，$a_1,\cdots,a_n$ 由 $\cos^n x$ 唯一决定. □

（**注**:这里用到了多项式的性质:次数不超过 n 的非零多项式至多有 n 个不同的根.关于这个结论的证明,详见第 5 章.）

例 2 中将函数 $\cos^k x$，$\cos kx\,(0\leqslant k\leqslant n)$ 当作向量，讨论函数组的线性无关和秩，并引用了关于向量组的秩的命题. 但是，按照以前的定义，向量是 n 维数组，向量空间由数组组成. 本章前面各节的定义和命题都是对于数组向量

证明的，这些定义和命题适用于 $\cos^k x$，$\cos kx$ 这样的函数吗？例 2 中引用定理 2.2.6 合法吗？

线性相关和线性无关、线性组合、极大线性无关组、向量组的等价这些概念，在本章前面各节中确实是对数组向量定义的，但定义中只用到向量的加法、向量与数的乘法. 两个函数也可以相加得到一个函数，函数可以与常数相乘得到一个函数，因此对于函数也可以同样定义线性组合、线性相关、极大线性无关组这些概念.

向量组的秩定义为极大线性无关组所含向量的个数. 在这个定义之前，通过定理 2.2.5、推论 2.2.3 证明了同一向量组的极大线性无关组所含向量个数的唯一性. 虽然在那里将向量组理解为同一个 F^n 中的数组向量的集合，但在证明过程中并没有将向量写成数组的形式，“向量是数组”这一已知条件并没有用到，甚至被忘掉了，但是证明仍然成功，这说明这个已知条件可以去掉，结论仍然成立. 证明过程中用到了数组向量的一些运算性质，如加法的交换律和结合律、乘法的结合律、乘法对于加法的分配律等，也就是 § 2.3 中所列出的(A1)~(A4)，(M1)，(M2)，(D1)，(D2)等 8 条运算性质，但这些性质并非数组向量所特有的，其他的一些数学对象也有这些性质，例如几何向量就有这些性质. 将 $\cos^k x$，$\cos kx$ 这些函数认为是向量，它的运算也满足这些性质，定理 2.2.5，推论 2.2.3 的证明也都能通过，结论仍然成立. 实际上，不必限定向量是数组，可以允许向量是别的数学对象，只要这些数学对象可以以某种方式相加、与数相乘，而且加法和乘法满足上述 8 条运算性质，定理 2.2.5、推论 2.2.3 的证明就仍然正确，结论就仍然成立，向量组的秩的定义仍然合理.

例 2 中用到的定理 2.2.6 也是这样，虽然定理中的向量说的是数组向量，但是定理的推理过程，以及推理所用到的定义和命题(关于向量组等价的定义 2.2.2,关于线性组合的传递性的命题 2.2.3,关于向量组与它的极大线性无关组等价的定理 2.2.4,以及定理 2.2.5,推论 2.2.2)的推理过程，并不依赖于数组，将数组换成 $\cos^k x$，$\cos kx$ 这样的函数，推理仍然成立，因此结论也仍然成立.

由此可见，向量的概念应当进行推广，不必拘泥于数组. 实际上，向量一开始并不是数组，而是由有向线段表示的有大小、有方向的量——几何向量. 只是因为几何向量及其运算可以用数组作为坐标来表示，数组的运算比几何向量更方便，我们才将数组也称为向量. 而几何向量之所以能用数组表示，本质的原因是因为数组与几何向量有如下的共同点：

1. 空间中的几何向量可以相加，可以与数相乘. 同维数的数组也可以相加，可以与数相乘.

2. 几何向量与数组的上述运算，虽然参加运算的对象不同，运算的法则不同，但同样都满足§2.3所列的8条运算律(A1)~(A4),(M1),(M2),(D1),(D2).

有鉴于此，我们应当将向量的概念加以扩充．凡是具有上述两个共同点的数学对象，都可以称为向量．这样，本章中关于向量的各种定义和命题，就都可以适用于这些数学对象，不需要另外加以证明.

定义 2.5.1 设 V 是一个非空集合，F 是一个数域．如果满足了以下两个条件，则 V 称为 F 上的**线性空间**(linear space)，也称为**向量空间**(vector space)，V 中的元素称为**向量**(vector)，F 中的数称为**标量**(scalar)．有时候，为了强调 V 是 F 上的线性空间，也将 V 记为 $V(F)$.

1. 在 V 中按照某种方式定义了加法，使得可以将 V 中任意两个元素 $\boldsymbol{\alpha}$, $\boldsymbol{\beta}\in V$ 相加，得到唯一一个 $\boldsymbol{\alpha}+\boldsymbol{\beta}\in V$.

在 F 中的数与 V 中元素之间按照某种方式定义了乘法，使得可以由任意 $\lambda\in F$ 和任意 $\boldsymbol{\alpha}\in V$ 相乘得到唯一一个 $\lambda\boldsymbol{\alpha}\in V$. F 与 V 的元素之间的这种乘法也称为向量的数乘.

2. V 中定义的以上加法与数乘两种运算满足如下的运算律：

(A1) 加法交换律：$\boldsymbol{\alpha}+\boldsymbol{\beta}=\boldsymbol{\beta}+\boldsymbol{\alpha}$ 对任意 $\boldsymbol{\alpha}$，$\boldsymbol{\beta}\in V$ 成立.

(A2) 加法结合律：$(\boldsymbol{\alpha}+\boldsymbol{\beta})+\boldsymbol{\gamma}=\boldsymbol{\alpha}+(\boldsymbol{\beta}+\boldsymbol{\gamma})$ 对任意 $\boldsymbol{\alpha}$，$\boldsymbol{\beta}$，$\boldsymbol{\gamma}\in V$ 成立.

(A3) 零向量：存在 $\boldsymbol{\theta}\in V$，使得 $\boldsymbol{\theta}+\boldsymbol{\alpha}=\boldsymbol{\alpha}+\boldsymbol{\theta}=\boldsymbol{\alpha}$ 对任意 $\boldsymbol{\alpha}\in V$ 成立，$\boldsymbol{\theta}$ 称为**零向量**(zero vector)，也记作 $\mathbf{0}$.

(A4) 负向量：对任意 $\boldsymbol{\alpha}\in V$，存在 $\boldsymbol{\beta}\in V$ 使 $\boldsymbol{\alpha}+\boldsymbol{\beta}=\boldsymbol{\beta}+\boldsymbol{\alpha}=\mathbf{0}$，$\boldsymbol{\beta}$ 称为 $\boldsymbol{\alpha}$ 的**负向量**(negative vector of $\boldsymbol{\alpha}$)，记作 $-\boldsymbol{\alpha}$.

(M1) 数乘对向量加法的分配律：对任意 $\boldsymbol{\alpha}$，$\boldsymbol{\beta}\in V$ 和 $\lambda\in F$，都有 $\lambda(\boldsymbol{\alpha}+\boldsymbol{\beta})=\lambda\boldsymbol{\alpha}+\lambda\boldsymbol{\beta}$.

(M2) 数乘对纯量加法的分配律：对任意 $\boldsymbol{\alpha}\in V$ 和 λ，$\mu\in F$，都有 $(\lambda+\mu)\boldsymbol{\alpha}=\lambda\boldsymbol{\alpha}+\mu\boldsymbol{\alpha}$.

(D1) 对任意 $\boldsymbol{\alpha}\in V$ 和 λ，$\mu\in F$，都有 $\lambda(\mu\boldsymbol{\alpha})=(\lambda\mu)\boldsymbol{\alpha}$.

(D2) 对任意 $\boldsymbol{\alpha}\in V$ 和 $1\in F$，都有 $1\boldsymbol{\alpha}=\boldsymbol{\alpha}$. □

由以上8条基本的运算律可以推出我们熟悉的其他一些运算性质.

例 3 设 V 是数域 F 上的线性空间，则以下命题成立：

(1) V 中的零向量唯一.

(2) 每个 $\boldsymbol{\alpha}$ 的负向量唯一.

(3) 设 $\lambda\in F$，$0\in V$，则：$\lambda\boldsymbol{\alpha}=\mathbf{0}\Leftrightarrow\lambda=0$ 或 $\boldsymbol{\alpha}=\mathbf{0}$.

(4) 对任意 $\boldsymbol{\alpha}\in V$，有 $(-1)\boldsymbol{\alpha}=-\boldsymbol{\alpha}$.

证明 (1) 设 $\mathbf{0}_1$，$\mathbf{0}_2$ 都是 V 中的零向量．则 $\mathbf{0}_1=\mathbf{0}_1+\mathbf{0}_2=\mathbf{0}_2$.

(2) 设 $\boldsymbol{\beta}_1$，$\boldsymbol{\beta}_2$ 都是 $\boldsymbol{\alpha}$ 的负向量，则

$$\boldsymbol{\alpha}+\boldsymbol{\beta}_1=\mathbf{0}=\boldsymbol{\alpha}+\boldsymbol{\beta}_2 \Leftrightarrow \boldsymbol{\beta}_1+(\boldsymbol{\alpha}+\boldsymbol{\beta}_1)=\boldsymbol{\beta}_1+(\boldsymbol{\alpha}+\boldsymbol{\beta}_2)$$
$$\Leftrightarrow (\boldsymbol{\beta}_1+\boldsymbol{\alpha})+\boldsymbol{\beta}_1=(\boldsymbol{\beta}_1+\boldsymbol{\alpha})+\boldsymbol{\beta}_2 \Leftrightarrow \mathbf{0}+\boldsymbol{\beta}_1=\mathbf{0}+\boldsymbol{\beta}_2 \Leftrightarrow \boldsymbol{\beta}_1=\boldsymbol{\beta}_2$$

(3) 首先，$0\boldsymbol{\alpha}+0\boldsymbol{\alpha}=(0+0)\boldsymbol{\alpha}=0\boldsymbol{\alpha} \Leftrightarrow (0\boldsymbol{\alpha}+0\boldsymbol{\alpha})+(-0\boldsymbol{\alpha})=0\boldsymbol{\alpha}+(-0\boldsymbol{\alpha}) \Leftrightarrow 0\boldsymbol{\alpha}=\mathbf{0}$.

又 $\lambda\mathbf{0}+\lambda\mathbf{0}=\lambda(\mathbf{0}+\mathbf{0})=\lambda\mathbf{0} \Leftrightarrow (\lambda\mathbf{0}+\lambda\mathbf{0})+(-\lambda\mathbf{0})=\lambda\mathbf{0}+(-\lambda\mathbf{0})$

$$\Leftrightarrow \lambda\mathbf{0}=\mathbf{0}.$$

设 $\lambda\boldsymbol{\alpha}=\mathbf{0}$. 如果 $\lambda\neq 0$，则 $\lambda^{-1}(\lambda\boldsymbol{\alpha})=\mathbf{0} \Leftrightarrow (\lambda^{-1}\lambda)\boldsymbol{\alpha}=\mathbf{0} \Leftrightarrow 1\boldsymbol{\alpha}=\mathbf{0} \Leftrightarrow \boldsymbol{\alpha}=\mathbf{0}$.

可见 $\lambda\boldsymbol{\alpha}=\mathbf{0}$ 的充分必要条件是 $\lambda=0$ 或 $\boldsymbol{\alpha}=\mathbf{0}$.

(4) $\boldsymbol{\alpha}+(-1)\boldsymbol{\alpha}=1\boldsymbol{\alpha}+(-1)\boldsymbol{\alpha}=(1+(-1))\boldsymbol{\alpha}=0\boldsymbol{\alpha}=\mathbf{0}$,
所以 $(-1)\boldsymbol{\alpha}=-\boldsymbol{\alpha}$. □

F^n 中的线性组合、线性相关、线性无关、极大线性无关组、向量组的等价等概念可以毫不困难地推广到任意的线性空间，因为这些定义都只涉及到向量的加法、向量与数的乘法，而不管向量本身是什么，向量的运算怎样进行.

我们将这些概念以及相关的性质对一般的线性空间重新再叙述一遍. 这些性质的证明，可以一字不改地照搬本章前面各节中对相应命题的证明.

1. 向量组的线性组合、子空间

定义 2.5.2 设 V 是 F 上的线性空间，S 是 V 的任意子集，则 S 的任一有限子集 $S_1=\{\boldsymbol{\alpha}_1,\cdots,\boldsymbol{\alpha}_k\}$ 的任一线性组合

$$\lambda_1\boldsymbol{\alpha}_1+\cdots+\lambda_k\boldsymbol{\alpha}_k$$

(其中 $\lambda_1,\cdots,\lambda_k\in F$) 称为 S 的**线性组合**. 如果 V 中的向量 $\boldsymbol{\beta}$ 可以写成 V 的子集 S 的线性组合，也称 $\boldsymbol{\beta}$ 可以由 S 线性表出.

S 的全体线性组合的集合记作 $V(S)$. □

定义 2.5.3 设 V 是数域 F 上的线性空间，W 是 V 的非空子集. 如果 W 对 V 中的加法和数乘运算封闭，也就是满足如下条件：

(1) $\boldsymbol{\alpha},\ \boldsymbol{\beta}\in W \Rightarrow \boldsymbol{\alpha}+\boldsymbol{\beta}\in W$;

(2) $\boldsymbol{\alpha}\in W,\ \lambda\in F \Rightarrow \lambda\boldsymbol{\alpha}\in W$,

就称 W 是 V 的**子空间**. □

命题 2.5.1 设 V 是数域 F 上的线性空间，W 是 V 的子空间. 则

(1) W 对于 V 的加法和数乘运算构成 F 上的线性空间.

(2) 对 V 的任意子集 S，$V(S)$ 构成 V 的子空间.

如果 V 的子空间 W 包含 S，则 W 包含 $V(S)$. 因此，$V(S)$ 是 V 中包含 S 的最小子空间. $V(S)$ 称为由集合 S **生成的子空间**，S 称为子空间 $V(S)$ 的一组**生成元** (generators). □

当 S 只含一个向量 $\boldsymbol{\alpha}$ 时，它生成的子空间 $V(\boldsymbol{\alpha})=\{\lambda\boldsymbol{\alpha}\mid\lambda\in F\}$ 由 $\boldsymbol{\alpha}$ 的全体

倍向量 $\lambda\boldsymbol{\alpha}$ 组成，($\lambda\in F$)，此时也将 $V(\boldsymbol{\alpha})$ 记为 $F\boldsymbol{\alpha}$.

如果 S 由有限个向量 $\boldsymbol{\alpha}_1,\cdots,\boldsymbol{\alpha}_k$ 组成，它生成的子空间 $V(S)$ 由 $\boldsymbol{\alpha}_1,\cdots,\boldsymbol{\alpha}_k$ 的倍向量 $\lambda_i\boldsymbol{\alpha}_i(\lambda_i\in F)$ 之和 $\lambda_1\boldsymbol{\alpha}_1+\cdots+\lambda_k\boldsymbol{\alpha}_k$ 组成，此时也将 $V(S)$ 记为 $F\boldsymbol{\alpha}_1+\cdots+F\boldsymbol{\alpha}_k$.

定义 2.5.4 设 V 是数域 F 上的线性空间，S 与 T 都是 V 的子集.如果 T 中每个元素都是 S 的线性组合，就称 T 是 S 的线性组合.如果 S 与 T 互为线性组合，就称 S 与 T **等价**. □

命题 2.5.2 (1) T 是 S 的线性组合 $\Leftrightarrow V(T)\subseteq V(S)$.

(2) S 与 T 等价 $\Leftrightarrow V(S)=V(T)$.

(3) 如果 S_2 是 S_1 的线性组合，且 S_3 是 S_2 的线性组合，则 S_3 是 S_1 的线性组合.

(4) 如果 S_1 与 S_2 等价，且 S_2 与 S_3 等价，则 S_1 与 S_3 等价.

2. 线性相关与线性无关

定义 2.5.5 设 V 是 F 上的线性空间，S 是 V 的任意子集. 如果对 S 的某个有限子集 $S_1=\{\boldsymbol{\alpha}_1,\cdots,\boldsymbol{\alpha}_k\}$，存在 F 中不全为0的数 $\lambda_1,\cdots,\lambda_k$ 满足条件

$$\lambda_1\boldsymbol{\alpha}_1+\cdots+\lambda_k\boldsymbol{\alpha}_k=\mathbf{0}$$

就称 S **线性相关**.

反过来，如果对 S 的每个有限子集 $S_1=\{\boldsymbol{\alpha}_1,\cdots,\boldsymbol{\alpha}_k\}$，$F$ 中满足条件

$$\lambda_1\boldsymbol{\alpha}_1+\cdots+\lambda_k\boldsymbol{\alpha}_k=\mathbf{0}$$

的数 $\lambda_1,\cdots,\lambda_k$ 只有 $\lambda_1=\cdots=\lambda_k=0$，就称 S **线性无关**. □

我们规定：空集合线性无关.

线性相关与线性组合有如下关系：

定理 2.5.3 设 V 是数域 F 上的线性空间，S 是 V 的任一非空子集. 则

S 线性相关 $\Leftrightarrow S$ 中某个向量 $\boldsymbol{\alpha}_i$ 是其余向量的线性组合.

有限向量组 $S=\{\boldsymbol{\alpha}_1,\cdots,\boldsymbol{\alpha}_k\}$ 线性相关 $\Leftrightarrow$ 其中某个 $\boldsymbol{\alpha}_i$ 是它前面的向量 $\boldsymbol{\alpha}_j(j<i)$ 的线性组合. 如果这个有限向量组 S 中 $\boldsymbol{\alpha}_1\neq 0$，并且每个 $\boldsymbol{\alpha}_i(2\leqslant i\leqslant k)$ 都不是它前面的向量 $\boldsymbol{\alpha}_j(j<i)$ 的线性组合，那么 S 线性无关. □

3. 极大线性无关组与秩

定义 2.5.6 设 V 是数域 F 上的线性空间，S 是 V 的子集. 如果 S 的子集 M 线性无关，并且将 S 任一向量 $\boldsymbol{\alpha}$ 添加在 M 上所得的集合 $S_1=M\cup\{\boldsymbol{\alpha}\}$ 线性相关，就称 M 是 S 的**极大线性无关组**.

命题 2.5.4 设 M 是 S 的线性无关子集. 则

M 是 S 的极大线性无关组 $\Leftrightarrow S$ 中所有的向量都是 M 的线性组合 $\Leftrightarrow M$ 与 S 等价. □

命题 2.5.5　V 的任意子集 S 的任意两个极大线性无关组等价.　□

F^n 中的线性无关向量最多只能有 n 个，F^n 的任意子集 S 的极大线性无关组所含向量至多只能有 n 个. 但数域 F 上的线性空间 V 中的极大线性无关组 M 可能包含无穷多个向量.

例 4　设 $F[x]=\{f(x)=a_0+a_1x+\cdots+a_nx^n \mid 0\leqslant n\in\mathbf{Z},a_0,a_1,\cdots,a_n\in F\}$ 是系数在数域 F 中的一元多项式的全体组成的集合. 则多项式的加法以及多项式与 F 中的数的乘法满足线性空间的 8 条运算律，$F[x]$ 是 F 上的线性空间.

求证：$S=\{1,x,x^2,\cdots,x^n,\cdots\}$ 是 $F[x]$ 的极大线性无关组，由无穷多个向量组成.

证明　设 $S_1=\{x^{k_1},x^{k_2},\cdots,x^{k_m}\}$ 是 S 的任意有限子集，其中 $0\leqslant k_1<k_2<\cdots<k_m$ 是两两不相等的非负整数. 设 $\lambda_1,\cdots,\lambda_m\in F$ 使

$$\lambda_1x^{k_1}+\lambda_2x^{k_2}+\cdots+\lambda_mx^{k_m}=0 \tag{2.5.3}$$

(2.5.3)左边的多项式等于零的充分必要条件为它的系数 $\lambda_1,\cdots,\lambda_m$ 全为 0. 这说明 S 的任一有限子集 S_1 线性无关，从而 S 线性无关.

$F[x]$ 中每个多项式 $f(x)=a_0+a_1x+\cdots+a_nx^n$ 都是 S 的有限子集 $\{1,x,x^2,\cdots,x^n\}$ 的线性组合，由命题 2.5.4 知道 S 是 $F[x]$ 的极大线性无关组.

由于非负整数 n 有无穷多个不同的值，S 所含的向量 x^n 有无穷多个.　□

然而，如果线性空间 V 是某个 n 元有限子集的线性组合，则 V 中的线性无关向量也不可能超过 n.

定理 2.5.6　设 V 是数域 F 上的线性空间，V 的有限子集 $S_2=\{v_1,\cdots,v_s\}$ 是 $S_1=\{\boldsymbol{u}_1,\cdots,\boldsymbol{u}_n\}$ 的线性组合. 如果 $s>n$，则 S_2 线性相关. 反过来，如果 S_2 线性无关，则 $s\leqslant n$.

如果线性无关向量组 $S_1=\{\boldsymbol{u}_1,\cdots,\boldsymbol{u}_s\}$ 与 $S_2=\{v_1,\cdots,v_t\}$ 等价，那么它们所含向量个数 s 与 t 相等.

如果 V 中的向量组 S 有一个有限的极大线性无关组 $M=\{\boldsymbol{\alpha}_1,\cdots,\boldsymbol{\alpha}_r\}$，其中所含向量个数为 r，那么 S 的任一线性无关子集 S_1 所含向量个数 $|S_1|\leqslant r$；S 的任一线性无关子集可以扩充为一个极大线性无关组；S 的所有的极大线性无关组所含向量个数都等于 r.　□

定义 2.5.7　如果向量组 S 有一个极大线性无关组 $M=\{\boldsymbol{\alpha}_1,\cdots,\boldsymbol{\alpha}_r\}$ 由有限个向量组成，则 M 中所含向量个数 r 称为**向量组 S 的秩**，记作 $\operatorname{rank} S$.　□

如果 S 有一个极大线性无关组由无限个向量组成，很自然应当定义 $\operatorname{rank} S$ 为无穷大. 但我们约定：本书以后凡是提到 $\operatorname{rank} S$，只讨论 $\operatorname{rank} S$ 为有限的情形.

命题 2.5.7　如果向量组 S_2 是 S_1 的线性组合，则 $\operatorname{rank} S_2\leqslant\operatorname{rank} S_1$. 等价

的向量组秩相等. □

4. 维数、基与坐标

定义 2.5.8 设 V 是数域 F 上的线性空间.

(1) 如果 V 可以由某个有限子集 $S=\{\boldsymbol{\alpha}_1,\cdots,\boldsymbol{\alpha}_n\}$ 生成，即 $V=V(\boldsymbol{\alpha}_1,\cdots,\boldsymbol{\alpha}_n)$，就称 V 是**有限维线性空间**(finite-dimensional linear space). 此时 V 中线性无关的向量个数不超过 n，rank $V\leqslant n$.

(2) 如果 V 中存在 n 个线性无关向量，并且任意 $n+1$ 个向量线性相关，就称 V 的**维数**(dimension)为 n，记为 dim $V=n$.

(3) 如果 V 中存在一组向量 $M=\{\boldsymbol{\alpha}_1,\cdots,\boldsymbol{\alpha}_n\}$，使 V 中每个向量 $\boldsymbol{\alpha}$ 都能写成$\boldsymbol{\alpha}_1,\cdots,\boldsymbol{\alpha}_n$ 在 F 上的线性组合

$$\boldsymbol{\alpha}=x_1\boldsymbol{\alpha}_1+\cdots+x_n\boldsymbol{\alpha}_n \tag{2.5.4}$$

并且其中的系数 $x_1,\cdots,x_n$ 由 $\boldsymbol{\alpha}$ 唯一决定，则 M 称为 V 的一组**基**. $\boldsymbol{\alpha}$ 的线性组合表达式(2.5.4)中的系数组成的有序数组$(x_1,\cdots,x_n)$称为 $\boldsymbol{\alpha}$ 在基 M 下的**坐标**. □

定理 2.5.8 设 V 是数域 F 上的有限维线性空间，由某个有限子集 S 生成. 则

(1) S 的极大线性无关组 $M=\{\boldsymbol{\alpha}_1,\cdots,\boldsymbol{\alpha}_n\}$ 是 V 的一组基. M 也是 V 的极大线性无关组，dim $V=$rank $V=$rank $M=n$.

(2) V 的子集合 M 是 V 的基$\Leftrightarrow M$ 是 V 的极大线性无关组.

(3) V 的所有的基所含向量个数都相等，等于 dim W.

(4) V 的任何一组线性无关向量 $S=\{\boldsymbol{\beta}_1,\cdots,\boldsymbol{\beta}_m\}$ 所含向量个数 $m\leqslant$ dim V，S 可以扩充为 V 的一组基. □

例 5 设 W 是有限维线性空间 V 的子空间. 求证：W 是有限维线性空间，dim $W\leqslant$ dim V，且 dim $W=$ dim $V\Leftrightarrow W=V$.

证明 W 中的线性无关向量个数$\leqslant n=$ dim V. W 的任何一组线性无关向量可以扩充为 W 的极大线性无关组 $S=\{\boldsymbol{\alpha}_1,\cdots,\boldsymbol{\alpha}_m\}$，$S$ 是 W 的一组基，$m=$ dim $W\leqslant$ dim V.

S 可以扩充为 V 的一组基 $M=\{\boldsymbol{\alpha}_1,\cdots,\boldsymbol{\alpha}_n\}$. 当 $W=V$ 时显然 $m=n$. 反过来，设 $m=n$，则 $S=M$，$W=V(S)=V(M)=V$. □

例 6 设 $\mathbf{C}$ 是复数域，$\mathbf{R}$ 是实数域. 以 $\mathbf{C}$ 为向量集合，复数的加法作为向量的加法；分别以 $\mathbf{R}$ 或 $\mathbf{C}$ 为纯量集合，按复数的乘法定义向量与纯量的乘法，将 $\mathbf{C}$ 看作 $\mathbf{R}$ 上线性空间 $C_{\mathbf{R}}$ 或 $\mathbf{C}$ 上线性空间 $C_{\mathbf{C}}$. 求 $C_{\mathbf{R}}$ 和 $C_{\mathbf{C}}$ 的维数，并各求一组基.

解 首先证明$\{1,\mathrm{i}\}$是 $C_{\mathbf{R}}$ 的一组基，(其中 $\mathrm{i}=\sqrt{-1}$ 是虚数单位). 对任意纯量 λ_1，$\lambda_2\in\mathbf{R}$，$\lambda_1 1+\lambda_2\mathrm{i}=0\Leftrightarrow\lambda_1=\lambda_2=0$，这说明 1，i 在 $\mathbf{R}$ 上线性无关. 且

任意复数 $a+bi(a,b\in\mathbf{R})$ 是 1，i 在 $\mathbf{R}$ 上的线性组合 $a1+bi$. 因此 $\{1,i\}$ 是 $C_{\mathbf{R}}$ 的一组基，(a,b) 是 $a+bi$ 在这组基下的坐标，$\dim C_{\mathbf{R}}=2$.

对 $C_{\mathbf{C}}$，显然非零的数 1 单独组成的集合 $\{1\}$ 线性无关. 每个复数 $\boldsymbol{\alpha}$ 可以写为 1 的 $\boldsymbol{\alpha}$ 倍：$\boldsymbol{\alpha}=\boldsymbol{\alpha}\cdot 1$，其中等式左边的 $\boldsymbol{\alpha}$ 看作向量，等式右边的 $\boldsymbol{\alpha}$ 看作纯量、1 是向量. 因此，$\{1\}$ 是 $C_{\mathbf{C}}$ 的一组基，$\boldsymbol{\alpha}$ 就是 $\boldsymbol{\alpha}$ 在这组基下的坐标，$\dim C_{\mathbf{C}}=1$.　□

注意　将 $\mathbf{C}$ 看作实数域 $\mathbf{R}$ 上的线性空间时，虚数 i 不是纯量，不能看成 1 的 i 倍，因此 1，i 线性无关. 但将 $\mathbf{C}$ 看作复数域上的线性空间时，虚数 i 是纯量，可以看成 1 的 i 倍，1，i 线性相关. 可见，即使是同样一个集合作为向量集合，如果纯量集合不同，向量的线性相关、线性无关性就可能不同，空间的维数也可能不同.

定义 2.5.9　如果数域 F 上线性空间 V 中存在无限多个线性无关的向量，就称 V 是**无穷维空间**(infinite-dimensional space).　□

例如，例 3 所举的数域 F 上一元多项式组成的线性空间 $F[x]$ 中包含无穷多个线性无关的向量 $1,x,x^2,\cdots,x^n,\cdots$，因此是无穷维空间. 事实上，这些向量组成 $F[x]$ 的一个极大线性无关组 S，$F[x]$ 中每个向量(即多项式)$f(x)=a_0+a_1x+a_2x^2+\cdots+a_nx^n$ 都是 S 中一部分向量 $1,x,x^2,\cdots,x^n$ 的线性组合，从而是整个 S 的线性组合，线性组合中的系数组成的无穷维数组 $\boldsymbol{\alpha}=(a_0,a_1,a_2,\cdots,a_n,0,\cdots)$ 由 $f(x)$ 唯一决定. S 称为 $F[x]$ 的一组基，$\boldsymbol{\alpha}$ 称为 $f(x)$ 在这组基下的坐标. 注意这里的坐标 $\boldsymbol{\alpha}$ 虽然由无穷多个数组成，但其中至多只有有限个分量不为 0，其余分量都是 0.

习　题　2.5

1. 在区间 $(-\mathbf{R},\mathbf{R})$ 上的全体实函数组成的空间中，$1,\cos^2t,\cos 2t$ 是否线性无关？并说明理由.

2. 在全体实系数多项式组成的实数域上的线性空间 $\mathbf{R}[x]$ 中，以下子集合是否构成子空间：

(1) 对给定的正整数 n，次数小于 n 的实系数多项式的全体以及零多项式组成的集合.

(2) 对给定的正整数 n，次数大于 n 的实系数多项式的全体.

(3) 对给定的实数 a，满足条件 $f(a)=0$ 的实系数多项式 $f(x)$ 的全体.

(4) 对给定的实数 a，满足条件 $f(a)\neq 0$ 的实系数多项式 $f(x)$ 的全体.

(5) 满足条件 $f(x)=f(-x)$ 的实系数多项式 $f(x)$ 的全体.

3. 设整数 $k\geqslant 2$，数域 F 上的线性空间 V 中的向量 $\boldsymbol{\alpha}_1,\cdots,\boldsymbol{\alpha}_k$ 线性相关. 证明：存在不全为 0 的数 $\lambda_1,\cdots,\lambda_k\in F$，使得对任何 $\boldsymbol{\alpha}_{k+1}$，向量组 $\{\boldsymbol{\alpha}_1+\boldsymbol{\lambda}_1\boldsymbol{\alpha}_{k+1},\cdots,\boldsymbol{\alpha}_k+\boldsymbol{\lambda}_k\boldsymbol{\alpha}_{k+1}\}$ 线性相关.

4. 设向量组 $S=\{\boldsymbol{\alpha}_1,\cdots,\boldsymbol{\alpha}_s\}$ 线性无关，并且可以由向量组 $T=\{\boldsymbol{\beta}_1,\cdots,\boldsymbol{\beta}_t\}$ 线性表出.

求证：

（1）向量组 T 与 $S\cup T$ 等价.

（2）将 S 扩充为 $S\cup T$ 的一个极大线性无关组 $T_1=\{\boldsymbol{\alpha}_1,\cdots,\boldsymbol{\alpha}_s,\boldsymbol{\beta}_{i_{s+1}},\cdots,\boldsymbol{\beta}_{i_{s+k}}\}$，则 T_1 与 T 等价，且 $s+k\leqslant t$.

（3）（Steinitz 替换定理）可以用向量 $\boldsymbol{\alpha}_1,\cdots,\boldsymbol{\alpha}_s$ 替换向量 $\boldsymbol{\beta}_1,\cdots,\boldsymbol{\beta}_t$ 中某 s 个向量 $\boldsymbol{\beta}_{i_1},\cdots,\boldsymbol{\beta}_{i_s}$，使得到的向量组 $\{\boldsymbol{\alpha}_1,\cdots,\boldsymbol{\alpha}_s,\boldsymbol{\beta}_{i_{s+1}},\cdots,\boldsymbol{\beta}_{i_t}\}$ 与 $\{\boldsymbol{\beta}_1,\cdots,\boldsymbol{\beta}_t\}$ 等价.

5. 设向量组 S，T 的秩分别为 s，t，求证：向量组 $S\cup T$ 的秩 $\leqslant s+t$.

6. 设向量组 $\boldsymbol{\alpha}_1,\cdots,\boldsymbol{\alpha}_s$ 的秩为 r，在其中任取 m 个向量 $\boldsymbol{\alpha}_{i_1},\cdots,\boldsymbol{\alpha}_{i_m}$ 组成向量组 S. 求证：S 的秩 $\geqslant r+m-s$.

7. 证明：在所有次数不大于 n 的实系数多项式构成的 $n+1$ 维实线性空间中，$1,x-c,(x-c)^2,\cdots,(x-c)^n$ 构成一组基. 并求 $f(x)=a_0+a_1x+\cdots+a_nx^n$ 在这组基下的坐标.

8. 设 V 是复数域上 n 维线性空间. 将它看成实数域 $\mathbf{R}$ 上的线性空间 $V_{\mathbf{R}}$，对任意 $\boldsymbol{\alpha}$，$\boldsymbol{\beta}\in V_{\mathbf{R}}$ 按复线性空间 V 中的加法定义 $\boldsymbol{\alpha}+\boldsymbol{\beta}$，对 $\boldsymbol{\alpha}\in V_{\mathbf{R}}$ 及实数 $\lambda\in\mathbf{R}$ 按 V 中向量与 λ（看作复数）的乘法定义 $\lambda\boldsymbol{\alpha}$. 求实线性空间 $V_{\mathbf{R}}$ 的维数，并由复线性空间 V 的一组基求出 $V_{\mathbf{R}}$ 的一组基.

9. 设 V 是数域 F 上的线性空间，V 中向量 $\boldsymbol{\alpha}$，$\boldsymbol{\beta}$，$\boldsymbol{\gamma}$ 满足条件 $\boldsymbol{\alpha}+\boldsymbol{\beta}+\boldsymbol{\gamma}=\mathbf{0}$. 求证：$V(\boldsymbol{\alpha},\boldsymbol{\beta})=V(\boldsymbol{\beta},\boldsymbol{\gamma})$.

10. 将数域 F 上 n 维（$n\geqslant 2$）数组空间 F^n 中的每个向量 $\boldsymbol{\alpha}=(a_1,a_2,\cdots,a_n)$ 看作一个具有 n 项的数列. 如下集合 W 是否组成 F^n 的一个子空间？如果是，求出它的维数及一组基.

（1）F^n 中所有的等比数列组成的集合.

（2）F^n 中所有的等差数列组成的集合.

§2.6 同构与同态

本章一开始，我们就讨论线性方程的线性相关与线性无关，以及线性方程组的极大线性无关组. 在讨论时都是将每个线性方程 $a_{i1}x_1+\cdots+a_{in}x_n=b_i$ 用数组 $(a_{i1},\cdots,a_{in},b_i)$ 来代表，通过讨论数组向量之间的线性关系来讨论方程之间的线性关系. 之所以可以这样做，是因为我们认为数组可以“全权代表”方程，数组的加法与数乘代表方程的加法与数乘，数组的线性相关或无关代表方程的线性相关或无关，数组集合的极大线性无关组代表方程集合的极大线性无关组.

不仅方程可以用数组来代表，各种各样线性空间中的向量都可以用数组来代表.

设 V 是数域 F 上有限维线性空间，则存在 V 的基 $M=\{\boldsymbol{\alpha}_1,\cdots,\boldsymbol{\alpha}_n\}$，使每个 $\boldsymbol{\alpha}\in V$ 可以唯一地写成基向量的线性组合

$$\boldsymbol{\alpha}=x_1\boldsymbol{\alpha}_1+\cdots+x_n\boldsymbol{\alpha}_n$$

其中的系数组成的数组向量 $\boldsymbol{X}=(x_1,\cdots,x_n)\in F^n$ 由 $\boldsymbol{\alpha}$ 唯一决定，就是 $\boldsymbol{\alpha}$ 在基 M 下的坐标.

将 V 中每个向量 $\boldsymbol{\alpha}$ 的坐标 $\boldsymbol{X}$ 记为 $\sigma(\boldsymbol{\alpha})$，则

$$\sigma:\boldsymbol{\alpha}\mapsto \boldsymbol{X}$$

定义了线性空间 V 到 F^n 的一一映射 σ，且满足条件

(1) $\sigma(\boldsymbol{\alpha}+\boldsymbol{\beta})=\sigma(\boldsymbol{\alpha})+\sigma(\boldsymbol{\beta})$，$\forall\boldsymbol{\alpha}$，$\boldsymbol{\beta}\in V$；

(2) $\sigma(\lambda\boldsymbol{\alpha})=\lambda\sigma(\boldsymbol{\alpha})$，$\forall\boldsymbol{\alpha}\in V$，$\lambda\in F$.

这样，V 中所有的向量都用坐标(即 F^n 中的数组)代表，向量的运算也由坐标的运算代表：向量的和的坐标等于坐标之和，向量的 λ 倍的坐标等于坐标的 λ 倍. 如果我们只关心由向量的加法和数乘运算导出的性质，比如线性组合、线性相关与线性无关、极大线性无关组、基、维数等性质，则线性空间 V 与坐标组成的空间 F^n 可以等同起来，称它们为同构的线性空间.

定义 2.6.1 设 V_1，V_2 是数域 F 上两个线性空间. 如果存在一一映射 σ：$V_1\to V_2$，满足条件

(1) $\sigma(\boldsymbol{\alpha}+\boldsymbol{\beta})=\sigma(\boldsymbol{\alpha})+\sigma(\boldsymbol{\beta})$，$\forall\boldsymbol{\alpha},\boldsymbol{\beta}\in V_1$；

(2) $\sigma(\lambda\boldsymbol{\alpha})=\lambda\sigma(\boldsymbol{\alpha})$，$\forall\boldsymbol{\alpha}\in V_1$，$\lambda\in F$,

就称线性空间 V_1 与 V_2 **同构**(isomorphic)，称 σ 是 V_1 到 V_2 的**同构映射**(isomorphism). 特别，如果 $V_1=V_2$，则 σ 称为 V_1 的**自同构**(automorphism). □

例如，以上从向量到坐标的对应 $\sigma:V\to F^n$ 是同构映射. 反过来，由坐标 $\boldsymbol{X}=(x_1,\cdots,x_n)$ 到向量 $\boldsymbol{\alpha}$ 的对应

$$f:F^n\to V,\ (x_1,\cdots,x_n)\mapsto\boldsymbol{\alpha}=x_1\boldsymbol{\alpha}_1+\cdots+x_n\boldsymbol{\alpha}_n$$

也是同构映射. 实际上，这里的 f 是 σ 的逆映射. 可以写 $f=\sigma^{-1}$，$\sigma=f^{-1}$. 显然，$f\sigma(\boldsymbol{\alpha})=\boldsymbol{\alpha}$ 和 $\sigma f(\boldsymbol{X})=\boldsymbol{X}$ 对所有的 $\boldsymbol{\alpha}\in V$ 和 $\boldsymbol{X}\in F^n$ 成立. 也就是说，$f\sigma=1_V$，$\sigma f=1_{F^n}$，这里 1_V 是 V 上的恒等变换(也称单位变换,它将每个元素变到自身)，1_{F^n}是 F^n 上的恒等变换.

同构映射建立了两个线性空间之间的向量及其加法、数乘运算之间的对应. 同时也就建立了由这两种运算导出的其他许多性质之间的对应关系.

命题 2.6.1 设 $\sigma:V_1\to V_2$ 是 F 上线性空间之间的同构映射，则

(1) σ 将 V_1 的零向量$\mathbf{0}_1$ 映到 V_2 的零向量$\mathbf{0}_2$.

(2) σ 将每个 $\boldsymbol{\alpha}$ 的负向量映到 $\sigma(\boldsymbol{\alpha})$的负向量：$\sigma(-\boldsymbol{\alpha})=-\sigma(\boldsymbol{\alpha})$；

(3) V_1 的子集合 S 线性相关(无关)$\Leftrightarrow\sigma(S)$线性相关(无关)；

(4) M 是 V_1 的基$\Leftrightarrow\sigma(M)$是 V_2 的基；

(5) 同构的空间维数相等：如果 V_1 是有限维线性空间，则 $\dim V_1=\dim V_2$.

证明 (1) $\sigma(\mathbf{0}_1)=\sigma(\mathbf{0}_1+\mathbf{0}_1)=\sigma(\mathbf{0}_1)+\sigma(\mathbf{0}_1)\Rightarrow\sigma(\mathbf{0}_1)=\mathbf{0}_2$.

(2) $\boldsymbol{\alpha}+(-\boldsymbol{\alpha})=\mathbf{0}_1\Rightarrow\sigma(\boldsymbol{\alpha})+\sigma(-\boldsymbol{\alpha})=\sigma(\boldsymbol{\alpha}+(-\boldsymbol{\alpha}))=\sigma(\mathbf{0}_1)=\mathbf{0}_2$

$$\Rightarrow\sigma(-\boldsymbol{\alpha})=-\sigma(\boldsymbol{\alpha}).$$

(3) 如果 S 线性相关，则 S 含有有限子集 $S_1=\{\boldsymbol{\alpha}_1,\cdots,\boldsymbol{\alpha}_k\}$ 线性相关，存在不全为 0 的 $\lambda_1,\cdots,\lambda_k\in F$ 使 $\lambda_1\boldsymbol{\alpha}_1+\cdots+\lambda_k\boldsymbol{\alpha}_k=\mathbf{0}_1$ 从而

$$\lambda_1\sigma(\boldsymbol{\alpha}_1)+\cdots+\lambda_k\sigma(\boldsymbol{\alpha}_k)=\sigma(\lambda_1\boldsymbol{\alpha}_1+\cdots+\lambda_k\boldsymbol{\alpha}_k)=\sigma(\mathbf{0}_1)=\mathbf{0}_2$$

这说明 $\sigma(\boldsymbol{\alpha}_1),\cdots,\sigma(\boldsymbol{\alpha}_k)$ 线性相关，从而 $\sigma(S)$ 线性相关.

反过来，$\sigma(S)$ 线性相关 $\Rightarrow\sigma^{-1}\sigma(S)=S$ 线性相关.

因此，S 线性相关 $\Leftrightarrow\sigma(S)$ 线性相关，从而 S 线性无关 $\Leftrightarrow\sigma(S)$ 线性无关.

(4) M 是 V 的基 $\Leftrightarrow\left\{\begin{array}{l}M\text{ 线性无关}\\ V_1\text{ 是 }M\text{ 的线性组合}\end{array}\right\}\Leftrightarrow\left\{\begin{array}{l}\sigma(M)\text{ 线性无关}\\ \sigma(V_1)\text{ 是 }\sigma(M)\text{ 的线性组合}\end{array}\right\}$

$\Leftrightarrow\sigma(M)$ 是 V_2(也就是 $\sigma(V_1)$)的基.

(5) 设 $\dim V_1=n$，$M=\{\boldsymbol{\alpha}_1,\cdots,\boldsymbol{\alpha}_n\}$ 是 V_1 的基. 则 $\sigma(M)=\{\sigma(\boldsymbol{\alpha}_1),\cdots,\sigma(\boldsymbol{\alpha}_n)\}$ 是 V_2 的基. 因此 $\dim V_2=n=\dim V_1$. □

例 1 V 是实数域 $\mathbf{R}$ 上的线性空间. 已知 V 中的向量组 $\boldsymbol{u}_1,\boldsymbol{u}_2,\boldsymbol{u}_3$ 线性无关.

(1) 试判断向量组 $\boldsymbol{u}_1+\boldsymbol{u}_2$，$\boldsymbol{u}_2+\boldsymbol{u}_3$，$\boldsymbol{u}_3+\boldsymbol{u}_1$ 是线性相关还是线性无关？

(2) 对不同的 λ 值，求向量组 $S=\{\boldsymbol{u}_1-\lambda\boldsymbol{u}_2,\boldsymbol{u}_2-\lambda\boldsymbol{u}_3,\boldsymbol{u}_3-\lambda\boldsymbol{u}_1\}$ 的秩.

证明 设 $W=V(\boldsymbol{u}_1,\boldsymbol{u}_2,\boldsymbol{u}_3)$，则 $\{\boldsymbol{u}_1,\boldsymbol{u}_2,\boldsymbol{u}_3\}$ 是 W 的一组基. 将 W 中每个向量 $\boldsymbol{\alpha}$ 在这组基下的坐标记作 $\sigma(\boldsymbol{\alpha})$，则 $\sigma:W\to\mathbf{R}^3$ 是线性空间之间的同构映射.

(1) 向量 $\boldsymbol{\alpha}_1=\boldsymbol{u}_1+\boldsymbol{u}_2$，$\boldsymbol{\alpha}_2=\boldsymbol{u}_2+\boldsymbol{u}_3$，$\boldsymbol{\alpha}_3=\boldsymbol{u}_3+\boldsymbol{u}_1$ 含于 W，在上述基下的坐标分别为

$$\sigma(\boldsymbol{\alpha}_1)=\begin{pmatrix}1\\1\\0\end{pmatrix},\ \sigma(\boldsymbol{\alpha}_2)=\begin{pmatrix}0\\1\\1\end{pmatrix},\ \sigma(\boldsymbol{\alpha}_3)=\begin{pmatrix}1\\0\\1\end{pmatrix}$$

解关于 λ_1，λ_2，λ_3 的方程组

$$\lambda_1\begin{pmatrix}1\\1\\0\end{pmatrix}+\lambda_2\begin{pmatrix}0\\1\\1\end{pmatrix}+\lambda_3\begin{pmatrix}1\\0\\1\end{pmatrix}=\begin{pmatrix}0\\0\\0\end{pmatrix}$$

得 $\lambda_1=\lambda_2=\lambda_3=0$，可见 $\sigma(\boldsymbol{\alpha}_1)$，$\sigma(\boldsymbol{\alpha}_2)$，$\sigma(\boldsymbol{\alpha}_3)$ 线性无关，从而 $\boldsymbol{u}_1+\boldsymbol{u}_2$，$\boldsymbol{u}_2+\boldsymbol{u}_3$，$\boldsymbol{u}_3+\boldsymbol{u}_1$ 线性无关.

(2) 记 $\boldsymbol{\beta}_1=\boldsymbol{u}_1-\lambda\boldsymbol{u}_2$，$\boldsymbol{\beta}_2=\boldsymbol{u}_2-\lambda\boldsymbol{u}_3$，$\boldsymbol{\beta}_3=\boldsymbol{u}_3-\lambda\boldsymbol{u}_1$. 则 $\sigma(\boldsymbol{\beta}_1)=(1,-\lambda,0)$，$\sigma(\boldsymbol{\beta}_2)=(0,1,-\lambda)$，$\sigma(\boldsymbol{\beta}_3)=(-\lambda,0,1)$. $S=\{\boldsymbol{\beta}_1,\boldsymbol{\beta}_2,\boldsymbol{\beta}_3\}$ 的秩等于它在 F^3 中的像 $\{(1,-\lambda,0),(0,1,-\lambda),(-\lambda,0,1)\}$ 的秩，也就是矩阵

$$\boldsymbol{A}=\begin{pmatrix}1&-\lambda&0\\0&1&-\lambda\\-\lambda&0&1\end{pmatrix}$$

的行秩.

$$\boldsymbol{A}\xrightarrow{\lambda(1)+(3),\ \lambda^2(2)+(3)}\boldsymbol{B}=\begin{pmatrix}1&-\lambda&0\\0&1&-\lambda\\0&0&1-\lambda^3\end{pmatrix}$$

当 $1-\lambda^3=0$，即 $\lambda=1$ 时，$\operatorname{rank}\boldsymbol{B}=2$，从而 $\operatorname{rank}S=\operatorname{rank}\boldsymbol{A}=2$.

当 $1-\lambda^3\neq 0$，即 $\lambda\neq 1$ 时，$\operatorname{rank}\boldsymbol{B}=3$，从而 $\operatorname{rank}S=\operatorname{rank}\boldsymbol{A}=3$. □

这里的例 1(1)就是§2.1 例 1，我们用同构的观点将向量的线性相关性变成数组的线性相关性来判断.

例 2　设 V 是 F 上有限维线性空间，$M_1=\{\boldsymbol{\alpha}_1,\boldsymbol{\alpha}_2,\boldsymbol{\alpha}_3\}$ 是 V 的一组基，$M_2=\{\boldsymbol{\beta}_1,\boldsymbol{\beta}_2,\boldsymbol{\beta}_3\}$ 是 V 的另一组基. 已知 $\boldsymbol{\beta}_1,\boldsymbol{\beta}_2,\boldsymbol{\beta}_3$ 在 M_1 下的坐标分别是 $\boldsymbol{\Pi}_1=(1,1,-1)$，$\boldsymbol{\Pi}_2=(1,-1,1)$，$\boldsymbol{\Pi}_3=(-1,1,1)$. $\boldsymbol{\alpha}\in V$ 在 M_1 下的坐标是$(1,3,5)$. 求 $\boldsymbol{\alpha}$ 在 M_2 下的坐标.

解　设 $\boldsymbol{\alpha}$ 在 M_2 下的坐标为(x,y,z)，则

$$\boldsymbol{\alpha}=x\boldsymbol{\beta}_1+y\boldsymbol{\beta}_2+z\boldsymbol{\beta}_3 \tag{2.6.1}$$

将 V 中每个向量 $\boldsymbol{\beta}$ 在 M_1 下的坐标记作 $\sigma(\boldsymbol{\beta})$，则 $\sigma:V\to F^3$ 是线性空间之间的同构映射. 在等式(2.6.1)两边用 σ 作用，也就是将(2.6.1)中所有的向量用它们在基 M_1 下的坐标代替，得到

$$\sigma(\boldsymbol{\alpha})=x\sigma(\boldsymbol{\beta}_1)+y\sigma(\boldsymbol{\beta}_2)+z\sigma(\boldsymbol{\beta}_3)$$

即

$$\begin{pmatrix}1\\3\\5\end{pmatrix}=x\begin{pmatrix}1\\1\\-1\end{pmatrix}+y\begin{pmatrix}1\\-1\\1\end{pmatrix}+z\begin{pmatrix}-1\\1\\1\end{pmatrix}$$

解此线性方程组得

$$(x,y,z)=(2,3,4)\quad \square$$

例 2 的方法可以推广到一般的情况，解决以下的重要问题：

数域 F 上线性空间 V 中同一个向量 $\boldsymbol{\alpha}$ 在两组不同的基 $M_1=\{\boldsymbol{\alpha}_1,\cdots,\boldsymbol{\alpha}_n\}$，$M_2=\{\boldsymbol{\beta}_1,\cdots,\boldsymbol{\beta}_n\}$ 下的坐标 $\boldsymbol{X}=(x_1,\cdots,x_n)^{\mathrm{T}}$ 与 $\boldsymbol{Y}=(y_1,\cdots,y_n)^{\mathrm{T}}$ 之间有什么关系？(这里$(x_1,\cdots,x_n)^{\mathrm{T}}$,$(y_1,\cdots,y_n)^{\mathrm{T}}$ 分别表示将行向量$(x_1,\cdots,x_n)$，$(y_1,\cdots,y_n)$转置得到的列向量.)

将 V 中每个向量 $\boldsymbol{\beta}$ 在第一组基 M_1 下的坐标记作 $\sigma(\boldsymbol{\beta})$，则 $\sigma:V\to F^{n\times 1}$ 是线性空间的同构映射，

$$\sigma(\boldsymbol{\alpha})=\boldsymbol{X}=(x_1,\cdots,x_n)^{\mathrm{T}} \tag{2.6.2}$$

设第二组基 M_2 中的基向量 $\boldsymbol{\beta}_j(1\leqslant j\leqslant n)$ 在第一组基 M_1 下的坐标

$$\sigma(\boldsymbol{\beta}_j)=\boldsymbol{\Pi}_j=(p_{1j},p_{2j},\cdots,p_{nj})^{\mathrm{T}} \tag{2.6.3}$$

由于 $\boldsymbol{\alpha}$ 在第二组基 M_2 下的坐标为 $\boldsymbol{Y}=(y_1,\cdots,y_n)^{\mathrm{T}}$，有

$$\boldsymbol{\alpha}=y_1\boldsymbol{\beta}_1+\cdots+y_j\boldsymbol{\beta}_j+\cdots+y_n\boldsymbol{\beta}_n \tag{2.6.4}$$

用 σ 作用于等式(2.6.4)两边，也就是将(2.6.4)中所有的向量用它们在 M_1 下的坐标代替，得到

$$\sigma(\boldsymbol{\alpha})=y_1\sigma(\boldsymbol{\beta}_1)+\cdots+y_j\sigma(\boldsymbol{\beta}_j)+\cdots+y_n\sigma(\boldsymbol{\beta}_n)$$

也就是

$$\boldsymbol{X}=y_1\boldsymbol{\Pi}_1+\cdots+y_j\boldsymbol{\Pi}_j+\cdots+y_n\boldsymbol{\Pi}_n \tag{2.6.5}$$

这就是坐标 X 与 Y 之间的变换公式. 或写成

$$\begin{pmatrix}x_1\\ \vdots\\ x_n\end{pmatrix}=y_1\begin{pmatrix}p_{11}\\ \vdots\\ p_{n1}\end{pmatrix}+\cdots+y_j\begin{pmatrix}p_{1j}\\ \vdots\\ p_{nj}\end{pmatrix}+\cdots+y_n\begin{pmatrix}p_{1n}\\ \vdots\\ p_{nn}\end{pmatrix}$$

即

$$\begin{cases}x_1=p_{11}y_1+\cdots+p_{1j}y_j+\cdots+p_{1n}y_n\\ x_2=p_{21}y_1+\cdots+p_{2j}y_j+\cdots+p_{2n}y_n\\ \cdots\cdots\cdots\cdots\\ x_n=p_{n1}y_1+\cdots+p_{nj}y_j+\cdots+p_{nn}y_n\end{cases} \tag{2.6.6}$$

在§2.5中，我们将向量空间的定义从数组推广到了任意的非空集合 V. 但是，我们发现，有限维向量空间 V 中的向量都可以由数组来代表，V 与某个 F^n 同构. 在同构的意义上，数组空间 F^n 并不只是线性空间 V 的一个特殊例子，而是可以代表所有的 n 维线性空间. 同一数域 F 上同一维数 n 的线性空间 V，不论组成 V 的集合多么不同，其中定义加法和数乘运算的方式多么不同，它们都同构于 F^n，因此它们应当相互同构. 在这个意义上，同一数域上同一维数只有一种线性空间.

定理 2.6.2 同一数域 F 上同一维数 n 上的任何两个线性空间相互同构.

证明 设 V_1,V_2 是同一数域 F 上的 n 维空间. 则它们各存在一组基 $M_1=\{\boldsymbol{\alpha}_1,\cdots,\boldsymbol{\alpha}_n\}$ 和 $M_2=\{\boldsymbol{\beta}_1,\cdots,\boldsymbol{\beta}_n\}$. 每个 $\boldsymbol{\alpha}\in V_1$ 可以唯一地写成 M 的线性组合

$$\boldsymbol{\alpha}=x_1\boldsymbol{\alpha}_1+\cdots+x_n\boldsymbol{\alpha}_n$$

定义

$$\sigma_1(\boldsymbol{\alpha})=(x_1,\cdots,x_n)\in F^n,\varphi(x_1,\cdots,x_n)=x_1\beta_1+\cdots+x_n\beta_n$$

则 $\sigma:V_1\to F^n$，$\boldsymbol{\alpha}\mapsto\sigma(\boldsymbol{\alpha})$ 与 $\varphi:F^n\to V_2$，$X\mapsto\varphi(X)$ 都是线性空间的同构映射.

定义

$$\sigma:V_1\to V_2,\ \boldsymbol{\alpha}\mapsto\varphi(\sigma_1(\boldsymbol{\alpha}))$$

则 σ 是 V_1 到 V_2 的一一映射. 且对任意 $\boldsymbol{\alpha},\boldsymbol{\beta}\in V_1$ 及 $\lambda\in F$，有

$$\sigma(\boldsymbol{\alpha}+\boldsymbol{\beta})=\varphi(\sigma_1(\boldsymbol{\alpha}+\boldsymbol{\beta}))=\varphi(\sigma_1(\boldsymbol{\alpha})+\sigma_1(\boldsymbol{\beta}))=\varphi(\sigma_1(\boldsymbol{\alpha}))+\varphi(\sigma_1(\boldsymbol{\beta}))$$

$$= \sigma(\boldsymbol{\alpha}) + \sigma(\boldsymbol{\beta})$$

$$\sigma(\lambda\boldsymbol{\alpha}) = \varphi(\sigma_1(\lambda\boldsymbol{\alpha})) = \varphi(\lambda\sigma_1(\boldsymbol{\alpha})) = \lambda\varphi(\sigma(\boldsymbol{\alpha})) = \lambda\sigma(\boldsymbol{\alpha})$$

这说明 $\sigma: V_1 \to V_2$ 是同构映射，V_1 与 V_2 同构. □

例 3　设 $S_2 = \{v_1, \cdots, v_s\}$ 是 $S_1 = \{\boldsymbol{u}_1, \cdots, \boldsymbol{u}_r\}$ 的线性组合，并且 $s>r$. 求证：S_2 线性相关.

证明　对每个 $\boldsymbol{X} = (x_1, \cdots, x_r) \in F^r$，记 $f(\boldsymbol{X}) = x_1\boldsymbol{u}_1 + \cdots + x_r\boldsymbol{u}_r$.

容易验证

$$f(\boldsymbol{X}_1) + f(\boldsymbol{X}_2) = f(\boldsymbol{X}_1 + \boldsymbol{X}_2), \quad \lambda_1 f(\boldsymbol{X}_1) = f(\lambda_1\boldsymbol{X}_1)$$

从而

$$\lambda_1 f(\boldsymbol{X}_1) + \cdots + \lambda_s f(\boldsymbol{X}_s) = f(\lambda_1\boldsymbol{X}_1 + \cdots + \lambda_s\boldsymbol{X}_s)$$

对所有的 $\boldsymbol{X}_1, \cdots, \boldsymbol{X}_s \in F^r$ 和 $\lambda_1, \cdots, \lambda_s \in F$ 成立.

由于

$$v_j = a_{1j}\boldsymbol{u}_1 + \cdots + a_{rj}\boldsymbol{u}_r \quad (1 \leqslant j \leqslant s)$$

对每个 $1 \leqslant j \leqslant s$，取 $\boldsymbol{\alpha}_j = (a_{1j}, \cdots, a_{rj}) \in F^r$，则

$$v_j = f(\boldsymbol{\alpha}_j)$$

从而对任意 $\lambda_1, \cdots, \lambda_s \in F$，有

$$\begin{aligned} \lambda_1 v_1 + \cdots + \lambda_s v_s &= \lambda_1 f(\boldsymbol{\alpha}_1) + \cdots + \lambda_s f(\boldsymbol{\alpha}_s) \\ &= f(\lambda_1\boldsymbol{\alpha}_1 + \cdots + \lambda_s\boldsymbol{\alpha}_s) \end{aligned} \tag{2.6.7}$$

由于 $s>r$，已经知道 F^r 中 s 个数组向量 $\boldsymbol{\alpha}_1, \cdots, \boldsymbol{\alpha}_s$ 线性相关，存在 F 中不全为零的 $\lambda_1, \cdots, \lambda_s$ 使

$$\lambda_1\boldsymbol{\alpha}_1 + \cdots + \lambda_s\boldsymbol{\alpha}_s = \boldsymbol{0}$$

代入(2.6.7)即得

$$\lambda_1 v_1 + \cdots + \lambda_s v_s = f(\boldsymbol{0}) = \boldsymbol{0}$$

这证明了 $v_1, \cdots, v_s$ 线性相关. □

例 3 就是 § 2.2 中的定理 2.2.5，我们在这里另外给了一个证明，直接用数组来表示向量 $v_1, \cdots, v_s$，将这些向量的线性相关性转化为数组的线性相关性来证明.

例 3 中的 $\boldsymbol{u}_1, \cdots, \boldsymbol{u}_s$ 并不一定线性无关，不能将每个向量 $v_j = a_{1j}\boldsymbol{u}_1 + \cdots + a_{rj}\boldsymbol{u}_r$ 对应于数组 $\boldsymbol{\alpha}_j = (a_{1j}, \cdots, a_{rj})$. 但是却可以反过来将数组 $\boldsymbol{\alpha}_j$ 对应于向量 v_j.

一般地，对数域 F 上任意线性空间 V 中任意一组向量 $S = \{\boldsymbol{u}_1, \cdots, \boldsymbol{u}_r\}$，由于 S 不一定线性无关，$V(S)$ 中的向量 $\boldsymbol{\alpha}$ 表示成 S 的线性组合的表达式不一定唯一，可能出现

$$\boldsymbol{\alpha} = x_1\boldsymbol{u}_1 + \cdots + x_r\boldsymbol{u}_r = y_1\boldsymbol{u}_1 + \cdots + y_r\boldsymbol{u}_r$$

但是 $(x_1, \cdots, x_r) \neq (y_1, \cdots, y_r)$ 的情况，因此不能定义 $\sigma(x_1\boldsymbol{u}_1 + \cdots + x_r\boldsymbol{u}_r) =$

$(x_1,\cdots,x_r)$.（如果这样定义，就不知道 $\sigma(x_1\boldsymbol{u}_1+\cdots+x_r\boldsymbol{u}_r)$ 应当等于 $(x_1,\cdots,x_r)$ 还是等于 $(y_1,\cdots,y_r)$.）但是，反过来，可以对每个 $\boldsymbol{X}=(x_1,\cdots,x_r)$ 定义 $f(\boldsymbol{X})=x_1\boldsymbol{u}_1+\cdots+x_r\boldsymbol{u}_r$. 这样定义的 $f:F^r\to V$ 不是一一映射，但是仍然满足条件

（1）$f(\boldsymbol{X}+\boldsymbol{Y})=f(\boldsymbol{X})+f(\boldsymbol{Y})$，$\forall\, \boldsymbol{X},\boldsymbol{Y}\in F^r$；

（2）$f(\lambda\boldsymbol{X})=\lambda f(\boldsymbol{X})$，$\forall\, \boldsymbol{X}\in F^r$，$\lambda\in F$.

仍然可以用数组代表向量来进行运算或推理. 这样的 f 不是同构，我们称它为同态.

定义 2.6.2 设 V_1,V_2 是数域 F 上两个线性空间. 如果存在映射 $\varphi:V_1\to V_2$，满足条件

（1）$\varphi(\boldsymbol{\alpha}+\boldsymbol{\beta})=\varphi(\boldsymbol{\alpha})+\varphi(\boldsymbol{\beta})$，$\forall\, \boldsymbol{\alpha},\boldsymbol{\beta}\in V_1$；

（2）$\varphi(\lambda\boldsymbol{\alpha})=\lambda\varphi(\boldsymbol{\alpha})$，$\forall\, \boldsymbol{\alpha}\in V$，$\lambda\in F$，

就称 φ 是 V_1 到 V_2 的**同态映射**(homomorphism). □

命题 2.6.3 设 $\varphi:V_1\to V_2$ 是 F 上线性空间之间的同态映射，则

（1）φ 将 V_1 的零向量 $\mathbf{0}_1$ 映到 V_2 的零向量 $\mathbf{0}_2$；

（2）φ 将每个 $\boldsymbol{\alpha}$ 的负向量映到 $\varphi(\boldsymbol{\alpha})$ 的负向量：$\varphi(-\boldsymbol{\alpha})=-\varphi(\boldsymbol{\alpha})$；

（3）V_1 的子集合 S 线性相关$\Rightarrow\varphi(S)$线性相关.

证明 与命题 2.6.3 的证明完全相同. □

利用命题 2.6.3 可以将例 2 中的证明进一步简化如下.

例 3 的又一个证明

对每个 $\boldsymbol{X}=(x_1,\cdots,x_r)\in F^r$，记 $f(\boldsymbol{X})=x_1\boldsymbol{u}_1+\cdots+x_r\boldsymbol{u}_r$. 则 $f:F^r\to V(S_1)$ 是同态映射. 每个 $v_i\in V(S)(1\leqslant i\leqslant s)$，存在 $\boldsymbol{X}_i\in F^r$ 使 $f(\boldsymbol{X}_i)=v_i$. 由于 $s>r$，F^r 中 s 个数组向量 $\boldsymbol{X}_1,\cdots,\boldsymbol{X}_r$ 线性相关. 因而 $f(\boldsymbol{X}_1),\cdots,f(\boldsymbol{X}_s)$ 线性相关，也就是 $v_1,\cdots,v_s$ 线性相关. □

命题 2.6.3 说明了命题 2.6.1 中有一部分结论对同态映射成立. 但其他部分则不成立.

例如，任取 F 上不等于零的线性空间 V_1，取 $V_2=\mathbf{0}$，定义 $\varphi:V_1\to V_2$，$\boldsymbol{\alpha}\mapsto\mathbf{0}$. 则 φ 是同态映射，它将整个 V_1 映到 $\mathbf{0}$，V_1 的线性无关子集 S 映到 $\varphi(S)=\mathbf{0}$，不再线性无关；基 M 映到 $\varphi(M)=\mathbf{0}$，不再是基；$\dim V_1>0=\dim V_2$.

习 题 2.6

1. 设复数域上线性空间 V 中的向量 $\boldsymbol{\alpha}_1,\cdots,\boldsymbol{\alpha}_n$ 线性无关. 对复数 λ 的不同值，求向量组 $\{\boldsymbol{\alpha}_1+\lambda\boldsymbol{\alpha}_2,\cdots,\boldsymbol{\alpha}_{n-1}+\lambda\boldsymbol{\alpha}_n,\boldsymbol{\alpha}_n+\lambda\boldsymbol{\alpha}_1\}$ 的秩.

2. 将复数集合 $\mathbf{C}$ 看成实数域上的线性空间 $C_{\mathbf{R}}$. 求 $C_{\mathbf{R}}$ 与实数域上 2 维数组空间 $\mathbf{R}^2=\{(x,y)\mid x,y,\in\mathbf{R}\}$ 之间的同构映射 σ，将 1+i，1-i 分别映到(1,0)，(0,1).

3. 设 V 是由复数组成的无穷数列 $\{a_n\}=\{a_1,a_2,\cdots,a_n,\cdots\}$ 的全体组成的集合，定义 V

中任意两个数列的加法$\{a_n\}+\{b_n\}=\{a_n+b_n\}$及任意数列与任意复数的乘法$\lambda\{a_n\}=\{\lambda a_n\}$之后成为复数域 **C** 上线性空间.

(1) 求证：V 中满足条件 $a_n=a_{n-1}+a_{n-2}(\forall n\geqslant 3)$的全体数列$\{a_n\}$组成 V 的子空间 W. W 的维数是多少？

(2) 对任意$(a_1,a_2)\in\mathbf{C}^2$，定义 $\sigma(a_1,a_2)=\{a_1,a_2,\cdots,a_n,\cdots\}\in W$. 求证：$\sigma$ 是 $\mathbf{C}^2$ 到 W 的同构映射.

(3) 求证：W 中存在一组由等比数列组成的基 M.

(4) 设数列$\{F_n\}$满足条件 $F_1=F_2=1$ 且 $F_n=F_{n-1}+F_{n-2}$. 求$\{F_n\}$在基 M 下的坐标，并由此求出$\{F_n\}$的通项公式.

4. 设 $\mathbf{R}^+$是所有的正实数组成的集合. 对任意 $a,b\in\mathbf{R}^+$定义 $a\oplus b=ab$(实数 a,b 按通常乘法的乘积)，对任意 $a\in\mathbf{R}^+$和 $\lambda\in\mathbf{R}$ 定义 $\lambda\circ a=a^\lambda$. 求证：

(1) $\mathbf{R}^+$按上述定义的加法 $a\oplus b$ 和数乘 $\lambda\circ a$ 成为实数域 **R** 上的线性空间.

(2) 实数集合 **R** 按通常方式定义加法和乘法看成 **R** 上的线性空间，求证：通常的这个线性空间 **R** 与按上述方式定义的线性空间 $\mathbf{R}^+$同构. 并给出这两个空间之间的全部同构映射.

附录 1　集合的映射

§2.6 中用到关于集合的映射的一些概念. 下面对集合的映射的有关概念作一介绍，以便于现在与将来的应用.

1. 设 S_1，S_2 是两个非空集合. 如果给定了一个规则 σ，它将 S_1 中每个元素 α 对应到 S_2 中一个由 α 唯一决定的元素，记为 $\sigma(\alpha)$. 就称 σ 是 S_1 到 S_2 的一个**映射**(mapping)，记为

$$\sigma:S_1\to S_2,\alpha\mapsto\sigma(\alpha)$$

(**注意**:我们用→表示集合 S_1 与 S_2 之间的映射关系,而用↦表示两个集合的元素之间的关系.)

集合 S_1 到自身中的映射 $\sigma:S_1\to S_1$ 称为 S_1 上的一个**变换**(transformation).

设 $\sigma:S_1\to S_2$ 是映射. 对每个 $\alpha\in S_1$，$\sigma(\alpha)$称为 α 在 σ 下的**像**(image)，α 称为 $\sigma(\alpha)$在 σ 下的**原像**(inverse image). 每个 $\beta\in S_2$ 在 σ 下的全体原像组成的集合记作 $\sigma^{-1}(\beta)$.

S_1 称为映射 σ 的**定义域**(domain). S_1 中所有的元素的像组成 S_2 的子集 $\sigma(S_1)=\{\sigma(\alpha)\mid\alpha\in S_1\}$，称为 σ 的**像**(image)，也称为 σ 的**值域**(range). $\sigma(S_1)$也记作 $\mathrm{Im}\,\sigma$. 对每个 $\beta\in S_2$，$\beta\in\sigma(S_1)\Leftrightarrow\sigma^{-1}(\beta)$不是空集合.

2. 设 $\sigma:S_1\to S_2$ 是映射. 如果每个 $\beta\in S_2$ 至多有一个原像 $\alpha\in S_1$ 使 $\sigma(\alpha)=\beta$，也就是说 $\sigma(\alpha_1)=\sigma(\alpha_2)\Leftrightarrow\alpha_1=\alpha_2$，就称 σ 是**单射**(injection).

如果每个 $\beta\in S_2$ 至少有一个原像 $\alpha\in S_1$ 使 $\sigma(\alpha)=\beta$，也就是说 $\sigma(S_1)=$

S_2，就称σ是**满射**(surjection)，("满射"就是说σ的像充满了S_2.)

如果每个$\beta \in S_2$恰有一个原像$\alpha \in S_1$使$\sigma(\alpha)=\beta$，也就是说σ既是单射又是满射，就称σ是**双射**(bijection)，也说σ**是一一映射**(1-1correspondence).

3. 对映射$\sigma_1: S_1 \to S_2$和$\sigma_2: S_2 \to S_3$，定义映射$\sigma: S_1 \to S_3$使$\sigma(\alpha)=\sigma_2(\sigma_1(\alpha))$，则$\sigma$称为$\sigma_1$，$\sigma_2$的**合成**(composition)，也称为$\sigma_1$，$\sigma_2$的**乘积**(product)，记作$\sigma=\sigma_2\sigma_1$.

映射的乘积满足**结合律**(associative law)：

设$\sigma_1:S_1\to S_2$，$\sigma_2:S_2\to S_3$，$\sigma_3:S_3\to S_4$，则$\sigma_3(\sigma_2\sigma_1)=(\sigma_3\sigma_2)\sigma_1$.

证明如下：对任意$\alpha\in S_1$. 记$\beta=\sigma_1(\alpha)$，$\gamma=\sigma_2(\beta)$，$\delta=\sigma_3(\gamma)$. 则$\sigma_3(\sigma_2\sigma_1)(\alpha)=\sigma_3(\gamma)=\delta$，$(\sigma_3\sigma_2)\sigma_1(\alpha)=(\sigma_3\sigma_2)(\beta)=\delta$，可见$\sigma_3(\sigma_2\sigma_1)(\alpha)=(\sigma_3\sigma_2)\sigma_1(\alpha)$对任意$\alpha\in S_1$成立，$\sigma_3(\sigma_2\sigma_1)=(\sigma_3\sigma_2)\sigma_1$. □

对每个集合S，定义映射$1_S:S\to S$，$\alpha\mapsto\alpha$将S的每个元素映到自身. 1_S称为S上的**单位变换**(unit transformation)或**恒等变换**(identity transformation). 则对任意映射$\sigma:S_1\to S_2$，有$\sigma\cdot(1_{S_1})=(1_{S_2})\cdot\sigma$. 可见，恒等变换在映射乘法中相当于1在数的乘法中的作用.

设$\sigma:S_1\to S_2$是一一映射. 对每个$\beta\in S_2$，存在唯一的$\alpha\in S_1$使$\sigma(\alpha)=\beta$，因而可以定义$f(\beta)=\alpha$. 这样就定义了映射$f:S_2\to S_1$，对所有的$\alpha\in S_1$满足条件$f\sigma(\alpha)=\alpha$，对所有的$\beta\in S_2$满足条件$\sigma f(\beta)=\beta$. 也就是说：$f\sigma=1_{S_1}$且$\sigma f=1_{S_2}$. 我们称这样的映射σ为**可逆映射**(invertible mapping)，f称为σ的**逆**(inverse)，记为$f=\sigma^{-1}$. 当然，σ也是可逆映射，$f=\sigma^{-1}$.

由刚才的讨论中知道：σ是可逆映射$\Leftrightarrow\sigma$是一一映射.

设$\sigma_1:S_1\to S_2$与$\sigma_2:S_2\to S_3$是可逆映射，则它们的乘积$\sigma_2\sigma_1:S_1\to S_3$是可逆映射. 且$(\sigma_2\sigma_1)^{-1}=\sigma_1^{-1}\sigma_2^{-1}$,这是因为

$$\sigma_1^{-1}\sigma_2^{-1}\cdot\sigma_2\sigma_1=\sigma_1^{-1}\cdot\sigma_1=1_{S_1},\sigma_2\sigma_1\cdot\sigma_1^{-1}\sigma_2^{-1}=\sigma_2\cdot\sigma_2^{-1}=1_{S_3}$$

由此也可知道:一一映射σ_1,σ_2的乘积$\sigma_2\sigma_1$仍是一一映射.

有限集合$S_1=\{a_1,\cdots,a_n\}$上的可逆变换σ称为S_1的一个**置换**(permutaion)，也称为S_1的一个**排列**(arrangement). 置换σ可以将对应关系用列表的方式来表示. 例如，集合$S_1=\{1,2,\cdots,n\}$上的置换σ就可以写成

$$\sigma=\begin{pmatrix}1 & 2 & \cdots & n\\ i_1 & i_2 & \cdots & i_n\end{pmatrix}$$

或直接写成$(i_1i_2\cdots i_n)$，表示$\sigma(k)=i_k$.

§2.7 子空间的交与和

1. 子空间的交

例 1 （1）设 W_1，W_2 分别是数域 F 上的线性方程组

$$\begin{cases}x_1+x_2+x_3-x_4-x_5=0\\x_2+2x_3+x_5=0\end{cases}\quad 与 \quad \begin{cases}x_1+2x_2+7x_3+5x_4-4x_5=0\\x_2+4x_3+3x_4-x_5=0\end{cases}$$

的解空间. 求 $W_1\cap W_2$.

（2）设 π_1 是建立了空间直角坐标系的 3 维几何空间 $\mathbf{R}^3$ 中过点 $(0,0,0)$，$(1,-1,0)$，$(1,2,-3)$ 的平面，π_2 是过点 $(0,0,0)$，$(1,-1,-1)$，$(2,3,1)$ 的平面，求这两个平面的交集 $\pi_1\cap\pi_2$.

解 （1）将两个方程组的 4 个方程共同组成一个方程组，求得的通解

$$\left(-\frac{1}{2}t_1+3t_2,3t_1-3t_2,-\frac{3}{2}t_1+t_2,t_1,t_2\right)$$

即

$$t_1\left(-\frac{1}{2},3,-\frac{3}{2},1,0\right)+t_2(3,-3,1,0,1)$$

组成的集合就是 $W_1\cap W_2$. 容易看出，$W_1\cap W_2$ 是由两个线性无关向量生成的 2 维子空间.

（2）用 3 维几何空间中坐标为 (x,y,z) 的点表示 $\mathbf{R}^3$ 中的向量 (x,y,z)，则 π_1 是向量 $\boldsymbol{\alpha}_1=(1,-1,0)$，$\boldsymbol{\alpha}_2=(1,2,-3)$ 生成的子空间，π_2 是 $\boldsymbol{\beta}_1=(1,-1,-1)$ 与 $\boldsymbol{\beta}_2=(2,3,1)$ 生成的子空间.

$$\boldsymbol{\alpha}\in\pi_1\cap\pi_2\Leftrightarrow\boldsymbol{\alpha}=x_1\boldsymbol{\alpha}_1+x_2\boldsymbol{\alpha}_2=y_1\boldsymbol{\beta}_1+y_2\boldsymbol{\beta}_2(x_1,x_2,y_1,y_2\in\mathbf{R}) \tag{2.7.1}$$

条件 $x_1\boldsymbol{\alpha}_1+x_2\boldsymbol{\alpha}_2=y_1\boldsymbol{\beta}_1+y_2\boldsymbol{\beta}_2$，即

$$x_1\boldsymbol{\alpha}_1+x_2\boldsymbol{\alpha}_2-y_1\boldsymbol{\beta}_1-y_2\boldsymbol{\beta}_2=0$$

将 $\boldsymbol{\alpha}_1,\boldsymbol{\alpha}_2,\boldsymbol{\beta}_1,\boldsymbol{\beta}_2$ 的坐标代入得

$$x_1\begin{pmatrix}1\\-1\\0\end{pmatrix}+x_2\begin{pmatrix}1\\2\\-3\end{pmatrix}-y_1\begin{pmatrix}1\\-1\\-1\end{pmatrix}-y_2\begin{pmatrix}2\\3\\1\end{pmatrix}=\begin{pmatrix}0\\0\\0\end{pmatrix} \tag{2.7.2}$$

这是以 x_1,x_2,y_1,y_2 为未知数的线性方程组，求得通解为

$$(x_1,x_2,y_1,y_2)=t\left(\frac{19}{3},\frac{5}{3},6,1\right)$$

将 $x_1=\frac{19}{3}t$，$x_2=\frac{5}{3}t$ 代入(2.7.1)得

$$\boldsymbol{\alpha}=x_1\boldsymbol{\alpha}_1+x_2\boldsymbol{\alpha}_2=\frac{19}{3}t(1,-1,0)+\frac{5}{3}t(1,2,-3)=t(8,-3,-5)$$

因此 $\pi_1\cap\pi_2=\{t(8,-3,-5)\mid t\in\mathbf{R}\}$ 是 $(8,-3,-5)$ 生成的 1 维子空间，图像是过原点和点 $(8,-3,-5)$ 的直线. □

例1的两个小题中的子空间的交 $W_1\cap W_2$ 与 $\pi_1\cap\pi_2$ 都是子空间. 这不是偶然的. 一般地, 线性空间 V 中任意多个子空间的交仍是子空间.

定理 2.7.1 设 $W_i(i\in I)$ 是 F 上线性空间 V 的任意一组子空间,

$$U=\bigcap_{i\in I}W_i=\{\boldsymbol{\alpha}\mid\boldsymbol{\alpha}\in W_i,\forall i\in I\}$$

是这些子空间的交. 则 U 是 V 的子空间.

(**注意**:这里的 I 是用来给出子空间 W_i 的"编号"i 的集合,可以是无穷集合.)

证明 对任意 $\boldsymbol{u},v\in U$, $\lambda\in F$, $\boldsymbol{u},v$ 含于 $\cap_{i\in I}W_i\Rightarrow\boldsymbol{u},v$ 含于每个 W_i. 由于 W_i 是子空间, $\boldsymbol{u}+v\in W_i$, $\lambda\boldsymbol{u}\in W_i$. 这又导致 $\boldsymbol{u}+v$ 与 $\lambda\boldsymbol{u}$ 含于 $U=\cap_{i\in I}W_i$. 这就证明了 U 是子空间. □

2. 子空间的和

子空间的交集是子空间. 但是子空间的并集一般不是子空间. 例如, 将建立了直角坐标系的几何空间中坐标为 (x,y,z) 的点 A 与从原点到 A 的有向线段代表的向量 $\overrightarrow{OA}=(x,y,z)\in\mathbf{R}^3$ 对应起来, 用几何空间表示向量空间 $\mathbf{R}^3$. 则过原点的直线表示一维子空间. 但对任意两条相交于原点的直线 L_1, L_2, 从 L_1, L_2 中分别取出的非零向量 $\overrightarrow{OA}$, $\overrightarrow{OB}$ 之和既不在 L_1 中, 也不在 L_2 中. 这说明子空间 L_1, L_2 的并集 $L_1\cup L_2$ 对向量加法不封闭, 不是子空间. 事实上, 包含 $L_1\cup L_2$ 的最小的子空间就是过 L_1, L_2 的平面 π, 这个平面上任意一个向量 $\overrightarrow{OP}$ 都能分解为 $\overrightarrow{OP}=\overrightarrow{OA}+\overrightarrow{OB}$ 的形式使 $\overrightarrow{OA}\in L_1$, $\overrightarrow{OB}\in L_2$.

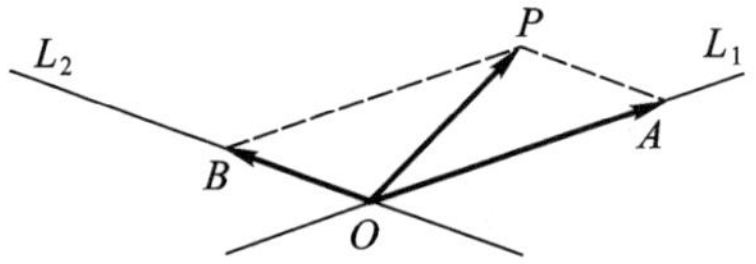

图 2-1

一般地, 我们有:

定义 2.7.1 设 V 是 F 上线性空间, $W_1,\cdots,W_t$ 是 V 的子空间.定义

$$W_1+\cdots+W_t=\{\boldsymbol{\beta}_1+\cdots+\boldsymbol{\beta}_t\mid\boldsymbol{\beta}_i\in W_i,\forall 1\leqslant i\leqslant t\}$$

称为子空间 $W_1,\cdots,W_t$ 的**和**(sum). □

命题 2.7.2 设 V 是数域 F 上线性空间, $W_1,\cdots,W_t$ 是 V 的子空间. 则

(1) $W_1+\cdots+W_t$ 是子空间.

(2) $W_1+\cdots+W_t$ 是包含 $W_1\cup\cdots\cup W_t$ 的最小子空间.

(3) 取每个 $W_i(1\leqslant i\leqslant t)$ 的一组基, 则 $M_1\cup\cdots\cup M_t$ 生成的子空间等于 $W_1+\cdots+W_t$.

(4) $\dim(W_1+\cdots+W_t)\leqslant \dim W_1+\cdots+\dim W_t$.

证明　记 $W=W_1+\cdots+W_t$，$M=M_1\cup\cdots\cup M_t$.

(1) 任取 $\boldsymbol{u}=\boldsymbol{u}_1+\cdots+\boldsymbol{u}_t\in W$，$v=v_1+\cdots+v_t\in W$，$\lambda\in F$，其中 $\boldsymbol{u}_i$，$v_i\in W_i$，$\forall\, 1\leqslant i\leqslant t$. 则

$$\begin{aligned}\boldsymbol{u}+v&=(\boldsymbol{u}_1+v_1)+\cdots+(\boldsymbol{u}_t+v_t)\\ \lambda\boldsymbol{u}&=(\lambda\boldsymbol{u}_1)+\cdots+(\lambda\boldsymbol{u}_t)\end{aligned}\qquad(2.7.3)$$

对每个 $1\leqslant i\leqslant t$，由于 W_i 是子空间，$\boldsymbol{u}_i,v_i\in W_i\Rightarrow\boldsymbol{u}_i+v_i\in W_i$ 且 $\lambda\boldsymbol{u}_i\in W_i$. (2.7.3)说明了 $\boldsymbol{u}+v\in W$，$\lambda\boldsymbol{u}\in W$. 这证明了 W 是子空间.

(2) 对任意 $\boldsymbol{w}\in W_1\cup\cdots\cup W_t$，存在 $1\leqslant i\leqslant t$ 使 $\boldsymbol{w}\in W_i$. 对每个 $1\leqslant j\leqslant t$，当 $j\neq i$ 时取 $\boldsymbol{w}_j=\boldsymbol{0}\in W_j$，当 $j=i$ 时取 $\boldsymbol{w}=\boldsymbol{w}_i\in W_i$，则 $\boldsymbol{w}=\boldsymbol{w}_1+\cdots+\boldsymbol{w}_t\in W$. 这就说明了 W 包含 $W_1\cup\cdots\cup W_t$.

设 $U=V(W_1\cup\cdots\cup W_t)$是 $W_1\cup\cdots\cup W_t$ 生成的子空间，也就是包含 $W_1\cup\cdots\cup W_t$ 的最小子空间. 则 U 包含任何一组 $\boldsymbol{w}_i\in W_i(1\leqslant i\leqslant t)$之和 $\boldsymbol{w}_1+\cdots+\boldsymbol{w}_t$，也就是包含 W. 由 W 是子空间知 $W=U$.

(3) 每个 $W_i(1\leqslant i\leqslant t)$是 M_i 的线性组合，因而 $W_1\cup\cdots\cup W_t$ 是 $M=M_1\cup\cdots\cup M_t$ 的线性组合. 而 W 是 $W_1\cup\cdots\cup W_t$ 的线性组合，因此 W 是 M 的线性组合，等于 M 生成的子空间.

(4) W 由 M 生成，其维数 $\dim W$ 不超过 M 所含向量个数 $|M|$，每个 M_i 所含向量个数 $|M_i|=\dim W_i$，因此 $\dim W\leqslant|M_1|+\cdots+|M_t|=\dim W_1+\cdots+\dim W_t$. □

根据命题 2.7.1(3)，如果知道了每个子空间 $W_i(1\leqslant i\leqslant t)$的一组基 M_i，只要求出 $M_1\cup\cdots\cup M_t$ 的一个极大线性无关组 S，则 S 就是 $W_1+\cdots+W_t$ 的一组基.

显然，子空间的和满足交换律和结合律：

$$\begin{aligned}&W_1+W_2=W_2+W_1;\\ &(W_1+W_2)+W_3=W_1+(W_2+W_3);\\ &W_1+\cdots+W_t=(W_1+\cdots+W_{t-1})+W_t.\end{aligned}$$

3. 子空间和的维数

我们知道了子空间 $W_1,\cdots,W_t$ 的和 W 的维数 $\dim(W_1+\cdots+W_t)\leqslant\dim W_1+\cdots+\dim W_t$，很自然就关心什么时候 $\dim(W_1+\cdots+W_t)=\dim W_1+\cdots+\dim W_t$.

先来看两个子空间 W_1，W_2 的和 $W=W_1+W_2$. 设 $\dim W_1=m$，$\dim W_2=s$. 分别取 W_1，W_2 的基 $M_1=\{\boldsymbol{\alpha}_1,\cdots,\boldsymbol{\alpha}_m\}$ 和 $M_2=\{\boldsymbol{\beta}_1,\cdots,\boldsymbol{\beta}_s\}$，则 W 由 $m+s$ 个向量 $\boldsymbol{\alpha}_1,\cdots,\boldsymbol{\alpha}_m,\boldsymbol{\beta}_1,\cdots,\boldsymbol{\beta}_s$ 生成. 如果这 $m+s$ 个向量线性无关，它们就组成 W_1+W_2 的一组基，此时就有 $\dim(W_1+W_2)=\dim W_1+\dim W_2$.

如果 $W_1\cap W_2=r\neq 0$，就可以取 $W_1\cap W_2$ 的一组基 $M_0=\{\boldsymbol{\alpha}_1,\cdots,\boldsymbol{\alpha}_r\}$ 扩充

为 W_1 的基$M_1=\{\boldsymbol{\alpha}_1,\cdots,\boldsymbol{\alpha}_r,\cdots,\boldsymbol{\alpha}_m\}$，同样也由 M_0 扩充为 W_2 的基 $M_2=\{\boldsymbol{\alpha}_1,\cdots,\boldsymbol{\alpha}_r,\boldsymbol{\beta}_{r+1},\cdots,\boldsymbol{\beta}_s\}$. 此时 M_1 与 M_2 中有 r 个重复的向量 $\boldsymbol{\alpha}_1,\cdots,\boldsymbol{\alpha}_r$，它们的并集 $M=M_1\cup M_2=\{\boldsymbol{\alpha}_1,\cdots,\boldsymbol{\alpha}_m,\boldsymbol{\beta}_{r+1},\cdots,\boldsymbol{\beta}_s\}$仍生成 W_1+W_2，但只包含 $m+s-r$ 个向量. $\dim(W_1+W_2)$就达不到 $m+s$，最多只有 $m+s-r$. 我们证明由这 $m+s-r$ 个向量组成的集合 M 线性无关，组成 W_1+W_2 的基.

定理 2.7.3 设 W_1,W_2 是 V 的子空间，则

$$\dim(W_1+W_2)=\dim W_1+\dim W_2-\dim(W_1\cap W_2)$$

证明 取 $W_1\cap W_2$ 的一组基 $M_0=\{\boldsymbol{\alpha}_1,\cdots,\boldsymbol{\alpha}_r\}$，扩充为 W_1 的一组基 $M_1=\{\boldsymbol{\alpha}_1,\cdots,\boldsymbol{\alpha}_r,\boldsymbol{\alpha}_{r+1},\cdots,\boldsymbol{\alpha}_m\}$，又将 M_0 扩充为 W_2 的一组基 $M_2=\{\boldsymbol{\alpha}_1,\cdots,\boldsymbol{\alpha}_r,\boldsymbol{\beta}_{r+1},\cdots,\boldsymbol{\beta}_s\}$. 则

$$M=M_1\cup M_2=\{\boldsymbol{\alpha}_1,\cdots,\boldsymbol{\alpha}_r,\boldsymbol{\alpha}_{r+1},\cdots,\boldsymbol{\alpha}_m,\boldsymbol{\beta}_{r+1},\cdots,\boldsymbol{\beta}_s\}$$

生成 W_1+W_2，所含元素个数

$$|M|=|M_1|+|M_2|-|M_0|=\dim W_1+\dim W_2-\dim(W_1\cap W_2)=m+s-r$$

我们证明 M 线性无关，是 W_1+W_2 的一组基.

设

$$x_1\boldsymbol{\alpha}_1+\cdots+x_r\boldsymbol{\alpha}_r+\cdots+x_m\boldsymbol{\alpha}_m+y_{r+1}\boldsymbol{\beta}_{r+1}+\cdots+y_s\boldsymbol{\beta}_s=\mathbf{0} \tag{2.7.4}$$

其中 $x_i,y_j\in F(1\leqslant i\leqslant m,r+1\leqslant j\leqslant s)$.

将(2.7.4)移项得

$$x_1\boldsymbol{\alpha}_1+\cdots+x_r\boldsymbol{\alpha}_r+\cdots+x_m\boldsymbol{\alpha}_m=-y_{r+1}\boldsymbol{\beta}_{r+1}-\cdots-y_s\boldsymbol{\beta}_s \tag{2.7.5}$$

将等式(2.7.5)左边的向量记为 $\boldsymbol{\alpha}$，右边的向量记为 $\boldsymbol{\beta}$. 则 $\boldsymbol{\alpha}$ 是 M_1 的线性组合，含于 W_1；$\boldsymbol{\beta}$ 是 M_2 的线性组合，含于 W_2. 等式(2.7.5)说明 $\boldsymbol{\alpha}=\boldsymbol{\beta}$ 同时含于 W_1 与 W_2，因而 $\boldsymbol{\alpha}=\boldsymbol{\beta}\in W_1\cap W_2$. $\boldsymbol{\beta}$ 应是 $W_1\cap W_2$ 的基 M_0 的线性组合，即：存在 $y_i\in F(1\leqslant i\leqslant r)$使

$$y_1\boldsymbol{\alpha}_1+\cdots+y_r\boldsymbol{\alpha}_r=\boldsymbol{\beta}=-y_{r+1}\boldsymbol{\beta}_{r+1}-\cdots-y_s\boldsymbol{\beta}_s$$

即

$$y_1\boldsymbol{\alpha}_1+\cdots+y_r\boldsymbol{\alpha}_r+y_{r+1}\boldsymbol{\beta}_{r+1}+\cdots+y_s\boldsymbol{\beta}_s=\mathbf{0} \tag{2.7.6}$$

由于 $M_2=\{\boldsymbol{\alpha}_1,\cdots,\boldsymbol{\alpha}_r,\boldsymbol{\beta}_{r+1},\cdots,\boldsymbol{\beta}_s\}$是 W_2 的基，(2.7.6)仅当所有的 $y_i=0$ $(1\leqslant i\leqslant s)$时成立. 代入(2.7.5)得

$$x_1\boldsymbol{\alpha}_1+\cdots+x_r\boldsymbol{\alpha}_r+\cdots+x_m\boldsymbol{\alpha}_m=\mathbf{0} \tag{2.7.7}$$

而 $M_1=\{\boldsymbol{\alpha}_1,\cdots,\boldsymbol{\alpha}_m\}$是 W_1 的基，(2.7.7)仅当所有的 $x_i=0(1\leqslant i\leqslant m)$时成立.

这就说明了(2.7.4)仅当所有 $x_i=y_j=0(1\leqslant i\leqslant m,r+1\leqslant j\leqslant s)$时成立，$M=\{\boldsymbol{\alpha}_i,\boldsymbol{\beta}_j\mid 1\leqslant i\leqslant m,r+1\leqslant j\leqslant s\}$线性无关，确实是 W_1+W_2 的基. 从而

$$\dim(W_1+W_2)=m+s-r=\dim W_1+\dim W_2-\dim(W_1\cap W_2) \qquad \square$$

推论 2.7.1 设 W_1,W_2 是 V 的子空间，则

$$\dim(W_1\cap W_2)\geqslant \dim W_1+\dim W_2-\dim V.$$

特别，当 $\dim W_1+\dim W_2>\dim V$ 时有 $W_1\cap W_2\neq 0$. □

例如，在 3 维几何空间 $V=\mathbf{R}^3$ 中，过原点的两个平面 W_1, W_2 的维数之和 $\dim W_1+\dim W_2=2+2>3=\dim V$，因此这两个平面的交 $W_1\cap W_2\neq 0$，是一条直线(当 $W_1\neq W_2$)或一个平面(当 $W_1=W_2$).

推论 2.7.2 $\dim(W_1+W_2)=\dim W_1+\dim W_2\Leftrightarrow W_1\cap W_2=0$. □

推论 2.7.3 $\dim(W_1+\cdots+W_t)=\dim W_1+\cdots+\dim W_t\Leftrightarrow(W_1+\cdots+W_i)\cap W_{i+1}=0$ 对 $1\leqslant i\leqslant t-1$ 成立. □

4. 子空间的直和

$W=W_1+\cdots+W_t$ 中每个向量 $\boldsymbol{w}$ 都能写成 $\boldsymbol{w}=\boldsymbol{w}_1+\cdots+\boldsymbol{w}_t$ 的形式，使 $\boldsymbol{w}_i\in W_i$ ($\forall 1\leqslant i\leqslant t$). 如果每个 $\boldsymbol{w}_i$ 由 $\boldsymbol{w}$ 唯一决定，就可以将 $\boldsymbol{w}_i$ 看作是 $\boldsymbol{w}$ 在 W_i 中的分量. 这自然有一个问题：什么时候 $\boldsymbol{w}_i$ 由 $\boldsymbol{w}$ 唯一决定?

例 2 (1) 在 3 维几何向量空间 $\mathbf{R}^3$ 中，取 $W_1=\{(x,y,0)\mid x,y\in\mathbf{R}\}$ 为 xOy 平面，$W_2=\{(0,0,z)\mid z\in\mathbf{R}\}$ 为 z 轴. 则 $\mathbf{R}^3$ 中每个向量 $\boldsymbol{\alpha}=(x,y,z)$ 可以写成 $\boldsymbol{\alpha}=(x,y,0)+(0,0,z)$ 的形式，其中 $\boldsymbol{\alpha}_1=(x,y,0)\in W_1$，$\boldsymbol{\alpha}_2=(0,0,z)\in W_2$. 因此 $\mathbf{R}^3=W_1+W_2$. 易验证 $\boldsymbol{\alpha}_1$，$\boldsymbol{\alpha}_2$ 由 $\boldsymbol{\alpha}$ 唯一决定，可以分别称为 $\boldsymbol{\alpha}$ 在 W_1，W_2 中的分量. 比如 $\boldsymbol{\alpha}$ 是一个力，则 $\boldsymbol{\alpha}_1$ 是 $\boldsymbol{\alpha}$ 在水平方向上的分力，$\boldsymbol{\alpha}_2$ 是 $\boldsymbol{\alpha}$ 在竖直方向上的分力.

(2) 仍考虑 3 维几何向量空间 $\mathbf{R}^3$，取 $W_1=\{(x,y,0)\mid x,y\in\mathbf{R}\}$ 为 xOy 平面，$W_2=\{(0,y,z)\mid y,z\in\mathbf{R}\}$ 为 yOz 平面. 则 $\mathbf{R}^3$ 中每个向量 $\boldsymbol{\alpha}$ 仍可写成 $\boldsymbol{\alpha}=\boldsymbol{\alpha}_1+\boldsymbol{\alpha}_2$ 使 $\boldsymbol{\alpha}_1\in W_1$，$\boldsymbol{\alpha}_2\in W_2$. 因此仍有 $\mathbf{R}^3=W_1+W_2$. 但此时 $\boldsymbol{\alpha}$ 不能唯一决定 $\boldsymbol{\alpha}_1$，$\boldsymbol{\alpha}_2$. 例如 $\boldsymbol{\alpha}=(x,y,z)$ 既可写成 $(x,y,0)+(0,0,z)$，也可写成 $(x,0,0)+(0,y,z)$，还可写成 $(x,t,0)+(0,y-t,z)$，其中 $t\in\mathbf{R}$ 可以任意选取. □

一般地，如果两个子空间 W_1，W_2 的交不为 0，则 $\boldsymbol{w}\in W_1+W_2$ 的每个分解式 $\boldsymbol{w}=\boldsymbol{w}_1+\boldsymbol{w}_2(\boldsymbol{w}_1\in W_1,\boldsymbol{w}_2\in W_2)$ 都可以改写为 $\boldsymbol{w}=(\boldsymbol{w}_1+\boldsymbol{w}_0)+(\boldsymbol{w}_2-\boldsymbol{w}_0)$，其中 $\boldsymbol{w}_0\in W_1\cap W_2$ 可以任意选取，而 $\boldsymbol{w}_1+\boldsymbol{w}_0\in W_1$，$\boldsymbol{w}_2-\boldsymbol{w}_0\in W_2$ 总是成立. 由于 $\boldsymbol{w}_0$ 的不同选择，就得到 $\boldsymbol{w}$ 的不同分解式. 这说明当 $W_1\cap W_2\neq 0$ 时分解式 $\boldsymbol{w}=\boldsymbol{w}_1+\boldsymbol{w}_2(\boldsymbol{w}_1\in W_1,\boldsymbol{w}_2\in W_2)$ 不唯一.

定义 2.7.2 设 $W_1,\cdots,W_t$ 是线性空间 V 的子空间，$W=W_1+\cdots+W_t$. 如果 W 中每个向量 $\boldsymbol{w}$ 的分解式

$$\boldsymbol{w}=\boldsymbol{w}_1+\cdots+\boldsymbol{w}_t,\quad \boldsymbol{w}_i\in W_i,\quad \forall 1\leqslant i\leqslant t$$

是唯一的，就称 W 为 $W_1,\cdots,W_t$ 的**直和**(direct sum)，记为 $W_1\oplus\cdots\oplus W_t$. □

不难发现，直和与线性无关有类似之处：

子空间 $W_1,\cdots,W_t$ 的和是直和：$\boldsymbol{w}\in W_1+\cdots+W_t$ 的分解式 $\boldsymbol{w}=\boldsymbol{w}_1+\cdots+$

$\boldsymbol{w}_t$ 中每个 $\boldsymbol{w}_i \in W_i$ 由 $\boldsymbol{w}$ 唯一决定.

向量组 $\boldsymbol{\alpha}_1,\cdots,\boldsymbol{\alpha}_t$ 线性无关：$\boldsymbol{\alpha}\in V(\boldsymbol{\alpha}_1,\cdots,\boldsymbol{\alpha}_t)$ 的分解式 $\boldsymbol{\alpha}=x_1\boldsymbol{\alpha}_1+\cdots+x_t\boldsymbol{\alpha}_t$ 中每个系数 $x_i\in F$ 由 $\boldsymbol{\alpha}$ 唯一决定.

我们知道，只要零向量分解为 $\boldsymbol{\alpha}_1,\cdots,\boldsymbol{\alpha}_t$ 的线性组合 $\mathbf{0}=x_1\boldsymbol{\alpha}_1+\cdots+x_t\boldsymbol{\alpha}_t$ 的系数 $x_1,\cdots,x_t$ 具有唯一性，只能都是0，就决定了向量组 $\boldsymbol{\alpha}_1,\cdots,\boldsymbol{\alpha}_t$ 线性无关，也就决定了 $V(\boldsymbol{\alpha}_1,\cdots,\boldsymbol{\alpha}_t)$ 中任何一个向量 $\boldsymbol{\alpha}$ 的分解式 $x_1\boldsymbol{\alpha}_1+\cdots+x_t\boldsymbol{\alpha}_t$ 中的系数 $x_1,\cdots,x_t$ 的唯一性.

类似地，可以猜想到：如果零向量的分解式 $\mathbf{0}=\boldsymbol{w}_1+\cdots+\boldsymbol{w}_t(\boldsymbol{w}_i\in W_i,1\leqslant i\leqslant t)$ 中的 $\boldsymbol{w}_1,\cdots,\boldsymbol{w}_t$ 具有唯一性，只能都是 $\mathbf{0}$，是否也能决定 $W_1+\cdots+W_t$ 中任何一个向量的分解式的唯一性，从而决定 $W_1,\cdots,W_t$ 的和是直和？

稍加研究，发现确实如此：

定理 2.7.4 $W_1+\cdots+W_t$ 是直和的充分必要条件是：

$$\boldsymbol{w}_1+\cdots+\boldsymbol{w}_t=\mathbf{0}(\boldsymbol{w}_i\in W_i,\forall 1\leqslant i\leqslant t)\Leftrightarrow \boldsymbol{w}_1=\cdots=\boldsymbol{w}_t=\mathbf{0} \qquad (2.7.8)$$

证明 显然，零向量可以分解为 $\mathbf{0}=\boldsymbol{u}_1+\cdots+\boldsymbol{u}_t$，其中每个 $\boldsymbol{u}_i=\mathbf{0}\in W_i$，$\forall 1\leqslant i\leqslant t$. 如果 $W_1+\cdots+W_t$ 是直和，则由零向量的分解式的唯一性知所说条件(2.7.8)成立. 必要性得证.

现在设(2.7.8)成立，求证 $W_1+\cdots+W_t$ 是直和. 设 $\boldsymbol{w}\in W_1+\cdots+W_t$ 有两个分解式

$$\boldsymbol{w}=\boldsymbol{w}_1+\cdots+\boldsymbol{w}_t,\quad \boldsymbol{w}=\boldsymbol{u}_1+\cdots+\boldsymbol{u}_t,\quad \text{其中 } \boldsymbol{w}_i,\boldsymbol{u}_i\in W_i,\quad \forall 1\leqslant i\leqslant t$$

将两个分解式相减得

$$\mathbf{0}=\boldsymbol{w}-\boldsymbol{w}=(\boldsymbol{w}_1-\boldsymbol{u}_1)+\cdots+(\boldsymbol{w}_t-\boldsymbol{u}_t) \qquad (2.7.9)$$

其中 $\boldsymbol{w}_i-\boldsymbol{u}_i\in W_i(\forall 1\leqslant i\leqslant t)$. 由于假定了条件(2.7.8)成立，(2.7.9)成立仅当 $\boldsymbol{w}_i-\boldsymbol{u}_i=\mathbf{0}$ 即 $\boldsymbol{w}_i=\boldsymbol{u}_i$ 对所有 $1\leqslant i\leqslant t$ 成立，这就证明了写法 $\boldsymbol{w}=\boldsymbol{w}_1+\cdots+\boldsymbol{w}_s$ 的唯一性，$W_1+\cdots+W_t$ 是直和. □

由例2中看出，两个子空间 W_1，W_2 的和是直和的必要条件是 $W_1\cap W_2=\mathbf{0}$. 我们证明这个条件也是充分的.

定理 2.7.5 $W_1+W_2=W_1\oplus W_2\Leftrightarrow W_1\cap W_2=\mathbf{0}$.

证明 先设 $W_1+W_2=W_1\oplus W_2$. 任取 $\boldsymbol{w}\in W_1\cap W_2$，则 $\mathbf{0}=\boldsymbol{w}+(-\boldsymbol{w})$ 且 $\boldsymbol{w}\in W_1$，$-\boldsymbol{w}\in W_2$. 由零向量分解的唯一性得 $\boldsymbol{w}=\mathbf{0}$，可见 $W_1\cap W_2=\mathbf{0}$.

再设 $W_1\cap W_2=\mathbf{0}$. 设 $\mathbf{0}=\boldsymbol{w}_1+\boldsymbol{w}_2(\boldsymbol{w}_1\in W_1,\boldsymbol{w}_2\in W_2)$，则 $\boldsymbol{w}_1=-\boldsymbol{w}_2\in W_1\cap W_2=\mathbf{0}$，从而 $\boldsymbol{w}_1=\boldsymbol{w}_2=\mathbf{0}$. 这说明了 W_1+W_2 是直和. □

由定理2.7.5和推论2.7.3立即得出：

推论 2.7.4 $W_1+W_2=W_1\oplus W_2\Leftrightarrow \dim(W_1+W_2)=\dim W_1+\dim W_2$. □

这个结论也适用于任意有限个子空间的和：

定理 2.7.6　设 $W_1,\cdots,W_t$ 是数域 F 上有限维向量空间 V 的子空间. 则

$$W_1+\cdots+W_t=W_1\oplus\cdots\oplus W_t \Leftrightarrow \dim(W_1+\cdots+W_t)=\dim W_1+\cdots+\dim W_t$$

各 W_i 的基 $M_i(1\leqslant i\leqslant t)$ 中的向量共同组成的集合就是 $W_1+\cdots+W_t$ 的一组基.

证明　取每个子空间 W_i 的一组基 $M_i=\{\boldsymbol{w}_{i1},\cdots,\boldsymbol{w}_{id_i}\}(1\leqslant i\leqslant t)$，其中 $d_i=\dim W_i$，则所有的 M_i 中的基向量组成的集合

$$M=\{\boldsymbol{w}_{ij}\mid 1\leqslant i\leqslant t,1\leqslant j\leqslant d_i\}$$

生成 $W=W_1+\cdots+W_t$. M 包含的向量个数 $d=d_1+\cdots+d_t=\dim W_1+\cdots+\dim W_t$.

$$\dim W=d=\dim W_1+\cdots+\dim W_t \Leftrightarrow M \text{ 线性无关，是 } W \text{ 的一组基.}$$

设

$$\sum_{i=1}^{t}\sum_{j=1}^{d_i}x_{ij}\boldsymbol{w}_{ij}=\boldsymbol{0} \tag{2.7.10}$$

其中所有的 $x_{ij}\in F$.对每个 $1\leqslant i\leqslant t$,记 $\boldsymbol{\beta}_i=\sum_{j=1}^{d_i}x_{ij}\boldsymbol{w}_{ij}\in W_i$,则(2.7.10)成为

$$\boldsymbol{\beta}_1+\cdots+\boldsymbol{\beta}_t=\boldsymbol{0} \tag{2.7.11}$$

先设 W 是 $W_1,\cdots,W_t$ 的直和. 则(2.7.11)成立仅当所有的 $\boldsymbol{\beta}_i=\boldsymbol{0}(1\leqslant i\leqslant t)$. 即 $\sum_{j=1}^{d_i}x_{ij}\boldsymbol{w}_{ij}=\boldsymbol{0}$，再由 $M_i=\{\boldsymbol{w}_{i1},\cdots,\boldsymbol{w}_{id_i}\}$ 线性无关知道所有的 $x_{ij}=0$. 这就证明了 M 线性无关，是 W 的基. 从而 $\dim W=d=\dim W_1+\cdots+\dim W_t$.

反过来，设 $\dim W=d$ 成立，则 M 线性无关. 如果有 $\boldsymbol{w}_i\in W_i(1\leqslant i\leqslant t)$ 使

$$\boldsymbol{w}_1+\cdots+\boldsymbol{w}_t=\boldsymbol{0} \tag{2.7.12}$$

将每个 $\boldsymbol{w}_i\in W_i$ 写成 M_i 的线性组合 $\boldsymbol{w}_i=\sum_{j=1}^{d_i}y_{ij}\boldsymbol{w}_{ij}$. (2.7.12)成为

$$\sum_{i=1}^{t}\sum_{j=1}^{d_i}y_{ij}\boldsymbol{w}_{ij}=\boldsymbol{0}$$

M 线性无关迫使所有的 $y_{ij}=0$ 从而所有的 $\boldsymbol{w}_i=\boldsymbol{0}$. 这证明了 $W=W_1+\cdots+W_t$ 是直和. □

由定理 2.7.6 和推论 2.7.3 得出：

推论 2.7.5　$W_1+\cdots+W_t$ 是直和$\Leftrightarrow(W_1+\cdots+W_i)\cap W_{i+1}=\boldsymbol{0}$ 对 $1\leqslant i\leqslant t-1$ 成立. □

定义 2.7.3　设 W 是 V 的子空间.如果 V 的子空间 U 满足条件 $W\oplus U=V$,就称 U 是 W 在 V 中的**补空间**(complement space). □

命题 2.7.7　设 W,U 是 V 的子空间. 则以下命题等价：

(1) U 是 W 在 V 中的补；

（2） $\dim W+\dim U=\dim V$ 且 $W\cap U=\mathbf{0}$；

（3） W 的基与 U 的基是不交并，且并集是 V 的基. □

由此得到构造补空间的方法：将 W 的任何一组基 $M_1=\{\boldsymbol{\alpha}_1,\cdots,\boldsymbol{\alpha}_r\}$ 扩充为 V 的一组基 $M=\{\boldsymbol{\alpha}_1,\cdots,\boldsymbol{\alpha}_r,\boldsymbol{\alpha}_{r+1},\cdots,\boldsymbol{\alpha}_n\}$，则所添加的向量 $\boldsymbol{\alpha}_{r+1},\cdots,\boldsymbol{\alpha}_n$ 生成的子空间 U 就是 W 在 V 中的一个补空间.

将补空间 U 的每个基向量 $\boldsymbol{\alpha}_i(r+1\leqslant i\leqslant n)$ 加上 W 中的任意向量 $\boldsymbol{w}_i$，得到的一组向量 $\boldsymbol{\alpha}_i+\boldsymbol{w}_i(r+1\leqslant i\leqslant n)$ 生成的子空间 U_1 仍是 W 的补空间，且当 $W\neq V$ 时可以至少选择一个 $\boldsymbol{w}_i\neq\mathbf{0}$，此时 $U\neq U_1$. 这说明：当 $W\neq V$ 时，W 在 V 中的补空间不唯一.

注：设 $V_1,\cdots,V_t$ 是同一数域 F 上的线性空间，（不一定是同一个线性空间的子空间）. 我们可以利用 $V_1,\cdots,V_t$ 构造一个新的集合

$$V=\{(\boldsymbol{v}_1,\cdots,\boldsymbol{v}_t)\mid \boldsymbol{v}_i\in V_i,\forall 1\leqslant i\leqslant t\}.$$

称为 $V_1,\cdots,V_t$ 的**笛卡儿积**(Cartesian product)(就好像 Descartes 利用实数作为坐标构造实数组一样.)在 V 中可以定义加法和数乘运算：

$$(\boldsymbol{u}_1,\cdots,\boldsymbol{u}_t)+(\boldsymbol{v}_1,\cdots,\boldsymbol{v}_t)=(\boldsymbol{u}_1+\boldsymbol{v}_1,\cdots,\boldsymbol{u}_t+\boldsymbol{v}_t);$$

$$a(\boldsymbol{v}_1,\cdots,\boldsymbol{v}_t)=(a\boldsymbol{v}_1,\cdots,a\boldsymbol{v}_t).$$

这样 V 就成为 F 上的线性空间，称为 $V_1,\cdots,V_t$ 的直和. 对每个 $1\leqslant i\leqslant t$，将每个 $\boldsymbol{v}\in V_i$ 对应于 $\sigma_i(\boldsymbol{v})=(\mathbf{0}_1,\cdots,\mathbf{0}_{i-1},\boldsymbol{v},\mathbf{0}_{i+1},\cdots,\mathbf{0}_t)\in V$，其中 $\mathbf{0}_j$ 是 W_j 的零向量. 则集合 $\sigma_i(V_i)=\{\sigma_i(\boldsymbol{v})\mid\boldsymbol{v}\in V_i\}$ 是 V 的一个子空间，$\sigma_i:V_i\mapsto\sigma_i(V_i)$ 是同构映射. 则 V 是子空间 $\sigma_i(V_i)(1\leqslant i\leqslant t)$ 的直和.

习 题 2.7

1. 给定 F^4 的子空间 W_1 的基 $\{\boldsymbol{\alpha}_1,\boldsymbol{\alpha}_2\}$ 和子空间 W_2 的基 $\{\boldsymbol{\beta}_1,\boldsymbol{\beta}_2\}$，其中

$$\begin{cases}\boldsymbol{\alpha}_1=(1,1,0,0),\\ \boldsymbol{\alpha}_2=(0,1,1,0),\end{cases}\quad\begin{cases}\boldsymbol{\beta}_1=(1,2,3,4)\\ \boldsymbol{\beta}_2=(0,1,2,2)\end{cases}$$

分别求 W_1+W_2，$W_1\cap W_2$ 的维数并各求出一组基.

2. 设 W_1，W_2 分别是数域 F 上的线性方程组

$$\begin{cases}x_1+x_2+x_3=0\\ x_2+2x_3+x_4=0\end{cases}\quad 与\quad\begin{cases}x_1+2x_2+4x_3+2x_4=0\\ x_2+4x_3+3x_4=0\end{cases}$$

的解空间. 分别求 W_1+W_2 及 $W_1\cap W_2$ 的维数并各求出一组基.

3. 设 W_1，W_2 分别是数域 F 上齐次线性方程组 $x_1+x_2+\cdots+x_n=0$ 与 $x_1=x_2=\cdots=x_n$ 的解空间. 求证：$F^n=W_1\oplus W_2$.

4. 举出满足下面条件的例子：子空间 $W_1,\cdots,W_t$ 的两两的交是 $\mathbf{0}$，但 $W_1+\cdots+W_t$ 不是直和.

5. 设 $F[x]$ 是以数域 F 为系数范围、x 为字母的全体一元多项式 $f(x)$ 组成的 F 上的线

性空间. 求证：

(1) $S=\{f(x)\in F[x]\mid f(-x)=f(x)\}$ 和 $K=\{f(x)\mid f(-x)=-f(x)\}$ 都是 $F[x]$ 的子空间.

(2) $F[x]=S\oplus K$.

§ 2.8　更多的例子

例 1　已知平面 $\pi_1: x+y+z=0$，$\pi_2: 2x+y+5z=0$ 相交于一条直线 l. 过 l 及点 $A(2,5,1)$ 作平面 π，求 π 的方程.

解　易验证平面 π_1 不过点 A. 对任意实数 λ，

$$\lambda(x+y+z)+(2x+y+5z)=0 \tag{2.8.1}$$

是 3 元一次方程，它的图像是平面. 显然，方程 $x+y+z=0$ 与 $2x+y+5z=0$ 的公共解是方程(2.8.1)的解. 因此，方程(2.8.1)所表示的平面 π 一定经过平面 π_1，π_2 的交线. 只须适当选择 λ 的值使 π 经过点 $A(2,5,1)$. 为此，将 $x=2$，$y=5$，$z=1$ 代入方程(2.8.1)得

$$8\lambda+14=0\Leftrightarrow\lambda=-\frac{7}{4}$$

将 $\lambda=-\dfrac{7}{4}$ 代入方程(2.8.1)得　$\dfrac{1}{4}x-\dfrac{3}{4}y+\dfrac{13}{4}z=0$，即

$$x-3y+13z=0$$

此方程的图像是过 l 及点 A 的平面，而满足此条件的平面是唯一的. 因此这就是所求的方程. □

一般地，设平面 $\pi_1: A_1x+B_1y+C_1z+D_1=0$ 与 $\pi_2: A_2x+B_2y+C_2z+D_2=0$ 有公共点，因而交于一条直线 l. 则 π_1，π_2 的方程的非零线性组合

$$\lambda_1(A_1x+B_1y+C_1z+D_1)+\lambda_2(A_2x+B_2y+C_2z+D_2)=0\quad((\lambda_1,\lambda_2)\neq(0,0))$$

的全体组成的集合就是过 l 的平面的方程的全体的集合.

例 2　求方程 $\sqrt{x^2+x+1}+\sqrt{2x^2+x+5}=\sqrt{x^2-3x+13}$ 的实数解.

解　令 $u=\sqrt{x^2+x+1}$，$v=\sqrt{2x^2+x+5}$，$w=\sqrt{x^2-3x+13}$，则原方程成为

$$u+v=w \tag{2.8.2}$$

设法求常数 λ_1，λ_2 使　$\lambda_1(x^2+x+1)+\lambda_2(2x^2+x+5)=x^2-3x+13$

即

$$\lambda_1(1,1,1)+\lambda_2(2,1,5)=(1,-3,13)$$

解方程组 $\begin{cases}\lambda_1+2\lambda_2=1\\ \lambda_1+\lambda_2=-3\\ \lambda_1+5\lambda_2=13\end{cases}$　得　$\begin{cases}\lambda_1=-7,\\ \lambda_2=4.\end{cases}$　因而

$$-7(x^2+x+1)+4(2x^2+x+5)=x^2-3x+13$$

即
$$-7u^2+4v^2=w^2 \tag{2.8.3}$$

将(2.8.2)代入(2.8.3)得　$-7u^2+4v^2=(u+v)^2$

整理得　$3v^2-2uv-8u^2=0$

左边因式分解得

$$(v-2u)(3v+4u)=0 \tag{2.8.4}$$

易见当 x 为实数时，x^2+x+1，$2x^2+x+5$ 都是正实数，而 u,v 分别是它们的算术平方根，恒为正，因此 $3v+4u>0$，只能 $v-2u=0$，即 $v=2u$，即

$$\sqrt{2x^2+x+5}=2\sqrt{x^2+x+1}$$

两边平方，整理得

$$2x^2+3x-1=0 \Leftrightarrow x=\frac{-3\pm\sqrt{3^2+8}}{4}=\frac{-3\pm\sqrt{17}}{4}$$

经检验，$x=\dfrac{-3\pm\sqrt{17}}{4}$确实是原方程的解，因此就是原方程的全部实数解. □

例 2 解答的关键是多项式 x^2+x+1，$2x^2+x+5$，$x^2-3x+13$ 线性相关，利用了它们之间的线性关系式求得了方程的解.

例 3(Fibonacci 数列)　数列 $F_1,F_2,\cdots,F_n,\cdots$满足条件

$$F_1=F_2=1;F_n=F_{n-1}+F_{n-2}(\text{对所有的正整数 } n\geqslant 3)$$

求这个数列的通项公式.(这个数列称为 Fibonacci 数列.)

解　对任一固定的正整数 $n\geqslant 3$，将任一 n 项数列 $\boldsymbol{\alpha}=(a_1,a_2,\cdots,a_n)$看作复数域 $\mathbf{C}$ 上 n 维数组空间 $\mathbf{C}^n$ 中的向量. 记 V 为 $\mathbf{C}^n$ 中满足递推关系

$$a_i=a_{i-1}+a_{i-2}\quad(\forall 3\leqslant i\leqslant n)$$

的向量$(a_1,a_2,\cdots,a_n)$的全体所组成的子集，则 Fibonacci 数列的前 n 项组成的向量 $\boldsymbol{\varphi}=(F_1,F_2,\cdots,F_n)$含于 V.

易验证 V 对向量的加法以及向量与复数的乘法两种运算封闭，是 $\mathbf{C}^n$ 的子空间. 并且，V 中每个 $\boldsymbol{\alpha}=(a_1,a_2,\cdots,a_n)$由前两项 a_1，a_2 决定，可以记为$\boldsymbol{\alpha}=f(a_1,a_2)$. 特别 Fibonacci 数列 $\boldsymbol{\varphi}=f(1,1)$.

映射

$$f:\mathbf{C}^2\to V,(a_1,a_2)\mapsto f(a_1,a_2)$$

是复线性空间之间的同构映射. 由 $\dim \mathbf{C}^2=2$ 知道 $\dim V=2$. 只要找到 $\mathbf{C}^2$ 的任意一组基$\{X_1,X_2\}$，则$\{f(X_1),f(X_2)\}$是 V 的一组基.

考虑 V 中包含哪些首项为 1 的 n 项等比数列 $\boldsymbol{\beta}=(1,q,q^2,\cdots,q^{n-1})$. $\boldsymbol{\beta}\in V$ 的充分必要条件是

$$a_i=a_{i-1}+a_{i-2}\quad \text{即}\quad q^{i-1}=q^{i-2}+q^{i-3},\quad \forall\, 3\leqslant i\leqslant n$$

也就是 $q^2=q+1$，即 $q^2-q-1=0$，解之得 $q=\dfrac{1\pm\sqrt{5}}{2}$.

记 $q_1=\dfrac{1-\sqrt{5}}{2}$，$q_2=\dfrac{1+\sqrt{5}}{2}$，则 $f(1,q_1)$，$f(1,q_2)$ 是 V 中所含的两个等比数列. 由于 $q_1\neq q_2$，$(1,q_1)$，$(1,q_2)$ 组成 $\mathbf{C}^2$ 的一组基，$f(1,q_1)$，$f(1,q_2)$ 组成 V 的一组基.

我们来求 Fibonacci 数列 $\varphi=f(1,1)$ 在这组基下的坐标 (x,y)，即求 x，y 使

$$f(1,1)=xf(1,q_1)+yf(1,q_2)=f(x+y,q_1x+q_2y),$$

$$\text{即}\begin{cases}x+y=1,\\ q_1x+q_2y=1,\end{cases}\quad \text{解之得}\begin{cases}x=\dfrac{q_2-1}{q_2-q_1}\\ y=\dfrac{1-q_1}{q_2-q_1}\end{cases}$$

从而

$$F_n=xq_1^{n-1}+yq_2^{n-1}=\frac{q_1^{n-1}(q_2-1)+q_2^{n-1}(1-q_1)}{q_2-q_1}$$

由于 $q_1+q_2=1$，$q_2-1=-q_1$，$1-q_1=q_2$，又 $q_2-q_1=\sqrt{5}$. 因此

$$F_n=\frac{q_2^n-q_1^n}{q_2-q_1}=\frac{\left(\dfrac{1+\sqrt{5}}{2}\right)^n-\left(\dfrac{1-\sqrt{5}}{2}\right)^n}{\sqrt{5}}.\qquad\square$$

一般地，对任意复数 b，c，满足条件 $a_n=ba_{n-1}+ca_{n-2}(n\geqslant 3)$ 的数列 $\{a_n\}$ 组成复数域 $\mathbf{C}$ 上的线性空间 V. V 中每个 $\{a_n\}$ 由前两项 a_1，a_2 决定，可以记为 $f(a_1,a_2)$. $f:\mathbf{C}^2\to V$ 是复数域 $\mathbf{C}$ 上线性空间的同构映射，因此 $\dim V=\dim \mathbf{C}^2=2$.

公比为 q 的等比数列含于 $V\Leftrightarrow q^2-bq-c=0$.

如果方程 $q^2-bq-c=0$ 有两个不相等的复数根 q_1，q_2，则 $f(1,q_1)$，$f(1,q_2)$ 组成 V 的一组基. 可以采用例 3 的方法，通过解方程组

$$\begin{cases}x+y=a_1\\ q_1x+q_2y=a_2\end{cases}$$

求出 $f(a_1,a_2)$ 在基 $\{f(1,q_1),f(1,q_2)\}$ 下的坐标 (x,y)，从而求得 $\{a_n\}=f(a_1,a_2)$ 的通项公式

$$a_n=xq_1^{n-1}+yq_2^{n-1}$$

例 4 设 $x_1,\cdots,x_n$ 是 n 个不同的复数，$y_1,\cdots,y_n$ 是任意 n 个复数. 求证：存在唯一一个次数低于 n 的多项式 $f(x)=a_0+a_1x+a_2x^2+\cdots+a_{n-1}x^{n-1}$ 使 $f(x_i)=y_i$ 对 $1\leqslant i\leqslant n$ 成立. 并求出这个 $f(x)$.

解 将次数低于 n 的复系数多项式的全体组成的集合记为 V. 则 V 中任意两个多项式 f_1, f_2 之和仍在 V 中，且 V 中任意 f 的任意复数倍 $\lambda f\in V$. 并且，多项式的加法和数乘满足 8 条运算律. 因此 V 是复数域上线性空间. 显然 $\{1, x, x^2, \cdots, x^{n-1}\}$ 是 V 的一组基，因此 $\dim V=n$.

对每个 $f\in V$，记 $\sigma f=(f(x_1),\cdots,f(x_n))\in \mathbf{C}^n$. 则 σ 是 V 到 $\mathbf{C}^n$ 的映射. 显然，

$$\sigma(f+f_1)=\sigma(f)+\sigma(f_1),\ 且\ \sigma(\lambda f)=\lambda\sigma(f)\quad(\forall f,f_1\in V,\lambda\in\mathbf{C})\tag{2.8.5}$$

所求的是满足条件 $\sigma f=(y_1,\cdots,y_n)$ 的 $f\in V$.

对每个 $1\leqslant i\leqslant n$，记 $\boldsymbol{e}_i\in F^n$ 是第 i 分量为 1 其余分量为 0 的 n 维数组向量. 则 $E=\{\boldsymbol{e}_1,\cdots,\boldsymbol{e}_n\}$ 是 $\mathbf{C}^n$ 的自然基. 如果能对每个 i 找到一个 $g_i\in V$ 使 $\sigma g_i=\boldsymbol{e}_i$. 则对任意复数 $y_1,\cdots,y_n$ 有

$$\begin{aligned}\sigma(y_1g_1+\cdots+y_ng_n)&=y_1\sigma(g_1)+\cdots+y_n\sigma(g_n)=y_1\boldsymbol{e}_1+\cdots+y_n\boldsymbol{e}_n\\&=(y_1,\cdots,y_n)g=y_1g_1+\cdots+y_n g_n\end{aligned}$$

符合要求.

现在需要对每个 $1\leqslant i\leqslant n$，寻找 g_i 使 $\sigma g_i=\boldsymbol{e}_i$，即 $g_i(x_j)=\begin{cases}0, & 当 j\neq i,\\ 1, & 当 j=i.\end{cases}$

$x_j\ (j\neq i)$ 都是 $g_i(x)$ 的根，因此可取

$$g_i(x)=\lambda_i\prod_{1\leqslant j\leqslant n,j\neq i}(x-x_j)$$

λ_i 是待定常数. 再由

$$g_i(x_i)=\lambda_i\prod_{1\leqslant i\leqslant n,j\neq i}(x_i-x_j)=1$$

求得

$$\lambda_i=\frac{1}{\prod\limits_{1\leqslant i\leqslant n,j\neq i}(x_i-x_j)},\ 从而\ g_i(x)=\prod_{1\leqslant i\leqslant n,j\neq i}\frac{x-x_j}{x_i-x_j}$$

于是

$$g(x)=\sum_{i=1}^n y_ig_i=\sum_{i=1}^n y_i\left(\prod_{1\leqslant i\leqslant n,j\neq i}\frac{x-x_j}{x_i-x_j}\right)\tag{2.8.6}$$

是满足条件的多项式.

假设还有 $f(x)\in V$ 满足所说条件 $\sigma f=(y_1,\cdots,y_n)$. 则

$$\sigma(f-g)=\sigma f-\sigma g=(y_1,\cdots,y_n)-(y_1,\cdots,y_n)=(0,\cdots,0)$$

记 $f_0=f-g\in V$，则 $f_0(x_i)=0$ 对所有的 $1\leqslant i\leqslant n$ 成立，$x_1,\cdots,x_n$ 是方程 $f_0(x)=0$ 的 n 个不同的根. 如果 $f_0\neq 0$，设 f_0 是 m 次多项式. 则 $0\leqslant m\leqslant n-1$，一元 m 次方程 $f_0(x)=0$ 至多有 m 个不同的根，不可能有 n 个不同的根. 矛盾. 这说明只能 $f_0=0, f=g$，满足条件的低于 n 次的多项式只有唯一的一

个，就是(2.8.6)中的 g.　□

表达式(2.8.6)称为 Lagrange 插值公式.

一般地，对任意数域 F，将系数在 F 中、以 x 为字母的、次数低于 n 的多项式的全体所组成的集合记为 $F_n[x]$. 按例 4 所说，对 F 中 n 个不同的数 $x_1,\cdots,x_n$ 定义映射

$$\sigma:F_n[x]\to F^n,\ f\mapsto(f(x_1),\cdots,f(x_n)).$$

则 σ 是同构映射. Lagrange 插值公式说的就是：

$$\sigma^{-1}:F^n\to F_n[x],\ (y_1,\cdots,y_n)\mapsto\sum_{i=1}^{n}y_i\left(\prod_{1\leqslant i\leqslant n,j\neq i}\frac{x-x_j}{x_i-x_j}\right)$$

例 5(中国剩余定理)　对任意非负整数 $y_1<3$，$y_2<5$，$y_3<7$，求证：存在最小的非负整数使它除以 3，5，7 的余数分别是 y_1，y_2，y_3.

解　对每个整数 x，设 x 除以 3,5,7 的余数分别是 r_1,r_2,r_3，则记 $\sigma(x)=(r_1,r_2,r_3)$. 如果能分别找到整数 x_1,x_2,x_3 使

$$\sigma(x_1)=(1,0,0),\ \sigma(x_2)=(0,1,0),\ \sigma(x_3)=(0,0,1)\qquad(2.8.7)$$

则

$$\sigma(y_1x_1+y_2x_2+y_3x_3)=y_1(1,0,0)+y_2(0,1,0)+y_3(0,0,1)=(y_1,y_2,y_3)$$

取 $x=y_1x_1+y_2x_2+y_3x_3$，则 x 除以 3,5,7 的余数分别是 y_1,y_2,y_3.3,5,7 的最小公倍数是 105. 将 x 除以 105 求余数 $r=x-105q$，其中 q 是整数且$0\leqslant r<105$，则 r 是满足条件的最小非负整数.

以下求满足条件(2.8.7)的非负整数 x_1,x_2,x_3.

由 $\sigma(x_1)=(1,0,0)$ 知 x_1 除以 5,7 的余数都是 0，x_1 是 5，7 的公倍数，$x_1=35k$，k 为整数. 依次试验 $k=1,2,\cdots$使 $35k$ 除以 3 余 1. 发现 $k=2$ 时的$x_1=70$ 符合要求.

类似地，$\sigma(x_2)=(0,1,0)$意味着 x_2 是 3，7 的公倍数，$x_2=21k$，$k=1$ 时的 $x_2=21$ 除以 5 余 1. $\sigma(x_3)=(0,0,1)$意味着 x_3 是 3，5 的公倍数，$x_3=15k$，$k=1$ 时的 $x_3=15$ 除以 7 余 1.

于是，$x=70y_1+21y_2+15y_3$ 除以 105 所得的余数 r 是满足条件的最小非负整数.　□

虽然例 5 中的 x 与(y_1,y_2,y_3)都不组成数域上的线性空间，σ 也不是向量空间的同构，但例 5 的主要思路明显地与例 4 有共同之处.

例 6(幻方)　试将正整数 $1,2,\cdots,25$ 填入 5×5 的方格中，使每行、每列、每条对角线上的 5 个数之和都取同一个值.

解　将 0，1，2，3，4 重复 5 次填入表中，使每行、每列、每条对角线上的 5 个数之和都取同一个值. 得到如下两张表：

$A=$

0	1	2	3	4
3	4	0	1	2
1	2	3	4	0
4	0	1	2	3
2	3	4	0	1

$B=$

0	1	2	3	4
2	3	4	0	1
4	0	1	2	3
1	2	3	4	0
3	4	0	1	2

两张表中，每行、每列、每条对角线上的 5 个数都是 0，1，2，3，4 的一个排列，其和当然取同一个值 $0+1+2+3+4$. 而且，在第一表中取值相同的 5 个位置，在第二张表填的都是 5 个不同的数. 将第一张表所有的数同乘以 5，再与第二张表中同一位置的数相加，得到的表 $C=5A+B$ 的每行、每列、每条对角线上的 5 个数之和仍都取同一个值. 且 C 的各个位置的整数两两不同，取遍从 0 到 24 的 25 个不同的整数. 再将表 C 中所有位置的整数同时加 1，得到的表 D 的每行、每列、每条对角线上的 5 个数之和仍都取同一个值，而表中出现的整数是从 1 到 25 的 25 个不同整数.

$C=5A+B=$

0	6	12	18	24
17	23	4	5	11
9	10	16	22	3
21	2	8	14	15
13	19	20	1	7

$D=C+H=$

1	7	13	19	25
18	24	5	6	12
10	11	17	23	4
22	3	9	15	16
14	20	21	2	8

(其中 H 是所有元全为 1 的表). □

例 6 的主要思路是:

将满足条件“每行、每列、每条对角线上的 5 个数之和取同一个值”的所有的 5×5 方格表(实际上是 5×5 矩阵)

$$\boldsymbol{X}=(x_{ij})_{5\times5}=\begin{pmatrix} x_{11} & \cdots & x_{15} \\ \vdots & & \vdots \\ x_{51} & \cdots & x_{55} \end{pmatrix}$$

的全体组成的集合记作 V. 对任意两个 5×5 矩阵 $\boldsymbol{X}=(x_{ij})_{5\times5}$ 和 $\boldsymbol{Y}=(y_{ij})_{5\times5}$，可以将它们同一个位置的两个元相加，得到一个 5×5 矩阵 $\boldsymbol{X}+\boldsymbol{Y}=(x_{ij}+y_{ij})_{5\times5}$，还可以将 $\boldsymbol{X}$ 与任一数 λ 相乘得到一个 5×5 矩阵 $\lambda\boldsymbol{X}=(\lambda x_{ij})_{5\times5}$. 易见 $\boldsymbol{X}, \boldsymbol{Y}\in V\Rightarrow \boldsymbol{X}+\boldsymbol{Y}\in V$, $\lambda\boldsymbol{X}\in V(\forall\lambda\in F)$. 因此 V 是 F 上的一个线性空间.

例 2 中实际上是将 0 到 24 的每个整数 a 用它除以 5 的商 q 和余数 r 来代表：$a=5q+r$，其中 $0\leqslant q$，$r<5$. 将 0，1，2，3，4 重复 5 次构造 V 中的两个表 A，B，以 A，B 中的数分别作为 q，r，得到由 0 到 24 的整数组成的 $C=5A+B$. 再加上 V 中全由 1 组成的表 H 就得到由 1 到 25 的整数组成的幻方.

用类似的方法可以构造 n 等于其他值的 n 阶幻方. 例如，3 阶和 4 阶幻方：

$A=$

1	2	0
0	1	2
2	0	1

$B=$

0	2	1
2	1	0
1	0	2

$3A+B+H=$

4	9	2
3	5	7
8	1	6

$A=$

0	1	2	3
3	2	1	0
3	2	1	0
0	1	2	3

$B=$

0	3	3	0
1	2	2	1
2	1	1	2
3	0	0	3

$4A+B+H=$

1	8	12	13
14	11	7	2
15	10	6	3
4	5	9	16

习　题　2.8

1. 在平面上建立了直角坐标系，A，B 是两圆 $x^2+y^2-x+2y-10=0$ 及 $x^2+y^2+3x-4y-1=0$ 的交点. 求过 A，B 及 $C(2,0)$ 的圆的方程.

2. 数列 $\{a_n\}$ 满足条件 $a_n=5a_{n-1}-6a_{n-2}$，$\forall n\geqslant 3$. 且 $a_1=a_2=1$. 求通项公式.

3. 求多项式 $f(x)$ 使 $f(1)=1$，$f(2)=2$，$f(3)=4$. 这样的多项式 $f(x)$ 是否可能是整系数多项式？

4. 设 $f_1=(x-1)(x-2)(x-3)$，$f_2=x(x-2)(x-3)$，$f_3=x(x-1)(x-3)$，$f_4=x(x-1)(x-2)$. 试将 1，x，x^2，x^3 分别表示为 f_1，f_2，f_3，f_4 的线性组合.

5. (1) 对任意奇数 $n\geqslant 3$，说明可以仿照 § 2.8 中设计 3 阶幻方的方法，作出一个 n 阶幻方.

(2) 按照下面的步骤，利用 4 阶幻方 X_4 构造 8 阶幻方 X_8：

$X_4=$

1	8	12	13
14	11	7	2
15	10	6	3
4	5	9	16

$\Rightarrow\ A_8=$

1	1	8	8	12	12	13	13
1	1	8	8	12	12	13	13
14	14	11	11	7	7	2	2
14	14	11	11	7	7	2	2
15	15	10	10	6	6	3	3
15	15	10	10	6	6	3	3
4	4	5	5	9	9	16	16
4	4	5	5	9	9	16	16

$B_4=$

0	1	2	3
3	2	1	0
3	2	1	0
0	1	2	3

$\Rightarrow\ B_8=$

B_4	B_4
B_4	B_4

$=$

0	1	2	3	0	1	2	3
3	2	1	0	3	2	1	0
3	2	1	0	3	2	1	0
0	1	2	3	0	1	2	3
0	1	2	3	0	1	2	3
3	2	1	0	3	2	1	0
3	2	1	0	3	2	1	0
0	1	2	3	0	1	2	3

$X_8=A_8+16B_8$

（3）按照下面的步骤，利用3阶幻方 X_3 构造6阶幻方 X_6：

$$X_3=\begin{array}{|c|c|c|}\hline 4&9&2\\\hline 3&5&7\\\hline 8&1&6\\\hline\end{array}\Rightarrow A_6=\begin{array}{|cc|cc|cc|}\hline 4&4&9&9&2&2\\4&4&9&9&2&2\\\hline 3&3&5&5&7&7\\3&3&5&5&7&7\\\hline 8&8&1&1&6&6\\8&8&1&1&6&6\\\hline\end{array}$$

设计一个由2阶块组成的6阶方阵，使它的各行、各列、两条对角线上6个数之和都等于同一个值6，且每个2阶块由0，1，2，3组成：

$$B_6=\begin{array}{|cc|cc|cc|}\hline 0&1&2&3&3&0\\3&2&1&0&2&1\\\hline 0&3&0&1&2&3\\1&2&2&3&1&0\\\hline 2&1&3&0&1&2\\3&0&1&2&0&3\\\hline\end{array}$$

将 B_6 的9倍与 A_6 相加，就得到一个满足条件的6阶幻方 $X_6=A_6+9B_6$.

（4）一般地，对任意 $m\geqslant 3$，如果已经构造出了 m 阶幻方 X_m，可以仿照以上(2)，(3)的方法由 X_m 构造 $2m$ 阶幻方：

将 X_m 中的每一个数 x_{ij} 换成由 x_{ij} 重复4次排成的 2×2 方格表得到 $2m\times2m$ 表

$$A_{2m}=\begin{array}{|cc|c|cc|}\hline x_{11}&x_{11}&\cdots&x_{1m}&x_{1m}\\x_{11}&x_{11}&&x_{1m}&x_{1m}\\\hline &\vdots&\ddots&\vdots&\\\hline x_{m1}&x_{m1}&\cdots&x_{mm}&x_{mm}\\x_{m1}&x_{m1}&&x_{mm}&x_{mm}\\\hline\end{array},$$

设计由 2×2 方格表 $B_{ij}(1\leqslant i,j\leqslant m)$ 组成的 $2m\times2m$ 方格表

$$B_{2m}=\begin{array}{|c|c|c|}\hline B_{11}&\cdots&B_{1m}\\\hline \vdots&\ddots&\vdots\\\hline B_{m1}&\cdots&B_{mm}\\\hline\end{array}$$

使其中每个 2×2 小方格 B_{ij} 由0，1，2，3四个数字排列而成，且 B_{2m} 的每行、每列、每条对角线上各个数之和等于同一个值. 则 $X_{2m}=m^2B_{2m}+A_{2m}$ 是一个 $2m$ 阶幻方.

由 m 阶幻方($m=4$ 或 m 为奇数)出发，不断重复这个过程就能对任意正整数 k 得到 2^km 阶幻方. 这样就能对任意的 $n\geqslant3$ 得到 n 阶幻方.

试利用(2)，(3)的结果，对任意的 m 构造满足要求的 B_{2m}.

试分别构造12阶幻方和14阶幻方.

第3章 行 列 式

我们知道，线性方程组

$$\begin{cases} a_{11}x_1+a_{12}x_2+\cdots+a_{1n}x_n=b_1 \\ a_{21}x_1+a_{22}x_2+\cdots+a_{2n}x_n=b_2 \\ \cdots\cdots\cdots\cdots \\ a_{m1}x_1+a_{m2}x_2+\cdots+a_{mn}x_n=b_m \end{cases} \tag{Ⅰ}$$

可以写成向量等式的形式

$$x_1\boldsymbol{\alpha}_1+x_2\boldsymbol{\alpha}_2+\cdots+x_n\boldsymbol{\alpha}_n=\boldsymbol{\beta}, \tag{Ⅱ}$$

其中

$$\boldsymbol{\alpha}_1=\begin{pmatrix} a_{11} \\ a_{21} \\ \vdots \\ a_{m1} \end{pmatrix},\ \boldsymbol{\alpha}_2=\begin{pmatrix} a_{12} \\ a_{22} \\ \vdots \\ a_{m2} \end{pmatrix},\ \cdots,\ \boldsymbol{\alpha}_n=\begin{pmatrix} a_{1n} \\ a_{2n} \\ \vdots \\ a_{mn} \end{pmatrix},\ \boldsymbol{\beta}=\begin{pmatrix} b_1 \\ b_2 \\ \vdots \\ b_m \end{pmatrix}$$

都是 F 上的 m 维列向量. 等式(Ⅱ)的几何意义是：已知 F 上的 m 维向量 $\boldsymbol{\alpha}_1,\boldsymbol{\alpha}_2,\cdots,\boldsymbol{\alpha}_n,\boldsymbol{\beta}$，要将 $\boldsymbol{\beta}$ 写成 $\boldsymbol{\alpha}_1,\boldsymbol{\alpha}_2,\cdots,\boldsymbol{\alpha}_n$ 的线性组合的形式，求线性组合的系数 $x_1,x_2,\cdots,x_n$.

一类重要的特别情形是：$m=n$，且 $\boldsymbol{\alpha}_1,\boldsymbol{\alpha}_2,\cdots,\boldsymbol{\alpha}_n$ 组成 n 维列向量空间 $F^{n\times 1}$ 的一组基. 此时 $F^{n\times 1}$ 中每一个向量 $\boldsymbol{\beta}$ 都能够唯一地写成 $\boldsymbol{\alpha}_1,\boldsymbol{\alpha}_2,\cdots,\boldsymbol{\alpha}_n$ 的线性组合. 也就是说方程组(Ⅰ)对常数项 $b_1,\cdots,b_n$ 的任意一组值都有唯一解.

我们希望知道：当 $\boldsymbol{\alpha}_1,\boldsymbol{\alpha}_2,\cdots,\boldsymbol{\alpha}_n$ 的坐标 $a_{ij}(1\leqslant i,j\leqslant n)$满足什么样的条件时，它们构成空间 $F^{n\times 1}$ 的一组基，从而方程组(Ⅰ)对于任意 $b_1,b_2,\cdots,b_n$ 都有唯一解？并且希望在这样的情况下得出求这组唯一解的“求根公式”，也就是由方程组(Ⅰ)的系数 a_{ij}，$b_i(1\leqslant i,j\leqslant n)$求出唯一解$(x_1,x_2,\cdots,x_n)$的表达式.

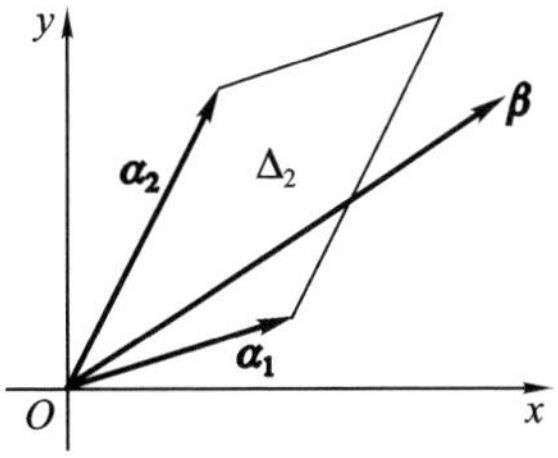

图 3-1

当 $n=2$ 时，可以在 2 维空间中计算以 $\boldsymbol{\alpha}_1,\boldsymbol{\alpha}_2$ 为一组邻边的平行四边形的面积 Δ_2. $\{\boldsymbol{\alpha}_1,\boldsymbol{\alpha}_2\}$是基$\Leftrightarrow$面积 $\Delta_2\neq 0$，如图 3-1.

当 $n=3$ 时，可以在 3 维空间中计算以 $\boldsymbol{\alpha}_1,\boldsymbol{\alpha}_2,\boldsymbol{\alpha}_3$ 为棱的平行六面体的体积 Δ_3. $\{\boldsymbol{\alpha}_1,\boldsymbol{\alpha}_2,\boldsymbol{\alpha}_3\}$是基$\Leftrightarrow$体积 $\Delta_3\neq 0$.

对一般的正整数 n，我们也希望在 n 维空间中计算以 $\boldsymbol{\alpha}_1,\cdots,\boldsymbol{\alpha}_n$ 为“棱”

的“n维立体”的“n维体积”Δ_n，使得：$\{\boldsymbol{\alpha}_1,\cdots,\boldsymbol{\alpha}_n\}$是基$\Leftrightarrow\Delta_n\neq0$.

这样的“n维体积”Δ_n就是行列式.

§ 3.0 平行四边形面积的推广

1. 二元一次方程组的求解公式

例1 实系数二元一次方程组

$$\begin{cases}a_1x+b_1y=c_1\\a_2x+b_2y=c_2\end{cases}\tag{3.0.1}$$

何时有唯一解？当它有唯一解时求出它的解来.

解 将方程组(3.0.1)写成向量形式：

$$x\begin{pmatrix}a_1\\a_2\end{pmatrix}+y\begin{pmatrix}b_1\\b_2\end{pmatrix}=\begin{pmatrix}c_1\\c_2\end{pmatrix}\tag{3.0.2}$$

在平面直角坐标系中取点$A(a_1,a_2)$，$B(b_1,b_2)$，$C(c_1,c_2)$. 则向量$\overrightarrow{OA}$，$\overrightarrow{OB}$，$\overrightarrow{OC}$的坐标就分别是$\begin{pmatrix}a_1\\a_2\end{pmatrix}$，$\begin{pmatrix}b_1\\b_2\end{pmatrix}$，$\begin{pmatrix}c_1\\c_2\end{pmatrix}$. 方程(3.0.2)即

$$x\overrightarrow{OA}+y\overrightarrow{OB}=\overrightarrow{OC}\tag{3.0.3}$$

解此方程，就是要将$\overrightarrow{OC}$表示成$\overrightarrow{OA}$，$\overrightarrow{OB}$线性组合，求组合系数x，y.

(3.0.1)有唯一解$\Leftrightarrow$(3.0.3)有唯一解$\Leftrightarrow\overrightarrow{OA}$，$\overrightarrow{OB}$不共线$\Leftrightarrow a_1$，$a_2$与$b_1$，$b_2$不成比例，即$a_1b_2\neq a_2b_1$，也就是$a_1b_2-a_2b_1\neq0$.

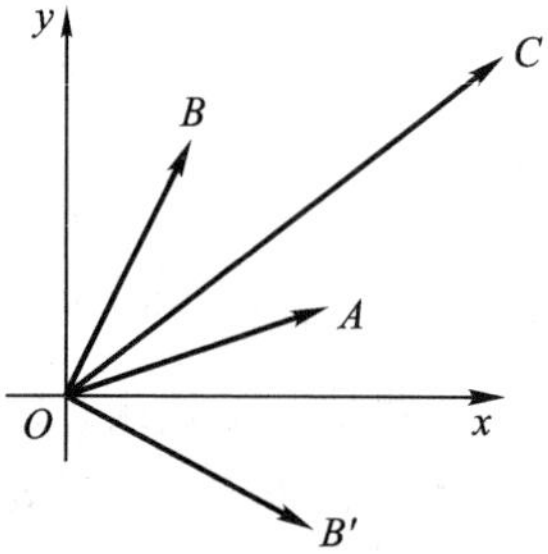

图 3-2

将OB绕O沿顺时针方向旋转直角得到有向线段OB'，如图3-2. 则$\overrightarrow{OB'}=\begin{pmatrix}b_2\\-b_1\end{pmatrix}$. 将$\overrightarrow{OB'}$与方程(3.0.3)两边同时作内积，由于$\overrightarrow{OB}\cdot\overrightarrow{OB'}=0$，可消去未知数$y$，得

$$x\overrightarrow{OA}\cdot\overrightarrow{OB'}=\overrightarrow{OC}\cdot\overrightarrow{OB'}\tag{3.0.4}$$

当$\overrightarrow{OA}\cdot\overrightarrow{OB'}=a_1b_2-a_2b_1\neq0$，即$\overrightarrow{OA}$，$\overrightarrow{OB}$不共线时，由(3.0.4)得

$$x=\frac{\overrightarrow{OC}\cdot\overrightarrow{OB'}}{\overrightarrow{OA}\cdot\overrightarrow{OB'}}=\frac{c_1b_2-c_2b_1}{a_1b_2-a_2b_1}$$

类似地，将OA绕O沿逆时针方向旋转直角到OA'，则$\overrightarrow{OA'}=\begin{pmatrix}-a_2\\a_1\end{pmatrix}$. 将

它与方程(3.0.2)两边同时作内积消去 x，得到

$$y(a_1b_2-a_2b_1)=a_1c_2-a_2c_1,\quad 从而\quad y=\frac{a_1c_2-a_2c_1}{a_1b_2-a_2b_1}$$

因此方程组(3.0.1)的唯一解为

$$\begin{cases} x=\dfrac{c_1b_2-c_2b_1}{a_1b_2-a_2b_1} \\ y=\dfrac{a_1c_2-a_2c_1}{a_1b_2-a_2b_1} \end{cases} \tag{3.0.5}$$

这就是由方程组(3.0.1)的系数求方程组的解的公式. □

2. 平行四边形的面积与二阶行列式

在二元一次方程组的求解公式(3.0.5)中，x，y 的表达式有共同的分母 $\Delta=a_1b_2-a_2b_1$，它就是 $\overrightarrow{OA}\cdot\overrightarrow{OB'}$，如图 3-3. 由于 $|OB'|=|OB|$，$\angle BOB'=-\dfrac{\pi}{2}$，我们有

$$\Delta=\overrightarrow{OA}\cdot\overrightarrow{OB'}=|OA|\,|OB'|\cos\angle AOB'=|OA|\,|OB|\cos\left(\angle AOB-\frac{\pi}{2}\right)$$
$$=|OA|\,|OB|\sin\angle AOB$$

Δ 的绝对值就是以 OA，OB 为一组邻边的平行四边形 $OAPB$ 的面积 S_{OAPB}，Δ 的符号就是 $\sin\angle AOB$ 的符号.

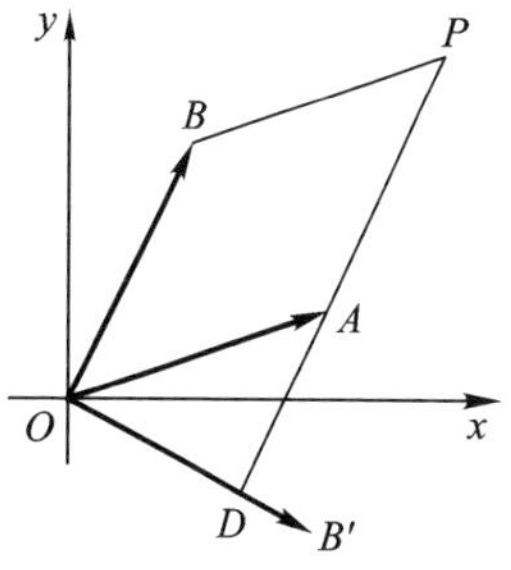

图 3-3

对任意 $\overrightarrow{OA}=\begin{pmatrix}a_1\\a_2\end{pmatrix}$，$\overrightarrow{OB}=\begin{pmatrix}b_1\\b_2\end{pmatrix}$，定义

$$\det(\overrightarrow{OA},\overrightarrow{OB})=|OA|\,|OB|\sin\angle AOB$$

也记作

$$\det\begin{pmatrix}a_1 & b_1\\ a_2 & b_2\end{pmatrix}\quad 或\quad \begin{vmatrix}a_1 & b_1\\ a_2 & b_2\end{vmatrix}$$

称为**二阶行列式**(determinant of order 2). 将它理解为平行四边形 $OAPB$ 的有向面积，取值既可以为正实数，也可以取负实数或零. 它具有如下基本性质：

性质 1　$\det(x_1\boldsymbol{\alpha}_1+x_2\boldsymbol{\alpha}_2,y_1\boldsymbol{\beta}_1+y_2\boldsymbol{\beta}_2)=\sum\limits_{i,j=1}^{2}x_iy_j\det(\boldsymbol{\alpha}_i,\boldsymbol{\beta}_j)$.

也就是说：可以将 $\det(\boldsymbol{\alpha},\boldsymbol{\beta})$ 看作向量 $\boldsymbol{\alpha}$ 与 $\boldsymbol{\beta}$ 的某种乘积，按乘法对于加法的分配律和与数乘的结合律展开.

性质 2　$\det(\boldsymbol{\alpha},\boldsymbol{\alpha})=0$，$\det(\boldsymbol{\alpha},\boldsymbol{\beta})=-\det(\boldsymbol{\beta},\boldsymbol{\alpha})$.

也就是说：两条棱重合，面积为 0；两条棱互相交换位置，有向面积变号(因为夹角 $\langle\alpha,\beta\rangle$ 的正弦变号：$\sin\langle\boldsymbol{\alpha},\boldsymbol{\beta}\rangle=-\sin\langle\boldsymbol{\beta},\boldsymbol{\alpha}\rangle$).

性质 3　$\det(\boldsymbol{e}_1,\boldsymbol{e}_2)=1$，

其中 $\boldsymbol{e}_1=\begin{pmatrix}1\\0\end{pmatrix}$，$\boldsymbol{e}_2=\begin{pmatrix}0\\1\end{pmatrix}$ 分别是 x 轴、y 轴正方向上的单位向量，组成 $\mathbf{R}^2$ 的自然基.

前面已经通过 $\overrightarrow{OA}\cdot\overrightarrow{OB'}$ 计算出

$$\det(\overrightarrow{OA},\overrightarrow{OB})=\begin{vmatrix}a_1 & b_1\\ a_2 & b_2\end{vmatrix}=a_1b_2-a_2b_1. \qquad (3.0.6)$$

为了推广到任意 n 阶行列式，我们直接利用上面的三条基本性质来计算二阶行列式：

$$\begin{aligned}\Delta=\begin{vmatrix}a_1 & b_1\\ a_2 & b_2\end{vmatrix}&=\det(a_1\boldsymbol{e}_1+a_2\boldsymbol{e}_2,b_1\boldsymbol{e}_1+b_2\boldsymbol{e}_2)\\ &=a_1b_1\det(\boldsymbol{e}_1,\boldsymbol{e}_1)+a_1b_2\det(\boldsymbol{e}_1,\boldsymbol{e}_2)+a_2b_1\det(\boldsymbol{e}_2,\boldsymbol{e}_1)+a_2b_2\det(\boldsymbol{e}_2,\boldsymbol{e}_2)\\ &=a_1b_1\times 0+a_1b_2\times 1+a_2b_1\times(-1)+a_2b_2\times 0\\ &=a_1b_2-a_2b_1 \qquad (3.0.7)\end{aligned}$$

显然，有向面积 $\det(\overrightarrow{OA},\overrightarrow{OB})=0\Leftrightarrow OA$，$OB$ 共线.

反过来，$\overrightarrow{OA}$，$\overrightarrow{OB}$ 组成平面上的一组基 $\Leftrightarrow\det(\overrightarrow{OA},\overrightarrow{OB})\neq 0$.

3. n 阶行列式的引入

与二阶行列式类似，对于3维几何空间 $\mathbf{R}^3$ 中的任意3个向量 $\boldsymbol{\alpha}=\overrightarrow{OA}$，$\boldsymbol{\beta}=\overrightarrow{OB}$，$\boldsymbol{\gamma}=\overrightarrow{OC}$，混合积 $\boldsymbol{\alpha}\cdot(\boldsymbol{\beta}\times\boldsymbol{\gamma})$ 就是以 OA，OB，OC 为三条棱的平行六面体的有向体积，我们将它记为 $\det(\boldsymbol{\alpha},\boldsymbol{\beta},\boldsymbol{\gamma})$，称为三阶行列式. 它也具有3条基本性质：

性质1　可以看作 $\boldsymbol{\alpha}$，$\boldsymbol{\beta}$，$\boldsymbol{\gamma}$ 的某种乘积，按照乘法对于加法的分配律及与数乘的分配律展开：

$$\det\left(\sum_i x_i\boldsymbol{\alpha}_i,\sum_j y_j\boldsymbol{\beta}_j,\sum_k z_k\boldsymbol{\gamma}_k\right)=\sum_{i,j,k}x_iy_jz_k\det(\boldsymbol{\alpha}_i,\boldsymbol{\beta}_j,\boldsymbol{\gamma}_k)$$

性质2　如果三个向量 α，β，γ 中有两个相等，则平行六面体退化为平面图形，有向体积 $\det(\boldsymbol{\alpha},\boldsymbol{\beta},\boldsymbol{\gamma})=0$. 如果将其中任何两个互相交换位置，则有向体积 $\det(\boldsymbol{\alpha},\boldsymbol{\beta},\boldsymbol{\gamma})$ 变号.

性质3　以 $\mathbf{R}^3$ 的自然基向量 $\boldsymbol{e}_1$，$\boldsymbol{e}_2$，$\boldsymbol{e}_3$ 为棱的正方体体积 $\det(\boldsymbol{e}_1,\boldsymbol{e}_2,\boldsymbol{e}_3)=1$.

对任意数域 F 上向量空间 F^n 中的 n 个向量 $\boldsymbol{\alpha}_j=\begin{pmatrix}a_{1j}\\a_{2j}\\ \vdots\\a_{nj}\end{pmatrix}(1\leqslant j\leqslant n)$，也可以类似地定义 n 阶行列式

$$\Delta=\det(\boldsymbol{\alpha}_1,\boldsymbol{\alpha}_2,\cdots,\boldsymbol{\alpha}_n)=\begin{vmatrix}a_{11}&a_{12}&\cdots&a_{1n}\\a_{21}&a_{22}&\cdots&a_{2n}\\\vdots&\vdots&&\vdots\\a_{n1}&a_{n2}&\cdots&a_{nn}\end{vmatrix},$$

看作以 $\boldsymbol{\alpha}_1,\cdots,\boldsymbol{\alpha}_n$ 为棱的 n 维体积，满足下面的基本性质：

性质 1 $\det(\boldsymbol{\alpha}_1,\boldsymbol{\alpha}_2,\cdots,\boldsymbol{\alpha}_n)$ 可以看作向量 $\boldsymbol{\alpha}_1,\boldsymbol{\alpha}_2,\cdots,\boldsymbol{\alpha}_n$ 的某种乘积，可以按加法对乘法的分配律和与数乘的结合律进行展开. 即

$$\begin{aligned}&\det(\cdots,\boldsymbol{\alpha}_{i-1},x\boldsymbol{\alpha}_i+y\boldsymbol{\xi}_i,\boldsymbol{\alpha}_{i+1},\cdots)\\&=x\det(\cdots,\boldsymbol{\alpha}_{i-1},\boldsymbol{\alpha}_i,\boldsymbol{\alpha}_{i+1},\cdots)+y\det(\cdots,\boldsymbol{\alpha}_{i-1},\boldsymbol{\xi}_i,\boldsymbol{\alpha}_{i+1},\cdots)\end{aligned}$$

对 $1\leqslant i\leqslant n$ 成立.

性质 2 如果存在 $1\leqslant i<j\leqslant n$ 使 $\boldsymbol{\alpha}_i=\boldsymbol{\alpha}_j$，则 $\det(\boldsymbol{\alpha}_1,\boldsymbol{\alpha}_2,\cdots,\boldsymbol{\alpha}_n)=0$.

如果将 $\boldsymbol{\alpha}_1,\boldsymbol{\alpha}_2,\cdots,\boldsymbol{\alpha}_n$ 中的某两个向量互换位置，则 $\det(\boldsymbol{\alpha}_1,\boldsymbol{\alpha}_2,\cdots,\boldsymbol{\alpha}_n)$ 变为原来值的相反数. 即

$$\det(\cdots,\boldsymbol{\alpha}_i,\cdots,\boldsymbol{\alpha}_j,\cdots)=-\det(\cdots,\boldsymbol{\alpha}_j,\cdots,\boldsymbol{\alpha}_i,\cdots).$$

性质 3 F^n 的自然基 $\boldsymbol{e}_1,\cdots,\boldsymbol{e}_n$ 决定的“n 维体积” $\det(\boldsymbol{e}_1,\boldsymbol{e}_2,\cdots,\boldsymbol{e}_n)=1$.

将每个 $\boldsymbol{\alpha}_j(1\leqslant j\leqslant n)$ 唯一地写成 $\boldsymbol{e}_1,\cdots,\boldsymbol{e}_n$ 的线性组合

$$\boldsymbol{\alpha}_j=a_{1j}\boldsymbol{e}_1+a_{2j}\boldsymbol{e}_2+\cdots+a_{nj}\boldsymbol{e}_n=\sum_{i=1}^{n}a_{ij}\boldsymbol{e}_i$$

则按以上基本性质 1 展开得

$$\begin{aligned}\Delta&=\det(\boldsymbol{\alpha}_1,\boldsymbol{\alpha}_2,\cdots,\boldsymbol{\alpha}_n)\\&=\det\left(\sum_{i_1=1}^{n}a_{i_11}\boldsymbol{e}_{i_1},\sum_{i_2=1}^{n}a_{i_22}\boldsymbol{e}_{i_2},\cdots,\sum_{i_n=1}^{n}a_{i_nn}\boldsymbol{e}_{i_n}\right)\\&=\sum_{1\leqslant i_1,i_2,\cdots,i_n\leqslant n}a_{i_11}a_{i_22}\cdots a_{i_nn}\det(\boldsymbol{e}_{i_1},\boldsymbol{e}_{i_2},\cdots,\boldsymbol{e}_{i_n})\end{aligned}\tag{3.0.8}$$

每一组 $i_1,i_2,\cdots,i_n$ 决定一项. 如果 $i_1,i_2,\cdots,i_n$ 中有某两个相同，由行列式基本性质 2 有 $\det(\boldsymbol{e}_{i_1},\boldsymbol{e}_{i_2},\cdots,\boldsymbol{e}_{i_n})=0$，这一项就要从求和的式子(3.0.8)中去掉. 因此只须考虑 $i_1,i_2,\cdots,i_n$ 两两不同的项，此时 $i_1,i_2,\cdots,i_n$ 是 $1,2,3,\cdots,n$ 的一个排列，记作 $(i_1i_2\cdots i_n)$. 这样的排列共有 $n!$ 个. 于是(3.0.8)成为

$$\Delta=\sum_{(i_1i_2\cdots i_n)}a_{i_11}a_{i_22}\cdots a_{i_nn}\det(\boldsymbol{e}_{i_1},\boldsymbol{e}_{i_2},\cdots,\boldsymbol{e}_{i_n})\tag{3.0.9}$$

其中的 $\sum$ 是对所有的排列 $(i_1i_2\cdots i_n)$ 求和. 只需再对每个排列 $(i_1i_2\cdots i_n)$ 求行列式 $\det(\boldsymbol{e}_{i_1},\boldsymbol{e}_{i_2},\cdots,\boldsymbol{e}_{i_n})$.

对每个排列 $(i_1i_2\cdots i_n)$，如果将其中某两个数 i_j，i_k 互换位置、其余的 $n-2$ 个数不变，就称为进行了一次对换，此时 $\det(\boldsymbol{e}_{i_1},\boldsymbol{e}_{i_2},\cdots,\boldsymbol{e}_{i_n})$ 中的 $\boldsymbol{e}_{i_j}$，$\boldsymbol{e}_{i_k}$ 相应地互换了位置，行列式的值变成原来值的 -1 倍. 进行若干次对换可以将

排列$(i_1i_2\cdots i_n)$变成$(12\cdots n)$，而原来的$\det(\boldsymbol{e}_{i_1},\boldsymbol{e}_{i_2},\cdots,\boldsymbol{e}_{i_n})$也被乘上了若干个$-1$变成$\det(\boldsymbol{e}_1,\boldsymbol{e}_2,\cdots,\boldsymbol{e}_n)=1$. 如果由$(i_1i_2\cdots i_n)$变成$(12\cdots n)$需要经过$s$次对换，则

$$(-1)^s\det(\boldsymbol{e}_{i_1},\boldsymbol{e}_{i_2},\cdots,\boldsymbol{e}_{i_n})=1,\qquad \det(\boldsymbol{e}_{i_1},\boldsymbol{e}_{i_2},\cdots,\boldsymbol{e}_{i_n})=(-1)^s$$

如果s是偶数，就称$(i_1i_2\cdots i_n)$是偶排列，记$\operatorname{sgn}(i_1i_2\cdots i_n)=1$，此时$\det(\boldsymbol{e}_{i_1},\boldsymbol{e}_{i_2},\cdots,\boldsymbol{e}_{i_n})=1$；如果$s$是奇数，就称$(i_1i_2\cdots i_n)$为奇排列，记$\operatorname{sgn}(i_1i_2\cdots i_n)=-1$，此时$\det(\boldsymbol{e}_{i_1},\boldsymbol{e}_{i_2},\cdots,\boldsymbol{e}_{i_n})=-1$. 在两种情况下都有

$$\det(\boldsymbol{e}_{i_1},\boldsymbol{e}_{i_2},\cdots,\boldsymbol{e}_{i_n})=\operatorname{sgn}(i_1i_2\cdots i_n)$$

于是

$$\Delta=\sum_{(i_1i_2\cdots i_n)}\operatorname{sgn}(i_1i_2\cdots i_n)a_{i_11}a_{i_22}\cdots a_{i_nn}\tag{3.0.10}$$

(3.0.10)可以作为n阶行列式的定义.

4. n阶行列式与n元线性方程组

将数域F上n个n元线性方程$a_{i1}x_1+\cdots+a_{in}x_n=b_i(1\leqslant i\leqslant n)$组成的方程组写成向量形式

$$x_1\boldsymbol{\alpha}_1+\cdots+x_n\boldsymbol{\alpha}_n=\boldsymbol{\beta}\tag{3.0.11}$$

当$F=\mathbf{R}$是实数域且$n=3$时，取$\boldsymbol{\delta}_1=\boldsymbol{\alpha}_2\times\boldsymbol{\alpha}_3$，则$\boldsymbol{\alpha}_2\cdot\boldsymbol{\delta}_1=\boldsymbol{\alpha}_3\cdot\boldsymbol{\delta}_1=0$，且$\boldsymbol{\alpha}_1\cdot\boldsymbol{\delta}_1=\Delta=\det(\boldsymbol{\alpha}_1,\boldsymbol{\alpha}_2,\boldsymbol{\alpha}_3)$.方程(3.0.11)两边与$\boldsymbol{\delta}_1$作点乘，可以消去$x_2$，$x_3$，得到$x_1\Delta=\boldsymbol{\beta}\cdot\boldsymbol{\delta}_1$，当$\Delta\neq0$时就有$x_1=\dfrac{\boldsymbol{\beta}\cdot\boldsymbol{\delta}_1}{\Delta}$. 类似地，将(3.0.11)两边与$\boldsymbol{\delta}_2=\boldsymbol{\alpha}_3\times\boldsymbol{\alpha}_1$，$\boldsymbol{\delta}_3=\boldsymbol{\alpha}_1\times\boldsymbol{\alpha}_2$作点乘，可以分别得到$x_2=\dfrac{\boldsymbol{\beta}\cdot\boldsymbol{\delta}_2}{\Delta}$，$x_3=\dfrac{\boldsymbol{\beta}\cdot\boldsymbol{\delta}_3}{\Delta}$. 从而在$\Delta\neq0$时得到唯一解

$$(x_1,x_2,x_3)=\left(\frac{\boldsymbol{\beta}\cdot\boldsymbol{\delta}_1}{\Delta},\frac{\boldsymbol{\beta}\cdot\boldsymbol{\delta}_2}{\Delta},\frac{\boldsymbol{\beta}\cdot\boldsymbol{\delta}_3}{\Delta}\right).$$

类似地，对任意正整数n，我们将看到，可以对每个$1\leqslant j\leqslant n$找到一个$\boldsymbol{\delta}_j=\begin{pmatrix}A_{1j}\\ \vdots\\ A_{nj}\end{pmatrix}$满足条件

$$\boldsymbol{\alpha}_k\cdot\boldsymbol{\delta}_j=a_{1k}A_{1j}+a_{2k}A_{2j}+\cdots+a_{nk}A_{nj}=\begin{cases}0, & 当\ k\neq j\\ \det(\boldsymbol{\alpha}_1,\cdots,\boldsymbol{\alpha}_n), & 当\ k=j.\end{cases}$$

将(3.0.11)两边与每个$\boldsymbol{\delta}_j$作“点乘”，可以消去除了x_j之外的其余未知数，在$\Delta=\det(\boldsymbol{\alpha}_1,\cdots,\boldsymbol{\alpha}_n)\neq0$时得出唯一解

$$(x_1,\cdots,x_n)=\left(\frac{\boldsymbol{\beta}\cdot\boldsymbol{\delta}_1}{\Delta},\cdots,\frac{\boldsymbol{\beta}\cdot\boldsymbol{\delta}_n}{\Delta}\right).$$

§3.1　n 阶行列式的定义

1. 排列

定义 3.1.1　由 n 个不同的自然数 $1,2,\cdots,n$ 按照任何一种顺序排成的一个有序数组 $(j_1j_2\cdots j_n)$ 称为一个 n 元**排列**(permutation).　□

n 元排列的总数是 $n!$.

将 $1,2,\cdots,n$ 按从小到大的顺序得到的排列 $(12\cdots n)$ 称为**标准排列**(standard permutation).

在任意一个排列 $(j_1j_2\cdots j_n)$ 中，$j_1,j_2,\cdots,j_n$ 顺序可能与标准排列不同，不一定是按从小到大的顺序排列的，可能有排在前面的某个 j_p 比排在后面的某个 j_q 更大的情况出现. 每出现一对这样的 (j_p,j_q)，称为一个逆序.

定义 3.1.2　排列 $(j_1j_2\cdots j_n)$ 中每出现一对 $p<q$ 使 $j_p>j_q$，就称 (j_p,j_q) 是该排列的一个**逆序**(reverse order). 排列 $(j_1j_2\cdots j_n)$ 中逆序的个数称为这个排列的**逆序数**(number of reverse order)，记为 $\tau(j_1j_2\cdots j_n)$. 如果逆序数 $\tau(j_1j_2\cdots j_n)$ 为奇数，就称这个排列 $(j_1j_2\cdots j_n)$ 为**奇排列**(odd permutation)；如果逆序数为偶数，就称这个排列为**偶排列**(even permutation).　□

例如，在排列(3142)中，共有(3,1)，(3,2)，(4,2) 3 个逆序. 因此 $\tau(3142)=3$，是奇数，(3142)是奇排列. 又如，标准排列 $(12\cdots n)$ 的逆序数为 0，是偶数，因此标准排列是偶排列.

定义 3.1.3　在一个 n 元排列 $(j_1j_2\cdots j_n)$ 中，将某两个数码 j_p，j_q 的位置互换、其余数码位置不变，就称为这个排列的一次**对换**(transposition).　□

定理 3.1.1　任一个排列经过任一次对换，必改变奇偶性.

证明　如果对排列 $(j_1j_2\cdots j_n)$ 进行相邻两个数码 j_p，j_{p+1} 的对换，则当 $j_p>j_{p+1}$ 时减少了一个逆序 (j_p,j_{p+1})，逆序数减少 1，奇偶性改变；当 $j_p<j_{p+1}$ 时增加了一个逆序 (j_{p+1},j_p)，逆序数增加 1，奇偶性改变.

设要对排列 $(j_1j_2\cdots j_n)$ 进行任意两个数码 j_p，j_q 的对换，其中 $p<q$. 则可先将 j_p 依次与它后面的 $q-p$ 个数码 $j_{p+1},\cdots,j_q$ 对换，再将 j_q 依次与它前面的 $q-p-1$ 个数码 $j_{p+1},\cdots,j_{q-1}$ 对换，最后的效果就是将 j_p，j_q 进行了对换. 一共作了 $(q-p)+(q-p-1)=2(q-p)-1$ 次相邻数码的对换，每次都改变奇偶性，总共改变了 $2(q-p)-1$ 次. 由于 $2(q-p)-1$ 是奇数，因此奇偶性改变.　□

定理 3.1.2　每个排列 $(j_1j_2\cdots j_n)$ 都可以经过有限次对换变成标准排列 $(12\cdots n)$. 同一个排列 $(j_1j_2\cdots j_n)$ 变成标准排列所经过的对换的次数 s 不唯一，但是 s 的奇偶性是唯一的，并且与排列的奇偶性相同.

证明 对 n 作数学归纳法证明每个排列$(j_1j_2\cdots j_n)$都可以经过有限次对换变成标准排列$(12\cdots n)$.

当 $n=1$ 时显然. 设 $n\geqslant 2$，且每个 $n-1$ 元排列都可以经过有限次对换变成标准排列. 对 n 元排列$(j_1j_2\cdots j_n)$，如果 $j_n\neq n$，必有某个 $j_p=n$，$1\leqslant p\leqslant n-1$. 将 j_p，j_n 对换可以将排列变成$(i_1i_2\cdots i_{n-1}n)$，其中$(i_1i_2\cdots i_{n-1})$是 $1,2,\cdots,n-1$ 的一个排列. 由归纳假设，$n-1$ 元排列$(i_1i_2\cdots i_{n-1})$可以经过有限次对换变成 $n-1$ 元标准排列$(12\cdots(n-1))$，这些对换也就将$(i_1i_2\cdots i_{n-1}n)$变成 n 元标准排列$(12\cdots(n-1)n)$.

设排列$(j_1\cdots j_n)$经过 s 次对换变成标准排列. 每一次对换改变排列的奇偶性，而标准排列是偶排列. 因此，当$(j_1\cdots j_n)$是偶排列时它的奇偶性与标准排列相同，奇偶性经过 s 次改变之后没有改变，s 为偶数. 而当$(j_1\cdots j_n)$是奇排列时，奇偶性经过 s 次改变之后改变了，s 为奇数.

对每个排列$(j_1\cdots j_n)$，规定它的奇偶性符号

$$\operatorname{sgn}(j_1\cdots j_n)=(-1)^{\tau(j_1\cdots j_n)}=\begin{cases}1, & \text{当}(j_1\cdots j_n)\text{是偶排列}\\ -1, & \text{当}(j_1\cdots j_n)\text{是奇排列}\end{cases}$$

设$(j_1\cdots j_n)$可以经过 s 次对换变成标准排列，则也有

$$\operatorname{sgn}(j_1\cdots j_n)=(-1)^s$$

2. n 阶行列式的定义

将 n^2 个数 $a_{ij}(i,j=1,2,\cdots,n)$排成 n 行 n 列的形式，按照下式

$$\Delta=\begin{vmatrix} a_{11} & a_{12} & \cdots & a_{1n}\\ a_{21} & a_{22} & \cdots & a_{2n}\\ \vdots & \vdots & & \vdots\\ a_{n1} & a_{n2} & \cdots & a_{nn}\end{vmatrix}=\sum_{(j_1j_2\cdots j_n)}(-1)^{\tau(j_1j_2\cdots j_n)}a_{1j_1}a_{2j_2}\cdots a_{nj_n} \qquad (3.1.1)$$

计算得到的一个数，称为 n **阶行列式**(determinant of order n).

n 阶行列式定义中的 $\sum_{(j_1j_2\cdots j_n)}$ 表示对所有的 n 元排列$(j_1j_2\cdots j_n)$求和. 求和时在每一行各选取一个元 $a_{1j_1},a_{2j_2},\cdots,a_{nj_n}$，使它们各在不同的列(分别为第 j_1，$j_2,\cdots,j_n$ 列)，将它们乘起来得到 $a_{1j_1}a_{2j_2}\cdots a_{nj_n}$，前面再乘上反映排列$(j_1j_2\cdots j_n)$的奇偶性的数$(-1)^{\tau(j_1j_2\cdots j_n)}$.

例 1 求行列式 $\begin{vmatrix} 0 & 0 & 0 & a_1\\ 0 & 0 & a_2 & 0\\ 0 & a_3 & 0 & 0\\ a_4 & 0 & 0 & 0\end{vmatrix}$ 的值.

解 每行中只有一个元可以不为 0，分别为 a_1，a_2，a_3，a_4，从各行中各取一个元来相乘，只有将这 4 个元相乘，乘积才可以不为 0. 因此行列式中只

有一项为

$$(-1)^{\tau(4321)}a_1a_2a_3a_4=(-1)^{3+2+1}a_1a_2a_3a_4=a_1a_2a_3a_4$$

这就是这个行列式的值. □

例 2 求 n 阶行列式

$$\begin{vmatrix} a_{11} & a_{12} & \cdots & a_{1n} \\ 0 & a_{22} & \cdots & a_{2n} \\ \vdots & \vdots & & \vdots \\ 0 & 0 & \cdots & a_{nn} \end{vmatrix}$$

的值.

解 行列式是形如$(-1)^{\tau(j_1j_2\cdots j_n)}a_{1j_1}a_{2j_2}\cdots a_{nj_n}$的所有的项之和. 每一项中第 n 行的元 a_{nj_n}仅当$j_n=n$ 时可以不为0. 取定$j_n=n$ 之后，第 $n-1$ 行的前 $n-1$ 列元除了 $a_{n-1,j_{n-1}}$外仅当$j_{n-1}=n-1$ 时可以不为 0. 依此类推，可以知道，乘积 $a_{1j_1}a_{2j_2}\cdots a_{nj_n}$只有当$(j_1j_2\cdots j_n)=(12\cdots n)$时可以不为 0. 因此，

$$\text{原行列式}=(-1)^{\tau(12\cdots n)}a_{11}a_{22}\cdots a_{nn}=a_{11}a_{22}\cdots a_{nn}. \quad \square$$

行列式可以看作它的 n^2 个元 $a_{ij}(1\leqslant i,j\leqslant n)$的函数，也可以看作所有这些元所组成的 n 阶方阵(即 $n\times n$ 矩阵)$\boldsymbol{A}=\begin{pmatrix} a_{11} & \cdots & a_{1n} \\ \vdots & & \vdots \\ a_{n1} & \cdots & a_{nn} \end{pmatrix}$的函数，记作$\det \boldsymbol{A}$或$|\boldsymbol{A}|$. n 阶方阵 $\boldsymbol{A}$ 中从左上角到右下角连成的对角线称为**主对角线**(principal diagonal)，处于主对角线上的元 $a_{11},\cdots,a_{nn}$称为主对角线元. 如果方阵中主对角线左下方的元都是0，这样的方阵称为**上三角形矩阵**(upper trianlge matrix). 例 2 的行列式就是上三角形矩阵的行列式. 例 2 说明：上三角形矩阵的行列式等于它的主对角线元的乘积. 这是计算行列式的一个简单的特殊情形，然而相当重要和有用. 我们将看到，计算一般的行列式的基本方法之一就是将它化为上三角形矩阵或下三角形矩阵的行列式来计算.

如果方阵 $\boldsymbol{A}$ 中主对角线右上方的元都是 0，就称为**下三角形矩阵**(lower triangle matrix)，与例 2 同理可证明：下三角形矩阵的行列式也等于主对角线元的乘积：

$$\begin{vmatrix} a_{11} & 0 & \cdots & 0 \\ a_{21} & a_{22} & \cdots & 0 \\ \vdots & \vdots & & \vdots \\ a_{n1} & a_{n2} & \cdots & a_{nn} \end{vmatrix}=a_{11}a_{22}\cdots a_{nn}.$$

如果一个方阵 $\boldsymbol{A}$ 除了主对角线以外的其他元都为 0，这样的方阵称为**对角阵**(diagonal matrix)，它既是上三角形矩阵，也是下三角形矩阵，它的行列式当

然等于主对角线元的乘积：

$$\begin{vmatrix} a_{11} & 0 & \cdots & 0 \\ 0 & a_{22} & \cdots & 0 \\ \vdots & \vdots & & \vdots \\ 0 & 0 & \cdots & a_{nn} \end{vmatrix} = a_{11}a_{22}\cdots a_{nn}.$$

例 3 证明

$$\begin{vmatrix} a_{11} & \cdots & a_{1r} & 0 & \cdots & 0 \\ \vdots & & \vdots & \vdots & & \vdots \\ a_{r1} & \cdots & a_{rr} & 0 & \cdots & 0 \\ a_{r+1,1} & \cdots & a_{r+1,r} & a_{r+1,r+1} & \cdots & a_{r+1,n} \\ \vdots & & \vdots & \vdots & & \vdots \\ a_{n1} & \cdots & a_{nr} & a_{n,r+1} & \cdots & a_{nn} \end{vmatrix}$$

$$= \begin{vmatrix} a_{11} & \cdots & a_{1r} \\ \vdots & & \vdots \\ a_{r1} & \cdots & a_{rr} \end{vmatrix} \cdot \begin{vmatrix} a_{r+1,r+1} & \cdots & a_{r+1,n} \\ \vdots & & \vdots \\ a_{n,r+1} & \cdots & a_{nn} \end{vmatrix}$$

证明 记等号左边的行列式为 Δ. 则

$$\Delta = \sum_{(j_1\cdots j_r j_{r+1}\cdots j_n)} (-1)^{\tau(j_1\cdots j_r j_{r+1}\cdots j_n)} a_{1j_1}\cdots a_{rj_r} a_{r+1,j_{r+1}}\cdots a_{nj_n} \qquad (3.1.2)$$

行列式 Δ 中右上角的元 $a_{ij}(1\leqslant i\leqslant r, r+1\leqslant j\leqslant n)$ 全是 0. 因此，(3.1.2) 等号右边的求和式的某一项的前 r 行元的列指标 $j_1,\cdots,j_r$ 如果有某一个大于 r，这一项就是 0，应当从求和式中去掉. 剩下的项全部满足 $1\leqslant j_1,\cdots,j_r\leqslant r$，从而 $r+1\leqslant j_{r+1},\cdots,j_r\leqslant n$，因而 $j_1,\cdots,j_r$ 是 $1,2,\cdots,r$ 的一个排列 $j_{r+1}\cdots j_n$ 是 $r+1,\cdots,n$ 的一个排列. 为了说明 $j_1,\cdots,j_r$ 是由 $1,2,\cdots,r$ 排列而成，而 $j_{r+1},\cdots,j_n$ 是由 $r+1,\cdots,n$ 排列而成，我们分别写 $\begin{pmatrix} 1 & \cdots & r \\ j_1 & \cdots & j_r \end{pmatrix}$，$\begin{pmatrix} r+1 & \cdots & n \\ j_{r+1} & \cdots & j_n \end{pmatrix}$ 来表示这两个排列.

排列 $(j_1\cdots j_r j_{r+1}\cdots j_n)$ 的逆序数是 $\begin{pmatrix} 1 & \cdots & r \\ j_1 & \cdots & j_r \end{pmatrix}$ 与 $\begin{pmatrix} r+1 & \cdots & n \\ j_{r+1} & \cdots & j_n \end{pmatrix}$ 的逆序数之和：

$$\tau(j_1\cdots j_r j_{r+1}\cdots j_n) = \tau\begin{pmatrix} 1 & \cdots & r \\ j_1 & \cdots & j_r \end{pmatrix} + \tau\begin{pmatrix} r+1 & \cdots & n \\ j_{r+1} & \cdots & j_n \end{pmatrix}$$

从而

$$(-1)^{\tau(j_1\cdots j_r j_{r+1}\cdots j_n)} = \operatorname{sgn}\begin{pmatrix}1 & \cdots & r\\ j_1 & \cdots & j_r\end{pmatrix}\cdot\operatorname{sgn}\begin{pmatrix}r+1 & \cdots & n\\ j_{r+1} & \cdots & j_n\end{pmatrix}$$

因此，(3.1.2)成为

$$\begin{aligned}\Delta &= \sum_{\begin{pmatrix}1 & \cdots & r\\ j_1 & \cdots & j_r\end{pmatrix},\begin{pmatrix}r+1 & \cdots & n\\ j_{r+1} & \cdots & j_n\end{pmatrix}} \operatorname{sgn}\begin{pmatrix}1 & \cdots & r\\ j_1 & \cdots & j_r\end{pmatrix}\operatorname{sgn}\begin{pmatrix}r+1 & \cdots & n\\ j_{r+1} & \cdots & j_n\end{pmatrix}\cdot\\ &\quad a_{1j_1}\cdots a_{rj_r}\cdot a_{r+1,j_{r+1}}\cdots a_{nj_n}\\ &= \sum_{\begin{pmatrix}1 & \cdots & r\\ j_1 & \cdots & j_r\end{pmatrix}} \operatorname{sgn}\begin{pmatrix}1 & \cdots & r\\ j_1 & \cdots & j_r\end{pmatrix} a_{1j_1}\cdots a_{rj_r}\cdot\\ &\quad \sum_{\begin{pmatrix}r+1 & \cdots & n\\ j_{r+1} & \cdots & j_n\end{pmatrix}} \operatorname{sgn}\begin{pmatrix}r+1 & \cdots & n\\ j_{r+1} & \cdots & j_n\end{pmatrix} a_{r+1,j_{r+1}}\cdots a_{nj_n}\\ &= \begin{vmatrix}a_{11} & \cdots & a_{1r}\\ \vdots & & \vdots\\ a_{r1} & \cdots & a_{rr}\end{vmatrix}\cdot\begin{vmatrix}a_{r+1,r+1} & \cdots & a_{r+1,n}\\ \vdots & & \vdots\\ a_{n,r+1} & \cdots & a_{nn}\end{vmatrix}\end{aligned}$$

例 3 有一个重要的特例 $r=1$：

$$\begin{vmatrix}a_{11} & 0 & \cdots & 0\\ a_{21} & a_{22} & \cdots & a_{2n}\\ \vdots & \vdots & & \vdots\\ a_{n1} & a_{n2} & \cdots & a_{nn}\end{vmatrix} = a_{11}\begin{vmatrix}a_{22} & \cdots & a_{2n}\\ \vdots & & \vdots\\ a_{n2} & \cdots & a_{nn}\end{vmatrix}$$

利用例 3 的结论,可以将高阶的行列式化为低阶的行列式来计算.

例 4　计算行列式

$$\Delta = \begin{vmatrix}-1 & 0 & 0 & 0 & 0\\ a & 2 & 3 & 0 & 0\\ b & 4 & 5 & 0 & 0\\ c_1 & c_2 & c_3 & 1 & 3\\ d_1 & d_2 & d_3 & 2 & 5\end{vmatrix}$$

解

$$\begin{aligned}\Delta &= \begin{vmatrix}-1 & 0 & 0\\ a & 2 & 3\\ b & 4 & 5\end{vmatrix}\cdot\begin{vmatrix}1 & 3\\ 2 & 5\end{vmatrix} = (-1)\cdot\begin{vmatrix}2 & 3\\ 4 & 5\end{vmatrix}\cdot\begin{vmatrix}1 & 3\\ 2 & 5\end{vmatrix}\\ &= (-1)\cdot(2\times5-3\times4)\cdot(1\times5-3\times2) = -2 \quad \square\end{aligned}$$

注意例 4 中最后的答案与行列式中的字母的值没有关系. 实际上，前面的例子中也有类似的现象：例 2 的行列式的值与主对角线右上方的元没有关系，例 3 的行列式的值与左下角的 $(n-r)\times r$ 矩阵中的元没有关系.

例 5　计算下列行列式的值：

$$(1)\ \Delta=\begin{vmatrix} a & b & c & d & e \\ b & c & d & e & a \\ 0 & 0 & 0 & 0 & 0 \\ d & e & a & b & c \\ e & a & b & c & d \end{vmatrix},\qquad (2)\ \Delta=\begin{vmatrix} 1 & 2 & 3 & 4 & 5 \\ 2 & 0 & 0 & 0 & 4 \\ 4 & 0 & 0 & 0 & 3 \\ 2 & 0 & 0 & 0 & 2 \\ 8 & 6 & 4 & 2 & 1 \end{vmatrix}.$$

解 (1) 行列式 Δ 的每一项 $a_{1j_1}a_{2j_2}a_{3j_3}a_{4j_4}a_{5j_5}$ 要从每一行各取一个元相乘，其中必有一个元 a_{3j_3} 在第 3 行. 而 Δ 的第 3 行的元全部是 0，无论取哪一个 a_{3j_3} 都是 0，因此 Δ 的每一项都是 0，各项相加得到的行列式值 $\Delta=0$.

(2) 行列式 Δ 的每一项 $a_{1j_1}a_{2j_2}a_{3j_3}a_{4j_4}a_{5j_5}$ 要从不同的行中取不同的列的元相乘. 而 Δ 的第 2，3，4 行都只有第 1，5 列的元不是 0. 从这 3 行中要取出不同的 3 列的元 $a_{2j_2}a_{3j_3}a_{4j_4}$ 相乘，这 3 个不同的列 j_2，j_3，j_4 中必有某一列，从这一列中取出的元 $a_{ij}(2\leqslant i\leqslant 4, j\notin\{1,5\})$ 等于 0，因此乘积 $a_{1j_1}a_{2j_2}a_{3j_3}a_{4j_4}a_{5j_5}=0$. 所有的项都是 0，将它们相加得到的 $\Delta=0$. □

显然，例 5(1) 的结论可以推广到任意的 n 阶行列式：如果行列式的某一行的元全部是 0，则行列式值为 0.

虽然可以根据行列式的定义计算任何一个 n 阶行列式的值，但这样要计算 $n!$ 个这样的乘积的和，其工作量随着 n 的增加急速增长. 如果能将方阵经过适当的变形变为上三角或下三角形，而能够保持行列式的值不变，再作一次乘法(将主对角线元相乘)就得到了行列式的值.

为解决这个问题，需要知道方阵怎样的变形能够保持行列式的值不变，或者知道引起怎样的变化，这就需要研究行列式的性质.

在第 1 章中我们知道，利用初等行变换可以将矩阵化为阶梯形，也就可以将方阵化为上三角形. 如果能够知道矩阵的初等变换对于行列式的值产生怎样的影响，就可以将方阵化为三角阵来求它的行列式.

习 题 3.1

1. 在直角坐标系中，已知 A，B 的坐标 $A(a_1,a_2)$，$B(b_1,b_2)$，试利用几何图形的等积变换求 $\Delta=\det(\overrightarrow{OA},\overrightarrow{OB})=S_{OAPB}$：

(1) 如图 3-4，利用 $S_{OAPB}=S_{OCQB}-S_{CQPA}=S_{OCQ_1B_1}-S_{CQ_2P_2A}$.

(2) 如图 3-5，利用 $S_{\triangle OAB}=S_{\triangle ODB}+S_{DCAB}-S_{\triangle OCA}$.

(3) 如图 3-6，利用 $S_{OAPB}=S_{OA_1P_1B}$ 说明行列式的性质

$$\det(\overrightarrow{OA},\overrightarrow{OB})=\det(\overrightarrow{OA}+\lambda\overrightarrow{OB},\overrightarrow{OB})$$

并计算 Δ.

2. (1) 求 $\tau(n(n-1)\cdots 21)$，并讨论排列 $n(n-1)\cdots 21$ 的奇偶性.

(2) 求 $\tau(678354921)$，$\tau(87654321)$ 的奇偶性.

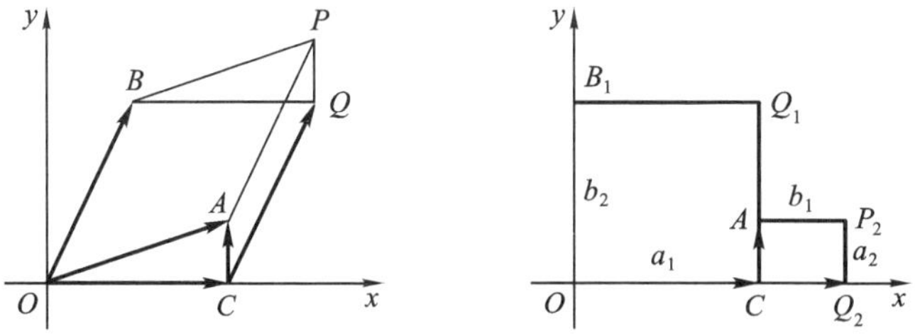

图 3-4

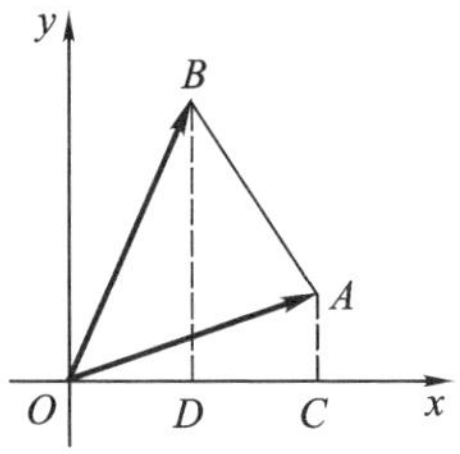

图 3-5

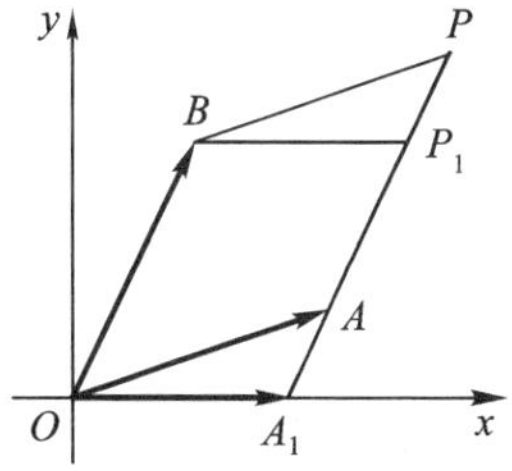

图 3-6

(3) 确定 i, j 使得$(1245i6j97)$分别为奇、偶排列.

3. 证明：在所有的 n 级排列中$(n\geqslant 2)$，奇排列与偶排列的个数相等，各为$\dfrac{n!}{2}$个.

4. 排列$(n(n-1)(n-2)\cdots 321)$经过多少次相邻两数对换变成自然顺序排列？

5. 写出行列式$\begin{vmatrix} x & 1 & 2 & 3 \\ x & x & 1 & 2 \\ 2 & 3 & x & 1 \\ x & 2 & 3 & x \end{vmatrix}$中含 x^4 和 x^3 的项.

6. n 阶行列式 $\Delta(x)=\left|a_{ij}(x)\right|_{n\times n}$的每一个元 $a_{ij}(x)$都是 x 的可导函数，则 $\Delta(x)$也是 x 的可导函数. 求证：$\Delta(x)$的导函数

$$\Delta'(x)=\sum_{j=1}^{n}\Delta_i(x)$$

其中 $\Delta_i(x)$是对 $\Delta(x)$的第 i 行各元求导、其余各行不变得到的行列式.

7. 将 x 作为变量，$a_{ij}(1\leqslant i,j\leqslant n)$作为常数，则

$$f(\lambda)=\begin{vmatrix} \lambda-a_{11} & -a_{12} & \cdots & -a_{1n} \\ -a_{21} & \lambda-a_{22} & \cdots & -a_{2n} \\ \vdots & \vdots & & \vdots \\ -a_{n1} & -a_{n2} & \cdots & \lambda-a_{nn} \end{vmatrix}$$

是 λ 的多项式. 求这个多项式的 n 次项和 $n-1$ 次项系数.

8. 计算行列式

(1) $\begin{vmatrix} a_{11} & a_{12} & 0 & 0 & 0 \\ 0 & a_{22} & 0 & 0 & 0 \\ 0 & 0 & b_{11} & 0 & 0 \\ 0 & 0 & b_{21} & b_{22} & 0 \\ 0 & 0 & b_{31} & b_{32} & b_{33} \end{vmatrix}$; (2) $\begin{vmatrix} 0 & 0 & \cdots & 0 & a_{1n} \\ 0 & 0 & \cdots & a_{2,n-1} & a_{2n} \\ \vdots & \vdots & & \vdots & \vdots \\ 0 & a_{n-1,2} & \cdots & a_{n-1,n-1} & a_{n-1,n} \\ a_{n1} & a_{n2} & \cdots & a_{n,n-1} & a_{nn} \end{vmatrix}$

§3.2 行列式的性质

行列式 Δ 是它的元所组成的方阵 $\boldsymbol{A}$ 的函数，可以看成 $\boldsymbol{A}$ 的 n 个行向量的函数，也可以看成 $\boldsymbol{A}$ 的 n 个列向量的函数.

§3.1 中的行列式的定义(3.1.1)是按行定义的：依次从每一行中各取一个元 $a_{1j_1},\cdots,a_{nj_n}$，使它们在不同列中，将这些元相乘得到一个乘积 $a_{1j_1}a_{2j_2}\cdots a_{nj_n}$，再乘上反映排列$(j_1\cdots j_n)$奇偶性的符号$(-1)^{\tau(j_1\cdots j_n)}$，得到行列式的一项. 将所有这样的项相加得到行列式的值.

在(3.0.1)中我们引入行列式时是按列定义行列式的：依次从每一列中各取一个元 $a_{i_11},\cdots,a_{i_nn}$，再乘上$(-1)^{\tau(i_1\cdots i_n)}$；将所有这样的乘积相加得到行列式的值.

我们证明，这两种定义是相同的. 也就是说：

命题 3.2.1

$$\Delta=\begin{vmatrix} a_{11} & a_{12} & \cdots & a_{1n} \\ a_{21} & a_{22} & \cdots & a_{2n} \\ \vdots & \vdots & & \vdots \\ a_{n1} & a_{n2} & \cdots & a_{nn} \end{vmatrix}=\sum_{(i_1i_2\cdots i_n)}(-1)^{\tau(i_1i_2\cdots i_n)}a_{i_11}a_{i_22}\cdots a_{i_nn} \tag{3.2.1}$$

证明 §3.1 中的行列式的定义为

$$\Delta=\begin{vmatrix} a_{11} & a_{12} & \cdots & a_{1n} \\ a_{21} & a_{22} & \cdots & a_{2n} \\ \vdots & \vdots & & \vdots \\ a_{n1} & a_{n2} & \cdots & a_{nn} \end{vmatrix}=\sum_{(j_1j_2\cdots j_n)}(-1)^{\tau(j_1j_2\cdots j_n)}a_{1j_1}a_{2j_2}\cdots a_{nj_n} \tag{3.1.1}$$

我们证明(3.2.1)与(3.1.1)右边相等.

$1,2,\cdots,n$ 的每个排列$(j_1\cdots j_n)$决定(3.1.1)右边的一项

$$(-1)^{\tau(j_1j_2\cdots j_n)}a_{1j_1}a_{2j_2}\cdots a_{nj_n}$$

其中 $a_{1j_1},\cdots,a_{nj_n}$ 来自不同的列. 将它们按所在列的指标从小到大重新排列顺序，得到

$$a_{i_11}\cdots a_{i_nn}=a_{1j_1}\cdots a_{nj_n}$$

其中每个 $i_j(1\leqslant j\leqslant n)$ 是使列指标 $j_i=j$ 的行指标 i.

乘积 $a_{1j_1}a_{2j_2}\cdots a_{nj_n}$ 中的各因子的排列顺序对应于它的列指标的排列 $(j_1\cdots j_n)$ 与行指标的排列 $(12\cdots n)$. 列指标的排列 $(j_1\cdots j_n)$ 可以经过有限次对换变成标准排列 $(12\cdots n)$. 每当将列指标 j_p, j_q 作对换时，将乘积中相应的因子 a_{pj_p} 与 a_{qj_q} 互换位置，这同时就引起行指标 p, q 的对换. 设列指标的排列 $(j_1\cdots j_n)$ 经过 s 次对换变成标准排列 $(12\cdots n)$，乘积中各因子的顺序相应地重新排列为 $a_{i_11}\cdots a_{i_nn}$，各因子的行指标的排列相应地由标准排列经过 s 次对换变为 $(i_1i_2\cdots i_n)$. 当 s 为偶数时，$(j_1\cdots j_n)$ 与 $(i_1i_2\cdots i_n)$ 与标准排列同为偶排列；当 s 为奇数时，$(j_1\cdots j_n)$ 与 $(i_1i_2\cdots i_n)$ 的奇偶性都与标准排列相反，同为奇排列. 总之，有

$$(-1)^{\tau(j_1\cdots j_n)}=(-1)^s=(-1)^{\tau(i_1\cdots i_n)}$$

于是

$$(-1)^{\tau(j_1j_2\cdots j_n)}a_{1j_1}a_{2j_2}\cdots a_{nj_n}=(-1)^{\tau(i_1i_2\cdots i_n)}a_{i_11}a_{i_22}\cdots a_{i_nn}$$

当 $(j_1j_2\cdots j_n)$ 取遍所有的 n 元排列时，$(i_1i_2\cdots i_n)$ 也取遍所有的 n 元排列. 因此，等式(3.1.1)与(3.2.1)右边的项对应相等，从而(3.1.1)与(3.2.1)右边相等. 命题得证. □

定义 3.2.1 将 $m\times n$ 矩阵

$$\boldsymbol{A}=\begin{pmatrix} a_{11} & a_{12} & \cdots & a_{1n} \\ a_{21} & a_{22} & \cdots & a_{2n} \\ \vdots & \vdots & & \vdots \\ a_{m1} & a_{m2} & \cdots & a_{mn} \end{pmatrix}$$

的行列互换，也就是将 $\boldsymbol{A}$ 的各行元依次作为各列元，得到的 $n\times m$ 矩阵

$$\begin{pmatrix} a_{11} & a_{21} & \cdots & a_{m1} \\ a_{12} & a_{22} & \cdots & a_{m2} \\ \vdots & \vdots & & \vdots \\ a_{1n} & a_{2n} & \cdots & a_{mn} \end{pmatrix}$$

称为矩阵 $\boldsymbol{A}$ 的**转置**(transpose)，记为 $\boldsymbol{A}^{\mathrm{T}}$.

设行列式 $\Delta=\det\boldsymbol{A}$，则 $\det\boldsymbol{A}^{\mathrm{T}}$ 称为 Δ 的转置，记作 Δ^{T}. □

性质 1 $\det\boldsymbol{A}=\det\boldsymbol{A}^{\mathrm{T}}$. 即：行列式经转置，其值不变.

证明 设

$$\Delta=\det\boldsymbol{A}=\begin{vmatrix} a_{11} & a_{12} & \cdots & a_{1n} \\ a_{21} & a_{22} & \cdots & a_{2n} \\ \vdots & \vdots & & \vdots \\ a_{n1} & a_{n2} & \cdots & a_{nn} \end{vmatrix}=\sum_{(j_1j_2\cdots j_n)}(-1)^{\tau(j_1j_2\cdots j_n)}a_{1j_1}a_{2j_2}\cdots a_{nj_n}.$$

则其转置行列式

$$\Delta^{\mathrm{T}}=\det \boldsymbol{A}^{\mathrm{T}}=\begin{vmatrix} a_{11} & a_{21} & \cdots & a_{n1} \\ a_{12} & a_{22} & \cdots & a_{n2} \\ \vdots & \vdots & & \vdots \\ a_{1n} & a_{2n} & \cdots & a_{nn} \end{vmatrix}=\sum_{(i_1i_2\cdots i_n)}(-1)^{\tau(i_1i_2\cdots i_n)}a_{i_11}a_{i_22}\cdots a_{i_nn}.$$

由命题 3.2.1 立即得出 $\Delta^{\mathrm{T}}=\Delta$. □

命题 3.2.1 和性质 1 说明行列式的行和列具有平等的地位，对行成立的结论对列也都成立. 例如，将 §3.1 例 3 中的行列式转置，可以得到：

$$\begin{vmatrix} a_{11} & \cdots & a_{1r} & a_{1,r+1} & \cdots & a_{1n} \\ \vdots & & \vdots & \vdots & & \vdots \\ a_{r1} & \cdots & a_{rr} & a_{r,r+1} & \cdots & a_{rn} \\ 0 & \cdots & 0 & a_{r+1,r+1} & \cdots & a_{r+1,n} \\ \vdots & & \vdots & \vdots & & \vdots \\ 0 & \cdots & 0 & a_{n,r+1} & \cdots & a_{nn} \end{vmatrix}$$

$$=\begin{vmatrix} a_{11} & \cdots & a_{1r} \\ \vdots & & \vdots \\ a_{r1} & \cdots & a_{rr} \end{vmatrix}\cdot\begin{vmatrix} a_{r+1,r+1} & \cdots & a_{r+1,n} \\ \vdots & & \vdots \\ a_{n,r+1} & \cdots & a_{nn} \end{vmatrix}$$

特别，当 $r=1$ 时有

$$\begin{vmatrix} a_{11} & a_{12} & \cdots & a_{1n} \\ 0 & a_{22} & \cdots & a_{2n} \\ \vdots & \vdots & & \vdots \\ 0 & a_{n2} & \cdots & a_{nn} \end{vmatrix}=a_{11}\begin{vmatrix} a_{22} & \cdots & a_{2n} \\ \vdots & & \vdots \\ a_{n2} & \cdots & a_{nn} \end{vmatrix}$$

行列式 Δ 是形如 $\pm a_{1j_1}a_{2j_2}\cdots a_{nj_n}$ 的项之和. 如果将 Δ 看作它的所有的元 a_{ij} $(1\leqslant i,j\leqslant n)$ 的函数，则 Δ 是所有这 n^2 个元的 n 次多项式. 而且，每一项都是其中 n 个自变量的乘积的 ± 1 倍，都是 n 次项，没有低于 n 次的项，这样的多项式称为 n **次齐次多项式**(homogeneous polynomial of degree n)，这样的多项式函数称为 n **次齐次函数**(homogeneous function of degree n). ("齐次"是说它的所有的项的次数"整齐划一",都是同一个值 n).

有时候需要专门考察 Δ 与它的某一行(设为第 k 行)$\boldsymbol{\alpha}_k=(a_{k1},\cdots,a_{kn})$ 的关系. 此时我们让 Δ 的其余 $n-1$ 行的元固定不变，将 Δ 看作第 k 行的 n 个元 $a_{k1},\cdots,a_{kn}$ 的函数,记作 $\Delta(a_{k1},\cdots,a_{kn})$. 则 Δ 的每一项 $\pm a_{1j_1}a_{2j_2}\cdots a_{nj_n}$ 都是某一个自变量 a_{kj_k} 的常数倍，都是一次项，将所有各项相加得到的 Δ 也就是各自变量的常数倍之和：

$$\Delta(a_{k1},\cdots,a_{kn})=A_{k1}a_{k1}+\cdots+A_{kn}a_{kn} \tag{3.2.2}$$

其中 $A_{k1},\cdots,A_{kn}$ 是由 Δ 中第 k 行以外的元决定的常数. Δ 是 $a_{k1},\cdots,a_{kn}$ 的一次

函数，而且每一项都是一次项，没有常数项，这样的一次函数称为**一次齐次函数**(homogeneous function of degree 1)，也称为**线性函数**(linear function)．它具有如下性质：

(1) $\Delta(b_{k1}+c_{k1},\cdots,b_{kn}+c_{kn})=A_{k1}(b_{k1}+c_{k1})+\cdots+A_{kn}(b_{kn}+c_{kn})$

$=(A_{k1}b_{k1}+\cdots+A_{kn}b_{kn})+(A_{k1}c_{k1}+\cdots+A_{kn}c_{kn})$

$=\Delta(b_{k1},\cdots,b_{kn})+\Delta(c_{k1},\cdots,c_{kn})$

(2) $\Delta(\lambda a_{k1},\cdots,\lambda a_{kn})=A_{k1}(\lambda a_{k1})+\cdots+A_{kn}(\lambda a_{kn})$

$=\lambda(A_{k1}a_{k1}+\cdots+A_{kn}a_{kn})$

$=\lambda\cdot\Delta(a_{k1},\cdots,a_{kn})$

如果将 $\Delta(a_{k1},\cdots,a_{kn})$ 看作整个这一行 $\boldsymbol{\alpha}_k$ 的函数，记作 $\Delta(\boldsymbol{\alpha}_k)$，则以上两个性质就是：

(1) $\Delta(\boldsymbol{\beta}_k+\boldsymbol{\gamma}_k)=\Delta(\boldsymbol{\beta}_k)+\Delta(\boldsymbol{\gamma}_k)$；

(2) $\Delta(\lambda\boldsymbol{\alpha}_k)=\lambda\Delta(\boldsymbol{\alpha}_k)$．

也就是：

性质 2 将行列式 Δ 的某一行(设为第 k 行)$\boldsymbol{\alpha}_k$ 拆成两个行向量之和 $\boldsymbol{\alpha}_k=\boldsymbol{\beta}_k+\boldsymbol{\gamma}_k$，则 Δ 可以相应地写成两个行列式 Δ_1，Δ_2 之和，Δ_1，Δ_2 的第 k 行分别等于 $\boldsymbol{\beta}_k$，$\boldsymbol{\gamma}_k$，其余各行与 Δ 相同：

$$\begin{vmatrix} a_{11} & a_{12} & \cdots & a_{1n} \\ \vdots & \vdots & & \vdots \\ b_{k1}+c_{k1} & b_{k2}+c_{k2} & \cdots & b_{kn}+c_{kn} \\ \vdots & \vdots & & \vdots \\ a_{n1} & a_{n2} & \cdots & a_{nn} \end{vmatrix}$$

$$=\begin{vmatrix} a_{11} & a_{12} & \cdots & a_{1n} \\ \vdots & \vdots & & \vdots \\ b_{k1} & b_{k2} & \cdots & b_{kn} \\ \vdots & \vdots & & \vdots \\ a_{n1} & a_{n2} & \cdots & a_{nn} \end{vmatrix}+\begin{vmatrix} a_{11} & a_{12} & \cdots & a_{1n} \\ \vdots & \vdots & & \vdots \\ c_{k1} & c_{k2} & \cdots & c_{kn} \\ \vdots & \vdots & & \vdots \\ a_{n1} & a_{n2} & \cdots & a_{nn} \end{vmatrix}$$

性质 3 将行列式的任意一行乘以常数 λ，则行列式值变为原来的 λ 倍．

$$\begin{vmatrix} a_{11} & a_{12} & \cdots & a_{1n} \\ \vdots & \vdots & & \vdots \\ \lambda a_{k1} & \lambda a_{k2} & \cdots & \lambda a_{kn} \\ \vdots & \vdots & & \vdots \\ a_{n1} & a_{n2} & \cdots & a_{nn} \end{vmatrix}=\lambda\begin{vmatrix} a_{11} & a_{12} & \cdots & a_{1n} \\ \vdots & \vdots & & \vdots \\ a_{k1} & a_{k2} & \cdots & a_{kn} \\ \vdots & \vdots & & \vdots \\ a_{n1} & a_{n2} & \cdots & a_{nn} \end{vmatrix}$$

也就是说：行列式中任一行(列)的公因子可以提到行列式的外面.

行列式 Δ 的转置行列式 Δ^{T} 的行同样具有以上性质，而 Δ^{T} 的行就是 Δ 的列. 因此，Δ 的列也具有同样的性质：

性质 2′

$$\begin{vmatrix} a_{11} & \cdots & b_{1k}+c_{1k} & \cdots & a_{1n} \\ a_{21} & \cdots & b_{2k}+c_{2k} & \cdots & a_{2n} \\ \vdots & & \vdots & & \vdots \\ a_{n1} & \cdots & b_{nk}+c_{nk} & \cdots & a_{nn} \end{vmatrix}$$

$$= \begin{vmatrix} a_{11} & \cdots & b_{1k} & \cdots & a_{1n} \\ a_{21} & \cdots & b_{2k} & \cdots & a_{2n} \\ \vdots & & \vdots & & \vdots \\ a_{n1} & \cdots & b_{nk} & \cdots & a_{nn} \end{vmatrix} + \begin{vmatrix} a_{11} & \cdots & c_{1k} & \cdots & a_{1n} \\ a_{21} & \cdots & c_{2k} & \cdots & a_{2n} \\ \vdots & & \vdots & & \vdots \\ a_{n1} & \cdots & c_{nk} & \cdots & a_{nn} \end{vmatrix}$$

性质 3′　将行列式的任意一列乘以常数 λ，则行列式值变为原来的 λ 倍. 行列式中任一列的公因子可以提到行列式的外面.　□

注意：

$$\begin{vmatrix} b_{11}+c_{11} & \cdots & b_{1n}+c_{1n} \\ \vdots & & \vdots \\ b_{n1}+c_{n1} & \cdots & b_{nn}+c_{nn} \end{vmatrix} \quad \text{一般不等于} \quad \begin{vmatrix} b_{11} & \cdots & b_{1n} \\ \vdots & & \vdots \\ b_{n1} & \cdots & b_{nn} \end{vmatrix} + \begin{vmatrix} c_{11} & \cdots & c_{1n} \\ \vdots & & \vdots \\ c_{n1} & \cdots & c_{nn} \end{vmatrix}.$$

这正如 $a_1\cdots(b_k+c_k)\cdots a_n=a_1\cdots b_k\cdots a_n+a_1\cdots c_k\cdots a_n$ 成立，但 $(b_1+c_1)\cdots(b_n+c_n)$ 一般不等于 $b_1\cdots b_n+c_1\cdots c_n$.

如果将行列式的所有的元都乘以同一个常数 λ，则相当于行列式的 n 行分别乘以 λ. 每一行都提出一个公因子 λ，共提出 n 个 λ. 行列式的值不是变为原来的 λ 倍，而是变为原来的 λ^n 倍.

$$\begin{vmatrix} \lambda a_{11} & \cdots & \lambda a_{1n} \\ \vdots & & \vdots \\ \lambda a_{n1} & \cdots & \lambda a_{nn} \end{vmatrix} = \lambda^n \begin{vmatrix} a_{11} & \cdots & a_{1n} \\ \vdots & & \vdots \\ a_{n1} & \cdots & a_{nn} \end{vmatrix}$$

当 $n=2$，3 时，行列式分别是平行四边形面积、平行六面体体积，此时性质 3 具有如下几何意义：将平行四边形或平行六面体的某一条边或棱乘以 λ，则面积、体积变成原来的 λ 倍.

性质 4　行列式两行互换，行列式的值变为原来值的相反数. 即：

$$\begin{vmatrix} a_{11} & a_{12} & \cdots & a_{1n} \\ \vdots & \vdots & & \vdots \\ a_{p1} & a_{p2} & \cdots & a_{pn} \\ \vdots & \vdots & & \vdots \\ a_{q1} & a_{q2} & \cdots & a_{qn} \\ \vdots & \vdots & & \vdots \\ a_{n1} & a_{n2} & \cdots & a_{nn} \end{vmatrix} = - \begin{vmatrix} a_{11} & a_{12} & \cdots & a_{1n} \\ \vdots & \vdots & & \vdots \\ a_{q1} & a_{q2} & \cdots & a_{qn} \\ \vdots & \vdots & & \vdots \\ a_{p1} & a_{p2} & \cdots & a_{pn} \\ \vdots & \vdots & & \vdots \\ a_{n1} & a_{n2} & \cdots & a_{nn} \end{vmatrix}$$

证明

$$\text{左边} = \sum_{(j_1\cdots j_p\cdots j_q\cdots j_n)} (-1)^{\tau(j_1\cdots j_p\cdots j_q\cdots j_n)} a_{1j_1}\cdots a_{pj_p}\cdots a_{qj_q}\cdots a_{nj_n} \tag{3.2.3}$$

将排列$(j_1\cdots j_p\cdots j_q\cdots j_n)$中的$j_p$，$j_q$ 互换位置，得到的排列$(j_1\cdots j_q\cdots j_p\cdots j_n)$的奇偶性与$(j_1\cdots j_p\cdots j_q\cdots j_n)$相反. 因此

$$(-1)^{\tau(j_1\cdots j_p\cdots j_q\cdots j_n)} = -(-1)^{\tau(j_1\cdots j_q\cdots j_p\cdots j_n)}$$

代入(3.2.3)式的右边，并将其中的两个因子 a_{pj_p}，a_{qj_q} 互换位置，得到

$$\text{原式左边} = -\sum_{(j_1\cdots j_q\cdots j_p\cdots j_n)} (-1)^{\tau(j_1\cdots j_q\cdots j_p\cdots j_n)} a_{1j_1}\cdots a_{qj_q}\cdots a_{pj_p}\cdots a_{nj_n} = \text{右边}. \quad \square$$

由以上 4 条性质可以推出以下性质：

性质 5　如果行列式某行(列)元全为 0，则行列式值为 0.

证明　设行列式 Δ 第 k 行元全为0. 将 Δ 的第 k 行乘以 0，Δ 不变. 另一方面，由性质 3 知 Δ 应变为 $0\Delta=0$. 可见 $\Delta=0$.　□

性质 6　如果行列式某两行(列)相等，则行列式值为 0.

证明　设行列式 Δ 的第 p 行与第 q 行相等. 将这两行互换，由性质 4 知 Δ 应变为$-\Delta$. 但另一方面，由于这两行相等，将它们互换之后 Δ 不变. 因此 $\Delta=-\Delta$，$\Delta=0$.　□

性质 7　如果行列式某两行(列)成比例，则行列式的值为 0.

证明　设行列式 Δ 的第 p，q 两行成比例，第 p 行是第 q 行的 λ 倍. 将第 p 行的公因子 λ 提出来，得到的行列式 Δ_1 的第 p，q 两行相等. 由性质 6 知道 $\Delta_1=0$，由性质 3 知道 $\Delta=\lambda\Delta_1=0$.　□

性质 8　将行列式的某一行(列)的 λ 倍加到另一行(列)，行列式的值不变.

证明

$$\begin{vmatrix} a_{11} & a_{12} & \cdots & a_{1n} \\ \vdots & \vdots & & \vdots \\ a_{p1} & a_{p2} & \cdots & a_{pn} \\ \vdots & \vdots & & \vdots \\ a_{q1}+\lambda a_{p1} & a_{q2}+\lambda a_{p2} & \cdots & a_{qn}+\lambda a_{pn} \\ \vdots & \vdots & & \vdots \\ a_{n1} & a_{n2} & \cdots & a_{nn} \end{vmatrix}$$

$$= \begin{vmatrix} a_{11} & a_{12} & \cdots & a_{1n} \\ \vdots & \vdots & & \vdots \\ a_{p1} & a_{p2} & \cdots & a_{pn} \\ \vdots & \vdots & & \vdots \\ a_{q1} & a_{q2} & \cdots & a_{qn} \\ \vdots & \vdots & & \vdots \\ a_{n1} & a_{n2} & \cdots & a_{nn} \end{vmatrix} + \lambda \begin{vmatrix} a_{11} & a_{12} & \cdots & a_{1n} \\ \vdots & \vdots & & \vdots \\ a_{p1} & a_{p2} & \cdots & a_{pn} \\ \vdots & \vdots & & \vdots \\ a_{p1} & a_{p2} & \cdots & a_{pn} \\ \vdots & \vdots & & \vdots \\ a_{n1} & a_{n2} & \cdots & a_{nn} \end{vmatrix}$$

$$= \begin{vmatrix} a_{11} & a_{12} & \cdots & a_{1n} \\ \vdots & \vdots & & \vdots \\ a_{p1} & a_{p2} & \cdots & a_{pn} \\ \vdots & \vdots & & \vdots \\ a_{q1} & a_{q2} & \cdots & a_{qn} \\ \vdots & \vdots & & \vdots \\ a_{n1} & a_{n2} & \cdots & a_{nn} \end{vmatrix} + \lambda 0 = \begin{vmatrix} a_{11} & a_{12} & \cdots & a_{1n} \\ \vdots & \vdots & & \vdots \\ a_{p1} & a_{p2} & \cdots & a_{pn} \\ \vdots & \vdots & & \vdots \\ a_{q1} & a_{q2} & \cdots & a_{qn} \\ \vdots & \vdots & & \vdots \\ a_{n1} & a_{n2} & \cdots & a_{nn} \end{vmatrix} \qquad \square$$

性质 3，性质 4，性质 8 说明了 3 类初等行变换对行列式的值的影响，因而可以利用初等行变换化简行列式. 由于行列式的行与列的地位平等，这 3 个性质对列也成立，可以对行列式进行初等列变换来化简行列式.

例 1 求行列式

$$\Delta = \begin{vmatrix} 1 & 2 & 3 & 4 \\ 1 & 2 & 0 & -5 \\ 3 & -1 & -1 & 0 \\ 1 & 0 & 1 & 2 \end{vmatrix}$$

解

$$\Delta \xlongequal{-(1)+(2),-3(1)+(3),-(1)+(4)} \begin{vmatrix} 1 & 2 & 3 & 4 \\ 0 & 0 & -3 & -9 \\ 0 & -7 & -10 & -12 \\ 0 & -2 & -2 & -2 \end{vmatrix}$$

$$\xlongequal{-\frac{1}{2}(4),(2,4),7(2)+(3),-2(2)+(1)} -(-2)\begin{vmatrix} 1 & 0 & 1 & 2 \\ 0 & 1 & 1 & 1 \\ 0 & 0 & -3 & -5 \\ 0 & 0 & -3 & -9 \end{vmatrix}$$

$$\xlongequal{-(3)+(4)} 2\begin{vmatrix} 1 & 0 & 1 & 2 \\ 0 & 1 & 1 & 1 \\ 0 & 0 & -3 & -5 \\ 0 & 0 & 0 & -4 \end{vmatrix}$$

$$=2\times1\times1\times(-3)\times(-4)=24$$ □

例 1 中通过初等行变换将行列式化成了上三角形，从而计算出了它的值.初等行变换的方法与第 1 章中解线性方程组的矩阵消元法相同. 实际上，这里的行列式就是第 1 章 § 1.3 例 1 中的方程组的系数矩阵的行列式，所采用的初等行变换也与 § 1.3 中完全相同.

在等号上方标注出了所用的初等行变换，记号与第 1 章中的相同：

$\lambda(i)+(j)$ 表示将第 i 行的 λ 倍加到第 j 行，此时行列式不变.

(i,j) 表示将第 i，j 两行互换，此时行列式前面**添一个负号**(注意不要忘记添这个负号).

$\lambda^{-1}(i)$ 表示将第 i 行的公因子 λ 提到行列式外面.

除了采用初等行变换化简行列式，也可以采用初等列变换. 我们约定在等号的下方标注所用的列变换：

等号下方的 $\lambda(i)+(j)$ 表示将第 i 列的 λ 倍加到第 j 列，此时行列式不变.

等号下方的(i,j)表示将第 i，j 两列互换位置，此时行列式前面加负号.

等号下方的 $\lambda^{-1}(i)$ 表示将第 i 列的公因子 λ 提出来.

也可以不用上述符号，而直接用文字叙述所用的初等行变换或列变换，从上到下写在等号两旁.

例 2 计算 n 阶行列式

$$\Delta=\begin{vmatrix} x & a & a & \cdots & a \\ a & x & a & \cdots & a \\ a & a & x & \cdots & a \\ \vdots & \vdots & \vdots & & \vdots \\ a & a & a & \cdots & x \end{vmatrix}$$

解

$$\Delta \xlongequal{\text{其余各行加到第1行}} \begin{vmatrix} x+(n-1)a & x+(n-1)a & x+(n-1)a & \cdots & x+(n-1)a \\ a & x & a & \cdots & a \\ a & a & x & \cdots & a \\ \vdots & \vdots & \vdots & & \vdots \\ a & a & a & \cdots & x \end{vmatrix}$$

$$\xlongequal{\text{第1行提公因子 } x+(n-1)a} [x+(n-1)a] \begin{vmatrix} 1 & 1 & 1 & \cdots & 1 \\ a & x & a & \cdots & a \\ a & a & x & \cdots & a \\ \vdots & \vdots & \vdots & & \vdots \\ a & a & a & \cdots & x \end{vmatrix}$$

$$\xlongequal{\text{其余各列减第1列}} [x+(n-1)a] \begin{vmatrix} 1 & 0 & 0 & \cdots & 0 \\ a & x-a & 0 & \cdots & 0 \\ a & 0 & x-a & \cdots & 0 \\ \vdots & \vdots & \vdots & & \vdots \\ a & 0 & 0 & \cdots & x-a \end{vmatrix}$$

$$=[x+(n-1)a](x-a)^{n-1} \quad \square$$

例 3 求 n 阶行列式

$$\Delta = \begin{vmatrix} 1 & 2 & 3 & \cdots & n-1 & n \\ 2 & 3 & 4 & \cdots & n & 1 \\ 3 & 4 & 5 & \cdots & 1 & 2 \\ \vdots & \vdots & \vdots & & \vdots & \vdots \\ n & 1 & 2 & \cdots & n-2 & n-1 \end{vmatrix}$$

解

$$\Delta \xlongequal[\text{第1列提公因子}\frac{n(n+1)}{2}]{\text{其余各列加到第1列}} \frac{n(n+1)}{2} \begin{vmatrix} 1 & 2 & 3 & \cdots & n-1 & n \\ 1 & 3 & 4 & \cdots & n & 1 \\ 1 & 4 & 5 & \cdots & 1 & 2 \\ \vdots & \vdots & \vdots & & \vdots & \vdots \\ 1 & 1 & 2 & \cdots & n-2 & n-1 \end{vmatrix}_{n\times n}$$

$$\xlongequal{\text{由下而上每行减去上一行}} \frac{n(n+1)}{2} \begin{vmatrix} 1 & 2 & 3 & \cdots & n-1 & n \\ 0 & 1 & 1 & \cdots & 1 & 1-n \\ 0 & 1 & 1 & \cdots & 1-n & 1 \\ \vdots & \vdots & \vdots & & \vdots & \vdots \\ 0 & 1-n & 1 & \cdots & 1 & 1 \end{vmatrix}_{n\times n}$$

$$\xlongequal[\text{其余各行加到第 1 行}]{\text{降为 } n-1 \text{ 阶}} \frac{n(n+1)}{2}\begin{vmatrix} -1 & -1 & \cdots & -1 & -1 \\ 1 & 1 & \cdots & 1-n & 1 \\ \vdots & \vdots & & \vdots & \vdots \\ 1-n & 1 & \cdots & 1 & 1 \end{vmatrix}_{(n-1)\times(n-1)}$$

$$\xlongequal{\text{第 1 行加到以下各行}} \frac{n(n+1)}{2}\begin{vmatrix} -1 & -1 & \cdots & -1 & -1 \\ 0 & 0 & \cdots & -n & 0 \\ \vdots & \vdots & & \vdots & \vdots \\ -n & 0 & \cdots & 0 & 0 \end{vmatrix}_{(n-1)\times(n-1)}$$

$$\xlongequal[\text{与左边各列互换}]{\text{第 2 至 } n \text{ 列}} \frac{n(n+1)}{2}(-1)^{1+2+\cdots+(n-2)}\begin{vmatrix} -1 & -1 & \cdots & -1 & -1 \\ 0 & -n & \cdots & 0 & 0 \\ \vdots & \vdots & & \vdots & \vdots \\ 0 & 0 & \cdots & 0 & -n \end{vmatrix}_{(n-1)\times(n-1)}$$

$$= \frac{n(n+1)}{2}(-1)^{1+2+\cdots+(n-2)}(-1)(-n)^{n-2} = \frac{n(n+1)}{2}(-1)^{\frac{n(n-1)}{2}}n^{n-2} \quad \square$$

例 4　求 n 阶行列式

$$V(x_1,x_2,\cdots,x_n) = \begin{vmatrix} 1 & 1 & \cdots & 1 \\ x_1 & x_2 & \cdots & x_n \\ x_1^2 & x_2^2 & \cdots & x_n^2 \\ \vdots & \vdots & & \vdots \\ x_1^{n-1} & x_2^{n-1} & \cdots & x_n^{n-1} \end{vmatrix}$$

（**注**：这个行列式称为 Vandermonde 行列式.）

解

$$V(x_1,x_2,\cdots,x_n) \xlongequal{-x_1(i-1)+(i),\, i=n,n-1,\cdots,2}$$

$$\begin{vmatrix} 1 & 1 & 1 & \cdots & 1 \\ 0 & x_2-x_1 & x_3-x_1 & \cdots & x_n-x_1 \\ 0 & x_2(x_2-x_1) & x_3(x_3-x_1) & \cdots & x_n(x_n-x_1) \\ \vdots & \vdots & \vdots & & \vdots \\ 0 & x_2^{n-2}(x_2-x_1) & x_3^{n-2}(x_3-x_1) & \cdots & x_n^{n-2}(x_n-x_1) \end{vmatrix}$$

$$\xlongequal{\text{降为 } n-1 \text{ 阶}} \begin{vmatrix} x_2-x_1 & x_3-x_1 & \cdots & x_n-x_1 \\ x_2(x_2-x_1) & x_3(x_3-x_1) & \cdots & x_n(x_n-x_1) \\ \vdots & \vdots & & \vdots \\ x_2^{n-2}(x_2-x_1) & x_3^{n-2}(x_3-x_1) & \cdots & x_n^{n-2}(x_n-x_1) \end{vmatrix}$$

$$\xlongequal{\text{各列提公因子}} (x_2-x_1)(x_3-x_1)\cdots(x_n-x_1) \begin{vmatrix} 1 & 1 & \cdots & 1 \\ x_2 & x_3 & \cdots & x_n \\ x_2^2 & x_3^2 & \cdots & x_n^2 \\ \vdots & \vdots & & \vdots \\ x_2^{n-2} & x_3^{n-2} & \cdots & x_n^{n-2} \end{vmatrix}$$

$$=(x_2-x_1)(x_3-x_1)\cdots(x_n-x_1)\cdot V(x_2,x_3,\cdots,x_n)$$

由此得到递推关系：

$$V(x_1,x_2,\cdots,x_n)=\prod_{1<i\leqslant n}(x_i-x_1)\cdot V(x_2,x_3,\cdots,x_n) \qquad (3.2.4)$$

因而

$$V(x_2,x_3,\cdots,x_n)=\prod_{2<i\leqslant n}(x_i-x_2)\cdot V(x_3,x_4,\cdots,x_n)$$

$$V(x_3,\cdots,x_n)=\prod_{3<i\leqslant n}(x_i-x_3)\cdot V(x_4,\cdots,x_n)$$

$$\cdots\cdots\cdots\cdots$$

$$V(x_{n-2},\cdots,x_n)=(x_{n-1}-x_{n-2})(x_n-x_{n-2})\cdot V(x_{n-1},x_n)$$

$$V(x_{n-1},x_n)=\begin{vmatrix} 1 & 1 \\ x_{n-1} & x_n \end{vmatrix}=x_n-x_{n-1}$$

由最后一个式子 $V(x_{n-1},x_n)$ 开始依次将每个式子代入前一式，得

$$V(x_1,x_2,\cdots,x_n)=\prod_{1\leqslant j<i\leqslant n}(x_i-x_j) \qquad (3.2.5)$$

也可以利用(3.2.4)，对 n 用数学归纳法证明(3.2.5)对所有正整数 $n\geqslant 2$ 成立：

$n=2$ 时，$V(x_1,x_2)=\begin{vmatrix} 1 & 1 \\ x_1 & x_2 \end{vmatrix}=x_2-x_1$，(3.2.5)成立.

设(3.2.5)对 $n-1$ 成立，则

$$V(x_2,x_3,\cdots,x_n)=\prod_{2\leqslant j<i\leqslant n}(x_i-x_j)$$

代入(3.2.4)即得

$$V(x_1,x_2,\cdots,x_n)=\prod_{1<i\leqslant n}(x_i-x_1)\cdot\prod_{2\leqslant j<i\leqslant n}(x_i-x_j)=\prod_{1\leqslant j<i\leqslant n}(x_i-x_j)\quad\Box$$

由例 4 的结论知道：Vandermonde 行列式 $V(x_1,x_2,\cdots,x_n)\neq 0$ 的充分必要条件为：$x_1,x_2,\cdots,x_n$ 两两不相等.

以上各例题都是适当利用初等行变换和初等列变换将行列式化简，或者利用

$$\begin{vmatrix} a_{11} & 0 & \cdots & 0 \\ a_{21} & a_{22} & \cdots & a_{2n} \\ \vdots & \vdots & & \vdots \\ a_{n1} & a_{n2} & \cdots & a_{nn} \end{vmatrix}=\begin{vmatrix} a_{11} & a_{12} & \cdots & a_{1n} \\ 0 & a_{22} & \cdots & a_{2n} \\ \vdots & \vdots & & \vdots \\ 0 & a_{n2} & \cdots & a_{nn} \end{vmatrix}=a_{11}\begin{vmatrix} a_{22} & \cdots & a_{2n} \\ \vdots & & \vdots \\ a_{n2} & \cdots & a_{nn} \end{vmatrix}$$

将 n 阶行列式降阶为 $n-1$ 阶行列式来计算. 最后将行列式化为上三角形或下三角形来计算，或者得出递推关系式来求值. 注意，例 1 的方法原则上适用于给定 n 的具体值以及各元 a_{ij} 的具体值的行列式. 但以后各例计算 n 阶行列式的方法只适用于特殊的行列式，需要根据具体情形灵活运用.

习　题　3.2

1. 计算行列式

(1) $\begin{vmatrix} 1 & 1 & 1 & 1 \\ 1 & -1 & 1 & -1 \\ 1 & 2 & 3 & 4 \\ 1 & 3 & 5 & 9 \end{vmatrix}$;　　(2) $\begin{vmatrix} 1+a & 1 & 1 & 1 \\ 1 & 1-a & 1 & 1 \\ 1 & 1 & 1+b & 1 \\ 1 & 1 & 1 & 1-b \end{vmatrix}$;

(3) $\begin{vmatrix} x & y & x+y \\ y & x+y & x \\ x+y & x & y \end{vmatrix}$;　　(4) $\begin{vmatrix} a^2 & (a+1)^2 & (a+2)^2 & (a+3)^2 \\ b^2 & (b+1)^2 & (b+2)^2 & (b+3)^2 \\ c^2 & (c+1)^2 & (c+2)^2 & (c+3)^2 \\ d^2 & (d+1)^2 & (d+2)^2 & (d+3)^2 \end{vmatrix}$;

(5) $\begin{vmatrix} a & b & c & d \\ a & a+b & a+b+c & a+b+c+d \\ a & 2a+b & 3a+2b+c & 4a+3b+2c+d \\ a & 3a+b & 6a+3b+c & 10a+6b+3c+d \end{vmatrix}$.

2. 证明：n 阶行列式中，若等于 0 的元的个数大于 n^2-n，则行列式为零.

3. 证明：

(1) $\begin{vmatrix} b+c & c+a & a+b \\ q+r & r+p & p+q \\ y+z & z+x & x+y \end{vmatrix}=2\begin{vmatrix} a & b & c \\ p & q & r \\ x & y & z \end{vmatrix}$;　　(2) $\begin{vmatrix} 1 & a & a^2-bc \\ 1 & b & b^2-ac \\ 1 & c & c^2-ab \end{vmatrix}=0$.

4. 计算 n 阶行列式

(1) $\begin{vmatrix} a_1-b_1 & a_1-b_2 & \cdots & a_1-b_n \\ a_2-b_1 & a_2-b_2 & \cdots & a_2-b_n \\ \vdots & \vdots & & \vdots \\ a_n-b_1 & a_n-b_2 & \cdots & a_n-b_n \end{vmatrix}$; (2) $\begin{vmatrix} a_1 & b_2 & \cdots & b_n \\ c_2 & a_2 & & \\ \vdots & & \ddots & \\ c_n & & & a_n \end{vmatrix}$;

(3) $\begin{vmatrix} 1 & 3 & 3 & \cdots & 3 \\ 3 & 2 & 3 & \cdots & 3 \\ \vdots & \vdots & \vdots & & \vdots \\ 3 & 3 & \cdots & n-1 & 3 \\ 3 & 3 & \cdots & 3 & n \end{vmatrix}$; (4) $\begin{vmatrix} x & a_1 & a_2 & \cdots & a_{n-1} \\ a_1 & x & a_2 & \cdots & a_{n-1} \\ a_1 & a_2 & x & \cdots & a_{n-1} \\ \vdots & \vdots & \vdots & & \vdots \\ a_1 & a_2 & \cdots & a_{n-1} & x \end{vmatrix}$.

5. 如果方阵 $\boldsymbol{A}$ 满足条件 $\boldsymbol{A}^{\mathrm{T}}=-\boldsymbol{A}$，就称 $\boldsymbol{A}$ 是反对称方阵. 证明：奇数阶反对称方阵的行列式等于 0.

§3.3 展开定理

1. 行列式按一行(列)展开

我们知道：如果 n 阶行列式的第一行或第一列除了第一个元 a_{11} 以外全都是 0，就可以利用公式

$$\begin{vmatrix} a_{11} & 0 & \cdots & 0 \\ a_{21} & a_{22} & \cdots & a_{2n} \\ \vdots & \vdots & & \vdots \\ a_{n1} & a_{n2} & \cdots & a_{nn} \end{vmatrix} = \begin{vmatrix} a_{11} & a_{12} & \cdots & a_{1n} \\ 0 & a_{22} & \cdots & a_{2n} \\ \vdots & \vdots & & \vdots \\ 0 & a_{n2} & \cdots & a_{nn} \end{vmatrix} = a_{11} \begin{vmatrix} a_{22} & \cdots & a_{2n} \\ \vdots & & \vdots \\ a_{n2} & \cdots & a_{nn} \end{vmatrix} = a_{11} \cdot M_{11} \tag{3.3.1}$$

将行列式降阶为 $n-1$ 阶行列式 M_{11} 来计算，M_{11} 是在行列式 Δ 中将 a_{11} 所在的第一行和第一列全部删去之后剩下的元组成的行列式，称为 a_{11} 在 Δ 中的**余子式**(cofactor).

如果 Δ 的第一行只有一个非零元，但不在第 1 列而在另外某一列，则可以通过列的互换将这个非零元换到第 1 列，仍然可以利用(3.3.1)来计算 Δ.

例 1 行列式

$$\Delta = \begin{vmatrix} 0 & \cdots & a_{1j} & \cdots & 0 \\ a_{21} & \cdots & a_{2j} & \cdots & a_{2n} \\ \vdots & & \vdots & & \vdots \\ a_{n1} & \cdots & a_{nj} & \cdots & a_{nn} \end{vmatrix}$$

的第 1 行除了第 j 列的元 a_{1j} 以外的其余元都是 0. 试将 Δ 化为 $n-1$ 阶行列式来计算.

解 将 Δ 的第 j 列依次与它左边的 $j-1$ 列互换位置，经过 $j-1$ 次变号变为

$$\Delta_1=\begin{vmatrix} a_{1j} & 0 & \cdots & 0 & 0 & \cdots & 0 \\ a_{2j} & a_{21} & \cdots & a_{2,j-1} & a_{2,j+1} & \cdots & a_{2n} \\ \vdots & \vdots & & \vdots & \vdots & & \vdots \\ a_{nj} & a_{n1} & \cdots & a_{n,j-1} & a_{n,j+1} & \cdots & a_{nn} \end{vmatrix}$$

$$=a_{1j}\cdot\begin{vmatrix} a_{21} & \cdots & a_{2,j-1} & a_{2,j+1} & \cdots & a_{2n} \\ \vdots & & \vdots & \vdots & & \vdots \\ a_{n1} & \cdots & a_{n,j-1} & a_{n,j+1} & \cdots & a_{nn} \end{vmatrix}=a_{1j}M_{1j}$$

从而

$$\Delta=(-1)^{j-1}\Delta_1=a_{1j}\cdot(-1)^{j-1}M_{1j} \tag{3.3.2}$$

其中 M_{1j} 是在 Δ 中将 a_{1j} 所在的第 1 行和第 j 列删去之后剩下的元组成的行列式，称为 a_{1j} 在 Δ 中的余子式. 由于 $(-1)^{j-1}=(-1)^{1+j}$，我们可以将(3.3.2)中的 $(-1)^{j-1}M_{1j}$ 改写为 $(-1)^{1+j}M_{1j}$，其中 -1 的指数 $1+j$ 等于 a_{1j} 的行指标 1 和列指标 j 之和. $(-1)^{1+j}M_{1j}$ 称为 a_{1j} 在 Δ 中的**代数余子式**(algebraic cofactor)，记作 A_{1j}. 这样，等式(3.3.2)就成为：

如果行列式 Δ 的第 1 行除了第 j 列的元 a_{1j} 之外都是 0，则

$$\Delta=a_{1j}A_{1j} \tag{3.3.3}$$

一般的行列式 Δ 的第 1 行 $(a_{11},\cdots,a_{1n})$ 未必含有 0，但可以通过将这一行拆成 n 个至少含有 $n-1$ 个 0 的行向量之和：

$$(a_{11},\cdots,a_{1n})=(a_{11},0,\cdots,0)+(0,a_{12},\cdots,0)+\cdots+(0,\cdots,0,a_{1n})$$

按照行列式的性质 2 相应地将 Δ 拆成 n 个行列式 Δ_1，$\cdots$，Δ_n 之和，分别以这 n 个行向量作为第 1 行，其余各行都与 Δ 相同：

$$\Delta=\begin{vmatrix} a_{11} & \cdots & a_{1j} & \cdots & a_{1n} \\ a_{21} & \cdots & a_{2j} & \cdots & a_{2n} \\ \vdots & & \vdots & & \vdots \\ a_{n1} & \cdots & a_{nj} & \cdots & a_{nn} \end{vmatrix}=\begin{vmatrix} a_{11} & 0 & \cdots & 0 \\ a_{21} & a_{22} & \cdots & a_{2n} \\ \vdots & \vdots & & \vdots \\ a_{n1} & a_{n2} & \cdots & a_{nn} \end{vmatrix}+\cdots+$$

$$\begin{vmatrix} 0 & \cdots & 0 & a_{1j} & 0 & \cdots & 0 \\ a_{21} & \cdots & a_{2,j-1} & a_{2j} & a_{2,j+1} & \cdots & a_{2n} \\ \vdots & & \vdots & \vdots & \vdots & & \vdots \\ a_{n1} & \cdots & a_{n,j-1} & a_{nj} & a_{n,j+1} & \cdots & a_{nn} \end{vmatrix}+\cdots+\begin{vmatrix} 0 & \cdots & 0 & a_{1n} \\ a_{21} & \cdots & a_{2,n-1} & a_{2n} \\ \vdots & & \vdots & \vdots \\ a_{n1} & \cdots & a_{n,n-1} & a_{nn} \end{vmatrix}$$

$$=a_{11}A_{11}+\cdots+a_{1j}A_{1j}+\cdots+a_{1n}A_{1n}=\sum_{j=1}^{n}a_{1j}A_{1j}$$

这就得出了

引理 3.3.1　行列式 Δ 的值，等于它的第 1 行各元分别乘以它们的代数余子式所得的乘积之和：

$$\Delta=\sum_{j=1}^{n}a_{1j}A_{1j} \tag{3.3.4}$$

这称为行列式按第 1 行展开.

行列式也可以按任何一行展开，要得到 Δ 按第 i 行展开的公式，只要将它的第 i 行依次与它前面的 $i-1$ 行互换位置，得到的行列式 Δ_1 的第 1 行就是 Δ 的第 i 行，而 Δ_1 的其余各行依次是从 Δ 中去掉第 i 行之后的其余各行. 将 Δ_1 按第 1 行展开，就得到 Δ 按第 i 行展开的公式.

$$\Delta=\begin{vmatrix} a_{11} & \cdots & a_{1j} & \cdots & a_{1n} \\ \vdots & & \vdots & & \vdots \\ a_{i-1,1} & \cdots & a_{i-1,j} & \cdots & a_{i-1,n} \\ a_{i1} & \cdots & a_{ij} & \cdots & a_{in} \\ a_{i+1,1} & \cdots & a_{i+1,j} & \cdots & a_{i+1,n} \\ \vdots & & \vdots & & \vdots \\ a_{n1} & \cdots & a_{nj} & \cdots & a_{nn} \end{vmatrix}=(-1)^{i-1}\begin{vmatrix} a_{i1} & \cdots & a_{ij} & \cdots & a_{in} \\ a_{11} & \cdots & a_{1j} & \cdots & a_{1n} \\ \vdots & & \vdots & & \vdots \\ a_{i-1,1} & \cdots & a_{i-1,j} & \cdots & a_{i-1,n} \\ a_{i+1,1} & \cdots & a_{i+1,j} & \cdots & a_{i+1,n} \\ \vdots & & \vdots & & \vdots \\ a_{n1} & \cdots & a_{nj} & \cdots & a_{nn} \end{vmatrix}$$

$$=(-1)^{i-1}\sum_{j=1}^{n}a_{ij}\cdot(-1)^{1+j}M_{ij}=\sum_{j=1}^{n}a_{ij}\cdot(-1)^{i+j}M_{ij}=\sum_{j=1}^{n}a_{ij}A_{ij}$$

其中 M_{ij}是从 Δ 中删去 a_{ij}所在的第 i 行和第 j 列之后剩下的元所组成的行列式，称为 a_{ij}的**余子式**(cofactor)，$A_{ij}=(-1)^{i+j}M_{ij}$称为 a_{ij} 的**代数余子式**(algebraic cofactor). 这样就得到行列式按任何一行展开的公式. 由于行与列平等，同样可以得到行列式按列展开的公式.

命题 3.3.2　行列式 Δ 的值，等于它的任意一行各元分别乘以各自的代数余子式的乘积之和：

$$\Delta=\sum_{j=1}^{n}a_{ij}A_{ij}$$

也等于它的任意一列各元分别乘以各自的代数余子式的乘积之和：

$$\Delta=\sum_{i=1}^{n}a_{ij}A_{ij}$$

注意，在按行展开的公式

$$\Delta=a_{i1}A_{i1}+\cdots+a_{ij}A_{ij}+\cdots+a_{in}A_{in}$$

中，第 i 行的各元的代数余子式 $A_{i1},\cdots,A_{in}$ 的值都由 Δ 中第 i 以外的元决定，与第 i 行各元 $a_{i1},\cdots,a_{in}$无关. 因此，在行列式 Δ 中将第 i 行各元分别换成任意值 $x_1,\cdots,x_n$，得到的行列式 $\Delta(x_1,\cdots,x_n)$按第 i 行的展开式中的各代数余子式 $A_{i1},\cdots,A_{jn}$仍与在 Δ 中相同：

$$\begin{vmatrix} a_{11} & \cdots & a_{1j} & \cdots & a_{1n} \\ \vdots & & \vdots & & \vdots \\ a_{i-1,1} & \cdots & a_{i-1,j} & \cdots & a_{i-1,n} \\ x_1 & \cdots & x_j & \cdots & x_n \\ a_{i+1,1} & \cdots & a_{i+1,j} & \cdots & a_{i+1,n} \\ \vdots & & \vdots & & \vdots \\ a_{n1} & \cdots & a_{nj} & \cdots & a_{nn} \end{vmatrix} = x_1A_{i1}+\cdots+x_jA_{ij}+\cdots+x_nA_{in} \qquad (3.3.5)$$

如果将等式(3.3.5)两边的$(x_1,\cdots,x_n)$取作 Δ 的另外一行$(a_{k1},\cdots,a_{kn})(k\neq i)$，则等式左边行列式的第 i 行与第 k 行相等，行列式值为 0. 于是等式右边也等于零：

$$a_{k1}A_{i1}+\cdots+a_{kj}A_{ij}+\cdots+a_{kn}A_{in}=0.$$

对行列式的列也有类似的结果：

$$a_{1k}A_{1j}+\cdots+a_{ik}A_{ij}+\cdots+a_{nk}A_{nj}=0, \quad \forall\, k\neq j.$$

这就得到

定理 3.3.3

$$\sum_{j=1}^{n} a_{kj}A_{ij}=\begin{cases}\Delta, & \text{当 } k=i, \\ 0, & \text{当 } k\neq i;\end{cases} \qquad \sum_{i=1}^{n} a_{ik}A_{ij}=\begin{cases}\Delta, & \text{当 } k=j, \\ 0, & \text{当 } k\neq j.\end{cases} \qquad \square$$

例 2 求 n 阶行列式

$$(1)\ \Delta_n=\begin{vmatrix} 2 & 1 & 0 & \cdots & 0 \\ 1 & 2 & 1 & \cdots & 0 \\ 0 & 1 & 2 & \cdots & 0 \\ \vdots & \vdots & \vdots & & \vdots \\ 0 & 0 & 0 & \cdots & 2 \end{vmatrix};$$

$$(2)\ \Delta_n=\begin{vmatrix} 2\cos\theta & 1 & 0 & \cdots & 0 \\ 1 & 2\cos\theta & 1 & \cdots & 0 \\ 0 & 1 & 2\cos\theta & \cdots & 0 \\ \vdots & \vdots & \vdots & & \vdots \\ 0 & 0 & 0 & \cdots & 2\cos\theta \end{vmatrix}$$

解 (1) 将 Δ_n 按第一行展开得

$$\Delta=2\Delta_{n-1}-1\cdot\begin{vmatrix} 1 & 1 & 0 & \cdots & 0 \\ 0 & 2 & 1 & \cdots & 0 \\ 0 & 1 & 2 & \cdots & 0 \\ \vdots & \vdots & \vdots & & \vdots \\ 0 & 0 & 0 & \cdots & 2 \end{vmatrix}_{(n-1)\times(n-1)}$$

将上式第二项的行列式按第二列展开，得

$$\Delta_n=2\Delta_{n-1}-\Delta_{n-2}$$

即

$$\Delta_n-\Delta_{n-1}=\Delta_{n-1}-\Delta_{n-2}$$

这说明以 Δ_n 为第 n 项的数列是等差数列，其公差

$$d=\Delta_2-\Delta_1=\begin{vmatrix}2&1\\1&2\end{vmatrix}-2=3-2=1$$

首项 $\Delta_1=2$. 因此

$$\Delta_n=2+(n-1)\times1=n+1$$

(2)与(1)同样将行列式按第一行展开，得到

$$\Delta_n=2\cos\theta\cdot\Delta_{n-1}-\Delta_{n-2} \tag{3.3.6}$$

且满足初始条件

$$\Delta_1=2\cos\theta,\ \Delta_2=4\cos^2\theta-1=2(1+\cos 2\theta)-1=1+2\cos 2\theta \tag{3.3.7}$$

满足条件

$$a_n=2\cos\theta a_{n-1}-a_{n-2}\quad(\forall\, 3\leqslant i\leqslant n)$$

的数列 $\{a_n\}$ 组成复数域上的 2 维向量空间 V_2，包含 $\{\Delta_n\}$ 在内.

寻找 V_2 中包含的首项为 1 的等比数列 $\{a_n\}$，$a_n=q^{n-1}$，其公比 q 满足条件

$$q^{n-1}=2\cos\theta q^{n-2}+q^{n-3},\quad\forall\, n\geqslant 3$$

$$\Leftrightarrow q^2-(2\cos\theta)q-1=0\Leftrightarrow q=\cos\theta\pm \mathrm{i}\sin\theta$$

记 $q_1=\cos\theta-\mathrm{i}\sin\theta$，$q_2=\cos\theta+\mathrm{i}\sin\theta$，$a_n=q_1^{n-1}$，$b_n=q_2^{n-1}$. 则数列 $\{a_n\}$，$\{b_n\}$ 线性无关，组成 V_2 的一组基.

设 $\{\Delta_n\}=x\{a_n\}+y\{b_n\}$. 比较各数列的前两项得 $\begin{cases}x+y=\Delta_1,\\ q_1x+q_2y=\Delta_2,\end{cases}$ 解之得

$$\begin{cases}x=\dfrac{\Delta_1q_2-\Delta_2}{q_2-q_1}\\[2ex] y=\dfrac{\Delta_2-\Delta_1q_1}{q_2-q_1}\end{cases}$$

从而

$$\begin{aligned}\Delta_n&=xq_1^{n-1}+yq_2^{n-1}\\&=\frac{\Delta_1q_2q_1^{n-1}-\Delta_2q_1^{n-1}+\Delta_2q_2^{n-1}-\Delta_1q_1q_2^{n-1}}{q_2-q_1}\\&=\frac{\Delta_1q_1q_2(q_1^{n-2}-q_1^{n-2})+\Delta_2(q_2^{n-1}-q_1^{n-1})}{q_2-q_1}\end{aligned} \tag{3.3.8}$$

将

$$q_1q_2=1,\quad q_2-q_1=2\mathrm{i}\sin\theta,$$

$$q_2^{n-1}-q_1^{n-1}=(\cos(n-1)\theta+\mathrm{i}\sin(n-1)\theta)-(\cos(n-1)\theta+\mathrm{i}\sin(n-1)\theta)$$
$$=2\mathrm{i}\sin(n-1)\theta$$

$$q_1^{n-2}-q_2^{n-2}=-2\mathrm{i}\sin(n-2)\theta$$

以及 $\Delta_1=2\cos\theta$，$\Delta_2=1+2\cos 2\theta$ 代入(3.3.8)得

$$\begin{aligned}\Delta_n&=\frac{2\cos\theta[-2\mathrm{i}\sin(n-2)\theta]+(1+2\cos 2\theta)[2\mathrm{i}\sin(n-1)\theta]}{2\mathrm{i}\sin\theta}\\&=\frac{-2\cos\theta\sin(n-2)\theta+\sin(n-1)\theta+2\cos 2\theta\sin(n-1)\theta}{\sin\theta}\\&=\frac{-[\sin(n-1)\theta+\sin(n-3)\theta]+\sin(n-1)\theta+\sin(n+1)\theta+\sin(n-3)\theta}{\sin\theta}\\&=\frac{\sin(n+1)\theta}{\sin\theta}\qquad\square\end{aligned}$$

2. 行列式按若干行(列)展开

行列式 $\Delta=|a_{ij}|_{n\times n}$ 按一行或一列展开，实际上是将 Δ 看作以这一行(或列)的 n 个元为自变量的函数，将其余元看作常数，合并同类项得到的结果. 例如，Δ 按第一行的展开，就是将 Δ 看作第一行的元 $a_{11},a_{12},\cdots,a_{1n}$ 的 n 元一次函数合并同类项得到的：

$$\begin{aligned}\Delta=|a_{ij}|_{n\times n}&=\sum_{(j_1j_2\cdots j_n)}(-1)^{\tau(j_1j_2\cdots j_n)}a_{1j_1}a_{2j_2}\cdots a_{nj_n}\\&=a_{11}A_{11}+\cdots+a_{1j_1}A_{1j_1}+\cdots+a_{1n}A_{1n}\end{aligned}\tag{3.3.9}$$

其中 $a_{1j_1}(1\leqslant j_1\leqslant n)$ 的“系数”

$$A_{1j_1}=\sum_{\begin{pmatrix}k_2&\cdots&k_n\\j_2&\cdots&j_n\end{pmatrix}}(-1)^{\tau(j_1j_2\cdots j_n)}a_{2j_2}\cdots a_{nj_n}\tag{3.3.10}$$

$k_2<\cdots<k_n$ 是从 $\{1,2,\cdots,n\}$ 中去掉 j_1 之后剩下的 $n-1$ 个数按从小到大的顺序排列得到的结果，$\begin{pmatrix}k_2&\cdots&k_n\\j_2&\cdots&j_n\end{pmatrix}$ 表示 $k_2,\cdots,k_n$ 的一个排列 $(j_2\cdots j_n)$，(3.3.10)右边的 $\sum$ 是对所有这样的排列求和.

由标准排列 $(12\cdots n)$ 变成 $(j_1j_2\cdots j_n)$ 可以分两步来实现：先将 j_1 依次与它前面的 j_1-1 个数互换位置得到排列 $(j_1k_2\cdots k_n)$，其逆序数为 j_1-1；再将其中的 $k_2,\cdots,k_n$ 按 $(j_2\cdots j_n)$ 的顺序重新排列，得到 $(j_1j_2\cdots j_n)$. 因此，

$$\mathrm{sgn}(j_1j_2\cdots j_n)=\mathrm{sgn}(j_1k_2\cdots k_n)\cdot\mathrm{sgn}\begin{pmatrix}k_2&\cdots&k_n\\j_2&\cdots&j_n\end{pmatrix}=\mathrm{sgn}\begin{pmatrix}k_2&\cdots&k_n\\j_2&\cdots&j_n\end{pmatrix}$$

代入(3.3.10)得

$$A_{1j_1}=(-1)^{j_1-1}\sum_{\begin{pmatrix}k_2&\cdots&k_n\\j_2&\cdots&j_n\end{pmatrix}}\operatorname{sgn}\begin{pmatrix}k_2&\cdots&k_n\\j_2&\cdots&j_n\end{pmatrix}a_{2j_2}\cdots a_{nj_n}.\tag{3.3.11}$$

（3.3.11）右边的

$$\sum_{\begin{pmatrix}k_2&\cdots&k_n\\j_2&\cdots&j_n\end{pmatrix}}\operatorname{sgn}\begin{pmatrix}k_2&\cdots&k_n\\j_2&\cdots&j_n\end{pmatrix}a_{2j_2}\cdots a_{nj_n}=M_{1j_1}$$

就是 a_{1j_1} 在 Δ 中的余子式，而 $A_{1j_1}=(-1)^{j_1-1}M_{1j_1}=(-1)^{1+j_1}M_{1j_1}$ 就是 a_{1j_1} 在 Δ 中的代数余子式.（3.3.9）就是引理 3.3.1 所得到的 Δ 按第一行展开的式子.

现在我们将以上对 Δ 的第一行的讨论推广到前 r 行，r 是小于等于 n 的任一正整数. 将 $\Delta=\det A=|a_{ij}|_{n\times n}$ 看成以它的前 r 行的元为自变量的函数，后 $n-r$ 行的元都看成常数，对行列式 Δ 的展开式合并同类项，得：

$$\begin{aligned}\Delta&=|a_{ij}|_{n\times n}=\sum_{j_1,\cdots,j_r}a_{1j_1}\cdots a_{rj_r}c_{j_1j_2\cdots j_r}\\&=\sum_{1\leqslant k_1<\cdots<k_r\leqslant n}\sum_{\begin{pmatrix}k_1&\cdots&k_r\\j_1&\cdots&j_r\end{pmatrix}}a_{1j_1}\cdots a_{rj_r}c_{j_1j_2\cdots j_r}\end{aligned}\tag{3.3.12}$$

其中 $j_1,\cdots,j_r$ 由 $1,2,\cdots,n$ 中任取 r 个数 $k_1<\cdots<k_r$ 按任意顺序排列得到，$a_{1j_1}\cdots a_{rj_r}$ 的“系数”

$$c_{j_1j_2\cdots j_r}=\sum_{\begin{pmatrix}k_{r+1}&\cdots&k_n\\j_{r+1}&\cdots&j_n\end{pmatrix}}(-1)^{\tau(j_1\cdots j_rj_{r+1}\cdots j_n)}a_{r+1,j_{r+1}}\cdots a_{nj_n}\tag{3.3.13}$$

其中 $k_{r+1}<\cdots<k_n$ 由 $1,2,\cdots,n$ 中去掉 $k_1,\cdots,k_r$ 之后剩下的 $n-r$ 个数按从小到大的顺序排列得到，$j_{r+1},\cdots,j_n$ 是 $k_{r+1},\cdots,k_n$ 的任意一个排列，（3.3.13）右边的求和号 $\sum$ 就是对 $k_{r+1},\cdots,k_n$ 的所有的排列求和. 由标准排列 $(12\cdots n)$ 变成排列 $(j_1\cdots j_rj_{r+1}\cdots j_n)$ 可以分如下三步实现：先将 $1,2,\cdots,n$ 中从小到大的 r 个整数 $k_1,k_2,\cdots,k_r$ 分别依次与排在它们前面的 k_1-1 个、k_2-2 个……k_r-r 个数互换位置，将 $k_1,k_2,\cdots,k_r$ 依次排到前 r 个位置，剩下的 $n-r$ 个数仍按原来的从小到大的顺序排在最后 $n-r$ 个位置；然后将 $k_1,\cdots,k_r$ 排列成 $j_1,\cdots,j_r$；再将 $k_{r+1},\cdots,k_n$ 排列成 $j_{r+1},\cdots,j_n$. 因此，排列 $(j_1\cdots j_rj_{r+1}\cdots j_n)$ 的符号等于这三步的符号之积：

$$\begin{aligned}\operatorname{sgn}(j_1\cdots j_rj_{r+1}\cdots j_n)&=(-1)^{\tau(j_1\cdots j_rj_{r+1}\cdots j_n)}\\&=\operatorname{sgn}(k_1\cdots k_rk_{r+1}\cdots k_n)\cdot\operatorname{sgn}\begin{pmatrix}k_1&\cdots&k_r\\j_1&\cdots&j_r\end{pmatrix}\cdot\operatorname{sgn}\begin{pmatrix}k_{r+1}&\cdots&k_n\\j_{r+1}&\cdots&j_n\end{pmatrix}\end{aligned}\tag{3.3.14}$$

其中 $(k_1\cdots k_rk_{r+1}\cdots k_n)$ 的逆序数为 $(k_1-1)+(k_2-2)+\cdots+(k_r-r)$，其符号

$$\operatorname{sgn}(k_1\cdots k_r k_{r+1}\cdots k_n)=(-1)^{(k_1-1)+(k_2-2)+\cdots+(k_r-r)}$$
$$=(-1)^{1+2+\cdots+r+k_1+k_2+\cdots+k_r} \tag{3.3.15}$$

将(3.3.14)，(3.3.15)代入(3.3.13)，得

$$c_{j_1j_2\cdots j_r}=(-1)^{1+2+\cdots+r+k_1+k_2+\cdots+k_r}\operatorname{sgn}\begin{pmatrix}k_1 & \cdots & k_r\\ j_1 & \cdots & j_r\end{pmatrix}\cdot$$
$$\sum_{\begin{pmatrix}k_{r+1} & \cdots & k_n\\ j_{r+1} & \cdots & j_n\end{pmatrix}}\operatorname{sgn}\begin{pmatrix}k_{r+1} & \cdots & k_n\\ j_{r+1} & \cdots & j_n\end{pmatrix}a_{r+1,j_{r+1}}\cdots a_{nj_n}$$
$$=(-1)^{1+2+\cdots+r+k_1+k_2+\cdots+k_r}\operatorname{sgn}\begin{pmatrix}k_1 & \cdots & k_r\\ j_1 & \cdots & j_r\end{pmatrix}\cdot A\begin{pmatrix}r+1 & \cdots & n\\ k_{r+1} & \cdots & k_n\end{pmatrix}$$

其中 $A\begin{pmatrix}r+1 & \cdots & n\\ k_{r+1} & \cdots & k_n\end{pmatrix}$ 是由 $\Delta=|\boldsymbol{A}|$ 的后 $n-r$ 行和第 $k_{r+1},\cdots,k_n$ 列交叉处的元组成的 $n-r$ 阶子式，也就是在 Δ 中将前 r 行及第 $k_1,\cdots,k_r$ 列删去之后剩下的元组成的 $n-r$ 阶子式，它与 $j_1,\cdots,j_r$ 的排列顺序无关，只与 $k_1,\cdots,k_r$ 的选择有关. 因此，由 $k_1,\cdots,k_r$ 所有的排列 $(j_1\cdots j_r)$ 对应的各项 $a_{1j_1}\cdots a_{rj_r}$ 的系数 $c_{j_1\cdots j_r}$ 含有公因子

$$(-1)^{1+2+\cdots+r+k_1+k_2+\cdots+k_r}A\begin{pmatrix}r+1 & \cdots & n\\ k_{r+1} & \cdots & k_n\end{pmatrix}$$

可以提出来. 这样，(3.3.12)就变成

$$\Delta=\sum_{1\leqslant k_1<\cdots<k_r\leqslant n}\left(\sum_{\begin{pmatrix}k_1 & \cdots & k_r\\ j_1 & \cdots & j_r\end{pmatrix}}\operatorname{sgn}\begin{pmatrix}k_1 & \cdots & k_r\\ j_1 & \cdots & j_r\end{pmatrix}a_{1j_1}\cdots a_{rj_r}\right)\cdot$$
$$(-1)^{1+2+\cdots+r+k_1+k_2+\cdots+k_r}A\begin{pmatrix}r+1 & \cdots & n\\ k_{r+1} & \cdots & k_n\end{pmatrix}$$
$$=\sum_{1\leqslant k_1<\cdots<k_r\leqslant n}A\begin{pmatrix}1 & 2 & \cdots & r\\ k_1 & k_2 & \cdots & k_r\end{pmatrix}\cdot(-1)^{1+2+\cdots+r+k_1+k_2+\cdots+k_r}A\begin{pmatrix}r+1 & \cdots & n\\ k_{r+1} & \cdots & k_n\end{pmatrix}$$
$$\tag{3.3.16}$$

$M=A\begin{pmatrix}1 & 2 & \cdots & r\\ k_1 & k_2 & \cdots & k_r\end{pmatrix}$是$|\boldsymbol{A}|$中第$1,2,\cdots,r$行和第$k_1,k_2,\cdots,k_r$列交叉处的元组成的子式，$A\begin{pmatrix}r+1 & \cdots & n\\ k_{r+1} & \cdots & k_n\end{pmatrix}$是在$|\boldsymbol{A}|$中将$M$所在的$r$行和$r$列全部删去之后剩下的元按原来的顺序排成的子式，称为M的**余子式**，M的余子式与$(-1)^{1+2+\cdots+r+k_1+k_2+\cdots+k_r}$的乘积称为$M$的**代数余子式**. 按照这个定义，等式(3.3.16)可以叙述为：

引理 3.3.4　对任意正整数$r<n$，n阶行列式$|\boldsymbol{A}|$的值，等于它的前r行元组成的所有的r阶子式与它们的代数余子式的乘积之和. 即

$$|\boldsymbol{A}|=\sum_{1\leqslant k_1<\cdots<k_r\leqslant n}A\begin{pmatrix}1 & 2 & \cdots & r\\ k_1 & k_2 & \cdots & k_r\end{pmatrix}\cdot(-1)^{1+2+\cdots+r+k_1+k_2+\cdots+k_r}A\begin{pmatrix}r+1 & \cdots & n\\ k_{r+1} & \cdots & k_n\end{pmatrix}.$$

引理 3.3.4 中的等式称为$|\boldsymbol{A}|$按前r行的展开式.

更一般地，我们有关于行列式按任意r行(或列)展开的如下定理：

定理 3.3.5(Laplace 展开定理)　设$|\boldsymbol{A}|$是n阶行列式. 对任意正整数$r<n$，任意取定r个指标$i_1<i_2<\cdots<i_r\leqslant n$，则$|\boldsymbol{A}|$的值等于它的第$i_1,i_2,\cdots,i_r$行(或列)元组成的所有的$r$阶子式分别与它们的代数余子式的乘积之和. 得

$$\begin{aligned}|\boldsymbol{A}|&=\sum_{1\leqslant k_1<\cdots<k_r\leqslant n}A\begin{pmatrix}i_1 & i_2 & \cdots & i_r\\ k_1 & k_2 & \cdots & k_r\end{pmatrix}\cdot\\&\qquad(-1)^{i_1+i_2+\cdots+i_r+k_1+k_2+\cdots+k_r}A\begin{pmatrix}i_{r+1} & \cdots & i_n\\ k_{r+1} & \cdots & k_n\end{pmatrix}\\&=\sum_{1\leqslant k_1<\cdots<k_r\leqslant n}A\begin{pmatrix}k_1 & k_2 & \cdots & k_r\\ i_1 & i_2 & \cdots & i_r\end{pmatrix}\cdot\\&\qquad(-1)^{k_1+k_2+\cdots+k_r+i_1+i_2+\cdots+i_r}A\begin{pmatrix}k_{r+1} & \cdots & k_n\\ i_{r+1} & \cdots & i_n\end{pmatrix}\end{aligned}$$

其中$i_{r+1},\cdots,i_n$由$1,2,\cdots,n$中去掉$i_1,i_2,\cdots,i_r$之后剩下的数按从小到大顺序排列得到，$k_{r+1},\cdots,k_n$由$1,2,\cdots,n$中去掉$k_1,k_2,\cdots,k_r$之后剩下的数按从小到大顺序排列得到.

证明　将$|\boldsymbol{A}|$的第$i_1,i_2,\cdots,i_r$行分别依次与它们前面的i_1-1行、i_2-2行、…、i_r-r行互换位置，将$|\boldsymbol{A}|$的第$i_1,i_2,\cdots,i_r$行分别换到第$1,2,\cdots,r$行，其余各行按原来的先后顺序排列成第$r+1,\cdots,n$行，得到$|\boldsymbol{B}|$. 再将$|\boldsymbol{B}|$按前r行展开得

$$|\boldsymbol{A}|=(-1)^{(i_1-1)+(i_2-2)+\cdots+(i_r-r)}|\boldsymbol{B}|$$

$$=(-1)^{(i_1-1)+(i_2-2)+\cdots+(i_r-r)}\sum_{1\leqslant k_1<\cdots<k_r\leqslant n}B\begin{pmatrix}1&2&\cdots&r\\k_1&k_2&\cdots&k_r\end{pmatrix}\cdot$$

$$(-1)^{1+2+\cdots+r+k_1+k_2+\cdots+k_r}B\begin{pmatrix}r+1&\cdots&n\\k_{r+1}&\cdots&k_n\end{pmatrix}$$

$$=\sum_{1\leqslant k_1<\cdots<k_r\leqslant n}A\begin{pmatrix}i_1&i_2&\cdots&i_r\\k_1&k_2&\cdots&k_r\end{pmatrix}\cdot$$

$$(-1)^{i_1+i_2+\cdots+i_r+k_1+k_2+\cdots+k_r}A\begin{pmatrix}i_{r+1}&\cdots&i_n\\k_{r+1}&\cdots&k_n\end{pmatrix}$$

将 $|\boldsymbol{A}|$ 的转置 $|\boldsymbol{A}^{\mathrm{T}}|$ 按第 $i_1,i_2,\cdots,i_r$ 列展开,就得到 $|\boldsymbol{A}|$ 按第 $i_1,i_2,\cdots,i_r$ 行展开的结论. □

特别,当 $r=1$ 时,由定理 3.3.5 得到的结论就是命题 3.3.2 当

$$|\boldsymbol{A}|=\begin{vmatrix}a_{11}&\cdots&a_{1r}&0&\cdots&0\\\vdots&&\vdots&\vdots&&\vdots\\a_{r1}&\cdots&a_{rr}&0&\cdots&0\\a_{r+1,1}&\cdots&a_{r+1,r}&a_{r+1,r+1}&\cdots&a_{r+1,n}\\\vdots&&\vdots&\vdots&&\vdots\\a_{n1}&\cdots&a_{nr}&a_{n,r+1}&\cdots&a_{nn}\end{vmatrix}$$

时,将 $|\boldsymbol{A}|$ 按前 r 行展开即得

$$|\boldsymbol{A}|=\begin{vmatrix}a_{11}&\cdots&a_{1r}\\\vdots&&\vdots\\a_{r1}&\cdots&a_{rr}\end{vmatrix}\cdot\begin{vmatrix}a_{r+1,r+1}&\cdots&a_{r+1,n}\\\vdots&&\vdots\\a_{n,r+1}&\cdots&a_{nn}\end{vmatrix}$$

例 3 设 $|\boldsymbol{A}|$ 是 n 阶行列式,正整数 $r<n$. 如果 $|\boldsymbol{A}|$ 的所有的 r 阶子式都等于 0,求证:$|\boldsymbol{A}|=0$.

证明 $|\boldsymbol{A}|$ 等于前 r 行元组成的所有的 r 阶子式与它们的代数余子式的乘积之和. 由于所有的 r 阶子式都等于 0,它们与各自的代数余子式的乘积之和也是 0. 因此 $|\boldsymbol{A}|=0$. □

习 题 3.3

1. 计算 n 阶行列式:

(1) $\begin{vmatrix}x&y&0&\cdots&0&0\\0&x&y&\cdots&0&0\\\vdots&\vdots&\vdots&&\vdots&\vdots\\0&0&0&\cdots&x&y\\y&0&0&\cdots&0&x\end{vmatrix}$; (2) $\begin{vmatrix}x&a&a&\cdots&a\\-a&x&a&\cdots&a\\-a&-a&x&\cdots&a\\\vdots&\vdots&\vdots&&\vdots\\-a&-a&-a&\cdots&x\end{vmatrix}$;

(3) $\begin{vmatrix} a+b & a & 0 & \cdots & 0 \\ b & a+b & a & \cdots & 0 \\ 0 & b & a+b & \cdots & 0 \\ \vdots & \vdots & \vdots & & a \\ 0 & 0 & 0 & \cdots & a+b \end{vmatrix}$; (4) $\begin{vmatrix} x & 0 & \cdots & 0 & a_n \\ -1 & x & \cdots & 0 & a_{n-1} \\ 0 & -1 & \cdots & 0 & \vdots \\ \vdots & \vdots & & x & a_2 \\ 0 & 0 & \cdots & -1 & x+a_1 \end{vmatrix}$;

(5) $\begin{vmatrix} x^2+1 & x & 0 & \cdots & 0 \\ x & x^2+1 & x & \cdots & 0 \\ 0 & x & x^2+1 & \cdots & 0 \\ \vdots & \vdots & \vdots & & \vdots \\ 0 & 0 & 0 & \cdots & x^2+1 \end{vmatrix}$.

2. 证明：偶数阶反对称方阵的行列式 $|\boldsymbol{A}|=|a_{ij}|_{n\times n}$ 的所有元的代数余子式 $A_{ij}(1\leqslant i,j\leqslant n)$ 之和等于 0.

3. 求证：

$$\begin{vmatrix} a_{11}+x_1 & \cdots & a_{1n}+x_n \\ \vdots & & \vdots \\ a_{n1}+x_1 & \cdots & a_{nn}+x_n \end{vmatrix} = \det \boldsymbol{A} + \sum_{j=1}^{n} x_j \sum_{k=1}^{n} A_{kj}$$

其中 $\boldsymbol{A}=(a_{ij})_{n\times n}$，$A_{kj}$ 是 a_{kj} 在 $\det \boldsymbol{A}$ 中的代数余子式.

4. 设 $a_1,a_2,\cdots,a_n$ 是正整数. 证明：n 阶行列式

$$\begin{vmatrix} 1 & a_1 & a_1^2 & \cdots & a_1^{n-1} \\ 1 & a_2 & a_2^2 & \cdots & a_2^{n-1} \\ \vdots & \vdots & \vdots & & \vdots \\ 1 & a_n & a_n^2 & \cdots & a_n^{n-1} \end{vmatrix}$$

能被 $1^{n-1}2^{n-2}\cdots(n-2)^2(n-1)$ 整除.

§3.4 Cramer 法则

我们希望知道由 n 个方程组成的 n 元线性方程组

$$\begin{cases} a_{11}x_1+a_{12}x_2+\cdots+a_{1n}x_n = b_1 \\ a_{21}x_1+a_{22}x_2+\cdots+a_{2n}x_n = b_2 \\ \cdots\cdots\cdots\cdots \\ a_{n1}x_1+a_{n2}x_2+\cdots+a_{nn}x_n = b_n \end{cases} \tag{3.4.1}$$

什么时候有唯一解；并且希望在有唯一解的时候得出“求根公式”，也就是由方程的系数算出各未知数的值的公式.

记

$$\boldsymbol{\alpha}_j = \begin{pmatrix} a_{1j} \\ a_{2j} \\ \vdots \\ a_{nj} \end{pmatrix} \quad (1\leqslant j\leqslant n), \quad \boldsymbol{\beta} = \begin{pmatrix} b_1 \\ b_2 \\ \vdots \\ b_n \end{pmatrix},$$

则上述方程组(3.4.1)可以写成向量形式

$$\boldsymbol{\alpha}_1 x_1+\boldsymbol{\alpha}_2 x_2+\cdots+\boldsymbol{\alpha}_n x_n=\boldsymbol{\beta} \tag{3.4.2}$$

其几何意义就是将向量 $\boldsymbol{\beta}$ 写成 $\boldsymbol{\alpha}_1,\boldsymbol{\alpha}_2,\cdots,\boldsymbol{\alpha}_n$ 的线性组合，求组合系数.

仿照 3 维实向量空间 $\mathbf{R}^3$ 中的内积

$$(x_1,y_1,z_1)\cdot(x_2,y_2,z_2)=x_1x_2+y_1y_2+z_1z_2$$

可以在 n 维空间 $F^{n\times 1}$ 的任意两个向量

$$\boldsymbol{\alpha}=\begin{pmatrix}a_1\\ \vdots\\ a_n\end{pmatrix},\quad \boldsymbol{\delta}=\begin{pmatrix}d_1\\ \vdots\\ d_n\end{pmatrix}$$

之间定义“点积”

$$\boldsymbol{\alpha}\cdot\boldsymbol{\delta}=a_1d_1+\cdots+a_nd_n \tag{3.4.3}$$

容易验证，这样定义的“点积”具有如下性质：

$$(x_1\boldsymbol{\alpha}_1+\cdots+x_n\boldsymbol{\alpha}_n)\cdot\boldsymbol{\delta}=x_1(\boldsymbol{\alpha}_1\cdot\boldsymbol{\delta})+\cdots+x_n(\boldsymbol{\alpha}_n\cdot\boldsymbol{\delta})$$

将方程(3.4.2)两边同时与 $F^{n\times 1}$ 中任一列向量 δ 作“点积”得到

$$x_1(\boldsymbol{\alpha}_1\cdot\boldsymbol{\delta})+\cdots+x_n(\boldsymbol{\alpha}_n\cdot\boldsymbol{\delta})=\boldsymbol{\beta}\cdot\boldsymbol{\delta} \tag{3.4.4}$$

我们希望对每个 $1\leqslant j\leqslant n$ 找到一个 $\boldsymbol{\delta}_j\in F^{n\times 1}$ 与 $\boldsymbol{\alpha}_1,\cdots,\boldsymbol{\alpha}_n$ 中除了 $\boldsymbol{\alpha}_j$ 之外的其余向量 $\boldsymbol{\alpha}_k(k\neq j)$ 都“垂直”，即 $\boldsymbol{\alpha}_k\cdot\boldsymbol{\delta}_j=0$ 对所有的 $k\neq j$ 成立，并且 $\boldsymbol{\alpha}_j\cdot\boldsymbol{\delta}_j$ 等于方程组(3.4.1)的系数矩阵 $\boldsymbol{A}$ 的行列式 $\Delta=|\boldsymbol{A}|$. 当 $\Delta\neq 0$ 时，在等式(3.4.4)中取 $\boldsymbol{\delta}=\boldsymbol{\delta}_j$，则等式左边只剩下 $x_j\Delta$ 这一项，其余各项都被消去，(3.4.4)成为

$$x_j\Delta=\boldsymbol{\beta}\cdot\boldsymbol{\delta}_j,\ \text{从而}\ x_j=\frac{\boldsymbol{\alpha}_j\cdot\boldsymbol{\delta}_j}{\boldsymbol{\beta}\cdot\boldsymbol{\delta}_j}$$

考虑 $\Delta=|\boldsymbol{A}|$ 的第 j 列 $\boldsymbol{\alpha}_j$ 各元的代数余子式组成的列向量

$$\boldsymbol{\delta}_j=\begin{pmatrix}A_{1j}\\ \vdots\\ A_{nj}\end{pmatrix} \tag{3.4.5}$$

行列式的展开定理告诉我们，对 $k\neq j$ 有

$$\boldsymbol{\alpha}_k\cdot\boldsymbol{\delta}_j=a_{1k}A_{1j}+\cdots+a_{nk}A_{nj}=0$$

而

$$\boldsymbol{\alpha}_j\cdot\boldsymbol{\delta}_j=a_{1j}A_{1j}+\cdots+a_{nj}A_{nj}=\Delta$$

用(3.4.5)中定义的 $\delta_j(1\leqslant j\leqslant n)$ 与方程(3.4.2)两边作“点积”，就得到

$$x_j\Delta=\boldsymbol{\beta}\cdot\boldsymbol{\delta}_j=\Delta_j \tag{3.4.6}$$

其中

$$\Delta_j=b_1A_{1j}+\cdots+b_nA_{nj}=\begin{vmatrix}a_{11}&\cdots&a_{1,j-1}&b_1&a_{1,j+1}&\cdots&a_{1n}\\ a_{21}&\cdots&a_{2,j-1}&b_2&a_{2,j+1}&\cdots&a_{2n}\\ \vdots&&\vdots&\vdots&\vdots&&\vdots\\ a_{n1}&\cdots&a_{n,j-1}&b_n&a_{n,j+1}&\cdots&a_{nn}\end{vmatrix}$$

是将 Δ 的第 j 行各元换成 $b_1,\cdots,b_n$ 得到的行列式. 当 $\Delta\neq 0$ 时就由(3.4.6)得到

$$x_j=\frac{\Delta_j}{\Delta}\quad(\forall\, 1\leqslant j\leqslant n)$$

这样就得到了

引理 3.4.1 设由 n 个方程组成的 n 元线性方程组(3.4.1)的系数行列式 $\Delta\neq 0$, 则方程组至多有一组解

$$(x_1,\cdots,x_j,\cdots,x_n)=\left(\frac{\Delta_1}{\Delta},\cdots,\frac{\Delta_j}{\Delta},\cdots,\frac{\Delta_n}{\Delta}\right)$$

其中 Δ_j 是将 Δ 的第 j 列各元分别换成 $b_1,\cdots,b_n$ 得到的行列式. □

推论 3.4.1 如果由 n 个方程组成的 n 元齐次线性方程组的系数行列式 $\Delta\neq 0$, 则方程组有唯一解 $(x_1,x_2,\cdots,x_n)=(0,0,\cdots,0)$. □

证明 齐次线性方程组至少有一组解 $(x_1,\cdots,x_n)=(0,\cdots,0)$. 由引理 3.4.1 知, 当 $\Delta\neq 0$ 时它至多只有一组解, 因此只有零解. □

定理 3.4.2 设 $\boldsymbol{\alpha}_1,\cdots,\boldsymbol{\alpha}_n\in F^{n\times 1}$, Δ 是依次以 $\boldsymbol{\alpha}_1,\cdots,\boldsymbol{\alpha}_n$ 为各列组成的行列式. 则: $\{\boldsymbol{\alpha}_1,\cdots,\boldsymbol{\alpha}_n\}$ 是 $F^{n\times 1}$ 的一组基 $\Leftrightarrow \Delta\neq 0$.

证明 先设 $\Delta\neq 0$.

考虑关于 $x_1,\cdots,x_n$ 的方程

$$x_1\boldsymbol{\alpha}_1+\cdots+x_n\boldsymbol{\alpha}_n=\mathbf{0} \tag{3.4.7}$$

它也就是由 n 个方程组成的齐次线性方程组

$$\begin{cases}a_{11}x_1+\cdots+a_{1n}x_n=0\\ \cdots\cdots\cdots\cdots\\ a_{n1}x_1+\cdots+a_{nn}x_n=0\end{cases} \tag{3.4.8}$$

系数行列式就是 Δ, 而 $\Delta\neq 0$. 由推论 3.4.1 知它只有零解, 因此 $\boldsymbol{\alpha}_1,\cdots,\boldsymbol{\alpha}_n$ 线性无关. 由定理 2.3.4 知道: n 维向量空间 $F^{n\times 1}$ 中 n 个线性无关向量 $\boldsymbol{\alpha}_1,\cdots,\boldsymbol{\alpha}_n$ 组成 $F^{n\times 1}$ 的一组基.

反过来, 设 $\boldsymbol{\alpha}_1,\cdots,\boldsymbol{\alpha}_n$ 构成 $F^{n\times 1}$ 的一组基, 因而线性无关, 方程(3.4.7)即方程(3.4.8)只有零解. 将方程组(3.4.8)的系数矩阵 $\boldsymbol{A}$ 经过一系列初等行变换化为最简形式

$$\boldsymbol{B}=\begin{pmatrix}0&\cdots&b_{1j_1}&\cdots&0&\cdots&0&\cdots&0&\cdots&b_{1n}\\ 0&\cdots&0&\cdots&b_{2j_2}&\cdots&0&\cdots&0&\cdots&b_{2n}\\ \vdots&&\vdots&&\vdots&&\vdots&&\vdots&&\vdots\\ 0&\cdots&0&\cdots&0&\cdots&0&\cdots&b_{rj_r}&\cdots&b_{rn}\\ 0&\cdots&0&\cdots&0&\cdots&0&\cdots&0&\cdots&0\\ \vdots&&\vdots&&\vdots&&\vdots&&\vdots&&\vdots\end{pmatrix}$$

其中 $b_{1j_1}=b_{2j_2}=\cdots=b_{rj_r}=1$，$1\leqslant j_1<j_2<\cdots<j_r\leqslant n$，并且 $\boldsymbol{B}$ 中第 $j_1,j_2,\cdots,j_r$ 列除了 $b_{1j_1},b_{2j_2},\cdots,b_{rj_r}$ 以外其余的元都是 0.

当 $r<n$ 时方程组有非零解，矛盾. 因此 $r=n$. 此时 $1\leqslant j_1<j_2<\cdots<j_n\leqslant n$ 迫使 $j_1=1,j_2=2,\cdots,j_n=n$. 可见

$$\boldsymbol{B}=\begin{pmatrix} b_{11} & \cdots & \cdots & \cdots \\ 0 & b_{22} & \cdots & \cdots \\ \vdots & \vdots & & \vdots \\ 0 & 0 & \cdots & b_{nn} \end{pmatrix}$$

是上三角形矩阵，行列式

$$|\boldsymbol{B}|=b_{11}b_{22}\cdots b_{nn}=1\neq 0$$

$\boldsymbol{A}$ 经过一系列初等行变换变成 $\boldsymbol{B}$. 每次初等行变换将行列式乘一个非零的倍数 λ：

(1) 某一行乘以非零常数 λ，行列式变成原来值的 λ 倍；

(2) 某两行互换位置，行列式值变成原来值的 -1 倍；

(3) 某一行的常数倍加到另一行，行列式值不变，是原来值的 1 倍.

因此，$|\boldsymbol{B}|=\lambda|\boldsymbol{A}|$ 对某个 $\lambda\neq 0$ 成立，$\Delta=|\boldsymbol{A}|=\lambda^{-1}|\boldsymbol{B}|=\lambda^{-1}\neq 0$. □

推论 3.4.2 设 $\boldsymbol{A}$ 是 n 阶方阵. 则如下命题等价：

(1) $|\boldsymbol{A}|\neq 0$；

(2) $\boldsymbol{A}$ 的列向量线性无关；

(3) $\boldsymbol{A}$ 的行向量线性无关；

(4) $\operatorname{rank}\boldsymbol{A}=n$.

这里，说若干个命题等价，是说这些命题两两互为充分必要条件.

证明 $|\boldsymbol{A}|\neq 0\Leftrightarrow\boldsymbol{A}$ 的列向量线性无关$\Leftrightarrow\boldsymbol{A}$ 的列秩等于 n. 即(1)⇔(2)⇔(4).

又 $|\boldsymbol{A}|\neq 0\Leftrightarrow|\boldsymbol{A}^{\mathrm{T}}|\neq 0\Leftrightarrow\boldsymbol{A}^{\mathrm{T}}$ 的列向量线性无关$\Leftrightarrow\boldsymbol{A}$ 的行向量线性无关. 这说明(1)⇔(3). □

定理 3.4.3(Cramer 法则) 如果 n 元线性方程组

$$\begin{cases} a_{11}x_1+a_{12}x_2+\cdots+a_{1n}x_n=b_1 \\ a_{21}x_1+a_{22}x_2+\cdots+a_{2n}x_n=b_2 \\ \cdots\cdots\cdots\cdots \\ a_{n1}x_1+a_{n2}x_2+\cdots+a_{nn}x_n=b_n \end{cases} \tag{3.4.1}$$

的系数行列式 $\Delta\neq 0$，则方程组有唯一解

$$(x_1,\cdots,x_j,\cdots,x_n)=\left(\frac{\Delta_1}{\Delta},\cdots,\frac{\Delta_j}{\Delta},\cdots,\frac{\Delta_n}{\Delta}\right)$$

其中 Δ_j 是将 Δ 的第 j 列各元分别换成 $b_1,\cdots,b_n$ 得到的行列式.

证明 记

$$\boldsymbol{\alpha}_j=\begin{pmatrix}a_{1j}\\a_{2j}\\\vdots\\a_{nj}\end{pmatrix}\quad(1\leqslant j\leqslant n),\quad \boldsymbol{\beta}=\begin{pmatrix}b_1\\b_2\\\vdots\\b_n\end{pmatrix}$$

则方程组(3.4.1)可以写成向量形式

$$\boldsymbol{\alpha}_1x_1+\boldsymbol{\alpha}_2x_2+\cdots+\boldsymbol{\alpha}_nx_n=\boldsymbol{\beta},\tag{3.4.2}$$

当 $\Delta\neq0$ 时，由定理 3.4.2 知道 $\boldsymbol{\alpha}_1,\cdots,\boldsymbol{\alpha}_n$ 组成 $F^{n\times1}$ 的一组基，$F^{n\times1}$ 每个向量 $\boldsymbol{\beta}$ 都可以写成 $\boldsymbol{\alpha}_1,\cdots,\boldsymbol{\alpha}_n$ 的线性组合的形式，如式(3.4.2)所示，而且系数 $x_1,\cdots,x_n$ 由 $\boldsymbol{\beta}$ 唯一决定. 也就是说，方程(3.4.2)有唯一解，方程组(3.4.1)有唯一解.

再由引理 3.4.1 知道这组唯一解就是

$$(x_1,\cdots,x_j,\cdots,x_n)=\left(\frac{\Delta_1}{\Delta},\cdots,\frac{\Delta_j}{\Delta},\cdots,\frac{\Delta_n}{\Delta}\right)$$

如所欲证. □

例 1 当二元一次方程组

$$\begin{cases}a_1x+b_1y=c_1\\a_2x+b_2y=c_2\end{cases}$$

有唯一解时，写出用系数计算解的公式.

解

$$\Delta=\begin{vmatrix}a_1&b_1\\a_2&b_2\end{vmatrix}=a_1b_2-a_2b_1$$

$$\Delta_1=\begin{vmatrix}c_1&b_1\\c_2&b_2\end{vmatrix}=c_1b_2-c_2b_1,\quad \Delta_2=\begin{vmatrix}a_1&c_1\\a_2&c_2\end{vmatrix}=a_1c_2-a_2c_1$$

当 $\Delta=a_1b_2-a_2b_1\neq0$ 时有唯一解

$$(x,y)=\left(\frac{c_1b_2-c_2b_1}{a_1b_2-a_2b_1},\frac{a_1c_2-a_2c_1}{a_1b_2-a_2b_1}\right)\quad\square$$

例 2 设线性方程组(3.4.1)的所有系数 a_{ij} 及 b_i 全都是整数，并且系数行列式 $\Delta=\pm1$. 求证：方程组的唯一解$(x_1,\cdots,x_n)$中各未知数 x_j 的值都是整数.

证明 由于 $\Delta\neq0$，方程组有唯一解$(x_1,\cdots,x_n)$，其中每个

$$x_j=\frac{\Delta_j}{\Delta}=\frac{\Delta_j}{\pm1}=\pm\Delta_j$$

行列式 Δ_j 中所有的元都是整数，而 Δ_j 是这些元的整系数多项式函数，由这些整数经过加、减、乘算出，仍为整数. 因此 x_j 是整数. □

习 题 3.4

1. 用 Cramer 法则解线性方程组：

$$\begin{cases}2x_1+x_2-5x_3+x_4=4\\ x_1-3x_2-6x_4=3\\ 2x_2-x_3+2x_4=-5\\ x_1+4x_2-7x_3+6x_4=0\end{cases}$$

2. 设 n 元线性方程组

$$\begin{cases}a_{11}x_1+a_{12}x_2+\cdots+a_{1n}x_n=b_1\\ a_{21}x_1+a_{22}x_2+\cdots+a_{2n}x_n=b_2\\ \cdots\cdots\cdots\cdots\\ a_{n1}x_1+a_{n2}x_2+\cdots+a_{nn}x_n=b_n\end{cases}$$

的系数矩阵 $\boldsymbol{A}$ 的行列式 $\Delta\neq 0$. 对每个 $1\leqslant j\leqslant n$，令 $\Delta_j=b_1A_{1j}+\cdots+b_nA_{nj}$ 是在 Δ 中将第 j 列元分别换成 $b_1,b_2,\cdots,b_n$ 得到的行列式. 将

$$(x_1,\cdots,x_n)=\left(\frac{\Delta_1}{\Delta},\cdots,\frac{\Delta_j}{\Delta},\cdots,\frac{\Delta_n}{\Delta}\right)$$

代入原方程组检验，证明它确实是原方程组的解.

3. 设 $x_1,\cdots,x_n$ 是任意 n 个不同的数，$y_1,\cdots,y_n$ 是任意 n 个数. 求证：存在唯一一个次数小于 n 的多项式 $f(x)=a_0+a_1x+\cdots+a_{n-1}x^{n-1}$，使得对 $1\leqslant i\leqslant n$ 满足条件 $f(x_i)=y_i$.

4. 分别求复数 λ 满足下面的条件：

（1）向量 $(1+\lambda,1-\lambda)$，$(1-\lambda,1+\lambda)\in\mathbf{C}^2$ 线性相关.

（2）向量 $(\lambda,1,0)$，$(1,\lambda,1)$，$(0,1,\lambda)\in\mathbf{C}^3$ 线性相关.

（3）方程组

$$\begin{cases}x_2+x_3=\lambda x_1\\ x_1+x_3=\lambda x_2\\ x_1+x_2=\lambda x_3\end{cases}$$

有非零解.

§ 3.5　更多的例子

例 1　计算行列式

$$\Delta=\begin{vmatrix}\lambda_1+a_1b_1 & a_1b_2 & a_1b_3 & \cdots & a_1b_n\\ a_2b_1 & \lambda_2+a_2b_2 & a_2b_3 & \cdots & a_2b_n\\ \vdots & \vdots & \vdots & & \vdots\\ a_nb_1 & a_nb_2 & a_nb_3 & \cdots & \lambda_n+a_nb_n\end{vmatrix}$$

解　如果某个 $\lambda_k=0$，将 Δ 的第 k 行的公因子 a_k 提到行列式外，再对每个 $1\leqslant j\leqslant n$，$j\neq k$，将新的第 k 行的 $-a_j$ 倍加到第 j 行，得

$$\Delta=a_k\begin{vmatrix}\lambda_1 & & & & \\ & \ddots & & & \\ b_1 & \cdots & b_k & \cdots & b_n\\ & & & \ddots & \\ & & & & \lambda_n\end{vmatrix}=a_k\begin{vmatrix}\lambda_1 & & \\ & \ddots & \\ & & \lambda_{k-1}\end{vmatrix}\cdot\begin{vmatrix}b_k & b_{k+1} & \cdots & b_n\\ & \lambda_{k+1} & & \\ & & \ddots & \\ & & & \lambda_n\end{vmatrix}$$

$$=a_k b_k \prod_{1\leqslant j\leqslant n,\ j\neq k} \lambda_j$$

以下设 $\lambda_i \neq 0$ 对 $1\leqslant i\leqslant n$ 成立，则

$$\Delta = \begin{vmatrix} 1 & -b_1 & -b_2 & -b_3 & \cdots & -b_n \\ 0 & \lambda_1+a_1b_1 & a_1b_2 & a_1b_3 & \cdots & a_1b_n \\ 0 & a_1b_1 & \lambda_2+a_1b_2 & a_1b_3 & \cdots & a_2b_n \\ \vdots & \vdots & \vdots & \vdots & & \vdots \\ 0 & a_nb_1 & a_nb_2 & a_nb_3 & \cdots & \lambda_n+a_nb_n \end{vmatrix}$$

$$\xlongequal{a_i(1)+(i+1),\ \forall 1\leqslant i\leqslant n} \begin{vmatrix} 1 & -b_1 & -b_2 & -b_3 & \cdots & -b_n \\ a_1 & \lambda_1 & 0 & 0 & \cdots & 0 \\ a_2 & 0 & \lambda_2 & 0 & \cdots & 0 \\ \vdots & \vdots & \vdots & \vdots & & \vdots \\ a_n & 0 & 0 & 0 & \cdots & \lambda_n \end{vmatrix}$$

$$\xlongequal{\lambda_i^{-1}b_i(i+1)+(1),\ 1\leqslant i\leqslant n} \begin{vmatrix} 1+\sum\limits_{i=1}^{n}\lambda_i^{-1}a_ib_i & 0 & 0 & 0 & \cdots & 0 \\ a_1 & \lambda_1 & 0 & 0 & \cdots & 0 \\ a_2 & 0 & \lambda_2 & 0 & \cdots & 0 \\ \vdots & \vdots & \vdots & \vdots & & \vdots \\ a_n & 0 & 0 & 0 & \cdots & \lambda_n \end{vmatrix}$$

$$=\left(1+\sum_{i=1}^{n}\lambda_i^{-1}a_ib_i\right)\lambda_1\lambda_2\cdots\lambda_n$$

$$=\lambda_1\lambda_2\cdots\lambda_n+\sum_{i=1}^{n}a_ib_i\left(\prod_{1\leqslant j\leqslant n,j\neq i}\lambda_j\right) \tag{3.5.1}$$

易验证当某个 $\lambda_k=0$ 时，

$$\lambda_1\lambda_2\cdots\lambda_n+\sum_{i=1}^{n}a_ib_i\left(\prod_{1\leqslant j\leqslant n,j\neq i}\lambda_j\right)=a_kb_k\left(\prod_{1\leqslant j\leqslant n,j\neq k}\lambda_j\right)=\Delta$$

可见

$$\Delta=\lambda_1\lambda_2\cdots\lambda_n+\sum_{i=1}^{n}a_ib_i\left(\prod_{1\leqslant j\leqslant n,j\neq i}\lambda_j\right)$$

对所有的情况都成立. □

例 1 中在 $\lambda_i\neq 0(\ \forall 1\leqslant i\leqslant n)$ 的情况下将 n 阶行列式 Δ_n 添加一行一列成为与 Δ_n 值相等的 $n+1$ 阶行列式 D_{n+1}，使得可以比较容易地将 D_{n+1} 化为三角形行列式来计算. 这样的方法叫作**加边**. 一般地，我们有

$$\begin{vmatrix} a_{11} & \cdots & a_{1n} \\ \vdots & & \vdots \\ a_{n1} & \cdots & a_{nn} \end{vmatrix} = \begin{vmatrix} 1 & -b_1 & \cdots & -b_n \\ 0 & a_{11} & \cdots & a_{1n} \\ \vdots & \vdots & & \vdots \\ 0 & a_{n1} & \cdots & a_{nn} \end{vmatrix} \tag{3.5.2}$$

如果能适当选择等式右边的 $b_1,\cdots,b_n$ 使等式(3.5.2)右边的行列式能化成三角形，加边的方法就成功了.

例 2 证明：(1) 奇数阶反对称方阵 $\boldsymbol{A}$ 的行列式 $|\boldsymbol{A}|=0$.

(2) 将偶数阶反对称方阵 $\boldsymbol{A}$ 的行列式 $|\boldsymbol{A}|$ 的每个元加上同一个数 λ，得到的行列式的值仍等于 $|\boldsymbol{A}|$.

证明：(1) 一方面 $|\boldsymbol{A}^{\mathrm{T}}|=|\boldsymbol{A}|$，另一方面 $|\boldsymbol{A}^{\mathrm{T}}|=(-1)^n|\boldsymbol{A}|=-|\boldsymbol{A}|$. 由 $|\boldsymbol{A}|=-|\boldsymbol{A}|$ 得 $|\boldsymbol{A}|=0$.

(2) 设 $\boldsymbol{A}=(a_{ij})_{n\times n}$ 是反对称方阵，n 为偶数. λ 是任意一个数. 则

$$\Delta(\lambda)=\begin{vmatrix}0+\lambda & a_{12}+\lambda & \cdots & a_{1n}+\lambda\\ -a_{12}+\lambda & 0+\lambda & \cdots & a_{2n}+\lambda\\ \vdots & \vdots & & \vdots\\ -a_{1n}+\lambda & -a_{2n}+\lambda & \cdots & 0+\lambda\end{vmatrix}$$

$$=\begin{vmatrix}1 & \lambda & \lambda & \cdots & \lambda\\ 0 & 0+\lambda & a_{12}+\lambda & \cdots & a_{1n}+\lambda\\ 0 & -a_{12}+\lambda & 0+\lambda & \cdots & a_{2n}+\lambda\\ \vdots & \vdots & \vdots & & \vdots\\ 0 & -a_{1n}+\lambda & -a_{2n}+\lambda & \cdots & 0+\lambda\end{vmatrix}$$

$$\xlongequal{\text{第 1 行乘}-1\text{ 加到其余各行}}\begin{vmatrix}1 & \lambda & \lambda & \cdots & \lambda\\ -1 & 0 & a_{12} & \cdots & a_{1n}\\ -1 & -a_{12} & 0 & \cdots & a_{2n}\\ \vdots & \vdots & \vdots & & \vdots\\ -1 & -a_{1n} & -a_{2n} & \cdots & 0\end{vmatrix}=\Delta_1+\Delta_2$$

其中

$$\Delta_1=\begin{vmatrix}0 & \lambda & \lambda & \cdots & \lambda\\ -1 & 0 & a_{12} & \cdots & a_{1n}\\ -1 & -a_{12} & 0 & \cdots & a_{2n}\\ \vdots & \vdots & \vdots & & \vdots\\ -1 & -a_{1n} & -a_{2n} & \cdots & 0\end{vmatrix}=\lambda\begin{vmatrix}0 & 1 & 1 & \cdots & 1\\ -1 & 0 & a_{12} & \cdots & a_{1n}\\ -1 & -a_{12} & 0 & \cdots & a_{2n}\\ \vdots & \vdots & \vdots & & \vdots\\ -1 & -a_{1n} & -a_{2n} & \cdots & 0\end{vmatrix}$$

是 $n+1$(奇数)阶反对称方阵的行列式的 λ 倍，等于 0.

$$\Delta_2=\begin{vmatrix}1 & 0 & 0 & \cdots & 0\\ -1 & 0 & a_{12} & \cdots & a_{1n}\\ -1 & -a_{12} & 0 & \cdots & a_{2n}\\ \vdots & \vdots & \vdots & & \vdots\\ -1 & -a_{1n} & -a_{2n} & \cdots & 0\end{vmatrix}=|A|$$

因此

$$\Delta(\lambda)=\Delta_1+\Delta_2=0+|\boldsymbol{A}|=|\boldsymbol{A}|$$

如所欲证. □

例 3 求 n 阶 Vandermonde 行列式

$$V(x_1,x_2,\cdots,x_n)=\begin{vmatrix} 1 & 1 & \cdots & 1 \\ x_1 & x_2 & \cdots & x_n \\ x_1^2 & x_2^2 & \cdots & x_n^2 \\ \vdots & \vdots & & \vdots \\ x_1^{n-1} & x_2^{n-1} & \cdots & x_n^{n-1} \end{vmatrix}$$

解 在§3.2例4中已经计算过 Vandermonde 行列式. 这里采用另外一种方法.

$V(x_1,x_2,\cdots,x_n)$ 是 n 个字母 $x_1,x_2,\cdots,x_n$ 的多项式. 每一项具有形式 $\pm x_{i_1}x_{i_2}^2\cdots x_{i_{n-1}}^{n-1}$ ($i_1,i_2,\cdots,i_{n-1}$ 是 $1,2,\cdots,n$ 中选取 $n-1$ 个数的一个排列), 次数为 $1+2+\cdots+(n-1)=\dfrac{n(n-1)}{2}$.

对每个 $1\leqslant i\leqslant n$, 可以将 $V(x_1,\cdots,x_n)$ 看作字母 x_i 的多项式,

$$f(x_i)=a_0+a_1x_i+a_2x_i^2+\cdots+a_kx_i^k$$

其中的系数 $a_0,a_1,\cdots,a_k$ 都是其余字母 $x_j(j\neq i)$ 的多项式. 令字母 x_i 取值 x_j 代入 $f(x_i)$, 也就是在 $V(x_1,\cdots,x_n)$ 中将 x_i 换成 x_j, 得到的新行列式的第 i, j 两列相等, 行列式值为 0. 这说明了 x_i-x_j 是 $V(x_1,\cdots,x_n)$ 的因式. 所有的因式 x_i-x_j $(1\leqslant j<i\leqslant n)$ 互素, 都是 $V(x_1,\cdots,x_n)$ 的因式, 它们的乘积 $g(x)=\prod\limits_{1\leqslant j<i\leqslant n}(x_i-x_j)$ 也是 $V(x_1,\cdots,x_n)$ 的因式. 而 $g(x)$ 的次数为 $\dfrac{n(n-1)}{2}$, 与 $V(x_1,\cdots,x_n)$ 相同. 因此

$$V(x_1,\cdots,x_n)=\lambda\prod_{1\leqslant j<i\leqslant n}(x_i-x_j) \tag{3.5.3}$$

λ 是待定常数.

等式(3.5.3)左边 $V(x_1,\cdots,x_n)$ 中的主对角线上元的乘积得到一项 $x_2x_3^2\cdots x_n^{n-1}$, 没有其他的同类项, 系数为 1. 等式(3.5.3)右边 $\prod\limits_{1\leqslant j<i\leqslant n}(x_i-x_j)$ 中的项 $x_2x_3^2\cdots x_n^{n-1}$ 由所有的因子 $x_i-x_j(1\leqslant j<i\leqslant n)$ 的第一项 x_i 相乘得到. 因此等式右边 $x_2x_3^2\cdots x_n^{n-1}$ 的系数为 λ. 比较等式(3.5.3)两边 $x_2x_3^2\cdots x_n^{n-1}$ 的系数得 $\lambda=1$. 代入(3.5.3)得

$$V(x_1,\cdots,x_n)=\prod_{1\leqslant j<i\leqslant n}(x_i-x_j) \qquad \square$$

例 3 中用到了多项式的下面的性质:

设 $f(x)=a_0+a_1x+\cdots+a_nx^n$ 是以 x 为字母的多项式, 系数范围 D 可以是某个数域 F, 也可以由系数在 F 中的除了 x 之外其余几个字母的全体多项式

组成. 如果某个 $c\in D$ 是 $f(x)$ 的根，即 $f(c)=a_0+a_1c+\cdots+a_nc^n=0$，则 $x-c$ 是 $f(x)$ 的因式.

这个性质可以证明如下：

$x-c$ 除 $f(x)$ 得商 $q(x)$ 和余式 $r(x)$，由于除式 $x-c$ 是一次多项式，余式 $r(x)$ 是常数 r. 我们有

$$f(x)=q(x)(x-c)+r$$

将 $x=c$ 代入得：$f(c)=r$. 当 $f(c)=0$ 时就得到 $r=0$，可见 $x-c$ 是 $f(x)$ 的因式.

关于多项式的进一步的知识，参见第 5 章.

例 4　计算行列式

$$\Delta=\begin{vmatrix} \dfrac{1}{a_1+b_1} & \dfrac{1}{a_1+b_2} & \cdots & \dfrac{1}{a_1+b_n} \\ \dfrac{1}{a_2+b_1} & \dfrac{1}{a_2+b_2} & \cdots & \dfrac{1}{a_2+b_n} \\ \vdots & \vdots & & \vdots \\ \dfrac{1}{a_n+b_1} & \dfrac{1}{a_n+b_2} & \cdots & \dfrac{1}{a_n+b_n} \end{vmatrix}$$

解法 1　将原 n 阶行列式 Δ 记为 Δ_n，它是 a_i，$b_j(1\leqslant i,j\leqslant n)$ 的函数. 对 $2\leqslant i\leqslant n$，将 Δ_n 的第 i 行减去第 1 行，则第 i 行第 j 列的元变为

$$\frac{1}{a_i+b_j}-\frac{1}{a_1+b_j}=\frac{a_1-a_i}{(a_i+b_j)(a_1+b_j)}$$

于是

$$\Delta_n=\begin{vmatrix} \dfrac{1}{a_1+b_1} & \cdots & \dfrac{1}{a_1+b_j} & \cdots & \dfrac{1}{a_1+b_n} \\ \dfrac{a_1-a_2}{(a_2+b_1)(a_1+b_1)} & \cdots & \dfrac{a_1-a_2}{(a_2+b_j)(a_1+b_j)} & \cdots & \dfrac{a_1-a_2}{(a_2+b_n)(a_1+b_n)} \\ \vdots & & \vdots & & \vdots \\ \dfrac{a_1-a_i}{(a_i+b_1)(a_1+b_1)} & \cdots & \dfrac{a_1-a_i}{(a_i+b_j)(a_1+b_j)} & \cdots & \dfrac{a_1-a_i}{(a_i+b_n)(a_1+b_n)} \\ \vdots & & \vdots & & \vdots \\ \dfrac{a_1-a_n}{(a_n+b_1)(a_1+b_1)} & \cdots & \dfrac{a_1-a_n}{(a_n+b_j)(a_1+b_j)} & \cdots & \dfrac{a_1-a_n}{(a_n+b_n)(a_1+b_n)} \end{vmatrix}$$

从第 i 行提取公因子 $(a_1-a_i)(2\leqslant i\leqslant n)$，从第 j 列提取公因子 $\dfrac{1}{a_1+b_j}(1\leqslant j\leqslant n)$，得

$$\Delta_n=\frac{\prod_{2\leqslant i\leqslant n}(a_1-a_i)}{\prod_{1\leqslant j\leqslant n}(a_1+b_j)}\begin{vmatrix}1 & 1 & \cdots & 1\\ \frac{1}{a_2+b_1} & \frac{1}{a_2+b_2} & \cdots & \frac{1}{a_2+b_n}\\ \vdots & \vdots & & \vdots\\ \frac{1}{a_n+b_1} & \frac{1}{a_n+b_2} & \cdots & \frac{1}{a_n+b_n}\end{vmatrix}$$

对 $2\leqslant j\leqslant n$，将上式右边的行列式的第 j 列减去第 1 列，则其中第 1 行第 j 列元变为 0，第 i 行($2\leqslant i\leqslant n$)第 j 列元变为

$$\frac{1}{a_i+b_j}-\frac{1}{a_i+b_1}=\frac{b_1-b_i}{(a_i+b_j)(a_i+b_1)}$$

再从第 j 列提取公因子 (b_1-b_j) $(2\leqslant j\leqslant n)$，从第 i 行提取公因子 $\frac{1}{a_i+b_1}$ $(2\leqslant i\leqslant n)$，得

$$\Delta_n=\frac{\prod_{2\leqslant i\leqslant n}(a_1-a_i)(b_1-b_i)}{\prod_{1\leqslant j\leqslant n}(a_1+b_j)(a_j+b_1)}\begin{vmatrix}1 & 0 & \cdots & 0 & \cdots & 0\\ \frac{1}{a_2+b_1} & \frac{1}{a_2+b_2} & \cdots & \frac{1}{a_2+b_j} & \cdots & \frac{1}{a_2+b_n}\\ \vdots & \vdots & & \vdots & & \vdots\\ \frac{1}{a_i+b_1} & \frac{1}{a_i+b_2} & \cdots & \frac{1}{a_i+b_j} & \cdots & \frac{1}{a_i+b_n}\\ \vdots & \vdots & & \vdots & & \vdots\\ \frac{1}{a_n+b_1} & \frac{1}{a_n+b_2} & \cdots & \frac{1}{a_n+b_j} & \cdots & \frac{1}{a_n+b_n}\end{vmatrix}$$

$$=\frac{\prod_{2\leqslant i\leqslant n}(a_1-a_i)(b_1-b_i)}{\prod_{1\leqslant j\leqslant n}(a_1+b_j)(a_j+b_1)}\Delta_{n-1} \tag{3.5.4}$$

其中

$$\Delta_{n-1}=\begin{vmatrix}\frac{1}{a_2+b_2} & \cdots & \frac{1}{a_2+b_j} & \cdots & \frac{1}{a_2+b_n}\\ \vdots & & \vdots & & \vdots\\ \frac{1}{a_i+b_2} & \cdots & \frac{1}{a_i+b_j} & \cdots & \frac{1}{a_i+b_n}\\ \vdots & & \vdots & & \\ \frac{1}{a_n+b_2} & \cdots & \frac{1}{a_n+b_j} & \cdots & \frac{1}{a_n+b_n}\end{vmatrix}$$

一般地，对每个 $1\leqslant k\leqslant n$，记

$$\Delta_{n-k+1}=\begin{vmatrix}\frac{1}{a_k+b_k} & \cdots & \frac{1}{a_k+b_n}\\ \vdots & & \vdots\\ \frac{1}{a_n+b_k} & \cdots & \frac{1}{a_n+b_n}\end{vmatrix}$$

将(3.5.4)依次用于 $\Delta_{n-k+1}(k=1,2,\cdots,n-1)$，每次可以从 Δ_{n-k+1} 中提取出

$$\frac{\prod_{k+1\leqslant i\leqslant n}(a_k-a_i)(b_k-b_i)}{\prod_{k\leqslant j\leqslant n}(a_k+b_j)(b_k+a_j)}$$

剩下 Δ_{n-k}. 照此下去，最后可得

$$\Delta_n=\prod_{k=1}^{n-1}\frac{\prod_{k\leqslant i\leqslant n}(a_k-a_i)(b_k-b_i)}{\prod_{k\leqslant j\leqslant n}(a_k+b_j)(a_j+b_k)}\Delta_1=\frac{\prod_{1\leqslant k<i\leqslant n}(a_k-a_i)(b_k-b_i)}{\prod_{1\leqslant k,j\leqslant n}(a_k+b_j)} \quad (3.5.5)$$

解法 2 对 $1\leqslant i\leqslant n$，将 Δ_n 的第 i 行乘以该行各元的分母之积 $\prod_{j=1}^n(a_i+b_j)$，得到行列式

$$D_n=\Big(\prod_{1\leqslant i,j\leqslant n}(a_i+b_j)\Big)\Delta_n=\begin{vmatrix} f_{11} & \cdots & f_{1n}\\ \vdots & & \vdots\\ f_{n1} & \cdots & f_{nn}\end{vmatrix}.$$

D_n 中的每个元

$$f_{ik}=\Big(\prod_{j=1}^n(a_i+b_j)\Big)\frac{1}{a_i+b_k}=\prod_{1\leqslant j\leqslant n,j\neq k}(a_i+b_j)$$

都是字母 a_i，$b_j(1\leqslant i,j\leqslant n)$的 $n-1$ 次多项式. D_n 的每一项都是 n 个 f_{ik} 之积的 ±1 倍，因而 D_n 是这些字母的 $n(n-1)$ 次多项式.

对任意 $1\leqslant i<j\leqslant n$，将 Δ_n 中的 a_i 换成 a_j 得到的行列式的第 i，j 两行相等，值为 0. 可见，在 D_n 中将 a_i 换成 a_k 得到的行列式值也等于零. 这说明 a_i-a_j 是 D_n 的因式. 同样，将 b_i 换成 b_j 也使 Δ_n 变为 0 从而 D_n 变为 0，说明 b_i-b_j 也都是 Δ_n 的因式.

D_n 的所有这些因式 a_i-a_j，$b_i-b_j(1\leqslant i<j\leqslant n)$共有 $2\cdot\dfrac{n(n-1)}{2}=n(n-1)$个. 它们两两互素，因此它们的乘积

$$T=\prod_{1\leqslant i<j\leqslant n}(a_i-a_j)(b_i-b_j)$$

是 D_n 的因式，而 T 是字母 a_i，$a_k(1\leqslant i,k\leqslant n)$的 $n(n-1)$ 次多项式，与 D_n 次数相同. 因此

$$D_n=\lambda T$$

λ 是待定常数. 从而

$$\Delta_n=\lambda\cdot\frac{T}{\prod_{1\leqslant i,k\leqslant n}(a_i+b_j)}=\lambda\cdot\frac{\prod_{1\leqslant j<i\leqslant n}(a_i-a_j)(b_i-b_j)}{\prod_{1\leqslant i,k\leqslant n}(a_i+b_k)} \quad (3.5.6)$$

取实变量 x，令 $a_i=\dfrac{1}{2}+ix$，$b_k=\dfrac{1}{2}-kx$，$\forall 1\leqslant i$，$k\leqslant n$. 代入式(3.5.6)两边，并在 $x\to\infty$ 时取极限. 则由

$$\lim_{x\to\infty}\frac{1}{a_i+b_k}=\lim_{x\to\infty}\frac{1}{1+(i-k)x}=\begin{cases}1, & 当\ i=k\\0, & 当\ i\neq k\end{cases}$$

得

$$\lim_{x\to\infty}\Delta_n=\begin{vmatrix}1 & & \\ & \ddots & \\ & & 1\end{vmatrix}=1$$

而

$$\lim_{x\to\infty}\frac{\prod_{1\leqslant j<i\leqslant n}(a_i-a_j)(b_i-b_j)}{\prod_{1\leqslant i,k\leqslant n}(a_i+b_k)}=\lim_{x\to\infty}\frac{\prod_{1\leqslant j<i\leqslant n}(i-j)x\cdot(j-i)x}{\prod_{1\leqslant i,k\leqslant n}(1+(i-k)x)}. \qquad (3.5.7)$$

由于当 $j=k$ 时 $1+(i-k)x=1$，因此(3.5.7)右边的分母等于

$$\prod_{1\leqslant i,k\leqslant n}(1+(i-k)x)=\prod_{1\leqslant i<j\leqslant n}(1+(i-j)x)\cdot(1+(j-i)x)$$

代入(3.5.7)右边得

$$\lim_{x\to\infty}\frac{\prod_{1\leqslant j<i\leqslant n}(i-j)x\cdot(j-i)x}{\prod_{1\leqslant i,j\leqslant n}(1+(i-j)x)}$$

$$=\prod_{1\leqslant j<i\leqslant n}\lim_{x\to\infty}\frac{(i-j)(j-i)}{\left(\frac{1}{x}+(i-j)\right)\left(\frac{1}{x}+(j-i)\right)}=\prod_{1\leqslant j<i\leqslant n}1=1 \qquad (3.5.8)$$

可见 $\lambda=1$.

$$\Delta_n=\frac{\prod_{1\leqslant j<i\leqslant n}(a_i-a_j)(b_i-b_j)}{\prod_{1\leqslant i,k\leqslant n}(a_i+b_k)}\qquad\square$$

例 5 计算 n 阶行列式

$$\Delta_n=\Delta_n(x,y;a_1,a_2,\cdots,a_n)=\begin{vmatrix}a_1 & x & \cdots & x\\ y & a_2 & \cdots & x\\ \vdots & \vdots & & \vdots\\ y & y & \cdots & a_n\end{vmatrix}$$

其中主对角线元依次是 $a_1,a_2,\cdots,a_n$，主对角线右上方都是 x，主对角线左下方都是 y.

解 将第 n 列拆成两列之和，从而将行列式拆成两个行列式之和：

$$\Delta_n=\begin{vmatrix}a_1 & x & \cdots & x & x+0\\ y & a_2 & \cdots & x & x+0\\ \vdots & \vdots & & \vdots & \vdots\\ y & y & \cdots & a_{n-1} & x+0\\ y & y & \cdots & y & x+(a_n-x)\end{vmatrix}$$

$$
=\begin{vmatrix} a_1 & x & \cdots & x & x \\ y & a_2 & \cdots & x & x \\ \vdots & \vdots & & \vdots & \vdots \\ y & y & \cdots & a_{n-1} & x \\ y & y & \cdots & y & x \end{vmatrix}+\begin{vmatrix} a_1 & x & \cdots & x & 0 \\ y & a_2 & \cdots & x & 0 \\ \vdots & \vdots & & \vdots & \vdots \\ y & y & \cdots & a_{n-1} & 0 \\ y & y & \cdots & y & a_n-x \end{vmatrix} \tag{3.5.9}
$$

将上式右端的第一个行列式的第 n 行的 -1 倍加到其余各行，第二个行列式按第 n 列展开，得

$$
\Delta_n=\begin{vmatrix} a_1-y & x-y & \cdots & x-y & 0 \\ 0 & a_2-y & \cdots & x-y & 0 \\ \vdots & \vdots & & \vdots & \vdots \\ 0 & 0 & \cdots & a_{n-1}-y & 0 \\ y & y & \cdots & y & x \end{vmatrix}+\begin{vmatrix} a_1 & x & \cdots & x & 0 \\ y & a_2 & \cdots & x & 0 \\ \vdots & \vdots & & \vdots & \vdots \\ y & y & \cdots & a_{n-1} & 0 \\ y & y & \cdots & y & a_n-x \end{vmatrix}
$$

$$
=x\begin{vmatrix} a_1-y & x-y & \cdots & x-y \\ 0 & a_2-y & \cdots & x-y \\ \vdots & \vdots & & \vdots \\ 0 & 0 & \cdots & a_{n-1}-y \end{vmatrix}+(a_n-x)\begin{vmatrix} a_1 & x & \cdots & x \\ y & a_2 & \cdots & x \\ \vdots & \vdots & & \vdots \\ y & y & \cdots & a_{n-1} \end{vmatrix}
$$

$$
=x(a_1-y)(a_2-y)\cdots(a_{n-1}-y)+(a_n-x)\Delta_{n-1}(x,y;a_1,a_2,\cdots,a_{n-1}) \tag{3.5.10}
$$

将 Δ_n 转置，行列式值不变，x 与 y 互换位置，由(3.5.10)得到

$$
\begin{aligned}
\Delta_n&=\Delta_n'=\Delta_n(y,x;a_1,a_2,\cdots,a_n)\\
&=y(a_1-x)(a_2-x)\cdots(a_{n-1}-x)+(a_n-y)\Delta_{n-1}(y,x;a_1,a_2,\cdots,a_{n-1})\\
&=y(a_1-x)(a_2-x)\cdots(a_{n-1}-x)+(a_n-y)\Delta_{n-1}(x,y;a_1,a_2,\cdots,a_{n-1})
\end{aligned} \tag{3.5.11}
$$

将(3.5.10)与(3.5.11)两边相减，得

$$
\begin{gathered}
x(a_1-y)\cdots(a_{n-1}-y)-y(a_1-x)\cdots(a_{n-1}-x)\\
-(x-y)\Delta_{n-1}(x,y;a_1,\cdots,a_{n-1})=0
\end{gathered}
$$

从而

$$
\Delta_{n-1}(x,y;a_1,\cdots,a_{n-1})=\frac{x(a_1-y)\cdots(a_{n-1}-y)-y(a_1-x)\cdots(a_{n-1}-x)}{x-y}
$$

$$
\Delta_n(x,y;a_1,\cdots,a_n)=\frac{x(a_1-y)\cdots(a_n-y)-y(a_1-x)\cdots(a_n-x)}{x-y} \qquad \square
$$

例 6 设 n 元线性方程组

$$
\begin{cases} a_{11}x_1+a_{12}x_2+\cdots+a_{1n}x_n=b_1 \\ a_{21}x_1+a_{22}x_2+\cdots+a_{2n}x_n=b_2 \\ \cdots\cdots\cdots\cdots \\ a_{n1}x_1+a_{n2}x_2+\cdots+a_{nn}x_n=b_n \end{cases} \tag{3.5.12}
$$

的系数行列式

$$\Delta=\begin{vmatrix}a_{11}&\cdots&a_{1n}\\ \vdots&&\vdots\\ a_{n1}&\cdots&a_{nn}\end{vmatrix}\neq 0 \tag{3.5.13}$$

对每个 $1\leqslant j\leqslant n$，分别用列向量

$$\begin{pmatrix}a_{11}x_1+a_{12}x_2+\cdots+a_{1n}x_n\\ a_{21}x_1+a_{22}x_2+\cdots+a_{2n}x_n\\ \vdots\\ a_{n1}x_1+a_{n2}x_2+\cdots+a_{nn}x_n\end{pmatrix}\quad 与 \quad \begin{pmatrix}b_1\\ b_2\\ \vdots\\ b_n\end{pmatrix}$$

替换行列式 Δ 的第 j 列，得到两个相等的行列式，由此得到 Cramer 法则.

解 设$(x_1,\cdots,x_n)$是原方程组(3.5.12)的解，则

$$\begin{pmatrix}a_{11}x_1+a_{12}x_2+\cdots+a_{1n}x_n\\ a_{21}x_1+a_{22}x_2+\cdots+a_{2n}x_n\\ \vdots\\ a_{n1}x_1+a_{n2}x_2+\cdots+a_{nn}x_n\end{pmatrix}=\begin{pmatrix}b_1\\ b_2\\ \vdots\\ b_n\end{pmatrix}$$

用此等式两边的列向量替换系数行列式 Δ 的第 j 列，得到两个相等的行列式

$$\begin{vmatrix}a_{11}&\cdots&a_{1,j-1}&\sum_{k=1}^{n}a_{1k}x_k&a_{1,j+1}&\cdots&a_{1n}\\ a_{21}&\cdots&a_{2,j-1}&\sum_{k=1}^{n}a_{2k}x_k&a_{2,j+1}&\cdots&a_{2n}\\ \vdots&&\vdots&\vdots&\vdots&&\vdots\\ a_{n1}&\cdots&a_{n,j-1}&\sum_{k=1}^{n}a_{nk}x_k&a_{n,j+1}&\cdots&a_{nn}\end{vmatrix}$$

$$=\begin{vmatrix}a_{11}&\cdots&a_{1,j-1}&b_1&a_{1,j+1}&\cdots&a_{1n}\\ a_{21}&\cdots&a_{2,j-1}&b_2&a_{2,j+1}&\cdots&a_{2n}\\ \vdots&&\vdots&\vdots&\vdots&&\vdots\\ a_{n1}&\cdots&a_{n,j-1}&b_n&a_{n,j+1}&\cdots&a_{nn}\end{vmatrix} \tag{3.5.14}$$

将这个等式右边的行列式记作 Δ_j. 左边的行列式可以拆成 n 个行列式之和

$$\sum_{k=1}^{n}\begin{vmatrix}a_{11}&\cdots&a_{1,j-1}&a_{1k}&a_{1,j+1}&\cdots&a_{1n}\\ a_{21}&\cdots&a_{2,j-1}&a_{2k}&a_{2,j+1}&\cdots&a_{2n}\\ \vdots&&\vdots&\vdots&\vdots&&\vdots\\ a_{n1}&\cdots&a_{n,j-1}&a_{nk}&a_{n,j+1}&\cdots&a_{nn}\end{vmatrix}x_k \tag{3.5.15}$$

当 $k\neq j$ 时，(3.5.15)求和号中的行列式

$$\begin{vmatrix}a_{11}&\cdots&a_{1,j-1}&a_{1k}&a_{1,j+1}&\cdots&a_{1n}\\ a_{21}&\cdots&a_{2,j-1}&a_{2k}&a_{2,j+1}&\cdots&a_{2n}\\ \vdots&&\vdots&\vdots&\vdots&&\vdots\\ a_{n1}&\cdots&a_{n,j-1}&a_{nk}&a_{n,j+1}&\cdots&a_{nn}\end{vmatrix} \tag{3.5.16}$$

的第 k，j 两列相等，行列式值为 0. 而当 $k=j$ 时，行列式(3.5.16)就是原方

程组的系数行列式 Δ. 因此，(3.5.14)就是

$$\Delta \cdot x_j=\Delta_j,\qquad 从而\quad x_j=\frac{\Delta_j}{\Delta},\ \forall\, 1\leqslant j\leqslant n.$$

也就是说：原方程组(3.5.12)如果有解，只有唯一一组解

$$(x_1,\cdots,x_j,\cdots,x_n)=\left(\frac{\Delta_1}{\Delta},\cdots,\frac{\Delta_j}{\Delta},\cdots,\frac{\Delta_n}{\Delta}\right) \tag{3.5.17}$$

如果常数项 $b_i(1\leqslant i\leqslant n)$全部等于零，所有的 $\Delta_j=0(1\leqslant j\leqslant n)$，(3.5.17)就是

$$(x_1,\cdots,x_n)=(0,\cdots,0)$$

这确实是原方程组(3.5.12)的解，因而是原方程组的唯一解. 这说明原方程组的系数矩阵的 n 列线性无关，组成 n 维列向量空间 $F^{n\times 1}$ 的一组基. $F^{n\times 1}$ 中每个列向量$\begin{pmatrix} b_1\\ \vdots\\ b_n\end{pmatrix}$都能唯一地表示成这组基的线性组合，也就是说原方程组对常数项 $b_1,\cdots,b_n$ 的任意一组值都有唯一解，(3.5.17)确实是原方程组的唯一解. 这就是 Cramer 法则. □

例 7　设实数 a,b,c 不全为 $0,\alpha,\beta,\gamma$ 为任意实数. 且

$$\begin{cases} a=b\cos\gamma+c\cos\beta\\ b=c\cos\alpha+a\cos\gamma\\ c=a\cos\beta+b\cos\alpha\end{cases}$$

求证：

$$\cos^2\alpha+\cos^2\beta+\cos^2\gamma+2\cos\alpha\cos\beta\cos\gamma=1$$

证明　已知

$$\begin{cases} -a+b\cos\gamma+c\cos\beta=0\\ a\cos\gamma-b+c\cos\alpha=0\\ a\cos\beta+b\cos\alpha-c=0\end{cases}$$

将上式看成以(a,b,c)为未知数的齐次线性方程组. 此方程组有非零解. 因此系数行列式为 0，即

$$\begin{vmatrix} -1 & \cos\gamma & \cos\beta\\ \cos\gamma & -1 & \cos\alpha\\ \cos\beta & \cos\alpha & -1\end{vmatrix}=0$$

将左边的行列式展开并整理，即得

$$\cos^2\alpha+\cos^2\beta+\cos^2\gamma+2\cos\alpha\cos\beta\cos\gamma=1\quad\square$$

习　题　3.5

1. 计算行列式：

(1) $\begin{vmatrix} 1 & 2 & 3 & \cdots & n \\ x & 1 & 2 & \cdots & n-1 \\ x & x & 1 & \cdots & n-2 \\ \vdots & \vdots & \vdots & & \vdots \\ x & x & x & \cdots & 1 \end{vmatrix}$；　　(2) $\begin{vmatrix} 1+x_1 & 1+x_1^2 & \cdots & 1+x_1^n \\ 1+x_2 & 1+x_2^2 & \cdots & 1+x_2^n \\ \vdots & \vdots & & \vdots \\ 1+x_n & 1+x_n^2 & \cdots & 1+x_n^n \end{vmatrix}$

2. 已知 $n\geqslant 2$，$a_1a_2\cdots a_n\neq 0$，求 n 阶行列式：

$$\begin{vmatrix} 0 & a_1+a_2 & \cdots & a_1+a_n \\ a_2+a_1 & 0 & \cdots & a_2+a_n \\ \vdots & \vdots & & \vdots \\ a_n+a_1 & a_n+a_2 & \cdots & 0 \end{vmatrix}$$

3. 计算偶数阶反对称方阵的行列式 $\Delta=|a_{ij}|_{n\times n}$，其中主对角线上方所有的元 $a_{ij}=1(1\leqslant i<j\leqslant n)$.

4. 已知 Δ 是偶数阶反对称方阵的行列式. 求证：将 Δ 的所有的元加上同一个数 λ 得到的行列式 $\Delta_\lambda=\Delta$.

第 4 章　矩阵的代数运算

§ 4.0　线性映射的矩阵

1. 线性映射的矩阵

例 1　如图 4-1，在平面上建立直角坐标系.

（1）将平面上每个点 P 绕原点向逆时针方向旋转角 α 到点 P'. 写出点 P 的坐标(x,y)与点 P'的坐标(x',y')之间的函数关系式.

（2）将 x 轴绕原点向逆时针方向旋转角 α 得到直线 l_α. 平面上任一点 P 关于直线 l_α 的对称点为 P'. 写出点 P 的坐标(x,y)与点 P'的坐标(x',y')之间的函数关系式.

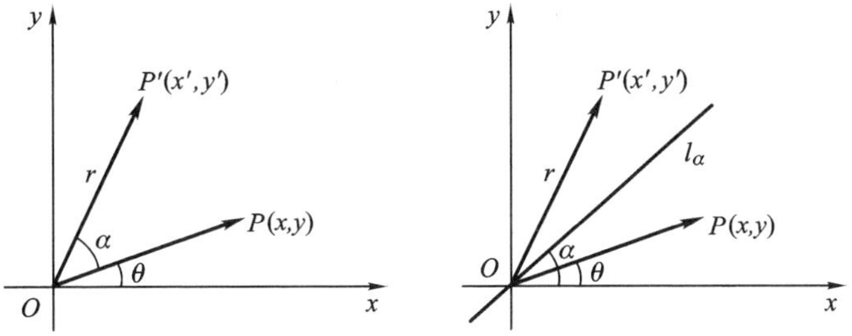

图 4-1

解　设原点 O 到 P 的距离 $|OP|=r$，由射线 OX(即 x 轴正方向)到 OP 的所成的角$\angle XOP=\theta$. 则 $|OP'|=|OP|=r$，$x=r\cos\theta$，$y=r\sin\theta$.

（1）$\angle XOP'=\angle XOP+\angle POP'=\theta+\alpha$.

$$x'=r\cos(\theta+\alpha)=r\cos\theta\cos\alpha-r\sin\theta\sin\alpha=x\cos\alpha-y\sin\alpha$$

$$y'=r\sin(\theta+\alpha)=r\cos\theta\sin\alpha+r\sin\theta\cos\alpha=x\sin\alpha+y\cos\alpha$$

总结起来，由(x,y)计算(x',y')的函数关系式为

$$\begin{cases}x'=x\cos\alpha-y\sin\alpha\\y'=x\sin\alpha+y\cos\alpha\end{cases}\tag{4.0.1}$$

（2）$\dfrac{\angle XOP'+\angle XOP}{2}=\alpha$，故$\angle XOP'=2\alpha-\angle XOP=2\alpha-\theta$.

即

$$\begin{cases}x'=r\cos(2\alpha-\theta)=r\cos\theta\cos 2\alpha+r\sin\theta\sin 2\alpha=x\cos 2\alpha+y\sin 2\alpha\\y'=r\sin(2\alpha-\theta)=r\cos\theta\sin 2\alpha-r\sin\theta\cos 2\alpha=x\sin 2\alpha-y\cos 2\alpha\end{cases}$$

故

$$\begin{cases}x'=x\cos 2\alpha+y\sin 2\alpha\\ y'=x\sin 2\alpha-y\cos 2\alpha\end{cases}\tag{4.0.2}$$

为所求关系式. □

例 1(1)中定义的旋转是平面上的变换，它将平面上的每一点 P 对应于唯一的一点 P'. 点的对应关系 $P\mapsto P'$可以由它们的坐标之间的对应关系$(x,y)\mapsto(x',y')$来描述. 关系式(4.0.1)就分别表示了这个变换前后坐标之间的关系. x'是 x，y 的一个函数 $x'=f_1(x,y)$，y'也是 x，y 的一个函数 $y'=f_2(x,y)$.这两个函数的自变量 x，y 和因变量 x'，y'都在实数域 $\mathbf{R}$ 中取值. 这两个函数 f_1，f_2 就确切地表示了这个变换.

在旋转变换的表达式(4.0.1)中，x'是 x，y 的线性函数：

$$x'=f_1(x,y)=(\cos\alpha)x+(-\sin\alpha)y\tag{4.0.3}$$

由它的一次项系数 $\cos\alpha$，$-\sin\alpha$ 完全决定. 将这两个系数组成行向量$(\cos\alpha,-\sin\alpha)\in\mathbf{R}^{1\times 2}$，称为线性函数 f_1 的坐标. 坐标完全刻画了线性函数 f_1，甚至可以直接写 $f_1=(\cos\alpha,-\sin\alpha)$.

二元线性函数 f_1 的两个自变量 x，y 表示一个点 P 的坐标，我们将它看作一个整体，写成列向量的形式 $\boldsymbol{X}=\begin{pmatrix}x\\y\end{pmatrix}\in\mathbf{R}^{2\times 1}$，用一个黑体字母 $\boldsymbol{X}$ 来表示. 这样，f_1 就是列向量空间 $\mathbf{R}^{2\times 1}$到实数域 $\mathbf{R}$ 中的一个映射，也称为 $\mathbf{R}^{2\times 1}$上的一元函数. 线性函数 f_1 对 $\boldsymbol{X}\in\mathbf{R}^{2\times 1}$的作用 $f_1(\boldsymbol{X})$可以看成 f_1 的坐标$(\cos\alpha,-\sin\alpha)\in\mathbf{R}^{1\times 2}$与列向量 $\boldsymbol{X}=\begin{pmatrix}x\\y\end{pmatrix}\in\mathbf{R}^{2\times 1}$的乘法：

$$x'=(\cos\alpha,-\sin\alpha)\begin{pmatrix}x\\y\end{pmatrix}=(\cos\alpha)x+(-\sin\alpha)y$$

乘法的法则是将$(\cos\alpha,-\sin\alpha)$中的每个数分别与$\begin{pmatrix}x\\y\end{pmatrix}$中的两个数 x，y 相乘，再相加就得到了函数表达式(4.0.3). 类似地，函数

$$y'=f_2(x,y)=(\sin\alpha)x+(\cos\alpha)y=(\sin\alpha,\cos\alpha)\begin{pmatrix}x\\y\end{pmatrix}$$

也是行向量 $f_2=(\sin\alpha,\cos\alpha)$与列向量 $\boldsymbol{X}=\begin{pmatrix}x\\y\end{pmatrix}$的乘积.

一般地，对任一数域 F 上任意一个行向量 $\boldsymbol{\alpha}=(a_1,\cdots,a_n)\in F^{1\times n}$ 和 F 上

同维数的任意一个列向量 $\boldsymbol{\beta}=\begin{pmatrix}b_1\\ \vdots\\ b_n\end{pmatrix}\in F^{n\times 1}$，定义 $\boldsymbol{\alpha}$ 与 $\boldsymbol{\beta}$ 的乘积为一个数

$$\boldsymbol{\alpha\beta}=(a_1,\cdots,a_n)\begin{pmatrix}b_1\\ \vdots\\ b_n\end{pmatrix}=a_1b_1+\cdots+a_nb_n,$$

它等于 $\boldsymbol{\alpha}$ 与 $\boldsymbol{\beta}$ 的对应分量的乘积之和. 将 F 上任意一个 n 元线性函数

$$y=f(x_1,\cdots,x_n)=a_1x_1+\cdots+a_nx_n$$

的 n 个自变量组成一个列向量 $\boldsymbol{X}=\begin{pmatrix}x_1\\ \vdots\\ x_n\end{pmatrix}\in F^{n\times 1}$，看成一个整体，将 f 看成 $F^{n\times 1}$ 上以 $\boldsymbol{X}$ 为自变量的一元函数，用它的各自变量系数组成的行向量 $(a_1,\cdots,a_n)\in F^{1\times n}$ 作为坐标来表示 f，f 在 $\boldsymbol{X}$ 上的作用就可以写成行向量 f 与列向量 $\boldsymbol{X}$ 的乘积：

$$f(\boldsymbol{X})=a_1x_1+\cdots+a_nx_n=(a_1,\cdots,a_n)\begin{pmatrix}x_1\\ \vdots\\ x_n\end{pmatrix}$$

(4.0.1) 中的点 P' 的坐标 x'，y' 分别由 $\mathbf{R}^{2\times 1}$ 上的线性函数 f_1，f_2 决定：

$$x'=f_1(x,y)=(\cos\alpha,-\sin\alpha)\begin{pmatrix}x\\ y\end{pmatrix},\ y'=f_2(x,y)=(\sin\alpha,\cos\alpha)\begin{pmatrix}x\\ y\end{pmatrix}$$

作为 P' 的坐标，我们将 x'，y' 也看成一个整体，写成列向量 $\boldsymbol{Y}=\begin{pmatrix}x'\\ y'\end{pmatrix}\in\mathbf{R}^{2\times 1}$ 来表示. 这样，点的对应关系 $P\mapsto P'$ 就用坐标之间的对应关系 $\mathscr{A}:X\mapsto Y$ 来表示. $\mathscr{A}$ 是 $\mathbf{R}^{2\times 1}$ 上的一个变换，由两个线性函数 f_1，f_2 共同决定. 我们将这两个线性函数的坐标 $f_1=(\cos\alpha,-\sin\alpha)$，$f_2=(\sin\alpha,\cos\alpha)$ 排成一个矩阵

$$\boldsymbol{A}=\begin{pmatrix}\cos\alpha & -\sin\alpha\\ \sin\alpha & \cos\alpha\end{pmatrix}$$

来表示变换 $\mathscr{A}$，矩阵的两行分别是 f_1，f_2 的坐标. 变换 $\mathscr{A}:X\mapsto Y$ 通过这个矩阵 $\boldsymbol{A}$ 与 $\boldsymbol{X}$ 的乘法来实现：

$$\boldsymbol{Y}=\begin{pmatrix}x'\\ y'\end{pmatrix}=\begin{pmatrix}\cos\alpha & -\sin\alpha\\ \sin\alpha & \cos\alpha\end{pmatrix}\begin{pmatrix}x\\ y\end{pmatrix}.$$

乘法的法则是将 $\boldsymbol{A}$ 的两行分别与列向量 $\boldsymbol{X}$ 相乘，得到的两个数 x'，y' 组成列

向量 $\boldsymbol{Y}$.

类似地，(4.0.2)表示的轴对称变换 $\mathscr{B}$ 也可以用矩阵与列向量的乘法来表示：

$$\mathscr{B}:\begin{pmatrix}x\\y\end{pmatrix}\mapsto\begin{pmatrix}x'\\y'\end{pmatrix}=\begin{pmatrix}\cos 2\alpha & \sin 2\alpha\\ \sin 2\alpha & -\cos 2\alpha\end{pmatrix}\begin{pmatrix}x\\y\end{pmatrix}=\begin{pmatrix}(\cos 2\alpha)x+(\sin 2\alpha)y\\(\sin 2\alpha)x-(\cos 2\alpha)y\end{pmatrix}.$$

一般地，考虑同一个数域 F 上两个列向量空间之间的映射

$$\mathscr{A}:F^{n\times 1}\to F^{m\times 1},\ \boldsymbol{X}=\begin{pmatrix}x_1\\\vdots\\x_n\end{pmatrix}\mapsto \boldsymbol{Y}=\begin{pmatrix}y_1\\\vdots\\y_m\end{pmatrix}.$$

因变量 $\boldsymbol{Y}$ 的每个分量 y_i 都是自变量 $\boldsymbol{X}$ 的各分量的函数

$$y_i=f_i(x_1,\cdots,x_n)\quad(1\leqslant i\leqslant m)$$

m 个函数 $f_1,\cdots,f_m$ 共同决定映射 $\mathscr{A}$. 如果每个 f_i 都是线性函数

$$f_i(x_1,\cdots,x_n)=a_{i1}x_1+\cdots+a_{in}x_n$$

就称映射 $\mathscr{A}$ 为**线性映射**(linear mapping). 以各线性函数的坐标 $f_i=(a_{i1},\cdots,a_{in})$为各行排成矩阵

$$\boldsymbol{A}=\begin{pmatrix}a_{11}&\cdots&a_{1n}\\\vdots&&\vdots\\a_{m1}&\cdots&a_{mn}\end{pmatrix}$$

称为这个线性映射 $\mathscr{A}$ 的矩阵，它唯一地决定了各线性函数 f_i 从而决定了 $\mathscr{A}$. $\mathscr{A}$ 在每个自变量 $\boldsymbol{X}\in F^{n\times 1}$的作用通过矩阵 $\boldsymbol{A}$ 与 $\boldsymbol{X}$ 的乘法来实现：

$$\begin{pmatrix}y_1\\\vdots\\y_m\end{pmatrix}=\boldsymbol{A}\begin{pmatrix}x_1\\\vdots\\x_n\end{pmatrix}=\begin{pmatrix}a_{11}&\cdots&a_{1n}\\\vdots&&\vdots\\a_{m1}&\cdots&a_{mn}\end{pmatrix}\begin{pmatrix}x_1\\\vdots\\x_n\end{pmatrix}\tag{4.0.4}$$

$\boldsymbol{A}$ 与 $\boldsymbol{X}$ 乘法的法则是将 $\boldsymbol{A}$ 的每一行与 $\boldsymbol{X}$ 相乘得到一个数，所有这些数依次排成一列就是乘积 $\boldsymbol{AX}$. 等式(4.0.4)表达的意思就是：$\boldsymbol{Y}$ 的第 i 个分量 y_i 等于 $\boldsymbol{A}$ 的第 i 行与 $\boldsymbol{X}$ 的乘积，即

$$y_i=a_{i1}x_1+\cdots+a_{in}x_n\quad(\forall\, 1\leqslant i\leqslant m)$$

2. 线性映射的合成与矩阵的乘法

设有两个线性映射 $\mathscr{A}:F^{n\times 1}\to F^{m\times 1}$和 $\mathscr{B}:F^{m\times 1}\to F^{p\times 1}$，分别具有矩阵

$$\boldsymbol{A}=\begin{pmatrix}a_{11}&\cdots&a_{1n}\\\vdots&&\vdots\\a_{m1}&\cdots&a_{mn}\end{pmatrix},\ B=\begin{pmatrix}b_{11}&\cdots&a_{1m}\\\vdots&&\vdots\\a_{p1}&\cdots&a_{pm}\end{pmatrix}$$

每个 $\boldsymbol{X}\in F^{n\times 1}$ 被 $\mathscr{A}$ 送到 $\boldsymbol{Y}=\boldsymbol{AX}\in F^{m\times 1}$，再被 $\mathscr{B}$ 送到 $\boldsymbol{Z}=\boldsymbol{BY}=\boldsymbol{B}(\boldsymbol{AX})\in$

$F^{p\times 1}$. $\boldsymbol{X}\mapsto \boldsymbol{B}(\boldsymbol{AX})$定义了 $F^{n\times 1}$到 $F^{p\times 1}$的一个映射，它就是 $\mathscr{A}$ 与 $\mathscr{B}$ 的合成映射 $\mathscr{B}\mathscr{A}$，也称为 $\mathscr{B}$ 与 $\mathscr{A}$ 的乘积. 我们来看 $\mathscr{B}\mathscr{A}$ 是否是线性映射. 如果是，求出它的矩阵来.

我们有

$$\boldsymbol{Y}=\begin{pmatrix} y_1\\ y_2\\ \vdots\\ y_m\end{pmatrix}=\boldsymbol{AX}=\begin{pmatrix} a_{11}x_1+a_{12}x_2+\cdots+a_{1n}x_n\\ a_{21}x_1+a_{22}x_2+\cdots+a_{2n}x_n\\ \cdots\cdots\cdots\\ a_{m1}x_1+a_{m2}x_2+\cdots+a_{mn}x_n\end{pmatrix} \tag{4.0.5}$$

及

$$\boldsymbol{Z}=\begin{pmatrix} z_1\\ z_2\\ \vdots\\ z_p\end{pmatrix}=\boldsymbol{BY}=\begin{pmatrix} b_{11}y_1+b_{12}y_2+\cdots+b_{1m}y_m\\ b_{21}y_1+b_{22}y_2+\cdots+b_{2m}y_m\\ \cdots\cdots\cdots\\ b_{p1}y_1+b_{p2}y_2+\cdots+b_{pm}y_m\end{pmatrix} \tag{4.0.6}$$

将(4.0.5)代入(4.0.6)就得到每个 $z_i(1\leqslant i\leqslant p)$与 $x_1,\cdots,x_n$ 之间的函数关系式：

$$\begin{aligned} z_i &= b_{i1}y_1+\cdots+b_{im}y_m\\ &= b_{i1}(a_{11}x_1+a_{12}x_2+\cdots+a_{1n}x_n)+b_{i2}(a_{21}x_1+a_{22}x_2+\cdots+a_{2n}x_n)+\cdots+\\ &\quad b_{im}(a_{m1}x_1+a_{m2}x_2+\cdots+a_{mn}x_n)\\ &= (b_{i1}a_{11}+\cdots+b_{im}a_{m1})x_1+\cdots+(b_{i1}a_{1j}+\cdots+b_{im}a_{mj})x_j+\cdots+\\ &\quad (b_{i1}a_{1n}+\cdots+b_{im}a_{mn})x_n\\ &= c_{i1}x_1+\cdots+c_{ij}x_j+\cdots+c_{in}x_n. \end{aligned}$$

可见，每个 z_i 都是 $x_1,\cdots,x_n$ 的线性函数，坐标为$(c_{i1},\cdots,c_{in})$，其中

$$c_{ij}=b_{i1}a_{1j}+b_{i2}a_{2j}+\cdots+b_{im}a_{mj}=(b_{i1},\cdots,b_{im})\begin{pmatrix} a_{1j}\\ \vdots\\ a_{mj}\end{pmatrix}$$

是 $\boldsymbol{B}$ 的第 i 行与 $\boldsymbol{A}$ 的第 j 列的乘积.

可见线性映射 $\mathscr{A}$ 与 $\mathscr{B}$ 的乘积 $\mathscr{B}\mathscr{A}:F^{n\times 1}\to F^{p\times 1}$，$\boldsymbol{X}\mapsto \boldsymbol{Z}$ 是线性映射，它的矩阵

$$\boldsymbol{C}=\begin{pmatrix} c_{11} & \cdots & c_{1n}\\ \vdots & & \vdots\\ c_{p1} & \cdots & c_{pn}\end{pmatrix}\in F^{p\times n}$$

$\boldsymbol{C}$ 的第(i,j)元 c_{ij}由 $\boldsymbol{B}$ 的第 i 行与 $\boldsymbol{A}$ 的第 j 列相乘得到. 我们很自然将 $\mathscr{A}$ 与 $\mathscr{B}$ 乘积 $\mathscr{B}\mathscr{A}$ 的矩阵 $\boldsymbol{C}$ 称为矩阵 $\boldsymbol{B}$ 与 $\boldsymbol{A}$ 的乘积，将 $\boldsymbol{C}$ 记为 $\boldsymbol{BA}$. 则线性映射 $\mathscr{B}\mathscr{A}$: $\boldsymbol{X}\mapsto \boldsymbol{Z}$ 由矩阵 $\boldsymbol{BA}$ 的乘法来实现：

$$Z=B(AX)=(BA)X.$$

请尝试自己解答下面的例题，通过矩阵的乘积来研究变换的乘积：

例 2 （1）设 $\mathscr{A}$，$\mathscr{B}$ 是平面上的点绕原点分别旋转角 α，β 的变换. 试分别写出 $\mathscr{A}$，$\mathscr{B}$ 的矩阵 $\boldsymbol{A}$，$\boldsymbol{B}$，计算 $\mathscr{B}\mathscr{A}$ 的矩阵 $\boldsymbol{BA}$，它表示什么变换？

（2）设在直角坐标平面上将 x 轴绕原点沿逆时针方向旋转角 α，β，分别得到直线 l_α，l_β. $\mathscr{A}$，$\mathscr{B}$ 是平面上的点分别关于直线 l_α，l_β 作轴对称的变换. 试分别写出 $\mathscr{A}$，$\mathscr{B}$ 的矩阵 $\boldsymbol{A}$，$\boldsymbol{B}$，计算 $\mathscr{B}\mathscr{A}$ 的矩阵 $\boldsymbol{BA}$ 和 $\mathscr{A}\mathscr{B}$ 的矩阵 $\boldsymbol{AB}$，它们分别表示什么变换？

§4.1 矩阵的代数运算

1. 矩阵的加法

对任意正整数 m，n，任意数域 F，$F^{m\times n}$ 中任意两个矩阵 $\boldsymbol{A}=(a_{ij})_{m\times n}$ 和 $\boldsymbol{B}=(b_{ij})_{m\times n}$ 可以相加，得到的和 $\boldsymbol{A}+\boldsymbol{B}$ 是 $m\times n$ 矩阵，它的第 (i,j) 元等于 $\boldsymbol{A}$，$\boldsymbol{B}$ 的第 (i,j) 元之和 $a_{ij}+b_{ij}$. 也就是说：

$$(a_{ij})_{m\times n}+(b_{ij})_{m\times n}=(a_{ij}+b_{ij})_{m\times n}.$$

矩阵的加法具有以下性质：

（1）交换律：$\boldsymbol{A}+\boldsymbol{B}=\boldsymbol{B}+\boldsymbol{A}$ 对任意 $\boldsymbol{A}$，$\boldsymbol{B}\in F^{m\times n}$ 成立.

（2）结合律：$(\boldsymbol{A}+\boldsymbol{B})+\boldsymbol{C}=\boldsymbol{A}+(\boldsymbol{B}+\boldsymbol{C})$ 对任意 $\boldsymbol{A}$，$\boldsymbol{B}$，$\boldsymbol{C}\in F^{m\times n}$ 成立.

（3）零矩阵的性质：如果 $m\times n$ 矩阵的所有的元都是 0，则这个矩阵称为**零矩阵**(zero matrix)，通常记作 $\boldsymbol{O}$. 如果要强调它是 $m\times n$ 零矩阵，可以将它记作 $\boldsymbol{O}_{m\times n}$. 在不引起混淆的情况下也记作 $\boldsymbol{0}$.

设 $\boldsymbol{O}$ 是 $m\times n$ 零矩阵，则对任意 $m\times n$ 矩阵 $\boldsymbol{A}$，有

$$\boldsymbol{A}+\boldsymbol{O}=\boldsymbol{O}+\boldsymbol{A}=\boldsymbol{A}$$

（4）对每个 $\boldsymbol{A}=(a_{ij})_{m\times n}\in F^{m\times n}$，取 $-\boldsymbol{A}=(-a_{ij})_{m\times n}\in F^{m\times n}$，则

$$\boldsymbol{A}+(-\boldsymbol{A})=(-\boldsymbol{A})+\boldsymbol{A}=\boldsymbol{O}$$

由加法可以定义减法：对 $F^{m\times n}$ 中任意两个矩阵 $\boldsymbol{A}$，$\boldsymbol{B}$，存在 $F^{m\times n}$ 中唯一的矩阵 $\boldsymbol{X}$ 满足条件 $\boldsymbol{X}+\boldsymbol{B}=\boldsymbol{A}$，这个唯一的 $\boldsymbol{X}$ 记作 $\boldsymbol{A}-\boldsymbol{B}$. 我们有

$$\boldsymbol{A}-\boldsymbol{B}=\boldsymbol{A}+(-\boldsymbol{B})$$

$$(a_{ij})_{m\times n}-(b_{ij})_{m\times n}=(a_{ij}-b_{ij})_{m\times n}$$

矩阵的加法与减法的法则符合我们的习惯. 但是要注意：只有当矩阵 $\boldsymbol{A}$，$\boldsymbol{B}$ 具有同样多的行和同样多的列的时候，$\boldsymbol{A}$，$\boldsymbol{B}$ 才能相加和相减.

2. 矩阵与数的乘法

对任意正整数 m，n，任意数域 F，$F^{m\times n}$ 中任意一个矩阵 $\boldsymbol{A}=(a_{ij})_{m\times n}$ 与 F 中任意一个数 λ 相乘得到一个 $m\times n$ 矩阵 $\lambda\boldsymbol{A}$，它的第 (i,j) 元等于 λa_{ij}：

$$\lambda(a_{ij})_{m\times n}=(\lambda a_{ij})_{m\times n}$$

矩阵与数的乘法也称为矩阵的数乘.

矩阵与数的乘法具有如下性质：

(1)（对数的加法的分配律） $(\lambda+\mu)\boldsymbol{A}=\lambda\boldsymbol{A}+\mu\boldsymbol{A}$，$\forall\boldsymbol{A}\in F^{m\times n}$，$\lambda$，$\mu\in F$.

(2)（对矩阵加法的分配律） $\lambda(\boldsymbol{A}+\boldsymbol{B})=\lambda\boldsymbol{A}+\lambda\boldsymbol{B}$，$\forall\boldsymbol{A}$，$\boldsymbol{B}\in F^{m\times n}$，$\lambda\in F$.

(3) $1\boldsymbol{A}=\boldsymbol{A}$，$\forall\boldsymbol{A}\in F^{m\times n}$.

(4) $\lambda(\mu\boldsymbol{A})=(\lambda\mu)\boldsymbol{A}$，$\forall\boldsymbol{A}\in F^{m\times n}$，$\lambda$，$\mu\in F$.

$F^{m\times n}$中定义了加法和数乘，并且这两种运算满足线性空间的 8 条运算律. 因此，$F^{m\times n}$是 F 上线性空间.

例 1 求数域 F 上线性空间 $F^{m\times n}$的维数并求一组基.

解 对每一个 $1\leqslant i\leqslant m$，$1\leqslant j\leqslant n$，记 $\boldsymbol{E}_{ij}$为第(i,j)分量为 1、其余分量为 0 的 $m\times n$ 矩阵. 则对任意一组 $\lambda_{ij}\in F(1\leqslant i\leqslant m,1\leqslant j\leqslant n)$，

$$\sum_{i=1}^{m}\sum_{j=1}^{n}\lambda_{ij}\boldsymbol{E}_{ij}=(\lambda_{ij})_{m\times n}=0\Longleftrightarrow\lambda_{ij}=0,\ \forall\,1\leqslant i\leqslant m,\ 1\leqslant j\leqslant n$$

这说明矩阵集合 $\varepsilon=\{\boldsymbol{E}_{ij}\mid 1\leqslant i\leqslant m,1\leqslant j\leqslant n\}$中元素线性无关.

每个 $\boldsymbol{A}=(a_{ij})_{m\times n}\in F^{m\times n}$可以唯一地写成集合 ε 的线性组合

$$\boldsymbol{A}=(a_{ij})_{m\times n}=\sum_{i=1}^{m}\sum_{j=1}^{n}a_{ij}\boldsymbol{E}_{ij}$$

可见 ε 是 $F^{m\times n}$的一组基. 这组基共包含 mn 个元素，因此 $F^{m\times n}$的维数等于 mn. □

3. 矩阵的乘法

矩阵乘法的定义 对任意正整数 m，n，p，任意的数域 F，任意的矩阵 $\boldsymbol{A}=(a_{ij})_{m\times n}\in F^{m\times n}$和 $\boldsymbol{B}=(b_{ij})_{n\times p}\in F^{n\times p}$可以相乘，得到的乘积 $\boldsymbol{AB}$ 是一个 $m\times p$ 矩阵

$$\boldsymbol{AB}=(c_{ij})_{m\times p}$$

它的第(i,j)元

$$c_{ij}=\sum_{k=1}^{n}a_{ik}b_{kj}=a_{i1}b_{1j}+a_{i2}b_{2j}+\cdots+a_{in}b_{nj}$$

在所有的矩阵运算中，矩阵乘法的法则最不符合我们的习惯，掌握的难度最大，但它也是最重要的. 对于矩阵的乘法需要注意如下事项：

(1) 并非任意两个矩阵 $\boldsymbol{A}$，$\boldsymbol{B}$ 都可以相乘. $\boldsymbol{A}$，$\boldsymbol{B}$ 可以相乘的条件也与它们可以相加减的条件不同. $\boldsymbol{A}$，$\boldsymbol{B}$ 可以相乘的条件是：$\boldsymbol{A}$ 的列数与 $\boldsymbol{B}$ 的行数相等.

(2) $\boldsymbol{A}$，$\boldsymbol{B}$ 的乘法法则可以这样来理解：

n 维的行向量 $\boldsymbol{\alpha}=(a_1,\cdots,a_n)\in F^{1\times n}$ 与 n 维列向量 $\boldsymbol{\beta}=\begin{pmatrix}b_1\\ \vdots\\ b_n\end{pmatrix}$ 的乘积是一个数，等于 $\boldsymbol{\alpha}$ 与 $\boldsymbol{\beta}$ 的相应位置的元之积之和：

$$(a_1,\cdots,a_n)\begin{pmatrix}b_1\\ \vdots\\ b_n\end{pmatrix}=a_1b_1+a_2b_2+\cdots+a_nb_n$$

任意 $m\times n$ 矩阵 $\boldsymbol{A}$ 与 $n\times p$ 矩阵 $\boldsymbol{B}$ 相乘，将 $\boldsymbol{A}$ 的第 i 行与 $\boldsymbol{B}$ 的第 j 列相乘得到的数作为第(i,j)元$(1\leqslant i\leqslant m,1\leqslant j\leqslant p)$，得到的 $m\times p$ 矩阵就是 $\boldsymbol{A}$，$\boldsymbol{B}$ 的乘积.

例 2 设 $\boldsymbol{A}=(a_1\quad a_2)$，$\boldsymbol{B}=\begin{pmatrix}b_1\\ b_2\end{pmatrix}$. 求 $\boldsymbol{AB}$，$\boldsymbol{BA}$.

解

$$\boldsymbol{AB}=(a_1\quad a_2)\begin{pmatrix}b_1\\ b_2\end{pmatrix}=a_1b_1+a_2b_2$$

$$\boldsymbol{BA}=\begin{pmatrix}b_1\\ b_2\end{pmatrix}(a_1\quad a_2)=\begin{pmatrix}b_1a_1 & b_1a_2\\ b_2a_1 & b_2a_2\end{pmatrix}\quad\square$$

注意 $\boldsymbol{AB}$ 是 1×1 矩阵，而 $\boldsymbol{BA}$ 是 2×2 矩阵，$\boldsymbol{AB}$ 与 $\boldsymbol{BA}$ 不相等. 这说明矩阵乘法的交换律不成立.

例 3 设 $\boldsymbol{A}=\begin{pmatrix}1 & 1\\ 1 & 1\end{pmatrix}$，$\boldsymbol{B}=\begin{pmatrix}1 & 1\\ -1 & -1\end{pmatrix}$，求 $\boldsymbol{AB}$，$\boldsymbol{BA}$.

解

$$\boldsymbol{AB}=\begin{pmatrix}0 & 0\\ 0 & 0\end{pmatrix},\quad \boldsymbol{BA}=\begin{pmatrix}2 & 2\\ -2 & -2\end{pmatrix}\quad\square$$

注意 这里有两件怪事与我们的习惯不合：

（1）$\boldsymbol{AB}$ 与 $\boldsymbol{BA}$ 虽然都是 2×2 矩阵，但它们不相等. 这进一步说明矩阵乘法的交换律不成立.

（2）$\boldsymbol{A}$，$\boldsymbol{B}$ 都不为零，甚至其中所有的元都不为 0，但是 $\boldsymbol{AB}$ 是零矩阵.

我们知道，对于任意三个数 a，b，c，如果 $ab=ac$ 并且 $a\neq0$，就可以从等式 $ab=ac$ 两边消去 a，得到 $b=c$. 这称为数的乘法的**消去律**(cancellation law).

然而，对于例 3 中的矩阵 $\boldsymbol{A}$，$\boldsymbol{B}$，再取 2×2 零矩阵$\boldsymbol{O}$，容易看出 $\boldsymbol{AO}=\boldsymbol{O}$. 于是 $\boldsymbol{AB}=\boldsymbol{AO}$ 并且 $\boldsymbol{A}\neq\boldsymbol{O}$，但并不能从等式 $\boldsymbol{AB}=\boldsymbol{AO}$ 两边消去 $\boldsymbol{A}$ 得到$\boldsymbol{B}=\boldsymbol{O}$. 这说明：对于矩阵乘法，消去律不成立.

例 4 设 $\boldsymbol{A}=\begin{pmatrix}\lambda_1 & 0\\ 0 & \lambda_2\end{pmatrix}$，$\boldsymbol{B}=\begin{pmatrix}a_1 & b_1\\ a_2 & b_2\end{pmatrix}$. 求 $\boldsymbol{AB}$ 和 $\boldsymbol{BA}$.

解 $$\boldsymbol{AB}=\begin{pmatrix}\lambda_1a_1 & \lambda_1b_1\\ \lambda_2a_2 & \lambda_2b_2\end{pmatrix},\quad \boldsymbol{BA}=\begin{pmatrix}a_1\lambda_1 & b_1\lambda_2\\ a_2\lambda_1 & b_2\lambda_2\end{pmatrix}$$ □

注意 (1) $\boldsymbol{AB}$ 可以由 $\boldsymbol{B}$ 的两行分别乘 λ_1，λ_2 得到，$\boldsymbol{BA}$ 可以由 $\boldsymbol{B}$ 的两列分别乘 λ_1，λ_2 得到.

(2) 如果 $\lambda_1\neq\lambda_2$，并且 $b_1\neq 0$ 或者 $a_2\neq 0$，那么 $\boldsymbol{AB}\neq\boldsymbol{BA}$.

例如，取 $\boldsymbol{A}=\begin{pmatrix}1 & 0\\ 0 & 0\end{pmatrix}$(即 $\lambda_1=1,\lambda_2=0$)，$\boldsymbol{B}=\begin{pmatrix}0 & 1\\ 0 & 0\end{pmatrix}$，则将 $\boldsymbol{B}$ 的两行分别乘 1，0 得 $\boldsymbol{AB}=\begin{pmatrix}0 & 1\\ 0 & 0\end{pmatrix}$，而将 $\boldsymbol{B}$ 的两列分别乘 1，0 得 $\boldsymbol{BA}=\begin{pmatrix}0 & 0\\ 0 & 0\end{pmatrix}$，同样有 $\boldsymbol{AB}\neq\boldsymbol{BA}$. 并且有 $\boldsymbol{A}\neq\boldsymbol{O}$ 且 $\boldsymbol{B}\neq\boldsymbol{O}$ 但 $\boldsymbol{BA}=\boldsymbol{O}$.

(3) 如果 $\lambda_1=\lambda_2=\lambda$，则 $\boldsymbol{AB}$ 与 $\boldsymbol{BA}$ 都可以由所有的元乘同一个数 λ 得到，也就是说：$\boldsymbol{AB}=\boldsymbol{BA}=\lambda\boldsymbol{B}$，用 $\boldsymbol{A}=\begin{pmatrix}\lambda & 0\\ 0 & \lambda\end{pmatrix}$去乘矩阵 $\boldsymbol{B}$ 相当于用数 λ 乘 $\boldsymbol{B}$.

设 $\boldsymbol{A}=\begin{pmatrix}a_{11} & \cdots & a_{1n}\\ \vdots & & \vdots\\ a_{n1} & \cdots & a_{nn}\end{pmatrix}$是任意一个 n 阶方阵. 对 $i=1,2,\cdots,n$，方阵 $\boldsymbol{A}$ 的第 (i,i) 元称为方阵的**对角元**(diagonal elements). n 个对角元 $a_{11},a_{22},\cdots,a_{nn}$所在位置组成的一条线称为方阵 A 的**主对角线**(principal diagonal).

如果 $\boldsymbol{A}$ 的所有的非对角元 $a_{ij}(i\neq j)$ 全部等于 0，即

$$\boldsymbol{A}=\begin{pmatrix}a_{11} & & \\ & \ddots & \\ & & a_{nn}\end{pmatrix} \tag{4.1.1}$$

就称 $\boldsymbol{A}$ 为**对角阵**(diagonal matrix).

(**注意**:我们约定,矩阵中空着的位置的元都是 0,因此,上面的表达式(4.1.1)中的矩阵 $\boldsymbol{A}$ 的非对角元都是 0.对角元 $a_{11},a_{22},\cdots,a_{nn}$则可能取任意值,可以不为 0,也可以为 0.)

我们也常写

$$\mathrm{diag}(a_{11},\cdots,a_{nn})$$

来表示(4.1.1)中的对角阵，其中 diag 表示对角阵，括号内的 $a_{11},\cdots,a_{nn}$是这个对角阵的对角元.

如果对角阵的所有的对角元等于同一个数 λ，即

$$\boldsymbol{\Lambda}=\operatorname{diag}(\lambda,\cdots,\lambda) \tag{4.1.2}$$

容易验证：对任意矩阵 $\boldsymbol{B}_1$，只要 $\boldsymbol{\Lambda B}_1$ 有意义(也就是说 $\boldsymbol{B}_1$ 的行数为 n)，则 $\boldsymbol{\Lambda B}_1=\lambda \boldsymbol{B}_1$；对任意矩阵 $\boldsymbol{B}_2$，只要 $\boldsymbol{B}_2\boldsymbol{\Lambda}$ 有意义(即 $\boldsymbol{B}_2$ 的列数为 n)，则 $\boldsymbol{B}_2\boldsymbol{\Lambda}=\boldsymbol{B}_2\lambda$.

可见，在作矩阵乘法时，(4.1.2)中的矩阵 $\boldsymbol{\Lambda}$ 的作用相当于纯量 λ. 我们将 $\boldsymbol{\Lambda}$ 称为**标量阵**(scalar matrix).

如果 $\boldsymbol{B}$ 与标量阵 $\boldsymbol{\Lambda}$ 都是 n 阶方阵，则

$$\boldsymbol{\Lambda B}=\boldsymbol{B\Lambda}=\lambda \boldsymbol{B}$$

可见：n 阶标量阵与所有的 n 阶方阵在作乘法时可以交换.

对角元为 1 的标量阵

$$\boldsymbol{I}=\operatorname{diag}(1,\cdots,1) \tag{4.1.3}$$

在矩阵乘法中的作用相当于 1. 也就是说：对任意矩阵 $\boldsymbol{B}_1$，$\boldsymbol{B}_2$，当 $\boldsymbol{IB}_1$ 有意义时 $\boldsymbol{IB}_1=\boldsymbol{B}_1$，当 $\boldsymbol{B}_2\boldsymbol{I}$ 有意义时 $\boldsymbol{B}_2\boldsymbol{I}=\boldsymbol{B}_2$. $\boldsymbol{I}$ 乘任何一个矩阵(只要这个乘法有意义)等于这个矩阵本身. $\boldsymbol{I}$ 称为**单位阵**(identity matrix 或 unit matrix). 如果要强调 $\boldsymbol{I}$ 是 n 阶单位阵，可以写 $\boldsymbol{I}_{(n)}$.

设 $\boldsymbol{\Lambda}$ 是对角元为 λ 的 n 阶标量阵，则 $\boldsymbol{\Lambda}=\lambda\boldsymbol{I}_{(n)}$. 对任意 $m\times n$ 矩阵 $\boldsymbol{B}$，有 $(\lambda\boldsymbol{I}_{(m)})\boldsymbol{B}=\lambda\boldsymbol{B}$，$\boldsymbol{B}(\lambda\boldsymbol{I}_{(n)})=\lambda\boldsymbol{B}$，可见，标量阵 $\lambda\boldsymbol{I}$ 与矩阵 $\boldsymbol{B}$ 相乘，其效果相当于用 λ 与 $\boldsymbol{B}$ 相乘.

我们看到，矩阵的乘法与数的乘法有一些不同之处. 比如，交换律和消去律不成立. 但是，也有一些类似之处. 例如，数的乘法中有一个数 1 乘任何数 a 等于 a 本身，而矩阵乘法中也有单位阵 $\boldsymbol{I}$ 乘任何一个可以相乘的矩阵等于这个矩阵本身. 又如，数 0 乘任何数等于 0，零矩阵乘任何一个可以相乘的矩阵都等于零.

矩阵乘法还有如下一些与数的乘法类似的性质：

(1) 结合律： $\boldsymbol{C}(\boldsymbol{BA})=(\boldsymbol{CB})\boldsymbol{A}$

对任意 $\boldsymbol{A}\in F^{m\times n}$，$\boldsymbol{B}\in F^{p\times m}$，$\boldsymbol{C}\in F^{q\times p}$成立.

如果将矩阵的乘法理解为线性映射的合成，结合律的成立是显然的. 设 $\boldsymbol{A}$，$\boldsymbol{B}$，$\boldsymbol{C}$ 分别是线性映射 $\mathscr{A}$，$\mathscr{B}$，$\mathscr{C}$ 的矩阵，即对任意 $\boldsymbol{X}\in F^{n\times 1}$，$\boldsymbol{Y}\in F^{m\times 1}$，$\boldsymbol{Z}\in F^{p\times 1}$，

$$\mathscr{A}\boldsymbol{X}=\boldsymbol{AX},\ \mathscr{B}\boldsymbol{Y}=\boldsymbol{BY},\ \mathscr{C}\boldsymbol{Z}=\boldsymbol{CZ}$$

对任意 $\boldsymbol{X}_1\in F^{n\times 1}$，记 $\boldsymbol{Y}_1=\boldsymbol{AX}_1\in F^{m\times 1}$，$\boldsymbol{Z}_1=\boldsymbol{BY}_1\in F^{p\times 1}$，$\boldsymbol{W}_1=\boldsymbol{CZ}_1\in F^{q\times 1}$. 则

$$(\boldsymbol{BA})\boldsymbol{X}_1=\mathscr{B}(\boldsymbol{AX}_1)=\mathscr{B}\boldsymbol{Y}_1=\boldsymbol{Z}_1,\ (\boldsymbol{C}(\boldsymbol{BA}))\boldsymbol{X}_1=\mathscr{C}\boldsymbol{Z}_1=\boldsymbol{W}_1$$

$$((\boldsymbol{CB})\boldsymbol{A})\boldsymbol{X}_1=(\mathscr{C}\mathscr{B})(\mathscr{A}\boldsymbol{X}_1)=(\mathscr{C}\mathscr{B})\boldsymbol{Y}_1=\mathscr{C}(\mathscr{B}\boldsymbol{Y}_1)=\mathscr{C}\boldsymbol{Z}_1=\boldsymbol{W}_1$$

可见线性映射 $\mathscr{C}(\mathscr{B}\mathscr{A})$ 与 $(\mathscr{C}\mathscr{B})\mathscr{A}$，它们的矩阵 $\boldsymbol{C}(\boldsymbol{BA})$ 与 $(\boldsymbol{CB})\boldsymbol{A}$ 也相等.

这就是说：矩阵乘法的结合律成立.

矩阵乘法结合律可以直接用乘法的定义证明如下.

矩阵乘法结合律的证明

设 $\boldsymbol{A}=(a_{ij})_{m\times n}$，$\boldsymbol{B}=(b_{ij})_{p\times m}$，$\boldsymbol{C}=(c_{ij})_{q\times p}$.

则 $\boldsymbol{BA}=\boldsymbol{D}=(d_{ij})_{p\times n}$，其中

$$d_{ij}=\sum_{k=1}^{m} b_{ik}a_{kj}$$

从而 $\boldsymbol{C}(\boldsymbol{BA})=\boldsymbol{CD}=\boldsymbol{G}=(g_{ij})_{q\times n}$ 其中

$$g_{ij}=\sum_{s=1}^{p} c_{is}d_{sj}=\sum_{s=1}^{p} c_{is}\left(\sum_{k=1}^{m} b_{sk}a_{kj}\right)=\sum_{1\leqslant s\leqslant p,1\leqslant k\leqslant m} c_{is}b_{sk}a_{kj} \tag{4.1.4}$$

另一方面，$\boldsymbol{CB}=\boldsymbol{U}=(u_{ij})_{q\times m}$，其中

$$u_{ij}=\sum_{s=1}^{p} c_{is}b_{sj}$$

从而 $(\boldsymbol{CB})\boldsymbol{A}=\boldsymbol{UA}=\boldsymbol{H}=(h_{ij})_{q\times n}$，其中

$$h_{ij}=\sum_{k=1}^{m} u_{ik}a_{kj}=\sum_{k=1}^{m}\left(\sum_{s=1}^{p} c_{is}b_{sk}\right)a_{kj}=\sum_{1\leqslant s\leqslant p,1\leqslant k\leqslant m} c_{is}b_{sk}a_{kj} \tag{4.1.5}$$

比较(4.1.4)和(4.1.5)可知 $\boldsymbol{G}=\boldsymbol{H}$，即

$$\boldsymbol{C}(\boldsymbol{BA})=(\boldsymbol{CB})\boldsymbol{A}$$

矩阵乘法结合律成立.　□

（**注**:矩阵乘法结合律的证明比较繁琐,可以不要求初学者掌握.但应认识到:既然矩阵乘法的交换律并不成立,矩阵乘法的结合律也不是理所当然成立的,必须加以证明.虽然初学者自己不必掌握这个证明,只要应用就行了.但应当知道:这是因为别人已经为你证明了,你才可以放心大胆地应用.）

利用矩阵乘法的法则可以将线性方程组

$$\begin{cases} a_{11}x_1+a_{12}x_2+\cdots+a_{1n}x_n=b_1 \\ a_{21}x_1+a_{22}x_2+\cdots+a_{2n}x_n=b_2 \\ \cdots\cdots\cdots\cdots \\ a_{m1}x_1+a_{m2}x_2+\cdots+a_{mn}x_n=b_m \end{cases} \tag{4.1.6}$$

写成矩阵方程的形式.

记矩阵

$$\boldsymbol{A}=\begin{pmatrix} a_{11} & a_{12} & \cdots & a_{1n} \\ a_{21} & a_{22} & \cdots & a_{2n} \\ \vdots & \vdots & & \vdots \\ a_{m1} & a_{m2} & \cdots & a_{mn} \end{pmatrix},\ \boldsymbol{X}=\begin{pmatrix} x_1 \\ x_2 \\ \vdots \\ x_n \end{pmatrix},\ \boldsymbol{\beta}=\begin{pmatrix} b_1 \\ b_2 \\ \vdots \\ b_m \end{pmatrix}$$

其中 $\boldsymbol{A}$ 是由方程组的未知数系数组成的矩阵，称为这个方程组的系数矩阵.

按矩阵乘法的法则，有

$$\boldsymbol{AX}=\begin{pmatrix} a_{11}x_1+a_{12}x_2+\cdots+a_{1n}x_n \\ a_{21}x_1+a_{22}x_2+\cdots+a_{2n}x_n \\ \cdots\cdots\cdots\cdots \\ a_{m1}x_1+a_{m2}x_2+\cdots+a_{mn}x_n \end{pmatrix}$$

因此，方程组(4.1.6)可以写成

$$\boldsymbol{AX}=\boldsymbol{\beta} \tag{4.1.7}$$

的形式，成为一个矩阵方程：已知矩阵 $\boldsymbol{A}$，$\boldsymbol{\beta}$，求矩阵 $\boldsymbol{X}$.

方程(4.1.7)使我们联想到数的一元一次方程

$$ax=b$$

当 $a\neq 0$ 时，存在 a 的倒数 a^{-1} 使 $a^{-1}a=1$，从而可以在 $ax=b$ 两边乘上 a^{-1} 消去 a，得到 $x=a^{-1}b$.

对矩阵方程 $\boldsymbol{AX}=\boldsymbol{\beta}$，是否对某些 $\boldsymbol{A}$ 也存在 $\boldsymbol{A}^{-1}$ 使 $\boldsymbol{A}^{-1}\boldsymbol{A}=\boldsymbol{I}$？如果存在，能否也在方程(4.1.7)两边左乘 $\boldsymbol{A}^{-1}$ 消去 $\boldsymbol{A}$ 得到 $\boldsymbol{X}$：

$$\boldsymbol{AX}=\boldsymbol{\beta}\Rightarrow \boldsymbol{A}^{-1}(\boldsymbol{AX})=\boldsymbol{A}^{-1}\boldsymbol{\beta}\Rightarrow(\boldsymbol{A}^{-1}\boldsymbol{A})\boldsymbol{X}=\boldsymbol{\beta}$$

$$\Rightarrow \boldsymbol{IX}=\boldsymbol{A}^{-1}\boldsymbol{\beta}\Rightarrow \boldsymbol{X}=\boldsymbol{A}^{-1}\boldsymbol{\beta}$$

注意 以上推理中由 $\boldsymbol{A}^{-1}(\boldsymbol{AX})$ 到 $(\boldsymbol{A}^{-1}\boldsymbol{A})\boldsymbol{X}$ 用到了乘法的结合律.

以上推理说明：如果方程 $\boldsymbol{AX}=\boldsymbol{\beta}$ 有解，只能是 $\boldsymbol{X}=\boldsymbol{A}^{-1}\boldsymbol{\beta}$. 至于 $\boldsymbol{X}=\boldsymbol{A}^{-1}\boldsymbol{\beta}$ 是否真的是解，还需要代回原方程检验：

$$\boldsymbol{A}(\boldsymbol{A}^{-1}\boldsymbol{\beta})=(\boldsymbol{AA}^{-1})\boldsymbol{\beta}$$

如果 $\boldsymbol{A}^{-1}$ 除了满足条件 $\boldsymbol{A}^{-1}\boldsymbol{A}=\boldsymbol{I}$ 之外还满足条件 $\boldsymbol{AA}^{-1}=\boldsymbol{I}$，就有

$$\boldsymbol{A}(\boldsymbol{A}^{-1}\boldsymbol{\beta})=\boldsymbol{\beta}$$

这样就说明 $\boldsymbol{X}=\boldsymbol{A}^{-1}\boldsymbol{\beta}$ 确实是方程 $\boldsymbol{AX}=\boldsymbol{\beta}$ 的解.

至于这样的 $\boldsymbol{A}^{-1}$ 是否存在，什么条件下存在，是否唯一，将在下一节中讨论.

(2) 与数乘的结合律：$\lambda(\boldsymbol{AB})=(\lambda\boldsymbol{A})\boldsymbol{B}=\boldsymbol{A}(\lambda\boldsymbol{B})$ 对任意使运算有意义的矩阵 $\boldsymbol{A}$，$\boldsymbol{B}$ 及任意数 λ 成立.

(3) 乘法对于加法的分配律：

$$\boldsymbol{A}(\boldsymbol{B}+\boldsymbol{C})=\boldsymbol{AB}+\boldsymbol{AC} \quad 与 \quad (\boldsymbol{B}_1+\boldsymbol{C}_1)\boldsymbol{A}=\boldsymbol{B}_1\boldsymbol{A}+\boldsymbol{C}_1\boldsymbol{A}$$

对任意使运算有意义的 $\boldsymbol{A}$，$\boldsymbol{B}$，$\boldsymbol{C}$，$\boldsymbol{B}_1$，$\boldsymbol{C}_1$ 成立.

以上两个运算律的证明比较容易，从略. 你可以尝试自己证明.

4. 方阵的多项式

由矩阵的乘法可以定义任一方阵 $\boldsymbol{A}$ 的各次幂：

$$A^1=A,\ A^2=AA,\ A^3=(A^2)A,\ A^4=(A^3)A,\cdots$$

一般地，设已对正整数 k 定义了 A^k，则定义 $A^{k+1}=(A^k)A$. 这样就可定义 A 的任意正整数幂.

由于矩阵乘法的结合律，对任意正整数 m，s，有

$$A^mA^s=A^{m+s}$$

有了方阵的各次幂，可以将方阵代入多项式求值. 设 $f(x)=a_0+a_1x+a_2x^2+\cdots+a_mx^m\in F[x]$是以 x 为字母、$a_0,a_1,\cdots,a_m$ 为系数的多项式，A 是任一 n 阶方阵，则

$$f(A)=a_0I_n+a_1A+a_2A^2+\cdots+a_mA^m$$

是 n 阶方阵. 注意多项式的常数项 a_0 应当换成 a_0 代表的纯量阵 a_0I，才能与 A 的各次幂的线性组合相加.

对于任意两个多项式 $f(x)$，$g(x)\in F[x]$，设 $s(x)=f(x)+g(x)$，$p(x)=f(x)g(x)$，则对任意方阵 $A\in F^{n\times n}$，有

$$f(A)+g(A)=s(A)$$

$$f(A)g(A)=p(A)$$

这是因为，由多项式 $f(x)$，$g(x)$ 计算它们的和 $s(x)$ 与积 $p(x)$ 所用到的加法交换律、加法结合律、乘法结合律、乘法对于加法的分配律，方阵的运算都满足；而在 $f(A)$，$g(A)$ 中出现的方阵都是一个方阵 A 的各次幂的线性组合，它们在乘法中相互可交换；因此由多项式的加法与乘法得出的结果，将 A 代入后仍然成立.

5. 运算律应用例

例 5 设 $A=\begin{pmatrix}\cos\alpha & -\sin\alpha\\ \sin\alpha & \cos\alpha\end{pmatrix}$，$B=\begin{pmatrix}\cos\beta & -\sin\beta\\ \sin\beta & \cos\beta\end{pmatrix}$，求 AB.

解 直接由矩阵乘法法则计算：

将 A 的两行 $A_1=(\cos\alpha,-\sin\alpha)$，$A_2=(\sin\alpha,\cos\alpha)$ 与 B 的两列 $B_1=\begin{pmatrix}\cos\beta\\ \sin\beta\end{pmatrix}$和 $B_2=\begin{pmatrix}-\sin\beta\\ \cos\beta\end{pmatrix}$相乘，得到的 4 个数就是 AB 的 4 个元：

$$A_1B_1=\cos\alpha\cos\beta-\sin\alpha\sin\beta=\cos(\alpha+\beta)$$

$$A_1B_2=\cos\alpha(-\sin\beta)+(-\sin\alpha)\cos\beta=-\sin(\alpha+\beta)$$

$$A_2B_1=\sin\alpha\cos\beta+\cos\alpha\sin\beta=\sin(\alpha+\beta)$$

$$A_2B_2=\sin\alpha(-\sin\beta)+\cos\alpha\cos\beta=\cos(\alpha+\beta)$$

$$AB=\begin{pmatrix}A_1B_1 & A_1B_2\\ A_2B_1 & A_2B_2\end{pmatrix}=\begin{pmatrix}\cos(\alpha+\beta) & -\sin(\alpha+\beta)\\ \sin(\alpha+\beta) & \cos(\alpha+\beta)\end{pmatrix}\quad\square$$

我们知道，例 5 中的矩阵 $\boldsymbol{A}$，$\boldsymbol{B}$ 分别是平面上绕原点沿逆时针方向旋转角 α，β 的变换的矩阵. 这两个变换的合成应是绕原点旋转角 $\alpha+\beta$ 的变换，由此可直接写出合成变换的矩阵

$$\boldsymbol{AB}=\boldsymbol{BA}=\begin{pmatrix}\cos(\alpha+\beta) & -\sin(\alpha+\beta)\\ \sin(\alpha+\beta) & \cos(\alpha+\beta)\end{pmatrix}$$

根据

$$\boldsymbol{A}=\begin{pmatrix}\cos\alpha & -\sin\alpha\\ \sin\alpha & \cos\alpha\end{pmatrix}$$

所代表的几何意义，想一想 $\boldsymbol{A}$ 的正整数 m 次幂 $\boldsymbol{A}^m$ 等于什么？再用矩阵运算验证你的猜想.

例 5 还可以用另一种方式计算. 先写

$$\boldsymbol{A}=\cos\alpha\begin{pmatrix}1 & 0\\ 0 & 1\end{pmatrix}+\sin\alpha\begin{pmatrix}0 & -1\\ 1 & 0\end{pmatrix}$$

$$\boldsymbol{B}=\cos\beta\begin{pmatrix}1 & 0\\ 0 & 1\end{pmatrix}+\sin\beta\begin{pmatrix}0 & -1\\ 1 & 0\end{pmatrix}$$

记

$$\boldsymbol{I}=\begin{pmatrix}1 & 0\\ 0 & 1\end{pmatrix},\ \boldsymbol{J}=\begin{pmatrix}0 & -1\\ 1 & 0\end{pmatrix}$$

则 $\boldsymbol{I}$ 是单位阵，$\boldsymbol{J}^2=\begin{pmatrix}-1 & \\ & -1\end{pmatrix}=-\boldsymbol{I}$. 将

$$\boldsymbol{AB}=[(\cos\alpha)\boldsymbol{I}+(\sin\alpha)\boldsymbol{J}][(\cos\beta)\boldsymbol{I}+(\sin\beta)\boldsymbol{J}] \tag{4.1.8}$$

右边展开并将 $\boldsymbol{J}^2=-\boldsymbol{I}$ 代入得

$$\begin{aligned}\boldsymbol{AB}&=(\cos\alpha\cos\beta-\sin\alpha\sin\beta)\boldsymbol{I}+(\sin\alpha\cos\beta+\cos\alpha\sin\beta)\boldsymbol{J}\\ &=\cos(\alpha+\beta)\boldsymbol{I}+\sin(\alpha+\beta)\boldsymbol{J}=\begin{pmatrix}\cos(\alpha+\beta) & -\sin(\alpha+\beta)\\ \sin(\alpha+\beta) & \cos(\alpha+\beta)\end{pmatrix}\end{aligned} \tag{4.1.9}$$

一般来说，矩阵乘法不满足交换律. 但在(4.1.8)中涉及到的方阵只有 $\boldsymbol{I}$，$\boldsymbol{J}$. 单位阵 $\boldsymbol{I}$ 与任意 2 阶方阵交换，$\boldsymbol{J}$ 与自己当然也交换：$\boldsymbol{JJ}=\boldsymbol{JJ}$. 因此，将(4.1.8)右边展开时，所涉及到的方阵的乘法都可交换，与数的代数式的展开没有什么区别.

在以上计算中，如果将 $\boldsymbol{I}$ 等同于 1，则满足条件 $\boldsymbol{J}^2=-\boldsymbol{I}$ 的矩阵等同于满足条件 $\mathrm{i}^2=-1$ 的虚数单位 i. 上述从(4.1.8)到(4.1.9)的计算就像是在将两个复数相乘：

$$(\cos\alpha+\mathrm{i}\sin\alpha)(\cos\beta+\mathrm{i}\sin\beta)$$

在中学数学中规定了一个符号 i 满足条件 $\mathrm{i}^2=-1$，学生却不知道这个 i 为何物. 将 i 解释为沿 y 轴正方向的单位向量，仍然没有解释为什么 $\mathrm{i}^2=-1$. 而在这里，方阵 $\boldsymbol{J}=\begin{pmatrix}0 & -1\\ 1 & 0\end{pmatrix}$就是 i 的一个模型，它表示绕原点旋转直角的变换，也就是“向左转”. 大家都知道：“左转再左转，等于向后转.” 也就是说：$\boldsymbol{J}^2$ 就是旋转 180°，就是将所有的向量乘−1. 将“左转 90°”这个变换记作 i，很自然就有 $\mathrm{i}^2=-1$. 而表示旋转角 α 的变换 $\mathscr{A}$ 的矩阵$\begin{pmatrix}\cos\alpha & -\sin\alpha\\ \sin\alpha & \cos\alpha\end{pmatrix}$写成 $(\cos\alpha)\boldsymbol{I}+(\sin\alpha)\boldsymbol{J}$，其实就是将向量乘复数 $\cos\alpha+\mathrm{i}\sin\alpha$ 来实现旋转角 α.

例 6 已知 $\boldsymbol{A}=\begin{pmatrix}\lambda & 1 & 0\\ 0 & \lambda & 1\\ 0 & 0 & \lambda\end{pmatrix}$.

(1) 求 $\boldsymbol{A}^5$.

(2) 当 $\lambda=1$ 时，求一个 3 阶方阵 $\boldsymbol{X}$ 使 $\boldsymbol{AX}=\boldsymbol{I}$.

解 (1) $\boldsymbol{A}=\lambda\boldsymbol{I}+\boldsymbol{N}$，其中 $\boldsymbol{I}$ 是 3 阶单位阵，$\boldsymbol{N}=\begin{pmatrix}0 & 1 & 0\\ 0 & 0 & 1\\ 0 & 0 & 0\end{pmatrix}$. 在算式$\boldsymbol{A}^5=(\lambda\boldsymbol{I}+\boldsymbol{N})^5$ 中对所涉及到的方阵 $\boldsymbol{I}$，$\boldsymbol{N}$ 作乘法时都可交换. 因此，将两数和的幂 $(a+b)^n$ 展开得到二项式定理所用的运算律对于将矩阵和的幂$(\lambda\boldsymbol{I}+\boldsymbol{N})^5$ 展开都成立，二项式定理的结论仍成立：

$$\boldsymbol{A}^5=(\lambda\boldsymbol{I}+\boldsymbol{N})^5=(\lambda\boldsymbol{I})^5+5(\lambda\boldsymbol{I})^4\boldsymbol{N}+10(\lambda\boldsymbol{I})^3\boldsymbol{N}^2+10(\lambda\boldsymbol{I})^2\boldsymbol{N}^3+\cdots \quad (4.1.10)$$

经计算可知

$$\boldsymbol{N}^2=\begin{pmatrix}0 & 0 & 1\\ 0 & 0 & 0\\ 0 & 0 & 0\end{pmatrix},\boldsymbol{N}^3=\boldsymbol{N}^4=\boldsymbol{N}^5=\boldsymbol{O}$$

代入(4.1.10)得

$$\boldsymbol{A}^5=\lambda^5\boldsymbol{I}+5\lambda^4\boldsymbol{N}+10\lambda^3\boldsymbol{N}^2=\begin{pmatrix}\lambda^5 & 5\lambda^4 & 10\lambda^3\\ 0 & \lambda^5 & 5\lambda^4\\ 0 & 0 & \lambda^5\end{pmatrix}$$

(2) 当 $\lambda=1$ 时 $\boldsymbol{A}=\boldsymbol{I}+\boldsymbol{N}$，由于 $\boldsymbol{N}^3=\boldsymbol{O}$，

$$(\boldsymbol{I}+\boldsymbol{N})(\boldsymbol{I}-\boldsymbol{N}+\boldsymbol{N}^2)=\boldsymbol{I}+\boldsymbol{N}^3=\boldsymbol{I}$$

因此，

$$X=I-N+N^2=\begin{pmatrix}1&-1&1\\0&1&-1\\0&0&1\end{pmatrix}$$

符合要求.　□

例 6(2)的 $X=I-N+N^2$ 是怎样想出来的？我们来看，对于数 t，怎样求 x 使 $(1+t)x=1$？注意，这里的 $x=(1+t)^{-1}$. 利用 $(1+t)^{-1}$ 的 Taylor 展开式知道

$$(1+t)^{-1}=1-t+t^2-t^3+\cdots$$

此式当 $|t|<1$ 时收敛. 如果将 t 换成方阵 N，由于 $N^3=0$，就应有 $X=I-N+N^2$. 想出来这个 X 之后不需再说明是由 $(1+t)^{-1}=1-t+t^2-t^3+\cdots$ 来的，只要验证 X 满足所说条件就行了.

想一想，假如不是 $\lambda=1$，而只是 $\lambda\neq 0$，怎样求 X 使 $(\lambda I+N)X=I$？假如 A 不是 3 阶方阵而是 n 阶方阵,应当怎样修改例 6 的解法和结果？

6. 转置与共轭

将 $m\times n$ 矩阵

$$A=\begin{pmatrix}a_{11}&a_{12}&\cdots&a_{1n}\\a_{21}&a_{22}&\cdots&a_{2n}\\\vdots&\vdots&&\vdots\\a_{m1}&a_{m2}&\cdots&a_{mn}\end{pmatrix}$$

的行列互换得到一个 $n\times m$ 矩阵，称为 A 的转置矩阵，记作 A^{T}(也有很多书上记作 A'). 即

$$A^{\mathrm{T}}=\begin{pmatrix}a_{11}&a_{21}&\cdots&a_{m1}\\a_{12}&a_{22}&\cdots&a_{m2}\\\vdots&\vdots&&\vdots\\a_{1n}&a_{2n}&\cdots&a_{mn}\end{pmatrix}$$

A^{T} 的第 (i,j) 元等于 A 的第 (j,i) 元.

矩阵的转置满足如下的运算律：

(1) $(A^{\mathrm{T}})^{\mathrm{T}}=A$.

(2) 对 n 阶方阵 A，$|A^{\mathrm{T}}|=|A|$.

(3) $(A+B)^{\mathrm{T}}=A^{\mathrm{T}}+B^{\mathrm{T}}$.

(4) $(\lambda A)^{\mathrm{T}}=\lambda A^{\mathrm{T}}$，$\lambda$ 是任意数.

(5) $(AB)^{\mathrm{T}}=B^{\mathrm{T}}A^{\mathrm{T}}$.

证明　(1)，(3)，(4)很容易验证. (2)在行列式的性质中已经证明过. 我们只证明(5).

设 $\boldsymbol{A}=(a_{ij})_{m\times n}$，$\boldsymbol{B}=(b_{ij})_{n\times p}$，$\boldsymbol{AB}=\boldsymbol{C}=(c_{ij})_{m\times p}$，则

$$c_{ij}=\sum_{k=1}^{n}a_{ik}b_{kj}$$

$\boldsymbol{A}^{\mathrm{T}}=(a'_{ij})_{n\times m}$，$\boldsymbol{B}^{\mathrm{T}}=(b'_{ij})_{p\times n}$，其中 $a'_{ij}=a_{ji}$，$b'_{ij}=b_{ji}$. 设 $\boldsymbol{B}^{\mathrm{T}}\boldsymbol{A}^{\mathrm{T}}=\boldsymbol{D}=(d_{ij})_{p\times m}$，则

$$d_{ji}=\sum_{k=1}^{n}b'_{jk}a'_{ki}=\sum_{k=1}^{n}b_{kj}a_{ik}=\sum_{k=1}^{n}a_{ik}b_{kj}=c_{ij}$$

可见 $\boldsymbol{D}=\boldsymbol{C}^{\mathrm{T}}$. 即 $\boldsymbol{B}^{\mathrm{T}}\boldsymbol{A}^{\mathrm{T}}=(\boldsymbol{AB})^{\mathrm{T}}$.

设 $\boldsymbol{A}$ 是方阵. 如果 $\boldsymbol{A}^{\mathrm{T}}=\boldsymbol{A}$，则称 $\boldsymbol{A}$ 为**对称方阵**(symmetric matrix). 如果 $\boldsymbol{A}^{\mathrm{T}}=-\boldsymbol{A}$，就称 $\boldsymbol{A}$ 是**反对称方阵**(anti-symmetric matrix)，也称**斜对称方阵**(skew symmetric matrix).

例 7 设 $\boldsymbol{A}$ 是 $m\times n$ 矩阵，求证：$\boldsymbol{AA}^{\mathrm{T}}$ 是对称方阵.

证明 $(\boldsymbol{AA}^{\mathrm{T}})^{\mathrm{T}}=(\boldsymbol{A}^{\mathrm{T}})^{\mathrm{T}}\boldsymbol{A}^{\mathrm{T}}=\boldsymbol{AA}^{\mathrm{T}}$，可见 $\boldsymbol{AA}^{\mathrm{T}}$ 是对称方阵. □

例 8 设 $\boldsymbol{A}$ 是 n 阶反对称方阵，$\boldsymbol{X}$ 是 n 维列向量. 求证：$\boldsymbol{X}^{\mathrm{T}}\boldsymbol{AX}=\boldsymbol{0}$.

证明 $\boldsymbol{X}^{\mathrm{T}}\boldsymbol{AX}$ 是 1×1 矩阵，由一个元 a 组成. 因此

$$\boldsymbol{X}^{\mathrm{T}}\boldsymbol{AX}=(\boldsymbol{X}^{\mathrm{T}}\boldsymbol{AX})^{\mathrm{T}}=\boldsymbol{X}^{\mathrm{T}}\boldsymbol{A}^{\mathrm{T}}(\boldsymbol{X}^{\mathrm{T}})^{\mathrm{T}}=\boldsymbol{X}^{\mathrm{T}}(-\boldsymbol{A})\boldsymbol{X}=-\boldsymbol{X}^{\mathrm{T}}\boldsymbol{AX}$$

这迫使 $\boldsymbol{X}^{\mathrm{T}}\boldsymbol{AX}=\boldsymbol{0}$. □

将矩阵 $\boldsymbol{A}=(a_{ij})_{m\times n}$ 中的每个元 a_{ij} 换成与它共轭的复数 $\overline{a_{ij}}$，得到的矩阵称为 $\boldsymbol{A}$ 的共轭矩阵，记作 $\overline{\boldsymbol{A}}$. 也就是说：$\overline{\boldsymbol{A}}=(\overline{a_{ij}})_{m\times n}$. 容易验证，关于矩阵的共轭的以下性质成立：

(1) $\forall\boldsymbol{A},\ \boldsymbol{B}\in\mathbf{C}^{m\times n}$，$\overline{\boldsymbol{A}+\boldsymbol{B}}=\overline{\boldsymbol{A}}+\overline{\boldsymbol{B}}$；

(2) $\forall\lambda\in\mathbf{C}$，$\boldsymbol{A}\in\mathbf{C}^{m\times n}$，$\overline{\lambda\boldsymbol{A}}=\overline{\lambda}\,\overline{\boldsymbol{A}}$；

(3) $\forall\boldsymbol{A}\in\mathbf{C}^{m\times n}$，$\boldsymbol{B}\in\mathbf{C}^{n\times p}$，$\overline{\boldsymbol{AB}}=\overline{\boldsymbol{A}}\,\overline{\boldsymbol{B}}$；

(4) $\forall\boldsymbol{A}\in\mathbf{C}^{m\times n}$，$\overline{\boldsymbol{A}}^{\mathrm{T}}=\overline{\boldsymbol{A}^{\mathrm{T}}}$.

设 $\boldsymbol{A}\in\mathbf{C}^{m\times n}$. 如果 $\overline{\boldsymbol{A}}^{\mathrm{T}}=\boldsymbol{A}$，就称 $\boldsymbol{A}$ 为 **Hermite 方阵**(Hermitian matrix). 如果 $\overline{\boldsymbol{A}}^{\mathrm{T}}=-\boldsymbol{A}$，就称 $\boldsymbol{A}$ 为**反 Hermite 方阵**(anti Hermitian matrix). 显然，实 Hermite 方阵就是对称方阵，实斜 Hermite 方阵就是反对称方阵.

例 9 $\boldsymbol{A}$ 是复数域上非零矩阵. 求证：$\boldsymbol{A}\,\overline{\boldsymbol{A}}^{\mathrm{T}}\neq0$.

证明 设 $\boldsymbol{A}=(a_{ij})_{m\times n}$，则 $\overline{\boldsymbol{A}}^{\mathrm{T}}=(\overline{a'_{ij}})_{n\times m}$，其中 $a'_{ij}=a_{ji}$. 于是 $\boldsymbol{B}=\boldsymbol{A}\ \overline{\boldsymbol{A}}^{\mathrm{T}}=(b_{ij})_{m\times m}$，其中

$$b_{ij}=\sum_{k=1}^{n}a_{ik}\overline{a'_{kj}}=\sum_{k=1}^{n}a_{ik}\overline{a_{jk}}.$$

特别 $b_{ii}=\sum\limits_{k=1}^{n}a_{ik}\overline{a_{ik}}=\sum\limits_{k=1}^{n}|a_{ik}|^2$. 也就是说，$b_{ii}$ 是 $\boldsymbol{A}$ 的第 i 行所有元的模的平方和.

由于 $\boldsymbol{A}\neq0$，$\boldsymbol{A}$ 中必有某个元 $a_{rs}\neq0$，$b_{rr}=\sum\limits_{k=1}^{n}|a_{rk}|^2$ 是 $\boldsymbol{A}$ 的第 r 行的 n 个

复数的模 $|a_{r1}|$，$|a_{r2}|$，…，$|a_{rn}|$ 的平方和，其中有一个复数 $a_{rs}\neq 0$，因而 $|a_{rs}|^2>0$，因此 $b_{rr}>0$. 这说明 $\boldsymbol{B}\neq 0$. 即 $\boldsymbol{A}\overline{\boldsymbol{A}}^{\mathrm{T}}\neq 0$. □

习 题 4.1

1. 设

$$\boldsymbol{A}=\begin{pmatrix}1&0&1\\0&2&3\end{pmatrix},\ \boldsymbol{B}=\begin{pmatrix}2&-1&4\\1&0&-2\\0&3&1\end{pmatrix},\ \boldsymbol{C}=\begin{pmatrix}0&2\\-1&0\\3&1\end{pmatrix}.$$

计算矩阵 $\boldsymbol{AB}$，$\boldsymbol{B}^2$，$\boldsymbol{AC}$，$\boldsymbol{CA}$，$\boldsymbol{B}^{\mathrm{T}}\boldsymbol{A}^{\mathrm{T}}$. $\boldsymbol{AC}$ 与 $\boldsymbol{CA}$ 是否相等？$\boldsymbol{AB}$ 与 $\boldsymbol{B}^{\mathrm{T}}\boldsymbol{A}^{\mathrm{T}}$ 是否相等？

2. 设

(1) $\boldsymbol{A}=\begin{pmatrix}-1&-2&-4\\-1&-2&-4\\1&2&4\end{pmatrix}$，　$\boldsymbol{B}=\begin{pmatrix}1&2&3\\2&4&6\\3&6&9\end{pmatrix}$.

(2) $\boldsymbol{A}=\begin{pmatrix}1&0&0\\0&\lambda&0\\0&0&0\end{pmatrix}$，　$\boldsymbol{B}=\begin{pmatrix}a&b&c\\c&a&b\\b&c&a\end{pmatrix}$.

计算矩阵 $\boldsymbol{AB}$，$\boldsymbol{BA}$. $\boldsymbol{AB}$ 与 $\boldsymbol{BA}$ 是否相等？

3. 计算：

(1) $\begin{pmatrix}0&1\\-a&0\end{pmatrix}^2$；　(2) $\begin{pmatrix}1&1\\-1&-1\end{pmatrix}^{2005}$；　(3) $\begin{pmatrix}0&1\\-1&-1\end{pmatrix}^{2008}$；

(4) $\begin{pmatrix}1&1\\0&1\end{pmatrix}^n$；　(5) $\begin{pmatrix}\cos\theta&\sin\theta\\-\sin\theta&\cos\theta\end{pmatrix}^n$；　(6) $\begin{pmatrix}\cos\theta&\sin\theta\\\sin\theta&-\cos\theta\end{pmatrix}^n$；

(7) $\begin{pmatrix}0&1&&&\\&0&1&&\\&&\ddots&\ddots&\\&&&0&1\\&&&&0\end{pmatrix}_{n\times n}^n$；　(8) $\begin{pmatrix}\lambda&1&&&\\&\lambda&1&&\\&&\ddots&\ddots&\\&&&\lambda&1\\&&&&\lambda\end{pmatrix}_{n\times n}^n$；

(9) $\begin{pmatrix}1&1&1\\0&1&1\\0&0&1\end{pmatrix}^n$；　(10) $\begin{pmatrix}0&1&0\\0&0&1\\1&0&0\end{pmatrix}^{2006}$；　(11) $\begin{pmatrix}1&1&-1\\2&2&-2\\4&4&-4\end{pmatrix}^{2006}$.

4. 对下面的多项式 $f(x)$ 和方阵 $\boldsymbol{A}$，求 $f(\boldsymbol{A})$.

(1) $f(x)=x^2+x+1$，$\boldsymbol{A}=\begin{pmatrix}0&1\\-1&-1\end{pmatrix}$；

(2) $f(x)=(x-2)^9$，$\boldsymbol{A}=\begin{pmatrix}2&1&1\\0&2&1\\0&0&1\end{pmatrix}$.

5. 如果 $\boldsymbol{AB}=\boldsymbol{BA}$，就称矩阵 $\boldsymbol{B}$ 与 $\boldsymbol{A}$ 可交换. 分别求与下列 $\boldsymbol{A}$ 可交换的全部方阵.

(1) $A=\begin{pmatrix}1&1\\0&1\end{pmatrix}$；　(2) $A=\begin{pmatrix}3&0&0\\0&2&0\\0&0&5\end{pmatrix}$；　(3) $A=\begin{pmatrix}0&1&0\\0&0&1\\0&0&0\end{pmatrix}$.

6. 求证：与全体 n 阶方阵都可交换的 n 阶方阵必然是标量阵.

7. 求证：$F^{n\times n}$中与给定的 n 阶方阵 $\boldsymbol{A}$ 交换的全体方阵组成的集合是 F 上的子空间.

8. 设 $n\geqslant 2$. 是否存在一个方阵 $\boldsymbol{A}\in F^{n\times n}$，使 $F^{n\times n}$中所有的方阵都可以写成 $\boldsymbol{A}$ 的多项式的形式 $a_0\boldsymbol{I}+a_1\boldsymbol{A}+\cdots+a_m\boldsymbol{A}^m$($m$ 为任意正整数,$a_0,a_1,\cdots,a_m\in F$)？并说明理由.

9. 矩阵 $\boldsymbol{A}$ 称为对称的，如果 $\boldsymbol{A}^{\mathrm{T}}=\boldsymbol{A}$. 证明：如果 $\boldsymbol{A}$ 是实对称矩阵且 $\boldsymbol{A}^2=\boldsymbol{O}$，那么$\boldsymbol{A}=\boldsymbol{O}$.

10. 设 $\boldsymbol{A}$，$\boldsymbol{B}$ 都是 $n\times n$ 的对称矩阵，证明：$\boldsymbol{AB}$ 也对称当且仅当 $\boldsymbol{A}$，$\boldsymbol{B}$ 可交换.

11. 记 $S(n,F)=\{\boldsymbol{A}\in F^{n\times n}\mid \boldsymbol{A}^{\mathrm{T}}=\boldsymbol{A}\}$，$K(n,F)=\{\boldsymbol{A}\in F^{n\times n}\mid \boldsymbol{A}^{\mathrm{T}}=-\boldsymbol{A}\}$.

(1) 证明：$S(n,F)$，$K(n,F)$都是 $F^{n\times n}$的子空间. 分别求它们的维数.

(2) 证明：$F^{n\times n}$中任一方阵都可表为一对称矩阵与一反对称矩阵之和.

(3) 证明：$F^{n\times n}=S(n,F)\oplus K(n,F)$.

12. 设 $\boldsymbol{A}$ 为 2×2 矩阵，证明：如果 $\boldsymbol{A}^k=\boldsymbol{O}$，$k\geqslant 2$，那么 $\boldsymbol{A}^2=\boldsymbol{O}$.

13. 举出分别满足下列条件的整系数 2 阶方阵 $\boldsymbol{A}$：

(1) $\boldsymbol{A}\neq\pm\boldsymbol{I}$ 但 $\boldsymbol{A}^2=\boldsymbol{I}$；　(2) $\boldsymbol{A}^2=-\boldsymbol{I}$；　(3) $\boldsymbol{A}\neq\boldsymbol{I}$ 且 $\boldsymbol{A}^3=\boldsymbol{I}$.

14. 设 $\boldsymbol{A}$，$\boldsymbol{B}$，$\boldsymbol{I}$ 都是同阶方阵，下列命题成立吗？为什么？

(1) $(\boldsymbol{A}+\boldsymbol{B})^2=\boldsymbol{A}^2+2\boldsymbol{AB}+\boldsymbol{B}^2$；　(2) 若 $\boldsymbol{AB}=\boldsymbol{B}$，且 $\boldsymbol{B}\neq\boldsymbol{O}$，则 $\boldsymbol{A}=\boldsymbol{I}$；

(3) $(\boldsymbol{A}+\boldsymbol{B})^{-1}=\boldsymbol{A}^{-1}+\boldsymbol{B}^{-1}$；　(4) $\det(\boldsymbol{A}+\boldsymbol{B})=\det(\boldsymbol{A})+\det(\boldsymbol{B})$；

(5) $\det(\lambda\boldsymbol{A})=\lambda\det(\boldsymbol{A})$.

§4.2 矩阵的分块运算

我们都知道，矩阵 $\boldsymbol{A}=(a_{ij})_{m\times n}$与列向量 $\boldsymbol{X}=\begin{pmatrix}x_1\\\vdots\\x_n\end{pmatrix}$相乘得到列向量

$$\boldsymbol{Y}=\boldsymbol{AX}=\begin{pmatrix}a_{11}x_1+a_{12}x_2+\cdots+a_{1n}x_n\\\vdots\\a_{m1}x_1+a_{m2}x_2+\cdots+a_{mn}x_n\end{pmatrix}$$

$\boldsymbol{Y}$ 的第 i 列元 $a_{i1}x_1+a_{i2}x_2+\cdots+a_{in}x_n(1\leqslant i\leqslant m)$是 $\boldsymbol{X}$ 的各元 $x_1,x_2,\cdots,x_n$ 的线性组合，组合系数由 $\boldsymbol{A}$ 的第 i 行提供.

假如 $\boldsymbol{X}$ 不是列向量，而是 n 行 p 列的矩阵：$\boldsymbol{X}=(x_{ij})_{n\times p}$. 我们将 $\boldsymbol{X}$ 的每一行$(x_{j1},x_{j2},\cdots,x_{jp})$看作一个整体，用一个字母 $\boldsymbol{X}_i$ 来表示，从而将 $\boldsymbol{X}$ 写成“列向量”的形式：

$$\boldsymbol{X}=\begin{pmatrix}\boldsymbol{X}_1\\\vdots\\\boldsymbol{X}_n\end{pmatrix}\qquad(4.2.1)$$

在将矩阵 $\boldsymbol{A}=(a_{ij})_{m\times n}$ 乘 $\boldsymbol{X}$ 的时候，却忘记了每个 $\boldsymbol{X}_i$ 代表一行，只是将它当作一个数来相乘，得到

$$\boldsymbol{AX}=\begin{pmatrix} a_{11} & a_{12} & \cdots & a_{1n} \\ \vdots & \vdots & & \vdots \\ a_{m1} & a_{m2} & \cdots & a_{mn} \end{pmatrix}\begin{pmatrix} \boldsymbol{X}_1 \\ \vdots \\ \boldsymbol{X}_n \end{pmatrix} = \begin{pmatrix} a_{11}\boldsymbol{X}_1+a_{12}\boldsymbol{X}_2+\cdots+a_{1n}\boldsymbol{X}_n \\ \vdots \\ a_{m1}\boldsymbol{X}_1+a_{m2}\boldsymbol{X}_2+\cdots+a_{mn}\boldsymbol{X}_n \end{pmatrix} \tag{4.2.2}$$

尽管忘记了 $\boldsymbol{X}_1,\cdots,\boldsymbol{X}_n$ 分别代表一行，但是在 $\boldsymbol{AX}$ 的第 i 行得到的

$$a_{i1}\boldsymbol{X}_1+a_{i2}\boldsymbol{X}_2+\cdots+a_{in}\boldsymbol{X}_n$$

仍然有意义，它是 $\boldsymbol{X}$ 的各行的线性组合，组合系数由 $\boldsymbol{A}$ 的第 i 行提供. 并且，$\boldsymbol{X}$ 的各行的这些线性组合仍是 p 维行向量，它的第 j 分量，也就是 $\boldsymbol{AX}$ 的第(i,j)元，等于 $a_{i1}x_{1j}+a_{i2}x_{2j}+\cdots+a_{in}x_{nj}$，也就是将 $\boldsymbol{A}$ 与 $\boldsymbol{X}$ 按矩阵乘法法则相乘得到的乘积 $\boldsymbol{AX}$ 的第(i,j)元.

可见，将 $\boldsymbol{X}$ 的每一行当作一个整体，写成(4.2.1)的形式，与 $\boldsymbol{A}$ 按(4.2.2)的方式相乘，得到的结果仍是 $\boldsymbol{AX}$.

类似地，在计算 $p\times m$ 矩阵 $\boldsymbol{X}$ 与 $m\times n$ 矩阵 $\boldsymbol{A}$ 的乘积时，也可以将 $\boldsymbol{X}$ 的每一列看作一个整体，将 $\boldsymbol{X}$ 写成$(\boldsymbol{X}_1,\cdots,\boldsymbol{X}_m)$的形式，看作 $1\times m$ 矩阵去与 $\boldsymbol{A}=(a_{ij})_{m\times n}$ 相乘，得到

$$\boldsymbol{XA}=(\boldsymbol{X}_1,\cdots,\boldsymbol{X}_m)\begin{pmatrix} a_{11} & \cdots & a_{1n} \\ \vdots & & \vdots \\ a_{m1} & \cdots & a_{mn} \end{pmatrix} = (a_{11}\boldsymbol{X}_1+\cdots+a_{m1}\boldsymbol{X}_m,\cdots,a_{1n}\boldsymbol{X}_1+\cdots+a_{mn}\boldsymbol{X}_m)$$

也就是说：$\boldsymbol{XA}$ 的各列都是 $\boldsymbol{X}$ 的各列的线性组合，第 j 列的线性组合系数由 A 的第 j 列提供.

例如，将线性方程组 $\boldsymbol{AX}=\boldsymbol{\beta}$ 的系数矩阵 $\boldsymbol{A}$ 的每一列作为一块，写成分块矩阵的形式 $\boldsymbol{A}=(\boldsymbol{A}_1,\boldsymbol{A}_2,\cdots,\boldsymbol{A}_n)$，则

$$\boldsymbol{AX}=(\boldsymbol{A}_1,\cdots,\boldsymbol{A}_n)\begin{pmatrix} x_1 \\ \vdots \\ x_n \end{pmatrix}=\boldsymbol{A}_1x_1+\cdots+\boldsymbol{A}_nx_n$$

方程组 $\boldsymbol{AX}=\boldsymbol{\beta}$ 成为

$$x_1\boldsymbol{A}_1+\cdots+x_n\boldsymbol{A}_n=\boldsymbol{\beta}$$

也就是：已知同维数的列向量 $\boldsymbol{A}_1,\cdots,\boldsymbol{A}_n$，$\boldsymbol{\beta}$，要将 $\boldsymbol{\beta}$ 表示成 $\boldsymbol{A}_1,\cdots,\boldsymbol{A}_n$ 的线性组合，求线性组合的系数 $x_1,\cdots,x_n$.

1. 分块矩阵

一般地，在作矩阵的运算时，可以用一些横线和竖线将任一矩阵 $\boldsymbol{A}=(a_{ij})_{m\times n}$ 划分成一些矩形小块：

$$\boldsymbol{A}=\begin{pmatrix} A_{11} & A_{12} & \cdots & A_{1q} \\ A_{21} & A_{22} & \cdots & A_{2q} \\ \vdots & \vdots & & \vdots \\ A_{p1} & A_{p2} & \cdots & A_{pq} \end{pmatrix}$$

分块的方法是：想像用横线将 $\boldsymbol{A}$ 的 m 行分成若干组，每组依次包含 $m_1, m_2, \cdots, m_p$ 行，$m_1+m_2+\cdots+m_p=m$；用竖线将 $\boldsymbol{A}$ 的 n 列分成若干组，每组依次包含 $n_1, n_2, \cdots, n_q$ 列，$n_1+n_2+\cdots+n_q=n$. 则 $\boldsymbol{A}$ 被分成 pq 个小的矩阵 $\boldsymbol{A}_{ij}\in F^{m_i\times n_j}$，$1\leqslant i\leqslant p$，$1\leqslant j\leqslant q$. 这就称为对矩阵 $\boldsymbol{A}$ 进行了**分块**(partitioning)，进行了分块的矩阵 $\boldsymbol{A}$ 被称为**分块矩阵**(partitioned matrix). 在进行矩阵运算时可以暂时将每一块 $\boldsymbol{A}_{ij}$ 作为一个整体，看作一个元，将 $\boldsymbol{A}$ 看作由这些元组成的 $p\times q$ 矩阵 $\boldsymbol{A}=(\boldsymbol{A}_{ij})_{p\times q}$ 来进行运算.

2. 分块矩阵的加法与数乘

将两个 $m\times n$ 矩阵 $\boldsymbol{A}$，$\boldsymbol{B}$ 相加，可以将 $\boldsymbol{A}$，$\boldsymbol{B}$ 进行同样方式的分块，

$$\boldsymbol{A}=\begin{pmatrix} \boldsymbol{A}_{11} & \boldsymbol{A}_{12} & \cdots & \boldsymbol{A}_{1q} \\ \boldsymbol{A}_{21} & \boldsymbol{A}_{22} & \cdots & \boldsymbol{A}_{2q} \\ \vdots & \vdots & & \vdots \\ \boldsymbol{A}_{p1} & \boldsymbol{A}_{p2} & \cdots & \boldsymbol{A}_{pq} \end{pmatrix}, \quad \boldsymbol{B}=\begin{pmatrix} \boldsymbol{B}_{11} & \boldsymbol{B}_{12} & \cdots & \boldsymbol{B}_{1q} \\ \boldsymbol{B}_{21} & \boldsymbol{B}_{22} & \cdots & \boldsymbol{B}_{2q} \\ \vdots & \vdots & & \vdots \\ \boldsymbol{B}_{p1} & \boldsymbol{B}_{p2} & \cdots & \boldsymbol{B}_{pq} \end{pmatrix}$$

使处于同一个位置的块 $\boldsymbol{A}_{ij}$ 与 $\boldsymbol{B}_{ij}$ 的行数相等、列数也相等. 将 $\boldsymbol{A}$，$\boldsymbol{B}$ 中处于同一位置的块 $\boldsymbol{A}_{ij}$，$\boldsymbol{B}_{ij}$ 相加，得到的 $(\boldsymbol{A}_{ij}+\boldsymbol{B}_{ij})_{p\times q}$ 即

$$\begin{pmatrix} \boldsymbol{A}_{11}+\boldsymbol{B}_{11} & \boldsymbol{A}_{12}+\boldsymbol{B}_{12} & \cdots & \boldsymbol{A}_{1q}+\boldsymbol{B}_{1q} \\ \boldsymbol{A}_{21}+\boldsymbol{B}_{21} & \boldsymbol{A}_{22}+\boldsymbol{B}_{22} & \cdots & \boldsymbol{A}_{2q}+\boldsymbol{B}_{2q} \\ \vdots & \vdots & & \vdots \\ \boldsymbol{A}_{p1}+\boldsymbol{B}_{p1} & \boldsymbol{A}_{p2}+\boldsymbol{B}_{p2} & \cdots & \boldsymbol{A}_{pq}+\boldsymbol{B}_{pq} \end{pmatrix}$$

就是 $\boldsymbol{A}+\boldsymbol{B}$ 的分块形式.

对任意 $\lambda\in F$，还容易看出

$$\lambda\begin{pmatrix} \boldsymbol{A}_{11} & \boldsymbol{A}_{12} & \cdots & \boldsymbol{A}_{1q} \\ \boldsymbol{A}_{21} & \boldsymbol{A}_{22} & \cdots & \boldsymbol{A}_{2q} \\ \vdots & \vdots & & \vdots \\ \boldsymbol{A}_{p1} & \boldsymbol{A}_{p2} & \cdots & \boldsymbol{A}_{pq} \end{pmatrix}=\begin{pmatrix} \lambda\boldsymbol{A}_{11} & \lambda\boldsymbol{A}_{12} & \cdots & \lambda\boldsymbol{A}_{1q} \\ \lambda\boldsymbol{A}_{21} & \lambda\boldsymbol{A}_{22} & \cdots & \lambda\boldsymbol{A}_{2q} \\ \vdots & \vdots & & \vdots \\ \lambda\boldsymbol{A}_{p1} & \lambda\boldsymbol{A}_{p2} & \cdots & \lambda\boldsymbol{A}_{pq} \end{pmatrix}$$

3. 分块矩阵的乘法

将矩阵 $\boldsymbol{A}\in F^{m\times n}$，$\boldsymbol{B}\in F^{n\times r}$ 相乘，可以将 $\boldsymbol{A}$，$\boldsymbol{B}$ 进行分块

$$\boldsymbol{A}=\begin{pmatrix}\boldsymbol{A}_{11} & \boldsymbol{A}_{12} & \cdots & \boldsymbol{A}_{1s}\\ \vdots & \vdots & & \vdots\\ \boldsymbol{A}_{p1} & \boldsymbol{A}_{p2} & \cdots & \boldsymbol{A}_{ps}\end{pmatrix},\quad \boldsymbol{B}=\begin{pmatrix}\boldsymbol{B}_{11} & \boldsymbol{B}_{12} & \cdots & \boldsymbol{B}_{1q}\\ \vdots & \vdots & & \vdots\\ \boldsymbol{B}_{s1} & \boldsymbol{B}_{s2} & \cdots & \boldsymbol{B}_{sq}\end{pmatrix} \tag{4.2.3}$$

其中 $\boldsymbol{A}_{ij}\in F^{m_i\times n_j}$，$\boldsymbol{B}_{ij}\in F^{n_i\times r_j}$，$m_1+\cdots+m_p=m$，$n_1+\cdots+n_s=n$，$r_1+\cdots+r_q=r$. 特别是每个 $\boldsymbol{A}_{ik}(1\leqslant k\leqslant s)$ 的列数与每个 $\boldsymbol{B}_{kj}$ 所含的行数相等，都是 n_k，因而可以将它们相乘得到 $\boldsymbol{A}_{ik}\boldsymbol{B}_{kj}$.

$\boldsymbol{A}$，$\boldsymbol{B}$ 可以看作以它们的块为元的矩阵来相乘得到分块矩阵

$$\boldsymbol{C}=\begin{pmatrix}\boldsymbol{C}_{11} & \cdots & \boldsymbol{C}_{1q}\\ \vdots & & \vdots\\ \boldsymbol{C}_{p1} & \cdots & \boldsymbol{C}_{pq}\end{pmatrix} \tag{4.2.4}$$

其中

$$\boldsymbol{C}_{ij}=\sum_{k=1}^{s}\boldsymbol{A}_{ik}\boldsymbol{B}_{kj}=\boldsymbol{A}_{i1}\boldsymbol{B}_{1j}+\boldsymbol{A}_{i2}\boldsymbol{B}_{2j}+\cdots+\boldsymbol{A}_{is}\boldsymbol{B}_{sj}.$$

我们来验证，这样得到的 $\boldsymbol{C}$ 就等于 $\boldsymbol{AB}$.

分块矩阵乘法法则的证明

对每个 $1\leqslant i\leqslant p$，将块 $\boldsymbol{A}_{i1},\cdots,\boldsymbol{A}_{is}$ 依次横排组成的 $m_i\times n$ 矩阵 $(\boldsymbol{A}_{i1},\cdots,\boldsymbol{A}_{im})$ 记为 A_i；对每个 $1\leqslant j\leqslant q$，将块 $\boldsymbol{B}_{1j},\cdots,\boldsymbol{B}_{sj}$ 依次竖排组成的 $n\times r_j$ 矩阵 $\begin{pmatrix}\boldsymbol{A}_{1j}\\ \vdots\\ \boldsymbol{A}_{sj}\end{pmatrix}$ 记为 $\boldsymbol{B}_j$. 则

$$\boldsymbol{A}=\begin{pmatrix}\boldsymbol{A}_1\\ \vdots\\ \boldsymbol{A}_p\end{pmatrix},\ \boldsymbol{B}=(\boldsymbol{B}_1,\cdots,\boldsymbol{B}_q) \tag{4.2.5}$$

也是 $\boldsymbol{A}$，$\boldsymbol{B}$ 的分块. 将 $\boldsymbol{A}$，$\boldsymbol{B}$ 按照这样的分块方式相乘得到

$$\boldsymbol{D}=\begin{pmatrix}\boldsymbol{A}_1\boldsymbol{B}_1 & \cdots & \boldsymbol{A}_1\boldsymbol{B}_q\\ \vdots & & \vdots\\ \boldsymbol{A}_p\boldsymbol{B}_1 & \cdots & \boldsymbol{A}_p\boldsymbol{B}_q\end{pmatrix} \tag{4.2.6}$$

我们证明这样得到的 $\boldsymbol{D}=\boldsymbol{AB}$.

$\boldsymbol{D}$ 的任何一个元必然是 $\boldsymbol{D}$ 的某一块 $\boldsymbol{D}_{ij}=\boldsymbol{A}_i\boldsymbol{B}_j$ 的某个元，设它为 $\boldsymbol{D}_{ij}$ 的第 u 行第 v 列的元，记作 $\boldsymbol{D}_{ij}(u,v)$. 则 $\boldsymbol{D}_{ij}(u,v)$ 是 $\boldsymbol{D}$ 的第 (i',j') 个元，其中

$$i'=\sum_{t=1}^{i-1}m_t+u,\ j'=\sum_{t=1}^{j-1}r_t+v.$$

另一方面，由于 $\boldsymbol{D}_{ij}=\boldsymbol{A}_i\boldsymbol{B}_j$，$\boldsymbol{D}_{ij}(u,v)$ 等于 $\boldsymbol{A}_i$ 的第 u 行与 $\boldsymbol{B}_j$ 的第 j 列的乘积. 由分块方式(4.2.5)知道，$\boldsymbol{A}_i$ 的第 u 行就是 $\boldsymbol{A}$ 的第 $i'=\sum_{t=1}^{i-1}m_t+u$ 行，B_j 的第 v

列就是$\boldsymbol{B}$的第$j'=\sum_{t=1}^{j-1}r_t+v$列，它们的乘积就是$\boldsymbol{AB}$的第(i',j')元. 这证明了$\boldsymbol{D}$与$\boldsymbol{AB}$的对应元相等，$\boldsymbol{D}=\boldsymbol{AB}$.

只需再证明按(4.2.5)的分块方式得到的(4.2.6)中的乘积$\boldsymbol{C}$与$\boldsymbol{D}$相等. 由于$\boldsymbol{C}$与$\boldsymbol{D}$的分块方式完全相同，只需证明它们对应的块相等，即证明

$$\boldsymbol{D}_{ij}=\boldsymbol{A}_i\boldsymbol{B}_j=(\boldsymbol{A}_{i1},\cdots,\boldsymbol{A}_{is})\begin{pmatrix}\boldsymbol{B}_{1j}\\ \vdots\\ \boldsymbol{B}_{sj}\end{pmatrix}\quad 与\quad \boldsymbol{C}_{ij}=\sum_{k=1}^{s}\boldsymbol{A}_{ik}\boldsymbol{B}_{kj}$$

相等. 对任意$1\leqslant u\leqslant m_i$，$1\leqslant v\leqslant r_j$，我们证明$\boldsymbol{D}_{ij}$的第$(u,v)$元$\boldsymbol{D}_{ij}(u,v)$与$\boldsymbol{C}_{ij}$的第$(u,v)$元$\boldsymbol{C}_{ij}(u,v)$相等.

对每个$1\leqslant k\leqslant s$，记$\boldsymbol{\alpha}_k$是$\boldsymbol{A}_{ik}$的第u行，$\boldsymbol{\beta}_k$是$\boldsymbol{B}_{kj}$的第v列，则$\boldsymbol{\alpha}_k\boldsymbol{\beta}_k$是$\boldsymbol{A}_{ik}\boldsymbol{B}_{kj}$的第$(u,v)$元，因而$\sum_{k=1}^{s}\boldsymbol{\alpha}_k\boldsymbol{\beta}_k$是$\sum_{k=1}^{s}\boldsymbol{A}_{ik}\boldsymbol{B}_{kj}=\boldsymbol{C}_{ij}$的第$(u,v)$元$\boldsymbol{C}_{ij}(u,v)$.

另一方面，将行向量$\boldsymbol{\alpha}_1,\cdots,\boldsymbol{\alpha}_s$依次横排成行向量$\boldsymbol{\alpha}=(\boldsymbol{\alpha}_1,\cdots,\boldsymbol{\alpha}_s)$，将列向量$\boldsymbol{\beta}_1,\cdots,\boldsymbol{\beta}_s$依次竖排成列向量$\boldsymbol{\beta}=\begin{pmatrix}\boldsymbol{\beta}_1\\ \vdots\\ \boldsymbol{\beta}_s\end{pmatrix}$，则$\boldsymbol{\alpha}$就是$\boldsymbol{A}_i$的第$u$行，$\boldsymbol{\beta}$就是$\boldsymbol{B}_j$的第$v$列，它们的乘积$\boldsymbol{\alpha\beta}$就是$\boldsymbol{A}_i\boldsymbol{B}_j$的第$(u,v)$元$D_{ij}(u,v)$. 因此

$$\boldsymbol{D}_{ij}(u,v)=\boldsymbol{\alpha\beta}=(\boldsymbol{\alpha}_1,\cdots,\boldsymbol{\alpha}_s)\begin{pmatrix}\boldsymbol{\beta}_1\\ \vdots\\ \boldsymbol{\beta}_s\end{pmatrix}=\boldsymbol{\alpha}_1\boldsymbol{\beta}_1+\cdots+\boldsymbol{\alpha}_s\boldsymbol{\beta}_s=\boldsymbol{C}_{ij}(u,v)$$

从而$\boldsymbol{D}_{ij}=\boldsymbol{C}_{ij}$. □

如果矩阵分块之后具有如下形式

$$\boldsymbol{A}=\begin{pmatrix}\boldsymbol{A}_{11}&\boldsymbol{A}_{12}&\cdots&\boldsymbol{A}_{1p}\\ 0&\boldsymbol{A}_{22}&\cdots&\boldsymbol{A}_{2p}\\ \vdots&\vdots&&\vdots\\ 0&0&\cdots&\boldsymbol{A}_{pp}\end{pmatrix}$$

就称$\boldsymbol{A}$是**准上三角形矩阵**(quasi-upper triangle matrix). 类似地，分块之后具有形式

$$\boldsymbol{A}=\begin{pmatrix}\boldsymbol{A}_{11}&0&\cdots&0\\ \boldsymbol{A}_{21}&\boldsymbol{A}_{22}&\cdots&0\\ \vdots&\vdots&&\vdots\\ \boldsymbol{A}_{p1}&\boldsymbol{A}_{p2}&\cdots&\boldsymbol{A}_{pp}\end{pmatrix}$$

的矩阵称为**准下三角形矩阵**(quasi-lower triangle matrix). 我们知道：如果准上三角形矩阵或准下三角形矩阵$\boldsymbol{A}$的对角块都是方阵，则$\boldsymbol{A}$也是方阵，并且行列式$\det\boldsymbol{A}$等于对角块的行列式的乘积. 如果$\boldsymbol{A}$分块之后具有如下形式

$$A=\begin{pmatrix}A_{11} & 0 & \cdots & 0\\ 0 & A_{22} & \cdots & 0\\ \vdots & \vdots & & \vdots\\ 0 & 0 & \cdots & A_{pp}\end{pmatrix}$$

就称 A 为**准对角形矩阵**(quasi-diagonal matrix). 此时可以将 A 写为

$$\mathrm{diag}(A_{11},A_{22},\cdots,A_{pp}).$$

4. 分块矩阵的转置

设矩阵 $A\in F^{m\times n}$ 写成分块形式

$$A=\begin{pmatrix}A_{11} & A_{12} & \cdots & A_{1q}\\ A_{21} & A_{22} & \cdots & A_{2q}\\ \vdots & \vdots & & \vdots\\ A_{p1} & A_{p2} & \cdots & A_{pq}\end{pmatrix}$$

则 A 的转置

$$A^{\mathrm{T}}=\begin{pmatrix}A_{11}^{\mathrm{T}} & A_{21}^{\mathrm{T}} & \cdots & A_{p1}^{\mathrm{T}}\\ A_{12}^{\mathrm{T}} & A_{22}^{\mathrm{T}} & \cdots & A_{p2}^{\mathrm{T}}\\ \vdots & \vdots & & \vdots\\ A_{1q}^{\mathrm{T}} & A_{2q}^{\mathrm{T}} & \cdots & A_{pq}^{\mathrm{T}}\end{pmatrix}$$

5. 分块运算应用例

例 1 设 $\Lambda=\mathrm{diag}(\lambda_1,\cdots,\lambda_n)$ 是 n 阶对角形矩阵. $A=(a_{ij})_{n\times n}$ 是 n 阶方阵, 求 ΛA 与 $A\Lambda$.

解 写 $A=\begin{pmatrix}A_1\\ \vdots\\ A_n\end{pmatrix}$, 其中 $A_1,\cdots,A_n$ 依次是 A 的各行. 则

$$\Lambda A=\begin{pmatrix}\lambda_1 & & \\ & \ddots & \\ & & \lambda_n\end{pmatrix}\begin{pmatrix}A_1\\ \vdots\\ A_n\end{pmatrix}=\begin{pmatrix}\lambda_1A_1\\ \vdots\\ \lambda_nA_n\end{pmatrix}=\begin{pmatrix}\lambda_1a_{11} & \lambda_1a_{12} & \cdots & \lambda_1a_{1n}\\ \vdots & \vdots & & \vdots\\ \lambda_na_{n1} & \lambda_na_{n2} & \cdots & \lambda_na_{nn}\end{pmatrix}$$

将 A 的各行分别乘 $\lambda_1,\lambda_2,\cdots,\lambda_n$ 就得到 ΛA.

写 $A=(\boldsymbol{\alpha}_1,\cdots,\boldsymbol{\alpha}_n)$, 其中 $\boldsymbol{\alpha}_1,\cdots,\boldsymbol{\alpha}_n$ 依次是 A 的各列. 则

$$A\Lambda=(\boldsymbol{\alpha}_1,\cdots,\boldsymbol{\alpha}_n)\begin{pmatrix}\lambda_1 & & \\ & \ddots & \\ & & \lambda_n\end{pmatrix}=(\lambda_1\boldsymbol{\alpha}_1,\cdots,\lambda_n\boldsymbol{\alpha}_n)$$

$$=\begin{pmatrix}\lambda_1a_{11} & \lambda_2a_{12} & \cdots & \lambda_na_{1n}\\ \vdots & \vdots & & \vdots\\ \lambda_1a_{n1} & \lambda_2a_{n2} & \cdots & \lambda_na_{nn}\end{pmatrix}$$

将 $\boldsymbol{A}$ 的各列分别乘 $\lambda_1,\lambda_2,\cdots,\lambda_n$ 就得到 $\boldsymbol{A\Lambda}$. □

例 2 $\boldsymbol{N}=\begin{pmatrix}0&1&&\\&0&1&\\&&0&1\\&&&0\end{pmatrix}_{4\times4}$，求 $\boldsymbol{N}^k$.

解 对任意 4 阶方阵 $\boldsymbol{A}$，将 $\boldsymbol{A}$ 写成 $\boldsymbol{A}=\begin{pmatrix}\boldsymbol{A}_1\\\boldsymbol{A}_2\\\boldsymbol{A}_3\\\boldsymbol{A}_4\end{pmatrix}$的形式，其中 $\boldsymbol{A}_1$，$\boldsymbol{A}_2$，$\boldsymbol{A}_3$，$\boldsymbol{A}_4$ 是 $\boldsymbol{A}$ 的各行. 则

$$\boldsymbol{NA}=\begin{pmatrix}0&1&&\\&0&1&\\&&0&1\\&&&0\end{pmatrix}\begin{pmatrix}\boldsymbol{A}_1\\\boldsymbol{A}_2\\\boldsymbol{A}_3\\\boldsymbol{A}_4\end{pmatrix}=\begin{pmatrix}\boldsymbol{A}_2\\\boldsymbol{A}_3\\\boldsymbol{A}_4\\\boldsymbol{O}\end{pmatrix}$$

也就是说：将 $\boldsymbol{A}$ 的第 2 至第 4 行分别向上提升一行，成为第 1 至第 3 行，以零向量作为第 4 行，就得到 $\boldsymbol{NA}$.

由此得到

$$\boldsymbol{N}^2=\boldsymbol{NN}=\begin{pmatrix}0&0&1&0\\&0&0&1\\&&0&0\\&&&0\end{pmatrix},\ \boldsymbol{N}^3=\boldsymbol{N}(\boldsymbol{N}^2)=\begin{pmatrix}0&0&0&1\\&0&0&0\\&&0&0\\&&&0\end{pmatrix}$$

$\boldsymbol{N}^4=\boldsymbol{N}(\boldsymbol{N}^3)=\boldsymbol{O}$，$\boldsymbol{N}^k=\boldsymbol{O}$ 对 $k\geqslant4$ 成立. □

例 3 $\boldsymbol{A}=\begin{pmatrix}1&2&1&2\\-1&-2&-1&-2\\1&2&1&2\\-1&-2&-1&-2\end{pmatrix}$，求 $\boldsymbol{A}^{10}$.

解 记 $\boldsymbol{X}=(1,2,1,2)$，则

$$\boldsymbol{A}=\begin{pmatrix}\boldsymbol{X}\\-\boldsymbol{X}\\\boldsymbol{X}\\-\boldsymbol{X}\end{pmatrix}=\begin{pmatrix}1\\-1\\1\\-1\end{pmatrix}\boldsymbol{X}=\boldsymbol{YX}，其中\ \boldsymbol{Y}=\begin{pmatrix}1\\-1\\1\\-1\end{pmatrix}$$

于是

$$\boldsymbol{A}^{10}=\underbrace{(\boldsymbol{YX})(\boldsymbol{YX})\cdots(\boldsymbol{YX})}_{10个\boldsymbol{YX}}=\boldsymbol{Y}\underbrace{(\boldsymbol{XY})(\boldsymbol{XY})\cdots(\boldsymbol{XY})}_{9个\boldsymbol{XY}}\boldsymbol{X}=\boldsymbol{Y}(\boldsymbol{XY})^9\boldsymbol{X}.$$

由

$$XY=(1,2,1,2)\begin{pmatrix}1\\-1\\1\\-1\end{pmatrix}=1-2+1-2=-2$$

得

$$A^{10}=Y(-2)^9X=-512YX=-512A=\begin{pmatrix}-512&-1\,024&-512&-1\,024\\512&1\,024&512&1\,024\\-512&-1\,024&-512&-1\,024\\512&1\,024&512&1\,024\end{pmatrix}\quad\square$$

例 4 求 2 阶方阵 X 满足条件 $\begin{pmatrix}1&2\\3&5\end{pmatrix}X=\begin{pmatrix}1&0\\0&1\end{pmatrix}$.

解法 1 记 $A=\begin{pmatrix}1&2\\3&5\end{pmatrix}$，$B=\begin{pmatrix}1&0\\0&1\end{pmatrix}$. 将 X 写成分块形式 $X=(X_1,X_2)$，其中 X_1，X_2 是 X 的两列. 将 B 写成分块形式 $B=(B_1,B_2)$，其中 B_1，B_2 是 B 的两列. 这样，原方程

$$AX=B \tag{4.2.7}$$

就成为

$$A(X_1,X_2)=(B_1,B_2),\quad 即\quad (AX_1,AX_2)=(B_1,B_2) \tag{4.2.8}$$

于是原方程成为两个方程

$$AX_1=B_1,\ AX_2=B_2 \tag{4.2.9}$$

即

$$\begin{pmatrix}1&2\\3&5\end{pmatrix}\begin{pmatrix}x_1\\y_1\end{pmatrix}=\begin{pmatrix}1\\0\end{pmatrix},\quad \begin{pmatrix}1&2\\3&5\end{pmatrix}\begin{pmatrix}x_2\\y_2\end{pmatrix}=\begin{pmatrix}0\\1\end{pmatrix}$$

解这两个方程组，得

$$X_1=\begin{pmatrix}x_1\\y_1\end{pmatrix}=\begin{pmatrix}-5\\3\end{pmatrix},\quad X_2=\begin{pmatrix}x_2\\y_2\end{pmatrix}=\begin{pmatrix}2\\-1\end{pmatrix}$$

因此

$$X=(X_1,X_2)=\begin{pmatrix}-5&2\\3&-1\end{pmatrix}$$

解法 2 A，B 与解法 1 相同. 将 X，B 按行分块为 $X=\begin{pmatrix}X_1\\X_2\end{pmatrix}$，$B=$

$\begin{pmatrix} \boldsymbol{B}_1 \\ \boldsymbol{B}_2 \end{pmatrix}$，则原方程 $\boldsymbol{AX}=\boldsymbol{B}$ 成为

$$\begin{pmatrix} 1 & 2 \\ 3 & 5 \end{pmatrix}\begin{pmatrix} \boldsymbol{X}_1 \\ \boldsymbol{X}_2 \end{pmatrix}=\begin{pmatrix} \boldsymbol{B}_1 \\ \boldsymbol{B}_2 \end{pmatrix} \tag{4.2.10}$$

先将 $\boldsymbol{B}_1$，$\boldsymbol{B}_2$，$\boldsymbol{X}_1$，$\boldsymbol{X}_2$ 看成普通的数，将(4.2.10)看成二元一次方程组，用矩阵消元法来解：

$$\begin{pmatrix} 1 & 2 & \boldsymbol{B}_1 \\ 3 & 5 & \boldsymbol{B}_2 \end{pmatrix} \xrightarrow{-3(1)+(2)} \begin{pmatrix} 1 & 2 & \boldsymbol{B}_1 \\ 0 & -1 & -3\boldsymbol{B}_1+\boldsymbol{B}_2 \end{pmatrix} \xrightarrow{2(2)+(1),-1(2)} \begin{pmatrix} 1 & 0 & -5\boldsymbol{B}_1+2\boldsymbol{B}_2 \\ 0 & 1 & 3\boldsymbol{B}_1-\boldsymbol{B}_2 \end{pmatrix}$$

于是得到(4.2.10)的解

$$\begin{pmatrix} \boldsymbol{X}_1 \\ \boldsymbol{X}_2 \end{pmatrix}=\begin{pmatrix} -5\boldsymbol{B}_1+2\boldsymbol{B}_2 \\ 3\boldsymbol{B}_1-\boldsymbol{B}_2 \end{pmatrix} \tag{4.2.11}$$

矩阵等式

$$\begin{pmatrix} 1 & 2 \\ 3 & 5 \end{pmatrix}\begin{pmatrix} -5\boldsymbol{B}_1+2\boldsymbol{B}_2 \\ 3\boldsymbol{B}_1-\boldsymbol{B}_2 \end{pmatrix}=\begin{pmatrix} \boldsymbol{B}_1 \\ \boldsymbol{B}_2 \end{pmatrix}$$

当 $\boldsymbol{B}_1$，$\boldsymbol{B}_2$ 是数的时候成立，当 $\boldsymbol{B}_1$，$\boldsymbol{B}_2$ 都是 $1\times n$ 矩阵的时候也成立. 因此，可以将 $\boldsymbol{B}_1=(1,0)$，$\boldsymbol{B}_2=(0,1)$ 代入(4.2.11)得到原方程的解

$$\boldsymbol{X}=\begin{pmatrix} \boldsymbol{X}_1 \\ \boldsymbol{X}_2 \end{pmatrix}=\begin{pmatrix} -5(1,0)+2(0,1) \\ 3(1,0)-(0,1) \end{pmatrix}=\begin{pmatrix} -5 & 2 \\ 3 & -1 \end{pmatrix}.$$

解法 3　仔细审查解法 2 的计算过程，发现在用矩阵消元法解方程组(4.2.10)时，可以先将 $\boldsymbol{B}_1$，$\boldsymbol{B}_2$ 的具体数值代入之后再进行同样的消元过程，直接得到 $\boldsymbol{X}$：

$$\begin{pmatrix} 1 & 2 & 1 & 0 \\ 3 & 5 & 0 & 1 \end{pmatrix} \xrightarrow{-3(1)+(2)} \begin{pmatrix} 1 & 2 & 1 & 0 \\ 0 & -1 & -3 & 1 \end{pmatrix} \xrightarrow{2(2)+(1),-1(2)} \begin{pmatrix} 1 & 0 & -5 & 2 \\ 0 & 1 & 3 & -1 \end{pmatrix}$$

$$\boldsymbol{X}=\begin{pmatrix} -5 & 2 \\ 3 & -1 \end{pmatrix}.$$

具体算法是：将 $\boldsymbol{A}=\begin{pmatrix} 1 & 2 \\ 3 & 5 \end{pmatrix}$ 排在左边，$\boldsymbol{B}=\begin{pmatrix} 1 & 0 \\ 0 & 1 \end{pmatrix}$ 排在右边，组成一个 2×4 矩阵$\begin{pmatrix} 1 & 2 & 1 & 0 \\ 3 & 5 & 0 & 1 \end{pmatrix}$. 对这个矩阵进行初等行变换，将它左边两列组成的方阵化

为单位阵，则右边剩下的列组成的矩阵就是所求的矩阵 $\boldsymbol{X}$. □

例4的3种解法中，解法3最好，这个方法还可以推广到求一般的矩阵方程 $\boldsymbol{AX}=\boldsymbol{B}$ 的解 $\boldsymbol{X}$，其中 $\boldsymbol{A}$ 是行列式不为0的任意 n 阶方阵，$\boldsymbol{B}$ 是任意 $n\times m$ 矩阵，$\boldsymbol{X}$ 是未知的 $n\times m$ 矩阵.

注意　当行列式 $|\boldsymbol{A}|\neq 0$ 时，如果按解法1将 $\boldsymbol{X}$，$\boldsymbol{B}$ 都写成按列分块的形式 $\boldsymbol{X}=(\boldsymbol{X}_1,\cdots,\boldsymbol{X}_n)$，$\boldsymbol{B}=(\boldsymbol{B}_1,\cdots,\boldsymbol{B}_n)$，则方程 $\boldsymbol{AX}=\boldsymbol{B}$ 成为 n 个方程组 $\boldsymbol{AX}_1=\boldsymbol{B}_1,\cdots,\boldsymbol{AX}_n=\boldsymbol{B}_n$，当 $|\boldsymbol{A}|\neq 0$ 时这些方程组都有唯一解，因此 $\boldsymbol{AX}=\boldsymbol{B}$ 有唯一解. 例4中的 $\boldsymbol{B}$ 是单位阵 $\boldsymbol{I}$，求出的唯一解 $\boldsymbol{X}$ 满足条件 $\boldsymbol{AX}=\boldsymbol{I}$，而且还满足条件 $\boldsymbol{XA}=\boldsymbol{I}$，我们将它称为 $\boldsymbol{A}$ 的逆矩阵，记作 $\boldsymbol{A}^{-1}$.（就好比满足条件 $ax=1$ 的数 x 称为 a 的逆，记作 a^{-1}.）求出了 $\boldsymbol{A}^{-1}$，再对别的 $\boldsymbol{B}$ 解矩阵方程 $\boldsymbol{AX}=\boldsymbol{B}$，就可以在方程两边同时左乘 $\boldsymbol{A}^{-1}$ 消去 $\boldsymbol{A}$，得到 $\boldsymbol{X}=\boldsymbol{A}^{-1}\boldsymbol{B}$，并且由 $\boldsymbol{A}(\boldsymbol{A}^{-1}\boldsymbol{B})=\boldsymbol{B}$ 知道 $\boldsymbol{X}=\boldsymbol{A}^{-1}\boldsymbol{B}$ 确实是方程 $\boldsymbol{AX}=\boldsymbol{B}$ 的唯一解. 特别，当 $\boldsymbol{B}$ 是列向量时，$\boldsymbol{AX}=\boldsymbol{B}$ 就是我们已经研究过的 n 元线性方程组.

习　题　4.2

1. 已知 $\boldsymbol{A}=\begin{pmatrix}1&2&3\\2&3&4\\2&4&7\end{pmatrix}$，求 $\boldsymbol{X}_1$，$\boldsymbol{X}_2$，$\boldsymbol{X}_3$ 分别满足下列条件：

$$\boldsymbol{AX}_1=\begin{pmatrix}1\\0\\5\end{pmatrix},\quad \boldsymbol{AX}_2=\begin{pmatrix}0\\2\\3\end{pmatrix},\quad \boldsymbol{AX}_3=\begin{pmatrix}1&1\\2&5\\3&7\end{pmatrix}$$

2. 设 $\boldsymbol{A}$ 是 n 阶方阵，证明：存在 n 阶非零方阵 $\boldsymbol{B}$ 使 $\boldsymbol{AB}=\boldsymbol{O}$ 的充分必要条件是 $|\boldsymbol{A}|=0$.

3. 已知 $\boldsymbol{A}$，$\boldsymbol{X}\in F^{3\times 3}$，$\boldsymbol{X}$ 的3列 $\boldsymbol{X}_1$，$\boldsymbol{X}_2$，$\boldsymbol{X}_3$ 分别满足条件 $\boldsymbol{AX}_1=\lambda_1\boldsymbol{X}_1$，$\boldsymbol{AX}_2=\lambda_2\boldsymbol{X}_2$，$\boldsymbol{AX}_3=\lambda_3\boldsymbol{X}_3$. 求 $\boldsymbol{B}\in F^{3\times 3}$ 使 $\boldsymbol{AX}=\boldsymbol{XB}$.

4. 已知 n 阶方阵 $\boldsymbol{A}$，$\boldsymbol{B}$ 满足条件 $\boldsymbol{AB}=\boldsymbol{BA}$. 求 $\begin{pmatrix}\boldsymbol{A}&\boldsymbol{B}\\\boldsymbol{O}&\boldsymbol{A}\end{pmatrix}^n$.

5. $\boldsymbol{A}$，$\boldsymbol{B}$ 是 n 阶方阵，$\boldsymbol{I}$ 是 n 阶单位阵. 计算 $\begin{pmatrix}\boldsymbol{O}&\boldsymbol{I}\\\boldsymbol{I}&\boldsymbol{O}\end{pmatrix}\begin{pmatrix}\boldsymbol{A}&\boldsymbol{O}\\\boldsymbol{O}&\boldsymbol{B}\end{pmatrix}\begin{pmatrix}\boldsymbol{O}&\boldsymbol{I}\\\boldsymbol{I}&\boldsymbol{O}\end{pmatrix}$.

6. 已知 $\boldsymbol{A}$ 是 n 阶方阵且满足条件 $\boldsymbol{A}^3=\boldsymbol{I}$. 计算：

(1) $\begin{pmatrix}\boldsymbol{O}&-\boldsymbol{I}_{(n)}\\\boldsymbol{A}&\boldsymbol{O}\end{pmatrix}^{2000}$；　　(2) $\begin{pmatrix}\frac{1}{2}\boldsymbol{A}&-\frac{\sqrt{3}}{2}\boldsymbol{A}\\\frac{\sqrt{3}}{2}\boldsymbol{A}&\frac{1}{2}\boldsymbol{A}\end{pmatrix}^{2000}$.

7. 设 $\boldsymbol{A}=(a_{ij})_{n\times n}\in F^{n\times n}$，求 $\boldsymbol{e}_i\boldsymbol{A}\boldsymbol{e}_j^{\mathrm{T}}$，其中 $\boldsymbol{e}_i$，$\boldsymbol{e}_j$ 都是 n 维行向量，$\boldsymbol{e}_i$ 的第 i 分量是1，$\boldsymbol{e}_j$ 的第 j 分量是1，它们的其余分量都是0.

§4.3 可逆矩阵

我们定义了矩阵的加、减、乘法，自然也应当考虑矩阵的“除法”.

数的除法 $a\div b$ 是：已知两数的乘积 b 及其中一个因数 a 求另一个因数 x，也就是解方程 $ax=b$. 只要能求出除数 a 的倒数 a^{-1} 使 $aa^{-1}=1$，则除法 $b\div a$ 可以转化为乘法 $b\times a^{-1}$.

类似地，对矩阵 $\boldsymbol{A}$，$\boldsymbol{B}$，用 $\boldsymbol{B}$ “除以” $\boldsymbol{A}$ 也就是要求 $\boldsymbol{X}$ 使 $\boldsymbol{AX}=\boldsymbol{B}$. 由于矩阵的乘法不满足交换律，还应考虑求 $\boldsymbol{Y}$ 满足 $\boldsymbol{YA}=\boldsymbol{B}$. 如果能找到一个 $\boldsymbol{A}^{-1}$ 满足条件 $\boldsymbol{A}^{-1}\boldsymbol{A}=\boldsymbol{I}$，在矩阵方程 $\boldsymbol{AX}=\boldsymbol{B}$ 两边左乘 $\boldsymbol{A}^{-1}$ 就得到 $\boldsymbol{A}^{-1}\boldsymbol{AX}=\boldsymbol{A}^{-1}\boldsymbol{B}$ 从而 $\boldsymbol{X}=\boldsymbol{A}^{-1}\boldsymbol{B}$. 如果这个 $\boldsymbol{A}^{-1}$ 还满足条件 $\boldsymbol{AA}^{-1}=\boldsymbol{I}$，则 $\boldsymbol{A}(\boldsymbol{A}^{-1}\boldsymbol{B})=\boldsymbol{B}$，$\boldsymbol{X}=\boldsymbol{A}^{-1}\boldsymbol{B}$ 就是 $\boldsymbol{AX}=\boldsymbol{B}$ 的唯一解. 类似地，如果上述 $\boldsymbol{A}^{-1}$ 存在，可知 $\boldsymbol{YA}=\boldsymbol{B}$ 有唯一解 $\boldsymbol{Y}=\boldsymbol{BA}^{-1}$.

1. 可逆矩阵的定义

定义 4.3.1 对于矩阵 $\boldsymbol{A}\in F^{m\times n}$，如果存在矩阵 $\boldsymbol{B}\in F^{n\times m}$ 满足条件 $\boldsymbol{AB}=\boldsymbol{I}_{(m)}$ 且 $\boldsymbol{BA}=\boldsymbol{I}_{(n)}$，就称 $\boldsymbol{A}$ **可逆**(invertible)，并且称 $\boldsymbol{B}$ 是 $\boldsymbol{A}$ 的**逆**(inverse). □

仔细推敲，发现这个定义有一个疑点：定义中只要求 $\boldsymbol{B}$ 存在，没有要求 $\boldsymbol{B}$ 唯一. 假如存在两个或者更多个不同的 $\boldsymbol{B}$ 都满足条件，哪一个称为 $\boldsymbol{A}$ 的逆?

我们先来排除这个疑点.

命题 4.3.1 假如 $\boldsymbol{A}$ 可逆，那么 $\boldsymbol{A}$ 的逆 $\boldsymbol{B}$ 是唯一的.

证明 设 $\boldsymbol{B}$，$\boldsymbol{B}_1$ 都是 $\boldsymbol{A}$ 的逆. 则 $\boldsymbol{AB}=\boldsymbol{I}_{(n)}=\boldsymbol{AB}_1$. 因而

$$\boldsymbol{B}(\boldsymbol{AB})=\boldsymbol{B}(\boldsymbol{AB}_1)\Leftrightarrow(\boldsymbol{BA})\boldsymbol{B}=(\boldsymbol{BA})\boldsymbol{B}_1\Leftrightarrow\boldsymbol{IB}=\boldsymbol{IB}_1\Leftrightarrow\boldsymbol{B}=\boldsymbol{B}_1.$$

这就证明了 $\boldsymbol{A}$ 的逆的唯一性. □

既然已经知道，当 $\boldsymbol{A}$ 可逆时它的逆是唯一的，我们就可以将这个唯一的逆记为 $\boldsymbol{A}^{-1}$.

而且，由 $\boldsymbol{A}$ 所满足的条件 $\boldsymbol{AA}^{-1}=\boldsymbol{I}$，$\boldsymbol{A}^{-1}\boldsymbol{A}=\boldsymbol{I}$ 知道：

引理 4.3.2 $\boldsymbol{A}$ 可逆 $\Rightarrow\boldsymbol{A}^{-1}$ 可逆. 且 $(\boldsymbol{A}^{-1})^{-1}=\boldsymbol{A}$. □

2. 矩阵可逆的条件

我们知道，在数域 F 中有一个数 0 不可逆，除了 0 以外的数都可逆，显然，零矩阵不可逆. 是否所有的非零矩阵都可逆呢?

我们已经知道：假如 $\boldsymbol{A}\in F^{n\times m}$ 可逆，则矩阵方程 $\boldsymbol{AX}=\boldsymbol{D}$ 有唯一解 $\boldsymbol{X}=\boldsymbol{A}^{-1}\boldsymbol{D}$. 特别，考虑 n 元一次方程组

$$\boldsymbol{A}\begin{pmatrix}x_1\\ \vdots\\ x_n\end{pmatrix}=\begin{pmatrix}0\\ \vdots\\ 0\end{pmatrix}\qquad(4.3.1)$$

当 $\boldsymbol{A}$ 可逆时它也应有唯一解

$$\begin{pmatrix} x_1 \\ \vdots \\ x_n \end{pmatrix} = \begin{pmatrix} 0 \\ \vdots \\ 0 \end{pmatrix}$$

但(4.3.1)也就是

$$x_1\boldsymbol{A}_1 + x_2\boldsymbol{A}_2 + \cdots + x_n\boldsymbol{A}_n = \boldsymbol{0} \tag{4.3.2}$$

其中 $\boldsymbol{A}_1, \boldsymbol{A}_2, \cdots, \boldsymbol{A}_n$ 依次是 $\boldsymbol{A}$ 的各列. (4.3.2)只有零解 $\Leftrightarrow \boldsymbol{A}_1, \boldsymbol{A}_2, \cdots, \boldsymbol{A}_n$ 线性无关.

由此得到

引理 4.3.3 $\boldsymbol{A}$ 可逆 $\Rightarrow \boldsymbol{A}$ 的各列线性无关. □

推论 4.3.1 $\boldsymbol{A}$ 可逆 $\Rightarrow \boldsymbol{A}$ 是方阵，且行列式 $|\boldsymbol{A}| \neq 0$.

证明 设 $\boldsymbol{A} \in F^{m\times n}$ 可逆. 则 $\boldsymbol{A}$ 的各列是 n 个线性无关的 m 维向量，这迫使 $n \leqslant m$.

另一方面，$\boldsymbol{A}^{-1} \in F^{n\times m}$ 也可逆，这又迫使 $m \leqslant n$.

因而 $m = n$，$\boldsymbol{A}$ 是方阵.

由第 3 章推论 3.4.2 知道：方阵 $\boldsymbol{A}$ 的列向量线性无关 $\Rightarrow \boldsymbol{A}$ 的行列式 $|\boldsymbol{A}| \neq 0$. □

因此，不但零矩阵不可逆，行列式等于 0 的方阵也都不可逆. 行列式等于 0 的方阵称为**奇异方阵**(singular matrix).

那么，行列式不为零的方阵是否一定可逆呢?

设 $|A| \neq 0$，我们希望找到 $\boldsymbol{X} \in F^{n\times n}$ 使 $\boldsymbol{AX} = \boldsymbol{I} = \boldsymbol{XA}$. 记 $\boldsymbol{A}$ 的各行依次为 $\boldsymbol{A}_1, \boldsymbol{A}_2, \cdots, \boldsymbol{A}_n$，$\boldsymbol{X}$ 的各列依次为 $\boldsymbol{X}_1, \boldsymbol{X}_2, \cdots, \boldsymbol{X}_n$，则 $\boldsymbol{AX} = \boldsymbol{I}$ 就是

$$\begin{pmatrix} \boldsymbol{A}_1 \\ \boldsymbol{A}_2 \\ \vdots \\ \boldsymbol{A}_n \end{pmatrix} (\boldsymbol{X}_1, \boldsymbol{X}_2, \cdots, \boldsymbol{X}_n) = \begin{pmatrix} 1 & 0 & \cdots & 0 \\ 0 & 1 & \cdots & 0 \\ \vdots & \vdots & & \vdots \\ 0 & 0 & \cdots & 1 \end{pmatrix}$$

每个 $\boldsymbol{X}_j$ 右乘 $\boldsymbol{A}$ 的第 j 行等于 1，右乘 $\boldsymbol{A}$ 的其余各行都等于 0. 这使我们想到 $\boldsymbol{A}$ 的第 j 行$(a_{j1}, \cdots, a_{jn})$各元的代数余子式 $A_{j1}, A_{j2}, \cdots, A_{jn}$ 组成的列向量 $\boldsymbol{\delta}_j$，用 $\boldsymbol{\delta}_j$ 右乘 $\boldsymbol{A}$ 的第 j 行得到

$$a_{j1}A_{j1} + a_{j2}A_{j2} + \cdots + a_{jn}A_{jn} = |\boldsymbol{A}| \neq 0$$

而用 $\boldsymbol{\delta}_j$ 左乘 $\boldsymbol{A}$ 的其余任何一行得到

$$a_{k1}A_{j1} + a_{k2}A_{j2} + \cdots + a_{kn}A_{jn} = 0, \quad \forall k \neq j$$

依次以这些 $\boldsymbol{\delta}_j(1 \leqslant j \leqslant n)$ 为各列组成方阵

$$A^* = \begin{pmatrix} A_{11} & A_{21} & \cdots & A_{n1} \\ A_{12} & A_{22} & \cdots & A_{n2} \\ \vdots & \vdots & & \vdots \\ A_{1n} & A_{2n} & \cdots & A_{nn} \end{pmatrix} \tag{4.3.3}$$

则易验证

$$AA^* = A^*A = \begin{pmatrix} |A| & 0 & \cdots & 0 \\ 0 & |A| & \cdots & 0 \\ \vdots & \vdots & & \vdots \\ 0 & 0 & \cdots & |A| \end{pmatrix} = |A| I_{(n)} \tag{4.3.4}$$

于是得到

$$A \cdot \frac{1}{|A|}A^* = \frac{1}{|A|}A^* \cdot A = I$$

这就证明了

定理 4.3.4 A 可逆$\Leftrightarrow A$ 是方阵且 $|A| \neq 0$.

当 $|A| \neq 0$ 时，$A^{-1} = \dfrac{1}{|A|}A^*$，其中 A^* 的第(i,j)元为 A 的第(j,i)元的代数余子式 A_{ji}. □

A^* 称为 A 的**伴随方阵**(adjoint matrix).

当方阵 $A \in F^{n\times n}$ 的行列式 $|A| \neq 0$ 时 A 可逆，以 A 为系数矩阵的线性方程组 $Ax=\beta$ 有唯一解 $X=A^{-1}\beta$. 将定理 4.3.4 中的表达式 $A^{-1} = \dfrac{1}{|A|}A^*$ 代入，可以重新得到 Cramer 法则. 请你自己试一试.

3. 逆矩阵的算法

虽然利用伴随方阵 A^* 可以表示方阵 A 的逆，但是要计算 A^* 就需要计算 n^2 个 $n-1$ 阶行列式 A_{ji}，当 n 较大时计算量太大了. 比较可行的方法是解矩阵方程 $AX=I$ 求出 X，则 $X=A^{-1}$.

一般地，对行列式不为 0 的方阵 $A \in F^{n\times n}$ 及任意 $B \in F^{n\times m}$，求矩阵方程 $AX=B$ 的解 X，可以将此方程写成分块形式

$$\begin{pmatrix} a_{11} & a_{12} & \cdots & a_{1n} \\ a_{21} & a_{22} & \cdots & a_{2n} \\ \vdots & \vdots & & \vdots \\ a_{n1} & a_{n2} & \cdots & a_{nn} \end{pmatrix} \begin{pmatrix} X_1 \\ X_2 \\ \vdots \\ X_n \end{pmatrix} = \begin{pmatrix} B_1 \\ B_2 \\ \vdots \\ B_n \end{pmatrix} \tag{4.3.5}$$

其中 $B_1, B_2, \cdots, B_n$ 分别是 B 的各行，$X_1, X_2, \cdots, X_n$ 分别是 X 的各行. 将 X_i，$B_i(1 \leqslant i \leqslant n)$都暂时看作数，将(4.3.5)当作 n 元一次方程组来解. 用“增广矩阵”

$$\tilde{A}=\begin{pmatrix} a_{11} & a_{12} & \cdots & a_{1n} & B_1 \\ a_{21} & a_{22} & \cdots & a_{2n} & B_2 \\ \vdots & \vdots & & \vdots & \vdots \\ a_{n1} & a_{n2} & \cdots & a_{nn} & B_n \end{pmatrix} \tag{4.3.6}$$

来代表方程组(4.3.5). 由于 $|A|\neq 0$, 一定可以将 A 经过一系列初等行变换变成单位阵. 因此可以将 $\tilde{A}$ 经过一系列初等行变换, 使左边的 n 列变成 n 阶单位阵, $\tilde{A}$ 变为

$$\begin{pmatrix} 1 & 0 & \cdots & 0 & D_1 \\ 0 & 1 & \cdots & 0 & D_2 \\ \vdots & \vdots & & \vdots & \vdots \\ 0 & 0 & \cdots & 1 & D_n \end{pmatrix} \tag{4.3.7}$$

就得到唯一解

$$X=\begin{pmatrix} X_1 \\ X_2 \\ \vdots \\ X_n \end{pmatrix}=\begin{pmatrix} D_1 \\ D_2 \\ \vdots \\ D_n \end{pmatrix}$$

注意　(4.3.6)中的矩阵 $\tilde{A}$ 实际上就是以 A, B 为块组成的 $n\times(n+m)$ 矩阵(A,B). 以上算法实际上就是将这个矩阵(A,B)经过一系列初等行变换变成(I,D)的形式, 则 $X=D$ 就是所求的解.

算法 4.3.1　已知 $A\in F^{n\times n}$, $|A|\neq 0$, $B\in F^{n\times m}$. 求矩阵 $X\in F^{n\times m}$满足条件

$$AX=B$$

可以采用以下算法:

以 A, B 为块组成 $n\times(n+m)$ 矩阵(A,B). 将(A,B)经过一系列初等行变换化为(I,D)的形式, 则 $X=D$ 是方程 $AX=B$ 的唯一解.

特别, 将 $n\times 2n$ 矩阵(A,I)经过一系列初等行变换化为(I,D)的形式, 则 $D=A^{-1}$.

算法 4.3.1 正确性的证明

当 A 经过一系列初等行变换变成单位阵时, B 经过同样的初等行变换变成 D, B 的各列 $\beta_1,\cdots,\beta_m$ 经过同样的初等行变换分别变成 D 的各列 $\delta_1,\cdots,\delta_m$, 由 A 添加一列 β_j 得到的矩阵(A,β_j)经过同样的初等行变换变成(I,δ_j). 而(A,β_j)就是方程组 $AX_j=\beta_j$ 的增广矩阵, $(A,\beta_j)\to(I,\delta_j)$说明方程组 $AX_j=\beta_j$ 的唯一解是 $X_j=\delta_j$, $A\delta_j=\beta_j$ 对 $1\leqslant j\leqslant m$ 成立. 因而

$$A(\boldsymbol{\delta}_1,\boldsymbol{\delta}_2,\cdots,\boldsymbol{\delta}_m)=(\boldsymbol{\beta}_1,\boldsymbol{\beta}_2,\cdots,\boldsymbol{\beta}_m)$$

成立，也就是 $AD=B$ 成立，$X=D$ 是 $AX=B$ 的唯一解. □

例 1 求方阵 A 的逆：

(1) $A=\begin{pmatrix} a & b \\ c & d \end{pmatrix}$，其中 $ad-bc\neq 0$.

(2) $A=\begin{pmatrix} 1 & 1 & \cdots & 1 \\ 0 & 1 & \cdots & 1 \\ \vdots & \vdots & & \vdots \\ 0 & 0 & \cdots & 1 \end{pmatrix}$.

(3) n 阶方阵 $A=\begin{pmatrix} 0 & 1 & 1 & \cdots & 1 \\ 1 & 0 & 1 & \cdots & 1 \\ 1 & 1 & 0 & \cdots & 1 \\ \vdots & \vdots & \vdots & & \vdots \\ 1 & 1 & 1 & \cdots & 0 \end{pmatrix}$

解 (1) $A^{-1}=\dfrac{1}{|A|}A^*=\dfrac{1}{ad-bc}\begin{pmatrix} d & -b \\ -c & a \end{pmatrix}$.

(2) **解法 1**

$$\begin{pmatrix} 1 & 1 & \cdots & 1 & 1 & 0 & \cdots & 0 \\ 0 & 1 & \cdots & 1 & 0 & 1 & \cdots & 0 \\ \vdots & \vdots & & \vdots & \vdots & \vdots & & \vdots \\ 0 & 0 & \cdots & 1 & 0 & 0 & \cdots & 1 \end{pmatrix}$$

$$\xrightarrow{-(i)+(i-1),\ i=2,3,\cdots,n}\begin{pmatrix} 1 & 0 & \cdots & 0 & 1 & -1 & & \\ 0 & 1 & \cdots & 0 & 0 & 1 & \ddots & \\ \vdots & \vdots & & \vdots & \vdots & \ddots & \ddots & -1 \\ 0 & 0 & \cdots & 1 & 0 & \cdots & 0 & 1 \end{pmatrix}$$

$$A^{-1}=\begin{pmatrix} 1 & -1 & & \\ & 1 & \ddots & \\ & & \ddots & -1 \\ & & & 1 \end{pmatrix}$$

解法 2 记

$$
\boldsymbol{N}=\begin{pmatrix} 0 & 1 & & \\ & 0 & \ddots & \\ & & \ddots & 1 \\ & & & 0 \end{pmatrix}
$$

则 $\boldsymbol{N}^n=\boldsymbol{O}$，$\boldsymbol{A}=\boldsymbol{I}+\boldsymbol{N}+\boldsymbol{N}^2+\cdots+\boldsymbol{N}^{n-1}$. 由

$$
(\boldsymbol{I}-\boldsymbol{N})\boldsymbol{A}=(\boldsymbol{I}-\boldsymbol{N})(\boldsymbol{I}+\boldsymbol{N}+\boldsymbol{N}^2+\cdots+\boldsymbol{N}^{n-1})=\boldsymbol{I}-\boldsymbol{N}^n=\boldsymbol{I}
$$

知

$$
\boldsymbol{A}^{-1}=\boldsymbol{I}-\boldsymbol{N}=\begin{pmatrix} 1 & -1 & & \\ & 1 & \ddots & \\ & & \ddots & -1 \\ & & & 1 \end{pmatrix}
$$

（3）**解法 1**

$$
\begin{pmatrix}
0 & 1 & 1 & \cdots & 1 & 1 & 0 & 0 & \cdots & 0 \\
1 & 0 & 1 & \cdots & 1 & 0 & 1 & 0 & \cdots & 0 \\
1 & 1 & 0 & \ddots & \vdots & 0 & 0 & 1 & \ddots & \vdots \\
\vdots & \vdots & \ddots & \ddots & 1 & \vdots & \vdots & \ddots & \ddots & 0 \\
1 & 1 & \cdots & 1 & 0 & 0 & 0 & \cdots & 0 & 1
\end{pmatrix}
$$

$$
\xrightarrow{\text{其余各行加到第 1 行}}
\begin{pmatrix}
n-1 & n-1 & n-1 & \cdots & n-1 & 1 & 1 & 1 & \cdots & 1 \\
1 & 0 & 1 & \cdots & 1 & 0 & 1 & 0 & \cdots & 0 \\
1 & 1 & 0 & \ddots & \vdots & 0 & 0 & 1 & \ddots & \vdots \\
\vdots & \vdots & \ddots & \ddots & 1 & \vdots & \vdots & \ddots & \ddots & 0 \\
1 & 1 & \cdots & 1 & 0 & 0 & 0 & \cdots & 0 & 1
\end{pmatrix}
$$

$$
\xrightarrow{\text{第 1 行乘}\frac{1}{n-1}}
\begin{pmatrix}
1 & 1 & 1 & \cdots & 1 & \frac{1}{n-1} & \frac{1}{n-1} & \frac{1}{n-1} & \cdots & \frac{1}{n-1} \\
1 & 0 & 1 & \cdots & 1 & 0 & 1 & 0 & \cdots & 0 \\
1 & 1 & 0 & \cdots & 1 & 0 & 0 & 1 & \cdots & 0 \\
\vdots & \vdots & \vdots & & \vdots & \vdots & \vdots & \vdots & & \vdots \\
1 & 1 & 1 & \cdots & 0 & 0 & 0 & 0 & \cdots & 1
\end{pmatrix}
$$

$$\xrightarrow[\text{减去第 1 行}]{\text{其余各行}}\begin{pmatrix} 1 & 1 & 1 & \cdots & 1 & \frac{1}{n-1} & \frac{1}{n-1} & \frac{1}{n-1} & \cdots & \frac{1}{n-1} \\ 0 & -1 & 0 & \cdots & 0 & -\frac{1}{n-1} & \frac{n-2}{n-1} & -\frac{1}{n-1} & \cdots & -\frac{1}{n-1} \\ 0 & 0 & -1 & \ddots & \vdots & -\frac{1}{n-1} & -\frac{1}{n-1} & \frac{n-2}{n-1} & \cdots & -\frac{1}{n-1} \\ \vdots & \vdots & \ddots & \ddots & 0 & \vdots & \vdots & \vdots & & \vdots \\ 0 & 0 & \cdots & 0 & -1 & -\frac{1}{n-1} & -\frac{1}{n-1} & -\frac{1}{n-1} & \cdots & \frac{n-2}{n-1} \end{pmatrix}$$

$$\xrightarrow[\substack{\text{然后第 2} \\ \text{至 } n \text{ 行乘 } -1}]{\substack{\text{其余各行} \\ \text{加到第 1 行}}}\begin{pmatrix} 1 & 0 & 0 & \cdots & 0 & -\frac{n-2}{n-1} & \frac{1}{n-1} & \frac{1}{n-1} & \cdots & \frac{1}{n-1} \\ 0 & 1 & 0 & \cdots & 0 & \frac{1}{n-1} & -\frac{n-2}{n-1} & \frac{1}{n-1} & \cdots & \frac{1}{n-1} \\ 0 & 0 & 1 & \cdots & 0 & \frac{1}{n-1} & \frac{1}{n-1} & -\frac{n-2}{n-1} & \cdots & \frac{1}{n-1} \\ \vdots & \vdots & \vdots & & \vdots & \vdots & \vdots & \vdots & & \vdots \\ 0 & 0 & 0 & \cdots & 1 & \frac{1}{n-1} & \frac{1}{n-1} & \frac{1}{n-1} & \cdots & -\frac{n-2}{n-1} \end{pmatrix}$$

因此，

$$A^{-1}=\begin{pmatrix} -\frac{n-2}{n-1} & \frac{1}{n-1} & \frac{1}{n-1} & \cdots & \frac{1}{n-1} \\ \frac{1}{n-1} & -\frac{n-2}{n-1} & \frac{1}{n-1} & \cdots & \frac{1}{n-1} \\ \frac{1}{n-1} & \frac{1}{n-1} & -\frac{n-2}{n-1} & \cdots & \frac{1}{n-1} \\ \vdots & \vdots & \vdots & & \vdots \\ \frac{1}{n-1} & \frac{1}{n-1} & \frac{1}{n-1} & \cdots & -\frac{n-2}{n-1} \end{pmatrix}$$

解法 2　令

$$N=A+I=\begin{pmatrix} 1 & 1 & \cdots & 1 \\ 1 & 1 & \cdots & 1 \\ \vdots & \vdots & & \vdots \\ 1 & 1 & \cdots & 1 \end{pmatrix}$$

则 $N^2=nN$，$A=-I+N$. 对任意常数 λ，有

$$(-\boldsymbol{I}+\boldsymbol{N})(-\boldsymbol{I}+\lambda\boldsymbol{N})=\boldsymbol{I}-(\lambda+1)\boldsymbol{N}+\lambda\boldsymbol{N}^2$$
$$=\boldsymbol{I}-(\lambda+1)\boldsymbol{N}+\lambda n\boldsymbol{N}=\boldsymbol{I}+(n\lambda-\lambda-1)\boldsymbol{N}$$

选取 λ 使 $n\lambda-\lambda-1=0$，则 $(-\boldsymbol{I}+\boldsymbol{N})(-\boldsymbol{I}+\lambda\boldsymbol{N})=\boldsymbol{I}$.

$$n\lambda-\lambda-1=0\Leftrightarrow(n-1)\lambda=1\Leftrightarrow\lambda=\frac{1}{n-1}$$

因此，

$$\boldsymbol{A}^{-1}=-\boldsymbol{I}+\frac{1}{n-1}\boldsymbol{N}$$
$$=\begin{pmatrix}\frac{1}{n-1}&\frac{1}{n-1}&\cdots&\frac{1}{n-1}\\\frac{1}{n-1}&\frac{1}{n-1}&\cdots&\frac{1}{n-1}\\\vdots&\vdots&&\vdots\\\frac{1}{n-1}&\frac{1}{n-1}&\cdots&\frac{1}{n-1}\end{pmatrix}-\begin{pmatrix}1&&&\\&1&&\\&&\ddots&\\&&&1\end{pmatrix}$$
$$=\begin{pmatrix}-\frac{n-2}{n-1}&\frac{1}{n-1}&\cdots&\frac{1}{n-1}\\\frac{1}{n-1}&-\frac{n-2}{n-1}&\cdots&\frac{1}{n-1}\\\vdots&\vdots&&\vdots\\\frac{1}{n-1}&\frac{1}{n-1}&\cdots&-\frac{n-2}{n-1}\end{pmatrix}\quad\square$$

例 2 $\boldsymbol{A}=\begin{pmatrix}2&5\\1&3\end{pmatrix}$，$\boldsymbol{B}=\begin{pmatrix}4&-1\\2&1\end{pmatrix}$，求 $\boldsymbol{X}$，$\boldsymbol{Y}$ 使 $\boldsymbol{AX}=\boldsymbol{B}$，$\boldsymbol{YA}=\boldsymbol{B}$.

解法 1 $\boldsymbol{A}^{-1}=\frac{1}{|\boldsymbol{A}|}\boldsymbol{A}^*=\begin{pmatrix}3&-5\\-1&2\end{pmatrix}$.

$$\boldsymbol{X}=\boldsymbol{A}^{-1}\boldsymbol{B}=\begin{pmatrix}3&-5\\-1&2\end{pmatrix}\begin{pmatrix}4&-1\\2&1\end{pmatrix}=\begin{pmatrix}2&-8\\0&3\end{pmatrix}$$

$$\boldsymbol{Y}=\boldsymbol{B}\boldsymbol{A}^{-1}=\begin{pmatrix}4&-1\\2&1\end{pmatrix}\begin{pmatrix}3&-5\\-1&2\end{pmatrix}=\begin{pmatrix}13&-22\\5&-8\end{pmatrix}$$

解法 2

$$(\boldsymbol{A},\boldsymbol{B})=\begin{pmatrix}2&5&4&-1\\1&3&2&1\end{pmatrix}\xrightarrow{\text{两行互换}}\begin{pmatrix}1&3&2&1\\2&5&4&-1\end{pmatrix}$$
$$\xrightarrow{-2(1)+(2)}\begin{pmatrix}1&3&2&1\\0&-1&0&-3\end{pmatrix}\xrightarrow{3(2)+(1),\ -1(2)}\begin{pmatrix}1&0&2&-8\\0&1&0&3\end{pmatrix}$$

因此 $X=\begin{pmatrix}2 & -8\\ 0 & 3\end{pmatrix}$.

方程 $YA=B$ 两边转置，化为 $A^{T}Y^{T}=B^{T}$ 来解.

$$(A^{T},B^{T})=\begin{pmatrix}2 & 1 & 4 & 2\\ 5 & 3 & -1 & 1\end{pmatrix}\xrightarrow{-\frac{5}{2}(1)+(2)}\begin{pmatrix}2 & 1 & 4 & 2\\ 0 & \frac{1}{2} & -11 & -4\end{pmatrix}$$

$$\xrightarrow{-2(2)+(1)}\begin{pmatrix}2 & 0 & 26 & 10\\ 0 & \frac{1}{2} & -11 & -4\end{pmatrix}\xrightarrow{\frac{1}{2}(1),\ 2(2)}\begin{pmatrix}1 & 0 & 13 & 5\\ 0 & 1 & -22 & -8\end{pmatrix}$$

因此 $Y^{T}=\begin{pmatrix}13 & 5\\ -22 & -8\end{pmatrix}$，$Y=\begin{pmatrix}13 & -22\\ 5 & -8\end{pmatrix}$.　□

例 2 的解法 2 适用于解一般的矩阵方程 $AX=B$，$YA=B$，其中 A 是可逆方阵. 注意 $YA=B$ 可以经过转置化为 $B^{T}Y^{T}=B^{T}$ 的形式，用解 $AX=B$ 的方法来解. 也可以直接将矩阵$\begin{pmatrix}A\\ B\end{pmatrix}$经过初等列变换化成$\begin{pmatrix}I\\ D\end{pmatrix}$的形式，则其中的$D=BA^{-1}$是所求的解.

4. 可逆矩阵的性质

性质 1　A 可逆⇒A 的逆 A^{-1}也可逆，且$(A^{-1})^{-1}=A$.

性质 2　n阶方阵 A，B 可逆⇒它们的乘积 AB 可逆，且$(AB)^{-1}=B^{-1}A^{-1}$.

一般地，如果 $A_1,A_2,\cdots,A_k$ 可逆，则它们的乘积 $A_1A_2\cdots A_k$ 可逆，且

$$(A_1A_2\cdots A_k)^{-1}=A_k^{-1}\cdots A_2^{-1}A_1^{-1}$$

注意　我们以前学过的数的乘积的逆的公式是$(ab)^{-1}=a^{-1}b^{-1}$. 但是，将 ab 与 $a^{-1}b^{-1}$相乘得到 $aba^{-1}b^{-1}$，其中 a 与 a^{-1}之间相隔 b，b 与 b^{-1}之间相隔 a^{-1}，都不能直接相乘得到 1. 幸好数的乘法满足交换律，a 才能够先与 b 交换顺序再与 a^{-1}相乘：

$$ab\cdot a^{-1}b^{-1}=baa^{-1}b^{-1}=b1b^{-1}=1$$

而交换律对矩阵乘法不成立，因此 $AB\cdot A^{-1}B^{-1}$不一定等于单位阵，$A^{-1}B^{-1}$不一定是 AB 的逆. 而

$$AB\cdot B^{-1}A^{-1}=AIA^{-1}=I,\ B^{-1}A^{-1}\cdot AB=B^{-1}IB^{-1}=I$$

当 $AB\neq BA$ 时也能成立，因此$(AB)^{-1}=B^{-1}A^{-1}$.

在生活中也有这样的例子. 例如，用 A 表示穿袜子，B 表示穿鞋，则 A^{-1}表示脱袜子，B^{-1}表示脱鞋. 在穿的时候应当先穿袜后穿鞋，顺序是 AB. 脱的顺序就应当反过来：先脱鞋后脱袜，就是 $B^{-1}A^{-1}$，这也是$(AB)^{-1}=$

$B^{-1}A^{-1}$的一个例子. 根据这个例子, 公式$(AB)^{-1}=B^{-1}A^{-1}$也称为**穿脱原理**.

性质 3　设$0\neq\lambda\in F$, $\boldsymbol{A}$可逆, 则$(\lambda\boldsymbol{A})^{-1}=\lambda^{-1}\boldsymbol{A}^{-1}$.

性质 4　设$\boldsymbol{A}$可逆, 则它的转置$\boldsymbol{A}^{\mathrm{T}}$可逆, 且$(\boldsymbol{A}^{\mathrm{T}})^{-1}=(\boldsymbol{A}^{-1})^{\mathrm{T}}$.

性质 5　设m阶方阵$\boldsymbol{A}$与n阶方阵$\boldsymbol{B}$可逆, 则准对角阵$\begin{pmatrix}\boldsymbol{A} & \\ & \boldsymbol{B}\end{pmatrix}$可逆, 且

$$\begin{pmatrix}\boldsymbol{A} & \\ & \boldsymbol{B}\end{pmatrix}^{-1}=\begin{pmatrix}\boldsymbol{A}^{-1} & \\ & \boldsymbol{B}^{-1}\end{pmatrix}$$

对任意数域F和正整数n, 将$F^{n\times n}$全体可逆方阵组成的集合记作GL(n,F). 以上性质 1, 2 说明: $F^{n\times n}$中全体可逆方阵组成的集合G对于矩阵的乘法运算和求逆运算是封闭的. 显然, $F^{n\times n}$中单位阵$\boldsymbol{I}_{(n)}$也可逆, 含于GL(n,F). 像这样定义了一个满足结合律的乘法、具有单位元、每个元都可逆的集合称为**群**(group). 因此GL(n,F)是一个群, 称为**一般线性群**(general linear group). 对于GL(n,F)的进一步研究是代数学中一个领域——典型群的内容.

例 3　设$\boldsymbol{S}\in F^{m\times n}$, $\boldsymbol{A}\in F^{m\times m}$, $\boldsymbol{B}\in F^{n\times n}$, 且$\boldsymbol{A}$, $\boldsymbol{B}$可逆.

(1) 求证: $\begin{pmatrix}\boldsymbol{I} & \boldsymbol{S}\\ \boldsymbol{O} & \boldsymbol{I}\end{pmatrix}$与$\begin{pmatrix}\boldsymbol{I} & \boldsymbol{O}\\ \boldsymbol{S} & \boldsymbol{I}\end{pmatrix}$可逆, 并求它们的逆.

(2) 求证: $\begin{pmatrix}\boldsymbol{A} & \boldsymbol{S}\\ \boldsymbol{O} & \boldsymbol{B}\end{pmatrix}$可逆并求它的逆.

证明　(1) 注意到

$$\begin{pmatrix}\boldsymbol{I} & \boldsymbol{S}\\ \boldsymbol{O} & \boldsymbol{I}\end{pmatrix}\begin{pmatrix}\boldsymbol{I} & \boldsymbol{S}_1\\ \boldsymbol{O} & \boldsymbol{I}\end{pmatrix}=\begin{pmatrix}\boldsymbol{I} & \boldsymbol{S}+\boldsymbol{S}_1\\ \boldsymbol{O} & \boldsymbol{I}\end{pmatrix}$$

对任意$\boldsymbol{S}_1\in F^{m\times n}$成立. 特别, 取$\boldsymbol{S}_1=-\boldsymbol{S}$可得

$$\begin{pmatrix}\boldsymbol{I} & \boldsymbol{S}\\ \boldsymbol{O} & \boldsymbol{I}\end{pmatrix}\begin{pmatrix}\boldsymbol{I} & -\boldsymbol{S}\\ \boldsymbol{O} & \boldsymbol{I}\end{pmatrix}=\begin{pmatrix}\boldsymbol{I} & -\boldsymbol{S}\\ \boldsymbol{O} & \boldsymbol{I}\end{pmatrix}\begin{pmatrix}\boldsymbol{I} & \boldsymbol{S}\\ \boldsymbol{O} & \boldsymbol{I}\end{pmatrix}=\boldsymbol{I}$$

因此

$$\begin{pmatrix}\boldsymbol{I} & \boldsymbol{S}\\ \boldsymbol{O} & \boldsymbol{I}\end{pmatrix}^{-1}=\begin{pmatrix}\boldsymbol{I} & -\boldsymbol{S}\\ \boldsymbol{O} & \boldsymbol{I}\end{pmatrix}$$

类似地有

$$\begin{pmatrix}\boldsymbol{I} & \boldsymbol{O}\\ \boldsymbol{S} & \boldsymbol{I}\end{pmatrix}^{-1}=\begin{pmatrix}\boldsymbol{I} & \boldsymbol{O}\\ -\boldsymbol{S} & \boldsymbol{I}\end{pmatrix}$$

（2）我们有

$$\begin{pmatrix} A^{-1} & O \\ O & B^{-1} \end{pmatrix}\begin{pmatrix} A & S \\ O & B \end{pmatrix}=\begin{pmatrix} I & A^{-1}S \\ O & I \end{pmatrix}$$

从而

$$\begin{pmatrix} A & S \\ O & B \end{pmatrix}=\begin{pmatrix} A^{-1} & O \\ O & B^{-1} \end{pmatrix}^{-1}\begin{pmatrix} I & A^{-1}S \\ O & I \end{pmatrix}$$

因此

$$\begin{aligned}\begin{pmatrix} A & S \\ O & B \end{pmatrix}^{-1}&=\begin{pmatrix} I & A^{-1}S \\ O & I \end{pmatrix}^{-1}\begin{pmatrix} A^{-1} & O \\ O & B^{-1} \end{pmatrix}\\&=\begin{pmatrix} I & -A^{-1}S \\ O & I \end{pmatrix}\begin{pmatrix} A^{-1} & O \\ O & B^{-1} \end{pmatrix}\\&=\begin{pmatrix} A^{-1} & -A^{-1}SB^{-1} \\ O & B^{-1} \end{pmatrix}\end{aligned}$$ □

习　题　4.3

1. 求下列矩阵的逆矩阵：

（1）$A=\begin{pmatrix} 0 & 0 & -4 \\ -1 & 0 & 0 \\ 0 & 2 & 0 \end{pmatrix}$；　（2）$A=\begin{pmatrix} 1 & 5 & 3 & 0 \\ 0 & 4 & 6 & 2 \\ 0 & 0 & 9 & 1 \\ 0 & 0 & 0 & 1 \end{pmatrix}$；

（3）$A=\begin{pmatrix} 1 & 1 & 1 & 1 \\ 1 & 1 & -1 & -1 \\ 1 & -1 & 1 & -1 \\ 1 & -1 & -1 & 1 \end{pmatrix}$；　（4）$A=\begin{pmatrix} 1 & 2 & 4 & 8 \\ 0 & 1 & 2 & 4 \\ 0 & 0 & 1 & 2 \\ 0 & 0 & 0 & 1 \end{pmatrix}$.

2. 设 A 是方阵，$A^k=O$ 对某个正整数 k 成立. 求证下列方阵可逆，并分别求它们的逆.

（1）$I-A$；　（2）$I+A$；　（3）$I+A+\frac{1}{2!}A^2+\cdots+\frac{1}{(k-1)!}A^{k-1}$.

3. 设 $X=\begin{pmatrix} O & A \\ C & O \end{pmatrix}$，已知 A^{-1}，C^{-1}存在，求 X^{-1}.

4. 求下式中的矩阵 X：

（1）$\begin{pmatrix} 7 & 3 \\ 2 & 1 \end{pmatrix}X=\begin{pmatrix} 4 & 5 \\ 3 & 1 \end{pmatrix}$；　（2）$X\begin{pmatrix} 1 & -2 & 0 \\ 2 & 1 & 3 \\ 0 & 2 & 1 \end{pmatrix}=\begin{pmatrix} 1 & -1 & 1 \\ 2 & -3 & 1 \\ 3 & -4 & 1 \end{pmatrix}$.

5. 设 A 是 n 阶方阵，证明：若 $A^2=I$，且 $A\neq I$，则 $A+I$ 为非可逆矩阵.

6. 证明：

（1）可逆对称方阵的逆仍然是对称方阵.

（2）可逆反对称方阵的逆仍然是反对称方阵.

7. 证明：

（1）上三角形矩阵可逆的充分必要条件是它的对角元全不为零.

（2）可逆上三角形矩阵的逆仍然是上三角形矩阵.

8. 设 $\boldsymbol{A}^*$ 表示 n 阶方阵 $\boldsymbol{A}$ 的伴随方阵. 证明：

（1）$(\lambda\boldsymbol{A})^*=\lambda^{n-1}\boldsymbol{A}^*$ 对任意数 λ 成立；

（2）$(\boldsymbol{AB})^*=\boldsymbol{B}^*\boldsymbol{A}^*$ 对任意同阶方阵 $\boldsymbol{A}$，$\boldsymbol{B}$ 成立；

（3）当 $n>2$ 时，$(\boldsymbol{A}^*)^*=(\det\boldsymbol{A})^{n-2}\boldsymbol{A}$；当 $n=2$ 时，$(\boldsymbol{A}^*)^*=\boldsymbol{A}$.

9. 设方阵 $\boldsymbol{A}=(a_{ij})_{n\times n}\in F^{n\times n}$ 的行列式 $|\boldsymbol{A}|\neq 0$，$\boldsymbol{\beta}\in F^{n\times 1}$，则线性方程组 $\boldsymbol{AX}=\boldsymbol{\beta}$ 有唯一解 $\boldsymbol{X}=\boldsymbol{A}^{-1}\boldsymbol{\beta}$. 利用 $\boldsymbol{A}^{-1}$ 的表达式 $\boldsymbol{A}^{-1}=\dfrac{1}{|\boldsymbol{A}|}\boldsymbol{A}^*$ 证明 Cramer 法则.

§4.4 初等矩阵与初等变换

将矩阵 $\boldsymbol{A}=(a_{ij})_{m\times n}$ 与 $\boldsymbol{B}=(b_{ij})_{n\times p}$ 相乘，可以将矩阵 $\boldsymbol{B}$ 的每一行作为一块，写成分块形式

$$\boldsymbol{B}=\begin{pmatrix}\boldsymbol{B}_1\\ \vdots\\ \boldsymbol{B}_n\end{pmatrix}$$

$\boldsymbol{A}$ 的每个元作为一块，进行分块运算得

$$\boldsymbol{AB}=\begin{pmatrix}a_{11} & a_{12} & \cdots & a_{1n}\\ a_{21} & a_{22} & \cdots & a_{2n}\\ \vdots & \vdots & & \vdots\\ a_{m1} & a_{m2} & \cdots & a_{mn}\end{pmatrix}\begin{pmatrix}\boldsymbol{B}_1\\ \boldsymbol{B}_2\\ \vdots\\ \boldsymbol{B}_n\end{pmatrix}=\begin{pmatrix}a_{11}\boldsymbol{B}_1+a_{12}\boldsymbol{B}_2+\cdots+a_{1n}\boldsymbol{B}_n\\ a_{21}\boldsymbol{B}_1+a_{22}\boldsymbol{B}_2+\cdots+a_{2n}\boldsymbol{B}_n\\ \vdots\\ a_{m1}\boldsymbol{B}_1+a_{m2}\boldsymbol{B}_2+\cdots+a_{mn}\boldsymbol{B}_n\end{pmatrix}\tag{4.4.1}$$

这说明：$\boldsymbol{AB}$ 的每一行都是 $\boldsymbol{B}$ 的行的线性组合，组合系数由 $\boldsymbol{A}$ 的相应的行提供.

我们在利用矩阵消元法解线性方程组的时候，以及在计算行列式的时候，大量用到矩阵的如下三类初等行变换：

1. 将某两行互换位置.

2. 用 F 中某个非零的数乘以某行.

3. 将某行的若干倍加到另一行上.

经过初等行变换 $\boldsymbol{B}\mapsto\boldsymbol{B}_1$ 后的矩阵 $\boldsymbol{B}_1$ 的行都是变换前的矩阵 $\boldsymbol{B}$ 的行的线性组合，由(4.4.1)知道，从 $\boldsymbol{B}$ 到 $\boldsymbol{B}_1$ 的变换可以通过在 $\boldsymbol{B}$ 的左边乘以适当的矩阵 $\boldsymbol{A}$ 来实现：

$$\boldsymbol{B}\mapsto\boldsymbol{B}_1=\boldsymbol{AB}$$

例 1 设计适当的 $\boldsymbol{A}$，分别满足下面的条件：

（1）将 $\boldsymbol{B}$ 的前两行互换得到 $\boldsymbol{AB}$；

（2）将 $\boldsymbol{B}$ 的第 1 行乘 λ 得到 $\boldsymbol{AB}$；

（3）将 $\boldsymbol{B}$ 的第 1 行的 λ 倍加到第 2 行得到 $\boldsymbol{AB}$.

解法 1　设 $\boldsymbol{B}$ 的各行依次为 $\boldsymbol{B}_1,\boldsymbol{B}_2,\cdots,\boldsymbol{B}_n$.

（1）$\boldsymbol{AB}$ 的各行依次为 $\boldsymbol{B}_2,\boldsymbol{B}_1,\boldsymbol{B}_3,\cdots,\boldsymbol{B}_n$. 由于

$$\boldsymbol{B}_2=0\boldsymbol{B}_1+1\boldsymbol{B}_2+0\boldsymbol{B}_3+\cdots+0\boldsymbol{B}_n,\quad \boldsymbol{B}_1=1\boldsymbol{B}_1+0\boldsymbol{B}_2+0\boldsymbol{B}_3+\cdots+0\boldsymbol{B}_n$$

$$\boldsymbol{B}_i=0\boldsymbol{B}_1+\cdots+0\boldsymbol{B}_{i-1}+1\boldsymbol{B}_i+0\boldsymbol{B}_{i+1}+\cdots+0\boldsymbol{B}_n(\forall 3\leqslant i\leqslant n)$$

取 $\boldsymbol{A}$ 的前两行为$(0,1,0,\cdots,0)$，$(1,0,0,\cdots,0)$，其余各行依次为 $\boldsymbol{e}_3,\cdots,\boldsymbol{e}_n$（$\boldsymbol{e}_i$ 为第 i 分量为 1、其余分量为 0 的数组向量），则

$$\boldsymbol{A}=\begin{pmatrix}0&1&&&\\1&0&&&\\&&1&&\\&&&\ddots&\\&&&&1\end{pmatrix}$$

符合要求.

（2）$\boldsymbol{AB}$ 的各行依次为 $\lambda\boldsymbol{B}_1,\boldsymbol{B}_2,\cdots,\boldsymbol{B}_n$. 因此

$$\boldsymbol{A}=\begin{pmatrix}\lambda&&&\\&1&&\\&&\ddots&\\&&&1\end{pmatrix}$$

符合要求.

（3）$\boldsymbol{AB}$ 的各行依次为 $\boldsymbol{B}_1,\lambda\boldsymbol{B}_1+\boldsymbol{B}_2,\boldsymbol{B}_3,\cdots,\boldsymbol{B}_n$. 因此

$$\boldsymbol{A}=\begin{pmatrix}1&&&\\\lambda&1&&\\&&\ddots&\\&&&1\end{pmatrix}$$

符合要求.

解法 2　（1）对所有的 $\boldsymbol{B}$，将 $\boldsymbol{B}$ 的前两行互换都得到 $\boldsymbol{AB}$. 特别，取 $\boldsymbol{B}=\boldsymbol{I}$ 为单位阵，将 $\boldsymbol{I}$ 的前两行互换得到 $\boldsymbol{AI}=\boldsymbol{A}$. 因此

$$\boldsymbol{I}=\begin{pmatrix}1&0&&&\\0&1&&&\\&&1&&\\&&&\ddots&\\&&&&1\end{pmatrix}\xrightarrow{\text{前两行互换}}\boldsymbol{A}=\begin{pmatrix}0&1&&&\\1&0&&&\\&&1&&\\&&&\ddots&\\&&&&1\end{pmatrix}$$

（2）将 $\boldsymbol{I}$ 的第 1 行乘 λ 得到 $\boldsymbol{AI}=\boldsymbol{A}$：

$$\boldsymbol{I}=\begin{pmatrix}1&&&\\&1&&\\&&\ddots&\\&&&1\end{pmatrix}\xrightarrow{\text{第 1 行乘 }\lambda}\boldsymbol{A}=\begin{pmatrix}\lambda&&&\\&1&&\\&&\ddots&\\&&&1\end{pmatrix}$$

（3）将 $\boldsymbol{I}$ 的第 1 行的 λ 倍加到第 2 行得到 $\boldsymbol{AI}=\boldsymbol{A}$：

$$\boldsymbol{I}=\begin{pmatrix}1&&&\\&1&&\\&&\ddots&\\&&&1\end{pmatrix}\xrightarrow{\text{第 1 行的第 }\lambda\text{ 倍加到第 2 行}}\boldsymbol{A}=\begin{pmatrix}1&&&\\\lambda&1&&\\&&\ddots&\\&&&1\end{pmatrix}\quad\square$$

例 1 的方法和结果可以推广到一般的初等行变换.

定义 4.4.1　如下方阵称为**初等方阵**(elementary matrix)：

（1）对 $1\leqslant i<j\leqslant n$，将 n 阶单位阵 $\boldsymbol{I}_{(n)}$ 的第 i，j 两行互换得到的方阵

$$\boldsymbol{P}_{ij}=\begin{pmatrix}\boldsymbol{I}_{(i-1)}&&&&\\&0&&1&\\&&\boldsymbol{I}_{(j-i-1)}&&\\&1&&0&\\&&&&\boldsymbol{I}_{(n-j)}\end{pmatrix}\begin{matrix}\\\text{第 }i\text{ 行}\\\\\text{第 }j\text{ 行}\\\\\end{matrix}$$

（2）对 $1\leqslant i\leqslant n$，$\lambda\neq0$，将 n 阶单位阵 $\boldsymbol{I}_{(n)}$ 的第 i 行乘 λ 得到的方阵

$$\boldsymbol{D}_i(\lambda)=\begin{pmatrix}\boldsymbol{I}_{(i-1)}&&\\&\lambda&\\&&\boldsymbol{I}_{(n-i)}\end{pmatrix}\begin{matrix}\\\text{第 }i\text{ 行}\\\\\end{matrix}$$

（3）对 $1\leqslant i$，$j\leqslant n$，$i\neq j$，$\lambda\neq0$，将 n 阶单位阵 $\boldsymbol{I}_{(n)}$ 的第 j 行的 λ 倍加到第 i 得到的方阵

$$\boldsymbol{T}_{ij}(\lambda)=\begin{pmatrix}\boldsymbol{I}_{(i-1)}&&&&\\&1&&\lambda&\\&&\ddots&&\\&&&1&\\&&&&\boldsymbol{I}_{(n-j)}\end{pmatrix}\begin{matrix}\\\text{第 }i\text{ 行}\\\\\text{第 }j\text{ 行}\\\\\end{matrix}\quad\square$$

对任意 i，j 记 $\boldsymbol{E}_{ij}$ 为第 (i,j) 元为 1、其余元为 0 的矩阵，则

（1）$\boldsymbol{P}_{ij}=\boldsymbol{I}-\boldsymbol{E}_{ii}-\boldsymbol{E}_{jj}+\boldsymbol{E}_{ij}+\boldsymbol{E}_{ji}$；

（2）$\boldsymbol{D}_i(\lambda)=\boldsymbol{I}+(\lambda-1)\boldsymbol{E}_{ii}$；

（3）$\boldsymbol{T}_{ij}(\lambda)=\boldsymbol{I}+\lambda\boldsymbol{E}_{ij}$.

定理 4.4.1 对矩阵 $\boldsymbol{B}$ 作初等行变换，效果相当于对 $\boldsymbol{B}$ 左乘相应的初等方阵：

(1) 将 $\boldsymbol{B}$ 的第 i，j 行互换：$\boldsymbol{B}\mapsto \boldsymbol{P}_{ij}\boldsymbol{B}$.

(2) 将 $\boldsymbol{B}$ 的第 i 行乘 $\lambda\neq 0$：$\boldsymbol{B}\mapsto \boldsymbol{D}_i(\lambda)\boldsymbol{B}$.

(3) 将 $\boldsymbol{B}$ 的第 j 行的 λ 倍加到第 i 行：$\boldsymbol{B}\mapsto \boldsymbol{T}_{ij}(\lambda)\boldsymbol{B}$. □

由于初等行变换对应于初等方阵，而初等行变换的逆变换仍是初等行变换. 由此可以想到：初等方阵可逆，其逆方阵仍是初等方阵.

将矩阵 $\boldsymbol{B}$ 的第 i，j 两行互换得到 $\boldsymbol{B}_1$，再将 $\boldsymbol{B}_1$ 的第 i，j 行互换仍然回到 $\boldsymbol{B}$. 对应于初等方阵，就有 $\boldsymbol{P}_{ij}^2=\boldsymbol{I}$，可见 $\boldsymbol{P}_{ij}^{-1}=\boldsymbol{P}_{ij}$.

将矩阵 $\boldsymbol{B}$ 的第 i 行乘非零常数 λ 得到 $\boldsymbol{B}_1$，再将 $\boldsymbol{B}_1$ 的第 i 行乘 λ^{-1} 仍然回到 $\boldsymbol{B}$. 对应地有 $\boldsymbol{D}_i(\lambda)^{-1}=\boldsymbol{D}_i(\lambda^{-1})$.

将矩阵 $\boldsymbol{B}$ 的第 j 行的 λ 倍加到第 i 行得到 $\boldsymbol{B}_1$，再将 $\boldsymbol{B}_1$ 的第 j 行的 $-\lambda$ 倍加到第 i 行仍然回到 $\boldsymbol{B}$. 对应地有 $T_{ij}(\lambda)^{-1}=T_{ij}(-\lambda)$.

现在考虑将 $p\times m$ 矩阵 $\boldsymbol{B}$ 右乘 $m\times n$ 矩阵 $\boldsymbol{A}$ 得到的 $\boldsymbol{BA}$ 与 $\boldsymbol{B}$ 的关系. 将 $\boldsymbol{B}$ 的每一列作为一块，写成分块形式

$$\boldsymbol{B}=(\beta_1,\cdots,\beta_m)$$

$\boldsymbol{A}=(a_{ij})_{m\times n}$ 的每个元作为一块，将 B 右乘 $\boldsymbol{A}$，得

$$\begin{aligned}\boldsymbol{BA}&=(\boldsymbol{\beta}_1,\cdots,\boldsymbol{\beta}_m)\begin{pmatrix}a_{11}&a_{12}&\cdots&a_{1n}\\ a_{21}&a_{22}&\cdots&a_{2n}\\ \vdots&\vdots&&\vdots\\ a_{m1}&a_{m2}&\cdots&a_{mn}\end{pmatrix}\\ &=(\boldsymbol{\beta}_1a_{11}+\boldsymbol{\beta}_2a_{21}+\cdots+\boldsymbol{\beta}_ma_{m1},\cdots,\boldsymbol{\beta}_1a_{1n}+\boldsymbol{\beta}_2a_{2n}+\cdots+\boldsymbol{\beta}_ma_{mn})\end{aligned}$$

这说明：$\boldsymbol{BA}$ 的每一列都是 $\boldsymbol{B}$ 的列的线性组合，组合系数由 $\boldsymbol{A}$ 的相应的列提供.

由此可见，对矩阵 $\boldsymbol{B}$ 作初等列变换，可以通过对 $\boldsymbol{B}$ 右乘适当的矩阵 $\boldsymbol{P}$ 来实现. 对单位阵 $\boldsymbol{I}$ 进行同样的初等变换，就得到 $\boldsymbol{IP}=\boldsymbol{P}$. 值得注意的是：对单位阵 $\boldsymbol{I}$ 进行初等列变换得到的矩阵，都能由 $\boldsymbol{I}$ 通过适当的行变换得到，因而仍是定义 4.4.1 中所定义的那些初等方阵.

定理 4.4.2 (1) 对 $1\leqslant i<j\leqslant n$，将 n 阶单位阵的第 i，j 两列互换得到初等方阵 $\boldsymbol{P}_{ij}$. 将任一 $p\times n$ 矩阵 $\boldsymbol{B}$ 的第 i，j 两列互换，得到的矩阵是 $\boldsymbol{BP}_{ij}$.

(2) 对 $1\leqslant i\leqslant n$ 和 $\lambda\neq 0$，将 n 阶单位阵的第 i 列乘 λ 得到初等方阵 $\boldsymbol{D}_i(\lambda)$. 将任一 $p\times n$ 矩阵 $\boldsymbol{B}$ 的第 i 列乘 λ，得到的矩阵是 $\boldsymbol{BD}_i(\lambda)$.

(3) 对 $1\leqslant i, j\leqslant n$，$i\neq j$ 和 $\lambda\neq 0$，将 n 阶单位阵的第 i 列的 λ 倍加到第 j 列得到初等方阵 $\boldsymbol{T}_{ij}(\lambda)$. 将任一 $p\times n$ 矩阵 $\boldsymbol{B}$ 的第 i 列的 λ 倍加到第 j 列得到 $\boldsymbol{BT}_{ij}(\lambda)$. □

在第一章用矩阵消元法解线性方程组的时候，我们知道：对任一矩阵 $\boldsymbol{A}$ 作初等行变换，可以将 $\boldsymbol{A}$ 化为阶梯形. 如果同时使用初等行变换和初等列变换，可以将任一矩阵 $\boldsymbol{A}$ 化到更简单的形式. 而对 $\boldsymbol{A}$ 进行初等行变换和初等列变换，相当于对 $\boldsymbol{A}$ 左乘和右乘一系列初等方阵.

定理 4.4.3 任意的 $m\times n$ 矩阵 $\boldsymbol{A}$ 都可以通过有限次初等行变换和初等列变换化为

$$\begin{pmatrix} \boldsymbol{I}_{(r)} & \boldsymbol{O} \\ \boldsymbol{O} & \boldsymbol{O} \end{pmatrix} \tag{4.4.2}$$

其中 $r=\operatorname{rank}\boldsymbol{A}$.

证明 如果 $\boldsymbol{A}=\boldsymbol{O}$，则 $\boldsymbol{A}$ 已经是所需的形状.

设 $\boldsymbol{A}=(a_{ij})_{m\times n}\neq\boldsymbol{O}$. 其中必有某个元 $a_{kl}\neq 0$. 如果 $a_{11}=0$，当 $k\neq 1$ 时将 $\boldsymbol{A}$ 的第1行与第 k 行互换，可以将非零元 a_{kl} 换到第1行；如果 $l\neq 1$，再将第1列和第 l 列互换，将非零元换到第 $(1,1)$ 位置. 经过这样的初等行变换和初等列变换，一定可以将 $\boldsymbol{A}=(a_{ij})_{m\times n}$ 化为 $\boldsymbol{B}=(b_{ij})_{m\times n}$，使 $b_{11}\neq 0$.

对 $2\leqslant i\leqslant m$，$2\leqslant j\leqslant n$，将 $\boldsymbol{B}=(b_{ij})_{m\times n}$ 的第1行的 $-b_{i1}b_{11}^{-1}$ 倍加到第 i 行，第1列的 $-b_{11}^{-1}b_{1j}$ 倍加到第 j 列，可以将 $\boldsymbol{B}$ 中第2至 m 行的第1列元化为0，第2至第 n 列的第1行元化为0. 再将第1行乘 b_{11}^{-1} 可以将第 $(1,1)$ 元化为1. 这样就将 $\boldsymbol{B}$ 化成了如下形式的矩阵

$$\boldsymbol{C}=\begin{pmatrix} 1 & \\ & \boldsymbol{A}_1 \end{pmatrix}$$

其中 $\boldsymbol{A}_1$ 是 $(m-1)\times(n-1)$ 矩阵. 如果 $\boldsymbol{A}_1=\boldsymbol{O}$，则 $\boldsymbol{C}$ 已经是所需形状.

设 $\boldsymbol{A}_1\neq\boldsymbol{O}$，重复以上步骤，对 $\boldsymbol{A}_1$ 作初等行变换和初等列变换可以将 $\boldsymbol{A}_1$ 化为

$$\begin{pmatrix} 1 & \\ & \boldsymbol{A}_2 \end{pmatrix}$$

的形状，其中 $\boldsymbol{A}_2$ 是 $(m-2)\times(n-2)$ 矩阵. 这也就是对 $\boldsymbol{C}$ 的第2至 m 行作初等行变换，对 $\boldsymbol{C}$ 的第2至第 n 列作初等列变换，将 $\boldsymbol{C}$ 进一步化为

$$\begin{pmatrix}1&&\\&1&\\&&A_2\end{pmatrix}$$

重复这个过程，最后可以得到形如(4.4.2)的矩阵

$$\begin{pmatrix}I_{(r)}&O\\O&O\end{pmatrix}$$

这个矩阵的 r 个非零行线性无关，组成行向量集合的极大线性无关组，因此秩为 r. 而对矩阵进行初等行变换和初等列变换不改变矩阵的秩，因此 A 的秩也是 r. 也就是说 $r=\text{rank}\,\boldsymbol{A}$. □

推论 4.4.1 对任意 $m\times n$ 矩阵 $\boldsymbol{A}$，用一系列的 m 阶初等方阵 $\boldsymbol{P}_1,\boldsymbol{P}_2,\cdots,\boldsymbol{P}_s$ 左乘 $\boldsymbol{A}$，以及一系列初等方阵 $\boldsymbol{Q}_1,\boldsymbol{Q}_2,\cdots,\boldsymbol{Q}_t$ 右乘 $\boldsymbol{A}$，将 $\boldsymbol{A}$ 化为

$$\begin{pmatrix}\boldsymbol{I}_{(r)}&\boldsymbol{O}\\\boldsymbol{O}&\boldsymbol{O}\end{pmatrix}$$

其中 $r=\text{rank}\,\boldsymbol{A}$. 存在 m 阶可逆方阵 $\boldsymbol{P}$ 和 n 阶可逆方阵 $\boldsymbol{Q}$ 使 $\boldsymbol{PAQ}$ 具有上述形式.

证明 根据定理 4.4.3，$\boldsymbol{A}$ 可以通过有限次初等行变换和有限次列变换化为所说形状. 而每次初等行变换可以通过左乘某个初等方阵来实现，每次初等列变换可以通过右乘某个初等方阵来实现. 因此 $\boldsymbol{A}$ 可以左乘有限个初等方阵 $\boldsymbol{P}_1,\boldsymbol{P}_2,\cdots,\boldsymbol{P}_s$ 和右乘有限个初等方阵 $\boldsymbol{Q}_1,\boldsymbol{Q}_2,\cdots,\boldsymbol{Q}_t$ 化为所说形状：

$$\boldsymbol{P}_s\cdots\boldsymbol{P}_2\boldsymbol{P}_1\boldsymbol{A}\boldsymbol{Q}_1\boldsymbol{Q}_2\cdots\boldsymbol{Q}_t=\begin{pmatrix}\boldsymbol{I}_{(r)}&\boldsymbol{O}\\\boldsymbol{O}&\boldsymbol{O}\end{pmatrix}$$

令 $\boldsymbol{P}=\boldsymbol{P}_s\cdots\boldsymbol{P}_2\boldsymbol{P}_1$，$\boldsymbol{Q}=\boldsymbol{Q}_1\boldsymbol{Q}_2\cdots\boldsymbol{Q}_t$，则

$$\boldsymbol{PAQ}=\begin{pmatrix}\boldsymbol{I}_{(r)}&\boldsymbol{O}\\\boldsymbol{O}&\boldsymbol{O}\end{pmatrix}$$

$\boldsymbol{P}$，$\boldsymbol{Q}$ 都是初等方阵的乘积，初等方阵都是可逆方阵，而可逆方阵的乘积仍是可逆方阵，因此 $\boldsymbol{P}$，$\boldsymbol{Q}$ 是可逆方阵. □

推论 4.4.2 如果 $\boldsymbol{A}$ 是可逆方阵，则 $\boldsymbol{A}$ 可以表示为若干个初等方阵的乘积.

证明 由于 $\boldsymbol{A}$ 可逆，rank $\boldsymbol{A}=n$，定理 4.4.3 中所说的矩阵 $\begin{pmatrix}\boldsymbol{I}_{(r)}&\boldsymbol{O}\\\boldsymbol{O}&\boldsymbol{O}\end{pmatrix}$ 只

能是n阶单位方阵$\boldsymbol{I}_{(n)}$. 由定理 4.4.3 知道，$\boldsymbol{A}$ 可以左乘一系列初等方阵 $\boldsymbol{P}_1$, $\boldsymbol{P}_2,\cdots,\boldsymbol{P}_s$，右乘一系列初等方阵 $\boldsymbol{Q}_1,\boldsymbol{Q}_2,\cdots,\boldsymbol{Q}_t$，化为 $\boldsymbol{I}_{(n)}$：

$$\boldsymbol{P}_s\cdots\boldsymbol{P}_2\boldsymbol{P}_1\boldsymbol{A}\boldsymbol{Q}_1\boldsymbol{Q}_2\cdots\boldsymbol{Q}_t=\boldsymbol{I}$$

从而

$$\boldsymbol{A}=\boldsymbol{P}_1^{-1}\boldsymbol{P}_2^{-1}\cdots\boldsymbol{P}_s^{-1}\boldsymbol{Q}_t^{-1}\cdots\boldsymbol{Q}_2^{-1}\boldsymbol{Q}_1^{-1}$$

由于初等方阵 $\boldsymbol{P}_1,\boldsymbol{P}_2,\cdots,\boldsymbol{P}_s,\boldsymbol{Q}_1,\boldsymbol{Q}_2,\cdots,\boldsymbol{Q}_t$ 的逆仍是初等方阵，上式表明 $\boldsymbol{A}$ 是初等方阵的乘积. □

推论 4.4.3 可逆方阵 $\boldsymbol{A}$ 可以经过有限次初等行变换化为单位阵.

证明 $\boldsymbol{A}$ 是有限个初等方阵 $\boldsymbol{P}_1,\boldsymbol{P}_2,\cdots,\boldsymbol{P}_s$ 的乘积；

$$\boldsymbol{A}=\boldsymbol{P}_1\boldsymbol{P}_2\cdots\boldsymbol{P}_s$$

从而

$$\boldsymbol{P}_s^{-1}\cdots\boldsymbol{P}_2^{-1}\boldsymbol{P}_1^{-1}\boldsymbol{A}=\boldsymbol{I}$$

$\boldsymbol{P}_1^{-1},\boldsymbol{P}_2^{-1},\cdots,\boldsymbol{P}_s^{-1}$ 都是初等方阵，将它们依次左乘 $\boldsymbol{A}$，最后得到单位阵 $\boldsymbol{I}$，其效果相当于对 $\boldsymbol{A}$ 进行一系列初等行变换之后得到 $\boldsymbol{I}$. □

例 2 设 $\boldsymbol{A}\in F^{n\times n}$，$\boldsymbol{B}\in F^{n\times m}$. 如果以 $\boldsymbol{A}$，$\boldsymbol{B}$ 为块组成的 $n\times(n+m)$ 矩阵$(\boldsymbol{A},\boldsymbol{B})$可以经过一系列初等行变换变成$(\boldsymbol{I},\boldsymbol{X})$的形式，则其中的块 $\boldsymbol{X}=\boldsymbol{A}^{-1}\boldsymbol{B}$.

证明 矩阵的每个初等行变换可以通过左乘一个初等方阵来实现. $(\boldsymbol{A},\boldsymbol{B})$通过一系列初等行变换变成$(\boldsymbol{I},\boldsymbol{X})$，也就是左乘一系列初等方阵 $\boldsymbol{P}_1,\boldsymbol{P}_2,\cdots,\boldsymbol{P}_s$ 变成$(\boldsymbol{I},\boldsymbol{X})$：

$$\boldsymbol{P}_s\cdots\boldsymbol{P}_2\boldsymbol{P}_1(\boldsymbol{A},\boldsymbol{B})=(\boldsymbol{I},\boldsymbol{X})$$

记 $\boldsymbol{P}=\boldsymbol{P}_s\cdots\boldsymbol{P}_2\boldsymbol{P}_1$. 则 $\boldsymbol{P}(\boldsymbol{A},\boldsymbol{B})=(\boldsymbol{I},\boldsymbol{X})$，即$(\boldsymbol{PA},\boldsymbol{PB})=(\boldsymbol{I},\boldsymbol{X})$，$\boldsymbol{PA}=\boldsymbol{I}$，$\boldsymbol{PB}=\boldsymbol{X}$.

由 $\boldsymbol{PA}=\boldsymbol{I}$ 知 $\boldsymbol{P}=\boldsymbol{A}^{-1}$. 从而 $\boldsymbol{X}=\boldsymbol{PB}=\boldsymbol{A}^{-1}\boldsymbol{B}$. □

例 2 的结论在 §4.3 中已经证明过，这里通过初等变换和初等方阵的关系另外给了一个证明. 初等变换与初等方阵的对应关系也可以应用于分块矩阵. 例如，将分块矩阵

$$\boldsymbol{S}=\begin{pmatrix}\boldsymbol{A} & \boldsymbol{B}\\ \boldsymbol{C} & \boldsymbol{D}\end{pmatrix}$$

看作两“行”两“列”的方阵.（这里对行、列加引号是因为它们并不只是一行和一列,而可能由若干行组成或若干列组成.）如果 $\boldsymbol{A}$ 是可逆方阵，则可以将第一“行”左乘$-\boldsymbol{CA}^{-1}$加到第二行消去 $\boldsymbol{C}$，再将第一“列”右乘$-\boldsymbol{A}^{-1}\boldsymbol{B}$ 加到第二“列”，得到

$$\begin{pmatrix} A & B \\ C & D \end{pmatrix} \to \begin{pmatrix} A & B \\ O & D-CA^{-1}B \end{pmatrix} \to \begin{pmatrix} A & O \\ O & D-CA^{-1}B \end{pmatrix}$$

将所说的行变换和列变换分别作用于单位阵$\begin{pmatrix} I & \\ & I \end{pmatrix}$，得到“初等方阵”

$$\begin{pmatrix} I & O \\ -CA^{-1} & I \end{pmatrix}, \begin{pmatrix} I & -A^{-1}B \\ O & I \end{pmatrix}$$

于是所说的行变换和列变换就可以通过左乘和右乘这两个“初等方阵”来实现：

$$\begin{pmatrix} I & O \\ -CA^{-1} & I \end{pmatrix}\begin{pmatrix} A & B \\ C & D \end{pmatrix}\begin{pmatrix} I & -A^{-1}B \\ O & I \end{pmatrix} = \begin{pmatrix} A & O \\ O & D-CA^{-1}B \end{pmatrix} \tag{4.4.3}$$

等式(4.4.3)称为 Schur 公式.

例 3　设

$$S = \begin{pmatrix} A & B \\ C & D \end{pmatrix}$$

其中 A，D 是方阵，且 A 可逆. 求 S 可逆的条件，并在此条件满足时求 S^{-1}.

解

$$\begin{pmatrix} I & O \\ -CA^{-1} & I \end{pmatrix}\begin{pmatrix} A & B \\ C & D \end{pmatrix}\begin{pmatrix} I & -A^{-1}B \\ O & I \end{pmatrix} = \begin{pmatrix} A & O \\ O & D-CA^{-1}B \end{pmatrix} \tag{4.4.3}$$

且

$$\begin{pmatrix} I & O \\ -CA^{-1} & I \end{pmatrix}, \begin{pmatrix} I & -A^{-1}B \\ O & I \end{pmatrix}$$

都是可逆方阵. 因此，

$$S \text{ 可逆} \Leftrightarrow \begin{pmatrix} A & O \\ O & D-CA^{-1}B \end{pmatrix} \text{可逆} \Leftrightarrow D-CA^{-1}B \text{ 可逆}.$$

由(4.4.3)得

$$S = \begin{pmatrix} I & O \\ -CA^{-1} & I \end{pmatrix}^{-1}\begin{pmatrix} A & O \\ O & D-CA^{-1}B \end{pmatrix}\begin{pmatrix} I & -A^{-1}B \\ O & I \end{pmatrix}^{-1}$$

因此

$$S^{-1}=\begin{pmatrix}I & -A^{-1}B\\ O & I\end{pmatrix}\begin{pmatrix}A^{-1} & O\\ O & (D-CA^{-1}B)^{-1}\end{pmatrix}\begin{pmatrix}I & O\\ -CA^{-1} & I\end{pmatrix}$$

$$=\begin{pmatrix}A^{-1}+A^{-1}B(D-CA^{-1}B)^{-1}CA^{-1} & -A^{-1}B(D-CA^{-1}B)^{-1}\\ -(D-CA^{-1}B)^{-1}CA^{-1} & (D-CA^{-1}B)^{-1}\end{pmatrix}\quad\square$$

习　题　4.4

1. 证明：只用初等行变换和将某两列对换，可以将任意矩阵 A 化为 $\begin{pmatrix}I_{(r)} & B\\ O & O\end{pmatrix}$ 的形式，其中 $r=\text{rank}\,A$.

2. (1) 将 $\begin{pmatrix}\lambda & 0\\ 0 & \lambda^{-1}\end{pmatrix}$ 与 $\begin{pmatrix}0 & 1\\ -1 & 0\end{pmatrix}$ 分别写成形如 $\begin{pmatrix}1 & s\\ 0 & 1\end{pmatrix}$ 和 $\begin{pmatrix}1 & 0\\ s & 1\end{pmatrix}$ 的初等方阵的乘积.

(2) 证明：行列式等于 1 的 2 阶方阵 A 都可以写成形如 $\begin{pmatrix}1 & s\\ 0 & 1\end{pmatrix}$ 和 $\begin{pmatrix}1 & 0\\ s & 1\end{pmatrix}$ 的初等方阵的乘积.

3. 设 A 是 n 阶可逆方阵，I 是 n 阶单位阵，B 是 $n\times m$ 矩阵. 利用初等矩阵与初等变换的关系，证明：

(1) 将 $n\times 2n$ 矩阵 $(A\quad I)$ 经过一系列初等行变换化为 $(I\quad X)$ 的形式，则 $X=A^{-1}$.

(2) 将 $n\times(n+m)$ 矩阵 $(A\quad B)$ 经过一系列初等行变换化为 $(I\quad X)$ 的形式，则 $X=A^{-1}B$.

4. (1) 设 P 是 n 阶初等方阵，A 是 n 阶方阵. 求证：$|PA|=|P||A|$，$|AP|=|A||P|$.

(2) 将 n 阶方阵 A 写成 $A=P_1\cdots P_t\begin{pmatrix}I_{(r)} & O\\ O & O\end{pmatrix}Q_1\cdots Q_s$ 的形式使其中 P_i，$Q_j(1\leqslant i\leqslant t,1\leqslant j\leqslant s)$ 都是初等方阵. 求证：$|A|=|P_1|\cdots|P_t|\left|\begin{pmatrix}I_{(r)} & O\\ O & O\end{pmatrix}\right||Q_1|\cdots|Q_s|$.

(3) 根据(1)，(2)的结论，证明：$|AB|=|A|\,|B|$ 对任意 n 阶方阵 A，B 成立.

5. (1) 已知 $A=\begin{pmatrix}a & b\\ c & d\end{pmatrix}$，其中 $a\neq 0$. 求 2 阶初等方阵 P，Q 使 PAQ 具有形式 $\begin{pmatrix}a & 0\\ 0 & d_1\end{pmatrix}$.

(2) 设 A，B，C，$D\in F^{n\times n}$ 且 A 可逆. 求 $2n$ 阶可逆方阵 P，Q 使 $P\begin{pmatrix}A & B\\ C & D\end{pmatrix}Q$ 具有形式 $\begin{pmatrix}A & O\\ O & D_1\end{pmatrix}$，其中 D_1 是某个 n 阶方阵.

§4.5　矩阵乘法与行列式

1. 同阶方阵乘积的行列式

设 $\boldsymbol{B}$ 是 n 阶方阵，$\boldsymbol{P}$ 是 n 阶初等方阵. 则 $\boldsymbol{B}$ 通过适当的初等行变换变到 $\boldsymbol{PB}$，行列式 $|\boldsymbol{B}|$ 乘上了适当的倍数 μ 变成 $|\boldsymbol{PB}|$. 我们来研究这个倍数 μ 与 $\boldsymbol{P}$ 的关系.

(1) $\boldsymbol{P}=\boldsymbol{P}_{ij}$. 此时的初等行变换 $\boldsymbol{B}\to\boldsymbol{P}_{ij}\boldsymbol{B}$ 是将 $\boldsymbol{B}$ 的第 i，j 两行互换，因此 $|\boldsymbol{P}_{ij}\boldsymbol{B}|=-|\boldsymbol{B}|=(-1)|\boldsymbol{B}|$. 然而 $\boldsymbol{P}_{ij}$ 是由单位阵 $\boldsymbol{I}$ 的两行互换得来的，因此 $|\boldsymbol{P}_{ij}|=-|\boldsymbol{I}|=-1$，可见 $|\boldsymbol{P}_{ij}\boldsymbol{B}|=|\boldsymbol{P}_{ij}||\boldsymbol{B}|$.

(2) $\boldsymbol{P}=\boldsymbol{D}_i(\lambda)$. 初等行变换 $\boldsymbol{B}\to\boldsymbol{D}_i(\lambda)\boldsymbol{B}$ 是将 $\boldsymbol{B}$ 的第 i 行乘 λ，因此 $|\boldsymbol{D}_i(\lambda)\boldsymbol{B}|=\lambda|\boldsymbol{B}|$. 由 $\boldsymbol{I}$ 经过同样的初等变换得到 $\boldsymbol{D}_i(\lambda)$，$|\boldsymbol{D}_i(\lambda)|=\lambda$，因此 $|\boldsymbol{D}_i(\lambda)\boldsymbol{B}|=|\boldsymbol{D}_i(\lambda)||\boldsymbol{B}|$.

(3) $\boldsymbol{P}=\boldsymbol{T}_{ij}(\lambda)$. 将 $\boldsymbol{B}$ 的第 j 行的 λ 倍加到第 i 行得到 $\boldsymbol{T}_{ij}(\lambda)\boldsymbol{B}$，$|\boldsymbol{T}_{ij}(\lambda)\boldsymbol{B}|=|\boldsymbol{B}|$. $\boldsymbol{I}$ 经过同样的初等行变换得到 $\boldsymbol{T}_{ij}(\lambda)$，$|\boldsymbol{T}_{ij}(\lambda)|=1$，因此 $|\boldsymbol{T}_{ij}(\lambda)\boldsymbol{B}|=|\boldsymbol{T}_{ij}(\lambda)||\boldsymbol{B}|$.

因此，我们有

引理 4.5.1　设 $\boldsymbol{P}$ 是 n 阶初等方阵，$\boldsymbol{B}$ 是 n 阶方阵，则

$$|\boldsymbol{PB}|=|\boldsymbol{P}|\cdot|\boldsymbol{B}|.\qquad\square$$

很自然想到：是否对任意的 n 阶方阵 $\boldsymbol{A}$，$\boldsymbol{B}$ 都有 $|\boldsymbol{AB}|=|\boldsymbol{A}|\cdot|\boldsymbol{B}|$？

$\boldsymbol{A}$ 可以写成

$$\boldsymbol{A}=\boldsymbol{P}_s\cdots\boldsymbol{P}_2\boldsymbol{P}_1\boldsymbol{A}_0\boldsymbol{Q}_1\boldsymbol{Q}_2\cdots\boldsymbol{Q}_t$$

的形式，其中 $\boldsymbol{P}_1,\boldsymbol{P}_2,\cdots,\boldsymbol{P}_s$，$\boldsymbol{Q}_1,\boldsymbol{Q}_2,\cdots,\boldsymbol{Q}_t$ 是初等方阵，

$$\boldsymbol{A}_0=\begin{pmatrix}\boldsymbol{I}_{(r)} & \\ & \boldsymbol{O}_{(n-r)}\end{pmatrix}$$

当 $r=n$ 时，$\boldsymbol{A}_0=\boldsymbol{I}_{(n)}$，此时 $\boldsymbol{A}_0\boldsymbol{B}=\boldsymbol{B}$，$|\boldsymbol{A}_0|=1$，$|\boldsymbol{A}_0\boldsymbol{B}|=|\boldsymbol{A}_0||\boldsymbol{B}|$ 成立.

当 $r<n$ 时，$|\boldsymbol{A}_0|=0$，而 $\boldsymbol{A}_0\boldsymbol{B}$ 的最后 $n-r$ 行为 0，$|\boldsymbol{A}_0\boldsymbol{B}|=0$，$|\boldsymbol{A}_0\boldsymbol{B}|=|\boldsymbol{A}_0||\boldsymbol{B}|$ 仍成立.

因此，我们有

$$\begin{aligned}|\boldsymbol{AB}|&=|\boldsymbol{P}_s\cdots\boldsymbol{P}_2\boldsymbol{P}_1\boldsymbol{A}_0\boldsymbol{Q}_1\boldsymbol{Q}_2\cdots\boldsymbol{Q}_t\boldsymbol{B}|\\&=|\boldsymbol{P}_s|\cdot|\boldsymbol{P}_{s-1}\cdots\boldsymbol{P}_2\boldsymbol{P}_1\boldsymbol{A}_0\boldsymbol{Q}_1\boldsymbol{Q}_2\cdots\boldsymbol{Q}_t\boldsymbol{B}|=\cdots\\&=|\boldsymbol{P}_s|\cdots|\boldsymbol{P}_2||\boldsymbol{P}_1|\cdot|\boldsymbol{A}_0\boldsymbol{Q}_1\boldsymbol{Q}_2\cdots\boldsymbol{Q}_t\boldsymbol{B}|\end{aligned}$$

$$= |P_s|\cdots|P_2||P_1||A_0|\cdot|Q_1Q_2\cdots Q_tB| = \cdots$$
$$= |P_s|\cdots|P_2||P_1||A_0||Q_1||Q_2|\cdots|Q_t||B| \tag{4.5.1}$$

等式(4.5.1)对 $B=I$ 也成立. 在(4.5.1)中取 $B=I$ 得

$$|A| = |P_s|\cdots|P_2||P_1||A_0||Q_1||Q_2|\cdots|Q_t|$$

代入(4.5.1)得

$$|AB| = |A|\cdot|B| \tag{4.5.2}$$

由此得到

引理 4.5.2 同阶方阵 A, B 的乘积的行列式等于它们的行列式的乘积：

$$|AB| = |A|\cdot|B| \quad \square$$

例 1 利用方阵乘积的行列式公式证明：

(1) 设 A, B 是同阶方阵，则 $|AB| = |BA|$.

(2) 方阵 A 可逆 $\Rightarrow |A|\neq 0$.

(3) 设 A 是可逆方阵，则 $|A^{-1}| = |A|^{-1}$.

证明 (1) $|AB| = |A||B| = |B||A| = |BA|$.

(**注**:交换律对矩阵乘法不成立,AB 不一定等于 BA.但行列式 $|A|$, $|B|$ 是数,数的乘法一定可交换, $|A||B| = |B||A|$.)

(2) n 阶方阵 A 可逆 $\Rightarrow$ 存在 n 阶方阵 B 使 $AB=I$

$$\Rightarrow |A||B| = |AB| = |I| = 1 \Rightarrow |A|\neq 0.$$

(3) $|A||A^{-1}| = |AA^{-1}| = |I| = 1 \Rightarrow |A^{-1}| = |A|^{-1}$. $\square$

例 2 求 n 阶行列式

$$\Delta = \begin{vmatrix} 1 & \cos\theta_1 & \cos 2\theta_1 & \cdots & \cos(n-1)\theta_1 \\ 1 & \cos\theta_2 & \cos 2\theta_2 & \cdots & \cos(n-1)\theta_2 \\ \vdots & \vdots & \vdots & & \vdots \\ 1 & \cos\theta_n & \cos 2\theta_n & \cdots & \cos(n-1)\theta_n \end{vmatrix}$$

证明 首先，我们证明：对任意正整数 m, $\cos m\theta$ 可以写成 $\cos\theta$ 的 m 次多项式，也就是存在 m 次多项式 $f_m(x) = a_m x^m + \cdots$ 使 $\cos m\theta = f(\cos\theta)$，并且 $f(x)$ 的最高次项系数 $a_m = 2^{m-1}$.

对 m 用数学归纳法. 当 $m=1$ 时取 $f_1(x)=x$；当 $m=2$ 时根据 $\cos 2\theta = 2\cos^2\theta - 1$ 取 $f_2(x) = 2x^2-1$，则 $f_1(x)$, $f_2(x)$ 符合要求.

设 $m\geqslant 3$，且对 $1\leqslant k<m$ 都已存在满足条件的多项式 $f_k(x)$，则由

$$\cos m\theta + \cos(m-2)\theta = 2\cos(m-1)\theta\cos\theta$$

得

$$\cos m\theta = 2\cos(m-1)\theta\cos\theta - \cos(m-2)\theta$$
$$= 2f_{m-1}(\cos\theta)\cos\theta - f_{m-2}(\cos\theta) = f_m(\cos\theta),$$

其中　$f_m(x)=2f_{m-1}(x)x+f_{m-2}(x)=2(2^{m-2}x^{m-1}+\cdots)x+\cdots$

是 m 次多项式，且最高次项系数为 2^{m-1}.

由数学归纳法原理知道对所有的正整数 m 都存在符合要求的 $f_m(x)$.

将 $\cos k\theta_i=f_k(\cos\theta_i)(1\leqslant k\leqslant n-1,1\leqslant i\leqslant n)$ 代入原行列式，得：

$$\Delta=\begin{vmatrix}1&\cos\theta_1&2\cos^2\theta_1-1&\cdots&2^{n-2}\cos^{n-1}\theta_1+\cdots\\1&\cos\theta_2&2\cos^2\theta_2-1&\cdots&2^{n-2}\cos^{n-1}\theta_2+\cdots\\\vdots&\vdots&\vdots&&\vdots\\1&\cos\theta_n&2\cos^2\theta_n-1&\cdots&2^{n-2}\cos^{n-1}\theta_n+\cdots\end{vmatrix}$$

$$=\begin{vmatrix}1&\cos\theta_1&\cos^2\theta_1&\cdots&\cos^{n-1}\theta_1\\1&\cos\theta_2&\cos^2\theta_2&\cdots&\cos^{n-1}\theta_2\\\vdots&\vdots&\vdots&&\vdots\\1&\cos\theta_n&\cos^2\theta_n&\cdots&\cos^{n-1}\theta_n\end{vmatrix}\begin{vmatrix}1&0&-1&\cdots&*\\&1&0&\cdots&\vdots\\&&2&\cdots&\vdots\\&&&\ddots&\vdots\\&&&&2^{n-2}\end{vmatrix}$$

$$=2^{\frac{(n-1)(n-2)}{2}}\prod_{1\leqslant j<i\leqslant n}(\cos\theta_i-\cos\theta_j)\quad\square$$

例 3　设 $\boldsymbol{A}\in F^{n\times m}$，$\boldsymbol{B}\in F^{m\times n}$. 求证：

$$|\boldsymbol{I}_{(n)}-\boldsymbol{AB}|=|\boldsymbol{I}_{(m)}-\boldsymbol{BA}|\tag{4.5.3}$$

证明

$$|\boldsymbol{I}_{(n)}-\boldsymbol{AB}|=\begin{vmatrix}\boldsymbol{I}_{(m)}&\boldsymbol{B}\\\boldsymbol{O}&\boldsymbol{I}_{(n)}-\boldsymbol{AB}\end{vmatrix}\tag{4.5.4}$$

在等式

$$\begin{pmatrix}\boldsymbol{I}_{(m)}&\boldsymbol{O}\\\boldsymbol{A}&\boldsymbol{I}_{(n)}\end{pmatrix}\begin{pmatrix}\boldsymbol{I}_{(m)}&\boldsymbol{B}\\\boldsymbol{O}&\boldsymbol{I}_{(n)}-\boldsymbol{AB}\end{pmatrix}\begin{pmatrix}\boldsymbol{I}_{(m)}&\boldsymbol{O}\\-\boldsymbol{A}&\boldsymbol{I}_{(n)}\end{pmatrix}=\begin{pmatrix}\boldsymbol{I}_{(m)}-\boldsymbol{BA}&\boldsymbol{B}\\\boldsymbol{O}&\boldsymbol{I}_{(n)}\end{pmatrix}\tag{4.5.5}$$

两边取行列式，并将

$$\begin{vmatrix}\boldsymbol{I}_{(m)}&\boldsymbol{O}\\\boldsymbol{A}&\boldsymbol{I}_{(n)}\end{vmatrix}=\begin{vmatrix}\boldsymbol{I}_{(m)}&\boldsymbol{O}\\-\boldsymbol{A}&\boldsymbol{I}_{(n)}\end{vmatrix}=1$$

代入，得

$$\begin{vmatrix}\boldsymbol{I}_{(m)}&\boldsymbol{B}\\\boldsymbol{O}&\boldsymbol{I}_{(n)}-\boldsymbol{AB}\end{vmatrix}=\begin{vmatrix}\boldsymbol{I}_{(m)}-\boldsymbol{BA}&\boldsymbol{B}\\\boldsymbol{O}&\boldsymbol{I}_{(n)}\end{vmatrix}=|\boldsymbol{I}_{(m)}-\boldsymbol{BA}|$$

再代入(4.5.4)即得

$$|I_{(n)}-AB|=|I_{(m)}-BA| \quad \square$$

本题第一步(4.5.4)类似于§3.5 例 1 的“加边”.(4.5.4)是根据初等变换和初等方阵的对应关系想出来的.将(4.5.4)右边的行列式中的 A，B 都看作数，I 看作数 1，则对这个“2 阶”方阵可以进行如下的初等变换

$$\begin{pmatrix} I & B \\ O & I-AB \end{pmatrix} \xrightarrow{\text{第 1 行左乘 } A \text{ 加到第 2 行}} \begin{pmatrix} I_{(m)} & B \\ A & I_{(n)} \end{pmatrix}$$

$$\xrightarrow{\text{第 2 列右乘 } -A \text{ 加到第 1 列}} \begin{pmatrix} I-BA & B \\ O & I \end{pmatrix}$$

行变换“第 1 行左乘 A 加到第 2 行”可以通过左乘$\begin{pmatrix} I & O \\ A & I \end{pmatrix}$实现，列变换“第 2 列右乘$-A$ 加到第 1 列”可以通过右乘$\begin{pmatrix} I & O \\ -A & I \end{pmatrix}$实现.这就设计出了等式(4.5.5).等式(4.5.5)对 A，B，I 是数的情况成立，对它们是方阵的情况也成立.注意，由于进行行变换需要用矩阵$\begin{pmatrix} I & O \\ A & I \end{pmatrix}$左乘，因此所作的行变换是将$(I \quad B)$左乘 A 加到$(O \quad I-AB)$；而作列变换需要用矩阵右乘，因此所作的列变换需要右乘$-A$.

例 3 所证明的等式(4.5.3)可以作为公式来计算行列式.特别是当 $m=1$ 时，将 n 阶行列式 $|I_{(n)}-AB|$ 化为 1 阶行列式 $|I_{(m)}-BA|$，即 $1-BA$，可以立即算出结果.

例 4　计算行列式

$$\Delta=\begin{vmatrix} 1+a_1b_1 & a_1b_2 & a_1b_3 & \cdots & a_1b_n \\ a_2b_1 & 1+a_2b_2 & a_2b_3 & \cdots & a_2b_n \\ \vdots & \vdots & \vdots & & \vdots \\ a_nb_1 & a_nb_2 & a_nb_3 & \cdots & 1+a_nb_n \end{vmatrix}$$

解

$$\Delta=\left|I-\begin{pmatrix} a_1 \\ \vdots \\ a_n \end{pmatrix}(-b_1,\cdots,-b_n)\right|$$

$$=1-(-b_1,\cdots,-b_n)\begin{pmatrix} a_1 \\ \vdots \\ a_n \end{pmatrix}=1+a_1b_1+\cdots+a_nb_n$$

这是§3.5 例 1 中 $\lambda_1=\cdots=\lambda_n=1$ 时的特殊情况. §3.5 用加边和初等变换来解，这里直接利用了例 3 得出的公式. 例 3 中证明公式(4.5.3)的方法实质上与§3.5 例 1 的解法相同.

例 5 计算 n 阶行列式

$$\Delta_n=\begin{vmatrix} a_1^2 & 1+a_1a_2 & \cdots & 1+a_1a_n \\ 1+a_2a_1 & a_2^2 & \cdots & 1+a_2a_n \\ \vdots & \vdots & & \vdots \\ 1+a_na_1 & 1+a_na_2 & \cdots & a_n^2 \end{vmatrix}$$

解

$$\Delta_n=\left|-\boldsymbol{I}_{(n)}+\begin{pmatrix} 1 & a_1 \\ 1 & a_2 \\ \vdots & \vdots \\ 1 & a_n \end{pmatrix}\begin{pmatrix} 1 & 1 & \cdots & 1 \\ a_1 & a_2 & \cdots & a_n \end{pmatrix}\right|$$

$$=(-1)^n\left|\boldsymbol{I}_{(2)}+\begin{pmatrix} 1 & 1 & \cdots & 1 \\ a_1 & a_2 & \cdots & a_n \end{pmatrix}\cdot(-1)\begin{pmatrix} 1 & a_1 \\ 1 & a_2 \\ \vdots & \vdots \\ 1 & a_n \end{pmatrix}\right|$$

$$=(-1)^n\begin{vmatrix} 1-n & -\sum\limits_{i=1}^n a_i \\ -\sum\limits_{i=1}^n a_i & 1-\sum\limits_{i=1}^n a_i^2 \end{vmatrix}$$

$$=(-1)^n\left[(1-n)\left(1-\sum_{i=1}^n a_i^2\right)-\left(\sum_{i=1}^n a_i\right)^2\right]. \qquad \square$$

2. 乘积为方阵的矩阵乘积的行列式

对任意 $\boldsymbol{A}\in F^{n\times m}$，$\boldsymbol{B}\in F^{m\times n}$，虽然 $\boldsymbol{A}$，$\boldsymbol{B}$ 不一定是方阵，但 $\boldsymbol{AB}$ 是 n 阶方阵，我们来研究它的行列式 $|\boldsymbol{AB}|$ 与 $\boldsymbol{A}$，$\boldsymbol{B}$ 的关系.

设 $\boldsymbol{A}=(a_{ij})_{n\times m}$. 将 $\boldsymbol{B}$ 的每一行作为一块，写成分块形式 $\boldsymbol{B}=\begin{pmatrix} \boldsymbol{B}_1 \\ \vdots \\ \boldsymbol{B}_m \end{pmatrix}$. 则

$$|\boldsymbol{AB}|=\left|\begin{pmatrix} a_{11} & a_{12} & \cdots & a_{1m} \\ a_{21} & a_{22} & \cdots & a_{2m} \\ \vdots & \vdots & & \vdots \\ a_{n1} & a_{n2} & \cdots & a_{nm} \end{pmatrix}\begin{pmatrix} \boldsymbol{B}_1 \\ \boldsymbol{B}_2 \\ \vdots \\ \boldsymbol{B}_m \end{pmatrix}\right|$$

$$= \begin{vmatrix} a_{11}\boldsymbol{B}_1+a_{12}\boldsymbol{B}_2+\cdots+a_{1m}\boldsymbol{B}_m \\ a_{21}\boldsymbol{B}_1+a_{22}\boldsymbol{B}_2+\cdots+a_{2m}\boldsymbol{B}_m \\ \vdots \\ a_{n1}\boldsymbol{B}_1+a_{n2}\boldsymbol{B}_2+\cdots+a_{nm}\boldsymbol{B}_m \end{vmatrix} \tag{4.5.6}$$

将(4.5.6)的行列式的第 1 行拆成 m 个行向量 $\boldsymbol{B}_1,\boldsymbol{B}_2,\cdots,\boldsymbol{B}_m$ 的线性组合，从而将行列式拆成 m 个行列式的线性组合

$$|\boldsymbol{AB}| = \sum_{j_1=1}^{m} a_{1j_1} \begin{vmatrix} \boldsymbol{B}_{j_1} \\ a_{21}\boldsymbol{B}_1+a_{22}\boldsymbol{B}_2+\cdots+a_{2m}\boldsymbol{B}_m \\ \vdots \\ a_{n1}\boldsymbol{B}_1+a_{n2}\boldsymbol{B}_2+\cdots+a_{nm}\boldsymbol{B}_m \end{vmatrix} \tag{4.5.7}$$

再将(4.5.7)的求和号中的行列式的第 2 行拆开，再将第 3 行拆开，…，再将第 n 行拆开，最后得

$$|\boldsymbol{AB}| = \sum_{j_1=1}^{m} a_{1j_1} \sum_{j_2=1}^{m} a_{2j_2} \cdots \sum_{j_n=1}^{m} a_{nj_n} \begin{vmatrix} \boldsymbol{B}_{j_1} \\ \boldsymbol{B}_{j_2} \\ \vdots \\ \boldsymbol{B}_{j_n} \end{vmatrix}$$

$$= \sum_{1\leqslant j_1,j_2,\cdots,j_n\leqslant m} a_{1j_1}a_{2j_2}\cdots a_{nj_n} \begin{vmatrix} \boldsymbol{B}_{j_1} \\ \boldsymbol{B}_{j_2} \\ \vdots \\ \boldsymbol{B}_{j_n} \end{vmatrix} \tag{4.5.8}$$

为了叙述方便，以下将(4.5.8)的求和号中的行列式 $\begin{vmatrix} \boldsymbol{B}_{j_1} \\ \vdots \\ \boldsymbol{B}_{j_n} \end{vmatrix}$ 看作它的各行 $\boldsymbol{B}_{j_1},\cdots,\boldsymbol{B}_{j_n}$ 的函数，记作 $\det(\boldsymbol{B}_{j_1},\cdots,\boldsymbol{B}_{j_n})$. 如果 $j_1,j_2,\cdots,j_n$ 中有某两个相等，则 $\det(\boldsymbol{B}_{j_1},\cdots,\boldsymbol{B}_{j_n})$ 中有两行相等，其值为 0. 因此，(4.5.8)的求和号中只剩下 $j_1,j_2,\cdots,j_n$ 两两不相等的项，它们取自 $1,2,\cdots,m$ 等 m 个不同的数.

情况 1 $n>m$. 此时不可能从 $1,2,\cdots,m$ 这 n 个数中取出 n 个不同的 j_1, $j_2,\cdots,j_n$，(4.5.8)的求和号 $\sum\limits_{1\leqslant j_1,j_2,\cdots,j_n\leqslant m}$ 中所有的 $\det(\boldsymbol{B}_{j_1},\cdots,\boldsymbol{B}_{j_n})$ 都等于 0，从而 $|\boldsymbol{AB}|=0$.

情况 2 $n=m$. 此时，从 $1,2,\cdots,n$ 中取出的 n 个不同的 $j_1,j_2,\cdots,j_n$ 是 1,

$2,\cdots,n$ 的一个排列$(j_1j_2\cdots j_n)$. 这样，(4.5.8)就成为

$$|\boldsymbol{AB}|=\sum_{(j_1j_2\cdots j_n)}a_{1j_1}a_{2j_2}\cdots a_{nj_n}\det(\boldsymbol{B}_{j_1},\boldsymbol{B}_{j_2},\cdots,\boldsymbol{B}_{j_n})\qquad(4.5.9)$$

每个排列$(j_1j_2\cdots j_n)$可以经过 s 次对换变成标准排列$(12\cdots n)$，这个排列所对应的行列式 $\det(\boldsymbol{B}_{j_1},\cdots,\boldsymbol{B}_{j_n})$的各行经过 s 次相应的对换变成按标准顺序 $\boldsymbol{B}_1,\boldsymbol{B}_2,\cdots,\boldsymbol{B}_n$ 排列的行列式 $\det(\boldsymbol{B}_1,\cdots,\boldsymbol{B}_n)=|\boldsymbol{B}|$. 每经过一次两行对换改变一次符号，经过 s 次对换之后，$\det(\boldsymbol{B}_{j_1},\cdots,\boldsymbol{B}_{j_n})$ 变成的 $|\boldsymbol{B}|$ 是原来值的$(-1)^s=(-1)^{\tau(j_1j_2\cdots j_n)}$倍，其中 $\tau(j_1j_2\cdots j_n)$是排列$(j_1j_2\cdots j_n)$的逆序数，奇偶性与 s 相同. 可见

$$\det(\boldsymbol{B}_{j_1},\cdots,\boldsymbol{B}_{j_n})=(-1)^{\tau(j_1j_2\cdots j_n)}|\boldsymbol{B}|.$$

这样，(4.5.9)就成为

$$\begin{aligned}|\boldsymbol{AB}|&=\sum_{(j_1j_2\cdots j_n)}(-1)^{\tau(j_1j_2\cdots j_n)}a_{1j_1}a_{2j_2}\cdots a_{nj_n}|\boldsymbol{B}|\\&=\left(\sum_{(j_1j_2\cdots j_n)}(-1)^{\tau(j_1j_2\cdots j_n)}a_{1j_1}a_{2j_2}\cdots a_{nj_n}\right)|\boldsymbol{B}|=|\boldsymbol{A}|\cdot|\boldsymbol{B}|\end{aligned}\qquad(4.5.10)$$

这就再次证明了定理 4.5.2 中已经得出的结论.

情况 3　$n<m$.

设将 $j_1,j_2,\cdots,j_n$ 按从小到大的顺序排列得到的 n 个数是 $k_1,k_2,\cdots,k_n$，则 $1\leqslant k_1<k_2<\cdots<k_n\leqslant m$，而$(j_1j_2\cdots j_n)$是 $k_1,k_2,\cdots,k_n$ 的一个排列，我们将它进一步记为$\begin{pmatrix}k_1&k_2&\cdots&k_n\\j_1&j_2&\cdots&j_n\end{pmatrix}$. 这样，(4.5.8)就成为

$$|\boldsymbol{AB}|=\sum_{1\leqslant k_1<k_2<\cdots<k_n\leqslant m}\ \sum_{\begin{pmatrix}k_1&k_2&\cdots&k_n\\j_1&j_2&\cdots&j_n\end{pmatrix}}a_{1j_1}a_{2j_2}\cdots a_{nj_n}\det(\boldsymbol{B}_{j_1},\cdots,\boldsymbol{B}_{j_n}).\qquad(4.5.11)$$

将排列$(j_1j_2\cdots j_n)$经过 s 次对换变成按从小到大顺序的标准排列$(k_1k_2\cdots k_n)$. 相应地，$\det(\boldsymbol{B}_{j_1},\cdots,\boldsymbol{B}_{j_n})$的各行经过 s 次相应的对换变成 $\det(\boldsymbol{B}_{k_1},\cdots,\boldsymbol{B}_{k_n})$，因此

$$\det(\boldsymbol{B}_{j_1},\cdots,\boldsymbol{B}_{j_n})=(-1)^s\det(\boldsymbol{B}_{k_1},\cdots,\boldsymbol{B}_{k_n})$$

我们有$(-1)^s=\operatorname{sgn}\begin{pmatrix}k_1&k_2&\cdots&k_n\\j_1&j_2&\cdots&j_n\end{pmatrix}$.因此,(4.5.11)成为

$$\begin{aligned}|\boldsymbol{AB}|=&\sum_{1\leqslant k_1<k_2<\cdots<k_n\leqslant m}\ \sum_{\begin{pmatrix}k_1&k_2&\cdots&k_n\\j_1&j_2&\cdots&j_n\end{pmatrix}}\operatorname{sgn}\begin{pmatrix}k_1&k_2&\cdots&k_n\\j_1&j_2&\cdots&j_n\end{pmatrix}a_{1j_1}a_{2j_2}\cdots a_{nj_n}\\&\cdot\det(\boldsymbol{B}_{k_1},\cdots,\boldsymbol{B}_{k_n}),\end{aligned}\qquad(4.5.12)$$

其中

$$\sum_{\begin{pmatrix} k_1 & k_2 & \cdots & k_n \\ j_1 & j_2 & \cdots & j_n \end{pmatrix}} \operatorname{sgn}\begin{pmatrix} k_1 & k_2 & \cdots & k_n \\ j_1 & j_2 & \cdots & j_n \end{pmatrix} a_{1j_1}a_{2j_2}\cdots a_{nj_n}$$

就是依次以 $\boldsymbol{A}$ 的第 $k_1,k_2,\cdots,k_n$ 列为各列的 n 阶行列式.

一般地，对任意矩阵 $\boldsymbol{A}$，以及正整数 $i_1<i_2<\cdots<i_r$ 和 $j_1<j_2<\cdots<j_r$，我们将 $\boldsymbol{A}$ 的第 $i_1,i_2,\cdots,i_r$ 行和第 $j_1,j_2,\cdots,j_r$ 列交叉位置的元组成的行列式称为 $\boldsymbol{A}$ 的一个 r 阶**子式**(minor)，记作 $A\begin{pmatrix} i_1 & i_2 & \cdots & i_r \\ j_1 & j_2 & \cdots & j_r \end{pmatrix}$，则(4.5.12)就是

$$|\boldsymbol{AB}| = \sum_{1\leqslant k_1<k_2<\cdots<k_n\leqslant m} A\begin{pmatrix} 1 & 2 & \cdots & n \\ k_1 & k_2 & \cdots & k_n \end{pmatrix} B\begin{pmatrix} k_1 & k_2 & \cdots & k_n \\ 1 & 2 & \cdots & n \end{pmatrix}$$

这样就得到了

定理 4.5.3 (Binet-Cauchy 公式) 设 $\boldsymbol{A}\in F^{n\times m}$，$\boldsymbol{B}\in F^{m\times n}$. 则

(1) 当 $n>m$ 时，$|\boldsymbol{AB}|=0$;

(2) 当 $n=m$ 时，$|\boldsymbol{AB}|=|\boldsymbol{A}|\cdot|\boldsymbol{B}|$;

(3) 当 $n<m$ 时，

$$|\boldsymbol{AB}| = \sum_{1\leqslant k_1<k_2<\cdots<k_n\leqslant m} A\begin{pmatrix} 1 & 2 & \cdots & n \\ k_1 & k_2 & \cdots & k_n \end{pmatrix} B\begin{pmatrix} k_1 & k_2 & \cdots & k_n \\ 1 & 2 & \cdots & n \end{pmatrix}. \qquad \square$$

推论 4.5.1 设 $\boldsymbol{A}\in F^{n\times m}$，$\boldsymbol{B}\in F^{m\times n}$，正整数 $r\leqslant\min\{m,n\}$. $1\leqslant i_1<i_2<\cdots<i_r\leqslant n$, $1\leqslant j_1<j_2<\cdots<j_r\leqslant n$. 则

$$(AB)\begin{pmatrix} i_1 & i_2 & \cdots & i_r \\ j_1 & j_2 & \cdots & j_r \end{pmatrix} = \sum_{1\leqslant k_1<k_2<\cdots<k_r\leqslant m} A\begin{pmatrix} i_1 & i_2 & \cdots & i_r \\ k_1 & k_2 & \cdots & k_r \end{pmatrix} B\begin{pmatrix} k_1 & k_2 & \cdots & k_r \\ j_1 & j_2 & \cdots & j_r \end{pmatrix}.$$

证明 记 $\boldsymbol{A}$ 的各行依次为 $\boldsymbol{\alpha}_1,\boldsymbol{\alpha}_2,\cdots,\boldsymbol{\alpha}_m$, $\boldsymbol{B}$ 的各列依次为 $\boldsymbol{\beta}_1,\boldsymbol{\beta}_2,\cdots,\boldsymbol{\beta}_m$, 则 $\boldsymbol{AB}$ 的第(i,j)元为 $\alpha_i\beta_j$. 因此，$\boldsymbol{AB}$ 的 r 阶子式

$$(AB)\begin{pmatrix} i_1 & i_2 & \cdots & i_r \\ j_1 & j_2 & \cdots & j_r \end{pmatrix} = \det\left(\begin{pmatrix} \alpha_{i_1} \\ \alpha_{i_2} \\ \vdots \\ \alpha_{i_r} \end{pmatrix}(\beta_{j_1} \quad \beta_{j_2} \quad \cdots \quad \beta_{j_r})\right)$$

记

$$A_1=\begin{pmatrix}\alpha_{i_1}\\ \alpha_{i_2}\\ \vdots\\ \alpha_{i_r}\end{pmatrix},\quad B_1=(\beta_{j_1}\quad \beta_{j_2}\quad \cdots\quad \beta_{j_r})$$

将$|A_1B_1|$用 Binet-Caucht 公式展开即得所需结论. □

定理 4.5.3 结论(1)的另外的证明

证法 2 当 $n>m$ 时，将 A 右边添上 $n\times(n-m)$ 零矩阵 O 成为 n 阶方阵$(A\quad O)$，B 下边添上$(n-m)\times n$ 零矩阵成为 n 阶方阵$\begin{pmatrix}B\\ O\end{pmatrix}$，则由分块运算知

$$(A\quad O)\begin{pmatrix}B\\ O\end{pmatrix}=AB+O=AB$$

因而

$$|AB|=\det\left((A\quad O)\begin{pmatrix}B\\ O\end{pmatrix}\right)=\det(A\quad O)\cdot\det\begin{pmatrix}B\\ O\end{pmatrix}=0\times 0=0$$

证法 3 AB 的 n 行都是 B 的 m 行的线性组合，当 $n>m$ 时这 n 个线性组合一定线性相关. 行列式 AB 的各行线性相关，行列式$|AB|=0$. □

例 6 利用行列式证明 Cauchy-Schwarz 不等式：对任意实数 $a_i, b_i(1\leqslant i\leqslant n)$，不等式

$$(a_1b_1+a_2b_2+\cdots+a_nb_n)^2\leqslant(a_1^2+a_2^2+\cdots+a_n^2)(b_1^2+b_2^2+\cdots+b_n^2)$$

等号成立当且仅当$\dfrac{a_1}{b_1}=\dfrac{a_2}{b_2}=\cdots=\dfrac{a_n}{b_n}$(约定:如果有某个 $b_i=0$,则认为 $a_i=0$ 符合要求.)

证明 取 $2\times n$ 矩阵

$$A=\begin{pmatrix}a_1 & a_2 & \cdots & a_n\\ b_1 & b_2 & \cdots & b_n\end{pmatrix}$$

考虑行列式$|AA'|$.

一方面，

$$|AA'|=\begin{vmatrix}\sum\limits_{i=1}^{n}a_i^2 & \sum\limits_{i=1}^{n}a_ib_i\\ \sum\limits_{i=1}^{n}a_ib_i & \sum\limits_{i=1}^{n}b_i^2\end{vmatrix}=\left(\sum_{i=1}^{n}a_i^2\right)\left(\sum_{i=1}^{n}b_i^2\right)-\left(\sum_{i=1}^{n}a_ib_i\right)^2 \qquad (4.5.13)$$

另一方面，由 Binet-Cauchy 公式，

$$
\begin{aligned}
|\boldsymbol{AA}'| &= \sum_{1\leqslant k_1<k_2\leqslant n} A\begin{pmatrix}1 & 2\\ k_1 & k_2\end{pmatrix} A'\begin{pmatrix}k_1 & k_2\\ 1 & 2\end{pmatrix}\\
&= \sum_{1\leqslant k_1<k_2\leqslant n} \begin{vmatrix}a_{k_1} & a_{k_2}\\ b_{k_1} & b_{k_2}\end{vmatrix}\begin{vmatrix}a_{k_1} & b_{k_1}\\ a_{k_2} & b_{k_2}\end{vmatrix}\\
&= \sum_{1\leqslant k_1<k_2\leqslant n} \begin{vmatrix}a_{k_1} & a_{k_2}\\ b_{k_1} & b_{k_2}\end{vmatrix}^2 \geqslant 0 \qquad (4.5.14)
\end{aligned}
$$

将(4.5.13)代入(4.5.14)得

$$\left(\sum_{i=1}^n a_i^2\right)\left(\sum_{i=1}^n b_i^2\right)-\left(\sum_{i=1}^n a_ib_i\right)^2\geqslant 0$$

即

$$\left(\sum_{i=1}^n a_ib_i\right)^2\leqslant\left(\sum_{i=1}^n a_i^2\right)\left(\sum_{i=1}^n b_i^2\right)$$

如所欲证.

等号成立当且仅当

$$\boldsymbol{AA}'=\sum_{1\leqslant k_1<k_2\leqslant n}\begin{vmatrix}a_{k_1} & a_{k_2}\\ b_{k_1} & b_{k_2}\end{vmatrix}^2=0\Leftrightarrow\begin{vmatrix}a_{k_1} & a_{k_2}\\ b_{k_1} & b_{k_2}\end{vmatrix}=0,\quad\forall\, 1\leqslant k_1<k_2\leqslant n$$

$$\Leftrightarrow\frac{a_{k_1}}{b_{k_1}}=\frac{a_{k_2}}{b_{k_2}},\quad\forall\, 1\leqslant k_1<k_2\leqslant n\Leftrightarrow\frac{a_1}{b_1}=\frac{a_2}{b_2}=\cdots=\frac{a_n}{b_n}\qquad\square$$

习 题 4.5

1. 设 $\boldsymbol{A}$ 是 n 阶可逆方阵，$\boldsymbol{\alpha}=(a_1,a_2,\cdots,a_n)^{\mathrm{T}}$，证明：

$$\det(\boldsymbol{A}-\boldsymbol{\alpha\alpha}^{\mathrm{T}})=(1-\boldsymbol{\alpha}^{\mathrm{T}}\boldsymbol{A}^{-1}\boldsymbol{\alpha})\cdot\det(\boldsymbol{A})$$

2. 设 $\boldsymbol{\beta}=(b_1,b_2,\cdots,b_n)^{\mathrm{T}}$，其中 $b_i\neq 0\,(i=1,2,\cdots,n)$，$\boldsymbol{A}=\mathrm{diag}(b_1,b_2,\cdots,b_n)$，求 $\det(\boldsymbol{A}-\boldsymbol{\beta\beta}^{\mathrm{T}})$.

3. 举出矩阵 $\boldsymbol{A}$，$\boldsymbol{B}$ 使 $\det(\boldsymbol{AB})\neq\det(\boldsymbol{BA})$. 满足此条件的 $\boldsymbol{A},\boldsymbol{B}$ 是否可能是方阵？为什么？

4. 设 $\boldsymbol{A}\in F^{n\times m}$，$\boldsymbol{B}\in F^{m\times n}$. 求证：多项式 $\lambda^m|\lambda\boldsymbol{I}_{(n)}-\boldsymbol{AB}|=\lambda^n|\lambda\boldsymbol{I}_{(m)}-\boldsymbol{BA}|$.

5. 求行列式：

(1) $\begin{vmatrix}(a_0+b_0)^n & (a_0+b_1)^n & \cdots & (a_0+b_n)^n\\ (a_1+b_0)^n & (a_1+b_1)^n & \cdots & (a_1+b_n)^n\\ \vdots & \vdots & & \vdots\\ (a_n+b_0)^n & (a_n+b_1)^n & \cdots & (a_n+b_n)^n\end{vmatrix}$； (2) $\begin{vmatrix}\sin\theta_1 & \sin 2\theta_1 & \cdots & \sin n\theta_1\\ \sin\theta_2 & \sin 2\theta_2 & \cdots & \sin n\theta_2\\ \vdots & \vdots & & \vdots\\ \sin\theta_n & \sin 2\theta_n & \cdots & \sin n\theta_n\end{vmatrix}$.

§4.6 秩与相抵

在第 2 章中我们定义了向量组的秩，定义了矩阵的行秩与列秩，知道矩阵的行秩与列秩相等，并且在初等变换下保持不变.

矩阵的行秩和列秩与行列式有密切关系.

例如，对任意 n 阶方阵 $\boldsymbol{A}$，行列式 $|\boldsymbol{A}|\neq 0\Leftrightarrow\boldsymbol{A}$ 的各行(列)线性无关$\Leftrightarrow\boldsymbol{A}$ 的行秩与列秩都是 n.

更一般地，我们有：

定理 4.6.1 设 r 是正整数，$m\times n$ 矩阵 $\boldsymbol{A}$ 含有 r 阶非零子式，不含 $r+1$ 阶非零子式，则 $\boldsymbol{A}$ 的行秩与列秩都是 r. r 是 $\boldsymbol{A}$ 的非零子式的最高阶数.

证明 $\boldsymbol{A}$ 含有某个 r 阶子式

$$A\begin{pmatrix} i_1 & i_2 & \cdots & i_r \\ j_1 & j_2 & \cdots & j_r \end{pmatrix}\neq 0$$

先证明 $\boldsymbol{A}$ 的列秩等于 r. 为此，我们证明 $\boldsymbol{A}$ 的第 $j_1,j_2,\cdots,j_r$ 列组成列向量组的极大线性无关组.

非零子式 $A\begin{pmatrix} i_1 & i_2 & \cdots & i_r \\ j_1 & j_2 & \cdots & j_r \end{pmatrix}$ 的各列是线性无关的 r 维列向量，因此，将这些列向量添加若干分量得到的 $\boldsymbol{A}$ 的第 $j_1,j_2,\cdots,j_r$ 列 $\boldsymbol{A}_{j_1},\boldsymbol{A}_{j_2},\cdots,\boldsymbol{A}_{j_r}$ 组成 $F^{m\times 1}$ 中的线性无关向量组 S_r. 如果 $r=n$，这 r 个列向量就是 $\boldsymbol{A}$ 的全体列向量，当然是列向量组的极大线性无关组. 设 $r<n$. 我们证明：向量组 $S_r=\{\boldsymbol{A}_{j_1},\boldsymbol{A}_{j_2},\cdots,\boldsymbol{A}_{j_r}\}$ 添加 $\boldsymbol{A}$ 的任何一列 $\boldsymbol{A}_j(j\notin\{j_1,j_2,\cdots,j_r\})$得到的向量组$S_{r+1}=\{\boldsymbol{A}_{j_1},\boldsymbol{A}_{j_2},\cdots,\boldsymbol{A}_{j_r},\boldsymbol{A}_j\}$ 线性相关，从而 S_r 是 $\boldsymbol{A}$ 的列向量组的极大线性无关组.

对任意 $1\leqslant i\leqslant m$，考虑 $r+1$ 阶行列式

$$\Delta_{r+1}=\begin{vmatrix} a_{i_1j_1} & a_{i_1j_2} & \cdots & a_{i_1j_r} & a_{i_1j} \\ a_{i_2j_1} & a_{i_2j_2} & \cdots & a_{i_2j_r} & a_{i_2j} \\ \vdots & \vdots & & \vdots & \vdots \\ a_{i_rj_1} & a_{i_rj_2} & \cdots & a_{i_rj_r} & a_{i_rj} \\ a_{ij_1} & a_{ij_2} & \cdots & a_{ij_r} & a_{ij} \end{vmatrix}$$

如果 $i\in\{i_1,i_2,\cdots,i_r\}$，则 Δ_{r+1}有两行相等，值为 0. 若不然，则 Δ_{r+1}是 $\boldsymbol{A}$ 的某个 $r+1$ 阶子式，或者是某个 $r+1$ 阶子式将各行的顺序重新排列和各列

的顺序重新排列得到的 $r+1$ 阶行列式. 由于 $\boldsymbol{A}$ 不含 $r+1$ 阶非零子式，所有的 $r+1$ 阶子式都为 0，因此

$$\Delta_{r+1}=0$$

将 Δ_{r+1} 按最后一行展开得：

$$\Delta_{r+1}=\lambda_1 a_{ij_1}+\lambda_2 a_{ij_2}+\cdots+\lambda_r a_{ij_r}+\lambda a_{ij}=0 \tag{4.6.1}$$

其中 $\lambda_1,\lambda_2,\cdots,\lambda_r,\lambda$ 分别是 Δ_{r+1} 的最后一行的元 $a_{ij_1},a_{ij_2},\cdots,a_{ij_r},a_{ij}$ 在 Δ_{r+1} 中的代数余子式，它们只与 $\boldsymbol{A}$ 的第 $i_1,i_2,\cdots,i_r$ 行中处于第 $j_1,j_2,\cdots,j_r,j$ 列的元有关，与 i 的选择无关. 并且

$$\lambda=\begin{vmatrix} a_{i_1j_1} & a_{i_1j_2} & \cdots & a_{i_1j_r}\\ a_{i_2j_1} & a_{i_2j_2} & \cdots & a_{i_2j_r}\\ \vdots & \vdots & & \vdots\\ a_{i_rj_1} & a_{i_rj_2} & \cdots & a_{i_rj_r}\end{vmatrix}=A\begin{pmatrix} i_1 & i_2 & \cdots & i_r\\ j_1 & j_2 & \cdots & j_r\end{pmatrix}\neq 0$$

在(4.6.1)中依次取 $i=1,2,\cdots,m$ 得到 m 个等式

$$\begin{cases}\lambda_1 a_{1j_1}+\lambda_2 a_{1j_2}+\cdots+\lambda_r a_{1j_r}+\lambda a_{1j}=0\\ \lambda_1 a_{2j_1}+\lambda_2 a_{2j_2}+\cdots+\lambda_r a_{2j_r}+\lambda a_{2j}=0\\ \cdots\cdots\cdots\cdots\\ \lambda_1 a_{mj_1}+\lambda_2 a_{mj_2}+\cdots+\lambda_r a_{mj_r}+\lambda a_{mj}=0\end{cases}$$

这就是

$$\lambda_1\begin{pmatrix} a_{1j_1}\\ a_{2j_1}\\ \vdots\\ a_{mj_1}\end{pmatrix}+\lambda_2\begin{pmatrix} a_{1j_2}\\ a_{2j_2}\\ \vdots\\ a_{mj_2}\end{pmatrix}+\cdots+\lambda_r\begin{pmatrix} a_{1j_r}\\ a_{2j_r}\\ \vdots\\ a_{mj_r}\end{pmatrix}+\lambda\begin{pmatrix} a_{1j}\\ a_{2j}\\ \vdots\\ a_{mj}\end{pmatrix}=\begin{pmatrix}0\\0\\ \vdots\\0\end{pmatrix}$$

即

$$\lambda_1\boldsymbol{A}_{j_1}+\lambda_2\boldsymbol{A}_{j_2}+\cdots+\lambda_r\boldsymbol{A}_{j_r}+\lambda\boldsymbol{A}_j=0 \tag{4.6.2}$$

由于 $\lambda\neq 0$，(4.6.2)说明列向量组 $\{\boldsymbol{A}_{j_1},\boldsymbol{A}_{j_2},\cdots,\boldsymbol{A}_{j_r},\boldsymbol{A}_j\}$ 线性相关. 因而 $\{\boldsymbol{A}_{j_1},\boldsymbol{A}_{j_2},\cdots,\boldsymbol{A}_{j_r}\}$ 是 $\boldsymbol{A}$ 的列向量组的极大线性无关组. $\boldsymbol{A}$ 的列秩等于 r.

显然 $\boldsymbol{A}$ 的转置 $\boldsymbol{A}^{\mathrm{T}}$ 也不存在 $r+1$ 阶非零子式，而它的 r 阶子式

$$A^{\mathrm{T}}\begin{pmatrix} j_1 & j_2 & \cdots & j_r\\ i_1 & i_2 & \cdots & i_r\end{pmatrix}=\left(A\begin{pmatrix} i_1 & i_2 & \cdots & i_r\\ j_1 & j_2 & \cdots & j_r\end{pmatrix}\right)^{\mathrm{T}}\neq 0$$

由以上证明知道：A^{T} 的第 $i_1,i_2,\cdots,i_r$ 列组成 A^{T} 的列向量组的极大线性无关组. 也就是说：A 的第 $i_1,i_2,\cdots,i_r$ 行组成 A 的行向量组的极大线性无关组，A 的行秩为 r.

如果 A 含有 s 阶非零子式 $A\begin{pmatrix}k_1 & \cdots & k_s\\ l_1 & \cdots & l_s\end{pmatrix}$，则这个非零子式的各列线性无关，将它们添若干分量得到的 A 的第 $l_1,\cdots,l_s$ 列线性无关. 由于 A 的列秩为 r，线性无关的列向量的个数不超过 r，因此 $s\leqslant r$. 这就证明了 r 是 A 的非零子式的最高阶数. □

定义 4.6.1 设 $A\in F^{m\times n}$ 所含的非零子式的最高阶数为 r，就称 r 是 A 的**秩**(rank)，记为 rank A. 当 $A=O$ 时，A 不含任何非零子式，定义 rank $A=0$. □

我们以前称 A 的行秩和列秩为秩，记作 rank A. 现在又将 A 的非零子式的最高阶数定义为 A 的秩，仍记为 rank A. 二者是否会产生矛盾？如果 A 的非零子式的最高阶数是 r，则 A 含 r 阶非零子式，不含更高阶数的非零子式，当然也就不含 $r+1$ 阶非零子式，由命题 4.6.1 知道，A 的行秩和列秩都是 r. 可见，定义 4.6.1 中的 rank A 等于 A 的行秩和列秩，定义 4.6.1 与以前的定义是一致的，并不矛盾.

显然 $m\times n$ 矩阵 A 的非零子式的最高阶数 rank $A\leqslant\min\{m,n\}$. 如果 $m=n$，当 rank A 达到最大值 n 时称 A 为**满秩**(full rank)方阵. A 是满秩方阵 $\Leftrightarrow |A|\neq 0\Leftrightarrow A$ 可逆. 当 rank $A=m<n$ 时，称 A 为行满秩矩阵，它的行向量组线性无关. 当 rank $A=n<m$ 时，称 A 为列满秩矩阵，它的列向量组线性无关.

由定理 4.6.1 立即得出：

推论 4.6.1 设 s 是任意正整数. 如果 A 不含 s 阶非零子式，则 A 不含阶数高于 s 的非零子式，rank $A<s$. 如果 A 含有 s 阶非零子式，则对每个正整数 $k<s$，A 含有 k 阶非零子式，rank $A\geqslant s$. □

例 1 求下列矩阵的秩：

(1)

$$A=\begin{pmatrix}0\cdots 0 & a_{1j_1} & \cdots & \cdots & \cdots & \cdots & \cdots\\ & & & a_{2j_2} & \cdots & \cdots & \cdots\\ & & & & \ddots & \cdots & \cdots\\ & & & & & a_{rj_r} & \cdots\\ & & & & & & O\end{pmatrix}\in F^{m\times n}$$

对 $1\leqslant i\leqslant r$，第 i 行第一个非零元 a_{ij_i} 在第 j_i 列，$1\leqslant j_1<j_2<\cdots<j_r\leqslant n$.

(2)

$$\boldsymbol{B}=\begin{pmatrix}\boldsymbol{I}_{(r)} & \boldsymbol{O}\\ \boldsymbol{O} & \boldsymbol{O}\end{pmatrix}$$

解　(1) $\boldsymbol{A}$ 的前 r 行中处于第 $j_1,j_2,\cdots,j_r$ 列的元组成的 r 阶子式

$$A\begin{pmatrix}1 & 2 & \cdots & r\\ j_1 & j_2 & \cdots & j_r\end{pmatrix}=\begin{vmatrix}a_{1j_1} & \cdots & \cdots & \cdots\\ & a_{2j_2} & \cdots & \cdots\\ & & \ddots & \cdots\\ & & & a_{rj_r}\end{vmatrix}=a_{1j_1}a_{2j_2}\cdots a_{rj_r}\neq 0$$

而 $\boldsymbol{A}$ 的更高阶数的子式包含有全为 0 的行，值为 0. 因而 $\operatorname{rank}\boldsymbol{A}=r$.

(2) $\boldsymbol{B}$ 的左上角的 r 阶子式 $|\boldsymbol{I}_{(r)}|=1\neq 0$，而更高阶数的子式包含有全为 0 的行，值为 0. 因此 $\operatorname{rank}\boldsymbol{B}=r$.　□

$\operatorname{rank}\boldsymbol{A}$ 等于 $\boldsymbol{A}$ 的行秩和列秩，行秩和列秩在矩阵的初等变换下保持不变，因此 $\operatorname{rank}\boldsymbol{A}$ 在初等变换下不变. 任意矩阵可以经过一系列初等行变换化为例 1(1)中矩阵 $\boldsymbol{A}$ 的形状，也可以经过初等行变换和初等列变换化为例 1(2)中矩阵 $\boldsymbol{B}$ 的形状，然后利用例 1 的结果求出它们的秩.

也可以不利用行秩和列秩，而由 $\operatorname{rank}\boldsymbol{A}$ 是 $\boldsymbol{A}$ 的非零子式的最高阶数证明 $\operatorname{rank}\boldsymbol{A}$ 在初等变换下不变.

定理 4.6.2　对任意 $\boldsymbol{A}\in F^{m\times n}$，$\boldsymbol{B}\in F^{n\times p}$，$\operatorname{rank}\boldsymbol{AB}\leqslant\operatorname{rank}\boldsymbol{A}$ 且 $\operatorname{rank}\boldsymbol{AB}\leqslant\operatorname{rank}\boldsymbol{B}$.

证明　设 $\operatorname{rank}\boldsymbol{A}=r$，$\operatorname{rank}\boldsymbol{B}=s$. 则 $\boldsymbol{A}$ 不存在 $r+1$ 阶的非零子式，$\boldsymbol{B}$ 不存在 $s+1$ 阶的非零子式.

我们证明 $\boldsymbol{AB}$ 也不存在 $r+1$ 阶和 $s+1$ 阶的非零子式.

利用 Binet-Cauchy 公式的推论 4.5.1 展开 $\boldsymbol{AB}$ 的任意 t 阶子式

$$\begin{aligned}\Delta_t&=A\begin{pmatrix}i_1 & i_2 & \cdots & i_t\\ j_1 & j_2 & \cdots & j_t\end{pmatrix}\\ &=\sum_{1\leqslant k_1<k_2<\cdots<k_t\leqslant n}A\begin{pmatrix}i_1 & i_2 & \cdots & i_t\\ k_1 & k_2 & \cdots & k_t\end{pmatrix}B\begin{pmatrix}k_1 & k_2 & \cdots & k_t\\ j_1 & j_2 & \cdots & j_t\end{pmatrix}\end{aligned}\tag{4.6.3}$$

如果 $t>r$，则(4.6.3)右边求和式中出现的 $\boldsymbol{A}$ 的 t 阶子式 $A\begin{pmatrix}i_1 & i_2 & \cdots & i_t\\ k_1 & k_2 & \cdots & k_t\end{pmatrix}$ 全部等于 0，因而 $\Delta_t=0$. 如果 $t>s$，则(4.6.3)右边求和

式中出现的 $\boldsymbol{B}$ 的 t 阶子式 $B\begin{pmatrix}k_1 & k_2 & \cdots & k_t\\ j_1 & j_2 & \cdots & j_t\end{pmatrix}$ 全部等于 0，$\Delta_t=0$.

这就证明了 $\operatorname{rank}(\boldsymbol{AB})\leqslant r=\operatorname{rank}\boldsymbol{A}$ 且 $\operatorname{rank}(\boldsymbol{AB})\leqslant s=\operatorname{rank}\boldsymbol{B}$. □

定理 4.6.3 设 $A\in F^{m\times n}$，P，Q 分别是 m 阶和 n 阶可逆方阵，则 $\operatorname{rank}(PAQ)=\operatorname{rank}A$.

证明 记 $B=PAQ$. 则由定理 4.6.2，有

$$\operatorname{rank}\boldsymbol{B}=\operatorname{rank}(\boldsymbol{PAQ})\leqslant\operatorname{rank}(\boldsymbol{PA})\leqslant\operatorname{rank}\boldsymbol{A}.$$

又 $\boldsymbol{A}=\boldsymbol{P}^{-1}\boldsymbol{B}\boldsymbol{Q}^{-1}$，同理又有 $\operatorname{rank}\boldsymbol{A}=\operatorname{rank}(\boldsymbol{P}^{-1}\boldsymbol{B}\boldsymbol{Q}^{-1})\leqslant\operatorname{rank}\boldsymbol{B}$. 因此

$$\operatorname{rank}\boldsymbol{A}=\operatorname{rank}\boldsymbol{B}=\operatorname{rank}(\boldsymbol{PAQ}).\quad\square$$

在 §4.4 中证明了：任何一个矩阵可以通过有限次初等变换变成

$$\begin{pmatrix}\boldsymbol{I}_{(r)} & \boldsymbol{O}\\ \boldsymbol{O} & \boldsymbol{O}\end{pmatrix}$$

的形状.

定义 4.6.2 设 $\boldsymbol{A}$，$\boldsymbol{B}\in F^{m\times n}$. 如果 $\boldsymbol{A}$ 可以通过一系列初等行变换和初等列变换变成 $\boldsymbol{B}$，就称 $\boldsymbol{A}$ 与 $\boldsymbol{B}$ **相抵**，也称 $\boldsymbol{A}$ 与 $\boldsymbol{B}$ **等价**(equivalent). □

定理 4.6.4 $\boldsymbol{A}$ 与 $\boldsymbol{B}$ 相抵⇔存在可逆方阵 $\boldsymbol{P}$，$\boldsymbol{Q}$ 使 $\boldsymbol{B}=\boldsymbol{PAQ}$.

证明 设 $\boldsymbol{A}$ 与 $\boldsymbol{B}$ 相抵，$\boldsymbol{A}$ 可以通过一系列初等行变换和初等列变换变成 $\boldsymbol{B}$. 每个初等行变换可以通过左乘某个初等方阵实现，每个初等列变换可以通过右乘某个初等方阵实现. 因此，存在一系列初等方阵 $\boldsymbol{P}_1,\boldsymbol{P}_2,\cdots,\boldsymbol{P}_s,\boldsymbol{Q}_1,\boldsymbol{Q}_2,\cdots,\boldsymbol{Q}_t$，使

$$\boldsymbol{P}_s\cdots\boldsymbol{P}_2\boldsymbol{P}_1\boldsymbol{A}\boldsymbol{Q}_1\boldsymbol{Q}_2\cdots\boldsymbol{Q}_t=\boldsymbol{B}$$

取 $\boldsymbol{P}=\boldsymbol{P}_s\cdots\boldsymbol{P}_2\boldsymbol{P}_1$，$\boldsymbol{Q}=\boldsymbol{Q}_1\boldsymbol{Q}_2\cdots\boldsymbol{Q}_t$，则 $\boldsymbol{P}$，$\boldsymbol{Q}$ 是可逆方阵，且 $\boldsymbol{PAQ}=\boldsymbol{B}$.

反过来，设存在可逆方阵 $\boldsymbol{P}$，$\boldsymbol{Q}$ 使 $\boldsymbol{B}=\boldsymbol{PAQ}$. 由 §4.4 推论 4.4.2，可逆方阵 $\boldsymbol{P}$，$\boldsymbol{Q}$ 都可以表示成有限个初等方阵的乘积：

$$\boldsymbol{P}=\boldsymbol{P}_s\cdots\boldsymbol{P}_2\boldsymbol{P}_1,\quad\boldsymbol{Q}=\boldsymbol{Q}_1\boldsymbol{Q}_2\cdots\boldsymbol{Q}_t$$

因此 $\boldsymbol{B}=\boldsymbol{P}_s\cdots\boldsymbol{P}_2\boldsymbol{P}_1\boldsymbol{A}\boldsymbol{Q}_1\boldsymbol{Q}_2\cdots\boldsymbol{Q}_t$. $\boldsymbol{A}$ 左乘一系列初等方阵 $\boldsymbol{P}_1,\boldsymbol{P}_2,\cdots,\boldsymbol{P}_s$ 的效果是进行了一系列初等行变换，右乘一系列初等方阵 $\boldsymbol{Q}_1,\boldsymbol{Q}_2,\cdots,\boldsymbol{Q}_t$ 的效果是进行了一系列初等列变换. 因此，$\boldsymbol{A}$ 经过一系列初等行变换和初等列变换变成 $\boldsymbol{B}$. □

命题 4.6.5 矩阵的相抵关系具有如下性质：

(1) 反身性：$\boldsymbol{A}$ 相抵于自己.

(2) 对称性：如果 $\boldsymbol{A}$ 相抵于 $\boldsymbol{B}$，则 $\boldsymbol{B}$ 相抵于 $\boldsymbol{A}$.

(3) 传递性：如果 $\boldsymbol{A}$ 相抵于 $\boldsymbol{B}$，$\boldsymbol{B}$ 相抵于 $\boldsymbol{C}$，则 $\boldsymbol{A}$ 相抵于 $\boldsymbol{C}$.

证明 (1) $\boldsymbol{A}=\boldsymbol{IAI}$，$\boldsymbol{I}$ 是可逆方阵，因此 $\boldsymbol{A}$ 相抵于 $\boldsymbol{A}$.

(2) $\boldsymbol{A}$ 相抵于 $\boldsymbol{B}\Rightarrow$ 存在可逆方阵 $\boldsymbol{P}$，$\boldsymbol{Q}$ 使 $\boldsymbol{B}=\boldsymbol{PAQ}\Rightarrow\boldsymbol{A}=\boldsymbol{P}^{-1}\boldsymbol{BQ}^{-1}$ 且 $\boldsymbol{P}^{-1}$，$\boldsymbol{Q}^{-1}$ 是可逆方阵 $\Rightarrow\boldsymbol{B}$ 相抵于 $\boldsymbol{A}$.

(3) $\boldsymbol{A}$ 相抵于 $\boldsymbol{B}$，且 $\boldsymbol{B}$ 相抵于 $\boldsymbol{C}\Rightarrow$ 存在可逆方阵 $\boldsymbol{P}_1,\boldsymbol{Q}_1,\boldsymbol{P}_2,\boldsymbol{Q}_2$ 使 $\boldsymbol{B}=\boldsymbol{P}_1\boldsymbol{AQ}_1$ 且 $\boldsymbol{C}=\boldsymbol{P}_2\boldsymbol{BQ}_2\Rightarrow\boldsymbol{C}=(\boldsymbol{P}_2\boldsymbol{P}_1)\boldsymbol{A}(\boldsymbol{Q}_1\boldsymbol{Q}_2)$，且 $\boldsymbol{P}_2\boldsymbol{P}_1$，$\boldsymbol{Q}_1\boldsymbol{Q}_2$ 是可逆方阵 $\Rightarrow\boldsymbol{A}$ 相抵于 $\boldsymbol{C}$.　□

由于相抵关系具有以上性质，可以将 $F^{m\times n}$ 中的全体矩阵按照相抵关系分类，使每个 $\boldsymbol{A}\in F^{m\times n}$ 属于其中唯一的一类，同一类中的矩阵两两相抵，不同类的矩阵不相抵. 具体操作方式为：对每个 $\boldsymbol{A}\in F^{m\times n}$，将 $F^{m\times n}$ 中与 $\boldsymbol{A}$ 相抵的全体矩阵组成的集合记作 R_A. 由于 $\boldsymbol{A}$ 与自身相抵，$\boldsymbol{A}\in R_A$. 对每个 $\boldsymbol{B}\in R_A$，由相抵的对称性有 $\boldsymbol{A}\in R_B$. 对 R_A 中任意两个矩阵 $\boldsymbol{B}$，$\boldsymbol{C}$，由于 $\boldsymbol{B}$，$\boldsymbol{C}$ 都与 $\boldsymbol{A}$ 相抵，由相抵的传递性知道 $\boldsymbol{B}$，$\boldsymbol{C}$ 相抵，这说明了每个 R_A 中的矩阵两两相抵. 如果 R_A 与 R_B 含有公共元素 $\boldsymbol{C}$，则由 $\boldsymbol{A}$，$\boldsymbol{B}\in R_C$ 知 $\boldsymbol{A}$，$\boldsymbol{B}$ 相抵. 且对任意 $\boldsymbol{D}\in R_B$，由于 $\boldsymbol{A}$，$\boldsymbol{D}\in R_B$ 知道 $\boldsymbol{D}$ 与 $\boldsymbol{A}$ 相抵，因而 $\boldsymbol{D}\in R_A$. 这说明 R_B 中所有的矩阵都含于 R_A，$R_B\subseteq R_A$. 同理 $R_A\subseteq R_B$. 这证明了：如果 $R_A\cap R_B$ 不是空集，则 $R_A=R_B$. 因此，不同的 R_A，R_B 的交集一定是空集合. 这样就将 $F^{m\times n}$ 按相抵关系划分成了两两没有公共元素的类 R_A. 每一类称为一个**相抵等价类**(equivalent class).

在每一类中可以任选一个元素作为这一类的代表. 但我们希望在每一类中选取其中最简单的矩阵作为代表. 在 §4.4 中已经知道，每个 $\boldsymbol{A}$ 都可以通过有限次初等变换变成

$$\boldsymbol{S}=\begin{pmatrix}\boldsymbol{I}_{(r)} & \boldsymbol{O}\\ \boldsymbol{O} & \boldsymbol{O}\end{pmatrix}$$

的形状，也就是可以相抵于这个 $\boldsymbol{S}$. 我们选取这个 $\boldsymbol{S}$ 作为 $\boldsymbol{A}$ 所在的相抵等价类 R_A 的代表，称为 $\boldsymbol{A}$ 的**相抵标准形**(canonical form of equivalent matrices)，当然也就是这一类中所有矩阵的相抵标准形.

定理 4.6.6　设 $\boldsymbol{A}$，$\boldsymbol{B}\in F^{m\times n}$. 则：$\boldsymbol{A}$ 与 $\boldsymbol{B}$ 相抵 $\Leftrightarrow\operatorname{rank}\boldsymbol{A}=\operatorname{rank}\boldsymbol{B}$.

证明　先设 $\boldsymbol{A}$ 与 $\boldsymbol{B}$ 相抵. 则存在可逆方阵 $\boldsymbol{P}$，$\boldsymbol{Q}$ 使 $\boldsymbol{B}=\boldsymbol{PAQ}$. 由定理 4.6.3 得 $\operatorname{rank}\boldsymbol{A}=\operatorname{rank}\boldsymbol{B}$.

$F^{m\times n}$ 中每个矩阵 $\boldsymbol{A}$ 相抵于它的标准形

$$\boldsymbol{S}=\begin{pmatrix}\boldsymbol{I}_{(r)} & \boldsymbol{O}\\ \boldsymbol{O} & \boldsymbol{O}\end{pmatrix}$$

其中 $r=\operatorname{rank}\boldsymbol{A}$. 如果 $\boldsymbol{B}\in F^{m\times n}$ 的秩与 $\boldsymbol{A}$ 相同，也是 r，则 $\boldsymbol{B}$ 也相抵于同一个标准形 $\boldsymbol{S}$，由相抵的传递性知道 $\boldsymbol{A}$ 与 $\boldsymbol{B}$ 相抵.　□

因此，$F^{m\times n}$中的相抵等价类实际上是按矩阵的秩划分的. 设 $d=\min\{m,n\}$，则 $F^{m\times n}$中矩阵的秩 r 可以取 $d+1$ 个不同的值 $0,1,2,\cdots,d$，矩阵分成 $d+1$ 个不同的类 $C_0,C_1,\cdots,C_d$，秩为 r 的矩阵属于 C_r. 每一类 C_r 中所有的矩阵有一个共同的标准形

$$\begin{pmatrix} \boldsymbol{I}_{(r)} & \boldsymbol{O} \\ \boldsymbol{O} & \boldsymbol{O} \end{pmatrix}$$

作为代表元.

例 2 设 rank $\boldsymbol{A}=1$，则 $\boldsymbol{A}$ 可以写成某个非零列向量 $\boldsymbol{\beta}$ 和非零行向量 $\boldsymbol{\alpha}$ 的乘积：$\boldsymbol{A}=\boldsymbol{\beta\alpha}$.

解法 1 由 rank $\boldsymbol{A}=1$ 知：$\boldsymbol{A}$ 的任何一个非零行 $\boldsymbol{\alpha}$ 组成行向量组的极大线性无关组，所有各行都是 $\boldsymbol{\alpha}$ 的倍向量. 设各行依次为 $\lambda_1\boldsymbol{\alpha}$，$\lambda_2\boldsymbol{\alpha},\cdots,\lambda_m\boldsymbol{\alpha}$，则

$$\boldsymbol{A}=\begin{pmatrix} \lambda_1\boldsymbol{\alpha} \\ \vdots \\ \lambda_m\boldsymbol{\alpha} \end{pmatrix}=\begin{pmatrix} \lambda_1 \\ \vdots \\ \lambda_m \end{pmatrix}\boldsymbol{\alpha}=\boldsymbol{\beta\alpha}，\text{其中 } \boldsymbol{\beta}=\begin{pmatrix} \lambda_1 \\ \vdots \\ \lambda_m \end{pmatrix}.$$

解法 2 存在可逆方阵 $\boldsymbol{P}$，$\boldsymbol{Q}$ 使

$$\boldsymbol{A}=\boldsymbol{P}\begin{pmatrix} 1 & \boldsymbol{0} \\ \boldsymbol{0} & \boldsymbol{0} \end{pmatrix}\boldsymbol{Q}=\boldsymbol{P}\begin{pmatrix} 1 \\ 0 \\ \vdots \\ 0 \end{pmatrix}(1,0,\cdots,0)\boldsymbol{Q}=\boldsymbol{\beta\alpha}$$

其中 $\boldsymbol{\beta}=\boldsymbol{P}\begin{pmatrix} 1 \\ 0 \\ \vdots \\ 0 \end{pmatrix}$是 $\boldsymbol{P}$ 的第一列，$\boldsymbol{\alpha}=(1,0,\cdots,0)\boldsymbol{Q}$ 是 $\boldsymbol{Q}$ 的第一行. □

例 3 设 $\boldsymbol{A}\in F^{n\times n}$，rank $\boldsymbol{A}=r$. 则存在 $\boldsymbol{B}\in F^{n\times n}$满足条件 rank $\boldsymbol{B}=n-r$ 且 $\boldsymbol{AB}=\boldsymbol{BA}=\boldsymbol{O}$.

证明 存在可逆方阵 $\boldsymbol{P}$，$\boldsymbol{Q}\in F^{n\times n}$使

$$\boldsymbol{A}=\boldsymbol{P}\begin{pmatrix} \boldsymbol{I}_{(r)} & \boldsymbol{O} \\ \boldsymbol{O} & \boldsymbol{O} \end{pmatrix}\boldsymbol{Q}$$

取 $\boldsymbol{B}=\boldsymbol{Q}^{-1}\begin{pmatrix} \boldsymbol{O}_{(r)} & \boldsymbol{O} \\ \boldsymbol{O} & \boldsymbol{I}_{(n-r)} \end{pmatrix}\boldsymbol{P}^{-1}$即满足要求. □

例 4 求证：

(1)

$$\operatorname{rank}\begin{pmatrix} \boldsymbol{A} & \boldsymbol{O} \\ \boldsymbol{O} & \boldsymbol{B} \end{pmatrix} = \operatorname{rank} \boldsymbol{A} + \operatorname{rank} \boldsymbol{B}.$$

(2)

$$\operatorname{rank}\begin{pmatrix} \boldsymbol{A} & \boldsymbol{O} \\ \boldsymbol{C} & \boldsymbol{B} \end{pmatrix} \geqslant \operatorname{rank} \boldsymbol{A} + \operatorname{rank} \boldsymbol{B}$$

(3) 任一矩阵 $\boldsymbol{D}$ 的一部分行和一部分列交叉位置的元组成的子矩阵 $\boldsymbol{D}_1$ 的秩 $\operatorname{rank} \boldsymbol{D}_1 \leqslant \operatorname{rank} \boldsymbol{D}$.

证明　设 $r=\operatorname{rank} \boldsymbol{A}$，$s=\operatorname{rank} \boldsymbol{B}$. 则存在可逆方阵 $\boldsymbol{P}_1$，$\boldsymbol{Q}_1$，$\boldsymbol{P}_2$，$\boldsymbol{Q}_2$ 使

$$\boldsymbol{P}_1\boldsymbol{A}\boldsymbol{Q}_1 = \begin{pmatrix} \boldsymbol{I}_{(r)} & \boldsymbol{O} \\ \boldsymbol{O} & \boldsymbol{O} \end{pmatrix},\quad \boldsymbol{P}_2\boldsymbol{B}\boldsymbol{Q}_2 = \begin{pmatrix} \boldsymbol{I}_{(s)} & \boldsymbol{O} \\ \boldsymbol{O} & \boldsymbol{O} \end{pmatrix}$$

取可逆方阵

$$\boldsymbol{P} = \begin{pmatrix} \boldsymbol{P}_1 & \boldsymbol{O} \\ \boldsymbol{O} & \boldsymbol{P}_2 \end{pmatrix},\quad \boldsymbol{Q} = \begin{pmatrix} \boldsymbol{Q}_1 & \boldsymbol{O} \\ \boldsymbol{O} & \boldsymbol{Q}_2 \end{pmatrix}$$

(1)

$$\boldsymbol{S}_1 = \boldsymbol{P}\begin{pmatrix} \boldsymbol{A} & \boldsymbol{O} \\ \boldsymbol{O} & \boldsymbol{B} \end{pmatrix}\boldsymbol{Q} = \begin{pmatrix} \boldsymbol{P}_1\boldsymbol{A}\boldsymbol{Q}_1 & \boldsymbol{O} \\ \boldsymbol{O} & \boldsymbol{P}_2\boldsymbol{B}\boldsymbol{Q}_2 \end{pmatrix} = \begin{pmatrix} \boldsymbol{I}_{(r)} & & & \\ & \boldsymbol{O} & & \\ & & \boldsymbol{I}_{(s)} & \\ & & & \boldsymbol{O} \end{pmatrix}$$

含有 $r+s$ 阶子式 $\begin{vmatrix} \boldsymbol{I}_{(r)} & \\ & \boldsymbol{I}_{(s)} \end{vmatrix} = 1 \neq 0$；且更高阶的子式都含有全为 0 的行，值为 0. 因此

$$\operatorname{rank}\begin{pmatrix} \boldsymbol{A} & \boldsymbol{O} \\ \boldsymbol{O} & \boldsymbol{B} \end{pmatrix} = \operatorname{rank} \boldsymbol{S}_1 = r+s = \operatorname{rank} \boldsymbol{A} + \operatorname{rank} \boldsymbol{B}.$$

(2)

$$\boldsymbol{S}_2 = \boldsymbol{P}\begin{pmatrix} \boldsymbol{A} & \boldsymbol{O} \\ \boldsymbol{C} & \boldsymbol{B} \end{pmatrix}\boldsymbol{Q} = \begin{pmatrix} \boldsymbol{I}_{(r)} & & & \\ & & \boldsymbol{O} & \\ & & \boldsymbol{I}_{(s)} & \\ \boldsymbol{P}_2\boldsymbol{C}\boldsymbol{Q}_1 & & & \\ & & & \boldsymbol{O} \end{pmatrix}$$

含有 $r+s$ 阶子式 $\begin{vmatrix} \boldsymbol{I}_{(r)} & \boldsymbol{O} \\ * & \boldsymbol{I}_{(s)} \end{vmatrix} = 1 \neq 0$，其中 $*$ 表示某个矩阵. 因此

$$\operatorname{rank}\begin{pmatrix} A & O \\ C & B \end{pmatrix} = \operatorname{rank} S_2 \geqslant r+s = \operatorname{rank} A + \operatorname{rank} B.$$

(3) 设 $\operatorname{rank} D_1 = r$. D_1 的 r 阶非零子式也是 D 的 r 阶非零子式，因此 $\operatorname{rank} D \geqslant r = \operatorname{rank} D_1$. □

例 5 设 $A, B \in F^{m\times n}$，求证：$\operatorname{rank}(A+B) \leqslant \operatorname{rank} A + \operatorname{rank} B$.

证法 1

$$\begin{aligned}\operatorname{rank} A + \operatorname{rank} B &= \operatorname{rank}\begin{pmatrix} A & \\ & B \end{pmatrix} \\ &= \operatorname{rank}\left(\begin{pmatrix} I_{(m)} & O \\ I & I_{(m)} \end{pmatrix}\begin{pmatrix} A & \\ & B \end{pmatrix}\begin{pmatrix} I_{(n)} & O \\ I & I_{(n)} \end{pmatrix}\right) \\ &= \operatorname{rank}\begin{pmatrix} A & O \\ A+B & B \end{pmatrix} \geqslant \operatorname{rank}(A+B).\end{aligned}$$

最后一个不等号成立的原因是：$A+B$ 是 $\begin{pmatrix} A & O \\ A+B & B \end{pmatrix}$ 的子矩阵.

证法 2 设 $\operatorname{rank} A = r$，$\operatorname{rank} B = s$，取 A 的列向量组 $C_A = \{A_1, \cdots, A_n\}$ 的一个极大线性无关组 $M_A = \{A_{j_1}, \cdots, A_{j_r}\}$. 取 B 的列向量组 $C_B = \{B_1, \cdots, B_n\}$ 的一个极大线性无关组 $M_B = \{B_{k_1}, \cdots, B_{k_s}\}$. 则 C_A 是 M_A 的线性组合，C_B 是 M_B 的线性组合. $A+B$ 的列向量组 $C_{A+B} = \{A_1+B_1, \cdots, A_n+B_n\}$ 是 $C_A \cup C_B$ 的线性组合，从而是 $M_A \cup M_B$ 的线性组合. 因此

$$\operatorname{rank}(A+B) = \operatorname{rank} C_{A+B} \leqslant \operatorname{rank}(M_A \cup M_B) \leqslant r+s = \operatorname{rank} A + \operatorname{rank} B \quad \square$$

例 6 (Frobenius 秩不等式) 设 $A \in F^{m\times n}$，$B \in F^{n\times p}$，$C \in F^{p\times q}$. 求证：

$$\operatorname{rank} AB + \operatorname{rank} BC - \operatorname{rank} B \leqslant \operatorname{rank} ABC \tag{4.6.4}$$

证明 不等式(4.6.4)即

$$\operatorname{rank} AB + \operatorname{rank} BC \leqslant \operatorname{rank} B + \operatorname{rank} ABC = \operatorname{rank}\begin{pmatrix} ABC & O \\ O & B \end{pmatrix} \tag{4.6.5}$$

将(4.6.5)通过分块矩阵的初等变换消去 ABC，得

$$\begin{pmatrix} I_{(m)} & A \\ O & I_{(n)} \end{pmatrix}\begin{pmatrix} ABC & O \\ O & B \end{pmatrix}\begin{pmatrix} I_{(q)} & O \\ -C & I_{(p)} \end{pmatrix} = \begin{pmatrix} O & AB \\ -BC & B \end{pmatrix}$$

$$\begin{pmatrix} O & AB \\ -BC & B \end{pmatrix}\begin{pmatrix} O & -I_{(q)} \\ I & O \end{pmatrix} = \begin{pmatrix} AB & O \\ B & BC \end{pmatrix}$$

其中的方阵

$$\begin{pmatrix} \boldsymbol{I}_{(m)} & \boldsymbol{A} \\ \boldsymbol{O} & \boldsymbol{I}_{(n)} \end{pmatrix}, \begin{pmatrix} \boldsymbol{I}_{(q)} & \boldsymbol{O} \\ -\boldsymbol{C} & \boldsymbol{I}_{(p)} \end{pmatrix}, \begin{pmatrix} \boldsymbol{O} & -\boldsymbol{I}_{(q)} \\ \boldsymbol{I} & \boldsymbol{O} \end{pmatrix}$$

都是可逆方阵. 因此

$$\operatorname{rank}\begin{pmatrix} \boldsymbol{ABC} & \boldsymbol{O} \\ \boldsymbol{O} & \boldsymbol{B} \end{pmatrix} = \operatorname{rank}\begin{pmatrix} \boldsymbol{AB} & \boldsymbol{O} \\ \boldsymbol{B} & \boldsymbol{BC} \end{pmatrix} \geqslant \operatorname{rank}(\boldsymbol{AB}) + \operatorname{rank}(\boldsymbol{BC}). \qquad \square$$

在例 7 的 Frobenius 秩不等式中取 $\boldsymbol{B}=\boldsymbol{I}_{(n)}$，得到

$$\operatorname{rank} \boldsymbol{A} + \operatorname{rank} \boldsymbol{C} - n \leqslant \operatorname{rank} \boldsymbol{AC}.$$

与 $\operatorname{rank} \boldsymbol{AC} \leqslant \min\{\operatorname{rank} \boldsymbol{A}, \operatorname{rank} \boldsymbol{C}\}$ 一起，就有

$$\operatorname{rank} \boldsymbol{A} + \operatorname{rank} \boldsymbol{B} - n \leqslant \operatorname{rank} \boldsymbol{AB} \leqslant \min\{\operatorname{rank} \boldsymbol{A}, \operatorname{rank} \boldsymbol{B}\}.$$

对 $\boldsymbol{A} \in F^{m\times n}$，$\boldsymbol{B} \in F^{n\times p}$ 成立. 这个不等式称为 Sylvecter 秩不等式.

例 7　设 $\boldsymbol{A}$ 是实数域上 $m\times n$ 矩阵. 求证：$\operatorname{rank} \boldsymbol{A} = \operatorname{rank} \boldsymbol{AA}^{\mathrm{T}}$.

证明　设 $\operatorname{rank} \boldsymbol{A}=r$，则 $\operatorname{rank} \boldsymbol{AA}^{\mathrm{T}} \leqslant \operatorname{rank} \boldsymbol{A}$. 只要能在 $\boldsymbol{AA}^{\mathrm{T}}$ 中找到一个 r 阶非零子式，就说明 $\operatorname{rank} \boldsymbol{AA}^{\mathrm{T}} \geqslant r$，从而 $\operatorname{rank} \boldsymbol{AA}^{\mathrm{T}} = r$.

$\boldsymbol{A}$ 有 r 阶子式

$$A\begin{pmatrix} i_1 & i_2 & \cdots & i_r \\ j_1 & j_2 & \cdots & j_r \end{pmatrix} \neq 0.$$

由 Binet-Cauchy 公式的推论 4.5.1 知

$$(AA^{\mathrm{T}})\begin{pmatrix} i_1 & i_2 & \cdots & i_r \\ i_1 & i_2 & \cdots & i_r \end{pmatrix} = \sum_{1\leqslant k_1<k_2<\cdots<k_r\leqslant n} A\begin{pmatrix} i_1 & i_2 & \cdots & i_r \\ k_1 & k_2 & \cdots & k_r \end{pmatrix} A^{\mathrm{T}}\begin{pmatrix} k_1 & k_2 & \cdots & k_r \\ i_1 & i_2 & \cdots & i_r \end{pmatrix}$$

$$= \sum_{1\leqslant k_1<k_2<\cdots<k_r\leqslant n} \left(A\begin{pmatrix} i_1 & i_2 & \cdots & i_r \\ k_1 & k_2 & \cdots & k_r \end{pmatrix}\right)^2 \geqslant 0. \qquad (4.6.6)$$

上式最后的求和式中取 $(k_1,k_2,\cdots,k_r)=(j_1,j_2,\cdots,j_r)$ 得到的子式

$$A\begin{pmatrix} i_1 & i_2 & \cdots & i_r \\ j_1 & j_2 & \cdots & j_r \end{pmatrix} \neq 0, \text{从而} \left(A\begin{pmatrix} i_1 & i_2 & \cdots & i_r \\ j_1 & j_2 & \cdots & j_r \end{pmatrix}\right)^2 > 0.$$

因此(4.6.6)中的求和式大于 0. 这就证明了 $\boldsymbol{AA}^{\mathrm{T}}$ 包含 r 阶子式

$$(AA^{\mathrm{T}})\begin{pmatrix} i_1 & i_2 & \cdots & i_r \\ i_1 & i_2 & \cdots & i_r \end{pmatrix} > 0.$$

从而 $\operatorname{rank}(\boldsymbol{AA}^{\mathrm{T}}) = r = \operatorname{rank} \boldsymbol{A}$.　$\square$

习　题　4.6

1. 求下列矩阵的秩：

（1）$A=\begin{pmatrix}-1&2&3&7\\1&0&3&2\\4&-3&5&2\end{pmatrix}$；　　（2）$B=\begin{pmatrix}1&5&3&0\\0&4&6&2\\2&0&9&1\\-1&3&0&1\end{pmatrix}$.

2. 证明：任意一个秩为 r 的矩阵都可以表示为 r 个秩为 1 的矩阵之和.

3.（矩阵的满秩分解）　设 $A=F^{m\times n}$ 且 rank $A=r>0$. 求证：存在 $B\in F^{m\times r}$ 和 $C\in F^{r\times n}$ 且 rank $B=$ rank $C=r$，使 $A=BC$.

4. 已知方阵 $A=(a_{ij})_{n\times n}$ 的秩等于 1，$\lambda=a_{11}+\cdots+a_{nn}$.

（1）求证：$A^2=\lambda A$；　　（2）求 $\det(I+A)$；

（3）当 $I+A$ 可逆时求 $(I+A)^{-1}$.

5. 设 A，B 是行数相同的矩阵，(A,B) 是由 A，B 并排组成的矩阵. 证明：

$$\operatorname{rank}(A,B)\leqslant \operatorname{rank} A+\operatorname{rank} B$$

6. 设 n 阶方阵 A 满足条件 $A^2=I$，求证：$\operatorname{rank}(A-I)+\operatorname{rank}(A+I)=n$.

7. 设 A^* 表示 n 阶方阵 A 的伴随方阵. 证明：

（1）rank $A^*=n\Leftrightarrow$ rank $A=n$；　　（2）rank $A^*=1\Leftrightarrow$ rank $A=n-1$；

（3）rank $A^*=0\Leftrightarrow$ rank $A<n-1$.

§4.7　更多的例子

例 1　设 $\begin{pmatrix}A&B\\C&D\end{pmatrix}$ 及 A，D 都是数域 F 上的方阵. 求证：

$$\begin{vmatrix}A&B\\C&D\end{vmatrix}=\begin{cases}|A|\,|D-CA^{-1}B|, & \text{当 } A \text{ 可逆}\\ |D|\,|A-BD^{-1}C|, & \text{当 } D \text{ 可逆}\end{cases}\tag{4.7.1}$$

证明　当 A 可逆时，

$$\begin{pmatrix}I&O\\-CA^{-1}&I\end{pmatrix}\begin{pmatrix}A&B\\C&D\end{pmatrix}=\begin{pmatrix}A&B\\O&D-CA^{-1}B\end{pmatrix}$$

两边同时取行列式，得

$$\begin{vmatrix}A&B\\C&D\end{vmatrix}=\begin{vmatrix}A&B\\O&D-CA^{-1}B\end{vmatrix}=|A|\cdot|D-CA^{-1}B|\tag{4.7.2}$$

当 D 可逆时，

$$\begin{pmatrix} I & -BD^{-1} \\ O & I \end{pmatrix}\begin{pmatrix} A & B \\ C & D \end{pmatrix}=\begin{pmatrix} A-BD^{-1}C & O \\ C & D \end{pmatrix}$$

两边同时取行列式，得

$$\begin{vmatrix} A & B \\ C & D \end{vmatrix}=\begin{vmatrix} A-BD^{-1}C & O \\ C & D \end{vmatrix}=|D|\,|A-BD^{-1}C| \quad \square$$

利用例 1 中的公式可以将行列式 $\begin{vmatrix} A & B \\ C & D \end{vmatrix}$ 化为较低阶的行列式来计算，也称为行列式的降阶公式.

例 2　设 n 阶方阵

$$A=\begin{pmatrix} 0 & & & -a_n \\ 1 & \ddots & & \vdots \\ & \ddots & 0 & -a_2 \\ & & 1 & -a_1 \end{pmatrix}.$$

利用行列式降阶公式计算 n 行列式 $|\lambda I-A|$.

解　将 $\lambda I-A$ 写成分块形式

$$\lambda I-A=\begin{pmatrix} \lambda & & & a_n \\ -1 & \ddots & & \vdots \\ & \ddots & \lambda & a_2 \\ & & -1 & \lambda+a_1 \end{pmatrix}=\begin{pmatrix} \Lambda & B \\ C & D \end{pmatrix},$$

其中

$$\Lambda=\begin{pmatrix} \lambda & & & \\ -1 & \lambda & & \\ & \ddots & \ddots & \\ & & -1 & \lambda \end{pmatrix}\in F^{(n-1)\times(n-1)}, \qquad B=\begin{pmatrix} a_n \\ \vdots \\ a_2 \end{pmatrix}\in F^{(n-1)\times 1}$$

$$C=(0,\cdots,0,-1)\in F^{1\times(n-1)}, \qquad D=\lambda+a_1\in F^{1\times 1}.$$

记

$$N=\begin{pmatrix} 0 & & & \\ 1 & 0 & & \\ & \ddots & \ddots & \\ & & 1 & 0 \end{pmatrix}\in F^{(n-1)\times(n-1)}$$

则 $\Lambda=\lambda I-N=\lambda(I-\lambda^{-1}N)$.

$$\begin{aligned}\Lambda^{-1}&=\lambda^{-1}(I-\lambda^{-1}N)^{-1}=\lambda^{-1}(I+\lambda^{-1}N+(\lambda^{-1}N)^2+\cdots+(\lambda^{-1}N)^{n-2})\\&=\lambda^{-1}I+\lambda^{-2}N+\lambda^{-3}N^2+\cdots+\lambda^{-n+1}N^{n-2}\end{aligned}$$

$$=\begin{pmatrix}\frac{1}{\lambda} & 0 & \cdots & 0\\ \frac{1}{\lambda^2} & \frac{1}{\lambda} & \cdots & 0\\ \vdots & \vdots & & \vdots\\ \frac{1}{\lambda^{n-1}} & \cdots & \frac{1}{\lambda^2} & \frac{1}{\lambda}\end{pmatrix}$$

$$\boldsymbol{C}\boldsymbol{\Lambda}^{-1}\boldsymbol{B}=-\left(\frac{1}{\lambda^{n-1}},\cdots,\frac{1}{\lambda^2},\frac{1}{\lambda}\right)\begin{pmatrix}a_n\\ \vdots\\ a_2\end{pmatrix}=-\left(\frac{a_n}{\lambda^{n-1}}+\frac{a_{n-1}}{\lambda^{n-2}}+\cdots+\frac{a_2}{\lambda}\right)$$

于是由行列式降阶公式得

$$|\lambda\boldsymbol{I}-\boldsymbol{A}|=|\boldsymbol{\Lambda}||\boldsymbol{D}-\boldsymbol{C}\boldsymbol{\Lambda}^{-1}\boldsymbol{B}|=\lambda^{n-1}\left(\lambda+a_1+\frac{a_n}{\lambda^{n-1}}+\frac{a_{n-1}}{\lambda^{n-2}}+\cdots+\frac{a_2}{\lambda}\right)$$

$$=\lambda^n+a_1\lambda^{n-1}+a_2\lambda^{n-2}+\cdots+a_{n-1}\lambda+a_n \quad \square$$

例 3 设 $\boldsymbol{A}\in F^{m\times n}$，$\boldsymbol{B}\in F^{n\times m}$. 求证：如果 $\boldsymbol{I}_{(m)}-\boldsymbol{AB}$ 可逆，则 $\boldsymbol{I}_{(n)}-\boldsymbol{BA}$ 可逆，并求出 $(\boldsymbol{I}_{(n)}-\boldsymbol{BA})^{-1}$.

证明 我们有

$$\boldsymbol{S}=\begin{pmatrix}\boldsymbol{I}_{(n)} & \boldsymbol{B}\\ \boldsymbol{O} & \boldsymbol{I}_{(m)}-\boldsymbol{AB}\end{pmatrix}=\begin{pmatrix}\boldsymbol{I}_{(n)} & \boldsymbol{O}\\ \boldsymbol{O} & \boldsymbol{I}_{(m)}-\boldsymbol{AB}\end{pmatrix}\begin{pmatrix}\boldsymbol{I}_{(n)} & \boldsymbol{B}\\ \boldsymbol{O} & \boldsymbol{I}_{(m)}\end{pmatrix}$$

$$\begin{pmatrix}\boldsymbol{I}_{(n)} & \boldsymbol{O}\\ \boldsymbol{A} & \boldsymbol{I}_{(m)}\end{pmatrix}\begin{pmatrix}\boldsymbol{I}_{(n)} & \boldsymbol{B}\\ \boldsymbol{O} & \boldsymbol{I}_{(m)}-\boldsymbol{AB}\end{pmatrix}=\begin{pmatrix}\boldsymbol{I}_{(n)} & \boldsymbol{B}\\ \boldsymbol{A} & \boldsymbol{I}_{(m)}\end{pmatrix}$$

$$\begin{pmatrix}\boldsymbol{I}_{(n)} & -\boldsymbol{B}\\ \boldsymbol{O} & \boldsymbol{I}_{(m)}\end{pmatrix}\begin{pmatrix}\boldsymbol{I}_{(n)} & \boldsymbol{B}\\ \boldsymbol{A} & \boldsymbol{I}_{(m)}\end{pmatrix}\begin{pmatrix}\boldsymbol{I}_{(n)} & \boldsymbol{O}\\ -\boldsymbol{A} & \boldsymbol{I}_{(m)}\end{pmatrix}=\begin{pmatrix}\boldsymbol{I}_{(n)}-\boldsymbol{BA} & \boldsymbol{O}\\ \boldsymbol{O} & \boldsymbol{I}_{(m)}\end{pmatrix}$$

于是

$$\begin{pmatrix}\boldsymbol{I}_{(n)}-\boldsymbol{BA} & \boldsymbol{O}\\ \boldsymbol{O} & \boldsymbol{I}_{(m)}\end{pmatrix}$$

$$=\begin{pmatrix}\boldsymbol{I}_{(n)} & -\boldsymbol{B}\\ \boldsymbol{O} & \boldsymbol{I}_{(m)}\end{pmatrix}\begin{pmatrix}\boldsymbol{I}_{(n)} & \boldsymbol{O}\\ \boldsymbol{A} & \boldsymbol{I}_{(m)}\end{pmatrix}\begin{pmatrix}\boldsymbol{I}_{(n)} & \boldsymbol{O}\\ \boldsymbol{O} & \boldsymbol{I}_{(m)}-\boldsymbol{AB}\end{pmatrix}\begin{pmatrix}\boldsymbol{I}_{(n)} & \boldsymbol{B}\\ \boldsymbol{O} & \boldsymbol{I}_{(m)}\end{pmatrix}\begin{pmatrix}\boldsymbol{I}_{(n)} & \boldsymbol{O}\\ -\boldsymbol{A} & \boldsymbol{I}_{(m)}\end{pmatrix} \quad (4.7.3)$$

如果 $\boldsymbol{I}_{(m)}-\boldsymbol{AB}$ 可逆，则等式(4.7.3)右边的每个方阵都可逆，左边的矩阵等于可逆方阵的乘积，仍然可逆，因此 $\boldsymbol{I}_{(n)}-\boldsymbol{BA}$ 可逆.

等式(4.7.3)两边同时求逆得

$$\begin{pmatrix}(\boldsymbol{I}_{(n)}-\boldsymbol{BA})^{-1} & \boldsymbol{O}\\ \boldsymbol{O} & \boldsymbol{I}_{(m)}\end{pmatrix}=\begin{pmatrix}\boldsymbol{I}_{(n)} & \boldsymbol{O}\\ \boldsymbol{A} & \boldsymbol{I}_{(m)}\end{pmatrix}\begin{pmatrix}\boldsymbol{I}_{(n)} & -\boldsymbol{B}\\ \boldsymbol{O} & \boldsymbol{I}_{(m)}\end{pmatrix}\cdot$$

$$\begin{pmatrix}\boldsymbol{I}_{(n)} & \boldsymbol{O}\\ \boldsymbol{O} & (\boldsymbol{I}_{(m)}-\boldsymbol{AB})^{-1}\end{pmatrix}\begin{pmatrix}\boldsymbol{I}_{(n)} & \boldsymbol{O}\\ -\boldsymbol{A} & \boldsymbol{I}_{(m)}\end{pmatrix}\begin{pmatrix}\boldsymbol{I}_{(n)} & \boldsymbol{B}\\ \boldsymbol{O} & \boldsymbol{I}_{(m)}\end{pmatrix}$$

$$=\begin{pmatrix}\boldsymbol{I}_{(n)} & \boldsymbol{O}\\ \boldsymbol{A} & \boldsymbol{I}_{(m)}\end{pmatrix}\begin{pmatrix}\boldsymbol{I}_{(n)}+\boldsymbol{B}(\boldsymbol{I}_{(m)}-\boldsymbol{AB})^{-1}\boldsymbol{A} & *\\ * & *\end{pmatrix}\cdot$$

$$\begin{pmatrix}\boldsymbol{I}_{(n)} & \boldsymbol{B}\\ \boldsymbol{O} & \boldsymbol{I}_{(m)}\end{pmatrix}$$

$$=\begin{pmatrix}\boldsymbol{I}_{(n)}+\boldsymbol{B}(\boldsymbol{I}_{(m)}-\boldsymbol{AB})^{-1}\boldsymbol{A} & *\\ * & *\end{pmatrix}$$

因此

$$(\boldsymbol{I}_{(n)}-\boldsymbol{BA})^{-1}=\boldsymbol{I}_{(n)}+\boldsymbol{B}(\boldsymbol{I}_{(m)}-\boldsymbol{AB})^{-1}\boldsymbol{A} \quad \square$$

例 4 设 $\boldsymbol{A}$，$\boldsymbol{B}$ 是 n 阶方阵，$\boldsymbol{I}$ 是 n 阶单位阵. 利用分块运算等式

$$\begin{pmatrix}\boldsymbol{I} & \boldsymbol{A}\\ \boldsymbol{O} & \boldsymbol{I}\end{pmatrix}\begin{pmatrix}\boldsymbol{A} & \boldsymbol{O}\\ -\boldsymbol{I} & \boldsymbol{B}\end{pmatrix}=\begin{pmatrix}\boldsymbol{O} & \boldsymbol{AB}\\ -\boldsymbol{I} & \boldsymbol{B}\end{pmatrix} \tag{4.7.4}$$

再一次证明

$$|\boldsymbol{AB}|=|\boldsymbol{A}|\cdot|\boldsymbol{B}|$$

证明 首先，证明任何一个 $2n$ 阶方阵 $\boldsymbol{S}$ 左乘$\begin{pmatrix}\boldsymbol{I} & \boldsymbol{A}\\ \boldsymbol{O} & \boldsymbol{I}\end{pmatrix}$之后行列式不变：

$$\det\left(\begin{pmatrix}\boldsymbol{I} & \boldsymbol{A}\\ \boldsymbol{O} & \boldsymbol{I}\end{pmatrix}\boldsymbol{S}\right)=\det\boldsymbol{S}$$

容易验证：对于任意两个 n 阶方阵 $\boldsymbol{A}_1$，$\boldsymbol{A}_2$，有

$$\begin{pmatrix}\boldsymbol{I} & \boldsymbol{A}_1\\ \boldsymbol{O} & \boldsymbol{I}\end{pmatrix}\begin{pmatrix}\boldsymbol{I} & \boldsymbol{A}_2\\ \boldsymbol{O} & \boldsymbol{I}\end{pmatrix}=\begin{pmatrix}\boldsymbol{I} & \boldsymbol{A}_1+\boldsymbol{A}_2\\ \boldsymbol{O} & \boldsymbol{I}\end{pmatrix}$$

$\boldsymbol{A}=(a_{ij})_{n\times n}$可以分解为 n^2 个 n 阶方阵 $a_{ij}\boldsymbol{E}_{ij}(1\leqslant i,j\leqslant n)$之和

$$\boldsymbol{A}=\sum_{i,\ j=1}^{n}a_{ij}\boldsymbol{E}_{ij}$$

其中 $\boldsymbol{E}_{ij}$是第(i,j)分量为 1、其余分量为 0 的 n 阶方阵. 因此

$$\begin{pmatrix}\boldsymbol{I} & \boldsymbol{A}\\ \boldsymbol{O} & \boldsymbol{I}\end{pmatrix}=\begin{pmatrix}\boldsymbol{I} & \sum\limits_{i,\ j=1}^{n}a_{ij}\boldsymbol{E}_{ij}\\ \boldsymbol{O} & \boldsymbol{I}\end{pmatrix}=\prod_{i,\ j=1}^{n}\begin{pmatrix}\boldsymbol{I} & a_{ij}\boldsymbol{E}_{ij}\\ \boldsymbol{O} & \boldsymbol{I}\end{pmatrix}$$

对每个 $1\leqslant i,j\leqslant n$，记 $\boldsymbol{Q}_{ij}=\begin{pmatrix}\boldsymbol{I} & a_{ij}\boldsymbol{E}_{ij}\\ \boldsymbol{O} & \boldsymbol{I}\end{pmatrix}=\boldsymbol{T}_{i,j+n}(a_{ij})$. 则当 $a_{ij}\neq 0$ 时 $\boldsymbol{Q}_{ij}$是一个初等方阵，用它左乘任何一个 $2n$ 阶方阵 $\boldsymbol{S}$ 的效果是将 $\boldsymbol{S}$ 的第 $j+n$ 行的 a_{ij}倍加到第 i 行，$\boldsymbol{S}$ 的行列式不变. 当 $a_{ij}=0$ 时 $\boldsymbol{Q}_{ij}=\boldsymbol{I}_{(2n)}$是单位阵，用它左乘 $\boldsymbol{S}$ 不改变 $\boldsymbol{S}$，当然也不改变 $\boldsymbol{S}$ 的行列式.

将 $2n$ 阶方阵$\begin{pmatrix}\boldsymbol{I} & \boldsymbol{A}\\ \boldsymbol{O} & \boldsymbol{I}\end{pmatrix}$左乘 $\boldsymbol{S}$，可以通过依次左乘各 $\boldsymbol{Q}_{ij}$来实现. 用每个 $\boldsymbol{Q}_{ij}$左乘都不改变$|\boldsymbol{S}|$，因此用它们的乘积$\begin{pmatrix}\boldsymbol{I} & \boldsymbol{A}\\ \boldsymbol{O} & \boldsymbol{I}\end{pmatrix}$左乘 $\boldsymbol{S}$ 也不改变$|\boldsymbol{S}|$.

在等式(4.7.4)两边取行列式得

$$\left|\begin{pmatrix}\boldsymbol{I} & \boldsymbol{A}\\ \boldsymbol{O} & \boldsymbol{I}\end{pmatrix}\begin{pmatrix}\boldsymbol{A} & \boldsymbol{O}\\ -\boldsymbol{I} & \boldsymbol{B}\end{pmatrix}\right|=\begin{vmatrix}\boldsymbol{O} & \boldsymbol{AB}\\ -\boldsymbol{I} & \boldsymbol{B}\end{vmatrix}$$

将

$$\left|\begin{pmatrix}\boldsymbol{I} & \boldsymbol{A}\\ \boldsymbol{O} & \boldsymbol{I}\end{pmatrix}\begin{pmatrix}\boldsymbol{A} & \boldsymbol{O}\\ -\boldsymbol{I} & \boldsymbol{B}\end{pmatrix}\right|=\begin{vmatrix}\boldsymbol{A} & \boldsymbol{O}\\ -\boldsymbol{I} & \boldsymbol{B}\end{vmatrix}$$

代入得

$$\begin{vmatrix}\boldsymbol{A} & \boldsymbol{O}\\ -\boldsymbol{I} & \boldsymbol{B}\end{vmatrix}=\begin{vmatrix}\boldsymbol{O} & \boldsymbol{AB}\\ -\boldsymbol{I} & \boldsymbol{B}\end{vmatrix}\tag{4.7.5}$$

等式(4.7.5)左边$=|\boldsymbol{A}||\boldsymbol{B}|$. 将等式右边的 $2n$ 阶行列式的第 1 列与第$n+1$ 列互换、第 2 列与第 $n+2$ 列互换，…，第 n 列与第 $2n$ 列互换，经过这 n 次互换，行列式变为$\begin{vmatrix}\boldsymbol{AB} & \boldsymbol{O}\\ \boldsymbol{B} & -\boldsymbol{I}\end{vmatrix}$，其值是原来的行列式的$(-1)^n$ 倍. 因此，(4.7.5)右边的行列式等于

$$(-1)^n\begin{vmatrix}\boldsymbol{AB} & \boldsymbol{O}\\ \boldsymbol{B} & -\boldsymbol{I}_{(n)}\end{vmatrix}=(-1)^n|\boldsymbol{AB}|(-1)^n=|\boldsymbol{AB}|$$

(4.7.5)就是

$$|\boldsymbol{A}|\cdot|\boldsymbol{B}|=|\boldsymbol{AB}| \quad \square$$

例 5 设 n 阶方阵 $\boldsymbol{A}$ 满足条件 $\boldsymbol{A}^2=\boldsymbol{A}$. 求证：存在 n 阶可逆方阵 $\boldsymbol{P}$ 使

$$\boldsymbol{P}^{-1}\boldsymbol{AP}=\begin{pmatrix}\boldsymbol{I}_{(r)} & \boldsymbol{O}\\ \boldsymbol{O} & \boldsymbol{O}\end{pmatrix}，其中 r=\operatorname{rank}\boldsymbol{A}$$

解 存在 n 阶可逆方阵 $\boldsymbol{P}_1$，$\boldsymbol{Q}_1$ 使

$$\boldsymbol{A}=\boldsymbol{P}_1\begin{pmatrix}\boldsymbol{I}_{(r)} & \boldsymbol{O}\\ \boldsymbol{O} & \boldsymbol{O}\end{pmatrix}\boldsymbol{Q}_1\tag{4.7.6}$$

代入 $\boldsymbol{A}^2=\boldsymbol{A}$，得

$$\boldsymbol{P}_1\begin{pmatrix}\boldsymbol{I}_{(r)} & \boldsymbol{O}\\ \boldsymbol{O} & \boldsymbol{O}\end{pmatrix}\boldsymbol{Q}_1\boldsymbol{P}_1\begin{pmatrix}\boldsymbol{I}_{(r)} & \boldsymbol{O}\\ \boldsymbol{O} & \boldsymbol{O}\end{pmatrix}\boldsymbol{Q}_1=\boldsymbol{P}_1\begin{pmatrix}\boldsymbol{I}_{(r)} & \boldsymbol{O}\\ \boldsymbol{O} & \boldsymbol{O}\end{pmatrix}\boldsymbol{Q}_1$$

等式两边同时左乘 $\boldsymbol{P}_1^{-1}$，右乘 $\boldsymbol{Q}_1^{-1}$，并令 $\boldsymbol{T}=\boldsymbol{Q}_1\boldsymbol{P}_1=\begin{pmatrix}\boldsymbol{T}_1 & \boldsymbol{T}_2\\ \boldsymbol{T}_3 & \boldsymbol{T}_4\end{pmatrix}$，其中 $\boldsymbol{T}_1$ 是 r 阶方阵. 得

$$\begin{pmatrix}\boldsymbol{I}_{(r)} & \boldsymbol{O}\\ \boldsymbol{O} & \boldsymbol{O}\end{pmatrix}\begin{pmatrix}\boldsymbol{T}_1 & \boldsymbol{T}_2\\ \boldsymbol{T}_3 & \boldsymbol{T}_4\end{pmatrix}\begin{pmatrix}\boldsymbol{I}_{(r)} & \boldsymbol{O}\\ \boldsymbol{O} & \boldsymbol{O}\end{pmatrix}=\begin{pmatrix}\boldsymbol{I}_{(r)} & \boldsymbol{O}\\ \boldsymbol{O} & \boldsymbol{O}\end{pmatrix},\text{ 即}\begin{pmatrix}\boldsymbol{T}_1 & \boldsymbol{O}\\ \boldsymbol{O} & \boldsymbol{O}\end{pmatrix}=\begin{pmatrix}\boldsymbol{I}_{(r)} & \boldsymbol{O}\\ \boldsymbol{O} & \boldsymbol{O}\end{pmatrix}$$

也就是 $\boldsymbol{T}_1=\boldsymbol{I}_{(r)}$. 因此

$$\boldsymbol{Q}_1\boldsymbol{P}_1=\begin{pmatrix}\boldsymbol{I}_{(r)} & \boldsymbol{T}_2\\ \boldsymbol{T}_3 & \boldsymbol{T}_4\end{pmatrix},\quad \boldsymbol{Q}_1=\begin{pmatrix}\boldsymbol{I}_{(r)} & \boldsymbol{T}_2\\ \boldsymbol{T}_3 & \boldsymbol{T}_4\end{pmatrix}\boldsymbol{P}_1^{-1}$$

代入(4.7.6)得

$$\boldsymbol{A}=\boldsymbol{P}_1\begin{pmatrix}\boldsymbol{I}_{(r)} & \boldsymbol{O}\\ \boldsymbol{O} & \boldsymbol{O}\end{pmatrix}\begin{pmatrix}\boldsymbol{I}_{(r)} & \boldsymbol{T}_2\\ \boldsymbol{T}_3 & \boldsymbol{T}_4\end{pmatrix}\boldsymbol{P}_1^{-1}=\boldsymbol{P}_1\begin{pmatrix}\boldsymbol{I}_{(r)} & \boldsymbol{T}_2\\ \boldsymbol{O} & \boldsymbol{O}\end{pmatrix}\boldsymbol{P}_1^{-1}$$

$$\boldsymbol{P}_1^{-1}\boldsymbol{A}\boldsymbol{P}_1=\begin{pmatrix}\boldsymbol{I}_{(r)} & \boldsymbol{T}_2\\ \boldsymbol{O} & \boldsymbol{O}\end{pmatrix}$$

又

$$\begin{pmatrix}\boldsymbol{I} & -\boldsymbol{T}_2\\ \boldsymbol{O} & \boldsymbol{I}\end{pmatrix}^{-1}\begin{pmatrix}\boldsymbol{I}_{(r)} & \boldsymbol{T}_2\\ \boldsymbol{O} & \boldsymbol{O}\end{pmatrix}\begin{pmatrix}\boldsymbol{I} & -\boldsymbol{T}_2\\ \boldsymbol{O} & \boldsymbol{I}\end{pmatrix}=\begin{pmatrix}\boldsymbol{I}_{(r)} & \boldsymbol{O}\\ \boldsymbol{O} & \boldsymbol{O}\end{pmatrix}\tag{4.7.7}$$

令 $\boldsymbol{P}=\boldsymbol{P}_1\begin{pmatrix}\boldsymbol{I} & -\boldsymbol{T}_2\\ \boldsymbol{O} & \boldsymbol{I}\end{pmatrix}$，则由(4.7.7)知

$$\boldsymbol{P}^{-1}\boldsymbol{A}\boldsymbol{P}=\begin{pmatrix}\boldsymbol{I}_{(r)} & \boldsymbol{O}\\ \boldsymbol{O} & \boldsymbol{O}\end{pmatrix}\quad\square$$

例 6　利用矩阵的相抵标准形研究 n 元一次方程组 $\boldsymbol{A}\boldsymbol{X}=\boldsymbol{\beta}$ 有解的条件和解集的结构.

解　设 $\operatorname{rank}\boldsymbol{A}=r$，则 $\boldsymbol{A}\in F^{m\times n}$ 相抵于标准形$\begin{pmatrix}\boldsymbol{I}_{(r)} & \boldsymbol{O}\\ \boldsymbol{O} & \boldsymbol{O}\end{pmatrix}$. 存在 m 阶可逆方阵 $\boldsymbol{P}$ 和 n 阶可逆方阵 $\boldsymbol{Q}$，使

$$A=P\begin{pmatrix} I_{(r)} & O \\ O & O \end{pmatrix}Q \tag{4.7.8}$$

方程组 $AX=\beta$ 化为

$$P\begin{pmatrix} I_{(r)} & O \\ O & O \end{pmatrix}QX=\beta \tag{4.7.9}$$

两边左乘 P^{-1}，并令 $Y=QX$，得

$$\begin{pmatrix} I_{(r)} & O \\ O & O \end{pmatrix}Y=P^{-1}\beta \tag{4.7.10}$$

将 n 维列向量 Y 分块为$\begin{pmatrix} Y_1 \\ Y_2 \end{pmatrix}$，其中 Y_1，Y_2 分别是 r 维和 $n-r$ 维列向量. 将 m 维列向量 $P^{-1}\beta$ 分块为$\begin{pmatrix} Z_1 \\ Z_2 \end{pmatrix}$，其中 Z_1，Z_2 分别是 r 维和 $m-r$ 维列向量，则(4.7.10)成为

$$\begin{pmatrix} Y_1 \\ O \end{pmatrix}=\begin{pmatrix} Z_1 \\ Z_2 \end{pmatrix} \tag{4.7.11}$$

如果 $Z_2\neq 0$，则方程组(4.7.11)无解，原方程组 $AX=\beta$ 无解.

设 $Z_2=0$. 则 (4.7.11)的解为 $Y_1=Z_1$，$\begin{pmatrix} Y_1 \\ Y_2 \end{pmatrix}=\begin{pmatrix} Z_1 \\ Y_2 \end{pmatrix}$，其中 $Y_2\in F^{(n-r)\times 1}$可以任意取值. 原方程可能的解为

$$X=Q^{-1}\begin{pmatrix} Z_1 \\ Y_2 \end{pmatrix} \tag{4.7.12}$$

将(4.7.12)代回原方程组 $AX=\beta$ 检验，得

$$AX=P\begin{pmatrix} I_{(r)} & O \\ O & O \end{pmatrix}QQ^{-1}\begin{pmatrix} Z_1 \\ Y_2 \end{pmatrix}=P\begin{pmatrix} Z_1 \\ O \end{pmatrix}=P\begin{pmatrix} Z_1 \\ Z_2 \end{pmatrix}=PP^{-1}\beta=\beta$$

(4.7.12)确实是原方程组的解，因而是原方程组的通解.

(1) 方程组 $AX=\beta$ 有解的充分必要条件

原方程组有解的充分必要条件为 $Z_2=0$.

也就是：分块矩阵 $B=\left(\begin{pmatrix} I_{(r)} & O \\ O & O \end{pmatrix},\ P^{-1}\beta\right)$的秩为 r.

由

$$PB\begin{pmatrix} Q & O \\ O & I \end{pmatrix} = P\left(\begin{pmatrix} I_{(r)} & O \\ O & O \end{pmatrix}, P^{-1}\boldsymbol{\beta}\right)\begin{pmatrix} Q & O \\ O & I \end{pmatrix}$$

$$= \left(P\begin{pmatrix} I_{(r)} & O \\ O & O \end{pmatrix}Q, \boldsymbol{\beta}\right) = (A, \boldsymbol{\beta})$$

知 B 与增广矩阵$(A,\boldsymbol{\beta})$相抵，秩相等.

因此，$AX=\boldsymbol{\beta}$ 有解条件为 $\operatorname{rank}(A,\boldsymbol{\beta})=r=\operatorname{rank} A$.

(2) 齐次线性方程组 $AX=\mathbf{0}$ 解集的构造

齐次线性方程组的 $\boldsymbol{\beta}=\mathbf{0}$，因此$\begin{pmatrix} Z_1 \\ Z_2 \end{pmatrix}=P^{-1}\boldsymbol{\beta}=\mathbf{0}$，$Z_1=Z_2=\mathbf{0}$. 方程组的通解(4.7.12)为

$$X=Q^{-1}\begin{pmatrix} O \\ Y_2 \end{pmatrix}$$

可逆方阵 Q^{-1}的各列 $\boldsymbol{\gamma}_1$，…，$\boldsymbol{\gamma}_n$ 组成 $F^{n\times 1}$的一组基. 设 $Y_2=\begin{pmatrix} y_{r+1} \\ \vdots \\ y_n \end{pmatrix}$，则

$$X=Q^{-1}\begin{pmatrix} O \\ Y_2 \end{pmatrix}=y_{r+1}\gamma_{r+1}+\cdots+y_n\gamma_n$$

通解是 $n-r$ 个线性无关的向量 $\gamma_{r+1},\cdots,\gamma_n$ 在 F 上的所有线性组合，组成$n-r$维子空间 V_A，$\{\gamma_{r+1},\cdots,\gamma_n\}$是 V_A 的一组基.

(3) 非齐次线性方程组 $AX=\boldsymbol{\beta}$ 有解时解集的构造

设 X_0 是 $AX=\boldsymbol{\beta}$ 的任意一个解. 则 $AX=\boldsymbol{\beta}\Leftrightarrow A(X-X_0)=\mathbf{0}\Leftrightarrow X-X_0$ 是 $AX=\mathbf{0}$ 的一个解.

因此，$AX=\boldsymbol{\beta}$ 的解集合为 $X_0+V_A=\{X_0+X_1 \mid X_1\in V_A\}$. 事实上，在通解(4.7.10)即 $X=Q^{-1}\begin{pmatrix} Z_1 \\ Y_2 \end{pmatrix}$中取 $Y_2=\mathbf{0}$ 就得到一个特解 $X_0=Q^{-1}\begin{pmatrix} Z_1 \\ O \end{pmatrix}$，通解 $X=X_0+Q^{-1}\begin{pmatrix} O \\ Y_2 \end{pmatrix}$，其中 $Q^{-1}\begin{pmatrix} O \\ Y_2 \end{pmatrix}$($\forall Y_2\in F^{(n-r)\times 1}$)是齐次线性方程组 $AX=\mathbf{0}$ 的通解. □

习 题 4.7

1. 对任意方阵 $A=(a_{ij})_{n\times n}$，将 A 的对角线元之和 $a_{11}+\cdots+a_{nn}$称作 A 的**迹**(trace)，记为 $\operatorname{Tr}A$. 求证：$\operatorname{Tr}(AB)=\operatorname{Tr}(BA)$.

2. 设 n 阶方阵 A 满足条件 $A^2=A$. 求证：$\operatorname{rank} A=\operatorname{Tr}A$.

3. 求证：不存在方阵 $\boldsymbol{A}$，$\boldsymbol{B}\in F^{n\times n}$ 使 $\boldsymbol{AB}-\boldsymbol{BA}=\boldsymbol{I}$.

4. 设 $\boldsymbol{A}$，$\boldsymbol{B}$ 是同阶方阵，求证：$\operatorname{rank}(\boldsymbol{AB}-\boldsymbol{I})\leqslant\operatorname{rank}(\boldsymbol{A}-\boldsymbol{I})+\operatorname{rank}(\boldsymbol{B}-\boldsymbol{I})$.

5. 设 $\boldsymbol{A}\in F^{m\times n}$，$\operatorname{rank}\boldsymbol{A}=r$.

（1）从 $\boldsymbol{A}$ 中任意取出 s 行组成 $s\times n$ 矩阵 $\boldsymbol{B}$，证明：$\operatorname{rank}\boldsymbol{B}\geqslant r+s-n$；

（2）从 $\boldsymbol{A}$ 中任意指定 s 个行和 t 个列，这些行和列的交叉位置的元组成的 $s\times t$ 矩阵记为 $\boldsymbol{D}$. 求证：$\operatorname{rank}\boldsymbol{D}\geqslant r+s+t-m-n$.

6. 对 n 阶方阵 $\boldsymbol{A}=(a_{ij})_{n\times n}$ 和 $\boldsymbol{B}=(b_{ij})_{n\times n}$，通过对等式

$$\begin{vmatrix} a_{11} & a_{12} & \cdots & a_{1n} & 0 & 0 & \cdots & 0 \\ a_{21} & a_{22} & \cdots & a_{2n} & 0 & 0 & \cdots & 0 \\ \vdots & \vdots & & \vdots & \vdots & \vdots & & \vdots \\ a_{n1} & a_{n2} & \cdots & a_{nn} & 0 & 0 & \cdots & 0 \\ -1 & 0 & \cdots & 0 & b_{11} & b_{12} & \cdots & b_{1n} \\ 0 & -1 & \cdots & 0 & b_{21} & b_{22} & \cdots & b_{2n} \\ \vdots & \vdots & & \vdots & \vdots & \vdots & & \vdots \\ 0 & 0 & \cdots & -1 & b_{n1} & b_{n2} & \cdots & b_{nn} \end{vmatrix}$$

$$=\begin{vmatrix} a_{11} & a_{12} & \cdots & a_{1n} \\ a_{21} & a_{22} & \cdots & a_{2n} \\ \vdots & \vdots & & \vdots \\ a_{n1} & a_{n2} & \cdots & a_{nn} \end{vmatrix}\begin{vmatrix} b_{11} & b_{12} & \cdots & b_{1n} \\ b_{21} & b_{22} & \cdots & b_{2n} \\ \vdots & \vdots & & \vdots \\ b_{n1} & b_{n2} & \cdots & b_{nn} \end{vmatrix}$$

左边作初等行变换证明行列式的性质：$|AB|=|A||B|$.

7. 求行列式

$$\begin{vmatrix} s_0 & s_1 & s_2 & \cdots & s_{n-1} & 1 \\ s_1 & s_2 & s_3 & \cdots & s_n & x \\ \vdots & \vdots & \vdots & & \vdots & \vdots \\ s_n & s_{n+1} & s_{n+2} & \cdots & s_{2n-1} & x^n \end{vmatrix}$$

其中 $s_k=x_1^k+x_2^k+\cdots+x_n^k$，$\forall k=1,2,\cdots$.

8. 设 $\boldsymbol{A}$ 是 n 阶方阵. 证明：

（1）如果 $\operatorname{rank}\boldsymbol{A}^m=\operatorname{rank}\boldsymbol{A}^{m+1}$ 对某个正整数 m 成立，则 $\operatorname{rank}\boldsymbol{A}^m=\operatorname{rank}\boldsymbol{A}^{m+k}$ 对所有的正整数 k 成立.

（2）$\operatorname{rank}\boldsymbol{A}^n=\operatorname{rank}\boldsymbol{A}^{n+k}$ 对所有的正整数 k 成立.

9. 设 $\boldsymbol{A}\in F^{m\times n}$. 求证：$\operatorname{rank}(\boldsymbol{I}_{(m)}-\boldsymbol{AA}^{\mathrm{T}})-\operatorname{rank}(\boldsymbol{I}_{(n)}-\boldsymbol{A}^{\mathrm{T}}\boldsymbol{A})=m-n$.

10.（矩阵的广义逆）

（1）对任意矩阵 $\boldsymbol{A}\in F^{m\times n}$，存在矩阵 $\boldsymbol{A}^-\in F^{n\times m}$ 满足条件 $\boldsymbol{AA}^-\boldsymbol{A}=\boldsymbol{A}$. 什么条件下 $\boldsymbol{A}^-$ 由 $\boldsymbol{A}$ 唯一决定？（$\boldsymbol{A}^-$ 称为 $\boldsymbol{A}$ 的**广义逆**（generalized inverse matrix）.）

（2）设 $\boldsymbol{A}\in F^{m\times n}$，$\boldsymbol{\beta}\in F^{m\times 1}$. $\boldsymbol{A}^-\in F^{n\times m}$ 满足条件 $\boldsymbol{AA}^-\boldsymbol{A}=\boldsymbol{A}$. 求证：

线性方程组 $\boldsymbol{AX}=\boldsymbol{\beta}$ 有解的充分必要条件是 $\boldsymbol{AA}^-\boldsymbol{\beta}=\boldsymbol{\beta}$；

方程组有解时的通解为 $\boldsymbol{X}=\boldsymbol{A}^-\boldsymbol{\beta}+(\boldsymbol{I}-\boldsymbol{A}^-\boldsymbol{A})\boldsymbol{Y}$，$\forall\boldsymbol{Y}\in F^{m\times 1}$.

第5章　多　项　式

在中学数学中学过多项式的一些初步知识.

但是，在进一步学习和应用中还需要关于多项式的更多的知识. 例如，本书前面各章中，为了解决问题的需要，就补充了多项式的一些新的知识. 为了以后各章的需要，我们在本章中比较系统地集中地介绍多项式的一些知识.

§5.0　从未知数到不定元

例1　设方阵 $\boldsymbol{A}=\begin{pmatrix}1&1&0&0\\0&1&1&0\\0&0&1&1\\0&0&0&1\end{pmatrix}$，求方阵 $\boldsymbol{B}$ 满足条件 $\boldsymbol{B}^2=\boldsymbol{A}$.

分析　$\boldsymbol{A}=\boldsymbol{I}+\boldsymbol{N}$，其中 $\boldsymbol{N}=\begin{pmatrix}0&1&0&0\\0&0&1&0\\0&0&0&1\\0&0&0&0\end{pmatrix}$满足条件 $\boldsymbol{N}^4=\boldsymbol{O}$.

由$(1+x)^{\frac{1}{2}}$的 Taylor 展开式

$$(1+x)^{\frac{1}{2}}=1+\frac{1}{2}x+\frac{\frac{1}{2}\left(\frac{1}{2}-1\right)}{2}x^2+\frac{\frac{1}{2}\left(\frac{1}{2}-1\right)\left(\frac{1}{2}-2\right)}{6}x^3+\cdots$$

$$=1+\frac{1}{2}x-\frac{1}{8}x^2+\frac{1}{16}x^3+\cdots$$

知道

$$\left(1+\frac{1}{2}x-\frac{1}{8}x^2+\frac{1}{16}x^3\right)^2=1+x+x^4h(x),\tag{5.0.1}$$

其中 $h(x)$是某个多项式. 将 $x=\boldsymbol{N}$ 代入可知

$$\left(\boldsymbol{I}+\frac{1}{2}\boldsymbol{N}-\frac{1}{8}\boldsymbol{N}^2+\frac{1}{16}\boldsymbol{N}^3\right)^2=\boldsymbol{I}+\boldsymbol{N}+\boldsymbol{N}^4h(\boldsymbol{N})=\boldsymbol{I}+\boldsymbol{N}=\boldsymbol{A}$$

解　取

$$N=\begin{pmatrix}0&1&0&0\\0&0&1&0\\0&0&0&1\\0&0&0&0\end{pmatrix},\quad B=I+\frac{1}{2}N-\frac{1}{8}N^2+\frac{1}{16}N^3=\begin{pmatrix}1&\frac{1}{2}&-\frac{1}{8}&\frac{1}{16}\\0&1&\frac{1}{2}&-\frac{1}{8}\\0&0&1&\frac{1}{2}\\0&0&0&1\end{pmatrix}$$

则易验证 $\boldsymbol{B}^2=\boldsymbol{A}$. □

例 2 找一个有理系数 2 阶方阵 $\boldsymbol{A}\neq\boldsymbol{I}$ 使 $\boldsymbol{A}^3=\boldsymbol{I}$.

分析 先求方程 $x^3=1$, 即 $x^3-1=0$ 的全部复数根. 由 $x^3-1=(x-1)(x^2+x+1)$ 知方程 $x^3=1$ 的根等于 1, 或者是 $x^2+x+1=0$ 的根. 由求根公式得 $x^2+x+1=0$ 的根为 $\omega=-\frac{1}{2}+\frac{\sqrt{3}}{2}\mathrm{i}$ 和 $\overline{\omega}=-\frac{1}{2}+\frac{\sqrt{3}}{2}\mathrm{i}$.

注意到 ω 的表达式中不是有理数的部分 $\sqrt{3}\,\mathrm{i}$ 满足条件 $(\sqrt{3}\,\mathrm{i})^2=-3$. 找一个有理系数 2 阶方阵 $\boldsymbol{K}$ 满足相应的条件 $\boldsymbol{K}^2=-3\boldsymbol{I}$. 易见 $\boldsymbol{K}=\begin{pmatrix}0&-1\\3&0\end{pmatrix}$ 符合条件. 用这个 $\boldsymbol{K}$ 取代 ω 的表达式中的 $\sqrt{3}\,\mathrm{i}$, 用 $-\frac{1}{2}\boldsymbol{I}$ 取代 $-\frac{1}{2}$, 得到有理系数方阵

$$\boldsymbol{A}_2=-\frac{1}{2}\boldsymbol{I}+\frac{1}{2}\boldsymbol{K}=\begin{pmatrix}-\frac{1}{2}&-\frac{1}{2}\\\frac{3}{2}&-\frac{1}{2}\end{pmatrix}$$

则 $\boldsymbol{A}\neq\boldsymbol{I}$, 且满足条件 $\boldsymbol{A}^2+\boldsymbol{A}+\boldsymbol{I}=\boldsymbol{O}$, 从而 $\boldsymbol{A}^3=\boldsymbol{I}$.

解 易验证 $\boldsymbol{A}=\begin{pmatrix}-\frac{1}{2}&-\frac{1}{2}\\\frac{3}{2}&-\frac{1}{2}\end{pmatrix}$ 符合要求. □

注意 还可以进一步找出整系数 2 阶方阵 A 作为例 2 的答案, 方法如下:

设 $\boldsymbol{B}$ 是满足条件 $\boldsymbol{B}^2+\boldsymbol{B}+\boldsymbol{I}=\boldsymbol{O}$ 的 2 阶有理系数方阵. 显然 $\boldsymbol{B}$ 不是标量阵(因为有理数 a 不可能满足条件 $a^2+a+1=0$). 因此 $\boldsymbol{I}$, $\boldsymbol{B}$ 生成有理数域上一个 2 维线性空间 $U=\{x\boldsymbol{I}+y\boldsymbol{B}\mid(x,y)\in\mathbf{Q}^2\}$, $\{\boldsymbol{I},\boldsymbol{B}\}$ 是它的一组基. 用 $\boldsymbol{B}$ 乘这个空间内的每个矩阵, 得到 U 上一个线性变换

$$\mathscr{A}:\ x\boldsymbol{I}+y\boldsymbol{B}\mapsto\boldsymbol{B}(x\boldsymbol{I}+y\boldsymbol{B})=x\boldsymbol{B}+y\boldsymbol{B}^2=x\boldsymbol{B}+y(-\boldsymbol{I}-\boldsymbol{B})=-y\boldsymbol{I}+(x-y)\boldsymbol{B}$$

它将 U 中坐标为 (x,y) 的向量 $x\boldsymbol{I}+y\boldsymbol{B}$ 变到坐标为 $(-y,x-y)$ 的向量 $-y\boldsymbol{I}+(x-y)\boldsymbol{B}$:

$$\mathscr{A}:\begin{pmatrix}x\\y\end{pmatrix}\mapsto\begin{pmatrix}-y\\x-y\end{pmatrix}=\begin{pmatrix}0&-1\\1&-1\end{pmatrix}\begin{pmatrix}x\\y\end{pmatrix}$$

因此 $\mathscr{A}$ 的矩阵为 $\boldsymbol{A}=\begin{pmatrix}0&-1\\1&-1\end{pmatrix}$. 直接验算可知 $\boldsymbol{A}$ 满足条件 $\boldsymbol{A}^2+\boldsymbol{A}+\boldsymbol{I}=\boldsymbol{O}$.

例1中的多项式等式(5.0.1)中的字母 x 代表的本来是数，将 x 替换成一个矩阵 $\boldsymbol{N}$ 之后等式仍然成立.

例2中将多项式的等式 $(x-1)(x^2+x+1)=x^3-1$ 中的 x 用方阵 $\boldsymbol{A}$ 替换，得到了方阵的等式 $(\boldsymbol{A}-\boldsymbol{I})(\boldsymbol{A}^2+\boldsymbol{A}+\boldsymbol{I})=\boldsymbol{A}^3-\boldsymbol{I}$. 从而得到 $\boldsymbol{A}^2+\boldsymbol{A}+\boldsymbol{I}=\boldsymbol{O}\Rightarrow\boldsymbol{A}^3=\boldsymbol{I}$. 为了寻找满足条件 $\boldsymbol{A}^2+\boldsymbol{A}+\boldsymbol{I}=\boldsymbol{O}$ 的有理系数方阵 $\boldsymbol{A}$，还利用了数的等式之间的关系：

$$x^2=-3\Rightarrow\left(-\frac{1}{2}+\frac{1}{2}x\right)^2+\left(-\frac{1}{2}+\frac{1}{2}x\right)+1=0$$

选取 $\boldsymbol{K}^2=-3\boldsymbol{I}$ 得到了满足条件的 $\boldsymbol{A}=-\frac{1}{2}\boldsymbol{I}+\frac{1}{2}\boldsymbol{K}$.

这两个例子显示，多项式的字母 x 不一定要代表数，也可以代表方阵，还可以代表其他数学对象(如线性变换). 看来，多项式 $f(x)=a_0+a_1x+\cdots+a_nx^n$ 的字母 x 不但取的值不固定，它代表的对象也不必限制为数. 因此，我们将不再把它叫做“未知数”，而称为“不定元”，让它代表更广泛的对象. 在研究多项式时我们不必关心 x 代表什么对象，只关心它的运算性质：x 与系数范围 F 中的数以及与自身进行加、减、乘运算时满足我们所熟悉的运算律，如加法与乘法都满足交换律、结合律，乘法对于加法满足分配律等等. 正是因为我们不限制 x 代表什么对象，对 x 得出的有关多项式运算的等式才有更广泛的应用，将 x 换成满足同样性质的任何对象 A(数,方阵,变换等)之后等式仍然成立.

§5.1　域上多项式的定义和运算

1. 多项式的定义

定义 5.1.1　设 F 是任一数域. x 是一个字母(称为不定元)，n 是任意非负整数，$a_0,a_1,\cdots,a_n\in F$，则形如

$$a_0+a_1x+a_2x^2+\cdots+a_nx^n \tag{5.1.1}$$

的表达式称为域 F 上的一个**多项式**(polynomial). 其中 a_kx^k 称为这个多项式的 k 次项，a_k 称为 k 次项的**系数**(coefficient). (5.1.1)中没有写出次数高于 n 的项，对于所有的整数 $k>n$，我们说(5.1.1)中的多项式的 k 次项的系数都等于0.

各项系数全部为 0 的多项式称为零多项式，记为 0. □

复数域 **C** 上的多项式称为复系数多项式，实数域 **R** 上的多项式称为实系数多项式，有理数域 **Q** 上的多项式称为有理系数多项式.

定义 5.1.2 如果多项式 $f(x)=a_0+a_1x+\cdots+a_nx^n$ 与 $g(x)=b_0+b_1x+\cdots+b_mx^m$ 的同次项的系数相等，即 $a_k=b_k$ 对所有的非负整数 k 成立，就称这两个多项式相等，记为

$$f(x)=g(x)$$

如果多项式 $f(x)$ 不等于 0，一定可以将它写成 $f(x)=a_0+a_1x+a_2x^2+\cdots+a_nx^n$ 的形式使 $a_n\neq 0$，此时称 n 次项 a_nx^n 为这个多项式 $f(x)$ 的**首项**(leader)，称 a_n 为**首项系数**(leading coefficient)，n 称为 $f(x)$ 的**次数**(degree)，记为 $\deg f(x)$. 如果首项系数为 1，就称这个多项式为**首一多项式**(monic polynomial). □

例如，$2+x^2+0x^3$ 是次数为 2 的首一多项式；非零常数 c 的次数是 0.

零多项式没有次数.（**注**:不要认为零多项式的次数是 0,只有非零常数的次数才是 0.）

2. 多项式的加、减、乘运算

对 $F[x]$ 中任意两个多项式 $f(x)=a_0+a_1x+\cdots+a_nx^n$ 与 $g(x)=b_0+b_1x+\cdots+b_mx^m$，定义它们的**和**(sum)

$$f(x)+g(x)=(a_0+b_0)+(a_1+b_1)x+\cdots+(a_N+b_N)x^N.$$

其中 $N=\max\{n,m\}$ 是 n，m 中的最大数.

定义 $f(x)$ 与 $g(x)$ 的**积**(product)

$$\begin{aligned} f(x)g(x) &= a_0b_0+(a_0b_1+a_1b_0)x+\cdots+(a_{n-1}b_m+a_nb_{m-1})x^{n+m-1}+a_nb_mx^{n+m} \\ &= \sum_{s=0}^{m+n}\Big(\sum_{i+j=s}a_ib_j\Big)x^s \end{aligned}$$

其中 s 次项 x^s 的系数是

$$a_0b_s+a_1b_{s-1}+\cdots+a_{s-1}b_1+a_sb_0=\sum_{i+j=s}a_ib_j$$

这样定义的加法和乘法满足交换律、结合律、乘法对于加法的分配律. 事实上，加法与乘法的定义就是按照这些运算律以及 x 的运算性质 $x^i\cdot x^j=x^{i+j}$ 规定出来的.

对任意 $g(x)=b_0+b_1x+\cdots+b_mx^m\in F[x]$，$g(x)+0=g(x)$ 成立；并且 $g(x)+(-g(x))=0$ 对 $-g(x)=-b_0-b_1x-\cdots-b_mx^m\in F[x]$ 成立. 因此可以对任意 $f(x)$，$g(x)\in F[x]$ 定义减法

$$f(x)-g(x)=f(x)+(-g(x))$$

多项式的乘法还满足如下的运算律：

$f(x)g(x)=0\Leftrightarrow f(x)=0$ 或者 $g(x)=0$. 由此可导出：

$$\left.\begin{array}{c} f(x)g(x)=f(x)h(x) \\ f(x)\neq 0 \end{array}\right\} \Rightarrow g(x)=h(x)$$

其理由是：

$$\left.\begin{array}{c} f(x)g(x)=f(x)h(x)\Rightarrow f(x)(g(x)-h(x))=0 \\ f(x)\neq 0 \end{array}\right\} \Rightarrow g(x)-h(x)=0$$

这个运算律说：不等于零的公因子 $f(x)$ 可以从等式 $f(x)g(x)=f(x)h(x)$ 两边同时消去. 因此这一运算律称为**消去律**(eliminative law).

对于不等于零的多项式 $f(x)$，$g(x)$，容易验证：

$$\deg(f(x)+g(x))\leqslant \max\{\deg(f(x)),\deg(g(x))\}$$

$$\deg(f(x)g(x))=\deg f(x)+\deg g(x)$$

(**注**:如果要对零多项式 0 定义次数,则不可能对 $f(x)=0$ 的情形满足 $\deg(f(x)g(x))=\deg f(x)+\deg g(x)$. 由于 $0g(x)=0$ 对任何 $g(x)$ 成立，无论规定 $\deg 0$ 等于哪个数，都不可能 $\deg 0=\deg(0g(x))=\deg 0+\deg g(x)$ 对所有的 $\deg g(x)$ 成立. 这是不对零多项式规定次数的原因之一.)

数域 F 上以 x 为字母的全体多项式组成的集合记作 $F[x]$. $F[x]$ 对多项式的加、减、乘运算封闭，我们称它为数域 F 上的一元**多项式环**(polynomial ring).

3. 带余除法

对 $f(x)$，$g(x)\in F[x]$，如果存在 $q(x)\in F[x]$ 使 $f(x)=g(x)q(x)$，就称 $g(x)$ 整除 $f(x)$，记作 $g(x)\mid f(x)$. 此时也称 $f(x)$ 是 $g(x)$ 的**倍式**(multiple)，$g(x)$ 是 $f(x)$ 的**因式**(factor, divisor). 反过来，如果不存在 $h(x)\in F[x]$ 使 $f(x)=g(x)h(x)$，就说 $g(x)$ 不整除 $f(x)$，记为 $g(x)\nmid f(x)$.

对任意 $g(x)$，$f(x)\in F[x]$，虽然 $g(x)$ 不一定整除 $f(x)$，但是当 $g(x)\neq 0$ 时总可以对 $g(x)$，$f(x)$ 定义一种允许余式的除法. 先通过一个例子来说明：

例 1　设 $f(x)=2x^3-3x+4$，$g(x)=x^2-2x+3$. 求 $g(x)$ 除 $f(x)$ 的商 $q(x)$ 和余式 $r(x)$ 使 $f(x)=q(x)g(x)+r(x)$，且 $r(x)=0$ 或 $\deg r(x)<\deg g(x)$.

解

$$\begin{array}{c|r|l}
x^2-2x+3 & 2x^3 \qquad\qquad -3x+4 & 2x+4 \\
 & 2x^3-4x^2+6x \qquad\quad & \\
\hline
 & 4x^2-9x+4 & \\
 & 4x^2-8x+12 & \\
\hline
 & -x-8 &
\end{array}$$

得到商 $q(x)=2x+4$ 和余式 $r(x)=-x-8$，满足条件 $f(x)=q(x)g(x)+r(x)$ 且 $\deg r(x)=1<\deg g(x)=2$．　□

一般地，我们有：

定理 5.1.1（带余除法）　设 $f(x)$，$g(x)\in F[x]$ 且 $g(x)\neq 0$，则存在唯一的 $q(x)$，$r(x)\in F[x]$ 同时满足以下两个条件：

（1）$f(x)=q(x)g(x)+r(x)$；

（2）$r(x)=0$ 或者 $\deg r(x)<\deg g(x)$．

证明　$q(x)$，$r(x)$ 的存在性可以通过对 $n=\deg f(x)$ 作数学归纳法来证明．

如果 $f(x)=0$ 或 $n<\deg g(x)$，取 $q(x)=0$，$r(x)=f(x)$ 即可．

设 $n\geqslant \deg g(x)=m$．并设对于 $\deg f(x)<n$ 的情形已证明．设 $f(x)=a_nx^n+a_{n-1}x^{n-1}+\cdots$ 与 $g(x)=b_mx^m+b_{m-1}x^{m-1}+\cdots$ 的首项分别是 a_nx^n，b_mx^m，用 b_mx^m 除 a_nx^n 得到"部分商" $b_m^{-1}a_nx^{n-m}$，取

$$\begin{aligned} f_1(x)&=f(x)-b_m^{-1}a_nx^{n-m}g(x)\\ &=(a_nx^n+a_{n-1}x^{n-1}+\cdots)-b_m^{-1}a_nx^{n-m}(b_mx^m+\cdots)\\ &=(a_{n-1}-b_m^{-1}a_nb_{m-1})x^{n-1}+\cdots \end{aligned}$$

则 $f_1(x)=0$ 或 $\deg f_1(x)<n$．以上过程可以用如下的竖式来表示：

$$\begin{array}{r|l|l} g(x)= & f(x)= & q(x): \\ b_mx^m+\cdots & \qquad a_nx^n+a_{n-1}x^{n-1}+\cdots & b_m^{-1}a_nx^{n-m} \\ & -)\ a_nx^n+*\,x^{n-1}+\cdots & \\ \cline{2-2} & f_1(x)= \qquad *\,x^{n-1}+\cdots & \end{array}$$

根据归纳假设，存在 $q_1(x)$，$r(x)\in F[x]$ 使

$$f_1(x)=q_1(x)g(x)+r(x)$$

且 $r(x)=0$ 或 $\deg r(x)<\deg g(x)$．于是

$$f(x)=b_m^{-1}a_nx^{n-m}g(x)+f_1(x)=q(x)g(x)+r(x)$$

其中 $q(x)=b_m^{-1}a_nx^{n-m}+q_1(x)\in F[x]$．$q(x)$，$r(x)$ 符合要求．

以下证明 $q(x)$，$r(x)$ 的唯一性．如果还有另外的 $\tilde{q}(x)$，$\tilde{r}(x)$ 满足同样的条件

$$f(x)=\tilde{q}(x)g(x)+\tilde{r}(x),\quad \text{且 } \tilde{r}(x)=0 \text{ 或 } \deg \tilde{r}(x)<\deg g(x),$$

则

$$\begin{aligned} 0&=(q(x)g(x)+r(x))-(\tilde{q}(x)g(x)+\tilde{r}(x))\\ &=(q(x)-\tilde{q}(x))g(x)+(r(x)-\tilde{r}(x))\\ &\Rightarrow(q(x)-\tilde{q}(x))g(x)=\tilde{r}(x)-r(x) \end{aligned}$$

如果 $\tilde{r}(x)-r(x)\neq 0$，则 $q(x)-\tilde{q}(x)\neq 0$，且由 $\tilde{r}(x)$，$r(x)$ 当中非零的

多项式的次数小于deg $g(x)$知道 $\deg(\tilde{r}(x)-r(x))<\deg g(x)$，于是

$$\deg q(x)\leqslant \deg q(x)+\deg(q(x)-\tilde{q}(x))=\deg(\tilde{r}(x)-r(x))<\deg q(x)$$

矛盾.

可见只能 $\tilde{r}(x)-r(x)=0$，从而 $q(x)-\tilde{q}(x)=0$，即 $\tilde{r}(x)=r(x)$ 且 $q(x)=\tilde{q}(x)$. 唯一性得证. □

定理 5.1.1 中由 $f(x)$，$g(x)$唯一决定的 $q(x)$称为 $g(x)$除 $f(x)$的**商**(integral quotient)，$r(x)$称为 $g(x)$除 $f(x)$的**余式**(remainder).

由带余除法的算法知道：商和余式的系数都是由被除式 $f(x)$ 和除式 $g(x)$的系数经过加、减、乘、除得到的，因此仍在 F 内. 如果除式的首项系数为 1 或 -1，则商和余式的系数实际上由 $f(x)$ 和 $g(x)$ 的系数经过加、减、乘得到. 如果 $f(x)$，$g(x)$ 的系数都是整数，商和余式也都是整系数多项式. $f(x)$，$g(x)$ 的“系数”也可以是除了 x 以外的其余字母的多项式，当 $g(x)$的首项系数是 ±1 时，商和余式的系数也是这些字母的多项式而不会出现分式.

由带余除法知道：当 $g(x)\neq0$ 时，$g(x)\mid f(x)\Leftrightarrow g(x)$ 除 $f(x)$ 的余式等于 0. 此时将 $g(x)$除 $f(x)$的商 $q(x)$记为$\dfrac{f(x)}{g(x)}$.

容易验证多项式的整除的一些简单性质：

(1) 如果 $f(x)\mid g(x)$ 且 $g(x)\mid f(x)$，则 $f(x)=cg(x)$ 对某个非零常数 c 成立.

(2) 如果 $f(x)\mid g(x)$ 且 $g(x)\mid h(x)$，则 $f(x)\mid h(x)$.

(3) 如果 $f(x)$同时整除 $g_1(x),\cdots,g_k(x)$，则 $f(x)$整除任意的

$$u_1(x)g_1(x)+\cdots+u_k(x)g_k(x)$$

其中 $u_1(x),\cdots,u_k(x)\in F[x]$.

习 题 5.1

1. 设 $f(x)=3x^3+5x^2-x+5$，$g(x)=x^2+2x+3$. 求 $g(x)$除 $f(x)$的商 $q(x)$和余式 $r(x)$.

2. (1) p，q，m 满足什么条件时，$(x-m)^2$ 整除 x^3+px+q.

(2) p，q 满足什么条件时，存在 m 使$(x-m)^2$ 整除 x^3+px+q.

3. 求多项式 $u(x)$，$v(x)$使 $u(x)(x-1)^2+v(x)(x+1)^3=1$.

4. (综合除法)设 $f(x)=a_nx^n+a_{n-1}x^{n-1}+\cdots+a_1x+a_0$ 是数域 F 上的多项式，$c\in F$. 求证：$x-c$ 除$f(x)$的商 $q(x)=b_{n-1}x^{n-1}+b_{n-2}x^{n-2}+\cdots+b_1x+b_0$ 和余式 r 可以用如下的算法得出：

c		a_n	a_{n-1}	$\cdots$	a_i	$\cdots$	a_1	a_0
	+)		cb_{n-1}	$\cdots$	cb_i	$\cdots$	cb_1	cb_0
		b_{n-1}	b_{n-2}	$\cdots$	b_{i-1}	$\cdots$	b_0	r

其中 $b_{n-1}=a_n$，$b_{i-1}=a_i+cb_i(\forall 1\leqslant i\leqslant n)$，$r=a_0+cb_0$.

5. 利用综合除法求 $g(x)$ 除 $f(x)$ 的商 $q(x)$ 和余式 $r(x)$：

(1) $f(x)=2x^4-5x+8$，$g(x)=x+3$；

(2) $f(x)=x^3-x+2$，$g(x)=x+\mathrm{i}$.

6. 将 $f(x)$ 表示成 $x-c$ 的方幂和的形式 $b_0+b_1(x-c)+b_2(x-c)^2+\cdots$.

(1) $f(x)=x^5$，$c=-1$；

(2) $f(x)=x^4+x^3+x^2+x+1$，$c=2$.

建议考虑如下两种方法：

方法 1. 用 $x-c$ 除 $f(x)$ 得到商 $q_1(x)$ 和余式 r_0，再用 $x-c$ 除 $q_1(x)$ 得商 $q_2(x)$ 和余式 $r_1,\cdots$，用 $x-c$ 除 $q_i(x)$ 得到商 $q_{i+1}(x)$ 和余式 $r_i,\cdots$，直到 $q_n(x)$ 等于非零常数 q_n 为止，则

$$f(x)=r_0+r_1(x-c)+\cdots+r_{n-1}(x-c)^{n-1}+q_n(x-c)^n.$$

方法 2. 令 $y=x-c$，则 $x=y+c$，代入 $f(x)$ 中得 $f(y+c)$，展开成 $b_0+b_1y+b_2y^2+\cdots$ 的形式，再将 $y=x-c$ 代入即得.

7. 设非零的实系数多项式 $f(x)$ 满足条件 $f(f(x))=(f(x))^k$，其中 k 是给定的正整数，求 $f(x)$.

8. 给定正整数 $k\geqslant 2$，求非零的实系数多项式 $f(x)$ 满足条件 $f(x^k)=(f(x))^k$.

§5.2　最大公因式

定义 5.2.1　设 $f(x)$，$g(x)\in F[x]$. 如果 $h(x)\mid f(x)$ 且 $h(x)\mid g(x)$，则称 $h(x)$ 是 $f(x)$，$g(x)$ 的**公因式**(common factor). 如果 $d(x)$ 是 $f(x)$，$g(x)$ 的公因式，并且 $f(x)$，$g(x)$ 的所有的公因式都整除 $d(x)$，就称 $d(x)$ 是 $f(x)$，$g(x)$ 的**最大公因式**(greatest common factor).　□

很自然要问：任意两个多项式 $f(x)$，$g(x)\in F[x]$ 是否一定有最大公因式？如果有，是否唯一？

显然，当 $f(x)=g(x)=0$ 时 $f(x)$，$g(x)$ 的最大公因式是 0. 当 $g(x)\neq f(x)=0$ 时 $g(x)$ 是 0 与 $g(x)$ 的最大公因式.

设 $f(x)$，$g(x)$ 都不为 0，不妨设 $\deg f(x)\geqslant\deg g(x)$. 用 $g(x)$ 除 $f(x)$ 得到商 $q_1(x)$ 和余式 $r_1(x)$. 由 $r_1(x)=f(x)-q_1(x)g(x)$ 知道 $f(x)$ 与 $g(x)$ 的任何一个公因式 $h(x)$ 都整除 $r_1(x)$，从而 $h(x)$ 也是 $g(x)$ 与 $r_1(x)$ 的公因式. 另一方面，由 $f(x)=q_1(x)g(x)+r_1(x)$ 也知道 $g(x)$ 与 $r_1(x)$ 的任何一个公因式都整除 $f(x)$，从而是 $f(x)$ 与 $g(x)$ 的公因式. 由此可知：$f(x)$，$g(x)$ 的公因

式集合与$g(x)$，$r_1(x)$的公因式集合相同. 只要$g(x)$，$r_1(x)$有最大公因式$d(x)$被所有的公因式整除，那么$d(x)$也是$f(x)$，$g(x)$的公因式并且被$f(x)$，$g(x)$所有的公因式整除，因而$d(x)$也是$f(x)$，$g(x)$的最大公因式. 因此，求$f(x)$，$g(x)$的最大公因式的问题就转化成求$g(x)$，$r_1(x)$的最大公因式的问题.

如果$r_1(x)=0$，则$g(x)$，0的最大公因式$g(x)$就是$f(x)$，$g(x)$的最大公因式.

如果$r_1(x)\neq 0$，再用$r_1(x)$除$g(x)$得到商$q_2(x)$和$r_2(x)$. 如果$r_2(x)\neq 0$，再用$r_2(x)$除$r_1(x)$. 重复此过程可以得到一系列多项式

$$f(x),g(x),r_1(x),r_2(x),\cdots,r_k(x),\cdots$$

其中每个$r_k(x)$是$r_{k-1}(x)$除$r_{k-2}(x)$的余式(为叙述方便，约定$r_0(x)=g(x)$，$r_{-1}(x)=f(x)$)，因而$r_{k-1}(x)$，$r_k(x)$的公因式集合等于$r_{k-2}(x)$，$r_{k-1}(x)$的公因式集合. 由于$r_k(x)$的次数随着k的增长不断降低，最后必然得到一个$r_{m+1}(x)=0\neq r_m(x)$. $r_m(x)$与$r_{m+1}(x)$有最大公因式$r_m(x)$，它也就是所有的$r_{k-1}(x)$，$r_k(x)$ $(k=m,m-1,\cdots,0)$的最大公因式. 特别，$r_m(x)$是$f(x)$，$g(x)$的最大公因式.

这就证明了任意$f(x)$，$g(x)\in F[x]$都有最大公因式，并且给出了一个求最大公因式的算法. 这个算法是由一系列带余除法组成，称为**辗转相除法**，又称**欧几里得算法**(Euclidean algorithm).

还需要讨论最大公因式是否唯一. 当$f(x)=g(x)=0$时它们的最大公因式0显然是唯一的. 设$f(x)$，$g(x)$不全为0，且$d_1(x)$，$d_2(x)$都是$f(x)$，$g(x)$的最大公因式，则它们都不为0且相互整除，$d_2(x)=cd_1(x)$对某个非零常数c成立. 因此，$f(x)$，$g(x)$的任意两个最大公因式互为非零常数倍. 如果将$d_1(x)$与它的非零常数倍$cd_1(x)$看成“实质上”相同，在这个意义上可以认为最大公因式是唯一的. 为了追求真正的唯一性，我们选$d_1(x)$的非零常数倍$d(x)=a^{-1}d_1(x)$(其中a是$d_1(x)$的首项系数)使$d(x)$是首一多项式，将它作为最大公因式的代表. 那么，$f(x)$，$g(x)$的首一的最大公因式是唯一的，记作$(f(x),g(x))$. $f(x)$，$g(x)$的所有的最大公因式就是$(f(x),g(x))$的所有的非零常数倍.

例 1 试求$f(x)=2x^3-3x+4$，$g(x)=x^2-2x+3$的最大公因式$(f(x),g(x))$. 并尝试将$(f(x),g(x))$在有理数域上写成$f(x)$，$g(x)$的倍式之和

$$(f(x),g(x))=u(x)f(x)+v(x)g(x)$$

的形式使$u(x)$，$v(x)\in \mathbf{Q}[x]$.

解 上节例1中已经求得$g(x)$除$f(x)$的余式$r_1(x)=-x-8$，商

$q_1(x)=2x+4$. 再用 $r_1(x)=-x-8$ 除 $g(x)=x^2-2x+3$，得余式 $r_2(x)=83$ 和商 $q_2(x)=-x+10$. 显然 $r_2(x)=83$ 除 $r_1(x)$ 的余式 $r_3(x)=0$. 因此 83 是 $f(x)$，$g(x)$ 的最大公因式，$(f(x),g(x))=1$.

我们有

$$r_2(x)=83=g(x)-q_2(x)r_1(x) \tag{5.2.1}$$

$$r_1(x)=f(x)-q_1(x)g(x) \tag{5.2.2}$$

将(5.2.2)代入(5.2.1)得到

$$\begin{aligned} r_2(x)=83&=g(x)-q_2(x)(f(x)-q_1(x)g(x)) \\ &=-q_2(x)f(x)+(1+q_2(x)q_1(x))g(x) \\ &=(x-10)f(x)+(1+(-x+10)(2x+4))g(x) \\ &=(x-10)f(x)+(-2x^2+16x+41)g(x) \end{aligned}$$

$$(f(x),g(x))=1=\frac{1}{83}(x-10)f(x)+\frac{1}{83}(-2x^2+16x+41)g(x)$$

可见 $u(x)f(x)+v(x)g(x)=(f(x),g(x))=1$ 对

$$u(x)=\frac{1}{83}x-\frac{10}{83},\quad v(x)=-\frac{2}{83}x^2+\frac{16}{83}x+\frac{41}{83}$$

成立. □

将前面关于 $f(x)$，$g(x)$ 的最大公因式的结论总结成下面的定理：

定理 5.2.1 对任意 $f(x)$，$g(x)\in F[x]$，在 $F[x]$ 中存在 $f(x)$，$g(x)$ 的最大公因式 $d(x)$，且 $d(x)$ 可以表示成为 $f(x)$，$g(x)$ 的倍式之和，即存在 $u(x)$，$v(x)\in F[x]$ 使

$$d(x)=u(x)f(x)+v(x)g(x)$$

证明 最大公因式 $d(x)$ 的存在性前面已经证明. 以下证明 $u(x)$，$v(x)$ 的存在性.

如果 $f(x)$，$g(x)$ 中至少有一个为 0，比如 $f(x)=0$，则 $d(x)$ 一定是 $g(x)$ 的常数倍 $cg(x)$，$d(x)=0+cg(x)=1f(x)+cg(x)$ 成立，$u(x)=1, v(x)=c$ 符合要求.

设 $f(x)$，$g(x)$ 都不为 0，且不妨设 $\deg f(x)\geqslant \deg g(x)$. 按最大公因式的求法，有

$$f(x),g(x),r_1(x),\cdots,r_m(x),r_{m+1}(x)$$

使每个 $r_k(x)(1\leqslant k\leqslant m+1)$ 是 $r_{k-1}(x)$ 除 $r_{k-2}(x)$ 的余式，商为 $q_k(x)$（约定 $r_0(x)=g(x), r_{-1}(x)=f(x)$）. 其中 $r_m(x)\neq 0=r_{m+1}(x)$. $r_m(x)$ 就是 $f(x)$，$g(x)$ 的最大公因式，且任何一个最大公因式 $d(x)=cr_m(x)$，c 是非零常数.

我们有

$$r_1(x)=f(x)-q_1(x)g(x)$$

这说明 $r_1(x)$ 是 $f(x)$，$g(x)$ 的倍式之和. 代入 $r_2(x)=g(x)-q_2(x)r_1(x)$ 并整理得

$$r_2(x)=(-q_2(x))f(x)+(1+q_2(x)q_1(x))g(x)$$

这说明 $r_2(x)$ 可写成 $f(x)$，$g(x)$ 的倍式之和的形式

$$r_2(x)=u_2(x)f(x)+v_2(x)g(x)$$

其中 $u_2(x)$，$v_2(x)\in F[x]$.

一般地，设已将所有的 $r_i(x)(1\leqslant i\leqslant k-1)$ 都表示为 $f(x)$，$g(x)$ 的倍式之和的形式

$$r_i(x)=u_i(x)f(x)+v_i(x)g(x),\quad \text{其中 } u_i(x),\ v_i(x)\in F[x]$$

将 $r_{k-2}(x)$，$r_{k-1}(x)$ 的表达式代入等式

$$r_k(x)=r_{k-2}(x)-q_k(x)r_{k-1}(x)$$

经整理得到

$$r_k(x)=(u_{k-2}(x)-q_k(x)u_{k-1}(x))f(x)+(v_{k-2}(x)-q_k(x)v_{k-1}(x))g(x)$$

这就将 $r_k(x)$ 写成了

$$r_k(x)=u_k(x)f(x)+v_k(x)g(x),\quad \text{其中 } u_k(x),\ v_k(x)\in F[x]$$

重复这个过程，最后得到

$$r_m(x)=u_m(x)f(x)+v_m(x)g(x),\quad \text{其中 } u_m(x),\ v_m(x)\in F[x]$$

于是对 $f(x)$，$g(x)$ 的任意一个最大公因式 $d(x)=cr_m(x)$ 有

$$d(x)=cr_m(x)=u(x)f(x)+v(x)g(x)$$

其中 $u(x)=cu_m(x)$，$v(x)=cv_m(x)$. □

以上定理 5.2.1 的证明过程实际上给出了求 $u(x)$，$v(x)$ 的算法.

例 2　试将分数 $\dfrac{1}{3+2\sqrt[3]{2}+\sqrt[3]{4}}$ 的分子分母乘以适当的根式将分母有理化.

解　分母可以看成是有理系数多项式 $f(x)=3+2x+x^2$ 中将 x 换成 $\sqrt[3]{2}$ 得到的 $f(\sqrt[3]{2})$. 另一方面，$g(\sqrt[3]{2})=0$ 对有理系数多项式 $g(x)=x^3-2$ 成立.

先用辗转相除法求 $f(x)$，$g(x)$ 的最大公因式 $d(x)$：

$q_2(x)$	$f(x)$	$g(x)$	$q_1(x)$
$x-2$	x^2+2x+3	$x^3\qquad -2$	$x-2$
	x^2+4x	x^3+2x^2+3x	
	$-2x+3$	$-2x^2-3x-2$	
	$-2x-8$	$-2x^2-4x-6$	
	$r_2(x)=11$	$r_1(x)=x+4$	

可见 $d(x)=r_2(x)=11$ 是 $f(x)$，$g(x)$ 的最大公因式. 将 $r_1(x)=g(x)-$

$q_1(x)f(x)$代入 $r_2(x)=f(x)-q_2(x)r_1(x)$，整理得

$$\begin{aligned}r_2(x)=11&=(1+q_2(x)q_1(x))f(x)-q_2(x)g(x)\\&=(1+(x-2)(x-2))f(x)-(x-2)g(x)\\&=(x^2-4x+5)f(x)-(x-2)g(x)\\&=(x^2-4x+5)(x^2+2x+3)-(x-2)(x^3-2)\end{aligned}$$

将 $x=\sqrt[3]{2}$代入，得

$$11=(\sqrt[3]{4}-4\sqrt[3]{2}+5)(\sqrt[3]{4}+2\sqrt[3]{2}+3)$$

因此，将原来的分数分子分母同乘$\sqrt[3]{4}-4\sqrt[3]{2}+5$ 即可将分母化为有理数 11：

$$\frac{1}{3+2\sqrt[3]{2}+\sqrt[3]{4}}=\frac{\sqrt[3]{4}-4\sqrt[3]{2}+5}{(3+2\sqrt[3]{2}+\sqrt[3]{4})(\sqrt[3]{4}-4\sqrt[3]{2}+5)}=\frac{\sqrt[3]{4}-4\sqrt[3]{2}+5}{11}\quad\square$$

定义 5.2.2　如果$(f(x),g(x))=1$，就称$f(x)$与 $g(x)$**互素**(relatively prime).　□

定理 5.2.2　$f(x)$，$g(x)$互素⇔存在 $u(x)$，$v(x)\in F[x]$使 $u(x)f(x)+v(x)g(x)=1$.

证明　由定理 5.2.1 知道，如果 $f(x)$，$g(x)$互素，则满足条件的 $u(x)$，$v(x)$存在.

反过来，设有 $u(x)$，$v(x)\in F[x]$使 $u(x)f(x)+v(x)g(x)=1$，则 $f(x)$，$g(x)$的最大公因式整除 1，只能为非零常数，因此$(f(x),g(x))=1$，这说明了 $f(x)$，$g(x)$互素.　□

多项式的最大公因式、互素的概念也可以推广到 $F[x]$中任意有限个多项式 $f_1(x),\cdots,f_s(x)\,(s\geqslant 2)$.

对 $F[x]$中任意 s 个多项式 $f_i(x)\,(1\leqslant i\leqslant s)$，如果 $h(x)$整除所有这些多项式 $f_i(x)$，就称 $h(x)$是 $f_i(x)\,(1\leqslant i\leqslant s)$的公因式. 如果 $f_i(x)\,(1\leqslant i\leqslant s)$的某个公因式 $d(x)$被所有的公因式整除，就称 $d(x)$是最大公因式，此时 $d(x)$的非零常数倍 $cd(x)\,(0\neq c\in F)$就是 $f_i(x)\,(1\leqslant k\leqslant s)$的全体最大公因式，且当$d(x)\neq 0$时 $f_i(x)\,(1\leqslant i\leqslant s)$有唯一的一个首一的最大公因式，记为$(f_1(x),\cdots,f_s(x))$.

如果所有的 $f_i(x)=0$，则它们的最大公因式等于 0. 否则所有的 $f_i(x)$ $(1\leqslant i\leqslant s)$的最大公因式就是其中不等于 0 的那些多项式 $f_{i_1}(x),\cdots,f_{i_k}(x)$的最大公因式. 并且 $(f_{i_1}(x),\cdots,f_{i_l}(x))=((f_{i_1}(x),\cdots,f_{i_{l-1}}(x)),f_{i_l}(x))$ 对 $l=2,3,\cdots,k$成立.

同样可以得到：

定理 5.2.3　对 $f_1(x),\cdots,f_s(x)\in F[x]$的任意一个最大公因式 $d(x)$，存在 $u_1(x),\cdots,u_s(x)\in F[x]$使

$$u_1(x)f_1(x)+\cdots+u_s(x)f_s(x)=d(x)\quad\square$$

当$(f_1(x),\cdots,f_s(x))=1$时我们同样称$f_1(x),\cdots,f_s(x)$互素. 同样可以证明

定理 5.2.4 $f_k(x)\in F[x](1\leqslant k\leqslant s)$互素的充分必要条件是：存在$F[x]$中的一组多项式$u_k(x)(1\leqslant k\leqslant s)$使

$$u_1(x)f_1(x)+\cdots+u_s(x)f_s(x)=1 \quad \square$$

定义 5.2.3 对任意$f_1(x)$，$f_2(x)$，$g(x)\in F[x]$，如果$g(x)\mid(f_1(x)-f_2(x))$，就称$f_1(x)$与$f_2(x)$模$g(x)$**同余**(congruent modulo $g(x)$)，记为$f_1(x)\equiv f_2(x)(\mathrm{mod}\ g(x))$. 当$g(x)\neq 0$时这也就是说$f_1(x)$，$f_2(x)$被$g(x)$除的余式相等，像$f_1(x)\equiv f_2(x)(\mathrm{mod}\ g(x))$这样的表示多项式同余的式子称为**多项式的同余式**(congruence of polynomials). □

容易验证多项式的同余式的如下简单而有用的性质：

命题 5.2.5 对任意$f_1(x)\equiv h_1(x)(\mathrm{mod}\ g(x))$及$f_2(x)\equiv h_2(x)(\mathrm{mod}\ g(x))$，以下同余式成立：

$$f_1(x)\pm f_2(x)\equiv h_1(x)\pm h_2(x)(\mathrm{mod}\ g(x))$$
$$f_1(x)f_2(x)\equiv h_1(x)h_2(x)(\mathrm{mod}\ g(x))$$

证明 由已知条件，$g(x)$整除$f_1(x)-h_1(x)$及$f_2(x)-h_2(x)$，从而整除它们的和与差

$$(f_1(x)-h_1(x))\pm(f_2(x)-h_2(x))=(f_1(x)\pm f_2(x))-(h_1(x)\pm h_2(x))$$

这就是说

$$f_1(x)\pm f_2(x)\equiv h_1(x)\pm h_2(x)(\mathrm{mod}\ g(x))$$

并且

$$\begin{aligned}f_1(x)f_2(x)-h_1(x)h_2(x)&=f_1(x)f_2(x)-h_1(x)f_2(x)+h_1(x)f_2(x)-h_1(x)h_2(x)\\&=(f_1(x)-h_1(x))f_2(x)+h_1(x)(f_2(x)-h_2(x))\end{aligned}$$

是$f_1(x)-h_1(x)$与$f_2(x)-h_2(x)$的倍式之和，因此被$g(x)$整除. 这说明

$$f_1(x)f_2(x)\equiv h_1(x)h_2(x)(\mathrm{mod}\ g(x)) \quad \square$$

$f(x)$，$g(x)$互素的充分必要条件$u(x)f(x)+v(x)g(x)=1$，可以用同余式表达为

$$u(x)f(x)\equiv 1(\mathrm{mod}\ g(x))$$

因此有：

引理 5.2.6 $f(x)$，$g(x)\in F[x]$互素$\Leftrightarrow$存在$u(x)\in F[x]$使

$$u(x)f(x)\equiv 1(\mathrm{mod}\ g(x)) \quad \square \tag{5.2.3}$$

我们知道：在多项式环$F[x]$中只有非零常数c才有逆$c^{-1}\in F[x]$使$c^{-1}c=1$，而对次数$\geqslant 1$的多项式$f(x)\in F[x]$，则不存在$u(x)\in F[x]$使$u(x)f(x)=1$，也就是说$f(x)$在$F[x]$中不可逆. 但同余式(5.2.3)却可以理

解为:

$f(x)$模 $g(x)$可逆. $u(x)$是$f(x)$模 $g(x)$的逆.

由此很自然想到:

(1) $f_1(x),\cdots,f_s(x)$模 $g(x)$可逆⇒它们的乘积$f_1(x)\cdots f_s(x)$模 $g(x)$可逆.

(2) 如果$f_1(x)f_2(x)\equiv 0(\bmod g(x))$且$f_1(x)$模 $g(x)$可逆, 逆为 $u_1(x)$, 则可在$f_1(x)f_2(x)\equiv 0(\bmod g(x))$两边同乘 $u_1(x)$消去$f_1(x)$得到$f_2(x)\equiv 0(\bmod g(x))$.

翻译成多项式互素的语言, 就是:

定理 5.2.7 (1) 如果$f_1(x),\cdots,f_s(x)$都与 $g(x)$互素, 则它们的乘积$f_1(x)\cdots f_s(x)$与 $g(x)$互素.

(2) 如果$f_1(x)$与 $g(x)$互素, 且 $g(x)\mid(f_1(x)f_2(x))$, 则 $g(x)\mid f_2(x)$.

证明 (1) 对每个 $1\leqslant i\leqslant s$, 由于 $f_i(x)$与 $g(x)$互素, 存在 $u_i(x)\in F[x]$使

$$u_i(x)f_i(x)\equiv 1(\bmod g(x))$$

因此所有的 $u_i(x)f_i(x)(1\leqslant i\leqslant s)$的乘积

$$(u_1(x)f_1(x))\cdots(u_s(x)f_s(x))\equiv 1(\bmod g(x))$$

即

$$(u_1(x)\cdots u_s(x))\cdot(f_1(x)\cdots f_s(x))\equiv 1(\bmod g(x))$$

这说明$f_1(x)\cdots f_s(x)$与 $g(x)$互素.

(2) $f_1(x)$与 $g(x)$互素⇒存在 $u_1(x)\in F[x]$使 $u_1(x)f_1(x)\equiv 1(\bmod g(x))$.

$$g(x)\mid(f_1(x)f_2(x))\Rightarrow f_1(x)f_2(x)\equiv 0(\bmod g(x))$$

两边同乘 $u_1(x)$得: $u_1(x)f_1(x)f_2(x)\equiv u_1(x)0\equiv 0(\bmod g(x))$.

将 $u_1(x)f_1(x)\equiv 1(\bmod g(x))$代入得: $f_2(x)\equiv 0(\bmod g(x))$. 即 $g(x)\mid f_2(x)$. □

§ 2.7 例 5 关于整数的余数的中国剩余定理可以推广到多项式:

定理 5.2.8(中国剩余定理) 设 $g_1(x),\cdots,g_s(x)$是数域 F 上任意一组两两互素的多项式, $f_1(x),\cdots,f_s(x)$ 是 $F[x]$ 中任意一组多项式, 则存在 $f(x)\in F[x]$使

$$f(x)\equiv f_i(x)(\bmod g_i(x))$$

对 $1\leqslant i\leqslant s$ 成立.

证明 对每个 $\varphi(x)\in F[x]$, 设每个 $g_i(x)$除 $\varphi(x)$的余式为 $r_i(x)$, 记

$$\sigma\varphi(x)=(r_1(x),\cdots,r_s(x))$$

只要能对每个 $1\leqslant i\leqslant s$ 找到一个 $h_i(x)\in F[x]$ 使

$$\sigma h_i(x)=(0,\cdots,0,\underset{\substack{\uparrow\\ \text{第 } i \text{ 分量}}}{1},0,\cdots) \tag{5.2.4}$$

则 $f(x)=f_1(x)h_1(x)+\cdots+f_s(x)h_s(x)$ 对 $1\leqslant i\leqslant s$ 满足条件

$$f(x)\equiv\sum_{j=1}^{s}f_j(x)h_j(x)\equiv f_i(x)(\bmod g_i(x))$$

$h_i(x)$ 满足的条件为

$$g_j(x)\mid h_i(x),\quad \forall j\neq i;\ \text{且 } h_i(x)\equiv 1(\bmod g_i(x))$$

记

$$\gamma_i(x)=\prod_{1\leqslant j\leqslant s,\ j\neq i}g_i(x)$$

为除了 $g_i(x)$ 以外所有其余的 $g_j(x)(1\leqslant j\leqslant s,j\neq i)$ 的乘积. 由于每个 $g_j(x)(j\neq i)$ 与 $g_i(x)$ 互素, 由定理 5.2.7 知道它们的乘积 $\gamma_i(x)$ 也与 $g_i(x)$ 互素. 于是存在 $u_i(x)$ 使

$$u_i(x)\gamma_i(x)\equiv 1(\bmod g_i(x))$$

取 $h_i(x)=u_i(x)\gamma_i(x)$, 则 $h_i(x)$ 被所有的 $g_j(x)(j\neq i)$ 整除, 且 $h_i(x)\equiv 1(\bmod g_i(x))$. 可见 $h_i(x)$ 满足条件(5.2.4). 于是

$$f(x)=f_1(x)h_1(x)+\cdots+f_s(x)h_s(x)$$

满足要求. □

习 题 5.2

1. 求下列多项式的最大公因式和公共根:

$$f(x)=x^3-2x^2+2x-1$$
$$g(x)=x^4-x^3+2x^2-x+1$$

并将它们的最大公因式 $(f(x),g(x))$ 写成 $u(x)f(x)+v(x)g(x)=(f(x),g(x))$ 的形式.

2. 设 $P[x]$ 中的多项式 $f(x)$, $g(x)$ 互素. 求证: 存在唯一一组 $u(x)$, $v(x)\in P[x]$ 使 $u(x)f(x)+v(x)g(x)=1$ 且 $\deg u(x)<\deg g(x)$, $\deg v(x)<\deg f(x)$.

3. 对如下的多项式 $f(x)$, $g(x)$, 求次数最低的多项式 $u(x)$, $v(x)$ 使 $u(x)f(x)+v(x)g(x)=1$.

(1) $f(x)=x^3$, $g(x)=(x-3)^2$; (2) $f(x)=x^3-3$, $g(x)=x^2-2x+3$.

4. 将分数 $\dfrac{1}{\sqrt[3]{9}-2\sqrt[3]{3}+3}$ 的分子分母同乘以适当的数, 将分母化成有理数.

5. 求次数最低的多项式 $f(x)$, 使它被 x^3 除的余式为 x^2+2x+3, 被 $(x-3)^2$ 除的余式为 $3x-7$.

6. 已知多项式 $r_1(x)=x^2+2x+3$，$r_2(x)=3x-7$. 矩阵 $\boldsymbol{A}=\begin{pmatrix}\boldsymbol{A}_1 & 0\\ 0 & \boldsymbol{A}_2\end{pmatrix}$，$\boldsymbol{B}=\begin{pmatrix}\boldsymbol{B}_1 & 0\\ 0 & \boldsymbol{B}_2\end{pmatrix}$.

其中

$$\boldsymbol{A}_1=\begin{pmatrix}0 & 1 & 0\\ & 0 & 1\\ & & 0\end{pmatrix},\ \boldsymbol{A}_2=\begin{pmatrix}3 & 1\\ 0 & 3\end{pmatrix},\ \boldsymbol{B}_1=\begin{pmatrix}3 & 2 & 1\\ 0 & 3 & 2\\ 0 & 0 & 3\end{pmatrix},\ \boldsymbol{B}_2=\begin{pmatrix}2 & 3\\ 0 & 2\end{pmatrix}$$

试验证 $r_1(\boldsymbol{A}_1)=\boldsymbol{B}_1$，$r_2(\boldsymbol{A}_2)=\boldsymbol{B}_2$. 并求一个最低次数的多项式 $f(x)$ 使 $f(\boldsymbol{A})=\boldsymbol{B}$.

7. 设多项式 $f_1(x),\cdots,f_k(x)$ 的最大公因式等于 1，$\boldsymbol{A}\in F^{n\times n}$，$\boldsymbol{X}\in F^{n\times 1}$. 求证：如果 $f_i(\boldsymbol{A})\boldsymbol{X}=\boldsymbol{O}$ 对 $1\leqslant i\leqslant k$ 成立，则 $\boldsymbol{X}=\boldsymbol{O}$.

§5.3 因式分解定理

在中学数学中就学过一些非常初步的因式分解方法，尝试将一些具体的多项式分解为不能再分解的因式的乘积. 当然，在那里不可能对一些重要的问题深入讨论：比如，什么是不能再分解的多项式？怎样判别并证明多项式能否再分解？因式分解的答案是否一定唯一？

首先，多项式能否再分解与所规定的系数范围有关. 比如要进行 x^4-4 的因式分解，在有理数范围内，分解成

$$x^4-4=(x^2+2)(x^2-2)$$

就已经不能再分解了. 在实数范围内还可以将 x^2-2 再分解为 $(x+\sqrt{2})(x-\sqrt{2})$，因而

$$x^4-4=(x^2+2)(x+\sqrt{2})(x-\sqrt{2})$$

是最后的答案. 在复数范围内则还可以将 x^2+2 再分解为 $(x+\sqrt{2}\mathrm{i})(x-\sqrt{2}\mathrm{i})$，因此

$$x^4-4=(x+\sqrt{2}\mathrm{i})(x-\sqrt{2}\mathrm{i})(x+\sqrt{2})(x-\sqrt{2})$$

才是最终的分解结果.

定义 5.3.1 如果 $F[x]$ 中次数 $\geqslant 1$ 的多项式 $f(x)$ 能够分解为 $F[x]$ 中两个次数 $\geqslant 1$ 的多项式 $f_1(x)$，$f_2(x)$ 的乘积，就称 $f(x)$ 在数域上**可约**(reducible). 如果不能作这样的分解，就称 $f(x)$ 是数域 F 上的**不可约多项式**(irreducible polynomial). □

以上定义中的“可约”就是能够再进行因式分解，不可约就是不能分解. 注意：只有将多项式 $f(x)$ 分解为次数 $\geqslant 1$ 的因式 $f_1(x)$，$f_2(x)$(因而也就是次数 $<\deg f(x)$ 的因式)的乘积，才能算是“真正的”因式分解. 而从多项式中分解出非零常数因子不能算是因式分解，比如将 $x+\sqrt{2}\mathrm{i}$ 分解为 $\mathrm{i}(-\mathrm{i}x+\sqrt{2})$ 就

不能算是因式分解. 这样规定的原因是：非零常数是 $F[x]$ 中的可逆元，因而 F 中每个非零常数 c 都是任何多项式 $f(x)$ 的因式：$f(x)=c\cdot c^{-1}f(x)$. 如果允许这样的“因式分解”，那么每个多项式都可以再分解，因式分解就永远不能完成了. 这正如在整数的因子分解中不能将 ±1 作为素因子，不能将 $2=1\times2$ 或 $2=(-1)\times(-2)$ 认为是真正的分解一样.

由不可约多项式的定义还可以知道：$F[x]$ 中的一次多项式都是不可约多项式.

由定义还可以知道：不可约多项式 $p(x)$ 的因式只有非零的常数 c，以及 $p(x)$ 的非零常数倍 $cp(x)$，除此之外没有别的因式. 因此，如果 $p(x)$ 不整除多项式 $f(x)\in F[x]$，就一定有 $(p(x),f(x))=1$. 特别地，当 $0\leqslant \deg f(x)<\deg p(x)$ 时一定有 $(p(x),f(x))=1$.

于是，由定理 5.2.5 知道：如果不可约多项式 $p(x)$ 整除 $F[x]$ 中若干个多项式 $f_1(x),\cdots,f_s(x)$ 的乘积，那么 $p(x)$ 一定整除其中某一个 $f_i(x)$.

定理 5.3.1（因式分解及唯一性定理） 数域 F 上每一个次数 $\geqslant1$ 的多项式 $f(x)$ 可以分解为 $F[x]$ 中有限个不可约多项式的乘积，并且分解式在如下的意义下是唯一的：如果有两个分解式

$$f(x)=p_1(x)\cdots p_s(x)=q_1(x)\cdots q_t(x),$$

则 $t=s$，且将不可约因式 $q_1(x),\cdots,q_s(x)$ 适当地排列之后可以使 $q_i(x)=c_ip_i(x)$ 对 $1\leqslant i\leqslant s$ 成立，其中 $c_1,\cdots,c_s$ 是 F 中的非零常数.

证明 先对 $n=\deg f(x)$ 用数学归纳法证明分解式的存在性.

当 $n=1$ 时 $f(x)$ 不可约，无须再分解.

设 $n\geqslant2$，并且次数低于 n 的多项式都可以分解为不可约因式的乘积. 如果 $f(x)$ 不可约，无须再分解. 若不然，$f(x)$ 可分解为两个次数大于等于 1 的多项式 $f_1(x)$，$f_2(x)$ 的乘积. 且 $\deg f_1(x)=n-\deg f_2(x)<n$，$\deg f_2(x)=n-\deg f_1(x)<n$. 由归纳假设，$f_1(x)$，$f_2(x)$ 都能分解为不可约多项式的乘积：

$$f_1(x)=p_1(x)\cdots p_k(x),\quad f_2(x)=p_{k+1}(x)\cdots p_s(x).$$

于是 $f(x)$ 是不可约多项式 $p_i(x)\ (1\leqslant i\leqslant s)$ 的乘积.

由数学归纳法原理，任意次数的多项式都能分解为不可约多项式的乘积.

现在证明分解的唯一性. 设

$$f(x)=p_1(x)\cdots p_s(x)=q_1(x)\cdots q_t(x)$$

其中所有的 $p_i(x)$，$q_j(x)$ 都是不可约多项式.

当 $s=1$ 时 $f(x)=p_1(x)$ 本身就是不可约多项式，不能再分解. $s=t=1$ 且 $p_1(x)=f(x)=q_1(x)$ 成立.

设 $s\geqslant 2$，并且设分解的唯一性对 $s-1$ 个不可约多项式的乘积成立.

由于 $p_1(x)$ 整除 $q_1(x),\cdots,q_t(x)$ 的乘积 $f(x)$，因此 $p_1(x)$ 整除某个 $q_j(x)$. 适当排列 $q_1(x),\cdots,q_t(x)$ 的顺序可使 $p_1(x)\mid q_1(x)$. 由 $q_1(x)$ 不可约及 $\deg p_1(x)\geqslant 1$ 知 $q_1(x)=c_1p_1(x)$，$0\neq c_1\in F$. 于是

$$f_1(x)=p_2(x)\cdots p_s(x)=c_1^{-1}q_2(x)\cdots q_t(x)$$

$f_1(x)$ 是 $s-1$ 个不可约多项式 $p_2(x),\cdots,p_s(x)$ 的乘积. 由归纳假设知道 $s-1=t-1$，并且适当重排不可约因式 $c_1^{-1}q_2(x),q_3(x),\cdots,q_s(x)$ 的顺序之后可以使

$$p_2(x)=c_2c_1^{-1}q_2(x),\quad p_i(x)=c_iq_i(x)\ (\forall\, 3\leqslant i\leqslant s)$$

成立. 由数学归纳法原理，分解的唯一性对所有的多项式 $f(x)$ 成立. □

例 1 在有理数域上对 $x^{15}-1$ 进行因式分解.

解 $x^{15}-1=(x^3)^5-1=(x^3-1)(x^{12}+x^9+x^6+x^3+1)$

$$=(x-1)(x^2+x+1)(x^{12}+x^9+x^6+x^3+1) \tag{5.3.1}$$

另一方面，

$$x^{15}-1=(x^5)^3-1=(x^5-1)(x^{10}+x^5+1)$$

$$=(x-1)(x^4+x^3+x^2+x+1)(x^{10}+x^5+1) \tag{5.3.2}$$

比较分解式(5.3.1)，(5.3.2). (5.3.1)中的因式 x^2+x+1 没有有理根(实际上没有实根)，因此是有理数域上的不可约多项式. 它应当是(5.3.2)中某个因式的因式. 易见 x^2+x+1 不整除 $x-1$ 及 $x^4+x^3+x^2+x+1$. 做除法可知 x^2+x+1 整除 $x^{10}+x^5+1$，商为 $x^8-x^7+x^5-x^4+x^3-x+1$. 于是由分解式(5.3.2)得

$$x^{15}-1=(x-1)(x^2+x+1)(x^4+x^3+x^2+x+1)\cdot (x^8-x^7+x^5-x^4+x^3-x+1) \tag{5.3.3}$$

这就是 $x^{15}-1$ 在有理数域上的分解式. (虽然在这里我们还不会证明其中的因式 $x^4+x^3+x^2+x+1$ 与 $x^8-x^7+x^5-x^4+x^3-x+1$ 的不可约性.) □

在多项式 $f(x)$ 分解为不可约因式的乘积的分解式

$$f(x)=p_1(x)\cdots p_s(x)$$

中，我们通常将每一个不可约因式 $p_i(x)$ 的首项系数提出来，将它化为首一的不可约多项式. 并且将相同的 $p_i(x)$ 的乘积写成 $p_i(x)$ 的幂的形式，这样就将 $f(x)$ 的分解式写成

$$f(x)=cp_1(x)^{n_1}p_2(x)^{n_2}\cdots p_k(x)^{n_k}$$

的形式，其中的 $p_i(x)\ (1\leqslant i\leqslant k)$ 是两两不同的首一的不可约因式，而 $n_1,\cdots,n_k$ 都是正整数. 这样的分解式称为**标准分解式**(standard decomposition).

如果已经有了 $f(x)$，$g(x)\in F[x]$ 的标准分解式，就能够直接写出 $f(x)$，

$g(x)$的最大公因式$(f(x),g(x))=p_1(x)^{m_1}\cdots p_r(x)^{m_r}$，其中$p_1(x),\cdots,p_r(x)$是在$f(x)$，$g(x)$的标准分解式中同时出现的不可约因式，每个$p_i(x)(1\leqslant i\leqslant r)$的幂指数$m_i$是$p_i(x)$在$f(x)$，$g(x)$中的方幂指数中较小的一个. 特别，如果$f(x)$，$g(x)$的标准分解式中没有公共的不可约因式，则$(f(x),g(x))=1$.

因式分解的定理在理论上很重要，但并不能对实际的分解过程提供具体的方法. 因式分解是一个很困难的问题，并没有一个能够包打天下的有效的方法. 因此，一般说来，对于给定的多项式$f(x)$，$g(x)$，求$f(x)$，$g(x)$的最大公因式的最有效的方法还是辗转相除法.

习　题　5.3

1. 在有理数域上分解因式$x^{18}+x^{15}+x^{12}+x^9+x^6+x^3+1$.
2. 利用多项式的因式分解的唯一性，证明x^4-10x^2+1在有理数域上不可约.
3. 证明：如果两个整系数三次方程有公共的无理根，那么它们还有另一个公共根.

§5.4　多项式的根

1. 多项式的根与一次因式

定义 5.4.1　在多项式$f(x)=a_0+a_1x+a_2x^2+\cdots+a_nx^n\in F[x]$中将$x$换成数$c\in F$，得到的数$a_0+a_1c+a_2c^2+\cdots+a_nc^n\in F$称为$f(x)$当$x=c$时的值，记作$f(c)$. 如果$f(c)=0$，就称$c$是$f(x)$的一个**根**(root)或**零点**(zero point).　□

注意　多项式$f(x)$中的字母x本来不是代表一个数. 当我们将x用来代表F中数的时候，就是将$f(x)$看成定义域F上的一个函数$f:c\mapsto f(c)$. 另一方面，对任意一个给定的数$c\in F$，$f(x)\mapsto f(c)$定义了$F[x]$到F中的一个映射，这个映射保持加法、减法、乘法，即

$$f(x)+g(x)=s(x),\quad f(x)-g(x)=h(x),\quad f(x)g(x)=p(x)$$
$$\Rightarrow f(c)+g(c)=s(c),\quad f(c)-g(c)=h(c),\quad f(c)g(c)=p(c)$$

也就是说：在多项式的等式中将x替换成F中任何一个数c，都得到关于数的等式. 在这个意义上，我们将多项式的等式称为恒等式. 反过来，对两个不相等的多项式$f(x)$，$g(x)$，$f(c)=g(c)$却可能对某些$c\in F$成立，此时我们说c是方程$f(x)=g(x)$的解.

定理 5.4.1(余数定理)　用一次因式$x-c$除多项式$f(x)$，得到的余式等于常数$f(c)$.

(因式定理)　$(x-c)\mid f(x)\Leftrightarrow f(c)=0$.

证明　设$x-c$除$f(x)$的商为$q(x)$，余式为$r(x)$. 则$r(x)=0$，或

$\deg r(x)<\deg(x-a)=1$ 因而 $\deg r(x)=0$. 总之，$r(x)$ 是某个常数 r. 我们有

$$f(x)=q(x)(x-c)+r$$

将 x 换成 c 得到 $f(c)=r$. 因此余式等于 $f(c)$.

特别，$(x-c)\mid f(x)\Leftrightarrow r=0\Leftrightarrow f(c)=0$.　□

定理 5.4.2　(1) 设 $0\neq f(x)\in F[x]$，且 $\deg f(x)=n$，则 $f(x)$ 在 F 中不同的根的个数不超过 n.

(2) 设 $F[x]$ 中的多项式 $f(x)$，$g(x)$ 的次数都不超过 n. 如果有 $n+1$ 个不同的数 c_i 使 $f(c_i)=g(c_i)(1\leqslant i\leqslant n+1)$，则 $f(x)=g(x)$. 特别，如果有无穷多个不同的数 c 使 $f(c)=g(c)$，则 $f(x)=g(x)$.

证明　(1) 如果 $f(x)$ 在 F 中没有根，$f(x)$ 的根的个数为 0，当然不超过 n.

设 $f(x)$ 在 F 中有根 x_1，则 $f(x)$ 有一次因式 $x-x_1$，$f(x)=(x-x_1)f_1(x)$. 如果 $f_1(x)$ 在 F 中还有根 x_2，则 $f_1(x)=(x-x_2)f_2(x)$，从而

$$f(x)=(x-x_1)(x-x_2)f_2(x)$$

重复这个过程，可以将 $f(x)$ 分解为

$$f(x)=(x-x_1)\cdots(x-x_s)f_s(x)$$

直到其中 $f_s(x)$ 在 F 中没有根为止，由 $s+\deg f_s(x)=\deg f(x)=n$ 知道 $s\leqslant n$，且 $\deg f_s(x)=n-s$. 设 $c\in F$ 与 $x_1,\cdots,x_s$ 都不相等，则 $c-x_i\neq 0$ 对 $1\leqslant i\leqslant s$ 成立. 且由 $f_s(x)$ 在 F 中没有根知道 $f_s(c)\neq 0$. $f(c)=(c-x_1)\cdots(c-c_s)f_s(c)$ 是不等于 0 的数 $c-x_i(1\leqslant i\leqslant s)$ 和 $f_s(c)$ 的乘积，因此 $f(c)\neq 0$，c 不是 $f(x)$ 的根.

可见 $x_1,\cdots,x_s$ 是 $f(x)$ 仅有的根，除此之外 $f(x)$ 没有其他的根. $f(x)$ 的不同的根的个数不超过 s，当然也就不超过 n.

(2) 如果 $f(x)\neq g(x)$，则 $h(x)=f(x)-g(x)\neq 0$，且 $\deg h(x)\leqslant n$. 有 $n+1$ 个不同的数 $c_i(1\leqslant i\leqslant n+1)$ 使 $f(c_i)=g(c_i)$ 从而 $h(c_i)=0$. 也就是 $h(x)$ 有 $n+1$ 个不同的根 $c_i(1\leqslant i\leqslant n+1)$. 但由 $\deg h(x)\leqslant n$ 知道 $h(x)$ 的不同的根的个数不超过 n，矛盾. 这就证明了 $f(x)=g(x)$.　□

例 1　设 $\boldsymbol{A}$，$\boldsymbol{B}$，$\boldsymbol{C}$，$\boldsymbol{D}$ 是数域 F 上 n 阶方阵，且 $\boldsymbol{AC}=\boldsymbol{CA}$. 求证：

$$\begin{vmatrix}\boldsymbol{A} & \boldsymbol{B}\\ \boldsymbol{C} & \boldsymbol{D}\end{vmatrix}=|\boldsymbol{AD}-\boldsymbol{CB}| \tag{5.4.1}$$

证明　当 $|\boldsymbol{A}|\neq 0$ 时 $\boldsymbol{A}$ 可逆，

$$\begin{pmatrix}\boldsymbol{I} & \boldsymbol{O}\\ -\boldsymbol{CA}^{-1} & \boldsymbol{I}\end{pmatrix}\begin{pmatrix}\boldsymbol{A} & \boldsymbol{B}\\ \boldsymbol{C} & \boldsymbol{D}\end{pmatrix}=\begin{pmatrix}\boldsymbol{A} & \boldsymbol{B}\\ \boldsymbol{O} & \boldsymbol{D}-\boldsymbol{CA}^{-1}\boldsymbol{B}\end{pmatrix}$$

两边同时取行列式，得

$$\begin{vmatrix} A & B \\ C & D \end{vmatrix} = \begin{vmatrix} A & B \\ O & D-CA^{-1}B \end{vmatrix} = |A| \cdot |D-CA^{-1}B| = |A(D-CA^{-1}B)|$$
$$= |AD-ACA^{-1}B| = |AD-CAA^{-1}B| = |AD-CB|$$

这证明了当 $|A| \neq 0$ 时(5.4.1)成立.

现在设 $|A|=0$. 考虑 n 阶方阵 $A_\lambda = \lambda I_{(n)} + A$. 设 $A=(a_{ij})_{n\times n}$，则$A_\lambda C = CA_\lambda$ 成立. 且

$$f(\lambda) = |A_\lambda| = |\lambda I + A| = \begin{vmatrix} \lambda+a_{11} & a_{12} & \cdots & a_{1n} \\ a_{21} & \lambda+a_{22} & \cdots & a_{2n} \\ \vdots & \vdots & & \vdots \\ a_{n1} & a_{n2} & \cdots & \lambda+a_{nn} \end{vmatrix} = \lambda^n + \cdots$$

是 λ 的 n 次多项式，在 F 中至多只有 n 个不同的根. 而 F 中有无穷多个不同的数 c 不是 $f(\lambda)$ 的根，对所有这些 c 都有 $|A_c| = f(c) \neq 0$，因而

$$\begin{vmatrix} A_\lambda & B \\ C & D \end{vmatrix} = |A_\lambda D - CB| \tag{5.4.2}$$

对 λ 的无穷多个不同的值成立.

等式(5.4.2)两边都是 λ 的多项式，并且有 λ 的无穷多个不同的值使等号成立. 这说明等式(5.4.2)两边是相等的多项式，将 λ 替换成 F 中所有的数也都成立. 特别当 $\lambda=0$ 时等号也成立，也就是

$$\begin{vmatrix} A & B \\ C & D \end{vmatrix} = |AD-CB|$$

这就证明了等式(5.4.1)在所有的情形下成立.　□

2. 重因式与重根

定义 5.4.2　如果不可约多项式 $p(x)$ 是多项式 $f(x)$ 的因式，$p(x)^k \mid f(x)$ 且 $p(x)^{k+1} \nmid f(x)$，就称 $p(x)$ 是 $f(x)$ 的 k **重因式**(k-ple factor)，k 是因式 $p(x)$ 在 $f(x)$ 中的**重数**(multiple number).如果 $k=1$，$p(x)$ 称为 $f(x)$ 的**单因式**(single factor)；如果 $k>1$，那么 $p(x)$ 称为 $f(x)$ 的**重因式**(multiple factor). 如果 $x-c$ 是 $f(x)$ 的 k 重因式，就称 c 是 $f(x)$ 的 k **重根**(k-ple root)，k 是 $f(x)$ 的根 c 的重数. 当 $k=1$ 时称 c 是 $f(x)$ 的**单根**(single root)，当 $k>1$ 时称 c 是 $f(x)$ 的**重根**(multiple root).　□

如果已经将 $f(x)$ 分解为不可约因式的乘积，从分解式就可知道每个不可约因式的重数. 一般来说 $f(x)$ 的因式分解是很困难的，但是计算多项式的最大公因式却有辗转相除法这样的有效算法. 通过计算 $f(x)$ 与它的微商 $f'(x)$ 的最大公因式可以判别多项式是否有重因式.

定义 5.4.3　对任意数域 F 上的多项式 $f(x)=a_nx^n+a_{n-1}x^{n-1}+\cdots+a_1x+$

a_0，定义 $f(x)$ 的**微商**(differential quotient)(也称**导数**(derivate))

$$f'(x)=na_nx^{n-1}+(n-1)a_{n-1}x^{n-2}+\cdots+a_2x+a_1$$

$f'(x)$ 也称为 $f(x)$ 的一阶微商；$f'(x)$ 的微商的微商称为 $f(x)$ 的二阶微商，记作 $f''(x)$. 依此类推可以对任意正整数 k 定义 k 阶微商，记作 $f^{(k)}(x)$，使 $f^{(k)}(x)=(f^{(k-1)}(x))'$. □

易验证微商满足以下基本性质：

(1) $(af(x)+bg(x))'=af'(x)+bg'(x)$；

(2) $(f(x)g(x))'=f'(x)g(x)+f(x)g'(x)$；

(3) $(f^m(x))'=mf^{m-1}(x)f'(x)$.

注：在微积分中，微商是用极限定义的，微商的以上性质也用极限证明. 在任意的数域上一般并不能定义极限，例如在有理数域上就不能定义极限. 但是，定义 5.4.3 并不依赖于极限，只涉及到多项式系数的加、减、乘法，由这些运算就足以证明以上性质.

定理 5.4.3 $f(x)\in F[x]$ 有重因式 $\Leftrightarrow (f(x),f'(x))\neq 1$. $(f(x),f'(x))$ 的每个不可约因式 $p(x)$ 都是 $f(x)$ 的重因式. 如果不可约多项式 $p(x)$ 是 $(f(x),f'(x))$ 的 k 重因式，那么它是 $f(x)$ 的 $k+1$ 重因式.

证明 设 $p(x)$ 是 $f(x)$ 的 k 重因式，$k\geqslant 1$. 则

$$f(x)=p^k(x)f_1(x),p(x)\nmid f_1(x)$$

$$f'(x)=kp^{k-1}(x)p'(x)f_1(x)+p^k(x)f_1'(x)=p^{k-1}(x)(kp'(x)f_1(x)+p(x)f_1'(x))$$

由于 $p'(x)$ 与 $f_1(x)$ 都不被 $p(x)$ 整除，它们的乘积的非零常数倍 $kp'(x)f_1(x)$ 也不被 $p(x)$ 整除. 因此

$$kp'(x)f_1(x)+p(x)f_1'(x)\equiv kp'(x)f_1(x)+0\not\equiv 0(\bmod p(x))$$

这说明 $p^{k-1}(x)\mid f'(x)$ 且 $p^k(x)\nmid f'(x)$，因此 $p^{k-1}(x)\mid(f(x),f'(x))$ 且 $p^k(x)\nmid(f(x),f'(x))$.

因此，当且仅当 $k>1$(即 $p(x)$ 是 $f(x)$ 的重因式)时，$p(x)$ 是 $(f(x),f'(x))$ 的因式，并且是 $(f(x),f'(x))$ 的 $k-1$ 重因式. 当且仅当 $f(x)$ 至少有一个重因式时，$(f(x),f'(x))\neq 1$，并且 $(f(x),f'(x))$ 的 k 重不可约因式都是 $f(x)$ 的 $k+1$ 重因式. 反过来，$f(x)$ 没有重因式 $\Leftrightarrow (f(x),f'(x))=1$. □

3. 复数域上多项式的因式分解

由因式定理知道，只要能求出 $f(x)$ 的根，就能对 $f(x)$ 进行因式分解. 对于复数域 **C** 上的多项式 $f(x)$，有下面的重要定理：

定理 5.4.4(代数基本定理) 次数 $\geqslant 1$ 的复系数多项式 $f(x)$ 在复数域中至少有一个根. □

代数基本定理的证明需要用到更高深的知识，这里就不给出了.（例如，在

复变函数课程中将会给出一个证明.)

由代数基本定理可以立即得到复数域上多项式的分解定理:

定理 5.4.5 (1) 复数域 **C** 上每个次数 $n\geqslant 1$ 的多项式 $f(x)=a_nx^n+a_{n-1}x^{n-1}+\cdots+a_1x+a_0$ 都可以唯一地分解为一次因式的乘积

$$f(x)=a_n(x-x_1)\cdots(x-x_n)$$

或写成标准分解式

$$f(x)=a_n(x-c_1)^{n_1}\cdots(x-c_t)^{n_t}$$

其中 $c_1,\cdots,c_t$ 是 $f(x)$ 的所有的不同的根, 正整数 $n_1,\cdots,n_t$ 分别是各个根的重数.

(2)(Vieta 定理) 设 $x_1,\cdots,x_n$ 是 $f(x)=a_nx^n+a_{n-1}x^{n-1}+\cdots+a_1x+a_0$ 的全部根(可能重复), 则对每个 $1\leqslant k\leqslant n$, 有

$$\sigma_k=\sum_{1\leqslant i_1<\cdots<i_k\leqslant n}x_{i_1}\cdots x_{i_k}=(-1)^k\frac{a_{n-k}}{a_n}$$

对 $1\leqslant k\leqslant n$ 成立, 其中 σ_k 是 n 个根 $x_1,\cdots,x_n$ 中每次取 k 个相乘得到的所有的乘积之和.

证明 (1) 根据因式分解及唯一性定理, 次数$\geqslant 1$ 的复系数多项式 $f(x)$ 可唯一分解为

$$f(x)=a_np_1(x)\cdots p_s(x)$$

其中 $p_i(x)(1\leqslant i\leqslant s)$ 为首一的不可约多项式, a_n 是 $f(x)$ 的首项系数. 根据代数基本定理, 次数$\geqslant 1$ 的不可约复系数多项式 $p_i(x)$ 至少有一个复数根 x_i, 从而有因式 $x-x_i$, $p_i(x)=(x-x_i)q_i(x)$, 由 $p_i(x)$ 是不可约首一多项式知 $q_i(x)=1$, $p_i(x)=x-x_i$. 于是

$$f(x)=a_n(x-x_1)\cdots(x-x_n)$$

其中 $x_1,\cdots,x_n$ 是 $f(x)$ 的全部复数根. 将其中相同因式归并得标准分解式

$$f(x)=a_n(x-c_1)^{n_1}\cdots(x-c_t)^{n_t}$$

其中 $c_1,\cdots,c_t$ 是 $f(x)$ 的全部不同的根, 正整数 $n_1,\cdots,n_t$ 分别是这些根在 $f(x)$ 中的重数.

(2) 将分解式

$$f(x)=a_nx^n+a_{n-1}x^{n-1}+\cdots+a_1x+a_0=a_n(x-x_1)\cdots(x-x_n)$$

右边展开得

$$f(x)=a_n(x^n-\sigma_1x^{n-1}+\cdots+(-1)^k\sigma_kx^{n-k}+\cdots+(-1)^n\sigma_n)$$

与 $f(x)=a_nx^n+a_{n-1}x^{n-1}+\cdots+a_1x+a_0$ 比较对应项系数即得所需结论. □

4. 实数域上多项式的因式分解

为了研究实数域上多项式的标准分解式, 先研究实数域上不可约多项式

$p(x)$是什么样子. 首先，我们指出：实系数多项式的虚根一定成对共轭出现. 也就是说：

引理 5.4.6　如果虚数 $z=a+b\mathrm{i}(a,b\in\mathbf{R},b\neq0)$是实系数多项式$f(x)$的根，$z$ 的共轭 $\bar{z}=a-b\mathrm{i}$ 一定也是$f(x)$的根，以 $a\pm b\mathrm{i}$ 为根的实系数二次多项式 $p(x)=x^2-2ax+(a^2+b^2)$是$f(x)$的不可约因式.

证明　由因式定理，$x-z$ 是$f(x)$的因式$f(x)=(x-z)f_1(x)$. 两边同时取共轭得$f(x)=(x-\bar{z})\overline{f_1(x)}$，可见$f(\bar{z})=0$. 由$f(x)=(x-z)f_1(x)$知道 $0=f(\bar{z})=(\bar{z}-z)f_1(\bar{z})$. 由 $\bar{z}-z\neq0$ 得 $f_1(\bar{z})=0$，因此$(x-\bar{z})\mid f_1(x)$，$f_1(x)=(x-\bar{z})f_2(x)$. 可见

$$f(x)=(x-z)(x-\bar{z})f_2(x)=g(x)f_2(x),$$

其中 $g(x)=(x-z)(x-\bar{z})=(x-a-b\mathrm{i})(x-a+b\mathrm{i})=x^2-2ax+a^2+b^2$ 是实系数多项式，是$f(x)$的因式.

如果 $g(x)$可以分解为两个次数≥1 的实系数多项式 $g_1(x)$，$g_2(x)$的乘积，则由 $\deg g(x)=2$ 知道 $\deg g_1(x)=\deg g_2(x)=1$. 设 $g_1(x)=cx+d$，其中 c，$d\in\mathbf{R}$ 且 $c\neq0$. $g_1(x)$有实根$-\dfrac{d}{c}$，从而 $g\left(-\dfrac{d}{c}\right)=g_1\left(-\dfrac{d}{c}\right)g_2\left(-\dfrac{d}{c}\right)=0$，$-\dfrac{d}{c}$是 $g(x)$的实根. 但 $g(x)=(x-z)(x-\bar{z})$只有两个虚根 z，$\bar{z}$ 而没有实根，矛盾. 可见 $g(x)=x^2-2ax+(a^2+b^2)$是实数域上的不可约多项式.　□

由引理 5.4.6 立即得到实数域上多项式的因式分解定理：

定理 5.4.7　(1) 实系数不可约多项式的次数为 1 次或 2 次.

(2) 次数大于等于 1 的实系数多项式$f(x)$唯一地分解为一次或二次实系数不可约多项式的乘积.

证明　(1) 设 $p(x)$是实系数不可约多项式. 则 $p(x)$一定有复数根. 如果 $p(x)$有实根 c，则它有一次实系数因式 $x-c$，由 $p(x)$不可约知道$p(x)=k(x-c)$，$0\neq k\in R$，$\deg p(x)=1$. 如果 $p(x)$没有实根，必有某个虚根 $a+b\mathbf{i}$，$(a,b\in\mathbf{R},b\neq0)$，由引理 5.4.6 知道 $p(x)$有实系数不可约二次因式 $g(x)=x^2-2ax+(a^2+b^2)$. 由 $p(x)$不可约知 $p(x)=kg(x)$为二次实系数多项式.

(2) 由因式分解及唯一性定理，$f(x)$在实数域上可以唯一地分解为不可约多项式的乘积. 前面已证明实不可约因式次数为 1 或 2. 因此实多项式可以唯一地分解为一次或二次不可约实系数多项式的乘积.　□

例 2　在实数域上将 x^4+1 分解为不可约因式的乘积.

解　$$\begin{aligned}x^4+1&=x^4+2x^2+1-2x^2=(x^2+1)^2-(\sqrt{2}x)^2\\&=(x^2+\sqrt{2}x+1)(x^2-\sqrt{2}x+1).\end{aligned}$$

由一元二次方程的求根公式知道 $x^2+\sqrt{2}x+1$ 与 $x^2-\sqrt{2}x+1$ 都没有实根，因此是不可约的实多项式. x^4+1 已被分解为不可约因式的乘积. □

例 3　多项式 $f(x)=x^4+x^3+x^2+x+1$ 在实数域上是否可以分解？在有理数域上呢？如果能分解，给出分解式. 如果不能分解，试证明你的结论.

解　实数域上不可约的多项式只能是 1 次或 2 次，4 次多项式 $f(x)$ 能够分解.

$$\begin{aligned}f(x)&=(x^2+1)^2+x(x^2+1)+\frac{1}{4}x^2-\frac{5}{4}x^2\\&=\left(x^2+1+\frac{1}{2}x\right)^2-\left(\frac{\sqrt{5}}{2}x\right)^2\\&=\left(x^2+\frac{1+\sqrt{5}}{2}x+1\right)\left(x^2+\frac{1-\sqrt{5}}{2}x+1\right)\end{aligned}\qquad(5.4.3)$$

得到的两个 2 次因式都没有实根，是实数域上的不可约多项式.

如果 $f(x)$ 在有理数域上能够分解为两个次数大于等于 1 的因式 $f_1(x)$，$f_2(x)$ 之积

$$f(x)=f_1(x)f_2(x)\qquad(5.4.4)$$

则由 $f(x)$ 是首一多项式知道可以选择 $f_1(x)$，$f_2(x)$ 都是首一多项式. 由实数域上多项式因式分解的唯一性知，将 $f_1(x)$，$f_2(x)$ 在实数域上分解为不可约多项式的乘积，可以得到 $f(x)$ 在实数域上的分解式(5.4.3). 可见(5.4.3)右边的每个不可约实系数多项式都是(5.4.4)右边的两个有理系数多项式 $f_1(x)$，$f_2(x)$ 中的某一个的因式. 这迫使 $f_1(x)$，$f_2(x)$ 的次数都等于 2，各等于(5.4.3)右边的一个因式. 但(5.4.3)右边的两个因式都不是有理系数多项式. 矛盾. 这证明了 $f(x)$ 是有理数域上的不可约多项式.

5. 单位根

例 4　n 是正整数.

(1) 证明多项式 x^n-1 没有重因式，也没有重根.

(2) 分别在复数域 **C** 和实数域 **R** 上进行 x^n-1 的因式分解.

解　(1) $f(x)=x^n-1$ 的微商 $f'(x)=nx^{n-1}$. $f'(x)$ 仅有一个不可约因式 x，它不是 x^n-1 的因式，因此 $(f(x),f'(x))=1$，$f(x)$ 没有重因式，也没有重根.

(2) 先求多项式 x^n-1 的全体复数根，也就是方程 $x^n-1=0$ 即方程 $x^n=1$ 的根.

将方程 $x^n=1$ 的任何一个根 z 写成三角函数式 $z=r(\cos\theta+\mathrm{i}\sin\theta)$，其中实数 $r\geqslant 0$，$0\leqslant\theta\leqslant 2\pi$. 则

$$z^n=r^n(\cos\theta+\mathrm{i}\sin\theta)^n=r^n(\cos n\theta+\mathrm{i}\sin n\theta)=1$$

$$\Leftrightarrow\begin{cases} r^n=1 \\ n\theta=2k\pi,\ k\text{ 是整数}\end{cases}\Leftrightarrow\begin{cases} r=1 \\ \theta=\dfrac{2k\pi}{n},\ 0\leqslant k\leqslant n-1\end{cases}$$

因此方程 $x^n=1$ 有 n 个不同的根

$$\omega_k=\cos\frac{2k\pi}{n}+\mathrm{i}\sin\frac{2k\pi}{n},\qquad k=0,1,2,\cdots,n-1$$

特别，其中 $\omega_0=1$.

x^n-1 在复数范围内的标准分解式为

$$x^n-1=(x-1)(x-\omega_1)(x-\omega_2)\cdots(x-\omega_{n-1})$$

在所有的 $\omega_k(0\leqslant k\leqslant n-1)$ 中，$\omega_0=1$ 是实数，当 n 为偶数时 $\omega_{\frac{n}{2}}=-1$ 是实数. 其余的 $\omega_k=\cos\dfrac{2k\pi}{n}+\mathrm{i}\sin\dfrac{2k\pi}{n}$都是虚数，其共轭虚数

$$\overline{\omega_k}=\cos\frac{2k\pi}{n}-\mathrm{i}\sin\frac{2k\pi}{n}=\cos\frac{2(n-k)\pi}{n}+\mathrm{i}\sin\frac{2(n-k)\pi}{n}=\omega_{n-k}$$

以 ω_k，$\overline{\omega_k}$为根的实系数二次多项式 $x^2-2x\cos\dfrac{2k\pi}{n}+1$ 在实数域上不可约. 因此，x^n-1 在实数域上的标准分解式为

$$x^n-1=\begin{cases}(x-1)\displaystyle\prod_{k=1}^{m}\left(x^2-2x\cos\frac{2k\pi}{n}+1\right), & \text{当 } n \text{ 为奇数 } 2m+1\\ (x-1)(x+1)\displaystyle\prod_{k=1}^{m-1}\left(x^2-2x\cos\frac{2k\pi}{n}+1\right), & \text{当 } n \text{ 为偶数 } 2m\end{cases}\quad\square$$

定义 5.4.4　多项式 x^n-1 的 n 个不同的复数根

$$\omega_k=\cos\frac{2k\pi}{n}+\mathrm{i}\sin\frac{2k\pi}{n}\quad(\forall k=0,1,2,\cdots,n-1)$$

称为 n 次**单位根**(root of unity).　□

(**注**:将 ω_k 称为 n 次单位根是因为它们是方程 $x^n=1$ 的根,也就是 1 的 n 次方根.在实数范围内 1 的 n 次方根只有 1(当 n 为奇数)或±1(当 n 为偶数).但在复数范围内,由于 $x^n=1$ 是 n 次方程并且没有重根,因此有 n 个不同的根.)

如果将 n 次单位根 ω_k 用复平面上的点 $A_k(k=0,1,2,\cdots,n-1)$ 表示出来，它们就是以原点为圆心的单位圆的一个内接正 n 边形的 n 个顶点.

由于 x^n-1 的 $n-1$ 项系数为 0，x^n-1 的 n 个根 $\omega_k(0\leqslant k\leqslant n-1)$之和

$$1+\omega_1+\omega_2+\cdots+\omega_{n-1}=0$$

从而

$$\omega_1+\omega_2+\cdots+\omega_{n-1}=-1$$

如果记 $\omega=\omega_1=\cos\dfrac{2\pi}{n}+\mathrm{i}\sin\dfrac{2\pi}{n}$，则 $\omega_k=\omega^k(\forall\ 0\leqslant k\leqslant n-1)$. 也就是说：$n$ 个单位根都可以表示为其中一个单位根 $\omega=\omega_1$ 的幂. 一般地，如果所有的 n

次单位根$\omega_k(0\leqslant k\leqslant n-1)$都能写成某个给定的 n 次单位根 ω_m 的幂，就称 ω_m 为 n 次**本原单位根**(primitive root of unity). 由 $\omega_k=\omega_1^k(0\leqslant k\leqslant n-1)$知道 ω_1 是 n 次本原单位根. 很自然要问：除了 ω_1 外还有哪些 n 次单位根是 n 次本原单位根？

例 5　设 $\omega_m=\cos\dfrac{2m\pi}{n}+\mathrm{i}\sin\dfrac{2m\pi}{n}(0\leqslant m\leqslant m-1)$是 n 次单位根. 求 ω_m 是 n 次单位根的充分必要条件.

解　由于 $\omega_m^n=1$，ω_m 的任意整数幂 ω_m^j 满足条件$(\omega_m^j)^n=(\omega_m^n)^j=1^j=1$. 也就是说：$\omega_m^j$ 的所有的整数幂都是 n 次单位根. 只要 ω_m 的整数幂能够取 n 个不同的值，那么这 n 个不同的值就是全部 n 次单位根，ω_m 就是本原单位根.

设 j，t 是任意整数，则 $\omega_m^j=\omega_m^t\Leftrightarrow\omega_m^{j-t}=1$. 而

$$\omega_m^{j-t}=\cos\frac{2m(j-t)\pi}{n}+\mathrm{i}\sin\frac{2m(j-t)\pi}{n}=1\Leftrightarrow n\mid(m(j-t))$$

当$(m,n)=1$时，$n\mid(m(j-t))\Leftrightarrow n\mid(j-t)$. 取 $j=0,1,2,\cdots,n-1$ 等 n 个不同的值，则其中任意两个值之差不被 n 整除，因此 ω_m 的 n 个幂 $\omega_m^j(0\leqslant j\leqslant n-1)$两两不同，就是全部 n 个不同的单位根. 因此 ω_m 是 n 次本原单位根.

如果$(m,n)=d>1$，记 $n_1=\dfrac{n}{d}$，$m_1=\dfrac{m}{d}$，则$(n_1,m_1)=1$. 此时

$$\omega_m^{j-t}=1\Leftrightarrow n\mid(m(j-t))\Leftrightarrow n_1\mid(d_1(j-t))\Leftrightarrow n_1\mid(j-t)$$

特别，$\omega_m^{n_1}=1$. 可见 ω_m 是 n_1 次单位根，ω_m 的幂也是 n_1 次单位根. 而全部 n_1 单位根只有 n_1 个，$n_1<n$，因此 ω_m 的幂至多只能有 n_1 个不同的值，不可能穷尽全部 n 个 n 次单位根，ω_m 不是 n 次本原单位根.

因此，$\omega_m=\omega_1^m$ 是 n 次本原单位根的充分必要条件是：$(m,n)=1$，即 m 与 n 互素.

当$(m,n)=d>1$时，

$$\omega_m=\cos\frac{2m\pi}{n}+\mathrm{i}\sin\frac{2m\pi}{n}=\cos\frac{2m_1\pi}{n_1}+\mathrm{i}\sin\frac{2m_1\pi}{n_1}$$

其中 $m_1=\dfrac{m}{d}$，$n_1=\dfrac{n}{d}<n$. 可见 ω_m 是 n_1 次本原单位根 $\tilde{\omega}=\cos\dfrac{2\pi}{n_1}+\mathrm{i}\sin\dfrac{2\pi}{n_1}$的 m_1 次幂，并且$(n_1,m_1)=1$，将前面得到的 n 次本原单位根的充分必要条件应用于 n_1，得到：$\omega_m=\tilde{\omega}^{m_1}$是 n_1 次单位根.　□

例 6　利用例 5 的结论判别 15 次单位根各是多少次本原单位根. 这些单位根各是 $x^{15}-1$ 在有理数域上的分解式

$$x^{15}-1=(x-1)(x^2+x+1)(x^4+x^3+x^2+x+1)\times$$

$$(x^8-x^7+x^5-x^4+x^3-x+1) \tag{5.4.5}$$

中哪个因式的根?

解 设 $\omega_k=\cos\frac{2k\pi}{15}+\mathrm{i}\sin\frac{2k\pi}{15}$.

当$(k,15)=1$互素，即 $k=1,2,4,7,8,11,13,14$ 时，ω_k 是 15 次本原单位根.

当$(k,15)=3$，即 $k=3,6,9,12$ 时，ω_k 是 5 次本原单位根.

当$(k,15)=5$，即 $k=5,10$ 时，ω_k 是 3 次本原单位根.

当$(k,15)=15$，即 $k=0$ 时，$\omega_k=1$ 是 1 次本原单位根.

1 次本原单位根 1 当然是分解式(5.4.5)右边第一个因式 $x-1$ 的根.

3 次本原单位根 ω_5，ω_{10}都是 x^3-1 的根. 从 x^3-1 的 3 个根中去掉 1 次单位根 1 剩下的两个根就是全部的 3 次本原单位根，因此$\frac{x^3-1}{x-1}=x^2+x+1$ 就是以两个 3 次本原单位根为根的首一多项式. 这是分解式(5.4.5)右边第二个因式.

5 次本原单位根 ω_3，ω_6，ω_9，ω_{12}都是 x^5-1 的根. 从 x^5-1 的 5 个根中去掉 1 次单位根 1 剩下的 4 个根就是全部的 5 次本原单位根，因此$\frac{x^5-1}{x-1}=x^4+x^3+x^2+x+1$ 就是以全部 5 次本原单位根为根的首一多项式. 这是分解式(5.4.5)右边的第 3 个因式.

从 $x^{15}-1$ 的全部 15 个根中去掉 1 次、3 次、5 次单位根，剩下的 8 个根就是全部的 15 次本原单位根. 因此，从 $x^{15}-1$ 中将分别以 1 次、3 次、5 次本原单位根为根的 3 个因式提取出去，剩下的因式即分解式(5.4.5)右边第 4 个因式，就是以 8 个 15 次本原单位根为根的首一多项式. □

例 6 揭示了 $x^{15}-1$ 在有理数域上的分解式的一个奥妙：按 15 的 4 个正整数因子 1，3，5，15 将 $x^{15}-1$ 的 15 个根分成 4 组，每组分别由 1 次本原单位根、3 次本原单位根、5 次本原单位根、15 次本原单位根组成. 以每组的单位根为根构造一个首一多项式，得到一个有理系数因式. 得到的 4 个有理系数多项式恰好就是 $x^{15}-1$ 的有理数域上因式分解得到的全部不可约因式.

对任意的正整数 n，x^n-1 在有理数域上的分解式都有同样的规律：x^n-1 在有理数域上的每个不可约因式对应于 n 的一个正整数因子 m，记作 $\Phi_m(x)$，它是以所有的 m 次本原单位根为根的首一多项式：

$$\Phi_m(x)=\prod_{1\leqslant k<m,\ (k,m)=1}\left(x-\cos\frac{2k\pi}{m}-\mathrm{i}\sin\frac{2k\pi}{m}\right)$$

由于 $\Phi_m(x)$的根在复平面上对应的点都是以原点为圆心的单位圆的 m 等分点，$\Phi_m(x)$称为 m 次**分圆多项式**(cyclotomic polynomial).

尽管分圆多项式是在复数域上定义的．但是，容易证明它们都是整系数多项式．

例 7 分圆多项式 $\Phi_m(x)$ 都是整系数多项式．

证明 首先，当 $m=1$ 时，$\Phi_1(x)=x-1$ 是整系数多项式．

设 $m\geqslant 2$．将 m 分解为素数的乘积：$m=p_1p_2\cdots p_s(p_1,\cdots,p_s$ 可能有重复)．对素因子的个数 s 用数学归纳法．

$s=1$ 时 $m=p$ 本身是素数，x^p-1 的 p 个根 $1,\omega_1,\cdots,\omega_{p-1}$ 中除了 1 以外都是 p 次本原单位根，

$$\Phi_p(x)=(x-\omega_1)\cdots(x-\omega_{p-1})=\frac{x^p-1}{x-1}=x^{p-1}+x^{p-2}+\cdots+x+1$$

是整系数多项式．

设 $s\geqslant 2$，并且设当非负整数 $t<s$ 且 d 是 t 个素数的乘积时，$\Phi_d(x)$ 是整系数多项式．(我们约定 $t=0$ 时 $d=1$,已经知道 $\Phi_1(x)=x-1$ 是整系数多项式)．则对 s 个素数的乘积 $m=p_1\cdots p_s$，在 x^m-1 的所有的根中除去所有的本原 d 次单位根($1\leqslant d<m$,且 $d\mid m$)之外剩下的就是全部的本原 m 次单位根．而对 m 的每个 $<m$ 的因子 d，$\Phi_d(x)$ 就是以全部本原 d 次单位根为根的首一多项式，d 是 m 的 s 个素因子中的某 t 个的乘积，$t<s$，由归纳假设知道 $\Phi_d(x)$ 是整系数多项式．因此

$$\Phi_m(x)=\frac{x^m-1}{\prod\limits_{1\leqslant d<m,\ d\mid m}\Phi_d(x)}$$

$\Phi_m(x)$ 是复系数多项式，并且是首一的整系数多项式 $\prod\limits_{1\leqslant d<m,\ d\mid m}\Phi_d(x)$ 除 x^m-1 的商，因此是整系数多项式．

由数学归纳法原理，所有的 $\Phi_m(x)$ 都是整系数多项式． □

例 7 的证明方法实际上给出了按 s 由小到大求分圆多项式 $\Phi_m(x)$ 的方法．例如，当 $m=pq$ 是两个素数 p，q 的乘积时，m 的 $<m$ 的因子为 1，p，q．因此，当 $p=q$ 时，

$$\Phi_{p^2}=\frac{x^{p^2}-1}{\Phi_1(x)\Phi_p(x)}=\frac{x^{p^2}-1}{x^p-1}$$

当 $p\neq q$ 时，

$$\Phi_{pq}(x)=\frac{x^{pq}-1}{\Phi_1(x)\Phi_p(x)\Phi_q(x)}=\frac{x^{pq}-1}{(x^p-1)\dfrac{x^q-1}{x-1}}=\frac{(x^{pq}-1)(x-1)}{(x^p-1)(x^q-1)}$$

在 §5.7 中将证明：分圆多项式都是有理数域上的不可约多项式．因此

$$x^n-1=\prod_{1\leqslant d\mid n}\Phi_d(x)$$

就是 x^n-1 在有理数域上的标准分解式．

习 题 5.4

1. 证明：如果$(x-1)\mid f(x^n)$，则$(x^n-1)\mid f(x^n)$.

2. 证明：如果$(x^2+x+1)\mid(f_1(x^3)+xf_2(x^3))$，则$(x-1)$同时整除$f_1(x)$与$f_2(x)$.

3. 求证：(1) 1，$\sqrt[3]{2}$，$\sqrt[3]{4}$在有理数域 **Q** 上线性无关.

(2) 如果$\sqrt[3]{2}$是有理系数多项式$f(x)$的根，则$\sqrt[3]{\omega}$与$\sqrt[3]{2}\,\omega^2$也是$f(x)$的根，其中$\omega=-\dfrac{1}{2}+\dfrac{\sqrt{3}}{2}\mathrm{i}$.

4. (1) 求以$2+\sqrt{3}$为根的最低次数的首一的有理系数多项式$g(x)$.

(2) 设$f(x)=x^5-4x^4+3x^3-2x^2+x-1$，求$f(2+\sqrt{3})$.

(3) 用(1)中求出的$g(x)$除$f(x)=x^5-4x^4+3x^3-2x^2+x-1$得到商$q(x)$和余式$r(x)$，将$f(x)$写成$f(x)=q(x)g(x)+r(x)$的形式，再将$x=2+\sqrt{3}$代入求$f(2+\sqrt{3})$. 是否比(2)中更简便?

(4) 设$h(x)$是任一有理系数多项式，$2+\sqrt{3}$是$h(x)$的根，求证：$g(x)$整除$h(x)$，并且$2+\sqrt{3}$也是$h(x)$的根.

5. a，b都是有理数且$b\neq 0$，$a+b\sqrt{2}$是有理系数多项式$f(x)$的根，求证：$a-b\sqrt{2}$一定也是$f(x)$的根.

6. 求多项式x^3+px+q有重根的条件.

7. 证明：多项式$1+x+\dfrac{x^2}{2!}+\cdots+\dfrac{x^n}{n!}$没有重根.

8. (1) m，n，p是任意正整数，证明：$(x^2+x+1)\mid(x^{3m}+x^{3n+1}+x^{3p+2})$；

(2) n_1，n_2，n_3，n_4，n_5是任意正整数，证明：

$$(x^4+x^3+x^2+x+1)\mid(x^{5n_1}+x^{5n_2+1}+x^{5n_3+2}+x^{5n_4+3}+x^{5n_5+4}).$$

9. 设a，b，c是方程$x^3+qx+r=0$的根. 写出根为$\dfrac{b+c}{a^2}$，$\dfrac{c+a}{b^2}$，$\dfrac{a+b}{c^2}$的三次方程.

10. 求证方程$x^3-x^2-\dfrac{1}{2}x-\dfrac{1}{6}=0$的根不可能全为实数.

11. 分别在复数域、实数域上将下列多项式分解为不可约多项式的乘积：

(1) x^4+4； (2) $(x-1)^n+(x+1)^n$； (3) $x^{12}-1$； (4) $x^{2n}+x^n+1$.

12. 设$f(x)$是$2n-1$次多项式，n为正整数，$f(x)+1$被$(x-1)^n$整除，$f(x)-1$被$(x+1)^n$整除. 求$f(x)$.

§ 5.5 有理系数多项式

我们已经看到，复数域上只有一次多项式才是不可约多项式，实数域上只有一次多项式或没有实根的二次多项式是不可约多项式. 但是，有理数域上的多项式的情况复杂得多，任意次数的有理系数多项式都有可能不可约. 例如，我们将证明，对任意的正整数n，n次多项式x^n+2就是有理系数不可约多项式.

有理系数的多项式与整系数多项式有密切的关系. 有理系数多项式的因式分解可以化为整系数多项式的因式分解来研究.

1. 整数环的性质

全体整数组成的集合记作 $\mathbf{Z}$. 以 x 为字母的整系数多项式 $a_0+a_1+\cdots+a_nx^n$ $(0\leqslant n\in\mathbf{Z},a_0,a_1,\cdots,a_n\in\mathbf{Z})$组成的集合记作 $\mathbf{Z}[x]$.

$\mathbf{Z}$ 对除法不封闭，即使限定除数不为 0 也不封闭. 也就是说，对任意的 a, $b\in\mathbf{Z}$ 且 $b\neq 0$，有可能不存在 $q\in\mathbf{Z}$ 使 $bq=a$. 因此，$\mathbf{Z}$ 不是数域. 但是 $\mathbf{Z}$ 对加、减、乘法封闭，我们称 $\mathbf{Z}$ 是**整数环**(ring of integers).

为了研究 $\mathbf{Z}[x]$的需要，我们叙述整数环 $\mathbf{Z}$ 的如下性质. 容易看出，其中很多性质与数域 F 上的多项式环 $F[x]$类似.

(1) (整除性)对任意 a, $b\in\mathbf{Z}$，如果存在 q 使 $a=qb$，就称 b 整除 a，记作 $b\mid a$，并且称 b 是 a 的因子(也称 b 是 a 的约数)，a 是 b 的倍数. 而 $b\nmid a$ 表示 b 不整除 a.

(2) (带余除法)对任意 a, $b\in\mathbf{Z}$，且 $b\neq 0$，存在唯一的 q, $r\in\mathbf{Z}$ 且 $0\leqslant r<|b|$ 使 $a=qb+r$，其中 q 称为 b 除 a 的商，r 称为余数.

(3) (最大公因子)对任意 a, $b\in\mathbf{Z}$，如果 $c\in\mathbf{Z}$ 既能整除 a，又能整除 b，就称 c 是 a, b 的公因子(也称公约数). 如果 d 是 a, b 的公因子，并且 a, b 所有的公因子都整除 d，就称 d 是 a, b 的最大公因子(也称最大公约数). 当 $a=b=0$ 时a, b 的最大公因子等于0. 当 a, b 不全为 0 时有唯一的最大公因子 $d>0$，记为(a,b)，a, b 的全部最大公因子为$\pm(a,b)$. 通过辗转相除法可以求得最大公因子(a,b)，并且可以求得整数 u, v 使 $ua+vb=(a,b)$. 对多个整数 $a_1,\cdots,a_s$ 也可以类似地定义最大公因子$(a_1,\cdots,a_s)$，并且也有类似的性质：存在 $u_1,\cdots,u_s$ 使 $u_1a_1+\cdots+u_sa_s=(a_1,\cdots,a_s)$.

(4) (同余)设 a, b, $c\in\mathbf{Z}$. 如果 $c\mid(a-b)$，就称 a 与 b 模 c 同余，记为 $a\equiv b(\bmod c)$. 当 $c\neq 0$ 时这就是说 c 除 a, b 的余数相等. 我们有

$$a_1\equiv b_1(\bmod c)\text{且 }a_2\equiv b_2(\bmod c)$$
$$\Rightarrow a_1\pm b_1\equiv a_2\pm b_2(\bmod c),\quad a_1b_1\equiv a_2b_2(\bmod c).$$

(5) (互素)如果$(a_1,\cdots,a_s)=1$，就称 $a_1,\cdots,a_s$ 互素.

a, b 互素$\Leftrightarrow$存在 u, $v\in\mathbf{Z}$ 使 $ua+vb=1\Leftrightarrow$存在 $u\in\mathbf{Z}$ 使 $ua\equiv 1(\bmod b)$.

$a_1,\cdots,a_s$ 互素$\Leftrightarrow$存在整数 $u_1,\cdots,u_s$ 使 $u_1a_1+\cdots+u_sa_s=1$.

如果整数 $a_1,\cdots,a_s$ 都与 b 互素，它们的乘积 $a_1\cdots a_s$ 也与 b 互素.

如果 $c\mid(ab)$并且 c, a 互素，那么 $c\mid b$.

(6) (素数)设正整数 $p>1$，并且除了 1，p 以外没有其他的正整数因子，就称 p 是**素数**(prime).

整数 a 与素数 p 互素$\Leftrightarrow a$ 不被 p 整除.

如果素数 p 整除若干个整数 $a_1,\cdots,a_s$ 的乘积，那么 p 整除其中某一个整数 a_i.

如果 q 是某个素数 p 的正整数次幂：$q=p^m$，则对任意 $a_1,\cdots,a_s\in\mathbf{Z}$ 有

$$(a_1+\cdots+a_s)\equiv a_1^q+\cdots+a_s^q(\bmod p). \tag{5.5.1}$$

(5.5.1)**的证明**　由二项式定理知

$$(a_1+a_2)^p=a_1^p+\sum_{k=1}^{p-1}\mathrm{C}_p^k a_1^{p-k}a_2^k+a_2^p\text{，其中 }\mathrm{C}_p^k=\frac{p(p-1)\cdots(p-k+1)}{k!}.$$

由$(k!,p)=1$ 及$(k!)\mid(p(p-1)\cdots(p-k+1))$知$(k!)\mid((p-1)\cdots(p-k+1))$，因此 $\mathrm{C}_p^k\equiv 0(\bmod p)$对 $1\leqslant k\leqslant p-1$ 成立. 这证明了

$$(a_1+a_2)^p\equiv a_1^p+a_2^p(\bmod p)$$

对 s 和 m 用数学归纳法即可知(5.5.1)对所有的 m 和 s 成立.　□

(7)（素因子分解）每个大于 1 的正整数都能分解成素数的乘积 $a=p_1\cdots p_s$. 如果不计较素数因子 $p_1,\cdots,p_s$ 的排列顺序，这个分解式由 a 唯一决定，并且可以写成标准分解式 $a=q_1^{n_1}\cdots q_s^{n_s}$ 的形式，其中 $q_1,\cdots,q_s$ 是不同的素数，$n_1,\cdots,n_s$ 是正整数.

2. 本原多项式

每个有理系数多项式都能写成一个整系数多项式的常数倍，而且可以要求这个整系数多项式的各项系数互素. 具体做法如下：对有理系数多项式 $f(x)$的各项系数通分求分母的最小公倍数 m，则 $mf(x)$是整系数多项式. 设 $mf(x)$各项系数的最大公因子为 d，则 $g(x)=\dfrac{m}{d}f(x)$是整系数多项式且各项系数互素，而 $f(x)=\dfrac{d}{m}g(x)$.

定义 5.5.1　设 $g(x)=b_0+b_1x+\cdots+b_mx^m$ 是不为 0 的整系数多项式，并且各项系数 $b_0,b_1,\cdots,b_m$ 的最大公因子等于 1，就称 $g(x)$是**本原多项式**(primitive polynomial).　□

因此，前面所说的就是：

引理 5.5.1　每个非零的有理系数多项式 $f(x)$都能写成某个本原多项式 $g(x)$的有理常数倍 $f(x)=cg(x)$，其中 $0\neq c\in\mathbf{Q}$.　□

例如，$f(x)=x^4-\dfrac{5}{6}x^2+\dfrac{3}{4}x+1$ 可写成

$$f(x)=\frac{1}{12}(12x^4-10x^2+9x+12),$$

其中 $g(x)=12x^4-10x^2+9x+12$ 是本原多项式. 要研究有理系数多项式 $f(x)$的因式分解，只要研究本原多项式 $g(x)$的因式分解就行了.

如果本原多项式$f(x)$能够分解为两个整系数因式$f_1(x)$，$f_2(x)$的乘积，当然这也是$f(x)$在有理数域上的一个分解. 反过来，如果本原多项式$f(x)$能够分解为两个有理系数多项式$f_1(x)$，$f_2(x)$的乘积，我们证明$f(x)$一定能够分解为两个整系数多项式的乘积. 这就是说：如果$f(x)$在整系数范围内不能分解，那么在有理系数范围内也不能分解. 这就将有理数域上的因式分解问题归结为了整系数范围内本原多项式的因式分解问题.

假如本原多项式$f(x)$能够分解为两个有理系数多项式$f_1(x)$，$f_2(x)$的乘积，总可以用$f_1(x)$的适当的有理常数倍$cf_1(x)$代替$f_1(x)$，同时用$c^{-1}f_2(x)$代替$f_2(x)$，化为$f_1(x)$是本原的整系数多项式的情形，同时$f_2(x)$也能写成某个本原多项式$g_2(x)$的有理常数倍$\frac{s}{t}g_2(x)$，其中s,t是整数，并且可以通过约分化为$t>0$且$(s,t)=1$的情形. 此时

$$f(x)=\frac{s}{t}f_1(x)g_2(x).$$

由于$\frac{s}{t}f_1(x)g_2(x)$等于整系数多项式$f(x)$，t整除$sf_1(x)g_2(x)$的各项系数. 又由于$(s,t)=1$，必然导致t整除$f_1(x)g_2(x)$的各项系数，是$f_1(x)g_2(x)$的各项系数的公因子. 我们证明两个本原多项式$f_1(x)$，$g_2(x)$的乘积也是本原多项式，各项系数的最大公因子等于1. 这将迫使$t=1$，从而$f_2(x)=sg_2(x)$也是整系数多项式，$f(x)=f_1(x)\cdots sg_2(x)$是$f(x)$在整系数范围内的一个分解.

定理 5.5.2(Gauss 引理)　两个本原多项式的乘积仍是本原多项式.

证明　设

$$f(x)=a_nx^n+a_{n-1}x^{n-1}+\cdots+a_1x+a_0$$
$$g(x)=b_mx^m+b_{m-1}x^{m-1}+\cdots+b_1x+b_0$$

是两个本原多项式.

$$h(x)=f(x)g(x)=h_{m+n}x^{m+n}+h_{m+n-1}x^{m+n-1}+\cdots+h_1x+h_0$$

如果$h(x)$不是本原多项式，各项系数$h_i(0\leqslant i\leqslant m+n)$的最大公因子$d>1$. 设$p$是$d$的一个素因子，则$p$是$h(x)$的各项系数的公因子. 但由于$f(x)$，$g(x)$都是本原多项式，$p$不能整除$f(x)$的所有的系数，也不能整除$g(x)$的所有的系数. 我们证明这将导致矛盾.

设$f(x)$的每个系数$a_i(0\leqslant i\leqslant n)$被$p$除的商为$q_i$，余数为$r_i$；$g(x)$的每个系数$b_j(0\leqslant j\leqslant m)$被$p$除的商为$\tilde{q}_j$，余数为$\tilde{r}_j$. 则

$$f(x)=pf_0(x)+f_1(x),\quad g(x)=pg_0(x)+g_1(x),$$

其中

$$f_0(x)=q_nx^n+q_{n-1}x^{n-1}+\cdots+q_1x+q_0$$

$$f_1(x)=r_nx^n+r_{n-1}x^{n-1}+\cdots+r_1x+r_0$$

$$g_0(x)=\tilde{q}_nx^n+\tilde{q}_{n-1}x^{n-1}+\cdots+\tilde{q}_1x+\tilde{q}_0$$

$$g_1(x)=\tilde{r}_nx^n+\tilde{r}_{n-1}x^{n-1}+\cdots+\tilde{r}_1x+\tilde{r}_0$$

$f(x)$ 至少有一个系数 a_i 不被 p 整除，因此 $f_1(x)\neq 0$；同样，也有 $g_1(x)\neq 0$.

$$\begin{aligned}h(x)=f(x)g(x)&=(pf_0(x)+f_1(x))(pg_0(x)+g_1(x))\\&=ph_0(x)+f_1(x)g_1(x)\end{aligned}$$

其中 $h_0(x)=pf_0(x)g_0(x)+f_0(x)+g_0(x)\in\mathbf{Z}[x]$.

设非零的整系数多项式 $f_1(x)=r_kx^k+\cdots$，$g_1(x)=\tilde{r}_sx^s+\cdots$ 的首项分别是 r_kx^k，$\tilde{r}_sx^s$，其中 $1\leqslant r_k$，$\tilde{r}_s<p$，则 $f_1(x)g_1(x)$ 的首项为 $r_k\tilde{r}_sx^{k+s}$. 由于 $r_k,\tilde{r}_s$ 都与 p 互素，它们的乘积 $r_k\tilde{r}_s$ 与 p 互素. $f(x)g(x)$ 的 $k+s$ 项系数 h_{k+s} 等于 p 的某个倍数加上 $r_k\tilde{r}_s$，因此 $h_{k+s}\equiv r_k\tilde{r}_s\not\equiv 0(\mathrm{mod}\,p)$，$h_{k+s}$ 不被 p 整除. 矛盾. 可见 $f(x)g(x)$ 的各项系数的最大公因子只能等于 1. $f(x)g(x)$ 是本原多项式. □

推论 5.5.1　设 $f(x)$，$g(x)\in\mathbf{Z}[x]$，并且 $g(x)$ 是本原多项式. 如果 $g(x)$ 整除 $f(x)$，则 $g(x)$ 除 $f(x)$ 的商 $q(x)$ 是整系数多项式，并且当 $f(x)$ 是本原多项式时 $q(x)$ 也是本原多项式.

证明　由于 $f(x)$，$g(x)$ 都是有理系数多项式，$g(x)$ 除 $f(x)$ 的商 $q(x)$ 也是有理系数多项式. 由引理 5.5.1 知 $q(x)=c\cdot h(x)$，其中 $h(x)\in\mathbf{Z}[x]$ 是本原多项式，$0\neq c\in\mathbf{Q}$. 可写 $c=\dfrac{s}{t}$ 使 s，$t\in\mathbf{Z}$，$t>0$，且 $(s,t)=1$. 则

$$f(x)=q(x)g(x)=\frac{s}{t}h(x)g(x)$$

其中 $g(x)$，$h(x)$ 是本原多项式，它们的乘积 $h(x)g(x)=\sum\limits_{i=0}^{n}d_ix^i$ 也是本原多项式，各项系数 $d_0,d_1,\cdots,d_n$ 的最大公因子等于 1. 由

$$f(x)=\sum_{i=0}^{n}\frac{sd_i}{t}x^i\in\mathbf{Z}[x]$$

知道 t 整除每个 $sd_i(0\leqslant i\leqslant n)$. 再由 $(t,s)=1$ 知 t 整除每个 d_i，从而 t 是 d_0，$d_1,\cdots,d_n$ 的公因子. 但 $d_0,d_1,\cdots,d_n$ 的最大公因子等于 1，因此 $t=1$. 这说明 $q(x)=s\cdot h(x)$ 是整系数多项式.

由 $f(x)=sh(x)g(x)$ 知道 s 是 $f(x)$ 的各项系数的公因子. 如果 $f(x)$ 也是本原多项式，各项系数的公因子只有 ± 1，这迫使 $s=\pm 1$. 此时 $q(x)=\pm h(x)$ 是本原多项式. □

定理 5.5.3　如果 $f(x)\in\mathbf{Z}[x]$ 可以分解为两个次数大于等于 1 的有理系数

多项式的乘积，那么$f(x)$是次数大于等于1的两个整系数多项式的乘积.

证明 设$f(x)=f_1(x)f_2(x)$，其中$f_1(x)$，$f_2(x)$是次数大于等于1的有理系数多项式的乘积. 由引理5.5.1，可写$f_1(x)=c_1g_1(x)$，$f_2(x)=c_2g_2(x)$，其中$g_1(x)$，$g_2(x)$是整系数本原多项式，c_1，c_2为非零有理数，于是

$$f(x)=c_1c_2g_1(x)g_2(x).$$

由于$g_1(x)$是本原多项式，$f(x)$是整系数多项式，$g_1(x)$除$f(x)$的商$c_1c_2g_2(x)$是整系数多项式. 于是$f(x)$被分解为次数大于等于1的整系数多项式$g_1(x)$与$c_1c_2g_2(x)$的乘积. □

例1 求出所有满足以下条件的三角形：它的任意两边长度之比是有理数，每个角的度数都是有理数.

解 设$\triangle ABC$满足条件. 记它的三边之长分别为$BC=a$，$AC=b$，$AB=c$. 则

$$\cos A=\frac{b^2+c^2-a^2}{2bc}=\frac{1}{2}\left(\left(\frac{b}{c}\right)^2+\left(\frac{c}{b}\right)^2-\left(\frac{a}{b}\right)\left(\frac{a}{c}\right)\right)$$

是有理数. 同理，$\cos B$，$\cos C$都是有理数.

设角A的度数为有理数$\frac{u}{v}$，其中u，v是正整数. 取$n=360v$，则角nA的度数$360u$是360的整倍数，nA是周角的整倍数. 考虑复数$\omega=\cos A+\mathrm{i}\sin A$. 则

$$\omega^n=\cos nA+\mathrm{i}\sin nA=1$$

ω及其共轭$\bar{\omega}$都是多项式x^n-1的根，以$\omega,\bar{\omega}$为根的二次多项式

$$g(x)=(x-\omega)(x-\bar{\omega})=x^2-2x\cos A+1$$

是x^n-1的因式.

由于$\cos A$是有理数，$g(x)$是有理系数多项式. 设$2\cos A=\frac{s}{t}$，其中$s,t\in\mathbf{Z}$，$t>0$且$(s,t)=1$，则$tg(x)=tx^2-sx+t$是本原多项式. $tg(x)$也是x^n-1的因式.

由推论5.5.1知道：本原多项式$tg(x)$除整系数多项式x^n-1所得的商$q(x)$是整系数多项式. 因此$tg(x)=tx^2-sx+t$除x^n-1得到的商的首项系数$\frac{1}{t}$应是整数，这迫使$t=1$.

因为$2\cos A=s$是整数. 由$|2\cos A|\leqslant 2$知

$$2\cos A\in\{\pm 2,\pm 1,0\},\quad \cos A\in\left\{\pm 1,\pm\frac{1}{2},0\right\}.$$

但$\cos A=\pm 1$导致$A=0°$或$180°$，不是三角形的内角. 因此$\cos A=0$或$\pm\frac{1}{2}$，$A=60°$，$90°$或$120°$.

但另外两个角 B，C 同样也只能是 $60°$，$90°$或 $120°$，由 $A+B+C=180°$知唯一的可能是 $A=B=C=60°$，$\triangle ABC$ 是等边三角形. 显然，等边三角形满足条件.

因此，满足条件的三角形就是所有的等边三角形. □

3. 有理根定理

由推论 5.5.1 还可以得出关于整系数多项式的有理根的如下定理：

定理 5.5.4(有理根定理) 设$f(x)=a_nx^n+\cdots+a_1x+a_0\in\mathbf{Z}[x]$，其中$a_n\neq 0$. 如果有理数 $c=\dfrac{s}{t}$是 $f(x)$的根，其中 s，$t\in\mathbf{Z}$ 且$(s,t)=1$，则$t\mid a_n$ 且 $s\mid a_0$.

证法 1 由因式定理知道 $x-\dfrac{s}{t}$整除$f(x)$，从而 $tx-s$ 整除 $f(x)$. 由$(s,t)=1$知 $tx-s$ 是整系数本原多项式，而 $f(x)$是整系数多项式. 由推论 5.5.1 知 $tx-s$ 除 $f(x)$所得的商 $q(x)=b_{n-1}x^{n-1}+\cdots+b_1x+b_0$ 是整系数多项式. 由

$$\begin{aligned}f(x)&=a_nx^n+\cdots+a_1x+a_0=q(x)(tx-s)\\&=(b_{n-1}x^{n-1}+\cdots+b_1x+b_0)(tx-s)\end{aligned}$$

得
$$a_n=b_{n-1}t,\quad a_0=b_0s;\quad \text{可见}\quad t\mid a_n,s\mid a_0$$

证法 2 (直接证明,不用引理 5.5.1)

$$f\left(\frac{s}{t}\right)=a_n\left(\frac{s}{t}\right)^n+a_{n-1}\left(\frac{s}{t}\right)^{n-1}+\cdots+a_1\left(\frac{s}{t}\right)+a_0=0$$

同乘 t^n 得

$$a_ns^n+a_{n-1}s^{n-1}t+\cdots+a_1st^{n-1}+a_0t^n=0 \tag{5.5.2}$$

一方面，由(5.5.2)有

$$a_ns^n=t(-a_{n-1}s^{n-1}-\cdots-a_1st^{n-2}-a_0t^{n-1})$$

因此 $t\mid(a_ns^n)$. 由 t 与 s 互素知 t 与 s^n 互素. 因此 $t\mid a_n$.

另一方面，由(5.5.2)有

$$a_0t^n=s(-a_ns^{n-1}-a_{n-1}s^{n-2}t-\cdots-a_1t^{n-1})$$

因此 $s\mid(a_0t^n)$. 由 s 与 t 互素知 s 与 t^n 互素，因此 $s\mid a_0$. □

例 2 求多项式 $f(x)=x^3-6x^2+15x-14$ 的全部复数根.

解 如果 $f(x)$存在有理根$\dfrac{s}{t}$(其中$(s,t)=1,t>0$)，则 $t\mid 1,s\mid 14$. 因此 $t=1$. 如果 $x<0$，则 $f(x)<0$. 因此多项式的实根只能大于 0. $s\in\{1,2,7,14\}$. 试验可知 2 是多项式的根. 用 $x-2$ 除 $f(x)$得商 $q(x)=x^2-4x+7$. 用一元二次方程的求根公式或配方法求得 $q(x)$的两根为 $2\pm\sqrt{3}\,\mathrm{i}$. 因此多项式 $f(x)$的三个根为 2，$2\pm\sqrt{3}\,\mathrm{i}$. □

例 3 有理系数多项式 $8x^3-6x-1$ 在有理数域上是否可约？说明理由.

解 先看 $f(x)=8x^3-6x-1$ 是否有有理根. 如果 $f(x)$ 有有理根 $\frac{s}{t}$（其中 $(s,t)=1,t>0$），则 $t\mid 8,s\mid 1$. 因此，$\frac{s}{t}\in\left\{\pm1,\pm\frac{1}{2},\pm\frac{1}{4},\pm\frac{1}{8}\right\}$. 需要依次对这 8 个有理数试验看它们是否是 $f(x)$ 的根. 不过有一个办法减少工作量：

令 $y=2x$，则 $f(x)=8x^3-6x-1$ 可以写成 y 的多项式 $g(y)=y^3-3y-1$.

$f(x)$ 有有理根 $c\Leftrightarrow g(y)$ 有有理根 $2c$.

$g(y)$ 的有理根 $\frac{s}{t}$ 满足条件 $s\mid 1,t\mid 1$，因此只可能为 ±1. 显然 ±1 不是 $g(y)=y^3-3y-1$ 的根，因此 $g(y)$ 没有有理根. 因此 $f(x)$ 也没有有理根.

如果 $f(x)$ 能够分解为两个次数大于等于 1 的多项式 $f_1(x)$，$f_2(x)$ 的乘积，则 $f_1(x)$，$f_2(x)$ 必有一个是有理系数一次多项式 $ax+b$，它的有理根 $-\frac{b}{a}$ 就是 $f(x)$ 的有理根. 既然 $f(x)$ 没有有理根，就证明了 $f(x)$ 在有理数域上不可约. □

4. 整系数多项式不可约的一个判别法

定理 5.5.5（Eisenstein 判别法） 设

$$f(x)=a_nx^n+a_{n-1}x^{n-1}+\cdots+a_1x+a_0\in\mathbf{Z}[x]$$

如果存在某个素数 p 同时满足以下条件：

（1） $p\nmid a_n$；

（2） $p\mid a_i$，$\forall\, 0\leqslant i\leqslant n-1$；

（3） $p^2\nmid a_0$，

则 $f(x)$ 在有理数域上不可约.

证明 设 $f(x)$ 在有理数域上可约，则由定理 5.5.3 知道：$f(x)$ 可以分解为两个次数大于等于 1（从而次数都小于 $\deg f(x)$）的整系数多项式

$$g(x)=b_mx^m+b_{m-1}x^{m-1}+\cdots+b_1x+b_0$$

$$h(x)=c_kx^k+c_{k-1}x^{k-1}+\cdots+c_1x+c_0$$

的乘积：$f(x)=g(x)h(x)$.

将整系数多项式 $g(x)$，$h(x)$ 写成

$$g(x)=pg_0(x)+g_1(x),\quad h(x)=ph_0(x)+h_1(x)$$

的形式，使 $g_0(x)$，$g_1(x)$ 的 i 次项系数（$0\leqslant k\leqslant m$）分别是 p 除 b_i 的商 q_i 和余数 r_i，$h_0(x)$，$h_1(x)$ 的 j 次项系数（$0\leqslant j\leqslant k$）分别是 p 除 c_j 的商 $\tilde{q}_j$ 和余数 $\tilde{r}_j$. 我们有

$$f(x)=(pg_0(x)+g_1(x))(ph_0(x)+h_1(x))=pf_0(x)+g_1(x)h_1(x)$$

因此 $f(x)$ 的 i 次项系数 a_i 与 $g_1(x)h_1(x)$ 的 i 次项系数模 p 同余.

首先，由 p 不整除 $a_n=b_mc_k$ 知道 $p\nmid b_m$ 且 $p\nmid c_k$. 因此 $g_1(x)$ 的 m 次项系

数 r_m 与 $h_1(x)$ 的 k 次项系数 $\tilde{r}_k>0$ 且 $\tilde{r}_k<p$，都与 p 互素. 设 $g_1(x)$ 的不等于 0 的最低次项是 s 次项，$h_1(x)$ 的不等于 0 的最低次项是 t 次项，则

$$g_1(x)=r_mx^m+\cdots+r_sx^s,\quad h_1(x)=\tilde{r}_kx^k+\cdots+\tilde{r}_tx^t$$

因而

$$g_1(x)h_1(x)=r_m\tilde{r}_kx^{m+k}+\cdots+r_s\tilde{r}_tx^{s+t}$$

的不等于 0 的最低次项是 $s+t$ 次项. 由 r_s 及 $\tilde{r}_t$ 与 p 互素知道它们的乘积 $r_s\tilde{r}_t$ 与 p 互素. 因此 $f(x)$ 的 $s+t$ 次项系数 a_{s+t} 与 p 互素. 但 $f(x)$ 只有首项系数 a_n 与 p 互素，因此 $s+t=n=m+k, m=s, k=t$. 这迫使

$$g_1(x)=r_mx^m,\quad h_1(x)=\tilde{r}_kx^k$$

由 $m\geqslant1$ 及 $k\geqslant1$ 知 $g_1(x)$，$h_1(x)$ 的常数项都等于 0，$f(x)$ 的常数项 a_0 等于 $pg_0(x)\cdot ph_0(x)$ 的常数项 $p^2q_0\tilde{q}_0$，a_0 被 p^2 整除，与原假设矛盾.

这就证明了 $f(x)$ 在有理数域上不可约. □

例 4 证明下面的多项式 $f(x)$ 在有理数域上不可约：

(1) $f(x)=x^n+2$，n 是任意正整数；

(2) $f(x)=x^{p-1}+x^{p-2}+\cdots+x+1$，$p$ 是任意素数.

证明 (1) x^n+2 的首项系数 1 不被 $p=2$ 整除，其余各项都被 2 整除，常数项 2 不被 2^2 整除. 由 Eisenstein 判别法，x^n+2 在有理数域上不可约.

(2) 不能直接对 $f(x)$ 用 Eisenstein 判别法. 取 $y=x-1$，$x=y+1$，$g(y)=f(y+1)$. 则

$$\begin{aligned}g(y)=f(x)&=\frac{x^p-1}{x-1}=\frac{(y+1)^p-1}{(y+1)-1}\\&=\frac{y^p+C_p^1y^{p-1}+\cdots+C_p^{p-2}y^2+py}{y}\\&=y^{p-1}+C_p^1y^{p-2}+\cdots+C_p^{p-2}y+p\end{aligned}$$

如果 $f(x)$ 可以分解为次数 $\geqslant1$ 的两个有理系数多项式 $f_1(x)$，$f_2(x)$ 的乘积，则 $g(y)=f_1(y+1)f_2(y+1)$ 是 $\mathbf{Q}[y]$ 中次数 $\geqslant1$ 的两个多项式 $f_1(y+1)$，$f_2(y+1)$ 的乘积.

然而，$g(y)$ 的首项系数 1 不被 p 整除，其余各项 $C_p^k=\dfrac{p(p-1)\cdots(p-k+1)}{k!}$ $(1\leqslant k\leqslant p-1)$ 都被 p 整除，常数项 p 不被 p^2 整除. 由 Eisenstein 判别法，$g(y)$ 在有理数域上不可约，因此 $f(x)$ 在有理数域上不可约. □

注意 例 4(2) 中的 $f(x)$ 就是 §5.4 中定义的分圆多项式 $\Phi_p(x)$. 取 $p=3,5$ 得到的 x^2+x+1，$x^4+x^3+x^2+x+1$ 是 $x^{15}-1$ 的两个有理系数不可约因式.

习 题 5.5

1. 在有理数域上将下列多项式分解为不可约多项式的乘积：

(1) x^4+4；　　(2) $x^{12}-1$.

2. 整系数多项式 $f(x)$ 能否同时满足 $f(10)=10$，$f(20)=20$，$f(30)=40$？

3. 设 $a_1,a_2,\cdots,a_n$ 是两两不同的整数. 求证下列多项式在有理数域上不可约：

(1) $(x-a_1)(x-a_2)\cdots(x-a_n)-1$；　　(2) $(x-a_1)^2(x-a_2)^2\cdots(x-a_n)^2+1$.

4. 利用 3 倍角公式 $\cos 3\alpha=4\cos^3\alpha-3\cos\alpha$ 证明 $\cos 20°$ 是无理数.

5. 求下列多项式的全体复数根：

(1) x^3+3x+4；　　(2) x^4-6x^2-3x+2.

6. 下列多项式在有理数域上是否可约？并说明理由.

(1) x^6+x^3+1　　(2) x^4+4k+1，k 为整数；

(3) x^p+px+1，p 为奇素数.

7. 设 a，b，c 都是非零的有理数，且 $\frac{a}{b}+\frac{b}{c}+\frac{c}{a}$ 与 $\frac{b}{a}+\frac{c}{b}+\frac{a}{c}$ 都是整数. 求证 $|a|=|b|=|c|$.

8. 设 a，b，n 是非零整数，$n\geqslant 2$，且 $ab\mid(a+b)^n$. 求证 $b\mid a^{n-1}$.

附录 2　p 元域 $\mathbf{Z}_p$ 上的多项式

设 p 是任意一个素数. 对任意两个整数 a，$b\in\mathbf{Z}$，如果 $p\mid(a-b)$，就称 a，b 模 p 同余，记作 $a\equiv b(\bmod p)$. 这也就是说 p 除 a，b 的余数相等.

p 除整数的余数 r 共有 p 个不同的值 $0,1,2,\cdots,p-1$. 对 r 的每个值，将满足条件 $a\equiv r(\bmod p)$ 的全体整数 a 组成的集合记作 $\bar{r}$. 即

$$\bar{r}=\{pn+r\mid n\in\mathbf{Z}\}$$

每个这样的集合 $\bar{r}$ 称为模 p 的一个**同余类**(congruence class)，r 称为这个同余类的代表元. 对每个 $a\in\mathbf{Z}$，我们也用 $\bar{a}$ 表示 a 所在的同余类. 则 $\bar{a}=\bar{b}\Leftrightarrow a\equiv b(\bmod p)$. 设 p 除 a 的余数是 r_a，则 r_a 是同余类 $\bar{a}$ 的代表.

这样，整数集合 $\mathbf{Z}$ 被划分成模 p 的 p 个同余类 $\bar{0},\bar{1},\cdots,\overline{p-1}$ 的并，不同的同余类两两的交为空集.

将模 p 的全体同余类组成的集合记作 $\mathbf{Z}_p$. 对 $\mathbf{Z}_p$ 中的任意两个元素可以定义加、减、乘运算：

$$\bar{a}+\bar{b}=\overline{a+b}=\bar{r}_{a+b},\quad \bar{a}-\bar{b}=\overline{a-b}=\bar{r}_{a-b},\quad \bar{a}\bar{b}=\overline{ab}=\bar{r}_{ab}$$

其中 r_{a+b}，r_{a-b}，r_{ab} 分别是 p 除 $a+b$，$a-b$，ab 得到的余数，因此分别是 $a+b$，$a-b$，ab 所在的同余类的代表元.

例如，当 $p=2$ 时 $\mathbf{Z}_2=\{\bar{0},\bar{1}\}$. 其中 $\bar{0}$ 由全体偶数组成，$\bar{1}$ 由全体奇数组成. 对这两个同余类有：

$$\bar{0}\pm\bar{0}=\bar{0},\ \bar{0}\pm\bar{1}=\bar{1},\ \bar{1}\pm\bar{1}=\bar{0};$$

$$\bar{0}\times\bar{0}=\bar{0},\ \bar{0}\times\bar{1}=\bar{0},\ \bar{1}\times\bar{1}=\bar{1}.$$

（**注**：其中的 $\bar{1}+\bar{1}=\bar{0}$ 不大符合我们的习惯，$\bar{1}+\bar{1}=\bar{2}$ 才符合习惯.但 2 所在的同余类 $\bar{2}$（由全体偶数相成）的代表元不是 2 而是 0，$\bar{2}=\bar{0}$，因此 $\bar{1}+\bar{1}=\bar{0}$. 它表示的意义其实就是

$$“奇数”+“奇数”=“偶数”$$

这就不奇怪了. 类似地，$\bar{0}-\bar{1}=\bar{1}$ 就是“偶数”-“奇数”=“奇数”）.

又如，$p=5$ 时，$\mathbf{Z}_5=\{\bar{0},\bar{1},\bar{2},\bar{3},\bar{4}\}$. 同样可以定义加、减、乘法. 例如

$$\bar{3}+\bar{4}=\bar{2},\quad \bar{0}-\bar{1}=\bar{4},\quad \bar{3}\times\bar{4}=\bar{2}$$

特别地，

$$\bar{1}\times\bar{1}=\bar{2}\times\bar{3}=\bar{4}\times\bar{4}=\bar{1}$$

可见 $\mathbf{Z}_5$ 中所有的非零元 $\bar{1},\bar{2},\bar{3},\bar{4}$ 都是可逆的：

$$\bar{1}^{-1}=\bar{1},\quad \bar{2}^{-1}=\bar{3},\quad \bar{3}^{-1}=\bar{2},\quad \bar{4}^{-1}=\bar{4}$$

因此，对任意 $a,b\in\mathbf{Z}_5$ 且 $b\neq\bar{0}$ 都可以做除法求得 $c=a\div b=ab^{-1}$ 使 $cb=a$. 例如：$\bar{3}\div\bar{2}=\bar{3}\times\bar{2}^{-1}=\bar{3}\times\bar{3}=\bar{4}$.

回头看 $\mathbf{Z}_2$，发现对任意 $a,b\in\mathbf{Z}_2$ 且 $b\neq\bar{0}$ 也可以作除法. 在 $\mathbf{Z}_2$ 中，$b\neq\bar{0}$只能 $b=\bar{1}$，显然 $a\div\bar{1}=a$.

一般地，对任意素数 p 和 $\bar{b}\neq\bar{0}$，由于 $p\nmid b$，有 $(b,p)=1$，因此存在$u\in\mathbf{Z}$ 使 $ub\equiv 1(\bmod p)$，设 p 除 u 的余数为 r_u，则$\overline{r_u}\,\bar{b}=\bar{1}$，可见 $\bar{b}^{-1}=\overline{r_u}$. 因此对任意 $\bar{b}\in\mathbf{Z}_p$ 可以求得 $\bar{c}=\bar{a}\bar{b}^{-1}$使 $\bar{c}\bar{b}=\bar{a}$. 这说明了 $\mathbf{Z}_p$ 对加、减、乘、除四则运算封闭（做除法时除数不为零）.

因此，$\mathbf{Z}_p$ 是一个**域**（field），它由 p 个元组成，称为 p 元域. 我们同样可以定义 $\mathbf{Z}_p$ 上的多项式及其加、减、乘运算，研究域 $\mathbf{Z}_p$ 上的多项式环 $\mathbf{Z}_p[x]$，定义带余除法，通过辗转相除法求最大公因式，研究互素的多项式，研究 $\mathbf{Z}_p[x]$中的多项式的因式分解，得到因式分解及其唯一性的定理，定义 $\mathbf{Z}_p$ 上多项式的微商并由最大公因式$(f(x),f'(x))$是否等于 1 来判别$f(x)$是否有重因式，等等.

整数环 $\mathbf{Z}$ 上的多项式环 $\mathbf{Z}[x]$与 $\mathbf{Z}_p[x]$有密切的关系. 对每个

$$f(x)=a_nx^n+a_{n-1}x^{n-1}+\cdots+a_1x+a_0\in\mathbf{Z}[x]$$

记

$$\bar{f}(x)=\overline{a_n}x^n+\overline{a_{n-1}}x^{n-1}+\cdots+\overline{a_1}x+\overline{a_0}\in\mathbf{Z}_p[x]$$

则 $\varphi:f(x)\mapsto\bar{f}(x)$是 $\mathbf{Z}[x]$到 $\mathbf{Z}_p[x]$的映射，并且满足以下条件：

$$\varphi(f(x)\pm g(x))=\varphi(f(x))\pm\varphi(g(x)),\quad \varphi(f(x)g(x))=\varphi(f(x))\varphi(g(x))$$

由 $\mathbf{Z}[x]$到 $\mathbf{Z}_p[x]$的映射对于研究 $\mathbf{Z}[x]$的因式分解很有帮助. 例如：

例 1（Gauss 引理）　整系数本原多项式的乘积还是本原多项式.

证明　设$f(x)$，$g(x)$都是本原多项式，$h(x)=f(x)g(x)$. 如果 $h(x)$的各项系数的最大公因子 $d>1$，则 d 有素因子 p. 对这个素数 p 考虑映射

$\varphi:\mathbf{Z}[x]\to\mathbf{Z}_p[x]$，$f(x)\mapsto\bar{f}(x)$. 则$\varphi h(x)=0$.

但由$f(x)$，$g(x)$是本原多项式知道p不能整除$f(x)$的全部系数，也不能整除$g(x)$的全部系数. 因此

$$\varphi(f(x))\neq 0 \text{ 且 } \varphi(g(x))\neq 0 \quad\Rightarrow\quad \varphi(f(x)g(x))=\bar{f}(x)\bar{g}(x)\neq 0$$

这导致$h(x)\neq f(x)g(x)$. 矛盾. 这证明了$f(x)g(x)$是本原多项式. □

例 2(Eisenstein 判别法) 设

$$f(x)=a_nx^n+a_{n-1}x^{n-1}+\cdots+a_1x+a_0\in\mathbf{Z}[x]$$

如果存在某个素数p同时满足以下条件：

(1) $p\nmid a_n$;

(2) $p\mid a_i$，$\forall\, 0\leqslant i\leqslant n-1$;

(3) $p^2\nmid a_0$,

则$f(x)$在有理数域上不可约.

证明 设$f(x)$在有理数域上可约，则$f(x)$可以分解为两个次数大于等于1的整系数多项式$f_1(x)$，$f_2(x)$的乘积，对满足已知条件的素数p考虑映射$\varphi:\mathbf{Z}[x]\to\mathbf{Z}_p[x]$，$f(x)\mapsto\bar{f}(x)$. 则

$$\bar{f}(x)=\overline{a_n}x^n=\overline{f_1}(x)\overline{f_2}(x)=(\overline{b_k}x^k+\cdots)(\overline{c_s}x^s+\cdots) \tag{1}$$

其中$k=\deg f_1(x)\geqslant 1$，$s=\deg f_2(x)\geqslant 1$且$k+s=n$. 由$p\nmid a_n$知$\overline{a_n}\neq\bar{0}$. $\overline{a_n}x^n$在$\mathbf{Z}_p[x]$中的分解式只能具有形式$\overline{a_n}x^n=\lambda x^{k_1}\cdot\mu x^{s_1}$，其中$\lambda$，$\mu$是$\mathbf{Z}_p$中的非零元素. 与(1)比较得

$$\overline{f_1}(x)=\overline{b_k}x^k,\quad \overline{f_2}(x)=\overline{c_s}x^s \tag{2}$$

由于$k\geqslant 1$，$s\geqslant 1$，(2)说明$f_1(x)$，$f_2(x)$的常数项都被p整除，$f_1(x)f_2(x)$的常数项被p^2整除，与已知条件(3)矛盾. 这证明了$f(x)$在有理数域上不可约. □

不难看出，以上例1，例2中的证明与§5.5中的证明实质上是相同的，只不过用同余类的语言叙述起来更加简明扼要.

例 3(分圆多项式的不可约性) 设m是正整数，$\omega=\cos\dfrac{2\pi}{m}+\mathrm{i}\sin\dfrac{2\pi}{m}$,

$$\Phi_m(x)=\prod_{1\leqslant k<m,(k,m)=1}(x-\omega^k)$$

是m次分圆多项式. 求证：$\Phi_m(x)$在有理数域上不可约.

证明 将x^n-1在有理数域上分解为不可约因式的乘积. 其中每个不可约因式乘适当的非零有理数c之后得到的整系数本原多项式$f(x)$整除x^n-1，且由推论5.5.1知道$f(x)$除x^n-1的商也是整系数多项式. 这迫使$f(x)$的首项系数是±1，且不妨选为1. 因此，x^n-1可以分解为在有理数域上不可约的有限个整系数首一多项式的乘积，其中必有一个以ω为根，设为$f(x)$. 我们证明所有的m次本原单位根都是$f(x)$的根，从而$\Phi_m(x)=f(x)$在有理数域上不可约.

设 α 是 $f(x)$ 的根，素数 $p<n$ 且 $(p,n)=1$. 我们证明 α^p 也是 $f(x)$ 的根. 若不然，则 α^p 是 x^n-1 的另外一个有理数域上不可约的整系数首一因式 $g(x)$ 的根，且 $(f(x),g(x))=1$.

$$x^n-1=f(x)g(x)h(x) \tag{3}$$

其中 $h(x)$ 是整系数首一多项式. 由于 ω^p 是 $g(x)$ 的根，ω 是 $g(x^p)$ 的根，从而 $f(x)$ 与 $g(x^p)$ 有公共根 ω，有公因式 $x-\omega$，因此最大公因式 $(f(x),g(x^p))$ 的次数大于等于 1. 由 $f(x)$ 在有理数域上不可约知道 $f(x)\mid g(x^p)$，$g(x^p)=f(x)u(x)$，其中 $u(x)$ 是整系数首一多项式.

对素数 p 考虑映射 $\varphi:\mathbf{Z}[x]\to\mathbf{Z}_p[x]$，$f(x)\mapsto\bar{f}(x)$. 则

$$x^n-1=\bar{f}(x)\bar{g}(x)\bar{h}(x),\quad \bar{g}(x^p)=\bar{f}(x)\bar{u}(x)$$

注意　对任意整数 $a_1,\cdots,a_m\in\mathbf{Z}$ 有 $(a_1+\cdots+a_m)^p\equiv a_1^p+\cdots+a_m^p \pmod p$. 特别取 $a_1=\cdots=a_m=1$ 得 $m^p\equiv m \pmod p$，也就是 $\bar{m}^p=\bar{m}$ 对所有的 $\bar{m}\in\mathbf{Z}_p$ 成立. 设 $g(x)=b_0+b_1x+\cdots+b_kx^k$，则

$$\bar{g}(x^p)=\overline{b_0}+\overline{b_1}x^p+\cdots+\overline{b_k}x^{pk}=(\overline{b_0}+\overline{b_1}x+\cdots+\overline{b_k}x^k)^p=(\bar{g}(x))^p$$

设 $v(x)\in\mathbf{Z}_p[x]$ 是 $\bar{f}(x)$ 在 $\mathbf{Z}_p[x]$ 中的任意一个不可约因式，则 $v(x)$ 整除 $(\bar{g}(x))^p=g(x^p)=\bar{f}(x)\bar{u}(x)$，从而 $v(x)\mid\bar{g}(x)$.

$v(x)$ 在 $\mathbf{Z}_p[x]$ 中同时整除 $x^n-1=\bar{f}(x)\bar{g}(x)\bar{h}(x)$ 的两个因式 $\bar{f}(x)$ 与 $\bar{g}(x)$，可见 $v(x)$ 是 x^n-1 的重因式. 但 $x^n-1\in\mathbf{Z}_p[x]$ 的微商 $(x^n-1)'=\bar{n}x^{n-1}$. 由于 $(p,n)=1$，$\bar{n}\neq\bar{0}$，因此 $(x^n-1)'=\bar{n}x^{n-1}$ 与 x^n-1 互素，因此 $x^n-1\in\mathbf{Z}_p[x]$ 没有重因式，矛盾.

这就证明了：对 $f(x)$ 的任意根 α 和任意素数 $p\nmid n$，α^p 都是 $f(x)$ 的根.

已经知道 ω 是 $f(x)$ 的根. 对与 n 互素的任意正整数 $k<n$，将 k 分解为素因子的乘积 $k=p_1p_2\cdots p_t$，则 $p_i\nmid n(\forall 1\leqslant i\leqslant t)$.

$$\begin{aligned}(x-\omega)\mid f(x)&\Rightarrow(x-\omega^{p_1})\mid f(x)\Rightarrow(x-\omega^{p_1p_2})\mid f(x)\\&\Rightarrow\cdots\Rightarrow(x-\omega^{p_1p_2\cdots p_t})\mid f(x)\end{aligned}$$

即 ω^k 是 $f(x)$ 的根.

这就证明了所有的 n 次本原单位根 $\omega^k(1\leqslant k<n,(k,n)=1)$ 都是 $f(x)$ 的根，$f(x)$ 被 $\Phi_n(x)$ 整除. 再由 $f(x)$ 不可约知道 $f(x)=\Phi_n(x)$，$\Phi_n(x)$ 是有理数域上不可约多项式. □

§5.6　多元多项式

1. 多元多项式的定义

定义 5.6.1　设 F 是一个数域，$x_1,\cdots,x_n$ 是 n 个相互无关的字母，形如

$$ax_1^{k_1}x_2^{k_2}\cdots x_n^{k_n}$$

的式子，其中 $a\in F,k_1,k_2,\cdots,k_n$ 是非负整数，称为字母 $x_1,\cdots,x_n$ 在数域 F 上的一个**单项式**(monomial). 其中 a 称为这个单项式的系数，$k_1+\cdots+k_n$ 称为这个单项式的次数.

如果两个单项式

$$ax_1^{k_1}x_2^{k_2}\cdots x_n^{k_n},\quad bx_1^{m_1}x_2^{m_2}\cdots x_n^{m_n}$$

中相同字母的幂相等：$k_i=m_i(\forall 1\leqslant i\leqslant n)$，就称它们为**同类项**.

$x_1,\cdots,x_n$ 在数域 F 上的有限多个两两不是同类项的单项式的和

$$f(x_1,\cdots,x_n)=\sum_{k_1,k_2,\cdots,k_n} a_{k_1k_2\cdots k_n}x_1^{k_1}x_2^{k_2}\cdots x_n^{k_n} \tag{5.6.1}$$

称为 $x_1,\cdots,x_n$ 在数域 F 上的一个多项式. 其中每个单项式称为这个多项式的一项.

$x_1,\cdots,x_n$ 在数域 F 上的全体多项式组成的集合记作 $F[x_1,\cdots,x_n]$.

两个多项式 $f(x_1,\cdots,x_n)$ 与 $g(x_1,\cdots,x_n)$ 相等，是指 $f(x_1,\cdots,x_n)$ 与 $g(x_1,\cdots,x_n)$ 中的同类项的系数对应相等. 特别，$f(x_1,\cdots,x_n)=0$ 是指它的每一项的系数 $a_{k_1k_2\cdots k_n}$ 都是 0.

换句话说，就是任意一组两两不是同类项的 $x_1^{k_1}x_2^{k_2}\cdots x_n^{k_n}$ 在 F 上线性无关. 这也就是 n 个字母 $x_1,\cdots,x_n$ "相互无关"的数学描述.

多项式 $f(x_1,\cdots,x_n)$ 中系数不为 0 的各项次数的最大值称为这个多项式的**次数**(degree)，记为 $\deg f(x_1,\cdots,x_n)$. 如果 $f(x_1,\cdots,x_n)$ 中所有的非零的项的次数都等于同一个值 $m\geqslant 1$，就称 $f(x_1,\cdots,x_n)$ 是 m 次**齐次多项式**(homogeneous polynomial)

对 $x_1,\cdots,x_n$ 在数域 F 上的两个多项式 $f(x_1,\cdots,x_n)$ 和 $g(x_1,\cdots,x_n)$，可以按我们熟悉的方式定义加、减、乘法：

将 $f(x_1,\cdots,x_n)$ 和 $g(x_1,\cdots,x_n)$ 的同类项的系数相加(或减)，得到的多项式称为 $f(x_1,\cdots,x_n)$ 与 $g(x_1,\cdots,x_n)$ 的和(或差).

将 $f(x_1,\cdots,x_n)$ 的每一项与 $g(x_1,\cdots,x_n)$ 的每一项按如下法则相乘：

$$a_{k_1,\cdots,k_n}x_1^{k_1}\cdots x_n^{k_n}\cdot b_{m_1,\cdots,m_n}x_1^{m_1}\cdots x_n^{m_n}=a_{k_1,\cdots,k_n}b_{m_1,\cdots,m_n}x_1^{k_1+m_1}\cdots x_n^{k_n+m_n},$$

所有这样的项相加再合并同类项，得到的多项式称为 $f(x_1,\cdots,x_n)$ 与 $g(x_1,\cdots,x_n)$ 的积.

集合 $F[x_1,\cdots,x_n]$ 对如上定义的加、减、乘运算封闭，称为 F 上的 n **元多项式环**.

2. 字典式排列法 仿照一元多项式的降幂排列法，我们可以将 n 元多项式中的各项按如下顺序排列.

对多项式中任意两项

$$a_{k_1,\cdots,k_n}x_1^{k_1}\cdots x_n^{k_n} \quad 与 \quad b_{m_1,\cdots,m_n}x_1^{m_1}\cdots x_n^{m_n},$$

如果 x_1 的指数 $k_1\neq m_1$，就将 x_1 的指数较大的项排在前面(即：按 x_1 的降幂排列). 如果前 $t-1$ 个字母 $x_1,\cdots,x_{t-1}$ 的指数对应相等：$k_1=m_1,\cdots,k_{t-1}=m_{t-1}$，而第 t 个字母 x_t 的指数 $k_t\neq m_t$，就将 x_t 的指数较大的项排在前面(即：按 x_t 的降幂排列).

按这样的顺序排列多项式 $f(x_1,\cdots,x_n)$ 的各项之后，排在最前面的非零项称为这个多项式的首项. 容易验证：两个多项式 $f(x_1,\cdots,x_n)$ 与 $g(x_1,\cdots,x_n)$ 的首项的乘积等于它们的乘积 $f(x_1,\cdots,x_n)g(x_1,\cdots,x_n)$ 的首项. 特别：

两个非零多项式的乘积不等于零.

与域上一元多项式环 $F[x]$ 不同，对 $F[x_1,\cdots,x_n]$ 中的两个非零多项式一般不能作带余除法. 但是，与 $F[x]$ 类似，$F[x_1,\cdots,x_n]$ 中的非常数的多项式也能够唯一分解为不可约多项式的乘积. 这个命题的证明超出本书的范围，在这里就不给出了.

3. 多项式环上的多项式

$F[x_1,\cdots,x_n]$ 中的 n 元多项式 $f(x_1,\cdots,x_n)$ 可以看作其中任何一个字母 x_k 的一元多项式，它的系数是其余字母 $x_1,\cdots,x_{k-1},x_{k+1},\cdots,x_n$ 的多项式. 例如，将 $f(x_1,\cdots,x_n)$ 看成 x_1 的多项式，写成

$$g(x_1)=a_m(x_2,\cdots,x_n)x_1^m+a_{m-1}(x_2,\cdots,x_n)x_1^{m-1}+\cdots+a_1(x_2,\cdots,x_n)x_1+a_0(x_2,\cdots,x_n),$$

其中 $a_i(x_2,\cdots,x_n)\in F[x_2,\cdots,x_n]$，$\forall\, 0\leqslant i\leqslant m$.

将多元多项式看成一元多项式之后，就可以利用一元多项式的某些结论. 例如余数定理和因式定理. 我们有：

定理 5.6.1　设 $f(x)=a_mx^m+\cdots+a_1x+a_0\in D[x]$, $a_0,a_1,\cdots,a_m\in D$，其中 D 是整数环 $\mathbf{Z}$ 或 $D=F[x_1,\cdots,x_n]$ 是不同于 x 的其他一些字母 $x_1,\cdots,x_n$ 在域 F 上的全体多项式组成的 n 元多项式环. 则对任意 $a\in D$，可以用 $x-a$ 除 $f(x)$ 得到唯一的商 $q(x)\in D[x]$ 和余式 $r=f(a)\in D$，使

$$f(x)=q(x)(x-a)+r$$

特别，$(x-a)\mid f(x)\Leftrightarrow f(a)=0$. □

注意：在余数定理的证明中用到了带余除法. 对 $D[x]$ 中任意两个非零多项式一般不能作带余除法. 但 $x-a$ 的首项系数是 1，用 $x-a$ 除任意 $f(x)\in D[x]$ 时实际上并不涉及到 D 中元素的除法，只涉及到加、减、乘运算. 因此余数定理及因式定理的证明及结论仍然能够成立.

例 1　分别在有理数域和复数域上分解因式 $f(x,y,z)=x^3+y^3+z^3-$

$3xyz$.

解 将 $f(x,y,z)$ 看成 x 的多项式 $g(x)$，系数是 y，z 的多项式，即 $g(x)\in D[x]$，其中 $D=C[y,z]$. 则

$$g(-(y+z))=[-(y+z)]^3+y^3+z^3-3[-(y+z)]yz=0$$

因此 $x-(-(y+z))=x+y+z$ 整除 $g(x)$. 用 $x+y+z$ 除 $g(x)$ 得

$$\begin{array}{l|r|l}
x+y+z & x^3 \qquad\qquad -3yzx+y^3+z^3 & x^2-(y+z)x+y^2-yz+z^2 \\
 & x^3+(y+z)x^2 \qquad\qquad\qquad & \\ \cline{2-2}
 & -(y+z)x^2 \qquad -3yzx \qquad\quad & \\
 & -(y+z)x^2-(y+z)^2x \qquad\quad & \\ \cline{2-2}
 & (y^2-yz+z^2)x+y^3+z^3 & \\
 & (y^2-yz+z^2)x+y^3+z^3 & \\ \cline{2-2}
 & 0 \quad &
\end{array}$$

可见

$$\begin{aligned} f(x,y,z)=g(x)&=(x+y+z)(x^2-(y+z)x+y^2-yz+z^2)\\ &=(x+y+z)(x^2+y^2+z^2-xy-xz-yz) \end{aligned} \tag{5.6.2}$$

而

$$\begin{aligned} &x^2-(y+z)x+y^2-yz+z^2\\ &=\left[x-\frac{1}{2}(y+z)\right]^2-\frac{1}{4}(y+z)^2+y^2-yz+z^2\\ &=\left[x-\frac{1}{2}(y+z)\right]^2+\frac{3}{4}(y^2-2yz+z^2)\\ &=\left[x-\frac{1}{2}(y+z)+\frac{\sqrt{3}\,\mathrm{i}}{2}(y-z)\right]\left[x-\frac{1}{2}(y+z)+\frac{\sqrt{3}\,\mathrm{i}}{2}(y-z)\right]\\ &=(x+\omega y+\omega^2 z)(x+\omega^2 y+\omega z) \end{aligned}$$

其中 $\omega=-\frac{1}{2}+\frac{\sqrt{3}}{2}\mathrm{i}=\cos\frac{2\pi}{3}+\mathrm{i}\sin\frac{2\pi}{3}$是本原 3 次单位根.

因此

$$f(x,y,z)=(x+y+z)(x+\omega y+\omega^2 z)(x+\omega^2 y+\omega z) \tag{5.6.3}$$

是 $f(x,y,z)$ 在复数域上的标准分解式.

式(5.6.2)右边的第二个因式 $x^2+y^2+z^2-xy-xz-yz$ 在复数范围内的因式 $x+\omega y+\omega^2 z$，$x+\omega^2 y+\omega z$ 不是有理系数多项式，因此 $x^2+y^2+z^2-xy-xz-yz$ 在有理数域上不可约. 因此(5.6.2)是 $f(x,y,z)$ 在有理数域上的标准分解式. □

例 2 求 n 阶 Vandermonde 行列式

$$V(x_1,x_2,\cdots,x_n)=\begin{vmatrix}1&1&\cdots&1\\x_1&x_2&\cdots&x_n\\x_1^2&x_2^2&\cdots&x_n^2\\\vdots&\vdots&&\vdots\\x_1^{n-1}&x_2^{n-1}&\cdots&x_n^{n-1}\end{vmatrix}$$

解　在§3.2例4中已经计算过 Vandermonde 行列式. 这里采用另外一种方法.

$V(x_1,x_2,\cdots,x_n)$是n个字母$x_1,x_2,\cdots,x_n$的多项式. 每一项具有形式$\pm x_{i_1}x_{i_2}^2\cdots x_{i_{n-1}}^{n-1}$($i_1,i_2,\cdots,i_{n-1}$是$1,2,\cdots,n$中选取$n-1$个数的一个排列), 次数为

$$1+2+\cdots+(n-1)=\frac{n(n-1)}{2}$$

对每个$1\leqslant i\leqslant n$,可以将$V(x_1,\cdots,x_n)$看作字母x_i的多项式,

$$f(x_i)=a_0+a_1x_i+a_2x_i^2+\cdots+a_kx_i^k$$

其中的系数$a_0,a_1,\cdots,a_k$都是其余字母$x_j(j\neq i)$的多项式. 令字母x_i取值x_j代入$f(x_i)$, 也就是在$V(x_1,\cdots,x_n)$中将x_i换成x_j, 得到的新行列式的第i, j两列相等, 行列式值为0. 这说明了x_i-x_j是$V(x_1,\cdots,x_n)$的因式. 所有的因式$x_i-x_j(1\leqslant j<i\leqslant n)$互素, 都是$V(x_1,\cdots,x_n)$的因式, 它们的乘积$g(x)=\prod\limits_{1\leqslant j<i\leqslant n}(x_i-x_j)$也是$V(x_1,\cdots,x_n)$的因式. 而$g(x)$的次数为$\frac{n(n-1)}{2}$, 与$V(x_1,\cdots,x_n)$相同. 因此

$$V(x_1,\cdots,x_n)=\lambda\prod_{1\leqslant j<i\leqslant n}(x_i-x_j)\tag{5.6.4}$$

λ是待定常数.

等式(5.6.4)左边$V(x_1,\cdots,x_n)$中的主对角线上元素的乘积得到一项$x_2x_3^2\cdots x_n^{n-1}$, 没有其他的同类项, 系数为1. 等式(5.6.4)右边$\prod\limits_{1\leqslant j<i\leqslant n}(x_i-x_j)$中的项$x_2x_3^2\cdots x_n^{n-1}$由所有的因子$x_i-x_j(1\leqslant j<i\leqslant n)$的第一项$x_i$相乘得到. 因此等式右边$x_2x_3^2\cdots x_n^{n-1}$的系数为$\lambda$. 比较等式(5.6.4)两边$x_2x_3^2\cdots x_n^{n-1}$的系数得$\lambda=1$. 代入(5.6.4)得

$$V(x_1,\cdots,x_n)=\prod_{1\leqslant j<i\leqslant n}(x_i-x_j)\qquad\square$$

4. 对称多项式

例 3　设p,q是已知的复数, 已知x_1,x_2,x_3是多项式x^3+px+q的3个根.

(1) 求3个根的平方和$s_2=x_1^2+x_2^2+x_3^2$;

(2) 求3个根的立方和$s_3=x_1^3+x_2^3+x_3^3$.

解　由一元多项式的根与系数关系的定理，知

$$\begin{cases}\sigma_1=x_1+x_2+x_3=0\\ \sigma_2=x_1x_2+x_1x_3+x_2x_3=p\\ \sigma_3=x_1x_2x_3=-q\end{cases}$$

以下设法由 σ_1，σ_2 来计算 s_2 和 s_3.

（1）$s_2=(x_1+x_2+x_3)^2-2(x_1x_2+x_1x_3+x_2x_3)=\sigma_1^2-2\sigma_2=-2p.$

（2）**解法1**　s_3 在字典式排列之下的首项是 x_1^3.而 $\sigma_1^3=(x_1+\cdots)^3=x_1^3+\cdots$ 的展开式中的首项也是 x_1^3.

$$\begin{aligned}\sigma_1^3&=(x_1+x_2+x_3)^3=(x_1+x_2+x_3)(x_1+x_2+x_3)(x_1+x_2+x_3)\\&=\left(\sum_{i=1}^{3}x_i^3\right)+3\left(\sum_{1\leqslant i,j\leqslant 3,i\neq j}x_i^2x_j\right)+6x_1x_2x_3=s_3+3f_2+6\sigma_3\end{aligned}$$

其中 $f_2=\sum_{1\leqslant i,j\leqslant 3,i\neq j}x_i^2x_j$. 只要将 f_2 由 $\sigma_1,\sigma_2,\sigma_3$ 算出来，则 $s_3=\sigma_1^3-3f_2-6\sigma_3$ 就算出来了.

f_2 的首项是 $x_1^2x_2$，可以分解为 $\sigma_2=x_1x_2+\cdots$ 的首项与 $\sigma_1=x_1+\cdots$ 的首项的乘积. 因此 f_2 与 $\sigma_1\sigma_2$ 具有相同的首项.

$$\sigma_1\sigma_2=(x_1+x_2+x_3)(x_1x_2+x_1x_3+x_2x_3)=f_2+3x_1x_2x_3=f_2+3\sigma_3$$

因此

$$\begin{aligned}f_2&=\sigma_1\sigma_2-3\sigma_3\\ s_3&=\sigma_1^3-3(\sigma_1\sigma_2-3\sigma_3)-6\sigma_3=\sigma_1^3-3\sigma_1\sigma_2+3\sigma_3\\&=-3q\end{aligned}$$

（2）**解法2**　x_1,x_2,x_3 都是多项式 $f(x)=x^3-\sigma_1x^2+\sigma_2x-\sigma_3$ 的根.即

$$\begin{cases}x_1^3-\sigma_1x_1^2+\sigma_2x_1-\sigma_3=0\\ x_2^3-\sigma_1x_2^2+\sigma_2x_2-\sigma_3=0\\ x_3^3-\sigma_1x_3^2+\sigma_2x_3-\sigma_3=0\end{cases}$$

三个等式相加，并且将 $s_3=x_1^3+x_2^3+x_3^3$，$s_2=x_1^2+x_2^2+x_3^2$，$\sigma_1=x_1+x_2+x_3$ 代入得

$$s_3-\sigma_1s_2+\sigma_2\sigma_1-3\sigma_3=0\qquad(5.6.5)$$

再将(1)的结果 $s_2=\sigma_1^2-2\sigma_2$ 代入得

$$s_3-\sigma_1(\sigma_1^2-2\sigma_2)+\sigma_2\sigma_1-3\sigma_3=0$$

整理即得

$$s_3=\sigma_1^3-3\sigma_1\sigma_2+3\sigma_3=-3q\quad\square$$

显然，例3(2)的解法2更简捷，将各个根 $x_i(1\leqslant i\leqslant 3)$ 代入多项式 $f(x)$，再将得到的各个等式相加就得到了等式(5.6.5). 注意，由等式(5.6.5)还可以得到

$$s_3-3\sigma_3=\sigma_1(s_2-\sigma_2),$$

也就是

$$x_1^3+x_2^3+x_3^3-3x_1x_2x_3=(x_1+x_2+x_3)(x_1^2+x_2^2+x_3^2-x_1x_2-x_1x_3-x_2x_3)$$

这就是例 1 中得到的有理分解式(5.6.2). 但由例 3(2)的解法 2 这样得出来，更加巧妙，颇有些“踏破铁鞋无觅处，得来全不费功夫”的感觉. 然而，这样的巧办法“可遇而不可求”，相比起来，还是例 1 中的“笨办法”更正规一些，适用性更广些.

类似地，例 3(2)的前一种解法虽然比解法 2 更“笨”一些，但它可以推广到更一般的情况，更具有普遍意义.

注意到例 3 中的三次多项式 $f(x)$ 的 3 个根 x_1,x_2,x_3 的表达式 $\sigma_1,\sigma_2,\sigma_3$ 都是 x_1,x_2,x_3 的多项式函数，并且具有一个共同的性质：将 x_1,x_2,x_3 作任意置换，也就是在这些多项式 $\sigma_k(x_1,x_2,x_3)$ $(1\leqslant k\leqslant 3)$ 中将 x_1,x_2,x_3 分别替换成 x_{i_1},x_{i_2},x_{i_3}，其中 $(i_1i_2i_3)$ 是 1,2,3 的任意排列，函数都不变：

$$\sigma_k(x_{i_1},x_{i_2},x_{i_3})=\sigma_k(x_1,x_2,x_3)\quad(\forall\, 1\leqslant k\leqslant 3)$$

我们称具有这样性质的多项式 $\sigma_k(x_1,x_2,x_3)$ 为 x_1,x_2,x_3 的对称多项式. 更一般地，有

定义 5.6.2 设 $f(x_1,x_2,\cdots,x_n)\in F[x_1,x_2,\cdots,x_n]$. 如果将 $f(x_1,x_2,\cdots,x_n)$ 中的字母 $x_1,x_2,\cdots,x_n$ 分别替换成 $x_{i_1},x_{i_2},\cdots,x_{i_n}$，其中 $(i_1i_2\cdots i_n)$ 是 $1,2,\cdots,n$ 的任意一个排列，得到的多项式 $f(x_{i_1},x_{i_2},\cdots,x_{i_n})$ 都与 $f(x_1,x_2,\cdots,x_n)$ 相等，就称 $f(x_1,x_2,\cdots,x_n)$ 是 $x_1,x_2,\cdots,x_n$ 的**对称多项式**(symmetric polynomial). □

易见例 3 中的 $\sigma_1,\sigma_2,\sigma_3$ 都是 x_1,x_2,x_3 的对称多项式，s_2,s_3 也是 x_1,x_2,x_3 的对称多项式. 实际上，对任意正整数 k，$s_k=x_1^k+x_2^k+x_3^k$ 都是对称多项式. 显然，对称多项式经过加、减、乘运算得到的仍是对称多项式. 例 3 中就是由对称多项式 $\sigma_1,\sigma_2,\sigma_3$ 经过加、减、乘计算对称多项式 s_2，s_3.

一般地，对于任意 n 个字母 $x_1,x_2,\cdots,x_n$ 和正整数 $k\leqslant n$，从这 n 个字母中每次取 k 个相乘得到的所有乘积之和

$$\sigma_k(x_1,x_2,\cdots,x_n)=\sum_{1\leqslant i_1<\cdots<i_k\leqslant n}x_{i_1}x_{i_2}\cdots x_{i_k}$$

是 $x_1,x_2,\cdots,x_n$ 的对称多项式. 这样得到的 n 个对称多项式 $\sigma_1,\sigma_2,\cdots,\sigma_n$ 称为**初等对称多项式**(fundamental symmetric polynomial)，也称**基本对称多项式**.

初等对称多项式具有特别的重要性. 例如，关于多项式

$$f(x)=x^n+a_{n-1}x^{n-1}+\cdots+a_1x+a_0=(x-x_1)(x-x_2)\cdots(x-x_n)$$

的根与系数的关系的定理：

$$a_k=(-1)^k\sigma_{n-k}(x_1,x_2,\cdots,x_n)$$

说的就是多项式的系数与根的初等对称多项式之间的关系.

不过，初等对称多项式的重要性更集中的体现是：

定理 5.6.2　任何一个 n 元对称多项式 $f(x_1,x_2,\cdots,x_n)$ 都可以表示为 $x_1,x_2,\cdots,x_n$ 的基本对称多项式 $\sigma_k(1\leqslant k\leqslant n)$ 的多项式，也就是说：存在 n 元多项式 $\varphi_n(y_1,y_2,\cdots,y_n)$ 使

$$f(x_1,x_2,\cdots,x_n)=\varphi(\sigma_1,\sigma_2,\cdots,\sigma_n)$$

证明　设对称多项式 $f(x_1,x_2,\cdots,x_n)$ 按字典式排列法的首项为 $ax_1^{m_1}x_2^{m_2}\cdots x_n^{m_n}$，$a\neq 0$.

由于 $f(x_1,x_2,\cdots,x_n)$ 是对称多项式，由它的一项 $ax_1^{m_1}x_2^{m_2}\cdots x_n^{m_n}$ 经过 $x_1,x_2,\cdots,x_n$ 的任意置换得到的项 $ax_1^{k_1}x_2^{k_2}\cdots x_n^{k_n}$ 仍是 $f(x_1,x_2,\cdots,x_n)$ 的项，其中 $(k_1,k_2,\cdots,k_n)$ 是 $(m_1,m_2,\cdots,m_n)$ 的任意置换. 如果 $m_1\geqslant m_2\geqslant\cdots\geqslant m_n$ 不成立，对某一对 $i<j$ 有 $m_i<m_j$，将 m_i，m_j 互换位置得到 $(k_1,k_2,\cdots,k_n)$，对应的项 $ax_1^{k_1}x_2^{k_2}\cdots x_n^{k_n}$ 应当比 $ax_1^{m_1}x_2^{m_2}\cdots x_n^{m_n}$ 排在更前面，与 $ax_1^{m_1}x_2^{m_2}\cdots x_n^{m_n}$ 是首项的假设相违背.

可见 $m_1\geqslant m_2\geqslant\cdots\geqslant m_n$.我们设法寻找某一组非负整数 $d_1,d_2,\cdots,d_n$ 使

$$a\sigma_1^{d_1}\sigma_2^{d_2}\cdots\sigma_n^{d_n}\tag{5.6.6}$$

的首项等于 $ax_1^{m_1}x_2^{m_2}\cdots x_n^{m_n}$.

计算可知(5.6.6)中的多项式

$$\begin{aligned}&a(x_1+\cdots)^{d_1}(x_1x_2+\cdots)^{d_2}\cdots(x_1x_2\cdots x_n)^{d_n}\\=&ax_1^{d_1+d_2+\cdots+d_n}x_2^{d_2+\cdots+d_n}\cdots x_n^{d_n}+\cdots\end{aligned}$$

的首项为

$$ax_1^{d_1+d_2+\cdots+d_n}x_2^{d_2+\cdots+d_n}\cdots x_n^{d_n}$$

因此 $d_1,d_2,\cdots,d_n$ 满足的条件为

$$\begin{cases}d_1+d_2+\cdots+d_n=m_1\\ \qquad d_2+\cdots+d_n=m_2\\ \qquad\cdots\cdots\cdots\cdots\\ \qquad\qquad d_n=m_n\end{cases}\Rightarrow\begin{cases}d_1=m_1-m_2\\ d_2=m_2-m_3\\ \cdots\cdots\\ d_n=m_n\end{cases}$$

可见取 $d_i=m_i-m_{i+1}(1\leqslant i\leqslant n-1)$ 及 $d_n=m_n$ 即可满足条件.

取 $\sigma_1,\sigma_2,\cdots,\sigma_n$ 的多项式 $\varphi_1=a\sigma_1^{m_1-m_2}\sigma_2^{m_2-m_3}\cdots\sigma_n^{m_n}$，则

$$f_1(x_1,x_2,\cdots,x_n)=f(x_1,x_2,\cdots,x_n)-\varphi_1$$

仍是 $x_1,x_2,\cdots,x_n$ 的对称多项式并且它的首项比 f 的首项更“小”(也就是在字典式排法中排在更后面). 重复刚才的过程，又可以找到 $\sigma_1,\sigma_2,\cdots,\sigma_n$ 的多项式 φ_2 与 f_1 具有相同的首项，而 $f_2=f_1-\varphi_2$ 的首项更小. 重复这个过程，可以找到 $\sigma_k(1\leqslant k\leqslant n)$ 的一系列的多项式 $\varphi_1,\varphi_2,\cdots$ 使

$$f, f_1=f-\varphi_1, f_2=f_1-\varphi_2, \cdots, f_t=f_{t-1}-\varphi_t, \cdots,$$

中每一个的首项都比前一个更"小". 而按字典式排列法排在 $ax_1^{m_1}x_2^{m_2}\cdots x_n^{m_n}$ 后面的项的类型的个数有限，经过有限个步骤之后必然得到某个 $f_t=0$. 于是 $f=\varphi_1+\varphi_2+\cdots+\varphi_t=\varphi$ 是 $\sigma_k(1\leqslant k\leqslant n)$ 的多项式. □

还可以证明定理 5.6.2 中的多项式是唯一的. 因此有：

对称多项式基本定理　$x_1, x_2, \cdots, x_n$ 的任何一个对称多项式都可以唯一地表示成 $x_1, x_2, \cdots, x_n$ 的初等对称多项式的多项式. □

定理 5.6.2 的证明过程实际上给出了求 φ 的算法. 例 3 就是按这个算法将 s_2，s_3 表示成了初等对称多项式的多项式

习　题　5.6

1. 证明：二元多项式 x^2+y^2-1 在任意数域上都不可约.

2. 在复数域上分解因式：$f(x,y,z)=-x^3-y^3-z^3+x^2(y+z)+y^2(x+z)+z^2(x+y)-2xyz$.

3. 已知 x_1，x_2，x_3 是方程 x^3+px+q 的 3 个复数根. 将 $D=(x_1-x_2)^2(x_1-x_3)^2(x_2-x_3)^2$ 表示成 p，q 的多项式.

4. 将 $s_k=x_1^k+x_2^k+\cdots+x_n^k(k=2,3,4)$ 表示成 $x_1, x_2, \cdots, x_n$ 的初等对称多项式的多项式.

5. 解方程组 $\begin{cases} x+y+z+w=10, \\ x^2+y^2+z^2+w^2=30, \\ x^3+y^3+z^3+w^3=100, \\ xyzw=24. \end{cases}$

6. 已知实数 x，y，z 满足 $x+y+z=3$，$x^2+y^2+z^2=5$，$x^3+y^3+z^3=7$，求 $x^4+y^4+z^4$.

§5.7　更多的例子

例 1　计算 n 阶行列式

$$\Delta_n=\begin{vmatrix} 1 & 1 & \cdots & 1 \\ x_1 & x_2 & \cdots & x_n \\ x_1^2 & x_2^2 & \cdots & x_n^2 \\ \vdots & \vdots & & \vdots \\ x_1^{n-2} & x_2^{n-2} & \cdots & x_n^{n-2} \\ x_1^n & x_2^n & \cdots & x_n^n \end{vmatrix}$$

解法 1　Δ_n 貌似 Vandermonde 行列式，但最后一行的元不是 $x_1, \cdots, x_n$ 的 $n-1$次幂而是它们的 n 次幂. 不过，可以将这个行列式 Δ_n 扩充为 $n+1$ 阶 Vandermonde 行列式

$$f(y)=V(x_1,\cdots,x_n,y)=\begin{vmatrix}1&1&\cdots&1&1\\x_1&x_2&\cdots&x_n&y\\x_1^2&x_2^2&\cdots&x_n^2&y^2\\\vdots&\vdots&&\vdots&\vdots\\x_1^{n-2}&x_2^{n-2}&\cdots&x_n^{n-2}&y^{n-2}\\x_1^{n-1}&x_2^{n-1}&\cdots&x_n^{n-1}&y^{n-1}\\x_1^n&x_2^n&\cdots&x_n^n&y^n\end{vmatrix}$$

$$=\prod_{i=1}^{n}(y-x_i)\cdot\prod_{1\leqslant i<j\leqslant n}(x_j-x_i)\qquad(5.7.1)$$

$f(y)$是以 y 为字母的多项式. 将行列式 $V(x_1,\cdots,x_n,y)$按最后一列展开得

$$f(y)=a_0+a_1y+\cdots+a_{n-1}y^{n-1}+a_ny^n$$

其中的系数 $a_0,a_1,\cdots,a_n$ 都是 $x_1,\cdots,x_n$ 的多项式，特别

$$a_{n-1}=-\Delta_n$$

其中 Δ_n 就是本题所求的行列式. 另一方面，将(5.7.1)的右边的多项式展开得

$$f(y)=(y^n-(x_1+\cdots+x_n)y^{n-1}+\cdots)\prod_{1\leqslant i<j\leqslant n}(x_j-x_i)+\cdots$$

可见$f(y)$中 y^{n-1}的系数

$$a_{n-1}=-(x_1+\cdots+x_n)\prod_{1\leqslant i<j\leqslant n}(x_j-x_i)\qquad(5.7.2)$$

与(5.7.1)比较得

$$\Delta_n=(x_1+\cdots+x_n)\prod_{1\leqslant i<j\leqslant n}(x_j-x_i)\qquad\square$$

解法 2 设 $f(x)=(x-x_1)(x-x_2)\cdots(x-x_n)=x^n-\sigma_1x^{n-1}+\sigma_2x^{n-2}-\cdots+(-1)^n\sigma_n$ 是以 $x_1,x_2,\cdots,x_n$ 为根的多项式. 则对每个 $1\leqslant k\leqslant n$，有

$$f(x_k)=x_k^n-\sigma_1x_k^{n-1}+\sigma_2x_k^{n-2}-\cdots+(-1)^n\sigma_n=0$$

从而

$$\sigma_1x_k^{n-1}=x_k^n+\sigma_2x_k^{n-2}-\cdots+(-1)^n\sigma_n\qquad(5.7.3)$$

对 $1\leqslant i\leqslant n-1$，将所求行列式 Δ_n 的第 $n-i+1$ 行的$(-1)^i\sigma_i$ 倍加到第 n 行,则由(5.7.3)知道行列式的第 n 行变为$(\sigma_1x_1^{n-1},\sigma_1x_2^{n-1},\cdots,\sigma_1x_n^{n-1})$，将公因子 σ_1 提出来就得到 Vandermonde 行列式：

$$\Delta_n=\begin{vmatrix}1&1&\cdots&1\\x_1&x_2&\cdots&x_n\\x_1^2&x_2^2&\cdots&x_n^2\\\vdots&\vdots&&\vdots\\x_1^{n-2}&x_2^{n-2}&\cdots&x_n^{n-2}\\\sigma_1x_1^{n-1}&\sigma_1x_2^{n-1}&\cdots&\sigma_1x_n^{n-1}\end{vmatrix}=\sigma_1\begin{vmatrix}1&1&\cdots&1\\x_1&x_2&\cdots&x_n\\x_1^2&x_2^2&\cdots&x_n^2\\\vdots&\vdots&&\vdots\\x_1^{n-2}&x_2^{n-2}&\cdots&x_n^{n-2}\\x_1^{n-1}&x_2^{n-1}&\cdots&x_n^{n-1}\end{vmatrix}$$

$$= \sigma_1 \prod_{1 \leqslant i < j \leqslant n} (x_j - x_i)$$

由于 $\sigma_1 = \sum_{i=1}^{n} x_i$，就得到

$$\Delta_n = \sum_{i=1}^{n} x_i \prod_{1 \leqslant i < j \leqslant n} (x_j - x_i) \quad \square$$

例 2 将 n 阶方阵 $\boldsymbol{X} = (x_{ij})_{n \times n}$ 中的 n^2 个元 $x_{ij}(1 \leqslant i,j \leqslant n)$ 看作 n^2 个无关的字母，则行列式 $\det(\boldsymbol{X})$ 是这些字母的 n 次齐次多项式 f. 求证：f 在 $\mathbf{Q}[x_{ij} \mid 1 \leqslant i,j \leqslant n]$ 中不可约.

证明 若不然，设 f 可以分解为两个非常数的多项式 f_1，f_2 的乘积：$f = f_1 f_2$.

由行列式的定义知道，每个字母 x_{ij} 在 f 的每一项中的次数最多是 1. 也就是说，

$$f = a x_{ij} + b$$

其中 a，b 都是除了 x_{ij} 以外的其余字母的整系数多项式.

因此，x_{ij} 只能在 f_1，f_2 两个因式中的一个中出现，在另一个中不出现.

不妨设 x_{11} 在 f_1 中出现，则 x_{11} 不在 f_2 中出现，$f_1 = a x_{11} + b$，a，b，f_2 都是除了 x_{11} 之外的其余字母的多项式. 我们有

$$f = (a x_{11} + b) f_2 = a f_2 x_{11} + b f_2$$

如果 f_2 包含某个 $x_{1j}(j \neq 1)$，则 $f_2 = c x_{1j} + d$，c，d，a，b 都是 x_{11}，x_{1j} 之外其余字母的多项式，且 a，c 都不为 0.

$$f = (a x_{11} + b)(c x_{1j} + d) = ac x_{11} x_{1j} + bc x_{1j} + ad x_{11} + bd$$

由于 a，c 都不为 0，$ac \neq 0$，因此 f 含有被 $x_{11} x_{1j}$ 整除的项. 然而，根据行列式的定义，在 f 的每一项中 x_{11} 都不能与 x_{1j} 相乘，矛盾.

因此 f_2 不含与 x_{11} 在同一行的任何一个 x_{1j}. 所有的 x_{1j} 都含于 f_1.

同样的道理，与 x_{11} 在同一列中的所有的 $x_{i1}(2 \leqslant i \leqslant n)$ 在行列式中也不能与 x_{11} 相乘，因此所有的 x_{i1} 也都不能含于 f_2 而只能含于 f_1.

由于 f_1 包含每个 $x_{1j}(1 \leqslant j \leqslant n)$，而与 x_{1j} 在同一列中的 $x_{ij}(1 \leqslant i \leqslant n)$ 在行列式中不能与 x_{1j} 相乘，因此所有这些 x_{ij} 也都不能含于 f_2 而只能含于 f_1.

这样就证明了所有的字母 $x_{ij}(1 \leqslant i,j \leqslant n)$ 都不能含于 f_2 而只能含于 f_1. f_2 不包含任何一个字母，只能是常数. 这就证明了 f 在有理数域上不可约. $\square$

例 3 求整数 a 使 $x^2 - x + a$ 整除 $x^{13} + x + 90$.

解 记 $f(x) = x^{13} + x + 90$，$g(x) = x^2 - x + a$. 则 $g(x)$ 除 $f(x)$ 的商 $q(x)$ 是有理系数多项式. 且由 $g(x)$ 是首一多项式知 $q(x)$ 是整系数多项式. 对任意整数值 $x = b$，$q(b)$ 是整数，即：

当 $g(b)\neq 0$ 时 $g(b)$ 整除 $f(b)$；当 $g(b)=0$ 时 $f(b)=0$.

取 $b=0$，1 得 $g(b)=a$ 整除 $f(b)=92$，90，从而 $a\mid(92-90)=2$，$a=\pm1$，±2.

取 $b=-1$ 得 $g(-1)=2+a$ 整除 $f(-1)=88$，故 $a\neq1$ 且 $a\neq-2$.

剩下的可能性是 $a=-1$ 或 2. 由 $g(-2)=6+a$ 整除 $f(-2)=-2^{13}-2+90$ 知 $a\neq-1$.

检验可知剩下的最后一种可能性 $a=2$ 是所求的解. □

例 4 设 $f(x)$，$g(x)$ 是数域 F 上的非常数多项式，$n=\deg f(x)$，$m=\deg g(x)$.

（1）求证：$(f(x),g(x))=1$ 有如下充分必要条件：
对任意 $0\neq h(x)\in F[x]$ 且 $\deg h(x)<m+n$，存在 $u(x)$，$v(x)\in F[x]$ 使

$$u(x)f(x)+v(x)g(x)=h(x)\quad 且\quad \begin{cases}\deg u(x)<m & 或\quad u(x)=0\\ \deg v(x)<n & 或\quad v(x)=0\end{cases}$$

（2）对 $f(x)=x^2+2x+3$，$g(x)=x^3-2$，求 $u(x)$，$v(x)\in\mathbf{Q}[x]$ 使

$$u(x)f(x)+v(x)g(x)=(f(x),g(x))$$

（1）**证明** 先证充分性. 假设对满足已知条件的 $h(x)$ 都有满足所说条件的 $u(x)$，$v(x)\in F[x]$ 存在. 特别取 $h(x)=1$. 则由

$$u(x)f(x)+v(x)g(x)=1$$

知道 $(f(x),g(x))=1$.

以下证明必要性. 设 $(f(x),g(x))=1$，则存在 $u_1(x)$，$v_1(x)\in F[x]$ 使

$$u_1(x)f(x)+v_1(x)g(x)=1$$

两边同乘 $h(x)$ 得

$$h(x)u_1(x)f(x)+h(x)v_1(x)g(x)=h(x) \tag{5.7.4}$$

用 $g(x)$ 除 $h(x)u_1(x)$ 得商 $q(x)$ 和余式 $u(x)$，则 $\deg u(x)<\deg g(x)=m$ 或 $u(x)=0$，且 $h(x)u_1(x)=q(x)g(x)+u(x)$ 代入(5.7.4)并整理得

$$u(x)f(x)+v(x)g(x)=h(x) \tag{5.7.5}$$

其中 $v(x)=h(x)v_1(x)+q(x)f(x)\in F[x]$.

我们有 $u(x)f(x)=0$（当 $u(x)=0$）或 $\deg(u(x)f(x))=\deg u(x)+\deg f(x)<m+n$，且 $\deg h(x)<m+n$. 如果 $v(x)\neq0$，则由(5.7.5)得到 $v(x)g(x)=h(x)-u(x)f(x)$ 从而 $\deg v(x)g(x)<m+n$，$\deg v(x)<m+n-\deg g(x)=n$. 符合要求.

（2）**解** 由 Eisenstein 不可约判别法知 $g(x)=x^3-2$ 在有理数域 $\mathbf{Q}$ 上不可约. 由 $\deg f(x)<\deg g(x)$ 知 $g(x)\nmid f(x)$，因此 $(f(x),g(x))=1$. 我们设法寻找 $u(x)$，$v(x)\in\mathbf{Q}[x]$ 使

$$u(x)f(x)+v(x)g(x)=1 \tag{5.7.6}$$

根据本题第(1)小题的结论，还可以要求 $\deg u(x)\leqslant 2$，$\deg v(x)\leqslant 1$. 因此可设 $u(x)=u_2x^2+u_1x+u_0$，$v(x)=v_1x+v_0$. 用待定系数法求系数 u_2,u_1,u_0,v_1,v_0.

等式(5.7.6)即

$$u_2x^2f(x)+u_1xf(x)+u_0f(x)+v_1xg(x)+v_0=1 \tag{5.7.7}$$

将等式(5.7.7)两边的多项式 $x^2f(x)$，$xf(x)$，$f(x)$，$xg(x)$，$g(x)$，1 在 $\mathbf{Q}$ 上 5 维空间 $\mathbf{Q}[x]_5=\{c_4x^4+c_3x^3+c_2x^2+c_1x+c_0\in\mathbf{Q}[x]\}$ 的基 $\{x^4,x^3,x^2,x,1\}$ 下写成坐标，代入(5.7.7)，得到

$$u_2\begin{pmatrix}1\\2\\3\\0\\0\end{pmatrix}+u_1\begin{pmatrix}0\\1\\2\\3\\0\end{pmatrix}+u_0\begin{pmatrix}0\\0\\1\\2\\3\end{pmatrix}+v_1\begin{pmatrix}1\\0\\0\\1\\0\end{pmatrix}+v_0\begin{pmatrix}0\\1\\0\\0\\1\end{pmatrix}=\begin{pmatrix}0\\0\\0\\0\\1\end{pmatrix}$$

即

$$\begin{pmatrix}1&0&0&1&0\\2&1&0&0&1\\3&2&1&0&0\\0&3&2&1&0\\0&0&3&0&1\end{pmatrix}\begin{pmatrix}u_2\\u_1\\u_0\\v_1\\v_0\end{pmatrix}=\begin{pmatrix}0\\0\\0\\0\\1\end{pmatrix} \tag{5.7.8}$$

解之得唯一解

$$(u_2,u_1,u_0,v_1,v_0)=\left(\frac{1}{11},-\frac{4}{11},\frac{5}{11},-\frac{1}{11},\frac{2}{11}\right)$$

因此

$$u(x)=\frac{1}{11}(x^2-4x+5)，\ v(x)=\frac{1}{11}(-x+2) \qquad \square$$

注意，在§5.3 例 2 中利用辗转相除法对同样的 $f(x)$，$g(x)$ 计算出了同样的结果，比上面的例 4(2)中的算法还更简捷. 但是，从这里的例 4(2)的线性方程组(5.7.8)可以得出启发. 这个线性方程组的系数矩阵由 $x^2f(x)$，$xf(x)$，$f(x)$，$xg(x)$，$g(x)$ 的坐标组成. 解方程组的过程中发现它的行列式不等于 0，因此对于常数项的任意值都有唯一解，也就是例 4(1)中所说的对任意 $0\neq h(x)\in F[x]$ 且 $\deg h(x)<\deg f(x)+\deg g(x)$ 都存在次数满足条件的 $u(x)$，$v(x)$. 反过来，如果 $(f(x),g(x))\neq 1$，取 $h(x)=1$ 必然找不到所需的 $u(x)$，$v(x)$，也就是说形如(5.7.8)方程组对常数项 $(0,0,0,0,1)'$ 无解，此时系数行列式等于 0. 由此可以想到用(5.7.8)的系数行列式是否为 0 来判别 $f(x)$，$g(x)$ 是否互素.

例 5（结式） 对 $F[x]$ 上任意多项式

$$f(x)=a_nx^n+a_{n-1}x^{n-1}+\cdots+a_1x+a_0$$

$$\text{与}\quad g(x)=b_mx^m+b_{m-1}x^{m-1}+\cdots+b_1x+b_0$$

记行列式

$$R(f,g)=\left|\begin{array}{cccccccc} a_n & a_{n-1} & \cdots & a_1 & a_0 & & & \\ & a_n & a_{n-1} & \cdots & a_1 & a_0 & & \\ & & \ddots & \ddots & & \ddots & \ddots & \\ & & & a_n & a_{n-1} & \cdots & a_1 & a_0 \\ b_m & b_{m-1} & \cdots & b_1 & b_0 & & & \\ & b_m & b_{m-1} & \cdots & b_1 & b_0 & & \\ & & \ddots & \ddots & & \ddots & \ddots & \\ & & & b_m & b_{m-1} & \cdots & b_1 & b_0 \end{array}\right|\begin{array}{l}\left.\begin{array}{l}\\ \\ \\ \\ \end{array}\right\}n\text{ 行}\\ \left.\begin{array}{l}\\ \\ \\ \\ \end{array}\right\}m\text{ 行}\end{array}\tag{5.7.9}$$

称为多项式 f，g 的**结式**（resultant）.

如果 a_n，b_m 都不为 0，求证：

$$(f(x),g(x))=1\Leftrightarrow R(f,g)\neq 0$$

证法 1 例 4(1)已经证明：$(f(x),g(x))=1\Leftrightarrow$对任意

$$h(x)=c_{m+n-1}x^{m+n-1}+\cdots+c_1x+c_0\in F[x],$$

存在 $F[x]$ 中

$$u(x)=u_{m-1}x^{m-1}+\cdots+u_1x+u_0,\quad v(x)=v_{n-1}x^{n-1}+\cdots+v_1x+v_0$$

使

$$u(x)f(x)+v(x)g(x)=h(x)$$

即

$$\begin{aligned}&u_{m-1}x^{m-1}f(x)+\cdots+u_1xf(x)+u_0f(x)+\\&v_{n-1}x^{n-1}g(x)+\cdots+v_1xg(x)+v_0g(x)\\=\;&c_{m+n-1}x^{m+n-1}+\cdots+c_1x+c_0\end{aligned}\tag{5.7.10}$$

(5.7.10)就是说：数域 F 上 $m+n$ 维空间

$$F[x]_{m+n}=\{c_{m+n-1}x^{m+n-1}+c_{m+n-2}x^{m+n-2}+\cdots+c_1x+c_0\in F[x]\}$$

中每一个向量 $h(x)$ 都能写成由 $m+n$ 个向量组成的向量组

$$M_1=\{x^{m-1}f(x),\cdots,xf(x),f(x),x^{n-1}g(x),\cdots,xg(x),g(x)\}$$

的线性组合，因此 M_1 是 $F[x]_{m+n}$ 的一组基.

另一方面，$F[x]_{m+n}$ 有一组自然基 $M=\{x^{m+n-1},x^{m+n-2},\cdots,x,1\}$. 将 M_1 中的每个向量在 M 下写成坐标，则当$(f(x),g(x))=1$ 即(5.7.10)成立时，所有这些坐标组成 F^{m+n} 的一组基，以它们为各行组成的矩阵 $A(f,g)$ 就是(5.7.9)中的行列式 $R(f,g)$ 的矩阵. 因此

$$(f(x),g(x))=1\Leftrightarrow A(f,g)\text{可逆}\Leftrightarrow R(f,g)=|A(f,g)|\neq 0.$$

证法 2　与证法 1 同样，行列式 $R(f,g)$ 的各行依次是 $F[x]_{m+n}$ 中的向量组

$$M_1=\{x^{m-1}f(x),\cdots,xf(x),f(x),x^{n-1}g(x),\cdots,xg(x),g(x)\}$$

在基 $M=\{x^{m+n-1},x^{m+n-2},\cdots,x,1\}$ 下的坐标. $R(f,g)\neq 0\Leftrightarrow M_1$ 线性无关.

设 $u_{m-1},\cdots,u_1,u_0,v_{n-1},\cdots,v_1,v_0\in F$ 使

$$\begin{aligned}&u_{m-1}x^{m-1}f(x)+\cdots+u_1xf(x)+u_0f(x)+\\&v_{n-1}x^{n-1}g(x)+\cdots+v_1xg(x)+v_0g(x)=0\end{aligned}\tag{5.7.11}$$

即

$$u(x)f(x)+v(x)g(x)=0$$

对

$$u(x)=u_{m-1}x^{m-1}+\cdots+u_1x+u_0,\quad v(x)=v_{n-1}x^{n-1}+\cdots+v_1x+v_0$$

成立.

先设 $(f(x),g(x))=1$. 由 $u(x)f(x)=-v(x)g(x)$ 知道 $g(x)\mid u(x)f(x)$，且因 $(f(x),g(x))=1$，有 $g(x)\mid u(x)$. 如果 $u(x)\neq 0$，则由 $\deg u(x)<m=\deg g(x)$ 知道 $g(x)\nmid u(x)$. 这迫使 $u(x)=0$ 从而再由 $v(x)g(x)=0$ 及 $g(x)\neq 0$ 得 $v(x)=0$. 这说明：

$$\begin{aligned}&(f(x),g(x))=1\Rightarrow u(x)=v(x)=0\\&\Rightarrow u_i=v_j=0,\quad\forall\, 0\leqslant i\leqslant m-1,\ 0\leqslant j\leqslant n-1.\\&\Rightarrow M_1\text{ 线性无关}\Leftrightarrow R(f,g)\neq 0.\end{aligned}$$

反过来，如果 $(f(x),g(x))=d(x)\neq 1$，取 $v(x)=\dfrac{g(x)}{d(x)}$，$u(x)=-\dfrac{f(x)}{d(x)}$，则 $u(x)f(x)+v(x)g(x)=\dfrac{g(x)f(x)-f(x)g(x)}{d(x)}=0$. $u(x)$，$v(x)$ 都不等于 0，且 $\deg u(x)=\deg g(x)-\deg d(x)<m$，$\deg v(x)=\deg f(x)-\deg d(x)<n$. 可见 $u(x)$，$v(x)$ 的系数 $u_i(0\leqslant i\leqslant m-1)$ 与 $v_j(0\leqslant j\leqslant n-1)$ 不全为 0 并且满足条件 (5.7.11)，这说明 M_1 线性相关，$R(f,g)=0$.　□

根据结式 $R(f,g)$ 是否等于零，可以判定 $f(x)$，$g(x)$ 是否有非常数的公因式、是否有公共的复数根. 结式的这一性质可以用来解二元高次方程组.

例 6　求方程组

$$\begin{cases}x^2-xy+y^2-3=0\\x^2+xy+2y^2+y-1=0\end{cases}$$

的有理数解.

解　将两个方程的左边分别看成 x 的多项式 $f(x)=x^2-yx+(y^2-3)$ 和 $g(x)=x^2+yx+(2y^2+y-1)$，系数范围为 y 上的多项式环 $\mathbf{Q}[y]$. 设法选取 y

的值使 $f(x)$，$g(x)$ 有公共根，就求得了方程组的解. 为了使 $f(x)$，$g(x)$ 有公共根，只要选取 y 的值使结式 $R_x(f,g)=0$.

$$
R_x(f,g)=\begin{vmatrix}1 & -y & y^2-3 & 0\\ 0 & 1 & -y & y^2-3\\ 1 & y & 2y^2+y-1 & 0\\ 0 & 1 & y & 2y^2+y-1\end{vmatrix}
=\begin{vmatrix}1 & -y & y^2-3 & 0\\ 0 & 1 & -y & y^2-3\\ 0 & 2y & y^2+y+2 & 0\\ 0 & 0 & 2y & y^2+y+2\end{vmatrix}
$$

$$
=\begin{vmatrix}1 & -y & y^2-3\\ 2y & y^2+y+2 & 0\\ 0 & 2y & y^2+y+2\end{vmatrix}=\begin{vmatrix}1 & 0 & y^2-3\\ 2y & 3y^2+y+2 & 0\\ 0 & 2y & y^2+y+2\end{vmatrix}
$$

$$
=(3y^2+y+2)(y^2+y+2)+4y^2(y^2-3)=7y^4+4y^3-3y^2+4y+4.
$$

试验可知 -1 是 $R_x(f,g)$ 的根. $R_x(f,g)=(y+1)(7y^3-3y^2+4)$. $7y^3-3y^2+4$ 没有有理根. 将 $y=-1$ 代入原方程组得

$$
\begin{cases}x^2+x-2=0\\ x^2-x=0\end{cases}
$$

求得公共解为 $x=1$.

因此 $(x,y)=(1,-1)$ 为原方程组的解. □

例 6 的方法可以推广到二元高次方程组，利用结式将二元方程组化为一元方程 $R_x(f,g)=0$ 来解. 怎样解一元高次方程，比如例 6 中怎样求三次方程 $7y^3-3y^2+4=0$ 的实数解或复数解，就不是本书讨论的问题了.

例 7 已知复数 x，y，z 满足条件

$$
\begin{cases}x+y+z=3\\ x^2+y^2+z^2=5\\ x^3+y^3+z^3=7\end{cases}
$$

求 $x^4+y^4+z^4$，$x^5+y^5+z^5$.

解 对每个非负整数 k，记 $s_k=x^k+y^k+z^k$. 已知 s_1，s_2，s_3，要求 s_4，s_5.

以 x，y，z 为根构造首一多项式

$$
f(w)=(w-x)(w-y)(w-z)=w^3-\sigma_1w^2+\sigma_2w-\sigma_3
$$

其中

$$
\sigma_1=x+y+z=3,
$$

$$
\sigma_2=xy+xz+yz=\frac{1}{2}[(x+y+z)^2-(x^2+y^2+z^2)]=\frac{1}{2}(3^2-5)=2.
$$

于是 $f(w)=w^3-3w+2w-\sigma_3$.

将等式

$$f(x)=x^3-3x^2+2x-\sigma_3=0$$

$$f(y)=y^3-3y^2+2y-\sigma_3=0$$

$$f(z)=z^3-3z^2+2z-\sigma_3=0$$

相加得 $$(x^3+y^3+z^3)-3(x^2+y^2+z^2)+2(x+y+z)-3\sigma_3=0$$

即 $$s_3-3s_2+2s_1-3\sigma_3=0$$

故

$$7-3\times5+2\times3-3\sigma_3=0\Rightarrow\sigma_3=-\frac{2}{3}$$

因此

$$f(w)=w^3-3w^2+2w+\frac{2}{3}$$

x,y,z 都是多项式 $f(w)=0$ 的根，从而也都是 $w^{k-3}f(w)=w^k-3w^{k-1}+2w^{k-2}+\frac{2}{3}w^{k-3}$ 的根，其中 $k\geqslant3$，$k\in\mathbf{Z}$. 将等式

$$x^{k-3}f(x)=x^k-3x^{k-1}+2x^{k-2}+\frac{2}{3}x^{k-3}=0$$

$$y^{k-3}f(y)=y^k-3y^{k-1}+2y^{k-2}+\frac{2}{3}y^{k-3}=0$$

$$z^{k-3}f(z)=z^k-3z^{k-1}+2z^{k-2}+\frac{2}{3}z^{k-3}=0$$

相加得 $$s_k-3s_{k-1}+2s_{k-2}+\frac{2}{3}\sigma_{k-3}=0 \tag{5.7.12}$$

因此

$$x^4+y^4+z^4=s_4=3s_3-2s_2-\frac{2}{3}s_1=3\times7-2\times5-\frac{2}{3}\times3=9$$

$$x^5+y^5+z^5=s_5=3s_4-2s_3-\frac{2}{3}s_2=3\times9-2\times7-\frac{2}{3}\times5=\frac{29}{3}$$ □

根据对称多项式基本定理，所有的对称多项式都可以写成初等对称多项式的多项式. 例 7 中的 $s_k=x^k+y^k+z^k$ 是 x，y，z 的对称多项式，本来也都可以表示成初等对称多项式 σ_1，σ_2，σ_3 的多项式. 但对每个 k 分别去求这样的表达式太繁，例 7 中推出了一个递推关系式(5.7.12)即

$$s_k-\sigma_1s_{k-1}+\sigma_2s_{k-2}-\sigma_3s_{k-3}=0$$

可以对 $k\geqslant3$ 的情况由 $s_i(i<k)$ 算出 s_k. 这个递推关系式可以推广到 n 个字母 $x_1,\cdots,x_n$ 的k 次幂的和 $s_k=x_1^k+\cdots+x_n^k$：

以 $x_1,\cdots,x_n$ 构造首一多项式

$$f(x)=(x-x_1)\cdots(x-x_n)=x^n-\sigma_1x^{n-1}+\cdots+(-1)^{n-1}\sigma_{n-1}x+(-1)^n\sigma_n$$

则对任意正整数 $k\geqslant n$ 和每个 $1\leqslant i\leqslant n$，有

$$x_i^{k-n}f(x_i)=x_i^k-\sigma_1x_i^{k-1}+\cdots+(-1)^{n-1}\sigma_{n-1}x_i^{k-n+1}+(-1)^n\sigma_nx_i^{k-n}=0$$

依次取 $i=1,2,\cdots,n$，对所得的 n 个等式求和，即得递推关系式

$$s_k-\sigma_1s_{k-1}+\cdots+(-1)^{n-1}\sigma_{n-1}s_{k-n+1}+(-1)^n\sigma_ns_{k-n}=0 \tag{5.7.13}$$

这个递推关系式只能在已知 $s_1,s_2,\cdots,s_{n-1}$ 之后才能用来对更大的 $k\geqslant n$ 求出 s_k. 但在此之前怎样求出 $s_2,\cdots,s_{n-1}$ 呢？能否对 $k<n$ 的情形也得出由 $s_i(0\leqslant i<k)$ 求出 s_k 的递推关系式呢？下面的例题就解决了这一问题.

例 8 (Newton 公式)　对 $x_1,\cdots,x_n$ 和正整数 k，记 $s_k=x_1^k+\cdots+x_n^k$. 并且约定 $s_0=n$. 求证：当 $1\leqslant k\leqslant n$ 时有

$$s_k-\sigma_1s_{k-1}+\sigma_2s_{k-2}-\cdots+(-1)^{k-1}\sigma_{k-1}s_1+(-1)^kk\sigma_k=0 \tag{5.7.14}$$

当 $k>n$ 时有

$$s_k-\sigma_1s_{k-1}+\sigma_2s_{k-2}-\cdots+(-1)^n\sigma_ns_{k-n}=0 \tag{5.7.15}$$

证明　(5.7.15)就是前面已经证明过的等式(5.7.13). 为了对(5.7.14), (5.7.15)给出一个统一的证明，我们考虑以 $x_1,\cdots,x_n$ 为根的首一多项式

$$f(x)=(x-x_1)\cdots(x-x_n)=x^n-\sigma_1x^{n-1}+\sigma_2x^{n-2}-\cdots+(-1)^{n-1}\sigma_{n-1}x+(-1)^n\sigma_n$$

的微商

$$f'(x)=\sum_{i=1}^n\prod_{j\neq i}(x-x_j)=\frac{f(x)}{x-x_1}+\cdots+\frac{f(x)}{x-x_n}$$

对任意正整数 k，有

$$\begin{aligned}x^{k+1}f'(x)&=\sum_{i=1}^n\frac{f(x)x^{k+1}}{x-x_i}=\sum_{i=1}^n\frac{f(x)(x^{k+1}-x_i^{k+1})}{x-x_i}+\sum_{i=1}^n\frac{f(x)x_i^{k+1}}{x-x_i}\\&=f(x)\sum_{i=1}^n(x^k+x_ix^{k-1}+x_i^2x^{k-2}+\cdots+x_i^{k-1}x+x_i^k)+g(x)\\&=f(x)(s_0x^k+s_1x^{k-1}+s_2x^{k-2}+\cdots+s_{k-1}x+s_k)+g(x)\end{aligned} \tag{5.7.16}$$

其中

$$g(x)=\sum_{i=1}^nx_i^{k+1}\frac{f(x)}{x-x_i}$$

由于每个 $\dfrac{f(x)}{x-x_i}$ 的次数都是 $n-1<n$，x_i^{k+1} 是常数，因此 $\deg g(x)<n$ 或 $g(x)=0$.

因此，由(5.7.16)知道 $x^{k+1}f'(x)$ 的 n 次项的系数等于

$$(x^n-\sigma_1x^{n-1}+\sigma_2x^{n-2}-\cdots+(-1)^n\sigma_n)(s_0x^k+s_1x^{k-1}+s_2x^{k-2}+\cdots+s_{k-1}x+s_k)$$

中的 n 次项的系数，等于

$$\begin{cases} s_k-\sigma_1 s_{k-1}+\sigma_2 s_{k-2}-\cdots+(-1)^k\sigma_k s_0, & 当\ 1\leqslant k\leqslant n \\ s_k-\sigma_1 s_{k-1}+\sigma_2 s_{k-2}-\cdots+(-1)^n\sigma_n s_{k-n}, & 当\ k\geqslant n \end{cases} \tag{5.7.17}$$

另一方面，由 $f(x)=x^n-\sigma_1 x^{n-1}+\sigma_2 x^{n-2}-\cdots+(-1)^{n-1}\sigma_{n-1}x+(-1)^n\sigma_n$ 知道

$$x^{k+1}f'(x)=nx^{n+k}-(n-1)\sigma_1 x^{n+k-1}+\cdots+(-1)^{n-1}\sigma_{n-1}x^{k+1}$$

的 n 次项系数等于

$$\begin{cases} (-1)^k(n-k)\sigma_k, & 当\ 1\leqslant k\leqslant n \\ 0, & 当\ k\geqslant n \end{cases} \tag{5.7.18}$$

与(5.7.17)比较得：

当 $1\leqslant k\leqslant n$ 时，

$$s_k-\sigma_1 s_{k-1}+\sigma_2 s_{k-2}-\cdots+(-1)^{k-1}\sigma_{k-1}s_1+(-1)^k\sigma_k n=(-1)^k(n-k)\sigma_k$$

从而

$$s_k-\sigma_1 s_{k-1}+\sigma_2 s_{k-2}-\cdots+(-1)^{k-1}\sigma_{k-1}s_1+(-1)^k k\sigma_k=0.$$

这就是(5.7.14).

而当 $k\geqslant n$ 时，

$$s_k-\sigma_1 s_{k-1}+\sigma_2 s_{k-2}-\cdots+(-1)^n\sigma_n s_{k-n}=0$$

这就是(5.7.15). □

利用 Newton 公式，容易依次求出用初等对称多项式表达幂和 $s_2,s_3,s_4,\cdots$ 的式子. 你不妨自己试一试.

习　题　5.7

1. 设 a，b，c 都是实数. 求证 $a+b+c$ 都是正数的充分必要条件是：$a+b+c>0$，$ab+ac+bc>0$，$abc>0$ 同时成立.

2. 设 $1,\omega_1,\cdots,\omega_{n-1}$ 是 x^n-1 的全部不同的复数根.求证：

$$(1-\omega_1)(1-\omega_2)\cdots(1-\omega_{n-1})=n.$$

3. 求证：$\cos\dfrac{\pi}{7}-\cos\dfrac{2\pi}{7}+\cos\dfrac{3\pi}{7}=\dfrac{1}{2}$.

4. 已知 $a_1,a_2,\cdots,a_n$ 是两两不同的数. 求证：方程组

$$\begin{cases} a_1^{n-1}x_1+a_1^{n-2}x_2+\cdots+a_1x_{n-1}+x_n=-a_1^n \\ a_2^{n-1}x_1+a_2^{n-2}x_2+\cdots+a_2x_{n-1}+x_n=-a_2^n \\ \qquad\cdots\cdots\cdots\cdots \\ a_n^{n-1}x_1+a_n^{n-2}x_2+\cdots+a_nx_{n-1}+x_n=-a_n^n \end{cases}$$

有唯一解. 并求出它的解.

5. 如果 a，b 是方程 $x^4+x^3-1=0$ 的两个根，求证 ab 是方程 $x^6+x^4+x^3-x^2-1=0$ 的一个根.

6. 将 $s_k=x_1^k+x_2^k+\cdots+x_n^k(k=5,6)$ 表示成 $x_1,x_2,\cdots,x_n$ 的初等对称多项式的多项式.

7. 计算 n 阶行列式

$$\Delta_n=\begin{vmatrix} 1 & x_1 & \cdots & x_1^{k-1} & x_1^{k+1} & \cdots & x_1^n \\ 1 & x_2 & \cdots & x_2^{k-1} & x_2^{k+1} & \cdots & x_2^n \\ \vdots & \vdots & & \vdots & \vdots & & \vdots \\ 1 & x_n & \cdots & x_n^{k-1} & x_n^{k+1} & \cdots & x_n^n \end{vmatrix}$$

8. 解二元方程组

$$\begin{cases} y^2-7xy+4x^2+13x-2y-3=0 \\ y^2-14xy+9x^2+28x-4y-5=0 \end{cases}$$

第 6 章 线性变换

§6.0 线性变换的几何性质

1. 线性变换下图形的不变性质

在第 4 章 §4.0 中，一开始就研究了建立了直角坐标系的平面上绕原点的旋转变换 $\mathscr{A}$ 和关于过原点的直线的轴对称变换 $\mathscr{B}$，发现它们都可以通过用矩阵乘法来实现：

$$\mathscr{A}: \boldsymbol{X} \mapsto \boldsymbol{AX},\ \mathscr{B}: \boldsymbol{X} \mapsto \boldsymbol{BX}$$

其中 $\boldsymbol{X}=\begin{pmatrix} x \\ y \end{pmatrix}$是任意一点在变换前的坐标，

$$\boldsymbol{A}=\begin{pmatrix} \cos\alpha & -\sin\alpha \\ \sin\alpha & \cos\alpha \end{pmatrix},\ \boldsymbol{B}=\begin{pmatrix} \cos 2\alpha & \sin 2\alpha \\ \sin 2\alpha & -\cos 2\alpha \end{pmatrix}$$

在此基础上推而广之，将任何两个数组空间 $F^{n\times 1}$，$F^{m\times 1}$之间通过矩阵乘法来实现的映射

$$\mathscr{A}: F^{n\times 1} \to F^{m\times 1},\ \boldsymbol{X} \to \boldsymbol{AX}$$

称为线性映射,而当 $n=m$ 时称为线性变换.

旋转变换与轴对称变换具有特殊的性质：图形经过变换后只是位置改变了，形状和大小都不改变，变换后的图形与变换前全等，所有的长度、角度都保持不变，直线仍变成直线，平行直线仍变成平行直线，正方形、长方形、平行四边形、圆仍分别变成正方形、长方形、平行四边形、圆.

别的线性变换是否也具有这样的性质？比如，我们考查平面的线性变换，也就是由 2 维实向量空间 $\mathbf{R}^2$ 中由任给的实 2 阶方阵 $\boldsymbol{A}=\begin{pmatrix} a & b \\ c & d \end{pmatrix}$决定的线性变换

$$\mathscr{A}: \begin{pmatrix} x \\ y \end{pmatrix} \mapsto \begin{pmatrix} a & b \\ c & d \end{pmatrix}\begin{pmatrix} x \\ y \end{pmatrix}$$

例 1 取矩阵 $\boldsymbol{A}=\begin{pmatrix} 1.1 & 0.3 \\ 0.2 & 0.9 \end{pmatrix}$决定线性变换 $\mathscr{A}$：$\boldsymbol{X} \mapsto \boldsymbol{AX}$. 在直角坐标系

中画出由平行于坐标轴的直线 $x=a$，$y=a(a=0,\pm1,\pm2,\cdots)$ 所组成的网格，并在网格中画出由曲线组成的飞鸟图形. 画图观察网格和图形被变换 $\mathscr{A}$ 变成什么样的图形？经过变换之后，图形的哪些性质仍然保持？

解　画出变换前后的图形如图 6-1.

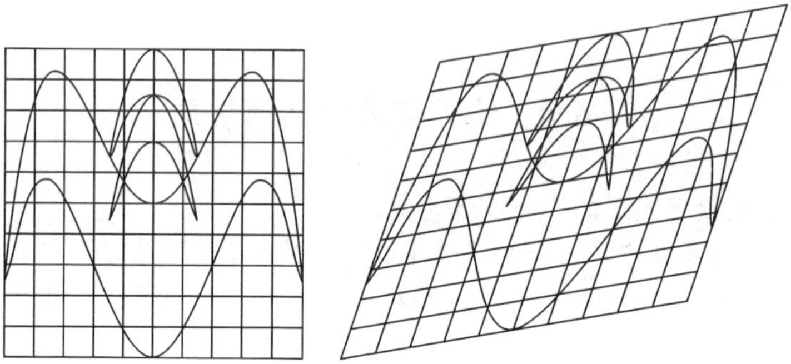

图 6-1

观察发现：

图形的形状和大小都变了，角度、长度都变了. 正方形格子经过变换之后不再是正方形，直角不再是直角.

然而，图形有一些性质经过变换还是保持下来了.

例如：直线仍变成直线. 平行直线仍变成平行直线. 同一方向上长度相等的线段仍变成同一方向上长度相等的线段.

正方形经过变换后虽然不再是正方形，但是它们变成了平行四边形. 正方形也是平行四边形，平行四边形经过变换后仍是平行四边形. 相互全等的正方形变成相互全等的平行四边形，由正方形组成的网格变成由平行四边形组成的网格. □

这些性质是否对由其他矩阵决定的线性变换也成立？可以更换矩阵重新画图观察. 在观察的基础上进行理论证明.

我们希望证明：平面的线性变换将直线变成直线，平行四边形变成平行四边形.

仔细一想，这不一定对. 比如取 $\boldsymbol{A}$ 为零方阵，则它将直线和平行四边形都变成原点，而不是变成直线和平行四边形.

可以考虑可逆的线性变换 $\mathscr{A}$：$\boldsymbol{X}\mapsto\boldsymbol{AX}$.

设直线 $l=P_1P_2$，P_1，P_2 的坐标分别是 $\boldsymbol{X}_1$，$\boldsymbol{X}_2$，经过变换后 P_1，P_2 分别变到 P'_1，P'_2，坐标分别是 $\boldsymbol{Y}_1$，$\boldsymbol{Y}_2$. 则 $\boldsymbol{Y}_1=\boldsymbol{AX}_1$，$\boldsymbol{Y}_2=\boldsymbol{AX}_2$. 由于 $\mathscr{A}$ 是可逆变换，$P_1\neq P_2\Rightarrow P'_1\neq P'_2$，$P'_1$，$P'_2$ 仍决定一条直线.

设平面上任意一点 P 被变换 $\mathscr{A}$ 变到 P'，P，P' 的坐标分别是 $\boldsymbol{X}$，$\boldsymbol{Y}$，则

$\boldsymbol{Y}=\boldsymbol{A}\boldsymbol{X}$. P 在直线 P_1P_2 上$\Leftrightarrow \overrightarrow{P_1P} \mathbin{/\!/} \overrightarrow{P_1P_2} \Leftrightarrow$存在实数 λ，使 $\boldsymbol{X}-\boldsymbol{X}_1=\lambda(\boldsymbol{X}_2-\boldsymbol{X}_1)$. $\Leftrightarrow \boldsymbol{A}(\boldsymbol{X}-\boldsymbol{X}_1)=\boldsymbol{A}(\lambda(\boldsymbol{X}_2-\boldsymbol{X}_1))$，即 $\boldsymbol{A}\boldsymbol{X}-\boldsymbol{A}\boldsymbol{X}_1=\lambda(\boldsymbol{A}\boldsymbol{X}_2-\boldsymbol{A}\boldsymbol{X}_1)$，亦即$\boldsymbol{Y}-\boldsymbol{Y}_1=\lambda(\boldsymbol{Y}_2-\boldsymbol{Y}_1)\Leftrightarrow P'$在直线 $P'_1P'_2$ 上. 而且，P 在线段 P_1P_2 上$\Leftrightarrow$上述$\lambda\in[0,1]\Leftrightarrow P'$在线段 $P'_1P'_2$ 上.

这就得到结论：可逆线性变换将直线变成直线，直线段变成直线段.

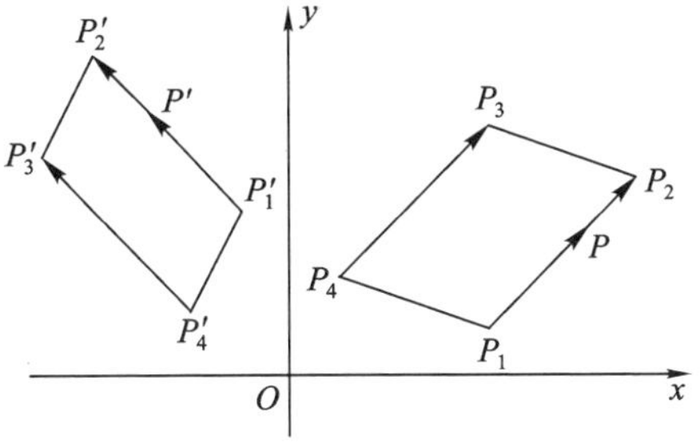

图 6-2

再考察平行四边形. 如图 6-2，设平行四边形 $P_1P_2P_3P_4$ 的四个顶点 P_1，P_2，P_3，P_4 分别被变到 P'_1，P'_2，P'_3，P'_4，$P_i(1\leqslant i\leqslant 4)$的坐标 $\boldsymbol{X}_i$ 被变到 $\boldsymbol{Y}_i=\boldsymbol{A}\boldsymbol{X}_i$.

$P_1P_2P_3P_4$ 是平行四边形$\Leftrightarrow \overrightarrow{P_1P_2}=\overrightarrow{P_4P_3}$且 P_1，P_2，P_3 不共线.

一方面，$\overrightarrow{P_1P_2}=\overrightarrow{P_4P_3}\Leftrightarrow \boldsymbol{X}_2-\boldsymbol{X}_1=\boldsymbol{X}_3-\boldsymbol{X}_4\Leftrightarrow \boldsymbol{A}(\boldsymbol{X}_2-\boldsymbol{X}_1)=\boldsymbol{A}(\boldsymbol{X}_3-\boldsymbol{X}_4)$

$$\Leftrightarrow \boldsymbol{Y}_2-\boldsymbol{Y}_1=\boldsymbol{Y}_3-\boldsymbol{Y}_4\Leftrightarrow \overrightarrow{P'_1P'_2}=\overrightarrow{P'_4P'_3}.$$

另一方面，P_1，P_2，P_3 不共线$\Leftrightarrow P'_1$，P'_2，P'_3 不共线.

可见 $P'_1P'_2P'_3P'_4$ 是平行四边形. 平行四边形 $P_1P_2P_3P_4$ 变成平行四边形 $P'_1P'_2P'_3P'_4$.

任何两条平行直线 l_1，l_2 上都可以与另外两条平行直线相交得到平行四边形 $P_1P_2P_3P_4$ 使 $l_1=P_1P_2$，$l_2=P_4P_3$，经过变换之后得到平行四边形 $P'_1P'_2P'_3P'_4$，因而 l_1，l_2 变到平行直线 $P'_1P'_2$，$P'_4P'_3$.

这就证明了：平面中的可逆线性变换将平行四边形变成平行四边形，平行直线变成平行直线.

以上推理的关键是由矩阵决定的线性变换 $\mathscr{A}$：$\boldsymbol{X}\mapsto \boldsymbol{A}\boldsymbol{X}$ 具有如下性质：

LM(1) $\mathscr{A}(\boldsymbol{X}_1+\boldsymbol{X}_2)=\mathscr{A}(\boldsymbol{X}_1)+\mathscr{A}(\boldsymbol{X}_2)$；

LM(2) $\mathscr{A}(\lambda\boldsymbol{X})=\lambda\mathscr{A}(\boldsymbol{X})$.

而这两个性质是矩阵运算的如下性质的自然结果：

(1) $\boldsymbol{A}(\boldsymbol{X}_1+\boldsymbol{X}_2)=\boldsymbol{A}\boldsymbol{X}_1+\boldsymbol{A}\boldsymbol{X}_2$；

(2) $\boldsymbol{A}(\lambda\boldsymbol{X})=\lambda\boldsymbol{A}\boldsymbol{X}$.

这些性质对于由矩阵决定的所有的映射都成立，不限于可逆线性变换.

平面上的向量本来是几何向量，因建立了坐标而与数组对应起来. 平面上绕原点的旋转和轴对称本来是几何变换，因坐标之间的线性函数关系而用矩阵来表示. 我们知道：数域 F 上任何一个 n 维线性空间 V 都可以建立坐标而同构于数组空间 $F^{n\times 1}$. 将 F 上两个有限维线性空间 U，V 分别通过建立坐标而用数组空间 $F^{n\times 1}$，$F^{m\times 1}$来表示之后，如果这两个空间之间的映射$\mathscr{A}:U\to V$能够通过矩阵的乘法来实现：$\mathscr{A}:\boldsymbol{X}\mapsto \boldsymbol{AX}$，那么 $\mathscr{A}$ 一定满足以上两个条件LM(1)，LM(2).反过来，我们将证明：只要 $\mathscr{A}$ 满足上述两个性质 LM(1)，LM(2)，则 $\mathscr{A}$ 可以通过矩阵乘法来实现.

2. 线性变换下的不变直线

例 2 取矩阵 $\boldsymbol{A}$ 决定线性变换 $\mathscr{A}:\boldsymbol{X}\mapsto \boldsymbol{AX}$.

将每个点 P 与向量$\overrightarrow{OP}$对应起来，$\mathscr{A}$ 将 $P\mapsto P'$的同时将$\overrightarrow{OP}\mapsto\overrightarrow{OP'}$.

画图观察在变换作用下向量方向的变化：转向顺时针方向还是逆时针方向？是否有的向量方向保持不变，或者变到相反方向？

实验步骤：在以原点为圆心的圆上均匀地选取若干个点 P_i，作线段 OP_i 并适当延长，作为判断方向的标准. 如果线性变换 $\mathscr{A}$ 将 $P_i\mapsto P'_i$，就将 $P_iP'_i$ 连成线段. 观察 $P_iP'_i$ 的方向就知道从 OP_i 向 OP'_i 转动的方向.

选取矩阵 $\boldsymbol{A}=\begin{pmatrix}1.1 & 0.3\\ 0.2 & 0.9\end{pmatrix}$，作图结果如图 6-3.

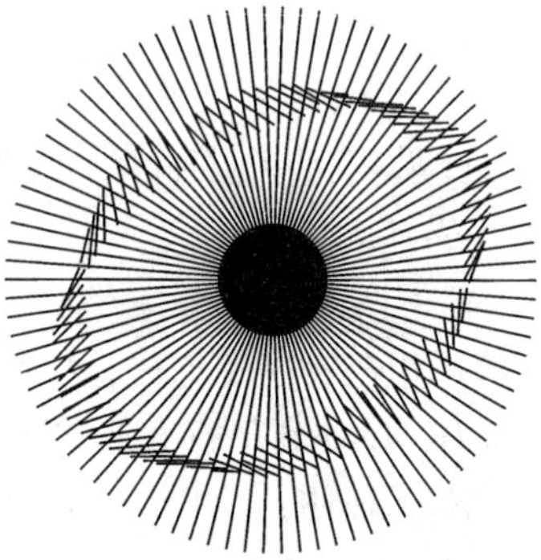

图 6-3

观察发现，两条直线(共 4 个方向)上的向量方向保持不变，这两条直线被变到自身. 两条直线上共 4 个方向将平面划分成 4 个区域，同一区域中向量方向的转向相同，相邻的不同区域中向量方向转向不同. □

例 3 求例 2 中在线性变换下保持方向不变的向量以及保持不变的直线.

解 线性变换 $\mathscr{A}:(x,y)\mapsto(x',y')$使

$$\begin{pmatrix}x'\\ y'\end{pmatrix}=\begin{pmatrix}1.1 & 0.3\\ 0.2 & 0.9\end{pmatrix}\begin{pmatrix}x\\ y\end{pmatrix}$$

每个方向由非零向量代表. 只要找到 $\boldsymbol{X}=\begin{pmatrix}x\\ y\end{pmatrix}\neq\begin{pmatrix}0\\ 0\end{pmatrix}$使 $\boldsymbol{AX}=\lambda\boldsymbol{X}$ 对某个正实数 λ 成立，则与 $\boldsymbol{X}$ 共线的方向上所有的向量在线性变换作用下都保持方向不变.

$$\begin{pmatrix}\lambda x\\ \lambda y\end{pmatrix}=\begin{pmatrix}1.1 & 0.3\\ 0.2 & 0.9\end{pmatrix}\begin{pmatrix}x\\ y\end{pmatrix} \text{即} \begin{cases}\lambda x=1.1x+0.3y\\ \lambda y=0.2x+0.9y\end{cases}$$

移项，合并同类项，得

$$\begin{cases}(\lambda-1.1)x-0.3y=0\\ -0.2x+(\lambda-0.9)y=0\end{cases} \tag{6.0.1}$$

此方程至少有一组解$(x,y)=(0,0)$. 如果它的系数行列式为 0，则只有这一组解. 要使它有非零解$(x,y)\neq(0,0)$，系数行列式必须等于 0. 即

$$(\lambda-1.1)(\lambda-0.9)-(-0.3)(-0.2)=0$$

$$\lambda^2-2\lambda+0.93=0 \tag{6.0.2}$$

解此一元二次方程，求得两个实数根 $\lambda_1\approx 1.2646$，$\lambda_2\approx 0.7354$.

分别代入方程组(6.0.1). 当 $\lambda=1.2646$ 时，方程组(6.0.1)成为

$$\begin{cases}0.1646x-0.3y=0\\ -0.2x+0.3646y=0\end{cases}，\text{解之得 } y=0.549x$$

当 $\lambda=0.7354$ 时，方程组(6.0.1)成为

$$\begin{cases}-0.3646x-0.3y=0\\ -0.2x-0.1646y=0\end{cases}，\text{解之得 } y=-1.215x$$

沿直线 $y=0.549x$ 的向量以及沿直线 $y=-1.215x$ 的向量都保持方向不变. 这两条直线被线性变换变到自身. □

例 4 与例 1 同样取矩阵 $\boldsymbol{A}=\begin{pmatrix}1.1 & 0.3\\ 0.2 & 0.9\end{pmatrix}$决定线性变换 $\mathscr{A}$：$\boldsymbol{X}\mapsto\boldsymbol{AX}$. 同样在直角坐标系中画出例 1 由曲线组成的飞鸟图形. 画出分别平行于例 3 中求出的两条直线 $l_1:y=0.549x$ 和 $l_2:y=-1.215x$ 的直线，组成网格. 画出网格和飞鸟图形经过变换之后得到的图形. 观察网格经过线性变换之后怎样变化?

画出的图形如图 6-4.

观察发现：组成网格的直线的方向都没有变，唯一的变化是沿着直线 l_1 的方向被拉长了，而沿直线 l_2 的方向被压缩了.

仍以原来的直角坐标系的原点 O 作为原点，取沿着 l_1 和 l_2 方向的非零向量 $\boldsymbol{\alpha}_1$，$\boldsymbol{\alpha}_2$ 组成新的基 M. 对平面上任意一点 P，用$\overrightarrow{OP}$在基 M 下的坐标(x',y')作为点 P 的坐标. 由于线性变换 $\mathscr{A}$ 将 $\boldsymbol{\alpha}_1\mapsto\lambda_1\boldsymbol{\alpha}_1$，$\boldsymbol{\alpha}_2\mapsto\lambda_2\boldsymbol{\alpha}_2$，因此

$$\mathscr{A}:\overrightarrow{OP}=x'\boldsymbol{\alpha}_1+y'\boldsymbol{\alpha}_2\mapsto\overrightarrow{OP'}=\lambda_1x'\boldsymbol{\alpha}_1+\lambda_2y'\boldsymbol{\alpha}_2$$

也就是

$$\mathscr{A}:\begin{pmatrix}x'\\ y'\end{pmatrix}\mapsto\begin{pmatrix}\lambda_1x'\\ \lambda_2y'\end{pmatrix}=\begin{pmatrix}\lambda_1 & \\ & \lambda_2\end{pmatrix}\begin{pmatrix}x'\\ y'\end{pmatrix}$$

在这个新的坐标系下，表示变换的矩阵变成了对角阵，比原来的 $\boldsymbol{A}$ 更简单. □

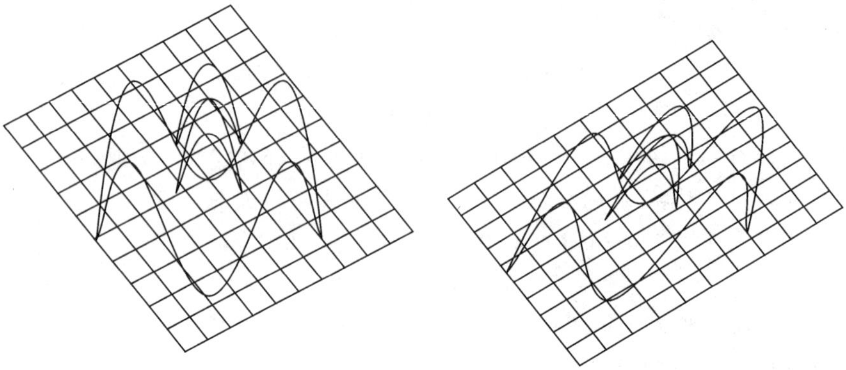

图 6-4

§6.1 线性映射

1. 线性映射的定义

设 U 和 V 是数域 F 上线性空间，且 $\mathscr{A}$: $U\to V$ 是映射.

定义 6.1.1 如果映射 $\mathscr{A}$: $U\to V$ 满足:

LM(1) 对任意 $\boldsymbol{\alpha}_1$, $\boldsymbol{\alpha}_2\in U$, $\mathscr{A}(\boldsymbol{\alpha}_1+\boldsymbol{\alpha}_2)=\mathscr{A}(\boldsymbol{\alpha}_1)+\mathscr{A}(\boldsymbol{\alpha}_2)$;

LM(2) 对任意 $\boldsymbol{\alpha}\in U$, $\lambda\in F$, $\mathscr{A}(\lambda\boldsymbol{\alpha})=\lambda\mathscr{A}(\boldsymbol{\alpha})$,

则映射 $\mathscr{A}$ 称为线性空间 U 到 V 的**线性映射**(linear mapping). 当 $U=V$ 时，线性映射 $A:V\to V$ 称为 V 的**线性变换**(linear transformation). □

例 1 (1) 设 $U=F^{n\times 1}$, $V=F^{m\times 1}$, 任取 $\boldsymbol{A}\in F^{m\times n}$, 定义 $\mathscr{A}$: $U\to V$, $\boldsymbol{X}\mapsto\boldsymbol{AX}$, 则 $\mathscr{A}$ 是线性映射.

(2) 设 V 是 F 上任一线性空间, $U=F^n$, $\boldsymbol{\alpha}_1,\boldsymbol{\alpha}_2,\cdots,\boldsymbol{\alpha}_n$ 是 V 中任意 n 个向量，定义 $\mathscr{A}:F^n\to V$, $(x_1,\cdots,x_n)\mapsto x_1\boldsymbol{\alpha}_1+\cdots+x_n\boldsymbol{\alpha}_n$. 则 $\mathscr{A}$ 是线性映射.

如果 $\boldsymbol{\alpha}_1,\boldsymbol{\alpha}_2,\cdots,\boldsymbol{\alpha}_n$ 组成 V 的一组基，则每个向量 $\boldsymbol{\alpha}\in V$ 可以唯一地写成$\boldsymbol{\alpha}=x_1\boldsymbol{\alpha}_1+\cdots+x_n\boldsymbol{\alpha}_n$ 的形式，定义 $\mathscr{B}:V\to F^n$, $\boldsymbol{\alpha}=x_1\boldsymbol{\alpha}_1+\cdots+x_n\boldsymbol{\alpha}_n\mapsto(x_1,x_2,\cdots,x_n)$, 则 $\mathscr{B}$ 是线性映射，与 $\mathscr{A}$ 互为逆映射.

(3) 第 2 章 §2.6 中定义了 F 上线性空间之间的同构或同态映射 $\varphi:U\to V$. 同构和同态都是线性映射. 实际上，所有的线性映射都是同态，其中可逆的线性映射是同构.

(4) 设 $U=F^n$, $V=F^m$, $n>m$. 则 $\boldsymbol{\pi}:U\to V$, $(x_1,\cdots,x_m,\cdots,x_n)\mapsto(x_1,\cdots,x_m)$是线性映射，称为 U 在 V 上的**投影**(projection). $\mathscr{A}$: $V\to U$,

$(x_1,\cdots,x_m)\mapsto(x_1,\cdots,x_m,0,\cdots,0)$也是线性映射，称为 V 在 U 中的**嵌入**(embedding).

(5) 设 $V=F[x]$是系数在数域 F 中以 x 为字母的多项式的全体组成的 F 上线性空间. 定义 $\mathscr{D}:V\to V$ 将每个多项式 $f(x)=a_0+a_1x+a_2x^2+\cdots+a_nx^n$ 映到它的微商 $f'(x)=a_1+2a_2x+\cdots+na_nx^{n-1}$，称为微商映射，则 $\mathscr{D}$是 V 的线性变换.

(6) 设 $V=F^{m\times n}$，$\boldsymbol{P}\in F^{m\times m}$，$\boldsymbol{Q}\in F^{n\times n}$分别是给定的方阵. 定义 $\mathscr{A}$：$V\to V$，$\boldsymbol{X}\mapsto\boldsymbol{PXQ}$. 则 $\mathscr{A}$是 V 的线性变换.

(7) 对数域 F 上任意线性空间 U，V，定义 $\mathscr{O}:U\to V$，$\boldsymbol{\alpha}\mapsto\boldsymbol{0}$ 将 U 中所有的向量都映到$\boldsymbol{0}$. 则 $\mathscr{O}$是线性映射，称为零映射.

(8) 对数域 F 上任意线性空间 V 和给定的数 $\lambda\in F$，定义 $\mathscr{A}:V\to V$，$\boldsymbol{\alpha}\mapsto\lambda\boldsymbol{\alpha}$. 则 $\mathscr{A}$ 是 V 的线性变换，称为由 λ 决定的**标量变换**(scalar transformation). 如果 V 是定义了直角坐标系的平面，则当 λ 是不等于 1 的正实数时，它所决定的标量变换就是以原点为中心、相似比为 λ 的位似变换.

当 $\lambda=1$ 时的标量变换 $V\to V$，$\boldsymbol{\alpha}\mapsto\boldsymbol{\alpha}$ 将 V 中每个向量变到自己，这个变换称为 V 中的**恒等变换**(identity transformation)或**单位变换**(unit transformation)，记作 $\mathscr{I}$，也记作 1_V. 由 λ 决定的标量变换则记作 $\lambda\mathscr{I}$或 $\lambda 1_V$，看作恒等变换的 λ 倍. □

2. 线性映射的简单性质

由线性映射的定义容易推出线性映射的以下简单性质：

设 $\mathscr{A}$：$U\to V$ 是线性映射. 则

(1) $\mathscr{A}$ 将零向量$\boldsymbol{0}_U\in U$ 变到零向量$\boldsymbol{0}_V\in V$，将 $\boldsymbol{\alpha}$ 的负向量$-\boldsymbol{\alpha}$ 变到$\mathscr{A}(\boldsymbol{\alpha})$的负向量：

$$\mathscr{A}(\boldsymbol{0}_U)=\boldsymbol{0}_V,\quad \mathscr{A}(-\boldsymbol{\alpha})=-\mathscr{A}(\boldsymbol{\alpha})$$

(2) $\mathscr{A}$ 保持线性组合关系式不变：

$$\mathscr{A}(\lambda_1\boldsymbol{\alpha}_1+\cdots+\lambda_k\boldsymbol{\alpha}_k)=\lambda_1\mathscr{A}(\boldsymbol{\alpha}_1)+\cdots+\lambda_k\mathscr{A}(\boldsymbol{\alpha}_k)$$

(3) 如果 $\boldsymbol{\alpha}_1,\cdots,\boldsymbol{\alpha}_k$ 线性相关，则 $\mathscr{A}(\boldsymbol{\alpha}_1),\cdots,\mathscr{A}(\boldsymbol{\alpha}_k)$线性相关.

(4) 如果 $\mathscr{A}(\boldsymbol{\alpha}_1),\cdots,\mathscr{A}(\boldsymbol{\alpha}_k)$线性无关，则 $\boldsymbol{\alpha}_1,\cdots,\boldsymbol{\alpha}_k$ 线性无关.

3. 线性映射的矩阵

设 U，V 是数域 F 上的有限维线性空间，分别取 U 的基 $M_1=\{\boldsymbol{\alpha}_1,\cdots,\boldsymbol{\alpha}_n\}$ 和 V 的基 $M_2=\{\boldsymbol{\beta}_1,\cdots,\boldsymbol{\beta}_m\}$，则 U 中每个向量 $\boldsymbol{\alpha}$ 可以唯一写成

$$\boldsymbol{\alpha}=x_1\boldsymbol{\alpha}_1+\cdots+x_n\boldsymbol{\alpha}_n \tag{6.1.1}$$

的形式，$\sigma_1(\boldsymbol{\alpha})=\boldsymbol{X}=\begin{pmatrix}x_1\\\vdots\\x_n\end{pmatrix}$是 $\boldsymbol{\alpha}$ 在基 M_1 下的坐标. V 中每个向量 $\boldsymbol{\beta}$ 可以唯一

写成

$$\boldsymbol{\beta}=y_1\boldsymbol{\beta}_1+\cdots+y_m\boldsymbol{\beta}_m$$

的形式，$\sigma_2(\boldsymbol{\beta})=\boldsymbol{Y}=\begin{pmatrix}y_1\\ \vdots\\ y_m\end{pmatrix}$是$\boldsymbol{\beta}$在基$M_2$下的坐标.

向量$\boldsymbol{\alpha}\in U$和$\mathscr{A}(\boldsymbol{\alpha})\in V$可以分别由它们的坐标$\sigma_1(\boldsymbol{\alpha})=\boldsymbol{X}$和$\sigma_2(\mathscr{A}(\boldsymbol{\alpha}))=\boldsymbol{Y}$唯一代表，这就决定了$F^{n\times 1}$到$F^{m\times 1}$的一个映射$\mathscr{A}:\sigma_1(\boldsymbol{\alpha})\mapsto\sigma_2(\mathscr{A}(\boldsymbol{\alpha}))$，它完全代表了线性映射$\mathscr{A}:U\to V$.

由$\boldsymbol{\alpha}$与它的坐标之间的关系式(6.1.1)得

$$\mathscr{A}(\boldsymbol{\alpha})=\mathscr{A}(x_1\boldsymbol{\alpha}_1+\cdots+x_n\boldsymbol{\alpha}_n)=x_1\mathscr{A}(\boldsymbol{\alpha}_1)+\cdots+x_n\mathscr{A}(\boldsymbol{\alpha}_n)\tag{6.1.2}$$

将等式(6.1.2)两边的向量分别对应于它们在基M_2下的坐标，也就是将同构映射$\sigma_2:V\to F^{m\times 1}$作用于(6.1.2)两边，得

$$\begin{aligned}\sigma_2(\mathscr{A}(\boldsymbol{\alpha}))&=\sigma_2(x_1\mathscr{A}(\boldsymbol{\alpha}_1)+\cdots+x_n\mathscr{A}(\boldsymbol{\alpha}_n))\\&=x_1\sigma_2(\mathscr{A}(\boldsymbol{\alpha}_1))+\cdots+x_n\sigma_2(\mathscr{A}(\boldsymbol{\alpha}_n))\end{aligned}$$

即

$$\boldsymbol{Y}=x_1\boldsymbol{A}_1+\cdots+x_n\boldsymbol{A}_n=\boldsymbol{A}\begin{pmatrix}x_1\\ \vdots\\ x_n\end{pmatrix}$$

其中每个$\boldsymbol{A}_j=\sigma_2(\mathscr{A}(\boldsymbol{\alpha}_j))$ $(1\leqslant j\leqslant n)$，也就是基向量$\boldsymbol{\alpha}_j$的像$\mathscr{A}(\boldsymbol{\alpha}_j)$在基$M_2$下的坐标，而$\boldsymbol{A}=(\boldsymbol{A}_1,\boldsymbol{A}_2,\cdots,\boldsymbol{A}_n)$是依次以$\boldsymbol{A}_j(1\leqslant j\leqslant n)$为各列组成的$m\times n$矩阵. 这样，向量的映射$\boldsymbol{\alpha}\mapsto\mathscr{A}(\boldsymbol{\alpha})$就由坐标的映射$\boldsymbol{X}\mapsto\boldsymbol{AX}$完全代表，坐标的映射通过用矩阵$\boldsymbol{A}$左乘实现.

定义 6.1.2 设U，V是数域F上有限维线性空间，分别取U的基$M_1=\{\boldsymbol{\alpha}_1,\cdots,\boldsymbol{\alpha}_n\}$和$V$的基$M_2=\{\boldsymbol{\beta}_1,\cdots,\boldsymbol{\beta}_m\}$. 对每个$1\leqslant j\leqslant n$，设$U$的基向量$\boldsymbol{\alpha}_j$在$\mathscr{A}$下的像$\mathscr{A}(\boldsymbol{\alpha}_j)$在基$M_2$下的坐标为

$$\boldsymbol{A}_j=\begin{pmatrix}a_{1j}\\ a_{2j}\\ \vdots\\ a_{mj}\end{pmatrix}\in F^{m\times 1}$$

$\boldsymbol{A}$是依次以$\boldsymbol{A}_1,\boldsymbol{A}_2,\cdots,\boldsymbol{A}_n$为各列组成的矩阵，也就是说

$$\mathscr{A}(\boldsymbol{\alpha}_1,\cdots,\boldsymbol{\alpha}_n)=(\boldsymbol{\beta}_1,\cdots,\boldsymbol{\beta}_m)\boldsymbol{A}\tag{6.1.3}$$

则$\boldsymbol{A}$称为$\mathscr{A}$ **在基 M_1 和 M_2 下的矩阵**(matrix of $\mathscr{A}$ with respect to bases M_1,M_2).

当$U=V$时我们取$M_1=M_2=\{\boldsymbol{\alpha}_1,\cdots,\boldsymbol{\alpha}_n\}$，此时称满足条件

$$\mathscr{A}(\boldsymbol{\alpha}_1,\cdots,\boldsymbol{\alpha}_n)=(\boldsymbol{\alpha}_1,\cdots,\boldsymbol{\alpha}_n)\boldsymbol{A}\tag{6.1.4}$$

的矩阵 $\boldsymbol{A}$ 为线性变换 $\mathscr{A}$ **在基 M_1 下的矩阵**(matrix of $\mathscr{A}$ with recpect to basis M_1). □

注意　在(6.1.3)中，我们用行向量的形式($\boldsymbol{\alpha}_1,\cdots,\boldsymbol{\alpha}_n$)，($\boldsymbol{\beta}_1,\cdots,\boldsymbol{\beta}_m$)来表示向量组$\{\boldsymbol{\alpha}_1,\cdots,\boldsymbol{\alpha}_n\}$，$\{\boldsymbol{\beta}_1,\cdots,\boldsymbol{\beta}_m\}$. $\mathscr{A}(\boldsymbol{\alpha}_1,\cdots,\boldsymbol{\alpha}_n)$表示 $\mathscr{A}$ 与$(\boldsymbol{\alpha}_1,\cdots,\boldsymbol{\alpha}_n)$按1×1矩阵与 $1\times n$ 相乘的法则得到的向量组$(\mathscr{A}(\boldsymbol{\alpha}_1),\cdots,\mathscr{A}(\boldsymbol{\alpha}_n))$. $(\boldsymbol{\beta}_1,\cdots,\boldsymbol{\beta}_m)\boldsymbol{A}$ 表示将$(\boldsymbol{\beta}_1,\cdots,\boldsymbol{\beta}_m)$与 $\boldsymbol{A}$ 按 $1\times m$ 矩阵与 $m\times n$ 矩阵相乘的法则得到的向量组

$$\left(\sum_{i=1}^{m} a_{i1}\boldsymbol{\beta}_i,\cdots,\sum_{i=1}^{m} a_{ij}\boldsymbol{\beta}_i,\cdots,\sum_{i=1}^{m} a_{in}\boldsymbol{\beta}_i\right)$$

因此，(6.1.3)所表达的意思就是

$$\mathscr{A}(\boldsymbol{\alpha}_j)=\sum_{i=1}^{m} a_{ij}\boldsymbol{\beta}_i=a_{1j}\boldsymbol{\beta}_1+\cdots+a_{nj}\boldsymbol{\beta}_m$$

就是说 $\boldsymbol{A}=(a_{ij})_{m\times n}$的第 j 列$(a_{1j},\cdots,a_{nj})^{\mathrm{T}}$是 $\mathscr{A}(\boldsymbol{\alpha}_j)$在基$\{\boldsymbol{\beta}_1,\cdots,\boldsymbol{\beta}_m\}$下的坐标.

将 U 中的每个向量 $\boldsymbol{\alpha}$ 用它在基 M_1 下的坐标 $\sigma_1(\boldsymbol{\alpha})=\boldsymbol{X}$ 代表，将 V 中每个向量 $\boldsymbol{\beta}$ 由它在基 M_2 下的坐标 $\sigma_2(\boldsymbol{\beta})=\boldsymbol{Y}$ 代表，这样就将 U 用 $F^{n\times1}$代表、将 V 用 $F^{m\times1}$代表，则 $\mathscr{A}$ 被表示为

$$\mathscr{A}:F^{n\times1}\to F^{m\times1},\boldsymbol{X}\mapsto\boldsymbol{AX}\tag{6.1.5}$$

$\mathscr{A}$ 的作用通过它的矩阵 $\boldsymbol{A}$ 的左乘来实现. 我们将 $\boldsymbol{X}\mapsto\boldsymbol{AX}$ 称为 $\mathscr{A}$ 在基 M_1，M_2 下的**坐标表示**(coordinate representation).

不但(6.1.3)唯一刻画了矩阵 $\boldsymbol{A}$，(6.1.5)也唯一刻画了矩阵 $\boldsymbol{A}$. 事实上，由(6.1.5)可以得出(6.1.3). U 的基 $M_1=\{\boldsymbol{\alpha}_1,\cdots,\boldsymbol{\alpha}_n\}$中的每个基向量 $\boldsymbol{\alpha}_j$ 在基 M_1 下的坐标为 $\boldsymbol{e}_j$(即第 j 个分量为 1、其余分量为 0 的列向量). 因此

$$\boldsymbol{Ae}_j=\begin{pmatrix}a_{1j}\\ \vdots\\ a_{mj}\end{pmatrix}$$

就是 $\mathscr{A}(\boldsymbol{\alpha}_i)$在基 M_2 下的坐标. 而 $\boldsymbol{Ae}_j$ 就是 $\boldsymbol{A}$ 的第 j 列. 因此(6.1.5)也可以作为 $\boldsymbol{A}$ 的定义.

定理 6.1.1　设 $\mathscr{A}:U\to V$ 是数域 F 上有限维线性空间的映射. 取 U 的基 M_1 将 U 的向量用坐标表示，取 V 的基 M_2 将 V 的向量用坐标表示. 如果 $\mathscr{A}$ 所引起的坐标之间的映射可以通过某个矩阵 $\boldsymbol{A}$ 的左乘来实现：

$$\mathscr{A}:\boldsymbol{X}\mapsto\boldsymbol{AX}$$

则 $\mathscr{A}$ 是线性映射，$\boldsymbol{A}$ 是 $\mathscr{A}$ 在基 M_1，M_2 下的矩阵.

特别，列向量空间之间由矩阵的左乘定义的映射 $\mathscr{A}:F^{n\times1}\to F^{m\times1}$，$\boldsymbol{X}\mapsto\boldsymbol{AX}$ 是线性映射，$\boldsymbol{A}$ 就是 $\mathscr{A}$ 在 $F^{n\times1}$和 $F^{m\times1}$的自然基下的矩阵. □

例 2 设 $V=F^{2\times 2}$，$\boldsymbol{A}=\begin{pmatrix} a & b \\ c & d \end{pmatrix}\in F^{2\times 2}$. 定义 $\boldsymbol{A}$ 在 V 中的左乘变换 $\mathscr{A}_{\mathrm{L}}$：$V\to V$，$\boldsymbol{X}\mapsto \boldsymbol{AX}$. 取 V 的基 $M=\{\boldsymbol{E}_{11},\boldsymbol{E}_{12},\boldsymbol{E}_{21},\boldsymbol{E}_{22}\}$，其中

$$\boldsymbol{E}_{11}=\begin{pmatrix} 1 & 0 \\ 0 & 0 \end{pmatrix},\ \boldsymbol{E}_{12}=\begin{pmatrix} 0 & 1 \\ 0 & 0 \end{pmatrix},\ \boldsymbol{E}_{21}=\begin{pmatrix} 0 & 0 \\ 1 & 0 \end{pmatrix},\ \boldsymbol{E}_{22}=\begin{pmatrix} 0 & 0 \\ 0 & 1 \end{pmatrix}$$

求 $\mathscr{A}_{\mathrm{L}}$ 在基 M 下的矩阵.

解

$$\mathscr{A}_{\mathrm{L}}(\boldsymbol{E}_{11})=\boldsymbol{A}\boldsymbol{E}_{11}=\begin{pmatrix} a & b \\ c & d \end{pmatrix}\begin{pmatrix} 1 & 0 \\ 0 & 0 \end{pmatrix}=\begin{pmatrix} a & 0 \\ c & 0 \end{pmatrix}=a\boldsymbol{E}_{11}+c\boldsymbol{E}_{21}$$

在 M 下的坐标为$(a,0,c,0)^{\mathrm{T}}$. 类似地有 $\mathscr{A}_{\mathrm{L}}(\boldsymbol{E}_{12})=a\boldsymbol{E}_{12}+c\boldsymbol{E}_{22}$,$\mathscr{A}_{\mathrm{L}}(\boldsymbol{E}_{21})=b\boldsymbol{E}_{11}+d\boldsymbol{E}_{21}$，$\mathscr{A}_{\mathrm{L}}(\boldsymbol{E}_{22})=b\boldsymbol{E}_{12}+d\boldsymbol{E}_{22}$，坐标分别为$(0,a,0,c)^{\mathrm{T}}$，$(b,0,d,0)^{\mathrm{T}}$，$(0,b,0,d)^{\mathrm{T}}$.

因此 $\mathscr{A}_{\mathrm{L}}$ 在基 M 下的矩阵为

$$\begin{pmatrix} a & 0 & b & 0 \\ 0 & a & 0 & b \\ c & 0 & d & 0 \\ 0 & c & 0 & d \end{pmatrix}\qquad\square$$

例 3 已知

$$\boldsymbol{\alpha}_1=(1,1,1),\ \boldsymbol{\alpha}_2=(0,1,1),\ \boldsymbol{\alpha}_3=(0,0,1);$$
$$\boldsymbol{\beta}_1=(1,0),\ \boldsymbol{\beta}_2=(0,1),\ \boldsymbol{\beta}_3=(1,1)$$

是否存在满足下面的条件的线性映射 $\mathscr{A}$？如果存在，求出一个这样的 $\mathscr{A}$.

(1) $\mathscr{A}:F^3\to F^2$ 将 $\boldsymbol{\alpha}_1$，$\boldsymbol{\alpha}_2$，$\boldsymbol{\alpha}_3$ 分别映到 $\boldsymbol{\beta}_1$，$\boldsymbol{\beta}_2$，$\boldsymbol{\beta}_3$.

(2) $\mathscr{A}:F^2\to F^3$ 将 $\boldsymbol{\beta}_1$，$\boldsymbol{\beta}_2$，$\boldsymbol{\beta}_3$ 分别映到 $\boldsymbol{\alpha}_1$，$\boldsymbol{\alpha}_2$，$\boldsymbol{\alpha}_3$.

解 (1) 将 F^3，F^2 中的向量都写成列向量形式. 则每个线性映射 $\mathscr{A}$：$F^{3\times 1}\to F^{2\times 1}$由一个矩阵 $\boldsymbol{A}\in F^{2\times 3}$决定，使 $\mathscr{A}(\boldsymbol{X})=\boldsymbol{AX}$. 要使 $\mathscr{A}$ 符合要求，即

$$\boldsymbol{A}\boldsymbol{\alpha}_1=\boldsymbol{\beta},\ \boldsymbol{A}\boldsymbol{\alpha}_2=\boldsymbol{\beta}_2,\ \boldsymbol{A}\boldsymbol{\alpha}_3=\boldsymbol{\beta}_3,\ \text{也就是}\ \boldsymbol{A}(\boldsymbol{\alpha}_1,\boldsymbol{\alpha}_2,\boldsymbol{\alpha}_3)=(\boldsymbol{\beta}_1,\boldsymbol{\beta}_2,\boldsymbol{\beta}_3)$$

即

$$\boldsymbol{A}\begin{pmatrix} 1 & 0 & 0 \\ 1 & 1 & 0 \\ 1 & 1 & 1 \end{pmatrix}=\begin{pmatrix} 1 & 0 & 1 \\ 0 & 1 & 1 \end{pmatrix}\tag{6.1.6}$$

由于$\begin{pmatrix} 1 & 0 & 0 \\ 1 & 1 & 0 \\ 1 & 1 & 1 \end{pmatrix}$可逆，矩阵方程(6.1.6)有唯一解

$$A=\begin{pmatrix}1&0&1\\0&1&1\end{pmatrix}\begin{pmatrix}1&0&0\\1&1&0\\1&1&1\end{pmatrix}^{-1}=\begin{pmatrix}1&-1&1\\-1&0&1\end{pmatrix}$$

线性映射

$$F^{3\times1}\to F^{2\times1},\quad \begin{pmatrix}x\\y\\z\end{pmatrix}\mapsto\begin{pmatrix}1&-1&1\\-1&0&1\end{pmatrix}\begin{pmatrix}x\\y\\z\end{pmatrix}$$

符合要求. 因此，存在符合条件的唯一的 $\mathscr{A}$ 如下：

$$\mathscr{A}:F^{1\times3}\to F^{1\times2},(x,y,z)\mapsto(x,y,z)\begin{pmatrix}1&-1\\-1&0\\1&1\end{pmatrix}$$

(2) 将 F^2, F^3 中的向量都写成列向量，则 $\mathscr{A}$: $F^{2\times1}\to F^{3\times1}$, $X\mapsto AX$. $A\in F^{3\times2}$应满足条件

$$A\begin{pmatrix}1&0&1\\0&1&1\end{pmatrix}=\begin{pmatrix}1&0&0\\1&1&0\\1&1&1\end{pmatrix}\tag{6.1.7}$$

由

$$\operatorname{rank}\left(A\begin{pmatrix}1&0&1\\0&1&1\end{pmatrix}\right)\leqslant\operatorname{rank}\begin{pmatrix}1&0&1\\0&1&1\end{pmatrix}=2<3=\operatorname{rank}\begin{pmatrix}1&0&0\\1&1&0\\1&1&1\end{pmatrix}$$

可知矩阵方程(6.1.7)无解.

因此不存在满足条件的线性映射 $\mathscr{A}$. □

例 3 中也可直接利用矩阵的初等变换解矩阵方程(6.1.6), (6.1.7).

例 3(1)有解的原因是$\{\boldsymbol{\alpha}_1,\boldsymbol{\alpha}_2,\boldsymbol{\alpha}_3\}$线性无关. 一般地，我们有：

定理 6.1.2 设 $M=\{\boldsymbol{\alpha}_1,\cdots,\boldsymbol{\alpha}_n\}$是 F 上 n 维线性空间的一组基，$\boldsymbol{\beta}_1,\cdots,\boldsymbol{\beta}_n$ 是 F 上线性空间 V 的任意 n 个向量，则存在唯一的线性映射 $\mathscr{A}$: $U\to V$ 将 $\boldsymbol{\alpha}_1,\cdots,\boldsymbol{\alpha}_n$ 分别映到 $\boldsymbol{\beta}_1,\cdots,\boldsymbol{\beta}_n$.

证明 对任意 $\boldsymbol{\alpha}\in U$，存在唯一的一组数 $x_1,\cdots,x_n\in F$ 使

$$\boldsymbol{\alpha}=x_1\boldsymbol{\alpha}_1+\cdots+x_n\boldsymbol{\alpha}_n$$

定义

$$\mathscr{A}:U\to V,\boldsymbol{\alpha}\mapsto x_1\boldsymbol{\beta}_1+\cdots+x_n\boldsymbol{\beta}_n$$

则 $\mathscr{A}$ 是线性映射，且将 $\boldsymbol{\alpha}_i\mapsto\boldsymbol{\beta}_i$, $\forall\,1\leqslant i\leqslant n$.

反过来，如果线性映射 $\mathscr{A}$: $U\to V$ 满足条件 $\mathscr{A}(\boldsymbol{\alpha}_i)=\boldsymbol{\beta}_i$, $\forall\,1\leqslant i\leqslant n$, 则

$$\begin{aligned}\mathscr{A}(\boldsymbol{\alpha})&=\mathscr{A}(x_1\boldsymbol{\alpha}_1+\cdots+x_n\boldsymbol{\alpha}_n)=x_1\mathscr{A}(\boldsymbol{\alpha}_1)+\cdots+x_n\mathscr{A}(\boldsymbol{\alpha}_n)\\&=x_1\boldsymbol{\beta}_1+\cdots+x_n\boldsymbol{\beta}_n\end{aligned}$$

这样的 $\mathscr{A}$ 是唯一的. □

在定理 6.1.2 的 V 中任取一组基 M_2，依次以 $\boldsymbol{\beta}_1,\cdots,\boldsymbol{\beta}_n$ 在这组基下的坐标为各列构造矩阵 $\boldsymbol{A}\in F^{m\times n}$，则 $\mathscr{A}$ 满足要求的充分必要条件为：$\mathscr{A}$ 在基 M，M_2 下的矩阵为 $\boldsymbol{A}$. 这也说明了 $\mathscr{A}$ 的存在性和唯一性.

推论 6.1.1 设 $S=\{\boldsymbol{\alpha}_1,\cdots,\boldsymbol{\alpha}_k\}$ 是 F 上 n 维线性空间的任何一组线性无关的向量，$\boldsymbol{\beta}_1,\cdots,\boldsymbol{\beta}_k$ 是 V 中任意 k 个向量. 则存在线性映射 $\mathscr{A}$：$U\to V$ 将 $\boldsymbol{\alpha}_1,\cdots,\boldsymbol{\alpha}_k$ 分别映到 $\boldsymbol{\beta}_1,\cdots,\boldsymbol{\beta}_k$，但当 $k<n$ 时 $\mathscr{A}$ 不唯一.

证明 S 可以扩充为 U 的一组基 $M=\{\boldsymbol{\alpha}_1,\cdots,\boldsymbol{\alpha}_k,\cdots,\boldsymbol{\alpha}_n\}$. 在 V 中任取 $\boldsymbol{\beta}_{k+1},\cdots,\boldsymbol{\beta}_n$（比如可取 $\boldsymbol{\beta}_{k+1}=\cdots=\boldsymbol{\beta}_n=\boldsymbol{0}$），则由定理 6.1.2 知存在线性映射 $\mathscr{A}$：$U\to V$ 将 $\boldsymbol{\alpha}_1,\cdots,\boldsymbol{\alpha}_n$ 分别映到 $\boldsymbol{\beta}_1,\cdots,\boldsymbol{\beta}_n$，这样的 $\mathscr{A}$ 符合要求. 当 $n>k$ 时，选择不同的 $\boldsymbol{\beta}_{k+1},\cdots,\boldsymbol{\beta}_n$ 就得到不同的 $\mathscr{A}$，所以 $\mathscr{A}$ 不唯一. □

例 3(2) 中的 $\boldsymbol{\beta}_1$，$\boldsymbol{\beta}_2$，$\boldsymbol{\beta}_3$ 线性相关，其中 $\boldsymbol{\beta}_1$，$\boldsymbol{\beta}_2$ 组成 F^2 的基，因此存在唯一的 $\mathscr{A}$ 将 $\boldsymbol{\beta}_1$，$\boldsymbol{\beta}_2$ 分别映到 $\boldsymbol{\alpha}_1$，$\boldsymbol{\alpha}_2$. 如果这个 $\mathscr{A}$ 恰好将 $\boldsymbol{\beta}_3\mapsto\boldsymbol{\alpha}_3$，它就符合要求. 但例 3(2) 中的 $\boldsymbol{\alpha}_3$ 不符合这样的条件，所以 $\mathscr{A}$ 不存在. 事实上，由于 $\boldsymbol{\alpha}_1$，$\boldsymbol{\alpha}_2$，$\boldsymbol{\alpha}_3$ 线性无关，而 V 中任意 3 个向量 $\boldsymbol{\gamma}_1$，$\boldsymbol{\gamma}_2$，$\boldsymbol{\gamma}_3$ 线性相关. 无论怎样选择 $\boldsymbol{\gamma}_1$，$\boldsymbol{\gamma}_2$，$\boldsymbol{\gamma}_3$，它们在线性映射下的像都线性相关，不可能分别等于 $\boldsymbol{\alpha}_1$，$\boldsymbol{\alpha}_2$，$\boldsymbol{\alpha}_3$.

对线性相关的 $\boldsymbol{\alpha}_1,\cdots,\boldsymbol{\alpha}_n$，能不能仿照定理 6.1.2 中的证明定义线性映射

$$\mathscr{A}(x_1\boldsymbol{\alpha}_1+\cdots+x_n\boldsymbol{\alpha}_n)=x_1\boldsymbol{\beta}_1+\cdots+x_n\boldsymbol{\beta}_n \tag{6.1.8}$$

不能！这是因为，当 $\boldsymbol{\alpha}_1,\cdots,\boldsymbol{\alpha}_n$ 线性相关时，同一个向量 $\boldsymbol{\alpha}$ 写成 $\boldsymbol{\alpha}_1,\cdots,\boldsymbol{\alpha}_n$ 的线性组合时的系数不唯一. 比如，对零向量 $\boldsymbol{0}$，就可以有不同的写法：

$$\boldsymbol{0}=0\boldsymbol{\alpha}_1+\cdots+0\boldsymbol{\alpha}_n=x_1\boldsymbol{\alpha}_1+\cdots+x_n\boldsymbol{\alpha}_n$$

其中 $x_1,\cdots,x_n$ 不全为 0. 一方面，按第一种写法，由(6.1.8)应当有

$$\mathscr{A}(\boldsymbol{0})=\mathscr{A}(0\boldsymbol{\alpha}_1+\cdots+0\boldsymbol{\alpha}_n)=0\boldsymbol{\beta}_1+\cdots+0\boldsymbol{\beta}_n=\boldsymbol{0}$$

但另一方面，按第二种写法又应当有

$$\mathscr{A}(\boldsymbol{0})=\mathscr{A}(x_1\boldsymbol{\alpha}_1+\cdots+x_n\boldsymbol{\alpha}_n)=x_1\boldsymbol{\beta}_1+\cdots+x_n\boldsymbol{\beta}_n$$

由于 $x_1,\cdots,x_n$ 不全为 0，对 $\boldsymbol{\beta}_1,\cdots,\boldsymbol{\beta}_n$ 的某些选取方案就可能有 $x_1\boldsymbol{\beta}_1+\cdots+x_n\boldsymbol{\beta}_n\neq\boldsymbol{0}$. 这就说明(6.1.8)不能保证 $\mathscr{A}(\boldsymbol{0})$ 有唯一的定义，这就说明定义(6.1.8)不合理.

4. $L(U,V)$ 与 $F^{m\times n}$ 的对应

设 U，V 分别是数域 F 上的 n 维和 m 维线性空间. 将由 U 到 V 的全体线性映射组成的集合记作 $L(U,V)$. 取定 U 的一组基 $M_1=\{\boldsymbol{\alpha}_1,\cdots,\boldsymbol{\alpha}_n\}$，$V$ 的一组基 $M_2=\{\boldsymbol{\beta}_1,\cdots,\boldsymbol{\beta}_m\}$，则每个 $\mathscr{A}\in L(U,V)$ 有唯一的矩阵 $\boldsymbol{A}\in F^{m\times n}$ 满足条件

$$\mathscr{A}(\boldsymbol{\alpha}_1,\cdots,\boldsymbol{\alpha}_n)=(\boldsymbol{\beta}_1,\cdots,\boldsymbol{\beta}_m)\boldsymbol{A} \tag{6.1.9}$$

反过来，任给一个矩阵 $\boldsymbol{A}\in F^{m\times n}$，定义

$$\mathscr{A}: U \to V, (\boldsymbol{\alpha}_1, \cdots, \boldsymbol{\alpha}_n)\begin{pmatrix} x_1 \\ \vdots \\ x_n \end{pmatrix} \mapsto (\boldsymbol{\beta}_1, \cdots, \boldsymbol{\beta}_m)\boldsymbol{A}\begin{pmatrix} x_1 \\ \vdots \\ x_n \end{pmatrix}$$

则 $\mathscr{A}$ 是线性映射，并且在基 M_1，M_2 下的矩阵是 $\boldsymbol{A}$.

这样就在线性映射集合 $L(U,V)$ 与矩阵集合 $F^{m\times n}$ 之间建立了 1-1 对应 φ：$\mathscr{A} \mapsto \boldsymbol{A}$，将每个 $\mathscr{A} \in L(U,V)$ 对应到 $\mathscr{A}$ 在基 M_1，M_2 下的矩阵 $\boldsymbol{A}$.

注意到 $F^{m\times n}$ 不仅是一个集合，而且是 F 上的一个线性空间，定义了其中任意两个矩阵的加法以及其中任意矩阵与 F 中任意数的乘法，并且加法及数乘运算满足线性空间的 8 条公理.

对 $L(U,V)$ 中任意两个线性映射 $\mathscr{A}$，$\mathscr{B}$ 也可以定义它们的和

$$\mathscr{A}+\mathscr{B}: U \to V, \boldsymbol{\alpha} \mapsto \mathscr{A}(\boldsymbol{\alpha}) + \mathscr{B}(\boldsymbol{\alpha})$$

还可定义任意 $\lambda \in F$ 与 $\mathscr{A} \in L(U,V)$ 的积

$$\lambda\mathscr{A}: U \to V, \boldsymbol{\alpha} \mapsto \lambda\mathscr{A}(\boldsymbol{\alpha})$$

设 $\varphi(\mathscr{A}) = \boldsymbol{A}$，$\varphi(\mathscr{B}) = \boldsymbol{B}$，也就是说 $\mathscr{A}$，$\mathscr{B}$ 在基 M_1，M_2 下的矩阵分别是 $\boldsymbol{A}$，$\boldsymbol{B}$. 将 U，V 中的向量分别用它们在基 M_1，M_2 下的坐标来表示，则

$$\mathscr{A}+\mathscr{B}: \boldsymbol{X} \mapsto \boldsymbol{AX}+\boldsymbol{BX} = (\boldsymbol{A}+\boldsymbol{B})\boldsymbol{X}, \quad \lambda\mathscr{A}: \boldsymbol{X} \mapsto \lambda(\boldsymbol{AX}) = (\lambda\boldsymbol{A})\boldsymbol{X}$$

这说明 $\mathscr{A}+\mathscr{B}$ 与 $\lambda\mathscr{A}$ 也是线性映射，它们在基 M_1，M_2 下的矩阵分别是 $\boldsymbol{A}+\boldsymbol{B}$ 和 $\lambda\boldsymbol{A}$. 这也说明前面所说的 1-1 对应关系 φ：$L(U,V) \to F^{m\times n}$ 满足条件

$$\varphi(\mathscr{A}+\mathscr{B}) = \boldsymbol{A}+\boldsymbol{B} = \varphi(\mathscr{A})+\varphi(\mathscr{B}), \varphi(\lambda\mathscr{A}) = \lambda\boldsymbol{A} = \lambda\varphi(\mathscr{A})$$

因而 φ 是 $L(U,V)$ 到 $F^{m\times n}$ 的同构映射.

我们知道 $F^{m\times n}$ 有一组基 $\varepsilon = \{\boldsymbol{E}_{ij} \mid 1 \leqslant i \leqslant m, 1 \leqslant j \leqslant n\}$，其中 $\boldsymbol{E}_{ij}$ 是第 (i,j) 分量为 1、其余分量为 0 的矩阵. φ^{-1} 将 ε 映到 $L(U,V)$ 的一组基 $\mathscr{E} = \{\mathscr{E}_{ij} \mid 1 \leqslant i \leqslant m, 1 \leqslant j \leqslant n\}$，其中 $\mathscr{E}_{ij}$ 是矩阵为 $\boldsymbol{E}_{ij}$ 的线性映射. $\boldsymbol{E}_{ij}$ 的第 j 列等于 $\boldsymbol{e}_i$，其余列都等于零. 因此

$$\mathscr{E}_{ij}: \begin{cases} \boldsymbol{\alpha}_j \mapsto \boldsymbol{\beta}_i \\ \boldsymbol{\alpha}_k \mapsto \boldsymbol{0}, \forall k \neq j \end{cases}$$

除了加法和数乘，还可以定义线性映射的乘法. 设 U，V，W 分别是 F 上 m 维、n 维、p 维线性空间，$\mathscr{A}: U \to V$ 与 $\mathscr{B}: V \to W$ 是线性映射，则 $\mathscr{A}$ 与 $\mathscr{B}$ 的合成映射

$$(\mathscr{B}\mathscr{A}): U \to W, \boldsymbol{\alpha} \mapsto \mathscr{B}(\mathscr{A}(\boldsymbol{\alpha}))$$

称为 $\mathscr{A}$，$\mathscr{B}$ 的乘积. 分别取 U，V，W 的基 M_1，M_2，M_3，将 U，V，W 中的向量分别用它们在这些基下的坐标来表示，从而将 U，V，W 分别用 $F^{m\times 1}$，$F^{n\times 1}$，$F^{p\times 1}$ 表示，设 $\mathscr{A}$ 在基 M_1，M_2 下的矩阵为 $\boldsymbol{A}$，$\mathscr{B}$ 在基 M_2，M_3 下的矩阵为 $\boldsymbol{B}$. 则 $\mathscr{A}$，$\mathscr{B}$ 分别表示为坐标之间的映射

$$\mathscr{A}:F^{n\times1}\to F^{m\times1},X\mapsto AX;\mathscr{B}:F^{m\times1}\to F^{p\times1},Y\mapsto BY$$

从而
$$(\mathscr{B}\mathscr{A}):F^{n\times1}\to F^{p\times1},X\mapsto B(AX)=(BA)X$$

可见，$\mathscr{B}\mathscr{A}$ 的作用可以由矩阵 $\boldsymbol{BA}$ 对坐标左乘来实现，因而保加法、保数乘，是 U 到 W 的线性映射，它在基 M_1，M_3 下的矩阵 $\boldsymbol{BA}$ 是 $\mathscr{A}$，$\mathscr{B}$ 的矩阵的乘积.

当 $U=V$ 时，$L(V,V)$ 由 V 上全体线性变换组成，$F^{n\times n}$ 由 F 上全体 n 阶方阵组成. 对应关系 φ：$L(V,V)\to F^{n\times n}$，$\mathscr{A}\mapsto \boldsymbol{A}$ 不但保加法、保数乘，还将 $L(V,V)$ 中的乘法对应到 $F^{n\times n}$ 中的乘法. 此时，对系数在 F 中的每个一元多项式

$$f(\lambda)=a_0+a_1\lambda+a_2\lambda^2+\cdots+a_m\lambda^m$$

可以将每个 $\mathscr{A}\in L(V,V)$ 代入得到

$$f(\mathscr{A})=a_0\mathscr{I}+a_1\mathscr{A}+a_2\mathscr{A}^2+\cdots+a_m\mathscr{A}^m$$

则 φ 将 $f(\mathscr{A})$ 映到 $f(\boldsymbol{A})=a_0\boldsymbol{I}+a_1\boldsymbol{A}+a_2\boldsymbol{A}^2+\cdots+a_m\boldsymbol{A}^m$.

5. 线性函数

数域 F 自身可以看作 F 上的 1 维线性空间. 取 1 组成一组基，每个 $a\in F$ 可以写成 $a=a1$ 的形式，因此 a 在这组基 $\{1\}$ 下的坐标就是 a 本身.

定义 6.1.3　设 V 是 F 上有限维线性空间. 则线性映射 f：$V\to F$ 称为 V 上的**线性函数**(linear function)，它满足条件：

LM(1)　对任意 $\boldsymbol{\alpha}_1$，$\boldsymbol{\alpha}_2\in V$，$f(\boldsymbol{\alpha}_1+\boldsymbol{\alpha}_2)=f(\boldsymbol{\alpha}_1)+f(\boldsymbol{\alpha}_2)$；

LM(2)　对任意 $\boldsymbol{\alpha}\in V$，$\lambda\in F$，$f(\lambda\boldsymbol{\alpha})=\lambda f(\boldsymbol{\alpha})$.　□

任取 V 的一组基 $M=\{\boldsymbol{\alpha}_1,\cdots,\boldsymbol{\alpha}_n\}$. 则 f 作为线性映射在 V 的基 M 和 F 的基 $\{1\}$ 下的矩阵 $\boldsymbol{A}=(a_1,\cdots,a_n)\in F^{1\times n}$ 称为线性函数 f 在 V 的基 M 下的矩阵，它由以下等式确定：

(1)　$f(\boldsymbol{\alpha}_1,\cdots,\boldsymbol{\alpha}_n)=\boldsymbol{A}=(a_1,\cdots,a_n)$

(2)　设 $\boldsymbol{\alpha}\in V$ 在基 $M=\{\boldsymbol{\alpha}_1,\cdots,\boldsymbol{\alpha}_n\}$ 下的坐标为 $\boldsymbol{X}=(x_1,\cdots,x_n)^{\mathrm{T}}$，则

$$f(\boldsymbol{\alpha})=\boldsymbol{AX}=(a_1,\cdots,a_n)\begin{pmatrix}x_1\\ \vdots\\ x_n\end{pmatrix}=a_1x_1+\cdots+a_nx_n$$

我们知道，对任意 n 维线性空间 U 和 m 维线性空间 V，$L(U,V)$ 是 F 上 mn 维空间，同构于 $F^{m\times n}$. 如果 $M_1=\{\boldsymbol{\alpha}_1,\cdots,\boldsymbol{\alpha}_n\}$，$M_2=\{\boldsymbol{\beta}_1,\cdots,\boldsymbol{\beta}_m\}$ 分别是 U，V 的基，则 $\boldsymbol{\varepsilon}=\{\mathscr{E}_{ij}\mid 1\leqslant i\leqslant m,1\leqslant j\leqslant n\}$ 是 $L(U,V)$ 的一组基，其中

$$\mathscr{E}_{ij}:\begin{cases}\boldsymbol{\alpha}_j\mapsto\boldsymbol{\beta}_i\\ \boldsymbol{\alpha}_k\mapsto\boldsymbol{0},\quad\forall\, k\neq j\end{cases}$$

特别，V 到 F 的线性映射就是 V 的线性函数. 将以上关于 $L(U,V)$ 的结论

用到 $L(V,F)$ 上，就得到

定义 6.1.4 V 上全体线性函数组成的集合，也就是 $L(V,F)$，是 F 上的 n 维线性空间. $L(V,F)$ 称为 V 的**对偶空间**(dual space)，记作 V^*. 设 $M=\{\boldsymbol{\alpha}_1,\cdots,\boldsymbol{\alpha}_n\}$ 是 V 的任意一组基，将每个 $f\in V^*=L(V,F)$ 在基 M 下的矩阵 $\boldsymbol{A}\in F^{1\times n}$ 记作 $\sigma(f)$，则 $V^*\to F^{1\times n}$ 是 V^* 到 n 维行向量空间 $F^{1\times n}$ 的同构映射. 对每个 $1\leqslant i\leqslant n$ 定义线性函数

$$\alpha_i^*: V\to F, x_1\boldsymbol{\alpha}_1+\cdots+x_n\boldsymbol{\alpha}_n\mapsto x_i$$

从而

$$\alpha_i^*(\boldsymbol{\alpha}_i)=1, \alpha_i^*(\boldsymbol{\alpha}_j)=0, \forall j\neq i$$

则 $\{\boldsymbol{\alpha}_1^*,\cdots,\boldsymbol{\alpha}_n^*\}$ 是 V^* 的一组基，称为 V 的基 $\{\boldsymbol{\alpha}_1,\cdots,\boldsymbol{\alpha}_n\}$ 的**对偶基**(dual basis). □

例 4(方阵的迹) 对任意方阵 $\boldsymbol{A}=(a_{ij})_{n\times n}\in F^{n\times n}$ 定义

$$\mathrm{tr}\boldsymbol{A}=a_{11}+a_{22}+\cdots+a_{nn}$$

为 $\boldsymbol{A}$ 的全体对角线元之和，称为 $\boldsymbol{A}$ 的**迹**(trace). 容易验证映射

$$\mathrm{tr}: F^{n\times n}\to F, \boldsymbol{A}\mapsto \mathrm{tr}\boldsymbol{A}$$

满足条件：

(1) $\mathrm{tr}(\boldsymbol{A}+\boldsymbol{B})=\mathrm{tr}(\boldsymbol{A})+\mathrm{tr}(\boldsymbol{B}), \forall \boldsymbol{A},\boldsymbol{B}\in F^{n\times n}$;

(2) $\mathrm{tr}(\lambda\boldsymbol{A})=\lambda\,\mathrm{tr}(\boldsymbol{A}), \forall \boldsymbol{A}\in F^{n\times n}, \lambda\in F$.

因此 tr 是 $F^{n\times n}$ 的线性函数. □

例 5 求证：对任意 $\boldsymbol{A}$，$\boldsymbol{B}\in F^{n\times n}$，有 $\mathrm{tr}(\boldsymbol{AB})=\mathrm{tr}(\boldsymbol{BA})$.

证明 设 $\boldsymbol{A}=(a_{ij})_{n\times n}$，$\boldsymbol{B}=(b_{ij})_{n\times n}$. 则

$$\mathrm{tr}(\boldsymbol{AB})=\sum_{i=1}^{n}(\boldsymbol{AB})_{ii}=\sum_{i=1}^{n}\sum_{j=1}^{n}a_{ij}b_{ji}=\sum_{1\leqslant i,j\leqslant n}a_{ij}b_{ji}$$

$$\mathrm{tr}(\boldsymbol{BA})=\sum_{j=1}^{n}(\boldsymbol{BA})_{jj}=\sum_{j=1}^{n}\sum_{i=1}^{n}b_{ji}a_{ij}=\sum_{1\leqslant i,j\leqslant n}a_{ij}b_{ji}$$

因此 $\mathrm{tr}(\boldsymbol{AB})=\mathrm{tr}(\boldsymbol{BA})$. □

习 题 6.1

1. 判断下面所定义的变换或映射 $\mathscr{A}$，哪些是线性的，哪些不是：

(1) 数域 F 上线性空间 V 的变换 $\mathscr{A}:\boldsymbol{\alpha}\mapsto\lambda\boldsymbol{\alpha}+\boldsymbol{\beta}$，其中 $\lambda\in F$ 与 $\boldsymbol{\beta}\in V$ 预先给定；

(2) 实线性空间 $\mathbf{R}^3$ 的变换 $\mathscr{A}:(x,y,z)\mapsto(x+y+1,y-z,2z-3)$；

(3) F 上线性空间 $F^{n\times n}$ 的变换 $\mathscr{A}:\boldsymbol{X}\mapsto\dfrac{1}{2}(\boldsymbol{X}+\boldsymbol{X}^{\mathrm{T}})$；

(4) 复数域 $\mathbf{C}$ 上线性空间之间的映射 $\mathscr{A}:\mathbf{C}^{n\times m}\to\mathbf{C}^{m\times n}$，$\boldsymbol{X}\mapsto\overline{\boldsymbol{X}}^{\mathrm{T}}$；

(5) 将复数域 $\mathbf{C}$ 和实数域都看作实数域 $\mathbf{R}$ 上的线性空间，映射 $\mathscr{A}:\mathbf{C}\to\mathbf{R}$，$z\mapsto|z|$；

(6) 将复数域 $\mathbf{C}$ 看作 $\mathbf{C}$ 上的线性空间，$\mathbf{C}$ 的变换 $\mathscr{A}:z\mapsto\bar{z}$.

(7) F 上线性空间之间的映射 $\mathscr{A}:F^{n\times n}\to F$，$X\mapsto \det X$；

(8) F 上线性空间之间的映射 $\mathscr{A}:F^{n\times n}\to F$，$X\mapsto \mathrm{tr}X$.

(9) F 上线性空间 $F^{n\times n}$ 的变换 $\mathscr{A}:X\mapsto AXA$，其中 A 是 $F^{n\times n}$ 中给定的方阵；

(10) F 上线性空间 $F^{n\times n}$ 的变换 $\mathscr{A}:X\mapsto XAX$，其中 A 是 $F^{n\times n}$ 中给定的方阵.

2. (1) 设 $\mathscr{A}$，$\mathscr{B}$ 是平面上的点绕原点分别旋转角 α，β 的变换. 试分别写出 $\mathscr{A}$，$\mathscr{B}$ 的矩阵 A，B，计算 $\mathscr{B}\mathscr{A}$ 的矩阵 BA，它表示什么变换？

(2) 设在直角坐标平面上将 x 轴绕原点沿逆时针方向旋转角 α，β 分别得到直线 l_α，l_β. $\mathscr{A}$，$\mathscr{B}$ 是平面上的点分别关于直线 l_α，l_β 作轴对称的变换. 试分别写出 $\mathscr{A}$，$\mathscr{B}$ 的矩阵 A，B，计算 $\mathscr{B}\mathscr{A}$ 的矩阵 BA 和 $\mathscr{A}\mathscr{B}$ 的矩阵 AB，它们分别表示什么变换？

3. 由 2 阶可逆实方阵 A 在直角坐标平面 $\mathbf{R}^2$ 上定义可逆线性变换 $\mathscr{A}$：$\begin{pmatrix}x\\y\end{pmatrix}\mapsto A\begin{pmatrix}x\\y\end{pmatrix}$.

(1) $\mathscr{A}$ 将平行四边形 $ABCD$ 变到平行四边形 $A'B'C'D'$. 求证：

变换后和变换前的面积比 $k=\dfrac{S_{A'B'C'D'}}{S_{ABCD}}=|\det A|$；

由此可以得出平面上任何图形经过变换 $\mathscr{A}$ 之后的面积为变换前的 $|\det A|$ 倍.

(2) 用线性变换 $\mathscr{A}$：$\begin{pmatrix}x\\y\end{pmatrix}=\begin{pmatrix}1&0\\0&\dfrac{b}{a}\end{pmatrix}\begin{pmatrix}x\\y\end{pmatrix}$将圆 C：$x^2+y^2=a^2$ 变成椭圆 C_1：$\dfrac{x^2}{a^2}+\dfrac{y^2}{b^2}=1$. 利用 C_1 与 C 的面积比得出椭圆 C_1 面积公式.

(3) 画出图 6-5 经过线性变换 $\mathscr{A}$：$\begin{pmatrix}x\\y\end{pmatrix}\mapsto\begin{pmatrix}1.2&-0.8\\-0.4&1.1\end{pmatrix}\begin{pmatrix}x\\y\end{pmatrix}$得到的图形.

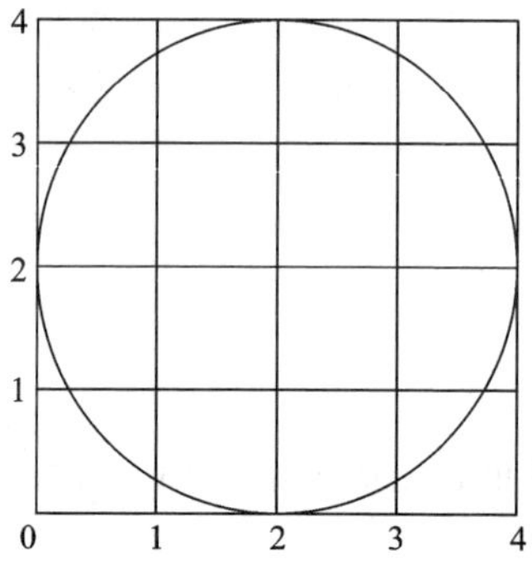

图 6-5

4. 已知 $\boldsymbol{\alpha}_1=(1,-1,1)$，$\boldsymbol{\alpha}_2=(1,2,4)$，$\boldsymbol{\alpha}_3=(1,-2,4)$；$\boldsymbol{\beta}_1=(1,-1)$，$\boldsymbol{\beta}_2=(1,-2)$，$\boldsymbol{\beta}_3=(1,2)$.

(1) 是否存在线性映射 $\mathscr{A}:\mathbf{R}^3\to\mathbf{R}^2$ 将 $\boldsymbol{\alpha}_1$，$\boldsymbol{\alpha}_2$，$\boldsymbol{\alpha}_3$ 分别映到 $\boldsymbol{\beta}_1$，$\boldsymbol{\beta}_2$，$\boldsymbol{\beta}_3$？

(2) 是否存在线性映射 $\mathscr{A}:\mathbf{R}^2\to\mathbf{R}^3$ 将 $\boldsymbol{\beta}_1$，$\boldsymbol{\beta}_2$，$\boldsymbol{\beta}_3$ 分别映到 $\boldsymbol{\alpha}_1$，$\boldsymbol{\alpha}_2$，$\boldsymbol{\alpha}_3$？

5. 求实数域 $\mathbf{R}$ 上 n 维线性空间 $R_n[x]=\{a_0+a_1x+\cdots+a_{n-1}x^{n-1}\mid a_i\in\mathbf{R},\forall\,0\leqslant i\leqslant n-1\}$ 的一组适当的基，使微商变换 $\mathscr{D}:f(x)\mapsto f'(x)$ 在这组基下的矩阵为

$$\begin{pmatrix}0&1&&\\&0&\ddots&\\&&\ddots&1\\&&&0\end{pmatrix}$$

6. 求下列线性变换 $\mathscr{A}$ 在所指定的基 M 下的矩阵：

(1) $\mathbf{R}^3$ 中的投影变换 $\mathscr{A}((x,y,z))=(x,y,0)$，$M=\{(1,0,0),(0,1,0),(0,0,1)\}$；

(2) 次数低于 n 的多项式组成的空间 $R_n[x]$ 的中的微商变换 $\mathscr{A}: f(x) \mapsto f'(x)$，$M=\{1, x, x^2, \cdots, x^{n-1}\}$.

(3) 将复数域 **C** 看作实数域 **R** 上线性空间，**C** 的线性变换 $\mathscr{A}: z \mapsto (a+bi)z$，基 $M=\{1, \mathrm{i}\}$，其中 a，b 是给定的实数.

7. 设线性变换 $\mathscr{A}$ 把 $\boldsymbol{\alpha}_1=(0,0,1)$，$\boldsymbol{\alpha}_2=(0,1,1)$，$\boldsymbol{\alpha}_3=(1,1,1)$ 分别变换到 $\mathscr{A}(\boldsymbol{\alpha}_1)=(2,3,5)$，$\mathscr{A}(\boldsymbol{\alpha}_2)=(1,0,0)$，$\mathscr{A}(\boldsymbol{\alpha}_3)=(0,1,-1)$. 分别求 $\mathscr{A}$ 在 F^3 的自然基 $\{\boldsymbol{e}_1, \boldsymbol{e}_2, \boldsymbol{e}_3\}$ 以及基 $\{\boldsymbol{\alpha}_1, \boldsymbol{\alpha}_2, \boldsymbol{\alpha}_3\}$ 下的矩阵.

8. 设 $\mathscr{A}: F^{1\times 3} \to F^{1\times 2}$，$(x_1, x_2, x_3) \mapsto (x_1, x_2, x_3)\begin{pmatrix} 1 & 2 \\ 2 & 3 \\ 3 & 4 \end{pmatrix}$

(1) 求证 $\mathscr{A}$ 是线性映射，并求出 $\mathscr{A}$ 在 $F^{1\times 3}$，$F^{1\times 2}$ 的自然基下的矩阵.

(2) 求 $\mathscr{A}$ 在基 $M_1=\{\boldsymbol{\alpha}_1, \boldsymbol{\alpha}_2, \boldsymbol{\alpha}_3\}$，$M_2=\{\boldsymbol{\beta}_1, \boldsymbol{\beta}_2\}$ 下的矩阵，其中

$$\boldsymbol{\alpha}_1=(1,1,0), \boldsymbol{\alpha}_2=(1,0,1), \boldsymbol{\alpha}_3=(0,1,1); \boldsymbol{\beta}_1=(1,0), \boldsymbol{\beta}_2=(1,1)$$

9. 设 $V=F^{2\times 2}$，$A=\begin{pmatrix} a & b \\ c & d \end{pmatrix} \in F^{2\times 2}$. 取 V 的基 $M=\{\boldsymbol{E}_{11}, \boldsymbol{E}_{12}, \boldsymbol{E}_{21}, \boldsymbol{E}_{22}\}$，其中

$$\boldsymbol{E}_{11}=\begin{pmatrix} 1 & 0 \\ 0 & 0 \end{pmatrix}, \ \boldsymbol{E}_{12}=\begin{pmatrix} 0 & 1 \\ 0 & 0 \end{pmatrix}, \ \boldsymbol{E}_{21}=\begin{pmatrix} 0 & 0 \\ 1 & 0 \end{pmatrix}, \ \boldsymbol{E}_{22}=\begin{pmatrix} 0 & 0 \\ 0 & 1 \end{pmatrix}$$

(1) 定义 A 的右乘变换 $\mathscr{A}_{\mathrm{R}}: V \to V$，$\boldsymbol{X} \mapsto \boldsymbol{XA}$. 求 $\mathscr{A}_{\mathrm{R}}$ 在基 M 下的矩阵.

(2) 定义 V 的线性变换 $\mathscr{B}: \boldsymbol{X} \mapsto \boldsymbol{AX}-\boldsymbol{XA}$，证明 $\mathscr{B}$ 不可逆.

(3) 对任意 2 阶方阵 $\boldsymbol{A}$，$\boldsymbol{B}$，在 $V=F^{2\times 2}$ 中定义线性变换 $\mathscr{A}_{\mathrm{L}}: \boldsymbol{X} \mapsto \boldsymbol{AX}$，$\mathscr{B}_{\mathrm{R}}: \boldsymbol{X} \mapsto \boldsymbol{XB}$. 求证：即使 $\boldsymbol{AB} \neq \boldsymbol{BA}$，也有 $\mathscr{A}_{\mathrm{L}}\mathscr{B}_{\mathrm{R}}=\mathscr{B}_{\mathrm{R}}\mathscr{A}_{\mathrm{L}}$.

10. 在数域 F 上 x 的全体多项式组成的空间 $F[x]$ 中定义线性变换

$$\mathscr{A}: f(x) \mapsto f'(x) \text{ 及 } \mathscr{B}: f(x) \mapsto xf(x). \text{ 证明：} \mathscr{A}\mathscr{B}-\mathscr{B}\mathscr{A}=\mathscr{I}.$$

11. 设 $F_n[x]$ 是数域 F 上次数低于 n 的一元多项式组成的 n 维空间. $\mathscr{A}: f(x) \mapsto f(x+1)$ 与 $\mathscr{D}: f(x) \mapsto f'(x)$ 是 $F_n[x]$ 的线性变换. 求证：

$$\mathscr{A}=\mathscr{I}+\frac{\mathscr{D}}{1!}+\frac{\mathscr{D}^2}{2!}+\cdots+\frac{\mathscr{D}^{n-1}}{(n-1)!}$$

12. 设 $\boldsymbol{A}$ 是实的 $m\times n$ 阵，求证：$\mathrm{tr}(\boldsymbol{A}^{\mathrm{T}}\boldsymbol{A})=0$ 的充分必要条件为 $\boldsymbol{A}=\boldsymbol{0}$.

13. 设 f 是 $F^{n\times n}$ 上的线性函数，且 $f(\boldsymbol{AB})=f(\boldsymbol{BA})$ 对任意 $\boldsymbol{A}$，$\boldsymbol{B} \in F^{n\times n}$ 成立. 求证：存在常数 $c \in F$ 使 $f=c\,\mathrm{tr}$.

§ 6.2 坐标变换

选取了基之后，可以将有限维线性空间中的向量用坐标来表示，将有限维线性空间之间的线性映射用矩阵来表示. 然而，坐标和矩阵不仅依赖于所表示的向量和线性映射，还依赖于基的选取. 提出一个很自然的问题是：当所选取的基改变之后，向量的坐标怎样变化，线性映射的矩阵怎样变化？

1. 基变换与坐标变换公式

在第2章§2.6中已经给出了线性空间中同一个向量在两组不同的基下的坐标之间的变换公式. 这里再用矩阵乘法的语言重新叙述一遍.

设 V 是数域 F 上有限维线性空间，$M_1=\{\boldsymbol{\alpha}_1,\cdots,\boldsymbol{\alpha}_n\}$，$M_2=\{\boldsymbol{\beta}_1,\cdots,\boldsymbol{\beta}_n\}$ 是它的两组基. 要表示两组基之间的关系，只需要给出第二组基 M_2 中的每个向量 $\boldsymbol{\beta}_j(1\leqslant j\leqslant n)$ 在第一组基 M_1 下的坐标

$$\boldsymbol{\Pi}_j=\begin{pmatrix}p_{1j}\\ \vdots\\ p_{nj}\end{pmatrix}$$

依次以这些坐标为列向量组成矩阵

$$\boldsymbol{P}=(\boldsymbol{\Pi}_1,\boldsymbol{\Pi}_2,\cdots,\boldsymbol{\Pi}_n)=\begin{pmatrix}p_{11}&p_{12}&\cdots&p_{1n}\\ p_{21}&p_{22}&\cdots&p_{2n}\\ \vdots&\vdots&&\vdots\\ p_{n1}&p_{n2}&\cdots&p_{nn}\end{pmatrix}\tag{6.2.1}$$

则 $\boldsymbol{P}$ 称为基 M_1 到 M_2 的**过渡矩阵**(transition matrix). 它可以由等式

$$(\boldsymbol{\beta}_1,\cdots,\boldsymbol{\beta}_n)=(\boldsymbol{\alpha}_1,\cdots,\boldsymbol{\alpha}_n)\boldsymbol{P}\tag{6.2.2}$$

定义. 表示

$$\boldsymbol{\beta}_j=(\boldsymbol{\alpha}_1,\cdots,\boldsymbol{\alpha}_n)\boldsymbol{\Pi}_j=p_{1j}\boldsymbol{\alpha}_1+\cdots+p_{nj}\boldsymbol{\alpha}_n,\quad \forall\, 1\leqslant j\leqslant n$$

等式(6.2.2)称为**基变换公式**(basis tranformation formula).

将 V 中每个向量 $\boldsymbol{\beta}$ 在基 M_1 下的坐标记为 $\sigma(\boldsymbol{\alpha})$，则 σ：$V\to F^{n\times 1}$ 是线性空间的同构映射. 它将 V 的基 $M_2=\{\boldsymbol{\beta}_1,\cdots,\boldsymbol{\beta}_n\}$ 映到 $F^{n\times 1}$ 的一组基 $\{\boldsymbol{\Pi}_1,\cdots,\boldsymbol{\Pi}_n\}$，以这组基为列向量组成的方阵 $\boldsymbol{P}$ 的行列式 $\det\boldsymbol{P}\neq 0$，因此 $\boldsymbol{P}$ 是可逆方阵.

定理 6.2.1　有限维线性空间的两组基之间的过渡方阵是可逆方阵.　□

由基变换公式(6.2.2)可以得到

$$(\boldsymbol{\alpha}_1,\cdots,\boldsymbol{\alpha}_n)=(\boldsymbol{\beta}_1,\cdots,\boldsymbol{\beta}_n)\boldsymbol{P}^{-1}\tag{6.2.3}$$

可见 $\boldsymbol{P}^{-1}$ 是基 $\{\boldsymbol{\beta}_1,\cdots,\boldsymbol{\beta}_n\}$ 到 $\{\boldsymbol{\alpha}_1,\cdots,\boldsymbol{\alpha}_n\}$ 的过渡方阵.

这说明：从 M_1 到 M_2 的过渡方阵与从 M_2 到 M_1 的过渡方阵互为逆方阵.

一般地，设 $S=\{\boldsymbol{\xi}_1,\cdots,\boldsymbol{\xi}_m\}$ 是由矩阵 $\boldsymbol{K}\in F^{n\times m}$ 按如下等式：

$$(\boldsymbol{\xi}_1,\cdots,\boldsymbol{\xi}_m)=(\boldsymbol{\alpha}_1,\cdots,\boldsymbol{\alpha}_n)\boldsymbol{K}$$

定义的向量组，则同构映射 σ 将 $\boldsymbol{\xi}_1,\cdots,\boldsymbol{\xi}_m$ 映到 K 的各列.

S 线性无关$\Leftrightarrow\boldsymbol{K}$ 的列向量组线性无关$\Leftrightarrow\boldsymbol{K}$ 列满秩.

特别，当 $m=n$ 时，S 是 V 的一组基$\Leftrightarrow\boldsymbol{K}$ 是可逆方阵.

仍设 $M_1=\{\boldsymbol{\alpha}_1,\cdots,\boldsymbol{\alpha}_n\}$ 与 $M_2=\{\boldsymbol{\beta}_1,\cdots,\boldsymbol{\beta}_n\}$ 是 V 的基，$\boldsymbol{P}$ 是 M_1 到 M_2 的过

渡方阵. 设$\boldsymbol{\alpha}\in V$在基M_1，M_2下的坐标分别是$\boldsymbol{X}=\begin{pmatrix}x_1\\ \vdots\\ x_n\end{pmatrix}$和$\boldsymbol{Y}=\begin{pmatrix}y_1\\ \vdots\\ y_n\end{pmatrix}$. 我们来找出$\boldsymbol{X}$与$\boldsymbol{Y}$之间满足的关系式.

由于$\boldsymbol{Y}$是$\boldsymbol{\alpha}$在基M_2下的坐标，我们有

$$\boldsymbol{\alpha}=y_1\boldsymbol{\beta}_1+\cdots+y_n\boldsymbol{\beta}_n \tag{6.2.4}$$

将向量等式(6.2.4)两边用同构映射σ作用，也就是将等式两边的向量都用它们在基M_1下的坐标来代替，得到坐标等式

$$\sigma(\boldsymbol{\alpha})=y_1\sigma(\boldsymbol{\beta}_1)+\cdots+y_n\sigma(\boldsymbol{\beta}_n) \tag{6.2.5}$$

其中$\sigma_1(\boldsymbol{\alpha})$就是$\boldsymbol{\alpha}$在基$M_1$下的坐标$\boldsymbol{X}$，每个$\sigma(\boldsymbol{\beta}_j)(1\leqslant j\leqslant n)$就是$\boldsymbol{\beta}_j$在基$M_1$下的坐标$\boldsymbol{\Pi}_j$. 因此，(6.2.5)就是

$$\boldsymbol{X}=y_1\boldsymbol{\Pi}_1+\cdots+y_n\boldsymbol{\Pi}_n=(\boldsymbol{\Pi}_1,\cdots,\boldsymbol{\Pi}_n)\begin{pmatrix}y_1\\ \vdots\\ y_n\end{pmatrix}=\boldsymbol{PY}$$

其中$\boldsymbol{P}$是依次以$\boldsymbol{\Pi}_1,\cdots,\boldsymbol{\Pi}_n$为各列的方阵，也就是$M_1$到$M_2$的过渡方阵.

得到的等式

$$\boldsymbol{X}=\boldsymbol{PY}\quad\text{即}\quad\begin{pmatrix}x_1\\ x_2\\ \vdots\\ x_n\end{pmatrix}=\begin{pmatrix}p_{11}&p_{12}&\cdots&p_{1n}\\ p_{21}&p_{22}&\cdots&p_{2n}\\ \vdots&\vdots&&\vdots\\ p_{n1}&p_{n2}&\cdots&p_{nn}\end{pmatrix}\begin{pmatrix}y_1\\ y_2\\ \vdots\\ y_n\end{pmatrix} \tag{6.2.6}$$

称为**坐标变换公式**(coordinates transformation formula)，也就是同一个向量在两组不同的基下的坐标$\boldsymbol{X}$，$\boldsymbol{Y}$之间的关系式.

例 1　设$F[x]_n$是数域F上次数低于n的全体多项式$a_0+a_1x+a_2x^2+\cdots+a_{n-1}x^{n-1}(a_i\in F,\forall\, 0\leqslant i\leqslant n-1)$组成的集合，则$F[x]_n$是$F$上的$n$维线性空间，$M=\{1,x,x^2,\cdots,x^{n-1}\}$是它的一组基.

设$a_1,\cdots,a_n$是F中n个不同的数. 对每个$1\leqslant i\leqslant n$，取

$$f_i=\prod_{1\leqslant j\leqslant n,j\neq i}(x-a_j)=(x-a_1)\cdots(x-a_{i-1})(x-a_{i+1})\cdots(x-a_n)$$

(1) 求证：$M_1=\{f_1,\cdots,f_n\}$是$F[x]_n$的一组基.

(2) 求M_1到M的过渡矩阵.

(1) **证明**　考虑映射

$$\mathscr{A}:F[x]_n\to F^n,f\mapsto\begin{pmatrix}f(a_1)\\ \vdots\\ f(a_n)\end{pmatrix}$$

则易验证 $\mathscr{A}$ 是 F 上 n 维线性空间 $F[x]_n$ 与 F^n 之间的线性映射.

对每个 $1\leqslant i\leqslant n$，易见 $f_i(a_j)=0$ 对 $j\neq i$ 成立，而 $f_i(a_i)\neq 0$，因此

$$\mathscr{A}(f_i)=(0,\cdots,0,\underset{\substack{\uparrow\\ \text{第 } i \text{ 个分量}}}{f_i(a_i)},0,\cdots,0)^{\mathrm{T}}=f_i(a_i)\boldsymbol{e}_i$$

其中 $\boldsymbol{e}_i$ 是第 i 个分量为 1、其余分量为 0 的数组向量. $\{\mathscr{A}(f_1),\cdots,\mathscr{A}(f_n)\}=\{f_1(a_1)\boldsymbol{e}_1,\cdots,f_n(a_n)\boldsymbol{e}_n\}$ 线性无关，因此 $\{f_1,\cdots,f_n\}$ 线性无关，组成 n 维空间 $F[x]_n$ 的一组基.

（2）**解** 基 $M_1=\{f_1,f_2,\cdots,f_n\}$ 到 $M=\{1,x,x^2,\cdots,x^{n-1}\}$ 的过渡矩阵 $\boldsymbol{P}$ 满足条件

$$(1,x,x^2,\cdots,x^{n-1})=(f_1,f_2,\cdots,f_n)\boldsymbol{P}$$

两边用线性映射 $\mathscr{A}$ 作用得

$$(\mathscr{A}(1),\mathscr{A}(x),\mathscr{A}(x^2),\cdots,\mathscr{A}(x^{n-1}))=(\mathscr{A}(f_1),\mathscr{A}(f_2),\cdots,\mathscr{A}(f_n))\boldsymbol{P}$$

即

$$\begin{pmatrix}1 & a_1 & a_1^2 & \cdots & a_1^{n-1}\\ 1 & a_2 & a_2^2 & \cdots & a_2^{n-1}\\ \vdots & \vdots & \vdots & & \vdots\\ 1 & a_n & a_n^2 & \cdots & a_n^{n-1}\end{pmatrix}=\begin{pmatrix}f_1(a_1) & & & \\ & f_2(a_2) & & \\ & & \ddots & \\ & & & f_n(a_n)\end{pmatrix}\boldsymbol{P}$$

因此

$$\boldsymbol{P}=\begin{pmatrix}f_1(a_1) & & & \\ & f_2(a_2) & & \\ & & \ddots & \\ & & & f_n(a_n)\end{pmatrix}^{-1}\begin{pmatrix}1 & a_1 & a_1^2 & \cdots & a_1^{n-1}\\ 1 & a_2 & a_2^2 & \cdots & a_2^{n-1}\\ \vdots & \vdots & \vdots & & \vdots\\ 1 & a_n & a_n^2 & \cdots & a_n^{n-1}\end{pmatrix}$$

$$=\begin{pmatrix}\lambda_1^{-1} & \lambda_1^{-1}a_1 & \lambda_1^{-1}a_1^2 & \cdots & \lambda_1^{-1}a_1^{n-1}\\ \lambda_2^{-1} & \lambda_2^{-1}a_2 & \lambda_2^{-1}a_2^2 & \cdots & \lambda_2^{-1}a_2^{n-1}\\ \vdots & \vdots & \vdots & & \vdots\\ \lambda_n^{-1} & \lambda_n^{-1}a_n & \lambda_n^{-1}a_n^2 & \cdots & \lambda_n^{-1}a_n^{n-1}\end{pmatrix}$$

其中 $\lambda_i=f_i(a_i)\neq 0$，$\forall\, 1\leqslant i\leqslant n$. □

2. 线性映射在不同基下的矩阵

设线性映射 $\mathscr{A}$：$U\to V$ 在 U 的基 M_1 和 V 的基 M_2 下的矩阵为 $\boldsymbol{A}$，$\mathscr{A}$ 在 U 的另外一组基 N_1 和 V 的另外一组基 N_2 下的矩阵为 $\boldsymbol{B}$. 我们来研究 $\boldsymbol{A}$ 与 $\boldsymbol{B}$ 之间的关系.

设 M_1 到 N_1 的过渡方阵为 $\boldsymbol{P}$，M_2 到 N_2 的过渡方阵为 $\boldsymbol{Q}$.

设 $\boldsymbol{\alpha}\in U$ 在基 M_1，N_1 下的坐标分别是 $\boldsymbol{X}$，$\boldsymbol{\xi}$，$\mathscr{A}(\boldsymbol{\alpha})\in V$ 在基 M_2，N_2 下

的坐标分别是 Y, η. 则有坐标变换公式

$$X=P\xi,\quad Y=Q\eta \tag{6.2.7}$$

由于 A 是 $\mathscr{A}$ 在基 M_1, M_2 下的矩阵, 我们有

$$Y=AX \tag{6.2.8}$$

将(6.2.7)代入(6.2.8)得

$$Q\eta=AP\xi \quad 即 \quad \eta=Q^{-1}AP\xi$$

因此, $\mathscr{A}$ 在基 N_1, N_2 下的坐标表示为

$$\xi\mapsto(Q^{-1}AP)\xi$$

这说明 $\mathscr{A}$ 在基 N_1, N_2 下的矩阵为

$$B=Q^{-1}AP \tag{6.2.9}$$

由于 Q^{-1} 与 P 都是可逆方阵, (6.2.9)说明同一个线性映射在两对不同的基 M_1, M_2 和 N_1, N_2 下的矩阵 A, B 相抵.

反过来, 如果矩阵 A, $B\in F^{m\times n}$ 相抵, 即存在 n 阶可逆方阵 P 和 m 阶可逆方阵 Q 使 $B=QAP$. 任取 F 上 n 维线性空间 U 和 m 维线性空间 V, 任取 U 的基 $M_1=\{\alpha_1,\cdots,\alpha_n\}$ 和 V 的基 $M_2=\{\beta_1,\cdots,\beta_m\}$, 则由

$$(u_1,\cdots,u_n)=(\alpha_1,\cdots,\alpha_n)P,\quad (v_1,\cdots,v_m)=(\beta_1,\cdots,\beta_m)Q^{-1}$$

定义的向量组 $N_1=\{u_1,\cdots,u_n\}$, $N_2=\{v_1,\cdots,v_m\}$ 分别是 U, V 的基. 定义

$$\mathscr{A}:U\to V,(\alpha_1,\cdots,\alpha_n)\begin{pmatrix}x_1\\ \vdots\\ x_n\end{pmatrix}\mapsto(\beta_1,\cdots,\beta_m)A\begin{pmatrix}x_1\\ \vdots\\ x_n\end{pmatrix}$$

则 A 是 $\mathscr{A}$ 在基 M_1, M_2 下的矩阵, B 是 $\mathscr{A}$ 在 N_1, N_2 下的矩阵.

所得的结论可以总结为:

定理 6.2.2 矩阵 A, B 相抵$\Leftrightarrow A$, B 是同一线性映射 $\mathscr{A}$: $U\to V$ 在两对不同的基 M_1, M_2 和 N_1, N_2 下的矩阵. 如果 M_1 到 N_1 的过渡方阵是 P, M_2 到 N_2 的过渡方阵是 Q, 则

$$B=Q^{-1}AP. \quad \square$$

推论 6.2.1 对任意线性映射 $\mathscr{A}$: $U\to V$, 存在 U 的基 $M_1=\{\alpha_1,\cdots,\alpha_n\}$ 和 V 的基 $M_2=\{\beta_1,\cdots,\beta_m\}$, 使 $\mathscr{A}$ 在基 M_1, M_2 下的矩阵为

$$S=\begin{pmatrix}I_{(r)} & O\\ O & O\end{pmatrix}$$

即

$$\mathscr{A}(\alpha_j)=\beta_j,\ \forall\, 1\leqslant j\leqslant r;\ \mathscr{A}(\alpha_j)=0,\ \forall\, r+1\leqslant j\leqslant n$$

证明 任取 U 的基 $N_1=\{u_1,\cdots,u_n\}$ 和 V 的基 $N_2=\{v_1,\cdots,v_m\}$, 设 $\mathscr{A}$ 在基 N_1, N_2 下的矩阵为 A. 存在可逆方阵 P, Q 将 A 相抵到

$$QAP=S=\begin{pmatrix} I_{(r)} & O \\ O & O \end{pmatrix}$$

取

$$(\boldsymbol{\alpha}_1,\cdots,\boldsymbol{\alpha}_n)=(\boldsymbol{u}_1,\cdots,\boldsymbol{u}_n)\boldsymbol{P},(\boldsymbol{\beta}_1,\cdots,\boldsymbol{\beta}_m)=(v_1,\cdots,v_m)\boldsymbol{Q}^{-1}$$

则 $M_1=\{\boldsymbol{\alpha}_1,\cdots,\boldsymbol{\alpha}_n\}$，$M_2=\{\boldsymbol{\beta}_1,\cdots,\boldsymbol{\beta}_m\}$ 分别是 U，V 的基，$\mathscr{A}$ 在基 M_1，M_2 下的矩阵等于 $\boldsymbol{QAP}=\boldsymbol{S}$，恰如所需. □

例 2 （1）设 $f:F^3\to F,(x,y,z)\mapsto x+2y-3z$ 是 F^3 的线性函数. 求 F^3 的一组基，使 f 在这组基下的矩阵是 $(1,0,0)$.

（2）设 $f:V\to F$ 是数域 F 上线性空间 V 上的非零线性函数. 求证：存在 V 的基 M，使 f 在这组基下的矩阵为 $(1,0,\cdots,0)$.

（1）**解** 设 $M=\{\boldsymbol{X}_1,\boldsymbol{X}_2,\boldsymbol{X}_3\}$ 是 F^3 的基. 则

f 在 M 下的矩阵为 $(1,0,0)\Leftrightarrow f(\boldsymbol{X}_1)=1$，$f(\boldsymbol{X}_2)=f(\boldsymbol{X}_3)=0$.

$\boldsymbol{X}_2,\boldsymbol{X}_3$ 应是方程 $x+2y-3z=0$ 的解.

解方程 $2x+y-3z=0$ 得通解

$$\begin{pmatrix} x \\ y \\ z \end{pmatrix}=\begin{pmatrix} x \\ -2x+3z \\ z \end{pmatrix}=x\begin{pmatrix} 1 \\ -2 \\ 0 \end{pmatrix}+z\begin{pmatrix} 0 \\ 3 \\ 1 \end{pmatrix}$$

取方程的基础解系 $\boldsymbol{X}_2=\begin{pmatrix} 1 \\ -2 \\ 0 \end{pmatrix}$，$\boldsymbol{X}_3=\begin{pmatrix} 0 \\ 3 \\ 1 \end{pmatrix}$. 取 $\boldsymbol{X}_1=\begin{pmatrix} 0 \\ 1 \\ 0 \end{pmatrix}$，则 $f(\boldsymbol{X}_1)=1$.

于是基 $M=\{\boldsymbol{X}_1,\boldsymbol{X}_2,\boldsymbol{X}_3\}$ 符合要求.

（2）**证明** $f\neq 0$，存在 $\boldsymbol{\beta}_1\in V$ 使 $f(\boldsymbol{\beta}_1)=\lambda\neq 0$，取 $\boldsymbol{\alpha}_1=\lambda^{-1}\boldsymbol{\beta}_1$，则 $f(\boldsymbol{\alpha}_1)=1$.将 $\boldsymbol{\alpha}_1$ 扩充为 V 的一组基 $M_1=\{\boldsymbol{\alpha}_1,\boldsymbol{\beta}_2,\cdots,\boldsymbol{\beta}_n\}$，设

$$f(\boldsymbol{\alpha}_1,\boldsymbol{\beta}_2,\cdots,\boldsymbol{\beta}_n)=(1,b_2,\cdots,b_n)$$

取

$$\boldsymbol{P}=\begin{pmatrix} 1 & -b_2 & \cdots & -b_n \\ & 1 & & \vdots \\ & & \ddots & \\ & & & 1 \end{pmatrix},(\boldsymbol{\alpha}_1,\boldsymbol{\alpha}_2,\cdots,\boldsymbol{\alpha}_n)=(\boldsymbol{\alpha}_1,\boldsymbol{\beta}_2,\cdots,\boldsymbol{\beta}_n)\boldsymbol{P}$$

则 $M=\{\boldsymbol{\alpha}_1,\boldsymbol{\alpha}_2,\cdots,\boldsymbol{\alpha}_n\}$ 是 V 的基，且

$$f(\boldsymbol{\alpha}_1,\boldsymbol{\alpha}_2,\cdots,\boldsymbol{\alpha}_n)=(1,b_2,\cdots,b_n)\boldsymbol{P}=(1,0,\cdots,0)$$

可见 f 在基 M 下的矩阵为 $(1,0,\cdots,0)$. □

习 题 6.2

1. 已知 $\mathbf{R}^3$ 的两组基 $M_1=\{\boldsymbol{\alpha}_1,\boldsymbol{\alpha}_2,\boldsymbol{\alpha}_3\}$，$M_2=\{\boldsymbol{\beta}_1,\boldsymbol{\beta}_2,\boldsymbol{\beta}_3\}$，其中 $\boldsymbol{\alpha}_1=(1,2,3)$，$\boldsymbol{\alpha}_2=(2,$

1,0)，$\boldsymbol{\alpha}_3=(1,0,0)$；$\boldsymbol{\beta}_1=(1,1,2)$，$\boldsymbol{\beta}_2=(2,1,3)$，$\boldsymbol{\beta}_3=(4,3,8)$.

（1）求基 M_1 到 M_2 的过渡矩阵.

（2）分别求向量 $\boldsymbol{\alpha}=\boldsymbol{\alpha}_1+3\boldsymbol{\alpha}_2-4\boldsymbol{\alpha}_3$ 在基 M_1 和 M_2 下的坐标.

（3）$\mathbf{R}^3$ 的线性变换 $\mathscr{A}$ 将 $\boldsymbol{\alpha}_1,\boldsymbol{\alpha}_2,\boldsymbol{\alpha}_3$ 分别映到 $\boldsymbol{\beta}_1,\boldsymbol{\beta}_2,\boldsymbol{\beta}_3$，分别求 $\mathscr{A}$ 在两组基下的矩阵.

2. 设 $F[x]_n$ 是数域 F 上次数低于 n 的全体多项式组成的 n 维线性空间，$M=\{1,x,x^2,\cdots,x^{n-1}\}$ 是它的一组基. 设 $1,\omega_1,\cdots,\omega_{n-1}$ 依次是方程 $x^n-1=0$ 的全部复数根，其中 $\omega_k=\cos\dfrac{2k\pi}{n}+\mathrm{i}\sin\dfrac{2k\pi}{n}(0\leqslant k\leqslant n-1)$. 对每个 $1\leqslant i\leqslant n$，取

$$f_i=\prod_{0\leqslant j\leqslant n-1,j\neq i}(x-\omega_j)$$

（1）求证：$M_1=\{f_0,f_1,\cdots,f_{n-1}\}$ 是 $F[x]_n$ 的一组基.

（2）求 M 到 M_1 的过渡矩阵.

3. 设 $\mathscr{A}$ 在基 $\{\boldsymbol{\alpha}_1,\boldsymbol{\alpha}_2,\boldsymbol{\alpha}_3\}$ 下的矩阵 $\boldsymbol{A}=\begin{pmatrix}1&2&3\\3&1&2\\2&3&1\end{pmatrix}$，求 $\mathscr{A}$ 在下列基下的矩阵：

（1）$\{\boldsymbol{\alpha}_3,\boldsymbol{\alpha}_1,\boldsymbol{\alpha}_2\}$；　　（2）$\{\boldsymbol{\alpha}_1+\boldsymbol{\alpha}_2+\boldsymbol{\alpha}_3,\boldsymbol{\alpha}_1+\boldsymbol{\alpha}_2,\boldsymbol{\alpha}_2+\boldsymbol{\alpha}_3\}$.

4. 设 $R_n[t]$ 是实数域 $\mathbf{R}$ 上以 t 为字母、次数 $<n$ 的多项式及零组成的线性空间. $V=\{f(\cos x)\mid f\in R_n[x]\}$. 试写出 V 中的基 $M_1=\{1,\cos x,\cos^2x,\cdots,\cos^{n-1}x\}$ 到 $M_2=\{1,\cos x,\cos 2x,\cdots,\cos(n-1)x\}$ 的过渡矩阵.

§6.3　像　与　核

例 1　设

$$\mathscr{A}:F^{4\times1}\to F^{3\times1},\boldsymbol{X}\mapsto\boldsymbol{AX}$$

其中 $\boldsymbol{A}=\begin{pmatrix}1&2&3&4\\2&3&4&5\\3&4&5&6\end{pmatrix}$. 求 $F^{4\times1}$ 的基 $M_1=\{\boldsymbol{X}_1,\boldsymbol{X}_2,\boldsymbol{X}_3,\boldsymbol{X}_4\}$ 与 $F^{3\times1}$ 的基 $M_2=\{\boldsymbol{Y}_1,\boldsymbol{Y}_2,\boldsymbol{Y}_3\}$，使 $\mathscr{A}$ 在 M_1，M_2 下的矩阵具有标准形

$$\boldsymbol{B}=\begin{pmatrix}\boldsymbol{I}_{(r)}&\\&\boldsymbol{O}\end{pmatrix}$$

解　M_1，M_2 满足的条件为

$$\boldsymbol{AX}_i=\boldsymbol{Y}_i(\forall 1\leqslant i\leqslant r)；\ \boldsymbol{AX}_i=\mathbf{0}\quad(\forall i>r)$$

解线性方程组 $\boldsymbol{AX}=\mathbf{0}$ 求解空间的基 $\{\boldsymbol{X}_{r+1},\cdots,\boldsymbol{X}_4\}$.

$$\begin{pmatrix}1&2&3&4\\2&3&4&5\\3&4&5&6\end{pmatrix}\to\begin{pmatrix}1&2&3&4\\0&-1&-2&-3\\0&-2&-4&-6\end{pmatrix}\to\begin{pmatrix}1&0&-1&-2\\0&1&2&3\\0&0&0&0\end{pmatrix}$$

可知 $r=2$，$\boldsymbol{AX}=\mathbf{0}$ 的通解为

$$\begin{pmatrix}x_1\\x_2\\x_3\\x_4\end{pmatrix}=\begin{pmatrix}x_3+2x_4\\-2x_3-3x_4\\x_3\\x_4\end{pmatrix}$$

取
$$X_3=\begin{pmatrix}1\\-2\\1\\0\end{pmatrix},\quad X_4=\begin{pmatrix}2\\-3\\0\\1\end{pmatrix}$$

添加
$$X_1=\begin{pmatrix}1\\0\\0\\0\end{pmatrix},\quad X_2=\begin{pmatrix}0\\1\\0\\0\end{pmatrix}$$

扩充为 $F^{4\times1}$ 的一组基 $M_1=\{X_1,X_2,X_3,X_4\}$. 取
$$Y_1=AX_1=\begin{pmatrix}1\\2\\3\end{pmatrix},\quad Y_2=AX_2=\begin{pmatrix}2\\3\\4\end{pmatrix}$$

添加 $Y_3=\begin{pmatrix}0\\0\\1\end{pmatrix}$ 组成 $F^{3\times1}$ 的一组基 $M_2=\{Y_1,Y_2,Y_3\}$.

则 $\mathscr{A}$ 在基 M_1, M_2 下的矩阵为
$$B=\begin{pmatrix}1&0&0&0\\0&1&0&0\\0&0&0&0\end{pmatrix}\qquad\square$$

考察例 1 中求所求的基 M_1, M_2 使 $\mathscr{A}$ 具有标准形的过程，一是要求出齐次线性方程组 $AX=0$ 解空间的一组基. 二是要计算 A 的秩 r. 对于数组空间之间的线性映射 $\mathscr{A}$, $AX=0$ 的解空间也就是满足条件 $\mathscr{A}(\alpha)=0$ 的全体 $\alpha\in U$ 组成的集合. A 的秩等于 A 的列秩，也就是 A 的列向量空间的维数.

我们在第 2 章附录 1 中定义了任意映射 $\sigma:S_1\to S_2$ 的像 $\sigma(S_1)$ 为全体 $\sigma(\alpha)$ $(\alpha\in S_1)$ 组成的集合. 而对线性映射 $\mathscr{A}:F^{n\times1}\to F^{m\times1}$, $X\mapsto AX$ 来说，$\mathscr{A}$ 的像 $\mathscr{A}(F^{n\times1})$ 就是全体 $AX(X\in F^{n\times1})$ 的集合. 设 A 的各列依次为 $A_1,\cdots,A_n$, $X=(x_1,\cdots,x_n)^{\mathrm T}$, 则 $AX=x_1A_1+\cdots+x_nA_n$, 全体 AX 的集合也就是向量组 $\{A_1,\cdots,A_n\}$ 的全体线性组合组成的集合 $V(A_1,\cdots,A_n)$, 也就是 A 的列向量空间. 因此，A 的列向量空间就是 $\mathscr{A}$ 的像 $\mathscr{A}(F^{n\times1})$, 它的维数就是 A 的秩.

定义 6.3.1　设 $\mathscr{A}:U\to V$ 是 F 上线性空间之间的线性映射.

集合

$$\mathscr{A}(U)=\{\mathscr{A}(\boldsymbol{\alpha})\mid\boldsymbol{\alpha}\in U\}$$

称为映射 $\mathscr{A}$ 的像(image)，也称为 $\mathscr{A}$ 的**值域**(range)，也记作 $\mathrm{Im}\mathscr{A}$.

集合

$$\mathscr{A}^{-1}(\mathbf{0})=\{\boldsymbol{\alpha}\in U\mid\mathscr{A}(\boldsymbol{\alpha})=\mathbf{0}\}$$

称为映射 $\mathscr{A}$ 的**核**(kernel)，也记作 $\mathrm{Ker}\mathscr{A}$. □

每个矩阵 $\boldsymbol{A}\in F^{m\times n}$ 的左乘作用都引起列向量空间之间的线性映射 $\mathscr{A}$: $F^{n\times 1}\to F^{m\times 1},\boldsymbol{X}\mapsto\boldsymbol{AX}$. 我们也常用 $\mathrm{Ker}\boldsymbol{A}$，$\mathrm{Im}\boldsymbol{A}$ 来表示这个线性映射 $\mathscr{A}$ 的核 $\mathrm{Ker}\mathscr{A}$ 和像 $\mathrm{Im}\mathscr{A}$.

命题 6.3.1 任意线性映射 $\mathscr{A}:U\to V$ 的像 $\mathrm{Im}\mathscr{A}$ 是 V 的子空间，核 $\mathrm{Ker}\mathscr{A}$ 是 U 的子空间.

证明 对任意 $\boldsymbol{\beta}_1$，$\boldsymbol{\beta}_2\in\mathrm{Im}\mathscr{A}$，存在 $\boldsymbol{\alpha}_1$，$\boldsymbol{\alpha}_2\in U$ 使 $\boldsymbol{\beta}_1=\mathscr{A}(\boldsymbol{\alpha}_1)$，$\boldsymbol{\beta}_2=\mathscr{A}(\boldsymbol{\alpha}_2)$，从而

$$\boldsymbol{\beta}_1+\boldsymbol{\beta}_2=\mathscr{A}(\boldsymbol{\alpha}_1)+\mathscr{A}(\boldsymbol{\alpha}_2)=\mathscr{A}(\boldsymbol{\alpha}_1+\boldsymbol{\alpha}_2)\in\mathrm{Im}\mathscr{A}$$

且对任意 $\lambda\in F$ 有

$$\lambda\boldsymbol{\beta}_1=\lambda\mathscr{A}(\boldsymbol{\alpha}_1)=\mathscr{A}(\lambda\boldsymbol{\alpha}_1)\in\mathrm{Im}\mathscr{A}$$

这说明了 $\mathrm{Im}\mathscr{A}$ 对加法和数乘封闭，因而是 V 的子空间.

对任意 $\boldsymbol{\alpha}_1$，$\boldsymbol{\alpha}_2\in\mathrm{Ker}\mathscr{A}$，有 $\mathscr{A}(\boldsymbol{\alpha}_1)=\mathbf{0}$，$\mathscr{A}(\boldsymbol{\alpha}_2)=\mathbf{0}$，从而

$$\mathscr{A}(\boldsymbol{\alpha}_1+\boldsymbol{\alpha}_2)=\mathscr{A}(\boldsymbol{\alpha}_1)+\mathscr{A}(\boldsymbol{\alpha}_2)=\mathbf{0}+\mathbf{0}=\mathbf{0},\boldsymbol{\alpha}_1+\boldsymbol{\alpha}_2\in\mathrm{Ker}\,\mathscr{A}$$

且对任意 $\lambda\in F$ 有

$$\mathscr{A}(\lambda\boldsymbol{\alpha}_1)=\lambda\mathscr{A}(\boldsymbol{\alpha}_1)=\lambda\,\mathbf{0}=\mathbf{0},\lambda\boldsymbol{\alpha}_1\in\mathrm{Ker}\mathscr{A}$$

这说明 $\mathrm{Ker}\mathscr{A}$ 对加法与数乘封闭，因而是 U 的子空间. □

定义 6.3.2 线性映射 $\mathscr{A}:U\to V$ 的像 $\mathrm{Im}\mathscr{A}$ 的维数称为 $\mathscr{A}$ 的**秩**(rank)，记作 $\mathrm{rank}\mathscr{A}$. □

引理 6.3.2 设 $\mathscr{A}:U\to V$ 是数域 F 上有限维线性空间之间的线性映射，$M_0=\{\boldsymbol{\alpha}_1,\cdots,\boldsymbol{\alpha}_s\}$ 是 $\mathrm{Ker}\mathscr{A}$ 的一组基，$S=\{\boldsymbol{u}_1,\cdots,\boldsymbol{u}_t\}$ 是 U 的一个向量组. 记 $M=\{\boldsymbol{\alpha}_1,\cdots,\boldsymbol{\alpha}_s,\boldsymbol{u}_1,\cdots,\boldsymbol{u}_t\}$ 为 M_0 添加 S 得到的向量组，$\mathscr{A}(S)=\{\mathscr{A}(\boldsymbol{u}_1),\cdots,\mathscr{A}(\boldsymbol{u}_t)\}$是$S$ 的像. 则

(1) M 线性无关$\Leftrightarrow\mathscr{A}(S)$线性无关；

(2) M 是 U 的基$\Leftrightarrow\mathscr{A}(S)$是 $\mathrm{Im}\mathscr{A}=\mathscr{A}(U)$的基.

证明 (1) 先设 $\mathscr{A}(S)$线性无关. 并且设

$$x_1\boldsymbol{\alpha}_1+\cdots+x_s\boldsymbol{\alpha}_s+y_1\boldsymbol{u}_1+\cdots+y_t\boldsymbol{u}_t=\mathbf{0}\tag{6.3.1}$$

对 $x_1,\cdots,x_s,y_1,\cdots,y_t\in F$ 成立. 在等式(6.3.1)两边用 $\mathscr{A}$ 作用，并将 $\mathscr{A}(\boldsymbol{\alpha}_1)=\cdots=\mathscr{A}(\boldsymbol{\alpha}_s)=\mathbf{0}$ 代入，得

$$y_1\mathscr{A}(\boldsymbol{u}_1)+\cdots+y_t\mathscr{A}(\boldsymbol{u}_t)=\boldsymbol{0} \tag{6.3.2}$$

由于 $\mathscr{A}(\boldsymbol{u}_1),\cdots,\mathscr{A}(\boldsymbol{u}_t)$ 线性无关，(6.3.2)迫使 $y_1=\cdots=y_t=0$. 代入(6.3.1)得

$$x_1\boldsymbol{\alpha}_1+\cdots+x_s\boldsymbol{\alpha}_s=\boldsymbol{0} \tag{6.3.3}$$

由于 $M_0=\{\boldsymbol{\alpha}_1,\cdots,\boldsymbol{\alpha}_s\}$ 是 $\mathrm{Ker}\mathscr{A}$ 的一组基，线性无关，(6.3.3)迫使 $x_1=\cdots=x_s=0$. 这就证明了(6.3.1)仅当 $x_1=\cdots=x_s=y_1=\cdots=y_t=0$ 时成立，可见 $\mathscr{A}(S)$ 线性无关⇒M 线性无关.

反过来，设 M 线性无关，在此假设下证明 $\mathscr{A}(S)$ 线性无关.

设有 $y_1,\cdots,y_t\in F$ 使

$$y_1\mathscr{A}(\boldsymbol{u}_1)+\cdots+y_t\mathscr{A}(\boldsymbol{u}_t)=\boldsymbol{0} \tag{6.3.4}$$

即 $\mathscr{A}(y_1u_1+\cdots+y_t\boldsymbol{u}_t)=\boldsymbol{0}$，也就是 $\boldsymbol{u}=y_1\boldsymbol{u}_1+\cdots+y_t\boldsymbol{u}_t\in\mathrm{Ker}\mathscr{A}$.

由于 $M_0=\{\boldsymbol{\alpha}_1,\cdots,\boldsymbol{\alpha}_s\}$ 是 $\mathrm{Ker}\mathscr{A}$ 的基，$\boldsymbol{u}$ 可以写成 M_0 的线性组合，存在 $x_1,\cdots,x_s\in F$ 使

$$y_1u_1+\cdots+y_t\boldsymbol{u}_t=x_1\boldsymbol{\alpha}_1+\cdots+x_s\boldsymbol{\alpha}_s$$

从而

$$x_1\boldsymbol{\alpha}_1+\cdots+x_s\boldsymbol{\alpha}_s-y_1\boldsymbol{u}_1-\cdots-y_t\boldsymbol{u}_t=\boldsymbol{0} \tag{6.3.5}$$

由于 $M_0=\{\boldsymbol{\alpha}_1,\cdots,\boldsymbol{\alpha}_s,\boldsymbol{u}_1,\cdots,\boldsymbol{u}_t\}$ 线性无关. (6.3.5)迫使 $x_1=\cdots=x_s=y_1=\cdots=y_t=0$. 这说明(6.3.4)仅当 $y_1=\cdots=y_t=0$ 时成立，$\mathscr{A}(S)$ 线性无关.

(2) 先设 M 是 U 的基. 则 M 线性无关，由(1)知道 $\mathscr{A}(S)$ 线性无关.

对任意$v\in\mathscr{A}(U)$，存在 $\boldsymbol{u}\in U$ 使 $\mathscr{A}(\boldsymbol{u})=v$. $\boldsymbol{u}$ 可以写成 M 的线性组合

$$\boldsymbol{u}=x_1\boldsymbol{\alpha}_1+\cdots+x_s\boldsymbol{\alpha}_s+y_1\boldsymbol{u}_1+\cdots+y_t\boldsymbol{u}_t$$

两边用 $\mathscr{A}$ 作用并将 $\mathscr{A}(\boldsymbol{\alpha}_1)=\cdots=\mathscr{A}(\boldsymbol{\alpha}_s)=\boldsymbol{0}$ 代入，得

$$v=\mathscr{A}(\boldsymbol{u})=y_1\mathscr{A}(\boldsymbol{u}_1)+\cdots+y_t\mathscr{A}(\boldsymbol{u}_t)$$

这说明了线性无关集合 $\mathscr{A}(S)$ 生成 $\mathscr{A}(U)$，$\mathscr{A}(S)$ 是 $\mathscr{A}(U)$ 的基.

现在设 $\mathscr{A}(S)$ 是 $\mathscr{A}(U)$ 的基. 在此假设下证明 M 是 U 的基.

由(1)知：$\mathscr{A}(U)$ 线性无关⇒M 线性无关.

只需再证明 U 中任意向量 $\boldsymbol{u}$ 可以写成 M 的线性组合.

由于 $\mathscr{A}(\boldsymbol{u})\in\mathscr{A}(U)$，$\mathscr{A}(\boldsymbol{u})$ 可写成 $\mathscr{A}(S)$ 的线性组合

$$\mathscr{A}(\boldsymbol{u})=y_1\mathscr{A}(\boldsymbol{u}_1)+\cdots+y_t\mathscr{A}(\boldsymbol{u}_t)$$

也就是

$$\mathscr{A}(\boldsymbol{u}-y_1\boldsymbol{u}_1-\cdots-y_t\boldsymbol{u}_t)=\boldsymbol{0},\quad 即\ \boldsymbol{u}-y_1\boldsymbol{u}_1-\cdots-y_t\boldsymbol{u}_t\in\mathrm{Ker}\mathscr{A}$$

因此 $\boldsymbol{u}-y_1\boldsymbol{u}_1-\cdots-y_t\boldsymbol{u}_t$ 可以写成 M_0 的线性组合

$$\boldsymbol{u}-y_1\boldsymbol{u}_1-\cdots-y_t\boldsymbol{u}_t=x_1\boldsymbol{\alpha}_1+\cdots+x_s\boldsymbol{\alpha}_s$$

其中 $x_1,\cdots,x_s\in F$. 于是

$$\boldsymbol{u}=x_1\boldsymbol{\alpha}_1+\cdots+x_s\boldsymbol{\alpha}_s+y_1\boldsymbol{u}_1+\cdots+y_t\boldsymbol{u}_t$$

可见每个 $\boldsymbol{u}\in U$ 都是线性无关集合 M 的线性组合，M 是 U 的基. □

定理 6.3.3 设 $\mathscr{A}$：$U\to V$ 是有限维线性空间之间的线性映射，$\mathrm{rank}\mathscr{A}=r$，$n=\dim U$，$m=\dim V$. 则

$$\dim U=\mathrm{rank}\mathscr{A}+\dim\ \mathrm{Ker}\mathscr{A}$$

且存在 U 的基 $M_1=\{\boldsymbol{\alpha}_1,\cdots,\boldsymbol{\alpha}_n\}$ 和 V 的基 $M_2=\{\boldsymbol{\beta}_1,\cdots,\boldsymbol{\beta}_m\}$，使 $\mathscr{A}$ 在基 M_1，M_2 下的矩阵为

$$\begin{pmatrix}\boldsymbol{I}_{(r)} & \\ & \boldsymbol{O}\end{pmatrix}\in F^{m\times n}$$

证明 设 $k=n-\dim\ \mathrm{Ker}\ \mathscr{A}$. 任取 $\mathrm{Ker}\ \mathscr{A}$ 的基 $\{\boldsymbol{\alpha}_{k+1},\cdots,\boldsymbol{\alpha}_n\}$，扩充为 U 的基 $M_1=\{\boldsymbol{\alpha}_1,\cdots,\boldsymbol{\alpha}_k,\boldsymbol{\alpha}_{k+1},\cdots,\boldsymbol{\alpha}_n\}$. 则由引理 6.3.2 知道 $\{\mathscr{A}(\boldsymbol{\alpha}_1),\cdots,\mathscr{A}(\boldsymbol{\alpha}_k)\}$ 是 $\mathrm{Im}\ \mathscr{A}$ 的基，这证明了 $k=\dim\ \mathrm{Im}\ \mathscr{A}=r$，即 $n-\dim\ \mathrm{Ker}\mathscr{A}=\mathrm{rank}\ \mathscr{A}$. 也就是

$$\dim\ U=\mathrm{rank}\ \mathscr{A}+\dim\ \mathrm{Ker}\ \mathscr{A}.$$

$\mathrm{Im}\ \mathscr{A}$ 的上述基 $\{\mathscr{A}(\boldsymbol{\alpha}_1),\cdots,\mathscr{A}(\boldsymbol{\alpha}_r)\}$ 可以扩充为 V 的一组基 $M_2=\{\boldsymbol{\beta}_1,\cdots,\boldsymbol{\beta}_n\}$，其中 $\boldsymbol{\beta}_i=\mathscr{A}(\boldsymbol{\alpha}_i)$ ($\forall\,1\leqslant i\leqslant r$). 由

$$\mathscr{A}(\boldsymbol{\alpha}_i)=\begin{cases}\boldsymbol{\beta}_i, & \forall\,1\leqslant i\leqslant r\\ 0, & \forall\,r+1\leqslant i\leqslant n\end{cases}$$

知 $\mathscr{A}$ 在基 M_1，M_2 下的矩阵为

$$\begin{pmatrix}\boldsymbol{I}_{(r)} & \boldsymbol{O}\\ \boldsymbol{O} & \boldsymbol{O}\end{pmatrix}\quad\square$$

定理 6.3.3 的结论在 §6.2 推论 6.2.1 中就利用矩阵的相抵标准形得到过，这里用几何的方法重新得到，并且给出了求基 M_1，M_2 的一个方法.

命题 6.3.4 设 $\mathscr{A}$：$U\to V$ 是有限维线性空间之间的线性映射，$\boldsymbol{A}\in F^{m\times n}$ 是 $\mathscr{A}$ 在任意一对基下的矩阵，$V_A=\{\boldsymbol{X}\in F^{n\times 1}\mid \boldsymbol{AX}=\boldsymbol{0}\}$ 是以 $\boldsymbol{A}$ 为系数矩阵的齐次线性方程组的解空间. 则

$$\mathrm{rank}\ \boldsymbol{A}=\mathrm{rank}\ \mathscr{A},\quad \dim\ V_A=\dim\ \mathrm{Ker}\ \mathscr{A}$$

证明 设 $\boldsymbol{A}$ 是 $\mathscr{A}$ 在 U 的基 M_1 和 V 的基 M_2 下的矩阵. 将每个 $\boldsymbol{\alpha}\in U$ 在基 M_1 下的坐标记为 $\sigma_1(\boldsymbol{\alpha})$，每个 $\boldsymbol{\beta}\in V$ 在基 M_2 下的坐标记作 $\sigma_2(\boldsymbol{\beta})$. 则 σ_1：$U\to F^{n\times 1}$ 和 σ_2：$V\to F^{m\times 1}$ 都是线性空间之间的同构映射.

记 $\boldsymbol{A}$ 的各列依次为 $\boldsymbol{A}_1,\cdots,\boldsymbol{A}_n$，则

$$\begin{aligned}\sigma_2(\mathrm{Im}\ \mathscr{A})&=\{\boldsymbol{AX}\mid \boldsymbol{X}\in F^{n\times 1}\}=\{x_1\boldsymbol{A}_1+\cdots+x_n\boldsymbol{A}_n\mid x_i\in F,\forall\,1\leqslant i\leqslant n\}\\&=V(\boldsymbol{A}_1,\cdots,\boldsymbol{A}_n)\end{aligned}$$

就是 $\boldsymbol{A}$ 的列向量空间，维数等于 $\boldsymbol{A}$ 的列秩 $\mathrm{rank}\ \boldsymbol{A}$. 由于 σ_2 是同构映射，

$$\text{rank}\ \mathscr{A}=\dim\ \text{Im}\ \mathscr{A}=\dim\ \sigma_1\ (\text{Im}\ \mathscr{A})\ =\text{rank}\ \boldsymbol{A}$$

又

$$\sigma_1(\text{Ker}\ \mathscr{A})=\{\boldsymbol{X}\in F^{n\times 1}\mid \boldsymbol{AX}=\boldsymbol{0}\}=V_A$$

因此

$$\dim\ \text{Ker}\mathscr{A}=\dim\ \sigma_1(\text{Ker}\ \mathscr{A})=\dim V_A\quad\square$$

在第 2 章 § 2.3 讨论齐次线性方程组的时候就知道 $\dim\ V_A=n-\text{rank}\ \boldsymbol{A}$.

由命题 6.3.4 知道 $\dim\ V_A=\dim\ \text{Ker}\ \mathscr{A}$，$\text{rank}\ \boldsymbol{A}=\text{rank}\ \mathscr{A}$，并且 $n=\dim\ U$. 由此得到

$$\dim\ \text{Ker}\ \mathscr{A}=\dim\ U-\text{rank}\ \mathscr{A}$$

也就是

$$\dim\ U=\text{rank}\ \mathscr{A}+\dim\ \text{Ker}\ \mathscr{A}$$

这就再次得到了定理 6.3.3 中关于 Im $\mathscr{A}$，Ker $\mathscr{A}$ 与 U 的维数的关系的结论.

我们知道，任一映射 $\sigma:S_1\to S_2$ 是可逆映射的充分必要条件是：σ 是单射，并且是满射. σ 是单射的意思是：$\sigma(\boldsymbol{\alpha})=\sigma(\boldsymbol{\beta})\Rightarrow\boldsymbol{\alpha}=\boldsymbol{\beta}$. σ 是满射的意思是：$\sigma(S_1)=S_2$.

对线性映射 $\mathscr{A}$：$U\to V$，满射的充分必要条件仍是 $\mathscr{A}(U)=V$，也就是 Im $\mathscr{A}=V$. 而单射的充分条件却可以放宽，只需要求 $\mathscr{A}(\boldsymbol{\alpha})=\boldsymbol{0}\Rightarrow\boldsymbol{\alpha}=\boldsymbol{0}$，就能导致 $\sigma(\boldsymbol{\alpha})=\sigma(\boldsymbol{\beta})\Rightarrow\boldsymbol{\alpha}=\boldsymbol{\beta}$.

命题 6.3.5 线性映射 $\mathscr{A}:U\to V$ 是单射的充分必要条件是 Ker $\mathscr{A}=\boldsymbol{0}$.

证明 设 $\mathscr{A}$ 是单射. 则 $\mathscr{A}(\boldsymbol{\alpha})=\mathscr{A}(\boldsymbol{0})\Rightarrow\boldsymbol{\alpha}=\boldsymbol{0}$，即 Ker $\mathscr{A}=\boldsymbol{0}$.

反过来，设 Ker $\mathscr{A}=\boldsymbol{0}$. 则

$$\begin{aligned}\mathscr{A}(\boldsymbol{\alpha})=\mathscr{A}(\boldsymbol{\beta})&\Rightarrow\mathscr{A}(\boldsymbol{\alpha})-\mathscr{A}(\boldsymbol{\beta})=\boldsymbol{0}\Rightarrow\mathscr{A}(\boldsymbol{\alpha}-\boldsymbol{\beta})=\boldsymbol{0}\\&\Rightarrow\boldsymbol{\alpha}-\boldsymbol{\beta}\in\text{Ker}\ \mathscr{A}=\boldsymbol{0}\Rightarrow\boldsymbol{\alpha}-\boldsymbol{\beta}=\boldsymbol{0}\Rightarrow\boldsymbol{\alpha}=\boldsymbol{\beta}\end{aligned}$$

这说明 $\mathscr{A}$ 是单射. □

推论 6.3.1 线性映射 $\mathscr{A}:U\to V$ 是可逆映射$\Leftrightarrow$Im $\mathscr{A}=V$ 且 Ker $\mathscr{A}=\boldsymbol{0}$. □

命题 6.3.6 设 $\mathscr{A}:U\to V$ 是有限维空间之间的线性映射. 则 $\mathscr{A}$ 是可逆映射的充分必要条件是，以下 3 个条件中的任意两个条件同时成立：

（1） $\dim\ U=\dim\ V=n$.

（2） Ker $\mathscr{A}=\boldsymbol{0}$.

（3） Im $\mathscr{A}=V$.

证明 如果 $\mathscr{A}$ 是可逆线性映射，则 3 个条件(1)，(2)，(3)同时成立，其中任意两个条件当然同时成立.

推论 6.3.1 已说明：如果(2)，(3)同时满足，则 $\mathscr{A}$ 可逆.

设(1)成立. 则由

$$\dim(\operatorname{Im}\mathscr{A})=\operatorname{rank}\mathscr{A}=\dim U-\dim\operatorname{Ker}\mathscr{A}=n-\dim\operatorname{Ker}\mathscr{A}$$

知 $\operatorname{Ker}\mathscr{A}=\mathbf{0}\Leftrightarrow\dim\operatorname{Ker}\mathscr{A}=0\Leftrightarrow\operatorname{rank}\mathscr{A}=n\Leftrightarrow\operatorname{Im}\mathscr{A}=V$.

这说明(1),(2)成立或(1),(3)成立都导致(1),(2),(3)同时成立,从而 $\mathscr{A}$ 可逆. □

在第 4 章 §4.6 中曾经利用矩阵的乘法和初等变换研究了有关矩阵的秩的等式和不等式. 像与核的维数及其之间的关系式 $\dim U=\operatorname{rank}\mathscr{A}+\dim\operatorname{Ker}\mathscr{A}$ 对于研究矩阵的秩也很有用处.

例 2 设 $\boldsymbol{A}\in F^{n\times n}$. 如果 $\operatorname{rank}\boldsymbol{A}^k=\operatorname{rank}\boldsymbol{A}^{k+1}$ 对某个正整数 k 成立,求证:$\operatorname{rank}\boldsymbol{A}^k=\operatorname{rank}\boldsymbol{A}^{k+s}$ 对所有正整数 s 成立.

证明 取 $V=F^{n\times 1}$,定义线性映射 $\mathscr{A}:V\to V$, $\boldsymbol{X}\mapsto\boldsymbol{AX}$. 则对任意正整数 m,有 $\mathscr{A}^m:V\to V,\boldsymbol{X}\mapsto\boldsymbol{A}^m\boldsymbol{X}$.

我们有:$\operatorname{rank}\mathscr{A}^k=\operatorname{rank}\boldsymbol{A}^k=\operatorname{rank}\boldsymbol{A}^{k+1}=\operatorname{rank}\mathscr{A}^{k+1}$. 即:

$$\dim\mathscr{A}^k(V)=\dim\mathscr{A}^{k+1}(V) \tag{6.3.6}$$

而 $\mathscr{A}^{k+1}(V)=\mathscr{A}^k(\mathscr{A}(V))\subseteq\mathscr{A}^k(V)$. 因此,(6.3.6)导致

$$\mathscr{A}^{k+1}(V)=\mathscr{A}^k(V) \tag{6.3.7}$$

对任意正整数 m,将等式(6.3.7)两边同时用 $\mathscr{A}^m$ 作用得

$$\mathscr{A}^{k+m+1}(V)=\mathscr{A}^{k+m}(V)$$

从而

$$\operatorname{rank}\boldsymbol{A}^{k+m+1}=\dim\mathscr{A}^{k+m+1}(V)=\dim\mathscr{A}^{k+m}(V)=\operatorname{rank}\boldsymbol{A}^{k+m}$$

因而

$$\operatorname{rank}\boldsymbol{A}^k=\operatorname{rank}\boldsymbol{A}^{k+1}=\operatorname{rank}\boldsymbol{A}^{k+2}=\cdots=\operatorname{rank}\boldsymbol{A}^{k+s}$$

对所有的正整数 s 成立. □

例 3 $\boldsymbol{A}\in F^{n\times n}$,$k$ 是任意正整数,求证:

$$\operatorname{rank}\boldsymbol{A}^k-\operatorname{rank}\boldsymbol{A}^{k+1}\geqslant\operatorname{rank}\boldsymbol{A}^{k+1}-\operatorname{rank}\boldsymbol{A}^{k+2}$$

证明 取 $V=F^{n\times 1}$,定义线性映射 $\mathscr{A}:V\to V$, $\boldsymbol{X}\mapsto\boldsymbol{AX}$.

对任意正整数 m,$\mathscr{A}^m(V)=\operatorname{Im}\mathscr{A}^m$ 是 V 的子空间.

取 V 的子空间 $U=\mathscr{A}^k(V)$ 以及子空间 $W=\mathscr{A}^{k+1}(V)$,定义线性映射

$$\mathscr{A}_1:U\to V,\quad \boldsymbol{X}\mapsto\boldsymbol{AX},\quad \mathscr{A}_2:W\to V,\boldsymbol{X}\mapsto\boldsymbol{AX}$$

则

$$\operatorname{Im}\mathscr{A}_1=\mathscr{A}\mathscr{A}^k(V)=\mathscr{A}^{k+1}(V),\operatorname{Im}\mathscr{A}_2=\mathscr{A}\mathscr{A}^{k+1}(V)=\mathscr{A}^{k+2}(V)$$

从而

$$\dim U=\operatorname{rank}\mathscr{A}^k=\operatorname{rank}\boldsymbol{A}^k$$

$$\dim W=\dim\operatorname{Im}\mathscr{A}_1=\operatorname{rank}\mathscr{A}^{k+1}=\operatorname{rank}\boldsymbol{A}^{k+1}$$

$$\dim\operatorname{Im}\mathscr{A}_2=\operatorname{rank}\mathscr{A}^{k+2}=\operatorname{rank}\boldsymbol{A}^{k+2}$$

$$\dim \operatorname{Ker} \mathscr{A}_1 = \dim U - \dim \operatorname{Im} \mathscr{A}_1 = \operatorname{rank} \boldsymbol{A}^k - \operatorname{rank} \boldsymbol{A}^{k+1} \tag{6.3.8}$$

$$\dim \operatorname{Ker} \mathscr{A}_2 = \dim W - \dim \operatorname{Im} \mathscr{A}_2 = \operatorname{rank} \boldsymbol{A}^{k+1} - \operatorname{rank} \boldsymbol{A}^{k+2} \tag{6.3.9}$$

我们有

$$\operatorname{Ker} \mathscr{A}_1 = \{\boldsymbol{X} \in U \mid \boldsymbol{AX} = \boldsymbol{0}\}, \quad \operatorname{Ker} \mathscr{A}_2 = \{\boldsymbol{X} \in W \mid \boldsymbol{AX} = \boldsymbol{0}\}$$

由于 $W = \mathscr{A}^{k+1}(V) = \mathscr{A}^k(\mathscr{A}(V)) \subseteq \mathscr{A}^k(V) = U$,

$$\operatorname{Ker} \mathscr{A}_2 = \operatorname{Ker} \mathscr{A}_1 \cap W \subseteq \operatorname{Ker} \mathscr{A}_1$$

因此

$$\dim \operatorname{Ker} \mathscr{A}_1 \geqslant \dim \operatorname{Ker} \mathscr{A}_2$$

将(6.3.8),(6.3.9)代入即得

$$\operatorname{rank} \boldsymbol{A}^k - \operatorname{rank} \boldsymbol{A}^{k+1} \geqslant \operatorname{rank} \boldsymbol{A}^{k+1} - \operatorname{rank} \boldsymbol{A}^{k+2} \quad \square$$

由例 3 的结论可以推出例 2:当 $\operatorname{rank} \boldsymbol{A}^k = \operatorname{rank} \boldsymbol{A}^{k+1}$ 时,由 $0 = \operatorname{rank} \boldsymbol{A}^k - \operatorname{rank} \boldsymbol{A}^{k+1} \geqslant \operatorname{rank} \boldsymbol{A}^{k+1} - \operatorname{rank} \boldsymbol{A}^{k+2}$ 立即得到 $\operatorname{rank} \boldsymbol{A}^{k+1} = \operatorname{rank} \boldsymbol{A}^{k+2}$.

例 3 的要点是:对线性映射 $\mathscr{A}$: $U \to V$,取 U 的子空间 W,定义线性映射 $\mathscr{B}: W \to V$, $\boldsymbol{\alpha} \mapsto \mathscr{A}(\boldsymbol{\alpha})$,则

$$\operatorname{Ker} \mathscr{B} = \operatorname{Ker} \mathscr{A} \cap W \subseteq \operatorname{Ker} \mathscr{A} \Rightarrow \dim \operatorname{Ker} \mathscr{B} \leqslant \dim \operatorname{Ker} \mathscr{A}$$

注意　$\mathscr{B}$ 的定义域 W 是 $\mathscr{A}$ 的定义域 U 的子空间,而 $\mathscr{B}$ 的作用与 $\mathscr{A}$ 在 W 中的作用完全相同. 我们将这样的 $\mathscr{B}$ 称为 $\mathscr{A}$ 在子空间 W 上的**限制**(restriction),记作 $\mathscr{A}|_W$.

例 4　设 $\mathscr{A}: U \to V$ 是有限维线性空间之间的线性映射,W 是 U 的子空间. 求证:

$$\dim \mathscr{A}(W) \geqslant \dim W - \dim U + \operatorname{rank} \mathscr{A} \quad \square$$

请读者仿照例 3 自己完成例 4 的证明.

习　题　6.3

1. 设 V 的线性变换 $\mathscr{A}$ 在基 $M = \{\boldsymbol{\alpha}_1, \boldsymbol{\alpha}_2, \boldsymbol{\alpha}_3\}$ 下的矩阵是 $\boldsymbol{A} = \begin{pmatrix} 1 & -3 & 2 \\ -3 & 9 & -6 \\ 2 & -6 & 4 \end{pmatrix}$.

(1) 求 $\operatorname{Ker} \mathscr{A}$ 和 $\operatorname{Im} \mathscr{A}$;

(2) 将 $\operatorname{Ker} \mathscr{A}$ 的一组基扩充为 V 的一组基 M_1,求 $\mathscr{A}$ 在 M_1 下的矩阵.

2. 设 $R_n[x]$ 是次数 $<n$ 的实系数多项式及零组成的线性空间. $R_n[x]$ 上的变换 $\mathscr{D}$: $f(x) \mapsto f'(x)$ 将每个多项式映到它的导数.

(1) 求 $\mathscr{D}$ 的像和核及其维数,并验证 $\dim \operatorname{Ker} \mathscr{D} + \dim \operatorname{Im} \mathscr{D} = n$ 成立.

(2) $R_n[x]$ 是否等于 $\mathscr{D}$ 的像与核的直和?为什么?

3. 设 $\mathscr{A}: U \to V$ 是有限维线性空间之间的线性映射,W 是 U 的子空间. 求证:

$$\dim \mathscr{A}(W) \geqslant \dim W - \dim U + \operatorname{rank} \mathscr{A}$$

4. 设 $\mathscr{A}$ 是有限维线性空间 V 的线性变换.求证:$\operatorname{rank} \mathscr{A} - \operatorname{rank} \mathscr{A}^2 = \dim(\operatorname{Ker} \mathscr{A} \cap \operatorname{Im} \mathscr{A})$.

5. 已知 V 的线性变换 $\mathscr{A}$ 满足条件 $\mathscr{A}^2=\mathscr{A}$，求证：

(1) $V=\operatorname{Im}\mathscr{A}\oplus\operatorname{Ker}\mathscr{A}$；

(2) $\mathscr{A}$ 在任何一组基下的矩阵 $\boldsymbol{A}$ 满足条件 $\operatorname{rank}\boldsymbol{A}=\operatorname{tr}\boldsymbol{A}$；

(3) 在适当的基下将 V 的向量用坐标表示，可以使 $\mathscr{A}$ 具有投影变换的形式：

$$\mathscr{A}:(x_1,\cdots,x_r,x_{r+1},\cdots,x_n)\mapsto(x_1,\cdots,x_r,0,\cdots,0)$$

6. 已知 $\mathscr{A}$ 是 V 的线性变换，设 $r=\operatorname{rank}\mathscr{A}$. 求证：以下命题都是 $\mathscr{A}^2=\mathscr{O}$ 的充分必要条件：

(1) $\operatorname{Im}\mathscr{A}\subseteq\operatorname{Ker}\mathscr{A}$.

(2) $\mathscr{A}$ 在适当的基下的矩阵具有形式 $\begin{pmatrix}\boldsymbol{O}_{(r)} & * \\ \boldsymbol{O} & \boldsymbol{O}\end{pmatrix}$；

(3) $\mathscr{A}$ 在适当的基下的矩阵为 $\begin{pmatrix}\boldsymbol{O} & \boldsymbol{I}_{(r)} & \\ & \boldsymbol{O} & \\ & & \boldsymbol{O}\end{pmatrix}$.

7. V 是数域 F 上 n 维线性空间，f，g 是 V 上两个线性函数. 已知 $\operatorname{Ker}f=\operatorname{Ker}g$，求证：存在非零常数 $c\in F$ 使 $g=cf$.

附录 3　商　空　间

设 $\mathscr{A}$：$U\to V$ 是数域 F 上线性空间之间的线性映射，则 $W=\operatorname{Ker}\mathscr{A}$ 是 U 的子空间. 如果 $W\neq 0$，则对任意 $\boldsymbol{\alpha}$，$\boldsymbol{\alpha}_1\in U$，$\mathscr{A}(\boldsymbol{\alpha})=\mathscr{A}(\boldsymbol{\alpha}_1)$ 的充分必要条件并不是 $\boldsymbol{\alpha}=\boldsymbol{\alpha}_1$ 而是 $\boldsymbol{\alpha}-\boldsymbol{\alpha}_1\in W$；每个 $\boldsymbol{\beta}\in\mathscr{A}(U)$ 在 U 中的原像 $\mathscr{A}^{-1}(\beta)=\{\boldsymbol{\alpha}\in U\mid\mathscr{A}(\boldsymbol{\alpha})=\boldsymbol{\beta}\}$ 并不只是一个向量而是一个集合 $\boldsymbol{\alpha}_1+W=\{\boldsymbol{\alpha}_1+\boldsymbol{\alpha}_0\mid\boldsymbol{\alpha}_0\in W\}$，其中 $\boldsymbol{\alpha}_1$ 是满足条件 $\mathscr{A}(\boldsymbol{\alpha}_1)=\boldsymbol{\beta}$ 的某个向量.

假如我们只关心 U 中的向量 $\boldsymbol{\alpha}$ 在 $\mathscr{A}$ 作用下的像 $\mathscr{A}(\boldsymbol{\alpha})$，就可以将 U 中满足条件 $\boldsymbol{\alpha}-\boldsymbol{\alpha}_1\in W$(因而满足条件 $\mathscr{A}(\boldsymbol{\alpha})=\mathscr{A}(\boldsymbol{\alpha}_1)$)的向量 $\boldsymbol{\alpha}$，$\boldsymbol{\alpha}_1$ “混为一谈”，看成同一个“元素”而不加区别. 具体地说，如果 $\boldsymbol{\alpha}$，$\boldsymbol{\alpha}_1\in U$ 满足条件 $\boldsymbol{\alpha}-\boldsymbol{\alpha}_1\in W$，就称 $\boldsymbol{\alpha}$，$\boldsymbol{\alpha}_1$ **模 W 同余**(congruent modulo W). 对每个 $\boldsymbol{\alpha}_1\in U$，$U$ 中与 $\boldsymbol{\alpha}_1$ 模 W 同余的所有向量组成的集合 $\boldsymbol{\alpha}_1+W=\{\boldsymbol{\alpha}_1+\boldsymbol{\alpha}_0\mid\boldsymbol{\alpha}_0\in W\}$ 称为模 W 的一个**同余类**(congruence class)，记作 $\overline{\boldsymbol{\alpha}_1}$. $\boldsymbol{\alpha}_1$ 称为同余类 $\overline{\boldsymbol{\alpha}_1}$ 即 $\boldsymbol{\alpha}_1+W$ 的一个代表元. 当然也可以在同余类 $\overline{\boldsymbol{\alpha}_1}$ 中任取一个另外的向量 $\boldsymbol{\alpha}_2$ 作为代表元，所建立的同余类 $\overline{\boldsymbol{\alpha}_2}=\boldsymbol{\alpha}_2+W$ 一定与 $\overline{\boldsymbol{\alpha}_1}=\boldsymbol{\alpha}_1+W$ 相等. 容易证明：对任意 $\boldsymbol{\alpha}_1$，$\boldsymbol{\alpha}_2\in U$，$\overline{\boldsymbol{\alpha}_1}=\overline{\boldsymbol{\alpha}_2}$ 当且仅当 $\boldsymbol{\alpha}_1-\boldsymbol{\alpha}_2\in W$. 这样，$U$ 就被分成模 W 的同余类的并集，每个同余类中的所有的向量两两同余，被 $\mathscr{A}$ 映到同一个向量；任意两个不同余的向量属于不同的同余类，被 $\mathscr{A}$ 映到不同的向量.

由 U 中的向量得到模 W 的同余类 $\bar{\boldsymbol{\alpha}}$ 的全体组成的集合记作 U/W. 对 $U/$

W 中任意两个元素$\overline{\boldsymbol{\alpha}_1}$，$\overline{\boldsymbol{\alpha}_2}$，可以定义它们的和$\overline{\boldsymbol{\alpha}_1}+\overline{\boldsymbol{\alpha}_2}=\overline{\boldsymbol{\alpha}_1+\boldsymbol{\alpha}_2}$，也就是：从同余类 $\boldsymbol{\alpha}_1+W$，$\boldsymbol{\alpha}_2+W$ 各取一个代表元相加，得到的和 $\boldsymbol{\alpha}_1+\boldsymbol{\alpha}_2$ 所在的同余类 $(\boldsymbol{\alpha}_1+\boldsymbol{\alpha}_2)+W$ 作为$\overline{\boldsymbol{\alpha}_1}$，$\overline{\boldsymbol{\alpha}_2}$的和. 对每个$\overline{\boldsymbol{\alpha}_1}\in U/W$ 与每个标量 $\lambda\in F$，可以定义乘积 $\lambda\,\overline{\boldsymbol{\alpha}_1}=\overline{\lambda\boldsymbol{\alpha}_1}$.

容易验证(作为练习,请你自己作出验证)：

1. 按以上定义的和$\overline{\boldsymbol{\alpha}_1}+\overline{\boldsymbol{\alpha}_2}$与积 $\lambda\,\overline{\boldsymbol{\alpha}_1}$是合理的，与代表元 $\boldsymbol{\alpha}_1$，$\boldsymbol{\alpha}_2$ 的选取无关. 具体地说，如果任取另外的代表元 $\boldsymbol{\alpha}'_1\in\overline{\boldsymbol{\alpha}_1}$，$\boldsymbol{\alpha}'_2\in\overline{\boldsymbol{\alpha}_2}$，则一定有$\overline{\boldsymbol{\alpha}_1}+\overline{\boldsymbol{\alpha}_2}=\overline{\boldsymbol{\alpha}'_1}+\overline{\boldsymbol{\alpha}'_2}$，$\lambda\,\overline{\boldsymbol{\alpha}_1}=\lambda\,\overline{\boldsymbol{\alpha}'_1}$.

2. 在 U/W 中定义的以上加法及数乘运算满足向量空间的 8 条公理. U/W 对于这样定义的加法和数乘成为 F 上一个线性空间，称为 U 对于 W 的**商空间**(quotient space). U/W 中的零向量就是$\mathbf{0}$ 所在的同余类 W.

3. 对$\overline{\boldsymbol{u}_1},\cdots,\overline{\boldsymbol{u}_m}\in U/W$，以下任意一个条件都是$\overline{\boldsymbol{u}_1},\cdots,\overline{\boldsymbol{u}_m}$线性相关(线性无关)的充分必要条件：

(1) 存在(不存在)不全为零的 $\lambda_1,\cdots,\lambda_m\in F$ 使 $\lambda_1\boldsymbol{u}_1+\cdots+\lambda_m\boldsymbol{u}_m\in W$;

(2) W 的任意一组基添加 $\boldsymbol{u}_1,\cdots,\boldsymbol{u}_m$ 得到的向量组线性相关(线性无关).

4. $\overline{\boldsymbol{u}_1},\cdots,\overline{\boldsymbol{u}_m}$是 U/W 的基的充分必要条件是：W 的任意一组基添加 $\boldsymbol{u}_1,\cdots,\boldsymbol{u}_m$ 得到 U 的一组基. 由此得到：

$$\dim(U/W)=\dim U-\dim W$$

5. 每个同余类 $\bar{\boldsymbol{\alpha}}\in U/W$ 中所有的向量被 $\mathscr{A}$ 映到同一个向量 $\mathscr{A}(\boldsymbol{\alpha})\in\mathscr{A}(U)$. 因此，可以定义映射 $\alpha:U/W\to\mathscr{A}(U)$使 $\sigma(\bar{\boldsymbol{\alpha}})=\mathscr{A}(\boldsymbol{\alpha})$. σ 是 U/W 到 $\mathscr{A}(U)$的一一对应并且保持加法与数乘，因而是向量空间之间的同构映射. 这说明了商空间 U/W 与 $\mathscr{A}(U)$同构.

以上关于商空间的定义是对 $W=\mathrm{Ker}\,\mathscr{A}$ 作出的. 但是容易发现，商空间的定义其实与 $\mathscr{A}$ 没有关系. 对数域 F 上的任何一个线性空间 U 和它的任何一个子空间 W，都可以按照上述方式定义模 W 的同余关系、定义同余类 $\bar{\boldsymbol{\alpha}}=\boldsymbol{\alpha}+W$、定义加法与数乘，得到商空间 U/W，并且得到以上结论 1—4. 而且，在定义了商空间 U/W 之后，可以定义线性映射 $\mathscr{A}:U\to U/W$，$\boldsymbol{\alpha}\mapsto\bar{\boldsymbol{\alpha}}$ 将每个$\boldsymbol{\alpha}\in U$ 映到它所在的同余类 $\bar{\boldsymbol{\alpha}}$. 对这个线性映射 $\mathscr{A}$，我们有 $\mathrm{Ker}\,\mathscr{A}=W$.

§6.4 线性变换

定义 6.4.1 设 V 是数域 F 上有限维向量空间，维数为 n. 则 V 到自身的线性映射 $\mathscr{A}:V\to V$ 称为 V 的**线性变换**(linear transformation). □

由于线性变换是线性映射 $\mathscr{A}:U\to V$ 当 $U=V$ 时的特殊情况，线性映射的性质对线性变换也都成立。$\dim U=\dim V$ 时的线性映射的性质也成立，比如，由命题 6.3.5 知道：$\mathscr{A}$ 可逆$\Leftrightarrow \mathrm{Ker}\mathscr{A}=\mathbf{0}$ 或者 $\mathrm{Im}\mathscr{A}=V$.

但也正是由于 $U=V$ 这一特殊性，导致了线性变换与其他线性映射的显著区别. 最重要的区别在于：

当 $U\neq V$ 时，可以认为 U 与 V 是互不相关的两个空间，U 的基$\{\boldsymbol{\alpha}_1,\cdots,\boldsymbol{\alpha}_n\}$ 与 V 的基$\{\boldsymbol{\beta}_1,\cdots,\boldsymbol{\beta}_m\}$可以各自独立选取. 如果先任意各选取 U 的基 M_1 和 V 的基 M_2 得到 $\mathscr{A}$ 的一个矩阵 $\boldsymbol{A}$，再各另外选取 U 和 V 的基 N_1，N_2 得到另一个矩阵 $\boldsymbol{B}$，设 M_1 到 N_1 的过渡方阵是 $\boldsymbol{P}$，M_2 到 N_2 的过渡方阵是 $\boldsymbol{Q}$，则 $\boldsymbol{B}$ 与 $\boldsymbol{A}$ 之间具有相抵关系

$$\boldsymbol{B}=\boldsymbol{Q}^{-1}\boldsymbol{A}\boldsymbol{P} \tag{6.4.1}$$

分别适当选取可逆方阵 $\boldsymbol{P}$，$\boldsymbol{Q}$，也就是适当选取基 N_1，N_2，可以使 $\mathscr{A}$ 的矩阵 $\boldsymbol{B}$ 具有最简单的形式

$$\begin{pmatrix}\boldsymbol{I}_{(r)} & \boldsymbol{O}\\ \boldsymbol{O} & \boldsymbol{O}\end{pmatrix} \tag{6.4.2}$$

而当 $V=U$ 时，由于 V 与 U 是同一个空间，当然就只能为它们选取同一组基$\{\boldsymbol{\alpha}_1,\cdots,\boldsymbol{\alpha}_n\}$，而没有理由选取两组不同的基. 线性变换 $\mathscr{A}$ 在这组基下的矩阵 $\boldsymbol{A}$ 由下面的式子定义：

$$\mathscr{A}(\boldsymbol{\alpha}_1,\cdots,\boldsymbol{\alpha}_n)=(\boldsymbol{\alpha}_1,\cdots,\boldsymbol{\alpha}_n)\boldsymbol{A} \tag{6.4.3}$$

也就是说：$\boldsymbol{A}$ 的第 i 列是 $\mathscr{A}(\boldsymbol{\alpha}_i)$ 在基$\{\boldsymbol{\alpha}_1,\cdots,\boldsymbol{\alpha}_n\}$下的坐标. 如果再另选 V 的一组基$\{\boldsymbol{\beta}_1,\cdots,\boldsymbol{\beta}_n\}$得到 $\mathscr{A}$ 的另一个矩阵 $\boldsymbol{B}$ 使

$$\mathscr{A}(\boldsymbol{\beta}_1,\cdots,\boldsymbol{\beta}_n)=(\boldsymbol{\beta}_1,\cdots,\boldsymbol{\beta}_n)\boldsymbol{B} \tag{6.4.4}$$

设从旧基到新基的过渡矩阵为 $\boldsymbol{P}$，即

$$(\boldsymbol{\beta}_1,\cdots,\boldsymbol{\beta}_n)=(\boldsymbol{\alpha}_1,\cdots,\boldsymbol{\alpha}_n)\boldsymbol{P}$$

在(6.4.1)中将 $\boldsymbol{Q}$ 也换成 $\boldsymbol{P}$，即可知道 $\boldsymbol{B}$ 与 $\boldsymbol{A}$ 之间有关系

$$\boldsymbol{B}=\boldsymbol{P}^{-1}\boldsymbol{A}\boldsymbol{P} \tag{6.4.5}$$

定义 6.4.2 设 $\boldsymbol{A}$，$\boldsymbol{B}$ 是数域 F 上两个 n 阶方阵. 如果存在 F 上 n 阶可逆方阵 $\boldsymbol{P}$，使 $\boldsymbol{B}=\boldsymbol{P}^{-1}\boldsymbol{A}\boldsymbol{P}$，就称 $\boldsymbol{A}$，$\boldsymbol{B}$ 在 F 上**相似**(similar).

按照这个术语，(6.4.5)即是说：

V 的同一线性变换在 V 的两组基下的矩阵相似.

反过来，设 $\boldsymbol{A}$，$\boldsymbol{B}\in F^{n\times n}$ 相似，$\boldsymbol{B}=\boldsymbol{P}^{-1}\boldsymbol{A}\boldsymbol{P}$ 对 F 上某个 n 阶可逆方阵成立. 设 V 是 F 上任一 n 维向量空间，$\{\boldsymbol{\alpha}_1,\cdots,\boldsymbol{\alpha}_n\}$是任一组基，则$(\boldsymbol{\beta}_1,\cdots,\boldsymbol{\beta}_n)=(\boldsymbol{\alpha}_1,\cdots,\boldsymbol{\alpha}_n)\boldsymbol{P}$ 也是 V 的一组基. 定义 V 的线性变换 $\mathscr{A}$ 使 $\boldsymbol{A}$ 是它在基$\{\boldsymbol{\alpha}_1,\cdots,\boldsymbol{\alpha}_n\}$下的矩阵，则 $\boldsymbol{B}$ 是 $\mathscr{A}$ 在基$\{\boldsymbol{\beta}_1,\cdots,\boldsymbol{\beta}_n\}$下的矩阵，由此可得：

定理 6.4.1 矩阵 $\boldsymbol{A}$，$\boldsymbol{B}\in F^{n\times n}$ 相似当且仅当它们是 F 上同一 n 维空间 V

的同一线性变换在两组基下的矩阵. □

命题 6.4.2 方阵之间的相似关系满足下列性质:

(1) **自反性** 任意 $\boldsymbol{A}\in F^{n\times n}$ 与自身相似.

(2) **对称性** 如果 $F^{n\times n}$ 中 $\boldsymbol{A}$ 与 $\boldsymbol{B}$ 相似, 则 $\boldsymbol{B}$ 与 $\boldsymbol{A}$ 相似.

(3) **传递性** 设 $\boldsymbol{A}, \boldsymbol{B}, \boldsymbol{C}\in F^{n\times n}$, 且 $\boldsymbol{A}$ 与 $\boldsymbol{B}$ 相似, $\boldsymbol{B}$ 与 $\boldsymbol{C}$ 相似, 则 $\boldsymbol{A}$ 与 $\boldsymbol{C}$ 相似.

证明 (1) $\boldsymbol{A}=\boldsymbol{I}^{-1}\boldsymbol{A}\boldsymbol{I}$.

(2) $\boldsymbol{B}=\boldsymbol{P}^{-1}\boldsymbol{A}\boldsymbol{P}\Rightarrow\boldsymbol{A}=(\boldsymbol{P}^{-1})^{-1}\boldsymbol{B}(\boldsymbol{P}^{-1})$.

(3) $\boldsymbol{B}=\boldsymbol{P}^{-1}\boldsymbol{A}\boldsymbol{P}$, $\boldsymbol{C}=\boldsymbol{Q}^{-1}\boldsymbol{B}\boldsymbol{Q}\Rightarrow\boldsymbol{C}=(\boldsymbol{P}\boldsymbol{Q})^{-1}\boldsymbol{A}(\boldsymbol{P}\boldsymbol{Q})$. □

由于相似关系满足自反性、对称性、传递性, 按照相似关系可以将方阵集合 $F^{n\times n}$ 分类, 同一类中的方阵彼此相似, 不同类的方阵彼此不相似.

我们要解决的**基本问题**是:

对 F 上 n 维空间 V 的任一线性变换 $\mathscr{A}$, 寻找 V 的适当的基, 使 $\mathscr{A}$ 的矩阵 $\boldsymbol{A}$ 取尽可能简单的形式.

用矩阵语言叙述, 也就是: 在每个 $\boldsymbol{A}\in F^{n\times n}$ 所在的相似类中, 寻找一个尽可能简单的矩阵作为这个相似类的代表, 称为矩阵的**相似标准形**(canonical form of similar matrices).

想一想, 是否还能重复以前对线性映射所作的事情, 选取适当的基使 $\mathscr{A}$ 的矩阵具有形式

$$\begin{pmatrix}\boldsymbol{I}_{(r)} & \boldsymbol{O}\\ \boldsymbol{O} & \boldsymbol{O}\end{pmatrix}?$$

对相似的矩阵 $\boldsymbol{A}$, $\boldsymbol{B}$, 由 $\boldsymbol{B}=\boldsymbol{P}^{-1}\boldsymbol{A}\boldsymbol{P}$ 知 $\boldsymbol{A}$, $\boldsymbol{B}$ 也相抵, 具有相同的秩. 但反过来, 相抵(即具有相同的秩)的矩阵是否一定相似? 我们来看看下面的例子:

例 1 下列方阵是否相抵? 是否相似? 试说明理由.

(1) $\boldsymbol{A}=\begin{pmatrix}1&0\\0&0\end{pmatrix}$, $\boldsymbol{B}=\begin{pmatrix}0&1\\0&0\end{pmatrix}$

(2)

$$\boldsymbol{A}=\begin{pmatrix}1&1&0&0&0\\0&1&1&0&0\\0&0&1&1&0\\0&0&0&1&0\\0&0&0&0&1\end{pmatrix},\quad \boldsymbol{B}=\begin{pmatrix}1&0&1&0&0\\0&1&0&1&0\\0&0&1&0&1\\0&0&0&1&0\\0&0&0&0&1\end{pmatrix}$$

解 (1) 显然 $\operatorname{rank}\boldsymbol{A}=\operatorname{rank}\boldsymbol{B}=1$, 因此 $\boldsymbol{A}$, $\boldsymbol{B}$ 相抵.

假如 $\boldsymbol{A}$，$\boldsymbol{B}$ 相似，存在可逆方阵 $\boldsymbol{P}$ 使 $\boldsymbol{B}=\boldsymbol{P}^{-1}\boldsymbol{A}\boldsymbol{P}$，则应有

$$\boldsymbol{B}^2=(\boldsymbol{P}^{-1}\boldsymbol{A}\boldsymbol{P})(\boldsymbol{P}^{-1}\boldsymbol{A}\boldsymbol{P})=\boldsymbol{P}^{-1}\boldsymbol{A}^2\boldsymbol{P},$$

也就是 $\boldsymbol{A}^2$ 与 $\boldsymbol{B}^2$ 相似.

然而，

$$\boldsymbol{A}^2=\begin{pmatrix}1&0\\0&0\end{pmatrix},\quad \boldsymbol{B}^2=\begin{pmatrix}0&0\\0&0\end{pmatrix}$$

非零方阵 $\boldsymbol{A}^2$ 显然不能与零方阵 $\boldsymbol{B}^2$ 相似. 因此 $\boldsymbol{A}$ 与 $\boldsymbol{B}$ 也不相似.

(2) 显然 $\text{rank}\,\boldsymbol{A}=\text{rank}\,\boldsymbol{B}=5$，$\boldsymbol{A}$，$\boldsymbol{B}$ 相抵. 如果 $\boldsymbol{A}$，$\boldsymbol{B}$ 相似，存在可逆方阵 $\boldsymbol{P}$ 使 $\boldsymbol{B}=\boldsymbol{P}^{-1}\boldsymbol{A}\boldsymbol{P}$，则

$$\boldsymbol{B}-\boldsymbol{I}=\boldsymbol{P}^{-1}\boldsymbol{A}\boldsymbol{P}-\boldsymbol{I}=\boldsymbol{P}^{-1}(\boldsymbol{A}-\boldsymbol{I})\boldsymbol{P},$$

$$(\boldsymbol{B}-\boldsymbol{I})^2=\boldsymbol{P}^{-1}(\boldsymbol{A}-\boldsymbol{I})\boldsymbol{P}\cdot\boldsymbol{P}^{-1}(\boldsymbol{A}-\boldsymbol{I})\boldsymbol{P}=\boldsymbol{P}^{-1}(\boldsymbol{A}-\boldsymbol{I})^2\boldsymbol{P}$$

也就是说 $(\boldsymbol{B}-\boldsymbol{I})^2$ 与 $(\boldsymbol{A}-\boldsymbol{I})^2$ 应当相似. 然而

$$(\boldsymbol{A}-\boldsymbol{I})^2=\begin{pmatrix}0&0&1&0&0\\0&0&0&1&0\\0&0&0&0&0\\0&0&0&0&0\\0&0&0&0&0\end{pmatrix},\quad (\boldsymbol{B}-\boldsymbol{I})^2=\begin{pmatrix}0&0&0&0&1\\0&0&0&0&0\\0&0&0&0&0\\0&0&0&0&0\\0&0&0&0&0\end{pmatrix}.$$

$\text{rank}(\boldsymbol{A}-\boldsymbol{I})^2=2$ 与 $\text{rank}(\boldsymbol{B}-\boldsymbol{I})^2=1$ 不相等，因此 $(\boldsymbol{A}-\boldsymbol{I})^2$ 与 $(\boldsymbol{B}-\boldsymbol{I})^2$ 不相似，$\boldsymbol{A}$ 与 $\boldsymbol{B}$ 也不相似. □

例 1 用到了相似方阵的性质：

$$\boldsymbol{B}=\boldsymbol{P}^{-1}\boldsymbol{A}\boldsymbol{P}\Rightarrow\boldsymbol{B}^2=\boldsymbol{P}^{-1}\boldsymbol{A}^2\boldsymbol{P},\quad(\boldsymbol{B}-\boldsymbol{I})^2=\boldsymbol{P}^{-1}(\boldsymbol{A}-\boldsymbol{I})^2\boldsymbol{P}.$$

一般地，我们有

命题 6.4.3 设方阵 $\boldsymbol{A}$，$\boldsymbol{B}$ 相似，$\boldsymbol{B}=\boldsymbol{P}^{-1}\boldsymbol{A}\boldsymbol{P}$ 对 F 上可逆方阵 $\boldsymbol{P}$ 成立. $f(\lambda)\in F[\lambda]$ 是系数在 F 中的任一多项式. 则

$$f(\boldsymbol{B})=\boldsymbol{P}^{-1}f(\boldsymbol{A})\boldsymbol{P}.$$

也就是说：$\boldsymbol{A}$ 与 $\boldsymbol{B}$ 相似 $\Rightarrow f(\boldsymbol{A})$ 与 $f(\boldsymbol{B})$ 相似，从而 $\text{rank}\,f(\boldsymbol{A})=\text{rank}\,f(\boldsymbol{B})$. 特别，$f(\boldsymbol{A})=0$ 当且仅当 $f(\boldsymbol{B})=0$.

证明 由 $\boldsymbol{B}=\boldsymbol{P}^{-1}\boldsymbol{A}\boldsymbol{P}$ 得 $\boldsymbol{B}^2=(\boldsymbol{P}^{-1}\boldsymbol{A}\boldsymbol{P})(\boldsymbol{P}^{-1}\boldsymbol{A}\boldsymbol{P})=\boldsymbol{P}^{-1}\boldsymbol{A}^2\boldsymbol{P}$.

一般地，用数学归纳法可以证明 $\boldsymbol{B}^k=\boldsymbol{P}^{-1}\boldsymbol{A}^k\boldsymbol{P}$ 对任意正整数 k 成立.

设多项式 $f(\lambda)=a_0+\alpha_1\lambda+\cdots+a_k\lambda^k+\cdots+a_m\lambda^m$. 则

$$\begin{aligned}f(\boldsymbol{B})&=a_0\boldsymbol{I}+a_1\boldsymbol{B}+\cdots+a_k\boldsymbol{B}^k+\cdots+a_m\boldsymbol{B}^m\\&=a_0\boldsymbol{I}+\cdots+a_k\boldsymbol{P}^{-1}\boldsymbol{A}^k\boldsymbol{P}+\cdots+a_m\boldsymbol{P}^{-1}\boldsymbol{A}^m\boldsymbol{P}\\&=\boldsymbol{P}^{-1}(a_0\boldsymbol{I}+\cdots+a_k\boldsymbol{A}^k+\cdots+a_m\boldsymbol{A}^m)\boldsymbol{P}\\&=\boldsymbol{P}^{-1}f(\boldsymbol{A})\boldsymbol{P}\quad\square\end{aligned}$$

习 题 6.4

1. 以下的矩阵 $\boldsymbol{A}$, $\boldsymbol{B}$ 是否相似？说明理由.

(1) $\boldsymbol{A}=\begin{pmatrix}1&2&3\\0&1&0\\0&0&1\end{pmatrix}$, $\boldsymbol{B}=\begin{pmatrix}1&2&0\\0&1&3\\0&0&1\end{pmatrix}$;

(2) $\boldsymbol{A}=\begin{pmatrix}1&2&0&0\\0&1&3&0\\0&0&1&0\\0&0&0&1\end{pmatrix}$, $\boldsymbol{B}=\begin{pmatrix}1&2&0&0\\0&1&0&0\\0&0&1&3\\0&0&0&1\end{pmatrix}$.

2. 已知数域 F 上方阵 $\boldsymbol{A}$ 满足条件 $\operatorname{rank}\boldsymbol{A}=1$. 求证：$\boldsymbol{A}$ 相似于

$$\operatorname{diag}(a,0,\cdots,0)\,(a\neq 0,\text{当 }\boldsymbol{A}^2\neq\boldsymbol{O})\text{ 或 }\operatorname{diag}\left(\begin{pmatrix}0&1\\0&0\end{pmatrix},0,\cdots,0\right)\ (\text{当 }\boldsymbol{A}^2=\boldsymbol{O}).$$

3. 已知数域 F 上方阵 $\boldsymbol{A}$ 满足条件 $\operatorname{rank}(\boldsymbol{A}-\boldsymbol{I})=1$ 且 $(\boldsymbol{A}-\boldsymbol{I})^2=\boldsymbol{O}$. 求证：$\boldsymbol{A}$ 相似于 $\operatorname{diag}\left(\begin{pmatrix}1&1\\0&1\end{pmatrix},1,\cdots,1\right)$.

4. 设 $\mathbf{R}^2$ 的线性变换 $\mathscr{A}$ 在基 $\boldsymbol{\alpha}_1=(1,0)$, $\boldsymbol{\alpha}_2=(0,-1)$ 下的矩阵是 $\begin{pmatrix}2&-1\\5&-3\end{pmatrix}$, 线性变换 $\mathscr{B}$ 在基 $\boldsymbol{\beta}_1=(0,1)$, $\boldsymbol{\beta}_2=(1,1)$ 下的矩阵是 $\begin{pmatrix}1&3\\2&7\end{pmatrix}$, 求线性变换 $\mathscr{A}+\mathscr{B}$, $\mathscr{A}\mathscr{B}$ 和 $\mathscr{B}\mathscr{A}$ 在基 $\boldsymbol{\beta}_1$, $\boldsymbol{\beta}_2$ 下的矩阵.

5. 求矩阵 $\boldsymbol{P}$ 使 $\boldsymbol{P}^{-1}\begin{pmatrix}1&0&0\\0&2&0\\0&0&3\end{pmatrix}\boldsymbol{P}=\begin{pmatrix}3&0&0\\0&1&0\\0&0&2\end{pmatrix}$.

6. 设 $\mathbf{R}^2$ 的线性变换 $\mathscr{A}$ 在基 $\boldsymbol{\alpha}_1=(1,-1)$, $\boldsymbol{\alpha}_2=(1,1)$ 下的矩阵是 $\begin{pmatrix}2&3\\0&1\end{pmatrix}$, 求 $\mathscr{A}$ 在基 $\boldsymbol{\beta}_1=(2,0)$, $\boldsymbol{\beta}_2=(-1,1)$ 下的矩阵.

7. 设 $\boldsymbol{A}$ 可逆，证明：$\boldsymbol{AB}$ 与 $\boldsymbol{BA}$ 相似.

8. 如果 $\boldsymbol{A}$ 与 $\boldsymbol{B}$ 相似，$\boldsymbol{C}$ 与 $\boldsymbol{D}$ 相似，证明：$\begin{pmatrix}\boldsymbol{A}&\boldsymbol{O}\\\boldsymbol{O}&\boldsymbol{C}\end{pmatrix}$ 与 $\begin{pmatrix}\boldsymbol{B}&\boldsymbol{O}\\\boldsymbol{O}&\boldsymbol{D}\end{pmatrix}$ 相似.

§6.5 特征向量

设 $\mathscr{A}$ 是 F 上 n 维向量空间 V 的线性变换. 任选 V 的一组基 $\{\boldsymbol{\alpha}_1,\cdots,\boldsymbol{\alpha}_n\}$, 设 $\mathscr{A}$ 在这组基下的矩阵为 $\boldsymbol{A}$, 将每个向量 $\boldsymbol{\alpha}\in V$ 用它在这组基下的坐标 $\boldsymbol{X}\in F^{n\times 1}$ 代表，则线性变换 $\mathscr{A}:V\to V$ 的效果就是用 $\boldsymbol{A}$ 左乘每个列向量 $\boldsymbol{X}$,

具有形式 $\mathscr{A}: F^{n\times 1}\to F^{n\times 1}$，$\boldsymbol{X}\mapsto \boldsymbol{AX}$. 我们希望另选 V 的适当的基$\{\boldsymbol{\beta}_1,\cdots,\boldsymbol{\beta}_n\}$，使 $\mathscr{A}$ 在这组基下的矩阵 $\boldsymbol{B}$ 尽可能简单，也就是让 $\boldsymbol{A}$ 相似于尽可能简单的矩阵 $\boldsymbol{B}$.

怎样的方阵 $\boldsymbol{B}$ 最简单？容易想到的是对角阵.

定义 6.5.1 如果可以选基$\{\boldsymbol{\beta}_1,\cdots,\boldsymbol{\beta}_n\}$使 $\mathscr{A}$ 在这组基下的矩阵 $\boldsymbol{B}$ 是对角阵，就称 $\mathscr{A}$ **可对角化**(diagonalizable). 如果方阵 $\boldsymbol{A}$ 相似于某个对角阵 $\boldsymbol{B}$，就称 $\boldsymbol{A}$ **可对角化**. □

由于相似方阵是同一个线性变换在不同基下的矩阵，线性变换 $\mathscr{A}$ 可对角化当且仅当 $\mathscr{A}$ 在任一组基下的矩阵 $\boldsymbol{A}$ 可对角化.

设线性变换 $\mathscr{A}$ 可对角化，即：$\mathscr{A}$ 在某一组基$\{\boldsymbol{\beta}_1,\cdots,\boldsymbol{\beta}_n\}$下的矩阵

$$\boldsymbol{B}=\begin{pmatrix}\lambda_1 & & \\ & \ddots & \\ & & \lambda_n\end{pmatrix}$$

是对角阵. 这也就是说：

$$\mathscr{A}(\boldsymbol{\beta}_i)=\lambda_i\boldsymbol{\beta}_i \tag{6.5.1}$$

对 $1\leqslant i\leqslant n$ 成立，$\mathscr{A}$ 将每个基向量 $\boldsymbol{\beta}_i$ 映到它的某个倍向量 $\lambda_i\boldsymbol{\beta}_i$.

定义 6.5.2 设 $\mathscr{A}: V\to V$ 是 V 的线性变换. 如果非零向量 $\boldsymbol{\beta}\in V$ 被 $\mathscr{A}$ 映到它的某个倍向量，即 $\mathscr{A}(\boldsymbol{\beta})=\lambda\boldsymbol{\beta}$ 对某个 $\lambda\in F$ 成立，就称 λ 是 $\mathscr{A}$ 的**特征值**(eigenvalue)，$\boldsymbol{\beta}$ 是 $\mathscr{A}$ 的属于特征值 λ 的**特征向量**(eigenvector).

设 $\boldsymbol{A}\in F^{n\times n}$，则 $V=F^{n\times 1}$的线性变换 $\mathscr{A}$：$\boldsymbol{X}\mapsto\boldsymbol{AX}$ 的特征值 λ 和特征向量 $\boldsymbol{X}$ 称为 $\boldsymbol{A}$ 的特征值和特征向量. 换句话说：如果 $\lambda\in F$ 和 $\boldsymbol{O}\neq\boldsymbol{X}\in F^{n\times 1}$满足条件 $\boldsymbol{AX}=\lambda\boldsymbol{X}$，就称 λ 是 $\boldsymbol{A}$ 的特征值，$\boldsymbol{X}$ 是属于特征值 λ 的特征向量. □

按照定义 6.5.1 和定义 6.5.2，由(6.5.1)可以得到：

定理 6.5.1 线性变换 $\mathscr{A}: V\to V$ 可对角化的充分必要条件是：存在 $\mathscr{A}$ 的一组特征向量 $\boldsymbol{\beta}_1,\cdots,\boldsymbol{\beta}_n$ 组成 V 的一组基. □

下面来看：是否任意线性变换 $\mathscr{A}: V\to V$ 都有特征向量；如果有，怎样求出特征向量.

任意选取 V 的一组基将 V 写成列向量空间 $F^{n\times 1}$，设 $\mathscr{A}$ 在这组基下的矩阵为 $\boldsymbol{A}$，则 $\mathscr{A}: \boldsymbol{X}\mapsto\boldsymbol{AX}$. 于是，$\boldsymbol{\beta}$ 是 $\mathscr{A}$ 的特征向量的充分必要条件是：$\boldsymbol{\beta}$ 的坐标 $\boldsymbol{X}\in F^{n\times 1}$不为零且满足条件

$$\boldsymbol{AX}=\lambda\boldsymbol{X} \tag{6.5.2}$$

其中 $\lambda\in F$ 是 $\mathscr{A}$ 的特征值，也是矩阵 $\boldsymbol{A}$ 的特征值，$\boldsymbol{X}$ 是 $\boldsymbol{A}$ 的特征向量.

例 1 求矩阵 $\boldsymbol{A}=\begin{pmatrix}2&1&1\\1&2&1\\1&1&2\end{pmatrix}$的特征值和特征向量. 是否存在可逆方阵 $\boldsymbol{P}$

使 $\boldsymbol{B}=\boldsymbol{P}^{-1}\boldsymbol{A}\boldsymbol{P}$ 为对角阵？如果存在，求出一个这样的 $\boldsymbol{P}$ 和 $\boldsymbol{B}$.

解 设 λ 是 $\boldsymbol{A}$ 的任一个特征值，$\boldsymbol{X}=\begin{pmatrix}x_1\\x_2\\x_3\end{pmatrix}$ 是 $\boldsymbol{A}$ 的属于特征值 λ 的任一个特征向量.

则

$$\begin{pmatrix}2&1&1\\1&2&1\\1&1&2\end{pmatrix}\begin{pmatrix}x_1\\x_2\\x_3\end{pmatrix}=\lambda\begin{pmatrix}x_1\\x_2\\x_3\end{pmatrix}$$

即

$$\begin{cases}2x_1+x_2+x_3=\lambda x_1\\x_1+2x_2+x_3=\lambda x_2\\x_1+x_2+2x_3=\lambda x_3\end{cases}\tag{6.5.3}$$

(6.5.3)可以看作以 x_1，x_2，x_3 为未知数的线性方程组，经过移项、合并同类项化为标准形式

$$\begin{cases}(2-\lambda)x_1+x_2+x_3=0\\x_1+(2-\lambda)x_2+x_3=0\\x_1+x_2+(2-\lambda)x_3=0\end{cases}\tag{6.5.4}$$

这是以 x_1，x_2，x_3 为未知数的齐次线性方程组，它有非零解的充分必要条件是系数行列式等于零：

$$\begin{vmatrix}2-\lambda&1&1\\1&2-\lambda&1\\1&1&2-\lambda\end{vmatrix}=0\tag{6.5.5}$$

求(6.5.5)左边的行列式得：

$$\begin{vmatrix}2-\lambda&1&1\\1&2-\lambda&1\\1&1&2-\lambda\end{vmatrix}\xlongequal{(1)+1(2),\ (1)+1(3)}\begin{vmatrix}4-\lambda&4-\lambda&4-\lambda\\1&2-\lambda&1\\1&1&2-\lambda\end{vmatrix}$$

$$=(4-\lambda)\begin{vmatrix}1&1&1\\1&2-\lambda&1\\1&1&2-\lambda\end{vmatrix}$$

$$\xlongequal{(2)-1(1),\ (3)-1(1)}(4-\lambda)\begin{vmatrix}1&1&1\\0&1-\lambda&0\\0&0&1-\lambda\end{vmatrix}$$

$$=(4-\lambda)(1-\lambda)^2$$

因此，条件(6.5.5)即

$$(4-\lambda)(1-\lambda)^2=0 \tag{6.5.6}$$

(6.5.6)可以看作以 λ 为未知数的三次方程，根为 4，1.

将 $\lambda=4$ 代入(6.5.4)并解所得的方程组得

$$\begin{cases}-2x_1+x_2+x_3=0\\ x_1-2x_2+x_3=0\\ x_1+x_2-2x_3=0\end{cases} \Rightarrow \boldsymbol{X}=\begin{pmatrix}x_1\\x_2\\x_3\end{pmatrix}=c_1\begin{pmatrix}1\\1\\1\end{pmatrix} \tag{6.5.7}$$

取 $c_1\neq 0$ 就得到属于特征值 4 的特征向量.

将 $\lambda=1$ 代入(6.5.4)并解所得的方程组得

$$\begin{cases}x_1+x_2+x_3=0\\ x_1+x_2+x_3=0\\ x_1+x_2+x_3=0\end{cases} \Rightarrow \boldsymbol{X}=\begin{pmatrix}x_1\\x_2\\x_3\end{pmatrix}=c_2\begin{pmatrix}1\\-1\\0\end{pmatrix}+c_3\begin{pmatrix}1\\0\\-1\end{pmatrix} \tag{6.5.8}$$

取 c_2，c_3 不全为零就得到属于特征值 1 的特征向量.

在(6.5.7)中取 $c_1=1$ 得特征向量 $\boldsymbol{X}_1=\begin{pmatrix}1\\1\\1\end{pmatrix}$，在(6.5.8)中取 $(c_2,c_3)=(1,0)$，$(0,1)$得特征向量 $\boldsymbol{X}_2=\begin{pmatrix}1\\-1\\0\end{pmatrix}$，$\boldsymbol{X}_3=\begin{pmatrix}1\\0\\-1\end{pmatrix}$. $\boldsymbol{X}_1$，$\boldsymbol{X}_2$，$\boldsymbol{X}_3$ 组成 $F^{3\times1}$ 的一组基，以它们为列向量组成可逆矩阵

$$\boldsymbol{P}=\begin{pmatrix}1&1&1\\1&-1&0\\1&0&-1\end{pmatrix}$$

由

$$\boldsymbol{AX}_1=4\boldsymbol{X}_1,\quad \boldsymbol{AX}_2=\boldsymbol{X}_2,\quad \boldsymbol{AX}_3=\boldsymbol{X}_3$$

知

$$\boldsymbol{A}(\boldsymbol{X}_1,\boldsymbol{X}_2,\boldsymbol{X}_3)=(\boldsymbol{X}_1,\boldsymbol{X}_2,\boldsymbol{X}_3)\begin{pmatrix}4&0&0\\0&1&0\\0&0&1\end{pmatrix}$$

即

$$\boldsymbol{AP}=\boldsymbol{P}\begin{pmatrix}4&0&0\\0&1&0\\0&0&1\end{pmatrix},\quad \boldsymbol{B}=\boldsymbol{P}^{-1}\boldsymbol{AP}=\begin{pmatrix}4&0&0\\0&1&0\\0&0&1\end{pmatrix}$$

因此，存在可逆方阵 $\boldsymbol{P}$ 使 $\boldsymbol{B}=\boldsymbol{P}^{-1}\boldsymbol{AP}$ 是对角阵. 所求出的 $\boldsymbol{P}$ 和 $\boldsymbol{B}$ 如上. □

例1求特征值和特征向量的方法可以推广到 F 上任意的 n 阶方阵

$$A=\begin{pmatrix}a_{11} & a_{12} & \cdots & a_{1n}\\ a_{21} & a_{22} & \cdots & a_{2n}\\ \vdots & \vdots & & \vdots\\ a_{n1} & a_{n2} & \cdots & a_{nn}\end{pmatrix},$$

A 的特征值 λ 和特征向量满足的条件 $AX=\lambda X$ 即

$$\begin{pmatrix}a_{11} & a_{12} & \cdots & a_{1n}\\ a_{21} & a_{22} & \cdots & a_{2n}\\ \vdots & \vdots & & \vdots\\ a_{n1} & a_{n2} & \cdots & a_{nn}\end{pmatrix}\begin{pmatrix}x_1\\ x_2\\ \vdots\\ x_n\end{pmatrix}=\lambda\begin{pmatrix}x_1\\ x_2\\ \vdots\\ x_n\end{pmatrix} \tag{6.5.9}$$

可以看作以 $x_1,x_2,\cdots,x_n$ 为未知数的线性方程组，经移项、合并同类项化为

$$\begin{pmatrix}a_{11}-\lambda & a_{12} & \cdots & a_{1n}\\ a_{21} & a_{22}-\lambda & \cdots & a_{2n}\\ \vdots & \vdots & & \vdots\\ a_{n1} & a_{n2} & \cdots & a_{nn}-\lambda\end{pmatrix}\begin{pmatrix}x_1\\ x_2\\ \vdots\\ x_n\end{pmatrix}=\begin{pmatrix}0\\ 0\\ \vdots\\ 0\end{pmatrix} \tag{6.5.10}$$

这是以 $x_1,x_2,\cdots,x_n$ 为未知数的齐次线性方程组，它有非零解的充分必要条件是系数行列式等于零：

$$\begin{vmatrix}a_{11}-\lambda & a_{12} & \cdots & a_{1n}\\ a_{21} & a_{22}-\lambda & \cdots & a_{2n}\\ \vdots & \vdots & & \vdots\\ a_{n1} & a_{n2} & \cdots & a_{nn}-\lambda\end{vmatrix}=0 \tag{6.5.11}$$

(6.5.11)左边的行列式展开得到 λ 的一个多项式 $f(\lambda)=(-1)^n\lambda^n+\cdots$，如果一元 n 次方程 $f(\lambda)=0$ 在 F 内有根，对它的每个根 λ_i，将 $\lambda=\lambda_i$ 代入(6.5.10)，求出的非零解 X 就是 A 的属于特征值 λ_i 的特征向量.

以上将 $AX=\lambda X$ 移项整理得到的齐次线性方程组(6.5.10)就是

$$(A-\lambda I_{(n)})X=0 \tag{6.5.12}$$

它有非零解的充分必要条件是系数矩阵 $A-\lambda I_{(n)}$ 的行列式为零：

$$\det(A-\lambda I)=0 \tag{6.5.13}$$

这就是前面的(6.5.11). 由于 $\det(A-\lambda I)=0\Leftrightarrow\det(\lambda I-A)=0$（其中 $\lambda I-A=-(A-\lambda I)$），我们通常用首项系数为1的多项式

$$\varphi_A(\lambda)=\det(\lambda I-A)=\begin{vmatrix}\lambda-a_{11} & -a_{12} & \cdots & -a_{1n}\\ -a_{21} & \lambda-a_{22} & \cdots & -a_{2n}\\ \vdots & \vdots & & \vdots\\ -a_{n1} & -a_{n2} & \cdots & \lambda-a_{nn}\end{vmatrix}=\lambda^n+\cdots$$

代替 $\det(\boldsymbol{A}-\lambda\boldsymbol{I})$，通过求方程 $\varphi_A(\lambda)=0$ 的根来求 $\boldsymbol{A}$ 的特征值和特征向量.

这就得到了求任意方阵 $\boldsymbol{A}$ 和任意线性变换 $\mathscr{A}$ 的特征值和特征向量的方法如下：

算法 6.5.1 求方阵 $\boldsymbol{A}\in F^{n\times n}$ 的特征值和特征向量：

(1) 求出 $\varphi_A(\lambda)=\det(\lambda\boldsymbol{I}-\boldsymbol{A})=\lambda^n+\cdots$，它是 λ 的 n 次多项式，称为 $\boldsymbol{A}$ 的**特征多项式**(eigenpolynomial)；

(2) 解一元 n 次方程 $\varphi_A(\lambda)=0$，求出它在 F 中的所有的不同的根 $\lambda_1,\cdots,\lambda_t$，就是 $\boldsymbol{A}$ 的特征值(也称为 $\boldsymbol{A}$ 的特征根)；

(3) 对 $\boldsymbol{A}$ 的每个特征值 λ_i，齐次线性方程组 $(\boldsymbol{A}-\lambda_i\boldsymbol{I})\boldsymbol{X}=\boldsymbol{0}$ 必然有非零解. $(\boldsymbol{A}-\lambda_i\boldsymbol{I})\boldsymbol{X}=\boldsymbol{0}$ 的非零解就是 $\boldsymbol{A}$ 的属于特征值 λ_i 的特征向量. □

如果要求线性变换 $\mathscr{A}:V\to V$ 的特征值和特征向量，先取 V 的任一组基 $M=\{\boldsymbol{\beta}_1,\cdots,\boldsymbol{\beta}_n\}$，设 $\mathscr{A}$ 在这组基下的矩阵为 $\boldsymbol{A}$. 则方阵 $\boldsymbol{A}$ 的特征值就是 $\mathscr{A}$ 的特征值. 以 $\boldsymbol{A}$ 的特征向量为坐标(在基 M 下的坐标)的向量就是 $\mathscr{A}$ 的特征向量.

注意 对取定的任一组基，由向量等式 $\mathscr{A}(\boldsymbol{\beta})=\lambda\boldsymbol{\beta}$(且 $\boldsymbol{\beta}\neq\boldsymbol{0}$)与坐标等式 $\boldsymbol{AX}=\lambda\boldsymbol{X}$(且 $\boldsymbol{X}\neq\boldsymbol{0}$)的对应关系，知道 $\boldsymbol{A}$ 的特征值也就是 $\mathscr{A}$ 的特征值. 但如果换一组基，$\mathscr{A}$ 的矩阵变为 $\boldsymbol{B}$，则由同样的理由知道 $\boldsymbol{B}$ 的特征值也应当与 $\mathscr{A}$ 的特征值相同，从而与 $\boldsymbol{A}$ 的特征值相同. $\boldsymbol{B}$ 与 $\boldsymbol{A}$ 可能不同，但一定相似. 这意味着，相似的方阵应当有相同的特征值. 这一结论可以直接验证如下.

定理 6.5.2 如果 $\boldsymbol{A}$，$\boldsymbol{B}$ 相似，则 $\boldsymbol{A}$，$\boldsymbol{B}$ 的特征多项式相同，从而 $\boldsymbol{A}$，$\boldsymbol{B}$ 的特征值完全相同. 换句话说：特征多项式和特征值是相似不变量.

证明 $\boldsymbol{A}$，$\boldsymbol{B}$ 相似，也就是存在可逆方阵 $\boldsymbol{P}$，使 $\boldsymbol{B}=\boldsymbol{P}^{-1}\boldsymbol{AP}$. 于是

$$\begin{aligned}\det(\lambda\boldsymbol{I}-\boldsymbol{B})&=\det(\lambda\boldsymbol{I}-\boldsymbol{P}^{-1}\boldsymbol{AP})=\det\ (\boldsymbol{P}^{-1}(\lambda\boldsymbol{I}-\boldsymbol{A})\boldsymbol{P})\\&=\det\boldsymbol{P}^{-1}\cdot\det(\lambda\boldsymbol{I}-\boldsymbol{A})\cdot\det\boldsymbol{P}\\&=\det(\lambda\boldsymbol{I}-\boldsymbol{A})\end{aligned}$$

即：$\boldsymbol{A}$，$\boldsymbol{B}$ 的特征多项式相等. 从而 $\boldsymbol{A}$，$\boldsymbol{B}$ 的特征值(即特征多项式的根)完全相同. □

于是有

定义 6.5.3 设 $\mathscr{A}$ 是数域 F 上 n 维向量空间 V 的线性变换，$\boldsymbol{A}$ 是 $\mathscr{A}$ 在 V 任意一组基下的矩阵. 则 $\boldsymbol{A}$ 的特征多项式 $\det(\lambda\boldsymbol{I}-\boldsymbol{A})$ 称为 $\mathscr{A}$ 的特征多项式，记作 $\varphi_{\mathscr{A}}(\lambda)$. □

尽管 $\mathscr{A}$ 在不同基下可能有不同的矩阵，但这些矩阵相似，因而由定理 6.5.2 知道，它们的特征多项式相同. 因此，这样得到的特征多项式不会因为所选的基的不同和矩阵 $\boldsymbol{A}$ 的不同而不同，确实有资格称为 $\mathscr{A}$ 的特征多项式.

由算法 6.5.1 可以回答前面提出的问题：是否任意线性变换 $\mathscr{A}:V\to V$ 都有

特征向量？对 $\mathscr{A}$ 在任一组基下的矩阵 $\boldsymbol{A}$，用算法 6.5.1 的第一步一定可以求出 $\boldsymbol{A}$ 的特征多项式 $\varphi_A(\lambda)=\det(\lambda\boldsymbol{I}-\boldsymbol{A})$. 如果能求出 $\varphi_A(\lambda)$ 的一个根 λ_1，则按算法 6.5.1 的第三步一定可以求出属于这个特征值的特征向量，从而得出 $\mathscr{A}$ 的特征向量. 因此，$\mathscr{A}$ 是否存在特征向量，关键在于第二步：方程 $\varphi_A(\lambda)=0$ 在 F 中是否有根？如果没有根，也就是没有特征值，当然就没有特征向量. 如果有根，则对每一个根可以按照第三步求出特征向量.

为了讨论特征多项式 $\varphi_A(\lambda)$ 是否在 F 中有根，先来看一看

$$\varphi_A(\lambda)=\det(\lambda\boldsymbol{I}-\boldsymbol{A})$$

是什么模样. 对

$$\boldsymbol{A}=\begin{pmatrix} a_{11} & a_{12} & \cdots & a_{1n} \\ a_{21} & a_{22} & \cdots & a_{2n} \\ \vdots & \vdots & & \vdots \\ a_{n1} & a_{n2} & \cdots & a_{nn} \end{pmatrix}$$

将

$$\det(\lambda\boldsymbol{I}-\boldsymbol{A})=\begin{vmatrix} \lambda-a_{11} & -a_{12} & \cdots & -a_{1n} \\ -a_{21} & \lambda-a_{22} & \cdots & -a_{2n} \\ \vdots & \vdots & & \vdots \\ -a_{n1} & -a_{n2} & \cdots & \lambda-a_{nn} \end{vmatrix} \qquad (6.5.14)$$

展开，写成

$$\varphi_A(\lambda)=\det(\lambda\boldsymbol{I}-\boldsymbol{A})=\lambda^n+a_1\lambda^{n-1}+\cdots+a_{n-1}\lambda+a_n$$

的形式，其中 $a_1,\cdots,a_n\in F$.

对 F 是复数域 $\mathbf{C}$ 的情况，任意 n 阶复方阵 $\boldsymbol{A}$ 的特征多项式 $\varphi_A(\lambda)=\lambda^n+a_1\lambda^{n-1}+\cdots+a_{n-1}\lambda+a_n$ 至少有一个复数根 λ_1，因此 $\boldsymbol{A}$ 至少有一个特征值 λ_1，并且一定有属于这个特征值的特征向量. 对于方程 $\varphi_A(\lambda)=0$ 的每个根 λ_i，都可以求出属于这个特征值的特征向量.

多项式 $\varphi_A(\lambda)$ 在复数范围内可以分解为一次因子的乘积

$$\varphi_A(\lambda)=(\lambda-\lambda_1)(\lambda-\lambda_2)\cdots(\lambda-\lambda_n)$$

其中 $\lambda_1,\lambda_2,\cdots,\lambda_n$ 是它的全部根(不一定两两不同). 对于 $\boldsymbol{A}$ 的元与 $\varphi_A(\lambda)$ 的系数和根的关系，我们有：

命题 6.5.3 设 $\boldsymbol{A}$ 的特征多项式

$$\begin{aligned}\varphi_A(\lambda)&=\lambda^n+a_1\lambda^{n-1}+\cdots+a_{n-1}\lambda+a_n\\ &=(\lambda-\lambda_1)(\lambda-\lambda_2)\cdots(\lambda-\lambda_n)\end{aligned} \qquad (6.5.15)$$

则

$$\operatorname{tr}\boldsymbol{A}=-a_1=\lambda_1+\cdots+\lambda_n$$

$$\det A=(-1)^n a_n=\lambda_1\cdots\lambda_n$$

其中 $\mathrm{tr}\boldsymbol{A}=a_{11}+\cdots+a_{nn}$是 $\boldsymbol{A}$ 的迹，即 $\boldsymbol{A}$ 的对角线元之和；$\det A$ 是 $\boldsymbol{A}$ 的行列式.

证明 易见行列式(6.5.14)展开后的 λ^{n-1} 系数为 $-(a_{11}+\cdots+a_{nn})=-\mathrm{tr}\boldsymbol{A}$. 等式(6.5.15)右边各因式的乘积展开后的 λ^{n-1} 系数为 $-(\lambda_1+\cdots+\lambda_n)$. 因此

$$-a_1=\mathrm{tr}\,\boldsymbol{A}=\lambda_1+\cdots+\lambda_n$$

在等式 $\det(\lambda\boldsymbol{I}-\boldsymbol{A})=\lambda^n+a_1\lambda^{n-1}+\cdots+a_{n-1}\lambda+a_n$ 两边令 $\lambda=0$ 得到$\det(-\boldsymbol{A})=(-1)^n\det\boldsymbol{A}=a_n$. 等式(6.5.15)右边各因式的乘积展开后的常数项为$(-1)^n\lambda_1\cdots\lambda_n$. 由此得到

$$(-1)^n a_n=\det\boldsymbol{A}=\lambda_1\cdots\lambda_n \quad \square$$

在特征多项式 $\varphi_A(\lambda)$的分解式(6.5.15)中的 n 个根 λ_1，…，λ_n 可能有重复. 如果 λ_1，…，λ_t 是 $\varphi_A(\lambda)$的全部不同的特征值，则 $\varphi_A(\lambda)$的分解式写成

$$\varphi_A(\lambda)=(\lambda-\lambda_1)^{n_1}(\lambda-\lambda_2)^{n_2}\cdots(\lambda-\lambda_t)^{n_t}$$

其中每个一次因子 $\lambda-\lambda_i$ 的指数 n_i 称为特征值 λ_i 的**代数重数**(algebraic multiplicity)，至少为 1. 各根的代数重数之和 $n_1+n_2+\cdots+n_t=n$.

由定理 6.5.2 知道，如果 $\boldsymbol{A}$ 与 $\boldsymbol{B}$ 相似，则它们的特征多项式$\varphi_A(\lambda)$与$\varphi_B(\lambda)$相同，因而 $\varphi_A(\lambda)$与 $\varphi_B(\lambda)$中对应项的系数相同. 特别，比较 $\varphi_A(\lambda)$，$\varphi_B(\lambda)$的 $n-1$ 次项的系数以及常数项，由命题 6.5.3 就可得到

$$\mathrm{tr}\,\boldsymbol{A}=\mathrm{tr}\,\boldsymbol{B},\qquad \det\boldsymbol{A}=\det\boldsymbol{B}$$

这就是说：相似的方阵的迹相同，行列式也相同. 即对任意可逆方阵 $\boldsymbol{P}$，有

$$\mathrm{tr}\,\boldsymbol{A}=\mathrm{tr}(\boldsymbol{P}^{-1}\boldsymbol{A}\boldsymbol{P}),\ \det\boldsymbol{A}=\det(\boldsymbol{P}^{-1}\boldsymbol{A}\boldsymbol{P})$$

这两个等式也可以直接验证：

对于方阵的迹，在§6.1 例 5 中证明了 $\mathrm{tr}(\boldsymbol{AB})=\mathrm{tr}(\boldsymbol{BA})$对任意同阶方阵 $\boldsymbol{A}$，$\boldsymbol{B}$ 成立. 于是

$$\mathrm{tr}(\boldsymbol{P}^{-1}\boldsymbol{A}\boldsymbol{P})=\mathrm{tr}(\boldsymbol{A}\boldsymbol{P}\cdot\boldsymbol{P}^{-1})=\mathrm{tr}\,\boldsymbol{A}$$

对行列式，则有

$$\det(\boldsymbol{P}^{-1}\boldsymbol{A}\boldsymbol{P})=\det\boldsymbol{P}^{-1}\cdot\det\boldsymbol{A}\cdot\det\boldsymbol{P}=\det\boldsymbol{A}$$

命题 6.5.4 如果方阵 $\boldsymbol{A}$ 是准上三角形矩阵(或准下三角形矩阵)，则 $\boldsymbol{A}$ 的特征多项式等于它的对角块的特征多项式的乘积.

特别，如果 $\boldsymbol{A}$ 是上三角形矩阵(或下三角形矩阵)，则它的对角元就是它的全部特征值.

证明 设 $\boldsymbol{A}=\begin{pmatrix}\boldsymbol{A}_{11} & \boldsymbol{A}_{12} & \cdots & \boldsymbol{A}_{1t}\\ \boldsymbol{O} & \boldsymbol{A}_{22} & \cdots & \boldsymbol{A}_{2t}\\ \vdots & \ddots & \ddots & \vdots\\ \boldsymbol{O} & \cdots & \boldsymbol{O} & \boldsymbol{A}_{tt}\end{pmatrix}$. 则

$$\varphi_A(\lambda)=\det(\lambda I-A)=\begin{vmatrix}\lambda I-A_{11} & -A_{12} & \cdots & -A_{1t}\\ 0 & \lambda I-A_{22} & \cdots & -A_{2t}\\ \vdots & \ddots & \ddots & \vdots\\ 0 & \cdots & 0 & \lambda I-A_{tt}\end{vmatrix}$$

$$=\det(\lambda I-A_{11})\det(\lambda I-A_{22})\cdots\det(\lambda I-A_{tt})$$

$$=\varphi_{A_{11}}(\lambda)\varphi_{A_{22}}(\lambda)\cdots\varphi_{A_{tt}}(\lambda)$$

例 2 设 $V=\mathbf{R}^2$ 是建立了平面直角坐标系的实平面，在 V 上由矩阵

$$A=\begin{pmatrix}\cos\theta & -\sin\theta\\ \sin\theta & \cos\theta\end{pmatrix}$$

决定线性变换 $\mathscr{A}:\begin{pmatrix}x\\ y\end{pmatrix}\mapsto A\begin{pmatrix}x\\ y\end{pmatrix}$. 其中 $\theta\in(0,2\pi)$. A 在实数范围内是否可以对角化？在复数范围内呢？

解 A 的特征多项式

$$\varphi(\lambda)=\begin{vmatrix}\lambda-\cos\theta & \sin\theta\\ -\sin\theta & \lambda-\cos\theta\end{vmatrix}=\lambda^2-(2\cos\theta)\lambda+1$$

当 $\theta=\pi$ 是 $A=-I$ 已经是对角阵，当然可以对角化. 当 $\theta\neq\pi$ 时，一元二次方程 $\lambda^2-(2\cos\theta)\lambda+1=0$ 无实根，因而 A 没有实特征值，在实平面 $\mathbf{R}^2$ 中没有实特征向量. 事实上，$\mathscr{A}$ 将平面上所有的向量沿逆时针方向旋转角 θ. 当 $\theta\neq\pi$ 时，没有任何一个向量被旋转到与原来方向相同或相反，因而没有特征向量.

如果将 A 看作复数域 $\mathbf{C}$ 上二维列向量空间的变换 $X\mapsto AX$ 的矩阵，则方程 $\lambda^2-(2\cos\theta)\lambda+1=0$ 有两个复数根

$$\lambda_1=\cos\theta+\mathrm{i}\sin\theta,\quad \lambda_2=\cos\theta-\mathrm{i}\sin\theta$$

解齐次线性方程组 $(\lambda_1 I-A)X=\mathbf{0}$ 与 $(\lambda_2 I-A)X=\mathbf{0}$ 即

$$\begin{pmatrix}\mathrm{i}\sin\theta & \sin\theta\\ -\sin\theta & \mathrm{i}\sin\theta\end{pmatrix}\begin{pmatrix}x_1\\ x_2\end{pmatrix}=\begin{pmatrix}0\\ 0\end{pmatrix}\quad 与\quad \begin{pmatrix}-\mathrm{i}\sin\theta & \sin\theta\\ -\sin\theta & -\mathrm{i}\sin\theta\end{pmatrix}\begin{pmatrix}x_1\\ x_2\end{pmatrix}=\begin{pmatrix}0\\ 0\end{pmatrix}$$

分别得到复特征向量

$$X_1=\begin{pmatrix}1\\ -\mathrm{i}\end{pmatrix}\quad 与\quad X_2=\begin{pmatrix}1\\ \mathrm{i}\end{pmatrix}$$

由

$$AX_1=\lambda_1X_1,\quad AX_2=\lambda_2X_2$$

得

$$A(X_1,X_2)=(X_1,X_2)\begin{pmatrix}\lambda_1 & 0\\ 0 & \lambda_2\end{pmatrix}$$

其中(X_1,X_2)是以特征向量X_1，X_2为两列组成的可逆方阵，记为P，则

$$AP=P\begin{pmatrix}\lambda_1 & 0\\ 0 & \lambda_2\end{pmatrix}$$

从而

$$P^{-1}AP=\begin{pmatrix}\lambda_1 & 0\\ 0 & \lambda_2\end{pmatrix}=\begin{pmatrix}\cos\theta+\mathrm{i}\sin\theta & 0\\ 0 & \cos\theta-\mathrm{i}\sin\theta\end{pmatrix}$$

是对角阵. □

例 3 设$A=\begin{pmatrix}a & b & c\\ 0 & a & d\\ 0 & 0 & a\end{pmatrix}$，其中$b$，$c$，$d$不全为0. A是否可对角化？

解 A是上三角形矩阵，它的对角元就是全部特征值，只能为a.

假如A相似于对角阵B，则B的特征值与A相同，也只能为a. 但对角阵B的特征值也就是它的全体对角元，因此$B=\begin{pmatrix}a & 0 & 0\\ 0 & a & 0\\ 0 & 0 & a\end{pmatrix}$. 存在可逆方阵$P$使$B=P^{-1}AP$，从而$A=PBP^{-1}=\begin{pmatrix}a & 0 & 0\\ 0 & a & 0\\ 0 & 0 & a\end{pmatrix}$，矛盾.

可见A不相似于对角阵，不能对角化. □

与例3类似可知，如果上三角形矩阵A的对角元全部相同，并且A不是对角阵，则A不相似于对角阵.

习 题 6.5

1. 求下列矩阵A的全部特征值和特征向量. 如果A可对角化，求可逆方阵P使$P^{-1}AP$为对角阵.

(1) $A=\begin{pmatrix}0 & 0 & 1\\ 0 & 2 & 0\\ 4 & 0 & 0\end{pmatrix}$；

(2) $A=\begin{pmatrix}1 & 1 & 1\\ 0 & 2 & 1\\ 0 & 0 & 3\end{pmatrix}$；

(3) $A=\begin{pmatrix}1 & 1 & 1 & 1\\ 1 & 1 & -1 & -1\\ 1 & -1 & 1 & -1\\ 1 & -1 & -1 & 1\end{pmatrix}$；

(4) $A=\begin{pmatrix}1 & 1 & 1 & 1\\ 0 & 1 & 1 & 1\\ 0 & 0 & 2 & 1\\ 0 & 0 & 0 & 2\end{pmatrix}$.

2.（1）求证：

$$B=\begin{pmatrix} a_1 & a_2 & \cdots & a_{n-1} & a_n \\ a_n & a_1 & \cdots & a_{n-2} & a_{n-1} \\ \vdots & \vdots & & \vdots & \vdots \\ a_2 & a_3 & \cdots & a_n & a_1 \end{pmatrix}$$

可以写成 $A=\begin{pmatrix} \mathbf{0} & I_{(n-1)} \\ 1 & \mathbf{0} \end{pmatrix}$ 的多项式.

（2）利用 A 的对角化将 B 相似于对角阵 D.

（3）利用 D 的行列式求 B 的行列式.

3. 设 A 是可逆阵. 证明：

（1）A 的特征值一定不为 0；

（2）若 $\lambda(\neq 0)$ 是 A 的特征值，则 $\frac{1}{\lambda}$ 是 A^{-1} 的特征值，且 A 和 A^{-1} 的特征向量相同。

4. 设 $f(\lambda)=\sum_{k=0}^{n} a_k\lambda^k$，证明：如果 λ_0 是 A 的特征值，则 $f(\lambda_0)$ 是 $f(A)$ 的特征值；如果 X 是 A 的属于 λ_0 的特征向量，则 X 也是矩阵 $f(A)$ 的属于特征值 $f(\lambda_0)$ 的特征向量，即

$$f(A)X=f(\lambda_0)X$$

5. 证明：设 n 阶方阵 $A=(a_{ij})$ 的全部特征值为 $\lambda_i(1\leqslant i\leqslant n)$，则

$$\sum_{i=1}^{n}\lambda_i^2=\sum_{i,j=1}^{n}a_{ij}a_{ji}$$

§6.6　特征子空间

对于方阵 A 的任意一个特征值 λ_0，齐次线性方程组

$$(A-\lambda_0 I)X=\mathbf{0}$$

的解空间 $V_{\lambda_0}=\mathrm{Ker}(A-\lambda_0 I)$ 不为零，其维数 $m\geqslant 1$. V_{λ_0} 中的所有非零向量就是属于特征值 λ_0 的全部特征向量.

定义 6.6.1　设 $\lambda_0\in F$ 是矩阵 $A\in F^{n\times n}$ 的特征值，则

$$V_{\lambda_0}=\{X\in F^{n\times 1}\mid (A-\lambda_0 I)X=\mathbf{0}\}=\{X\in F^{n\times 1}\mid AX=\lambda_0 X\}$$

是 $F^{n\times 1}$ 的子空间，称为 A 的属于特征值 λ_0 的**特征子空间**(eigensubspace).

设 $\lambda_0\in F$ 是线性变换 $\mathscr{A}:V\to V$ 的特征值，则

$$V_{\lambda_0}=\{\alpha\in V\mid \mathscr{A}(\alpha)=\lambda_0\alpha\}=\mathrm{Ker}(\mathscr{A}-\lambda_0\mathscr{I})$$

是 V 的子空间，称为 $\mathscr{A}$ 的属于特征值 λ_0 的**特征子空间**.　□

设 A 是线性变换 $\mathscr{A}:V\to V$ 在某一组基下的矩阵，λ_0 是 $\mathscr{A}$ 的特征值. 则 $\mathscr{A}$ 的属于 λ_0 的特征子空间的所有向量的坐标组成的集合就是 A 的属于 λ_0 的特征子空间.

用算法 6.5.1 可以求出复数域上的线性变换 $\mathscr{A}$ 的全部特征向量. 如果能

从这些特征向量中选出 V 的一组基，则 $\mathscr{A}$ 可对角化. 为此，需要在所有这些特征向量的集合中选出一个极大线性无关向量组. 要实现这一点，对 $\mathscr{A}$ 的每个特征值 λ_i，选取它所对应的特征子空间 V_{λ_i} 的一组基 $M_i=\{\boldsymbol{\alpha}_{i1},\cdots,\boldsymbol{\alpha}_{im_i}\}$. 将各特征子空间 $V_{\lambda_i}(1\leqslant i\leqslant t)$ 的基合并到一起成为一个向量组 $M=\{\boldsymbol{\alpha}_{ij}\mid 1\leqslant i\leqslant t,1\leqslant j\leqslant m_i\}$. 我们先来考察这个向量组是否线性无关，再看它是否足以构成整个空间 V 的一组基. 要证明这个向量组线性无关，只要证明特征子空间 V_{λ_1}，…，V_{λ_t} 的和是直和.

定理 6.6.1 线性变换 $\mathscr{A}$: $V\to V$ 的属于不同特征值 $\lambda_i(1\leqslant i\leqslant t)$ 的特征子空间 V_{λ_i} 的和是直和.

证明 要证 V_{λ_1}，…，V_{λ_t} 的和是直和，只要证明：对任意一组 $\boldsymbol{v}_i\in V_{\lambda_i}(1\leqslant i\leqslant t)$，

$$\boldsymbol{v}_1+\cdots+\boldsymbol{v}_t=\mathbf{0}\Leftrightarrow\boldsymbol{v}_1=\cdots=\boldsymbol{v}_t=\mathbf{0}$$

证法 1 对每个 $1\leqslant i\leqslant t$，由于 $\boldsymbol{v}_i\in V_{\lambda_i}$，有 $\mathscr{A}(\boldsymbol{v}_i)=\lambda_i\boldsymbol{v}_i$. 将 $\mathscr{A}$ 一次又一次作用于等式

$$\boldsymbol{v}_1+\boldsymbol{v}_2+\cdots+\boldsymbol{v}_t=\mathbf{0} \tag{6.6.1}$$

两边，连续作用 $t-1$ 次，依次得

$$\lambda_1\boldsymbol{v}_1+\lambda_2\boldsymbol{v}_2+\cdots+\lambda_t\boldsymbol{v}_t=\mathbf{0}$$
$$\lambda_1^2\boldsymbol{v}_1+\lambda_2^2\boldsymbol{v}_2+\cdots+\lambda_t^2\boldsymbol{v}_t=\mathbf{0}$$
$$\cdots\cdots\cdots\cdots$$
$$\lambda_1^{t-1}\boldsymbol{v}_1+\lambda_2^{t-1}\boldsymbol{v}_2+\cdots+\lambda_t^{t-1}\boldsymbol{v}_t=\mathbf{0}$$

可写成矩阵形式

$$(\boldsymbol{v}_1,\boldsymbol{v}_2,\cdots,\boldsymbol{v}_t)\boldsymbol{A}=(\mathbf{0},\mathbf{0},\cdots,\mathbf{0}) \tag{6.6.2}$$

其中的矩阵

$$\boldsymbol{A}=\begin{pmatrix}1&\lambda_1&\lambda_1^2&\cdots&\lambda_1^{t-1}\\1&\lambda_2&\lambda_2^2&\cdots&\lambda_2^{t-1}\\\vdots&\vdots&\vdots&&\vdots\\1&\lambda_t&\lambda_t^2&\cdots&\lambda_t^{t-1}\end{pmatrix}$$

$\boldsymbol{A}$ 的行列式即是 Vandermonde 行列式，等于 $\prod_{1\leqslant j\leqslant i\leqslant t}(\lambda_i-\lambda_j)\neq 0$. 因而 $\boldsymbol{A}$ 是可逆矩阵. 在等式(6.6.2)两边右乘 $\boldsymbol{A}^{-1}$ 即得 $(\boldsymbol{v}_1,\boldsymbol{v}_2,\cdots,\boldsymbol{v}_t)=(\mathbf{0},\mathbf{0},\cdots,\mathbf{0})$. 即 $\boldsymbol{v}_1=\boldsymbol{v}_2=\cdots=\boldsymbol{v}_t=\mathbf{0}$.

证法 2 对每个 $1\leqslant i\leqslant t$，由于 $\boldsymbol{v}_i\in V_{\lambda_i}$，$\mathscr{A}(\boldsymbol{v}_i)=\lambda_i\boldsymbol{v}_i$，即 $(\mathscr{A}-\lambda_i\mathscr{I})\boldsymbol{v}_i=\mathbf{0}$. 对每个 $1\leqslant i\leqslant t$，取线性变换

$$\mathscr{B}_i=\prod_{1\leqslant j\leqslant t,\ j\neq i}(\mathscr{A}-\lambda_j\mathscr{I}),$$

即 $\mathscr{B}_i$ 是除了 $\mathscr{A}-\lambda_i\mathscr{I}$ 之外所有的 $\mathscr{A}-\lambda_j\mathscr{I}$ 的乘积. 对于每个 $1\leqslant j\leqslant t$, $j\neq i$, 由于 $\mathscr{B}_i$ 含有因子 $\mathscr{A}-\lambda_j\mathscr{I}$ 将 $\boldsymbol{v}_j$ 作用为 $\mathbf{0}$, 因而 $\mathscr{B}_i(\boldsymbol{v}_j)=\mathbf{0}$. 而由于 $\mathscr{A}(\boldsymbol{v}_i)=\lambda_i\boldsymbol{v}_i$, $\mathscr{B}_i(\boldsymbol{v}_i)=c_i\boldsymbol{v}_i$, 其中

$$c_i=\prod_{1\leqslant j\leqslant t,\ j\neq i}(\lambda_i-\lambda_j)\neq 0$$

将 $\mathscr{B}_i$ 作用于等式 $\boldsymbol{v}_1+\boldsymbol{v}_2+\cdots+\boldsymbol{v}_t=\mathbf{0}$ 两边得 $c_i\boldsymbol{v}_i=\mathbf{0}$. 由 $c_i\neq 0$ 立即得 $\boldsymbol{v}_i=\mathbf{0}$. □

由于属于不同特征值的特征子空间的和是直和 $V_{\lambda_1}\oplus\cdots\oplus V_{\lambda_t}$, 由子空间直和的性质立即得:

推论 6.6.1　对每个 $1\leqslant i\leqslant t$, 设 $\dim V_{\lambda_i}=m_i$, $\{\boldsymbol{\alpha}_{i1},\cdots,\boldsymbol{\alpha}_{im_i}\}$ 是 V_{λ_i} 的一组基. 则各特征子空间 V_{λ_i} 的基 M_i 所含向量共同组成的集合 $S=\{\boldsymbol{\alpha}_{ij}\mid 1\leqslant i\leqslant t,1\leqslant j\leqslant m_i\}$ 线性无关, 它包含 $m_1+m_2+\cdots+m_t$ 个线性无关的特征向量, 是 $\mathscr{A}$ 的特征向量集合的一个极大线性无关量组.

V 的线性变换 $\mathscr{A}$ 可对角化 $\Leftrightarrow$ $\mathscr{A}$ 的各特征子空间 V_{λ_i} 的维数之和等于 $\dim V$. □

以下需要研究 $m_1+\cdots+m_t=\dim V$ 何时成立.

定义 6.6.2　设 λ_i 是线性变换 $\mathscr{A}$ 的任意一个特征值, 则特征子空间 V_{λ_i} 的维数 m_i 称为 λ_i 的**几何重数**(geometric multiplicity). □

在 §6.5 中我们已经将每个特征根 λ_i 在特征多项式 $\varphi_{\mathscr{A}}(\lambda_i)$ 中的重数称为代数重数. 现在又定义了特征根的几何重数. 同一个特征值的代数重数和几何重数之间有如下关系:

定理 6.6.2　设 λ_i 是线性变换 $\mathscr{A}$ 的特征值, 它的代数重数为 n_i, 几何重数为 m_i, 则

(1) $1\leqslant m_i\leqslant n_i$.

(2) $\mathscr{A}$ 可对角化的充分必要条件是: 每个特征值的几何重数都等于代数重数.

证明　(1) 特征值 λ_i 的特征子空间 V_{λ_i} 的维数等于 m_i, 取 V_{λ_i} 的一组基 $\{\beta_1,\cdots,\beta_{m_i}\}$ 扩充为 V 的一组基, 则 $\mathscr{A}$ 在这组基下的矩阵为上三角形

$$\boldsymbol{B}=\begin{pmatrix}\lambda_i\boldsymbol{I}_{(m_i)} & \boldsymbol{B}_{12}\\ \boldsymbol{O} & \boldsymbol{B}_{22}\end{pmatrix}$$

它的特征多项式 $\varphi_{\mathscr{A}}(\lambda)=(\lambda-\lambda_i)^{m_i}\det(\lambda\boldsymbol{I}-\boldsymbol{B}_{22})$, 含有因子 $(\lambda-\lambda_i)^{m_i}$, λ_i 在其中的代数重数 $n_i\geqslant m_i$.

(2) 设 $\lambda_1, \cdots, \lambda_t$ 是 $\mathscr{A}$ 的全部不同的特征值. 由推论 6.6.1 知道:

$\mathscr{A}$ 可对角化的充分必要条件是

$$m_1+\cdots+m_t=n=n_1+\cdots+n_t \tag{6.6.3}$$

成立. 但 $m_i \leqslant n_i$ 对 $1\leqslant i\leqslant t$ 成立, 故(6.6.3)成立当且仅当 $m_i=n_i$ 对所有的 $1\leqslant i\leqslant t$ 成立. □

推论 6.6.2 如果 $\mathscr{A}$ 的所有特征值都是单根(即代数重数都为 1), 则 $\mathscr{A}$ 可对角化. □

例 1 求 n 阶行列式

$$\Delta=\begin{vmatrix} a_1 & a_2 & a_3 & \cdots & a_{n-1} & a_n \\ a_n & a_1 & a_2 & \cdots & a_{n-2} & a_{n-1} \\ a_{n-1} & a_n & a_1 & \cdots & a_{n-3} & a_{n-2} \\ \vdots & \vdots & \vdots & & \vdots & \vdots \\ a_2 & a_3 & a_4 & \cdots & a_n & a_1 \end{vmatrix}$$

解 记 n 阶方阵

$$\boldsymbol{K}=\begin{pmatrix} 0 & 1 & & \\ & 0 & \ddots & \\ & & \ddots & 1 \\ 1 & & & 0 \end{pmatrix}_{n\times n}, \text{ 则 } \boldsymbol{K}^m=\begin{pmatrix} \boldsymbol{O} & \boldsymbol{I}_{(n-m)} \\ \boldsymbol{I}_{(m)} & \boldsymbol{O} \end{pmatrix}, \ \forall\, 1\leqslant m\leqslant n-1.$$

$$\Delta=\det \boldsymbol{A}, \text{ 其中 } \boldsymbol{A}=a_1\boldsymbol{I}+a_2\boldsymbol{K}+a_3\boldsymbol{K}^2+\cdots+a_n\boldsymbol{K}^{n-1}.$$

$\boldsymbol{K}$ 的特征多项式 $\varphi_{\boldsymbol{K}}(\lambda)=\det(\lambda\boldsymbol{I}-\boldsymbol{K})=\lambda^n-1$, 特征值就是全体 n 次单位根 $1,\omega,\omega^2,\cdots,\omega^{n-1}$,其中 $\omega=\cos\dfrac{2k\pi}{n}+\mathrm{i}\sin\dfrac{2k\pi}{n}$. 特征值都是单根, 因此 $\boldsymbol{K}$ 可对角化, 即存在可逆方阵 $\boldsymbol{P}$ 使

$$\boldsymbol{K}=\boldsymbol{P}^{-1}\boldsymbol{D}\boldsymbol{P},\ \boldsymbol{D}=\operatorname{diag}(1,\omega,\omega^2,\cdots,\omega^{n-1}).$$

从而

$$\begin{aligned}\boldsymbol{A}&=\boldsymbol{P}^{-1}(a_1\boldsymbol{I}+a_2\boldsymbol{D}+a_3\boldsymbol{D}^2+\cdots+a_n\boldsymbol{D}^{n-1})\boldsymbol{P}\\ &=\boldsymbol{P}^{-1}\operatorname{diag}(f(1),f(\omega),f(\omega^2),\cdots,f(\omega^{n-1}))\boldsymbol{P},\end{aligned}$$

其中 $f(x)=a_1+a_2x+a_3x^2+\cdots+a_nx^{n-1}$. 于是

$$\begin{aligned}\Delta=\det \boldsymbol{A}&=\det \boldsymbol{P}^{-1}\cdot \det(\operatorname{diag}(f(1),f(\omega),f(\omega^2),\cdots,f(\omega^{n-1})))\cdot\det\boldsymbol{P}\\ &=f(1)f(\omega)f(\omega^2)\cdots f(\omega^{n-1}).\end{aligned}$$ □

例 2 设数域 F 上 n 阶方阵 $\boldsymbol{A}$ 满足条件 $\boldsymbol{A}^2=\boldsymbol{I}$. 求证: $\boldsymbol{A}$ 相似于对角阵

$$\begin{pmatrix} \boldsymbol{I}_{(m)} & \\ & -\boldsymbol{I}_{(n-m)} \end{pmatrix}$$

证明 我们有 $(\boldsymbol{A}-\boldsymbol{I})(\boldsymbol{A}+\boldsymbol{I})=\boldsymbol{A}^2-\boldsymbol{I}=\boldsymbol{O}$. 如果 $\boldsymbol{A}-\boldsymbol{I}$ 可逆, 则 $\boldsymbol{A}+\boldsymbol{I}=\boldsymbol{O}$, $\boldsymbol{A}=-\boldsymbol{I}$ 符合要求. 如果 $\boldsymbol{A}+\boldsymbol{I}$ 可逆, 则 $\boldsymbol{A}-\boldsymbol{I}=\boldsymbol{O}$, $\boldsymbol{A}=\boldsymbol{I}$ 符合要求.

以下设 $\boldsymbol{A}-\boldsymbol{I}$, $\boldsymbol{A}+\boldsymbol{I}$ 都不可逆，$\mathrm{Ker}(\boldsymbol{A}-\boldsymbol{I})$，$\mathrm{Ker}(\boldsymbol{A}+\boldsymbol{I})$ 都不等于 $\mathbf{0}$，分别是 $V=F^{n\times 1}$ 的线性变换 $\mathscr{A}$: $\boldsymbol{X}\mapsto \boldsymbol{AX}$ 的属于特征值 1 和 -1 的特征子空间. 由定理 6.6.1 知 $\boldsymbol{V}_1$，$\boldsymbol{V}_{-1}$ 的和是直和，$\dim(V_1\oplus V_{-1})=\dim V_1+\dim V_{-1}$ 只要证明 $\dim V_1+\dim V_{-1}=n$. 则 $\mathscr{A}$ 可对角化.

$$\boldsymbol{A}^2=\boldsymbol{I}\Leftrightarrow(\mathscr{A}-\mathscr{I})(\mathscr{A}+\mathscr{I})V=\mathbf{0}\Leftrightarrow \mathrm{Ker}(\mathscr{A}-\mathscr{I})\supseteq(\mathscr{A}+\mathscr{I})V=\mathrm{Im}(\mathscr{A}+\mathscr{I})$$

$$\Rightarrow \dim\mathrm{Ker}(\mathscr{A}-\mathscr{I})\geqslant \dim\mathrm{Im}(\mathscr{A}+\mathscr{I})$$

$$\Rightarrow \dim\mathrm{Ker}(\mathscr{A}-\mathscr{I})+\dim\mathrm{Ker}(\mathscr{A}+\mathscr{I})$$

$$\geqslant \dim\mathrm{Im}(\mathscr{A}+\mathscr{I})+\dim\mathrm{Ker}(\mathscr{A}+\mathscr{I})=n.$$

$$\Rightarrow \dim\mathrm{Ker}(\mathscr{A}-\mathscr{I})+\dim\mathrm{Ker}(\mathscr{A}+\mathscr{I})=n.$$

这就证明了 $\dim V_1+\dim V_{-1}=n$，从而 $V=V_1\oplus V_{-1}$，分别取 V_1，V_{-1} 的基，其中的基向量共同组成 V 的基 M，则 $\boldsymbol{A}$ 相似于 $\mathscr{A}$ 在基 M 下的矩阵

$$\begin{pmatrix}\boldsymbol{I}_{(m)} & \\ & -\boldsymbol{I}_{(n-m)}\end{pmatrix}\quad\square$$

习　题　6.6

1. 设 $n\geqslant 2$，$V=F^{n\times n}$，V 的线性变换 τ: $\boldsymbol{X}\mapsto\boldsymbol{X}^{\mathrm{T}}$ 将 V 中每个方阵 $\boldsymbol{X}$ 变换到它的转置 $\boldsymbol{X}^{\mathrm{T}}$. 求 τ 的特征值和特征向量. τ 是否可对角化？

2. 设 λ_1，λ_2 是 n 阶方阵 $\boldsymbol{A}$ 的两个不同的特征值，$\boldsymbol{X}_1$，$\boldsymbol{X}_2$ 是分别属于 λ_1，λ_2 的特征向量，证明：$\boldsymbol{X}_1+\boldsymbol{X}_2$ 不是 $\boldsymbol{A}$ 的特征向量.

3. 设方阵 $\boldsymbol{A}\in F^{n\times n}$ 满足条件 $\boldsymbol{A}^2=\boldsymbol{A}$，求证：$\boldsymbol{A}$ 可对角化.

4. 对给定的 $\boldsymbol{A}\in F^{n\times n}$，在 $F^{n\times n}$ 上定义线性变换 $\mathscr{A}$:$\boldsymbol{X}\mapsto\boldsymbol{AX}-\boldsymbol{XA}$. 如果 $\boldsymbol{A}$ 可对角化，问 $\mathscr{A}$ 是否也可对角化？说明理由.

5. 设 $\mathscr{A}$ 是线性空间 V 上的线性变换. 如果 V 中所有的非零向量都是 $\mathscr{A}$ 的特征向量，求证：$\mathscr{A}$ 是标量变换.

§6.7　最小多项式

1. 可对角化方阵的最小多项式

§6.6 例 2 中的方阵满足的条件 $\boldsymbol{A}^2=\boldsymbol{I}$ 也就是 $(\boldsymbol{A}-\boldsymbol{I})(\boldsymbol{A}+\boldsymbol{I})=\boldsymbol{O}$，可以理解为 $\boldsymbol{A}$ 是多项式 $(x-1)(x+1)$ 的“根”，不难发现，将 $\boldsymbol{A}$ 满足的条件改为任意的 $(\boldsymbol{A}-\lambda_1\boldsymbol{I})(\boldsymbol{A}-\lambda_2\boldsymbol{I})=\boldsymbol{O}$，只要其中 $\lambda_1\neq\lambda_2$，则仿照 §6.6 例 2 仍能证明 $\boldsymbol{A}$ 可对角化，相似于 $\begin{pmatrix}\lambda_1\boldsymbol{I}_{(m)} & \\ & \lambda_2\boldsymbol{I}_{(n-m)}\end{pmatrix}$.

我们希望将结论推广到任意的可对角化方阵 $\boldsymbol{A}$，看它应是什么样的多项式 $f(x)$ 的“根”，看对什么样的多项式 $f(x)$，$f(\boldsymbol{A})=\boldsymbol{O}$ 能够成为 $\boldsymbol{A}$ 可对角化

的充分必要条件.

例 1 设 $\boldsymbol{A}$ 是任意复方阵，$\lambda_1,\cdots,\lambda_t$ 是它的全部不同的特征值，代数重数分别是 $n_1,\cdots,n_t$. 如果 $\boldsymbol{A}$ 相似于对角阵，试求满足条件 $f(\boldsymbol{A})=\boldsymbol{O}$ 的所有复系数多项式 $f(x)\in\mathbf{C}[x]$.

解 $\boldsymbol{A}$ 的特征多项式 $\varphi_A(\lambda)=(\lambda-\lambda_1)^{n_1}\cdots(\lambda-\lambda_t)^{n_t}$. 设 $\boldsymbol{A}$ 相似于对角阵 $\boldsymbol{D}$，即存在可逆复方阵 $\boldsymbol{P}$ 使 $\boldsymbol{P}^{-1}\boldsymbol{AP}=\boldsymbol{D}$，则 $\boldsymbol{D}$ 的特征多项式也等于 $\varphi_A(\lambda)$. 因此

$$\boldsymbol{P}^{-1}\boldsymbol{AP}=\boldsymbol{D}=\begin{pmatrix}\lambda_1\boldsymbol{I}_{(n_1)} & & \\ & \ddots & \\ & & \lambda_t\boldsymbol{I}_{(n_t)}\end{pmatrix}$$

$$f(\boldsymbol{A})=\boldsymbol{O}\Leftrightarrow f(\boldsymbol{D})=\begin{pmatrix}f(\lambda_1)\boldsymbol{I}_{(n_1)} & & \\ & \ddots & \\ & & f(\lambda_t)\boldsymbol{I}_{(n_t)}\end{pmatrix}=\boldsymbol{O}$$

$$f(\lambda_1)=\cdots=f(\lambda_t)=0\Leftrightarrow f(\lambda)=(\lambda-\lambda_1)\cdots(\lambda-\lambda_t)q(\lambda)$$

其中 $q(\lambda)$ 是任意复系数多项式.

因此，满足条件 $f(\boldsymbol{A})=\boldsymbol{O}$ 的多项式 $f(\lambda)$ 为 $(\lambda-\lambda_1)\cdots(\lambda-\lambda_t)$ 的所有的倍式. □

定义 6.7.1 设 $\boldsymbol{A}\in F^{n\times n}$. 如果系数在 F 中的非零多项式 $f(\lambda)\in F[\lambda]$ 满足条件 $f(\boldsymbol{A})=\boldsymbol{O}$，就称 $f(\lambda)$ 是 $\boldsymbol{A}$ 的**零化多项式**(annihilator). $\boldsymbol{A}$ 的所有零化多项式中次数最低的首一多项式称为 $\boldsymbol{A}$ 的**最小多项式**(minimal polynomial)，记作 $d_A(\lambda)$.

设 $\mathscr{A}$ 是数域 F 上线性空间 V 的线性变换. 如果非零多项式 $f(\lambda)\in F[\lambda]$ 满足条件 $f(\mathscr{A})=\mathscr{O}$，就称 $f(\lambda)$ 是 $\mathscr{A}$ 的零化多项式. $\mathscr{A}$ 的所有零化多项式中次数最低的首一多项式称为 $\mathscr{A}$ 的最小多项式，记作 $d_{\mathscr{A}}(\lambda)$. □

说 $f(\lambda)$ 是方阵 $\boldsymbol{A}$ 的零化多项式，就好比说 $\boldsymbol{A}$ 是 $f(\lambda)$ 的“根”.

显然，线性变换 $\mathscr{A}$ 在任一组基下的矩阵 $\boldsymbol{A}$ 的零化多项式与最小多项式就是 $\mathscr{A}$ 的零化多项式和最小多项式. 相似的方阵的零化多项式集合相同，最小多项式也相同.

例 1 求出了可对角化的方阵 $\boldsymbol{A}$ 的所有的零化多项式，就是 $(\lambda-\lambda_1)\cdots(\lambda-\lambda_t)$ 的所有的倍式. 显然 $(\lambda-\lambda_1)\cdots(\lambda-\lambda_t)$ 就是 A 的最小多项式 $d_A(\lambda)$.

很自然提出这样的问题：任意方阵 $\boldsymbol{A}\in F^{n\times n}$ 是否都有零化多项式?

例 2 求证：任意方阵 $\boldsymbol{A}$ 都有零化多项式.

证明 设 $\boldsymbol{A}\in F^{n\times n}$. 由于 $F^{n\times n}$ 是 F 上 n^2 维空间，其中 n^2+1 个矩阵 $\boldsymbol{I},\boldsymbol{A},\boldsymbol{A}^2,\cdots,\boldsymbol{A}^{n^2}$ 必然线性相关，存在不全为零的数 $a_i\in F(0\leqslant i\leqslant n^2)$ 使

$$a_0\boldsymbol{I}+a_1\boldsymbol{A}+a_2A^2+\cdots+a_{n^2}\boldsymbol{A}^{n^2}=\boldsymbol{O}$$

这就是说$f(\boldsymbol{A})=\boldsymbol{O}$对$f(\lambda)=a_0+a_1\lambda+a_2\lambda^2+\cdots+a_{n^2}\lambda^{n^2}\in F[\lambda]$成立. 由于系数$a_i$不全为0, 多项式$f(\lambda)$不为零, 是$\boldsymbol{A}$的一个零化多项式. □

例 3 求证: 如果$f(\lambda)$是$\boldsymbol{A}$的零化多项式, 则$\boldsymbol{A}$的所有特征值λ_i都是$f(\lambda)$的根. 特别, $\boldsymbol{A}$的所有特征值都是$\boldsymbol{A}$的最小多项式$d_{\boldsymbol{A}}(\lambda)$的根.

证明 设$\boldsymbol{X}$是属于特征值λ_i的任一特征向量. 则$\boldsymbol{AX}=\lambda_i\boldsymbol{X}=\boldsymbol{0}$. 由此推出

$$\boldsymbol{A}^2\boldsymbol{X}=\boldsymbol{A}(\boldsymbol{AX})=\boldsymbol{A}\lambda_i\boldsymbol{X}=\lambda_i\boldsymbol{AX}=\lambda_i(\lambda_i\boldsymbol{X})=\lambda_i^2\boldsymbol{X}$$

一般地, 用数学归纳法可以证明$\boldsymbol{A}^m\boldsymbol{X}=\lambda_i^m\boldsymbol{X}$对所有的正整数$m$成立.

设$f(\lambda)=a_0+a_1\lambda+\cdots+a_m\lambda^m$, 则

$$\begin{aligned}f(\boldsymbol{A})\boldsymbol{X}&=a_0\boldsymbol{X}+a_1\boldsymbol{AX}+\cdots+a_m\boldsymbol{A}^m\boldsymbol{X}\\&=a_0\boldsymbol{X}+a_1\lambda_i\boldsymbol{X}+\cdots+a_m\lambda_i^m\boldsymbol{X}=f(\lambda_i)\boldsymbol{X}\end{aligned}$$

由$f(\boldsymbol{A})=\boldsymbol{O}$知$f(\boldsymbol{A})\boldsymbol{X}=\boldsymbol{O}$, 从而$f(\lambda_i)\boldsymbol{X}=\boldsymbol{O}$, 但$\boldsymbol{X}\neq\boldsymbol{O}$, 因此$f(\lambda_i)=0$. □

已经知道了每个方阵$\boldsymbol{A}$有至少一个零化多项式$f(\lambda)$, 则$f(\lambda)$的所有的倍式$q(\lambda)f(\lambda)$也是$\boldsymbol{A}$的零化多项式: $q(\boldsymbol{A})f(\boldsymbol{A})=q(\boldsymbol{A})\boldsymbol{0}=\boldsymbol{0}$. 当然$\boldsymbol{A}$就有最小多项式. 进一步的问题是: $\boldsymbol{A}$的最小多项式是否唯一?

定理 6.7.1 设$f(\lambda)$是方阵$\boldsymbol{A}$的零化多项式, $d_{\boldsymbol{A}}(\lambda)$是$\boldsymbol{A}$的最小多项式. 则: $f(\lambda)$是$d_{\boldsymbol{A}}(\lambda)$的倍式; $d_{\boldsymbol{A}}(\lambda)$由$\boldsymbol{A}$唯一决定.

证明 用$d_{\boldsymbol{A}}(\lambda)$除$f(\lambda)$得到商$q(\lambda)$和余式$r(\lambda)$. 则

$$r(\lambda)=f(\lambda)-q(\lambda)d_{\boldsymbol{A}}(\lambda).$$

将$\boldsymbol{A}$代入得到

$$r(\boldsymbol{A})=f(\boldsymbol{A})-q(\boldsymbol{A})d_{\boldsymbol{A}}(\boldsymbol{A})=\boldsymbol{O}-q(\boldsymbol{A})\boldsymbol{O}=\boldsymbol{O}.$$

如果$r(\lambda)\neq 0$, 则$r(\lambda)$也是$\boldsymbol{A}$的零化多项式并且次数低于$d_{\boldsymbol{A}}(\lambda)$, 与$d_{\boldsymbol{A}}(\lambda)$的最小性矛盾. 因此$r(\lambda)=0$, $f(\lambda)$是$d_{\boldsymbol{A}}(\lambda)$的倍式.

如果$g(\lambda)$也是$\boldsymbol{A}$的最小多项式, 则$g(\lambda)$的次数与$d_{\boldsymbol{A}}(\lambda)$相同, 最高次项系数为1. 但$g(\lambda)$应是$d_{\boldsymbol{A}}(\lambda)$的倍式, 这迫使$g(\lambda)=d_{\boldsymbol{A}}(\lambda)$. 这就证明了$\boldsymbol{A}$的最小多项式的唯一性. □

由例3知道: 任意方阵$\boldsymbol{A}$的所有特征值λ_i都是$\boldsymbol{A}$的最小多项式$d_{\boldsymbol{A}}(\lambda)$的根. 如果$\boldsymbol{A}$的所有不同的特征值为$\lambda_1,\cdots,\lambda_t$, 则$d_{\boldsymbol{A}}(\lambda)$有因式$d(\lambda)=(\lambda-\lambda_1)\cdots(\lambda-\lambda_t)$. 例1证明了: 如果$A$可对角化, 则以各特征值为单根的这个因式$d(\lambda)$就是$\boldsymbol{A}$的最小多项式, $\boldsymbol{A}$的最小多项式没有重根.

反过来. 我们可以证明: $\boldsymbol{A}$的最小多项式没有重根也是$\boldsymbol{A}$可对角化的充分条件, 从而是充分必要条件.

定理 6.7.2 复方阵$\boldsymbol{A}$可对角化$\Leftrightarrow\boldsymbol{A}$的最小多项式没有重根.

证明 本节例1已经证明了: $\boldsymbol{A}$可对角化$\Rightarrow\boldsymbol{A}$的最小多项式没有重根.

现在设 $\boldsymbol{A}$ 的最小多项式 $d_{\boldsymbol{A}}(\lambda)$ 没有重根，也就是说

$$d_{\boldsymbol{A}}(\lambda)=(\lambda-\lambda_1)\cdots(\lambda-\lambda_t)$$

其中 λ_1，…，λ_t 是 $\boldsymbol{A}$ 的全部不同的特征值. 在此条件下证明 $\boldsymbol{A}$ 可对角化.

$\boldsymbol{A}$ 的左乘作用在复数域 $\mathbf{C}$ 上 n 维列向量空间 $V=\mathbf{C}^{n\times 1}$ 上引起线性变换 $\mathscr{A}$: $\boldsymbol{X}\mapsto \boldsymbol{AX}$. $\boldsymbol{A}$ 的全部特征值 λ_1，…，λ_t 就是 $\mathscr{A}$ 的全部特征值.

设 $\mathscr{A}$ 的属于每个特征值 λ_i 的特征子空间为 V_{λ_i}，M_i 是它的一组基. 由 §6.6 定理 6.6.1 知道：各个 $V_{\lambda_i}(1\leqslant i\leqslant t)$ 的和是直和. 我们证明它们的直和

$$U=V_{\lambda_1}\oplus\cdots\oplus V_{\lambda_t}$$

等于 V，则各 V_{λ_i} 的基 M_i $(1\leqslant i\leqslant t)$ 合并得到的集合 $M=M_1\cup\cdots\cup M_t$ 是 V 的一组基，$\mathscr{A}$ 在这组基 M 下的矩阵就是与 $\boldsymbol{A}$ 相似的对角阵. 为此，只需证明任一 $\boldsymbol{\alpha}\in V$ 含于 U，即 $\boldsymbol{\alpha}=\boldsymbol{\alpha}_1+\cdots+\boldsymbol{\alpha}_t$ 对某一组 $\boldsymbol{\alpha}_i\in V_{\lambda_i}(1\leqslant i\leqslant t)$ 成立.

对每个 $1\leqslant i\leqslant t$，记多项式

$$f_i=\prod_{1\leqslant j\leqslant t,\ j\neq i}(\lambda-\lambda_j)=\frac{d_{\boldsymbol{A}}(\lambda)}{\lambda-\lambda_i}$$

则 f_1 的一次因式 $\lambda-\lambda_j(j\geqslant 2)$ 不是 f_j 的因式因而不是 f_1，…，f_t 的公因式，这说明 f_1，…，f_t 的最大公因式为 1. 由定理 5.2.4 知存在一组多项式 $u_i(x)\in\mathbf{C}[x](1\leqslant i\leqslant t)$ 使

$$u_1(\lambda)f_1(\lambda)+\cdots+u_t(\lambda)f_t(\lambda)=1$$

将 λ 替换成线性变换 $\mathscr{A}$，得

$$u_1(\mathscr{A})f_1(\mathscr{A})+\cdots+u_t(\mathscr{A})f_t(\mathscr{A})=\mathscr{I} \tag{6.7.1}$$

对任意 $\boldsymbol{\alpha}\in V=\mathbf{C}^{n\times 1}$，由(6.7.1)得

$$\boldsymbol{\alpha}=\mathscr{I}(\boldsymbol{\alpha})=(u_1(\mathscr{A})f_1(\mathscr{A})+\cdots+u_t(\mathscr{A})f_t(\mathscr{A}))\boldsymbol{\alpha}=\boldsymbol{\alpha}_1+\cdots+\boldsymbol{\alpha}_t$$

其中 $\boldsymbol{\alpha}_i=u_i(\mathscr{A})f_i(\mathscr{A})\boldsymbol{\alpha}(\forall\, 1\leqslant i\leqslant t)$. 对每个 $1\leqslant i\leqslant t$ 有

$$(\mathscr{A}-\lambda_i\mathscr{I})\boldsymbol{\alpha}_i=(\mathscr{A}-\lambda_i\mathscr{I})u_i(\mathscr{A})f_i(\mathscr{A})\boldsymbol{\alpha}=(\mathscr{A}-\lambda_i\mathscr{I})f_i(\mathscr{A})u_i(\mathscr{A})\boldsymbol{\alpha} \tag{6.7.2}$$

在 $(\lambda-\lambda_i)f_i(\lambda)=d_{\boldsymbol{A}}(\lambda)$ 中将 λ 换成 $\mathscr{A}$ 知 $(\mathscr{A}-\lambda_i\mathscr{I})f_i(\mathscr{A})=d_{\boldsymbol{A}}(\mathscr{A})=\mathscr{O}$，代入(6.7.2)知道

$$(\mathscr{A}-\lambda_i\mathscr{I})\boldsymbol{\alpha}_i=\mathscr{O}u_i(\mathscr{A})\boldsymbol{\alpha}=\mathbf{0}$$

这说明了

$$\boldsymbol{\alpha}_i\in\mathrm{Ker}(\mathscr{A}-\lambda_i\mathscr{I})=V_{\lambda_i}$$

从而 $\boldsymbol{\alpha}=\boldsymbol{\alpha}_1+\cdots+\boldsymbol{\alpha}_t\in V_{\lambda_1}\oplus\cdots\oplus V_{\lambda_t}$ 对任意 $\boldsymbol{\alpha}\in V$ 成立. 可见

$$V=V_{\lambda_1}\oplus\cdots\oplus V_{\lambda_t}$$

取每个 V_{λ_i} 的一组基 $M_i(1\leqslant i\leqslant t)$ 合并得到 V 的基 $M=M_1\cup\cdots\cup M_t$. $\mathscr{A}$ 在这组基下的矩阵 $\boldsymbol{B}$ 是与 $\boldsymbol{A}$ 相似的对角阵. □

例 4 方阵 $\boldsymbol{A}$ 满足条件 $\boldsymbol{A}^k=\boldsymbol{I}$，$k$ 是某个正整数. 求证：$\boldsymbol{A}$ 相似于对角阵.

证明 $\boldsymbol{A}^k=\boldsymbol{I}\Leftrightarrow\lambda^k-1$ 是 $\boldsymbol{A}$ 的零化多项式 $\Rightarrow\boldsymbol{A}$ 的最小多项式 $d_{\boldsymbol{A}}(\lambda)$ 是 λ^k-1 的因式.

λ^k-1 没有重根，它的因式 $d_{\boldsymbol{A}}(\lambda)$ 也就没有重根. 由定理 6.7.2 知 $\boldsymbol{A}$ 可对角化. □

2. 任意复方阵的最小多项式

例 2 虽然证明了任意 n 阶方阵 $\boldsymbol{A}$ 都有次数不超过 n^2 的零化多项式. 但这个次数 n^2 太高，$\boldsymbol{A}$ 的最小多项式是否应当更低?

当 $\boldsymbol{A}$ 相似于对角阵时，我们通过对角阵的最小多项式找出了 $\boldsymbol{A}$ 的最小多项式. 任意的方阵 $\boldsymbol{A}$ 不一定能相似于对角阵，但可以相似于三角形矩阵.

定理 6.7.3 复数域上的 n 阶方阵 $\boldsymbol{A}$ 相似于上三角形矩阵

$$\boldsymbol{B}=\begin{pmatrix} b_{11} & b_{12} & \cdots & b_{1n} \\ 0 & b_{22} & \cdots & b_{2n} \\ \vdots & \vdots & & \vdots \\ 0 & 0 & \cdots & b_{nn} \end{pmatrix}$$

$\boldsymbol{B}$ 的主对角线元 b_{11}，…，b_{nn} 就是 $\boldsymbol{A}$ 的全体特征值，并且这些特征值可以按预先指定的任何顺序排列.

证明 对 n 作数学归纳法.

当 $n=1$ 时 $\boldsymbol{A}$ 由一个数 a 组成，当然是上三角形矩阵，a 就是它的特征值.

假设复数域上 $n-1$ 阶方阵相似于上三角形矩阵，其特征值可以在主对角线上按预先指定的任意顺序排列.

我们证明 n 阶方阵 $\boldsymbol{A}$ 相似于上三角形矩阵，其特征值可以在主对角线上按预先指定的任意顺序排列.

设 λ_i 是 $\boldsymbol{A}$ 的任意一个特征值，$\boldsymbol{X}_1$ 是属于特征值 λ_i 的特征向量. 将 $\boldsymbol{X}_1$ 扩充为 $\mathbf{C}^{n\times 1}$ 的一组基 $\{\boldsymbol{X}_1,\boldsymbol{X}_2,\cdots,\boldsymbol{X}_n\}$，依次以 $\boldsymbol{X}_1$，$\boldsymbol{X}_2$，…，$\boldsymbol{X}_n$ 为各列组成矩阵 $\boldsymbol{P}_1=(\boldsymbol{X}_1,\boldsymbol{X}_2,\cdots,\boldsymbol{X}_n)$. 则 $\boldsymbol{P}$ 可逆. 且由 $\boldsymbol{A}\boldsymbol{X}_1=\lambda_i\boldsymbol{X}_1$ 知

$$\boldsymbol{A}(\boldsymbol{X}_1,\boldsymbol{X}_2,\cdots,\boldsymbol{X}_n)=(\boldsymbol{X}_1,\boldsymbol{X}_2,\cdots,\boldsymbol{X}_n)\begin{pmatrix} \lambda_i & \boldsymbol{A}_{12} \\ \boldsymbol{0} & \boldsymbol{A}_{22} \end{pmatrix}$$

即

$$\boldsymbol{A}\boldsymbol{P}_1=\boldsymbol{P}_1\begin{pmatrix} \lambda_i & \boldsymbol{A}_{12} \\ \boldsymbol{0} & \boldsymbol{A}_{22} \end{pmatrix},\quad \boldsymbol{P}_1^{-1}\boldsymbol{A}\boldsymbol{P}_1=\begin{pmatrix} \lambda_i & \boldsymbol{A}_{12} \\ \boldsymbol{0} & \boldsymbol{A}_{22} \end{pmatrix}$$

其中 $\boldsymbol{A}_{12}\in\mathbf{C}^{1\times(n-1)}$，$\boldsymbol{A}_{22}\in\mathbf{C}^{(n-1)\times(n-1)}$.

$\boldsymbol{A}$ 的特征多项式 $\varphi_{\boldsymbol{A}}(\lambda)=(\lambda-\lambda_i)\varphi_{\boldsymbol{A}_{22}}(\lambda)$. 因此，$\boldsymbol{A}_{22}$的全体特征值与 λ_i 一起就是 $\boldsymbol{A}$ 的全体特征值. 根据归纳假设，$n-1$ 阶复方阵 $\boldsymbol{A}_{22}$相似于上三角形矩阵，存在 $n-1$ 阶复可逆方阵 $\boldsymbol{P}_2$ 使 $\boldsymbol{B}_{22}=\boldsymbol{P}_2^{-1}\boldsymbol{A}_{22}\boldsymbol{P}_2$ 是上三角形矩阵，$\boldsymbol{B}_{22}$的主对角线的全体元就是 $\boldsymbol{A}_{22}$的全体特征值，并且可以按任何预先指定的顺序排列.

$\begin{pmatrix} 1 & \boldsymbol{0} \\ \boldsymbol{0} & \boldsymbol{P}_2 \end{pmatrix}$是 n 阶可逆方阵，且

$$\begin{pmatrix} 1 & \boldsymbol{0} \\ \boldsymbol{0} & \boldsymbol{P}_2 \end{pmatrix}^{-1}\begin{pmatrix} \lambda_i & \boldsymbol{A}_{12} \\ \boldsymbol{0} & \boldsymbol{A}_{22} \end{pmatrix}\begin{pmatrix} 1 & \boldsymbol{0} \\ \boldsymbol{0} & \boldsymbol{P}_2 \end{pmatrix}=\begin{pmatrix} \lambda_i & \boldsymbol{A}_{12}\boldsymbol{P}_2 \\ \boldsymbol{0} & \boldsymbol{P}_2^{-1}\boldsymbol{A}_{22}\boldsymbol{P}_2 \end{pmatrix}=\begin{pmatrix} \lambda_i & \boldsymbol{B}_{12} \\ \boldsymbol{0} & \boldsymbol{B}_{22} \end{pmatrix}$$

由于 $\boldsymbol{B}_{22}$是上三角形矩阵，$\boldsymbol{B}=\begin{pmatrix} \lambda_i & \boldsymbol{B}_{12} \\ \boldsymbol{0} & \boldsymbol{B}_{22} \end{pmatrix}$是上三角形矩阵. 取 $\boldsymbol{P}=\boldsymbol{P}_1\begin{pmatrix} 1 & \boldsymbol{0} \\ \boldsymbol{0} & \boldsymbol{P}_2 \end{pmatrix}$，则

$$\boldsymbol{P}^{-1}\boldsymbol{A}\boldsymbol{P}=\begin{pmatrix} 1 & \boldsymbol{0} \\ \boldsymbol{0} & \boldsymbol{P}_2 \end{pmatrix}^{-1}\boldsymbol{P}_1^{-1}\boldsymbol{A}\boldsymbol{P}_1\begin{pmatrix} 1 & \boldsymbol{0} \\ \boldsymbol{0} & \boldsymbol{P}_2 \end{pmatrix}=\boldsymbol{B}$$

是上三角形矩阵，它的主对角线元就是 $\boldsymbol{A}$ 的全体特征值，并且可按任意预先指定的顺序排列.

由数学归纳原理，定理的结论对任意 n 阶复方阵成立. □

推论 6.7.1 设 $\mathscr{A}$ 是 n 维复线性空间 V 的线性变换. 则存在 V 的基使 $\mathscr{A}$ 在这组基下的矩阵为上三角形矩阵，其主对角线元是 $\mathscr{A}$ 的全体特征根，并且可以按预先指定的任意顺序排列. □

定理 6.7.4 (Cayley-Hamilton 定理) 任意方阵 $\boldsymbol{A}\in F^{n\times n}$的特征多项式

$$\varphi_{\boldsymbol{A}}(\lambda)=\lambda^n-c_1\lambda^{n-1}+\cdots+(-1)^n c_n$$

都是 $\boldsymbol{A}$ 的零化多项式. 即

$$\varphi_{\boldsymbol{A}}(\boldsymbol{A})=\boldsymbol{A}^n-c_1\boldsymbol{A}^{n-1}+\cdots+(-1)^n c_n\boldsymbol{I}=\boldsymbol{O}$$

证明 将 $\varphi_{\boldsymbol{A}}(\lambda)$在复数域上分解为一次因式的乘积：$\varphi_{\boldsymbol{A}}(\lambda)=(\lambda-\lambda_1)(\lambda-\lambda_2)\cdots(\lambda-\lambda_n)$，其中 λ_1，λ_2，…，λ_n 是 $\boldsymbol{A}$ 的全部特征值(不一定两两不同). 则

$$\varphi_{\boldsymbol{A}}(\boldsymbol{A})=(\boldsymbol{A}-\lambda_1\boldsymbol{I})(\boldsymbol{A}-\lambda_2\boldsymbol{I})\cdots(\boldsymbol{A}-\lambda_n\boldsymbol{I})$$

我们对 $\boldsymbol{A}$ 的阶数 n 作数学归纳法，证明 $\varphi_{\boldsymbol{A}}(\boldsymbol{A})=\boldsymbol{O}$ 对所有的正整数 n 成立.

当 $n=1$ 时，$\boldsymbol{A}=(a)$由一个数 a 组成，$\varphi_{\boldsymbol{A}}(\lambda)=\lambda-a$，$\varphi_{\boldsymbol{A}}(\boldsymbol{A})=a-a=0$，命题成立.

设 $n\geqslant 2$，且命题对 $n-1$ 阶方阵成立，在此假设下证明命题对 n 阶方阵 $\boldsymbol{A}$

成立.

由定理 6.7.3 知，存在可逆复方阵 $\boldsymbol{P}$ 使 $\boldsymbol{B}=\boldsymbol{P}^{-1}\boldsymbol{A}\boldsymbol{P}$ 是上三角形矩阵：

$$\boldsymbol{B}=\begin{pmatrix}\lambda_1 & b_{12} & \cdots & b_{1n}\\ 0 & \lambda_2 & \cdots & b_{2n}\\ \vdots & \ddots & \ddots & \vdots\\ 0 & \cdots & 0 & \lambda_n\end{pmatrix}$$

且由 $\boldsymbol{A}=\boldsymbol{P}\boldsymbol{B}\boldsymbol{P}^{-1}$ 知 $\varphi_{\boldsymbol{A}}(\boldsymbol{A})=\boldsymbol{P}\varphi_{\boldsymbol{A}}(\boldsymbol{B})\boldsymbol{P}^{-1}$. 只要能证明 $\varphi_{\boldsymbol{A}}(\boldsymbol{B})=\boldsymbol{O}$，则 $\varphi_{\boldsymbol{A}}(\boldsymbol{A})=\boldsymbol{O}$.

将 $\boldsymbol{B}$ 写成分块形式 $\boldsymbol{B}=\begin{pmatrix}\boldsymbol{B}_{11} & \boldsymbol{B}_{12}\\ \boldsymbol{0} & \lambda_n\end{pmatrix}$，其中 $\boldsymbol{B}_{11}\in\mathbf{C}^{(n-1)\times(n-1)}$，$\boldsymbol{B}_{12}\in\mathbf{C}^{1\times(n-1)}$.

则

$$\begin{aligned}\varphi_{\boldsymbol{A}}(\boldsymbol{B})&=(\boldsymbol{B}-\lambda_1\boldsymbol{I})\cdots(\boldsymbol{B}-\lambda_{n-1}\boldsymbol{I})(\boldsymbol{B}-\lambda_n\boldsymbol{I})\\&=\begin{pmatrix}\boldsymbol{B}_{11}-\lambda_1\boldsymbol{I} & \boldsymbol{B}_{12}\\ \boldsymbol{0} & \mu_1\end{pmatrix}\cdots\begin{pmatrix}\boldsymbol{B}_{11}-\lambda_{n-1}\boldsymbol{I} & \boldsymbol{B}_{12}\\ \boldsymbol{0} & \mu_{n-1}\end{pmatrix}\begin{pmatrix}\boldsymbol{B}_{11}-\lambda_n\boldsymbol{I} & \boldsymbol{B}_{12}\\ \boldsymbol{0} & 0\end{pmatrix}\\&=\begin{pmatrix}(\boldsymbol{B}_{11}-\lambda_1\boldsymbol{I})\cdots(\boldsymbol{B}_{11}-\lambda_{n-1}\boldsymbol{I}) & *\\ \boldsymbol{0} & \mu\end{pmatrix}\begin{pmatrix}\boldsymbol{B}_{11}-\lambda_n\boldsymbol{I} & \boldsymbol{B}_{12}\\ \boldsymbol{0} & 0\end{pmatrix}\end{aligned}\tag{6.7.3}$$

其中 $\mu_i=\lambda_n-\lambda_i$，$\mu=\mu_1\cdots\mu_{n-1}$，$*$ 表示某个矩阵. $\boldsymbol{B}_{11}$ 是 $n-1$ 阶上三角形矩阵，全体对角元(也就是全部特征值)依次为 λ_1，$\cdots$，λ_{n-1}，因此它的特征多项式 $\varphi_{\boldsymbol{B}_{11}}(\lambda)=(\lambda-\lambda_1)\cdots(\lambda-\lambda_{n-1})$. 由归纳假设，

$$(\boldsymbol{B}_{11}-\lambda_1\boldsymbol{I})\cdots(\boldsymbol{B}_{11}-\lambda_{n-1}\boldsymbol{I})=\varphi_{\boldsymbol{B}_{11}}(\boldsymbol{B}_{11})=\boldsymbol{O}$$

因此，(6.7.3)就成为

$$\varphi_{\boldsymbol{A}}(\boldsymbol{B})=\begin{pmatrix}\boldsymbol{0} & *\\ \boldsymbol{0} & \mu\end{pmatrix}\begin{pmatrix}\boldsymbol{B}_{11}-\lambda_n\boldsymbol{I} & \boldsymbol{B}_{12}\\ \boldsymbol{0} & 0\end{pmatrix}=\begin{pmatrix}\boldsymbol{O} & \boldsymbol{0}\\ \boldsymbol{0} & 0\end{pmatrix}=\boldsymbol{O}$$

从而 $\varphi_{\boldsymbol{A}}(\boldsymbol{A})=\boldsymbol{0}$.

根据数学归纳法原理，$\varphi_{\boldsymbol{A}}(\boldsymbol{A})=\boldsymbol{O}$ 对任意 n 阶方阵成立. □

推论 6.7.2 $\boldsymbol{A}$ 的最小多项式 $d_{\boldsymbol{A}}(\lambda)$ 是特征多项式 $\varphi_{\boldsymbol{A}}(\lambda)$ 的因式.

如果

$$\varphi_{\boldsymbol{A}}(\lambda)=(\lambda-\lambda_1)^{n_1}\cdots(\lambda-\lambda_t)^{n_t}$$

其中 $\lambda_1,\cdots,\lambda_t$ 是 A 的全部不同的特征值. 则 $\boldsymbol{A}$ 的最小多项式 $d_{\boldsymbol{A}}(\lambda)$ 为

$$d_{\boldsymbol{A}}(\lambda)=(\lambda-\lambda_1)^{k_1}\cdots(\lambda-\lambda_t)^{k_t}$$

其中 $1\leqslant k_i\leqslant n_i$，$\forall\,1\leqslant i\leqslant t$.

证明 由于特征多项式 $f_{\boldsymbol{A}}(\lambda)$ 是 $\boldsymbol{A}$ 的零化多项式，由定理 6.7.1 知最小多

项式 $d_A(\lambda)$ 是 $f_A(\lambda)$ 的因式.

因此 $d_A(\lambda)$ 的根都是 $\varphi_A(\lambda)$ 的根，即 $\boldsymbol{A}$ 的特征值. 反过来，例 3 中已经证明每个特征值 λ_i 都是 $\boldsymbol{A}$ 的零化多项式的根，从而也是 $d_A(\lambda)$ 的根.

因此

$$d_A(\lambda)=(\lambda-\lambda_1)^{k_1}\cdots(\lambda-\lambda_t)^{k_t}$$

其中 $1\leqslant k_i\leqslant n_i$.　□

例 5　设方阵 $\boldsymbol{A}$ 可逆，求证：$\boldsymbol{A}^{-1}$ 是 $\boldsymbol{A}$ 的多项式.

证明　设 $\varphi_A(\lambda)=\lambda^n+a_1\lambda^{n-1}+\cdots+a_{n-1}\lambda+a_n$. 则由 $\boldsymbol{A}$ 可逆知 $a_n=(-1)^n\det\boldsymbol{A}\neq 0$. 由 Cayley-Hamilton 定理知

$$\varphi_A(\boldsymbol{A})=\boldsymbol{A}^n+a_1\boldsymbol{A}^{n-1}+\cdots+a_{n-1}\boldsymbol{A}+a_n\boldsymbol{I}=\boldsymbol{0}$$

$$\boldsymbol{A}(-a_n^{-1}\boldsymbol{A}^{n-1}-a_n^{-1}a_1\boldsymbol{A}^{n-2}-\cdots-a_n^{-1}a_{n-1}\boldsymbol{I})=\boldsymbol{I}$$

$$\boldsymbol{A}^{-1}=-a_n^{-1}\boldsymbol{A}^{n-1}-a_n^{-1}a_1\boldsymbol{A}^{n-2}-\cdots-a_n^{-1}a_{n-1}\boldsymbol{I}=f(\boldsymbol{A})$$

其中 $f(\lambda)=-a_n^{-1}\lambda^{n-1}-a_n^{-1}a_1\lambda^{n-2}-\cdots-a_n^{-1}a_{n-1}$.　□

例 6　求

$$\boldsymbol{A}=\begin{pmatrix}0&0&1&2&3\\0&0&0&1&-1\\0&0&0&1&2\\0&0&0&0&0\\0&0&0&0&0\end{pmatrix}$$

的最小多项式.

解　易见 $\boldsymbol{A}$ 的特征值全为 0，特征多项式 $\varphi_A(\lambda)=\lambda^5$ 是 $\boldsymbol{A}$ 的零化多项式. 最小多项式 $d_A(\lambda)$ 是 λ^5 的因式，形如 λ^m，$2\leqslant m\leqslant 5$. 计算可见

$$\boldsymbol{A}^2=\begin{pmatrix}0&0&0&1&2\\0&0&0&0&0\\0&0&0&0&0\\0&0&0&0&0\\0&0&0&0&0\end{pmatrix},\ \boldsymbol{A}^3=\boldsymbol{O}.$$

可见 λ^3 是 $\boldsymbol{A}$ 的零化多项式，是 λ^m 的倍式；而 λ^2 不是 $\boldsymbol{A}$ 的零化多项式，不是 λ^m 的倍式. 这说明 $2<m\leqslant 3$，$m=3$，$d_A(\lambda)=\lambda^3$.　□

定义 6.7.2　如果存在正整数 k 使 $\boldsymbol{A}^k=\boldsymbol{O}$ 对方阵 $\boldsymbol{A}$ 成立，就称 $\boldsymbol{A}$ 是**幂零的**(nilpotent).　□

说 $\boldsymbol{A}$ 是幂零的，也就是说 $\boldsymbol{A}$ 有零化多项式 λ^k，因而最小多项式为 λ^m，其中 m 是使 $\boldsymbol{A}^m=\boldsymbol{O}$ 的最小正整数. 此时 $\boldsymbol{A}$ 的特征值只能是 λ^m 的唯一的根 0. 因此，我们有：

推论 6.7.3　A 是幂零的$\Leftrightarrow A$ 只有唯一的特征值 0.　□

习　题　6.7

1. 设 A 相似于上三角形矩阵 $B=\begin{pmatrix} B_{11} & B_{12} \\ O & B_{22} \end{pmatrix}$，其中 B_{11} 的对角元全等于 λ_1，B_{22} 的对角元全等于 λ_2，$\lambda_1\neq\lambda_2$. 设 $(A-\lambda_1 I)(A-\lambda_2 I)=O$. 求证：

(1) B_{11}，B_{22} 都是标量矩阵；

(2) 存在 $P=\begin{pmatrix} I & S \\ O & I \end{pmatrix}$ 使 $P^{-1}BP=\begin{pmatrix} \lambda_1 I & O \\ O & \lambda_2 I \end{pmatrix}$，从而 A 相似于对角矩阵；

(3) 将以上推理加以推广，证明：如果 A 的最小多项式没有重根，则 A 可对角化.

2. 在复数域上把下列矩阵 A 相似变形到上三角形或对角阵 $P^{-1}AP$，并求出过渡矩阵 P. 并求出 A 的最小多项式.

(1) $A=\begin{pmatrix} 2 & 2 & 1 \\ -1 & 2 & 2 \\ 1 & -1 & -1 \end{pmatrix}$；　　(2) $A=\begin{pmatrix} 5 & -2 & -2 \\ -2 & 1 & 0 \\ -2 & 0 & 4 \end{pmatrix}$.

3. 求 3 阶方阵 A，使 A 的最小多项式是 λ^2.

4. 求证：方阵 A 的最小多项式 $d_A(\lambda)$ 的某次幂能被特征多项式 $\varphi_A(\lambda)$ 整除.

5. 已知 $A=\begin{pmatrix} 0 & 0 & 0 & 1 \\ 1 & 0 & 0 & 2 \\ 0 & 1 & 0 & 3 \\ 0 & 0 & 1 & 4 \end{pmatrix}$，试求 A 的最小多项式. 并求 A^{-1}.

6. 设 n 阶复方阵 A 满足条件 $\det A=0$ 且 $A^2=aA$，其中 $a\neq 1$. 求方阵 $I-A$ 的逆矩阵.

7. 证明：准对角方阵的最小多项式等于每个对角块的最小多项式的最小公倍式.

8. 举出两个方阵，它们的特征多项式相等，最小多项式也相等，但它们不相似.

§6.8　更多的例子

例 1　利用线性变换像与核的维数关系证明 Frobenius 秩不等式

$$\operatorname{rank} AB+\operatorname{rank} BC-\operatorname{rank} B\leqslant \operatorname{rank} ABC \tag{6.8.1}$$

对任意 $A\in F^{m\times n}$，$B\in F^{n\times p}$，$C\in F^{p\times q}$ 成立.

证明　记 $U=F^{n\times 1}$，$V=F^{m\times 1}$，定义线性映射 $\mathscr{A}:U\to V$，$X\mapsto AX$.

记 U_B 是 B 的列向量在数域 F 上生成的 U 的子空间，U_{BC} 是 BC 的列向量生成的 U 的子空间. 由于 BC 的列向量都是 B 的列向量的线性组合，因此 U_{BC} 是 U_B 的子空间. 分别考虑 $\mathscr{A}$ 在 U_B 和 U_{BC} 上的限制

$$\mathscr{A}|_{U_B}:U_B\to V,\ X\mapsto AX,\qquad \mathscr{A}|_{U_{BC}}:U_{BC}\to V,\ X\mapsto AX$$

则

$$\dim \operatorname{Ker}(\mathscr{A}|_{U_B})=\dim U_B-\dim \operatorname{Im}(\mathscr{A}|_{U_B})=\operatorname{rank} \boldsymbol{B}-\operatorname{rank} \boldsymbol{AB}$$

$$\dim \operatorname{Ker}(\mathscr{A}|_{U_{BC}})=\dim U_{BC}-\dim \operatorname{Im}(\mathscr{A}|_{U_{BC}})=\operatorname{rank} \boldsymbol{BC}-\operatorname{rank} \boldsymbol{ABC}$$

由于 $U_{BC}\subseteq U_B$，$\mathscr{A}|_{U_{BC}}$可以看作$\mathscr{A}|_{U_B}$在 U_{BC}上的限制，因此

$$\operatorname{Ker}(\mathscr{A}|_{U_{BC}})=\operatorname{Ker}(\mathscr{A}|_{U_B})\cap U_{BC}\subseteq \operatorname{Ker}(\mathscr{A}|_{U_B})$$

$$\dim \operatorname{Ker}(\mathscr{A}|_{U_{BC}})\leqslant \dim \operatorname{Ker}(\mathscr{A}|_{U_B})$$

即

$$\operatorname{rank} \boldsymbol{BC}-\operatorname{rank} \boldsymbol{ABC}\leqslant \operatorname{rank} \boldsymbol{B}-\operatorname{rank} \boldsymbol{AB}$$

从而

$$\operatorname{rank} \boldsymbol{AB}+\operatorname{rank} \boldsymbol{BC}-\operatorname{rank} \boldsymbol{B}\leqslant \operatorname{rank} \boldsymbol{ABC} \quad \square$$

例 2 设 $\boldsymbol{A}\in \mathbf{C}^{m\times n}$，$\boldsymbol{B}\in \mathbf{C}^{n\times m}$，求证：$\boldsymbol{AB}$ 与 $\boldsymbol{BA}$ 的非零特征值相同.

证法 1 设 λ 是 $\boldsymbol{AB}$ 的任一非零特征值，$\boldsymbol{X}$ 是属于这个特征值的特征向量. 则

$$(\boldsymbol{AB})\boldsymbol{X}=\lambda\boldsymbol{X}\Rightarrow \boldsymbol{B}(\boldsymbol{AB})\boldsymbol{X}=\boldsymbol{B}(\lambda\boldsymbol{X})\text{即}(\boldsymbol{BA})(\boldsymbol{BX})=\lambda(\boldsymbol{BX})$$

又

$$\boldsymbol{A}(\boldsymbol{BX})=(\boldsymbol{AB})\boldsymbol{X}=\lambda\boldsymbol{X}\neq \boldsymbol{O}\Rightarrow \boldsymbol{BX}\neq\boldsymbol{O}$$

因此 $\boldsymbol{BX}$ 是 $\boldsymbol{BA}$ 的属于特征值 λ 的特征向量，这就证明了 λ 也是 $\boldsymbol{BA}$ 的特征值.

同理可证 $\boldsymbol{BA}$ 的非零特征值也是 $\boldsymbol{AB}$ 的特征值.

这就证明了 $\boldsymbol{AB}$，$\boldsymbol{BA}$ 的非零特征值相同.

证法 2 易验证

$$\begin{pmatrix}\boldsymbol{I}_{(n)} & \boldsymbol{O}\\ \boldsymbol{A} & \boldsymbol{I}_{(m)}\end{pmatrix}\begin{pmatrix}\lambda\boldsymbol{I}_{(n)} & \boldsymbol{B}\\ \boldsymbol{O} & \lambda\boldsymbol{I}_{(m)}-\boldsymbol{AB}\end{pmatrix}\begin{pmatrix}\boldsymbol{I}_{(n)} & \boldsymbol{O}\\ -\boldsymbol{A} & \boldsymbol{I}_{(m)}\end{pmatrix}=\begin{pmatrix}\lambda\boldsymbol{I}_{(n)}-\boldsymbol{BA} & \boldsymbol{B}\\ \boldsymbol{O} & \lambda\boldsymbol{I}_{(m)}\end{pmatrix}$$

两边取行列式得

$$\lambda^n\det(\lambda\boldsymbol{I}_{(m)}-\boldsymbol{AB})=\lambda^m\det(\lambda\boldsymbol{I}_{(n)}-\boldsymbol{BA})$$

即

$$\lambda^n\varphi_{AB}(\lambda)=\lambda^m\varphi_{BA}(\lambda)$$

这就证明了 $\boldsymbol{AB}$ 与 $\boldsymbol{BA}$ 的特征多项式 $\varphi_{AB}(\lambda)$，$\varphi_{BA}(\lambda)$中的一个是另一个的 $\lambda^{|m-n|}$倍，$\boldsymbol{AB}$ 与 $\boldsymbol{BA}$ 的非零特征值连同重数都相同. $\square$

例 2 的证法 1 只证明了 $\boldsymbol{AB}$，$\boldsymbol{BA}$ 的非零特征值(不考虑重数)相同，而证法 2 证明了 $\boldsymbol{AB}$，$\boldsymbol{BA}$ 的非零特征值连同重数都相同. 因此证法 2 比证法 1 更好.

例 3 (Fibonacci 数列) 设数列 F_1，F_2，…，F_n，…满足条件

$$F_1=F_2=1;\quad F_n=F_{n-1}+F_{n-2},\quad \forall\text{ 正整数 } n\geqslant 3$$

求数列的通项公式.

解 递推关系 $F_n=F_{n-1}+F_{n-2}$可以写成矩阵形式

$$\begin{pmatrix} F_n \\ F_{n-1} \end{pmatrix} = \begin{pmatrix} 1 & 1 \\ 1 & 0 \end{pmatrix} \begin{pmatrix} F_{n-1} \\ F_{n-2} \end{pmatrix} \tag{6.8.2}$$

反复运用(6.8.2)可得

$$\begin{pmatrix} F_n \\ F_{n-1} \end{pmatrix} = \begin{pmatrix} 1 & 1 \\ 1 & 0 \end{pmatrix}^{n-2} \begin{pmatrix} F_2 \\ F_1 \end{pmatrix} = \begin{pmatrix} 1 & 1 \\ 1 & 0 \end{pmatrix}^{n-2} \begin{pmatrix} 1 \\ 1 \end{pmatrix} \tag{6.8.3}$$

以下只需要计算方阵 $\boldsymbol{A} = \begin{pmatrix} 1 & 1 \\ 1 & 0 \end{pmatrix}$ 的 $n-2$ 次幂.

$\boldsymbol{A}$ 的特征多项式 $\varphi_{\boldsymbol{A}}(\lambda) = \lambda^2 - \lambda - 1$，有两个不相等的特征值

$$\lambda_1 = \frac{1-\sqrt{5}}{2}, \quad \lambda_2 = \frac{1+\sqrt{5}}{2}.$$

分别解出属于特征值 λ_1，λ_2 的特征向量

$$\boldsymbol{X}_1 = \left(1,\ \frac{-1-\sqrt{5}}{2}\right)^{\mathrm{T}} = (1, -\lambda_2)^{\mathrm{T}}, \quad \boldsymbol{X}_2 = \left(1,\ \frac{-1+\sqrt{5}}{2}\right)^{\mathrm{T}} = (1, -\lambda_1)^{\mathrm{T}}$$

依次以 $\boldsymbol{X}_1$，$\boldsymbol{X}_2$ 为列向量组成可逆方阵 $\boldsymbol{P}$，则

$$\boldsymbol{A} = \boldsymbol{P} \begin{pmatrix} \lambda_1 & \\ & \lambda_2 \end{pmatrix} \boldsymbol{P}^{-1}$$

$$\boldsymbol{A}^{n-2} = \frac{1}{\lambda_2 - \lambda_1} \begin{pmatrix} 1 & 1 \\ -\lambda_2 & -\lambda_1 \end{pmatrix} \begin{pmatrix} \lambda_1^{n-2} & \\ & \lambda_2^{n-2} \end{pmatrix} \begin{pmatrix} -\lambda_1 & -1 \\ \lambda_2 & 1 \end{pmatrix}$$

$$= \frac{1}{\sqrt{5}} \begin{pmatrix} \lambda_2^{n-1} - \lambda_1^{n-1} & \lambda_2^{n-2} - \lambda_1^{n-2} \\ * & * \end{pmatrix}$$

$$\begin{pmatrix} F_n \\ F_{n-1} \end{pmatrix} = \boldsymbol{A}^{n-2} \begin{pmatrix} 1 \\ 1 \end{pmatrix} = \frac{1}{\sqrt{5}} \begin{pmatrix} \lambda_2^{n-1} - \lambda_1^{n-1} + \lambda_2^{n-2} - \lambda_1^{n-2} \\ * \end{pmatrix}$$

$$F_n = \frac{1}{\sqrt{5}} (\lambda_2^{n-2}(\lambda_2 + 1) - \lambda_1^{n-2}(\lambda_1 + 1))$$

$$= \frac{1}{\sqrt{5}} (\lambda_2^{n-2} \lambda_2^2 - \lambda_1^{n-2} \lambda_1^2)$$

$$= \frac{1}{\sqrt{5}} \left(\left(\frac{1+\sqrt{5}}{2} \right)^n - \left(\frac{1-\sqrt{5}}{2} \right)^n \right) \quad \square$$

Fibonacci 数列是数学历史上著名的数列. 求它的通项公式有另外的方法. 我们在第 2 章 §2.8 例 3 中将满足递推关系 $a_n = a_{n-1} + a_{n-2}$ 的全体数列组成的集合看作 2 维向量空间，通过这个空间中一组由等比数列组成的基求出了通项公式. 这里又将数列的项 a_n 之间的递推关系转化为连续两项组成的向量(a_n, a_{n-1})之间的递推关系，通过将矩阵相似于对角阵来求矩阵的幂解决了问题.

读者试将这个解法推广到更一般的情况(如果发现本章的知识不够用,到下一章再继续研究):

(1) 已知数列 $\{a_n\}$ 的前两项 a_1, a_2, 并且数列满足 2 阶线性递推关系

$$a_n=ba_{n-1}+ca_{n-2},\ (\forall\ 正整数\ n\geqslant 3)$$

求通项公式.

(2) k 是给定的正整数, 已知数列 $\{a_n\}$ 的前 k 项, 并且数列满足 k 阶线性递推关系

$$a_n=b_1a_{n-1}+b_2a_{n-2}+\cdots+b_ka_{n-k},\ (\forall\ 正整数\ n\geqslant k+1)$$

求通项公式.

例 4 设 n 阶复方阵 $\boldsymbol{A}$, $\boldsymbol{B}$ 都可对角化, 并且 $\boldsymbol{AB}=\boldsymbol{BA}$. 求证: 存在同一个 n 阶可逆方阵 $\boldsymbol{P}$, 使 $\boldsymbol{P}^{-1}\boldsymbol{AP}$, $\boldsymbol{P}^{-1}\boldsymbol{BP}$ 同时为对角阵.

证明 由于 $\boldsymbol{A}$ 可对角化, 存在可逆复方阵 $\boldsymbol{P}_1$ 使 $\boldsymbol{P}_1^{-1}\boldsymbol{AP}_1$ 等于对角阵

$$\boldsymbol{A}_1=\begin{pmatrix}\lambda_1\boldsymbol{I}_{(n_1)} & & \\ & \ddots & \\ & & \lambda_t\boldsymbol{I}_{(n_t)}\end{pmatrix}$$

其中 λ_1, $\cdots$, λ_t 是 $\boldsymbol{A}$ 的不同的特征值.

记 $\boldsymbol{B}_1=\boldsymbol{P}_1^{-1}\boldsymbol{BP}_1$. 则

$$\boldsymbol{A}_1\boldsymbol{B}_1=\boldsymbol{P}_1^{-1}\boldsymbol{ABP}_1=\boldsymbol{P}_1^{-1}\boldsymbol{BAP}_1=\boldsymbol{B}_1\boldsymbol{A}_1$$

将 $\boldsymbol{B}_1$ 与 $\boldsymbol{A}_1$ 按同样形式分块, 写成

$$\boldsymbol{B}_1=(\boldsymbol{B}_{ij})_{t\times t}=\begin{pmatrix}\boldsymbol{B}_{11} & \cdots & \boldsymbol{B}_{1t}\\ \vdots & & \vdots\\ \boldsymbol{B}_{t1} & \cdots & \boldsymbol{B}_{tt}\end{pmatrix}$$

的形式. 比较等式 $\boldsymbol{A}_1\boldsymbol{B}_1=\boldsymbol{B}_1\boldsymbol{A}_1$ 即 $(\lambda_i\boldsymbol{B}_{ij})_{t\times t}=(\lambda_j\boldsymbol{B}_{ij})_{t\times t}$ 两边的对应块. 对 $i\neq j$, 由 $\lambda_i\boldsymbol{B}_{ij}=\lambda_j\boldsymbol{B}_{ij}$ 及 $\lambda_i\neq\lambda_j$ 得 $\boldsymbol{B}_{ij}=\boldsymbol{O}$. 因此 $\boldsymbol{B}_1$ 是准对角阵

$$\boldsymbol{B}_1=\begin{pmatrix}\boldsymbol{B}_{11} & & \\ & \ddots & \\ & & \boldsymbol{B}_{tt}\end{pmatrix}$$

$\boldsymbol{B}$ 可对角化 $\Rightarrow\boldsymbol{B}_1$ 可对角化 $\Rightarrow\boldsymbol{B}_1$ 的最小多项式 $d_{\boldsymbol{B}_1}(\lambda)$ 没有重根. 而 $d_{\boldsymbol{B}_1}(\lambda)$ 是每个 $\boldsymbol{B}_{ii}$ 的零化多项式, $\boldsymbol{B}_{ii}$ 的最小多项式是 $d_{\boldsymbol{B}_1}(\lambda)$ 的因式, 也没有重根. 因此, 每个 $\boldsymbol{B}_{ii}$ 可对角化. 对每个 $1\leqslant i\leqslant t$, 存在 n_i 阶可逆复方阵 $\boldsymbol{Q}_i$ 使 $\boldsymbol{D}_i=\boldsymbol{Q}_i^{-1}\boldsymbol{B}_{ii}\boldsymbol{Q}_i$ 是对角阵.

记 $\boldsymbol{P}_2=\mathrm{diag}(\boldsymbol{Q}_1,\cdots,\boldsymbol{Q}_t)$, 则 $\boldsymbol{P}_2$ 是 n 阶可逆方阵,

$$\boldsymbol{P}_2^{-1}\boldsymbol{B}_1\boldsymbol{P}_2=\boldsymbol{D}=\mathrm{diag}(\boldsymbol{D}_1,\cdots,\boldsymbol{D}_t)$$

是对角阵，且

$$P_2^{-1}A_1P_2=A_1$$

仍是对角阵.

记 $P=P_1P_2$. 则 $P^{-1}AP=A_1$ 与 $P^{-1}BP=D$ 同时是对角阵. □

例 5 设数域 F 上 m 阶方阵 A 和 n 阶方阵 B 没有公共的特征值. 求证: $V=F^{m\times n}$ 的线性变换 $\mathscr{A}:X\mapsto AX-XB$ 可逆.

证明 $\mathscr{A}$ 是 $m\times n$ 维线性空间 V 的线性变换. 只要证明 $\mathrm{Ker}\,\mathscr{A}=O$，则 $\mathscr{A}$ 可逆.

$$X\in \mathrm{Ker}\,\mathscr{A}=O\Leftrightarrow AX-XB=O\Leftrightarrow AX=XB$$

我们证明这样的 X 只能等于零.

我们有 $AX=XB$. 如果 $A^kX=XB^k$ 已经对正整数 k 成立，则 $A^{k+1}X=AXB^k=XB^{k+1}$. 由数学归纳法可知 $A^kX=XB^k$ 对所有正整数 k 成立. 进而对任意多项式 $f(\lambda)=a_0+a_1\lambda+\cdots+a_k\lambda^k\in F[\lambda]$，有

$$\begin{aligned}f(A)X&=a_0X+a_1AX+\cdots+a_kA^kX\\&=X(a_0I+a_1B+\cdots+a_kB^k)=Xf(B)\end{aligned}$$

特别，取 $f(\lambda)$ 为 B 的特征多项式 $\varphi_B(\lambda)$，则由 $\varphi_B(B)=O$ 可得到

$$\varphi_B(A)X=X\varphi_B(B)=O \tag{6.8.4}$$

我们证明 $\varphi_B(A)$ 可逆从而 $X=O$. 设 $\varphi_B(\lambda)=(\lambda-\lambda_1)^{n_1}\cdots(\lambda-\lambda_t)^{n_t}$，其中 $\lambda_1,\cdots,\lambda_t$ 是 B 的全部不同的特征值，它们都不是 A 的特征值，因此都不是 $\det(\lambda I-A)=0$ 的根，这说明所有的 $\det(A-\lambda_iI)\neq 0\ (\forall 1\leqslant i\leqslant t)$，从而 $\det(\varphi_B(A))=\det(A-\lambda_1I)^{n_1}\cdots\det(A-\lambda_tI)^{n_t}\neq 0$. 于是 $\varphi_B(A)$ 可逆. 由(6.8.4)中的 $\varphi_B(A)X=O$ 推出 $X=O$.

这就说明了 $\mathrm{Ker}\,\mathscr{A}=O$，从而 $\mathscr{A}$ 可逆. □

例 6 设复方阵 A 的特征多项式 $\varphi_A(\lambda)=(\lambda-\lambda_1)^{n_1}\cdots(\lambda-\lambda_t)^{n_t}$，其中 $\lambda_1,\cdots,\lambda_t$ 是 A 的全部不同的特征值. 求证: A 相似于准对角阵

$$D=\begin{pmatrix}A_{11}&&\\&\ddots&\\&&A_{tt}\end{pmatrix}$$

其中每个 $A_{ii}=\begin{pmatrix}\lambda_i&*&\cdots&*\\&\lambda_i&\ddots&\vdots\\&&\ddots&*\\&&&\lambda_i\end{pmatrix}_{n_i\times n_i}$ 为主对角线取同一个值 λ_i 的 n_i 阶上三角形矩阵.

证明 由定理 6.7.3，存在可逆复方阵 P_1 使 $P_1^{-1}AP_1$ 等于上三角形矩阵

$$A_1=\begin{pmatrix}A_{11} & A_{12} & \cdots & A_{1t}\\ 0 & A_{22} & \cdots & A_{2t}\\ \vdots & \ddots & \ddots & \vdots\\ 0 & \cdots & 0 & A_{tt}\end{pmatrix}\tag{6.8.5}$$

其中 A_{ii} 是主对角线元全为 λ_i 的 n_i 阶上三角形矩阵.

对 t 用数学归纳法，证明 A_1 相似于准对角阵 $\mathrm{diag}(A_{11},\cdots,A_{tt})$.

当 $t=1$ 时，$A_1=A_{11}$ 已经符合要求.

设 $t\geqslant 2$，且结论对 $t-1$ 已成立，则存在 $n-n_t$ 阶可逆复方阵 Q_1 将 A_1 左上方的 $n-n_t$ 阶子方阵相似到准对角阵：

$$D_1=Q_1^{-1}\begin{pmatrix}A_{11} & A_{12} & \cdots & A_{1,t-1}\\ 0 & A_{22} & \ddots & \vdots\\ \vdots & \ddots & \ddots & A_{t-2,t-1}\\ 0 & \cdots & 0 & A_{t-1,t-1}\end{pmatrix}Q_1=\begin{pmatrix}A_{11} & & & \\ & A_{22} & & \\ & & \ddots & \\ & & & A_{t-1,t-1}\end{pmatrix}$$

记 $P_2=\mathrm{diag}(Q_1,I_{(n_t)})$，则 P_2 是 n 阶可逆方阵，且

$$B_1=P_2^{-1}A_1P_2=\begin{pmatrix}D_1 & D_2\\ O & A_{tt}\end{pmatrix}$$

其中 D_2 是某个 $(n-n_t)\times n_t$ 复矩阵. 只需再选择 $P_3=\begin{pmatrix}I_{(n-n_t)} & S\\ O & I_{(n_t)}\end{pmatrix}$ 使

$$D=P_3^{-1}B_1P_3=\begin{pmatrix}I_{(n-n_t)} & -S\\ O & I_{(n_t)}\end{pmatrix}\begin{pmatrix}D_1 & D_2\\ O & A_{tt}\end{pmatrix}\begin{pmatrix}I_{(n-n_t)} & S\\ O & I_{(n_t)}\end{pmatrix}$$

$$=\begin{pmatrix}D_1 & D_2-SA_{tt}+D_1S\\ O & A_{tt}\end{pmatrix}$$

中的块 $D_2-SA_{tt}+D_1S=O$，则 A 相似于所要求的准对角阵 D. 为此，只需选 S 使

$$D_1S-SA_{tt}=-D_2\tag{6.8.6}$$

注意　$D_1=\mathrm{diag}(A_{11},\cdots,A_{t-1,t-1})$ 的特征值为 λ_1，$\cdots$，λ_{t-1}，而 A_{tt} 只有一个特征值 λ_t，因此 D_1 与 A_{tt} 没有共同的特征值. 根据例 5 所证：$F^{(n-n_t)\times n_t}$ 的线性变换

$$\sigma: X\mapsto D_1X-XA_{tt}$$

是可逆变换，因此存在 $S=\sigma^{-1}(-D_2)$ 使 $\sigma(S)=D_1S-SA_{tt}=-D_2$，如所欲证.　□

对例 6 中的(6.8.6)，还可进一步给出由 D_1，A_{tt}，D_2 求 S 的公式. 为

此，写

$$\sigma(X)=D_1X-XA_{tt}=(D_1-\lambda_tI_{(n-n_t)})X-X(A_{tt}-\lambda_tI_{(n_t)})=(\sigma_1-\sigma_2)X,$$

其中 σ_1，σ_2 是分别由 $\Lambda=D_1-\lambda_tI_{(n-n_t)}$ 的左乘和 $N=A_{tt}-\lambda_tI_{(n_t)}$ 的右乘作用在 $\mathbf{C}^{(n-n_t)\times n_t}$ 上定义的线性变换 $\sigma_1:X\mapsto \Lambda X,\sigma_2:X\mapsto XN$. 注意 $\sigma_1\sigma_2=\sigma_2\sigma_1$. 且由 Λ 可逆及 N 幂零知 σ_1 可逆且 σ_2 幂零. 设 m 是使 $N^m=O$ 从而 $\sigma_2^m=\mathcal{O}$ 的最小整数.

由于 σ_1，σ_2 乘法可交换，有乘法公式

$$(\sigma_1-\sigma_2)(\sigma_1^{m-1}+\cdots+\sigma_1^{m-1-k}\sigma_2^k+\cdots+\sigma_2^{m-1})=\sigma_1^m-\sigma_2^m=\sigma_1^m$$

于是 $$\sigma^{-1}=(\sigma_1-\sigma_2)^{-1}=\left(\sum_{k=0}^{m-1}\sigma_1^{m-1-k}\sigma_2^k\right)\sigma_1^{-m}=\sum_{k=0}^{m-1}\sigma_1^{-1-k}\sigma_2^k,$$

$$S=\sigma^{-1}(-D_2)=-\sum_{k=0}^{m-1}(D_1-\lambda_tI)^{-(k+1)}D_2(A_{tt}-\lambda_tI)^k$$

习 题 6.8

1. 求 n 阶行列式

$$\Delta=\begin{vmatrix} a_1 & a_2 & a_3 & \cdots & a_{n-1} & a_n \\ a_nc & a_1 & a_2 & \cdots & a_{n-2} & a_{n-1} \\ a_{n-1}c & a_nc & a_1 & \cdots & a_{n-3} & a_{n-2} \\ \vdots & \vdots & \vdots & & \vdots & \vdots \\ a_2c & a_3c & a_4c & \cdots & a_nc & a_1 \end{vmatrix}$$

2. 设 A，B 是 n 阶复方阵，且 A 的特征多项式为 $\varphi_A(\lambda)$. 证明：$\varphi_A(B)$ 可逆的充分必要条件是：A 与 B 没有公共的特征值.

3. 如果 n 阶复方阵 B 相似于 $\mathrm{diag}\left(\begin{pmatrix}0&1\\1&0\end{pmatrix},1,\cdots,1\right)$，就称 B 为反射. 求证：如果 n 阶方阵 A 满足条件 $A^2=I$，则 A 可以分解为不超过 n 个反射的乘积.

4. 证明：同阶方阵 A，B 的特征值对应相等 $\Leftrightarrow \mathrm{Tr}A^k=\mathrm{Tr}B^k$ 对所有的正整数 k 成立.

5. 已知 A 的最小多项式 $d_A(\lambda)=(\lambda-a)^m$. 求 $\begin{pmatrix}A&I\\O&A\end{pmatrix}$ 的最小多项式.

6. 已知 A 的最小多项式 $d_A(\lambda)=\prod\limits_{i=1}^{t}(\lambda-\lambda_i)^{m_i}$. 求证：$B=\begin{pmatrix}A&I\\O&A\end{pmatrix}$ 的最小多项式

$$d_B(\lambda)=\prod_{i=1}^{t}(\lambda-\lambda_i)^{m_i+1}$$

7. 设 $A=\begin{pmatrix}1&2&3&4\\0&1&2&3\\0&0&2&3\\0&0&0&2\end{pmatrix}$. 试求可逆方阵 P 使 $P^{-1}AP=\begin{pmatrix}1&2&0&0\\0&1&0&0\\0&0&2&3\\0&0&0&2\end{pmatrix}$.

8. 在计算机上做以下实验：任取实系数 2 阶方阵 $\boldsymbol{A}$，在 2 维实向量空间 $\mathbf{R}^{2\times 1}$ 上定义线性变换 $\mathscr{A}: \boldsymbol{X} \mapsto \boldsymbol{AX}$. 将每个向量 $\begin{pmatrix} x \\ y \end{pmatrix}$ 用直角坐标平面上的点 (x,y) 表示，则 $\mathscr{A}$ 引起平面上的点的变换 $\mathscr{B}$：$(x,y) \mapsto (x',y')$ 使 $\begin{pmatrix} x' \\ y' \end{pmatrix} = \boldsymbol{A}\begin{pmatrix} x \\ y \end{pmatrix}$. 在区间 $D=\{(x,y) \mid -1 \leqslant x, y \leqslant 1\}$ 内随机地取 n 个点 $(x_i, y_i)(1 \leqslant i \leqslant n)$. 将各个点依此用 $\mathscr{B}$，$\mathscr{B}^2$，…，$\mathscr{B}^{m-1}$ 作用，连同原来的 n 个点在内一共得到 mn 个点 $\mathscr{B}^j(x_i, y_i)(1 \leqslant i \leqslant n, 1 \leqslant j \leqslant m)$. 用适当的计算机软件将所有这些点画出来，观察所得的图形随着 m 的增加的变化趋势. 图 6-6 是取 $\boldsymbol{A} = \begin{pmatrix} 1.1 & 0.3 \\ 0.2 & 0.9 \end{pmatrix}$，$n=200$，$m=10$ 得到的图形.

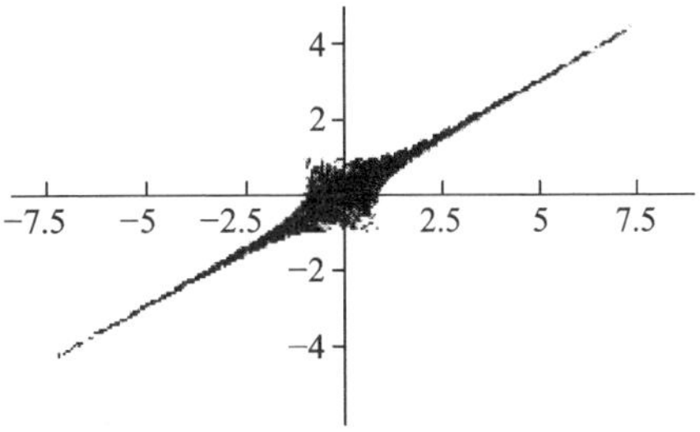

图 6-6

观察发现，随着作用次数 j 的增加，得到的点 $\boldsymbol{A}^j(x_i, y_i)$ 趋向于同一条直线上的两个相反的方向（图 6-6 中的右上方和左下方）. 试解释所观察到的现象. 是否在任何情况下都出现这一现象？试先考虑以下特殊情形：

设 2 阶实方阵 $\boldsymbol{A}$ 有两个实特征值 λ_1，λ_2 且 $\lambda_1 > |\lambda_2|$. 如果非零向量 $\boldsymbol{X}_0 \in \mathbf{R}^{2\times 1}$ 不是 $\boldsymbol{A}$ 的特征向量，则极限 $\boldsymbol{X} = \lim\limits_{j\to\infty} \dfrac{1}{\det(\boldsymbol{A}^j \boldsymbol{X}_0)} \boldsymbol{A}^j \boldsymbol{X}_0$ 存在，并且是属于 λ_1 的特征向量. 这里，当 $\boldsymbol{A}^j\boldsymbol{X}_0 = (x_j, y_j)$ 时定义 $\det(\boldsymbol{A}^j\boldsymbol{X}_0) = |x_j| + |y_j|$. 此时用计算机很容易求得极限 $\boldsymbol{X}$ 从而得到一个特征向量. 如果 n 阶实方阵 $\boldsymbol{A}$ 有一个正实特征值 λ_0 大于所有其余特征值的模，也可以用类似的算法来求属于 λ_0 的特征向量，称为**幂方法**（power method）.

第 7 章　Jordan 标准形

§7.0　Jordan 形矩阵引入例

例 1　设 $x=x(t)$, $y=y(t)$, $z=z(t)$. 求解常微分方程组

$$\begin{cases}\dfrac{\mathrm{d}}{\mathrm{d}t}x=4x+3y-4z\\ \dfrac{\mathrm{d}}{\mathrm{d}t}y=-x+2z\\ \dfrac{\mathrm{d}}{\mathrm{d}t}z=x+y\end{cases}$$

分析　记

$$\boldsymbol{X}=\begin{pmatrix}x\\y\\z\end{pmatrix},\ \boldsymbol{A}=\begin{pmatrix}4&3&-4\\-1&0&2\\1&1&0\end{pmatrix}$$

则原微分方程组可以写为

$$\frac{\mathrm{d}}{\mathrm{d}t}\boldsymbol{X}=\boldsymbol{AX} \tag{7.0.1}$$

对任意可逆方阵 $\boldsymbol{P}$, 作变量代换

$$\boldsymbol{X}=\boldsymbol{PX}^*,\ 其中\ \boldsymbol{X}^*=\begin{pmatrix}x^*\\y^*\\z^*\end{pmatrix}$$

则微分方程组(7.0.1)变成

$$\frac{\mathrm{d}}{\mathrm{d}t}\boldsymbol{PX}^*=\boldsymbol{APX}^*,\ 即\frac{\mathrm{d}}{\mathrm{d}t}\boldsymbol{X}^*=\boldsymbol{P}^{-1}\boldsymbol{APX}^*$$

如果能适当选择 $\boldsymbol{P}$ 将 $\boldsymbol{A}$ 相似到形状尽可能简单的矩阵 $\boldsymbol{B}=\boldsymbol{P}^{-1}\boldsymbol{AP}$, 则原微分方程组化为较简单的形式

$$\frac{\mathrm{d}}{\mathrm{d}t}\boldsymbol{X}^*=\boldsymbol{BX}^*$$

容易解出.

例 2　试将矩阵 $\boldsymbol{A}=\begin{pmatrix}4&3&-4\\-1&0&2\\1&1&0\end{pmatrix}$ 相似到尽可能简单的形状.

解 $\boldsymbol{A}$ 的特征多项式

$$\varphi_A(\lambda)=\det(\lambda\boldsymbol{I}-\boldsymbol{A})=\begin{vmatrix}\lambda-4 & -3 & 4\\ 1 & \lambda & -2\\ -1 & -1 & \lambda\end{vmatrix}=\begin{vmatrix}0 & -\lambda+1 & \lambda^2-4\lambda+4\\ 0 & \lambda-1 & \lambda-2\\ -1 & -1 & \lambda\end{vmatrix}$$

$$=\begin{vmatrix}0 & 0 & \lambda^2-3\lambda+2\\ 0 & \lambda-1 & \lambda-2\\ -1 & -1 & \lambda\end{vmatrix}=(\lambda-1)^2(\lambda-2)$$

$\varphi_A(\lambda)=0$ 的根为 1，2，这也就是 $\boldsymbol{A}$ 的特征值.

对特征值 2，解方程组 $(\boldsymbol{A}-2\boldsymbol{I})\boldsymbol{X}=\boldsymbol{0}$，即

$$\begin{pmatrix}2 & 3 & -4\\ -1 & -2 & 2\\ 1 & 1 & -2\end{pmatrix}\begin{pmatrix}x_1\\ x_2\\ x_3\end{pmatrix}=\begin{pmatrix}0\\ 0\\ 0\end{pmatrix}$$

求得一个解 $\boldsymbol{X}_1=\begin{pmatrix}2\\ 0\\ 1\end{pmatrix}$ 组成基础解系，也就是特征子空间 V_2 的一组基.

对特征值 1，解方程组 $(\boldsymbol{A}-\boldsymbol{I})\boldsymbol{X}=\boldsymbol{0}$，即

$$\begin{pmatrix}3 & 3 & -4\\ -1 & -1 & 2\\ 1 & 1 & -1\end{pmatrix}\begin{pmatrix}x_1\\ x_2\\ x_3\end{pmatrix}=\begin{pmatrix}0\\ 0\\ 0\end{pmatrix}$$

求得一个解 $\boldsymbol{X}_2=\begin{pmatrix}1\\ -1\\ 0\end{pmatrix}$ 组成基础解系，也就是特征子空间 V_1 的一组基.

$\{\boldsymbol{X}_1,\boldsymbol{X}_2\}$ 是特征向量集合的一个极大线性无关组，它不是 $\boldsymbol{A}$ 作用的空间 $V=\mathbf{C}^{3\times1}$ 的基，因此 $\boldsymbol{A}$ 不能对角化.

设法补充一个满足条件 $(\boldsymbol{A}-\boldsymbol{I})\boldsymbol{X}_3=\boldsymbol{X}_2$ 的向量 $\boldsymbol{X}_3$ 使 $\boldsymbol{X}_1,\boldsymbol{X}_2,\boldsymbol{X}_3$ 组成 V 的基. 为此，解方程组 $(\boldsymbol{A}-\boldsymbol{I})\boldsymbol{X}=\boldsymbol{X}_2$ 即

$$\begin{pmatrix}3 & 3 & -4\\ -1 & -1 & 2\\ 1 & 1 & -1\end{pmatrix}\begin{pmatrix}x_1\\ x_2\\ x_3\end{pmatrix}=\begin{pmatrix}1\\ -1\\ 0\end{pmatrix}$$

得到一个解 $\boldsymbol{X}_3=\begin{pmatrix}-1\\ 0\\ -1\end{pmatrix}$. 易验证以 $\boldsymbol{X}_1,\boldsymbol{X}_2,\boldsymbol{X}_3$ 为各列组成的矩阵

$$\boldsymbol{P}=(\boldsymbol{X}_1,\boldsymbol{X}_2,\boldsymbol{X}_3)=\begin{pmatrix}2 & 1 & -1\\ 0 & -1 & 0\\ 1 & 0 & -1\end{pmatrix}$$

可逆，因而$\{X_1,X_2,X_3\}$是 V 的一组基. 由

$$(A-2I)X_1=\mathbf{0},\ (A-I)X_2=\mathbf{0},\ (A-I)X_3=X_2$$

得

$$AX_1=2X_1,\ AX_2=X_2,\ AX_3=X_2+X_3$$

$$A(X_1,X_2,X_3)=(2X_1,X_2,X_2+X_3)=(X_1,X_2,X_3)\begin{pmatrix}2&0&0\\0&1&1\\0&0&1\end{pmatrix}$$

即

$$AP=P\begin{pmatrix}2&0&0\\0&1&1\\0&0&1\end{pmatrix},\ P^{-1}AP=J=\begin{pmatrix}2&0&0\\0&1&1\\0&0&1\end{pmatrix}\qquad \square$$

利用例 2 的结果，再来解例 1 的微分方程组.

例 1 的解法 将原微分方程组写为

$$\frac{\mathrm{d}}{\mathrm{d}t}X=AX \tag{7.0.1}$$

其中

$$X=\begin{pmatrix}x\\y\\z\end{pmatrix},\ A=\begin{pmatrix}4&3&-4\\-1&0&2\\1&1&0\end{pmatrix}$$

取

$$P=\begin{pmatrix}2&1&-1\\0&-1&0\\1&0&-1\end{pmatrix}$$作变量代换 $X=PX^*$，其中 $X^*=\begin{pmatrix}x^*\\y^*\\z^*\end{pmatrix}$.

则微分方程组(7.0.1)变成

$$\frac{\mathrm{d}}{\mathrm{d}t}PX^*=APX^*,\ 即\frac{\mathrm{d}}{\mathrm{d}t}X^*=P^{-1}APX^*$$

其中

$$P^{-1}AP=J=\begin{pmatrix}2&0&0\\0&1&1\\0&0&1\end{pmatrix}$$

原微分方程组化为$\frac{\mathrm{d}}{\mathrm{d}t}X^*=JX^*$ 即

$$\begin{cases}\frac{\mathrm{d}}{\mathrm{d}t}x^*=2x^*\\ \frac{\mathrm{d}}{\mathrm{d}t}y^*=y^*+z^*\\ \frac{\mathrm{d}}{\mathrm{d}t}z^*=z^*\end{cases} \tag{7.0.2}$$

容易解出

$$x^* = c_1 e^{2t}, \quad z^* = c_2 e^t, \quad y^* = (c_2 t + c_3) e^t$$

再由 $\boldsymbol{X} = \boldsymbol{P}\boldsymbol{X}^*$ 得

$$\begin{pmatrix} x \\ y \\ z \end{pmatrix} = \begin{pmatrix} 2 & 1 & -1 \\ 0 & -1 & 0 \\ 1 & 0 & -1 \end{pmatrix} \begin{pmatrix} c_1 e^{2t} \\ (c_2 t + c_3) e^t \\ c_2 e^t \end{pmatrix} = \begin{pmatrix} 2c_1 e^{2t} + (c_2(t-1) + c_3) e^t \\ -(c_2 t + c_3) e^t \\ c_1 e^{2t} - c_2 e^t \end{pmatrix}$$

即

$$\begin{cases} x = 2c_1 e^{2t} + (c_2(t-1) + c_3) e^t \\ y = -(c_2 t + c_3) e^t \\ z = c_1 e^{2t} - c_2 e^t \end{cases}$$

这就是原微分方程组的通解. □

例 2 最后得到的 $\boldsymbol{P}^{-1}\boldsymbol{A}\boldsymbol{P} = \boldsymbol{J} = \begin{pmatrix} 2 & 0 & 0 \\ 0 & 1 & 1 \\ 0 & 0 & 1 \end{pmatrix}$ 可看作由对角块 2 和 $\begin{pmatrix} 1 & 1 \\ 0 & 1 \end{pmatrix}$ 组成的准对角阵. 我们将这样形式的对角块称为 Jordan 块，由 Jordan 块组成的准对角阵称为 Jordan 形矩阵.

我们将证明：所有的复方阵都相似于 Jordan 形矩阵.

例 2 中的矩阵 $\boldsymbol{A}$ 的特征值 1 的代数重数为 2，几何重数 $\dim \mathrm{Ker}\, \boldsymbol{A} = 1 < 2$，因此不能找到足够多的特征向量组成 $V = \mathbf{C}^{3\times 1}$ 的基，因而 $\boldsymbol{A}$ 不相似于对角阵. 但我们补充了一个向量 $\boldsymbol{X}_3$ 使 $(\boldsymbol{A}-\boldsymbol{I})\boldsymbol{X}_3 = \boldsymbol{X}_2$ 是属于特征值 1 的特征向量，组成了 V 的基. 并且，由于三个基向量 $\boldsymbol{X}_1, \boldsymbol{X}_2, \boldsymbol{X}_3$ 满足条件

$$\mathbf{0} \xleftarrow{\mathscr{A}-2\mathscr{I}} \boldsymbol{X}_1, \quad \mathbf{0} \xleftarrow{\mathscr{A}-\mathscr{I}} \boldsymbol{X}_2 \xleftarrow{\mathscr{A}-\mathscr{I}} \boldsymbol{X}_3 \tag{7.0.3}$$

因此

$$\boldsymbol{A}(\boldsymbol{X}_1, \boldsymbol{X}_2, \boldsymbol{X}_3) = (\boldsymbol{X}_1, \boldsymbol{X}_2, \boldsymbol{X}_3) \begin{pmatrix} 2 & 0 & 0 \\ 0 & 1 & 1 \\ 0 & 0 & 1 \end{pmatrix}$$

这导致了 $\boldsymbol{P}^{-1}\boldsymbol{A}\boldsymbol{P}$ 是 Jordan 形，其中 $\boldsymbol{P} = (\boldsymbol{X}_1, \boldsymbol{X}_2, \boldsymbol{X}_3)$.

注意 在特征向量 $\boldsymbol{X}_1$，$\boldsymbol{X}_2$ 之外补充的 $\boldsymbol{X}_3$ 满足条件

$$(\boldsymbol{A}-\boldsymbol{I})\boldsymbol{X}_3 \neq \mathbf{0} \text{ 但 } (\boldsymbol{A}-\boldsymbol{I})^2 \boldsymbol{X}_3 = \mathbf{0}$$

也就是

$$\boldsymbol{X}_3 \notin \mathrm{Ker}(\boldsymbol{A}-\boldsymbol{I}), \text{ 但 } \boldsymbol{X}_3 \in \mathrm{Ker}(\boldsymbol{A}-\boldsymbol{I})^2$$

$\boldsymbol{X}_3$ 不是特征向量，我们称它为属于特征值 1 的根向量.

例 2 中也可以不由 $(\boldsymbol{A}-\boldsymbol{I})\boldsymbol{X}_3 = \boldsymbol{X}_1$ 求根向量 $\boldsymbol{X}_3$，而直接通过解方程 $(\boldsymbol{A}-$

$\boldsymbol{I})^2\boldsymbol{X}=\boldsymbol{0}$ 求出一个不含于 $\mathrm{Ker}(\boldsymbol{A}-\boldsymbol{I})$ 的解作为 $\boldsymbol{X}_3$，再将特征向量 $(\boldsymbol{A}-\boldsymbol{I})\boldsymbol{X}_3$ 取作 $\boldsymbol{X}_2$.

例 2 解法 2　首先，仍然对特征值 2 解方程组 $(\boldsymbol{A}-2\boldsymbol{I})\boldsymbol{X}=\boldsymbol{0}$ 求出一个基础解 $\boldsymbol{X}_1=(2,0,1)^{\mathrm{T}}$.

对特征值 1，计算可得

$$(\boldsymbol{A}-\boldsymbol{I})^2=\begin{pmatrix}2&2&-2\\0&0&0\\1&1&-1\end{pmatrix}$$

解方程组 $(\boldsymbol{A}-\boldsymbol{I})^2\boldsymbol{X}=\boldsymbol{0}$，任取一个解 $\boldsymbol{Y}_3$ 使 $(\boldsymbol{A}-\boldsymbol{I})\boldsymbol{Y}_3\neq\boldsymbol{0}$. 比如取

$$\boldsymbol{Y}_3=(0,1,1)^{\mathrm{T}},\ 则\ \boldsymbol{Y}_2=(\boldsymbol{A}-\boldsymbol{I})\boldsymbol{Y}_3=(-1,1,0)^{\mathrm{T}},\ (\boldsymbol{A}-\boldsymbol{I})\boldsymbol{Y}_2=\boldsymbol{0}$$

易验证以 $\boldsymbol{X}_1,\boldsymbol{Y}_2,\boldsymbol{Y}_3$ 为各列的矩阵 $\boldsymbol{Q}$ 是可逆方阵，$\{\boldsymbol{X}_1,\boldsymbol{Y}_2,\boldsymbol{Y}_3\}$ 是 $V=\mathbf{C}^{3\times 1}$ 的基. $\boldsymbol{Q}^{-1}\boldsymbol{A}\boldsymbol{Q}$ 仍是前面的解法中求出的 Jordan 形矩阵 $\boldsymbol{J}$.　□

§7.1　Jordan 形矩阵

定义 7.1.1　设 a 是任意复数，m 是任意正整数，形如

$$\begin{pmatrix}a&1&0&\cdots&0\\&a&1&\ddots&\vdots\\&&\ddots&\ddots&0\\&&&a&1\\&&&&a\end{pmatrix}_{m\times m}$$

的 m 阶方阵称为 **Jordan 块**(Jordan block)，记作 $\boldsymbol{J}_m(a)$，其中 m 表示它的阶数，a 是它的对角线元，也就是它的特征值.

如果一个方阵 $\boldsymbol{J}$ 是准对角阵，并且所有的对角块都是 Jordan 块，就称这个准对角阵为 **Jordan 形矩阵**(matrix of Jordan type).　□

注意　每个复数 a 都可以看作一阶的 Jordan 块 $\boldsymbol{J}_1(a)$. 每个对角阵 $\begin{pmatrix}\lambda_1&&\\&\ddots&\\&&\lambda_n\end{pmatrix}$ 都可以看作由一阶 Jordan 块 $\lambda_1,\cdots,\lambda_n$ 组成的准对角阵，因此都是 Jordan 形矩阵.

定义 7.1.2　设 V 是数域 F 上的线性空间，$\mathscr{A}$ 是 V 上的线性变换，a 是 $\mathscr{A}$ 的一个特征值，$\boldsymbol{0}\neq\boldsymbol{\beta}\in V$. 如果存在正整数 k 使得

$$(\mathscr{A}-a\mathscr{I})^k(\boldsymbol{\beta})=\boldsymbol{0}$$

就称 $\boldsymbol{\beta}$ 是 $\mathscr{A}$ 的属于特征值 a 的**根向量**(root vector). 此时必然存在使

$$(\mathscr{A}-a\mathscr{I})^m(\boldsymbol{\beta})=\boldsymbol{0}$$

的最小的正整数 m，也就是说

$$(\mathscr{A}-a\mathscr{I})^m(\boldsymbol{\beta})=\mathbf{0} \text{ 且 } (\mathscr{A}-a\mathscr{I})^{m-1}(\boldsymbol{\beta})\neq\mathbf{0},$$

我们称 $\boldsymbol{\beta}$ 为 m 次根向量.

数域 F 上每个 n 阶方阵 $\boldsymbol{A}$ 在 n 维列向量空间 $F^{n\times 1}$上引起一个线性变换 $\mathscr{A}$: $\boldsymbol{X}\mapsto\boldsymbol{AX}$. $\mathscr{A}$ 的根向量也称为 $\boldsymbol{A}$ 的根向量，$\mathscr{A}$ 的 m 次根向量也称为 $\boldsymbol{A}$ 的 m 次根向量. □

例如，特征向量都是一次根向量；对 § 7.0 中例 2 的矩阵 $\boldsymbol{A}$，求出的 $\boldsymbol{X}_3$ 是属于特征值 1 的 2 次根向量.

设 $\boldsymbol{\beta}$ 是线性变换 $\mathscr{A}$ 的属于特征值 a 的 m 次根向量. 则对正整数 $k<m$，有

$$(\mathscr{A}-a\mathscr{I})^{m-k-1}(\mathscr{A}-a\mathscr{I})^k(\boldsymbol{\beta})\neq\mathbf{0} \text{ 且 } (\mathscr{A}-a\mathscr{I})^{m-k}(\mathscr{A}-a\mathscr{I})^k(\boldsymbol{\beta})=\mathbf{0}.$$

可见 $(\mathscr{A}-a\mathscr{I})^k(\boldsymbol{\beta})$ 是 $m-k$ 次根向量. 特别，$(\mathscr{A}-a\mathscr{I})^{m-1}(\boldsymbol{\beta})$ 是 1 次根向量，也就是 $\mathscr{A}$ 的属于特征值 a 的特征向量.

事实上，不需预先要求 a 是特征值，只要对复数 a 存在 $\boldsymbol{\beta}\neq\mathbf{0}$ 使 $(\mathscr{A}-a\mathscr{I})^k(\boldsymbol{\beta})=\mathbf{0}$ 对某个正整数 k 成立，a 就一定是特征值，$\boldsymbol{\beta}$ 就是根向量. 事实上，此时一定存在正整数 m 使 $\boldsymbol{\gamma}=(\mathscr{A}-a\mathscr{I})^{m-1}(\boldsymbol{\beta})\neq\mathbf{0}$ 且 $(\mathscr{A}-a\mathscr{I})^m(\boldsymbol{\beta})=\mathbf{0}$ 即 $(\mathscr{A}-a\mathscr{I})(\boldsymbol{\gamma})=\mathbf{0}$，就说明了 $\boldsymbol{\gamma}$ 是属于特征值 a 的特征向量.

例 1

$$\boldsymbol{A}=\begin{pmatrix}-2 & -1 & -1 & -1\\ 2 & 1 & 3 & 2\\ 1 & 1 & 0 & 1\\ -1 & -1 & -2 & -2\end{pmatrix}$$

(1) 假如已经知道 $\boldsymbol{A}$ 相似于某个 Jordan 形矩阵 $\boldsymbol{J}$，求 $\boldsymbol{J}$. $\boldsymbol{J}$ 是否由 $\boldsymbol{A}$ 唯一决定?

(2) 试选择适当的可逆方阵 $\boldsymbol{P}$ 使 $\boldsymbol{P}^{-1}\boldsymbol{AP}$ 是 Jordan 形矩阵.

(3) 求 $\boldsymbol{A}$ 的最小多项式.

解 (1) 求出 $\boldsymbol{A}$ 的特征多项式 $\varphi_A(\lambda)=\lambda(\lambda+1)^3$，特征值为 0 (1 重)，-1 (3重)，也就是 0，-1，-1，-1.

如果 $\boldsymbol{A}$ 相似于 Jordan 形矩阵 $\boldsymbol{J}$，则 $\boldsymbol{J}$ 的特征值与 $\boldsymbol{A}$ 相同，也是 0，-1，-1，-1.

$$\boldsymbol{J}=\begin{pmatrix}0 & & & \\ & -1 & * & \\ & & -1 & * \\ & & & -1\end{pmatrix}$$

其中的 * 等于 1 或者 0.

由

$$J+I=\begin{pmatrix}1&&&\\&0&*&\\&&0&*\\&&&0\end{pmatrix} \tag{7.1.1}$$

的秩可以确定其中两个 $*$ 中到底有几个等于 1. 设 $\boldsymbol{P}^{-1}\boldsymbol{AP}=\boldsymbol{J}$，则 $\boldsymbol{P}^{-1}(\boldsymbol{J}+\boldsymbol{I})\boldsymbol{P}=\boldsymbol{A}+\boldsymbol{I}$，因此

$$\mathrm{rank}(\boldsymbol{J}+\boldsymbol{I})=\mathrm{rank}(\boldsymbol{A}+\boldsymbol{I})=\mathrm{rank}\begin{pmatrix}-1&-1&-1&-1\\2&2&3&2\\1&1&1&1\\-1&-1&-2&-1\end{pmatrix}=2$$

与(7.1.1)比较，知道 $\boldsymbol{J}+\boldsymbol{I}$ 中的两个 $*$ 有一个等于 1，另一个等于 0. 因此

$$\boldsymbol{J}=\begin{pmatrix}0&&&\\&-1&&\\&&-1&1\\&&&-1\end{pmatrix}\text{或 }\boldsymbol{J}=\begin{pmatrix}0&&&\\&-1&1&\\&&-1&\\&&&-1\end{pmatrix}$$

这两个 $\boldsymbol{J}$ 只是 Jordan 块 -1 与 $\begin{pmatrix}-1&1\\&-1\end{pmatrix}$ 的顺序交换了，实质上是相同的. 事实上，$\boldsymbol{J}$ 的三个 Jordan 块的顺序可以任意交换.

如果两个 Jordan 形矩阵只是 Jordan 块的顺序不同，我们认为它们实质上是相同的. 在这个意义上，本题中的 $\boldsymbol{J}$ 由 $\boldsymbol{A}$ 唯一决定.

(2) 对特征值 0，解方程组 $\boldsymbol{AX}=\boldsymbol{0}$ 得一个基础解 $\boldsymbol{X}_1=(-1,3,1,-2)^{\mathrm{T}}$ 组成特征子空间 $V_0=\mathrm{Ker}\boldsymbol{A}$ 的基.

对特征值 -1，先解方程组 $(\boldsymbol{A}-(-1)\boldsymbol{I})\boldsymbol{X}=\boldsymbol{0}$，即 $(\boldsymbol{A}+\boldsymbol{I})\boldsymbol{X}=\boldsymbol{0}$，亦即

$$\begin{pmatrix}-1&-1&-1&-1\\2&2&3&2\\1&1&1&1\\-1&-1&-2&-1\end{pmatrix}\begin{pmatrix}x_1\\x_2\\x_3\\x_4\end{pmatrix}=\begin{pmatrix}0\\0\\0\\0\end{pmatrix} \tag{7.1.2}$$

求得

$$\boldsymbol{X}_2=(1,-1,0,0)^{\mathrm{T}},\ \boldsymbol{X}_3=(1,0,0,-1)^{\mathrm{T}}$$

组成特征子空间 $V_{-1}=\mathrm{Ker}(\boldsymbol{A}+\boldsymbol{I})$ 的基.

再解方程组 $(\boldsymbol{A}-(-1)\boldsymbol{I})^2\boldsymbol{X}=\boldsymbol{0}$，即 $(\boldsymbol{A}+\boldsymbol{I})^2\boldsymbol{X}=\boldsymbol{0}$，亦即

$$\begin{pmatrix}-1&-1&-1&-1\\3&3&3&3\\1&1&1&1\\-2&-2&-2&-2\end{pmatrix}\begin{pmatrix}x_1\\x_2\\x_3\\x_4\end{pmatrix}=\begin{pmatrix}0\\0\\0\\0\end{pmatrix} \tag{7.1.3}$$

易见 $\operatorname{rank}(\boldsymbol{A}+\boldsymbol{I})^2=1$，(7.1.3)的解空间 $\operatorname{Ker}(\boldsymbol{A}+\boldsymbol{I})^2$ 的维数是3. 显然$(\boldsymbol{A}+\boldsymbol{I})\boldsymbol{X}=\boldsymbol{0}$ 的两个基础解 $\boldsymbol{X}_2$，$\boldsymbol{X}_3$ 也是$(\boldsymbol{A}+\boldsymbol{I})^2\boldsymbol{X}=\boldsymbol{0}$ 的解. 除此之外还需要找出(7.1.3)的另外一个解 $\boldsymbol{X}_4$，它不是$(\boldsymbol{A}+\boldsymbol{I})\boldsymbol{X}=\boldsymbol{0}$ 的解. 也就是说 $\boldsymbol{X}_4$ 满足条件

$$(\boldsymbol{A}+\boldsymbol{I})^2\boldsymbol{X}_4=\boldsymbol{0} \text{ 且} (\boldsymbol{A}+\boldsymbol{I})\boldsymbol{X}_4\neq\boldsymbol{0}$$

易见 $\boldsymbol{X}_4=(1,0,-1,0)^{\mathrm{T}}$ 满足条件. $\{\boldsymbol{X}_2,\boldsymbol{X}_3,\boldsymbol{X}_4\}$ 是 $\operatorname{Ker}(\boldsymbol{A}+\boldsymbol{I})^2$ 的一组基.

$$\boldsymbol{Y}_2=(\boldsymbol{A}+\boldsymbol{I})\boldsymbol{X}_4=(0,-1,0,1)^{\mathrm{T}}\in\operatorname{Ker}(\boldsymbol{A}+\boldsymbol{I})$$

且 $\boldsymbol{Y}_2$，$\boldsymbol{X}_3$ 线性无关，组成一组基取代$\{\boldsymbol{X}_2,\boldsymbol{X}_3\}$. 得到 $\operatorname{Ker}(\boldsymbol{A}+\boldsymbol{I})^2$ 的基$\{\boldsymbol{Y}_2,\boldsymbol{X}_3,\boldsymbol{X}_4\}$

由于在 $\boldsymbol{A}+\boldsymbol{I}$ 的左乘作用 $\mathscr{A}+\mathscr{I}$: $\boldsymbol{X}\mapsto(\boldsymbol{A}+\boldsymbol{I})\boldsymbol{X}$ 下

$$\boldsymbol{0}\leftarrow\boldsymbol{Y}_2\leftarrow\boldsymbol{X}_4$$

$$\boldsymbol{0}\leftarrow\boldsymbol{X}_3$$

我们将 $\operatorname{Ker}(\boldsymbol{A}+\boldsymbol{I})$ 中基向量的顺序重新排列为$\{\boldsymbol{Y}_2,\boldsymbol{X}_4,\boldsymbol{X}_3\}$. 我们有

$$\begin{aligned}\boldsymbol{A}(\boldsymbol{X}_1,\boldsymbol{Y}_2,\boldsymbol{X}_4,\boldsymbol{X}_3)&=(0,-\boldsymbol{Y}_2,\boldsymbol{Y}_2-\boldsymbol{X}_4,-\boldsymbol{X}_3)\\&=(\boldsymbol{X}_1,\boldsymbol{Y}_2,\boldsymbol{X}_4,\boldsymbol{X}_3)\begin{pmatrix}0&&&\\&-1&1&\\&&-1&\\&&&-1\end{pmatrix}\end{aligned}$$

依次以 $\boldsymbol{X}_1,\boldsymbol{Y}_2,\boldsymbol{X}_4,\boldsymbol{X}_3$ 为各列组成矩阵

$$\boldsymbol{P}=(\boldsymbol{X}_1,\boldsymbol{Y}_2,\boldsymbol{X}_4,\boldsymbol{X}_3)=\begin{pmatrix}-1&0&1&1\\3&-1&0&0\\1&0&-1&0\\-2&1&0&-1\end{pmatrix}$$

则易验证 $\boldsymbol{P}$ 可逆，且

$$\boldsymbol{AP}=\boldsymbol{PJ},\quad \boldsymbol{P}^{-1}\boldsymbol{AP}=\boldsymbol{J}$$

其中

$$\boldsymbol{J}=\begin{pmatrix}0&&&\\&-1&1&\\&&-1&\\&&&-1\end{pmatrix}$$

是由 3 个 Jordan 块 $\boldsymbol{J}_1(0)$，$\boldsymbol{J}_2(-1)$，$\boldsymbol{J}_1(-1)$组成的 Jordan 形矩阵.

(3) $\boldsymbol{A}$ 相似于 Jordan 形矩阵 $\boldsymbol{J}$. 因此 $\boldsymbol{J}$ 的最小多项式就是 $\boldsymbol{A}$ 的最小多项式. $\boldsymbol{J}$ 由 3 个 Jordan 块

$$0,\ \begin{pmatrix}-1&1\\0&-1\end{pmatrix},\ -1$$

组成. 对任何多项式 $f(\lambda)$, 有

$$f(\boldsymbol{J})=\boldsymbol{O}\Leftrightarrow f(0)=0,\ f\left(\begin{pmatrix}-1 & 1\\ 0 & -1\end{pmatrix}\right)=\boldsymbol{O}\text{ 且 }f(-1)=0$$

因此, $\boldsymbol{J}$ 的最小多项式就是这 3 个 Jordan 块的最小多项式的最小公倍式.

显然, 一阶 Jordan 块 0, -1 的最小多项式分别是 λ, $\lambda+1$.

2 阶 Jordan 块 $\boldsymbol{J}_2(-1)=\begin{pmatrix}-1 & 1\\ 0 & -1\end{pmatrix}$ 的特征多项式 $(\lambda+1)^2$ 是它的零化多项式, 最小多项式是它的因式. 由于 $\boldsymbol{J}_2(-1)\neq-\boldsymbol{I}$, $\boldsymbol{J}_2(-1)+\boldsymbol{I}\neq\boldsymbol{O}$, 最小多项式显然不是 $\lambda+1$, 只能是 $(\lambda+1)^2$.

因此, $\boldsymbol{J}$ 的最小多项式等于 λ, $\lambda+1$, $(\lambda+1)^2$ 的最小公倍式 $\lambda(\lambda+1)^2$. □

例 1 中矩阵 $\boldsymbol{P}$ 的各列 $\boldsymbol{X}_1,\boldsymbol{Y}_2,\boldsymbol{X}_4,\boldsymbol{X}_3$ 线性无关不是偶然的, 是由它们所满足的关系

$$\boldsymbol{A}\boldsymbol{X}_1=\boldsymbol{0},\ (\boldsymbol{A}+\boldsymbol{I})\boldsymbol{Y}_2=\boldsymbol{0},\ (\boldsymbol{A}+\boldsymbol{I})\boldsymbol{X}_4=\boldsymbol{Y}_2,\ (\boldsymbol{A}+\boldsymbol{I})\boldsymbol{X}_3=\boldsymbol{0}$$

决定的. 设复数 x_1,x_2,x_3,x_4 满足条件

$$x_1\boldsymbol{X}_1+x_2\boldsymbol{Y}_2+x_4\boldsymbol{X}_4+x_3\boldsymbol{X}_3=\boldsymbol{0} \tag{7.1.4}$$

用 $(\boldsymbol{A}+\boldsymbol{I})^2$ 左乘 (7.1.4), 由于 $(\boldsymbol{A}+\boldsymbol{I})^2\boldsymbol{Y}_2=(\boldsymbol{A}+\boldsymbol{I})^2\boldsymbol{X}_4=(\boldsymbol{A}+\boldsymbol{I})^2\boldsymbol{X}_3=\boldsymbol{0}$ 及 $(\boldsymbol{A}+\boldsymbol{I})^2\boldsymbol{X}_1=(0+1)^2\boldsymbol{X}_1=\boldsymbol{X}_1$, 得到 $x_1\boldsymbol{X}_1=\boldsymbol{0}$, 从而 $x_1=0$.

将 $x_1=0$ 代入 (7.1.4), 再用 $\boldsymbol{A}+\boldsymbol{I}$ 左乘, 得到 $x_4\boldsymbol{Y}_2=\boldsymbol{0}$, 从而 $x_4=0$.

于是 (7.1.4) 成为 $x_2\boldsymbol{Y}_2+x_3\boldsymbol{X}_3=\boldsymbol{0}$. 由于 $\{\boldsymbol{Y}_2,\boldsymbol{X}_3\}$ 是 $\mathrm{Ker}(\boldsymbol{A}+\boldsymbol{I})$ 的基, 线性无关, 得到 $x_2=x_3=0$.

这就证明了 $\boldsymbol{X}_1,\boldsymbol{Y}_2,\boldsymbol{X}_4,\boldsymbol{X}_3$ 线性无关.

例 2 (1) 假如已经知道 n 阶方阵

$$\boldsymbol{A}=\begin{pmatrix}a & 0 & 1 & & \\ & a & 0 & \ddots & \\ & & \ddots & \ddots & 1\\ & & & a & 0\\ & & & & a\end{pmatrix}$$

相似于 Jordan 形矩阵 $\boldsymbol{J}$, 求 $\boldsymbol{J}$.

(2) 求 n 阶可逆方阵 $\boldsymbol{P}$ 使 $\boldsymbol{P}^{-1}\boldsymbol{A}\boldsymbol{P}=\boldsymbol{J}$.

解 (1) $\boldsymbol{J}$ 的特征值与 $\boldsymbol{A}$ 相同, 全部等于 a, 因此

$$\boldsymbol{J}=\mathrm{diag}(\boldsymbol{J}_{m_1}(a),\cdots,\boldsymbol{J}_{m_d}(a))$$

设可逆方阵 $\boldsymbol{P}$ 使 $\boldsymbol{P}^{-1}\boldsymbol{A}\boldsymbol{P}=\boldsymbol{J}$, 则 $\boldsymbol{P}^{-1}(\boldsymbol{A}-a\boldsymbol{I})^k\boldsymbol{P}=(\boldsymbol{J}-a\boldsymbol{I})^k$, 从而

$$\mathrm{rank}(\boldsymbol{J}-a\boldsymbol{I})^k=\mathrm{rank}(\boldsymbol{A}-a\boldsymbol{I})^k \tag{7.1.5}$$

对所有的正整数 k 成立. 由 $\boldsymbol{A}$ 可以计算出所有的 $\mathrm{rank}(\boldsymbol{A}-a\boldsymbol{I})^k$, 再按照(7.1.5)确定 $\boldsymbol{J}$.

记 $r_k=\mathrm{rank}(\boldsymbol{A}-a\boldsymbol{I})^k$. 则当 $2k\leqslant n$ 时

$$(\boldsymbol{A}-a\boldsymbol{I})^k=\begin{pmatrix} & \boldsymbol{I}_{(n-2k)} \\ \boldsymbol{O}_{(2k)} & \end{pmatrix},\quad r_k=n-2k$$

而当 $2k\geqslant n$ 时, $(\boldsymbol{A}-a\boldsymbol{I})^k=\boldsymbol{O}$, $r_k=0$. 从而

$$d_k=r_{k-1}-r_k=\begin{cases} 2, & \text{当 } k\leqslant\dfrac{n}{2} \\ 1, & \text{当 } k=\dfrac{n}{2}+\dfrac{1}{2} \\ 0, & \text{当 } k\geqslant\dfrac{n}{2}+1 \end{cases}$$

这里, 我们约定 $r_0=n$. (也就是约定$(\boldsymbol{A}-a\boldsymbol{I})^0=\boldsymbol{I}$,可逆.)

而$\mathrm{rank}(\boldsymbol{J}-a\boldsymbol{I})$

$$=\mathrm{rank\ diag}\left(\begin{pmatrix} 0 & 1 & & \\ & 0 & \ddots & \\ & & \ddots & 1 \\ & & & 0 \end{pmatrix}_{m_1\times m_1},\cdots,\begin{pmatrix} 0 & 1 & & \\ & 0 & \ddots & \\ & & \ddots & 1 \\ & & & 0 \end{pmatrix}_{m_d\times m_d}\right)$$

$$=(m_1-1)+(m_2-1)+\cdots+(m_d-1)=(m_1+\cdots+m_d)-d=n-d.$$

由 $\mathrm{rank}(\boldsymbol{J}-a\boldsymbol{I})=n-d=\mathrm{rank}(\boldsymbol{A}-a\boldsymbol{I})=n-2$ 得 $d=2$.

因此, $\boldsymbol{J}$ 由两个 Jordan 块组成.

$$\mathrm{rank}(\boldsymbol{J}-a\boldsymbol{I})^k=\mathrm{rank}\begin{pmatrix} 0 & 1 & & \\ & 0 & \ddots & \\ & & \ddots & 1 \\ & & & 0 \end{pmatrix}_{m_1\times m_1}^k+\mathrm{rank}\begin{pmatrix} 0 & 1 & & \\ & 0 & \ddots & \\ & & \ddots & 1 \\ & & & 0 \end{pmatrix}_{m_2\times m_2}^k$$

$$=\mathrm{rank}\boldsymbol{J}_{m_1}(0)^k+\mathrm{rank}\boldsymbol{J}_{m_2}(0)^k \tag{7.1.6}$$

不妨假定 $m_1\geqslant m_2$.

注意到当 $k\leqslant m$ 时

$$\boldsymbol{J}_m(0)^k=\begin{pmatrix} & \boldsymbol{I}_{(m-k)} \\ \boldsymbol{O}_{(k)} & \end{pmatrix},\quad \mathrm{rank}\boldsymbol{J}_m(0)^k=m-k$$

而当 $k\geqslant m$ 时, $\boldsymbol{J}_m(0)^k=\boldsymbol{0}$, $\mathrm{rank}\boldsymbol{J}_m(0)^k=0$.

因此, 当 $k\leqslant m-1$ 时, k 每增加 1, $\mathrm{rank}\boldsymbol{J}_m(0)^k$ 就减少 1. 而当 $k\geqslant m$ 时 $\boldsymbol{J}_m(0)^m$ 已经等于零, 秩不能再减少.

当 $k\leqslant\dfrac{n}{2}-1$ 时, k 每增加 1, $\mathrm{rank}(\boldsymbol{A}-a\boldsymbol{I})^k$ 减少 2, 而由(7.1.6)知道,

当 k 增加 1 时要使 $\operatorname{rank}(\boldsymbol{J}-a\boldsymbol{I})^k$ 减少 2，必须 $\operatorname{rank}\boldsymbol{J}_{m_1}(0)^k$ 与 $\operatorname{rank}\boldsymbol{J}_{m_2}^k(0)$ 都减少 1，这只有在 $k\leqslant m_2-1$ 时才有可能. 由此得到

$$k\leqslant\frac{n}{2}-1\Rightarrow k\leqslant m_2-1$$

这只有在 $\left[\frac{n}{2}\right]\leqslant m_2$ 时才有可能，其中 $\left[\frac{n}{2}\right]$ 是不大于 $\frac{n}{2}$ 的最大整数，即 $\frac{n}{2}$（当 n 为偶数）或 $\frac{n-1}{2}$（当 n 为奇数）.

另一方面，由于 $m_2\leqslant m_1$，$m_2\leqslant\frac{n}{2}$. 因此 $m_2\leqslant\left[\frac{n}{2}\right]$，从而 $m_2=\left[\frac{n}{2}\right]$.

因此，当 n 为偶数时，$m_1=m_2=\frac{n}{2}$，

$$\boldsymbol{J}=\operatorname{diag}(\boldsymbol{J}_{n/2}(a),\boldsymbol{J}_{n/2}(a))\tag{7.1.7}$$

当 n 为奇数时，$m_2=\frac{n-1}{2}$，$m_1=\frac{n+1}{2}$，

$$\boldsymbol{J}=\operatorname{diag}(\boldsymbol{J}_{(n+1)/2}(a),\boldsymbol{J}_{(n-1)/2}(a))\tag{7.1.8}$$

（2）对每个 $1\leqslant i\leqslant n$，记 $\boldsymbol{e}_i$ 为第 i 个分量为 1、其余分量为 0 的 n 维列向量. 则 $\mathbf{C}^{n\times 1}$ 上的线性变换 $\mathscr{B}$：$\boldsymbol{X}\mapsto(\boldsymbol{A}-a\boldsymbol{I})\boldsymbol{X}$ 将 $\boldsymbol{e}_i\mapsto\boldsymbol{e}_{i-2}$，$\forall\,3\leqslant i\leqslant n$. 如下表所示：

$$\mathbf{0}\leftarrow\boldsymbol{e}_1\leftarrow\boldsymbol{e}_3\leftarrow\cdots\leftarrow\boldsymbol{e}_{2k-1}\leftarrow\cdots$$

$$\mathbf{0}\leftarrow\boldsymbol{e}_2\leftarrow\boldsymbol{e}_4\leftarrow\cdots\leftarrow\boldsymbol{e}_{2k}\leftarrow\cdots$$

当 n 为偶数时，依次以 $\boldsymbol{e}_1,\boldsymbol{e}_3,\cdots,\boldsymbol{e}_{n-1},\boldsymbol{e}_2,\boldsymbol{e}_4,\cdots,\boldsymbol{e}_n$ 为各列组成可逆矩阵 $\boldsymbol{P}$. 当 n 为奇数时，依次以 $\boldsymbol{e}_1,\boldsymbol{e}_3,\cdots,\boldsymbol{e}_n,\boldsymbol{e}_2,\boldsymbol{e}_4,\cdots,\boldsymbol{e}_{n-1}$ 为各列组成可逆矩阵 $\boldsymbol{P}$. 则

$$\boldsymbol{P}^{-1}\boldsymbol{A}\boldsymbol{P}=\boldsymbol{J}$$

$\boldsymbol{J}$ 如(7.1.7)，(7.1.8)所示. □

例 2 用来确定 $\boldsymbol{J}$ 的等式(7.1.5)可以推广到一般的情形：

定理 7.1.1　设复方阵 $\boldsymbol{A}$ 相似于 Jordan 形矩阵 $\boldsymbol{J}$. 则对 $\boldsymbol{A}$ 的每个特征值 $\lambda_i(1\leqslant i\leqslant t)$，可以利用等式

$$\operatorname{rank}(\boldsymbol{J}-\lambda_i\boldsymbol{I})^k=\operatorname{rank}(\boldsymbol{A}-\lambda_i\boldsymbol{I})^k\quad(\forall\text{ 正整数 }k)$$

来确定 $\boldsymbol{J}$ 中属于特征值 λ_i 的各 Jordan 块 $\boldsymbol{J}_{m_{i1}}(\lambda_1),\cdots,\boldsymbol{J}_{m_{ik_i}}(\lambda_i)$ 的阶 $m_{i1},\cdots,m_{ik_i}$，从而确定 $\boldsymbol{J}$. 具体公式为：

计算 $r_k=\operatorname{rank}(\boldsymbol{A}-\lambda_i\boldsymbol{I})^k$，并约定 $r_0=n$. 计算 $d_k=r_{k-1}-r_k$，$\forall\,k\geqslant 1$，则 $d_k\geqslant d_{k+1}$. 计算 $\delta_k=d_k-d_{k+1}$，$\forall\,k\geqslant 1$. 则：

$\boldsymbol{J}$ 中的 k 阶 Jordan 块 $\boldsymbol{J}_k(\lambda_i)$ 共有 δ_k 个.

证明　设 $\varphi_A(\lambda)=(\lambda-\lambda_1)^{n_1}\cdots(\lambda-\lambda_t)^{n_t}$，$\lambda_1,\cdots,\lambda_t$ 是 $\boldsymbol{A}$ 的不同的特征值.

$$J=\operatorname{diag}(J_1,\cdots,J_i,\cdots,J_t)$$
$$J_i=\operatorname{diag}(J_{m_{i1}}(\lambda_i),\cdots,J_{m_{ij}}(\lambda_i),\cdots,J_{m_{ik_i}}(\lambda_i))$$

其中 $m_{i1}\geqslant m_{i2}\geqslant\cdots\geqslant m_{ik_i}$.

每个 $(J_j-\lambda_i I)^k(j\neq i)$ 是主对角线元全为 $(\lambda_j-\lambda_i)^k\neq 0$ 的上三角形矩阵，秩始终为 n_j. 因此

$$r_k=(n-n_i)+\operatorname{rank}(J-\lambda_i I)^k=(n-n_i)+\sum_{j=1}^{k_i}\operatorname{rank}(J_{m_{ij}}(0))^k$$

$$d_k=r_{k-1}-r_k=\sum_{j=1}^{k_i}(\operatorname{rank}J_{m_{ij}}(0)^{k-1}-\operatorname{rank}J_{m_{ij}}(0)^k)$$

$$=\sum_{1\leqslant j\leqslant k_i,m_{ij}\geqslant k}1=\langle\text{阶数 } m_{ij}\geqslant k \text{ 的 Jordan 块 } J_{m_{ij}}(\lambda_i)\text{ 个数}\rangle$$

$$\delta_k=d_k-d_{k+1}=\langle\text{Jordan 块 } J_k(\lambda_i)\text{ 的个数}\rangle.\quad\square$$

推论 7.1.1　如果复方阵 A 相似于 Jordan 形矩阵 J，则除了各 Jordan 块的排列顺序可以任意改变，J 由 A 唯一确定.

证明　特征值 $\lambda_1,\cdots,\lambda_t$ 由 A 唯一决定. 对于每个特征值 λ_i，每一个阶数 k 的 Jordan 块 $J_k(\lambda_i)$ 的个数 δ_k 由 A 唯一决定. 这样，J 中到底有哪些 Jordan 块是由 A 唯一决定的，只是它们的排列顺序可以任意变动.　□

在本节的例子中，我们对一些具体的矩阵 A 找到了可逆方阵 P 使 $P^{-1}AP$ 是 Jordan 形矩阵. 在定理 7.1.1 中，对可以相似于 Jordan 形矩阵的 A，利用计算 $\operatorname{rank}(A-\lambda_i I)^k$ 给出了一个计算 Jordan 形矩阵的一般方法. 但是，本节各例中的方法是否适用于任意复方阵？是否任何一个复方阵 A 都能够相似于 Jordan 形矩阵？这些问题将在本章以下各节中逐步解决.

习　题　7.1

1. 已知 $A=\begin{pmatrix}0&0&-2\\1&0&3\\0&1&0\end{pmatrix}$，求 A^n.

2. 已知 5 阶方阵 A 相似于 Jordan 形矩阵 J，且满足条件

$$\operatorname{rank}A=3,\ \operatorname{rank}A^2=2,\ \operatorname{rank}(A+I)=4,\ \operatorname{rank}(A+I)^2=3.$$

求 J.

3. 已知下面的矩阵 A 相似于 Jordan 形矩阵 J. 根据条件 $\operatorname{rank}(A-\lambda_i I)^k=\operatorname{rank}(J-\lambda_i I)^k$（$\lambda_i$ 取遍 A 的各特征值，$k=1,2,\cdots$），求 J.

(1) $\begin{pmatrix}-2&1&3\\-22&11&33\\6&-3&-9\end{pmatrix}$；　(2) $\begin{pmatrix}4&0&0&0\\0&4&0&0\\3&0&4&0\\2&3&0&4\end{pmatrix}$；

(3) $\begin{pmatrix} 1 & 2 & 4 & 7 \\ 0 & 1 & 3 & 6 \\ 0 & 0 & 1 & 4 \\ 0 & 0 & 0 & 3 \end{pmatrix}$;　　(4) $\begin{pmatrix} 4 & 3 & 0 & 0 \\ -3 & -2 & 0 & 0 \\ 1 & 2 & -3 & -2 \\ 3 & 4 & 8 & 5 \end{pmatrix}$.

4. (1) 已知 Jordan 形矩阵 $\boldsymbol{J}$ 满足条件 $\mathrm{rank}\boldsymbol{J}^k=\mathrm{rank}\boldsymbol{J}^{k+1}=r$，根据 $\boldsymbol{J}^k$ 所满足的条件，对任意正整数 s 求 $\mathrm{rank}\boldsymbol{J}^{k+s}$.

(2) 已知方阵 $\boldsymbol{A}$ 相似于 Jordan 形矩阵 $\boldsymbol{J}$. 且 $\mathrm{rank}\boldsymbol{A}^k=\mathrm{rank}\boldsymbol{A}^{k+1}=r$. 对任意正整数 s 求 $\mathrm{rank}\boldsymbol{A}^{k+s}$.

5. 已知 n 阶方阵 $\boldsymbol{A}\in F^{n\times n}$ 相似于 Jordan 形矩阵 $\boldsymbol{J}$，且满足条件 $\boldsymbol{A}^n=\boldsymbol{O}\neq\boldsymbol{A}^{n-1}$. 求 $\boldsymbol{J}$.

§7.2　根子空间分解

我们将一步步证明，任何一个复方阵 $\boldsymbol{A}$ 相似于 Jordan 形矩阵.

从本章 §7.1 的例子中，我们发现：寻找可逆方阵 $\boldsymbol{P}$ 使 $\boldsymbol{P}^{-1}\boldsymbol{AP}$ 的关键是要找到一组适当的根向量组成 $\mathbf{C}^{n\times 1}$ 的一组基，也就是组成 $\boldsymbol{P}$ 的各列.

我们先证明：n 维复线性空间 V 的任意线性变换 $\mathscr{A}$ 的根向量可以组成 V 的一组基.（从而任意 n 阶复方阵 $\boldsymbol{A}$ 的根向量（也就是 $\mathbf{C}^{n\times 1}$ 的线性变换 $\mathscr{A}:\boldsymbol{X}\mapsto\boldsymbol{AX}$ 的根向量）可以组成 $\mathbf{C}^{n\times 1}$ 的一组基.）再设法选取由根向量组成的基使 $\mathscr{A}$ 的矩阵为 Jordan 形.

1. 根子空间分解

定理 7.2.1　设 n 维复线性空间 V 上的线性变换 $\mathscr{A}$ 具有 t 个不同的特征值 $\lambda_1,\cdots,\lambda_t$，特征多项式

$$\varphi_{\mathscr{A}}(\lambda)=(\lambda-\lambda_1)^{n_1}\cdots(\lambda-\lambda_t)^{n_t}.$$

则对每个特征值 λ_i $(1\leqslant i\leqslant t)$，$\mathscr{A}$ 的属于特征值 λ_i 的全体根向量与零向量一起组成子空间 $\mathrm{Ker}(\mathscr{A}-\lambda_i\mathscr{I})^{n_i}$，其维数等于 n_i.

证明　根据定理 6.7.3 的推论 6.7.1，$\mathscr{A}$ 在适当的基下的矩阵 $\boldsymbol{A}$ 是上三角形矩阵，并且可以要求 $\mathscr{A}$ 的特征值在 $\boldsymbol{A}$ 的主对角线上按如下顺序排列：先将 n_i 个 λ_i 全部排完，再将其余特征值按任意顺序排列. $\boldsymbol{A}$ 可以写成分块形式

$$\boldsymbol{A}=\begin{pmatrix} \boldsymbol{A}_{11} & \boldsymbol{A}_{12} \\ \boldsymbol{O} & \boldsymbol{A}_{22} \end{pmatrix} \tag{7.2.1}$$

其中

$$\boldsymbol{A}_{11}=\begin{pmatrix} \lambda_i & * & \cdots & * \\ & \lambda_i & \ddots & \vdots \\ & & \ddots & * \\ & & & \lambda_i \end{pmatrix}_{n_i\times n_i}$$

是主对角线元全为 λ_i 的 n_i 阶方阵，$\boldsymbol{A}_{22}$是主对角元等于其余特征值 $\lambda_j(j\neq i)$ 的 $n-n_i$ 阶上三角形矩阵. 对正整数 $k\geqslant n_i$，

$$(\boldsymbol{A}-\lambda_i\boldsymbol{I})^k=\begin{pmatrix}(\boldsymbol{A}_{11}-\lambda_i\boldsymbol{I}_{(n_i)})^k & * \\ \boldsymbol{O} & (\boldsymbol{A}_{22}-\lambda_i\boldsymbol{I}_{(n-n_i)})^k\end{pmatrix}$$

其中$(\boldsymbol{A}_{11}-\lambda_i\boldsymbol{I}_{(n_i)})^k=\boldsymbol{O}$；而$(\boldsymbol{A}_{22}-\lambda_i\boldsymbol{I}_{(n-n_i)})^k$ 是上三角形矩阵且对角元$(\lambda_j-\lambda_i)^k$ 全不为 0，因而是 $n-n_i$ 阶可逆方阵.

因此，对正整数 $k\geqslant n_i$，有 $\operatorname{rank}(\boldsymbol{A}-\lambda_i\boldsymbol{I})^k=n-n_i$，$n$ 元线性方程组$(\boldsymbol{A}-\lambda_i\boldsymbol{I})^k\boldsymbol{X}=\boldsymbol{0}$ 的解空间 $\operatorname{Ker}(\boldsymbol{A}-\lambda_i\boldsymbol{I})^k$ 的维数等于 n_i，从而 $\dim\operatorname{Ker}(\mathscr{A}-\lambda_i\mathscr{I})^k=n_i$.

对任意正整数 $k_1\leqslant k_2$ 和 $\boldsymbol{\beta}\in V$，

$$(\mathscr{A}-\lambda_i\mathscr{I})^{k_1}(\boldsymbol{\beta})=\boldsymbol{0}\Rightarrow(\mathscr{A}-\lambda_i\mathscr{I})^{k_2}(\boldsymbol{\beta})=(\mathscr{A}-\lambda_i\mathscr{I})^{k_2-k_1}(\mathscr{A}-\lambda_i\mathscr{I})^{k_1}(\boldsymbol{\beta})=\boldsymbol{0}$$

这说明

$$\operatorname{Ker}(\mathscr{A}-\lambda_i\mathscr{I})^{k_1}\subseteq\operatorname{Ker}(\mathscr{A}-\lambda_i\mathscr{I})^{k_2}$$

特别，当 $k\geqslant n_i$ 由 $\operatorname{Ker}(\mathscr{A}-\lambda_i\mathscr{I})^{n_i}\subseteq\operatorname{Ker}(\mathscr{A}-\lambda_i\mathscr{I})^k$ 及 $\dim\operatorname{Ker}(\mathscr{A}-\lambda_i\mathscr{I})^k=n_i=\dim\operatorname{Ker}(\mathscr{A}-\lambda_i\mathscr{I})^{n_i}$知

$$\operatorname{Ker}(\mathscr{A}-\lambda_i\mathscr{I})^k=\operatorname{Ker}(\mathscr{A}-\lambda_i\mathscr{I})^{n_i}$$

对 $\mathscr{A}$ 的属于特征值 λ_i 的每个根向量 $\boldsymbol{\beta}$，存在正整数 k 使$(\mathscr{A}-\lambda_i\mathscr{I})^k(\boldsymbol{\beta})=\boldsymbol{0}$，即 $\boldsymbol{\beta}\in\operatorname{Ker}(\mathscr{A}-\lambda_i\mathscr{I})^k$. 当 $k\leqslant n_i$ 时 $\boldsymbol{\beta}\in\operatorname{Ker}(\mathscr{A}-\lambda_i\mathscr{I})^k\subseteq\operatorname{Ker}(\mathscr{A}-\lambda_i\mathscr{I})^{n_i}$，当 $k\geqslant n_i$ 时，$\boldsymbol{\beta}\in\operatorname{Ker}(\mathscr{A}-\lambda_i\mathscr{I})^k=\operatorname{Ker}(\mathscr{A}-\lambda_i\mathscr{I})^{n_i}$. 这说明了 $\mathscr{A}$ 的属于特征值 λ_i 的所有的根向量都含于 n_i 维子空间 $\operatorname{Ker}(\mathscr{A}-\lambda_i\mathscr{I})^{n_i}$.

反过来，$\operatorname{Ker}(\mathscr{A}-\lambda_i\mathscr{I})^{n_i}$中的非零向量 $\boldsymbol{\beta}$ 都满足条件$(\mathscr{A}-\lambda_i\mathscr{I})^{n_i}(\boldsymbol{\beta})=\boldsymbol{0}$，都是 $\mathscr{A}$ 的属于特征值 λ_i 的根向量.

因此，$\operatorname{Ker}(\mathscr{A}-\lambda_i\mathscr{I})^{n_i}$是由 $\mathscr{A}$ 的属于特征值 λ_i 的全体根向量与零向量共同组成的子空间，维数为 n_i. □

定义 7.2.1 $\mathscr{A}$ 的属于特征值 λ_i 的全体根向量与零向量共同组成的子空间称为 $\mathscr{A}$ 的属于特征值 λ_i 的**根子空间**(root subspace)，记为 W_{λ_i}. □

我们证明：$\mathscr{A}$ 作用的线性空间 V 是 $\mathscr{A}$ 的各根子空间的直和. 因而可以由这些根子空间的基向量共同构成 V 的一组基.

定理 7.2.2 设 $\lambda_1,\cdots,\lambda_t$ 是 n 维复线性空间 V 的线性变换 $\mathscr{A}$ 的全部不同的特征值，则

$$V=W_{\lambda_1}\oplus\cdots\oplus W_{\lambda_t}$$

证明 先证明各根子空间 W_{λ_i} $(1\leqslant i\leqslant t)$的和是直和. 为此需要证明：对任意一组 $\boldsymbol{\beta}_i\in W_{\lambda_i}$ $(1\leqslant i\leqslant t)$，

$$\boldsymbol{\beta}_1+\cdots+\boldsymbol{\beta}_t=\mathbf{0}\Leftrightarrow\boldsymbol{\beta}_1=\cdots=\boldsymbol{\beta}_t=\mathbf{0}.$$

设各特征值 $\lambda_1,\cdots,\lambda_t$ 的代数重数分别是 $n_1,\cdots,n_t$. 则 $\dim W_{\lambda_i}=n_i(1\leqslant i\leqslant t)$，$n_1+\cdots+n_t=n=\dim V$. 对每个 $1\leqslant i\leqslant t$，记

$$f_i(\lambda)=\prod_{1\leqslant j\leqslant t,j\neq i}(\lambda-\lambda_j)^{n_j}.$$

则对每个 $1\leqslant j\leqslant t$，$j\neq i$，有

$$f_i(\lambda)=f_{ij}(\lambda)(\lambda-\lambda_j)^{n_j},$$

其中 $f_{ij}(\lambda)$ 是所有的 $(\lambda-\lambda_k)^{n_k}(1\leqslant k\leqslant t,k\neq i,k\neq j)$ 的乘积. 于是

$$f_i(\mathscr{A})\boldsymbol{\beta}_j=f_{ij}(\mathscr{A})(\mathscr{A}-\lambda_i\mathscr{T})^{n_j}\boldsymbol{\beta}_j=\mathbf{0},\quad\forall\,1\leqslant i\leqslant t,\ j\neq i.\tag{7.2.2}$$

用 $f_i(\mathscr{A})$ 作用于等式

$$\boldsymbol{\beta}_1+\cdots+\boldsymbol{\beta}_t=\mathbf{0}\tag{7.2.3}$$

的两边，由于(7.2.2)，得

$$f_i(\mathscr{A})\boldsymbol{\beta}_i=\mathbf{0}.\tag{7.2.4}$$

由于 $(\lambda-\lambda_i)^{n_i}$ 仅有的复数根不是 $f_i(\lambda)$ 的根，$(\lambda-\lambda_i)^{n_i}$ 与 $f_i(\lambda)$ 互素，存在复系数多项式 $u(\lambda)$，$v(\lambda)$ 使

$$u(\lambda)f_i(\lambda)+v(\lambda)(\lambda-\lambda_i)^{n_i}=1,\ \text{即}\ u(\lambda)f_i(\lambda)=1-v(\lambda)(\lambda-\lambda_i)^{n_i}.$$

将字母 $\lambda=\mathscr{A}$ 代入得

$$u(\mathscr{A})f_i(\mathscr{A})=\mathscr{T}-v(\mathscr{A})(\mathscr{A}-\lambda_i\mathscr{T})^{n_i}.\tag{7.2.5}$$

将(7.2.4)两边用 $u(\mathscr{A})$ 作用，再将(7.2.5)代入，并考虑到 $\boldsymbol{\beta}_i\in W_{\lambda_i}=\operatorname{Ker}(\mathscr{A}-\lambda_i\mathscr{T})^{n_i}$，$(\mathscr{A}-\lambda_i\mathscr{T})^{n_i}(\boldsymbol{\beta}_i)=\mathbf{0}$，得

$$\mathbf{0}=u(\mathscr{A})f_i(\mathscr{A})\boldsymbol{\beta}_i=(\mathscr{T}-v(\mathscr{A})(\mathscr{A}-\lambda_i\mathscr{T})^{n_i})\boldsymbol{\beta}_i=\boldsymbol{\beta}_i.$$

这证明了(7.2.3)成立仅当所有的 $\boldsymbol{\beta}_i=\mathbf{0}$.

由 $W=W_{\lambda_1}+\cdots+W_{\lambda_t}=W_{\lambda_1}\oplus\cdots\oplus W_{\lambda_t}$ 得

$$\dim W=\dim W_{\lambda_1}+\cdots+\dim W_{\lambda_t}=n_1+\cdots+n_t=n=\dim V$$

这就证明了

$$\mathbf{C}^{n\times 1}=W_{\lambda_1}\oplus\cdots\oplus W_{\lambda_t}.\qquad\square$$

2. 不变子空间

定理 7.2.3 设 $\lambda_1,\cdots,\lambda_t$ 是 n 维复线性空间 V 的线性变换 $\mathscr{A}$ 的全部不同的特征值，代数重数分别为 $n_1,\cdots,n_t$. 则：

(1) $\mathscr{A}$ 将每个根子空间 W_{λ_i} 映到 W_{λ_i} 中：$\mathscr{A}(W_{\lambda_i})\subseteq W_{\lambda_i}$，因而 $\mathscr{A}$ 的作用引起 W_{λ_i} 的一个线性变换 $\mathscr{A}|_{W_{\lambda_i}}$：$\boldsymbol{\beta}\mapsto\mathscr{A}(\boldsymbol{\beta})$；

(2) 取每个根子空间 W_{λ_i} 的一组基 $M_i=\{\boldsymbol{\alpha}_{i1},\cdots,\boldsymbol{\alpha}_{in_i}\}$. 则各组基中的向量(都是根向量)共同组成的集合

$$M=\{\boldsymbol{\alpha}_{ij}\mid 1\leqslant i\leqslant t,1\leqslant j\leqslant n_i\}$$

是 V 的一组基；

(3) 设 $\mathscr{A}_{W_{\lambda_i}}$ 在基 M_i 下的矩阵为 $\boldsymbol{A}_i\in\mathbf{C}^{n_i\times n_i}$. 则 $\mathscr{A}$ 在 M 下的矩阵是准对角阵

$$\operatorname{diag}(\boldsymbol{A}_1,\cdots,\boldsymbol{A}_t)$$

且可适当选择各个根子空间的基使每个 $\boldsymbol{A}_i(1\leqslant i\leqslant t)$ 是上三角形矩阵，其对角元全为 λ_i.

证明　(1) 对任意 $\boldsymbol{\beta}\in W_{\lambda_i}$，有

$$(\mathscr{A}-\lambda_i\mathscr{I})^{n_i}\mathscr{A}(\boldsymbol{\beta})=\mathscr{A}(\mathscr{A}-\lambda_i\mathscr{I})^{n_i}(\boldsymbol{\beta})=\mathscr{A}(\mathbf{0})=\mathbf{0}$$

这说明了 $\mathscr{A}(\boldsymbol{\beta})\in W_{\lambda_i}$. 从而证明了 $\mathscr{A}(W_{\lambda_i})\subseteq W_{\lambda_i}$.

对每个 $\boldsymbol{\beta}\in W_{\lambda_i}$，$\mathscr{A}(\boldsymbol{\beta})\in W_{\lambda_i}$，这说明 $\mathscr{A}|_{W_{\lambda_i}}$：$W_{\lambda_i}\to W_{\lambda_i}$，$\boldsymbol{\beta}\mapsto\mathscr{A}(\boldsymbol{\beta})$ 定义了 W_{λ_i} 的一个变换. 由于 $\mathscr{A}$ 的作用保加法和数乘，$\mathscr{A}|_{W_{\lambda_i}}$ 是线性变换.

(2) 由于 $V=W_{\lambda_1}\oplus\cdots\oplus W_{\lambda_t}$，$M$ 是 V 的一组基.

(3) 设 $\boldsymbol{A}_i=(a_{kl}^{(i)})_{n_i\times n_i}$，则 $\mathscr{A}|_{W_{\lambda_i}}(\boldsymbol{\alpha}_{ij})=a_{1j}^{(i)}\boldsymbol{\alpha}_{i1}+\cdots+a_{n_ij}^{(i)}\boldsymbol{\alpha}_{in_i}$，在基 M 下的坐标为

$$(\underbrace{0,\cdots,0}_{n_1+\cdots+n_{i-1}\text{个}},a_{1j}^{(i)},\cdots,a_{n_ij}^{(i)},0,\cdots,0)^{\mathrm{T}}.$$

依次以这些坐标为各列排成的矩阵即为准对角矩阵 $\begin{pmatrix}\ddots & & \\ & A_i & \\ & & \ddots\end{pmatrix}$.

对每个根子空间 W_{λ_i}，可以选择适当的基 M_i 使 $\mathscr{A}|_{W_{\lambda_i}}$ 在 M_i 下的矩阵 $\boldsymbol{A}_i$ 是上三角形矩阵，其对角元是 $\mathscr{A}|_{W_{\lambda_i}}$ 的全部特征值.

由于 $(\mathscr{A}-\lambda_i\mathscr{I})^{n_i}W_{\lambda_i}=\mathbf{0}$，$(\mathscr{A}|_{W_{\lambda_i}}-\lambda_i\mathscr{I})^{n_i}=\mathbf{0}$，这说明 $(\lambda-\lambda_i)^{n_i}$ 是 $\mathscr{A}|_{W_{\lambda_i}}$ 的零化多项式，$(\lambda-\lambda_i)^{n_i}$ 的唯一的根 λ_i 是 $\mathscr{A}|_{W_{\lambda_i}}$ 的唯一的特征值. 因此 $\boldsymbol{A}_i$ 的对角元全是 λ_i.　□

定理 7.2.3(3) 的结论其实就是第 6 章 § 6.8 例 6 用矩阵方法证明的结果. 我们在这里用几何方法再次作了证明. 下面，我们将进一步看到几何上子空间的直和分解与矩阵的准对角化的内在联系.

定义 7.2.2　设 $\mathscr{A}:V\to V$ 是线性变换. 如果 V 的子空间 W 被 $\mathscr{A}$ 的作用映到 W 中，即

$$\mathscr{A}(W)=\{\mathscr{A}(\boldsymbol{\alpha})\mid\boldsymbol{\alpha}\in W\}\subseteq W$$

就称 W 是 $\mathscr{A}$ 的**不变子空间**(invariant subspace)，也称 $\mathscr{A}$ 不变子空间.

如果 W 是线性变换 $\mathscr{A}:V\to V$ 的不变子空间，则 $\mathscr{A}$ 的作用在 W 上引起线

性变换

$$\mathscr{A}|_W: W \to W,\ \boldsymbol{\alpha} \mapsto \mathscr{A}(\boldsymbol{\alpha})$$

称为 $\mathscr{A}$ 在 W 上的**限制**(restriction). □

注意 线性映射 $\mathscr{A}$: $U \to V$ 可以限制在定义域 U 的任何一个子空间 W 上:

$$\mathscr{A}|_W: W \mapsto V,\ \boldsymbol{\alpha} \mapsto \mathscr{A}(\boldsymbol{\alpha})$$

但线性变换 $\mathscr{A}$: $V \to V$ 不同. 要将定义域 V 限制到子空间 W, 还必须要求值域 $\mathscr{A}(W)$ 也在 W 之中. 这就要求 W 是不变子空间. 当 V 的子空间 W 不满足这个条件时, $\mathscr{A}$: $V \to V$ 不能限制为 W 上的线性变换, 但可以限制为线性映射 $\mathscr{A}|_W$: $W \to V$.

例 1 设 $\mathscr{A}$ 是线性空间 V 上的线性变换. 试列举 $\mathscr{A}$ 的一些不变子空间, 并说明理由.

解 (1) 显然零空间 0 和 V 是 $\mathscr{A}$ 的不变子空间.

(2) $\mathrm{Ker}\mathscr{A}$ 和 $\mathrm{Im}\mathscr{A}$ 都是 $\mathscr{A}$ 的不变子空间. 理由如下:

$\mathscr{A}(\mathrm{Im}\mathscr{A}) \subseteq \mathscr{A}(V) = \mathrm{Im}\mathscr{A}$, 因此 $\mathrm{Im}\mathscr{A}$ 是 $\mathscr{A}$ 的不变子空间.

$\mathscr{A}(\mathrm{Ker}\mathscr{A}) = 0 \subseteq \mathrm{Ker}\mathscr{A}$, 因此 $\mathrm{Ker}\mathscr{A}$ 是 $\mathscr{A}$ 的不变子空间.

(3) $\mathscr{A}$ 的属于任一特征值 a 的任一特征向量 $\boldsymbol{\beta}$ 生成的一维子空间 $V(\boldsymbol{\beta}) = F\boldsymbol{\beta} = \{x\boldsymbol{\beta} \mid x \in F\}$ 是 $\mathscr{A}$ 的不变子空间. 理由如下:

$$\mathscr{A}(x\boldsymbol{\beta}) = x\mathscr{A}(\boldsymbol{\beta}) = xa\boldsymbol{\beta} \in F\boldsymbol{\beta}$$

反过来, $\mathscr{A}$ 的每个一维不变子空间 $F\boldsymbol{\beta}$ 中的非零向量 $\boldsymbol{\beta}$ 被 $\mathscr{A}$ 映到 $\mathscr{A}(\boldsymbol{\beta}) \in F\boldsymbol{\beta}$, 因而 $\mathscr{A}(\boldsymbol{\beta}) = x\boldsymbol{\beta}$ 对某个 $x \in F$ 成立, 这说明 $\boldsymbol{\beta}$ 是属于特征值 x 的特征向量.

(4) $\mathscr{A}$ 的不变子空间的和仍是 $\mathscr{A}$ 的不变子空间. 特别, $\mathscr{A}$ 的属于任一特征值 a 的特征子空间 V_a 是一维不变子空间的和, 因此是 $\mathscr{A}$ 的不变子空间.

(5) 根据定理 7.2.3 所证, $\mathscr{A}$ 的属于任一特征根的根子空间是 $\mathscr{A}$ 的不变子空间. □

定理 7.2.4 设 $\mathscr{A}$ 是有限维线性空间 V 上的线性映射, W 是 $\mathscr{A}$ 的不变子空间. 将 W 的基 $M_1 = \{\boldsymbol{\alpha}_1, \cdots, \boldsymbol{\alpha}_m\}$ 扩充为 V 的基 $M = \{\boldsymbol{\alpha}_1, \cdots, \boldsymbol{\alpha}_m, \cdots, \boldsymbol{\alpha}_n\}$. 则 $\mathscr{A}$ 在基 M 下的矩阵为准上三角形

$$\boldsymbol{A} = \begin{pmatrix} \boldsymbol{A}_{11} & \boldsymbol{A}_{12} \\ \boldsymbol{O} & \boldsymbol{A}_{22} \end{pmatrix} \tag{7.2.6}$$

其中 $\boldsymbol{A}_{11} \in F^{m\times m}$ 是 $\mathscr{A}|_W$ 在基 M_1 下的矩阵.

如果 $M_2 = \{\boldsymbol{\alpha}_{m+1}, \cdots, \boldsymbol{\alpha}_n\}$ 生成的子空间 U 也是 $\mathscr{A}$ 的不变子空间, 则 $\mathscr{A}$ 在 M 下的矩阵具有准对角形

$$\boldsymbol{A}=\begin{pmatrix}\boldsymbol{A}_{11} & \boldsymbol{O}\\ \boldsymbol{O} & \boldsymbol{A}_{22}\end{pmatrix} \tag{7.2.7}$$

其中 $\boldsymbol{A}_{11}$，$\boldsymbol{A}_{22}$分别是$\mathscr{A}|_W$，$\mathscr{A}|_U$ 在基 M_1，M_2 下的矩阵.

反过来，如果线性变换 $\mathscr{B}$：$V\to V$ 在 V 的基 $M=\{\boldsymbol{\alpha}_1,\cdots,\boldsymbol{\alpha}_n\}$下的矩阵具有形式

$$\boldsymbol{B}=\begin{pmatrix}\boldsymbol{B}_{11} & \boldsymbol{B}_{12}\\ \boldsymbol{O} & \boldsymbol{B}_{22}\end{pmatrix} \tag{7.2.8}$$

其中 $\boldsymbol{B}_{11}\in F^{m\times m}$，则 $W=V(\boldsymbol{\alpha}_1,\cdots,\boldsymbol{\alpha}_m)$是 $\mathscr{B}$ 的不变子空间.

证明 对每个 $1\leqslant j\leqslant m$，由于 $\boldsymbol{\alpha}_j\in W$，$\mathscr{A}(\boldsymbol{\alpha}_j)\in W$，$\mathscr{A}(\boldsymbol{\alpha}_j)$是 M_1 的线性组合：

$$\mathscr{A}(\boldsymbol{\alpha}_j)=a_{1j}\boldsymbol{\alpha}_1+\cdots+a_{mj}\boldsymbol{\alpha}_m$$

它在基 M 下的坐标为 $\boldsymbol{A}_j=(a_{1j},\cdots,a_{mj},0,\cdots,0)^{\mathrm{T}}$，最后 $n-m$ 个分量是 0. 因此 $\mathscr{A}$ 在基 M 下的矩阵 $\boldsymbol{A}$ 的前 m 列 $\boldsymbol{A}_1,\boldsymbol{A}_2,\cdots,\boldsymbol{A}_m$ 的最后 $n-m$ 个分量都是 0,$\boldsymbol{A}$ 具有形式

$$\boldsymbol{A}=\begin{pmatrix}a_{11} & \cdots & a_{1m} & a_{1,m+1} & \cdots & a_{1n}\\ \vdots & & \vdots & \vdots & & \vdots\\ a_{m1} & \cdots & a_{mm} & a_{m,m+1} & \cdots & a_{mn}\\ 0 & \cdots & 0 & a_{m+1,m+1} & \cdots & a_{m+1,n}\\ \vdots & & \vdots & \vdots & & \vdots\\ 0 & \cdots & 0 & a_{n,m+1} & \cdots & a_{nn}\end{pmatrix}=\begin{pmatrix}\boldsymbol{A}_{11} & \boldsymbol{A}_{12}\\ \boldsymbol{O} & \boldsymbol{A}_{22}\end{pmatrix}$$

其中 $\boldsymbol{A}_{11}=(a_{ij})_{m\times m}$是 $\mathscr{A}$ 在基 M_1 下的矩阵.

如果 $U=V(\boldsymbol{\alpha}_{m+1},\cdots,\boldsymbol{\alpha}_n)$也是 $\mathscr{A}$ 的不变子空间. 则 $\boldsymbol{\alpha}_j\in U(m+1\leqslant j\leqslant n)$的像 $\mathscr{A}(\boldsymbol{\alpha}_j)\in U$，都是 M_2 的线性组合，前 m 个分量为 0. 也就是说 $\boldsymbol{A}$ 的后$n-m$ 列的前 m 个分量为 0，$\boldsymbol{A}_{12}=\boldsymbol{O}$，$\boldsymbol{A}$ 为(7.2.7)中所示的准对角矩阵，其中 $\boldsymbol{A}_{22}=(a_{ij})_{m+1\leqslant i,j\leqslant n}$为$\mathscr{A}|_U$ 在基 M_2 下的矩阵.

设线性变换 $\mathscr{B}$ 在基 $M=\{\boldsymbol{\alpha}_1,\cdots,\boldsymbol{\alpha}_n\}$下的矩阵 $\boldsymbol{B}$ 具有(7.2.8)所说形状，则说明 $\mathscr{B}(\boldsymbol{\alpha}_j)(1\leqslant j\leqslant m)$的最后 $n-m$ 个分量等于 0，$\mathscr{B}(\boldsymbol{\alpha}_j)\in W=V(\boldsymbol{\alpha}_1,\cdots,\boldsymbol{\alpha}_m)$. 每个 $\boldsymbol{\alpha}\in W$ 是 $\boldsymbol{\alpha}_j(1\leqslant j\leqslant m)$的线性组合，因而 $\mathscr{A}(\boldsymbol{\alpha})$是 W 中的向量 $\mathscr{A}(\boldsymbol{\alpha}_j)(1\leqslant j\leqslant m)$的线性组合，含于 W. 这说明了 W 是 $\mathscr{A}$ 的不变子空间. □

推论 7.2.1 设 $\mathscr{A}$ 是 V 上的线性变换，V 是不变子空间 $W_1,\cdots,W_t$ 的直和. 取每个 W_i 的一组基 M_i，依次将 $M_1,\cdots,M_t$ 的向量排列起来组成 V 的基 M. 则 $\mathscr{A}$ 在基 M 下的矩阵为准对角矩阵

$$\operatorname{diag}(\boldsymbol{A}_1,\cdots,\boldsymbol{A}_t)$$

其中每个 $\boldsymbol{A}_i$ 是 $\mathscr{A}|_{W_i}$ 在基 M_i 下的矩阵，$\forall\, 1\leqslant i\leqslant t$.

证明　当 $t=2$ 时结论是定理 7.2.4 的一部分. 对 t 作数学归纳法容易证明命题对任意正整数 t 成立.　□

推论 7.2.2　设 $\boldsymbol{A}$ 是 n 阶复方阵，记 $V=\mathbf{C}^{n\times 1}$，$\mathscr{A}$：$V\to V$，$\boldsymbol{X}\mapsto \boldsymbol{AX}$. 则 $\mathscr{A}$ 可对角化 $\Leftrightarrow V$ 是 $\mathscr{A}$ 的一维不变子空间的直和.

证明　A 可对角化 $\Leftrightarrow$ 存在 $\mathscr{A}$ 的特征向量 $\boldsymbol{X}_1,\cdots,\boldsymbol{X}_n$ 构成 V 的基

$\Leftrightarrow V$ 是 $\mathscr{A}$ 的一维不变子空间 $F\boldsymbol{X}_1,\cdots,F\boldsymbol{X}_n$ 的直和.　□

习　题　7.2

1. 设 V 的线性变换 $\mathscr{A}$ 的特征多项式 $\varphi_{\mathscr{A}}(\lambda)=(\lambda-\lambda_1)^{n_1}\cdots(\lambda-\lambda_t)^{n_t}$，其中 $\lambda_1,\cdots,\lambda_t$ 两两不同. 仿照 §6.7 定理 6.7.2 的证明，证明每个 $\boldsymbol{\alpha}\in V$ 可写成 $\boldsymbol{\alpha}=\boldsymbol{\alpha}_1+\cdots+\boldsymbol{\alpha}_t$ 的形式使 $\boldsymbol{\alpha}_i\in \mathrm{Ker}(\mathscr{A}-\lambda_i\mathscr{I})^{n_i}$.

2. 设 n 维复线性空间 V 上线性变换 $\mathscr{A}$，$\mathscr{B}$ 乘法可交换，求证：$\mathscr{A}$ 的特征子空间和根子空间都是 $\mathscr{B}$ 的不变子空间.

3. 设 $\mathscr{A}$，$\mathscr{B}$ 是复线性空间上的线性变换且 $\mathscr{A}\mathscr{B}=\mathscr{B}\mathscr{A}$. 求证：$\mathscr{A}$，$\mathscr{B}$ 有公共的特征向量.

4. (1) 设 $\mathscr{A}$，$\mathscr{B}$ 是奇数维实线性空间 V 上线性变换且 $\mathscr{A}\mathscr{B}=\mathscr{B}\mathscr{A}$，求证：$\mathscr{A}$，$\mathscr{B}$ 有公共的特征向量.

(2) 设 $\mathscr{A}_i(i\in I)$ 是奇数维实线性空间 V 上一组两两可交换的线性变换，求证：所有的 $\mathscr{A}_i(i\in I)$ 有公共的特征向量.

§7.3　循环子空间

我们将线性变换 $\mathscr{A}$ 作用的空间 V 分成了根子空间的直和，就相应地使 $\mathscr{A}$ 的矩阵 $\boldsymbol{A}$ 成为准对角矩阵 $\mathrm{diag}(\boldsymbol{A}_1,\cdots,\boldsymbol{A}_t)$，其中每个对角块 $\boldsymbol{A}_i$ 的大小等于相应的根子空间 W_{λ_i} 的维数. 我们希望能将 W_{λ_i} 再分解为更小的不变子空间的直和，使 $\boldsymbol{A}_i$ 成为更小的对角块组成的准对角矩阵. 如果能将 W_{λ_i} 分解为一维不变子空间的直和，就能够使 $\boldsymbol{A}_i$ 成为对角矩阵. 但一般来说做不到这一点，退而求其次，我们希望将每个 W_{λ_i} 分解为一些更小的不变子空间 W_{ij} 的直和，使每个 $\mathscr{A}|_{W_{ij}}$ 的矩阵在适当的基下成为 Jordan 块，从而 $\mathscr{A}$ 的矩阵成为 Jordan 形.

1. 由根向量生成的循环子空间

在 §7.1 的各个例子中我们看到：在属于特征值 λ_i 的根向量在 $\mathscr{A}-\lambda_i\mathscr{I}$ 的各次幂的作用下产生的向量

$$\mathbf{0}\leftarrow(\mathscr{A}-\lambda_i\mathscr{I})^{m-1}(\boldsymbol{\beta})\leftarrow\cdots\leftarrow(\mathscr{A}-\lambda_i\mathscr{I})(\boldsymbol{\beta})\leftarrow\boldsymbol{\beta}$$

生成的子空间 U 中，$\mathscr{A}$ 的限制 $\mathscr{A}|_U$ 的矩阵可以是 Jordan 块. 下面来证明这个结论.

定理 7.3.1　设 $\mathscr{A}$ 是 V 上线性变换，$\boldsymbol{\beta}$ 是 $\mathscr{A}$ 的属于特征值 a 的 m 次根向量，即 $(\mathscr{A}-a\mathscr{I})^{m}(\boldsymbol{\beta})=\mathbf{0}\neq(\mathscr{A}-a\mathscr{I})^{m-1}(\boldsymbol{\beta})$. 对每个 $1\leqslant i\leqslant m$，记 $\boldsymbol{\alpha}_i=(\mathscr{A}-a\mathscr{I})^{m-i}(\boldsymbol{\beta})$. 则

（1）$\boldsymbol{\alpha}_1,\cdots,\boldsymbol{\alpha}_m$ 线性无关，组成子空间 $U=V(\boldsymbol{\alpha}_1,\cdots,\boldsymbol{\alpha}_m)$ 的一组基 M_1.

（2）U 是 $\mathscr{A}$ 的不变子空间. $\mathscr{A}|_U$ 在基 $M_1=\{\boldsymbol{\alpha}_1,\cdots,\boldsymbol{\alpha}_m\}$ 下的矩阵 $\boldsymbol{B}$ 是 Jordan 块

$$\boldsymbol{J}_m(a)=\begin{pmatrix} a & 1 & & \\ & a & \ddots & \\ & & \ddots & 1 \\ & & & a \end{pmatrix}$$

证明　（1）为叙述方便，记 $\boldsymbol{\alpha}_0=\mathbf{0}$. 则每个

$$\boldsymbol{\alpha}_i=(\mathscr{A}-a\mathscr{I})(\mathscr{A}-a\mathscr{I})^{m-i}(\boldsymbol{\beta})\quad(1\leqslant i\leqslant m)$$

被 $\mathscr{A}-a\mathscr{I}$ 作用到 $(\mathscr{A}-a\mathscr{I})^{m-i+1}(\boldsymbol{\beta})=\boldsymbol{\alpha}_{i-1}$，即

$$\mathbf{0}\leftarrow\boldsymbol{\alpha}_1\leftarrow\boldsymbol{\alpha}_2\leftarrow\cdots\leftarrow\boldsymbol{\alpha}_{m-1}\leftarrow\boldsymbol{\alpha}_m$$

我们证明 $\boldsymbol{\alpha}_1,\boldsymbol{\alpha}_2,\cdots,\boldsymbol{\alpha}_m$ 线性无关. 设 $x_1,\cdots,x_m\in\mathbf{C}$ 满足条件

$$x_1\boldsymbol{\alpha}_1+x_2\boldsymbol{\alpha}_2+\cdots+x_m\boldsymbol{\alpha}_m=\mathbf{0}\tag{7.3.1}$$

如果 $x_1,\cdots,x_m$ 不全为 0，设其中最后一个不为 0 的是 x_k，即 $x_k\neq 0=x_{k+1}=\cdots=x_m$. 于是(7.3.1)成为

$$x_1\boldsymbol{\alpha}_1+x_2\boldsymbol{\alpha}_2+\cdots+x_k\boldsymbol{\alpha}_k=\mathbf{0}\tag{7.3.2}$$

用 $\mathscr{A}-\alpha\mathscr{I}$ 连续作用 $k-1$ 次，将 $\boldsymbol{\alpha}_1,\cdots,\boldsymbol{\alpha}_{k-1}$ 都变为 $\mathbf{0}$，$\boldsymbol{\alpha}_k$ 变为 $\boldsymbol{\alpha}_1$，则(7.3.2)变为

$$x_k\boldsymbol{\alpha}_1=\mathbf{0}$$

由 $\boldsymbol{\alpha}_1\neq\mathbf{0}$ 即得 $x_k=0$，与原假定矛盾. 这就证明了所有的 $x_1,\cdots,x_m$ 都必须为 0，$\boldsymbol{\alpha}_1,\cdots,\boldsymbol{\alpha}_m$ 线性无关，组成所生成的子空间 U 的一组基.

（2）对每个 $1\leqslant i\leqslant m$，有 $(\mathscr{A}-a\mathscr{I})(\boldsymbol{\alpha}_i)=\boldsymbol{\alpha}_{i-1}$，因此 $\mathscr{A}(\boldsymbol{\alpha}_i)=a\boldsymbol{\alpha}_i+\boldsymbol{\alpha}_{i-1}\in U$. $\mathscr{A}$ 将 U 的基向量 $\boldsymbol{\alpha}_1,\cdots,\boldsymbol{\alpha}_m$ 映到 U 中，U 中所有的向量都是这些基向量的线性组合，也仍被映到 U 中. 因此 U 是 $\mathscr{A}$ 不变子空间. 且由

$$\begin{aligned}\mathscr{A}|_W(\boldsymbol{\alpha}_1,\boldsymbol{\alpha}_2,\cdots,\boldsymbol{\alpha}_m)&=(\boldsymbol{\alpha}_1,\boldsymbol{\alpha}_2,\cdots,\boldsymbol{\alpha}_m)\begin{pmatrix} a & 1 & & \\ & a & \ddots & \\ & & \ddots & 1 \\ & & & a \end{pmatrix}\\&=(\boldsymbol{\alpha}_1,\boldsymbol{\alpha}_2,\cdots,\boldsymbol{\alpha}_m)\boldsymbol{J}_m(a)\end{aligned}$$

知道 $\mathscr{A}|_W$ 在基 $M_1=\{\boldsymbol{\alpha}_1,\cdots,\boldsymbol{\alpha}_m\}$ 下的矩阵是 Jordan 块 $\boldsymbol{J}_m(\boldsymbol{\alpha})$.　□

定理 7.3.1 中证明了 $\boldsymbol{\alpha}_1,\boldsymbol{\alpha}_2,\cdots,\boldsymbol{\alpha}_{m-1},\boldsymbol{\alpha}_m$ 即

$$(\mathscr{A}-a\mathscr{I})^{m-1}(\boldsymbol{\beta}),\ (\mathscr{A}-a\mathscr{I})^{m-2}(\boldsymbol{\beta}),\cdots,(\mathscr{A}-a\mathscr{I})(\boldsymbol{\beta}),\ \boldsymbol{\beta}$$

生成的子空间 U 是 $\mathscr{A}$ 不变子空间. 反过来，如果 $\mathscr{A}$ 不变子空间 W 包含 $\boldsymbol{\beta}$，必然包含 $\mathscr{A}(\boldsymbol{\beta})-a\boldsymbol{\beta}=(\mathscr{A}-a\mathscr{I})(\boldsymbol{\beta})$，进而包含 $(\mathscr{A}-a\mathscr{I})^2(\boldsymbol{\beta})$，依此类推，$W$ 包含所有的 $(\mathscr{A}-a\mathscr{I})^k(\boldsymbol{\beta})$（$k$ 为任意正整数），这说明了 W 包含所有的 $\boldsymbol{\alpha}_m,\boldsymbol{\alpha}_{m-1},\cdots,\boldsymbol{\alpha}_2,\boldsymbol{\alpha}_1$，从而包含它们所生成的子空间 U. 可见 U 其实是包含 $\boldsymbol{\beta}$ 的最小的 $\mathscr{A}$ 不变子空间. 一般地，我们有：

定义 7.3.1 设 $\mathscr{A}$ 是数域 F 上线性空间 V 上的线性变换，$S\subseteq V$. 则 V 中包含 S 的全体 $\mathscr{A}$ 不变子空间的交仍然是包含 S 的 $\mathscr{A}$ 不变子空间，因此是包含 S 的最小 $\mathscr{A}$ 不变子空间，称为由 S 生成的 $\mathscr{A}$ 不变子空间. 特别，由 V 中一个向量 $\boldsymbol{\beta}$ 生成的 $\mathscr{A}$ 不变子空间称为**循环子空间**(cyclic subspace). □

由定理 7.3.1 知道，如果能够将 $\mathscr{A}$ 作用的线性空间 V 的每个根子空间 W_{λ_i} 分解为一些循环子空间的直和，在每个循环子空间中按定理 7.3.1 所说方式选取基，则 $\mathscr{A}$ 的矩阵就成为 Jordan 标准形.

2. 任意向量生成的循环子空间

我们知道：由数域 F 上线性空间 V 的任意子集 S 生成的子空间 $V(S)$ 由 S 的全体线性组合组成，一个向量 $\boldsymbol{\beta}$ 生成的子空间由 $\boldsymbol{\beta}$ 的所有标量倍 $a\boldsymbol{\beta}(a\in F)$ 组成. 很自然要问：由 S 生成的 $\mathscr{A}$ 不变子空间由哪些向量组成？由 $\boldsymbol{\beta}$ 生成的循环子空间由哪些向量组成. 显然，当 $\boldsymbol{\beta}=\mathbf{0}$ 时零空间就是包含 $\boldsymbol{\beta}$ 的最小的不变子空间. 因此，只需考虑 $\boldsymbol{\beta}\neq\mathbf{0}$ 的情形.

引理 7.3.2 设 V 是数域 F 上线性空间，$\mathscr{A}$ 是 V 上的线性变换，$\mathbf{0}\neq\boldsymbol{\beta}\in V$，$U$ 是 $\boldsymbol{\beta}$ 生成的循环子空间. 则

U 是由所有的 $\mathscr{A}^k(\boldsymbol{\beta})$（$k$ 为非负整数）生成的子空间.（约定 $\mathscr{A}^0=\mathscr{I}$）.

$U=\{f(\mathscr{A})(\boldsymbol{\beta})\mid f(\lambda)\in F[\lambda]\}$，其中 $F[\lambda]$ 是系数在 F 中、以 λ 为字母的全体多项式组成的集合.

证明 由于 U 是包含 $\boldsymbol{\beta}$ 的不变子空间，

$$\boldsymbol{\beta}\in U\Rightarrow\mathscr{A}(\boldsymbol{\beta})\in U\Rightarrow\mathscr{A}(\mathscr{A}(\boldsymbol{\beta}))=\mathscr{A}^2(\boldsymbol{\beta})\in U\Rightarrow\cdots$$

对非负整数 k 用数学归纳法，可以证明 $\mathscr{A}^k(\boldsymbol{\beta})\in U$. 从而 U 包含所有这些 $\mathscr{A}^k(\boldsymbol{\beta})$ 的线性组合

$$c_0\boldsymbol{\beta}+c_1\mathscr{A}(\boldsymbol{\beta})+\cdots+c_k\mathscr{A}^k(\boldsymbol{\beta})=f(\mathscr{A})(\boldsymbol{\beta})$$

其中 $f(\lambda)=c_0+c_1\lambda+\cdots+c_k\lambda^k\in F[\lambda]$.

容易验证集合 $U_1=\{f(\mathscr{A})(\boldsymbol{\beta})\mid f(\lambda)\in F[\lambda]\}$ 是 $\mathscr{A}$ 不变子空间. 由 $U_1\subseteq U$ 及 U 的最小性知道 $U=U_1$. 且 U 由所有的 $\mathscr{A}^k(\boldsymbol{\beta})$（$k$ 是非负整数）生成. □

由于 $\boldsymbol{\beta}$ 生成的 $\mathscr{A}$ 的循环子空间等于 $\{f(\mathscr{A})(\boldsymbol{\beta})\mid f(\lambda)\in F[\lambda]\}$，我们将它记作 $F[\mathscr{A}]\boldsymbol{\beta}$.

虽然循环子空间 $F[\mathscr{A}]\boldsymbol{\beta}$ 是由向量组 $S=\{\boldsymbol{\beta},\mathscr{A}(\boldsymbol{\beta}),\cdots,\mathscr{A}^k(\boldsymbol{\beta}),\cdots\}$ 生成的子空间，但在有限维空间 V 中的无限集合 S 线性相关，我们希望从中取出 $F[\mathscr{A}]\boldsymbol{\beta}$ 的一组基. 存在最大的正整数 $m\leqslant\dim V$ 使 S 的前 m 个向量 $\boldsymbol{\beta},\mathscr{A}(\boldsymbol{\beta}),\cdots,\mathscr{A}^m(\boldsymbol{\beta})$ 组成的向量组 M_1 线性无关，从而 S 的前 $m+1$ 个向量 $\boldsymbol{\beta},\mathscr{A}(\boldsymbol{\beta}),\cdots,\mathscr{A}^m(\boldsymbol{\beta})$ 组成的向量组 S_1 线性相关. 我们证明 M_1 组是 $F[\mathscr{A}]\boldsymbol{\beta}$ 的一组基.

由于 $\boldsymbol{\beta},\mathscr{A}(\boldsymbol{\beta}),\cdots,\mathscr{A}^m(\boldsymbol{\beta})$ 线性相关，存在不全为 0 的 $c_0,c_1,\cdots,c_m\in F$ 使

$$c_0\boldsymbol{\beta}+c_1\mathscr{A}(\boldsymbol{\beta})+\cdots+c_m\mathscr{A}^m(\boldsymbol{\beta})=\mathbf{0} \tag{7.3.3}$$

即 $f(\mathscr{A})(\boldsymbol{\beta})=\mathbf{0}$，其中多项式 $f(\lambda)=c_0+c_1\lambda+\cdots+c_m\lambda^m\in F[\lambda]$ 不为零.

由于 $\beta,\mathscr{A}(\boldsymbol{\beta}),\cdots,\mathscr{A}^{m-1}(\boldsymbol{\beta})$ 线性无关，因此 $c_m\neq0$. $f(\lambda)$ 是 m 次多项式. 可见，$S=\{\boldsymbol{\beta},\mathscr{A}(\boldsymbol{\beta}),\cdots,\mathscr{A}^k(\boldsymbol{\beta}),\cdots,\}$ 中前 $k+1$ 个向量线性相关⇔存在次数不超过 k 的多项式 $f(\lambda)\in F[\lambda]$ 使 $f(\mathscr{A})(\boldsymbol{\beta})=\mathbf{0}$. 在第 6 章 §6.7 中我们将满足条件 $f(\mathscr{A})=\mathbf{0}$ 的非零多项式 $f(\lambda)$ 称为 $\mathscr{A}$ 的零化多项式. 对于满足条件 $f(\mathscr{A})(\boldsymbol{\beta})=\mathbf{0}$ 的多项式 $f(\lambda)$，类似地有：

定义 7.3.2 设 $\mathscr{A}$ 是数域 F 上线性空间 V 上的线性变换，$\mathbf{0}\neq\boldsymbol{\beta}\in V$. 满足条件

$$f(\mathscr{A})(\boldsymbol{\beta})=\mathbf{0}$$

的非零多项式 $f(\lambda)$ 称为 $\boldsymbol{\beta}$(相对于 $\mathscr{A}$)的**零化多项式**(annihilator)，其中次数最低的首一的零化多项式称为 $\boldsymbol{\beta}$(相对于 $\mathscr{A}$)的**最小多项式**(minimal polynomial)，记作 $d_{\mathscr{A},\boldsymbol{\beta}}(\lambda)$，在 $\mathscr{A}$ 给定之后也可简记为 $d_{\boldsymbol{\beta}}(\lambda)$. □

设 $f(\lambda)$ 是 $\boldsymbol{\beta}$(相对于 $\mathscr{A}$)的任意一个零化多项式，用最小多项式 $d_{\boldsymbol{\beta}}(\lambda)$ 除 $f(\lambda)$ 得到商 $q(\lambda)$ 和余式 $r(\lambda)$，则

$r(\lambda)=f(\lambda)-q(\lambda)d_{\boldsymbol{\beta}}(\lambda)$ 从而 $r(\mathscr{A})(\boldsymbol{\beta})=f(\mathscr{A})(\boldsymbol{\beta})-q(\mathscr{A})d_{\boldsymbol{\beta}}(\mathscr{A})(\boldsymbol{\beta})=\mathbf{0}$.

由 $d_A(\lambda)$ 的次数最低可知 $r(\lambda)=0$，这说明 $\boldsymbol{\beta}$ 的所有的零化多项式都是最小多项式的倍式. 由此也说明了最小多项式 $d_{\boldsymbol{\beta}}(\lambda)$ 的唯一性.

$\mathscr{A}$ 的最小多项式 $d_{\mathscr{A}}(\lambda)$ 是 V 中所有向量 $\boldsymbol{\beta}$ 的零化多项式，因此是所有 $d_{\boldsymbol{\beta}}(\lambda)$ 的倍式.

定理 7.3.3 设 $\mathscr{A}$ 是数域 F 上 n 维线性空间 V 的线性变换，$\mathbf{0}\neq\boldsymbol{\beta}\in V$，

$$d_{\boldsymbol{\beta}}(\lambda)=a_0+a_1\lambda+\cdots+a_{m-1}\lambda^{m-1}+\lambda^m$$

是 $\boldsymbol{\beta}$ 相对于 $\mathscr{A}$ 的最小多项式. 则

(1) $M_1=\{\boldsymbol{\beta},\mathscr{A}(\boldsymbol{\beta}),\mathscr{A}^2(\boldsymbol{\beta}),\cdots,\mathscr{A}^{m-1}(\boldsymbol{\beta})\}$ 是循环子空间 $U=F[\mathscr{A}]\boldsymbol{\beta}$ 的一组基.

(2) $\mathscr{A}|_U$ 在基 M_1 下的矩阵为

$$\boldsymbol{A}_1=\begin{pmatrix}0 & & & -a_0\\ 1 & \ddots & & -a_1\\ & \ddots & 0 & \vdots\\ & & 1 & -a_{m-1}\end{pmatrix}_{m\times m} \tag{7.3.4}$$

证明　(1) 先证明 M_1 线性无关. 设 $c_0\boldsymbol{\beta}+c_1\mathscr{A}(\boldsymbol{\beta})+\cdots+c_{m-1}\mathscr{A}^{m-1}(\boldsymbol{\beta})=\mathbf{0}$. 即 $f(\mathscr{A})(\boldsymbol{\beta})=\mathbf{0}$ 对 $f(\lambda)=c_0+c_1\lambda+\cdots+c_{m-1}\lambda^{m-1}\in F[\lambda]$ 成立. 如果 $f(\lambda)\neq 0$, 则 $f(\lambda)$ 是 $\boldsymbol{\beta}$ (相对于 $\mathscr{A}$) 的零化多项式且次数低于 m, 与 $d_{\boldsymbol{\beta}}(\lambda)$ 是最小多项式矛盾. 因此 $f(\lambda)=0$, $c_i=0$ 对 $0\leqslant i\leqslant m-1$ 成立. 这说明 M_1 线性无关.

再证明 M_1 生成的子空间 $U_1=V(\boldsymbol{\beta},\mathscr{A}(\boldsymbol{\beta}),\mathscr{A}^2(\boldsymbol{\beta}),\cdots,\mathscr{A}^{m-1}(\boldsymbol{\beta}))$ 是 $\mathscr{A}$ 不变子空间:

$\mathscr{A}$ 将 U_1 的基向量 $\mathscr{A}^k(\boldsymbol{\beta})\ (0\leqslant k\leqslant m-2)$ 映到 $\mathscr{A}^{k+1}(\boldsymbol{\beta})\in U_1$;

$\mathscr{A}$ 将 U_1 的基向量 $\mathscr{A}^{m-1}(\boldsymbol{\beta})$ 映到 $\mathscr{A}^m(\boldsymbol{\beta})$, 由

$$\begin{aligned}d_{\mathscr{A}}(\mathscr{A})\boldsymbol{\beta}&=(a_0I+a_1\mathscr{A}+\cdots+a_{m-1}\mathscr{A}^{m-1}+\mathscr{A}^m)\boldsymbol{\beta}\\&=a_0\boldsymbol{\beta}+a_1\mathscr{A}(\boldsymbol{\beta})+\cdots+a_{m-1}\mathscr{A}^{m-1}(\boldsymbol{\beta})+\mathscr{A}^m(\boldsymbol{\beta})=\mathbf{0}\end{aligned}$$

知　$\mathscr{A}^m(\boldsymbol{\beta})=-a_0\boldsymbol{\beta}-a_1\mathscr{A}(\boldsymbol{\beta})-\cdots-a_{m-1}\boldsymbol{A}^{m-1}(\boldsymbol{\beta})\in U_1$.

因此 $\mathscr{A}$ 将 U_1 的基向量 $\mathscr{A}^k(\boldsymbol{\beta})\ (0\leqslant k\leqslant m-1)$ 都映到 U_1 中, 从而将 U_1 映到 U_1 中, 这证明了 U_1 是包含 $\boldsymbol{\beta}$ 的 $\mathscr{A}$ 不变子空间. 由 $U_1\subseteq U$ 及 U 是包含 $\boldsymbol{\beta}$ 的最小的 $\mathscr{A}$ 不变子空间知 $U_1=U$. M_1 是 U 的基.

(2) 由 $\mathscr{A}|_U(\mathscr{A}^i(\boldsymbol{\beta}))=\mathscr{A}^{i+1}(\boldsymbol{\beta})\ (0\leqslant i\leqslant m-2)$ 及

$$\mathscr{A}|_U(\mathscr{A}^{m-1}(\boldsymbol{\beta}))=-a_0\boldsymbol{\beta}-a_1\mathscr{A}(\boldsymbol{\beta})-\cdots-a_{m-1}\mathscr{A}^{m-1}(\boldsymbol{\beta})$$

知 $\mathscr{A}|_U$ 在基 M_1 下的矩阵为(7.3.4)所说的 $\boldsymbol{A}_1$. □

例 1　求定理 7.3.3 中(7.3.4)的矩阵 $\boldsymbol{A}_1$ 的特征多项式和最小多项式.

解　$\boldsymbol{A}_1$ 的特征多项式

$$\varphi_{\boldsymbol{A}_1}(\lambda)=\det(\lambda\boldsymbol{I}-\boldsymbol{A}_1)=\begin{vmatrix}\lambda & & & a_0\\ -1 & \ddots & & a_1\\ & \ddots & \lambda & \vdots\\ & & -1 & \lambda+a_{m-1}\end{vmatrix}$$

对 $i=1,2,\cdots,n-1$, 依次将第 $n-i+1$ 行乘 λ 加到第 $n-i$ 行. 得到

$$\varphi_{\boldsymbol{A}_1}(\lambda)=\begin{vmatrix}0 & & & \lambda^m+a_{m-1}\lambda^{m-1}+\cdots+a_1\lambda+a_0\\ -1 & \ddots & & \vdots\\ & \ddots & 0 & \lambda^2+a_{m-1}\lambda+a_{m-2}\\ & & -1 & \lambda+a_{m-1}\end{vmatrix}$$

因此 $\varphi_{\boldsymbol{A}_1}(\lambda)=\lambda^m+a_{m-1}\lambda^{m-1}+\cdots+a_1\lambda+a_0$.

$\boldsymbol{A}_1$ 的最小多项式 $d_{\boldsymbol{A}_1}(\lambda)$ 是 $\varphi_{\boldsymbol{A}_1}(\lambda)$ 的因式.

另一方面, 由于 $\boldsymbol{A}_1$ 是定理 7.3.3 中 $\mathscr{A}|_U$ 的矩阵,

$d_{\boldsymbol{A}_1}(\boldsymbol{A}_1)=\mathbf{0}\Rightarrow d_{\boldsymbol{A}_1}(\mathscr{A}|_U)=\mathbf{0}\Rightarrow d_{\boldsymbol{A}_1}(\mathscr{A})(\boldsymbol{\beta})=\mathbf{0}$

$$\Rightarrow d_{A_1}(\lambda)\text{是 } d_{\mathscr{A},\beta}(\lambda)=\lambda^m+a_{m-1}\lambda^{m-1}+\cdots+a_1\lambda+a_0 \text{ 的倍式.}$$

这迫使 $d_{A_1}(\lambda)=\lambda^m+a_{m-1}\lambda^{m-1}+\cdots+a_1\lambda+a_0=\varphi_{A_1}(\lambda)=d_{\boldsymbol\beta}(\lambda)$. □

习 题 7.3

1. 设 $\mathscr{A}$ 是线性空间 V 的线性变换,U 是 $\boldsymbol\beta\neq\mathbf{0}$ 生成的 $\mathscr{A}$ 循环子空间.求证:$\boldsymbol\beta$ 相对于 $\mathscr{A}$ 的最小多项式 $d_{\mathscr{A},\boldsymbol\beta}(\lambda)$ 等于 $\mathscr{A}|_U$ 的最小多项式.

2. 设

$$\boldsymbol{A}=\begin{pmatrix}0 & & & -a_0\\ 1 & \ddots & & -a_1\\ & \ddots & 0 & \vdots\\ & & 1 & -a_{n-1}\end{pmatrix}_{n\times n}$$

利用矩阵运算直接证明:$\boldsymbol A$ 的最小多项式等于它的特征多项式.(提示:对次数低于 n 的非零多项式 $f(\lambda)$,证明 $f(\boldsymbol A)$ 的前 $n-1$ 列不全为零).

3. 设 $\mathscr{A}$ 是复线性空间 V 上的线性变换, $\boldsymbol\beta$ 是 $\mathscr{A}$ 的属于特征值 a 的 m 次根向量. 求 $\boldsymbol\beta$ 相对于 $\mathscr{A}$ 的最小多项式 $d_{\mathscr{A},\boldsymbol\beta}(\lambda)$.

4. 举出满足下面的条件的例子:

(1) 线性变换 $\mathscr{A}$ 的两个循环子空间 U_1, U_2, 其中 $0\neq U_1\subset U_2$ 且 $U_1\neq U_2$.

(2) 非零向量 $\boldsymbol\alpha_1$ 生成线性变换 $\mathscr{A}$ 的循环子空间 U_1, $\boldsymbol\alpha_2\notin U_1$, 但 $\boldsymbol\alpha_2$ 生成的循环子空间 U_2 与 U_1 的和不是直和.

5. 设 $\lambda_1,\cdots,\lambda_t$ 是线性变换 $\mathscr{A}$ 的不同的特征值, $\boldsymbol\alpha_1,\boldsymbol\alpha_2,\cdots,\boldsymbol\alpha_t$ 分别是属于这些特征值的特征向量. 求证: $\boldsymbol\alpha_1+\cdots+\boldsymbol\alpha_t$ 生成的循环子空间 $U=F\boldsymbol\alpha_1\oplus\cdots\oplus F\boldsymbol\alpha_t$.

6. 设向量 $\boldsymbol\alpha$, $\boldsymbol\beta$ 相对于线性变换 $\mathscr{A}$ 的最小多项式 $d_{\boldsymbol\alpha}(\lambda)$ 与 $d_{\boldsymbol\beta}(\lambda)$ 互素. 求证: $F[\mathscr{A}]\boldsymbol\alpha\oplus F[\mathscr{A}]\boldsymbol\beta=F[\mathscr{A}][\boldsymbol\alpha+\boldsymbol\beta]$.

§7.4 Jordan 标准形

本节可以证明关于线性变换以及矩阵相似的主要定理:

定理 7.4.1 设 $\mathscr{A}$ 是有限维复线性空间 V 上的线性变换. 则存在一组基 M 使 $\mathscr{A}$ 在 M 下的矩阵是 Jordan 形矩阵 $\boldsymbol J$.

对任意复方阵 $\boldsymbol A$, 存在同阶可逆复方阵 $\boldsymbol P$ 使 $\boldsymbol P^{-1}\boldsymbol{AP}$ 是 Jordan 形矩阵 $\boldsymbol J$.

如果不计较 Jordan 块的排列顺序, 则上述 $\boldsymbol J$ 分别由线性变换 $\mathscr{A}$ 和方阵 $\boldsymbol A$ 唯一决定. □

由于每个复方阵都相似于唯一的 Jordan 形矩阵, 因此 Jordan 形矩阵可以作为相似等价类的代表, 称为 **Jordan 标准形**(Jordan canonical form).

本章定理 7.1.1 已经指出, 如果复方阵 $\boldsymbol A$ 相似于 Jordan 形矩阵 $\boldsymbol J$, 就可以通过计算各个 $\operatorname{rank}(\boldsymbol A-\lambda_i\boldsymbol I)^k$ 来计算 $\boldsymbol J$ 中所含 Jordan 块 $\boldsymbol J_m(\lambda_i)$ 的个数. 这说明

了：如果不计较 Jordan 块的排列顺序，$\boldsymbol{J}$ 由 $\boldsymbol{A}$ 唯一决定. 同样，线性变换 $\mathscr{A}$ 的 Jordan 形矩阵 $\boldsymbol{J}$ 由 $\mathscr{A}$ 在任一组基下的矩阵 $\boldsymbol{A}$ 唯一决定，因而由 $\mathscr{A}$ 唯一决定(不计 Jordan 块的顺序). 因此，定理 7.4.1 中关于 Jordan 标准形唯一性的结论已经知道了. 以下只需要证明每个复方阵相似于 Jordan 标准形.

线性变换 $\mathscr{A}$ 所作用的复线性空间 V 可以分解为根子空间 W_{λ_i} 的直和. 由 §7.3 的讨论知道：只要能将每个 W_{λ_i} 分解为循环子空间 W_{ij} 的直和，则每个 $\mathscr{A}|_{W_{ij}}$ 在适当的基下的矩阵 $\boldsymbol{A}_{ij}$ 就是 Jordan 块，$\mathscr{A}$ 的矩阵就是以这些 Jordan 块为对角块的准对角矩阵，即 Jordan 形矩阵.

每个 W_{λ_i} 满足条件 $(\mathscr{A}-\lambda_i\mathscr{I})^{n_i}W_{\lambda_i}=0$，即 $\mathscr{B}_i^{n_i}=\mathscr{O}$ 对 $\mathscr{B}_i=(\mathscr{A}-\lambda_i\mathscr{I})|_{W_{\lambda_i}}$ 成立，$\mathscr{B}_i$ 是幂零线性变换，特征值全为 0. 只要在适当的基下使 $\mathscr{B}_i$ 的矩阵为特征值全为 0 的 Jordan 形矩阵 $\boldsymbol{B}_i$，则 $\mathscr{A}|_{W_{\lambda_i}}$ 在同一组基下的矩阵为 $\lambda_i\boldsymbol{I}+\boldsymbol{B}_i$，是特征值全为 λ_i 的 Jordan 形矩阵. 因此，我们先证明幂零线性变换 $\mathscr{B}$ 在适当的基下的矩阵是 Jordan 标准形，再由此推出定理 7.4.1 对复数域上任意线性变换成立.

定理 7.4.2　设数域 F 上 n 维线性空间 W 的线性变换 $\mathscr{B}$ 的特征值全为零. 则存在 W 的基使 $\mathscr{B}$ 在这组基下的矩阵是 Jordan 标准形

$$\boldsymbol{J}=\mathrm{diag}(\boldsymbol{J}_{m_1}(0),\cdots,\boldsymbol{J}_{m_i}(0),\cdots,\boldsymbol{J}_{m_d}(0))$$

其中 d 是特征子空间 $\mathrm{Ker}\mathscr{B}$ 的维数. 而 W 是 d 个循环子空间的直和.

证明　存在正整数 m 使 $\mathscr{B}^m=\mathscr{O}\neq\mathscr{B}^{m-1}$. 如果 $m=1$，则 $\mathscr{B}=\mathscr{O}$，在任何一组基下的矩阵都是零，已经是 Jordan 标准形. 因此只需讨论 $m\geqslant 2$ 的情形. 只要能找到 W 的一组基

$$M=\{\boldsymbol{w}_{ij}\mid 1\leqslant i\leqslant d,1\leqslant j\leqslant m_i\}$$

使

$$\begin{array}{c}\boldsymbol{0}\leftarrow\boldsymbol{w}_{11}\leftarrow\boldsymbol{w}_{12}\leftarrow\cdots\cdots\leftarrow\boldsymbol{w}_{1m_1}\\ \boldsymbol{0}\leftarrow\boldsymbol{w}_{21}\leftarrow\boldsymbol{w}_{22}\leftarrow\cdots\cdots\leftarrow\boldsymbol{w}_{2m_2}\\ \cdots\cdots\cdots\cdots\\ \boldsymbol{0}\leftarrow\boldsymbol{w}_{d1}\leftarrow\boldsymbol{w}_{d2}\leftarrow\cdots\cdots\leftarrow\boldsymbol{w}_{dm_d}\end{array}\tag{7.4.1}$$

(其中的箭头←表示 $\mathscr{B}$ 的作用)，则其中每一行的基向量生成的子空间就是由该行最右边的向量 $\boldsymbol{w}_{im_i}$ 生成的 $\mathscr{B}$ 的循环子空间，W 是这些循环子空间的直和. 注意：基 M 中的向量的排列顺序为，先排第一行 $\boldsymbol{w}_{11},\boldsymbol{w}_{12},\cdots,\boldsymbol{w}_{1m_1}$，再排第二行 $\boldsymbol{w}_{21},\boldsymbol{w}_{22},\cdots,\boldsymbol{w}_{2m_2}$，由上到下逐行排列，最后排第 d 行 $\boldsymbol{w}_{d1},\boldsymbol{w}_{d2},\cdots,\boldsymbol{w}_{dm_d}$. $\mathscr{B}$ 在这组基 M 下的矩阵是 Jordan 形矩阵

$$\boldsymbol{J}=\mathrm{diag}(\boldsymbol{J}_{m_1}(0),\cdots,\boldsymbol{J}_{m_d}(0))$$

于是，问题归结为寻找(7.4.1)所说的基 M.

第 1 步　将 $\operatorname{Ker}\mathscr{B}$ 的基依次扩充为 $\operatorname{Ker}\mathscr{B}^{i}(i=1,2,\cdots,m)$ 的基，得到 $W=\operatorname{Ker}\mathscr{B}^{m}$ 的一组基 M_m.

易见

$$\operatorname{Ker}\mathscr{B}\subseteq\operatorname{Ker}\mathscr{B}^{2}\subseteq\operatorname{Ker}\mathscr{B}^{3}\subseteq\cdots\subseteq\operatorname{Ker}\mathscr{B}^{m-1}\subseteq\operatorname{Ker}\mathscr{B}^{m}=W. \tag{7.4.2}$$

由于 $\mathscr{B}^{m-1}\neq\mathscr{O}=\mathscr{B}^{m}$，存在向量 $\boldsymbol{\alpha}\in W$ 使 $\mathscr{B}^{m-1}(\boldsymbol{\alpha})\neq\mathbf{0}=\mathscr{B}^{m}(\boldsymbol{\alpha})$，从而 $\mathscr{B}^{k-1}(\mathscr{B}^{m-k}(\boldsymbol{\alpha}))\neq\mathbf{0}=\mathscr{B}^{k}(\mathscr{B}^{m-k}(\boldsymbol{\alpha}))$ 对每个 $1\leqslant k\leqslant m$ 成立，可见 $\mathscr{B}^{m-k}(\boldsymbol{\alpha})$ 含于 $\operatorname{Ker}\mathscr{B}^{k}$ 而不含于 $\operatorname{Ker}\mathscr{B}^{k-1}$，这说明 $\operatorname{Ker}\mathscr{B}^{k-1}$ 真包含于 $\operatorname{Ker}\mathscr{B}^{k}$.

对每个 $1\leqslant i\leqslant m$，记 $r_i=\dim\operatorname{Ker}\mathscr{B}^{i}$，则 $0<r_1<r_2<\cdots<r_m=n$.

我们可以取 $\operatorname{Ker}\mathscr{B}$ 的一组基 $M_1=\{\boldsymbol{\beta}_1,\cdots,\boldsymbol{\beta}_{r_1}\}$ 依次扩充为 $\operatorname{Ker}\mathscr{B}^{2},\operatorname{Ker}\mathscr{B}^{3},\cdots,\operatorname{Ker}\mathscr{B}^{m}$ 的基 $M_2,M_3,\cdots,M_m$，最后得到 $W=\operatorname{Ker}\mathscr{B}^{m}$ 的一组基 $M_m=\{\boldsymbol{\beta}_1,\cdots,\boldsymbol{\beta}_n\}$，其中前 r_k 个向量组成 $\operatorname{Ker}\mathscr{B}^{k}$ 的基 M_i，$\forall\,1\leqslant k\leqslant m$. 将 M_m 中的各向量排列如下表：

$$M_m=\begin{pmatrix}
\boldsymbol{\beta}_1 & \boldsymbol{\beta}_{r_1+1} & \cdots & \boldsymbol{\beta}_{r_{m-2}+1} & \boldsymbol{\beta}_{r_{m-1}+1}\\
\boldsymbol{\beta}_2 & \boldsymbol{\beta}_{r_1+2} & \cdots & \boldsymbol{\beta}_{r_{m-2}+2} & \boldsymbol{\beta}_{r_{m-1}+2}\\
\vdots & \vdots & & \vdots & \vdots\\
\vdots & \vdots & & \vdots & \boldsymbol{\beta}_{r_m}\\
\vdots & \vdots & \cdots & \boldsymbol{\beta}_{r_{m-1}} & \\
\vdots & \boldsymbol{\beta}_{r_2} & & & \\
\boldsymbol{\beta}_{r_1} & & & &
\end{pmatrix} \tag{7.4.3}$$

其中前 k 列的向量组成 $\operatorname{Ker}\mathscr{B}^{k}$ 的基，第 k 列的向量个数 $d_k=r_k-r_{k-1}>0$，$\forall\,1\leqslant k\leqslant m$.（约定 $\mathscr{B}^{0}=\mathscr{I},\operatorname{Ker}\mathscr{B}^{0}=\{\mathbf{0}\},r_0=0$，这样也有 $d_1=r_1-r_0=r_1$.）

我们希望调整(7.4.3)中的基 M_m 各列的向量，使第 2 至 k 列中的每个向量经过 $\mathscr{B}$ 的作用之后变成与它同一行中的左面的那个向量，如下表所示：

$$M_m'=\begin{pmatrix}
\boldsymbol{\beta}_1' & \leftarrow\boldsymbol{\beta}_{r_1+1}'\leftarrow & \cdots & \leftarrow\boldsymbol{\beta}_{r_{m-2}+1} & \leftarrow\boldsymbol{\beta}_{r_{m-1}+1}\\
\boldsymbol{\beta}_2' & \leftarrow\boldsymbol{\beta}_{r_1+2}'\leftarrow & \cdots & \leftarrow\boldsymbol{\beta}_{r_{m-2}+2} & \leftarrow\boldsymbol{\beta}_{r_{m-1}+2}\\
\vdots & \vdots & & \vdots & \vdots\\
\vdots & \vdots & & \vdots & \leftarrow\boldsymbol{\beta}_{r_m}\\
\vdots & \vdots & \cdots & \leftarrow\beta_{r_{m-1}}' & \\
\vdots & \leftarrow\boldsymbol{\beta}_{r_2}' & & & \\
\boldsymbol{\beta}_{r_1}' & & & &
\end{pmatrix} \tag{7.4.4}$$

将这个 M_m' 按行排列顺序，就得到符合(7.4.1)要求的基 M.

不妨将(7.4.3)中的 M_m 的第 k 列($1\leqslant k\leqslant m$)的向量按从上到下的顺序排列而成的序列记为 S_k. 则 S_k 中的向量含于 $\mathrm{Ker}\mathscr{B}^k$ 而不含于 $\mathrm{Ker}\mathscr{B}^{k-1}$.

第 2 步 可以将 $M_m=S_1\cup\cdots\cup S_m$ 的任何一列 $S_k(1\leqslant k\leqslant m-1)$ 调整为

$$S_k'=\begin{pmatrix}\mathscr{B}(S_{k+1})\\ S_k^*\end{pmatrix}$$

对每个 $1\leqslant k\leqslant m-1$，由于第 $k+1$ 列 S_{k+1} 中各个向量都含于 $\mathrm{Ker}\mathscr{B}^{k+1}$，它们在 $\mathscr{B}$ 作用下的像所组成的集合 $\mathscr{B}(S_{k+1})$ 含于 $\mathrm{Ker}\mathscr{B}^k$.

我们证明：$\mathrm{Ker}\mathscr{B}^{k-1}$ 的基 M_{k-1} 添加 $\mathscr{B}(S_{k+1})$ 得到的集合线性无关，因而可以再添加某个向量组 S_k^* 扩充为 $\mathrm{Ker}\mathscr{B}^k$ 的一组基 $M_k'=M_{k-1}\cup\mathscr{B}(S_{k+1})\cup S_k^*$ 来代替 M_k，从而用 $S_k'=\begin{pmatrix}\mathscr{B}(S_{k+1})\\ S_k^*\end{pmatrix}$ 代替 S_k.

这个结论的证明要用到第 6 章 §6.3 的如下引理：

引理 6.3.2 设 $\mathscr{A}:U\to V$ 是数域 F 上有限维线性空间之间的线性映射，M_0 是 $\mathrm{Ker}\mathscr{A}$ 的一组基，S 是 U 的一个向量组. 记 $M=M_0\cup S$ 为 M_0 添加 S 得到的向量组. 则：

(1) M 线性无关$\Leftrightarrow\mathscr{A}(S)$线性无关；

(2) M 是 U 的基$\Leftrightarrow\mathscr{A}(S)$是 $\mathrm{Im}\mathscr{A}=\mathscr{A}(U)$ 的基. □

对每个 $1\leqslant k\leqslant m-1$，对线性映射 $\mathscr{A}_k$: $\mathrm{Ker}\mathscr{B}^{k+1}\to W$, $\boldsymbol{\beta}\mapsto\mathscr{B}^k(\boldsymbol{\beta})$应用引理 6.3.2. 由于 M_k 是 $\mathrm{Ker}\mathscr{A}_k=\mathrm{Ker}\mathscr{B}^{k+1}\cap\mathrm{Ker}\mathscr{B}^k=\mathrm{Ker}\mathscr{B}^k$ 的基，而 M_k 添加 S_{k+1} 得到 $\mathrm{Ker}\mathscr{B}^{k+1}$ 的基，由引理 6.3.2 知道 $\mathscr{A}_k(S_{k+1})=\mathscr{B}^k(S_{k+1})$线性无关. 再对线性映射 $\mathscr{A}_{k-1}$: $\mathrm{Ker}\mathscr{B}^k\to W$, $\boldsymbol{\beta}\mapsto\mathscr{B}^{k-1}(\boldsymbol{\beta})$应用引理6.3.2. 由于$\mathscr{A}_{k-1}(\mathscr{B}(S_{k+1}))=\mathscr{B}^{k-1}(\mathscr{B}(S_{k+1}))=\mathscr{B}^k(S_{k+1})$线性无关，$\mathrm{Ker}\mathscr{A}_{k-1}=\mathrm{Ker}\mathscr{B}^{k-1}$的基 M_{k-1} 添加 $\mathscr{B}(S_{k+1})$ 得到的向量组线性无关，可以添加某个向量组 S_k^* 扩充为 $\mathrm{Ker}\mathscr{B}^k$ 的基 $M_k'=M_{k-1}\cup\mathscr{B}(S_{k+1})\cup S_k^*$.

实际上，由于 $M_{k-1}\cup S_k$ 是 $\mathrm{Ker}\ \mathscr{B}^k$ 的基，由引理 6.3.2 知 $\mathscr{A}_{k-1}(S_k)$ 是 $\mathrm{Im}\mathscr{A}_{k-1}$ 的基，由 $\mathrm{Im}\ \mathscr{A}_{k-1}$ 的线性无关向量组 $\mathscr{A}_{k-1}(\mathscr{B}(S_{k+1}))$ 扩充得到的 $\mathscr{A}_{k-1}(\mathscr{B}(S_{k+1}))\cup\mathscr{A}_{k-1}(S_k)$ 的极大线性无关组 $\mathscr{A}_{k-1}(\mathscr{B}(S_{k+1}))\cup\mathscr{A}_{k-1}(S_k^*)$ 就是 $\mathrm{Im}\ \mathscr{A}_{k-1}$ 的一组基，其中 S_k^* 是 S_k 的一个子集. 再由引理 6.3.2 知$\mathscr{B}(S_{k+1})\cup S_k^*$ 添加在 M_{k-1} 上得到 $\mathrm{Ker}\ \mathscr{B}^k$ 的一组基 M_k'. 也就是说：可以用$\mathscr{B}(S_{k+1})$添加 S_k 的某个子集 S_k^* 得到新的一列 $S_k'=\begin{pmatrix}\mathscr{B}(S_{k+1})\\ S_k^*\end{pmatrix}$来取代原来的第 k 列 S_k.

将 $M_m = S_1 \cdots \cup S_m$ 的第 k 列 S_k 替换成 S'_k、其余各列不变，得到向量组 $\widetilde{M}_m = S_1 \cup \cdots \cup S'_k \cup \cdots \cup S_m$. 还需证明：对每个 $1 \leqslant i \leqslant m$，$\widetilde{M}_m$ 的前 i 列组成 $\mathrm{Ker}\,\mathscr{B}^i$ 的一组基. 由于前 $k-1$ 列不变，当 $i \leqslant k-1$ 时 $\widetilde{M}_m$ 的前 i 列与 M_m 相同，仍组成 $\mathrm{Ker}\,\mathscr{B}^i$ 的基 M_i. 当 $i=k$ 时 $\widetilde{M}_m$ 的前 k 列组成 $\mathrm{Ker}\,\mathscr{B}^k$ 的基 M'_k. 当 $i>k$ 时，由于 $\mathrm{Ker}\,\mathscr{B}^k$ 的基 M_k 添加 $S_{k+1} \cup \cdots \cup S_i$ 得到 $\mathrm{Ker}\,\mathscr{B}^i$ 的基 M_i，由引理 6.3.2 知道 $\mathscr{B}^k(S_{k+1} \cup \cdots \cup S_i)$ 线性无关，这又反过来说明 $\mathrm{Ker}\,\mathscr{B}^k$ 的另一组基 M'_k 添加 $S_{k+1} \cup \cdots \cup S_i$ 得到的 M'_i 也是 $\mathrm{Ker}\,\mathscr{B}^i$ 的基，M'_i 就是 $\widetilde{M}_m$ 的前 i 列组成的集合. 这就证明了 $\widetilde{M}_m$ 确实满足 M_m 所满足的所有条件，可以取代 M_m.

第 3 步　按 $k=m,m-1,\cdots,2,1$ 的顺序依次将基 $M_m = S_1 \cup \cdots \cup S_m$ 的每一列 S_k 换成 $S'_k = \begin{pmatrix} \mathscr{B}(S_{k+1}) \\ S_k^* \end{pmatrix}$，得到所需的基 M'_m 使 $\mathscr{B}$ 的矩阵是 Jordan 形.

取 $S'_m = S_m$. 对 $k=m-1$，由第 2 步知可用适当的 $S'_{m-1} = \begin{pmatrix} \mathscr{B}(S'_m) \\ S_{m-1}^* \end{pmatrix}$ 取代 S_{m-1}，其中 $S_{m-1}^* \subset S_{m-1}$. 一般地，设已经分别用 S'_m，S'_{m-1}，$\cdots$，S'_{k+1} 取代了 S_m，S_{m-1}，$\cdots, S_{k+1}$，使 $S'_i = \begin{pmatrix} \mathscr{B}(S'_{i+1}) \\ S_i^* \end{pmatrix}$ 对 $k+1 \leqslant i \leqslant m-1$ 成立，其中 $S_i^* \subset S_i$. 则由第 2 步知可用适当的 $S'_k = \begin{pmatrix} \mathscr{B}(S'_{k+1}) \\ S_k^* \end{pmatrix}$ 取代 S_k，其中 $S_k^* \subset S_k$. 重复此过程直到 $k=1$ 为止. 最后就得到符合(7.4.4)的要求的一组基

$$M'_m = \left\{ \begin{array}{llll} \mathscr{B}^{m-1}(S_m) & \leftarrow \mathscr{B}^{m-2}(S_m) & \leftarrow \cdots \leftarrow \mathscr{B}(S_m) & \leftarrow S_m \\ \mathscr{B}^{m-2}(S_{m-1}^*) & \leftarrow \mathscr{B}^{m-3}(S_{m-1}^*) & \leftarrow \cdots \leftarrow S_{m-1}^* & \\ \quad\vdots & \quad\vdots & \cdots & \\ \mathscr{B}(S_2^*) & \leftarrow \quad S_2^* & & \\ S_1^* & & & \end{array} \right\}$$

将它按行排列得到 W 的基 M，$\mathscr{B}$ 在 M 下的矩阵就是所需的 Jordan 形矩阵. W 等于 $S_m \cup S_{m-1}^* \cup \cdots \cup S_2^* \cup S_1^*$ 中的各向量生成的循环子空间的直和. □

定理 7.4.2 的证明是构造性的证明，给出了求 W 的基 M 使幂零线性变换 $\mathscr{B}$ 的矩阵为 Jordan 标准形的算法，也给出了将 W 分解为循环子空间的直和的算法. 具体计算时，其中的各个 S_k^* $(1 \leqslant k \leqslant m)$ 可以用如下算法得出：

在向量组

$$T = \mathscr{B}^{m-1}(S_m) \cup \mathscr{B}^{m-2}(S_{m-1}) \cup \cdots \cup \mathscr{B}^{k+1}(S_k) \cup \cdots \cup \mathscr{B}(S_2) \cup S_1$$

中从左到右依次选取向量组成 T 的极大线性无关组

$$T^* = \mathscr{B}^{m-1}(S_m^*) \cup \mathscr{B}^{m-2}(S_{m-1}^*) \cdots \cup \mathscr{B}^{k+1}(S_k^*) \cup \cdots \cup \mathscr{B}(S_2^*) \cup S_1^*,$$

其中 $S_k^* = \{\boldsymbol{\beta} \in S_k \mid \mathscr{B}^{k-1}(\boldsymbol{\beta}) \in T^*\}$.

记 $S'_m = S_m^* = S_m$. 且对每个 $1 \leqslant k \leqslant m-1$ 记 $S'_k = \mathscr{B}^{m-k}(S_m^*) \cup \cdots \cup \mathscr{B}(S_{k+1}^*) \cup S_k^*$, 则 $\mathscr{B}^{k-1}(S'_k) = \mathscr{B}^{k-1}(\mathscr{B}(S'_{k+1}) \cup S_k^*)$ 是由线性无关集合 $\mathscr{B}^k(S'_{k+1}) = \mathscr{B}^{m-1}(S_m^*) \cup \cdots \cup \mathscr{B}^{k+2}(S_{k+1}^*)$ 在 $\mathscr{B}^k(S'_{k+1}) \cup \mathscr{B}^{k-1}(S_k)$ 中扩充得到的极大线性无关组，而 $S'_k = \mathscr{B}(S'_{k+1}) \cup S_k^*$ 成立. 这说明 $S_k^*\,(1 \leqslant k \leqslant m)$ 符合定理 7.4.2 的证明第 3 步的要求，W 等于

$$S = S_m^* \cup S_{m-1}^* \cup \cdots \cup S_k^* \cup \cdots \cup S_2^* \cup S_1^*$$

中各向量生成的循环子空间的直和.

例 1　求

$$\boldsymbol{A} = \begin{pmatrix} 1 & 1 & 1 & 1 & 1 & 1 \\ 0 & 2 & 0 & 1 & 2 & 3 \\ 0 & 0 & 2 & 0 & 1 & -1 \\ 0 & 0 & 0 & 2 & 1 & 2 \\ 0 & 0 & 0 & 0 & 2 & 0 \\ 0 & 0 & 0 & 0 & 0 & 2 \end{pmatrix}$$

的 Jordan 标准形 $\boldsymbol{J}$，并求可逆方阵 $\boldsymbol{P}$，使 $\boldsymbol{P}^{-1}\boldsymbol{A}\boldsymbol{P} = \boldsymbol{J}$.

解　$\boldsymbol{A}$ 的特征多项式 $\varphi_{\boldsymbol{A}}(\lambda) = (\lambda-1)(\lambda-2)^5$，特征根为 1(1 重)，2(5 重).

设 $V = F^{6\times 1}$ 是任意数域 F 上的 6 维列向量空间，$\mathscr{A}: \boldsymbol{X} \mapsto \boldsymbol{A}\boldsymbol{X}$ 是 V 的线性变换.

属于特征值 1 的根子空间 $W_1 = \operatorname{Ker}(\mathscr{A} - \mathscr{I})$ 为 1 维，解方程组 $(\boldsymbol{A} - \boldsymbol{I})\boldsymbol{X} = \boldsymbol{0}$ 得基础解 $\boldsymbol{X}_1 = (1,0,0,0,0,0)^{\mathrm{T}}$，组成 W_1 的一组基，满足条件 $\boldsymbol{A}\boldsymbol{X}_1 = \boldsymbol{X}_1$.

属于特征值 2 的根子空间 W_2 为 5 维. 计算可得：

$$\boldsymbol{A} - 2\boldsymbol{I} = \begin{pmatrix} -1 & 1 & 1 & 1 & 1 & 1 \\ 0 & 0 & 0 & 1 & 2 & 3 \\ 0 & 0 & 0 & 0 & 1 & -1 \\ 0 & 0 & 0 & 0 & 1 & 2 \\ 0 & 0 & 0 & 0 & 0 & 0 \\ 0 & 0 & 0 & 0 & 0 & 0 \end{pmatrix}, \quad (\boldsymbol{A} - 2\boldsymbol{I})^2 = \begin{pmatrix} 1 & -1 & -1 & 0 & 3 & 3 \\ 0 & 0 & 0 & 0 & 1 & 2 \\ 0 & 0 & 0 & 0 & 0 & 0 \\ 0 & 0 & 0 & 0 & 0 & 0 \\ 0 & 0 & 0 & 0 & 0 & 0 \\ 0 & 0 & 0 & 0 & 0 & 0 \end{pmatrix}$$

$$(\boldsymbol{A} - 2\boldsymbol{I})^3 = \begin{pmatrix} -1 & 1 & 1 & 0 & -2 & -1 \\ 0 & 0 & 0 & 0 & 0 & 0 \\ 0 & 0 & 0 & 0 & 0 & 0 \\ 0 & 0 & 0 & 0 & 0 & 0 \\ 0 & 0 & 0 & 0 & 0 & 0 \\ 0 & 0 & 0 & 0 & 0 & 0 \end{pmatrix}$$

由 $\mathrm{rank}(\boldsymbol{A}-2\boldsymbol{I})^3=1$ 知 $\dim\mathrm{Ker}(\mathscr{A}-2\mathscr{I})^3=5, W_2=\mathrm{Ker}(\mathscr{A}-2\mathscr{I})^3$. 设 $\mathscr{B}$ 是 $\mathscr{A}-2\mathscr{I}$ 在 W_2 上的限制，则 $\mathscr{B}^3=\mathscr{O}\neq\mathscr{B}^2$.

解方程组 $(\boldsymbol{A}-2\boldsymbol{I})\boldsymbol{Y}=\boldsymbol{0}$ 得到 $\mathrm{Ker}\,\mathscr{B}$ 的一组基

$$S_1=\{\boldsymbol{Y}_1,\boldsymbol{Y}_2\}=\{(1,1,0,0,0,0)^{\mathrm{T}},(1,0,1,0,0,0)^{\mathrm{T}}\}$$

解方程组 $(\boldsymbol{A}-2\boldsymbol{I})^2\boldsymbol{Y}=\boldsymbol{0}$，将 S_1 扩充成 $\mathrm{Ker}\,\mathscr{B}^2$ 的一组基 $M_2=S_1\cup S_2$，其中

$$S_2=\{\boldsymbol{Y}_3,\boldsymbol{Y}_4\}=\{(0,0,0,1,0,0)^{\mathrm{T}},(0,0,3,0,2,-1)^{\mathrm{T}}\}$$

解方程组 $(\boldsymbol{A}-2\boldsymbol{I})^3\boldsymbol{Y}=\boldsymbol{0}$，将 M_2 扩充成 $\mathrm{Ker}\,\mathscr{B}^3$ 的一组基 $M_3=M_2\cup S_3$，其中

$$S_3=\{\boldsymbol{Y}_5\}=\{(0,0,0,0,1,-2)^{\mathrm{T}}\}$$

计算

$$\mathscr{B}^2(\boldsymbol{Y}_5)=(A-2I)^2(\boldsymbol{Y}_5)=(-3,-3,0,0,0,0)^{\mathrm{T}}$$
$$\mathscr{B}(\boldsymbol{Y}_3)=(A-2I)(\boldsymbol{Y}_3)=(1,1,0,0,0,0)^{\mathrm{T}}$$
$$\mathscr{B}(\boldsymbol{Y}_4)=(A-2I)(\boldsymbol{Y}_4)=(4,1,3,0,0,0)^{\mathrm{T}}$$

可得 $T=\{\mathscr{B}^2(\boldsymbol{Y}_5),\mathscr{B}(\boldsymbol{Y}_3),\mathscr{B}(\boldsymbol{Y}_4),\boldsymbol{Y}_1,\boldsymbol{Y}_2\}$ 的极大线性无关组 $T^*=\{\mathscr{B}^2(\boldsymbol{Y}_5),\mathscr{B}(\boldsymbol{Y}_4)\}$，从而知道 W_2 是由 $\boldsymbol{Y}_5$，$\boldsymbol{Y}_4$ 生成的循环子空间的直和. 下图中的非零向量组成 W_2 的基 N_2：

$$\boldsymbol{0}\leftarrow\mathscr{B}^2(\boldsymbol{Y}_5)\leftarrow\mathscr{B}(\boldsymbol{Y}_5)\leftarrow\boldsymbol{Y}_5$$
$$\boldsymbol{0}\leftarrow\mathscr{B}(\boldsymbol{Y}_4)\leftarrow\boldsymbol{Y}_4$$

使 $\mathscr{B}=(\mathscr{A}-2\mathscr{I})|_{W_2}$ 在基 N_2 下的矩阵是特征值为 0 的 Jordan 标准形

$$\boldsymbol{B}_2=\begin{pmatrix}0&1&0&&\\&0&1&&\\&&0&&\\&&&0&1\\&&&&0\end{pmatrix}=\mathrm{diag}(\boldsymbol{J}_3(0),\boldsymbol{J}_2(0))$$

从而 $\mathscr{A}|_{W_2}=\mathscr{B}+2\mathscr{I}_{W_2}$ 在基 N_2 下的矩阵

$$\boldsymbol{A}_2=2\boldsymbol{I}+\boldsymbol{B}_2=\mathrm{diag}(\boldsymbol{J}_3(2),\boldsymbol{J}_2(2))$$

是特征值为 2 的 Jordan 标准形.

将 W_1 的基 $N_1=\{\boldsymbol{X}_1\}$ 与 W_2 的基 N_2 合并成 V 的基 U，则 $\mathscr{A}$ 在基 U 下的矩阵为 $\boldsymbol{A}$ 的 Jordan 标准形

$$\boldsymbol{J}=\mathrm{diag}(1,\boldsymbol{A}_2)=\mathrm{diag}(1,\boldsymbol{J}_3(2),\boldsymbol{J}_2(2))=\begin{pmatrix}1&&&&&\\&2&1&0&&\\&&2&1&&\\&&&2&&\\&&&&2&1\\&&&&&2\end{pmatrix}$$

依次以基 $N=\{\boldsymbol{X}_1,\mathscr{B}^2(\boldsymbol{Y}_5),\mathscr{B}(\boldsymbol{Y}_5),\boldsymbol{Y}_5,\mathscr{B}(\boldsymbol{Y}_4),\boldsymbol{Y}_4\}$ 中的各向量为各列组成可逆方阵

$$\boldsymbol{P}=\begin{pmatrix}1&-3&-1&0&4&0\\0&-3&-4&0&1&0\\0&0&3&0&3&3\\0&0&-3&0&0&0\\0&0&0&1&0&2\\0&0&0&-2&0&-1\end{pmatrix}$$

则 $\boldsymbol{P}^{-1}\boldsymbol{A}\boldsymbol{P}=\boldsymbol{J}$. □

仿照例 1，可以由定理 7.4.2 立即得到定理 7.4.1 的证明.

定理 7.4.1 的证明

设 $\mathscr{A}$ 是 n 维复线性空间 V 上的线性变换，$\lambda_1,\cdots,\lambda_t$ 是 $\mathscr{A}$ 的全部不同的特征值，代数重数分别是 $n_1,\cdots,n_t$.

V 是 $\mathscr{A}$ 的各根子空间 W_{λ_i} 的直和. 每个 $\mathscr{B}_i=(\mathscr{A}-\lambda_i\mathscr{T})|_{W_{\lambda_i}}$ 是作用在 W_{λ_i} 上的幂零线性变换. 由定理 7.4.2 知 $\mathscr{B}_i$ 在 W_{λ_i} 的适当的基 N_i 下的矩阵是特征值为 0 的 Jordan 形矩阵 $\boldsymbol{B}_i$，$\mathscr{A}|_{W_{\lambda_i}}=\mathscr{B}_i+\lambda_i\mathscr{T}_{W_{\lambda_i}}$ 在基 N_i 下的矩阵 $\boldsymbol{J}_i=\lambda_i\boldsymbol{I}+\boldsymbol{B}_i$，是特征值为 λ_i 的 Jordan 形矩阵.

将 $N_1,\cdots,N_t$ 合并成 V 的基 N，则 $\mathscr{A}$ 在 N 下的矩阵为 Jordan 标准形

$$\boldsymbol{J}=\operatorname{diag}(\boldsymbol{J}_1,\cdots,\boldsymbol{J}_t)$$

n 阶复方阵 $\boldsymbol{A}$ 引起复线性空间 $V=\mathbf{C}^{n\times 1}$ 上的线性变换 $\mathscr{A}:\boldsymbol{X}\mapsto\boldsymbol{A}\boldsymbol{X}$，$\boldsymbol{A}$ 是 $\mathscr{A}$ 在 V 的自然基下的矩阵. 根据前面已经证明的结论，$\mathscr{A}$ 在 V 的适当的基 N 下的矩阵是 Jordan 标准形 $\boldsymbol{J}$. 依次以 M 中各向量为各列组成可逆方阵 $\boldsymbol{P}$，则 $\boldsymbol{P}^{-1}\boldsymbol{A}\boldsymbol{P}=\boldsymbol{J}$. □

例 2 求 Jordan 块

$$\boldsymbol{J}_m(a)=\begin{pmatrix}a&1&&\\&a&\ddots&\\&&\ddots&1\\&&&a\end{pmatrix}_{m\times m}$$

的特征多项式和最小多项式.

解 显然，$\boldsymbol{J}_m(a)$ 的特征多项式 $\varphi(\lambda)=(\lambda-a)^m$.

最小多项式 $d(\lambda)$ 是 $(\lambda-a)^m$ 的因式，具有形式 $(\lambda-a)^k$，$1\leqslant k\leqslant m$. 计算可知当 $1\leqslant k\leqslant m-1$ 时

$$(\boldsymbol{J}_m(a)-a\boldsymbol{I})^k=\begin{pmatrix}&\boldsymbol{I}_{(m-k)}\\\boldsymbol{O}_{(k)}&\end{pmatrix}\neq\boldsymbol{0}$$

因此 $d(\lambda)=(\lambda-a)^m=\varphi(\lambda)$. □

定义 7.4.1 设 $\boldsymbol{A}$ 是 n 阶复方阵，则 $\boldsymbol{A}$ 的 Jordan 标准形 $\boldsymbol{J}$ 中每个 Jordan 块 $\boldsymbol{J}_{m_{ij}}(\lambda_i)$ 的特征多项式(也就是最小多项式)$(\lambda-\lambda_i)^{m_{ij}}$ 称为 $\boldsymbol{A}$ 的一个**初等因子**(elementary divisor). $\boldsymbol{A}$ 的全体初等因子组成的集合称为 $\boldsymbol{A}$ 的**初等因子组**(elementary divisors). □

每个初等因子$(\lambda-\lambda_i)^{m_{ij}}$对应于一个 Jordan 块 $\boldsymbol{J}_{m_{ij}}(\lambda_i)$，也对应于以 $\boldsymbol{A}$ 为矩阵的线性变换 $\mathscr{A}$ 的一个循环子空间 $W_{ij}:\lambda_i$ 表明 $W_{ij}\subseteq W_{\lambda_i}$，$m_{ij}=\dim W_{ij}$.

相似的矩阵的 Jordan 标准形相同，因此初等因子组也相同.

例 3 由 $\boldsymbol{A}$ 的初等因子组 $\{\lambda,\lambda^2,(\lambda+1)^3,\lambda-1,\lambda-1\}$ 求 $\boldsymbol{A}$ 的特征多项式 $\varphi_{\boldsymbol{A}}(\lambda)$ 和最小多项式 $d_{\boldsymbol{A}}(\lambda)$.

解 $\boldsymbol{A}$ 相似于 Jordan 标准形 $\boldsymbol{J}=\operatorname{diag}(\boldsymbol{J}_1(0),\boldsymbol{J}_2(0),\boldsymbol{J}_3(-1),\boldsymbol{J}_1(1),\boldsymbol{J}_1(1))$.

$\varphi_{\boldsymbol{A}}(\lambda)=\varphi_{\boldsymbol{J}}(\lambda)=\lambda\cdot\lambda^2\cdot(\lambda+1)^3\cdot(\lambda-1)\cdot(\lambda-1)=\lambda^3(\lambda+1)^3(\lambda-1)^2$

最小多项式 $d_{\boldsymbol{A}}(\lambda)=d_{\boldsymbol{J}}(\lambda)$ 等于各 Jordan 块最小多项式(即初等因子)的最小公倍式

$$\lambda^{k_0}(\lambda+1)^{k_{-1}}(\lambda-1)^{k_1},$$

其中的指数 k_0，k_{-1}，k_1 分别是初等因子组中 λ，$\lambda+1$，$\lambda-1$ 的指数的最大值，分别等于 2，3，1. 因此

$$d_{\boldsymbol{A}}(\lambda)=\lambda^2(\lambda+1)^3(\lambda-1) \quad □$$

一般地，很容易得到：

定理 7.4.3 设方阵 $\boldsymbol{A}$ 的全部不同的特征值为 $\lambda_1,\cdots,\lambda_t$，初等因子组为

$$(\lambda-\lambda_1)^{m_{11}},(\lambda-\lambda_1)^{m_{12}},\cdots,(\lambda-\lambda_1)^{m_{1k_1}}$$
$$(\lambda-\lambda_2)^{m_{21}},(\lambda-\lambda_2)^{m_{22}},\cdots,(\lambda-\lambda_2)^{m_{2k_2}}$$
$$\cdots\cdots\cdots\cdots$$
$$(\lambda-\lambda_t)^{m_{t1}},(\lambda-\lambda_t)^{m_{t2}},\cdots,(\lambda-\lambda_t)^{m_{tk_t}}$$

其中 $m_{i1}\geqslant m_{i2}\geqslant\cdots\geqslant m_{ik_i}$，$\forall\, 1\leqslant i\leqslant t$. 则

(1) $\boldsymbol{A}$ 的特征多项式

$$\varphi_{\boldsymbol{A}}(\lambda)=(\lambda-\lambda_1)^{n_1}(\lambda-\lambda_2)^{n_2}\cdots(\lambda-\lambda_t)^{n_t}$$

其中 $n_i=m_{i1}+m_{i2}+\cdots+m_{ik_i}$，$\forall\, 1\leqslant i\leqslant t$.

(2) $\boldsymbol{A}$ 的最小多项式

$$d_{\boldsymbol{A}}(\lambda)=(\lambda-\lambda_1)^{m_{11}}(\lambda-\lambda_2)^{m_{21}}\cdots(\lambda-\lambda_t)^{m_{t1}}$$

(3) $\boldsymbol{A}$ 的特征子空间 V_{λ_i} 的维数等于 k_i.

(4) $\boldsymbol{A}$ 相似于对角矩阵

$\Leftrightarrow$所有的初等因子次数 $m_{i1}=1$，$\forall\, 1\leqslant i\leqslant t$

⇔最小多项式 $d_A(\lambda)=(\lambda-\lambda_1)(\lambda-\lambda_2)\cdots(\lambda-\lambda_t)$ 没有重根. □

例 4 已知

$$\boldsymbol{A}=\begin{pmatrix}1&2&3&4\\0&1&2&3\\0&0&1&2\\0&0&0&1\end{pmatrix}$$

(1) 求 $\boldsymbol{A}$ 的 Jordan 标准形 $\boldsymbol{J}$;

(2) 求可逆方阵 $\boldsymbol{P}$ 使 $\boldsymbol{P}^{-1}\boldsymbol{AP}=\boldsymbol{J}$;

(3) 求 $\boldsymbol{A}$ 的最小多项式;

(4) 求证:方阵 $\boldsymbol{B}$ 与 $\boldsymbol{A}$ 乘法可交换⇔$\boldsymbol{B}$ 是 $\boldsymbol{A}$ 的多项式.

解 (1) 易见特征多项式 $\varphi_A(\lambda)=(\lambda-1)^4$. 由于

$$\operatorname{rank}(\boldsymbol{A}-\boldsymbol{I})=\operatorname{rank}\begin{pmatrix}0&2&3&4\\0&0&2&3\\0&0&0&2\\0&0&0&0\end{pmatrix}=3$$

$$\dim\operatorname{Ker}(\boldsymbol{A}-\boldsymbol{I})=4-\operatorname{rank}(\boldsymbol{A}-\boldsymbol{I})=4-3=1$$

因此只有一个属于特征值 1 的 Jordan 块.

$$\boldsymbol{J}=\boldsymbol{J}_4(1)=\begin{pmatrix}1&1&&\\&1&1&\\&&1&1\\&&&1\end{pmatrix}$$

(2) 计算可得

$$(\boldsymbol{A}-\boldsymbol{I})^2=\begin{pmatrix}0&0&4&12\\0&0&0&4\\0&0&0&0\\0&0&0&0\end{pmatrix},\quad(\boldsymbol{A}-\boldsymbol{I})^3=\begin{pmatrix}0&0&0&8\\0&0&0&0\\0&0&0&0\\0&0&0&0\end{pmatrix}$$

易见 $\boldsymbol{X}_4=(0,0,0,1)^{\mathrm{T}}$ 满足条件 $(\boldsymbol{A}-\boldsymbol{I})^3\boldsymbol{X}_4\neq\boldsymbol{0}$, $\boldsymbol{X}_4$ 是 4 次根向量.

$$\boldsymbol{X}_3=(\boldsymbol{A}-\boldsymbol{I})\boldsymbol{X}_4=(4,3,2,0)^{\mathrm{T}},\boldsymbol{X}_2=(\boldsymbol{A}-\boldsymbol{I})^2\boldsymbol{X}_4=(12,4,0,0)^{\mathrm{T}}$$

$$\boldsymbol{X}_1=(\boldsymbol{A}-\boldsymbol{I})^3\boldsymbol{X}_4=(8,0,0,0)^{\mathrm{T}}$$

取

$$\boldsymbol{P}=(\boldsymbol{X}_1,\boldsymbol{X}_2,\boldsymbol{X}_3,\boldsymbol{X}_4)=\begin{pmatrix}8&12&4&0\\0&4&3&0\\0&0&2&0\\0&0&0&1\end{pmatrix}$$

则 $\boldsymbol{P}^{-1}\boldsymbol{AP}=\boldsymbol{J}$.

(3) $d_A(\lambda)=d_J(\lambda)=(\lambda-1)^4$.

(4) 设方阵 $\boldsymbol{B}$ 与 $\boldsymbol{A}$ 交换：$\boldsymbol{AB}=\boldsymbol{BA}$.

设 $\boldsymbol{B}_1=\boldsymbol{P}^{-1}\boldsymbol{BP}$. 则 $\boldsymbol{AB}=\boldsymbol{BA}\Leftrightarrow \boldsymbol{JB}_1=\boldsymbol{B}_1\boldsymbol{J}\Leftrightarrow(\boldsymbol{J}-\boldsymbol{I})\boldsymbol{B}_1=\boldsymbol{B}_1(\boldsymbol{J}-\boldsymbol{I})$.

记 $\boldsymbol{B}_1=(b_{ij})_{4\times 4}$.

比较
$$(\boldsymbol{J}-\boldsymbol{I})\boldsymbol{B}_1=\begin{pmatrix}0&1&0&0\\0&0&1&0\\0&0&0&1\\0&0&0&0\end{pmatrix}\begin{pmatrix}b_{11}&b_{12}&b_{13}&b_{14}\\b_{21}&b_{22}&b_{23}&b_{24}\\b_{31}&b_{32}&b_{33}&b_{34}\\b_{41}&b_{42}&b_{43}&b_{44}\end{pmatrix}=\begin{pmatrix}b_{21}&b_{22}&b_{23}&b_{24}\\b_{31}&b_{32}&b_{33}&b_{34}\\b_{41}&b_{42}&b_{43}&b_{44}\\0&0&0&0\end{pmatrix}$$

与
$$\boldsymbol{B}_1(\boldsymbol{J}-\boldsymbol{I})=\begin{pmatrix}b_{11}&b_{12}&b_{13}&b_{14}\\b_{21}&b_{22}&b_{23}&b_{24}\\b_{31}&b_{32}&b_{33}&b_{34}\\b_{41}&b_{42}&b_{43}&b_{44}\end{pmatrix}\begin{pmatrix}0&1&0&0\\0&0&1&0\\0&0&0&1\\0&0&0&0\end{pmatrix}=\begin{pmatrix}0&b_{11}&b_{12}&b_{13}\\0&b_{21}&b_{22}&b_{23}\\0&b_{31}&b_{32}&b_{33}\\0&b_{41}&b_{42}&b_{43}\end{pmatrix}$$

知 $b_{21}=b_{31}=b_{41}=b_{41}=b_{42}=b_{43}=0$.

再由 $b_{ij}=b_{i+1,j+1}$ 可知 $b_{ij}=0$ 对所有 $i>j$ 成立. 且 $b_{11}=b_{22}=b_{33}=b_{44}$, $b_{12}=b_{23}=b_{34}$, $b_{13}=b_{24}$. 于是

$$\boldsymbol{B}_1=\begin{pmatrix}b_{11}&b_{12}&b_{13}&b_{14}\\0&b_{11}&b_{12}&b_{13}\\0&0&b_{11}&b_{12}\\0&0&0&b_{11}\end{pmatrix}$$
$$=b_{11}\boldsymbol{I}+b_{12}(\boldsymbol{J}-\boldsymbol{I})+b_{13}(\boldsymbol{J}-\boldsymbol{I})^2+b_{14}(\boldsymbol{J}-\boldsymbol{I})^3$$
$$=f(\boldsymbol{J}-\boldsymbol{I})=g(\boldsymbol{J})$$

对多项式 $f(\lambda)=b_{11}+b_{12}\lambda+b_{13}\lambda^2+b_{14}\lambda^3$ 和 $g(\lambda)=f(\lambda-1)$ 成立.

从而 $\boldsymbol{B}=\boldsymbol{PB}_1\boldsymbol{P}^{-1}=\boldsymbol{P}g(\boldsymbol{J})\boldsymbol{P}^{-1}=g(\boldsymbol{PJP}^{-1})=g(\boldsymbol{A})$.

这证明了 $\boldsymbol{AB}=\boldsymbol{BA}\Rightarrow\boldsymbol{B}$ 是 $\boldsymbol{A}$ 的多项式.

反过来，显然 $\boldsymbol{A}$ 的多项式都与 $\boldsymbol{A}$ 乘法可交换.　□

习 题 7.4

1. 求适当的可逆复方阵将下列复方阵相似到 Jordan 标准形：

(1) $\begin{pmatrix} -2 & 1 & 3 \\ -22 & 11 & 33 \\ 6 & -3 & -9 \end{pmatrix}$； (2) $\begin{pmatrix} 6 & 5 & -2 \\ -2 & 0 & 1 \\ -1 & -1 & 3 \end{pmatrix}$； (3) $\begin{pmatrix} 1 & -3 & 2 \\ 4 & -7 & 4 \\ 12 & -14 & 7 \end{pmatrix}$；

(4) $\begin{pmatrix} 4 & 0 & 0 & 0 \\ 0 & 4 & 0 & 0 \\ 3 & 0 & 4 & 0 \\ 2 & 3 & 0 & 4 \end{pmatrix}$； (5) $\begin{pmatrix} 1 & 2 & 4 & 7 \\ 0 & 1 & 3 & 6 \\ 0 & 0 & 1 & 4 \\ 0 & 0 & 0 & 3 \end{pmatrix}$； (6) $\begin{pmatrix} 4 & 3 & 0 & 0 \\ -3 & -2 & 0 & 0 \\ 1 & 2 & -3 & -2 \\ 3 & 4 & 8 & 5 \end{pmatrix}$；

(7) $\begin{pmatrix} 0 & 1 & & \\ & 0 & \ddots & \\ & & \ddots & 1 \\ 1 & & & 0 \end{pmatrix}_{n\times n}$； (8) $\begin{pmatrix} & & & a_1 \\ & & a_2 & \\ & \iddots & & \\ a_n & & & \end{pmatrix}$； (9) $\begin{pmatrix} 0 & 1 & & \\ & 0 & \ddots & \\ & & \ddots & 1 \\ & & & 0 \end{pmatrix}_{n\times n}^{3}$；

(10) $\begin{pmatrix} 0 & 0 & 0 & 0 & 0 \\ 4 & 0 & 0 & 0 & 0 \\ 3 & 4 & 0 & 0 & 0 \\ 2 & 3 & 0 & 0 & 0 \\ 1 & 2 & 3 & 0 & 0 \end{pmatrix}$； (11) $\begin{pmatrix} 1 & -1 & & \\ & 1 & \ddots & \\ & & \ddots & -1 \\ & & & 1 \end{pmatrix}_{n\times n}^{n}$.

2. 试按照如下步骤给出 §7.4 定理 7.4.2 的另外一个证明：

(1) 设 $\mathscr{A}^m=\mathscr{O}\neq\mathscr{A}^{m-1}$. 则 $0\neq \mathrm{Im}\ \mathscr{A}^{m-1}\subseteq \mathrm{Ker}\ \mathscr{A}$. 将 $\mathrm{Im}\ \mathscr{A}^{m-1}$ 的基 K_m 依次扩张为 $\mathrm{Im}\ \mathscr{A}^{m-2}\cap \mathrm{Ker}\ \mathscr{A}$，$\mathrm{Im}\ \mathscr{A}^{m-3}\cap\mathrm{Ker}\ \mathscr{A}$，…，$\mathrm{Im}\ \mathscr{A}\cap\mathrm{Ker}\ \mathscr{A}$，$\mathrm{Ker}\ \mathscr{A}$ 的基 $K_{m-1}\subseteq K_{m-2}\subseteq\cdots\subseteq K_2\subseteq K_1$.

(2) 约定 $K_{m+1}=\varnothing$（空集）. 对每个 $1\leqslant k\leqslant m$，将由 K_{k+1} 扩充为 $K_k\subset \mathrm{Im}\ \mathscr{A}^{k-1}$ 所添加的每个基向量 $\boldsymbol{\beta}_i$ 写成 $\boldsymbol{\beta}_i=\mathscr{A}^{k-1}(\boldsymbol{\alpha}_i)$ 的形式，得到一个 $\boldsymbol{\alpha}_i$，则 $\boldsymbol{\alpha}_i$ 是 k 次根向量，生成的循环子空间 $U_i=F[\mathscr{A}]\boldsymbol{\alpha}_i$ 的维数为 k，U_i 的一组基为 $M_i=\{\mathscr{A}^{k-1}(\boldsymbol{\alpha}_i),\cdots,\mathscr{A}^2(\boldsymbol{\alpha}_i),\mathscr{A}(\boldsymbol{\alpha}_i),\boldsymbol{\alpha}_i\}$. $\boldsymbol{\alpha}_i$ 的个数等于 K_1 所含向量个数 $d=\dim\ \mathrm{Ker}\ \mathscr{A}$. 证明：$V=U_1\oplus\cdots\oplus U_d$. $M=M_1\cup\cdots\cup M_d$ 是 V 的一组基. $\mathscr{A}$ 在这组基下的矩阵是 Jordan 标准形.

3. 证明：n 阶复方阵 $\boldsymbol{A}$，$\boldsymbol{B}$ 相似 $\Leftrightarrow \mathrm{rank}\ f(\boldsymbol{A})=\mathrm{rank}\ f(\boldsymbol{B})$ 对所有复多项式 $f(\lambda)$ 成立.

4. 求证：方阵 $\boldsymbol{A}$ 的特征值全是 $1\Rightarrow \boldsymbol{A}$ 与所有的 $\boldsymbol{A}^k$ 相似（k 是非零整数）.

5. 求证：可逆方阵 $\boldsymbol{A}$ 与所有的 $\boldsymbol{A}^k$（k 为正整数）相似 $\Rightarrow \boldsymbol{A}$ 的特征值全为 1.

§7.5 多项式矩阵的相抵

设 V 是数域 F 上的线性空间. 则 V 中的向量之间定义了加法. 数域 F 的元素与 V 中的向量之间定义了乘法. 满足条件

(M1) 对任意 $\boldsymbol{u}$，$\boldsymbol{v}\in V$ 和 $a\in F$，都有 $a(\boldsymbol{u}+\boldsymbol{v})=a\boldsymbol{u}+a\boldsymbol{v}$.

(M2) 对任意 $\boldsymbol{u}\in V$ 和 a，$b\in F$，都有 $(a+b)\boldsymbol{u}=a\boldsymbol{u}+b\boldsymbol{u}$.

(D1) 对任意 $\boldsymbol{u}\in V$ 和 $a,\ b\in F$，都有 $a(b\boldsymbol{u})=(ab)\boldsymbol{u}$.

(D2) 对任意 $\boldsymbol{u}\in V$ 和 $1\in F$，都有 $1\boldsymbol{u}=\boldsymbol{u}$.

V 中任何一组向量 $\boldsymbol{v}_1,\cdots,\boldsymbol{v}_k$ 可以作线性组合 $a_1\boldsymbol{v}_1+\cdots+a_k\boldsymbol{v}_k$，其中的系数 $a_1,\cdots,a_k$ 可以在 F 中任意取值. 而且，由 $\boldsymbol{v}_1,\cdots,\boldsymbol{v}_k$ 的若干个线性组合组成的向量组

$$\begin{cases}\boldsymbol{u}_1=a_{11}\boldsymbol{v}_1+a_{12}\boldsymbol{v}_2+\cdots+a_{1k}\boldsymbol{v}_k\\ \boldsymbol{u}_2=a_{21}\boldsymbol{v}_1+a_{22}\boldsymbol{v}_2+\cdots+a_{2k}\boldsymbol{v}_k\\ \qquad\cdots\cdots\cdots\cdots\\ \boldsymbol{u}_m=a_{m1}\boldsymbol{v}_1+a_{m2}\boldsymbol{v}_2+\cdots+a_{mk}\boldsymbol{v}_k\end{cases}$$

可以用矩阵乘法的形式来表示：

$$(\boldsymbol{u}_1,\cdots,\boldsymbol{u}_m)=(\boldsymbol{v}_1,\cdots,\boldsymbol{v}_k)\begin{pmatrix}a_{11}&a_{21}&\cdots&a_{m1}\\ a_{12}&a_{22}&\cdots&a_{m2}\\ \vdots&\vdots&&\vdots\\ a_{1k}&a_{2k}&\cdots&a_{mk}\end{pmatrix}.$$

现在设 $\mathscr{A}$ 是 V 上的线性变换. 则对系数在 F 中的任意多项式 $f(\lambda)\in F[\lambda]$，$f(\mathscr{A})$ 也是作用在 V 上的线性变换. 将所有的 $f(\mathscr{A})$ 的集合记作 $F[\mathscr{A}]$.

注意 对每个 $a\in F$，由于

$$a(\boldsymbol{u}+\boldsymbol{v})=a\boldsymbol{u}+a\boldsymbol{v},\ a(b\boldsymbol{v})=b(a\boldsymbol{v})$$

对所有的 $\boldsymbol{u},\ \boldsymbol{v}\in V$ 及 $b\in F$ 成立，由 a 的乘法在 V 上引起的变换 $\boldsymbol{u}\mapsto a\boldsymbol{u}$ 也是线性变换，就是 V 上的标量变换 $a\mathscr{I}$. 如果将每个 $a\in F$ 等同于标量变换 $a\mathscr{I}$，也看作 $\mathscr{A}$ 的多项式，则可以认为 $F[\mathscr{A}]$ 包含 F.

$F[\mathscr{A}]$ 在 V 上的作用满足条件：

(M1) 对任意 $\boldsymbol{u},\ \boldsymbol{v}\in V$ 和 $f(\mathscr{A})\in F[\mathscr{A}]$，都有 $f(\mathscr{A})(\boldsymbol{u}+\boldsymbol{v})=f(\mathscr{A})\boldsymbol{u}+f(\mathscr{A})\boldsymbol{v}$.

(M2) 对任意 $\boldsymbol{u}\in V$ 和 $f(\mathscr{A}),\ g(\mathscr{A})\in F[\mathscr{A}]$，都有 $(f(\mathscr{A})+g(\mathscr{A}))\boldsymbol{u}=f(\mathscr{A})\boldsymbol{u}+g(\mathscr{A})\boldsymbol{u}$.

(D1) 对任意 $\boldsymbol{u}\in V$ 和 $f(\mathscr{A}),\ g(\mathscr{A})\in F[\mathscr{A}]$，都有 $f(\mathscr{A})(g(\mathscr{A})\boldsymbol{u})=(f(\mathscr{A})g(\mathscr{A}))\boldsymbol{u}$.

(D2) 对任意 $\boldsymbol{u}\in V$ 和 $1=\mathscr{I}\in F[\mathscr{A}]$，有 $1\boldsymbol{u}=\boldsymbol{u}$.

我们可以将每个 $f(\mathscr{A})\in F[\mathscr{A}]$ 在任一向量 $\boldsymbol{u}\in V$ 上的作用看作 $f(\mathscr{A})$ 与 $\boldsymbol{u}$ 的乘法，将乘积 $f(\mathscr{A})\boldsymbol{u}$ 中的 $f(\mathscr{A})$ 看作 $\boldsymbol{u}$ 的系数. 将标量集合、也就是 V 的系数范围由 F 扩大到 $F[\mathscr{A}]$，并且允许 $F[\mathscr{A}]$ 的元成为矩阵的元.

设 $\mathscr{A}$ 在 V 的基 $M=\{\boldsymbol{\alpha}_1,\cdots,\boldsymbol{\alpha}_n\}$ 下的矩阵是 $\boldsymbol{A}=(a_{ij})_{n\times n}$，即

$$\begin{cases}\mathscr{A}\boldsymbol{\alpha}_1=a_{11}\boldsymbol{\alpha}_1+a_{21}\boldsymbol{\alpha}_2+\cdots+a_{n1}\boldsymbol{\alpha}_n\\ \mathscr{A}\boldsymbol{\alpha}_2=a_{12}\boldsymbol{\alpha}_1+a_{22}\boldsymbol{\alpha}_2+\cdots+a_{n2}\boldsymbol{\alpha}_n\\ \cdots\cdots\cdots\cdots\\ \mathscr{A}\boldsymbol{\alpha}_n=a_{1n}\boldsymbol{\alpha}_1+a_{2n}\boldsymbol{\alpha}_2+\cdots+a_{nn}\boldsymbol{\alpha}_n\end{cases}\tag{7.5.1}$$

移项、合并同类项得

$$\begin{cases}(\mathscr{A}-a_{11})\boldsymbol{\alpha}_1-a_{21}\boldsymbol{\alpha}_2-\cdots-a_{n1}\boldsymbol{\alpha}_n=\mathbf{0}\\ -a_{12}\boldsymbol{\alpha}_1+(\mathscr{A}-a_{22})\boldsymbol{\alpha}_2-\cdots-a_{n2}\boldsymbol{\alpha}_n=\mathbf{0}\\ \cdots\cdots\cdots\cdots\\ -a_{1n}\boldsymbol{\alpha}_1-a_{2n}\boldsymbol{\alpha}_2-\cdots+(\mathscr{A}-a_{nn})\boldsymbol{\alpha}_n=\mathbf{0}\end{cases}\tag{7.5.2}$$

写成矩阵形式得

$$(\boldsymbol{\alpha}_1,\boldsymbol{\alpha}_2,\cdots,\boldsymbol{\alpha}_n)\begin{pmatrix}\mathscr{A}-a_{11} & -a_{12} & \cdots & -a_{1n}\\ -a_{21} & \mathscr{A}-a_{22} & \cdots & -a_{2n}\\ \vdots & \vdots & & \vdots\\ -a_{n1} & -a_{n2} & \cdots & \mathscr{A}-a_{nn}\end{pmatrix}=(\mathbf{0},\mathbf{0},\cdots,\mathbf{0})\tag{7.5.3}$$

也可以直接将(7.5.1)写成矩阵形式

$$(\boldsymbol{\alpha}_1,\cdots,\boldsymbol{\alpha}_n)(\mathscr{A}\boldsymbol{I}_{(n)})=(\boldsymbol{\alpha}_1,\cdots,\boldsymbol{\alpha}_n)\boldsymbol{A}\tag{7.5.4}$$

其中

$$\mathscr{A}\boldsymbol{I}_{(n)}=\begin{pmatrix}\mathscr{A} & & \\ & \ddots & \\ & & \mathscr{A}\end{pmatrix}$$

是“标量” $\mathscr{A}$ 对应的标量阵. 将(7.5.4)移项，写成

$$(\boldsymbol{\alpha}_1,\cdots,\boldsymbol{\alpha}_n)(\mathscr{A}\boldsymbol{I}_{(n)}-\boldsymbol{A})=(\mathbf{0},\cdots,\mathbf{0})\tag{7.5.5}$$

这其实就是(7.5.3).

$\mathscr{A}\boldsymbol{I}_{(n)}-\boldsymbol{A}$ 是 $F[\mathscr{A}]$ 中元的 n 阶方阵. 我们知道：对数域 F 上任何一个方阵 $\boldsymbol{B}=(b_{ij})_{n\times n}$，可以定义它的附属方阵

$$\boldsymbol{B}^*=\begin{pmatrix}B_{11} & B_{21} & \cdots & B_{n1}\\ B_{12} & B_{22} & \cdots & B_{n2}\\ \vdots & \vdots & & \vdots\\ B_{1n} & B_{2n} & \cdots & B_{nn}\end{pmatrix}$$

其中每个 B_{ij}是 b_{ij}在行列式 $\det \boldsymbol{B}$ 中的代数余子式. 而且

$$\boldsymbol{B}\boldsymbol{B}^*=\begin{pmatrix}\det\boldsymbol{B} & & \\ & \ddots & \\ & & \det\boldsymbol{B}\end{pmatrix}\tag{7.5.6}$$

仔细考察就可知道，求行列式 $\det \boldsymbol{B}$、代数余子式 B_{ij} 以及计算矩阵 $\boldsymbol{B}$ 与 $\boldsymbol{B}^*$ 的积的运算只是将 $\boldsymbol{B}$ 中的元进行了加、减、乘运算，不需要求 $\boldsymbol{B}$ 由 F 中元组成，可以允许由 $F[\mathscr{A}]$ 中的元组成 $\boldsymbol{B}$，同样地可以计算行列式 $\det \boldsymbol{B}$ 和各代数余子式 B_{ij}，同样可以得到(7.5.6). 特别，可以求(7.5.5)等式左边的矩阵 $\mathscr{A}\boldsymbol{I}_{(n)}-\boldsymbol{A}$ 的附属方阵 $(\mathscr{A}\boldsymbol{I}_{(n)}-\boldsymbol{A})^*$，用它同时右乘等式(7.5.5)两边，得到

$$(\boldsymbol{\alpha}_1,\cdots,\boldsymbol{\alpha}_n)(\mathscr{A}\boldsymbol{I}_{(n)}-\boldsymbol{A})(\mathscr{A}\boldsymbol{I}_{(n)}-\boldsymbol{A})^*=(\boldsymbol{0},\cdots,\boldsymbol{0}) \tag{7.5.7}$$

也就是

$$(\boldsymbol{\alpha}_1,\cdots,\boldsymbol{\alpha}_n)\begin{pmatrix}\det(\mathscr{A}\boldsymbol{I}_{(n)}-\boldsymbol{A}) & & \\ & \ddots & \\ & & \det(\mathscr{A}\boldsymbol{I}_{(n)}-\boldsymbol{A})\end{pmatrix}=(\boldsymbol{0},\cdots,\boldsymbol{0}) \tag{7.5.8}$$

即

$$\begin{cases}\det(\mathscr{A}\boldsymbol{I}_{(n)}-\boldsymbol{A})\boldsymbol{\alpha}_1=\boldsymbol{0}\\ \det(\mathscr{A}\boldsymbol{I}_{(n)}-\boldsymbol{A})\boldsymbol{\alpha}_2=\boldsymbol{0}\\ \cdots\cdots\cdots\cdots\\ \det(\mathscr{A}\boldsymbol{I}_{(n)}-\boldsymbol{A})\boldsymbol{\alpha}_n=\boldsymbol{0}\end{cases} \tag{7.5.9}$$

其中

$$\det(\mathscr{A}\boldsymbol{I}_{(n)}-\boldsymbol{A})=\begin{vmatrix}\mathscr{A}-a_{11} & -a_{12} & \cdots & -a_{1n}\\ -a_{21} & \mathscr{A}-a_{22} & \cdots & -a_{2n}\\ \vdots & \vdots & & \vdots\\ -a_{n1} & -a_{n2} & \cdots & \mathscr{A}-a_{nn}\end{vmatrix}$$
$$=\mathscr{A}^n-(a_{11}+\cdots+a_{nn})\mathscr{A}^{n-1}+\cdots$$

是 $F[\mathscr{A}]$ 中的一个元. 我们可以在 $\det(\mathscr{A}\boldsymbol{I}_{(n)}-\boldsymbol{A})$ 中先将 $\mathscr{A}$ 用字母 λ 代替，写成 $\det(\lambda\boldsymbol{I}_{(n)}-\boldsymbol{A})$，求出的行列式就是 $\mathscr{A}$ 的特征多项式 $\varphi_{\boldsymbol{A}}(\lambda)$，也就是 $\mathscr{A}$ 的特征多项式. 再将 λ 换回 $\mathscr{A}$，得到的 $\varphi_{\boldsymbol{A}}(\mathscr{A})$ 就是 $\det(\mathscr{A}\boldsymbol{I}_{(n)}-\boldsymbol{A})$. 因此，(7.5.7)说的就是：线性变换 $\varphi_{\boldsymbol{A}}(\mathscr{A})$ 将所有的基向量 $\boldsymbol{\alpha}_1,\boldsymbol{\alpha}_2,\cdots,\boldsymbol{\alpha}_n$ 都作用到零向量. 这说明线性变换

$$\varphi_{\boldsymbol{A}}(\mathscr{A})=\mathscr{O}$$

这就是 Cayley-Hamilton 定理. 我们在§6.7中是先将 $\boldsymbol{A}$ 在复数域上相似到上三角形矩阵来证明了 Cayley-Hamilton 定理. 而在这里，将标量的范围扩大到 $F[\mathscr{A}]$ 之后，通过

(7.5.1)⇒(7.5.4)⇒(7.5.5)⇒(7.5.7)⇒(7.5.8)⇒(7.5.9)

就得到了结论 $\varphi_{\boldsymbol{A}}(\mathscr{A})=\mathscr{O}$.

注意 从(7.5.1)到(7.5.5)的5个等式都完全刻画了 $\mathscr{A}$ 在 V 上的作用. 在(7.5.5)(也就是(7.5.3))两边右乘 $(\mathscr{A}\boldsymbol{I}_{(n)}-\boldsymbol{A})^*$ 后得到了较简单的关系式

(7.5.8)即 $\varphi_A(\mathscr{A})=\mathscr{O}$. 但由(7.5.8)即(7.5.7)并不能消去$(\mathscr{A}\boldsymbol{I}_{(n)}-\boldsymbol{A})^*$而重新回到(7.5.5). 如果能在(7.5.5)两边右乘 $F[\mathscr{A}]$上某个可逆方阵 $\boldsymbol{Q}(\mathscr{A})$，使得有某个 $\boldsymbol{Q}(\mathscr{A})^{-1}\in F[\mathscr{A}]$满足条件

$$\boldsymbol{Q}(\mathscr{A})\boldsymbol{Q}(\mathscr{A})^{-1}=\boldsymbol{I}$$

则得到的等式

$$(\boldsymbol{\alpha}_1,\cdots,\boldsymbol{\alpha}_n)(\mathscr{A}\boldsymbol{I}_{(n)}-\boldsymbol{A})\boldsymbol{Q}(\mathscr{A})=(\boldsymbol{0},\cdots,\boldsymbol{0}) \tag{7.5.10}$$

可以两边右乘 $\boldsymbol{Q}(\mathscr{A})^{-1}$再回到(7.5.5).

进一步，再找 $F[\mathscr{A}]$上另一个可逆方阵 $\boldsymbol{P}(\mathscr{A})$使得有某个 $\boldsymbol{P}(\mathscr{A})^{-1}\in F[\mathscr{A}]$满足条件

$$\boldsymbol{P}(\mathscr{A})\boldsymbol{P}(\mathscr{A})^{-1}=\boldsymbol{I}$$

将(7.5.10)写成

$$(\boldsymbol{\beta}_1,\cdots,\boldsymbol{\beta}_n)\boldsymbol{P}(\mathscr{A})(\mathscr{A}\boldsymbol{I}_{(n)}-\boldsymbol{A})\boldsymbol{Q}(\mathscr{A})=(\boldsymbol{0},\cdots,\boldsymbol{0}) \tag{7.5.11}$$

的形式，其中

$$(\boldsymbol{\beta}_1,\cdots,\boldsymbol{\beta}_n)=(\boldsymbol{\alpha}_1,\cdots,\boldsymbol{\alpha}_n)\boldsymbol{P}(\mathscr{A})^{-1}.$$

如果能够选择 $\boldsymbol{P}(\mathscr{A})$，$\boldsymbol{Q}(\mathscr{A})$使 $\boldsymbol{P}(\mathscr{A})(\mathscr{A}\boldsymbol{I}_{(n)}-\boldsymbol{A})\boldsymbol{Q}(\mathscr{A})$的形式比较简单，比如是 $F[\mathscr{A}]$上的对角矩阵，则 $\mathscr{A}$ 在 V 上的作用就能有比(7.5.1)更简单清楚的方式来刻画.

虽然 $\mathscr{A}$ 是 V 上的线性变换，但是它作为线性变换的性质只有在它与 V 中的向量相乘时才能体现出来. 当 $F[\mathscr{A}]$中的元之间进行加、减、乘以及与 F 中元的乘法时，以及 $F[\mathscr{A}]$上的矩阵进行加、减、乘、求行列式等运算时，$\mathscr{A}$ 只不过被当作一个字母来运算，可以将它先用字母 λ 代替，得到运算结果. 等到需要作用于向量的时候再将 λ 换回 $\mathscr{A}$. 以上在求(7.5.8),(7.5.9)中的行列式 $\det(\mathscr{A}\boldsymbol{I}_{(n)}-\boldsymbol{A})$的时候，就是先将 $\mathscr{A}$ 换成 λ，发现 $\det(\lambda\boldsymbol{I}_{(n)}-\boldsymbol{A})$就是矩阵 $\boldsymbol{A}$ 的特征多项式 $\varphi_A(\lambda)$，而 $\det(\mathscr{A}\boldsymbol{I}_{(n)}-\boldsymbol{A})$就是将 $\lambda=\mathscr{A}$ 代入 $\varphi_A(\lambda)$中得到的 $\varphi_A(\mathscr{A})$.

我们将以 $F[\lambda]$中的多项式为元的 $m\times n$ 矩阵的集合记作 $F[\lambda]^{m\times n}$，称为多项式矩阵. 如果对 $\boldsymbol{A}(\lambda)\in F[\lambda]^{n\times n}$ 存在 $\boldsymbol{B}(\lambda)$使 $\boldsymbol{A}(\lambda)\boldsymbol{B}(\lambda)=\boldsymbol{I}$,就称 $\boldsymbol{A}(\lambda)$是可逆的多项式方阵.

只要能够选择可逆的多项式矩阵 $\boldsymbol{P}(\lambda)$，$\boldsymbol{Q}(\lambda)$，使 $\boldsymbol{P}(\lambda)(\lambda\boldsymbol{I}-\boldsymbol{A})\boldsymbol{Q}(\lambda)$成为对角矩阵，再将其中的 λ 换成 $\mathscr{A}$ 就可以得到可逆的 $\boldsymbol{P}(\mathscr{A})$，$\boldsymbol{Q}(\mathscr{A})$使 $\boldsymbol{P}(\mathscr{A})(\mathscr{A}\boldsymbol{I}_{(n)}-\boldsymbol{A})\boldsymbol{Q}(\mathscr{A})$成为对角矩阵.

定义 7.5.1　设 $F[\lambda]$是系数在数域 F 中，以 λ 为字母的全体多项式组成的集合. $F[\lambda]$中的元组成的矩阵 $\boldsymbol{A}=(a_{ij}(\lambda))_{m\times n}$称为 λ 矩阵，也称多项式矩阵.

λ 矩阵 $\boldsymbol{A}(\lambda)$中非零子式的最大阶数 r 称为 $\boldsymbol{A}(\lambda)$的秩，记作 $\operatorname{rank}\boldsymbol{A}(\lambda)$.

设 $\boldsymbol{A}(\lambda)$ 是 $n\times n$ λ 矩阵. 如果存在 λ 矩阵 $\boldsymbol{B}(\lambda)$ 使

$$\boldsymbol{A}(\lambda)\boldsymbol{B}(\lambda)=\boldsymbol{B}(\lambda)\boldsymbol{A}(\lambda)=\boldsymbol{I}.$$

就称 $\boldsymbol{A}(\lambda)$ 是可逆的 λ 矩阵，$\boldsymbol{B}(\lambda)$ 是 $\boldsymbol{A}(\lambda)$ 的逆. □

引理 7.5.1 $n\times n$ λ 矩阵 $\boldsymbol{A}(\lambda)$ 可逆⇔它的行列式 $\det(\boldsymbol{A}(\lambda))$ 是 F 中不为零的数.

证明 设 λ 矩阵 $\boldsymbol{A}(\lambda)$ 可逆，$\boldsymbol{B}(\lambda)$ 是它的逆. 在等式 $\boldsymbol{A}(\lambda)\boldsymbol{B}(\lambda)=\boldsymbol{I}$ 两边同时取行列式，得 $\det(\boldsymbol{A}(\lambda))\det(\boldsymbol{B}(\lambda))=1$. 由于 $\det(\boldsymbol{A}(\lambda))$，$\det(\boldsymbol{B}(\lambda))$ 都是 $F[\lambda]$ 中的多项式，它们的乘积为 1 迫使 $\det(\boldsymbol{A}(\lambda))\in F$ 且不为 0.

反过来，设 $\det(\boldsymbol{A}(\lambda))=d$ 是 F 中的非零的数. $\boldsymbol{A}(\lambda)$ 的附属方阵 $\boldsymbol{A}(\lambda)^*$ 仍是 λ 方阵，因而 $d^{-1}\boldsymbol{A}(\lambda)^*$ 也是 λ 方阵，且

$$\boldsymbol{A}(\lambda)\cdot d^{-1}\boldsymbol{A}(\lambda)^*=d^{-1}\boldsymbol{A}(\lambda)^*\cdot\boldsymbol{A}(\lambda)=\boldsymbol{I}.$$

可见 $d^{-1}\boldsymbol{A}(\lambda)^*$ 是 $\boldsymbol{A}(\lambda)$ 的逆，$\boldsymbol{A}(\lambda)$ 可逆. □

设 λ 矩阵 $\boldsymbol{A}(\lambda)$ 可逆，与 F 上的可逆矩阵同理可证 $\boldsymbol{A}(\lambda)$ 的逆唯一，记为 $\boldsymbol{A}(\lambda)^{-1}$.

与数域上的矩阵类似，可以定义 λ 矩阵的初等变换，并且将初等变换用初等矩阵的乘法来实现.

定义 7.5.2 如下变换称为 λ 矩阵的**初等变换**(elementary transformation)：

(1) 互换某两行或某两列；

(2) 将某行或某列乘上 F 中某个非零的数；

(3) 将某行(列)乘上某个 $f(\lambda)\in F[\lambda]$ 加到另一行(列).

由单位阵经过一次初等变换得到的如下方阵称为**初等 λ 方阵**(elementary λ matrix)：

(1) 将单位矩阵的第 i，j 两行互换，或将第 i，j 两列互换，得到的方阵 $\boldsymbol{P}_{ij}=\boldsymbol{I}-\boldsymbol{E}_{ii}-\boldsymbol{E}_{jj}+\boldsymbol{E}_{ij}+\boldsymbol{E}_{ji}$；

(2) 将单位矩阵的第 i 行乘上非零数 a，或将第 i 列乘上 a，得到的方阵 $\boldsymbol{D}_i(a)=\boldsymbol{I}+(a-1)\boldsymbol{E}_{ii}$；

(3) 将单位矩阵的第 j 行的 $f(\lambda)$ 倍加到第 i 行，或将第 i 列的 $f(\lambda)$ 倍加到第 j 列，得到的方阵 $\boldsymbol{T}_{ij}(f(\lambda))=\boldsymbol{I}+f(\lambda)\boldsymbol{E}_{ij}$. □

容易看出：初等 λ 方阵都是可逆方阵，它们的逆仍是初等 λ 方阵. 我们有：

$$\boldsymbol{P}_{ij}^{-1}=\boldsymbol{P}_{ij};\quad \boldsymbol{D}_i(a)^{-1}=\boldsymbol{D}_i(a^{-1});\quad \boldsymbol{T}_{ij}(f(\lambda))^{-1}=\boldsymbol{T}_{ij}(-f(\lambda)).$$

定理 7.5.2 λ 矩阵的初等行变换可以通过左乘初等 λ 方阵来实现，初等列变换可以通过右乘初等 λ 方阵实现：

(1) 将 λ 矩阵 $\boldsymbol{A}(\lambda)$ 左乘 $\boldsymbol{P}_{ij}$ 的效果是将 $\boldsymbol{A}(\lambda)$ 的第 i，j 两行互换，右乘 $\boldsymbol{P}_{ij}$ 的效果是将 $\boldsymbol{A}(\lambda)$ 的第 i，j 两行互换.

(2) 将 λ 矩阵 $\boldsymbol{A}(\lambda)$ 左乘 $\boldsymbol{D}_i(a)$ 的效果是将 $\boldsymbol{A}(\lambda)$ 的第 i 行乘 a，右乘 $\boldsymbol{D}_i(a)$ 的效果是将 $\boldsymbol{A}(\lambda)$ 的第 i 列乘 a.

(3) 将 $m\times n$ 矩阵 $\boldsymbol{A}(\lambda)$ 左乘 $\boldsymbol{T}_{ij}(f(\lambda))$ 的效果是将 $\boldsymbol{A}(\lambda)$ 的第 j 行的 $f(\lambda)$ 倍加到第 i 行，右乘 $\boldsymbol{T}_{ij}(f(\lambda))$ 的效果是将 $\boldsymbol{A}(\lambda)$ 的第 i 列的 $f(\lambda)$ 倍加到第 j 列. □

例 1 已知

$$\boldsymbol{A}=\begin{pmatrix}4&3&-4\\-1&0&2\\1&1&0\end{pmatrix}$$

试用初等变换将 λ 矩阵 $\lambda\boldsymbol{I}-\boldsymbol{A}$ 化为尽可能简单的形状.

解
$$\lambda\boldsymbol{I}-\boldsymbol{A}=\begin{pmatrix}\lambda-4&-3&4\\1&\lambda&-2\\-1&-1&\lambda\end{pmatrix}$$

$$\xrightarrow{1(3)+(2),\ (\lambda-4)(3)+(1)}\begin{pmatrix}0&-\lambda+1&\lambda^2-4\lambda+4\\0&\lambda-1&\lambda-2\\-1&-1&\lambda\end{pmatrix}$$

$$\xrightarrow[-1(1)+(2),\lambda(1)+(3)]{1(2)+(1),}\begin{pmatrix}0&0&\lambda^2-3\lambda+2\\0&\lambda-1&\lambda-2\\-1&0&0\end{pmatrix}$$

$$\xrightarrow[-1(3)+(2)]{-1(3),(1,3)}\begin{pmatrix}1&0&0\\0&1&\lambda-2\\0&-(\lambda^2-3\lambda+2)&\lambda^2-3\lambda+2\end{pmatrix}$$

$$\xrightarrow[-(\lambda-2)(2)+(3)]{(\lambda^2-3\lambda+2)(2)+(3)}\begin{pmatrix}1&0&0\\0&1&0\\0&0&(\lambda-1)^2(\lambda-2)\end{pmatrix}$$

其中箭头上方标明行变换，下方标明列变换：例如：

$\xrightarrow{1(3)+(2),\ (\lambda-4)(3)+(1)}$上方的“$1(3)+(2)$” 表示将第 3 行乘 1 加到第 2 行，“$(\lambda-4)(3)+(1)$” 表示将第 3 行乘$(\lambda-4)$加到第 1 行.

$\xrightarrow[-1(3)+(2)]{-1(3),(1,3)}$上方的$-1(3)$表示将第 3 行乘$-1$，$(1,3)$表示第 1，3 行互换；下方的$-1(3)+(2)$表示第 3 列乘$-1$ 加到第 2 列. □

定理 7.5.3 设 $m\times n$ λ 矩阵 $\boldsymbol{A}(\lambda)$的秩为 r，则 $\boldsymbol{A}(\lambda)$可以经过有限次初等变换化为如下形式

$$\boldsymbol{S}(\lambda)=\begin{pmatrix}\boldsymbol{D}(\lambda)&\boldsymbol{O}\\\boldsymbol{O}&\boldsymbol{O}\end{pmatrix}$$

其中 $D(\lambda)=\mathrm{diag}(d_1(\lambda),d_2(\lambda),\cdots,d_r(\lambda))$，$d_i(\lambda)$ 是 $F[\lambda]$ 中的首一多项式，且每个 $d_i(\lambda)$ 整除 $d_{i+1}(\lambda)$，$\forall\, 1\leqslant i\leqslant r-1$.

证明　如果 $\boldsymbol{A}(\lambda)=\boldsymbol{0}$，定理已成立. 设 $\boldsymbol{A}(\lambda)=(a_{ij}(\lambda))_{m\times n}\neq\boldsymbol{0}$.

$\boldsymbol{A}(\lambda)$ 有某个元 $a_{ij}(\lambda)\neq 0$. 如果 $i>1$，将 $\boldsymbol{A}(\lambda)$ 的第 1 行与第 i 行互换可以化为 $i=1$ 的情形. 如果 $i=1$ 但 $j>1$，则将第 1 列与第 j 列互换可以化为 $a_{11}(\lambda)\neq 0$ 的情形.

设 $a_{11}(\lambda)$ 的次数 $\deg a_{11}(\lambda)=t\geqslant 0$. 对 t 用数学归纳法，证明可以通过初等变换将 $A(\lambda)=(a_{ij}(\lambda))_{m\times n}$ 化成 $\widetilde{\boldsymbol{A}}(\lambda)=(\widetilde{a}_{ij}(\lambda))_{m\times n}$ 的形式，使 $\widetilde{a}_{11}(\lambda)$ 整除所有的 $\widetilde{a}_{ij}(\lambda)$.

当 $t=0$ 时，$a_{11}(\lambda)$ 等于某个非零常数 a，整除所有的 $a_{ij}(\lambda)$，无需作任何初等变换.

设 $t\geqslant 1$，且假定当 $0\leqslant\deg a_{11}(\lambda)\leqslant t-1$ 时可以通过初等变换将 $\boldsymbol{A}(\lambda)$ 化成满足要求的 $\boldsymbol{B}(\lambda)$.

先假定第 1 列有某个 $a_{i1}(\lambda)$ 不被 $a_{11}(\lambda)$ 整除，用 $a_{11}(\lambda)$ 除 $a_{i1}(\lambda)$ 得到商 $q_1(\lambda)$ 和余式 $r_1(\lambda)\neq 0$，且 $r_1(\lambda)$ 的次数 $<t$. 将 $\boldsymbol{A}(\lambda)$ 的第 1 行的 $-q_1(\lambda)$ 倍加到第 i 行，将第 $(i,1)$ 元化为 $a_{i1}(\lambda)-q_1(\lambda)a_{11}(\lambda)=r_1(\lambda)$. 再将第 1 行与第 i 行互换，得到的矩阵 $\boldsymbol{C}(\lambda)=(c_{ij})_{m\times n}$ 的第 $(1,1)$ 元 $c_{11}(\lambda)=r_1(\lambda)$，次数 $\leqslant t-1$. 根据归纳假设，$\boldsymbol{C}(\lambda)$ 可以通过初等变换化为 $\widetilde{\boldsymbol{A}}(\lambda)=(\widetilde{a}_{ij}(\lambda))_{m\times n}$，使 $\widetilde{a}_{11}(\lambda)\neq 0$ 且整除所有的 $\widetilde{a}_{ij}(\lambda)$.

再设 $a_{11}(\lambda)$ 整除第 1 列中所有的 $a_{i1}(\lambda)$，但不整除第 1 行中某个 $a_{1j}(\lambda)$. 用 $a_{11}(\lambda)$ 除 $a_{1j}(\lambda)$ 得到商 $q_2(\lambda)$ 和余式 $r_2(\lambda)\neq 0$. 将 $\boldsymbol{A}(\lambda)$ 的第 1 列的 $-q_2(\lambda)$ 倍加到第 j 列，将第 $(1,j)$ 元化为 $r_2(\lambda)$，再将第 1 列与第 j 列互换可使第 $(1,1)$ 元等于 $r_2(\lambda)\neq 0$，其次数 $\leqslant t-1$，仍可再通过初等变换化为具有所需形式的 $\widetilde{\boldsymbol{A}}(\lambda)$.

现在设 $a_{11}(\lambda)$ 整除第 1 列与第 1 行中所有的元，但不整除某个 $a_{ij}(\lambda)$，其中 $i\geqslant 2$，$j\geqslant 2$. 将 $\boldsymbol{A}(\lambda)$ 的第 j 列加到第 1 列，得到的 $\boldsymbol{C}(\lambda)=(c_{ij}(\lambda))_{m\times n}$ 的第 $(i,1)$ 元 $c_{i1}(\lambda)=a_{i1}(\lambda)+a_{ij}(\lambda)$. 由于 $a_{11}(\lambda)$ 整除 $a_{i1}(\lambda)$ 而不整除 $a_{ij}(\lambda)$，因此不整除它们的和 $c_{i1}(\lambda)$. 这样就化为前面已解决了的情形，按前面所证：可以用初等变换将 $\boldsymbol{C}(\lambda)$ 化成所需的形状 $\widetilde{\boldsymbol{A}}(\lambda)$.

根据数学归纳法原理，不论 $a_{11}(\lambda)$ 的次数 t 取什么非负整数值，都能将 $\boldsymbol{A}(\lambda)$ 经过初等变换化为 $\widetilde{\boldsymbol{A}}(\lambda)=(\widetilde{a}_{ij}(\lambda))_{m\times n}$，使 $\widetilde{a}_{11}(\lambda)\neq 0$ 且整除所有的 $a_{ij}(\lambda)$，$\widetilde{a}_{11}(\lambda)$ 是所有的 $a_{ij}(\lambda)$ 的公因式. 再对 $\widetilde{a}(\lambda)$ 进行有限次初等变换，得到的 λ 矩阵的所有的元仍都是 $\widetilde{a}_{11}(\lambda)$ 的倍式.

对每个 $2\leqslant i\leqslant m$ 和 $2\leqslant j\leqslant n$，设 $\widetilde{a}_{11}(\lambda)$ 除 $\widetilde{a}_{i1}(\lambda)$ 的商为 $q_{i1}(\lambda)$，$\widetilde{a}_{11}(\lambda)$ 除

$\tilde{a}_{1j}(\lambda)$的商为$q_{1j}(\lambda)$. 将$\tilde{\boldsymbol{A}}(\lambda)$的第1行的$-q_{i1}(\lambda)$加到第$i$行、将$\tilde{\boldsymbol{A}}(\lambda)$的第1列的$-q_{1j}(\lambda)$倍加到第$j$列，可以将第$(i,1)$和第$(1,j)$位置的元都化为0，从而将第1行和第1列除了$\tilde{a}_{11}(\lambda)$以外的元全部化为0.

$\tilde{\boldsymbol{A}}(\lambda)$成为如下形状的$\lambda$矩阵

$$\boldsymbol{C}(\lambda)=\begin{pmatrix} c_{11}(\lambda) & \boldsymbol{0} \\ \boldsymbol{0} & \boldsymbol{C}_{22}(\lambda) \end{pmatrix}$$

其中$\boldsymbol{C}_{22}(\lambda)$是$(m-1)\times(n-1)$　λ矩阵，它的所有元都被$c_{11}(\lambda)$整除.

设$c_{11}(\lambda)$的最高次项系数为c，将$\boldsymbol{C}(\lambda)$的第1行乘c^{-1}化为

$$\tilde{\boldsymbol{C}}(\lambda)=\begin{pmatrix} d_1(\lambda) & \boldsymbol{0} \\ \boldsymbol{0} & \boldsymbol{C}_{22}(\lambda) \end{pmatrix} \tag{7.5.12}$$

其中$d_1(\lambda)$是首一多项式，且仍整除$\boldsymbol{C}_{22}(\lambda)$中的所有的元素.

以下对$r=\operatorname{rank}\boldsymbol{A}(\lambda)$用数学归纳法来证明$\boldsymbol{A}(\lambda)$可以经过初等变换化为定理所说形状的矩阵$\boldsymbol{B}(\lambda)$.

当$r=1$时，(7.5.12)中的矩阵$\tilde{\boldsymbol{C}}(\lambda)$的秩也等于1，$\boldsymbol{C}_{22}(\lambda)=\boldsymbol{0}$，$\tilde{\boldsymbol{C}}(\lambda)$已经具有定理所说形状.

设$r\geqslant 2$，并且假设秩为$r-1$的λ矩阵都可以经过初等变换化为定理7.5.3所说形状. 此时(7.5.12)中的λ矩阵$\tilde{\boldsymbol{C}}(\lambda)$的右下角的块$\boldsymbol{C}_{22}(\lambda)$就是秩为$r-1$的$\lambda$矩阵，根据归纳假设，它可以经过有限次初等变换化为

$$\boldsymbol{B}_2(\lambda)=\begin{pmatrix} \boldsymbol{D}_2(\lambda) & \boldsymbol{O} \\ \boldsymbol{O} & \boldsymbol{O} \end{pmatrix} \tag{7.5.13}$$

的形状，其中$\boldsymbol{D}_2(\lambda)=\operatorname{diag}(d_2(\lambda),\cdots,d_r(\lambda))$，$d_i(\lambda)(2\leqslant i\leqslant r)$都是首一多项式且$d_i(\lambda)$整除$d_{i+1}(\lambda)$对$2\leqslant i\leqslant r-1$成立. 并且，由于$d_1(\lambda)$整除$\boldsymbol{C}_{22}(\lambda)$中所有的元，而$\boldsymbol{B}_2(\lambda)$由$\boldsymbol{C}_{22}(\lambda)$经过初等变换得到，因此$d_1(\lambda)$整除$\boldsymbol{B}_2(\lambda)$的所有的元，包括$d_2(\lambda)$在内. 而对$\boldsymbol{C}_{22}(\lambda)$作的初等变换都可以通过对$\tilde{\boldsymbol{C}}(\lambda)$的第2至第$m$行作初等行变换、第2至第$n$列作初等列变换来实现. 经过这些初等变换，$\boldsymbol{C}_{22}(\lambda)$被化成(7.5.13)，$\tilde{\boldsymbol{C}}(\lambda)$则被化成了

$$\boldsymbol{B}(\lambda)=\begin{pmatrix} d_1(\lambda) & & \\ & \boldsymbol{D}_2(\lambda) & \\ & & \boldsymbol{O} \end{pmatrix}=\begin{pmatrix} \boldsymbol{D}(\lambda) & \\ & \boldsymbol{O} \end{pmatrix}$$

其中$\boldsymbol{D}(\lambda)=\operatorname{diag}(d_1(\lambda),\boldsymbol{D}_2(\lambda))=\operatorname{diag}(d_1(\lambda),d_2(\lambda),\cdots,d_r(\lambda))$，所有的$d_i(\lambda)$都是首一多项式，并且$d_i(\lambda)$整除$d_{i+1}(\lambda)$对$1\leqslant i\leqslant r-1$成立.

由数学归纳法原理，知定理7.5.3对所有的λ矩阵$\boldsymbol{A}(\lambda)$成立.　□

由于进行每次初等变换可以通过左乘或右乘某个初等λ方阵来实现，因

此定理 7.5.3 就是:

推论 7.5.1 设 $\boldsymbol{A}(\lambda)$是秩为 r 的 $m\times n$ λ 矩阵，则存在 m 阶初等 λ 方阵 $\boldsymbol{P}_1(\lambda)$，$\boldsymbol{P}_2(\lambda),\cdots,\boldsymbol{P}_s(\lambda)$和 n 阶初等 λ 方阵 $\boldsymbol{Q}_1(\lambda)$，$\boldsymbol{Q}_2(\lambda),\cdots,\boldsymbol{Q}_t(\lambda)$，使

$$\boldsymbol{P}_s(\lambda)\cdots\boldsymbol{P}_2(\lambda)\boldsymbol{P}_1(\lambda)\boldsymbol{A}(\lambda)\boldsymbol{Q}_1(\lambda)\boldsymbol{Q}_2(\lambda)\cdots\boldsymbol{Q}_t(\lambda)=\begin{pmatrix}\boldsymbol{D}(\lambda) & \boldsymbol{O}\\ \boldsymbol{O} & \boldsymbol{O}\end{pmatrix},$$

其中 $\boldsymbol{D}(\lambda)=\mathrm{diag}(d_1(\lambda),d_2(\lambda),\cdots,d_r(\lambda))$,$d_i(\lambda)$是 $F[\lambda]$中的首一多项式，且每个 $d_i(\lambda)$整除 $d_{i+1}(\lambda)$，$\forall\, 1\leqslant i\leqslant r-1$. □

推论 7.5.2 $\boldsymbol{P}(\lambda)$是可逆 λ 方阵$\Leftrightarrow\boldsymbol{P}(\lambda)$是有限个初等 λ 方阵的乘积.

证明 由于每个初等 λ 方阵可逆，有限个初等 λ 方阵的乘积也可逆.

反过来，设 $\boldsymbol{P}(\lambda)$是可逆 λ 方阵，则存在初等 λ 方阵 $\boldsymbol{P}_1(\lambda),\cdots,\boldsymbol{P}_s(\lambda)$和 $\boldsymbol{Q}_1(\lambda),\cdots,\boldsymbol{Q}_t(\lambda)$，使

$$\boldsymbol{P}_s(\lambda)\cdots\boldsymbol{P}_2(\lambda)\boldsymbol{P}_1(\lambda)\boldsymbol{P}(\lambda)\boldsymbol{Q}_1(\lambda)\boldsymbol{Q}_2(\lambda)\cdots\boldsymbol{Q}_t(\lambda)=\boldsymbol{B}(\lambda)\quad(7.5.14)$$

其中 $\mathrm{rank}\boldsymbol{B}(\lambda)=\mathrm{rank}\boldsymbol{P}(\lambda)=n$，因而 $\boldsymbol{B}(\lambda)=\mathrm{diag}(d_1(\lambda),\cdots,d_n(\lambda))$，且 $\det(\boldsymbol{B}(\lambda))$与 $\det(\boldsymbol{P}(\lambda))$同样为非零的数，因而所有的 $d_i(\lambda)\in F$，$d_i(\lambda)=1$. 这说明 $\boldsymbol{B}(\lambda)=\boldsymbol{I}$. 由(7.5.14)得到

$$\boldsymbol{P}(\lambda)=\boldsymbol{P}_1(\lambda)^{-1}\boldsymbol{P}_2(\lambda)^{-1}\cdots\boldsymbol{P}_s(\lambda)^{-1}\boldsymbol{Q}_t(\lambda)^{-1}\cdots\boldsymbol{Q}_2(\lambda)^{-1}\boldsymbol{Q}_1(\lambda)^{-1}$$

$\boldsymbol{P}(\lambda)$是初等 λ 方阵 $\boldsymbol{P}_i(\lambda)^{-1}$，$\boldsymbol{Q}_j(\lambda)^{-1}(1\leqslant i\leqslant s,1\leqslant j\leqslant t)$的乘积. □

定理 7.5.4 对秩为 r 的 $m\times n$ λ 矩阵 $\boldsymbol{A}(\lambda)$，存在 m 阶可逆 λ 方阵 $\boldsymbol{P}(\lambda)$和n 阶可逆 λ 方阵 $\boldsymbol{Q}(\lambda)$，使

$$\boldsymbol{P}(\lambda)\boldsymbol{A}(\lambda)\boldsymbol{Q}(\lambda)=\boldsymbol{S}(\lambda)=\begin{pmatrix}\boldsymbol{D}(\lambda) & \\ & \boldsymbol{O}\end{pmatrix}\quad(7.5.15)$$

其中 $\boldsymbol{D}(\lambda)=\mathrm{diag}(d_1(\lambda),d_2(\lambda),\cdots,d_r(\lambda))$，$d_i(\lambda)$是 $F[\lambda]$中的首一多项式，且每个 $d_i(\lambda)$整除 $d_{i+1}(\lambda)$，$\forall\, 1\leqslant i\leqslant r-1$. □

定义 7.5.3 设 $\boldsymbol{A}(\lambda)$与 $\boldsymbol{B}(\lambda)$都是 $m\times n$ λ 矩阵. 如果存在 m 阶可逆 λ 方阵 $\boldsymbol{P}(\lambda)$和 n 阶可逆 λ 方阵 $\boldsymbol{Q}(\lambda)$，使

$$\boldsymbol{P}(\lambda)\boldsymbol{A}(\lambda)\boldsymbol{Q}(\lambda)=\boldsymbol{B}(\lambda)$$

就称 λ 矩阵 $\boldsymbol{A}(\lambda)$，$\boldsymbol{B}(\lambda)$**相抵**(equivalent). □

与数域上矩阵的相抵类似，λ 矩阵的相抵也满足自反性、对称性、传递性，因而也可以按照相抵关系将所有的 $m\times n$ λ 矩阵分类，使同一类中的 λ 矩阵两两相抵，而不在同一类中的矩阵不相抵，并且还可以知道，相抵的 λ 矩阵秩相等. 但是，与数域上的矩阵不同，秩相等的 $m\times n$ λ 矩阵不一定相抵. 例如:

$$\begin{pmatrix}1 & 0\\ 0 & 1\end{pmatrix}\quad 与\quad \begin{pmatrix}1 & 0\\ 0 & \lambda\end{pmatrix}$$

虽然秩都是 2，但前者可逆，后者不可逆，因此不可能相抵.

习　题　7.5

1. 利用初等变换将下列 λ 矩阵化成定理 7.5.3 所说形式：

(1) $\begin{pmatrix} \lambda^2-\lambda & \lambda^2-1 \\ \lambda^2-2\lambda+1 & \lambda^3-\lambda \end{pmatrix}$；　(2) $\begin{pmatrix} \lambda^2+1 & \lambda & \lambda^2 \\ -2\lambda & \lambda & -2\lambda \\ 2\lambda-1 & -\lambda & 2\lambda \end{pmatrix}$；

(3) $\begin{pmatrix} \lambda^2+\lambda & 0 & 0 \\ 0 & \lambda^2-4\lambda & 0 \\ 0 & 0 & (\lambda-4)^2 \end{pmatrix}$；　(4) $\begin{pmatrix} \lambda & 2 & 0 \\ 0 & \lambda & 2 \\ 0 & 0 & \lambda \end{pmatrix}$；

(5) $\begin{pmatrix} \lambda & 2 & 2 \\ 0 & \lambda & 2 \\ 0 & 0 & \lambda \end{pmatrix}$；　(6) $\begin{pmatrix} \lambda & 1 & \cdots & 1 & 1 \\ 0 & \lambda & \cdots & 1 & 1 \\ \vdots & \vdots & & \vdots & \vdots \\ 0 & 0 & \cdots & 0 & \lambda \end{pmatrix}$.

2. 证明：数域 F 上任一 $k\times n$ λ 矩阵 $\boldsymbol{A}(\lambda)$ 可以写成 $\boldsymbol{A}(\lambda)=\lambda^m\boldsymbol{A}_m+\lambda^{m-1}\boldsymbol{A}_{m-1}+\cdots+\lambda\boldsymbol{A}_1+\boldsymbol{A}_0$，其中 $\boldsymbol{A}_0,\boldsymbol{A}_1,\cdots,\boldsymbol{A}_m\in F^{k\times n}$.

3. 设 $\boldsymbol{P}(\lambda)=\lambda^m\boldsymbol{P}_m+\cdots+\lambda\boldsymbol{P}_1+\boldsymbol{P}_0$ 与 $\boldsymbol{Q}(\lambda)=\lambda^k\boldsymbol{Q}_k+\cdots+\lambda\boldsymbol{Q}_1+\boldsymbol{Q}_0$ 是数域 F 上任意两个 $n\times n$ λ 矩阵. 将它们相乘得

$$\begin{aligned} \boldsymbol{D}(\lambda) &= \boldsymbol{P}(\lambda)\boldsymbol{Q}(\lambda) \\ &= (\lambda^m\boldsymbol{P}_m+\cdots+\lambda\boldsymbol{P}_1+\boldsymbol{P}_0)(\lambda^k\boldsymbol{Q}_k+\cdots+\lambda\boldsymbol{Q}_1+\boldsymbol{Q}_0) \\ &= \lambda^{m+k}\boldsymbol{D}_{m+k}+\cdots+\lambda\boldsymbol{D}_1+\boldsymbol{D}_0 \end{aligned} \tag{7.5.16}$$

其中 $\boldsymbol{D}_i=\sum\limits_{j=0}^{i}\boldsymbol{P}_j\boldsymbol{Q}_{i-j}$.

能否将 n 维线性空间的线性变换 $\mathscr{A}$ 代入等式(7.5.16)得到 $\boldsymbol{D}(\mathscr{A})=\boldsymbol{P}(\mathscr{A})\boldsymbol{Q}(\mathscr{A})$？

能否将 F 上任意 n 阶方阵 $\boldsymbol{A}$ 代入(7.5.16)得到 $\boldsymbol{D}(\boldsymbol{A})=\boldsymbol{P}(\boldsymbol{A})\boldsymbol{Q}(\boldsymbol{A})$？

4. 设 $\mathscr{A}$ 是数域 F 上 n 维线性空间 V 的线性变换，$\boldsymbol{A}\in F^{n\times n}$ 是 $\mathscr{A}$ 在基 $M=\{\boldsymbol{\alpha}_1,\cdots,\boldsymbol{\alpha}_n\}$ 下的线性变换. 将 $\lambda\boldsymbol{I}_{(n)}-\boldsymbol{A}$ 的附属方阵 $\boldsymbol{B}(\lambda)=(\lambda\boldsymbol{I}_{(n)}-\boldsymbol{A})^*$ 写成 $\boldsymbol{B}(\lambda)=\lambda^m\boldsymbol{B}_m+\lambda^{m-1}\boldsymbol{B}_{m-1}+\cdots+\lambda\boldsymbol{B}_1+\boldsymbol{B}_0$ 的形式使 $\boldsymbol{B}_0,\boldsymbol{B}_1,\cdots,\boldsymbol{B}_m\in F^{n\times n}$. 设 $\varphi(\lambda)=\det(\lambda\boldsymbol{I}_{(n)}-\boldsymbol{A})=\lambda^n+a_1\lambda^{n-1}+\cdots+a_{n-1}\lambda+a_n$ 是 $\boldsymbol{A}$ 的特征多项式.

(1) 能否在等式

$$\begin{aligned} (\lambda\boldsymbol{I}_{(n)}-\boldsymbol{A})\boldsymbol{B}(\lambda) &= (\lambda\boldsymbol{I}_{(n)}-\boldsymbol{A})(\lambda^m\boldsymbol{B}_m+\lambda^{m-1}\boldsymbol{B}_{m-1}+\cdots+\lambda\boldsymbol{B}_1+\boldsymbol{B}_0) \\ &= \varphi(\lambda)\boldsymbol{I}_{(n)}=\lambda^n\boldsymbol{I}_{(n)}+a_1\lambda^{n-1}\boldsymbol{I}_{(n)}+\cdots+\lambda a_{n-1}\boldsymbol{I}_{(n)}+a_n\boldsymbol{I}_{(n)} \end{aligned} \tag{7.5.17}$$

中将 λ 换成 $\mathscr{A}$ 得到 $(\mathscr{A}\boldsymbol{I}_{(n)}-\boldsymbol{A})\boldsymbol{B}(\mathscr{A})=\varphi(\mathscr{A})\boldsymbol{I}_{(n)}$，再由 $(\boldsymbol{\alpha}_1,\cdots,\boldsymbol{\alpha}_n)(\mathscr{A}\boldsymbol{I}_{(n)}-\boldsymbol{A})\boldsymbol{B}(\mathscr{A})=(0,\cdots,0)$ 得到 $(\boldsymbol{\alpha}_1,\cdots,\boldsymbol{\alpha}_n)\ \varphi(\mathscr{A})\boldsymbol{I}_{(n)}=(0,\cdots,0)$ 从而 $\varphi(\mathscr{A})=\mathscr{O}$？

(2) 能否在等式(7.5.17)两边将 λ 换成 $\boldsymbol{A}$ 得到 $(\boldsymbol{A}-\boldsymbol{A})\boldsymbol{B}(\boldsymbol{A})=\varphi(\boldsymbol{A})$ 即 $\varphi(\boldsymbol{A})=\boldsymbol{0}$？

5. 设 $\mathscr{A}$ 是数域 F 上 n 维线性空间 V 的线性变换，$F[\lambda]$ 是 F 上以 λ 为字母的一元多项式环. 对每个 $f(\lambda)\in F[\lambda]$ 和每个 $\boldsymbol{\alpha}\in V$，定义 $f(\lambda)\boldsymbol{\alpha}=f(\mathscr{A})\boldsymbol{\alpha}\in V$. 则标量集合由 F 扩大到 $F[\lambda]$. 由于 $F[\lambda]$ 对加减乘封闭而对除法不封闭，不是域而是环，我们不说 V 是

$F[\lambda]$上的空间而说 V 是 $F[\lambda]$上的**模**(module). V 的非空子集 W 如果对加法封闭(即:$\boldsymbol{\alpha},\boldsymbol{\beta}\in V\Rightarrow\boldsymbol{\alpha}+\boldsymbol{\beta}\in V$)，对标量乘法也封闭($\boldsymbol{\alpha}\in W,f(\lambda)\in F[\lambda]\Rightarrow f(\lambda)\boldsymbol{\alpha}\in W$)，就称 W 是 V 的**子模**(submodule). 一个向量 $\boldsymbol{\alpha}$ 生成的子模 $F[\lambda]\boldsymbol{\alpha}=\{f(\lambda)\boldsymbol{\alpha}\mid f(\lambda)\in F[\lambda]\}$称为**循环模**(cyclic module). 求证：

(1) W 是 V 的子模$\Leftrightarrow W$ 是 $\mathscr{A}$ 的不变子空间.

(2) W 是 $\boldsymbol{\alpha}$ 生成的循环模$\Leftrightarrow W$ 是 $\boldsymbol{\alpha}$ 生成的 $\mathscr{A}$ 循环子空间.

(3) 举例说明：循环子模 $W\neq 0$ 可能含有更小的循环子模 $W_1\subset W$ 且 $0\neq W_1\neq W$.

§7.6 多项式矩阵的相抵不变量

根据定理 7.5.4，任一 λ 矩阵 $\boldsymbol{A}(\lambda)$相抵于如下形式的矩阵

$$\boldsymbol{S}(\lambda)=\begin{pmatrix}\boldsymbol{D}(\lambda) & \boldsymbol{O}\\ \boldsymbol{O} & \boldsymbol{O}\end{pmatrix}\tag{7.6.1}$$

其中 $\boldsymbol{D}(\lambda)=\mathrm{diag}(d_1(\lambda),d_2(\lambda),\cdots,d_r(\lambda))$，$d_i(\lambda)$是 $F[\lambda]$中的首一多项式，且每个 $d_i(\lambda)$整除 $d_{i+1}(\lambda)$，$\forall\,1\leqslant i\leqslant r-1$.

我们将证明：其中的一组依次整除的多项式 $d_i(\lambda)(1\leqslant i\leqslant r)$由 $\boldsymbol{A}(\lambda)$唯一决定，因此与 $\boldsymbol{A}(\lambda)$相抵的形如(7.6.1)的矩阵 $S(\lambda)$由 $\boldsymbol{A}(\lambda)$唯一决定，可以作为 $\boldsymbol{A}(\lambda)$的相抵标准形，也就是 $\boldsymbol{A}(\lambda)$所在的相抵等价类的唯一代表，称为 **Smith 标准形**(Smith normal form).

注意 对每个 $1\leqslant k\leqslant r$，Smith 标准形

$$\boldsymbol{S}(\lambda)=\mathrm{diag}(d_1(\lambda),\cdots,d_r(\lambda),\boldsymbol{O})$$

中所有非零的 k 阶子行列式具有形式

$$d_{i_1}(\lambda)d_{i_2}(\lambda)\cdots d_{i_k}(\lambda)$$

其中 $1\leqslant i_1<i_2<\cdots<i_k\leqslant r$，所有这些 k 阶子行列式的最大公因式为

$$D_k(\lambda)=d_1(\lambda)d_2(\lambda)\cdots d_k(\lambda)$$

显然

$$d_k=\frac{D_k(\lambda)}{D_{k-1}(\lambda)},\ \forall\,1\leqslant k\leqslant r\tag{7.6.2}$$

$\left(\text{其中我们约定 } D_0(\lambda)=1\text{,这样 } d_1(\lambda)=D_1(\lambda)\text{ 可以写为 } d_1(\lambda)=\dfrac{D_1(\lambda)}{D_0(\lambda)}.\right)$

定义 7.6.1 对每个正整数 $k\leqslant\min\{m,n\}$，$m\times n$ λ 矩阵 $\boldsymbol{A}(\lambda)$中所有的 k 阶非零子式的最大公因式 $D_k(\lambda)$称为 $\boldsymbol{A}(\lambda)$的 k 阶**行列式因子**(determinant divisor)，记为 $D_k(\lambda)$. 如果 $k>\mathrm{rank}\boldsymbol{A}(\lambda)$，则 $\boldsymbol{A}(\lambda)$的所有的 k 阶子式都等于零，则约定 $\boldsymbol{A}(\lambda)$的 k 阶行列式因子 $D_k(\lambda)=0$. □

只要能证明 λ 矩阵的行列式因子经过相抵变换之后保持不变，$\boldsymbol{A}(\lambda)$的行

列式因子 $D_k(\lambda)(1\leqslant k\leqslant r)$ 也就是与 $\boldsymbol{A}(\lambda)$ 相抵的 Smith 标准形 $\boldsymbol{S}(\lambda)$ 的行列式因子. 而 $\boldsymbol{S}(\lambda)$ 中的 $d_1(\lambda),\cdots,d_r(\lambda)$ 都可以由行列式因子 $D_k(\lambda)(1\leqslant k\leqslant r)$ 按照(7.6.2)计算出来，因而由 $\boldsymbol{A}(\lambda)$ 唯一决定.

定理 7.6.1 $m\times n$ λ 矩阵 $\boldsymbol{A}(\lambda)$ 与 $\boldsymbol{B}(\lambda)$ 相抵的充分必要条件是：对每个正整数 $k\leqslant\min\{m,n\}$，$\boldsymbol{A}(\lambda)$，$\boldsymbol{B}(\lambda)$ 的 k 阶行列式因子相同.

证明 先设 $\boldsymbol{A}(\lambda)$，$\boldsymbol{B}(\lambda)$ 相抵，存在可逆 λ 矩阵 $\boldsymbol{P}(\lambda)$，$\boldsymbol{Q}(\lambda)$ 使

$$\boldsymbol{B}(\lambda)=\boldsymbol{P}(\lambda)\boldsymbol{A}(\lambda)\boldsymbol{Q}(\lambda)$$

对每个 $1\leqslant k\leqslant\min\{m,n\}$，设 $\boldsymbol{A}(\lambda)$，$\boldsymbol{B}(\lambda)$ 的 k 阶行列式因子分别是 $D_k(\lambda)$，$\widetilde{D}_k(\lambda)$. $\boldsymbol{B}(\lambda)$ 的任何一个 k 阶子式

$$\begin{aligned}&\boldsymbol{B}(\lambda)\begin{pmatrix}i_1 & i_2 & \cdots & i_k\\ j_1 & j_2 & \cdots & j_k\end{pmatrix}\\ &=\sum_{1\leqslant s_1\leqslant\cdots\leqslant s_k\leqslant m}\ \sum_{1\leqslant t_1<\cdots\leqslant t_k\leqslant n}\boldsymbol{P}(\lambda)\begin{pmatrix}i_1 & i_2 & \cdots & i_k\\ s_1 & s_2 & \cdots & s_k\end{pmatrix}\cdot\\ &\qquad\boldsymbol{A}(\lambda)\begin{pmatrix}s_1 & s_2 & \cdots & s_k\\ t_1 & t_2 & \cdots & t_k\end{pmatrix}\boldsymbol{Q}(\lambda)\begin{pmatrix}t_1 & t_2 & \cdots & t_k\\ j_1 & j_2 & \cdots & j_k\end{pmatrix}\end{aligned}\tag{7.6.3}$$

如果 $k>r=\operatorname{rank}\boldsymbol{A}(\lambda)$，则 $\boldsymbol{A}(\lambda)$ 的所有的 k 阶子式 $\boldsymbol{A}(\lambda)\begin{pmatrix}s_1 & s_2 & \cdots & s_k\\ t_1 & t_2 & \cdots & t_k\end{pmatrix}$ 都等于 0，由(7.6.3)知道 $\boldsymbol{B}(\lambda)$ 的所有的 k 阶子式也都等于 0. 此时 $D_k(\lambda)=\widetilde{D}_k(\lambda)=0$.

设 $k\leqslant r$，$\boldsymbol{A}(\lambda)$ 的 k 阶行列式因子 $D_k(\lambda)$ 不为 0，且整除 $\boldsymbol{A}(\lambda)$ 的每个 k 阶子式 $\boldsymbol{A}(\lambda)\begin{pmatrix}s_1 & s_2 & \cdots & s_k\\ t_1 & t_2 & \cdots & t_k\end{pmatrix}$，由(7.6.3)知 $D_k(\lambda)$ 整除 $\boldsymbol{B}(\lambda)$ 的每个 k 阶子式 $\boldsymbol{B}(\lambda)\begin{pmatrix}i_1 & i_2 & \cdots & i_k\\ j_1 & j_2 & \cdots & j_k\end{pmatrix}$，因而 $D_k(\lambda)$ 是 $\boldsymbol{B}(\lambda)$ 的所有的 k 阶子式的公因式，整除 $\boldsymbol{B}(\lambda)$ 的所有 k 阶子式的最大公因式 $\widetilde{D}_k(\lambda)$. 反过来，由 $k\leqslant r=\operatorname{rank}\boldsymbol{B}(\lambda)$ 知道 $\widetilde{D}_k(\lambda)\neq 0$，且由

$$\boldsymbol{A}(\lambda)=\boldsymbol{P}(\lambda)^{-1}\boldsymbol{B}(\lambda)\boldsymbol{Q}(\lambda)^{-1}$$

知道 $\boldsymbol{B}(\lambda)$ 的 k 阶行列式因子 $\widetilde{D}_k(\lambda)$ 整除 $\boldsymbol{A}(\lambda)$ 的 k 阶行列式因子 $D_k(\lambda)$. 这就证明了 $D_k(\lambda)=\widetilde{D}_k(\lambda)$.

现在假定对每个 $1\leqslant k\leqslant\min\{m,n\}$，$\boldsymbol{A}(\lambda)$ 与 $\boldsymbol{B}(\lambda)$ 的 k 阶行列式因子相同，都是 $D_k(\lambda)$. 并约定 $D_0(\lambda)=1$. $\boldsymbol{A}(\lambda)$，$\boldsymbol{B}(\lambda)$ 分别相抵于 $\boldsymbol{S}_1(\lambda)=\operatorname{diag}(d_1(\lambda),\cdots,d_r(\lambda),\boldsymbol{O})$ 和 $\boldsymbol{S}_2(\lambda)=\operatorname{diag}(\tilde{d}_1(\lambda),\cdots,\tilde{d}_r(\lambda),\boldsymbol{O})$.

则对$1\leqslant k\leqslant r$有 $d_k(\lambda)=\dfrac{D_k(\lambda)}{D_{k-1}(\lambda)}=\tilde{d}_k(\lambda)$. 这就说明了 $\boldsymbol{S}_1(\lambda)=\boldsymbol{S}_2(\lambda)$, $\boldsymbol{A}(\lambda)$与$\boldsymbol{B}(\lambda)$相抵于同一个$\boldsymbol{S}_1(\lambda)$, 因而$\boldsymbol{A}(\lambda)$与$\boldsymbol{B}(\lambda)$相抵. □

推论 7.6.1 设 λ 矩阵 $\boldsymbol{A}(\lambda)$ 的行列式因子为 $D_k(\lambda)$ $(1\leqslant k\leqslant r=\operatorname{rank}\boldsymbol{A}(\lambda))$, 并约定 $D_0(\lambda)=1$. 则 $\boldsymbol{A}(\lambda)$相抵于如下的 Smith 标准形

$$\boldsymbol{S}(\lambda)=\operatorname{diag}(d_1(\lambda),\cdots,d_r(\lambda),\boldsymbol{O})$$

其中每个 $d_i(\lambda)$整除 $d_{i+1}(\lambda)$, $\forall\,1\leqslant i\leqslant r-1$, 且

$$d_k(\lambda)=\frac{D_k(\lambda)}{D_{k-1}(\lambda)}\quad(\forall\,1\leqslant k\leqslant r)$$

由 $\boldsymbol{A}(\lambda)$唯一决定. □

定义 7.6.2 设 λ 矩阵 $\boldsymbol{A}(\lambda)$的秩为 r, 对每个 $1\leqslant k\leqslant r$, $\boldsymbol{A}(\lambda)$的 k 阶行列式因子为 $D_k(\lambda)$, 并约定 $D_0(\lambda)=1$. 则 $d_k(\lambda)=\dfrac{D_k(\lambda)}{D_{k-1}(\lambda)}(1\leqslant k\leqslant r)$称为 $\boldsymbol{A}(\lambda)$ 的**不变因子**(invariant divisor).

对每个不等于常数的复系数多项式 $f(\lambda)\in\mathbf{C}[\lambda]$, 将 $f(\lambda)$分解为一次因式的乘积

$$f(\lambda)=(\lambda-\lambda_1)^{n_1}\cdots(\lambda-\lambda_t)^{n_t}$$

其中 $\lambda_1,\cdots,\lambda_t$ 两两不同, 则每个一次因式 $\lambda-\lambda_i$ 在 $f(\lambda)$的分解式中的最高次幂$(\lambda-\lambda_i)^{n_i}$称为 $f(\lambda)$的一个**初等因子**(elementary divisor). $f(\lambda)$的所有的初等因子组成的集合

$$(\lambda-\lambda_1)^{n_1},\cdots,(\lambda-\lambda_t)^{n_t}$$

称为 $f(\lambda)$的**初等因子组**(elementary divisors). 将 λ 矩阵 $\boldsymbol{A}(\lambda)$的各个不等于常数的不变因子 $d_k(\lambda)$的初等因子组合并得到的集合称为 $\boldsymbol{A}(\lambda)$的**初等因子组**.

□

(**注意**:将各个 $d_k(\lambda)$的初等因子组合并, 是指将各组中的所有的初等因子共同组成一个集合, 其中重复出现的初等因子也要重复计算. 例如$\{\lambda,\lambda+1\}$与$\{\lambda^2,\lambda+1\}$合并起来是$\{\lambda,\lambda^2,\lambda+1,\lambda+1\}$而不是$\{\lambda,\lambda^2,\lambda+1\}$.)

将 $\boldsymbol{A}(\lambda)$的不变因子 $d_i(\lambda)$ $(1\leqslant i\leqslant r)$在复数范围内分解为一次因式的乘积

$$d_1(\lambda)=(\lambda-\lambda_1)^{n_{11}}(\lambda-\lambda_2)^{n_{12}}\cdots(\lambda-\lambda_t)^{n_{1t}}$$
$$d_2(\lambda)=(\lambda-\lambda_1)^{n_{21}}(\lambda-\lambda_2)^{n_{22}}\cdots(\lambda-\lambda_t)^{n_{2t}}$$
$$\cdots\cdots\cdots\cdots$$
$$d_r(\lambda)=(\lambda-\lambda_1)^{n_{r1}}(\lambda-\lambda_2)^{n_{r2}}\cdots(\lambda-\lambda_t)^{n_{rt}}$$

其中 $\lambda_1,\lambda_2,\cdots,\lambda_t$ 是 $d_r(\lambda)$的全部不同的根, 因而 $n_{r1},\cdots,n_{rt}$都是正整数. 由于 $d_i(\lambda)$整除 $d_{i+1}(\lambda)$ $(\forall\,1\leqslant i\leqslant r-1)$, 对每个根 λ_j 有 $0\leqslant n_{1j}\leqslant n_{2j}\leqslant\cdots\leqslant n_{rj}$. 则

$\boldsymbol{A}(\lambda)$的初等因子组为

$$\{(\lambda-\lambda_j)^{n_{kj}} \mid 1\leqslant k\leqslant r, 1\leqslant j\leqslant t, n_{kj}\geqslant 1\}.$$

例 1 根据以下条件求$\boldsymbol{A}(\lambda)$的 Smith 标准形、行列式因子、不变因子和初等因子组.

(1)

$$\boldsymbol{A}(\lambda)=\begin{pmatrix} 1-\lambda & \lambda^2 & \lambda \\ \lambda & \lambda & -\lambda \\ 1+\lambda^2 & \lambda^2 & -\lambda^2 \end{pmatrix}$$

(2) $\boldsymbol{A}(\lambda)=\lambda\boldsymbol{I}-\boldsymbol{J}$，其中

$$\boldsymbol{J}=\begin{pmatrix} a & 1 & & \\ & a & \ddots & \\ & & \ddots & 1 \\ & & & a \end{pmatrix}_{n\times n}$$

是 n 阶 Jordan 块 $\boldsymbol{J}_n(a)$.

(3)

$$\boldsymbol{A}(\lambda)=\begin{pmatrix} \lambda^2(\lambda-1)^3(\lambda+1) & 0 \\ 0 & \lambda^4\ (\lambda-1)^2 \end{pmatrix}$$

(4) 4 阶方阵$\boldsymbol{A}(\lambda)$的秩为 3，初等因子组为 λ^2，λ^4，$(\lambda-1)^2$，$(\lambda-1)^3$，$\lambda+1$.

解 (1) 对$\boldsymbol{A}(\lambda)$进行初等变换得

$$\begin{pmatrix} 1-\lambda & \lambda^2 & \lambda \\ \lambda & \lambda & -\lambda \\ 1+\lambda^2 & \lambda^2 & -\lambda^2 \end{pmatrix} \xrightarrow{1(2)+(1),-\lambda(2)+(3)} \begin{pmatrix} 1 & \lambda^2+\lambda & 0 \\ \lambda & \lambda & -\lambda \\ 1 & 0 & 0 \end{pmatrix}$$

$$\xrightarrow[\text{列变换：}1(3)+(1),-1(3)]{-(3)+(1),-\lambda(3)+(2)} \begin{pmatrix} 0 & \lambda^2+\lambda & 0 \\ 0 & 0 & \lambda \\ 1 & 0 & 0 \end{pmatrix}$$

$$\xrightarrow[(2,3)]{(1,3)} \begin{pmatrix} 1 & 0 & 0 \\ 0 & \lambda & 0 \\ 0 & 0 & \lambda(\lambda+1) \end{pmatrix}$$

最后得到的矩阵就是$\boldsymbol{A}(\lambda)$的 Smith 标准形，其对角元 1，λ，$\lambda(\lambda+1)$为不变因子.

将其中不等于常数的不变因子 λ，$\lambda(\lambda+1)$分解得到$\boldsymbol{A}(\lambda)$的初等因子组：λ，λ，$\lambda+1$.

对每个 $1\leqslant k\leqslant 3$，将前 k 个不变因子相乘就得到行列式因子，依次为

$D_1(\lambda)=1$，$D_2(\lambda)=\lambda$，$D_3(\lambda)=\lambda^2(\lambda+1)$.

(2)

$$A(\lambda)=\begin{pmatrix}\lambda-a & -1 & & \\ & \lambda-a & \ddots & \\ & & \ddots & -1 \\ & & & \lambda-a\end{pmatrix}$$

的行列式就是 n 阶行列式因子 $D_n(\lambda)=(\lambda-a)^n$.

$\boldsymbol{A}(\lambda)$右上角的 $n-1$ 阶子式等于$(-1)^{n-1}$，是非零常数，可见所有 $n-1$ 阶子式的最大公因式 $D_{n-1}(\lambda)=1$. 所有的 $D_k(\lambda)(1\leqslant k\leqslant n-1)$都是 $D_{n-1}(\lambda)=1$ 的因子，也都等于 1. 因此

$$D_k(\lambda)=1,\quad \forall\, 1\leqslant k\leqslant n-1$$

而 $D_n(\lambda)=(\lambda-a)^n$.

由 $d_k(\lambda)=\dfrac{D_k(\lambda)}{D_{k-1}(\lambda)}(1\leqslant k\leqslant n)$得不变因子依次为 $1,\cdots,1,(\lambda-a)^n$. 因此 Smith 标准形为 $\operatorname{diag}(\boldsymbol{I}_{(n-1)},(\lambda-a)^n)$.

唯一一个不等于常数的不变因子 $d_n(\lambda)=(\lambda-a)^n$ 只有唯一一个根 a，因此只有一个初等因子$(\lambda-a)^n$ 单独组成初等因子组.

(3) $\boldsymbol{A}(\lambda)$的行列式

$$\det(\boldsymbol{A}(\lambda))=\lambda^2(\lambda-1)^3(\lambda+1)\cdot\lambda^4(\lambda-1)^2=\lambda^6(\lambda-1)^5(\lambda+1)$$

就是 2 阶行列式因子 $D_2(\lambda)$.

仅有的两个非零 1 阶子式 $\lambda^2(\lambda-1)^3(\lambda+1)$，$\lambda^4(\lambda-1)^2$ 的最大公因式 $\lambda^2(\lambda-1)^2$就是 1 阶行列式因子 $D_1(\lambda)=\lambda^2(\lambda-1)^2$.

不变因子 $d_1(\lambda)=D_1(\lambda)=\lambda^2(\lambda-1)^2$，$d_2(\lambda)=\dfrac{D_2(\lambda)}{D_1(\lambda)}=\lambda^4(\lambda-1)^3\cdot(\lambda+1)$. 由于 $d_1(\lambda)\cdot d_2(\lambda)=D_2(\lambda)$就是 $\boldsymbol{A}(\lambda)$的两个对角元的乘积，而一次因子 λ，$\lambda-1$，$\lambda+1$ 在 $d_1(\lambda)$(即 $D_1(\lambda)$)中的次数分别是这 3 个一次因子在 $\boldsymbol{A}(\lambda)$的两个对角元中的最低次数 2，2，0，这些一次因子 λ，$\lambda-1$，$\lambda+1$ 在 $d_2(\lambda)$中的次数就是它们在 $\boldsymbol{A}(\lambda)$的两个对角元的最高次数.

由不变因子排成 Smith 标准形

$$\boldsymbol{S}(\lambda)=\operatorname{diag}(\lambda^2(\lambda-1)^2,\lambda^4(\lambda-1)^3(\lambda+1)).$$

由不变因子分解得到初等因子组 λ^2，λ^4，$(\lambda-1)^2$，$(\lambda-1)^3$，$\lambda+1$.

(4) 由于 $\operatorname{rank}\boldsymbol{A}(\lambda)=3$，Smith 标准形形如

$$\boldsymbol{S}=\operatorname{diag}(d_1(\lambda),d_2(\lambda),d_3(\lambda),0)$$

其中 $d_1(\lambda)$整除 $d_2(\lambda)$，$d_2(\lambda)$整除 $d_3(\lambda)$.

初等因子组中出现的一次因式 λ，$\lambda-1$，$\lambda+1$ 的最高次幂(指数分别为 4，3，1)都在 $d_3(\lambda)$中，$d_3(\lambda)$就是这些最高次幂的乘积

$$d_3(\lambda)=\lambda^4(\lambda-1)^3(\lambda+1)$$

除了已经进入 $d_3(\lambda)$的那些初等因子，剩下的初等因子中各个一次因子的最高次幂的乘积就是 $d_2(\lambda)$：

$$d_2(\lambda)=\lambda^2(\lambda-1)^2$$

除了已经进入 $d_3(\lambda)$，$d_2(\lambda)$的那些初等因子，剩下的初等因子中各个一次因子的最高次幂的乘积就是 $d_1(\lambda)$. 但是，初等因子已经全部进入 $d_3(\lambda)$，$d_2(\lambda)$，没有剩下的，因此

$$d_1(\lambda)=1$$

这就得到了 $\boldsymbol{A}(\lambda)$的不变因子 1，$\lambda^2(\lambda-1)^2$，$\lambda^4(\lambda-1)^3(\lambda+1)$. Smith 标准形为

$$\mathrm{diag}(1,\lambda^2(\lambda-1)^2,\lambda^4(\lambda-1)^3(\lambda+1),0)$$

行列式因子 $D_k(\lambda)(1\leqslant k\leqslant 4)$依此为

$$1,\ \lambda^2(\lambda-1)^2,\ \lambda^6(\lambda-1)^5(\lambda+1),0 \quad \square$$

初等因子是由不变因子分解得到的，但是反过来要由初等因子得到不变因子，就必须辨认出哪些初等因子是来自同一个不变因子. 例 1(4)就指明了如何由初等因子得到不变因子，从而得到 Smith 标准形的算法：

所有的不变因子都是若干个不同的一次因式 $\lambda-\lambda_i(1\leqslant i\leqslant t)$的幂. 取每个一次因式的最高次幂相乘得到 $d_r(\lambda)$，其中 r 是 λ 矩阵的秩；再从剩下的初等因子中取每个一次因式的最高次幂相乘得到 $d_{r-1}(\lambda)$，依此类推直到所有的初等因子全部用完，得到 $d_r(\lambda),d_{r-1}(\lambda),\cdots,d_s(\lambda)$. 如果 $s>1$，则$d_1(\lambda)=\cdots=d_{s-1}(\lambda)=1$.

定理 7.6.2 复数域上 $m\times n$ 矩阵 $\boldsymbol{A}(\lambda)$与 $\boldsymbol{B}(\lambda)$相抵$\Leftrightarrow\boldsymbol{A}(\lambda)$，$\boldsymbol{B}(\lambda)$具有相同的秩及相同的初等因子组.

证明 显然，当$\boldsymbol{A}(\lambda)$，$\boldsymbol{B}(\lambda)$，相抵时它们相抵于同样的 Smith 标准形，具有同样的秩和不变因子，将这些不变因子分解就得到同样的初等因子组.

反过来，只要证明 $\boldsymbol{A}(\lambda)$的 Smith 标准形由 $\boldsymbol{A}(\lambda)$的秩和初等因子组唯一决定，则当$\boldsymbol{A}(\lambda)$，$\boldsymbol{B}(\lambda)$的秩和初等因子组相同时，它们的 Smith 标准形相同，因而$\boldsymbol{A}(\lambda)$，$\boldsymbol{B}(\lambda)$相抵.

设 $\mathrm{rank}\,\boldsymbol{A}(\lambda)=\mathrm{rank}\,\boldsymbol{B}(\lambda)=r$，并且 $\boldsymbol{A}(\lambda)$，$\boldsymbol{B}(\lambda)$有同样的初等因子组. 将它们共同具有的初等因子排列如下表：

$$\begin{array}{c}(\lambda-\lambda_1)^{m_{11}},(\lambda-\lambda_1)^{m_{12}},\cdots,(\lambda-\lambda_1)^{m_{1k_1}}\\(\lambda-\lambda_2)^{m_{21}},(\lambda-\lambda_2)^{m_{22}},\cdots,(\lambda-\lambda_2)^{m_{2k_2}}\\\cdots\cdots\cdots\cdots\\(\lambda-\lambda_t)^{m_{t1}},\ (\lambda-\lambda_t)^{m_{t2}},\ \cdots,\ (\lambda-\lambda_t)^{m_{tk_t}}\end{array}\qquad(7.6.4)$$

其中 λ_1，λ_2，…，λ_t 各不相同；对每个 $1\leqslant i\leqslant t$，以 λ_i 为根的各初等因子按指数 m_{ij} 从大到小的顺序（即 $m_{i1}\geqslant m_{i2}\geqslant\cdots\geqslant m_{ik_i}\geqslant 1$）排在第 i 行.

由于 $\boldsymbol{A}(\lambda)$，$\boldsymbol{B}(\lambda)$ 具有相同的秩 r，它们的 Smith 标准形分别具有形状

$$\boldsymbol{S}_1(\lambda)=\mathrm{diag}(d_1(\lambda),\cdots,d_r(\lambda),\boldsymbol{O}),\quad \boldsymbol{S}_2(\lambda)=\mathrm{diag}(d_1(\lambda),\cdots,\tilde{d}_r(\lambda),\boldsymbol{O}),$$

其中每个 $d_k(\lambda)$ 整除 $d_{k+1}(\lambda)$，每个 $d_k(\lambda)$ 整除 $\tilde{d}_{k+1}(\lambda)$，对 $1\leqslant k\leqslant r-1$.

对于每个 λ_i，$\boldsymbol{A}(\lambda)$ 的每个不变因子 $d_k(\lambda)$ 至多只有一个以 λ_i 为根的初等因子，由 $\boldsymbol{A}(\lambda)$ 的 r 个不变因子 $d_1(\lambda),\cdots,d_r(\lambda)$ 分解得出的以 λ_i 为根的初等因子 $(\lambda-\lambda_i)^{m_{ij}}(1\leqslant j\leqslant k_i)$ 至多只有 r 个，因此 $k_i\leqslant r$. 也就是说：初等因子排成的表(7.6.4)不超过 r 列.

由于 $\boldsymbol{A}(\lambda)$ 的每一个不变因子 $d_j(\lambda)$ $(2\leqslant j\leqslant r)$ 被它前面的一个不变因子 $d_{j-1}(\lambda)$ 整除，每一个根 λ_i 在 $d_j(\lambda)$ 中的重数不低于它在 $d_{j-1}(\lambda)$ 中的重数. 因此以每个 λ_i 为根的初等因子 $(\lambda-\lambda_i)^{m_{ij}}$ 按指数 $m_{ij}(1\leqslant j\leqslant k_i)$ 由大到小的顺序依次来自不变因子 $d_r(\lambda)$，$d_{r-1}(\lambda)$，…，$d_{r-k_i+1}(\lambda)$. $\boldsymbol{A}(\lambda)$ 的最后一个不变因子 $d_r(\lambda)$ 由各个 $\lambda-\lambda_i(1\leqslant i\leqslant t)$ 的最高次幂 $(\lambda-\lambda_i)^{m_{i1}}$ 相乘得到，也就是说 $d_r(\lambda)$ 等于(7.6.4)中的第 1 列的各初等因子的乘积. 同理，$\boldsymbol{B}(\lambda)$ 的最后一个不变因子 $\tilde{d}_r(\lambda)$ 也是这些初等因子的乘积. 即

$$d_r(\lambda)=\tilde{d}_r(\lambda)=\prod_{1\leqslant i\leqslant t}(\lambda-\lambda_i)^{m_{i1}}$$

设表(7.6.4)中的初等因子共有 k 列（也就是说所有 k_i 的最大值是 k），则当 $1\leqslant j\leqslant k$ 时，$\boldsymbol{A}(\lambda)$ 与 $\boldsymbol{B}(\lambda)$ 的倒数第 j 个不变因子 $d_{r-j+1}(\lambda)$ 与 $\tilde{d}_{r-j+1}(\lambda)$ 都等于(7.6.4)的第 j 列中所有的初等因子的乘积

$$d_{r-j+1}(\lambda)=\tilde{d}_{r-j+1}(\lambda)=\prod_{1\leqslant i\leqslant t,j\leqslant k_i}(\lambda-\lambda_i)^{m_{ij}}$$

(7.6.4)中的初等因子全部来自 $\boldsymbol{A}(\lambda)$ 与 $\boldsymbol{B}(\lambda)$ 的最后 k 个不变因子. 如果 $r>k$，(7.6.4)中已经没有任何初等因子来自 $\boldsymbol{A}(\lambda)$，$\boldsymbol{B}(\lambda)$ 的前 $r-k$ 个不变因子，这些不变因子都只能等于 1，即

$$d_j(\lambda)=\tilde{d}_j(\lambda)=1,\quad \forall\, 1\leqslant j\leqslant r-k$$

以上证明了 λ 矩阵的不变因子完全由秩与初等因子组决定，并且给出了由秩和初等因子组计算不变因子的方法. 因此，只要 $\boldsymbol{A}(\lambda)$，$\boldsymbol{B}(\lambda)$ 的秩与初等因子组相同，它们的不变因子就相同，因此 Smith 标准形 $\boldsymbol{S}(\lambda)$ 相同. $\boldsymbol{A}(\lambda)$，$\boldsymbol{B}(\lambda)$ 相抵于同一个 $\boldsymbol{S}(\lambda)$，因此它们相抵.　□

例 1(3)中求对角阵

$$\boldsymbol{A}(\lambda)=\begin{pmatrix}\boldsymbol{A}_1(\lambda) & \\ & \boldsymbol{A}_2(\lambda)\end{pmatrix}=\begin{pmatrix}\lambda^2(\lambda-1)^3(\lambda+1) & 0\\ 0 & \lambda^4(\lambda-1)^2\end{pmatrix}\tag{7.6.5}$$

的 Smith 标准形和初等因子的方法和结果也很值得注意.

$\boldsymbol{A}(\lambda)$的不变因子 $d_1(\lambda)$等于1阶行列式因子 $D_1(\lambda)$，就是两个对角元的最大公因式，由两个对角元的各个一次因式 λ，$\lambda-1$，$\lambda+1$ 的最低次幂相乘得到，而 $d_2(\lambda)$由这些一次因式的最高次幂相乘得到. 因此，(7.6.5)中的对角矩阵 $\boldsymbol{A}(\lambda)=\text{diag}(\boldsymbol{A}_1(\lambda),\ \boldsymbol{A}_2(\lambda))$可以经过如下的过程变为 Smith 标准形：

依次审查在 $\boldsymbol{A}(\lambda)$的对角元中出现的1次因式 λ，$\lambda-1$，$\lambda+1$. 发现 λ 在 $\boldsymbol{A}_1(\lambda)$中的幂 λ^2 的次数低于在 $\boldsymbol{A}_2(\lambda)$中的幂 λ^4，这两个幂的位置不变；另外两个一次因式 $\lambda-1$，$\lambda+1$ 在 $\boldsymbol{A}_1(\lambda)$中的幂$(\lambda-1)^3$，$\lambda+1$ 的指数分别高于它们 $\boldsymbol{A}_2(\lambda)$中的幂$(\lambda-1)^2$，$(\lambda+1)^0$ 的指数，因此将 $\boldsymbol{A}_1(\lambda)$中的$(\lambda-1)^3$ 与$\boldsymbol{A}_2(\lambda)$中的$(\lambda-1)^2$ 互换，将 $\boldsymbol{A}_1(\lambda)$中的$(\lambda+1)$换到 $\boldsymbol{A}_2(\lambda)$中. 经过这样的互换，行列式因子 $D_1(\lambda)$与 $D_2(\lambda)$都不改变，得到的

$$\boldsymbol{S}(\lambda)=\begin{pmatrix} d_1(\lambda) & \\ & d_2(\lambda)\end{pmatrix}=\begin{pmatrix}\lambda^2(\lambda-1)^2 & 0\\ 0 & \lambda^4(\lambda-1)^3(\lambda+1)\end{pmatrix} \quad (7.6.6)$$

与 $\boldsymbol{A}(\lambda)$相抵，而且 $d_1(\lambda)$整除 $d_2(\lambda)$，因此 $\boldsymbol{S}(\lambda)$就是 $\boldsymbol{A}(\lambda)$的 Smith 标准形. 而且，由 $\boldsymbol{S}(\lambda)$的对角元分解得到的初等因子组

$$\{\lambda^2,(\lambda-1)^2,\lambda^4,(\lambda-1)^3,\lambda+1\} \quad (7.6.7)$$

与由 $\boldsymbol{A}(\lambda)$的对角元 $\lambda^2(\lambda-1)^3(\lambda+1)$，$\lambda^4(\lambda-1)^2$ 分解得到的初等因子组

$$\{\lambda^2,(\lambda-1)^3,\lambda+1,\lambda^4,(\lambda-1)^2\}$$

相同.

因此，求对角矩阵 $\boldsymbol{A}(\lambda)$的 Smith 标准形的方法可以简化为：

(1) 将每个对角元看作1阶 λ 矩阵，进行因式分解求初等因子组；

(2) 将各个对角元的初等因子组合并，得到 $\boldsymbol{A}(\lambda)$的初等因子组；

(3) 由 $\boldsymbol{A}(\lambda)$的秩和初等因子组按定理7.6.2的方法得到不变因子，排成 Smith 标准形.

定理 7.6.3 设 $\boldsymbol{A}(\lambda)=\text{diag}(f_1(\lambda),\cdots,f_r(\lambda))$是对角元全不为零的 λ 对角阵. 则 $\boldsymbol{A}(\lambda)$的各对角元$f_i(\lambda)$$(1\leqslant i\leqslant r)$的初等因子共同组成的集合就是 $\boldsymbol{A}(\lambda)$的初等因子组.

证明 将 $\boldsymbol{A}(\lambda)$的各对角元 $f_i(\lambda)$分解为一次因子的乘积：

$$f_1(\lambda)=(\lambda-\lambda_1)^{n_{11}}(\lambda-\lambda_2)^{n_{12}}\cdots(\lambda-\lambda_t)^{n_{1t}}$$
$$f_2(\lambda)=(\lambda-\lambda_1)^{n_{21}}(\lambda-\lambda_2)^{n_{22}}\cdots(\lambda-\lambda_t)^{n_{2t}}$$
$$\cdots\cdots\cdots\cdots$$
$$f_r(\lambda)=(\lambda-\lambda_1)^{n_{r1}}(\lambda-\lambda_2)^{n_{r2}}\cdots(\lambda-\lambda_t)^{n_{rt}}$$

其中 $\lambda_1,\cdots,\lambda_t$ 两两不同，所有的指数 $n_{ij}\geqslant 0$；每个 $\lambda_j(1\leqslant j\leqslant t)$至少是一个$f_i(\lambda)$的根，即对每个 $1\leqslant j\leqslant t$ 至少有一个 $n_{ij}\geqslant 1$.

对每个 $1\leqslant k\leqslant r$，我们来求 $\boldsymbol{A}(\lambda)$ 的行列式因子 $D_k(\lambda)$. $\boldsymbol{A}(\lambda)$ 的 k 阶非零子式是它的任意 k 个对角元的乘积

$$f_{i_1}(\lambda)f_{i_2}(\lambda)\cdots f_{i_k}(\lambda)=\prod_{j=1}^{t}(\lambda-\lambda_j)^{n_{i_1j}+n_{i_2j}+\cdots+n_{i_kj}}$$

其中每个 $\lambda-\lambda_j$ 的幂指数 $n_{i_1j}+n_{i_2j}+\cdots+n_{i_kj}$ 就是 λ_j 在 $f_{i_1}(\lambda)$，$f_{i_2}(\lambda)$，…，$f_{i_k}(\lambda)$ 中的重数之和. 所有这些 k 阶非零子式 $f_{i_1}(\lambda)f_{i_2}(\lambda)\cdots f_{i_k}(\lambda)$ 的最大公因式

$$D_k(\lambda)=\prod_{j=1}^{t}(\lambda-\lambda_j)^{s_j} \tag{7.6.8}$$

其中 s_j 是各对角元 $f_i(\lambda)$ 中 $(\lambda-\lambda_j)$ 的幂指数 n_{1j}，n_{2j}，…，n_{rj} 中最小的 k 个数的和. 显然，r 个整数 $n_{1j},n_{2j},\cdots,n_{rj}$ 中最小的 k 个数的和 s_j 与 n_{1j}，n_{2j}，…，n_{rj} 的排列顺序无关. 将这 r 个整数按从小到大的顺序重新排列为 $\tilde{n}_{1j}$，$\tilde{n}_{2j}$，…，$\tilde{n}_{rj}$，其中最小的 k 个整数的和仍然是 s_j. 令

$$d_1(\lambda)=(\lambda-\lambda_1)^{\tilde{n}_{11}}(\lambda-\lambda_2)^{\tilde{n}_{12}}\cdots(\lambda-\lambda_t)^{\tilde{n}_{1t}}$$

$$d_2(\lambda)=(\lambda-\lambda_1)^{\tilde{n}_{21}}(\lambda-\lambda_2)^{\tilde{n}_{22}}\cdots(\lambda-\lambda_t)^{\tilde{n}_{2t}}$$

$$\cdots\cdots\cdots\cdots$$

$$d_r(\lambda)=(\lambda-\lambda_1)^{\tilde{n}_{r1}}(\lambda-\lambda_2)^{\tilde{n}_{r2}}\cdots(\lambda-\lambda_t)^{\tilde{n}_{rt}}$$

$$\boldsymbol{S}(\lambda)=\operatorname{diag}(d_1(\lambda),d_2(\lambda),\cdots,d_r(\lambda)).$$

则由前面对 $\boldsymbol{A}(\lambda)$ 的结论(7.6.8)知 $\boldsymbol{S}(\lambda)$ 的 k 阶行列式因子

$$\tilde{D}_k(\lambda)=\prod_{j=1}^{t}(\lambda-\lambda_j)^{\tilde{s}_j},$$

其中 $\tilde{s}_j$ 是 $\boldsymbol{S}(\lambda)$ 的各对角元 $d_i(\lambda)$ 中 $(\lambda-\lambda_j)$ 的幂指数 $\tilde{n}_{1j},\tilde{n}_{2j},\cdots,\tilde{n}_{rj}$ 中最小的 k 个数的和，等于 s_j. 因此 $\tilde{D}_k(\lambda)=D_k(\lambda)$. $\boldsymbol{S}(\lambda)$ 的各阶行列式因子都与 $\boldsymbol{A}(\lambda)$ 相同，因而 $\boldsymbol{S}(\lambda)$ 与 $\boldsymbol{A}(\lambda)$ 相抵. 并且由于

$$\tilde{n}_{1j}\leqslant\tilde{n}_{2j}\leqslant\cdots\leqslant\tilde{n}_{rj}$$

对 $1\leqslant j\leqslant t$ 成立，每个 $d_i(\lambda)$ 整除 $d_{i+1}(\lambda)$ $(1\leqslant i\leqslant r-1)$. 因此 $\boldsymbol{S}(\lambda)$ 是 $\boldsymbol{A}(\lambda)$ 的 Smith 标准形. 将 $\boldsymbol{S}(\lambda)$ 的各对角元(即 $\boldsymbol{A}(\lambda)$ 的不变因子) $d_i(\lambda)$ $(1\leqslant i\leqslant r)$ 的初等因子组合并得

$$E=\{(\lambda-\lambda_j)^{\tilde{n}_{ij}}\mid 1\leqslant j\leqslant t,1\leqslant i\leqslant r,\tilde{n}_{ij}\geqslant 1\}$$

对每个 $1\leqslant j\leqslant t$，$\tilde{n}_{1j},\tilde{n}_{2j},\cdots,\tilde{n}_{rj}$ 是由 $n_{1j},n_{2j},\cdots,n_{rj}$ 重新排列得到. 因此

$$E=\{(\lambda-\lambda_j)^{n_{ij}}\mid 1\leqslant j\leqslant t,1\leqslant i\leqslant r,n_{ij}\geqslant 1\}$$

由 $\boldsymbol{A}(\lambda)$ 的所有对角元 $\boldsymbol{A}_i(\lambda)$ $(1\leqslant i\leqslant r)$ 的初等因子组合并得到. □

推论 7.6.2 (1) 准对角阵 $\boldsymbol{A}(\lambda)=\operatorname{diag}(\boldsymbol{A}_1(\lambda),\cdots,\boldsymbol{A}_m(\lambda))$ 的初等因子组由它的各对角块 $\boldsymbol{A}_i(\lambda)$ $(1\leqslant i\leqslant m)$ 的初等因子组合并得到.

(2) 设 $\boldsymbol{J}=\mathrm{diag}(\boldsymbol{J}_1,\cdots,\boldsymbol{J}_s)$是 Jordan 形矩阵，其中每个

$$\boldsymbol{J}_i=\begin{pmatrix}\lambda_i & 1 & & \\ & \lambda_i & \ddots & \\ & & \ddots & 1\\ & & & \lambda_i\end{pmatrix}_{m_i\times m_i}$$

是特征值为 λ_i 的 m_i 阶 Jordan 块($\lambda_1,\cdots,\lambda_s$ 不一定两两不同). 则 $\lambda\boldsymbol{I}-\boldsymbol{J}$ 作为 λ 矩阵的初等因子组与 $\boldsymbol{J}$ 作为复方阵的初等因子组相同，等于$\{(\lambda-\lambda_i)^{m_i}\mid 1\leqslant i\leqslant s\}$.

证明 (1) $\boldsymbol{A}(\lambda)$的每个对角块$\boldsymbol{A}_i(\lambda)$相抵于 Smith 标准形

$$\boldsymbol{S}_i(\lambda)=\mathrm{diag}(d_{i1}(\lambda),\cdots,d_{ir_1}(\lambda),0,\cdots,0).$$

于是$\boldsymbol{A}(\lambda)$相抵于对角阵$\boldsymbol{D}(\lambda)=\mathrm{diag}(\boldsymbol{S}_1(\lambda),\cdots,\boldsymbol{S}_m(\lambda))$.

将对角阵$\boldsymbol{D}(\lambda)$的对角元重新排列顺序，使全部非零元排在前面，0 排在最后，得到对角阵

$$\boldsymbol{\Lambda}(\lambda)=\mathrm{diag}(\boldsymbol{D}_1(\lambda),\boldsymbol{O}),$$

其中$\boldsymbol{D}_1(\lambda)$是由$\boldsymbol{D}(\lambda)$的全体非零元组成的对角矩阵. 则$\boldsymbol{\Lambda}(\lambda)$相抵于$\boldsymbol{D}(\lambda)$，从而相抵于$\boldsymbol{A}(\lambda)$. $\boldsymbol{D}_1(\lambda)$的初等因子组就是$\boldsymbol{A}(\lambda)$的初等因子组，由$\boldsymbol{D}_1(\lambda)$的各对角元的初等因子组合并得到，也就是由各$\boldsymbol{S}_i(\lambda)$的非零对角元的初等因子组合并得到. 而每个$\boldsymbol{S}_i(\lambda)$的各对角元就是$\boldsymbol{A}_i(\lambda)$的各不变因子，它们的初等因子组合并起来就是$\boldsymbol{A}_i(\lambda)$的初等因子组. 这就证明了$\boldsymbol{A}(\lambda)$的初等因子组由各$\boldsymbol{A}_i(\lambda)$的初等因子组合并得到.

(2) $\lambda\boldsymbol{I}-\boldsymbol{J}$ 是由对角块 $\lambda\boldsymbol{I}-\boldsymbol{J}_i(1\leqslant i\leqslant s)$组成的准对角矩阵. 由例 1(2)知 $\lambda\boldsymbol{I}-\boldsymbol{J}_i$ 的初等因子组由一个初等因子$(\lambda-\lambda_i)^{m_i}$组成. $\lambda\boldsymbol{I}-\boldsymbol{J}$ 的初等因子组由各对角块 $\lambda\boldsymbol{I}-\boldsymbol{J}_i$ 的初等因子组$\{(\lambda-\lambda_i)^{m_i}\}$合并得到，等于$\{(\lambda-\lambda_i)^{m_i}\mid 1\leqslant i\leqslant s\}$. □

习 题 7.6

1. 求下列 λ 矩阵的行列式因子、不变因子和初等因子组，由此写出它们的 Smith 标准形：

(1) $\begin{pmatrix}\lambda^2+\lambda & 0 & 0\\ 0 & \lambda^2-4\lambda & 0\\ 0 & 0 & (\lambda-4)^2\end{pmatrix}$； (2) $\begin{pmatrix}\lambda & 2 & 0\\ 0 & \lambda & 2\\ 0 & 0 & \lambda\end{pmatrix}$；

(3) $\begin{pmatrix}\lambda & 2 & 2\\ 0 & \lambda & 2\\ 0 & 0 & \lambda\end{pmatrix}$； (4) $\begin{pmatrix}\lambda & 1 & \cdots & 1 & 1\\ 0 & \lambda & \cdots & 1 & 1\\ \vdots & \vdots & & \vdots & \vdots\\ 0 & \cdots & \cdots & 0 & \lambda\end{pmatrix}$.

2. 求下列矩阵 $\boldsymbol{A}$ 的特征方阵 $\lambda\boldsymbol{I}-\boldsymbol{A}$ 的行列式因子，不变因子和初等因子组：

(1) $\begin{pmatrix} 0 & 1 & & \\ & 0 & \ddots & \\ & & \ddots & 1 \\ 1 & & & 0 \end{pmatrix}_{n\times n}$;　　(2) $\begin{pmatrix} 0 & & & -a_0 \\ 1 & \ddots & & -a_1 \\ & \ddots & 0 & \vdots \\ & & 1 & -a_{n-1} \end{pmatrix}_{n\times n}$.

§7.7 特征方阵与相似标准形

现在用多项式矩阵相抵的理论来研究线性变换在适当基下的标准形及方阵的相似标准形.

引理 7.7.1 设 $\mathscr{A}$ 是数域 F 上 n 维线性空间 V 上的线性变换，$\boldsymbol{A}=(a_{ij})_{n\times n}$ 是 $\mathscr{A}$ 在 V 的基 $M=\{\boldsymbol{\alpha}_1,\cdots,\boldsymbol{\alpha}_n\}$ 下的矩阵.

设 λ 矩阵 $\boldsymbol{A}(\lambda)=\lambda\boldsymbol{I}-\boldsymbol{A}$ 相抵于对角阵

$$\boldsymbol{D}(\lambda)=\mathrm{diag}(1,\cdots,1,f_{s+1}(\lambda),\cdots,f_n(\lambda))$$

其中每个 $f_i(\lambda)(s+1\leqslant i\leqslant n)$ 是首项系数为 1 的多项式，次数 $d_i\geqslant 1$. 则

(1) V 可以分解为 $n-s$ 个循环子空间 $F[\mathscr{A}]\boldsymbol{\beta}_i(s+1\leqslant i\leqslant n)$ 的直和，其中每个 $\boldsymbol{\beta}_i$ 的最小多项式等于 $f_i(\lambda)$，生成的循环子空间 $F[\mathscr{A}]\boldsymbol{\beta}_i$ 的维数等于 d_i.

(2) 对每个 $s+1\leqslant i\leqslant n$，$B_i=\{\boldsymbol{\beta}_i,\mathscr{A}\boldsymbol{\beta}_i,\mathscr{A}^2\boldsymbol{\beta}_i,\cdots,\mathscr{A}^{d_i-1}\boldsymbol{\beta}_i\}$ 是循环子空间 $F[\mathscr{A}]\boldsymbol{\beta}_i$ 的一组基，$B=B_{s+1}\cup\cdots\cup B_n$ 是 V 的一组基.

设每个

$$f_i(\lambda)=\lambda^{d_i}+a_{i,d_i-1}\lambda^{d_i-1}+\cdots+a_{i1}\lambda+a_{i0}$$

则 $\mathscr{A}$ 在基 B 下的矩阵 $\boldsymbol{B}=\mathrm{diag}(\boldsymbol{B}_{s+1},\cdots,\boldsymbol{B}_n)$，其中

$$\boldsymbol{B}_i=\begin{pmatrix} 0 & & & -a_{i0} \\ 1 & \ddots & & -a_{i1} \\ & \ddots & 0 & \vdots \\ & & 1 & -a_{i,d_i-1} \end{pmatrix}_{d_i\times d_i}$$

对 $s+1\leqslant i\leqslant n$ 成立.

证明 由于 $\boldsymbol{A}$ 是 $\mathscr{A}$ 在基 $M=\{\boldsymbol{\alpha}_1,\cdots,\boldsymbol{\alpha}_n\}$ 下的矩阵，有

$$\mathscr{A}(\boldsymbol{\alpha}_1,\cdots,\boldsymbol{\alpha}_n)=(\boldsymbol{\alpha}_1,\cdots,\boldsymbol{\alpha}_n)\boldsymbol{A}$$

即

$$(\boldsymbol{\alpha}_1,\cdots,\boldsymbol{\alpha}_n)(\mathscr{A}\boldsymbol{I}_{(n)}-\boldsymbol{A})=(0,\cdots,0) \tag{7.7.1}$$

存在可逆的 λ 矩阵 $\boldsymbol{P}(\lambda)$，$\boldsymbol{Q}(\lambda)$ 使

$$\boldsymbol{P}(\lambda)(\lambda\boldsymbol{I}-\boldsymbol{A})\boldsymbol{Q}(\lambda)=\boldsymbol{D}(\lambda)=\mathrm{diag}(1,\cdots,1,f_{s+1}(\lambda),\cdots,f_n(\lambda)) \tag{7.7.2}$$

在等式(7.7.2)两边取行列式得

$$\det(\boldsymbol{P}(\lambda))\det(\lambda\boldsymbol{I}-\boldsymbol{A})\det(\boldsymbol{Q}(\lambda))=f_{s+1}(\lambda)\cdots f_n(\lambda)$$

可逆 λ 矩阵 $\boldsymbol{P}(\lambda)$，$\boldsymbol{Q}(\lambda)$ 的行列式 c_1，c_2 都是非零常数，$\det(\lambda\boldsymbol{I}-\boldsymbol{A})$ 就是 $\boldsymbol{A}$ 的特征多项式 $\varphi_A(\lambda)$. 由 $c_1c_2\varphi_A(\lambda)=f_{s+1}(\lambda)\cdots f_n(\lambda)$ 知道 $f_i(\lambda)(s+1\leqslant i\leqslant n)$ 的次数之和 $d_{s+1}+\cdots+d_n$ 等于 $\varphi_A(\lambda)$ 的次数 n. 且由于 $\varphi_A(\lambda)$ 及各 $f_i(\lambda)(s+1\leqslant i\leqslant n)$ 都是首一多项式，因此 $c_1c_2=1$，

$$f_{s+1}(\lambda)\cdots f_n(\lambda)=\varphi_A(\lambda) \tag{7.7.3}$$

在(7.7.2)中将多项式的字母 λ 换成线性变换 $\mathscr{A}$ 得

$$\boldsymbol{P}(\mathscr{A})(\mathscr{A}\boldsymbol{I}-\boldsymbol{A})\boldsymbol{Q}(\mathscr{A})=\boldsymbol{D}(\mathscr{A})=\operatorname{diag}(1,\cdots,1,f_{s+1}(\mathscr{A}),\cdots,f_n(\mathscr{A})) \tag{7.7.4}$$

将(7.7.1)两边右乘 $\boldsymbol{Q}(\mathscr{A})$，写成

$$(\boldsymbol{\alpha}_1,\cdots,\boldsymbol{\alpha}_n)\boldsymbol{P}(\mathscr{A})^{-1}\boldsymbol{P}(\mathscr{A})(\mathscr{A}\boldsymbol{I}_{(n)}-\boldsymbol{A})\boldsymbol{Q}(\mathscr{A})=(0,\cdots,0)$$

将(7.7.4)代入，得

$$(\boldsymbol{\beta}_1,\cdots,\boldsymbol{\beta}_n)\operatorname{diag}(1,\cdots,1,f_{s+1}(\mathscr{A}),\cdots,f_n(\mathscr{A}))=(0,\cdots,0) \tag{7.7.5}$$

其中

$$(\boldsymbol{\beta}_1,\cdots,\boldsymbol{\beta}_n)=(\boldsymbol{\alpha}_1,\cdots,\boldsymbol{\alpha}_n)\boldsymbol{P}(\mathscr{A})^{-1} \tag{7.7.6}$$

而 $\boldsymbol{P}(\mathscr{A})^{-1}$ 由 λ 矩阵 $\boldsymbol{P}(\lambda)^{-1}$ 将 λ 换成 $\mathscr{A}$ 得到. 反过来，有

$$(\boldsymbol{\alpha}_1,\cdots,\boldsymbol{\alpha}_n)=(\boldsymbol{\beta}_1,\cdots,\boldsymbol{\beta}_n)\boldsymbol{P}(\mathscr{A}) \tag{7.7.7}$$

设 $\boldsymbol{P}(\lambda)=(p_{ij}(\lambda))_{n\times n}$，则

$$\boldsymbol{\alpha}_j=p_{1j}(\mathscr{A})\boldsymbol{\beta}_1+p_{2j}(\mathscr{A})\boldsymbol{\beta}_2+\cdots+p_{nj}(\mathscr{A})\boldsymbol{\beta}_n \tag{7.7.8}$$

对 $1\leqslant j\leqslant n$ 成立.

(7.7.5)可以写为

$$\begin{cases}1\boldsymbol{\beta}_i=\mathbf{0},\ \forall\, 1\leqslant i\leqslant s\\ f_i(\mathscr{A})\boldsymbol{\beta}_i=\mathbf{0},\ \forall\, s+1\leqslant i\leqslant n\end{cases} \tag{7.7.9}$$

这说明 $\boldsymbol{\beta}_i=\mathbf{0}$ 对 $1\leqslant i\leqslant s$ 成立. (7.7.8)成为

$$\boldsymbol{\alpha}_j=p_{s+1,j}(\mathscr{A})\boldsymbol{\beta}_{s+1}+\cdots+p_{nj}(\mathscr{A})\boldsymbol{\beta}_n,\ \forall\, 1\leqslant j\leqslant n \tag{7.7.8$'$}$$

V 的基 $M=\{\boldsymbol{\alpha}_1,\cdots,\boldsymbol{\alpha}_n\}$ 含于 $\boldsymbol{\beta}_{s+1}$，$\cdots$，$\boldsymbol{\beta}_n$ 生成的循环子空间

$$U=F[\mathscr{A}]\boldsymbol{\beta}_{s+1}+\cdots+F[\mathscr{A}]\boldsymbol{\beta}_n$$

因而

$$V=F[\mathscr{A}]\boldsymbol{\beta}_{s+1}+\cdots+F[\mathscr{A}]\boldsymbol{\beta}_n \tag{7.7.10}$$

对每个 $s+1\leqslant i\leqslant n$，设 $f_i(\lambda)=\lambda^{d_i}+a_{i,d_i-1}\lambda^{d_i-1}+\cdots+a_{i1}\lambda+a_{i0}$，其中 $d_i=\deg f_i(\lambda)\geqslant 1$. 由(7.7.9)知道 $f_i(\mathscr{A})\boldsymbol{\beta}_i=\mathbf{0}$，也就是说 $f_i(\lambda)$ 是 $\boldsymbol{\beta}_i$ 相对于线性变换 $\mathscr{A}$ 的零化多项式. 由

$$f_i(\mathscr{A})\boldsymbol{\beta}_i=\mathscr{A}^{d_i}\boldsymbol{\beta}_i+a_{i,d_i-1}\mathscr{A}^{d_i-1}\boldsymbol{\beta}_i+\cdots+a_{i1}\mathscr{A}\boldsymbol{\beta}_i+a_{i0}\boldsymbol{\beta}_i=\mathbf{0}$$

得 $\mathscr{A}^{d_i}\boldsymbol{\beta}_i=-a_{i,d_i-1}\mathscr{A}^{d_i-1}\boldsymbol{\beta}_i-\cdots-a_{i1}\mathscr{A}\boldsymbol{\beta}_i-a_{i0}\boldsymbol{\beta}_i$. 可知由 d_i 个向量 $\boldsymbol{\beta}_i$，$\mathscr{A}\boldsymbol{\beta}_i$，$\cdots$，

$\mathscr{A}^{d_i-1}\boldsymbol{\beta}_i$ 生成的子空间 V_i 是 $\mathscr{A}$ 的不变子空间，就是 $\boldsymbol{\beta}_i$ 生成的循环子空间 $F[\mathscr{A}]\boldsymbol{\beta}_i$，其维数 $\dim F[\mathscr{A}]\boldsymbol{\beta}_i\leqslant d_i$. 于是由(7.7.10)得

$$n=\dim V\leqslant\sum_{i=s+1}^{n}\dim F[\mathscr{A}]\boldsymbol{\beta}_i\leqslant\sum_{i=s+1}^{n}d_i=n \tag{7.7.11}$$

这迫使其中两个≤都只能取等号. 前一个≤取等号说明 V 是各 $\boldsymbol{\beta}_i(s+1\leqslant i\leqslant n)$ 生成的循环子空间 $F[\mathscr{A}]\boldsymbol{\beta}_i$ 的直和. (7.7.11)中后一个≤取等号迫使

$$d_i=\dim F[\mathscr{A}]\boldsymbol{\beta}_i=\dim V(\boldsymbol{\beta}_i,\mathscr{A}\boldsymbol{\beta}_i,\cdots,\mathscr{A}^{d_i-1}\boldsymbol{\beta}_i)$$

对 $s+1\leqslant i\leqslant n$ 成立，因而 $B_i=\{\boldsymbol{\beta}_i,\mathscr{A}\boldsymbol{\beta}_i,\cdots,\mathscr{A}^{d_i-1}\boldsymbol{\beta}_i\}$ 是循环子空间 $F[\mathscr{A}]\boldsymbol{\beta}_i$ 的基，$f_i(\lambda)$ 是 $\boldsymbol{\beta}_i$ 相对于线性变换 $\mathscr{A}$ 的极小多项式. 而 $\mathscr{B}=\mathscr{B}_{s+1}\cup\cdots\cup\mathscr{B}_n$ 是 V 的一组基.

对每个 $s+1\leqslant i\leqslant n$，由

$$\mathscr{A}(\mathscr{A}^{j-1}\boldsymbol{\beta}_i)=\mathscr{A}^{j}\boldsymbol{\beta}_i\quad(\forall\,1\leqslant j\leqslant d_i-1)$$

及

$$\mathscr{A}\mathscr{A}^{d_i-1}\boldsymbol{\beta}_i=\mathscr{A}^{d_i}\boldsymbol{\beta}_i=-a_{i,d_i-1}\mathscr{A}^{d_i-1}\boldsymbol{\beta}_i-\cdots-a_{i1}\mathscr{A}\boldsymbol{\beta}_i-a_{i0}\boldsymbol{\beta}_i$$

知 $\mathscr{A}|_{F[\mathscr{A}]\boldsymbol{\beta}_i}$ 在基 B_i 下的矩阵

$$\boldsymbol{B}_i=\begin{pmatrix}0 & & & -a_{i0}\\ 1 & \ddots & & -a_{i1}\\ & \ddots & 0 & \vdots\\ & & 1 & -a_{i,d_i-1}\end{pmatrix}_{d_i\times d_i},$$

而 $\mathscr{A}$ 在基 B 下的矩阵为 $\boldsymbol{B}=\mathrm{diag}(\boldsymbol{B}_{s+1},\cdots,\boldsymbol{B}_n)$.　□

定义 7.7.1　设 $\boldsymbol{A}\in F^{n\times n}$. 则 λ 矩阵 $\lambda\boldsymbol{I}-\boldsymbol{A}$ 称为 $\boldsymbol{A}$ 的**特征方阵**(eigenmatrix).
□

显然，$\boldsymbol{A}$ 的特征方阵的行列式就是 $\boldsymbol{A}$ 的特征多项式.

对于 F 上的 n 阶方阵 $\boldsymbol{A}$ 与 $\boldsymbol{B}$，如果存在 F 上的可逆方阵 $\boldsymbol{P}$ 使 $\boldsymbol{B}=\boldsymbol{P}^{-1}\boldsymbol{A}\boldsymbol{P}$，就称 $\boldsymbol{A}$ 与 $\boldsymbol{B}$ 在 F 上相似. 当 F 是实数域时也称 $\boldsymbol{A}$，$\boldsymbol{B}$ 实相似. 当 F 是复数域时也称 $\boldsymbol{A}$，$\boldsymbol{B}$ 复相似.

对特征方阵 $\lambda\boldsymbol{I}-\boldsymbol{A}$ 的 Smith 标准形 $\boldsymbol{S}(\lambda)=\mathrm{diag}(d_1(\lambda),\cdots,d_n(\lambda))$ 应用引理 7.7.1，得到关于 $\boldsymbol{A}$，$\boldsymbol{B}$ 相似与它们的特征方阵 $\lambda\boldsymbol{I}-\boldsymbol{A}$，$\lambda\boldsymbol{I}-\boldsymbol{B}$ 相抵的关系的如下定理：

定理 7.7.2　设 $\mathscr{A}$ 是数域 F 上 n 维线性空间 V 上的线性变换，$\boldsymbol{A}=(a_{ij})_{n\times n}$是 $\mathscr{A}$ 在 V 的基 $M=\{\boldsymbol{\alpha}_1,\cdots,\boldsymbol{\alpha}_n\}$下的矩阵. 设数域 F 上的 n 阶方阵 $\boldsymbol{A}$ 的特征方阵 $\lambda\boldsymbol{I}-\boldsymbol{A}$ 的前 s 个不变因子 $d_i(\lambda)=1$，后 $n-s$ 个不变因子

$$d_i(\lambda)=\lambda^{d_i}+a_{i,d_i-1}\lambda^{d_i-1}+\cdots+a_{i1}\lambda+a_{i0}\quad(\forall\,s+1\leqslant i\leqslant n)$$

次数 $d_n \geqslant d_{n-1} \geqslant \cdots d_{s+1} \geqslant 1$. 则

(1) V 是 $n-s$ 个循环子空间 U_{s+1}, …, U_n 的直和，其中每个循环子空间 $U_i(s+1 \leqslant i \leqslant n)$ 的生成元 $\boldsymbol{\beta}_i$ 相对于 $\mathscr{A}$ 的最小多项式等于 $d_i(\lambda)$.

(2) $\boldsymbol{A}$ 在 F 上相似于标准形

$$\boldsymbol{B} = \mathrm{diag}(\boldsymbol{B}_{s+1}, \cdots, \boldsymbol{B}_n)$$

其中

$$\boldsymbol{B}_i = \begin{pmatrix} 0 & & & -a_{i0} \\ 1 & \ddots & & -a_{i1} \\ & \ddots & 0 & \vdots \\ & & 1 & -a_{i,d_i-1} \end{pmatrix}_{d_i \times d_i}, \quad \forall\, s+1 \leqslant i \leqslant n \quad \square$$

由于 $\lambda \boldsymbol{I}-\boldsymbol{A}$ 的不变因子都可以由 $\lambda \boldsymbol{I}-\boldsymbol{A}$ 的元经过有限次辗转相除法得到，都是 F 上的多项式，并且由 $\lambda \boldsymbol{I}-\boldsymbol{A}$ 唯一决定，从而由 $\boldsymbol{A}$ 唯一决定. 因此定理 7.7.2 中所说的标准形是数域 F 上的矩阵，由 $\boldsymbol{A}$ 唯一决定，称为 $\boldsymbol{A}$ 的**有理标准形**(rational canonical form).

考虑 $\boldsymbol{A}$ 的左乘作用在列向量空间 $F^{n\times 1}$ 上引起的线性变换 $\mathscr{A}: \boldsymbol{X} \mapsto \boldsymbol{AX}$. 则 $\boldsymbol{A}$ 是 $\mathscr{A}$ 在 $F^{n\times 1}$ 的自然基 $M = \{\boldsymbol{e}_1, \cdots, \boldsymbol{e}_n\}$ 下的矩阵. 作 λ 矩阵 $\lambda \boldsymbol{I}-\boldsymbol{A}$ 的相抵变换，找到可逆的 λ 矩阵 $\boldsymbol{P}(\lambda)$, $\boldsymbol{Q}(\lambda)$ 使 $\boldsymbol{P}(\lambda)(\lambda \boldsymbol{I}-\boldsymbol{A})\boldsymbol{Q}(\lambda)$ 等于 Smith 标准形 diag$(d_1(\lambda), \cdots, d_n(\lambda))$. 则由

$$(\boldsymbol{\beta}_1, \cdots, \boldsymbol{\beta}_n) = (\boldsymbol{e}_1, \cdots, \boldsymbol{e}_n)\boldsymbol{P}(\mathscr{A})^{-1}$$

可以求得循环子空间的生成元 $\boldsymbol{\beta}_{s+1}$, …, $\boldsymbol{\beta}_n$, 进而求得每个循环子空间的基 $B_i = \{\boldsymbol{\beta}_i, \mathscr{A}(\boldsymbol{\beta}_i), \cdots, \mathscr{A}^{d_i-1}(\boldsymbol{\beta}_i)\}$. 依次以基 $B_i(s+1 \leqslant i \leqslant n)$ 中的向量作为各列组成可逆矩阵 $\boldsymbol{T}$, 则 $\boldsymbol{T}^{-1}\boldsymbol{AT}$ 是有理标准形.

定理 7.7.3　设 $\boldsymbol{A}$, $\boldsymbol{B}$ 都是数域 F 上的 n 阶方阵. 则

$\boldsymbol{A}$ 与 $\boldsymbol{B}$ 在 F 上相似$\Leftrightarrow$特征方阵 $\lambda \boldsymbol{I}-\boldsymbol{A}$ 与 $\lambda \boldsymbol{I}-\boldsymbol{B}$ 在 F 上相抵.

证明　如果 $\boldsymbol{A}$ 与 $\boldsymbol{B}$ 在 F 上相似，则存在 F 上的可逆方阵 $\boldsymbol{P}$, 使 $\boldsymbol{B}=\boldsymbol{P}^{-1}\boldsymbol{AP}$, 于是 $\lambda \boldsymbol{I}-\boldsymbol{B}=\boldsymbol{P}^{-1}(\lambda \boldsymbol{I}-\boldsymbol{A})\boldsymbol{P}$, 这说明 $\lambda \boldsymbol{I}-\boldsymbol{A}$ 与 $\lambda \boldsymbol{I}-\boldsymbol{B}$ 相抵.

反过来，设 $\lambda \boldsymbol{I}-\boldsymbol{A}$ 与 $\lambda \boldsymbol{I}-\boldsymbol{B}$ 相抵，则它们具有同样的不变因子

$$1, \cdots, 1, d_{s+1}(\lambda), \cdots, d_n(\lambda)$$

由定理 7.7.2 知道，$\boldsymbol{A}, \boldsymbol{B}$ 都在 F 上相似于由这些不变因子决定的同一个有理标准形，因此 $\boldsymbol{A}$ 与 $\boldsymbol{B}$ 在 F 上相似.　$\square$

定理 7.7.4　设 $\boldsymbol{A}, \boldsymbol{B}$ 都是数域 F 上的 n 阶方阵. K 是数域且 $K \supset F$. 则

$\boldsymbol{A}, \boldsymbol{B}$ 在 F 上相似$\Leftrightarrow \boldsymbol{A}, \boldsymbol{B}$ 在 K 上相似.

特别，取 K 为复数域，得

$$\boldsymbol{A},\boldsymbol{B}\text{ 在 }F\text{ 上相似}\Leftrightarrow \boldsymbol{A},\boldsymbol{B}\text{ 复相似}.$$

证明 如果 $\boldsymbol{A}$，$\boldsymbol{B}$ 在 F 上相似，存在 F 上可逆方阵 $\boldsymbol{P}$ 使 $\boldsymbol{B}=\boldsymbol{P}^{-1}\boldsymbol{A}\boldsymbol{P}$. 由于 $\boldsymbol{P}$ 也是 K 上的可逆方阵，因此 $\boldsymbol{A}$，$\boldsymbol{B}$ 在 K 上也相似.

反过来，设 $\boldsymbol{A}$，$\boldsymbol{B}$ 在 K 上相似，即存在可逆方阵 $\boldsymbol{P}\in K^{n\times n}$ 使 $\boldsymbol{B}=\boldsymbol{P}^{-1}\boldsymbol{A}\boldsymbol{P}$. 由定理 7.7.3 知道 $\lambda\boldsymbol{I}-\boldsymbol{A}$ 与 $\lambda\boldsymbol{I}-\boldsymbol{B}$ 在 K 上相抵. 因而 $\lambda\boldsymbol{I}-\boldsymbol{A}$，$\lambda\boldsymbol{I}-\boldsymbol{B}$ 具有相同的不变因子 $d_i(\lambda)(1\leqslant i\leqslant n)$. 这些不变因子都可以由 $\lambda\boldsymbol{I}-\boldsymbol{A}$，$\lambda\boldsymbol{I}-\boldsymbol{B}$ 的元经过有限次辗转相除法得出来. 而 $\lambda\boldsymbol{I}-\boldsymbol{A}$，$\lambda\boldsymbol{I}-\boldsymbol{B}$ 的元都是 F 上的多项式，因此不变因子 $d_i(\lambda)(1\leqslant i\leqslant n)$ 也都是 F 上的多项式，$\lambda\boldsymbol{I}-\boldsymbol{A}$ 与 $\lambda\boldsymbol{I}-\boldsymbol{B}$ 在 F 上相抵. 由定理 7.7.3 知道 $\boldsymbol{A}$ 与 $\boldsymbol{B}$ 在 F 上相似. □

由定理 7.7.4 知道：同阶方阵 $\boldsymbol{A}$，$\boldsymbol{B}$ 如果在它们的元共同所在的某个数域上相似，那么 $\boldsymbol{A}$，$\boldsymbol{B}$ 在它们的元共同所在的所有的数域上都相似. 因此，如果我们不特别指明数域，而直接说 $\boldsymbol{A}$，$\boldsymbol{B}$ 相似，可以理解为 $\boldsymbol{A}$，$\boldsymbol{B}$ 在它们的元共同所在的任何一个数域上相似.

定理 7.7.5 设 n 阶复方阵 $\boldsymbol{A}$ 的特征方阵的初等因子组为

$$E=\{(\lambda-\lambda_i)^{m_{ij}}\mid 1\leqslant i\leqslant t,1\leqslant j\leqslant k_i\}.$$

则 $\boldsymbol{A}$ 在复数域上相似于由各个初等因子 $(\lambda-\lambda_i)^{m_{ij}}$ 对应的 Jordan 块

$$\boldsymbol{J}_{m_{ij}}(\lambda_i)=\begin{pmatrix}\lambda_i & 1 & & \\ & \lambda_i & \ddots & \\ & & \ddots & 1\\ & & & \lambda_i\end{pmatrix}_{m_{ij}\times m_{ij}}\qquad(\forall\, 1\leqslant i\leqslant t,1\leqslant j\leqslant k_i)$$

的全体组成的 Jordan 标准形

$$\boldsymbol{J}=\begin{pmatrix}\ddots & & \\ & \boldsymbol{J}_{m_{ij}}(\lambda_i) & \\ & & \ddots\end{pmatrix}$$

证明 $\boldsymbol{J}$ 的特征方阵

$$\lambda\boldsymbol{I}-\boldsymbol{J}=\begin{pmatrix}\ddots & & \\ & \lambda\boldsymbol{I}_{(m_{ij})}-\boldsymbol{J}_{m_{ij}}(\lambda_i) & \\ & & \ddots\end{pmatrix}$$

是由对角块 $\lambda\boldsymbol{I}_{(m_{ij})}-\boldsymbol{J}_{m_{ij}}(\lambda_i)$ 组成的准对角矩阵. 每个这样的准对角块只有唯一一个初等因子 $(\lambda-\lambda_i)^{m_{ij}}$. 所有这样的初等因子 $(\lambda-\lambda_i)^{m_{ij}}(1\leqslant i\leqslant t,1\leqslant j\leqslant k_i)$ 组成的集合 E 就是 $\lambda\boldsymbol{I}-\boldsymbol{J}$ 的初等因子组，而 E 也是 $\lambda\boldsymbol{I}-\boldsymbol{A}$ 的初等因子组. 因此 $\lambda\boldsymbol{I}-\boldsymbol{A}$ 与 $\lambda\boldsymbol{I}-\boldsymbol{J}$ 具有同样的初等因子组，在复数域上相抵. 由定理 7.7.3 知道 $\boldsymbol{A}$ 与 $\boldsymbol{J}$ 在复数域上相似. □

例 1 求矩阵

$$A=\begin{pmatrix}0&0&1&0&0\\0&0&0&1&0\\0&0&0&0&1\\0&0&0&0&0\\0&0&0&0&0\end{pmatrix}$$

的 Jordan 标准形.

解 将 $\lambda\boldsymbol{I}-\boldsymbol{A}$ 经过初等变换化成 Smith 标准形：

$$\lambda\boldsymbol{I}-\boldsymbol{A}=\begin{pmatrix}\lambda&0&-1&0&0\\0&\lambda&0&-1&0\\0&0&\lambda&0&-1\\0&0&0&\lambda&0\\0&0&0&0&\lambda\end{pmatrix}\to\cdots\to\boldsymbol{S}(\lambda)=\begin{pmatrix}1&0&0&0&0\\0&1&0&0&0\\0&0&1&0&0\\0&0&0&\lambda^2&0\\0&0&0&0&\lambda^3\end{pmatrix}$$

因此，$\lambda\boldsymbol{I}-\boldsymbol{A}$ 的初等因子为 λ^2，λ^3. 这两个初等因子分别对应于 Jordan 块

$$\boldsymbol{J}_2(0)=\begin{pmatrix}0&1\\0&0\end{pmatrix}\text{与 }\boldsymbol{J}_3(0)=\begin{pmatrix}0&1&0\\0&0&1\\0&0&0\end{pmatrix}$$

$\boldsymbol{A}$ 相似于这两个 Jordan 块组成的 Jordan 标准形 $\boldsymbol{J}=\mathrm{diag}(\boldsymbol{J}_2(0),\boldsymbol{J}_3(0))$. □

例 2 n 阶复方阵 $\boldsymbol{A}$ 与它的转置方阵 $\boldsymbol{A}^{\mathrm{T}}$ 相似.

证法 1 $\boldsymbol{A}$，$\boldsymbol{A}^{\mathrm{T}}$ 的特征方阵 $\lambda\boldsymbol{I}-\boldsymbol{A}$ 与 $\lambda\boldsymbol{I}-\boldsymbol{A}^{\mathrm{T}}=(\lambda\boldsymbol{I}-\boldsymbol{A})^{\mathrm{T}}$ 互为转置. 对每个 $1\leqslant k\leqslant n$，$\lambda\boldsymbol{I}-\boldsymbol{A}^{\mathrm{T}}$ 的每个 k 阶子式是 $\lambda\boldsymbol{I}-\boldsymbol{A}$ 的某个 k 阶子式 $\boldsymbol{\Delta}_k(\lambda)$ 的转置 $\boldsymbol{\Delta}_k(\lambda)^{\mathrm{T}}$，而 $\boldsymbol{\Delta}_k(\lambda)^{\mathrm{T}}=\boldsymbol{\Delta}_k(\lambda)$. 因此 $\lambda\boldsymbol{I}-\boldsymbol{A}^{\mathrm{T}}$ 与 $\lambda\boldsymbol{I}-\boldsymbol{A}$ 的 k 阶行列式因子相等. 这说明了 $\lambda\boldsymbol{I}-\boldsymbol{A}^{\mathrm{T}}$ 与 $\lambda\boldsymbol{I}-\boldsymbol{A}$ 相抵，因而 $\boldsymbol{A}^{\mathrm{T}}$ 与 $\boldsymbol{A}$ 相似.

证法 2 $\boldsymbol{A}$ 复相似于 Jordan 标准形

$$\boldsymbol{J}=\mathrm{diag}(\boldsymbol{J}_1,\cdots,\boldsymbol{J}_s),$$

其中每个 $\boldsymbol{J}_i=\boldsymbol{J}_{m_i}(\lambda_i)$ 是 Jordan 块. 存在复可逆方阵 $\boldsymbol{P}$ 使 $\boldsymbol{J}=\boldsymbol{P}^{-1}\boldsymbol{AP}$. 对每个 Jordan 块

$$\boldsymbol{J}_i=\begin{pmatrix}\lambda_i&1&&\\&\lambda_i&\ddots&\\&&\ddots&1\\&&&\lambda_i\end{pmatrix}_{m_i\times m_i}$$

取 m_i 阶对称方阵 $\boldsymbol{S}_i=\begin{pmatrix}&&&1\\&&1&\\&\iddots&&\\1&&&\end{pmatrix}_{m_i\times m_i}$，

则

$$S_i^{-1}J_iS_i=\begin{pmatrix}\lambda_i & & & \\ 1 & \lambda_i & & \\ & \ddots & \ddots & \\ & & 1 & \lambda_i\end{pmatrix}_{m_i\times m_i}=J_i^{\mathrm{T}}$$

取 $S=\operatorname{diag}(S_1,\cdots,S_s)$，则 $S^{-1}JS=J^{\mathrm{T}}$. 于是由 $A=PJP^{-1}$ 得

$$A^{\mathrm{T}}=P^{\mathrm{T}-1}J^{\mathrm{T}}P^{\mathrm{T}}=P^{\mathrm{T}-1}S^{-1}JSP^{\mathrm{T}}=P^{\mathrm{T}-1}S^{-1}P^{-1}APSP^{\mathrm{T}}=Q^{-1}AQ,$$

其中 $Q=PSP^{\mathrm{T}}$ 是可逆对称方阵. 这就证明了 A 与 A^{T} 相似.　□

例 3　设 $\mathscr{A}$ 是 F 上 n 维线性空间 V 上的线性变换. 求证：

(1) $\mathscr{A}$ 的特征多项式 $\varphi_{\mathscr{A}}(\lambda)$ 等于所有的不变因子的乘积 $d_1(\lambda)\cdots d_n(\lambda)$，$\mathscr{A}$ 的最小多项式 $d_{\mathscr{A}}(\lambda)$ 等于 $\lambda\mathscr{I}-\mathscr{A}$ 的最后一个不变因子 $d_n(\lambda)$.

(2) $\mathscr{A}$ 的最小多项式 $d_{\mathscr{A}}(\lambda)$ 等于特征多项式 $\varphi_{\mathscr{A}}(\lambda)\Leftrightarrow V$ 是由某个向量生成的 $\mathscr{A}$ 的循环子空间.

证明　(1) 设 $\mathscr{A}$ 在 V 的基 M 下的矩阵为 A. 则 $\mathscr{A}$ 的最小多项式和特征多项式分别等于 A 的最小多项式 $d_A(\lambda)$ 和特征多项式 $\varphi_A(\lambda)$.

设 A 在复数范围内的全部不同的特征值为 λ_1，…，λ_t，A 作为复方阵的初等因子组为

$$\begin{gathered}(\lambda-\lambda_1)^{m_{11}},(\lambda-\lambda_1)^{m_{12}},\cdots,(\lambda-\lambda_1)^{m_{1k_1}}\\(\lambda-\lambda_2)^{m_{21}},(\lambda-\lambda_2)^{m_{22}},\cdots,(\lambda-\lambda_2)^{m_{2k_2}}\\\cdots\cdots\cdots\cdots\\(\lambda-\lambda_t)^{m_{t1}},(\lambda-\lambda_t)^{m_{t2}},\cdots,(\lambda-\lambda_t)^{m_{tk_t}}\end{gathered}$$

其中 $m_{i1}\geqslant m_{i2}\geqslant\cdots\geqslant m_{ik_i}$，$\forall\,1\leqslant i\leqslant t$.

每个初等因子就是 A 的 Jordan 标准形中的一个 Jordan 块的特征多项式和最小多项式.

A 的初等因子组也就是 λ 矩阵 $\lambda I-A$ 的初等因子组.

A 的特征多项式 $\varphi_A(\lambda)$ 等于它的 Jordan 标准形的各 Jordan 块的特征多项式的乘积，也就是 A 的所有的初等因子的乘积，等于 $\lambda I-A$ 的所有的不变因子的乘积 $d_1(\lambda)d_2(\lambda)\cdots d_n(\lambda)$.

A 的最小多项式 $d_A(\lambda)$ 的 Jordan 标准形的各 Jordan 块的最小多项式的最小公倍式，也就是 A 的所有的初等因子的最小公倍式，等于初等因子中每个 $\lambda-\lambda_i$ 的最高次幂的乘积

$$d_A(\lambda)=(\lambda-\lambda_1)^{m_{11}}(\lambda-\lambda_2)^{m_{21}}\cdots(\lambda-\lambda_t)^{m_{t1}}$$

而初等因子中各个 $\lambda-\lambda_i(1\leqslant i\leqslant t)$ 的最高次幂的乘积恰等于 $d_n(\lambda)$. 可见

$$d_A(\lambda)=d_n(\lambda)$$

(2) 先设 $\mathscr{A}$ 的最小多项式等于特征多项式：$d_A(\lambda)=\varphi_A(\lambda)$，即

$$d_n(\lambda)=d_1(\lambda)\cdots d_{n-1}(\lambda)d_n(\lambda)$$

这迫使 $d_1(\lambda)=\cdots=d_{n-1}(\lambda)=1$，$\lambda I-A$ 相抵于 Smith 标准形

$$\boldsymbol{S}(\lambda)=\mathrm{diag}(1,\cdots,1,d_n(\lambda))$$

由定理 7.7.2 知道 V 是由某个向量 $\boldsymbol{\beta}$ 生成的循环子空间 $F[\mathscr{A}]\boldsymbol{\beta}$，$\boldsymbol{\beta}$ 相对于 $\mathscr{A}$ 的最小多项式 $d_{\mathscr{A},\beta}(\lambda)$ 等于 $d_n(\lambda)=d_{\mathscr{A}}(\lambda)=\varphi_{\mathscr{A}}(\lambda)$.

反过来，设 V 是由某个向量 $\boldsymbol{\beta}$ 生成的循环子空间 $F[\mathscr{A}]\boldsymbol{\beta}$. 则 $\boldsymbol{\beta}$ 相对于 $\mathscr{A}$ 的最小多项式 $d_{\mathscr{A},\beta}(\lambda)$ 的次数等于 $\dim V=n$. 由 $d_{\mathscr{A}}(\mathscr{A})=\boldsymbol{0}$ 知 $d_{\mathscr{A}}(\mathscr{A})\boldsymbol{\beta}=\boldsymbol{0}$，可见 $d_{\mathscr{A},\beta}(\lambda)$ 整除 $d_{\mathscr{A}}(\lambda)$，

$$n=\dim d_{\mathscr{A},\beta}(\lambda)\leqslant\dim d_{\mathscr{A}}(\lambda)\leqslant\dim\varphi_{\mathscr{A}}(\lambda)=n.$$

这迫使 $\dim d_{\mathscr{A}}(\lambda)=\dim\varphi_{\mathscr{A}}(\lambda)=n$. 再由 $d_{\mathscr{A}}(\lambda)$ 整除 $\varphi_{\mathscr{A}}(\lambda)$ 得到 $d_{\mathscr{A}}(\lambda)=\varphi_{\mathscr{A}}(\lambda)$. □

设 $\mathscr{A}$ 是数域 F 上的 n 维线性空间 V 上的线性变换. 如果某个向量 $\boldsymbol{\beta}\in V$ 生成的循环子空间 $F[\mathscr{A}]\boldsymbol{\beta}=V$，则 $\mathscr{A}$ 称为 V 上的**循环变换**(cyclic transformation). 如果某个方阵 $\boldsymbol{A}$ 的特征多项式 $\varphi_{\boldsymbol{A}}(\lambda)$ 等于它的最小多项式 $d_{\boldsymbol{A}}(\lambda)$，就称 $\boldsymbol{A}$ 是**单纯方阵**(simplicial matrix). 按照这样的定义，例 3(2) 的结论就是：

$\mathscr{A}$ 是循环变换 $\Leftrightarrow$ $\mathscr{A}$ 在任何一组基下的方阵是单纯方阵.

习 题 7.7

1. 对习题 7.4 第 1 题(1)—(5)的复方阵的特征方阵求出初等因子组，并由此写出这些复方阵的 Jordan 标准形.

2. 求证：$\mathscr{A}$ 是循环变换的充分必要条件是，$\mathscr{A}$ 在任何一组基下的方阵的特征方阵 $\lambda\boldsymbol{I}-\boldsymbol{A}$ 的 $n-1$ 阶行列式因子 $D_{n-1}(\lambda)=1$.

3. 方阵 $\boldsymbol{A}$ 的特征多项式与最小多项式都等于 $(\lambda-\lambda_1)^{n_1}\cdots(\lambda-\lambda_t)^{n_t}$，其中 $\lambda_1,\cdots,\lambda_t$ 两两不同. 求 $\boldsymbol{A}$ 的 Jordan 标准形.

4. (1) 方阵 $\boldsymbol{A}$ 的特征多项式 $\varphi_{\boldsymbol{A}}(\lambda)=(\lambda-1)^4(\lambda+1)^3\lambda^2$，最小多项式 $d_{\boldsymbol{A}}(\lambda)=(\lambda-1)^3(\lambda+1)^2\lambda^2$，求 $\boldsymbol{A}$ 的 Jordan 标准形.

(2) 方阵 $\boldsymbol{A}$ 的特征多项式 $\varphi_{\boldsymbol{A}}(\lambda)=(\lambda-1)^4(\lambda+1)^3\lambda^2$，最小多项式 $d_{\boldsymbol{A}}(\lambda)=(\lambda-1)^2(\lambda+1)^2\lambda^2$，$\boldsymbol{A}$ 的 Jordan 标准形有哪些可能性？

§7.8 实方阵的实相似

我们对于线性空间和向量的研究是从实数域 $\mathbf{R}$ 上的 2 维或 3 维几何空间开始的. 实数域 $\mathbf{R}$ 上的线性空间、线性变换和矩阵具有特别的重要性. 在研究方阵的相似的时候，为了求出所有的特征值，我们将数域范围扩大到复数域，

证明了复数域上所有的方阵都相似于 Jordan 标准形. 如果实方阵 $\boldsymbol{A}$ 的特征值全部在 $\mathbf{R}$ 中, $\boldsymbol{A}$ 也能在实数域上相似于 Jordan 标准形, 也就是说存在实可逆方阵 $\boldsymbol{P}$ 使 $\boldsymbol{P}^{-1}\boldsymbol{A}\boldsymbol{P}$ 是 Jordan 标准形. 但一般说来实方阵 $\boldsymbol{A}$ 的特征值不一定全部是实数, 有可能有的是虚数, 此时 $\boldsymbol{A}$ 不但不能相似于 Jordan 标准形, 也不能相似于三角形矩阵. 在 §7.7 定理 7.7.2 中给出了任意域 F 上的方阵在 F 上的相似标准形——有理标准形, 这当然也适用于 F 是实数域 $\mathbf{R}$ 的情形. 但针对实数域的特点, 仍有必要给出实方阵在实数域上特有的相似标准形.

命题 7.8.1 同阶实方阵 $\boldsymbol{A}$ 与 $\boldsymbol{B}$ 复相似 $\Leftrightarrow$ $\boldsymbol{A}$ 与 $\boldsymbol{B}$ 实相似.

证明 这是定理 7.7.4 当 $F=\mathbf{R}$ 时的情形, 无需再证. 但我们还是另外给出一个不依赖于 λ 矩阵的相抵标准形的证明如下:

显然, $\boldsymbol{A},\boldsymbol{B}$ 实相似 $\Rightarrow$ $\boldsymbol{A},\boldsymbol{B}$ 复相似.

反过来, 设 $\boldsymbol{A}$, $\boldsymbol{B}$ 复相似, 存在可逆复方阵 $\boldsymbol{P}$ 使 $\boldsymbol{P}^{-1}\boldsymbol{A}\boldsymbol{P}=\boldsymbol{B}$, 即 $\boldsymbol{A}\boldsymbol{P}=\boldsymbol{P}\boldsymbol{B}$.

将复方阵 $\boldsymbol{P}=(p_{ij})_{n\times n}$ 的每个元 $p_{ij}=x_{ij}+\mathrm{i}y_{ij}(x_{ij},y_{ij}\in\mathbf{R})$ 的实部组成一个方阵 $\boldsymbol{P}_1=(x_{ij})_{n\times n}$, 虚部组成一个方阵 $\boldsymbol{P}_2=(y_{ij})_{n\times n}$, 则 $\boldsymbol{P}=\boldsymbol{P}_1+\mathrm{i}\boldsymbol{P}_2$. 代入 $\boldsymbol{A}\boldsymbol{P}=\boldsymbol{P}\boldsymbol{B}$ 得

$$\boldsymbol{A}(\boldsymbol{P}_1+\mathrm{i}\boldsymbol{P}_2)=(\boldsymbol{P}_1+\mathrm{i}\boldsymbol{P}_2)\boldsymbol{B}\Leftrightarrow\begin{cases}\boldsymbol{A}\boldsymbol{P}_1=\boldsymbol{P}_1\boldsymbol{B}\\ \boldsymbol{A}\boldsymbol{P}_2=\boldsymbol{P}_2\boldsymbol{B}\end{cases}$$

由于 $\boldsymbol{P}=\boldsymbol{P}_1+\mathrm{i}\boldsymbol{P}_2$ 可逆, 行列式 $\det\boldsymbol{P}=\det(\boldsymbol{P}_1+\mathrm{i}\boldsymbol{P}_2)\neq0$. 令 $f(\lambda)=\det(\boldsymbol{P}_1+\lambda\boldsymbol{P}_2)$. 则 $f(\lambda)$ 是 λ 的实系数多项式, 且由 $f(\mathrm{i})=\det\boldsymbol{P}\neq0$ 知道 $f(\lambda)$ 不是零多项式. 设 $f(\lambda)$ 的次数等于 m, 则 $f(\lambda)$ 至多有 m 个实根, 必然存在实数 c 不是 $f(\lambda)$ 的根, $f(c)=\det(\boldsymbol{P}_1+c\boldsymbol{P}_2)\neq0$. 取 $\boldsymbol{Q}=\boldsymbol{P}_1+c\boldsymbol{P}_2$, 则 $\boldsymbol{Q}$ 是可逆实方阵. 且

$$\left.\begin{cases}\boldsymbol{A}\boldsymbol{P}_1=\boldsymbol{P}_1\boldsymbol{B}\\ \boldsymbol{A}\boldsymbol{P}_2=\boldsymbol{P}_2\boldsymbol{B}\end{cases}\right\}\Rightarrow\boldsymbol{A}(\boldsymbol{P}_1+c\boldsymbol{P}_2)=(\boldsymbol{P}_1+c\boldsymbol{P}_2)\boldsymbol{B}\Rightarrow\boldsymbol{A}\boldsymbol{Q}=\boldsymbol{Q}\boldsymbol{B}$$

从而 $\boldsymbol{B}=\boldsymbol{Q}^{-1}\boldsymbol{A}\boldsymbol{Q}$. $\boldsymbol{A},\boldsymbol{B}$ 通过实可逆方阵 $\boldsymbol{Q}$ 实相似. □

引理 7.8.2 设 $\boldsymbol{A}$ 是 n 阶实方阵. 则以 $\boldsymbol{A}$ 的虚特征值为根的初等因子成对共轭出现. 也就是说: 如果以 $\boldsymbol{A}$ 的虚特征值 τ 为根的 $\lambda\boldsymbol{I}-\boldsymbol{A}$ 的全部初等因子为

$$(\lambda-\tau)^{m_1},(\lambda-\tau)^{m_2},\cdots,(\lambda-\tau)^{m_s}$$

则 τ 的共轭虚数 $\bar{\tau}$ 也是 $\boldsymbol{A}$ 的虚特征值, $\lambda\boldsymbol{I}-\boldsymbol{A}$ 的以 $\bar{\tau}$ 为根的全部初等因子为

$$(\lambda-\bar{\tau})^{m_1},(\lambda-\bar{\tau})^{m_2},\cdots,(\lambda-\bar{\tau})^{m_s}$$

证明 设 $d_k(\lambda)$ 是 $\lambda\boldsymbol{I}-\boldsymbol{A}$ 的任何一个不等于常数的不变因子. 则 $d_k(\lambda)$ 是实系数多项式. 设 τ 是 $d_k(\lambda)$ 的虚根, 重数为 m_k, 则 $(\lambda-\tau)^{m_k}$ 是 $d_k(\lambda)$ 的唯一

一个以 τ 为根的初等因子.

$$d_k(\lambda)=f_k(\lambda)(\lambda-\tau)^{m_k} \tag{7.8.1}$$

τ 不是$f_k(\lambda)$的根. (7.8.1)两边取共轭并注意到实多项式 $d_k(\lambda)$ 的共轭等于自身，得

$$d_k(\lambda)=\overline{f_k(\lambda)}(\lambda-\bar{\tau})^{m_k} \tag{7.8.2}$$

这说明$(\lambda-\bar{\tau})^{m_k}$整除 $d_k(\lambda)$，且 $\bar{\tau}$ 不是$\overline{f_k(\lambda)}$的根. 可见$(\lambda-\bar{\tau})^{m_k}$是 $d_k(\lambda)$ 的唯一一个以 $\bar{\tau}$ 为根的初等因子.

以上讨论 $\lambda\boldsymbol{I}-\boldsymbol{A}$ 的结论对每个不变因子都成立. 而 $\lambda\boldsymbol{I}-\boldsymbol{A}$ 的初等因子组由各不变因子的初等因子组合并得到. 因此 $\lambda\boldsymbol{I}-\boldsymbol{A}$ 的以虚特征值为根的初等因子成对出现. □

由于 $\boldsymbol{A}$ 的 Jordan 标准形中的 Jordan 块与初等因子一一对应，由 $\lambda\boldsymbol{I}-\boldsymbol{A}$ 的初等因子中以虚特征值为根的初等因子成对共轭可知 $\boldsymbol{A}$ 的 Jordan 标准形 $\boldsymbol{J}$ 中的虚 Jordan 块也成对共轭，即 $\boldsymbol{J}$ 是由实特征值 λ_i 的 Jordan 块 $\boldsymbol{J}_{m_{ij}}(\lambda_i)$和每一对虚特征值 τ_i，$\bar{\tau}_i$ 的 Jordan 块

$$\begin{pmatrix} \boldsymbol{J}_{m_{ij}}(\tau_i) & \\ & \boldsymbol{J}_{m_{ij}}(\bar{\tau}_i) \end{pmatrix} \tag{7.8.3}$$

组成的准对角矩阵. 只需将(7.8.3)中的准对角矩阵相似于适当的实方阵，就得到了与 $\boldsymbol{J}$ 相似的实相似标准形.

例 1 设 $\tau=a+b\mathrm{i}$，$a,b\in\mathbf{R}$ 且 $b\neq 0$.

$$\boldsymbol{A}=\begin{pmatrix} \tau & 0 \\ 0 & \bar{\tau} \end{pmatrix}=\begin{pmatrix} a+b\mathrm{i} & 0 \\ 0 & a-b\mathrm{i} \end{pmatrix}$$

试求与 $\boldsymbol{A}$ 相似的实方阵.

解 $\boldsymbol{A}=a\begin{pmatrix} 1 & 0 \\ 0 & 1 \end{pmatrix}+b\begin{pmatrix} \mathrm{i} & 0 \\ 0 & -\mathrm{i} \end{pmatrix}$. 其中 $\boldsymbol{D}=\begin{pmatrix} \mathrm{i} & 0 \\ 0 & -\mathrm{i} \end{pmatrix}$的特征值是 i，-i. 熟知实方阵 $\boldsymbol{K}=\begin{pmatrix} 0 & 1 \\ -1 & 0 \end{pmatrix}$满足条件 $\boldsymbol{K}^2=-\boldsymbol{I}$，特征值也是 i，-i，$\boldsymbol{K}$ 应相似于 $\boldsymbol{D}$. 易求得 $\boldsymbol{K}$ 的属于这两个特征值 i，-i 的特征向量$\begin{pmatrix} 1 \\ \mathrm{i} \end{pmatrix}$和$\begin{pmatrix} 1 \\ -\mathrm{i} \end{pmatrix}$组成可逆复方阵 $\boldsymbol{P}=\begin{pmatrix} 1 & 1 \\ \mathrm{i} & -\mathrm{i} \end{pmatrix}$，$\boldsymbol{KP}=\boldsymbol{PD}$，因此 $\boldsymbol{PDP}^{-1}=\boldsymbol{K}$，

$$\boldsymbol{PAP}^{-1}=\boldsymbol{P}(a\boldsymbol{I}+b\boldsymbol{D})\boldsymbol{P}^{-1}=a\boldsymbol{I}+b\boldsymbol{K}=\boldsymbol{B}=\begin{pmatrix} a & b \\ -b & a \end{pmatrix}$$

即

$$\begin{pmatrix} 1 & 1 \\ \mathrm{i} & -\mathrm{i} \end{pmatrix}\begin{pmatrix} a+b\mathrm{i} & 0 \\ 0 & a-b\mathrm{i} \end{pmatrix}\begin{pmatrix} \frac{1}{2} & -\frac{1}{2}\mathrm{i} \\ \frac{1}{2} & \frac{1}{2}\mathrm{i} \end{pmatrix}=\begin{pmatrix} a & b \\ -b & a \end{pmatrix} \tag{7.8.4}$$

其中

$$\begin{pmatrix} \frac{1}{2} & -\frac{1}{2}\mathrm{i} \\ \frac{1}{2} & \frac{1}{2}\mathrm{i} \end{pmatrix}=\begin{pmatrix} 1 & 1 \\ \mathrm{i} & -\mathrm{i} \end{pmatrix}^{-1} \qquad \square$$

例 2　设 τ 是不为零的任意复数，求证：Jordan 块

$$\boldsymbol{J}_m(\tau)=\begin{pmatrix} \tau & 1 & & \\ & \tau & \ddots & \\ & & \ddots & 1 \\ & & & \tau \end{pmatrix}$$

相似于 $\begin{pmatrix} \tau & \tau & & \\ & \tau & \ddots & \\ & & \ddots & \tau \\ & & & \tau \end{pmatrix}=\tau\boldsymbol{J}_m(1)$.

证明　取对角矩阵 $\boldsymbol{\Lambda}=\mathrm{diag}(1,\tau,\tau^2,\cdots,\tau^{m-1})$. 易验证

$$\boldsymbol{\Lambda}^{-1}\boldsymbol{J}_m(\tau)\boldsymbol{\Lambda}=\tau\boldsymbol{J}_m(1). \qquad \square$$

例 3　设 a，$b\in\mathbf{R}$ 且 $b\neq 0$，记 $\boldsymbol{M}_m=\boldsymbol{J}_m(1)$. 求证：

$$\boldsymbol{D}=\begin{pmatrix} \boldsymbol{J}_m(a+b\mathrm{i}) & \\ & \boldsymbol{J}_m(a-b\mathrm{i}) \end{pmatrix}\text{相似于实方阵 }\boldsymbol{L}=\begin{pmatrix} a\boldsymbol{M}_m & b\boldsymbol{M}_m \\ -b\boldsymbol{M}_m & a\boldsymbol{M}_m \end{pmatrix}.$$

证明　由例 2 知道 $\boldsymbol{J}_m(a\pm b\mathrm{i})$ 相似于 $(a\pm b\mathrm{i})\boldsymbol{M}_m$. 从而

$$\boldsymbol{D}=\begin{pmatrix} \boldsymbol{J}_m(a+b\mathrm{i}) & \\ & \boldsymbol{J}_m(a-b\mathrm{i}) \end{pmatrix}$$

相似于

$$\boldsymbol{D}_1=\begin{pmatrix} (a+b\mathrm{i})\boldsymbol{M}_m & \\ & (a-b\mathrm{i})\boldsymbol{M}_m \end{pmatrix}=\begin{pmatrix} (a+b\mathrm{i})\boldsymbol{I}_{(m)} & \\ & (a-b\mathrm{i})\boldsymbol{I}_{(m)} \end{pmatrix}\begin{pmatrix} \boldsymbol{M}_m & \\ & \boldsymbol{M}_m \end{pmatrix}$$

由例 1 的等式(7.8.4)知道

$$\begin{pmatrix} \boldsymbol{I}_{(m)} & \boldsymbol{I}_{(m)} \\ \mathrm{i}\boldsymbol{I}_{(m)} & -\mathrm{i}\boldsymbol{I}_{(m)} \end{pmatrix}\begin{pmatrix} (a+b\mathrm{i})\boldsymbol{I}_{(m)} & 0 \\ 0 & (a-b\mathrm{i})\boldsymbol{I}_{(m)} \end{pmatrix}\begin{pmatrix} \frac{1}{2}\boldsymbol{I}_{(m)} & -\frac{1}{2}\mathrm{i}\boldsymbol{I}_{(m)} \\ \frac{1}{2}\boldsymbol{I}_{(m)} & \frac{1}{2}\mathrm{i}\boldsymbol{I}_{(m)} \end{pmatrix}$$

$$=\begin{pmatrix} a\boldsymbol{I}_{(m)} & b\boldsymbol{I}_{(m)} \\ -b\boldsymbol{I}_{(m)} & a\boldsymbol{I}_{(m)} \end{pmatrix} \tag{7.8.5}$$

记

$$\boldsymbol{P}=\begin{pmatrix} \boldsymbol{I}_{(m)} & \boldsymbol{I}_{(m)} \\ \mathrm{i}\boldsymbol{I}_{(m)} & -\mathrm{i}\boldsymbol{I}_{(m)} \end{pmatrix}$$

则

$$\boldsymbol{P}^{-1}=\begin{pmatrix} \frac{1}{2}\boldsymbol{I}_{(m)} & -\frac{1}{2}\mathrm{i}\boldsymbol{I}_{(m)} \\ \frac{1}{2}\boldsymbol{I}_{(m)} & \frac{1}{2}\mathrm{i}\boldsymbol{I}_{(m)} \end{pmatrix}.$$

易见 $\boldsymbol{P}^{-1}$ 与 $\begin{pmatrix} \boldsymbol{M}_m & \\ & \boldsymbol{M}_m \end{pmatrix}$ 在矩阵乘法下可交换，因而

$$\boldsymbol{P}\boldsymbol{D}_1\boldsymbol{P}^{-1}=\boldsymbol{P}\begin{pmatrix} (a+b\mathrm{i})\boldsymbol{I}_{(m)} & 0 \\ 0 & (a-b\mathrm{i})\boldsymbol{I}_{(m)} \end{pmatrix}\boldsymbol{P}^{-1}\begin{pmatrix} \boldsymbol{M}_m & \\ & \boldsymbol{M}_m \end{pmatrix}$$

$$=\begin{pmatrix} a\boldsymbol{I}_{(m)} & b\boldsymbol{I}_{(m)} \\ -b\boldsymbol{I}_{(m)} & a\boldsymbol{I}_{(m)} \end{pmatrix}\begin{pmatrix} \boldsymbol{M}_m & \\ & \boldsymbol{M}_m \end{pmatrix}=\begin{pmatrix} a\boldsymbol{M}_m & b\boldsymbol{M}_m \\ -b\boldsymbol{M}_m & a\boldsymbol{M}_m \end{pmatrix}=\boldsymbol{L}$$

这证明了 $\boldsymbol{D}_1$ 相似于 $\boldsymbol{L}$. 而 $\boldsymbol{D}$ 相似于 $\boldsymbol{D}_1$，因此 $\boldsymbol{D}$ 相似于 $\boldsymbol{L}$. 如所欲证. □

由例 3 的结果立即得出

定理 7.8.3　设 n 阶实方阵 $\boldsymbol{A}$ 的全部初等因子为

$$\lambda^{n_j}(1\leqslant j\leqslant s);\quad (\lambda-\lambda_j)^{m_j}\quad (1\leqslant j\leqslant t)$$

$$(\lambda-a_j-b_j\mathrm{i})^{k_j},\quad (\lambda-a_j+b_j\mathrm{i})^{k_j}\quad (1\leqslant j\leqslant p)$$

其中 $\lambda_1,\cdots,\lambda_t$ 是 $\boldsymbol{A}$ 的非零实特征值(不一定两两不同)，$a_1\pm b_1\mathrm{i}$，$\cdots$，$a_p\pm b_p\mathrm{i}$ 是 $\boldsymbol{A}$ 的虚特征值(不一定两两不同). 则 $\boldsymbol{A}$ 实相似于如下的标准形

$$\mathrm{diag}(\boldsymbol{N}_{n_1},\cdots,\boldsymbol{N}_{n_s},\lambda_1\boldsymbol{M}_{m_1},\cdots,\lambda_t\boldsymbol{M}_{m_t},\boldsymbol{L}_{k_1}(a_1\pm b_1\mathrm{i}),\cdots,\boldsymbol{L}_{k_p}(a_p\pm b_p\mathrm{i})),$$

其中

$$\boldsymbol{N}_{n_j}=\begin{pmatrix} 0 & 1 & & \\ & 0 & \ddots & \\ & & \ddots & 1 \\ & & & 0 \end{pmatrix}_{n_j\times n_j},\quad \boldsymbol{M}_{m_j}=\begin{pmatrix} 1 & 1 & & \\ & 1 & \ddots & \\ & & \ddots & 1 \\ & & & 1 \end{pmatrix}_{m_j\times m_j}$$

$$\boldsymbol{L}_{k_j}(a_j\pm b_j\mathrm{i})=\begin{pmatrix} aM_{k_j} & bM_{k_j} \\ -bM_{k_j} & aM_{k_j} \end{pmatrix}$$ □

还可以将例 3 中的 $D=\mathrm{diag}(\boldsymbol{J}_m(a+b\mathrm{i}),\boldsymbol{J}_m(a-b\mathrm{i}))$ 复相似到另外一类实方阵，从而得到实方阵实相似的另外一种标准形.

例 4 设 $a+b\mathrm{i}$, $a-b\mathrm{i}$ 为共轭虚数($a,b\in\mathbf{R},b\neq 0$).

求证：初等因子为$(\lambda-(a+b\mathrm{i}))^m$, $(\lambda-(a-b\mathrm{i}))^m$ 的复方阵

$$\boldsymbol{D}=\begin{pmatrix}\boldsymbol{J}_m(a+b\mathrm{i}) & \\ & \boldsymbol{J}_m(a-b\mathrm{i})\end{pmatrix}$$

相似于 $2m$ 阶实方阵

$$\boldsymbol{K}=\begin{pmatrix}a & b & 1 & 0 & & & & \\ -b & a & 0 & 1 & & & & \\ & & a & b & \ddots & & & \\ & & -b & a & & \ddots & & \\ & & & & \ddots & & 1 & 0 \\ & & & & & \ddots & 0 & 1 \\ & & & & & & a & b \\ & & & & & & -b & a\end{pmatrix}$$

证明 对 $1\leqslant j\leqslant 2m$，记 $\boldsymbol{e}_j$ 为第 j 个分量为 1、其余分量为 0 的 $2m$ 维列向量. 则

$$\begin{cases}\boldsymbol{D}\boldsymbol{e}_1=(a+b\mathrm{i})\boldsymbol{e}_1 & \\ \boldsymbol{D}\boldsymbol{e}_j=(a+b\mathrm{i})\boldsymbol{e}_j+\boldsymbol{e}_{j-1} & (\forall\, 2\leqslant j\leqslant m)\\ \boldsymbol{D}\boldsymbol{e}_{m+1}=(a-b\mathrm{i})\boldsymbol{e}_{m+1} & \\ \boldsymbol{D}\boldsymbol{e}_{m+j}=(a+b\mathrm{i})\boldsymbol{e}_{m+j}+\boldsymbol{e}_{m+j-1} & (\forall\, 2\leqslant j\leqslant m)\end{cases}\tag{7.8.6}$$

依次以 $\boldsymbol{e}_1,\boldsymbol{e}_{m+1},\cdots,\boldsymbol{e}_j,\boldsymbol{e}_{m+j},\cdots,\boldsymbol{e}_m,\boldsymbol{e}_{2m}$ 为各列排成 $2m$ 阶可逆方阵 $\boldsymbol{P}$. 由(7.8.6)知

$$\boldsymbol{D}(\boldsymbol{e}_1,\boldsymbol{e}_{m+1},\cdots,\boldsymbol{e}_j,\boldsymbol{e}_{m+j},\cdots,\boldsymbol{e}_m,\boldsymbol{e}_{2m})=(\boldsymbol{e}_1,\boldsymbol{e}_{m+1},\cdots,\boldsymbol{e}_j,\boldsymbol{e}_{m+j},\cdots,\boldsymbol{e}_m,\boldsymbol{e}_{2m})\boldsymbol{B}$$

对

$$\boldsymbol{B}=\begin{pmatrix}a+bi & 0 & 1 & 0 & & & \\ 0 & a-bi & 0 & 1 & & & \\ & & a+bi & 0 & \ddots & & \\ & & 0 & a-bi & \ddots & 1 & 0 \\ & & & & \ddots & 0 & 1 \\ & & & & & a+bi & 0 \\ & & & & & 0 & a-bi\end{pmatrix}$$

成立. 也就是说：$\boldsymbol{DP}=\boldsymbol{PB}$, $\boldsymbol{P}^{-1}\boldsymbol{DP}=\boldsymbol{B}$, $\boldsymbol{D}$ 相似于 $\boldsymbol{B}$.

由例 1 知

$$\begin{pmatrix}1 & 1\\ \mathrm{i} & -\mathrm{i}\end{pmatrix}\begin{pmatrix}a+b\mathrm{i} & 0\\ 0 & a-b\mathrm{i}\end{pmatrix}\begin{pmatrix}1 & 1\\ \mathrm{i} & -\mathrm{i}\end{pmatrix}^{-1}=\begin{pmatrix}a & b\\ -b & a\end{pmatrix}$$

当然还有

$$\begin{pmatrix}1 & 1\\ \mathrm{i} & -\mathrm{i}\end{pmatrix}\begin{pmatrix}1 & 0\\ 0 & 1\end{pmatrix}\begin{pmatrix}1 & 1\\ \mathrm{i} & -\mathrm{i}\end{pmatrix}^{-1}=\begin{pmatrix}1 & 0\\ 0 & 1\end{pmatrix}$$

取 $2m$ 阶准对角阵

$$\boldsymbol{\Lambda}=\mathrm{diag}\left(\begin{pmatrix}1 & 1\\ \mathrm{i} & -\mathrm{i}\end{pmatrix},\cdots,\begin{pmatrix}1 & 1\\ \mathrm{i} & -\mathrm{i}\end{pmatrix}\right)$$

则

$$\boldsymbol{\Lambda B \Lambda}^{-1}=\boldsymbol{K}=\begin{pmatrix}a & b & 1 & 0 & & & \\ -b & a & 0 & 1 & & & \\ & & a & b & \ddots & & \\ & & -b & a & \ddots & 1 & 0\\ & & & & & 0 & 1\\ & & & & & a & b\\ & & & & & -b & a\end{pmatrix}$$

$\boldsymbol{D}$ 相似于 $\boldsymbol{B}$，$\boldsymbol{B}$ 相似于 $\boldsymbol{K}$，从而 $\boldsymbol{D}$ 相似于 $\boldsymbol{K}$. 如所欲证. □

不妨将以 $a\pm b\mathrm{i}$ 为特征值的 2 阶方阵 $\begin{pmatrix}a & b\\ -b & a\end{pmatrix}$ 记作 $\boldsymbol{L}(a\pm b\mathrm{i})$. 则例 4 中的 $\boldsymbol{K}$ 可写为分块矩阵的形式

$$\boldsymbol{K}_m(a+b\mathrm{i})=\begin{pmatrix}\boldsymbol{L}(a\pm b\mathrm{i}) & \boldsymbol{I}_{(2)} & & \\ & \boldsymbol{L}(a\pm b\mathrm{i}) & \ddots & \\ & & \ddots & \boldsymbol{I}_{(2)}\\ & & & \boldsymbol{L}(a\pm b\mathrm{i})\end{pmatrix}$$

想像成以 $\boldsymbol{L}(a\pm b\mathrm{i})$ 为“根”的“m 阶 Jordan 块”，只不过其中每个“元”是一个 2 阶方阵.

由例 4 的结果立即得出

定理7.8.4　设 n 阶实方阵 $\boldsymbol{A}$ 的全部初等因子为

$$(\lambda-\lambda_j)^{n_j}\quad(1\leqslant j\leqslant t)$$

$$(\lambda-a_j-b_j i)^{m_j},(\lambda-a_j+b_j i)^{m_j}\quad(1\leqslant j\leqslant p)$$

其中 $\lambda_1,\cdots,\lambda_t$ 是 $\boldsymbol{A}$ 的实特征值(不一定两两不同)，$a_1\pm b_1\mathrm{i}$，$\cdots$，$a_p\pm b_p\mathrm{i}$ 是 $\boldsymbol{A}$ 的虚特征值(不一定两两不同). 则 $\boldsymbol{A}$ 实相似于如下的标准形：

$$\mathrm{diag}(\boldsymbol{J}_{n_1}(\lambda_1),\cdots,\boldsymbol{J}_{n_t}(\lambda_t),\boldsymbol{K}_{m_1}(a_1\pm b_1\mathrm{i}),\cdots,\boldsymbol{K}_{m_p}(a_p\pm b_p\mathrm{i})),$$

其中

$$K_{m_j}(a_j\pm b_j\mathrm{i})=\begin{pmatrix} L(a_j\pm b_j\mathrm{i}) & I_{(2)} & & \\ & L(a_j\pm b_j\mathrm{i}) & \ddots & \\ & & \ddots & I_{(2)} \\ & & & L(a_j\pm b_j\mathrm{i}) \end{pmatrix}$$

是初等因子为$(\lambda-a_j-b_j\mathrm{i})^{m_j}$，$(\lambda-a_j+b_j\mathrm{i})^{m_j}$的 $2m_j$ 阶方阵，

$$L(a_j\pm b_j\mathrm{i})=\begin{pmatrix} a_j & b_j \\ -b_j & a_j \end{pmatrix}\qquad\square$$

推论7.8.1　如果实数域 $\mathbf{R}$ 上的线性空间 V 上的线性变换 $\mathscr{A}$ 有虚特征值 $a+b\mathrm{i}$，则 V 中存在 $\mathscr{A}$ 的 2 维不变子空间 W，$\mathscr{A}|_W$ 的特征值为 $a\pm b\mathrm{i}$.　□

习　题　7.8

1. 实方阵$\begin{pmatrix} 0&1&0&0\\0&0&1&0\\0&0&0&1\\1&0&0&0 \end{pmatrix}$是否复相似于对角矩阵？是否实相似于对角矩阵？说明理由.

2. 实方阵$\begin{pmatrix} 2&-1&1&0\\1&2&0&1\\0&0&2&-1\\0&0&1&2 \end{pmatrix}$与$\begin{pmatrix} 2&2&-1&-1\\0&2&0&-1\\1&1&2&2\\0&1&0&2 \end{pmatrix}$是否实相似？说明理由.

3. 设 $X_1+\mathrm{i}X_2$ 是 n 阶实方阵 A 的属于虚特征值 $a+b\mathrm{i}$ 的特征向量，其中 X_1，$X_2\in\mathbf{R}^{n\times1}$. 证明 X_1，X_2 生成的子空间 W 是 $\mathbf{R}^{n\times1}$的线性变换 $\mathscr{A}$：$X\mapsto AX$ 的 2 维不变子空间，并求出 $\mathscr{A}|_W$ 在基$\{X_1,X_2\}$下的矩阵.

4. 证明：实数域上有限维线性空间的线性变换必有 1 维或 2 维的不变子空间.

§7.9　更多的例子

例 1　求证：对任意可逆复方阵 A 和正整数 k，存在复方阵 B 使 $B^k=A$. 当 A 不可逆时是否一定存在这样的 B？

证明　存在可逆复方阵 P 使 $P^{-1}AP=J=\mathrm{diag}(J_1,\cdots,J_s)$ 是 Jordan 标准形，其中每个 $J_i=J_{m_i}(\lambda_i)$是 Jordan 块. 只要对每个 $1\leqslant i\leqslant s$ 都能找到 K_i 使 $L_i^k=J_i$，则 $L=\mathrm{diag}(L_1,\cdots,L_s)$ 满足条件 $L^k=J$，$B=PLP^{-1}$ 满足条件 $B^k=PL^kP^{-1}=PJP^{-1}=A$.

对每个 $1\leqslant i\leqslant s$，由 A 可逆知道特征值 $\lambda_i\neq0$，记

$$N_i=J_{m_i}(0)=\begin{pmatrix} 0 & 1 & & \\ & 0 & \ddots & \\ & & \ddots & 1 \\ & & & 0 \end{pmatrix}$$

则
$$J_i=\begin{pmatrix}\lambda_i & 1 & & \\ & \lambda_i & \ddots & \\ & & \ddots & 1 \\ & & & \lambda_i\end{pmatrix}=\lambda_i(I+\lambda_i^{-1}N_i)$$

仿照$(1+\lambda)^{\frac{1}{k}}$的 Taylor 展开式
$$(1+\lambda)^{\frac{1}{k}}=1+\sum_{i=1}^{\infty}\frac{\frac{1}{k}\left(\frac{1}{k}-1\right)\cdots\left(\frac{1}{k}-i+1\right)}{i!}$$
并考虑到 $N_i^{m_i}=O$，取方阵
$$M_i=I+\frac{1}{k}(\lambda_i^{-1}N_i)+\frac{\frac{1}{k}\left(\frac{1}{k}-1\right)}{2!}(\lambda_i^{-1}N_i)^2+\cdots+$$
$$\frac{\frac{1}{k}\left(\frac{1}{k}-1\right)\cdots\left(\frac{1}{k}-m_i+2\right)}{(m_i-1)!}(\lambda_i^{-1}N_i)^{m_i-1}$$
则可验证 $M_i^k=I+\lambda_i^{-1}N_i$.

存在复数 μ_i 使 $\mu_i^k=\lambda_i$. 于是$(\mu_iM_i)^k=\lambda_i(I+\lambda_i^{-1}N_i)=J_i$.

取$L=\mathrm{diag}(\mu_1M_1,\cdots,\mu_sM_s)$，则 $L^k=J$，从而 $B^k=A$ 对 $B=PLP^{-1}$ 成立． □

例 2　设数列$\{a_n\}$满足条件
$$a_n=3a_{n-2}+2a_{n-3},\quad\forall n\geqslant 3$$
已知 a_1，a_2，a_3，求 a_n.

解
$$\begin{pmatrix}a_n\\a_{n-1}\\a_{n-2}\end{pmatrix}=\begin{pmatrix}3a_{n-2}+2a_{n-3}\\a_{n-1}\\a_{n-2}\end{pmatrix}=\begin{pmatrix}0&3&2\\1&0&0\\0&1&0\end{pmatrix}\begin{pmatrix}a_{n-1}\\a_{n-2}\\a_{n-3}\end{pmatrix}=\begin{pmatrix}0&3&2\\1&0&0\\0&1&0\end{pmatrix}^{n-3}\begin{pmatrix}a_3\\a_2\\a_1\end{pmatrix}$$
用§7.4 中的算法可找到可逆方阵
$$P=\begin{pmatrix}4&1&-1\\2&-1&0\\1&1&1\end{pmatrix}$$
将 $A=\begin{pmatrix}0&3&2\\1&0&0\\0&1&0\end{pmatrix}$相似于 $P^{-1}AP=J=\begin{pmatrix}2&&\\&-1&1\\&&-1\end{pmatrix}$.

从而

$$A^{n-3}=PJ^{n-3}P^{-1}=P\begin{pmatrix}2^{n-3} & 0\\ 0 & \begin{pmatrix}-1 & 1\\ 0 & -1\end{pmatrix}^{n-3}\end{pmatrix}P^{-1}$$

注意到

$$\begin{pmatrix}-1 & 1\\ 0 & -1\end{pmatrix}^k=\left((-1)\begin{pmatrix}1 & -1\\ 0 & 1\end{pmatrix}\right)^k=(-1)^k\begin{pmatrix}1 & -k\\ 0 & 1\end{pmatrix}=\begin{pmatrix}(-1)^k & (-1)^{k+1}k\\ 0 & (-1)^k\end{pmatrix}$$

我们有

$$A^{n-3}=\begin{pmatrix}4 & 1 & -1\\ 2 & -1 & 0\\ 1 & 1 & 1\end{pmatrix}\begin{pmatrix}2^{n-3} & 0 & 0\\ 0 & (-1)^{n-3} & (-1)^{n-2}(n-3)\\ 0 & 0 & (-1)^{n-3}\end{pmatrix}\begin{pmatrix}1 & 2 & 1\\ 2 & -5 & 2\\ -3 & 3 & 6\end{pmatrix}\frac{1}{9}$$

$$=\begin{pmatrix}\dfrac{2^{n-1}+(-1)^{n-3}(3n-4)}{9} & \dfrac{2^n+(-1)^{n-3}(-3n+1)}{9} & \dfrac{2^{n-1}+(-1)^{n-3}(-6n+14)}{9}\\ * & * & *\\ * & * & *\end{pmatrix}$$

代入 $\begin{pmatrix}a_n\\ a_{n-1}\\ a_{n-2}\end{pmatrix}=A^{n-3}\begin{pmatrix}a_3\\ a_2\\ a_1\end{pmatrix}$ 得

$$a_n=\frac{1}{9}[(2^{n-1}+(-1)^{n-3}(3n-4))a_3+(2^n+(-1)^{n-3}(-3n+1))a_2$$
$$+(2^{n-1}+(-1)^{n-3}(-6n+14))a_1]\quad\square$$

例 3 设复方阵 $\boldsymbol{A}$ 的特征多项式 $\varphi_A(\lambda)$ 等于最小多项式 $d_A(\lambda)$. 求证：与 $\boldsymbol{A}$ 交换的每个方阵 $\boldsymbol{B}$ 都可以写成 $\boldsymbol{A}$ 的多项式 $f(\boldsymbol{A})$ 的形式.

证法 1（几何证法） 考虑 $\boldsymbol{A}$ 的左乘作用在复数域上 n 维列向量空间 $V=\mathbf{C}^{n\times 1}$ 上引起的线性变换 $\mathscr{A}$: $\boldsymbol{X}\mapsto \boldsymbol{AX}$. 则 $\mathscr{A}$ 的特征多项式 $\varphi_{\mathscr{A}}(\lambda)$ 等于最小多项式 $d_{\mathscr{A}}(\lambda)$. 由 § 7.8 例 3 的结论知道：V 等于某个向量 $\boldsymbol{\beta}\in V$ 生成的循环子空间 $\mathbf{C}[\mathscr{A}]\boldsymbol{\beta}$. 设 $\boldsymbol{B}$ 与 $\boldsymbol{A}$ 交换，则 V 上线性变换 $\mathscr{B}$: $\boldsymbol{X}\mapsto \boldsymbol{BX}$ 与 $\mathscr{A}$ 交换.

$\mathscr{B}\boldsymbol{\beta}\in V=\mathbf{C}[\mathscr{A}]$，因此存在复系数多项式 $g(\lambda)$ 使 $\mathscr{B}\boldsymbol{\beta}=g(\mathscr{A})\boldsymbol{\beta}$. 对 V 中每个向量 v，存在复系数多项式 $h(\lambda)$ 使 $v=h(\mathscr{A})\boldsymbol{\beta}$. 由 $\mathscr{B}$ 与 $\mathscr{A}$ 交换知道 $\mathscr{B}$ 与 $h(\mathscr{A})$ 交换. 因此

$$\mathscr{B}(v)=\mathscr{B}h(\mathscr{A})\boldsymbol{\beta}=h(\mathscr{A})\mathscr{B}\boldsymbol{\beta}=h(\mathscr{A})g(\mathscr{A})\boldsymbol{\beta}=g(\mathscr{A})h(\mathscr{A})\boldsymbol{\beta}=g(\mathscr{A})v$$

这说明 $\mathscr{B}v=g(\mathscr{A})v$ 对所有的 $v\in V$ 成立，因而 $\mathscr{B}=g(\mathscr{A})$，从而 $\boldsymbol{B}=g(\boldsymbol{A})$ 是 $\boldsymbol{A}$ 的多项式.

证法 2（矩阵证法） 存在可逆复方阵 $\boldsymbol{P}$ 使

$$\boldsymbol{P}^{-1}\boldsymbol{AP}=\boldsymbol{J}=\mathrm{diag}(\boldsymbol{J}_1,\cdots,\boldsymbol{J}_t)$$

是 Jordan 标准形，每个 $\boldsymbol{J}_i=\boldsymbol{J}_{m_i}(\lambda_i)(1\leqslant i\leqslant t)$ 是 Jordan 块. 由于 $\boldsymbol{A}$ 的特征多项式等于最小多项式，$\boldsymbol{A}$ 的每个特征值 λ_i 只有一个初等因子 $(\lambda-\lambda_i)^{m_i}$，因此只有一个 Jordan 块. 各个 Jordan 块的特征值 $\lambda_1,\cdots,\lambda_t$ 两两不同. 设 $\boldsymbol{B}$ 与 $\boldsymbol{A}$ 交换，则 $\boldsymbol{B}_1=\boldsymbol{P}^{-1}\boldsymbol{B}\boldsymbol{P}$ 与 $\boldsymbol{J}$ 交换. 将 $\boldsymbol{B}_1$ 写成分块形式

$$\boldsymbol{B}_1=(\boldsymbol{B}_{ij})_{t\times t}=\begin{pmatrix}\boldsymbol{B}_{11} & \boldsymbol{B}_{12} & \cdots & \boldsymbol{B}_{1t}\\ \boldsymbol{B}_{21} & \boldsymbol{B}_{22} & \cdots & \boldsymbol{B}_{2t}\\ \vdots & \vdots & & \vdots\\ \boldsymbol{B}_{t1} & \boldsymbol{B}_{t2} & \cdots & \boldsymbol{B}_{tt}\end{pmatrix}$$

比较 $\boldsymbol{J}\boldsymbol{B}_1=\boldsymbol{B}_1\boldsymbol{J}$ 即 $(\boldsymbol{J}_i\boldsymbol{B}_{ij})_{t\times t}=(\boldsymbol{B}_{ij}\boldsymbol{J}_j)_{t\times t}$ 的对应块得 $\boldsymbol{J}_i\boldsymbol{B}_{ij}=\boldsymbol{B}_{ij}\boldsymbol{J}_j$，$\forall\, 1\leqslant i,\ j\leqslant t$.

对任意 $i\neq j$，按照 §6.8 例 5 中的方法可以证明 $\boldsymbol{B}_{ij}=\boldsymbol{O}$：

$$\begin{aligned}\boldsymbol{J}_i\boldsymbol{B}_{ij}=\boldsymbol{B}_{ij}\boldsymbol{J}_j &\Rightarrow(\boldsymbol{J}_i-\lambda_j\boldsymbol{I})\boldsymbol{B}_{ij}=\boldsymbol{B}_{ij}(\boldsymbol{J}_j-\lambda_j\boldsymbol{I})\\ &\Rightarrow(\boldsymbol{J}_i-\lambda_j\boldsymbol{I})^{m_j}\boldsymbol{B}_{ij}=\boldsymbol{B}_{ij}(\boldsymbol{J}_j-\lambda_j\boldsymbol{I})^{m_j}=\boldsymbol{B}_{ij}\cdot\boldsymbol{O}=\boldsymbol{O}.\end{aligned}$$

再由 $(\boldsymbol{J}_i-\lambda_j\boldsymbol{I})^{m_j}$ 可逆即知 $\boldsymbol{B}_{ij}=\boldsymbol{O}$. 于是 $\boldsymbol{B}_1$ 是准对角矩阵

$$\boldsymbol{B}_1=\operatorname{diag}(\boldsymbol{B}_{11},\cdots,\boldsymbol{B}_{tt})$$

每个对角块 $\boldsymbol{B}_{ii}$ 满足 $\boldsymbol{J}_i\boldsymbol{B}_{ii}=\boldsymbol{B}_{ii}\boldsymbol{J}_i$，即

$$(\boldsymbol{J}_i-\lambda_i\boldsymbol{I})\boldsymbol{B}_{ii}=\boldsymbol{B}_{ii}(\boldsymbol{J}_i-\lambda_i\boldsymbol{I})\tag{7.9.1}$$

记 $\boldsymbol{B}_{ii}=(b_{kl})_{m_i\times m_i}$，则 (7.9.1) 成为

$$\begin{pmatrix}0 & 1 & & \\ & 0 & \ddots & \\ & & \ddots & 1\\ & & & 0\end{pmatrix}\begin{pmatrix}b_{11} & \cdots & b_{1m_i}\\ b_{21} & \cdots & b_{2m_i}\\ \vdots & & \vdots\\ b_{m_i1} & \cdots & b_{m_im_i}\end{pmatrix}=\begin{pmatrix}b_{11} & \cdots & b_{1m_i}\\ b_{21} & \cdots & b_{2m_i}\\ \vdots & & \vdots\\ b_{m_i1} & \cdots & b_{m_im_i}\end{pmatrix}\begin{pmatrix}0 & 1 & & \\ & 0 & \ddots & \\ & & \ddots & 1\\ & & & 0\end{pmatrix}$$

即

$$\begin{pmatrix}b_{21} & b_{22} & \cdots & b_{2m_i}\\ \vdots & \vdots & & \vdots\\ b_{m_i1} & b_{m_i2} & \cdots & b_{m_im_i}\\ 0 & 0 & \cdots & 0\end{pmatrix}=\begin{pmatrix}0 & b_{11} & \cdots & b_{1,m_i-1}\\ 0 & b_{21} & \cdots & b_{2,m_i-1}\\ \vdots & \vdots & & \vdots\\ 0 & b_{m_i1} & \cdots & b_{m_i,m_i-1}\end{pmatrix}\tag{7.9.2}$$

比较等式 (7.9.2) 两边的矩阵的第 1 列与最后一行，得：

$$b_{21}=\cdots=b_{m_i1}=0,\qquad b_{m_i1}=b_{m_i2}=\cdots=b_{m_i,m_i-1}=0\tag{7.9.3}$$

对任意正整数 k，$l\leqslant m_i-1$，等式 (7.9.2) 左边的第 $(k,l+1)$ 元等于 $b_{k+1,l+1}$，等式 (7.9.2) 右边的第 $(k,l+1)$ 元等于 b_{kl}. 因此

$$b_{kl}=b_{k+1,l+1}\quad(\forall\, 1\leqslant k,l\leqslant m_i-1)\tag{7.9.4}$$

由(7.9.3)，(7.9.4)得 $b_{kl}=\begin{cases}b_{1,l-k+1}, & 当\quad l\geqslant k;\\ b_{k-l+1,1}=0, & 当\quad k>l.\end{cases}$ 因此

$$\boldsymbol{B}_{ii}=\begin{pmatrix}b_{11} & b_{12} & \cdots & b_{1,m_i-1} & b_{1m_i}\\ & b_{11} & b_{12} & \cdots & b_{1,m_i-1}\\ & & \ddots & \ddots & \vdots\\ & & & b_{11} & b_{12}\\ & & & & b_{11}\end{pmatrix}$$

$$=b_{11}\boldsymbol{I}+b_{12}(\boldsymbol{J}_i-\lambda_i\boldsymbol{I})+\cdots+b_{1,m_i-1}(\boldsymbol{J}_i-\lambda_i\boldsymbol{I})^{m_i-2}+b_{1m_i}(\boldsymbol{J}_i-\lambda_i\boldsymbol{I})^{m_i-1}$$

$$=f_i(\boldsymbol{J}_i)$$

其中

$$f_i(\lambda)=b_{11}+b_{12}(\lambda-\lambda_i)+\cdots+b_{1,m_i-1}(\lambda-\lambda_i)^{m_i-2}+b_{1m_i}(\lambda-\lambda_i)^{m_i-1}\in\mathbf{C}[\lambda]$$

于是

$$\boldsymbol{B}_1=\operatorname{diag}(f_1(\boldsymbol{J}_1),\cdots,f_t(\boldsymbol{J}_t))$$

根据中国剩余定理(见§5.2定理5.2.8)，由于$(\lambda-\lambda_i)^{m_i}(1\leqslant i\leqslant t)$两两互素，存在多项式$f(\lambda)\in\mathbf{C}[\lambda]$对每个$1\leqslant i\leqslant t$满足条件

$$f(\lambda)\equiv f_i(\lambda)\quad(\operatorname{mod}(\lambda-\lambda_i)^{m_i})$$

即$f(\lambda)=f_i(\lambda)+q_i(\lambda)(\lambda-\lambda_i)^{m_i}$对某个$q_i(\lambda)\in\mathbf{C}[\lambda]$成立，从而

$$f(\boldsymbol{J}_i)=f_i(\boldsymbol{J}_i)+q_i(\boldsymbol{J}_i)(\boldsymbol{J}_i-\lambda_i\boldsymbol{I})^{m_i}=f_i(\boldsymbol{J}_i)+q_i(\boldsymbol{J}_i)0=f_i(\boldsymbol{J}_i)$$

于是

$$\boldsymbol{B}_1=\operatorname{diag}(f(\boldsymbol{J}_1),\cdots,f(\boldsymbol{J}_t))=f(\boldsymbol{J})$$

$$\boldsymbol{B}=\boldsymbol{P}\boldsymbol{B}_1\boldsymbol{P}^{-1}=\boldsymbol{P}f(\boldsymbol{J})\boldsymbol{P}^{-1}=f(\boldsymbol{P}\boldsymbol{J}\boldsymbol{P}^{-1})=f(\boldsymbol{A})\quad\square$$

例 4 设 n 阶可逆复方阵 $\boldsymbol{A}$ 的最小多项式 $d_{\boldsymbol{A}}(\lambda)$ 的次数为 s，且 $\boldsymbol{B}=(b_{ij})_{s\times s}$是 s 阶方阵，其中 $b_{ij}=\operatorname{tr}(\boldsymbol{A}^{i+j})$，$1\leqslant i,j\leqslant s$. 则方阵 $\boldsymbol{A}$ 相似于对角矩阵的充分必要条件是 $\det\boldsymbol{B}\neq0$.

证明 设 $\boldsymbol{A}$ 的特征多项式 $\varphi_{\boldsymbol{A}}(\lambda)=(\lambda-\lambda_1)^{n_1}\cdots(\lambda-\lambda_t)^{n_t}$，其中 $\lambda_1,\cdots,\lambda_t$ 是 $\boldsymbol{A}$ 的全部不同的特征值.

$\boldsymbol{A}$ 相似于上三角形矩阵 $\boldsymbol{J}$，$\boldsymbol{J}$ 的对角元由 n_1 个 λ_1、n_2 个 λ_2、…、n_t 个 λ_t 组成，$\boldsymbol{A}^{i+j}$相似于$\boldsymbol{J}^{i+j}$，$\boldsymbol{J}^{i+j}$的对角元由 n_1 个 λ_1^{i+j}、n_2 个 λ_2^{i+j}、…、n_t 个 λ_t^{i+j} 组成. 因此

$$\operatorname{tr}\boldsymbol{A}^{i+j}=\operatorname{tr}\boldsymbol{J}^{i+j}=n_1\lambda_1^{i+j}+n_2\lambda_2^{i+j}+\cdots+n_t\lambda_t^{i+j}$$

$\boldsymbol{B}$ 可写成 $s\times t$ 矩阵 $\boldsymbol{B}_1$ 和 $t\times s$ 矩阵 $\boldsymbol{B}_2$ 的乘积，

$$\boldsymbol{B}_1=\begin{pmatrix}n_1\lambda_1 & n_2\lambda_2 & \cdots & n_t\lambda_t\\ n_1\lambda_1^2 & n_2\lambda_2^2 & \cdots & n_t\lambda_t^2\\ \vdots & \vdots & & \vdots\\ n_1\lambda_1^s & n_2\lambda_2^s & \cdots & n_t\lambda_t^s\end{pmatrix},\quad \boldsymbol{B}_2=\begin{pmatrix}\lambda_1 & \lambda_1^2 & \cdots & \lambda_1^s\\ \lambda_2 & \lambda_2^2 & \cdots & \lambda_2^s\\ \vdots & \vdots & & \vdots\\ \lambda_t & \lambda_t^2 & \cdots & \lambda_t^s\end{pmatrix}$$

先设 $\boldsymbol{A}$ 相似于对角阵. 则 $\boldsymbol{A}$ 的最小多项式 $d_A(\lambda)$ 没有重根，$d_A(\lambda)=(\lambda-\lambda_1)\cdots(\lambda-\lambda_t)$ 的次数 s 等于 $\boldsymbol{A}$ 的不同特征值的个数 t. 此时 $\boldsymbol{B}_1$，$\boldsymbol{B}_2$ 都是方阵. $\det \boldsymbol{B}=\det \boldsymbol{B}_1\det \boldsymbol{B}_2$. 将 $\det \boldsymbol{B}_1$ 的各列依次提出公因子 $n_1\lambda_1,n_2\lambda_2,\cdots,n_t\lambda_t$ 之后得到的行列式是 Vandermonde 行列式，因此

$$\det \boldsymbol{B}_1=n_1n_2\cdots n_t\lambda_1\lambda_2\cdots\lambda_t\prod_{1\leqslant i<j\leqslant t}(\lambda_i-\lambda_j)\neq 0$$

类似地有
$$\det \boldsymbol{B}_2=\lambda_1\lambda_2\cdots\lambda_t\prod_{1\leqslant i<j\leqslant t}(\lambda_i-\lambda_j)\neq 0$$

因此
$$\det \boldsymbol{B}=\det \boldsymbol{B}_1\det \boldsymbol{B}_2\neq 0$$

如果 $\boldsymbol{A}$ 不相似于对角矩阵，则 $\boldsymbol{A}$ 的最小多项式 $d_{A(\lambda)}$ 有重根，$d_A(\lambda)=(\lambda-\lambda_1)^{m_1}\cdots(\lambda-\lambda_t)^{m_t}$，所有的 $m_i\geqslant 1$ 且至少有一个 $m_i\geqslant 2$，因此 $s=m_1+\cdots+m_t>t$. 此时

$$\operatorname{rank}\boldsymbol{B}\leqslant\operatorname{rank}\boldsymbol{B}_1\leqslant t<s$$

因此 s 阶方阵 $\boldsymbol{B}$ 不是满秩方阵，$\det \boldsymbol{B}=0$. 可见 $\det \boldsymbol{B}\neq 0\Rightarrow \boldsymbol{B}$ 相似于对角阵.　□

例 5　设 $\boldsymbol{A},\boldsymbol{B}$ 是数域 F 上的 n 阶方阵. 求证：

$$\boldsymbol{A},\boldsymbol{B}\text{ 在 }F\text{ 上相似}\Leftrightarrow \lambda\boldsymbol{I}-\boldsymbol{A}\text{ 与 }\lambda\boldsymbol{I}-\boldsymbol{B}\text{ 相抵.}$$

证明　这就是 §7.7 中的定理 7.7.3，在 §7.7 中已经通过有理标准形给出了一个证明. 以下再直接利用 λ 矩阵相抵的定义给出一个证明.

如果 $\boldsymbol{A}$，$\boldsymbol{B}$ 在 F 上相似，则存在 F 上可逆矩阵 $\boldsymbol{P}$ 使 $\boldsymbol{P}^{-1}\boldsymbol{A}\boldsymbol{P}=\boldsymbol{B}$，从而 $\boldsymbol{P}^{-1}(\lambda\boldsymbol{I}-\boldsymbol{A})\boldsymbol{P}=\lambda\boldsymbol{I}-\boldsymbol{B}$，这说明 $\lambda\boldsymbol{I}-\boldsymbol{A}$ 与 $\lambda\boldsymbol{I}-\boldsymbol{B}$ 相抵.

现在设 $\lambda\boldsymbol{I}-\boldsymbol{A}$ 与 $\lambda\boldsymbol{I}-\boldsymbol{B}$ 相抵. 则存在可逆 λ 矩阵 $\boldsymbol{P}(\lambda)$，$\boldsymbol{Q}(\lambda)$ 使

$$\boldsymbol{P}(\lambda)(\lambda\boldsymbol{I}-\boldsymbol{A})\boldsymbol{Q}(\lambda)=\lambda\boldsymbol{I}-\boldsymbol{B}$$

从而

$$(\lambda\boldsymbol{I}-\boldsymbol{A})\boldsymbol{Q}(\lambda)=\boldsymbol{P}(\lambda)^{-1}(\lambda\boldsymbol{I}-\boldsymbol{B})\tag{7.9.5}$$

考虑 $V=F^{n\times 1}$ 上的线性变换 $\mathscr{A}$：$\boldsymbol{X}\mapsto\boldsymbol{A}\boldsymbol{X}$. 则 $\mathscr{A}$ 在 V 的自然基 $M_1=\{\boldsymbol{e}_1,\cdots,\boldsymbol{e}_n\}$ 下的矩阵为 $\boldsymbol{A}$，即

$$(\boldsymbol{e}_1,\cdots,\boldsymbol{e}_n)(\mathscr{A}\boldsymbol{I}-\boldsymbol{A})=(0,\cdots,0)\tag{7.9.6}$$

在(7.9.5)中将 λ 换成 $\mathscr{A}$ 得到

$$(\mathscr{A}\boldsymbol{I}-\boldsymbol{A})\boldsymbol{Q}(\mathscr{A})=\boldsymbol{P}(\mathscr{A})^{-1}(\mathscr{A}\boldsymbol{I}-\boldsymbol{B})\tag{7.9.7}$$

在(7.9.6)两边同时右乘 $\boldsymbol{Q}(\mathscr{A})$ 并将(7.9.7)代入，并令

$$(\boldsymbol{\beta}_1,\cdots,\boldsymbol{\beta}_n)=(\boldsymbol{e}_1,\cdots,\boldsymbol{e}_n)\boldsymbol{P}(\mathscr{A})^{-1}\tag{7.9.8}$$

得到 $(\boldsymbol{\beta}_1,\cdots,\boldsymbol{\beta}_n)(\mathscr{A}\boldsymbol{I}-\boldsymbol{B})=(0,\cdots,0)$. 即

$$(\boldsymbol{\beta}_1,\cdots,\boldsymbol{\beta}_n)\mathscr{A}\boldsymbol{I}=(\boldsymbol{\beta}_1,\cdots,\boldsymbol{\beta}_n)\boldsymbol{B}\tag{7.9.9}$$

再由(7.9.8)得

$$(\boldsymbol{e}_1,\cdots,\boldsymbol{e}_n)=(\boldsymbol{\beta}_1,\cdots,\boldsymbol{\beta}_n)\boldsymbol{P}(\mathscr{A})\tag{7.9.10}$$

λ 矩阵 $\boldsymbol{P}(\lambda)=(p_{ij}(\lambda))_{n\times n}$的每个元 $p_{ij}(\lambda)$都是 λ 的多项式，可写为

$$p_{ij}(\lambda)=p_{ij}^{(0)}+p_{ij}^{(1)}\lambda+p_{ij}^{(2)}\lambda^2+\cdots+p_{ij}^{(k)}\lambda^k$$

其中非负整数 k 大于或等于所有 $p_{ij}(\lambda)(1\leqslant i,j\leqslant n)$的次数. 对每个 $0\leqslant l\leqslant k$，以 $p_{ij}^{(l)}$ 为第(i,j)元组成方阵 $\boldsymbol{P}_l=(p_{ij}^{(l)})_{n\times n}\in F^{n\times n}$. 则 λ 矩阵 $\boldsymbol{P}(\lambda)$可写为

$$\boldsymbol{P}(\lambda)=\boldsymbol{P}_0+\lambda\boldsymbol{P}_1+\lambda^2\boldsymbol{P}_2+\cdots+\lambda^k\boldsymbol{P}_k$$

于是 $\boldsymbol{P}(\mathscr{A})$可写为

$$\boldsymbol{P}(\mathscr{A})=\boldsymbol{P}_0+\mathscr{A}\boldsymbol{P}_1+\mathscr{A}^2\boldsymbol{P}_2+\cdots+\mathscr{A}^k\boldsymbol{P}_k$$

(7.9.10)就成为

$$(\boldsymbol{e}_1,\cdots,\boldsymbol{e}_n)=(\boldsymbol{\beta}_1,\cdots,\boldsymbol{\beta}_n)(\boldsymbol{P}_0+\mathscr{A}\boldsymbol{P}_1+\mathscr{A}^2\boldsymbol{P}_2+\cdots+\mathscr{A}^k\boldsymbol{P}_k)\qquad(7.9.11)$$

将(7.9.9)代入得

$$(\boldsymbol{e}_1,\cdots,\boldsymbol{e}_n)=(\boldsymbol{\beta}_1,\cdots,\boldsymbol{\beta}_n)(\boldsymbol{P}_0+\boldsymbol{B}\boldsymbol{P}_1+\boldsymbol{B}^2\boldsymbol{P}_2+\cdots+\boldsymbol{B}^k\boldsymbol{P}_k)\qquad(7.9.12)$$

记

$$\boldsymbol{P}(\boldsymbol{B})=\boldsymbol{P}_0+\boldsymbol{B}\boldsymbol{P}_1+\boldsymbol{B}^2\boldsymbol{P}_2+\cdots+\boldsymbol{B}^{k-1}\boldsymbol{P}_{k-1}+\boldsymbol{B}^k\boldsymbol{P}_k\in F^{n\times n}\qquad(7.9.13)$$

则

$$(\boldsymbol{e}_1,\cdots,\boldsymbol{e}_n)=(\boldsymbol{\beta}_1,\cdots,\boldsymbol{\beta}_n)\boldsymbol{P}(\boldsymbol{B})\qquad(7.9.14)$$

依次以 $\boldsymbol{e}_1,\cdots,\boldsymbol{e}_n$ 为各列组成的矩阵就是 n 阶单位矩阵 $\boldsymbol{I}$，设依次以 $\boldsymbol{\beta}_1,\cdots,\boldsymbol{\beta}_n$ 为各列组成的 n 阶方阵为 $\boldsymbol{T}$，则(7.9.14)可写成

$$\boldsymbol{I}=\boldsymbol{T}\cdot\boldsymbol{P}(\boldsymbol{B})$$

可见 $\boldsymbol{P}(\boldsymbol{B})$是可逆方阵，$\boldsymbol{T}=\boldsymbol{P}(\boldsymbol{B})^{-1}$的各列依次等于 $\boldsymbol{\beta}_1,\cdots,\boldsymbol{\beta}_n$，组成 $F^{n\times 1}$ 的一组基. (7.9.9)说明 $\mathscr{A}$ 在基$(\boldsymbol{\beta}_1,\cdots,\boldsymbol{\beta}_n)$下的矩阵等于 $\boldsymbol{B}$. $\boldsymbol{A}$，$\boldsymbol{B}$ 是同一个线性变换 $\mathscr{A}$ 在两组不同的基$\{\boldsymbol{e}_1,\cdots,\boldsymbol{e}_n\}$，$\{\boldsymbol{\beta}_1,\cdots,\boldsymbol{\beta}_n\}$下的矩阵，因此在 F 上相似. 由(7.9.14)知道基$\{\boldsymbol{\beta}_1,\cdots,\boldsymbol{\beta}_n\}$到$\{\boldsymbol{e}_1,\cdots,\boldsymbol{e}_n\}$的过渡矩阵为 $\boldsymbol{P}(\boldsymbol{B})$. 因此

$$\boldsymbol{A}=\boldsymbol{P}(\boldsymbol{B})^{-1}\boldsymbol{B}\boldsymbol{P}(\boldsymbol{B}),\quad \boldsymbol{B}=\boldsymbol{P}(\boldsymbol{B})\boldsymbol{A}(\boldsymbol{P}(\boldsymbol{B}))^{-1}\quad\square\qquad(7.9.15)$$

例 5 给出了一个对 $\boldsymbol{A}$ 求可逆复方阵 $\boldsymbol{T}$ 使 $\boldsymbol{T}^{-1}\boldsymbol{A}\boldsymbol{T}=\boldsymbol{J}$ 是 Jordan 标准形的算法：

(1) 先将 $\lambda\boldsymbol{I}-\boldsymbol{A}$ 相抵到 Smith 标准形 $\boldsymbol{S}(\lambda)=\boldsymbol{P}_1(\lambda)(\lambda\boldsymbol{I}-\boldsymbol{A})\boldsymbol{Q}_1(\lambda)$，得到不变因子和初等因子，写出 Jordan 标准形 $\boldsymbol{J}$.

(2) 将 $\lambda\boldsymbol{I}-\boldsymbol{J}$ 相抵到 $\boldsymbol{S}(\lambda)=\boldsymbol{P}_2(\lambda)(\lambda\boldsymbol{I}-\boldsymbol{J})\boldsymbol{Q}_2(\lambda)$，从而

$$\lambda\boldsymbol{I}-\boldsymbol{J}=\boldsymbol{P}(\lambda)^{-1}(\lambda\boldsymbol{I}-\boldsymbol{A})\boldsymbol{Q}(\lambda)$$

其中 $\boldsymbol{P}(\lambda)=\boldsymbol{P}_1(\lambda)^{-1}\boldsymbol{P}_2(\lambda)$，$\boldsymbol{Q}(\lambda)=\boldsymbol{Q}_1(\lambda)\boldsymbol{Q}_2(\lambda)^{-1}$.

(3) 将 $\boldsymbol{P}(\lambda)$写成 $\boldsymbol{P}(\lambda)=\boldsymbol{P}_0+\lambda\boldsymbol{P}_1+\cdots+\lambda^k\boldsymbol{P}_k$ 的形式，求得

$$\boldsymbol{T}=\boldsymbol{P}(\boldsymbol{J})=\boldsymbol{P}_0+\boldsymbol{J}\boldsymbol{P}_1+\cdots+\boldsymbol{J}^k\boldsymbol{P}_k$$

则 $\boldsymbol{J}=\boldsymbol{T}^{-1}\boldsymbol{A}\boldsymbol{T}$.　$\square$

注意　在例 5 中将 $\boldsymbol{P}(\lambda)$写成 λ 的多项式将字母 λ 写在左边而不写在右边：

$$\boldsymbol{P}(\lambda)=\boldsymbol{P}_0+\lambda\boldsymbol{P}_1+\lambda^2\boldsymbol{P}_2+\cdots+\lambda^{k-1}\boldsymbol{P}_{k-1}+\lambda^k\boldsymbol{P}_k$$

这样才能在将 λ 换成 $\mathscr{A}$ 之后利用(7.9.9)得到

$$(\boldsymbol{\beta}_1,\cdots,\boldsymbol{\beta}_n)\mathscr{A}^i\boldsymbol{P}_i=(\boldsymbol{\beta}_1,\cdots,\boldsymbol{\beta}_n)\boldsymbol{B}^i\boldsymbol{P}_i,\ \forall\, 1\leqslant i\leqslant k$$

即使写成$(\boldsymbol{\beta}_1,\cdots,\boldsymbol{\beta}_n)\boldsymbol{P}_i\mathscr{A}^i$，要引用(7.9.9)也必须将 $\mathscr{A}^i$ 换到 $\boldsymbol{P}_i$ 前面才能按(7.9.9)作用于$(\boldsymbol{\beta}_1,\cdots,\boldsymbol{\beta}_n)$得到$(\boldsymbol{\beta}_1,\cdots,\boldsymbol{\beta}_n)\boldsymbol{B}^i$. 由于方阵 $\boldsymbol{P}_i$ 与 $\boldsymbol{B}$ 不一定交换，因此不能将$(\boldsymbol{\beta}_1,\cdots,\boldsymbol{\beta}_n)\boldsymbol{B}^i\boldsymbol{P}_i$ 改写成$(\boldsymbol{\beta}_1,\cdots,\boldsymbol{\beta}_n)\boldsymbol{P}_i\boldsymbol{B}^i$.

一般地，对于“系数”是方阵的多项式，如 $\boldsymbol{P}(\lambda)=\boldsymbol{P}_0+\lambda\boldsymbol{P}_1+\cdots+\lambda^k\boldsymbol{P}_k$，字母 λ 在运算中可以与“系数” $\boldsymbol{P}_0,\boldsymbol{P}_1,\cdots,\boldsymbol{P}_k$ 交换，将 λ 换成 $\mathscr{A}$ 也仍然可以交换，但将 λ 换成方阵之后就不能保证与这些“系数”交换. 因此，应尽量避免在这样的多项式中将 λ 换成方阵，以免发生错误. 例如：在 $\lambda\boldsymbol{I}-\boldsymbol{J}=\boldsymbol{P}(\lambda)^{-1}(\lambda\boldsymbol{I}-\boldsymbol{A})\boldsymbol{Q}(\lambda)$ 中将 λ 换成 $\boldsymbol{A}$ 得到

$$\boldsymbol{A}-\boldsymbol{J}=\boldsymbol{P}(\boldsymbol{A})^{-1}(\boldsymbol{A}-\boldsymbol{A})\boldsymbol{Q}(\boldsymbol{A})=\boldsymbol{O}$$

就显然是错误的.

习　题　7.9

1. 设 $x=x(t)$，$y=y(t)$，$z=z(t)$. 求解常微分方程组

$$\begin{cases}\dfrac{\mathrm{d}x}{\mathrm{d}t}=x-3y+2z\\[2mm]\dfrac{\mathrm{d}y}{\mathrm{d}t}=4x-7y+4z\\[2mm]\dfrac{\mathrm{d}z}{\mathrm{d}t}=12x-14y+7z\end{cases}$$

2. 设数列$\{a_n\}$满足条件 $a_1=a_2=a_3=1$ 且 $a_n=3a_{n-1}-3a_{n-2}+a_{n-3}$（$\forall\, n\geqslant 4$）. 求通项公式.

3. 求证：任意复方阵 $\boldsymbol{A}$ 可以分解为 $\boldsymbol{A}=\boldsymbol{B}+\boldsymbol{C}$，其中 $\boldsymbol{B}$ 可对角化，$\boldsymbol{C}$ 幂零，且 $\boldsymbol{BC}=\boldsymbol{CB}$. 并证明这种分解是唯一的.

4. 求证：任意可逆复方阵 $\boldsymbol{A}$ 可以分解为 $\boldsymbol{A}=\boldsymbol{BC}$，其中 $\boldsymbol{B}$ 可对角化，$\boldsymbol{C}$ 的特征值全为 1，且 $\boldsymbol{BC}=\boldsymbol{CB}$；并且这种分解是唯一的.

5. 求证：任一复方阵可以写成两个对称复方阵的乘积，并且可以指定其中一个是可逆方阵.

6. 设 $\boldsymbol{A}$，$\boldsymbol{B}$ 是 n 阶方阵，且 $\mathrm{diag}(\boldsymbol{A},\boldsymbol{A})$ 与 $\mathrm{diag}(\boldsymbol{B},\boldsymbol{B})$ 相似，求证 $\boldsymbol{A}$ 与 $\boldsymbol{B}$ 相似.

7. 设方阵 $\boldsymbol{B}$ 与每个与方阵 $\boldsymbol{A}$ 可交换的方阵都可交换. 证明 $\boldsymbol{B}$ 可以表示成 $\boldsymbol{A}$ 的多项式.

8. 设 n 阶方阵 $\boldsymbol{A}$ 不可逆. 求证：$\mathrm{rank}\,\boldsymbol{A}=\mathrm{rank}\,\boldsymbol{A}^2$ 的充分必要条件是，$\boldsymbol{A}$ 的属于特征值 0 的初等因子都是一次的.

9. 设 n 阶可逆方阵 $\boldsymbol{A}$ 的最小多项式 $d_{\boldsymbol{A}}(\lambda)$ 等于它的特征多项式，证明 $\boldsymbol{A}^{-1}$ 的最小多项式 $d_{\boldsymbol{A}^{-1}}(\lambda)=d_{\boldsymbol{A}}(0)^{-1}\lambda^n d_{\boldsymbol{A}}(\lambda^{-1})$.

第8章　二　次　型

§8.0　多元二次函数的极值问题

例1　在几何向量组成的3维实向量空间 V 中，用几何方法定义了内积

$$(\boldsymbol{\alpha},\boldsymbol{\beta})=|\boldsymbol{\alpha}||\boldsymbol{\beta}|\cos\theta$$

其中 $|\boldsymbol{\alpha}|$，$|\boldsymbol{\beta}|$ 是向量 $\boldsymbol{\alpha}$，$\boldsymbol{\beta}$ 的长度，θ 是 $\boldsymbol{\alpha}$，$\boldsymbol{\beta}$ 的夹角.

是否存在向量 $\boldsymbol{\alpha}_1$，$\boldsymbol{\alpha}_2$，$\boldsymbol{\alpha}_3$ 满足条件：$(\boldsymbol{\alpha}_1,\boldsymbol{\alpha}_1)=(\boldsymbol{\alpha}_2,\boldsymbol{\alpha}_2)=(\boldsymbol{\alpha}_3,\boldsymbol{\alpha}_3)=1$，$(\boldsymbol{\alpha}_1,\boldsymbol{\alpha}_2)=2$，$(\boldsymbol{\alpha}_1,\boldsymbol{\alpha}_3)=-3$ 且 $(\boldsymbol{\alpha}_2,\boldsymbol{\alpha}_3)=-2$？

解　设有 $\boldsymbol{\alpha}_1$，$\boldsymbol{\alpha}_2$，$\boldsymbol{\alpha}_3$ 满足条件，它们在实数域 $\mathbf{R}$ 上的任意线性组合 $\boldsymbol{\alpha}=x\boldsymbol{\alpha}_1+y\boldsymbol{\alpha}_2+z\boldsymbol{\alpha}_3$ 含于 V，应满足条件 $(\boldsymbol{\alpha},\boldsymbol{\alpha})\geqslant 0$. 即

$$\begin{aligned}(\boldsymbol{\alpha},\boldsymbol{\alpha})&=(x\boldsymbol{\alpha}_1+y\boldsymbol{\alpha}_2+z\boldsymbol{\alpha}_3,x\boldsymbol{\alpha}_1+y\boldsymbol{\alpha}_2+z\boldsymbol{\alpha}_3)\\&=x^2(\boldsymbol{\alpha}_1,\boldsymbol{\alpha}_1)+y^2(\boldsymbol{\alpha}_2,\boldsymbol{\alpha}_2)+z^2(\boldsymbol{\alpha}_3,\boldsymbol{\alpha}_3)+2xy(\boldsymbol{\alpha}_1,\boldsymbol{\alpha}_2)+\\&\quad 2xz(\boldsymbol{\alpha}_1,\boldsymbol{\alpha}_3)+2yz(\boldsymbol{\alpha}_2,\boldsymbol{\alpha}_3)\\&=x^2+y^2+z^2+4xy-6xz-4yz\geqslant 0\end{aligned}$$

对任意实数 x，y，z 成立.

将 $(\boldsymbol{\alpha},\boldsymbol{\alpha})=x^2+y^2+z^2+4xy-6xz-4yz$ 先当作 x 的二次多项式配方，再将其中不含 x 的项看作 y 的二次多项式配方，得

$$\begin{aligned}(\boldsymbol{\alpha},\boldsymbol{\alpha})&=x^2+y^2+z^2+4xy-6xz-4yz\\&=x^2+2x(2y-3z)+y^2+z^2-4yz\\&=(x+2y-3z)^2-(2y-3z)^2+y^2+z^2-4yz\\&=(x+2y-3z)^2-3y^2+8yz-8z^2\\&=(x+2y-3z)^2-3\left(y-\frac{4}{3}z\right)^2-\frac{8}{3}z^2\end{aligned}\qquad(8.0.1)$$

选 $z=0$，$y=1$，$x=-2$，则 $x+2y-3z=0$，代入(8.0.1)得

$$(\boldsymbol{\alpha},\boldsymbol{\alpha})=-3<0$$

矛盾. 因此不存在满足所说条件的向量 $\boldsymbol{\alpha}_1$，$\boldsymbol{\alpha}_2$，$\boldsymbol{\alpha}_3$.　□

以上例题归结为多元二次函数的值域问题. 按几何的要求，$(\boldsymbol{\alpha},\boldsymbol{\alpha})$ 的取值必须 $\geqslant 0$，对二次齐次函数 $x^2+y^2+z^2+4xy-6xz-4yz$ 配方之后发现它的取值可以 <0（实际上它的值域是 $(-\infty,\infty)$）因此出现矛盾.

例2（最小二乘法）　已知某种材料在生产过程中的废品率 y 与某种化学成

分的含量百分比 x 有关. 以下是某工厂在生产过程中实测到的 x, y 的一些对应数据.

$x(\%)$	3.6	3.7	3.8	3.9	4.0	4.1	4.2
$y(\%)$	1.00	0.9	0.9	0.81	0.60	0.56	0.35

试给出 x, y 之间函数关系的一个近似公式.

解法 1　在表中对应数据为坐标 (x_i,y_i) 画出点来观察(图 8-1), 发现这些点近似地在一条直线上.

可以将 x, y 的函数关系用一次函数 $y=kx+b$ 来近似地表示. 现在需要选择 k, b 使直线与所有的点的总的偏差尽可能小. "总的偏差"可以用各点 (x_i,y_i) 的偏差 kx_i+b-y_i 的平方和

$$d(k,b)=\sum_{i=1}^{7}(kx_i+b-y_i)^2$$

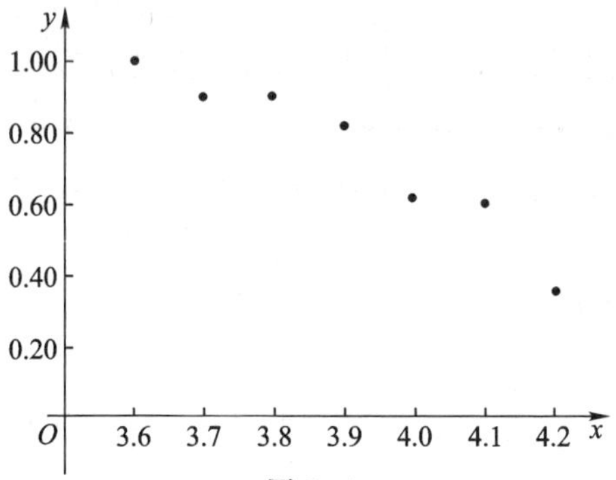

图 8-1

来度量. 选择一次函数的系数 k, b 使 $d(k,b)$ 达到最小值, 这样得到的一次函数 $y=kx+b$ 就可以认为表示 x, y 之间的函数关系的最好的一次函数式.

将 $d(k,b)$ 展开得

$$d(k,b)=Ak^2+2Bkb+Cb^2-2Dk-2Eb+F$$

其中

$$A=\sum_{i=1}^{7}x_i^2=106.75,\quad B=\sum_{i=1}^{7}x_i=27.3,\quad C=\sum_{i=1}^{7}1=7$$

$$D=\sum_{i=1}^{7}x_iy_i=19.675,\quad E=\sum_{i=1}^{7}y_i=5.12,\quad F=\sum_{i=1}^{7}y_i^2=4.072\ 2$$

$d(k,b)$ 是 k, b 的二次多项式, 先将它看成 k 的二次三项式进行配方, 再将不含 k 的项按 b 的二次三项式配方, 化成如下形式

$$d(k,b)=106.75(k+0.255\ 738b-0.184\ 309)^2+$$
$$0.018\ 360\ 7(b-4.812\ 5)^2+0.020\ 682\ 1$$

由于 $106.75>0$, $0.018\ 360\ 7>0$, 我们有 $d(k,b)\geqslant 0.020\ 682\ 1$. 取

$$b=4.812\ 5,\quad k=-0.255\ 738b+0.184\ 309=-1.046\ 43$$

即可使 $d(k,b)$ 达到最小值 0.020 682 1. 所求直线方程为 $y=-1.046\ 43x+4.812\ 5$.

将这条直线与已知的数据点画在同一个坐标系中(图 8-2), 可以看出这条直线确实从总体上接近已知的数据点.

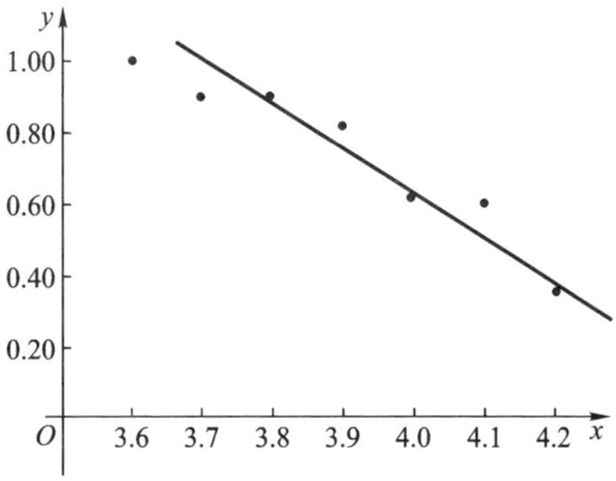

图 8-2

解法 2　与解法 1 同样将问题归结为求函数

$$d(k,b)=\sum_{i=1}^{7}(kx_i+b-y_i)^2=Ak^2+2Bkb+Cb^2-2Dk-2Eb+F$$

的最小值. $d(k,b)$是连续可微函数且取值$\geqslant 0$，存在最小值，且函数对 k，b 的偏导数在最小值点(k_0,b_0)都等于 0. 解关于 k，b 的方程组

$$\begin{cases}\dfrac{\partial d(k,b)}{\partial k}=2Ak+2Bb-2D=0\\[2ex]\dfrac{\partial d(k,b)}{\partial b}=2Bk+2Cb-2E=0\end{cases}$$

得 $\begin{pmatrix}k\\b\end{pmatrix}=\begin{pmatrix}-1.046\ 43\\4.812\ 5\end{pmatrix}$，仍得所求直线方程为

$$y=-1.046\ 43x+4.812\ 5\quad\square$$

一般地，要选择直线 $y=kx+b$ 与 n 个已知点(x_i,y_i)的总体偏差尽可能小，也就是要使 k，b 的二次函数

$$d(k,\ b)=\sum_{i=1}^{n}(kx_i+b-y_i)^2$$

取最小值. 采用类似于例 1 的方法可以求得使 $d(k,b)$取最小值的 k，b，找到所需直线方程.

一个类似的问题是：解实数域 **R** 上的 n 元一次非齐次线性方程组.

$$\begin{cases}a_{11}x_1+a_{12}x_2+\cdots+a_{1n}x_n=b_1\\a_{21}x_1+a_{22}x_2+\cdots+a_{2n}x_n=b_2\\\cdots\cdots\cdots\cdots\\a_{m1}x_1+a_{m2}x_2+\cdots+a_{mn}x_n=b_m\end{cases}$$

如果这个方程组无解，即不存在$(x_1,x_2,\cdots,x_n)$使所有的等号都成立，我们可以选择$(x_1,x_2,\cdots,x_n)$使各方程左右两边的差的平方和

$$f(x_1,x_2,\cdots,x_n)=\sum_{i=1}^{m}(a_{i1}x_1+a_{i2}x_2+\cdots+a_{in}x_n-b_i)^2$$

最小. 问题归结为求 n 元二次函数 $f(x_1,x_2,\cdots,x_n)$ 的最小值点.

例 2 中由于知道二次函数 $d(k,b)$ 一定有最小值，所以在解法 2 中可以断定偏导数为 0 的点 (k_0,b_0) 就是最小值点. 如果预先不能断定是否有最小值，就需要在偏导数为 0 的点 (k_0,b_0) 对 $d(k,b)$ 作 Taylor 展开为 $\Delta k=k-k_0$ 和 $\Delta b=b-b_0$ 的函数

$$d(\Delta k,\Delta b)=d(k_0,b_0)+A_1(\Delta k)^2+B_1(\Delta k)(\Delta b)+C_1(\Delta b)^2$$

问题归结为它的二次项部分是否有最小值 0.

要判断一般的多元可微函数 $f(x_1,\cdots,x_n)$ 在各偏导数全为 0 的点 $(\xi_1,\cdots,\xi_n)$ 是否有极值，也需要将函数在这点作 Taylor 展开成 $\Delta x_i=x_i-\xi_i(1\leqslant i\leqslant n)$ 的函数，研究它的二次项部分

$$\sum_{1\leqslant i,\ j\leqslant n}^{n}a_{ij}(\Delta x_i)(\Delta x_j)$$

在 $(\Delta x_1,\cdots,\Delta x_n)=(0,\cdots,0)$ 时是否有最大值或最小值.

§8.1 用配方法化二次型为标准形

定义 8.1.1 n 个变量 x_1, $\cdots$, x_n 的二次齐次多项式

$$Q(x_1,\ \cdots,\ x_n)=\sum_{1\leqslant i\leqslant j\leqslant n}a_{ij}x_ix_j$$

称为 n 元**二次型**(quadratic form). □

如果自变量 x_1, x_2, $\cdots$, x_n 都在数域 F 中取值，函数表达式

$$Q(x_1,\ \cdots,\ x_n)=\sum_{1\leqslant i\leqslant j\leqslant n}a_{ij}x_ix_j$$

中的系数 a_{ij} 也都在 F 中取值，则 $Q(x_1,\cdots,x_n)$ 称为数域 F 上的二次型，它是 F 上数组空间 F^n 到 F 中的一个映射

$$Q:F^n\to F,(x_1,\cdots,x_n)\mapsto Q(x_1,\cdots,x_n)$$

特别，实数域 $\mathbf{R}$ 上的二次型称为实二次型. 研究实二次型的值域，特别是研究在什么条件下实二次型的值域为 $[0,\infty)$ 或 $(-\infty,0]$，从而具有最小值 0 或最大值 0，对于研究实变量函数的极值问题有重要的意义.

例 1 求下面的实二次型的值域以及它们的最大值或最小值.

(1) $Q(x,y,z)=x^2+y^2+z^2+4xy-6xz-4yz$;

(2) $Q(x,y,z)=2x^2+3y^2+5z^2+4xy-6xz-4yz$.

解 直接观察很难看出它们的值域. 但如果通过配方法将它们化成完全平方的线性组合的形式，就很容易看出它们的值域.

(1) $Q(x,y,z)=x^2+y^2+z^2+4xy-6xz-4yz$

$$=(x+2y-3z)^2-3\left(y-\frac{4}{3}z\right)^2-\frac{8}{3}z^2 \tag{8.1.1}$$

令

$$\begin{cases}x'=x+2y-3z\\ y'=y-\dfrac{4}{3}z\\ z'=z\end{cases},$$

即

$$\begin{pmatrix}x'\\y'\\z'\end{pmatrix}=\begin{pmatrix}1&2&-3\\0&1&-\dfrac{4}{3}\\0&0&1\end{pmatrix}\begin{pmatrix}x\\y\\z\end{pmatrix} \tag{8.1.2}$$

代入(8.1.1)，则 x, y, z 的函数 $Q(x,y,z)$ 化为 x', y', z'的函数

$$Q_1(x',y',z')=x'^2-3y'^2-\frac{8}{3}z'^2 \tag{8.1.3}$$

由于矩阵$\begin{pmatrix}1&2&-3\\0&1&\dfrac{4}{3}\\0&0&1\end{pmatrix}$可逆，由(8.1.2)定义的映射$\begin{pmatrix}x\\y\\z\end{pmatrix}\mapsto\begin{pmatrix}x'\\y'\\z'\end{pmatrix}$是 $\mathbf{R}^3$ 到自身的 1-1 对应. 当$\begin{pmatrix}x\\y\\z\end{pmatrix}$取遍 $\mathbf{R}^3$ 时，$\begin{pmatrix}x'\\y'\\z'\end{pmatrix}$也取遍 $\mathbf{R}^3$. 函数 $Q(x,y,z)$ 与 $Q_1(x',y',z')$ 的定义域都是 $\mathbf{R}^3$，值域也相同.

在(8.1.3)中取 $y'=z'=0$，让 x'取遍全体实数，则 $Q_1(x',0,0)=x'^2$ 取遍全体非负实数. 再取 $x'=z'=0$，让 y'取遍全体实数，则 $Q_1(0,y',0)=-3y'^2$ 取遍全体非正实数. 因此 $Q_1(x',y',z')$的值域是 $\mathbf{R}=(-\infty,\infty)$. 从而 $Q(x,y,z)$的值域也是 $\mathbf{R}$，没有最大值，也没有最小值.

(2) $Q(x,y,z)=2x^2+3y^2+5z^2+4xy-6xz-4yz$

$$=2\left(x+y-\frac{3}{2}z\right)^2+\left(y-\frac{1}{2}z\right)^2+\frac{1}{4}z^2 \tag{8.1.4}$$

取可逆线性代换

$$\begin{cases}x'=x+y-\dfrac{3}{2}z\\ y'=y-\dfrac{1}{2}z\\ z'=z\end{cases} \tag{8.1.5}$$

代入(8.1.4)，将二次型 $Q(x,y,z)$化为

$$Q(x',y',z')=2x'^2+y'^2+\frac{1}{4}z'^2 \tag{8.1.6}$$

易见 $Q(x',y',z')$ 的值域是 $[0,\infty)$，因此 $Q(x,y,z)$ 的值域也是 $[0,\infty)$.

当 $(x',y',z')=(0,0,0)$ 即 $(x,y,z)=(0,0,0)$ 时 $Q(x,y,z)$ 取得最小值 0，没有最大值. □

对于任意域 F 上的 n 维线性空间 V，任取 V 的一组基 $M=\{\boldsymbol{\alpha}_1,\cdots,\boldsymbol{\alpha}_n\}$，可以将每个 $\boldsymbol{\alpha}\in V$ 用它在这组基下的坐标向量 $\boldsymbol{X}=(x_1,\cdots,x_n)$ 来表示，从而建立 V 与 F^n 之间的同构映射

$$\sigma_M:V\to F^n,\boldsymbol{\alpha}\mapsto(x_1,\cdots,x_n)$$

在 F^n 上定义的每个二次型 Q 也可以看作定义在 V 上的二次型

$$Q(\boldsymbol{\alpha})=Q(\boldsymbol{X})=\sum_{1\leqslant i\leqslant j\leqslant n}a_{ij}x_ix_j$$

而称 $Q(\boldsymbol{X})$ 是 $Q(\boldsymbol{\alpha})$ 在基 M 下的坐标表示.

如果另取 V 的一组基 $M_1=\{\boldsymbol{\beta}_1,\cdots,\boldsymbol{\beta}_n\}$，设由基 M 到 M_1 的过渡矩阵为 $\boldsymbol{P}$，即

$$(\boldsymbol{\beta}_1,\cdots,\boldsymbol{\beta}_n)=(\boldsymbol{\alpha}_1,\cdots,\boldsymbol{\alpha}_n)\boldsymbol{P}$$

则 $\boldsymbol{P}$ 是可逆方阵，且 $\boldsymbol{\alpha}$ 在基 M 下的坐标 $\boldsymbol{X}$ 和它在基 M_1 下的坐标 $\boldsymbol{Y}$ 之间有坐标变换公式

$$\boldsymbol{X}=\boldsymbol{P}\boldsymbol{Y}$$

我们的一个基本任务就是：

适当选择可逆矩阵 $\boldsymbol{P}$，将 V 上的二次型 $Q(\boldsymbol{\alpha})$ 的坐标表示

$$Q(\boldsymbol{X})=\sum_{1\leqslant i\leqslant j\leqslant n}a_{ij}x_ix_j \tag{8.1.7}$$

化为简单的形式

$$Q(\boldsymbol{Y})=a_1y_1^2+a_2y_2^2+\cdots+a_ny_n^2 \tag{8.1.8}$$

也就是将定义在 F^n 上的任意二次型 $Q(x_1,\cdots,x_n)$ 通过自变量的可逆线性代换

$$\begin{pmatrix}y_1\\ \vdots\\ y_n\end{pmatrix}=\boldsymbol{P}\begin{pmatrix}x_1\\ \vdots\\ x_n\end{pmatrix} \tag{8.1.9}$$

化为如(8.1.8)所示的简单二次型 $Q(y_1,\cdots,y_n)$.

(8.1.8)所给形式的二次型 $Q(\boldsymbol{Y})$ 是自变量的平方的线性组合，习惯上将它称为平方和，并将这种形式的二次型称为二次型的**标准形**(canonical form). 因此，我们的任务就是通过(8.1.9)形式的可逆线性代换将二次型化为标准形. 例如，例1中就通过配方的方法达到了这一目的. 一般地，任意二次型都可以通过配方法化成标准形.

例 2　将下列二次型化为标准形：

（1）$Q(x,y,z)=(x-y)^2+(y-z)^2+(z-x)^2$；

（2）$Q(x_1,x_2,x_3)=x_1x_2+x_2x_3+x_3x_1$.

解　（1）取可逆线性代换

$$\begin{cases} x'=x-y \\ y'=y-z \\ z'=z \end{cases}$$

则
$$\begin{aligned} Q(x,y,z)&=x'^2+y'^2+(x'+y')^2=2x'^2+2x'y'+2y'^2 \\ &=2\left(x'+\frac{1}{2}y'\right)^2+\frac{3}{2}y'^2 \end{aligned}$$

再令

$$\begin{cases} u=x'+\dfrac{1}{2}y'=x-y+\dfrac{1}{2}(y-z)=x-\dfrac{1}{2}y-\dfrac{1}{2}z \\ v=y'=y-z \\ w=z'=z \end{cases}$$

则原来的二次型化为标准型

$$Q(x,y,z)=Q_1(u,v,w)=2u^2+\frac{3}{2}v^2.$$

（2）令

$$\begin{cases} x_1=z_1+z_2 \\ x_2=z_1-z_2 \\ x_3=z_3 \end{cases}$$

即

$$\begin{cases} z_1=\dfrac{1}{2}x_1+\dfrac{1}{2}x_2 \\ z_2=\dfrac{1}{2}x_1-\dfrac{1}{2}x_2 \\ z_3=x_3 \end{cases}$$

则

$$\begin{aligned} Q(x_1,x_2,x_3)&=(z_1+z_2)(z_1-z_2)+(z_1-z_2)z_3+z_3(z_1+z_2) \\ &=z_1^2-z_2^2+2z_1z_3 \\ &=(z_1+z_3)^2-z_2^2-z_3^2. \end{aligned}$$

令

$$\begin{cases} y_1=z_1+z_3=\dfrac{1}{2}x_1+\dfrac{1}{2}x_2+x_3 \\ y_2=z_2=\dfrac{1}{2}x_1-\dfrac{1}{2}x_2 \\ y_3=z_3=x_3 \end{cases}$$

则

$$Q(x_1,x_2,x_3)=Q_1(y_1,y_2,y_3)=y_1^2-y_2^2-y_3^2.\quad \square$$

注意 （1）在例2(1)最后得到的标准形 $Q_1(u,v,w)=2u^2+\frac{3}{2}v^2$ 中没有出现 w，可以认为 w^2 的系数是0：$Q_1(u,v,w)=2u^2+\frac{3}{2}v^2+0w^2$.

（2）在实数范围内，例2(1)最后化成的标准型还可以进一步作变量代换 $\begin{cases}u'=\sqrt{2}u\\ v'=\sqrt{\frac{3}{2}}v\\ w'=w\end{cases}$ 化为更简单的形式 $Q_2(u',v',w')=u'^2+v'^2$.

（3）例2(2)中没有平方项，不能直接开始配方. 通过设 $x_1=z_1+z_2$ 和 $x_2=z_1-z_2$ 由 $x_1x_2=z_1^2-z_2^2$ 得到了平方项，然后就可以配方了.

（4）还须注意的是：在例2(1)中不能令

$$\begin{cases}x'=x-y\\ y'=y-z\\ z'=z-x\end{cases}\tag{8.1.10}$$

将原二次型 $Q(x,y,z)$ 化为 $Q'(x',y',z')=x'^2+y'^2+z'^2$. 这是因为线性代换(8.1.10)

$$\begin{pmatrix}x'\\ y'\\ z'\end{pmatrix}=\begin{pmatrix}1&-1&0\\ 0&1&-1\\ -1&0&1\end{pmatrix}\begin{pmatrix}x\\ y\\ z\end{pmatrix}$$

的矩阵的三行之和等于零，不是可逆矩阵，因此(8.1.10)不是可逆代换. 实际上，(8.1.10)的三个新的变量 x'，y'，z'之和

$$x'+y'+z'=(x-y)+(y-z)+(z-x)=0.$$

这说明 x'，y'，z'线性相关，不能独立取值，不能取作3个新的独立变量.

以下证明，通过配方法可以将任意二次型化为平方和的形式.

定理 8.1.1 任意数域 F 上的二次型

$$Q(x_1,\cdots,x_n)=\sum_{1\leqslant i\leqslant j\leqslant n}a_{ij}x_ix_j$$

都可以通过配平方法找到可逆线性代换 $\boldsymbol{Y}=\boldsymbol{PX}$，化成标准形

$$Q(x_1,\cdots,x_n)=Q_1(y_1,\cdots,y_n)=b_1y_1^2+\cdots+b_ny_n^2$$

证明 对 n 用数学归纳法.

当 $n=1$ 时 $Q(x_1)=a_{11}x_1^2$ 已经是标准形. 如果 $F=\mathbf{R}$，则当 $a_{11}\neq 0$ 时取 $y_1=\sqrt{|a_{11}|}x_1$ 可以再化为 $Q_1(y_1)=y_1^2$(当 $a_{11}>0$)或 $Q_1(y_1)=-y_1^2$(当 $a_{11}<0$).

以下设 $n\geqslant 2$，并且设 $n-1$ 元二次型可以通过可逆线性代换化为平方和的形式.

情况 1 $a_{11}\neq 0$.

$$Q(x_1,x_2,\cdots,x_n)=a_{11}\left(x_1^2+x_1\left(\frac{a_{12}}{a_{11}}x_2+\cdots+\frac{a_{1n}}{a_{11}}x_n\right)\right)+R_2(x_2,\cdots,x_n)$$

其中 $R_2(x_2,\cdots,x_n)$是由 $Q(x_1,x_2,\cdots,x_n)$中不含 x_1 的项组成的 $x_2,\cdots,x_n$ 的二次型.

将 $Q(x_1,x_2,\cdots,x_n)$看作自变量 x_1 的二次函数，其他字母 x_2，…，x_n 的多项式都看作 x_1 的多项式的系数，配方得

$$Q(x_1,x_2,\cdots,x_n)=a_{11}\left(x_1+\frac{1}{2}\left(\frac{a_{12}}{a_{11}}x_2+\cdots+\frac{a_{1n}}{a_{11}}x_n\right)\right)^2+R_3(x_2,\cdots,x_n)$$

其中

$$R_3(x_2,\cdots,x_n)=-\frac{a_{11}}{4}\left(\frac{a_{12}}{a_{11}}x_2+\cdots+\frac{a_{1n}}{a_{11}}x_n\right)^2+R_2(x_2,\cdots,x_n)$$

是 x_2，…，x_n 的二次型.

根据归纳假设，将自变量 x_2，…，x_n 经过适当的可逆线性代换

$$\begin{pmatrix}y_2\\ \vdots\\ y_n\end{pmatrix}=\boldsymbol{P}_1\begin{pmatrix}x_2\\ \vdots\\ x_n\end{pmatrix}$$

可以将 $R_3(x_2,\cdots,x_n)$化为标准形

$$\widetilde{Q}_1(y_2,\cdots,y_n)=b_2y_2^2+\cdots+b_ny_n^2$$

再令

$$y_1=x_1+\frac{1}{2}\left(\frac{a_{12}}{a_{11}}x_2+\cdots+\frac{a_{1n}}{a_{11}}x_n\right)$$

则可逆线性代换

$$\begin{pmatrix}y_1\\ y_2\\ \vdots\\ y_n\end{pmatrix}=\begin{pmatrix}1 & \frac{a_{12}}{2a_{11}} & \cdots & \frac{a_{1n}}{2a_{11}}\\ 0 & & & \\ \vdots & & \boldsymbol{P}_1 & \\ 0 & & & \end{pmatrix}\begin{pmatrix}x_1\\ x_2\\ \vdots\\ x_n\end{pmatrix}$$

将原二次型化为平方和的形式

$$Q_1(y_1,y_2,\cdots,y_n)=a_{11}y_1^2+b_1y_2^2+\cdots+b_ny_n^2$$

情况 2 $a_{11}=0$，但 $a_{1k}\neq0$ 对某个 $k\geqslant2$ 成立.

取自变量的可逆线性代换

$$\begin{cases}x_1=u_1+u_k\\ x_k=u_1-u_k\\ x_j=u_j & (\forall j\notin\{1,k\})\end{cases}$$

即

$$\begin{cases}u_1=\dfrac{1}{2}x_1+\dfrac{1}{2}x_k\\ u_k=\dfrac{1}{2}x_1-\dfrac{1}{2}x_k\\ u_j=x_j & (\forall j\notin\{1,k\})\end{cases}$$

则原二次型 $Q(x_1,\cdots,x_n)$化为

$$Q_2(u_1,\cdots,u_n)=a_{1k}u_1^2-a_{1k}u_k^2+Q'_2(u_1,\cdots,u_n)=\sum_{i=1}^{n}b_{ij}u_iu_j$$

其中二次型 $Q'_2(u_1,\cdots,u_n)$ 不含 u_1^2 项，$Q_2(u_1,\cdots,u_n)$ 中 u_1^2 的系数 $b_{11}=a_{1k}\neq 0$，化为已解决了的情况 1.

情况 3 $a_{1j}=0$ 对所有的 $1\leqslant j\leqslant n$ 成立.

此时 $Q(x_1,x_2,\cdots,x_n)$ 不含 x_1，实际上是 $n-1$ 个自变量 x_2，…，x_n 的二次型 $Q_3(x_2,\cdots,x_n)$. 根据归纳假设，$Q_3(x_2,\cdots,x_n)$ 可以通过可逆线性代换化为平方和的形式.

根据数学归纳法原理，定理对所有的正整数 n 成立. □

推论 8.1.1 实数域 **R** 上的二次型 $Q(x_1,\cdots,x_n)$ 可以通过可逆线性代换化为如下的形式

$$Q_1(u_1,\cdots,u_n)=u_1^2+\cdots+u_p^2-u_{p+1}^2-\cdots-u_{p+q}^2$$

证明 由定理 8.1.1，$Q(x_1,\cdots,x_n)$ 可以通过可逆线性代换化为

$$Q_2(y_1,\cdots,y_n)=b_1y_1^2+\cdots+b_ny_n^2$$

的形式.

设其中的系数 $b_i>0$ 对 $i=i_1,\cdots,i_p$ 成立，$b_i<0$ 对 $i=i_{p+1},\cdots,i_{p+q}$ 成立，$b_i=0$ 对其余的 $i=i_{p+q+1},\cdots,i_n$ 成立.

取自变量的可逆线性代换

$$\begin{cases}u_k=\sqrt{b_{i_k}}\,y_{i_k}, & \forall\, 1\leqslant k\leqslant p\\ u_k=\sqrt{-b_{i_k}}\,y_{i_k}, & \forall\, p+1\leqslant k\leqslant p+q\\ u_s=y_{i_k}, & \forall\, p+q<k\leqslant n\end{cases}$$

则 $Q_2(y_1,\cdots,y_n)$ 被化成所要求的形式

$$Q_1(u_1,\cdots,u_n)=u_1^2+\cdots+u_p^2-u_{p+1}^2-\cdots-u_{p+q}^2 \quad \square$$

推论 8.1.1 中所说形式 $Q_1(u_1,\cdots,u_n)=u_1^2+\cdots+u_p^2-u_{p+1}^2-\cdots-u_{p+q}^2$ 的二次型称为实二次型的**规范型**(normal form).

习 题 8.1

1. 用可逆实线性代换化下列二次型为标准型：

(1) $Q(x_1,x_2,x_3)=x_1^2+x_2^2-2x_3^2+2x_1x_2-4x_2x_3$；

(2) $Q(x_1,x_2,x_3)=-4x_1x_2+2x_1x_3+2x_2x_3$；

(3) $Q(x_1,x_2,x_3)=x_1^2+5x_2^2-4x_3^2+2x_1x_3-4x_2x_3$；

(4) $Q(x_1,x_2,x_3,x_4)=x_1x_2+x_2x_3+x_3x_4+x_4x_1$；

(5) $Q(x_1,\cdots,x_n)=\sum\limits_{1\leqslant i<j\leqslant n}x_ix_j$；

(6) $Q(x_1,\cdots,x_n)=\sum_{1\leqslant i\leqslant n-1} x_i x_{i+1}$.

2. x, y, z 是任意实数，A, B, C 是任意三角形的三个内角. 证明不等式

$$x^2+y^2+z^2\geqslant 2xy\cos A+2xz\cos B+2yz\cos C.$$

3. 设 $n\geqslant 2$, x_1, x_2, $\cdots$, x_n 均为实数，且

$$\sum_{i=1}^{n} x_i^2+\sum_{i=1}^{n-1} x_i x_{i+1}=1.$$

对于每一个固定的 $k(k\in\mathbf{N},1\leqslant k\leqslant n)$，求 $|x_k|$ 的最大值.

§8.2 对称方阵的相合

1. 二次型的矩阵

例 1 设 $\boldsymbol{A}=(a_{ij})_{n\times n}$ 是 F 上任意 n 阶方阵. $\boldsymbol{X}=(x_1,\cdots,x_n)^{\mathrm{T}}$ 是 F 上任意 n 维列向量，求证：

(1) $Q(\boldsymbol{X})=\boldsymbol{X}^{\mathrm{T}}\boldsymbol{A}\boldsymbol{X}$ 是 F^n 上的二次型.

(2) 任意二次型 $Q(\boldsymbol{X})$ 可以用 $Q(\boldsymbol{X})=\boldsymbol{X}^{\mathrm{T}}\boldsymbol{S}\boldsymbol{X}$ 的形式来表示，其中 $\boldsymbol{S}$ 是对称方阵，由 $Q(\boldsymbol{X})$ 唯一决定.

证明 (1) 计算可得

$$Q(\boldsymbol{X})=(x_1,\cdots,x_n)\begin{pmatrix}a_{11}&\cdots&a_{1n}\\ \vdots&&\vdots\\ a_{n1}&\cdots&a_{nn}\end{pmatrix}\begin{pmatrix}x_1\\ \vdots\\ x_n\end{pmatrix}$$

$$=\sum_{1\leqslant i,j\leqslant n} x_i a_{ij} x_j \tag{8.2.1}$$

$$=\sum_{i=1}^{n} a_{ii}x_i^2+\sum_{1\leqslant i<j\leqslant n}(a_{ij}+a_{ji})x_i x_j \tag{8.2.2}$$

(2) 将任意二次型

$$Q(x_1,\cdots,x_n)=\sum_{1\leqslant i\leqslant j\leqslant n} a_{ij}x_i x_j$$

与(8.2.2)比较可知，只要选择 F 上 n 阶方阵 $\boldsymbol{B}=(b_{ij})_{n\times n}$ 使

$$b_{ii}=a_{ii},\quad \forall\, 1\leqslant i\leqslant n;\quad b_{ij}+b_{ji}=a_{ij},\quad \forall\, 1\leqslant i<j\leqslant n$$

则 $Q(\boldsymbol{X})=\boldsymbol{X}^{\mathrm{T}}\boldsymbol{B}\boldsymbol{X}$ 成立.

特别，选取对称方阵 $\boldsymbol{S}=(s_{ij})_{n\times n}$，使

$$s_{ii}=a_{ii},\quad \forall\, 1\leqslant i\leqslant n;\quad s_{ij}=s_{ji}=\frac{1}{2}a_{ij},\quad \forall\, 1\leqslant i<j\leqslant n$$

则 $Q(\boldsymbol{X})=\boldsymbol{X}^{\mathrm{T}}\boldsymbol{S}\boldsymbol{X}$，其中 $\boldsymbol{S}=\boldsymbol{S}^{\mathrm{T}}$ 由 Q 唯一决定. □

注意 例 1(1)中的表达式(8.2.2)是将(8.2.1)中的同类项 $a_{ij}x_i x_j(i<j)$ 与 $a_{ji}x_j x_i$ 合并得到. 例 1(2)中的 $\boldsymbol{B}$ 并不由 $Q(\boldsymbol{X})$ 唯一决定. 只要 $\boldsymbol{B}_1=(b'_{ij})_{n\times n}$ 也满足条件

$$b'_{ii}=a_{ii},\quad \forall 1\leqslant i\leqslant n;\quad b'_{ij}+b'_{ji}=a_{ij},\quad \forall 1\leqslant i<j\leqslant n$$

则 $Q(\boldsymbol{X})=\boldsymbol{X}^{\mathrm{T}}\boldsymbol{B}\boldsymbol{X}=\boldsymbol{X}^{\mathrm{T}}\boldsymbol{B}_1\boldsymbol{X}$. 这并不能保证 $\boldsymbol{B}=\boldsymbol{B}_1$，只能保证 $\boldsymbol{B}$ 与 $\boldsymbol{B}'$ 的对角元对应相等：$b_{ii}=b'_{ii}$，$\forall 1\leqslant i\leqslant n$；而非对角元满足条件 $b'_{ij}+b'_{ji}=b_{ij}+b_{ji}$，即 $(b_{ij}-b'_{ji})=-(b_{ij}-b'_{ij})$ ($\forall 1\leqslant i<j\leqslant n$). 这就是说：$(\boldsymbol{B}-\boldsymbol{B}_1)^{\mathrm{T}}=-(\boldsymbol{B}-\boldsymbol{B}_1)$，即 $\boldsymbol{B}-\boldsymbol{B}_1$ 是反对称方阵. 但如果要求 $\boldsymbol{B}$，$\boldsymbol{B}_1$ 都是对称方阵，则 $\boldsymbol{B}=\boldsymbol{B}_1$.

定义 8.2.1 设

$$Q(x_1,\cdots,x_n)=\sum_{1\leqslant i\leqslant j\leqslant n}a_{ij}x_ix_j$$

是数域 F 上的二次型，则满足条件

$$Q(\boldsymbol{X})=\boldsymbol{X}^{\mathrm{T}}\boldsymbol{S}\boldsymbol{X},\quad \forall \boldsymbol{X}=(x_1,\cdots,x_n)^{\mathrm{T}}\in F^{n\times 1}$$

的对称方阵 $\boldsymbol{S}$ 称为**二次型 Q 的矩阵**(matrix of quadratic form). 其中 $\boldsymbol{S}=(s_{ij})_{n\times n}$ 的元

$$s_{ii}=a_{ii},\quad \forall 1\leqslant i\leqslant n;\quad s_{ij}=s_{ji}=\frac{1}{2}a_{ij},\quad \forall 1\leqslant i<j\leqslant n$$

设 V 是数域 F 上的线性空间，M 是 V 的一组基. V 上任何一个二次型 $Q(\boldsymbol{\alpha})$ 可以通过向量 $\boldsymbol{\alpha}$ 在 M 下的坐标 $\boldsymbol{X}$ 来表示，从而可以用对称方阵 $\boldsymbol{S}$ 来表示：

$$Q(\boldsymbol{\alpha})=\boldsymbol{X}^{\mathrm{T}}\boldsymbol{S}\boldsymbol{X}$$

$\boldsymbol{S}$ 称为 V 上的二次型 Q 在基 M 下的矩阵. □

例 2 求二次型

$$Q(x,y,z)=2x^2-3y^2+5z^2+2xy-3xz+5yz$$

的矩阵 $\boldsymbol{S}$，并将 $Q(x,y,z)$ 用矩阵的乘法来表示.

解

$$\boldsymbol{S}=\begin{pmatrix}2 & 1 & -\dfrac{3}{2}\\ 1 & -3 & \dfrac{5}{2}\\ -\dfrac{3}{2} & \dfrac{5}{2} & 5\end{pmatrix},\quad Q(x,y,z)=(x,y,z)\boldsymbol{S}\begin{pmatrix}x\\ y\\ z\end{pmatrix}\quad □$$

注意 在写二次型 $Q(x_1,\cdots,x_n)$ 的矩阵 $\boldsymbol{S}$ 时，要将“交叉项” $x_ix_j(i\neq j)$ 的系数 a_{ij} 拆成两半，将 $\frac{1}{2}a_{ij}$ 分别放到 $\boldsymbol{S}$ 的第 (i,j) 位置和第 (j,i) 位置. 而平方项 x_i^2 的系数 a_{ii} 则直接放到 $\boldsymbol{S}$ 的对角线的第 (i,i) 位置.

2. 矩阵相合的定义

为了研究二次型的性质，在 §8.1 中通过适当的可逆线性代换 $\boldsymbol{X}=\boldsymbol{P}\boldsymbol{Y}$ 将二次型 $Q(\boldsymbol{X})$ 化简为 $Q_1(\boldsymbol{Y})$. 如果 $Q(\boldsymbol{X})$ 的矩阵是 $\boldsymbol{S}$，则将 $\boldsymbol{X}=\boldsymbol{P}\boldsymbol{Y}$ 代入 $Q(\boldsymbol{X})=\boldsymbol{X}^{\mathrm{T}}\boldsymbol{S}\boldsymbol{X}$ 得到

$$Q_1(\boldsymbol{Y})=(\boldsymbol{PY})^{\mathrm{T}}\boldsymbol{S}(\boldsymbol{PY})=\boldsymbol{Y}^{\mathrm{T}}(\boldsymbol{P}^{\mathrm{T}}\boldsymbol{SP})\boldsymbol{Y}$$

其中的方阵 $\boldsymbol{P}^{\mathrm{T}}\boldsymbol{SP}$ 满足条件

$$(\boldsymbol{P}^{\mathrm{T}}\boldsymbol{SP})^{\mathrm{T}}=\boldsymbol{P}^{\mathrm{T}}\boldsymbol{S}^{\mathrm{T}}\boldsymbol{P}=\boldsymbol{P}^{\mathrm{T}}\boldsymbol{SP} \tag{8.2.3}$$

$\boldsymbol{P}^{\mathrm{T}}\boldsymbol{SP}$ 是对称方阵，因而是 $Q_1(\boldsymbol{Y})$ 的矩阵.

定义 8.2.2　设 $\boldsymbol{A}$, $\boldsymbol{B}$ 是 F 上的 n 阶方阵. 如果存在 F 上 n 阶可逆方阵 $\boldsymbol{P}$, 使

$$\boldsymbol{B}=\boldsymbol{P}^{\mathrm{T}}\boldsymbol{AP} \tag{8.2.4}$$

就称 $\boldsymbol{A}$ 与 $\boldsymbol{B}$ **相合**(congruent).　□

显然，相合是相抵的一种特殊情况，因此，$\boldsymbol{A}$ 与 $\boldsymbol{B}$ 相合$\Rightarrow$rank $\boldsymbol{A}$ = rank $\boldsymbol{B}$.

容易验证矩阵的相合关系的以下性质(请你自己作出验证)：

引理 8.2.1　方阵的相合关系具有如下性质：

(1) 自反性：每个方阵 $\boldsymbol{A}$ 与自身相合；

(2) 对称性：如果 $\boldsymbol{A}$ 与 $\boldsymbol{B}$ 相合，则 $\boldsymbol{B}$ 与 $\boldsymbol{A}$ 相合；

(3) 传递性：如果 $\boldsymbol{A}$ 与 $\boldsymbol{B}$ 相合，且 $\boldsymbol{B}$ 与 $\boldsymbol{C}$ 相合，则 $\boldsymbol{A}$ 与 $\boldsymbol{C}$ 相合.　□

由相合关系具有的以上性质，可以将同阶的方阵按相合关系分成等价类，使同一类中任意两个方阵相合，不同类中的方阵不相合.

将二次型 $Q(\boldsymbol{X})$ 通过可逆线性代换 $\boldsymbol{X}=\boldsymbol{PY}$ 化成二次型 $Q_1(\boldsymbol{Y})$，相当于将 Q 的矩阵 $\boldsymbol{S}$ 通过相合变换变成 Q_1 的矩阵 $\boldsymbol{P}^{\mathrm{T}}\boldsymbol{SP}$. 二次型的矩阵都是对称方阵. 为了研究二次型的需要，我们首先研究对称方阵的相合.

引理 8.2.2　与对称方阵相合的方阵仍是对称方阵. 与反对称方阵相合的方阵仍是反对称方阵.

证明　设 $\boldsymbol{S}$, $\boldsymbol{K}$ 分别是 $F^{n\times n}$ 中的对称方阵和反对称方阵，$\boldsymbol{P}\in F^{n\times n}$ 是可逆方阵. 则

$$(\boldsymbol{P}^{\mathrm{T}}\boldsymbol{SP})^{\mathrm{T}}=\boldsymbol{P}^{\mathrm{T}}\boldsymbol{S}^{\mathrm{T}}\boldsymbol{P}=\boldsymbol{P}^{\mathrm{T}}\boldsymbol{SP},\quad (\boldsymbol{P}^{\mathrm{T}}\boldsymbol{KP})^{\mathrm{T}}=\boldsymbol{P}^{\mathrm{T}}\boldsymbol{K}^{\mathrm{T}}\boldsymbol{P}=-\boldsymbol{P}^{\mathrm{T}}\boldsymbol{KP}$$

可见 $\boldsymbol{P}^{\mathrm{T}}\boldsymbol{SP}$, $\boldsymbol{P}^{\mathrm{T}}\boldsymbol{KP}$ 分别是对称方阵和反对称方阵.　□

既然与对称方阵相合的仍是对称方阵，我们首先研究：在由对称方阵组成的相合等价类中，可以选取怎样的简单方阵作为这一个等价类的代表元.

如果 $Q(\boldsymbol{X})$ 被化简为平方和的形式

$$Q_1(\boldsymbol{Y})=b_1y_1^2+\cdots+b_ny_n^2$$

则 $Q_1(\boldsymbol{Y})$ 的矩阵

$$\boldsymbol{S}_1=\begin{pmatrix} b_1 & & \\ & \ddots & \\ & & b_n \end{pmatrix}$$

是对角矩阵. 因此，通过可逆线性代换将二次型 $Q(\boldsymbol{X})$ 化简成平方和，也就是通过相合变换将 $Q(\boldsymbol{X})$ 的矩阵 $\boldsymbol{S}$ 化成对角矩阵.

设 V 是 F 上的 n 维线性空间，$M=\{\boldsymbol{\alpha}_1,\cdots,\boldsymbol{\alpha}_n\}$ 与 $M_1=\{\boldsymbol{\beta}_1,\cdots,\boldsymbol{\beta}_n\}$ 是它的两组基. 则任意 $\boldsymbol{\alpha}\in V$ 在这两组基下的坐标 $\boldsymbol{X}$，$\boldsymbol{Y}$ 之间有坐标变换关系

$$\boldsymbol{X}=\boldsymbol{PY} \tag{8.2.5}$$

其中 $\boldsymbol{P}$ 是由 M 到 M_1 的过渡方阵，满足条件

$$(\boldsymbol{\beta}_1,\cdots,\boldsymbol{\beta}_n)=(\boldsymbol{\alpha}_1,\cdots,\boldsymbol{\alpha}_n)\boldsymbol{P} \tag{8.2.6}$$

设 V 上的二次型 Q 在上述两组基 M_1，M_2 下的矩阵分别是 $\boldsymbol{S}$，$\boldsymbol{S}_1$，即

$$Q(\boldsymbol{\alpha})=\boldsymbol{X}^{\mathrm{T}}\boldsymbol{SX}=\boldsymbol{Y}^{\mathrm{T}}\boldsymbol{S}_1\boldsymbol{Y} \tag{8.2.7}$$

将坐标变换公式(8.2.5)代入(8.2.7)得到

$$(\boldsymbol{PY})^{\mathrm{T}}\boldsymbol{S}(\boldsymbol{PY})=\boldsymbol{Y}^{\mathrm{T}}\boldsymbol{S}_1\boldsymbol{Y},$$

即

$$\boldsymbol{Y}^{\mathrm{T}}(\boldsymbol{P}^{\mathrm{T}}\boldsymbol{SP})\boldsymbol{Y}=\boldsymbol{Y}^{\mathrm{T}}\boldsymbol{S}_1\boldsymbol{Y} \tag{8.2.8}$$

由(8.2.8)知道 $\boldsymbol{P}^{\mathrm{T}}\boldsymbol{SP}$ 与 $\boldsymbol{S}_1$ 是 $F^{n\times 1}$ 上同一个二次型的矩阵，它们应当相等

$$\boldsymbol{S}_1=\boldsymbol{P}^{\mathrm{T}}\boldsymbol{SP}$$

这证明了：

定理 8.2.3 数域 F 上有限维线性空间 V 上同一个二次型在两组不同基 M，M_1 下的矩阵 $\boldsymbol{S}$，$\boldsymbol{S}_1$ 相合：

$$\boldsymbol{S}_1=\boldsymbol{P}^{\mathrm{T}}\boldsymbol{SP}$$

其中 $\boldsymbol{P}$ 是 M 到 M_1 的过渡矩阵. □

3. 对称方阵的相合对角化

既然将二次型通过可逆线性代换化简为平方和相当于它的矩阵通过相合化简为对角矩阵. 我们就来研究对称方阵怎样通过相合化为对角矩阵.

每个可逆方阵 $\boldsymbol{P}$ 可以写成有限个初等矩阵 $\boldsymbol{P}_1,\boldsymbol{P}_2,\cdots,\boldsymbol{P}_t$ 的乘积，因此由 $\boldsymbol{S}$ 作相合变换 $\boldsymbol{P}^{\mathrm{T}}\boldsymbol{SP}$ 的过程可以通过用每个初等矩阵 $\boldsymbol{P}_i$ 作相合变换 $\boldsymbol{S}_{i-1}\mapsto\boldsymbol{S}_i=\boldsymbol{P}_i^{\mathrm{T}}\boldsymbol{S}_i\boldsymbol{P}_i$ 的过程，也就是由对称方阵 $\boldsymbol{S}_{i-1}$ 先作初等行变换 $\boldsymbol{S}_{i-1}\mapsto\boldsymbol{P}_i^{\mathrm{T}}\boldsymbol{S}_{i-1}$，再作相应的初等列变换 $\boldsymbol{P}_i^{\mathrm{T}}\boldsymbol{S}_{i-1}\mapsto\boldsymbol{P}_i^{\mathrm{T}}\boldsymbol{S}_{i-1}\boldsymbol{P}_i$ 的过程.

例 3 试通过对称方阵的相合对角化化简二次型

$$Q(x,y,z)=x^2+y^2+z^2+4xy-6xz-4yz$$

解 记 $\boldsymbol{X}=(x,y,z)^{\mathrm{T}}$，则 $Q(\boldsymbol{X})=\boldsymbol{X}^{\mathrm{T}}\boldsymbol{SX}$，其中

$$\boldsymbol{S}=\begin{pmatrix}1&2&-3\\2&1&-2\\-3&-2&1\end{pmatrix}$$

第一步：将 $\boldsymbol{S}$ 的第 1 行的 -2 倍加到第 2 行，再将第 1 列的 -2 倍加到第 2 列，得到 $\boldsymbol{S}_1$. 也就是将 $\boldsymbol{S}$ 左乘初等矩阵 $\boldsymbol{P}_1=\begin{pmatrix}1&&\\-2&1&\\&&1\end{pmatrix}$，再右乘 $\boldsymbol{P}_1^{\mathrm{T}}$，得到

$S_1=P_1SP_1^{\mathrm T}$.

$$S=\begin{pmatrix}1&2&-3\\2&1&-2\\-3&-2&1\end{pmatrix}\xrightarrow[-2(1)+(2)]{-2(1)+(2)}S_1=\begin{pmatrix}1&0&-3\\0&-3&4\\-3&4&1\end{pmatrix}$$

第二步：将 S_1 的第 1 行的 3 倍加到第 3 行，再将第 1 列的 3 倍加到第 3 列，得到 S_2. 也就是将 S_1 左乘初等矩阵 $P_2=\begin{pmatrix}1&&\\&1&\\3&&1\end{pmatrix}$，再右乘 $P_2^{\mathrm T}$，得到 $S_2=P_2S_1P_2^{\mathrm T}$.

$$S_1=\begin{pmatrix}1&0&-3\\0&-3&4\\-3&4&1\end{pmatrix}\xrightarrow[3(1)+(3)]{3(1)+(3)}S_2=\begin{pmatrix}1&0&0\\0&-3&4\\0&4&-8\end{pmatrix}$$

第三步：将 S_2 的第 2 行的$\dfrac{4}{3}$倍加到第 3 行，再将第 2 列的$\dfrac{4}{3}$倍加到第 3 列，得到 S_3. 也就是将 S_2 左乘初等矩阵 $P_3=\begin{pmatrix}1&&\\&1&\\&\frac{4}{3}&1\end{pmatrix}$，再右乘 $P_3^{\mathrm T}$，得到 $S_3=P_3S_2P_3^{\mathrm T}$.

$$S_2=\begin{pmatrix}1&0&0\\0&-3&4\\0&4&-8\end{pmatrix}\xrightarrow[\frac{4}{3}(2)+(3)]{\frac{4}{3}(2)+(3)}S_3=\begin{pmatrix}1&0&0\\0&-3&0\\0&0&-\frac{8}{3}\end{pmatrix}$$

这就得到了对角矩阵

$$S_3=P_3P_2P_1SP_1^{\mathrm T}P_2^{\mathrm T}P_3^{\mathrm T}=P^{\mathrm T}SP$$

其中

$$P=P_1^{\mathrm T}P_2^{\mathrm T}P_3^{\mathrm T}=\begin{pmatrix}1&-2&\\&1&\\&&1\end{pmatrix}\begin{pmatrix}1&&3\\&1&\\&&1\end{pmatrix}\begin{pmatrix}1&&\\&1&\frac{4}{3}\\&&1\end{pmatrix}=\begin{pmatrix}1&-2&\frac{1}{3}\\&1&\frac{4}{3}\\&&1\end{pmatrix}$$

通过可逆线性代换

$$\begin{pmatrix}x\\y\\z\end{pmatrix}=P\begin{pmatrix}x'\\y'\\z'\end{pmatrix}=\begin{pmatrix}x'-2y'+\frac{1}{3}z'\\y'+\frac{4}{3}z'\\z'\end{pmatrix}$$

将原二次型 $Q(x,y,z)$ 化成了平方和的形式

$$Q_1(x',y',z') = x'^2 - 3y'^2 - \frac{8}{3}z'^2 \quad \square$$

例 3 中的二次型就是 § 8.1 中例 1(1) 的二次型. § 8.1 中利用配方法将它化简，这里利用矩阵的相合得到了同样的结果.

例 3 中将每次实现初等变换所用的初等矩阵 $\boldsymbol{P}_1$，$\boldsymbol{P}_2$，$\boldsymbol{P}_3$ 记录下来，并在最后相乘得到 $\boldsymbol{P}$，这个方法稍嫌繁琐. 注意到当 $\boldsymbol{S}$ 经过初等行变换和相应的列变换变成 $\boldsymbol{P}_3\boldsymbol{P}_2\boldsymbol{P}_1\boldsymbol{S}\boldsymbol{P}_1^{\mathrm{T}}\boldsymbol{P}_2^{\mathrm{T}}\boldsymbol{P}_3^{\mathrm{T}}$ 的时候，同样的初等行变换将单位矩阵 $\boldsymbol{I}$ 变成 $\boldsymbol{P}_3\boldsymbol{P}_2\boldsymbol{P}_1 = \boldsymbol{P}^{\mathrm{T}}$. 因此可以改进为如下的算法：

算法 8.2.1 将 n 阶对称方阵 $\boldsymbol{S}$ 相合到对角矩阵 $\boldsymbol{S}_1 = \boldsymbol{P}^{\mathrm{T}}\boldsymbol{S}\boldsymbol{P}$，求 $\boldsymbol{S}_1$ 及 $\boldsymbol{P}$：

1. 将 $\boldsymbol{S}$ 与同阶单位矩阵 $\boldsymbol{I}$ 排成 $n\times 2n$ 矩阵 $\boldsymbol{A} = (\boldsymbol{S},\boldsymbol{I})$.

2. 从 $\boldsymbol{A}_0 = \boldsymbol{A}$ 开始，经过初等变换依次得到 $\boldsymbol{A}_1$，$\boldsymbol{A}_2$，…，其中对每个 $\boldsymbol{A}_{i-1}$ 进行一次初等行变换，然后对它的前 n 列进行相应的列变换，得到 $\boldsymbol{A}_i$.

这里，与初等行变换 $\mathscr{T}$ 相应的列变换 $\mathscr{T}'$ 是：

(1) 设 $\mathscr{T}$ 将第 i，j 两行互换，则 $\mathscr{T}'$ 将第 i，j 两列互换；

(2) 设 $\mathscr{T}$ 将第 i 行乘非零常数 a，则 $\mathscr{T}'$ 将第 i 列乘 a；

(3) 设 $\mathscr{T}$ 将第 j 行的 a 倍加到第 i 行，则 $\mathscr{T}'$ 将第 j 列的 a 倍加到第 i 列.

3. 将第 2 步重复有限次，将 $(\boldsymbol{S},\boldsymbol{I})$ 变成 $(\boldsymbol{S}_1,\boldsymbol{P}^{\mathrm{T}})$，其中左边 n 列组成对角矩阵 $\boldsymbol{S}_1$，则右边 n 列组成的可逆方阵 $\boldsymbol{P}^{\mathrm{T}}$ 的转置方阵 $\boldsymbol{P}$ 满足条件 $\boldsymbol{S}_1 = \boldsymbol{P}^{\mathrm{T}}\boldsymbol{S}\boldsymbol{P}$. $\square$

这样，例 3 的矩阵相合的过程可以重写为(注意我们只在箭头上方标明了所用的初等行变换，而不再将相应的初等列变换标在下方)：

例 3 解法 2

$$\begin{pmatrix} 1 & 2 & -3 & 1 & 0 & 0 \\ 2 & 1 & -2 & 0 & 1 & 0 \\ -3 & -2 & 1 & 0 & 0 & 1 \end{pmatrix} \xrightarrow{-2(1)+(2),\,3(1)+(3)} \begin{pmatrix} 1 & 0 & 0 & 1 & 0 & 0 \\ 0 & -3 & 4 & -2 & 1 & 0 \\ 0 & 4 & -8 & 3 & 0 & 1 \end{pmatrix}$$

$$\xrightarrow{\frac{4}{3}(2)+(3)} \begin{pmatrix} 1 & 0 & 0 & 1 & 0 & 0 \\ 0 & -3 & 0 & -2 & 1 & 0 \\ 0 & 0 & -\dfrac{8}{3} & \dfrac{1}{3} & \dfrac{4}{3} & 1 \end{pmatrix}$$

$$\xrightarrow{\frac{1}{\sqrt{3}}(2),\,\sqrt{\frac{3}{8}}(3)} \begin{pmatrix} 1 & 0 & 0 & 1 & 0 & 0 \\ 0 & -1 & 0 & -\dfrac{2}{\sqrt{3}} & \dfrac{1}{\sqrt{3}} & 0 \\ 0 & 0 & -1 & \dfrac{1}{2\sqrt{6}} & \sqrt{\dfrac{2}{3}} & \dfrac{\sqrt{3}}{2\sqrt{2}} \end{pmatrix}$$

取

$$P=\begin{pmatrix}1 & -\frac{2}{\sqrt{3}} & \frac{1}{2\sqrt{6}}\\ 0 & \frac{1}{\sqrt{3}} & \sqrt{\frac{2}{3}}\\ 0 & 0 & \frac{\sqrt{3}}{2\sqrt{2}}\end{pmatrix},$$

则

$$S_1=P^{\mathrm{T}}SP=\begin{pmatrix}1 & 0 & 0\\ 0 & -1 & 0\\ 0 & 0 & -1\end{pmatrix}$$

取可逆线性代换

$$\begin{pmatrix}x\\ y\\ z\end{pmatrix}=P\begin{pmatrix}x'\\ y'\\ z'\end{pmatrix}$$

则二次型化为

$$Q_1(x',y',z')=x'^2-y'^2-z'^2\quad\square$$

注意　在例 3 的解法 2 中，已经得到对角阵

$$\begin{pmatrix}1 & 0 & 0\\ 0 & -3 & 0\\ 0 & 0 & -\frac{8}{3}\end{pmatrix}$$

之后，再将第 2 行和第 2 列同时乘$\frac{1}{\sqrt{3}}$（由$\xrightarrow{\frac{1}{\sqrt{3}}(2)}$表示），第 3 行和第 3 列同时乘$\sqrt{\frac{3}{8}}$（由$\xrightarrow{\sqrt{\frac{3}{8}}(3)}$表示），将第 2 行和第 3 行的对角元$-3$，$-\frac{8}{3}$都变成了$-1$. 得到了更简单的对角阵

$$\begin{pmatrix}1 & 0 & 0\\ 0 & -1 & 0\\ 0 & 0 & -1\end{pmatrix}$$

例 4　试通过对称方阵的相合对角化化简二次型

$$Q(x_1,x_2,x_3)=x_1x_2+x_2x_3+x_3x_1$$

解　记 $\boldsymbol{X}=(x_1,x_2,x_3)^{\mathrm{T}}\in F^{3\times 1}$，则 $Q(\boldsymbol{X})=\boldsymbol{X}^{\mathrm{T}}\boldsymbol{S}\boldsymbol{X}$，其中 $\boldsymbol{S}=\begin{pmatrix}0 & \frac{1}{2} & \frac{1}{2}\\ \frac{1}{2} & 0 & \frac{1}{2}\\ \frac{1}{2} & \frac{1}{2} & 0\end{pmatrix}$.

$$\begin{pmatrix} 0 & \frac{1}{2} & \frac{1}{2} & 1 & 0 & 0 \\ \frac{1}{2} & 0 & \frac{1}{2} & 0 & 1 & 0 \\ \frac{1}{2} & \frac{1}{2} & 0 & 0 & 0 & 1 \end{pmatrix} \xrightarrow{1(2)+(1)} \begin{pmatrix} 1 & \frac{1}{2} & 1 & 1 & 1 & 0 \\ \frac{1}{2} & 0 & \frac{1}{2} & 0 & 1 & 0 \\ 1 & \frac{1}{2} & 0 & 0 & 0 & 1 \end{pmatrix}$$

$$\xrightarrow{-\frac{1}{2}(1)+(2),-(1)+(3)} \begin{pmatrix} 1 & 0 & 0 & 1 & 1 & 0 \\ 0 & -\frac{1}{4} & 0 & -\frac{1}{2} & \frac{1}{2} & 0 \\ 0 & 0 & -1 & -1 & -1 & 1 \end{pmatrix}$$

$$\xrightarrow{2(2)} \begin{pmatrix} 1 & 0 & 0 & 1 & 1 & 0 \\ 0 & -1 & 0 & -1 & 1 & 0 \\ 0 & 0 & -1 & -1 & -1 & 1 \end{pmatrix}$$

取

$$\boldsymbol{P}=\begin{pmatrix} 1 & -1 & -1 \\ 1 & 1 & -1 \\ 0 & 0 & 1 \end{pmatrix}, \quad \begin{pmatrix} x_1 \\ x_2 \\ x_3 \end{pmatrix}=\boldsymbol{P}\begin{pmatrix} y_1 \\ y_2 \\ y_3 \end{pmatrix}$$

则

$$\boldsymbol{S}_1=\boldsymbol{P}^{\mathrm{T}}\boldsymbol{S}\boldsymbol{P}=\begin{pmatrix} 1 & 0 & 0 \\ 0 & -1 & 0 \\ 0 & 0 & -1 \end{pmatrix}$$

$$Q(x_1,x_2,x_3)=Q_1(y_1,y_2,y_3)=y_1^2-y_2^2-y_3^2 \quad \square$$

注意 例 4 中的二次型不含平方项，因此它的矩阵的主对角线元全为 0. 第一步先将第 2 行加到第 1 行、第 2 列加到第 1 列，将对角线上的第(1,1)元化为非零的数，然后才能用这个元去消去与它同一列和同一行的其余元，使矩阵的相合对角化前进一步.

例 4 的二次型就是 § 8. 1 例 2(2) 的二次型. 比较两种不同的解法得到的结果，可以看到这里化简得到的二次型与 § 8. 1 的结果完全相同. 将这里采用的可逆线性代换

$$\begin{pmatrix} y_1 \\ y_2 \\ y_3 \end{pmatrix}=\boldsymbol{P}^{-1}\begin{pmatrix} x_1 \\ x_2 \\ x_3 \end{pmatrix}=\begin{pmatrix} \frac{1}{2} & \frac{1}{2} & 1 \\ -\frac{1}{2} & \frac{1}{2} & 0 \\ 0 & 0 & 1 \end{pmatrix}\begin{pmatrix} x_1 \\ x_2 \\ x_3 \end{pmatrix}$$

与 § 8. 1 例 2(2) 中的

$$\begin{cases} y_1=\frac{1}{2}x_1+\frac{1}{2}x_2+x_3 \\ y_2=\frac{1}{2}x_1-\frac{1}{2}x_2 \\ y_3=x_3 \end{cases}$$

相比较，发现这里的 y_1，y_2，y_3 分别相当于那里的 y_1，$-y_2$，y_3. 显然，在

$$Q_1(y_1,y_2,y_3)=y_1^2-y_2^2-y_3^2$$

中将 y_2 换成 $-y_2$，表达式不变.

以下我们证明：例 3 和例 4 中的方法可以推广到任意数域 F 上的对称方阵 $\boldsymbol{S}$，将 $\boldsymbol{S}$ 相合到对角矩阵.

定理 8.2.4 设 $\boldsymbol{S}$ 是数域 F 上的 n 阶对称方阵，则存在 F 上 n 阶可逆方阵 $\boldsymbol{P}$ 使 $\boldsymbol{D}=\boldsymbol{P}^{\mathrm{T}}\boldsymbol{S}\boldsymbol{P}$ 是对角矩阵. 其中的对角元可以按任意指定的顺序排列.

证明 设 $\boldsymbol{S}=(s_{ij})_{n\times n}$. 对 n 用数学归纳法证明定理的结论.

当 $n=1$ 时，$\boldsymbol{S}=(s_{11})$ 已经是对角矩阵.

设 $n\geqslant 2$，并且假定 $n-1$ 阶对称方阵都可以相合到对角矩阵，证明 n 阶对称方阵 $\boldsymbol{S}$ 相合于对角矩阵.

情况 1 $s_{11}\neq 0$.

取

$$\boldsymbol{P}_1=\begin{pmatrix}1 & -s_{11}^{-1}s_{12} & \cdots & -s_{11}^{-1}s_{1n}\\ & 1 & & \\ & & & \vdots\\ & & \ddots & \\ & & & 1\end{pmatrix}$$

则

$$\boldsymbol{S}_1=\boldsymbol{P}_1^{\mathrm{T}}\boldsymbol{S}\boldsymbol{P}_1=\begin{pmatrix}s_{11} & \boldsymbol{0}\\ \boldsymbol{0} & \boldsymbol{S}_{22}\end{pmatrix}$$

其中 $\boldsymbol{S}_{22}\in F^{(n-1)\times(n-1)}$. 并且由于 $\boldsymbol{S}_1^{\mathrm{T}}=\boldsymbol{S}_1$，有 $\boldsymbol{S}_{22}^{\mathrm{T}}=\boldsymbol{S}_{22}$.

根据归纳假设，存在 F 上 $n-1$ 阶可逆方阵 $\boldsymbol{P}_{22}$ 使 $\boldsymbol{D}_2=\boldsymbol{P}_{22}^{\mathrm{T}}\boldsymbol{S}_{22}\boldsymbol{P}_{22}$ 是对角矩阵.

取 $\boldsymbol{P}_2=\operatorname{diag}(1,\boldsymbol{P}_{22})$，则 $\boldsymbol{P}_2$ 是 F 上 n 阶可逆方阵，且

$$\boldsymbol{D}=\boldsymbol{P}_2^{\mathrm{T}}\boldsymbol{S}_1\boldsymbol{P}_2=\begin{pmatrix}s_{11} & \boldsymbol{0}\\ \boldsymbol{0} & \boldsymbol{D}_2\end{pmatrix}$$

是对角矩阵. 取 $\boldsymbol{P}=\boldsymbol{P}_1\boldsymbol{P}_2$，则

$$\boldsymbol{P}^{\mathrm{T}}\boldsymbol{S}\boldsymbol{P}=\boldsymbol{P}_2^{\mathrm{T}}\boldsymbol{P}_1^{\mathrm{T}}\boldsymbol{S}\boldsymbol{P}_1\boldsymbol{P}_2=\boldsymbol{P}_2^{\mathrm{T}}\boldsymbol{S}_1\boldsymbol{P}_2=\boldsymbol{D}$$

是对角矩阵.

情况 2 $s_{11}=0$，但 $s_{1k}=s_{k1}\neq 0$ 对某个 $2\leqslant k\leqslant n$ 成立.

取 n 阶初等方阵 $\boldsymbol{P}_1=T_{k1}(1)=\boldsymbol{I}+\boldsymbol{E}_{k1}$（其中 $\boldsymbol{E}_{k1}$ 表示第 $(k,1)$ 个元为 1、其余元为 0 的方阵）. 则

$$\boldsymbol{S}_1=\boldsymbol{P}_1^{\mathrm{T}}\boldsymbol{S}\boldsymbol{P}=(b_{ij})_{n\times n}$$

其中 $b_{11}=2s_{1k}\neq 0$. $\boldsymbol{S}_1$ 符合情况 1 的要求. 根据情况 1 的论证，存在 n 阶可逆

方阵 $\boldsymbol{P}_2$ 使$\boldsymbol{D}=\boldsymbol{P}_2^{\mathrm{T}}\boldsymbol{S}_1\boldsymbol{P}_2$ 是对角矩阵. 取 $\boldsymbol{P}=\boldsymbol{P}_1\boldsymbol{P}_2$，则 $\boldsymbol{P}$ 是 F 上 n 阶可逆方阵，$\boldsymbol{P}^{\mathrm{T}}\boldsymbol{S}\boldsymbol{P}=\boldsymbol{D}$ 是对角矩阵.

情况 3 $s_{1j}=s_{j1}=0$ 对所有的 $1\leqslant j\leqslant n$ 成立. 此时

$$\boldsymbol{S}=\begin{pmatrix}0 & \\ & \boldsymbol{S}_{22}\end{pmatrix}$$

其中 $\boldsymbol{S}_{22}$是 $n-1$ 阶对称方阵. 根据归纳假设，存在 F 上 $n-1$ 阶可逆方阵 $\boldsymbol{P}_2$ 使 $\boldsymbol{D}_2=\boldsymbol{P}_2^{\mathrm{T}}\boldsymbol{S}_{22}\boldsymbol{P}_2$ 是对角矩阵. 取 $\boldsymbol{P}=\mathrm{diag}(1,\boldsymbol{P}_2)$，则

$$\boldsymbol{P}^{\mathrm{T}}\boldsymbol{S}\boldsymbol{P}=\begin{pmatrix}0 & \\ & \boldsymbol{D}_2\end{pmatrix}$$

是对角矩阵.

根据数学归纳法原理，对任意正整数 n，F 上 n 阶对称方阵都相合于对角矩阵.

设已有 n 阶可逆方阵 $\boldsymbol{P}$ 将 $\boldsymbol{S}$ 相合到对角矩阵

$$\boldsymbol{P}^{\mathrm{T}}\boldsymbol{S}\boldsymbol{P}=\boldsymbol{D}=\mathrm{diag}(a_1,a_2,\cdots,a_n)$$

对 $1,2,\cdots,n$ 的任意排列 $\sigma=(i_1i_2\cdots i_n)$，依次将单位矩阵 $\boldsymbol{I}$ 的第 $i_1,i_2,\cdots,i_n$ 列排成可逆方阵 $\boldsymbol{P}_\sigma$，则

$$(\boldsymbol{P}\boldsymbol{P}_\sigma)^{\mathrm{T}}\boldsymbol{S}(\boldsymbol{P}\boldsymbol{P}_\sigma)=\boldsymbol{P}_\sigma^{\mathrm{T}}\boldsymbol{D}\boldsymbol{P}_\sigma=\boldsymbol{D}_\sigma=\mathrm{diag}(a_{i_1},a_{i_2},\cdots,a_{i_n})$$

可见 $\boldsymbol{S}$ 相合于将 $\boldsymbol{D}$ 的对角元按任意顺序重新排列得到的对角矩阵 $\boldsymbol{D}_\sigma$. □

推论 8.2.1 对实数域上任意 n 阶对称方阵 $\boldsymbol{S}$，存在 n 阶实可逆方阵 $\boldsymbol{P}$，使

$$\boldsymbol{P}^{\mathrm{T}}\boldsymbol{S}\boldsymbol{P}=\mathrm{diag}(\boldsymbol{I}_{(p)},-\boldsymbol{I}_{(q)},\boldsymbol{O}_{(n-p-q)})$$

其中 $p+q=\mathrm{rank}\ \boldsymbol{S}$.

证明 由定理 8.2.4，存在 n 阶可逆实方阵 $\boldsymbol{P}_1$ 使

$$\boldsymbol{P}_1^{\mathrm{T}}\boldsymbol{S}\boldsymbol{P}_1=\boldsymbol{D}_1=\mathrm{diag}(a_1,\cdots,a_n)$$

且可排列对角元 $a_1,\cdots,a_n$ 的顺序，使排在前面的 p 个 $a_i>0(\forall\, 1\leqslant i\leqslant p)$，其次的 q 个 $a_i<0(\forall\, p<i\leqslant p+q)$，最后的 $n-p-q$ 个 $a_i=0(\forall\, p+q<i\leqslant n)$. 由于 $\boldsymbol{S}$ 与 $\boldsymbol{D}_1$ 相抵，

$$p+q=\mathrm{rank}\ \boldsymbol{D}_1=\mathrm{rank}\ \boldsymbol{S}$$

取 n 阶可逆实对角矩阵

$$\boldsymbol{P}_2=\mathrm{diag}(b_1,\cdots,b_n)$$

使

$$b_i=\begin{cases}\dfrac{1}{\sqrt{a_i}}, & \forall\, 1\leqslant i\leqslant p\\[2ex] \dfrac{1}{\sqrt{-a_i}}, & \forall\, p<i\leqslant p=q\\[2ex] 1, & \forall\, p+q<i\leqslant n\end{cases}$$

取 $\boldsymbol{P}=\boldsymbol{P}_1\boldsymbol{P}_2$，则

$$\boldsymbol{D}=\boldsymbol{P}^{\mathrm{T}}\boldsymbol{S}\boldsymbol{P}=\boldsymbol{P}_2^{\mathrm{T}}\boldsymbol{D}_1\boldsymbol{P}_2=\mathrm{diag}(\boldsymbol{I}_{(p)},-\boldsymbol{I}_{(q)},\boldsymbol{O}_{(n-p-q)}).\quad\square$$

$\mathrm{diag}(\boldsymbol{I}_{(p)},-\boldsymbol{I}_{(q)},\boldsymbol{O}_{(n-p-q)})$ 称为实对称方阵相合的**规范形**. 我们将证明，与实对称方阵 $\boldsymbol{S}$ 相合的规范形由 $\boldsymbol{S}$ 唯一决定.

习　题　8.2

1. 求实对称方阵在实相合下的标准形：

(1) $\begin{pmatrix}2&4&-2\\4&5&-1\\-2&-1&0\end{pmatrix}$；　(2) $\begin{pmatrix}1&2&3\\2&3&4\\3&4&6\end{pmatrix}$；　(3) $\begin{pmatrix}\boldsymbol{O}_{(n)}&\boldsymbol{I}_{(n)}\\\boldsymbol{I}_{(n)}&\boldsymbol{I}_{(n)}\end{pmatrix}$；

(4) $\begin{pmatrix}&&&1\\&&1&\\&\iddots&&\\1&&&\end{pmatrix}_{n\times n}$；　(5) $\begin{pmatrix}2&1&&\\1&2&\ddots&\\&\ddots&\ddots&1\\&&1&2\end{pmatrix}_{n\times n}$.

2. 利用实对称方阵的相合求习题 8.1 第 1 题中各个二次型的标准形.

3. 试验证方阵相合关系的自反性、对称性和传递性.

4. 证明：n 阶可逆复对称方阵在复数域上相合于

$$\begin{pmatrix}\boldsymbol{O}&\boldsymbol{I}_{(m)}\\\boldsymbol{I}_{(m)}&\boldsymbol{O}\end{pmatrix}(\text{当 } n=2m)\quad\text{或}\quad\begin{pmatrix}\boldsymbol{O}&\boldsymbol{I}_{(m)}&\\\boldsymbol{I}_{(m)}&\boldsymbol{O}&\\&&1\end{pmatrix}(\text{当 } n=2m+1).$$

5. 证明：秩等于 r 的对称矩阵可以表达成 r 个秩等于 1 的对称矩阵之和.

6. 设 $\boldsymbol{A}$ 是 n 阶实对称矩阵，且 $\det\boldsymbol{A}<0$，证明：必存在 n 维向量 $\boldsymbol{X}\neq\boldsymbol{0}$，使 $\boldsymbol{X}^{\mathrm{T}}\boldsymbol{A}\boldsymbol{X}<0$.

7. 求整系数 2 阶方阵 $\boldsymbol{P}$ 使 $\boldsymbol{P}^{\mathrm{T}}\begin{pmatrix}2&0\\0&2\end{pmatrix}\boldsymbol{P}=\begin{pmatrix}10&0\\0&10\end{pmatrix}$.

§ 8.3　正定的二次型与方阵

在求多元二次实函数以至于一般的多元实函数的极值时，正定或负定的二次型起着重要的作用.

定义 8.3.1　设 $Q(\boldsymbol{X})$ 是 n 元实二次型. 如果对 $\mathbf{R}^n$ 中所有的 $\boldsymbol{X}\neq\boldsymbol{O}$ 都有 $Q(\boldsymbol{X})>0$，就称 Q 是**正定的**(positive definite). 如果对 $\mathbf{R}^n$ 中所有的 $\boldsymbol{X}\neq\boldsymbol{O}$ 都有 $Q(\boldsymbol{X})<0$，就称 Q 是**负定的**(negative definite). 如果对 $\mathbf{R}^n$ 中所有的 $\boldsymbol{X}\neq\boldsymbol{O}$ 都有 $Q(\boldsymbol{X})\geqslant0$，就称 Q 是**半正定的**(semi-positive definite). 如果对 $\mathbf{R}^n$ 中所有的 $\boldsymbol{X}\neq\boldsymbol{O}$ 都有 $Q(\boldsymbol{X})\leqslant0$，就称 Q 是**半负定的**(semi-negative definite).

设 $\boldsymbol{S}$ 是 n 阶实对称方阵. 如果 S 所决定的 n 元实二次型 $Q(\boldsymbol{X})=\boldsymbol{X}^{\mathrm{T}}\boldsymbol{S}\boldsymbol{X}$ 正定，或负定，或半正定，或半负定，也就是说对 $\mathbf{R}^{n\times1}$ 中所有的 $\boldsymbol{X}\neq\boldsymbol{O}$ 都有

$X^TSX>0$，或都有 $X^TSX<0$，或都有 $X^TSX\geqslant 0$，或都有 $X^TSX\leqslant 0$，就分别称 S 正定，或负定，或半正定，或半负定，分别记为 $S>0$，或 $S<0$，或 $S\geqslant 0$，或 $S\leqslant 0$. □

显然，Q 负定$\Leftrightarrow -Q$ 正定；Q 半负定$\Leftrightarrow -Q$ 半正定. 类似地，$S<0\Leftrightarrow -S>0$；$S\leqslant 0\Leftrightarrow -S\geqslant 0$. 因此，只要搞清楚了正定、半正定的二次型和方阵的性质，也就清楚了负定、半负定的二次型和方阵的性质.

引理 8.3.1 与正定(或半正定)实对称方阵 S 相合的方阵 $S_1=P^TSP$ 仍然正定(或半正定)，其中 P 是实可逆方阵.

证明 设 S 是 n 阶正定实对称方阵. 则对任意 $O\neq X\in\mathbf{R}^{n\times 1}$，有 $X^TSX>0$. 对任意 $O\neq Y\in\mathbf{R}^{n\times 1}$有 $X=PY\neq O$，从而 $Y^TS_1Y=Y^TP^TSPY=X^TSX>0$. 可见 S_1 正定.

类似地可以证明 S 半正定$\Rightarrow S_1$ 半正定，只要将以上证明中的>号全部改为$\geqslant$号就行了. □

下面我们来研究 S 正定或半正定的充分必要条件.

在§8.2 中已经证明任何一个 n 阶实对称方阵 S 相合于

$$D=\mathrm{diag}(I_{(p)},-I_{(q)},O_{(n-p-q)})$$

$S>0\Leftrightarrow D>0\Leftrightarrow$二次型

$$Q(X)=X^TDX=x_1^2+\cdots+x_p^2-x_{p+1}^2-\cdots-x_{p+q}^2 \tag{8.3.1}$$

正定.

类似地，$S\geqslant 0\Leftrightarrow$(8.3.1)中的二次型 $Q(X)$半正定.

以下只需要研究(8.3.1)中的 $Q(X)$何时正定，何时半正定.

如果 $q>0$，取 $X=e_{p+1}$为第 $p+1$ 个分量为 1、其余分量为 0 的 n 维列向量，则 $Q(e_{p+1})=-1<0$，D 既不正定也不半正定. 因此，

$$S\geqslant 0\Rightarrow q=0\Leftrightarrow Q(X)=x_1^2+\cdots+x_r^2$$

反过来，对所有的 $O\neq X=(x_1,\cdots,x_n)^T\in\mathbf{R}^{n\times 1}$有 $Q(X)=x_1^2+\cdots+x_r^2\geqslant 0$. 这说明

$$S\geqslant 0\Leftrightarrow q=0\Leftrightarrow S \text{ 相合于 } \mathrm{diag}(I_{(r)},O_{(n-r)})$$

如果 $n>r$，取 $e_n=(0,\cdots,0,1)^T\in\mathbf{R}^{n\times 1}$，则 $e_n\neq\mathbf{0}$ 但 $Q(e_n)=0$，这说明此时 Q 半正定但不正定. 因此，

$$S>0\Rightarrow n=r=p\Leftrightarrow D=I_{(n)}\Leftrightarrow Q(X)=x_1^2+\cdots+x_n^2$$

显然 $Q(X)=x_1^2+\cdots+x_n^2>0$ 对所有的$O\neq X\in\mathbf{R}^{n\times 1}$成立. 由此得到

$$S>0\Leftrightarrow S \text{ 相合于 } I_{(n)}\Leftrightarrow \text{存在可逆方阵 } P \text{ 使 } S=P^TIP=P^TP.$$

这就得到了

定理 8.3.2 实对称方阵 S 正定$\Leftrightarrow$存在可逆实方阵 P 使 $S=P^TP$. □

实对称方阵 $\boldsymbol{S}$ 半正定有类似的充分必要条件：

定理 8.3.3　n 阶实对称方阵 $\boldsymbol{S}$ 半正定⇔存在矩阵 $\boldsymbol{A}\in\mathbf{R}^{m\times n}$ 使 $\boldsymbol{S}=\boldsymbol{A}^{\mathrm{T}}\boldsymbol{A}$，并且可以要求 $m=\operatorname{rank}\boldsymbol{S}$.

证明　设 $\boldsymbol{S}=\boldsymbol{A}^{\mathrm{T}}\boldsymbol{A}$，则对任意 $\boldsymbol{O}\neq\boldsymbol{X}\in\mathbf{R}^{n\times 1}$ 有

$$\boldsymbol{X}^{\mathrm{T}}\boldsymbol{S}\boldsymbol{X}=\boldsymbol{X}^{\mathrm{T}}\boldsymbol{A}^{\mathrm{T}}\boldsymbol{A}\boldsymbol{X}=\boldsymbol{Y}^{\mathrm{T}}\boldsymbol{Y}=y_1^2+\cdots+y_m^2\geqslant 0$$

其中 $\boldsymbol{Y}=\boldsymbol{A}\boldsymbol{X}=(y_1,\cdots,y_m)^{\mathrm{T}}\in\mathbf{R}^{m\times 1}$. 这说明了 $\boldsymbol{S}$ 半正定.

反过来，设 $\boldsymbol{S}$ 半正定，则 $\boldsymbol{S}$ 相合于 $\boldsymbol{D}=\operatorname{diag}(\boldsymbol{I}_{(r)},\boldsymbol{O}_{(n-r)})$，$r=\operatorname{rank}\boldsymbol{D}=\operatorname{rank}\boldsymbol{S}$. 存在 n 阶可逆方阵 $\boldsymbol{P}$ 使

$$\boldsymbol{S}=\boldsymbol{P}^{\mathrm{T}}\boldsymbol{D}\boldsymbol{P}=\boldsymbol{P}^{\mathrm{T}}\begin{pmatrix}\boldsymbol{I}_{(r)} & \\ & \boldsymbol{O}_{(n-r)}\end{pmatrix}\boldsymbol{P}=\boldsymbol{P}^{\mathrm{T}}\begin{pmatrix}\boldsymbol{I}_{(r)}\\ \boldsymbol{O}\end{pmatrix}(\boldsymbol{I}_{(r)}\quad \boldsymbol{O})\boldsymbol{P}=\boldsymbol{A}^{\mathrm{T}}\boldsymbol{A}$$

其中 $\boldsymbol{A}=(\boldsymbol{I}_{(r)}\quad\boldsymbol{O})\boldsymbol{P}\in\mathbf{R}^{r\times n}$，$\operatorname{rank}\boldsymbol{A}=r=\operatorname{rank}\boldsymbol{S}$.　□

由定理 8.3.2 知道：正定实对称方阵都是可逆方阵. 实际上，容易证明：$\boldsymbol{S}$ 正定⇔$\boldsymbol{S}$ 半正定且可逆.

正定实对称方阵 $\boldsymbol{S}$ 既然是可逆方阵，行列式 $\det\boldsymbol{S}$ 当然不为 0. 不仅如此，还有：

推论 8.3.1　实对称方阵 $\boldsymbol{S}$ 正定⇒$\boldsymbol{S}$ 的行列式 $\det\boldsymbol{S}>0$.

证明　$\boldsymbol{S}>0$⇒存在可逆方阵 $\boldsymbol{P}$ 使 $\boldsymbol{S}=\boldsymbol{P}^{\mathrm{T}}\boldsymbol{P}$

$$\Rightarrow\det\boldsymbol{S}=\det\boldsymbol{P}^{\mathrm{T}}\det\boldsymbol{P}=\det\boldsymbol{P}\det\boldsymbol{P}=(\det\boldsymbol{P})^2>0.\quad\square$$

例 1　已知实对称方阵 $\boldsymbol{S}>0$. 求证：对任意正整数 k 有 $\boldsymbol{S}^k>0$.

证明　当 k 为偶数 $2m$ 时 $\boldsymbol{S}^k=\boldsymbol{P}^{\mathrm{T}}\boldsymbol{P}$ 对可逆方阵 $\boldsymbol{P}=\boldsymbol{S}^m$ 成立，$\boldsymbol{S}^k>0$；当 k 为奇数 $2m+1$ 时，取 $\boldsymbol{P}=\boldsymbol{S}^m$，则 $\boldsymbol{S}^k=\boldsymbol{P}^{\mathrm{T}}\boldsymbol{S}\boldsymbol{P}$ 与正定方阵 $\boldsymbol{S}$ 相合，也是正定方阵.　□

由例 1 的证明可知：当 k 为偶数时，$\boldsymbol{S}^k>0$ 对任意可逆实对称方阵 $\boldsymbol{S}$ 成立，不要求 $\boldsymbol{S}>0$.

正定实对称方阵 $\boldsymbol{S}=(s_{ij})_{n\times n}$ 不但本身的行列式>0，而且它的前 k 行和前 k 列交叉位置的元组成的子方阵 $\boldsymbol{S}_k=(s_{ij})_{1\leqslant i,j\leqslant k}$ 也是正定的，行列式 $\det\boldsymbol{S}_k>0$. 一般地，对任意方阵 $\boldsymbol{A}=(a_{ij})_{n\times n}$ 和任意正整数 $k\leqslant n$，我们将 $\boldsymbol{A}$ 中前 k 行和前 k 列交叉位置的元组成的行列式 $\det(a_{ij})_{1\leqslant i,j\leqslant k}$ 称为 $\boldsymbol{A}$ 的顺序主子式. 我们有

定理 8.3.4　实对称方阵 $\boldsymbol{S}=(s_{ij})_{n\times n}$ 正定⇔$\boldsymbol{S}$ 的所有顺序主子式大于 0：

$$\begin{vmatrix}s_{11} & \cdots & s_{1k}\\ \vdots & & \vdots\\ s_{k1} & \cdots & s_{kk}\end{vmatrix}>0,\quad\forall\, 1\leqslant k\leqslant n$$

证明　设 $\boldsymbol{S}=(s_{ij})_{n\times n}$ 是实对称方阵. 对每个 $1\leqslant k\leqslant n$，记 $\boldsymbol{S}_k=(s_{ij})_{1\leqslant i,j\leqslant k}$ 为

S 中处于前 k 行和前 k 列的交叉位置的元组成的 k 阶实对称方阵.

先设 S 正定. 则对任意不全为零的实数 x_1, …, x_k, 有

$$(x_1,\cdots,x_k)S_k(x_1,\cdots,x_k)^{\mathrm{T}}=(x_1,\cdots,x_k,0,\cdots,0)S(x_1,\cdots,x_k,0,\cdots,0)^{\mathrm{T}}>0$$

这说明 S_k 正定, 从而行列式 $\det S_k>0$.

再设 $\det S_k>0$ 对 $1\leqslant k\leqslant n$ 成立. 对 n 用数学归纳法证明 $S>0$.

当 $n=1$ 时, $S_1=s_{11}>0$, $s_{11}x_1^2>0$ 对所有的实数 $x_1\neq0$ 成立, $S=(s_{11})$ 正定.

设 $n\geqslant2$, 且假设命题已对 $n-1$ 阶实对称方阵成立. 则由 S_{n-1} 的所有的顺序主子式 $\det S_k>0(\forall\,1\leqslant k\leqslant n-1)$ 知 S_{n-1} 正定. 存在 $n-1$ 阶可逆方阵 P_1 使 $S_{n-1}=P_1^{\mathrm{T}}P_1$.

将 S 分块为

$$S=\begin{pmatrix}S_{n-1} & \beta\\ \beta' & s_{nn}\end{pmatrix}$$

其中 $\beta\in\mathbf{R}^{(n-1)\times1}$. 由 $\det S_{n-1}>0$ 知 S_{n-1} 可逆. 取 n 阶可逆方阵

$$T=\begin{pmatrix}I_{(n-1)} & -S_{n-1}^{-1}\beta\\ 0 & 1\end{pmatrix}$$

则

$$\begin{aligned}D=T^{\mathrm{T}}ST&=\begin{pmatrix}I_{(n-1)} & 0\\ -\beta^{\mathrm{T}}S_{n-1}^{-1} & 1\end{pmatrix}\begin{pmatrix}S_{n-1} & \beta\\ \beta' & s_{nn}\end{pmatrix}\begin{pmatrix}I_{(n-1)} & -S_{n-1}^{-1}\beta\\ 0 & 1\end{pmatrix}\\&=\begin{pmatrix}S_{n-1} & 0\\ 0 & d_n\end{pmatrix}\end{aligned}$$

其中 $d_n=s_{nn}-\beta'S_{n-1}\beta$. 由 $\det T=1$ 知道

$$\det S=\det D=(\det S_{n-1})d_n,\ \text{从而}\quad d_n=\frac{\det S}{\det S_{n-1}}.$$

但 $\det S=\det S_n>0$, $\det S_{n-1}>0$, 故 $d_n>0$. 于是

$$D=\begin{pmatrix}P_1^{\mathrm{T}}P_1 & 0\\ 0 & \sqrt{d_n}\sqrt{d_n}\end{pmatrix}=P^{\mathrm{T}}P$$

对可逆方阵 $P=\begin{pmatrix}P_1 & 0\\ 0 & \sqrt{d_n}\end{pmatrix}$ 成立. 这说明 D 正定, 从而 S 正定.

根据数学归纳法原理, 定理对所有的正整数 n 成立. □

不但正定实对称方阵 S 的顺序主子式都大于零, 而且 S 的任意主子式都大于零. 这里, $S=(s_{ij})_{n\times n}$ 的主子式是指: 对任意 $1\leqslant i_1<i_2<\cdots<i_k\leqslant n$, 由

$\boldsymbol{S}$ 中第 $i_1,i_2,\cdots,i_k$ 行和第 $i_1,\ i_2,\ \cdots,\ i_k$ 列交叉位置的元组成的行列式 $\boldsymbol{S}\begin{pmatrix} i_1 & i_2 & \cdots & i_k \\ i_1 & i_2 & \cdots & i_k \end{pmatrix}$，它的主对角线元也都是 $\boldsymbol{S}$ 的主对角线元.

命题 8.3.5　正定实对称方阵 $\boldsymbol{S}=(s_{ij})_{n\times n}$ 的任意主子式

$$\boldsymbol{S}\begin{pmatrix} i_1 & i_2 & \cdots & i_k \\ i_1 & i_2 & \cdots & i_k \end{pmatrix}>0$$

证明　设 $\boldsymbol{X}=(x_1,\cdots,x_n)^{\mathrm{T}}\in\mathbf{R}^{n\times 1}$ 中除第 $i_1,i_2,\cdots,i_k$ 个分量以外其余的分量 $x_j(j\notin\{i_1,i_2,\cdots,i_k\})$ 全部等于 0，则

$$Q_1(x_{i_1},\cdots,x_{i_k})=\boldsymbol{X}^{\mathrm{T}}\boldsymbol{S}\boldsymbol{X}=(x_{i_1},\cdots,x_{i_k})\widetilde{\boldsymbol{S}}_k(x_{i_1},\cdots,x_{i_k})^{\mathrm{T}}$$

是 $x_{i_1},x_{i_2},\cdots,x_{i_k}$ 的 k 元二次型，其中 $\widetilde{\boldsymbol{S}}_k=(s_{ij})_{i,j\in\{i_1,\cdots,i_k\}}$ 是由 $\boldsymbol{S}$ 中处于第 $i_1,i_2,\cdots,i_k$ 行和第 $i_1,i_2,\cdots,i_k$ 列交叉的位置的元组成的 k 阶实方阵. 当 $x_{i_1},x_{i_2},\cdots,x_{i_k}$ 不全为 0 时 $\boldsymbol{X}=(x_1,\cdots,x_n)^{\mathrm{T}}\neq\mathbf{0}$，

$$Q_1(x_{i_1},\cdots,x_{i_k})=\boldsymbol{X}^{\mathrm{T}}\boldsymbol{S}\boldsymbol{X}>0$$

因此 Q_1 是正定二次型，$\widetilde{\boldsymbol{S}}_k$ 是 k 阶正定实对称方阵，其行列式

$$\det\widetilde{\boldsymbol{S}}_k=\boldsymbol{S}\begin{pmatrix} i_1 & i_2 & \cdots & i_k \\ i_1 & i_2 & \cdots & i_k \end{pmatrix}>0\quad\square$$

例 2　已知实二次型 $Q(x,y,z)=\lambda(x^2+y^2+z^2)-2xy-2xz+2yz$.

(1) λ 取什么值时 $Q(x,y,z)$ 正定？

(2) λ 取什么值时 $Q(x,y,z)$ 负定？

(3) λ 取什么值时 $Q(x,y,z)$ 可以写成实系数一次多项式的平方 $(ax+by+cz)^2$？

证明　$Q(x,y,z)$ 的矩阵

$$\boldsymbol{S}=\begin{pmatrix} \lambda & -1 & -1 \\ -1 & \lambda & 1 \\ -1 & 1 & \lambda \end{pmatrix}$$

(1) Q 正定 $\Leftrightarrow\boldsymbol{S}>0\Leftrightarrow\boldsymbol{S}$ 的顺序主子式 $\det\boldsymbol{S}_k>0$，$\forall k=1,2,3$，

$$\Leftrightarrow\begin{cases}\det\boldsymbol{S}_1=\lambda>0,\\ \det\boldsymbol{S}_2=\lambda^2-1>0,\\ \det\boldsymbol{S}_3=(\lambda-1)^2(\lambda+2)>0.\end{cases}\quad\Leftrightarrow\quad\lambda>1$$

故 Q 正定当且仅当 $\lambda>1$.

(2) Q 负定 $\Leftrightarrow\boldsymbol{S}<0\Leftrightarrow-\boldsymbol{S}>0\Leftrightarrow-\boldsymbol{S}$ 的所有顺序主子式 $\det((-\boldsymbol{S})_k)>0$.

$$\Leftrightarrow\begin{cases}\det((-S)_1)=-\lambda>0,\\ \det((-S)_2)=\lambda^2-1>0,\\ \det((-S)_3)=-(\lambda-1)^2(\lambda+2)>0.\end{cases}\quad\Leftrightarrow\quad \lambda<-2$$

故 Q 负定当且仅当 $\lambda<-2$.

(3) $Q=(ax+by+cz)^2\Leftrightarrow \boldsymbol{S}\geqslant 0$ 且 $\operatorname{rank}\boldsymbol{S}=1$.

$\operatorname{rank}\boldsymbol{S}=1\Rightarrow\det\boldsymbol{S}=(\lambda-1)^2(\lambda+2)=0\Rightarrow\lambda=1$ 或 -2. 易见 $\lambda=-2$ 时 $\boldsymbol{S}$ 不是半正定(并且此时 $\operatorname{rank}\boldsymbol{S}=2$). 剩下唯一的可能性是 $\lambda=1$. 当 $\lambda=1$ 时

$$Q(x,y,z)=x^2+y^2+z^2-2xy-2xz+2yz=(x-y-z)^2$$

确实是一次实多项式的平方. □

例 3　设实对称方阵 $\boldsymbol{S}$ 正定，则存在可逆的上三角形矩阵 $\boldsymbol{T}$ 使 $\boldsymbol{T}^{\mathrm{T}}\boldsymbol{S}\boldsymbol{T}=\boldsymbol{I}$.

证明　对 n 用数学归纳法. 当 $n=1$ 时显然成立.

设 $n\geqslant 2$，并且假定 $n-1$ 阶正定实对称方阵都可以通过可逆上三角形矩阵相合于单位矩阵.

设 $\boldsymbol{S}=(s_{ij})_{n\times n}>0$. 取 $\boldsymbol{e}_1=(1,0,\cdots,0)^{\mathrm{T}}\in\mathbf{R}^{n\times 1}$，则由 $\boldsymbol{e}_1\neq\mathbf{0}$ 及 $\boldsymbol{S}>0$ 知 $s_{11}=\boldsymbol{e}_1^{\mathrm{T}}\boldsymbol{S}\boldsymbol{e}_1>0$. 取对角矩阵 $\boldsymbol{\Lambda}=\operatorname{diag}\left(\dfrac{1}{\sqrt{s_{11}}},\ 1,\ \cdots,\ 1\right)$，则

$$\boldsymbol{S}_1=\boldsymbol{\Lambda}^{\mathrm{T}}\boldsymbol{S}\boldsymbol{\Lambda}=(b_{ij})_{n\times n}>0\ ,$$

其中 $b_{11}=1$.

取可逆上三角形矩阵

$$\boldsymbol{T}_1=\begin{pmatrix}1 & -b_{12} & \cdots & -b_{1n}\\ & 1 & & \\ & & & \vdots\\ & & \ddots & \\ & & & 1\end{pmatrix}$$

则

$$\boldsymbol{S}_2=\boldsymbol{T}_1^{\mathrm{T}}\boldsymbol{S}_1\boldsymbol{T}_1=\begin{pmatrix}1 & \mathbf{0}\\ \mathbf{0} & \boldsymbol{S}_{22}\end{pmatrix}>\mathbf{0}$$

对任意 $\mathbf{0}\neq\boldsymbol{\eta}\in\mathbf{R}^{(n-1)\times 1}$，有 $\mathbf{0}\neq\boldsymbol{X}=\begin{pmatrix}0\\ \boldsymbol{\eta}\end{pmatrix}$，因此

$$\boldsymbol{\eta}^{\mathrm{T}}\boldsymbol{S}_{22}\boldsymbol{\eta}=\boldsymbol{X}^{\mathrm{T}}\boldsymbol{S}_2\boldsymbol{X}>0$$

这说明了 $\boldsymbol{S}_{22}$ 是 $n-1$ 阶正定实对称方阵，根据归纳假设，存在 $n-1$ 阶可逆上三角形矩阵 $\boldsymbol{T}_{22}$ 使 $\boldsymbol{T}_{22}^{\mathrm{T}}\boldsymbol{S}_{22}\boldsymbol{T}_{22}=\boldsymbol{I}_{(n-1)}$. 取 $\boldsymbol{T}_2=\operatorname{diag}(1,\boldsymbol{T}_{22})$，则 $\boldsymbol{T}_2$ 是 n 阶可逆上三角形矩阵.

$$T_2^{\mathrm{T}} S_2 T_2 = I_{(n)}$$

记 $T=AT_1T_2$. 由于 A，T_1，T_2 都是 n 阶可逆上三角形矩阵，它们的乘积 T 也是 n 阶可逆上三角形矩阵，且

$$T^{\mathrm{T}} S T = T_2^{\mathrm{T}} T_1^{\mathrm{T}} A^{\mathrm{T}} S T_1 T_2 = I_{(n)}$$

由数学归纳法原理，定理对所有的正整数 n 成立. □

习 题 8.3

1. 设

$$Q(x_1, x_2, x_3) = ax_1^2 + bx_2^2 + ax_3^2 + 2cx_1x_3$$

问 a，b，c 满足什么条件时，二次型 Q 的矩阵为正定矩阵.

2. 给出负定二次型

$$Q(x_1, \cdots, x_n) = X^{\mathrm{T}} A X$$

的方阵 A 的顺序主子式满足的充要条件.

3. 在二次型

$$Q(x, y, z) = \lambda(x^2+y^2+z^2) + 3y^2 - 4xy - 2xz + 4yz$$

中，问：

(1) λ 取什么值时二次型 Q 正定；

(2) λ 取什么值时二次型 Q 半负定；

(3) λ 的什么值使 Q 为实一次多项式的完全平方.

4. 设 A 是 n 阶实正定对称矩阵，证明 A^{-1} 正定.

5. 在二次型 $Q=X^{\mathrm{T}}AX$ 中，实对称 $A=(a_{ij})_{n\times n}$，若

$$\begin{vmatrix} a_{11} & \cdots & a_{1k} \\ \vdots & & \vdots \\ a_{k1} & \cdots & a_{kk} \end{vmatrix} > 0 \quad (\forall k = 1, 2, \cdots, n-1); \ \det A = 0$$

试证明：二次型矩阵 Q 为半正定.

6. 求实函数

$$f(x) = xSx^{\mathrm{T}} + 2\beta x^{\mathrm{T}} + b$$

的最大值或最小值，其中 S 是 n 阶正定实对称方阵，$\beta=(b_1, b_2, \cdots, b_n)$ 与 $x=(x_1, x_2, \cdots, x_n)$ 是 n 维实行向量，b 是实数.

7. 设 S 是半正定 n 阶实对称方阵且 rank $S=1$. 证明：存在非零实行向量 α 使 $S=\alpha^{\mathrm{T}}\alpha$.

8. S 是实对称正定矩阵，证明：存在上三角形矩阵 T，使 $S=T^{\mathrm{T}}T$.

9. 求证：n 阶实对称方阵 S 半正定的充要条件是存在秩为 r 的 $r\times n$ 实矩阵 A 使 $S=A^{\mathrm{T}}A$，其中 $r=\operatorname{rank} S$.

§ 8.4 相合不变量

我们已经证明了：任意数域 F 上任意实对称方阵 S 都相合于对角阵 $D=$

$\mathrm{diag}(a_1,\cdots,a_n)$，并且将与 $\boldsymbol{S}$ 相合的对角矩阵称为 $\boldsymbol{S}$ 的相合标准形. 但与 $\boldsymbol{S}$ 相合的对角矩阵并不唯一，对角矩阵 $\boldsymbol{D}$ 还可能相合于更简单的对角矩阵. 对不同的数域 F,这个问题的答案可能不同.

关于对角矩阵的相合，有如下简单的引理.

引理 8.4.1 任意数域 F 上的任意对角矩阵 $\boldsymbol{D}=\mathrm{diag}(a_1,\cdots,a_n)$ 相合于 $\mathrm{diag}(c_1^2a_1,\cdots,c_n^2a_n)$，其中 $c_1,\cdots,c_n$ 是 F 中任意非零元.

证明 取 $\boldsymbol{P}=\mathrm{diag}(c_1,\cdots,c_n)$，则

$$\boldsymbol{P}^{\mathrm{T}}\boldsymbol{DP}=\mathrm{diag}(c_1^2a_1,\cdots,c_n^2a_n) \quad \square$$

定理 8.4.2 在复数域 $\mathbf{C}$ 上，每个对称方阵 $\boldsymbol{S}$ 相合于唯一的规范形

$$\boldsymbol{\Lambda}=\begin{pmatrix}\boldsymbol{I}_{(r)} & \boldsymbol{O}\\ \boldsymbol{O} & \boldsymbol{O}\end{pmatrix} \tag{8.4.1}$$

其中 $r=\mathrm{rank}\ \boldsymbol{S}$.

证明 $\boldsymbol{S}$ 相合于对角矩阵 $\boldsymbol{D}=\mathrm{diag}(a_1,\cdots,a_n)$，且可排列对角元的顺序使 $a_i\neq 0(\forall 1\leqslant i\leqslant r)$，$a_j=0(\forall r+1\leqslant j\leqslant n)$. 即

$$\boldsymbol{D}=\mathrm{diag}(a_1,\cdots,a_r,0,\cdots,0)$$

其中 $a_i\neq 0(\forall 1\leqslant i\leqslant r)$. 显然 $r=\mathrm{rank}\ \boldsymbol{D}=\mathrm{rank}\ \boldsymbol{S}$.

对每个 $1\leqslant i\leqslant r$，取 c_i 使 $c_i^2=a_i^{-1}$，则 $c_i^2a_i=1$. $\boldsymbol{D}$ 相合于

$$\boldsymbol{\Lambda}=\mathrm{diag}(c_1^2a_1,\cdots,c_r^2a_r,0,\cdots,0)=\mathrm{diag}(\boldsymbol{I}_{(r)},\boldsymbol{O}_{(n-r)})$$

其中 $r=\mathrm{rank}\ \boldsymbol{S}$ 由 $\boldsymbol{S}$ 唯一决定. $\square$

复数域上对称方阵的相合规范形最简单. 但实二次型的用途更广泛，因此实对称方阵的相合更值得关注.

定理 8.4.3 实数域 $\mathbf{R}$ 上的任意 n 阶对称方阵 $\boldsymbol{S}$ 相合于规范形

$$\boldsymbol{\Lambda}=\mathrm{diag}(\boldsymbol{I}_{(p)},-\boldsymbol{I}_{(q)},\boldsymbol{O}_{(n-p-q)}) \tag{8.4.2}$$

其中的 p，q 由 $\boldsymbol{S}$ 唯一决定，$p+q=\mathrm{rank}\ \boldsymbol{S}$.

证明 §8.2 推论 8.2.1 中已经证明了 $\boldsymbol{S}$ 相合于(8.4.2)所说的规范形. 以下证明与 $\boldsymbol{S}$ 相合的规范形的唯一性，也就是 p，q 的唯一性.

由于 $\boldsymbol{S}$ 与 $\boldsymbol{\Lambda}$ 相抵，$p+q=\mathrm{rank}\ \boldsymbol{\Lambda}=\mathrm{rank}\ \boldsymbol{S}$. 只要能证明 p 的唯一性，则 $q=r-p$ 也就具有唯一性.

$\boldsymbol{S}$ 定义了二次型

$$Q(\boldsymbol{X})=\boldsymbol{X}^{\mathrm{T}}\boldsymbol{SX},\ \forall \boldsymbol{X}\in\mathbf{R}^{n\times 1}$$

设有可逆方阵 $\boldsymbol{P}_1$，$\boldsymbol{P}_2$ 分别将 $\boldsymbol{S}$ 相合于

$$\boldsymbol{\Lambda}_1=\boldsymbol{P}_1^{\mathrm{T}}\boldsymbol{SP}_1=\mathrm{diag}(\boldsymbol{I}_{(p)},-\boldsymbol{I}_{(r-p)},\boldsymbol{O}_{(n-r)})$$

$$\boldsymbol{\Lambda}_2=\boldsymbol{P}_2^{\mathrm{T}}\boldsymbol{SP}_2=\mathrm{diag}(\boldsymbol{I}_{(s)},-\boldsymbol{I}_{(r-s)},\boldsymbol{O}_{(n-s)})$$

$\boldsymbol{\Lambda}_1$，$\boldsymbol{\Lambda}_2$ 分别定义了二次型

$$Q_1(\boldsymbol{Y})=\boldsymbol{Y}^{\mathrm{T}}\boldsymbol{\Lambda}_1\boldsymbol{Y}=y_1^2+\cdots+y_p^2-y_{p+1}^2-\cdots-y_r^2$$

$$Q_2(\boldsymbol{Z})=\boldsymbol{Z}^{\mathrm{T}}\boldsymbol{\Lambda}_2\boldsymbol{Z}=z_1^2+\cdots+z_s^2-z_{s+1}^2-\cdots-z_r^2$$

其中 $\boldsymbol{Y}=(y_1,\cdots,y_n)^{\mathrm{T}}$，$\boldsymbol{Z}=(z_1,\cdots,z_n)^{\mathrm{T}}\in\mathbf{R}^{n\times1}$.

假如 $p\neq s$，不妨设 $p>s$.

设 $\boldsymbol{\alpha}_1$，…，$\boldsymbol{\alpha}_n$ 依次是 $\boldsymbol{P}_1$ 的各列，V_+是由 $\boldsymbol{P}_1$ 的前 p 列 $\boldsymbol{\alpha}_1$，…，$\boldsymbol{\alpha}_p$ 生成的 p 维子空间. 对任意 $\mathbf{0}\neq\boldsymbol{\alpha}\in V_+$，有

$$\boldsymbol{\alpha}=y_1\boldsymbol{\alpha}_1+\cdots+y_p\boldsymbol{\alpha}_p，其中实数 y_1，\cdots，y_p 不全为 0,$$

则

$$\mathbf{0}\neq\boldsymbol{Y}=(y_1,\cdots,y_p,0,\cdots,0)^{\mathrm{T}}\in\mathbf{R}^{n\times1}$$

$$\boldsymbol{\alpha}=(\boldsymbol{\alpha}_1,\cdots,\boldsymbol{\alpha}_p)(y_1,\cdots,y_p)^{\mathrm{T}}=\boldsymbol{P}_1\boldsymbol{Y}$$

$$\begin{aligned}Q(\boldsymbol{\alpha})&=\boldsymbol{\alpha}^{\mathrm{T}}\boldsymbol{S}\boldsymbol{\alpha}=(\boldsymbol{P}_1\boldsymbol{Y})^{\mathrm{T}}\boldsymbol{S}(\boldsymbol{P}_1\boldsymbol{Y})=\boldsymbol{Y}^{\mathrm{T}}\boldsymbol{P}_1^{\mathrm{T}}\boldsymbol{S}\boldsymbol{P}_1\boldsymbol{Y}=\boldsymbol{Y}^{\mathrm{T}}\boldsymbol{\Lambda}_1\boldsymbol{Y}\\&=Q_1(\boldsymbol{Y})=y_1^2+\cdots+y_p^2>0\end{aligned}\tag{8.4.3}$$

设 $\boldsymbol{\beta}_1$，…，$\boldsymbol{\beta}_n$ 依次是 $\boldsymbol{P}_2$ 的各列，V_-是由 $\boldsymbol{P}_2$ 的后 $n-s$ 列 $\boldsymbol{\beta}_{s+1}$，…，$\boldsymbol{\beta}_n$ 生成的 $n-s$ 维子空间. 每个 $\boldsymbol{\beta}\in V_-$可写成

$$\boldsymbol{\beta}=z_{s+1}\boldsymbol{\beta}_{s+1}+\cdots+z_n\boldsymbol{\beta}_n,$$

其中

$$z_{s+1},\cdots,z_n\in\mathbf{R}.$$

取 $\boldsymbol{Z}=(0,\cdots,0,z_{s+1},\cdots,z_n)^{\mathrm{T}}\in\mathbf{R}^{n\times1}$，则

$$\boldsymbol{\beta}=(\boldsymbol{\beta}_{s+1},\cdots,\boldsymbol{\beta}_n)(z_{s+1},\cdots,z_n)^{\mathrm{T}}=\boldsymbol{P}_2\boldsymbol{Z}$$

$$\begin{aligned}Q(\boldsymbol{\beta})&=\boldsymbol{\beta}^{\mathrm{T}}\boldsymbol{S}\boldsymbol{\beta}=(\boldsymbol{P}_2\boldsymbol{Z})^{\mathrm{T}}\boldsymbol{S}(\boldsymbol{P}_2\boldsymbol{Z})=\boldsymbol{Z}^{\mathrm{T}}(\boldsymbol{P}_2^{\mathrm{T}}\boldsymbol{S}\boldsymbol{P}_2)\boldsymbol{Z}=\boldsymbol{Z}^{\mathrm{T}}\boldsymbol{\Lambda}_2\boldsymbol{Z}\\&=Q_2(\boldsymbol{Z})=-z_{s+1}^2-\cdots-z_r^2\leqslant0\end{aligned}\tag{8.4.4}$$

V_+与 V_-都是 n 维空间 $V=\mathbf{R}^{n\times1}$的子空间. 由于 $p>s$. $\dim V_++\dim V_-=p+(n-s)>n=\dim V$，这迫使 $V_+\cap V_-\neq0$(见第二章推论 2.7.1).

于是存在$\mathbf{0}\neq\boldsymbol{\alpha}\in V_+\cap V_-$. 一方面，由(8.4.3)知 $\mathbf{0}\neq\boldsymbol{\alpha}\in V_+\Rightarrow Q(\boldsymbol{\alpha})>0$；另一方面，由(8.4.4)知 $\boldsymbol{\alpha}\in V_-\Rightarrow Q(\boldsymbol{\alpha})\leqslant0$. 得出矛盾.

这一矛盾证明了只能 $p=s$，从而证明了与 $\boldsymbol{S}$ 相合的规范形(8.4.2)的唯一性. □

定义 8.4.1 实对称方阵 S 的相合规范形(8.4.2)中对角线上 1 的个数 p 称为 S 的**正惯性指数**(positive index of inertia)，-1 的个数 q 称为**负惯性指数**(negative index of inertia)，正惯性指数与负惯性指数的差 $p-q$ 称为**符号差**(signature).

实二次型 $Q(\boldsymbol{X})=\boldsymbol{X}^{\mathrm{T}}\boldsymbol{S}\boldsymbol{X}$ 的矩阵 $\boldsymbol{S}$ 的正惯性指数、负惯性指数、符号差也称为二次型 Q 的正惯性指数、负惯性指数、符号差. □

实对称方阵 $\boldsymbol{S}$ 的相合规范形可以由 $\boldsymbol{S}$ 的秩和正惯性指数确定，也可以由秩和符号差决定.

显然：$\boldsymbol{S}>0\Leftrightarrow\boldsymbol{S}$ 的正惯性指数等于 n. 而 $\boldsymbol{S}\geqslant0\Leftrightarrow\boldsymbol{S}$ 的负惯性指数等于 0.

例 1 求实二次型 $Q(x_1,\cdots,x_n)=(x_1-x_2)^2+(x_2-x_3)^2+\cdots+(x_{n-1}-x_n)^2+(x_n-x_1)^2$ 的规范形.

解 显然，$Q(\boldsymbol{X})\geqslant 0$ 对所有的$\boldsymbol{O}\neq\boldsymbol{X}\in\mathbf{R}^{n\times 1}$成立，因此 Q 半正定.

$$Q(\boldsymbol{X})=0\Leftrightarrow x_1=x_2=\cdots=x_n\Leftrightarrow\boldsymbol{X}=x(1,1,\cdots,1)^{\mathrm{T}},\ \forall x\in\mathbf{R}$$

可见，$Q(\boldsymbol{X})=0$ 的解集是 1 维子空间.

设经过可逆线性代换 $\boldsymbol{X}=\boldsymbol{PY}$ 之后将 $Q(\boldsymbol{X})$ 化为规范形 $Q_1(\boldsymbol{Y})=y_1^2+\cdots+y_r^2$.

则
$$Q_1(\boldsymbol{Y})=0\Leftrightarrow y_1=\cdots=y_r=0\Leftrightarrow\boldsymbol{Y}=(0,\cdots,0,y_{r+1},\cdots,y_n)^{\mathrm{T}}$$

因此，$Q(\boldsymbol{X})=0\Leftrightarrow\boldsymbol{X}=\boldsymbol{P}(0,\cdots,0,y_{r+1},\cdots,y_n)^{\mathrm{T}}=y_{r+1}\boldsymbol{\beta}_{r+1}+\cdots+y_n\boldsymbol{\beta}_n$，其中 $\boldsymbol{\beta}_j$ 是 $\boldsymbol{P}$ 的第 j 列，$\forall\, r+1\leqslant j\leqslant n$.

可见，$Q(\boldsymbol{X})=0$ 的解集是由 $n-r$ 个线性无关向量 $\boldsymbol{\beta}_j(r+1\leqslant j\leqslant n)$ 生成的 $n-r$ 维子空间. 因此 $n-r=1$，$r=n-1$. $Q(\boldsymbol{X})$ 的规范形是

$$Q_1(\boldsymbol{Y})=y_1^2+\cdots+y_{n-1}^2\quad\square$$

习 题 8.4

1. 设 $\boldsymbol{S}$ 是 n 阶实对称方阵，V_0 是方程 $\boldsymbol{X}^{\mathrm{T}}\boldsymbol{SX}=0$ 的解集. 求证：V_0 是 $\mathbf{R}^{n\times 1}$ 的子空间$\Leftrightarrow$ $\boldsymbol{S}\geqslant 0$或 $\boldsymbol{S}\leqslant 0$. 且当 $\boldsymbol{S}\geqslant 0$ 或 $\boldsymbol{S}\leqslant 0$ 时 $\dim V_0=n-\mathrm{rank}\,\boldsymbol{S}$.

2. 通过方程 $Q(x_1,\cdots,x_n)=0$ 的解空间的维数计算下列半正定二次型

$$Q(x_1,\cdots,x_n)=\sum_{i=1}^{n}(x_i-s)^2\quad\left(\text{其中 } s=\frac{1}{n}(x_1+\cdots+x_n)\right)$$

的正惯性指数，从而写出它的标准形.

3. 求二次型 $Q(x,y,z)=x^2+y^2+z^2-xy-xz-yz$ 的秩、正惯性指数和符号差.

4. 设 $\boldsymbol{S}$ 是任意一个实对称可逆矩阵，求证 $\boldsymbol{S}$ 相合于以下形式的矩阵：

$$\begin{pmatrix}\boldsymbol{O} & \boldsymbol{I}_{(r)} & \boldsymbol{O}\\ \boldsymbol{I}_{(r)} & \boldsymbol{O} & \boldsymbol{O}\\ \boldsymbol{O} & \boldsymbol{O} & \rho\boldsymbol{I}_{(n-2r)}\end{pmatrix}$$

其中 $\rho=\pm 1$，并且 r 与 ρ 由 $\boldsymbol{S}$ 唯一决定.

5. 设 $\boldsymbol{S}$ 是实对称方阵. 求证：如果存在 $\boldsymbol{X}_1$，$\boldsymbol{X}_2$ 使 $\boldsymbol{X}_1^{\mathrm{T}}\boldsymbol{SX}_1>0>\boldsymbol{X}_2^{\mathrm{T}}\boldsymbol{SX}_2$，则存在 $\boldsymbol{X}_0\neq\boldsymbol{O}$ 使 $\boldsymbol{X}_0^{\mathrm{T}}\boldsymbol{SX}_0=0$.

6. 实二次型 Q 可以分解为两个实线性函数 f_1，f_2 的充分必要条件是：Q 的秩等于 2 且符号差等于 0，或者 Q 的秩等于 1.

7. 设 n 阶实对称阵 $\boldsymbol{A}=(a_{ij})_{n\times n}$可逆. A_{ij}是 a_{ij}的代数余子式. 求证：二次型

$$Q_1=\sum_{i=1}^{n}\sum_{j=1}^{n}\frac{A_{ij}}{\det\boldsymbol{A}}x_ix_j$$

与 $\boldsymbol{Q}=\boldsymbol{X}^{\mathrm{T}}\boldsymbol{AX}$ 有相同的正、负惯性指数.

§8.5 更多的例子

例 1 在自变量范围 $x\geqslant 0$，$y\geqslant 0$，$x+y\leqslant 2\pi$ 内求函数 $u=\sin x+\sin y-$

$\sin(x+y)$的极值点.

解 函数 $u=f(x,y)$在极值点的偏导数应当都等于 0：

$$\begin{cases}\dfrac{\partial u}{\partial x}=\cos x-\cos(x+y)=0\\ \dfrac{\partial u}{\partial y}=\cos y-\cos(x+y)=0\end{cases}$$

解之得 $x=y=\dfrac{2\pi}{3}$. 为了考察$\left(\dfrac{2\pi}{3},\ \dfrac{2\pi}{3}\right)$是否真是 u 的极值点，将 u 在点$\left(\dfrac{2\pi}{3},\ \dfrac{2\pi}{3}\right)$作 Taylor 展开到二次项. 为此，计算 u 在点$\left(\dfrac{2\pi}{3},\ \dfrac{2\pi}{3}\right)$的二阶偏导数

$$\begin{cases}\dfrac{\partial^2 u}{\partial x^2}=(-\sin x+\sin(x+y))\Big|_{\left(\frac{2\pi}{3},\frac{2\pi}{3}\right)}=-\sqrt{3}\\ \dfrac{\partial^2 u}{\partial y^2}=(-\sin y+\sin(x+y))\Big|_{\left(\frac{2\pi}{3},\frac{2\pi}{3}\right)}=-\sqrt{3}\\ \dfrac{\partial^2 u}{\partial x\partial y}=\sin(x+y)\Big|_{\left(\frac{2\pi}{3},\frac{2\pi}{3}\right)}=-\dfrac{\sqrt{3}}{2}\end{cases}$$

记 $\xi=x-\dfrac{2\pi}{3}$，$\eta=y-\dfrac{2\pi}{3}$，则

$$u=\frac{3\sqrt{3}}{2}-\frac{\sqrt{3}}{2}(\xi^2+\xi\eta+\eta^2)+R_2(\xi,\eta) \tag{8.5.1}$$

其中的余项 $R_2(\xi,\eta)$是比 $\xi^2+\eta^2$ 更高阶的无穷小.

当 $x=y=\dfrac{\sqrt{3}}{2}$即 $\xi=\eta=0$ 时，$u=\dfrac{3\sqrt{3}}{2}$. 要说明此时 u 取极大值或极小值，需要说明当 $\xi^2+\eta^2$ 不为零且足够小时(8.5.1)中的二次项部分

$$Q(\xi,\eta)=-\frac{\sqrt{3}}{2}(\xi^2+\xi\eta+\eta^2)$$

始终>0 或始终<0. 将 $Q(\xi,\eta)$看作 ξ 的二次三项式，配方得

$$Q(\xi,\eta)=-\frac{\sqrt{3}}{2}(\xi^2+\xi\eta+\eta^2)=-\frac{\sqrt{3}}{2}\left(\xi+\frac{1}{2}\eta\right)^2-\frac{3\sqrt{3}}{8}\eta^2$$

可见当 ξ，η 不全为 0 时 $Q(\xi,\eta)<0$. 且当 $\xi^2+\eta^2$ 足够小时 $|R_2(\xi,\eta)|<|Q(\xi,\eta)|$，因而

$$Q(\xi,\eta)+R_2(\xi,\eta)<0$$

$$u=u(x,y)\leqslant\frac{3\sqrt{3}}{2}$$

因此，当 $\xi=\eta=0$ 即 $x=y=\dfrac{2\pi}{3}$时 u 取得极大值$\dfrac{3\sqrt{3}}{2}$. □

一般地，要求 n 元函数 $f(x_1,\cdots,x_n)$在某个区域内的极值点$(c_1,\cdots,c_n)$，

如果f在此点可微，则当所有的一阶偏导数

$$\frac{\partial f}{\partial x_i}(c_1,\cdots,c_n)=0,\ \forall 1\leqslant i\leqslant n$$

时$(c_1,\cdots,c_n)$才有可能是f的极值点. 如果f在点$(c_1,\cdots,c_n)$二次可微，则它在这一点的某个邻域内可以近似地用Δx_1，…，Δx_n的二次函数来代替：

$$f(x_1,\cdots,x_n)=f(c_1,\cdots,c_n)+\sum_{i=1}^{n}\sum_{j=1}^{n}a_{ij}\Delta x_i\Delta x_j+R_2(\Delta x_1,\cdots,\Delta x_n)$$

其中系数

$$a_{ij}=\frac{1}{2!}\frac{\partial^2 f}{\partial x_i\partial x_j}(c_1,\cdots,c_n)$$

误差项R_2是

$$\|\Delta x\|^2=(\Delta x_1)^2+\cdots+(\Delta x_n)^2$$

的高阶无穷小.

现在的问题变成求f的上述展开式中的二次项部分

$$Q(\Delta x_1,\cdots,\Delta x_n)=\sum_{i=1}^{n}\sum_{j=1}^{n}a_{ij}\Delta x_i\Delta x_j$$

是否在$(\Delta x_1,\cdots,\Delta x_n)=(0,\cdots,0)$点取极大或极小值0. 我们知道，当二次型$Q(\Delta x_1,\cdots,\Delta x_n)$正定时，$\Delta x_1,\cdots,\Delta x_n$不全为0时$Q$的取值总是>0，因此函数$f$在点$(c_1,\cdots,c_n)$取极小值. 类似地，当二次型$Q$负定时，函数$f$在点$(c_1,\cdots,c_n)$取极大值.（如果$Q$的正惯性指数和负惯性指数都为正，则$f$在点$(c_1,\cdots,c_n)$既不是极大值也不是极小值.如果$Q$半正定而不正定，或者半负定而不负定，则要进行更细致的研究才能知道f在这一点是否有极值.）

例2 设n阶实对称方阵$\boldsymbol{S}>0$. 证明：对任意n维实列向量$\boldsymbol{X}$，$\boldsymbol{Y}\in\mathbf{R}^{n\times 1}$，

$$(\boldsymbol{X}^{\mathrm{T}}\boldsymbol{S}\boldsymbol{X})+(\boldsymbol{Y}^{\mathrm{T}}\boldsymbol{S}^{-1}\boldsymbol{Y})\geqslant 2\boldsymbol{X}^{\mathrm{T}}\boldsymbol{Y}\tag{8.5.2}$$

等号成立的充分必要条件是什么?

解 由$\boldsymbol{S}$正定知：

$$(\boldsymbol{X}-\boldsymbol{S}^{-1}\boldsymbol{Y})^{\mathrm{T}}\boldsymbol{S}(\boldsymbol{X}-\boldsymbol{S}^{-1}\boldsymbol{Y})\geqslant 0\tag{8.5.3}$$

将不等式左边展开，得

$$\begin{aligned}&\boldsymbol{X}^{\mathrm{T}}\boldsymbol{S}\boldsymbol{X}-\boldsymbol{Y}^{\mathrm{T}}\boldsymbol{S}^{-1}\boldsymbol{S}\boldsymbol{X}-\boldsymbol{X}^{\mathrm{T}}\boldsymbol{S}\boldsymbol{S}^{-1}\boldsymbol{Y}+\boldsymbol{Y}^{\mathrm{T}}\boldsymbol{S}^{-1}\boldsymbol{S}\boldsymbol{S}^{-1}\boldsymbol{Y}\\=&\boldsymbol{X}^{\mathrm{T}}\boldsymbol{S}\boldsymbol{X}+\boldsymbol{Y}^{\mathrm{T}}\boldsymbol{S}^{-1}\boldsymbol{Y}-\boldsymbol{Y}^{\mathrm{T}}\boldsymbol{X}-\boldsymbol{X}^{\mathrm{T}}\boldsymbol{Y}\geqslant 0\end{aligned}$$

由于$\boldsymbol{Y}^{\mathrm{T}}\boldsymbol{X}$是1阶方阵，$\boldsymbol{Y}^{\mathrm{T}}\boldsymbol{X}=(\boldsymbol{Y}^{\mathrm{T}}\boldsymbol{X})^{\mathrm{T}}=\boldsymbol{X}^{\mathrm{T}}\boldsymbol{Y}$，因而

$$\boldsymbol{X}^{\mathrm{T}}\boldsymbol{S}\boldsymbol{X}+\boldsymbol{Y}^{\mathrm{T}}\boldsymbol{S}^{-1}\boldsymbol{Y}\geqslant\boldsymbol{Y}^{\mathrm{T}}\boldsymbol{X}+\boldsymbol{X}^{\mathrm{T}}\boldsymbol{Y}=2\boldsymbol{X}^{\mathrm{T}}\boldsymbol{Y}$$

(8.5.2)中的等号成立的充分必要条件是(8.5.3)中的等号成立. 即$\boldsymbol{X}-\boldsymbol{S}^{-1}\boldsymbol{Y}=\mathbf{0}$，也就是

$$Y=SX \quad \square$$

例 3 求证：对任意 $\mathbf{0}\neq X=(x_1,\cdots,x_n)\in\mathbf{R}^n$，都有

$$f(X)=\sum_{i=1}^{n}x_i^2-\sum_{i=1}^{n-1}x_ix_{i+1}>0$$

并求 $f(X)$ 在条件 $x_n=1$ 下的最小值.

解 对二次型 $f(X)$ 配方得

$$\begin{aligned}f(X)&=x_1^2-x_1x_2+x_2^2-\cdots+x_n^2\\&=\left(x_1-\frac{1}{2}x_2\right)^2+\frac{3}{4}\left(x_2^2-\frac{4}{3}x_2x_3\right)+x_3^2-\cdots+x_n^2\\&=\left(x_1-\frac{1}{2}x_2\right)^2+\frac{3}{4}\left(x_2-\frac{2}{3}x_3\right)^2+\frac{2}{3}\left(x_3^2-\frac{3}{2}x_3x_4\right)+x_4^2-\cdots+x_n^2\end{aligned}$$

观察规律，猜测

$$f(X)=\sum_{k=1}^{n-1}\frac{k+1}{2k}\left(x_k-\frac{k}{k+1}x_{k+1}\right)^2+\frac{n+1}{2n}x_n^2 \tag{8.5.4}$$

将(8.5.4)右边展开，计算其中的各项：

x_1^2 项为$\frac{1+1}{2\times1}x_1^2=x_1^2$；

x_k^2 项$(2\leqslant k\leqslant n)$为$\frac{k}{2(k-1)}\left(\frac{k-1}{k}\right)^2x_k^2+\frac{k+1}{2k}x_k^2=x_k^2$；

x_kx_{k+1}项$(1\leqslant k\leqslant n-1)$为$\frac{k+1}{2k}\left(-2\times\frac{k}{k+1}\right)x_kx_{k+1}=-x_kx_{k+1}$.

这就验证了等式(8.5.4)正确.

等式(8.5.4)右边的完全平方的系数$\frac{k+1}{2k}(1\leqslant k\leqslant n-1)$全部$>0$，因此 $f(X)\geqslant 0$ 对所有的 $X=(x_1,\cdots,x_n)\in\mathbf{R}^n$ 成立. 且 $f(X)=0$ 的充分必要条件为

$$x_k-\frac{k}{k+1}x_{k+1}=0(\ \forall\ 1\leqslant k\leqslant n-1),\text{ 且 } x_n=0$$

即

$$X=(x_1,x_2,\cdots,x_n)=(0,0,\cdots,0)$$

这说明 $f(X)>0$ 对所有的 $X\neq\mathbf{0}$ 成立.

当 $x_n=1$ 时，

$$\begin{aligned}f(X)=&\sum_{k=1}^{n-2}\frac{k+1}{2k}\left(x_k-\frac{k}{k+1}x_{k+1}\right)^2+\\&\frac{n}{2(n-1)}\left(x_{n-1}-\frac{n-1}{n}\right)^2+\frac{n+1}{2n}\geqslant\frac{n+1}{2n}\end{aligned}$$

选取 $x_1,\ \cdots,\ x_{n-1}\in\mathbf{R}$ 使

$$x_1-\frac{1}{2}x_2=x_2-\frac{2}{3}x_3=\cdots=x_k-\frac{k}{k+1}x_{k+1}=\cdots=x_{n-1}-\frac{n-1}{n}=0$$

即

$$(x_1,\cdots,x_{n-1})=\left(\frac{1}{n},\frac{2}{n},\cdots,\frac{n-1}{n}\right)$$

则 $f(\boldsymbol{X})$ 达到最小值 $\frac{n+1}{2n}$. □

注意 如果只是要证明例 3 中的二次型正定，不要求它在 $x_n=1$ 时的最小值，不需要对 $f(\boldsymbol{X})$ 配方，只要将它写成

$$f(\boldsymbol{X})=\frac{1}{2}x_1^2+\frac{1}{2}(x_1-x_2)^2+\frac{1}{2}(x_2-x_3)^2+\cdots+\frac{1}{2}(x_{n-1}-x_n)^2+\frac{1}{2}x_n^2$$

就可知道 $f(\boldsymbol{X})\geqslant 0$ 对所有的 $\boldsymbol{X}=(x_1,\cdots,x_n)\in\mathbf{R}^n$ 成立. 且

$$f(\boldsymbol{X})=0\Leftrightarrow x_1=x_1-x_2=x_2-x_3=\cdots=x_{n-1}-x_n=x_n=0$$

$$\Leftrightarrow(x_1,\cdots,x_n)=(0,\cdots,0)$$

这就证明了 $f(\boldsymbol{X})>0$ 对所有的 $\boldsymbol{X}\neq\boldsymbol{0}$ 成立.

例 4 设 $\boldsymbol{A}\in\mathbf{R}^{m\times n}$ 是任意实矩阵. 求证: $\operatorname{rank}\boldsymbol{A}=\operatorname{rank}(\boldsymbol{A}^{\mathrm{T}}\boldsymbol{A})$.

证明 设 $V_{\boldsymbol{A}}$ 和 $V_{\boldsymbol{A}^{\mathrm{T}}\boldsymbol{A}}$ 分别是线性方程组 $\boldsymbol{AX}=\boldsymbol{0}$ 和 $\boldsymbol{A}^{\mathrm{T}}\boldsymbol{AX}=\boldsymbol{0}$ 的解空间. 则

$$\dim V_{\boldsymbol{A}}=n-\operatorname{rank}\boldsymbol{A},\ \dim V_{\boldsymbol{A}^{\mathrm{T}}\boldsymbol{A}}=n-\operatorname{rank}(\boldsymbol{A}^{\mathrm{T}}\boldsymbol{A})$$

只要能证明 $V_{\boldsymbol{A}}=V_{\boldsymbol{A}^{\mathrm{T}}\boldsymbol{A}}$，则 $\operatorname{rank}\boldsymbol{A}=\operatorname{rank}(\boldsymbol{A}^{\mathrm{T}}\boldsymbol{A})$ 成立.

对任意 $\boldsymbol{X}\in\mathbf{R}^{n\times 1}$,

$$(\boldsymbol{A}^{\mathrm{T}}\boldsymbol{A})\boldsymbol{X}=\boldsymbol{0}\Rightarrow\boldsymbol{X}^{\mathrm{T}}(\boldsymbol{A}^{\mathrm{T}}\boldsymbol{A})\boldsymbol{X}=0\Leftrightarrow(\boldsymbol{AX})^{\mathrm{T}}(\boldsymbol{AX})=0$$

记 $\boldsymbol{Y}=\boldsymbol{AX}=(y_1,\cdots,y_n)^{\mathrm{T}}\in\mathbf{R}^{n\times 1}$，则

$$\boldsymbol{Y}^{\mathrm{T}}\boldsymbol{Y}=y_1^2+\cdots+y_n^2=0\Leftrightarrow y_1=\cdots=y_n=0\Leftrightarrow\boldsymbol{Y}=\boldsymbol{0}$$

这说明

$$(\boldsymbol{A}^{\mathrm{T}}\boldsymbol{A})\boldsymbol{X}=\boldsymbol{0}\Rightarrow(\boldsymbol{AX})^{\mathrm{T}}(\boldsymbol{AX})=0\Rightarrow\boldsymbol{AX}=\boldsymbol{0}\Rightarrow\boldsymbol{A}^{\mathrm{T}}\boldsymbol{AX}=\boldsymbol{0}$$

也就是说: $(\boldsymbol{A}^{\mathrm{T}}\boldsymbol{A})\boldsymbol{X}=\boldsymbol{0}\Leftrightarrow\boldsymbol{AX}=\boldsymbol{0}$

即: $V_{\boldsymbol{A}}=V_{\boldsymbol{A}^{\mathrm{T}}\boldsymbol{A}}\Rightarrow\dim V_{\boldsymbol{A}}=n-\operatorname{rank}\boldsymbol{A}=\dim V_{\boldsymbol{A}^{\mathrm{T}}\boldsymbol{A}}=n-\operatorname{rank}(\boldsymbol{A}^{\mathrm{T}}\boldsymbol{A})$

$$\Rightarrow\operatorname{rank}\boldsymbol{A}=\operatorname{rank}(\boldsymbol{A}^{\mathrm{T}}\boldsymbol{A})\quad\square$$

例 5 设 $\boldsymbol{S}$ 是 n 阶实对称方阵. 证明 $\operatorname{rank}\boldsymbol{S}=n$ 的充分必要条件是: 存在 n 阶实方阵 $\boldsymbol{A}$，使得 $\boldsymbol{SA}+\boldsymbol{A}^{\mathrm{T}}\boldsymbol{S}$ 为正定对称方阵.

证明 设 $\operatorname{rank}\boldsymbol{S}=n$. 则 $\boldsymbol{S}$ 可逆，取 $\boldsymbol{A}=\boldsymbol{S}^{-1}$，则 $\boldsymbol{SA}+\boldsymbol{A}^{\mathrm{T}}\boldsymbol{S}=2\boldsymbol{I}$ 是正定实对称方阵.

设 $\operatorname{rank}\boldsymbol{S}<n$，则存在非零 n 维实列向量 $\boldsymbol{X}$ 使 $\boldsymbol{SX}=\boldsymbol{0}$. 对任意 n 阶实方阵 $\boldsymbol{A}$，有

$$\begin{aligned}\boldsymbol{X}^{\mathrm{T}}(\boldsymbol{SA}+\boldsymbol{A}^{\mathrm{T}}\boldsymbol{S})\boldsymbol{X}&=\boldsymbol{X}^{\mathrm{T}}\boldsymbol{SAX}+\boldsymbol{X}^{\mathrm{T}}\boldsymbol{A}^{\mathrm{T}}\boldsymbol{SX}=(\boldsymbol{X}^{\mathrm{T}}\boldsymbol{A}^{\mathrm{T}}\boldsymbol{SX})^{\mathrm{T}}+(\boldsymbol{X}^{\mathrm{T}}\boldsymbol{A}^{\mathrm{T}}\boldsymbol{SX})\\&=(\boldsymbol{X}^{\mathrm{T}}\boldsymbol{A}^{\mathrm{T}}\boldsymbol{0})^{\mathrm{T}}+(\boldsymbol{X}^{\mathrm{T}}\boldsymbol{A}^{\mathrm{T}}\boldsymbol{0})=\boldsymbol{0}+\boldsymbol{0}=\boldsymbol{0}\end{aligned}$$

可见 $\boldsymbol{SA}+\boldsymbol{A}^{\mathrm{T}}\boldsymbol{S}$ 不是正定方阵. □

例 6 设 $\boldsymbol{A}$ 是 n 阶实可逆方阵，$\boldsymbol{K}$ 是 n 阶反对称方阵. 求证：$\det(\boldsymbol{A}^{\mathrm{T}}\boldsymbol{A}+\boldsymbol{K})>0$.

证明 考虑闭区间 $[0,1]$ 上以实数 λ 为自变量的函数 $f(x)=\det(\boldsymbol{A}^{\mathrm{T}}\boldsymbol{A}+\lambda\boldsymbol{K})$. 显然 $f(\lambda)$ 是 λ 的多项式函数，因而是连续函数. 且当 $\lambda=0$ 时，由 $\boldsymbol{A}^{\mathrm{T}}\boldsymbol{A}+0\boldsymbol{K}=\boldsymbol{A}^{\mathrm{T}}\boldsymbol{A}$ 正定知道 $f(0)=\det(\boldsymbol{A}^{\mathrm{T}}\boldsymbol{A})>0$.

我们证明不可能 $f(\lambda)=0$. 若不然，设有某个 $\lambda\in[0,1]$ 使 $f(\lambda)=\det(\boldsymbol{A}^{\mathrm{T}}\boldsymbol{A}+\lambda\boldsymbol{K})=0$，则存在非零的列向量 $\boldsymbol{X}\in\mathbf{R}^{n\times 1}$ 使 $(\boldsymbol{A}^{\mathrm{T}}\boldsymbol{A}+\lambda\boldsymbol{K})\boldsymbol{X}=\mathbf{0}$，从而

$$\boldsymbol{X}^{\mathrm{T}}\boldsymbol{A}^{\mathrm{T}}\boldsymbol{A}\boldsymbol{X}+\lambda\boldsymbol{X}^{\mathrm{T}}\boldsymbol{K}\boldsymbol{X}=0 \tag{8.5.5}$$

$\boldsymbol{X}^{\mathrm{T}}\boldsymbol{K}\boldsymbol{X}$ 是 1 阶方阵，$\boldsymbol{X}^{\mathrm{T}}\boldsymbol{K}\boldsymbol{X}=(\boldsymbol{X}^{\mathrm{T}}\boldsymbol{K}\boldsymbol{X})^{\mathrm{T}}=\boldsymbol{X}^{\mathrm{T}}\boldsymbol{K}^{\mathrm{T}}\boldsymbol{X}=\boldsymbol{X}^{\mathrm{T}}(-\boldsymbol{K})\boldsymbol{X}=-\boldsymbol{X}^{\mathrm{T}}\boldsymbol{K}\boldsymbol{X}$. 因此 $\boldsymbol{X}^{\mathrm{T}}\boldsymbol{K}\boldsymbol{X}=0$. 代入(8.5.5)得

$$\boldsymbol{X}^{\mathrm{T}}\boldsymbol{A}^{\mathrm{T}}\boldsymbol{A}\boldsymbol{X}=0$$

然而，$\boldsymbol{A}^{\mathrm{T}}\boldsymbol{A}$ 正定，对 $\boldsymbol{X}\neq\mathbf{0}$ 应有 $\boldsymbol{X}^{\mathrm{T}}\boldsymbol{A}^{\mathrm{T}}\boldsymbol{A}\boldsymbol{X}>0$，矛盾.

这说明了 $f(\lambda)\neq 0$ 对所有的 $\lambda\in[0,1]$ 成立.

如果 $f(1)=\det(\boldsymbol{A}^{\mathrm{T}}\boldsymbol{A}+\boldsymbol{K})<0$，则由 $f(0)>0$ 及 $f(x)$ 是连续函数知道必然存在 $\lambda\in(0,1)$ 使 $f(\lambda)=0$，与前面推出的结论矛盾.

因此 $f(1)=\det(\boldsymbol{A}^{\mathrm{T}}\boldsymbol{A}+\boldsymbol{K})>0$. □

注意 例 6 中用到了反对称方阵 $\boldsymbol{K}$ 的性质：$\boldsymbol{X}^{\mathrm{T}}\boldsymbol{K}\boldsymbol{X}=0$ 对所有的 $\boldsymbol{X}\in\mathbf{R}^{n\times 1}$ 成立.

例 7 设 $\boldsymbol{P}$，$\boldsymbol{Q}$，$\boldsymbol{R}$ 都是 n 阶实方阵，且 $\boldsymbol{P}$，$\boldsymbol{Q}$ 是正定实对称方阵. 证明：方阵 $\boldsymbol{P}-\boldsymbol{R}^{\mathrm{T}}\boldsymbol{Q}^{-1}\boldsymbol{R}>0$ 的充分必要条件是：$\boldsymbol{Q}-\boldsymbol{R}\boldsymbol{P}^{-1}\boldsymbol{R}^{\mathrm{T}}>0$.

证明 考虑 $2n$ 阶实对称方阵

$$\boldsymbol{A}=\begin{pmatrix}\boldsymbol{P} & \boldsymbol{R}^{\mathrm{T}}\\ \boldsymbol{R} & \boldsymbol{Q}\end{pmatrix}$$

我们有

$$\boldsymbol{A}_1=\begin{pmatrix}\boldsymbol{I} & \boldsymbol{O}\\ -\boldsymbol{R}\boldsymbol{P}^{-1} & \boldsymbol{I}\end{pmatrix}\begin{pmatrix}\boldsymbol{P} & \boldsymbol{R}^{\mathrm{T}}\\ \boldsymbol{R} & \boldsymbol{Q}\end{pmatrix}\begin{pmatrix}\boldsymbol{I} & -\boldsymbol{P}^{-1}\boldsymbol{R}^{\mathrm{T}}\\ \boldsymbol{O} & \boldsymbol{I}\end{pmatrix}=\begin{pmatrix}\boldsymbol{P} & \boldsymbol{O}\\ \boldsymbol{O} & \boldsymbol{Q}-\boldsymbol{R}\boldsymbol{P}^{-1}\boldsymbol{R}^{\mathrm{T}}\end{pmatrix}$$

$$\boldsymbol{A}_2=\begin{pmatrix}\boldsymbol{I} & -\boldsymbol{R}^{\mathrm{T}}\boldsymbol{Q}^{-1}\\ \boldsymbol{O} & \boldsymbol{I}\end{pmatrix}\begin{pmatrix}\boldsymbol{P} & \boldsymbol{R}^{\mathrm{T}}\\ \boldsymbol{R} & \boldsymbol{Q}\end{pmatrix}\begin{pmatrix}\boldsymbol{I} & \boldsymbol{O}\\ -\boldsymbol{Q}^{-1}\boldsymbol{R} & \boldsymbol{I}\end{pmatrix}=\begin{pmatrix}\boldsymbol{P}-\boldsymbol{R}^{\mathrm{T}}\boldsymbol{Q}^{-1}\boldsymbol{R} & \boldsymbol{O}\\ \boldsymbol{O} & \boldsymbol{Q}\end{pmatrix}$$

可见 $\boldsymbol{A}_1$，$\boldsymbol{A}_2$ 都与 $\boldsymbol{A}$ 相合. 因此，

$$\begin{aligned}\boldsymbol{P}-\boldsymbol{R}^{\mathrm{T}}\boldsymbol{Q}^{-1}\boldsymbol{R}>0 &\Leftrightarrow \boldsymbol{A}_2>0\Leftrightarrow\boldsymbol{A}>0\\ &\Leftrightarrow\boldsymbol{A}_1>0\Leftrightarrow\boldsymbol{Q}-\boldsymbol{R}\boldsymbol{P}^{-1}\boldsymbol{R}^{\mathrm{T}}>0.\end{aligned} \quad \square$$

在 3 维几何空间中，3 阶实方阵的行列式 $\Delta=(a_{ij})_{3\times 3}$ 的绝对值是它的 3 个列向量 $\boldsymbol{\alpha}_j=(a_{1j},a_{2j},a_{3j})^{\mathrm{T}}$ $(j=1,2,3)$ 所代表的有向线段 OA_1，OA_2，OA_3 为 3

条棱的平行六面体的体积 V. 显然，这个体积 V 小于或等于这 3 条棱的长度的乘积.

$$V \leqslant |OA_1| \cdot |OA_2| \cdot |OA_3|$$

即

$$|\det(a_{ij})_{3\times 3}| \leqslant \sqrt{a_{11}^2+a_{21}^2+a_{31}^2} \cdot \sqrt{a_{12}^2+a_{22}^2+a_{32}^2} \cdot \sqrt{a_{13}^2+a_{23}^2+a_{33}^2}$$

其中的等号成立的充分必要条件是：OA_1，OA_2，OA_3 两两垂直，平行六面体是长方体或正方体. 即：

$$\boldsymbol{\alpha}_j \cdot \boldsymbol{\alpha}_k = a_{1j}a_{1k}+a_{2j}a_{2k}+a_{3j}a_{3k}=0,\quad \forall\, 1\leqslant j\leqslant k\leqslant 3$$

这个不等式可以推广到 n 阶实方阵 $\boldsymbol{A}=(a_{ij})_{n\times n}$.

例 8(Hadamard 不等式)　设 $\boldsymbol{A}=(a_{ij})_{n\times n}$ 是任意 n 阶实可逆方阵. 求证：不等式

$$|\det \boldsymbol{A}| \leqslant \prod_{i=1}^{n}\sqrt{\sum_{k=1}^{n} a_{ki}^2} \tag{8.5.6}$$

成立，其中等号成立的充分必要条件是：$\sum\limits_{i=1}^{n} a_{ki}a_{kj}=0$ 对所有的 $i\neq j$ 成立.

证明　令 $\boldsymbol{S}=\boldsymbol{A}^{\mathrm{T}}\boldsymbol{A}=(s_{ij})_{n\times n}$，则 $\boldsymbol{S}$ 正定.

$$\det \boldsymbol{S}=(\det\boldsymbol{A}^{\mathrm{T}})(\det\boldsymbol{A})=(\det\boldsymbol{A})^2.\ s_{ij}=\sum_{k=1}^{n} a_{ki}a_{kj}$$

特别 $s_{ii}=\sum\limits_{k=1}^{n} a_{ki}^2$. 我们对 n 用数学归纳法证明

$$\det \boldsymbol{S} \leqslant s_{11}s_{22}\cdots s_{nn} \tag{8.5.7}$$

其中等号成立⇔$\boldsymbol{S}=\mathrm{diag}(s_{11},s_{22},\cdots,s_{nn})$，即：$s_{ij}=0$ 对所有的 $i\neq j$ 成立.

当 $n=1$ 时，由 $s_{11}=a_{11}^2>0$ 知道 $|\det \boldsymbol{S}|=s_{11}$ 成立，此时 $\boldsymbol{S}$ 当然是对角矩阵.

设 $n\geqslant 2$，且假定不等式(8.5.7)(连同等号成立的条件)对 $\boldsymbol{S}$ 是 $n-1$ 阶实正定方阵的情形成立，我们来证明对 n 阶实正定方阵 $\boldsymbol{S}$ 成立.

将 $\boldsymbol{S}$ 分块如下：$\boldsymbol{S}=\begin{pmatrix}\boldsymbol{S}_{n-1} & \boldsymbol{\beta}\\ \boldsymbol{\beta}^{\mathrm{T}} & s_{nn}\end{pmatrix}$. 由 $\boldsymbol{S}>\boldsymbol{0}$ 知道 $\boldsymbol{S}_{n-1}>\boldsymbol{0}$，$\det \boldsymbol{S}_{n-1}>0$.

$$\begin{pmatrix}\boldsymbol{I}_{(n-1)} & \boldsymbol{0}\\ -\boldsymbol{\beta}^{\mathrm{T}}\boldsymbol{S}_{n-1}^{-1} & 1\end{pmatrix}\boldsymbol{S}\begin{pmatrix}\boldsymbol{I}_{(n-1)} & -\boldsymbol{S}_{n-1}^{-1}\boldsymbol{\beta}\\ \boldsymbol{0} & 1\end{pmatrix}=\begin{pmatrix}\boldsymbol{S}_{n-1} & \boldsymbol{0}\\ \boldsymbol{0} & d_n\end{pmatrix} \tag{8.5.8}$$

其中 $d_n=s_{nn}-\boldsymbol{\beta}^{\mathrm{T}}\boldsymbol{S}_{n-1}^{-1}\boldsymbol{\beta}$.

在(8.5.8)两边取行列式得 $\det \boldsymbol{S}=(\det \boldsymbol{S}_{n-1})d_n$，从而 $d_n=\dfrac{\det \boldsymbol{S}}{\det \boldsymbol{S}_{n-1}}>0$.

另一方面，由于 $\boldsymbol{S}_{n-1}$ 正定，$\boldsymbol{\beta}\in\mathbf{R}^{(n-1)\times 1}$，因此 $\boldsymbol{\beta}^{\mathrm{T}}\boldsymbol{S}_{n-1}\boldsymbol{\beta}\geqslant 0$，且 $\boldsymbol{\beta}^{\mathrm{T}}\boldsymbol{S}_{n-1}\boldsymbol{\beta}$

$=0$ 仅当 $\boldsymbol{\beta}=\mathbf{0}$. 由此可知

$$d_n=s_{nn}-\boldsymbol{\beta}^{\mathrm{T}}\boldsymbol{S}_{n-1}\boldsymbol{\beta}\leqslant s_{nn}$$

其中的等号成立仅当 $\boldsymbol{\beta}=\mathbf{0}$.

对 $n-1$ 阶实正定方阵 $\boldsymbol{S}_{n-1}$ 引用归纳假设，得：

$$\det(\boldsymbol{S}_{n-1})\leqslant s_{11}s_{22}\cdots s_{n-1,n-1} \tag{8.5.9}$$

其中等号成立仅当 $\boldsymbol{S}_{n-1}=\operatorname{diag}(s_{11},s_{22},\cdots,s_{n-1,n-1})$. 在(8.5.9)两边同乘正实数 d_n，且考虑到 $d_n\leqslant s_{nn}$，得

$$\det \boldsymbol{S}=\det(\boldsymbol{S}_{n-1})d_n\leqslant s_{11}s_{22}\cdots s_{n-1,n-1}d_n\leqslant s_{11}s_{22}\cdots s_{n-1,n-1}s_{nn} \tag{8.5.10}$$

这就得到了所需的不等式

$$\det \boldsymbol{S}\leqslant s_{11}s_{22}\cdots s_{n-1,n-1}s_{nn}$$

其中的等号成立仅当(8.5.10)中的两处"$\leqslant$"都取等号，即

$$\boldsymbol{S}_{n-1}=\operatorname{diag}(s_{11},s_{22},\cdots,s_{n-1,n-1})\text{ 且 }\boldsymbol{\beta}=\mathbf{0}$$

也就是 $\boldsymbol{S}=\operatorname{diag}(\boldsymbol{S}_{n-1},s_{nn})=\operatorname{diag}(s_{11},s_{22},\cdots,s_{n-1,n-1},s_{nn})$.

根据数学归纳法原理，不等式(8.5.6)连同等号成立的条件对所有的正整数 n 成立.

将 $\det \boldsymbol{S}=(\det \boldsymbol{A})^2$，$s_{ij}=\sum\limits_{k=1}^{n}a_{ki}a_{kj}$ 代入不等式(8.5.7)得

$$(\det \boldsymbol{A})^2\leqslant\prod_{i=1}^{n}\left(\sum_{k=1}^{n}a_{ki}^2\right)$$

即 $|\det \boldsymbol{A}|\leqslant\prod\limits_{i=1}^{n}\sqrt{\sum\limits_{k=1}^{n}a_{ki}^2}$，其中等号成立的充分必要条件是

$$s_{ij}=\prod_{k=1}^{n}a_{ki}a_{kj}=0,\quad\forall\, i\neq j\quad\square$$

习 题 8.5

1. 在函数展开式

$$f(x_0+\Delta x,y_0+\Delta y)=f(x_0,y_0)+\frac{\partial f(x_0,y_0)}{\partial x}\Delta x+\frac{\partial f(x_0,y_0)}{\partial y}\Delta y+$$
$$\frac{1}{2}\left[\frac{\partial^2 f(x_0,y_0)}{\partial x^2}(\Delta x)^2+2\frac{\partial^2 f(x_0,y_0)}{\partial x\partial y}\Delta x\Delta y+\frac{\partial^2 f(x_0,y_0)}{\partial y^2}(\Delta y)^2\right]+\text{高次项}$$

中，试给出 f 在 (x_0,y_0) 处取极大值的充分条件.

2. 设 $\boldsymbol{A}=(a_{ij})_{n\times n}$ 是可逆的对称方阵，求证二次型

$$Q(x_1,\cdots,x_n)=\begin{vmatrix}0 & x_1 & \cdots & x_n\\ -x_1 & a_{11} & \cdots & a_{1n}\\ \vdots & \vdots & & \vdots\\ -x_n & a_{n1} & \cdots & a_{nn}\end{vmatrix}$$

的矩阵为 $\boldsymbol{A}$ 的附属方阵 $\boldsymbol{A}^*=(A_{ji})_{n\times n}$.

3. 设 $\boldsymbol{S}=(s_{ij})_{n\times n}$是正定实对称方阵. 求证:

$$Q(x_1,\cdots,x_n)=\begin{vmatrix} s_{11} & \cdots & s_{1n} & x_1 \\ \vdots & & \vdots & \vdots \\ s_{n1} & \cdots & s_{nn} & x_n \\ x_1 & \cdots & x_n & 0 \end{vmatrix}$$

是负定二次型.

4. 设 $x_i\geqslant 0(i=1,2,\cdots,n)$. 且

$$\sum_{i=1}^{n}x_i^2+2\sum_{1\leqslant k<j\leqslant n}\sqrt{\frac{k}{j}}x_kx_j=1,$$

求 $\sum\limits_{i=1}^{n}x_i$ 的最大值与最小值.

5. $\boldsymbol{S}_i(1\leqslant i\leqslant m)$是同阶实对称方阵. 求证: $\boldsymbol{S}_1^2+\cdots+\boldsymbol{S}_m^2=\boldsymbol{O}\Leftrightarrow\boldsymbol{S}_1=\cdots=\boldsymbol{S}_m=\boldsymbol{O}$.

6. $\boldsymbol{A}$ 是 $m\times n$ 实矩阵, 求证: 方程组 $\boldsymbol{AX}=\boldsymbol{0}$ 与 $\boldsymbol{A}^{\mathrm{T}}\boldsymbol{AX}=\boldsymbol{0}$ 同解.

7. 设 $\boldsymbol{A}$ 是一个 n 阶方阵, 证明:

(1) $\boldsymbol{A}$ 是反对称矩阵, 当且仅当对任一个 n 维向量 $\boldsymbol{X}$, 有 $\boldsymbol{X}^{\mathrm{T}}\boldsymbol{AX}=0$.

(2) 若 $\boldsymbol{A}$ 是对称矩阵, 且对任一个 n 维向量 $\boldsymbol{X}$, 有 $\boldsymbol{X}^{\mathrm{T}}\boldsymbol{AX}=0$, 那么 $\boldsymbol{A}=\boldsymbol{O}$.

第9章　内　　积

§9.0　内积的推广

我们将空间(实数域上的 3 维向量空间)推广到了由任意数域 F 上的 n 元有序数组$(a_1,\cdots,a_n)$组成的 n 维空间，再进一步推广到了任意数域 F 上的抽象的线性空间，讨论了空间中向量的加法、数与向量的乘法. 但是，实数域 3 维几何空间中的图形还有距离和角度这两个重要的性质，分别用向量的长度和两个向量的夹角来描述，并且都可以用向量的内积来计算. 我们来回忆一下是怎样定义向量的内积并用它来计算向量的长度和角度的：

两个向量 $\boldsymbol{\alpha}$，$\boldsymbol{\beta}$ 的内积$(\boldsymbol{\alpha},\boldsymbol{\beta})$等于它们的长度$|\boldsymbol{\alpha}|$，$|\boldsymbol{\beta}|$以及它们的夹角 θ 的余弦的乘积

$$(\boldsymbol{\alpha},\boldsymbol{\beta})=|\boldsymbol{\alpha}||\boldsymbol{\beta}|\cos\theta \tag{9.0.1}$$

向量 $\boldsymbol{\alpha}$ 的长度等于 $\boldsymbol{\alpha}$ 与自己的内积的算术平方根

$$|\boldsymbol{\alpha}|=\sqrt{(\boldsymbol{\alpha},\boldsymbol{\alpha})} \tag{9.0.2}$$

向量 $\boldsymbol{\alpha}$，$\boldsymbol{\beta}$ 的夹角 θ 可以通过 θ 的余弦来确定

$$\cos\theta=\frac{(\boldsymbol{\alpha},\boldsymbol{\beta})}{\sqrt{(\boldsymbol{\alpha},\boldsymbol{\alpha})}\sqrt{(\boldsymbol{\beta},\boldsymbol{\beta})}} \tag{9.0.3}$$

在 3 维的实向量空间中，因为预先有了长度和角度，就可以按(9.0.1)利用长度和角度来定义内积. 但是，如果要将长度和角度的概念推广到 n 维空间以至于一般的线性空间 V 中，由于 V 中预先没有长度和角度，就不能利用(9.0.1)的方式来定义内积，而应当用另外的方式定义内积，然后反过来利用内积再按照(9.0.2)，(9.0.3)的方式来定义长度和角度. 当然，为了要能计算长度和角度，所定义的内积必须保证所有的$(\boldsymbol{\alpha},\boldsymbol{\alpha})$应当是非负实数，这才能计算出非负实数$\sqrt{(\boldsymbol{\alpha},\boldsymbol{\alpha})}$作为长度$|\boldsymbol{\alpha}|$；还要保证按(9.0.3)算出的 $\cos\theta$ 是区间$[-1,1]$中的实数，这才能得出 θ.

既然不能按(9.0.1)定义内积，怎样定义内积？在 3 维实向量空间中，如果在直角坐标系下将每个向量用坐标表示，则 $\boldsymbol{\alpha}=(x_1,y_1,z_1)$与$\boldsymbol{\beta}=(x_2,y_2,z_2)$的内积

$$(\boldsymbol{\alpha},\boldsymbol{\beta})=x_1x_2+y_1y_2+z_1z_2$$

对于实数域 $\mathbf{R}$ 上 n 维数组空间 $\mathbf{R}^n$，很容易想到的方案是定义 $\boldsymbol{\alpha}=(x_1,$

$x_2,\cdots,x_n$)与 $\boldsymbol{\beta}=(y_1,y_2,\cdots,y_n)$ 的内积为

$$(\boldsymbol{\alpha},\boldsymbol{\beta})=x_1y_1+x_2y_2+\cdots+x_ny_n \tag{9.0.4}$$

这样，就可以定义长度

$$|\boldsymbol{\alpha}|=\sqrt{(\boldsymbol{\alpha},\boldsymbol{\alpha})}=\sqrt{x_1^2+x_2^2+\cdots+x_n^2}. \tag{9.0.5}$$

由于对任意实数 $x_1,x_2,\cdots,x_n$，由于有

$$x_1^2+x_2^2+\cdots+x_n^2\geqslant 0$$

因此总可以由(9.0.5)计算出长度 $|\boldsymbol{\alpha}|\geqslant 0$，并且当 $\boldsymbol{\alpha}\neq\mathbf{0}$ 时有 $|\boldsymbol{\alpha}|>0$.

要想由

$$\cos\theta=\frac{(\boldsymbol{\alpha},\boldsymbol{\beta})}{\sqrt{(\boldsymbol{\alpha},\boldsymbol{\alpha})}\sqrt{(\boldsymbol{\beta},\boldsymbol{\beta})}}=\frac{x_1y_1+x_2y_2+\cdots+x_ny_n}{\sqrt{x_1^2+x_2^2+\cdots+x_n^2}\sqrt{y_1^2+y_2^2+\cdots+y_n^2}} \tag{9.0.6}$$

来定义 $\boldsymbol{\alpha}$，$\boldsymbol{\beta}$ 的夹角 θ，必须保证对任意的非零的 n 维实向量 $\boldsymbol{\alpha}=(x_1,\cdots,x_n)$ 和 $\boldsymbol{\beta}=(y_1,\cdots,y_n)$ 成立

$$\left|\frac{x_1y_1+x_2y_2+\cdots+x_ny_n}{\sqrt{x_1^2+x_2^2+\cdots+x_n^2}\sqrt{y_1^2+y_2^2+\cdots+y_n^2}}\right|\leqslant 1 \tag{9.0.7}$$

且当 $\boldsymbol{\alpha}$ 与 $\boldsymbol{\beta}$ 互为实数倍即 $\boldsymbol{\beta}=\lambda\boldsymbol{\alpha}(0\neq\lambda\in\mathbf{R})$ 时它们的夹角应为 0(当 $\lambda>0$ 时)或 π(当 $\lambda<0$)，从而夹角余弦为±1，即(9.0.7)的等号成立. 然而，(9.0.7)就是§4.5 例 6 证明过的 Cauchy-Schwarz 不等式：

$$(x_1y_1+x_2y_2+\cdots+x_ny_n)^2\leqslant(x_1^2+x_2^2+\cdots+x_n^2)(y_1^2+y_2^2+\cdots+y_n^2) \tag{9.0.8}$$

等号成立的条件也正是$(x_1,\cdots,x_n)$与$(y_1,\cdots,y_n)$中一个是另一个的实数倍. 因此，由(9.0.6)计算出来的 $\cos\theta$ 总是满足条件 $|\cos\theta|\leqslant 1$，因此总是能够得到 $\theta\in[0,\pi]$ 作为 $\boldsymbol{\alpha}$，$\boldsymbol{\beta}$ 的夹角.

由此看来，在 $\mathbf{R}^n$ 中按照(9.0.4)的方式定义内积是合理的. 那么，在任意 n 维实向量空间 V 中怎样定义内积呢？方法似乎很简单：任取 V 的一组基 $M=\{\boldsymbol{\alpha}_1,\cdots,\boldsymbol{\alpha}_n\}$，在这组基下将每个向量 $\boldsymbol{\alpha}$ 用坐标 $\sigma(\boldsymbol{\alpha})=(x_1,\cdots,x_n)$ 表示，对任意 $\boldsymbol{\alpha}$，$\boldsymbol{\beta}\in V$，利用它们的坐标 $\sigma(\boldsymbol{\alpha})=(x_1,\cdots,x_n)$ 和 $\sigma(\boldsymbol{\beta})=(y_1,\cdots,y_n)$ 来定义内积

$$(\boldsymbol{\alpha},\boldsymbol{\beta})=x_1y_1+x_2y_2+\cdots+x_ny_n \tag{9.0.9}$$

假如要问基向量 $\boldsymbol{\alpha}_1$，$\boldsymbol{\alpha}_2$ 的内积是多少，根据 $\sigma(\boldsymbol{\alpha}_1)=(1,0,\cdots,0)$ 和 $\sigma(\boldsymbol{\alpha}_2)=(0,1,0,\cdots,0)$，由(9.0.9)容易算出

$$(\boldsymbol{\alpha}_1,\boldsymbol{\alpha}_2)=1\times 0+0\times 1+0+\cdots+0=0$$

事实上，根据定义(9.0.9)很容易算出 $(\boldsymbol{\alpha}_i,\boldsymbol{\alpha}_j)=0(\forall i\neq j)$，$(\boldsymbol{\alpha}_i,\boldsymbol{\alpha}_i)=1$

$(\forall 1\leqslant i\leqslant n)$. 也就是说：基 M 中的向量两两垂直(夹角为直角)，并且其中每个向量的长度为 1.

问题在于：我们只要求每组基 M 是 V 的极大线性无关组，怎么能保证任取的一组基中的向量两两垂直并且每个基向量的长度是 1？即使在普通的 3 维实向量空间 $\mathbf{R}^3$ 中也不能保证任取的一组基具有这一性质. 我们来看下面的例子：

例 1 在几何向量组成的 3 维实向量空间 V 中，用几何方法定义了内积

$$(\boldsymbol{\alpha},\boldsymbol{\beta})=|\boldsymbol{\alpha}||\boldsymbol{\beta}|\cos\theta$$

其中 $|\boldsymbol{\alpha}|$, $|\boldsymbol{\beta}|$ 是向量 $\boldsymbol{\alpha},\boldsymbol{\beta}$ 的长度, θ 是 $\boldsymbol{\alpha},\boldsymbol{\beta}$ 的夹角.

(1) 是否存在向量 $\boldsymbol{\alpha}_1,\boldsymbol{\alpha}_2,\boldsymbol{\alpha}_3$ 满足条件：$(\boldsymbol{\alpha}_1,\boldsymbol{\alpha}_1)=(\boldsymbol{\alpha}_2,\boldsymbol{\alpha}_2)=(\boldsymbol{\alpha}_3,\boldsymbol{\alpha}_3)=1$, $(\boldsymbol{\alpha}_1,\boldsymbol{\alpha}_2)=2$, $(\boldsymbol{\alpha}_1,\boldsymbol{\alpha}_3)=-3$ 且 $(\boldsymbol{\alpha}_2,\boldsymbol{\alpha}_3)=-2$？

(2) 是否存在向量 $\boldsymbol{\alpha}_1,\boldsymbol{\alpha}_2,\boldsymbol{\alpha}_3$ 满足条件：$(\boldsymbol{\alpha}_1,\boldsymbol{\alpha}_1)=2$, $(\boldsymbol{\alpha}_2,\boldsymbol{\alpha}_2)=3$, $(\boldsymbol{\alpha}_3,\boldsymbol{\alpha}_3)=5$, $(\boldsymbol{\alpha}_1,\boldsymbol{\alpha}_2)=2$, $(\boldsymbol{\alpha}_1,\boldsymbol{\alpha}_3)=-3$ 且 $(\boldsymbol{\alpha}_2,\boldsymbol{\alpha}_3)=-2$？

(3) 要使 V 中存在 $\boldsymbol{\alpha}_1,\boldsymbol{\alpha}_2,\boldsymbol{\alpha}_3$ 使 $(\boldsymbol{\alpha}_i,\boldsymbol{\alpha}_j)=s_{ij}(1\leqslant i\leqslant j\leqslant 3)$，给定的实数 s_{ij} $(1\leqslant i\leqslant j\leqslant 3)$ 应当满足什么样的充分必要条件？

分析 将 $\boldsymbol{\alpha}_1$, $\boldsymbol{\alpha}_2$, $\boldsymbol{\alpha}_3$ 分别用它们的坐标 $\boldsymbol{X}_1$, $\boldsymbol{X}_2$, $\boldsymbol{X}_3\in\mathbf{R}^{3\times 1}$ 表示. 则 $(\boldsymbol{\alpha}_i,\boldsymbol{\alpha}_j)=\boldsymbol{X}_i^{\mathrm{T}}\boldsymbol{X}_j$. 依次以 $\boldsymbol{X}_1$, $\boldsymbol{X}_2$, $\boldsymbol{X}_3$ 为各列排成矩阵 $\boldsymbol{X}=(\boldsymbol{X}_1,\boldsymbol{X}_2,\boldsymbol{X}_3)$，则

$$\boldsymbol{X}^{\mathrm{T}}\boldsymbol{X}=\begin{pmatrix}\boldsymbol{X}_1^{\mathrm{T}}\\ \boldsymbol{X}_2^{\mathrm{T}}\\ \boldsymbol{X}_3^{\mathrm{T}}\end{pmatrix}(\boldsymbol{X}_1,\boldsymbol{X}_2,\boldsymbol{X}_3)=\begin{pmatrix}\boldsymbol{X}_1^{\mathrm{T}}\boldsymbol{X}_1 & \boldsymbol{X}_1^{\mathrm{T}}\boldsymbol{X}_2 & \boldsymbol{X}_1^{\mathrm{T}}\boldsymbol{X}_3\\ \boldsymbol{X}_2^{\mathrm{T}}\boldsymbol{X}_1 & \boldsymbol{X}_2^{\mathrm{T}}\boldsymbol{X}_2 & \boldsymbol{X}_2^{\mathrm{T}}\boldsymbol{X}_3\\ \boldsymbol{X}_3^{\mathrm{T}}\boldsymbol{X}_1 & \boldsymbol{X}_3^{\mathrm{T}}\boldsymbol{X}_2 & \boldsymbol{X}_3^{\mathrm{T}}\boldsymbol{X}_3\end{pmatrix}$$

的第 (i,j) 元为 $\boldsymbol{X}_i^{\mathrm{T}}\boldsymbol{X}_j=(\boldsymbol{\alpha}_i,\boldsymbol{\alpha}_j)$. 因此，求 $\boldsymbol{\alpha}_1$, $\boldsymbol{\alpha}_2$, $\boldsymbol{\alpha}_3$ 满足条件 $(\boldsymbol{\alpha}_i,\boldsymbol{\alpha}_j)=s_{ij}$ $(1\leqslant i\leqslant j\leqslant 3)$，也就是求方阵 $\boldsymbol{X}\in\mathbf{R}^{3\times 3}$ 满足条件

$$\boldsymbol{X}^{\mathrm{T}}\boldsymbol{X}=\boldsymbol{S}=(s_{ij})_{3\times 3}$$

其中的 s_{ij}(当 $i>j$) 由 $s_{ij}=s_{ji}$ 定义，因而 $\boldsymbol{S}$ 是实对称方阵.

由第 8 章的知识可知：存在实方阵 $\boldsymbol{X}$ 使 $\boldsymbol{X}^{\mathrm{T}}\boldsymbol{X}=\boldsymbol{S}$ 的充分必要条件为 $\boldsymbol{S}$ 半正定.

这就回答了(3)的问题. 对(1)，(2)，只要将所给数据排成矩阵 $\boldsymbol{S}$，利用第 8 章关于矩阵相合的算法将 $\boldsymbol{S}$ 化成相合标准形，就能判断它是否半正定，而且可以求出 $\boldsymbol{X}$，从而求出 $\boldsymbol{\alpha}_1,\boldsymbol{\alpha}_2,\boldsymbol{\alpha}_3$ 来. 具体计算请自己完成. □

从这个例题中可以看到，任给一个 3 阶正定实方阵 $\boldsymbol{S}=(s_{ij})_{3\times 3}$，一定存在可逆实方阵 $\boldsymbol{X}$ 使 $\boldsymbol{X}^{\mathrm{T}}\boldsymbol{X}=\boldsymbol{S}$，从而 $\boldsymbol{X}$ 的各列组成一组基 $(\boldsymbol{\alpha}_1,\boldsymbol{\alpha}_2,\boldsymbol{\alpha}_3)$ 使 $(\boldsymbol{\alpha}_i,\boldsymbol{\alpha}_j)=s_{ij}$. 如果我们一开始从 V 中选取的就是这组基 $M=\{\boldsymbol{\alpha}_1,\boldsymbol{\alpha}_2,\boldsymbol{\alpha}_3\}$，并且将 V 中的每个向量 $\boldsymbol{\alpha}=x_1\boldsymbol{\alpha}_1+x_2\boldsymbol{\alpha}_2+x_3\boldsymbol{\alpha}_3$ 用它在这组基下的坐标 $\boldsymbol{X}=(x_1,x_2,x_3)^{\mathrm{T}}$ 来

表示. 那么, 由向量 $\boldsymbol{\alpha}$, $\boldsymbol{\beta}$ 的坐标 $\boldsymbol{X}=(x_1,x_2,x_3)$, $\boldsymbol{Y}=(y_1,y_2,y_3)$ 计算内积 $(\boldsymbol{\alpha},\boldsymbol{\beta})$ 的公式就不是 $(\boldsymbol{\alpha},\boldsymbol{\beta})=x_1y_1+x_2y_2+x_3y_3$ 而是

$$(\boldsymbol{\alpha},\boldsymbol{\beta})=\boldsymbol{X}^{\mathrm{T}}\boldsymbol{S}\boldsymbol{Y}=\sum_{1\leqslant i,\ j\leqslant 3}s_{ij}x_iy_j. \tag{9.0.10}$$

而定义 $(\boldsymbol{\alpha},\boldsymbol{\beta})=x_1y_1+x_2y_2+x_3y_3$ 只是正定方阵 $\boldsymbol{S}=\boldsymbol{I}$ 的一个特殊情形.

受到(9.0.10)的启发, 可以在任意有限维实线性空间 V 中按如下的方式来定义内积:

任取 V 的一组基, $M=\{\boldsymbol{\alpha}_1,\cdots,\boldsymbol{\alpha}_n\}$, 将每个向量 $\boldsymbol{\alpha}\in V$ 用它在这组基下的坐标 $\sigma(\boldsymbol{\alpha})=\boldsymbol{X}=(x_1,\cdots,x_n)^{\mathrm{T}}\in\mathbf{R}^{n\times 1}$ 来代表.

任取一个 n 阶正定实对称方阵 $\boldsymbol{S}$, 对任意 $\boldsymbol{\alpha}$, $\boldsymbol{\beta}\in V$, 设它们在基 M 下的坐标分别为 $\boldsymbol{X}$, $\boldsymbol{Y}$, 则定义

$$(\boldsymbol{\alpha},\boldsymbol{\beta})=\boldsymbol{X}^{\mathrm{T}}\boldsymbol{S}\boldsymbol{Y} \tag{9.0.11}$$

这样定义的内积满足如下条件:

1. 由于内积是通过矩阵乘法定义的, 可以按乘法对于加法的分配律和与数乘的结合律展开:

$$(x\boldsymbol{\alpha}_1+y\boldsymbol{\alpha}_2,\boldsymbol{\beta})=x(\boldsymbol{\alpha}_1,\boldsymbol{\beta})+y(\boldsymbol{\alpha}_2,\boldsymbol{\beta}),\quad(\boldsymbol{\alpha},x\boldsymbol{\beta}_1+y\boldsymbol{\beta}_2)=x(\boldsymbol{\alpha},\boldsymbol{\beta}_1)+y(\boldsymbol{\alpha},\boldsymbol{\beta}_2)$$

2. 由于 $\boldsymbol{S}$ 是对称方阵, 内积满足“交换律”: $(\boldsymbol{\alpha},\boldsymbol{\beta})=(\boldsymbol{\beta},\boldsymbol{\alpha})$.

3. 由于 $\boldsymbol{S}$ 正定, $(\boldsymbol{\alpha},\boldsymbol{\alpha})=\boldsymbol{X}^{\mathrm{T}}\boldsymbol{S}\boldsymbol{X}>0$ 对所有 $\boldsymbol{\alpha}\neq\mathbf{0}$ 成立.

我们将发现, 可以不按(9.0.11)定义内积, 而可以直接由以上 3 条性质定义内积, 反过来利用这 3 条性质推出(9.0.11).

虽然(9.0.11)对任意一组基 M 通过任意的正定实对称方阵 $\boldsymbol{S}$ 来定义内积, 但是一旦内积已经定义好, 有了长度和角度, 就可以重新选择由两两垂直且长度为 1 的向量组成基来代替 M, 化为 $\boldsymbol{S}=\boldsymbol{I}$ 的情形, 使得内积在这组基下的计算公式具有我们喜欢的最简单的形式

$$(\boldsymbol{\alpha},\boldsymbol{\beta})=\boldsymbol{X}^{\mathrm{T}}\boldsymbol{Y}=x_1y_1+\cdots+x_ny_n.$$

按这样的基建立的坐标系就是我们习惯的直角坐标系.

§ 9.1 Euclid 空间

1. 内积的定义

定义 9.1.1 设 V 是实数域 $\mathbf{R}$ 上线性空间. 如果给定了 V 上的 2 元实函数, 将 V 中任意两个向量 $\boldsymbol{\alpha}$, $\boldsymbol{\beta}$ 对应到一个实数 $(\boldsymbol{\alpha},\boldsymbol{\beta})$, 并且满足如下条件:

(1) (双线性) $(\boldsymbol{\alpha}_1+\boldsymbol{\alpha}_2,\boldsymbol{\beta})=(\boldsymbol{\alpha}_1,\boldsymbol{\beta})+(\boldsymbol{\alpha}_2,\boldsymbol{\beta})$, $\quad(\lambda\boldsymbol{\alpha}_1,\boldsymbol{\beta})=\lambda(\boldsymbol{\alpha}_1,\boldsymbol{\beta})$

$(\boldsymbol{\beta},\boldsymbol{\alpha}_1+\boldsymbol{\alpha}_2)=(\boldsymbol{\beta},\boldsymbol{\alpha}_1)+(\boldsymbol{\beta},\boldsymbol{\alpha}_2)$, $\quad(\boldsymbol{\beta},\lambda\boldsymbol{\alpha}_1)=\lambda(\boldsymbol{\beta},\boldsymbol{\alpha}_1)$

对任意 $\boldsymbol{\alpha}_1$, $\boldsymbol{\alpha}_2$, $\boldsymbol{\beta}\in V$ 和 $\lambda\in F$ 成立;

(2)(对称性) $(\boldsymbol{\alpha},\boldsymbol{\beta})=(\boldsymbol{\beta},\boldsymbol{\alpha})$对任意 $\boldsymbol{\alpha}$, $\boldsymbol{\beta}\in V$ 成立;

(3)(正定性) $(\boldsymbol{\alpha},\boldsymbol{\alpha})>0$ 对任意$\mathbf{0}\neq\boldsymbol{\alpha}\in V$ 成立,

就称$(\boldsymbol{\alpha},\boldsymbol{\beta})$为**内积**(inner product), V 为 **Euclid 空间**(Euclid space), 也称欧氏空间. □

我们常写 $E(\mathbf{R})$来表示欧氏空间, 写 $E_n(\mathbf{R})$表示 n 维欧氏空间.

例 1 如下的空间 V 是欧氏空间:

(1) V 是实数域 $\mathbf{R}$ 上 n 维数组空间 $\mathbf{R}^n$. 对 $\boldsymbol{X}=(x_1,\cdots,x_n)$, $\boldsymbol{Y}=(y_1,\cdots,y_n)$定义

$$(\boldsymbol{X},\boldsymbol{Y})=x_1y_1+\cdots+x_ny_n$$

则$(\boldsymbol{X},\boldsymbol{Y})$是内积, $\mathbf{R}^n$ 成为欧氏空间. 这样定义的内积称为 $\mathbf{R}^n$ 上的**标准内积**(standard inner product). 以后凡是提到欧氏空间 $\mathbf{R}^n$ 而没有另外定义它的内积, 都约定为标准内积.

如果将 $\mathbf{R}^n$ 写成列向量空间 $\mathbf{R}^{n\times1}$, 则标准内积就是$(\boldsymbol{X},\boldsymbol{Y})=\boldsymbol{X}^{\mathrm{T}}\boldsymbol{Y}$; 如果将 $\mathbf{R}^n$ 写成行向量空间 $\mathbf{R}^{1\times n}$, 则标准内积就是$(\boldsymbol{X},\boldsymbol{Y})=\boldsymbol{X}\boldsymbol{Y}^{\mathrm{T}}$.

(2) V 是实数域 $\mathbf{R}$ 上 n 维列向量空间 $\mathbf{R}^{n\times1}$. 任取 n 阶正定实对称方阵 $\boldsymbol{S}$. 对任意 $\boldsymbol{X}$, $\boldsymbol{Y}\in V$, 定义$(\boldsymbol{X},\boldsymbol{Y})=\boldsymbol{X}^{\mathrm{T}}\boldsymbol{S}\boldsymbol{Y}$, 则$(\boldsymbol{X},\boldsymbol{Y})$是内积, $\mathbf{R}^{n\times1}$在此内积下成为欧氏空间.

(3) V 是闭区间$[a,b]$上所有的连续实函数组成的实向量空间 $C_{[a,b]}$. 对任意 $f(x)$, $g(x)\in V$, 定义

$$(f(x),\ g(x))=\int_a^b f(x)g(x)\,\mathrm{d}x$$

则$(f(x),\ g(x))$是内积, $C_{[a,b]}$在此内积下成为欧氏空间. □

由内积的定义立即得出: $(\mathbf{0},\boldsymbol{\alpha})=(0\,\mathbf{0},\boldsymbol{\alpha})=0(\mathbf{0},\boldsymbol{\alpha})=0$. 特别$(\mathbf{0},\mathbf{0})=0$.

因此, 内积的正定性也可以叙述为: $(\boldsymbol{\alpha},\boldsymbol{\alpha})\geqslant0$ 对任意 $\boldsymbol{\alpha}\in V$ 成立, 其中等号成立仅当 $\boldsymbol{\alpha}=\mathbf{0}$.

2. 长度和角度的定义

由内积的正定性可以定义任意向量 $\boldsymbol{\alpha}$ 的长度 $|\boldsymbol{\alpha}|=\sqrt{(\boldsymbol{\alpha},\boldsymbol{\alpha})}$. 则 $|\boldsymbol{\alpha}|\geqslant0$, 且仅当 $\boldsymbol{\alpha}=\mathbf{0}$时 $|\boldsymbol{\alpha}|=0$.

长度为 1 的向量称为**单位向量**(unit vector). 对任意 $\boldsymbol{\alpha}\neq\mathbf{0}$, $\boldsymbol{\alpha}_0=\dfrac{1}{|\boldsymbol{\alpha}|}\boldsymbol{\alpha}$ 是与 $\boldsymbol{\alpha}$ 方向相同的单位向量.

为了利用 $\cos\theta=\dfrac{(\boldsymbol{\alpha},\boldsymbol{\beta})}{|\boldsymbol{\alpha}||\boldsymbol{\beta}|}$定义任意两个非零向量的夹角 θ, 需要先证明 $|(\boldsymbol{\alpha},\boldsymbol{\beta})|\leqslant|\boldsymbol{\alpha}||\boldsymbol{\beta}|$.

定理 9.1.1(Cauchy-Schwarz 不等式) 对欧氏空间 V 中任意 $\boldsymbol{\alpha}$, $\boldsymbol{\beta}\in V$,

$$(\boldsymbol{\alpha},\boldsymbol{\beta})^2\leqslant(\boldsymbol{\alpha},\boldsymbol{\alpha})(\boldsymbol{\beta},\boldsymbol{\beta})$$

成立，其中的等号仅当 $\boldsymbol{\alpha}$，$\boldsymbol{\beta}$ 线性相关时成立.

证法 1 显然，当 $\boldsymbol{\alpha}=\mathbf{0}$时$(\boldsymbol{\alpha},\boldsymbol{\beta})^2=0=(\boldsymbol{\alpha},\boldsymbol{\alpha})(\boldsymbol{\beta},\boldsymbol{\beta})$，Cauchy-Schwarz 不等式中的等号成立. 以下设 $\boldsymbol{\alpha}\neq\mathbf{0}$，$(\boldsymbol{\alpha},\boldsymbol{\alpha})>0$.

由内积的正定性知：对任意实数 x，有

$$(x\boldsymbol{\alpha}+\boldsymbol{\beta},x\boldsymbol{\alpha}+\boldsymbol{\beta})\geqslant 0 \tag{9.1.1}$$

即

$$(\boldsymbol{\alpha},\boldsymbol{\alpha})x^2+2(\boldsymbol{\alpha},\boldsymbol{\beta})x+(\boldsymbol{\beta},\boldsymbol{\beta})\geqslant 0 \tag{9.1.2}$$

这说明以 x 为自变量的二次函数 $f(x)=(\boldsymbol{\alpha},\boldsymbol{\alpha})x^2+2(\boldsymbol{\alpha},\boldsymbol{\beta})x+(\boldsymbol{\beta},\boldsymbol{\beta})$ 的图像在 x 轴的上方，判别式 $\Delta=4(\boldsymbol{\alpha},\boldsymbol{\beta})^2-4(\boldsymbol{\alpha},\boldsymbol{\alpha})(\boldsymbol{\beta},\boldsymbol{\beta})\geqslant 0$. 即

$$(\boldsymbol{\alpha},\boldsymbol{\beta})^2\geqslant(\boldsymbol{\alpha},\boldsymbol{\alpha})(\boldsymbol{\beta},\boldsymbol{\beta}),$$

其中的等号成立仅当方程$(\boldsymbol{\alpha},\boldsymbol{\alpha})x^2+2(\boldsymbol{\alpha},\boldsymbol{\beta})x+(\boldsymbol{\beta},\boldsymbol{\beta})=0$ 有根，即存在 x 使$(x\boldsymbol{\alpha}+\boldsymbol{\beta},x\boldsymbol{\alpha}+\boldsymbol{\beta})=0$ 即 $x\boldsymbol{\alpha}+\boldsymbol{\beta}=\mathbf{0}$，也就是 $\boldsymbol{\alpha}$，$\boldsymbol{\beta}$ 线性相关.

证法 2 仍只需考虑 $\boldsymbol{\alpha}\neq\mathbf{0}$的情形. 由内积的正定性得

$$(-(\boldsymbol{\alpha},\boldsymbol{\beta})\boldsymbol{\alpha}+(\boldsymbol{\alpha},\boldsymbol{\alpha})\boldsymbol{\beta},\ -(\boldsymbol{\alpha},\boldsymbol{\beta})\boldsymbol{\alpha}+(\boldsymbol{\alpha},\boldsymbol{\alpha})\boldsymbol{\beta})\geqslant 0$$

展开得

$$(\boldsymbol{\alpha},\boldsymbol{\beta})^2(\boldsymbol{\alpha},\boldsymbol{\alpha})-2(\boldsymbol{\alpha},\boldsymbol{\beta})^2(\boldsymbol{\alpha},\boldsymbol{\alpha})+(\boldsymbol{\alpha},\boldsymbol{\alpha})^2(\boldsymbol{\beta},\boldsymbol{\beta})\geqslant 0$$

两边同除以正实数$(\boldsymbol{\alpha},\boldsymbol{\alpha})$，并且移项，得

$$(\boldsymbol{\alpha},\boldsymbol{\alpha})(\boldsymbol{\beta},\boldsymbol{\beta})\geqslant(\boldsymbol{\alpha},\boldsymbol{\beta})^2$$

等号成立仅当$-(\boldsymbol{\alpha},\boldsymbol{\beta})\boldsymbol{\alpha}+(\boldsymbol{\alpha},\boldsymbol{\alpha})\boldsymbol{\beta}=\mathbf{0}$,$\boldsymbol{\alpha}$,$\boldsymbol{\beta}$ 线性相关. □

以上证法 1 更自然. 但是证法 2 可以在以后推广到复数范围内.

将定理 9.1.1 应用到例 1 中的 3 个例子中，分别得到：

(1) $(x_1y_1+\cdots+x_ny_n)^2\leqslant(x_1^2+\cdots+x_n^2)(y_1^2+\cdots+y_n^2)$对任意实数 x_i，$y_i(1\leqslant i\leqslant n)$成立.

(2) $(\boldsymbol{X}^{\mathrm{T}}\boldsymbol{S}\boldsymbol{Y})^2\leqslant(\boldsymbol{X}^{\mathrm{T}}\boldsymbol{S}\boldsymbol{X})(\boldsymbol{Y}^{\mathrm{T}}\boldsymbol{S}\boldsymbol{Y})$对实数域上任意 n 维列向量 $\boldsymbol{X}$，$\boldsymbol{Y}$ 成立.

(3) $\left(\int_a^b f(x)g(x)\,\mathrm{d}x\right)^2\leqslant\left(\int_a^b f(x)^2\,\mathrm{d}x\right)\left(\int_a^b g(x)^2\,\mathrm{d}x\right)$ 对区间$[a,b]$上任意连续函数 $f(x)$，$g(x)$成立.

根据 Cauchy-Schwarz 不等式，可以定义两个非零向量 $\boldsymbol{\alpha}$，$\boldsymbol{\beta}$ 的夹角

$$\theta=\arccos\frac{(\boldsymbol{\alpha},\boldsymbol{\beta})}{|\boldsymbol{\alpha}||\boldsymbol{\beta}|}$$

推论 9.1.1(三角形不等式) 对欧氏空间 V 中任意向量 $\boldsymbol{\alpha}$，$\boldsymbol{\beta}$，有 $|\boldsymbol{\alpha}+\boldsymbol{\beta}|\leqslant|\boldsymbol{\alpha}|+|\boldsymbol{\beta}|$.

证明 由$(\boldsymbol{\alpha},\boldsymbol{\beta})^2\leqslant(\boldsymbol{\alpha},\boldsymbol{\alpha})(\boldsymbol{\beta},\boldsymbol{\beta})$有$|(\boldsymbol{\alpha},\boldsymbol{\beta})|\leqslant|\boldsymbol{\alpha}||\boldsymbol{\beta}|$. 因此

$$\begin{aligned}|\boldsymbol{\alpha}+\boldsymbol{\beta}|^2&=(\boldsymbol{\alpha}+\boldsymbol{\beta},\boldsymbol{\alpha}+\boldsymbol{\beta})=(\boldsymbol{\alpha},\boldsymbol{\alpha})+2(\boldsymbol{\alpha},\boldsymbol{\beta})+(\boldsymbol{\beta},\boldsymbol{\beta})\\&\leqslant|\boldsymbol{\alpha}|^2+2|\boldsymbol{\alpha}||\boldsymbol{\beta}|+|\boldsymbol{\beta}|^2=(|\boldsymbol{\alpha}|+|\boldsymbol{\beta}|)^2,\end{aligned}$$

$$|\boldsymbol{\alpha}+\boldsymbol{\beta}| \leqslant |\boldsymbol{\alpha}|+|\boldsymbol{\beta}|. \qquad \square$$

3. 用坐标表示内积

由内积的双线性性可以推出：对欧氏空间 V 中任意向量 $\boldsymbol{\alpha}_i$，$\boldsymbol{\beta}_j$ 和任意实数 x_i，$y_j(1\leqslant i\leqslant k,1\leqslant j\leqslant m)$，有

$$\left(\sum_{i=1}^{k} x_i\boldsymbol{\alpha}_i,\ \sum_{j=1}^{m} y_j\boldsymbol{\beta}_j\right)=\sum_{i=1}^{k}\sum_{j=1}^{m} x_iy_j(\boldsymbol{\alpha}_i,\boldsymbol{\beta}_j)$$

特别，取 V 的任意一组基 $M=\{\boldsymbol{\alpha}_1,\cdots,\boldsymbol{\alpha}_n\}$，设 $\boldsymbol{\alpha}$，$\boldsymbol{\beta}$ 在这组基 M 下的坐标分别是

$$\boldsymbol{X}=(x_1,\cdots,x_n)^{\mathrm{T}},\quad \boldsymbol{Y}=(y_1,\cdots,y_n)^{\mathrm{T}}$$

则

$$(\boldsymbol{\alpha},\boldsymbol{\beta})=\left(\sum_{i=1}^{n} x_i\boldsymbol{\alpha}_i,\ \sum_{j=1}^{n} y_j\boldsymbol{\alpha}_j\right)=\sum_{1\leqslant i,\ j\leqslant n} x_iy_j(\boldsymbol{\alpha}_i,\boldsymbol{\alpha}_j)=\boldsymbol{X}^{\mathrm{T}}\boldsymbol{S}\boldsymbol{Y}$$

其中 $\boldsymbol{S}=(s_{ij})_{n\times n}$，$s_{ij}=(\boldsymbol{\alpha}_i,\boldsymbol{\alpha}_j)$，$\forall\, 1\leqslant i,\ j\leqslant n$.

$\boldsymbol{S}$ 是由基 M 中的向量两两的内积组成的矩阵，称为内积 $(\boldsymbol{\alpha},\boldsymbol{\beta})$ 在基 M 下的**度量矩阵**(metric matrix)，也称为 Gram 方阵.

由于内积的对称性，$s_{ij}=(\boldsymbol{\alpha}_i,\boldsymbol{\alpha}_j)=(\boldsymbol{\alpha}_j,\boldsymbol{\alpha}_i)=s_{ji}$，度量矩阵 $\boldsymbol{S}$ 满足条件 $\boldsymbol{S}^{\mathrm{T}}=\boldsymbol{S}$，是对称方阵.

由于内积的正定性，$\boldsymbol{X}^{\mathrm{T}}\boldsymbol{S}\boldsymbol{X}>0$ 对所有 $\boldsymbol{X}\neq\boldsymbol{0}$ 成立，$\boldsymbol{S}$ 是正定对称方阵.

习 题 9.1

1. 在欧氏空间 $\mathbf{R}^4$ 中求向量 $\boldsymbol{\alpha}$，$\boldsymbol{\beta}$ 的长度和夹角：

(1) $\boldsymbol{\alpha}=(1,3,2,-1)$，$\boldsymbol{\beta}=(-4,2,-3,1)$；

(2) $\boldsymbol{\alpha}=(1,2,0,2)$，$\boldsymbol{\beta}=(3,5,-1,1)$.

2. 利用 n 维欧氏空间 V 中的内积，证明：

(1) (勾股定理)向量 $\boldsymbol{\alpha}$，$\boldsymbol{\beta}\in V$ 正交的充要条件是：$|\boldsymbol{\alpha}|^2+|\boldsymbol{\beta}|^2=|\boldsymbol{\alpha}+\boldsymbol{\beta}|^2$；

(2) (余弦定理)设 θ 是向量 $\boldsymbol{\alpha}$，$\boldsymbol{\beta}\in V$ 的夹角，则

$$|\boldsymbol{\alpha}-\boldsymbol{\beta}|^2=|\boldsymbol{\alpha}|^2+|\boldsymbol{\beta}|^2-2|\boldsymbol{\alpha}||\boldsymbol{\beta}|\cos\theta;$$

(3) (平行四边形法则)设 $\boldsymbol{\alpha}$，$\boldsymbol{\beta}\in V$，则 $|\boldsymbol{\alpha}+\boldsymbol{\beta}|^2+|\boldsymbol{\alpha}-\boldsymbol{\beta}|^2=2|\boldsymbol{\alpha}|^2+2|\boldsymbol{\beta}|^2$；

(4) (菱形的对角线互相垂直)设 $\boldsymbol{\alpha}$，$\boldsymbol{\beta}\in V$ 且 $|\boldsymbol{\alpha}|=|\boldsymbol{\beta}|$，则 $(\boldsymbol{\alpha}+\boldsymbol{\beta})\perp(\boldsymbol{\alpha}-\boldsymbol{\beta})$；

(5) (三角形不等式)对任意 $\boldsymbol{\alpha}$，$\boldsymbol{\beta}\in V$ 定义距离 $d(\boldsymbol{\alpha},\boldsymbol{\beta})=|\boldsymbol{\alpha}-\boldsymbol{\beta}|$，则

$$d(\boldsymbol{\alpha},\boldsymbol{\gamma})\leqslant d(\boldsymbol{\alpha},\boldsymbol{\beta})+d(\boldsymbol{\beta},\boldsymbol{\gamma}).$$

3. 对欧氏空间 $E(\mathbf{R})$ 中任意一组向量 $\boldsymbol{\alpha}_1,\boldsymbol{\alpha}_2,\cdots,\boldsymbol{\alpha}_m$ 定义 Gram 方阵 $\boldsymbol{G}=(g_{ij})_{m\times m}$ 使 $g_{ij}=(\boldsymbol{\alpha}_i,\boldsymbol{\alpha}_j)$，$\forall\, 1\leqslant i,\ j\leqslant m$.

(1) 求证：$\boldsymbol{\alpha}_1,\boldsymbol{\alpha}_2,\cdots,\boldsymbol{\alpha}_m$ 线性无关$\Leftrightarrow \det\boldsymbol{G}\neq 0$.

(2) 将 $\boldsymbol{\alpha}_1,\cdots,\boldsymbol{\alpha}_n$ 在 $E(\mathbf{R})$ 的一组标准正交基下分别写成坐标 $\boldsymbol{X}_1,\boldsymbol{X}_2,\cdots,\boldsymbol{X}_n\in\mathbf{R}^{n\times 1}$，求证：$\det\boldsymbol{G}=(\det(\boldsymbol{X}_1,\cdots,\boldsymbol{X}_n))^2$.

4. 设 $\boldsymbol{\alpha}_1,\cdots,\boldsymbol{\alpha}_n$ 是欧氏空间 $E_n(\mathbf{R})$ 的一组基，$\boldsymbol{\alpha}$，$\boldsymbol{\beta}\in E_n(\mathbf{R})$．求证：

（1）$\boldsymbol{\alpha}=\mathbf{0}\Leftrightarrow(\boldsymbol{\alpha},\boldsymbol{\alpha}_i)=0$ 对所有 $1\leqslant i\leqslant n$ 成立；

（2）$\boldsymbol{\alpha}=\boldsymbol{\beta}\Leftrightarrow(\boldsymbol{\alpha},\boldsymbol{\alpha}_i)=(\boldsymbol{\beta},\boldsymbol{\alpha}_i)$ 对所有 $1\leqslant i\leqslant n$ 成立．

5. 在 n 维欧氏空间 $E_n(\mathbf{R})$ 中两两成钝角的向量最多有几个？试证明你的结论．

§9.2 标准正交基

1. 标准正交基的定义

在3维几何空间 $\mathbf{R}^3$ 中，由于定义了长度和角度，直角坐标系处于特殊的地位．直角坐标系要求3条坐标轴两两垂直，并且3条坐标轴上选取同样的长度作为单位长．按向量的语言，就是选取了3个两两正交的单位向量 $\boldsymbol{\alpha}_1$，$\boldsymbol{\alpha}_2$，$\boldsymbol{\alpha}_3$ 作为基向量．将空间中的向量在这样的基向量下用坐标表示，由于

$$(\boldsymbol{\alpha}_i,\boldsymbol{\alpha}_j)=\begin{cases}1, & \text{当 } i=j\\ 0, & \text{当 } i\neq j\end{cases}$$

内积在这组基下的度量矩阵

$$\boldsymbol{S}=\begin{pmatrix}(\boldsymbol{\alpha}_1,\boldsymbol{\alpha}_1) & (\boldsymbol{\alpha}_1,\boldsymbol{\alpha}_2) & (\boldsymbol{\alpha}_1,\boldsymbol{\alpha}_3)\\ (\boldsymbol{\alpha}_2,\boldsymbol{\alpha}_1) & (\boldsymbol{\alpha}_2,\boldsymbol{\alpha}_2) & (\boldsymbol{\alpha}_2,\boldsymbol{\alpha}_3)\\ (\boldsymbol{\alpha}_3,\boldsymbol{\alpha}_1) & (\boldsymbol{\alpha}_3,\boldsymbol{\alpha}_2) & (\boldsymbol{\alpha}_3,\boldsymbol{\alpha}_3)\end{pmatrix}=\begin{pmatrix}1&0&0\\0&1&0\\0&0&1\end{pmatrix}$$

为单位矩阵 $\boldsymbol{I}_{(3)}$．坐标分别为 $\boldsymbol{X}_1=(x_1,y_1,z_1)^{\mathrm{T}}$，$\boldsymbol{X}_2=(x_2,y_2,z_2)^{\mathrm{T}}$ 的向量 $\boldsymbol{\alpha}$，$\boldsymbol{\beta}$ 的内积

$$(\boldsymbol{\alpha},\boldsymbol{\beta})=\boldsymbol{X}_1^{\mathrm{T}}\boldsymbol{I}\boldsymbol{X}_2=\boldsymbol{X}_1^{\mathrm{T}}\boldsymbol{X}_2=x_1x_2+y_1y_2+z_1z_2$$

在 n 维实向量空间 V 中定义内积之后，很自然我们也希望选取 V 的这样的基 $M=\{\boldsymbol{\alpha}_1,\cdots,\boldsymbol{\alpha}_n\}$ 使度量矩阵 $\boldsymbol{S}=((\boldsymbol{\alpha}_i,\boldsymbol{\alpha}_j))_{n\times n}$ 是 n 阶单位矩阵，也就是要求基向量之间的内积满足条件

$$(\boldsymbol{\alpha}_i,\boldsymbol{\alpha}_j)=\begin{cases}1, & \text{当 } i=j\\ 0, & \text{当 } i\neq j\end{cases}\tag{9.2.1}$$

从而使由向量 $\boldsymbol{\alpha}$，$\boldsymbol{\beta}$ 的坐标 $\boldsymbol{X}=(x_1,\cdots,x_n)^{\mathrm{T}}$，$\boldsymbol{Y}=(y_1,\cdots,y_n)^{\mathrm{T}}$ 计算内积的公式有最简单的形式

$$(\boldsymbol{\alpha},\boldsymbol{\beta})=\boldsymbol{X}^{\mathrm{T}}\boldsymbol{S}\boldsymbol{Y}=\boldsymbol{X}^{\mathrm{T}}\boldsymbol{I}\boldsymbol{Y}=x_1y_1+\cdots+x_ny_n$$

按照欧氏空间对于非零向量 $\boldsymbol{\alpha}$，$\boldsymbol{\beta}$ 的夹角 θ 的定义 $\cos\theta=\dfrac{(\boldsymbol{\alpha},\boldsymbol{\beta})}{|\boldsymbol{\alpha}||\boldsymbol{\beta}|}$，

$$(\boldsymbol{\alpha},\boldsymbol{\beta})=0\Leftrightarrow\theta \text{ 是直角，即 } \boldsymbol{\alpha}\perp\boldsymbol{\beta}.$$

因此，以上对基向量的要求(9.2.1)就是：基 $\{\boldsymbol{\alpha}_1,\cdots,\boldsymbol{\alpha}_n\}$ 由两两正交的单位向量组成．

定义 9.2.1 设 V 是欧氏空间．如果 $\boldsymbol{\alpha}$，$\boldsymbol{\beta}\in V$ 满足条件 $(\boldsymbol{\alpha},\boldsymbol{\beta})=0$，就称

$\boldsymbol{\alpha}$，$\boldsymbol{\beta}$ **正交**(orthogonal)，记为 $\boldsymbol{\alpha}\perp\boldsymbol{\beta}$.

V 中由两两正交的非零向量组成的向量组 $\boldsymbol{\alpha}_1,\cdots,\boldsymbol{\alpha}_k$ 称为**正交向量组**(orthogonal vectors). 如果 V 的基 M 是正交向量组，就称 M 为**正交基**(orthogonal basis). 由两两正交的单位向量组成的基称为**标准正交基**(orthonormal basis). □

很自然提出的问题是：任意的欧氏空间 V 是否存在标准正交基？

作为空间的一组基，应当是线性无关的. 首先，我们指出：正交向量组都是线性无关的.

引理 9.2.1　欧氏空间 V 中的正交向量组 $\boldsymbol{\alpha}_1,\cdots,\boldsymbol{\alpha}_k$ 线性无关.

证明　设有实数 x_1，…，x_k 使

$$x_1\boldsymbol{\alpha}_1+\cdots+x_k\boldsymbol{\alpha}_k=\mathbf{0} \tag{9.2.2}$$

对每个 $1\leqslant i\leqslant k$，将等式(9.2.2)两边的向量同时与 $\boldsymbol{\alpha}_i$ 作内积，考虑到 $(\boldsymbol{\alpha}_j,\boldsymbol{\alpha}_i)=0$ 对所有的 $j\neq i$ 成立，得到 $x_i(\boldsymbol{\alpha}_i,\boldsymbol{\alpha}_i)=0$. 由于 $\boldsymbol{\alpha}_i\neq\mathbf{0}$，$(\boldsymbol{\alpha}_i,\boldsymbol{\alpha}_i)>0$，因此 $x_i=0$.

这就证明了 $x_i=0$ 对所有的 $1\leqslant i\leqslant k$ 成立，因此 $\boldsymbol{\alpha}_1,\cdots,\boldsymbol{\alpha}_k$ 线性无关. □

例 1　在区间$[0,2\pi]$上的全体连续函数组成的实线性空间 $C_{[0,2\pi]}$ 中定义内积

$$(f(x),g(x))=\int_0^{2\pi}f(x)g(x)\,\mathrm{d}x$$

则易验证函数组$\{1,\cos kx,\sin kx\mid\forall$ 正整数 $k\}$两两正交，因而线性无关. □

下面对有限维欧氏空间 V 证明它必有标准正交基. 证明的方法是：任取 V 一组基，将它改造成一组正交基，再改造成一组标准正交基.

2. Gram-Schmidt 正交化方法

定理 9.2.2　n 维欧氏空间 V 必然存在标准正交基.

证明　任取 V 的一组基 $M_1=\{\boldsymbol{\alpha}_1,\boldsymbol{\alpha}_2,\cdots,\boldsymbol{\alpha}_n\}$. 先设法将它改造成一组正交基$\{\boldsymbol{\beta}_1,\boldsymbol{\beta}_2,\cdots,\boldsymbol{\beta}_n\}$.

取 $\boldsymbol{\beta}_1=\boldsymbol{\alpha}_1$. 适当选取待定实数 λ_2 使 $\boldsymbol{\beta}_2=\boldsymbol{\alpha}_2-\lambda_2\boldsymbol{\alpha}_1$ 与 $\boldsymbol{\beta}_1$ 正交，即

$$(\boldsymbol{\beta}_2,\boldsymbol{\beta}_1)=(\boldsymbol{\alpha}_2-\lambda_2\boldsymbol{\alpha}_1,\boldsymbol{\alpha}_1)=(\boldsymbol{\alpha}_2,\boldsymbol{\alpha}_1)-\lambda_2(\boldsymbol{\alpha}_1,\boldsymbol{\alpha}_1)=0 \tag{9.2.3}$$

由于 $\boldsymbol{\alpha}_1\neq\mathbf{0}$，$(\boldsymbol{\alpha}_1,\boldsymbol{\alpha}_1)>0$，取 $\lambda_2=\dfrac{(\boldsymbol{\alpha}_2,\boldsymbol{\alpha}_1)}{(\boldsymbol{\alpha}_1,\boldsymbol{\alpha}_1)}$即可使 $\boldsymbol{\beta}_2$ 与 $\boldsymbol{\beta}_1$ 正交. 由于 $\boldsymbol{\beta}_2$ 是 $\boldsymbol{\beta}_1$ 与 $\boldsymbol{\alpha}_2$ 的线性组合，反过来 $\boldsymbol{\alpha}_2=\boldsymbol{\beta}_2+\lambda_2\boldsymbol{\beta}_1$ 也是 $\boldsymbol{\beta}_1$，$\boldsymbol{\beta}_2$ 的线性组合，因此向量组$\{\boldsymbol{\beta}_1,\boldsymbol{\beta}_2\}$与$\{\boldsymbol{\beta}_1,\boldsymbol{\alpha}_2\}$即$\{\boldsymbol{\alpha}_1,\boldsymbol{\alpha}_2\}$等价. 从而 $M_2=\{\boldsymbol{\beta}_1,\boldsymbol{\beta}_2,\boldsymbol{\alpha}_3,\cdots,\boldsymbol{\alpha}_n\}$ 与 M_1 等价，仍是 V 的一组基.

一般地，设对于某个正整数 $k<n$，已将 M_1 中的 $\boldsymbol{\alpha}_1,\cdots,\boldsymbol{\alpha}_k$ 替换成两两正交的非零向量 $\boldsymbol{\beta}_1,\cdots,\boldsymbol{\beta}_k$ 得到 V 的基 $M_k=\{\boldsymbol{\beta}_1,\cdots,\boldsymbol{\beta}_k,\boldsymbol{\alpha}_{k+1},\cdots,\boldsymbol{\alpha}_n\}$. 我们设法选取适当的实数 $\lambda_{k1},\cdots,\lambda_{kk}$ 使 $\boldsymbol{\beta}_{k+1}=\boldsymbol{\alpha}_{k+1}-\lambda_{k1}\boldsymbol{\beta}_1-\cdots-\lambda_{kk}\boldsymbol{\beta}_k$ 与 $\boldsymbol{\beta}_1,\cdots,\boldsymbol{\beta}_k$ 都正

交. 再用$\boldsymbol{\beta}_{k+1}$替换M_k中的$\boldsymbol{\alpha}_{k+1}$，得到$V$的下一组基$M_{k+1}$.

对每个$1\leqslant i\leqslant k$，由$(\boldsymbol{\beta}_j,\boldsymbol{\beta}_i)=0(\forall 1\leqslant j\leqslant k$ 且 $j\neq i)$得

$$(\boldsymbol{\beta}_{k+1},\boldsymbol{\beta}_i)=(\boldsymbol{\alpha}_{k+1}-\lambda_{k1}\boldsymbol{\beta}_1-\cdots-\lambda_{kk}\boldsymbol{\beta}_k,\boldsymbol{\beta}_i)=(\boldsymbol{\alpha}_{k+1},\boldsymbol{\beta}_i)-\lambda_{ki}(\boldsymbol{\beta}_i,\boldsymbol{\beta}_i).$$

由$\boldsymbol{\beta}_i\neq\mathbf{0}$知$(\boldsymbol{\beta}_i,\boldsymbol{\beta}_i)>0$，因此可选$\lambda_{ki}=\dfrac{(\boldsymbol{\alpha}_{k+1},\boldsymbol{\beta}_i)}{(\boldsymbol{\beta}_i,\boldsymbol{\beta}_i)}$使$(\boldsymbol{\beta}_{k+1},\boldsymbol{\beta}_i)=0$. 取

$$\boldsymbol{\beta}_{k+1}=\boldsymbol{\alpha}_{k+1}-\sum_{i=1}^{k}\frac{(\boldsymbol{\alpha}_{k+1},\boldsymbol{\beta}_i)}{(\boldsymbol{\beta}_i,\boldsymbol{\beta}_i)}\boldsymbol{\beta}_i$$

即可使$\boldsymbol{\beta}_{k+1}$与$\boldsymbol{\beta}_1,\cdots,\boldsymbol{\beta}_k$都正交. 由于$\boldsymbol{\beta}_{k+1}$是$\boldsymbol{\beta}_1,\cdots,\boldsymbol{\beta}_k,\boldsymbol{\alpha}_{k+1}$的线性组合，反过来$\boldsymbol{\alpha}_{k+1}$也是$\boldsymbol{\beta}_1,\cdots,\boldsymbol{\beta}_{k+1}$的线性组合$\boldsymbol{\alpha}_{k+1}=\boldsymbol{\beta}_{k+1}+\lambda_{k1}\boldsymbol{\beta}_1+\cdots+\lambda_{kk}\boldsymbol{\beta}_k$. 因此，向量组$M_{k+1}=\{\boldsymbol{\beta}_1,\cdots,\boldsymbol{\beta}_{k+1},\boldsymbol{\alpha}_{k+2},\cdots,\boldsymbol{\alpha}_n\}$与$M_k$等价，仍是$V$的一组基，其中前$k+1$个向量$\boldsymbol{\beta}_1,\cdots,\boldsymbol{\beta}_{k+1}$两两正交.

重复以上过程，最后可将$M_1=\{\boldsymbol{\alpha}_1,\cdots,\boldsymbol{\alpha}_n\}$替换成$V$的基$M_n=\{\boldsymbol{\beta}_1,\cdots,\boldsymbol{\beta}_n\}$，使其中的向量$\boldsymbol{\beta}_1,\cdots,\boldsymbol{\beta}_n$两两正交.

对每个$1\leqslant i\leqslant n$，取单位向量$\boldsymbol{\gamma}_i=\dfrac{1}{|\boldsymbol{\beta}_i|}\boldsymbol{\beta}_i$，则$M=\{\boldsymbol{\gamma}_1,\cdots,\boldsymbol{\gamma}_n\}$是由两两正交的单位向量组成的$V$的一组基，是标准正交基. □

定理 9.2.2 的证明过程给出了将V的一组基改造成为正交基、再改造成为标准正交基的算法. 这个算法称为 **Gram-Schmidt 正交化**(Gram-Schmidt orthogonalization).

在证明定理 9.2.2 的过程中，实际上证明了.

命题 9.2.3 设$M_1=\{\boldsymbol{\alpha}_1,\cdots,\boldsymbol{\alpha}_n\}$是欧氏空间的一组基，则存在$V$的标准正交基$M=\{\boldsymbol{\gamma}_1,\cdots,\boldsymbol{\gamma}_n\}$使

$$(\boldsymbol{\gamma}_1,\cdots,\boldsymbol{\gamma}_n)=(\boldsymbol{\alpha}_1,\cdots,\boldsymbol{\alpha}_n)\boldsymbol{T}$$

对某个上三角形矩阵

$$\boldsymbol{T}=\begin{pmatrix}b_{11}&b_{12}&\cdots&b_{1n}\\&b_{22}&\cdots&b_{2n}\\&&\ddots&\vdots\\&&&b_{nn}\end{pmatrix}$$

成立. 对每个$1\leqslant k\leqslant n$，$\{\boldsymbol{\gamma}_1,\cdots,\boldsymbol{\gamma}_k\}$是$\{\boldsymbol{\alpha}_1,\cdots,\boldsymbol{\alpha}_k\}$生成的子空间的一组标准正交基. □

推论 9.2.1 欧氏空间V中任何一组两两正交的单位向量$\boldsymbol{S}=\{\boldsymbol{\alpha}_1,\cdots,\boldsymbol{\alpha}_k\}$都能扩充为$V$的一组标准正交基.

证明 将$\boldsymbol{S}$扩充为V的一组基$M_1=\{\boldsymbol{\alpha}_1,\cdots,\boldsymbol{\alpha}_k,\cdots,\boldsymbol{\alpha}_n\}$，对$M_1$用 Gram-Schmidt 正交化方法即得一组标准正交基$M=\{\boldsymbol{\alpha}_1,\cdots,\boldsymbol{\alpha}_k,\boldsymbol{\beta}_{k+1},\cdots,\boldsymbol{\beta}_n\}$. □

例 2 试求$\mathbf{R}^4$中线性无关的向量组

$$\boldsymbol{\alpha}_1=(1,0,1,0),\ \boldsymbol{\alpha}_2=(0,-1,1,-1),\ \boldsymbol{\alpha}_3=(1,1,1,1)$$

所生成的子空间的一组标准正交基，并扩充为 $\mathbf{R}^4$ 的一组标准正交基.

解 取 $\boldsymbol{\beta}_1=\boldsymbol{\alpha}_1=(1,0,1,0)$,

$$\boldsymbol{\beta}_2=\boldsymbol{\alpha}_2-\frac{(\boldsymbol{\alpha}_2,\boldsymbol{\alpha}_1)}{(\boldsymbol{\alpha}_1,\boldsymbol{\alpha}_1)}\boldsymbol{\alpha}_1=\boldsymbol{\alpha}_2-\frac{1}{2}\boldsymbol{\alpha}_1=\frac{1}{2}(-1,-2,1,-2)$$

$$\boldsymbol{\beta}_3=\boldsymbol{\alpha}_3-\frac{(\boldsymbol{\alpha}_3,\boldsymbol{\beta}_1)}{(\boldsymbol{\beta}_1,\boldsymbol{\beta}_1)}\boldsymbol{\beta}_1-\frac{(\boldsymbol{\alpha}_3,\boldsymbol{\beta}_2)}{(\boldsymbol{\beta}_2,\boldsymbol{\beta}_2)}\boldsymbol{\beta}_2=\boldsymbol{\alpha}_3-\frac{2}{2}\boldsymbol{\beta}_1-\frac{-2}{5/2}\boldsymbol{\beta}_2=\frac{1}{5}(-2,1,2,1)$$

$$\boldsymbol{\gamma}_1=\frac{1}{|\boldsymbol{\beta}_1|}\boldsymbol{\beta}_1=\frac{1}{\sqrt{2}}(1,0,1,0),\ \boldsymbol{\gamma}_2=\frac{1}{|\boldsymbol{\beta}_2|}\boldsymbol{\beta}_2=\frac{1}{\sqrt{10}}(-1,-2,1,-2)$$

$$\boldsymbol{\gamma}_3=\frac{1}{|\boldsymbol{\beta}_3|}\boldsymbol{\beta}_3=\frac{1}{\sqrt{10}}(-2,1,2,1)$$

则 $\boldsymbol{\gamma}_1$，$\boldsymbol{\gamma}_2$，$\boldsymbol{\gamma}_3$ 是 $\boldsymbol{\alpha}_1$，$\boldsymbol{\alpha}_2$，$\boldsymbol{\alpha}_3$ 生成的子空间的一组标准正交基.

我们寻找 $\boldsymbol{\alpha}_4=(x_1,x_2,x_3,x_4)$ 与 $\boldsymbol{\alpha}_1$，$\boldsymbol{\alpha}_2$，$\boldsymbol{\alpha}_3$ 都正交从而与 $\boldsymbol{\gamma}_1$，$\boldsymbol{\gamma}_2$，$\boldsymbol{\gamma}_3$ 都正交. 即

$$\begin{cases}(\boldsymbol{\alpha}_1,\boldsymbol{\alpha}_4)=x_1+x_3=0\\(\boldsymbol{\alpha}_2,\boldsymbol{\alpha}_4)=-x_2+x_3-x_4=0\\(\boldsymbol{\alpha}_3,\boldsymbol{\alpha}_4)=x_1+x_2+x_3+x_4=0\end{cases}$$

解之得
$$(x_1,x_2,x_3,x_4)=x_2(0,1,0,-1).$$

取 $\boldsymbol{\alpha}_4=(0,1,0,-1)$，$\boldsymbol{\gamma}_4=\dfrac{1}{|\boldsymbol{\alpha}_4|}\boldsymbol{\alpha}_4=\dfrac{1}{\sqrt{2}}(0,1,0,-1)$

则 $\boldsymbol{\gamma}_1,\boldsymbol{\gamma}_2,\boldsymbol{\gamma}_3,\boldsymbol{\gamma}_4$ 是所求的 $\mathbf{R}^4$ 的标准正交基. □

例 3(最小二乘法) 求直线 $y=kx+b$ 尽可能接近已知数据点 $(x_i,y_i)(1\leqslant i\leqslant n)$，也就是使 $d(k,b)=\sum\limits_{i=1}^{n}(kx_i+b-y_i)^2$ 达到最小值.

解 $d(k,b)=(kx_1+b-y_1)^2+\cdots+(kx_n+b-y_n)^2$ 可以看作欧式空间 $\mathbf{R}^n$ 中的向量 $\boldsymbol{\delta}=k\boldsymbol{\alpha}_1+b\boldsymbol{\alpha}_2-\boldsymbol{\beta}$ 的长度的平方 $|\boldsymbol{\delta}|^2$，其中 $\boldsymbol{\alpha}_1=(x_1,\cdots,x_n)$，$\boldsymbol{\alpha}_2=(1,\cdots,1)$，$\boldsymbol{\beta}=(y_1,\cdots,y_n)$. $\boldsymbol{\alpha}_1$，$\boldsymbol{\alpha}_2$生成一个 2 维子空间 W，当(k,b)取遍 $\mathbf{R}^2$ 时，$\boldsymbol{\alpha}=k\boldsymbol{\alpha}_1+b\boldsymbol{\alpha}_2$ 取遍 W 中所有的向量，我们需要寻找其中一个向量 $\boldsymbol{\alpha}$ 与给定向量 $\boldsymbol{\beta}$ 的"距离" $|\boldsymbol{\beta}-\boldsymbol{\alpha}|$ 最短. 按照几何直观，可以将所有的向量想像成从原点出发的有向线段，从 $\boldsymbol{\beta}$ 的"端点"到"平面" W 的最短距离是与 W 垂直的线段长. 也就是与 $\boldsymbol{\alpha}_1$，$\boldsymbol{\alpha}_2$ 都正交的 $\boldsymbol{\beta}-k\boldsymbol{\alpha}_1-b\boldsymbol{\alpha}_2$. 因此 k，b 应满足条件

$$\begin{cases}(\boldsymbol{\beta}-k\boldsymbol{\alpha}_1-b\boldsymbol{\alpha}_2,\boldsymbol{\alpha}_1)=0\\(\boldsymbol{\beta}-k\boldsymbol{\alpha}_1-b\boldsymbol{\alpha}_2,\boldsymbol{\alpha}_2)=0\end{cases}\quad 即\quad \begin{cases}(\boldsymbol{\alpha}_1,\boldsymbol{\alpha}_1)k+(\boldsymbol{\alpha}_2,\boldsymbol{\alpha}_1)b=(\boldsymbol{\beta},\boldsymbol{\alpha}_1)\\(\boldsymbol{\alpha}_1,\boldsymbol{\alpha}_2)k+(\boldsymbol{\alpha}_2,\boldsymbol{\alpha}_2)b=(\boldsymbol{\beta},\boldsymbol{\alpha}_2)\end{cases}\qquad(9.2.4)$$

将 $(\boldsymbol{\alpha}_1,\boldsymbol{\alpha}_1)=A=\sum\limits_{i=1}^{n}x_i^2$，$(\boldsymbol{\alpha}_1,\boldsymbol{\alpha}_2)=B=\sum\limits_{i=1}^{n}x_i$，$(\boldsymbol{\alpha}_2,\boldsymbol{\alpha}_2)=C=n$,

$$(\boldsymbol{\beta},\boldsymbol{\alpha}_1)=D=\sum_{i=1}^{n}x_iy_i,\quad(\boldsymbol{\beta},\boldsymbol{\alpha}_2)=E=\sum_{i=1}^{n}y_i$$

代入得方程组

$$\begin{cases}Ak+Bb=D\\Bk+Cb=E\end{cases}\tag{9.2.5}$$

注意数据点的横坐标 $x_1,\cdots,x_n$ 各不相同，因而 $\boldsymbol{\alpha}_1$，$\boldsymbol{\alpha}_2$ 线性无关，由 Cauchy-Schwarz 不等式知(9.2.5)的系数行列式

$$AC-B^2=(\boldsymbol{\alpha}_1,\boldsymbol{\alpha}_1)(\boldsymbol{\alpha}_2,\boldsymbol{\alpha}_2)-(\boldsymbol{\alpha}_1,\boldsymbol{\alpha}_2)^2>0$$

方程组(9.2.5)有唯一解

$$(k,b)=(k_0,b_0),$$

其中 $k_0=\dfrac{DC-BE}{AC-B^2}$，$b_0=\dfrac{AE-BD}{AC-B^2}$，

使 $\boldsymbol{\delta}=\boldsymbol{\beta}-k_0\boldsymbol{\alpha}_1-b_0\boldsymbol{\alpha}_2$ 与 $\boldsymbol{\alpha}_1$，$\boldsymbol{\alpha}_2$ 都正交. 对任意 k，$b\in\mathbf{R}$，有

$$\begin{aligned}|(\boldsymbol{\beta}-k\boldsymbol{\alpha}_1-b\boldsymbol{\alpha}_2)|^2&=|\boldsymbol{\delta}+(k_0-k)\boldsymbol{\alpha}_1+(b_0-b)\boldsymbol{\alpha}_2|^2\\&=|\boldsymbol{\delta}|^2+|(k_0-k)\boldsymbol{\alpha}_1+(b_0-b)\boldsymbol{\alpha}_2|^2\geqslant|\boldsymbol{\delta}|^2,\end{aligned}$$

当且仅当 $k=k_0$，$b=b_0$ 时等号成立. 这就证明了 $|\boldsymbol{\delta}|$ 的最小性. □

3. 矩阵的相合

在 n 维欧氏空间 V 中任取一组基 $M=\{\boldsymbol{\alpha}_1,\cdots,\boldsymbol{\alpha}_n\}$，设 V 的内积在这组基下的度量矩阵为 $\boldsymbol{A}=(a_{ij})_{n\times n}$，其中 $s_{ij}=(\boldsymbol{\alpha}_i,\boldsymbol{\alpha}_j)$，$\forall\,1\leqslant i,\ j\leqslant n$. 则任意 $\boldsymbol{\alpha}$，$\boldsymbol{\beta}$ 的内积可以由它们的坐标在基 M 下的 $\boldsymbol{X}$，$\boldsymbol{Y}$ 按公式

$$(\boldsymbol{\alpha},\boldsymbol{\beta})=\boldsymbol{X}^{\mathrm{T}}\boldsymbol{A}\boldsymbol{Y}\tag{9.2.6}$$

算出来.

在前面的正交化过程中，我们找到了 V 的一组基，使内积在这组基下的度量矩阵为单位矩阵 $\boldsymbol{I}$.

一般地，设 $M_1=\{\boldsymbol{\beta}_1,\cdots,\boldsymbol{\beta}_n\}$ 是 V 的另外一组基，V 的内积在这组基下的度量矩阵为 $\boldsymbol{B}=(b_{ij})_{n\times n}$，其中 $b_{ij}=(\boldsymbol{\beta}_i,\boldsymbol{\beta}_j)$，$\forall\,i,\ j$. 很自然提出问题：同一个内积在不同基 M，M_1 下的度量矩阵 $\boldsymbol{A}$，$\boldsymbol{B}$ 之间有什么关系？如果知道基 M 到 M_1 的过渡方阵为 $\boldsymbol{P}$，怎样由 $\boldsymbol{A}$ 算出 $\boldsymbol{B}$？

要计算出内积在基 M_1 下的度量矩阵 $\boldsymbol{B}$，只要算出 M_1 中任意两个基向量的内积 $(\boldsymbol{\beta}_i,\boldsymbol{\beta}_j)$，再将它们排成矩阵就得到了 $\boldsymbol{B}$. 既然已经有了由向量在基 M 下的坐标 $\boldsymbol{X}$，$\boldsymbol{Y}$ 计算内积的公式(9.2.6)，就可以利用这个公式来计算 $(\boldsymbol{\beta}_i,\boldsymbol{\beta}_j)$. 我们知道，过渡矩阵 $\boldsymbol{P}$ 的各列 $\boldsymbol{P}_1,\cdots,\boldsymbol{P}_n$ 依次是 M_1 的各向量 $\boldsymbol{\beta}_1,\cdots,\boldsymbol{\beta}_n$ 在基 M 下的坐标. 因此

$$(\boldsymbol{\beta}_i,\boldsymbol{\beta}_j)=\boldsymbol{P}_i^{\mathrm{T}}\boldsymbol{A}\boldsymbol{P}_j$$

将这些 $(\boldsymbol{\beta}_i,\boldsymbol{\beta}_j)$ 排成矩阵 $\boldsymbol{B}$，就得到

$$B=\begin{pmatrix} P_1^{\mathrm{T}}AP_1 & P_1^{\mathrm{T}}AP_2 & \cdots & P_1^{\mathrm{T}}AP_n \\ P_2^{\mathrm{T}}AP_1 & P_2^{\mathrm{T}}AP_2 & \cdots & P_2^{\mathrm{T}}AP_n \\ \vdots & \vdots & & \vdots \\ P_n^{\mathrm{T}}AP_1 & P_n^{\mathrm{T}}AP_2 & \cdots & P_n^{\mathrm{T}}AP_n \end{pmatrix}=\begin{pmatrix} P_1^{\mathrm{T}} \\ P_2^{\mathrm{T}} \\ \vdots \\ P_n^{\mathrm{T}} \end{pmatrix}A(P_1 \quad P_2 \quad \cdots \quad P_n) \tag{9.2.7}$$

其中$(P_1 \quad P_2 \quad \cdots \quad P_n)$是依次以 $P_1,P_2,\cdots,P_n$ 为各列组成的矩阵，等于 P. 而 $\begin{pmatrix} P_1^{\mathrm{T}} \\ P_2^{\mathrm{T}} \\ \vdots \\ P_n^{\mathrm{T}} \end{pmatrix}$是依次以 $P_1^{\mathrm{T}},P_2^{\mathrm{T}},\cdots,P_n^{\mathrm{T}}$ 为各行组成的矩阵，就是 P 的转置 P^{T}. 因此，(9.2.7)就是

$$B=P^{\mathrm{T}}AP \tag{9.2.8}$$

这就得到了：

定理 9.2.4 同一个内积在两组基 M，M_1 下的度量矩阵 A，B 相合：$B=P^{\mathrm{T}}AP$，其中 P 是基 M 到 M_1 的过渡矩阵. □

定理 9.2.4 还可以另外证明如下：

设向量 α，β 在基 M 下的坐标分别是 X，Y，在基 M_1 下的坐标分别是 X_1，Y_1. 则有坐标变换公式 $X=PX_1$，$Y=PY_1$，代入计算内积的公式$(\alpha,\beta)=X^{\mathrm{T}}A\,Y=X_1^{\mathrm{T}}BY_1$得

$$X_1^{\mathrm{T}}BY_1=(PX_1)^{\mathrm{T}}A(PY_1)=X_1^{\mathrm{T}}(P^{\mathrm{T}}AP)Y_1 \tag{9.2.9}$$

对每个 $1\leqslant i\leqslant n$，记 e_i 为第 i 个分量为 1、其余分量为 0 的列向量. 对任意 $1\leqslant i,\ j\leqslant n$，在等式(9.2.6)中取 $X=e_i$，$Y=e_j$ 得

$$e_i^{\mathrm{T}}Be_j=e_i^{\mathrm{T}}(P^{\mathrm{T}}AP)e_j. \tag{9.2.10}$$

而 $e_i^{\mathrm{T}}Be_j$ 是 B 的第(i,j)元，$e_i^{\mathrm{T}}(P^{\mathrm{T}}AP)e_j$ 是 $P^{\mathrm{T}}AP$ 的第(i,j)元. (9.2.10)说明 B 与 $P^{\mathrm{T}}AP$ 的同一位置的元都相等，因此 $B=P^{\mathrm{T}}AP$. □

以上证明中的推理过程(9.2.9)⇒(9.2.10)⇒$B=P^{\mathrm{T}}AP$ 适用于更一般的情况：

对 $F^{m\times n}$中任意矩阵 $A=(a_{ij})_{m\times n}$，$B=(b_{ij})_{m\times n}$，如果 $X^{\mathrm{T}}AY=X^{\mathrm{T}}BY$ 对所有 $X\in F^{m\times 1}$，$Y\in F^{n\times 1}$成立，则 $a_{ij}=e_i^{\mathrm{T}}Ae_j=e_i^{\mathrm{T}}Be_j=b_{ij}$对所有 i，j 成立，从而 $A=B$.

由于欧氏空间内积的对称性和正定性，内积在任一基 $M_1=\{\alpha_1,\cdots,\alpha_n\}$下的矩阵 S 是正定实对称方阵，因此 S 相合于单位矩阵 I. 也就是说存在可逆实

方阵 $\boldsymbol{P}$ 使 $\boldsymbol{P}^{\mathrm{T}}\boldsymbol{S}\boldsymbol{P}=\boldsymbol{I}$.

实际上，根据§8.3例3证明的结果，可以选择实可逆上三角形矩阵 $\boldsymbol{T}$ 使 $\boldsymbol{T}^{\mathrm{T}}\boldsymbol{S}\boldsymbol{T}=\boldsymbol{I}$. 也就是可以取 V 的基

$$(\boldsymbol{\beta}_1,\cdots,\boldsymbol{\beta}_n)=(\boldsymbol{\alpha}_1,\cdots,\boldsymbol{\alpha}_n)\boldsymbol{T},$$

使内积在这组基 $M=\{\boldsymbol{\beta}_1,\cdots,\boldsymbol{\beta}_n\}$ 下的矩阵是单位矩阵，因而 M 是标准正交基.

例4 设3维欧氏空间 V 在基 $\{\boldsymbol{\alpha}_1,\boldsymbol{\alpha}_2,\boldsymbol{\alpha}_3\}$ 下的度量矩阵是

$$\boldsymbol{S}=\begin{pmatrix}1&1&1\\1&2&3\\1&3&6\end{pmatrix}$$

求 V 的一组标准正交基(写成 $\boldsymbol{\alpha}_1,\boldsymbol{\alpha}_2,\boldsymbol{\alpha}_3$ 的线性组合).

解 将 $\boldsymbol{S}$ 相合到单位矩阵：

$$\begin{pmatrix}1&1&1&1&0&0\\1&2&3&0&1&0\\1&3&6&0&0&1\end{pmatrix}\to\cdots\to\begin{pmatrix}1&0&0&1&0&0\\0&1&0&-1&1&0\\0&0&1&1&-2&1\end{pmatrix}$$

得到

$$\boldsymbol{P}=\begin{pmatrix}1&0&0\\-1&1&0\\1&-2&1\end{pmatrix}^{\mathrm{T}}=\begin{pmatrix}1&-1&1\\0&1&-2\\0&0&1\end{pmatrix}$$

使 $\boldsymbol{P}^{\mathrm{T}}\boldsymbol{S}\boldsymbol{P}=\boldsymbol{I}$

取 $(\boldsymbol{\beta}_1,\boldsymbol{\beta}_2,\boldsymbol{\beta}_3)=(\boldsymbol{\alpha}_1,\boldsymbol{\alpha}_2,\boldsymbol{\alpha}_3)\boldsymbol{P}$，即 $\boldsymbol{\beta}_1=\boldsymbol{\alpha}_1$，$\boldsymbol{\beta}_2=-\boldsymbol{\alpha}_1+\boldsymbol{\alpha}_2$，$\boldsymbol{\beta}_3=\boldsymbol{\alpha}_1-2\boldsymbol{\alpha}_2+\boldsymbol{\alpha}_3$. 则内积在基 $M=\{\boldsymbol{\beta}_1,\boldsymbol{\beta}_2,\boldsymbol{\beta}_3\}$ 下的度量矩阵是 $\boldsymbol{P}^{\mathrm{T}}\boldsymbol{S}\boldsymbol{P}=\boldsymbol{I}$，$M$ 是标准正交基. □

4. 标准正交基之间的过渡矩阵

标准正交基对欧氏空间有特别的重要性. 在欧氏空间中研究线性变换和二次型时，都需要通过标准正交基之间的过渡来简化线性变换和二次型的矩阵，很自然就需要知道两组标准正交基之间的过渡矩阵什么样子.

设 M_1，M 都是标准正交基，$\boldsymbol{P}$ 是由 M_1 到 M 的过渡矩阵. 由于内积在标准正交基 M_1，M 下的度量矩阵都是单位矩阵，由定理9.2.4就得到

$$\boldsymbol{I}=\boldsymbol{P}^{\mathrm{T}}\boldsymbol{I}\boldsymbol{P}$$

即 $\boldsymbol{P}^{\mathrm{T}}\boldsymbol{P}=\boldsymbol{I}$

定义 9.2.2 满足条件 $\boldsymbol{P}^{\mathrm{T}}\boldsymbol{P}=\boldsymbol{P}\boldsymbol{P}^{\mathrm{T}}=\boldsymbol{I}$ 即 $\boldsymbol{P}^{\mathrm{T}}=\boldsymbol{P}^{-1}$ 的实方阵称为**正交方阵**(orhtogonal matrix). □

命题 9.2.5 欧氏空间中标准正交基之间的过渡矩阵是正交方阵. 如果从标准正交基 M 到另一组基 M_1 的过渡矩阵是正交方阵，则 M_1 也是标准正交基.

证明　前面已证两组标准正交基之间的过渡矩阵 $\boldsymbol{P}$ 满足条件 $\boldsymbol{P}^{\mathrm{T}}\boldsymbol{P}=\boldsymbol{I}$，是正交方阵.

内积在标准正交基 M 下的度量矩阵是 $\boldsymbol{I}$，设在基 M_1 下的度量矩阵为 $\boldsymbol{B}$，由 M 到 M_1 的过渡矩阵 $\boldsymbol{P}$ 是正交方阵，则 $\boldsymbol{B}=\boldsymbol{P}^{\mathrm{T}}\boldsymbol{I}\boldsymbol{P}=\boldsymbol{P}^{\mathrm{T}}\boldsymbol{P}=\boldsymbol{I}$，可见 $\boldsymbol{B}$ 也是标准正交基. □

命题 9.2.6　$\boldsymbol{P}$ 是正交方阵$\Leftrightarrow\boldsymbol{P}$ 的列向量组是 $\mathbf{R}^{n\times 1}$的标准正交基$\Leftrightarrow\boldsymbol{P}$ 的行向量组是 $\mathbf{R}^{1\times n}$的标准正交基.

证明　记可逆矩阵 $\boldsymbol{P}$ 的第 i 列为 $\boldsymbol{\beta}_i$. 则 $\boldsymbol{P}^{\mathrm{T}}\boldsymbol{P}$ 第(i,j)元为 $\boldsymbol{\beta}_i^{\mathrm{T}}\boldsymbol{\beta}_j$，也就是 $\boldsymbol{\beta}_i$，$\boldsymbol{\beta}_j$ 在 $\mathbf{R}^n$ 中的标准内积$(\boldsymbol{\beta}_i,\boldsymbol{\beta}_j)$. 因此，$\boldsymbol{P}^{\mathrm{T}}\boldsymbol{P}$ 就是 $\mathbf{R}^n$ 中的标准内积在基$\{\boldsymbol{\beta}_1,\cdots,\boldsymbol{\beta}_n\}$下的度量矩阵.

因此，$\boldsymbol{P}^{\mathrm{T}}\boldsymbol{P}=\boldsymbol{I}\Leftrightarrow\boldsymbol{P}$ 的各列组成 $\mathbf{R}^{n\times 1}$的一组标准正交基.

$\boldsymbol{P}^{\mathrm{T}}\boldsymbol{P}=\boldsymbol{I}\Leftrightarrow\boldsymbol{P}\boldsymbol{P}^{\mathrm{T}}=\boldsymbol{I}\Leftrightarrow\boldsymbol{P}^{\mathrm{T}}$ 的各列组成 $\mathbf{R}^{n\times 1}$的一组标准正交基 $\Leftrightarrow\boldsymbol{P}$ 的各行组成 $\mathbf{R}^{1\times n}$的一组标准正交基. □

例 5　设 $\boldsymbol{A}$ 是任意可逆实方阵. 求证：存在可逆上三角形实方阵 $\boldsymbol{T}$ 使 $\boldsymbol{A}=\boldsymbol{P}\boldsymbol{T}$ 对某个正交方阵 $\boldsymbol{P}$ 成立.

证明　$\boldsymbol{S}=\boldsymbol{A}^{\mathrm{T}}\boldsymbol{A}$ 是正定实对称方阵. 存在可逆上三角形实方阵 $\boldsymbol{T}$ 使 $\boldsymbol{T}^{\mathrm{T}}\boldsymbol{S}\boldsymbol{T}=\boldsymbol{I}$，即 $\boldsymbol{T}^{\mathrm{T}}\boldsymbol{A}^{\mathrm{T}}\boldsymbol{A}\boldsymbol{T}=\boldsymbol{I}$. 记 $\boldsymbol{P}=\boldsymbol{A}\boldsymbol{T}$，则 $\boldsymbol{P}^{\mathrm{T}}\boldsymbol{P}=\boldsymbol{I}$，$\boldsymbol{P}$ 是正交方阵. $\boldsymbol{A}=\boldsymbol{P}\boldsymbol{T}^{-1}$，其中 $\boldsymbol{P}$ 是正交方阵，而 $\boldsymbol{T}^{-1}$是上三角形矩阵 $\boldsymbol{T}$ 的逆，仍是上三角形矩阵. □

例 5 中可逆矩阵 $\boldsymbol{A}$ 的列向量组成 $\mathbf{R}^n$ 的一组基$\{\boldsymbol{\alpha}_1,\cdots,\boldsymbol{\alpha}_n\}$，$\boldsymbol{A}\boldsymbol{T}$ 是正交方阵$\Leftrightarrow\boldsymbol{A}\boldsymbol{T}$ 的列向量组

$$(\boldsymbol{\beta}_1,\cdots,\boldsymbol{\beta}_n)=(\boldsymbol{\alpha}_1,\cdots,\boldsymbol{\alpha}_n)\boldsymbol{T}$$

是 $\mathbf{R}^n$ 的一组标准正交基. 因此，例 4 的结论可以用几何语言重新叙述为：

由 $\mathbf{R}^n$ 的任何一组基 $M_1=\{\boldsymbol{\alpha}_1,\cdots,\boldsymbol{\alpha}_n\}$可以得到 $\mathbf{R}^n$ 的一组标准正交基 M_1，使 M_1 到 M 的过渡矩阵 $\boldsymbol{T}$ 是上三角形矩阵.

这其实就是命题 9.2.3 的结论，由 M_1 求 M 和 $\boldsymbol{T}$ 的过程也就是 Gram-Schmidt 正交化.

5. 子空间的正交

在欧氏空间 V 中，由向量之间的正交很自然导出向量组的正交，特别是子空间的正交.

定义 9.2.3　设 S_1，S_2 是欧氏空间中的向量组，如果 $\boldsymbol{\alpha}\perp\boldsymbol{\beta}$ 对所有的 $\boldsymbol{\alpha}\in S_1$，$\boldsymbol{\beta}\in S_2$ 成立，就称 S_1 与 S_2 正交，记 $S_1\perp S_2$.

对 V 的任意子集 S，记 $S^{\perp}=\{\boldsymbol{\beta}\in V\mid S\perp\boldsymbol{\beta}\}$. □

定理 9.2.7　(1) 设 S_1，S_2 是欧氏空间 V 的子集，则 $S_1\perp S_2\Leftrightarrow V(S_1)\perp$

$V(S_2)$.

(2) 设 S 是欧氏空间 V 中的向量组，则 $S^{\perp}=V(S)^{\perp}$.

(3) 设 W 是欧氏空间 V 的子空间，则 $V=W\oplus W^{\perp}$.

证明 (1) 设 $S_1\perp S_2$，则任意 $\boldsymbol{\alpha}\in V(S_1)$，$\boldsymbol{\beta}\in V(S_2)$ 可以分别写成 S_1，S_2 的线性组合

$$\boldsymbol{\alpha}=x_1\boldsymbol{\alpha}_1+\cdots+x_s\boldsymbol{\alpha}_s,\ \boldsymbol{\beta}=y_1\boldsymbol{\beta}_1+\cdots+y_t\boldsymbol{\beta}_t$$

于是

$$(\boldsymbol{\alpha},\boldsymbol{\beta})=(x_1\boldsymbol{\alpha}_1+\cdots+x_s\boldsymbol{\alpha}_s,y_1\boldsymbol{\beta}_1+\cdots+y_t\boldsymbol{\beta}_t)=\sum_{i=1}^{s}\sum_{j=1}^{t}x_iy_j(\boldsymbol{\alpha}_i,\boldsymbol{\beta}_j)=0.$$

这就证明了 $S_1\perp S_2\Rightarrow V(S_1)\perp V(S_2)$.

反过来，显然有 $V(S_1)\perp V(S_2)\Rightarrow S_1\perp S_2$.

(2) 由 $S\perp\boldsymbol{\beta}\Leftrightarrow V(S)\perp\boldsymbol{\beta}$ 知 $S^{\perp}=V(S)^{\perp}$.

(3) 任取 W 的一组标准正交基 $M_1=\{\boldsymbol{\alpha}_1,\cdots,\boldsymbol{\alpha}_r\}$ 扩充为 V 的一组标准正交基 $M=\{\boldsymbol{\alpha}_1,\cdots,\boldsymbol{\alpha}_r,\cdots,\boldsymbol{\alpha}_n\}$. 则

$$\begin{aligned}\boldsymbol{\alpha}&=x_1\boldsymbol{\alpha}_1+\cdots+x_r\boldsymbol{\alpha}_r+\cdots+x_n\boldsymbol{\alpha}_n\in W^{\perp}\\&\Leftrightarrow(\boldsymbol{\alpha},\boldsymbol{\alpha}_i)=x_i=0,\ \forall\,1\leqslant i\leqslant r\\&\Leftrightarrow\boldsymbol{\alpha}=x_{r+1}\boldsymbol{\alpha}_{r+1}+\cdots+x_n\boldsymbol{\alpha}_r\in V(\boldsymbol{\alpha}_{r+1},\cdots,\boldsymbol{\alpha}_n)\end{aligned}$$

可见

$$W^{\perp}=V(\boldsymbol{\alpha}_{r+1},\cdots,\boldsymbol{\alpha}_n)$$

$$V=V(\boldsymbol{\alpha}_1,\cdots,\boldsymbol{\alpha}_r)\oplus V(\boldsymbol{\alpha}_{r+1},\cdots,\boldsymbol{\alpha}_n)=W\oplus W^{\perp}\quad\square$$

在 §2.7 中，对任意数域 F 上的线性空间 V 的子空间 W 定义了补空间：如果 V 的子空间 U 满足条件 $V=W\oplus U$，就称 U 为 W 的补空间. 将 W 的任意一组基 $\{\boldsymbol{\alpha}_1,\cdots,\boldsymbol{\alpha}_r\}$ 扩充为 V 的基 $\{\boldsymbol{\alpha}_1,\cdots,\boldsymbol{\alpha}_r,\boldsymbol{\alpha}_{r+1},\cdots,\boldsymbol{\alpha}_n\}$，所添加的向量 $\boldsymbol{\alpha}_{r+1},\cdots,\boldsymbol{\alpha}_n$ 生成的子空间 U 就是 W 的一个补空间. 补空间一般是不唯一的.

当 W 是欧氏空间 V 的子空间时，由定理 9.2.7 知道 $V=W\oplus W^{\perp}$，可见 $W^{\perp}$ 是 W 的补空间，我们称 $W^{\perp}$ 为 W 的**正交补**(orthogonal complement). 正交补是唯一的.

6. 欧氏空间的同构

定义 9.2.4 设 U，V 是欧氏空间. 如果存在实数域上线性空间之间的同构映射 $\sigma:U\to V$，并且 σ 保持向量的内积不变，即

$$(\sigma(\boldsymbol{\alpha}),\ \sigma(\boldsymbol{\beta}))=(\boldsymbol{\alpha},\boldsymbol{\beta}),\quad\forall\,\boldsymbol{\alpha},\ \boldsymbol{\beta}\in U$$

则 σ 称为欧氏空间 U 到 V 的**同构映射**(isomorphism)，欧氏空间 U 与 V 称为**同构的**(isomorphic).　□

定理 9.2.8 欧氏空间 U 与 V 同构 $\Leftrightarrow\dim U=\dim V$.

证明 设欧氏空间 U, V 同构. 则存在实线性空间之间的同构映射 σ: $U\to V$, 这说明了 $\dim U=\dim V$.

反过来, 设 $\dim U=\dim V=n$. U 存在标准正交基 $M_1=\{\boldsymbol{u}_1,\cdots,\boldsymbol{u}_n\}$, V 存在标准正交基 $M_2=\{v_1,\cdots,v_n\}$. 定义映射 $\sigma: U\to V$ 将每个 $\boldsymbol{\alpha}=\sum\limits_{i=1}^{n}x_i\boldsymbol{u}_i\in U(\forall x_1,\cdots,x_n\in\mathbf{R})$ 映到 $\sigma(\boldsymbol{\alpha})=\sum\limits_{i=1}^{n}x_iv_i\in V$. 显然, σ 是 U 到 V 的可逆线性映射, 因而是线性空间之间的同构映射.

对 U 中任意两个向量 $\boldsymbol{\alpha}=\sum\limits_{i=1}^{n}x_iu_i$ 和 $\boldsymbol{\beta}=\sum\limits_{j=1}^{n}y_ju_j$, 有

$$(\boldsymbol{\alpha},\boldsymbol{\beta})=\left(\sum_{i=1}^{n}x_iu_i,\ \sum_{j=1}^{n}x_ju_j\right)=x_1y_1+\cdots+x_ny_n$$

$$(\sigma(\boldsymbol{\alpha}),\ \sigma(\boldsymbol{\beta}))=\left(\sum_{i=1}^{n}x_iv_i,\ \sum_{j=1}^{n}x_jv_j\right)=x_1y_1+\cdots+x_ny_n$$

可见

$$(\boldsymbol{\alpha},\boldsymbol{\beta})=(\sigma(\boldsymbol{\alpha}),\ \sigma(\boldsymbol{\beta}))$$

这说明了 σ 是欧氏空间 U 到 V 的同构映射, 同维数的欧氏空间 U 与 V 同构. □

习 题 9.2

1. 设在三维欧氏空间 $E_3(\mathbf{R})$ 中, 基 $\boldsymbol{\alpha}_1$, $\boldsymbol{\alpha}_2$, $\boldsymbol{\alpha}_3$ 的度量矩阵是

$$\boldsymbol{S}=\begin{pmatrix}1&0&-1\\0&2&0\\-1&0&2\end{pmatrix},$$

试求 $E_3(\mathbf{R})$ 中由 $\boldsymbol{\alpha}_1$, $\boldsymbol{\alpha}_2$, $\boldsymbol{\alpha}_3$ 给出的一组标准正交基.

2. 已知齐次方程 $x_1-x_2+x_3-x_4=0$ 在实数域上的解空间的一组标准正交基.

3. (1) 求齐次线性方程组 $\begin{cases}x_1+x_2+x_3+x_4+x_5=0\\2x_1+3x_2+5x_3+8x_4=0\end{cases}$ 的解空间的一组标准正交基;

(2) 将 $(1,1,1,1,1)$, $(2,3,5,8,0)$ 扩充为 $\mathbf{R}^5$ 的一组标准正交基.

4. 在次数低于 4 的实系数多项式组成的实线性空间 $R_4[x]$ 中定义内积 $(f(x),\ g(x))=\int_{-1}^{1}f(x)g(x)\mathrm{d}x$. 试将 $R_4[x]$ 的基 $\{1,x,x^2,x^3\}$ 作正交化得到一组标准正交基.

5. 在 $R_4[x]$ 中定义内积 $(f(x),\ g(x))=\int_0^1 f(x)g(x)\mathrm{d}x$, 求 $R_4[x]$ 的一组标准正交基.

6. 在区间 $[0,2\pi]$ 上的全体连续函数组成的实线性空间 $C_{[0,2\pi]}$ 中定义内积 $(f(x),\ g(x))=\int_0^{2\pi}f(x)g(x)\mathrm{d}x$. 验证函数组 $\{1,\cos kx,\sin kx\mid\forall$ 正整数 $k\}$ 两两正交.

7. 设 $\boldsymbol{e}_1,\boldsymbol{e}_2,\cdots,\boldsymbol{e}_n$ 是 $E_n(\mathbf{R})$ 的标准正交基，$\boldsymbol{\alpha}_1,\boldsymbol{\alpha}_2,\cdots,\boldsymbol{\alpha}_k$ 是 $E_n(\mathbf{R})$ 的任意 k 个向量，试证：$\boldsymbol{\alpha}_1,\boldsymbol{\alpha}_2,\cdots,\boldsymbol{\alpha}_k$ 两两正交的充要条件是

$$\sum_{s=1}^{n}(\boldsymbol{\alpha}_i,\boldsymbol{e}_s)(\boldsymbol{\alpha}_j,\boldsymbol{e}_s)=0,\quad \forall\, 1\leqslant i<j\leqslant k.$$

8. 用向量的内积证明平面外一点到平面的线段长以垂线段最短，并推广到 n 维欧氏空间：

（1）取平面上任一点为原点 O，将空间 V 每一点 P 用向量 $\overrightarrow{OP}$ 表示. 则平面是一个2维子空间 W. 设 A 是空间中给定的任一点，B 是平面内任一点，分别对应于向量 $\boldsymbol{\alpha}=\overrightarrow{OA}$，$\boldsymbol{\beta}=\overrightarrow{OB}$，则 $|AB|=|\boldsymbol{\alpha}-\boldsymbol{\beta}|$. 求证：当 $\boldsymbol{\alpha}-\boldsymbol{\beta}\in W^{\perp}$ 时 $|\boldsymbol{\alpha}-\boldsymbol{\beta}|$ 取最小值；

（2）设 $E(\mathbf{R})$ 是欧氏空间，W 是它的任意子空间，$\boldsymbol{\alpha}$ 是 $E(\mathbf{R})$ 任意给定的向量. 求证：当 $\boldsymbol{\alpha}-\boldsymbol{\beta}\in W^{\perp}$ 时 $|\boldsymbol{\alpha}-\boldsymbol{\beta}|$ $(\boldsymbol{\beta}\in W)$ 取最小值；

（3）设 $E(\mathbf{R})$ 是欧氏空间，$\boldsymbol{\alpha}\in E(\mathbf{R})$，$W$ 是由 $\boldsymbol{\alpha}_1,\cdots,\boldsymbol{\alpha}_k\in E(\mathbf{R})$ 生成的子空间. 当 $x_1,\cdots,x_k\in\mathbf{R}$ 满足什么条件时，$|\boldsymbol{\alpha}-(x_1\boldsymbol{\alpha}_1+\cdots+x_k\boldsymbol{\alpha}_k)|$ 取最小值？

9.（1）设 W 是 $\mathbf{R}^3$ 中过点 $(0,0,0)$，$(1,2,2)$，$(3,4,0)$ 的平面，求点 $A(5,0,0)$ 到平面 W 的最短距离；

（2）求方程组

$$\begin{cases}0.39x-1.89y=1\\0.61x-1.80y=1\\0.93x-1.68y=1\\1.35x-1.50y=1\end{cases}$$

的最小二乘解. 也就是求 x，y 使 $\mathbf{R}^4$ 中的向量

$$\boldsymbol{\delta}=x(0.39,0.61,0.93,1.35)-y(1.89,1.80,1.68,1.50)-(1,1,1,1)$$

的长度的平方取最小值；

（3）设 $\boldsymbol{A}\in\mathbf{R}^{m\times n}$，$\boldsymbol{X}=(x_1,\cdots,x_n)^{\mathrm{T}}$，$\boldsymbol{\beta}\in\mathbf{R}^{m\times 1}$. 如果实系数线性方程组 $\boldsymbol{AX}=\boldsymbol{\beta}$ 无解，我们可以求 $\boldsymbol{X}$ 使 $\mathbf{R}^{m\times 1}$ 中的向量 $\boldsymbol{\delta}=\boldsymbol{A}x-\boldsymbol{\beta}$ 的长度 $|\boldsymbol{\delta}|$ 取最小值. 满足这个条件的解 $\boldsymbol{X}$ 称为方程组 $\boldsymbol{AX}=\boldsymbol{\beta}$ 的最小二乘解. 设 $\boldsymbol{A}$ 的各列依次为 $\boldsymbol{\alpha}_1,\cdots,\boldsymbol{\alpha}_n$，则 $\boldsymbol{AX}=x_1\boldsymbol{\alpha}_1+\cdots+x_n\boldsymbol{\alpha}_n$. 求证：

$$|\boldsymbol{\delta}|\text{ 取最小值}\Leftrightarrow(\boldsymbol{\delta},\boldsymbol{\alpha}_i)=0\,(\forall\,1\leqslant i\leqslant n)\Leftrightarrow\boldsymbol{A}^{\mathrm{T}}\boldsymbol{AX}=\boldsymbol{A}^{\mathrm{T}}\boldsymbol{\beta}.$$

10. 设 $\boldsymbol{\alpha}_1,\boldsymbol{\alpha}_2,\cdots,\boldsymbol{\alpha}_k$ 是欧氏空间 $E(\mathbf{R})$ 中一组两两正交的单位向量，生成 $E(\mathbf{R})$ 的一个子空间 W. $\boldsymbol{\alpha}$ 是 $E(\mathbf{R})$ 中的任意向量.

试求 $x_1,\cdots,x_k\in\mathbf{R}$ 使 $\boldsymbol{\delta}=\boldsymbol{\alpha}-(x_1\boldsymbol{\alpha}_1+\cdots+x_k\boldsymbol{\alpha}_k)$ 的长度 $|\boldsymbol{\delta}|$ 取最小值.

11.（Bessel 不等式） 设 $\boldsymbol{\alpha}_1,\boldsymbol{\alpha}_2,\cdots,\boldsymbol{\alpha}_k$ 是欧氏空间 $E(\mathbf{R})$ 中一组两两正交的单位向量，$\boldsymbol{\alpha}$ 是 $E(\mathbf{R})$ 中的任意向量. 证明：

$$\sum_{i=1}^{k}(\boldsymbol{\alpha},\boldsymbol{\alpha}_i)^2\leqslant|\boldsymbol{\alpha}|^2$$

而且向量 $\boldsymbol{\beta}=\boldsymbol{\alpha}-\sum\limits_{i=1}^{k}(\boldsymbol{\alpha},\boldsymbol{\alpha}_i)\boldsymbol{\alpha}_i$ 与每个 $\boldsymbol{\alpha}_i$ 都正交.

12. 设 $\boldsymbol{\alpha}_1,\cdots,\boldsymbol{\alpha}_n$ 是 n 维欧氏空间 $E_n(\mathbf{R})$ 的一组向量. 证明下面的命题等价（即：两两互

相为充分必要条件).

(1) $\boldsymbol{\alpha}_1,\cdots,\boldsymbol{\alpha}_n$ 是 $E_n(\mathbf{R})$ 的标准正交基;

(2) (Parseval 等式)对任意 $\boldsymbol{\alpha}$, $\boldsymbol{\beta}\in E_n(\mathbf{R})$, $(\boldsymbol{\alpha},\boldsymbol{\beta})=\sum\limits_{i=1}^{n}(\boldsymbol{\alpha},\boldsymbol{\alpha}_i)(\boldsymbol{\beta},\boldsymbol{\alpha}_i)$;

(3) 对任意 $\boldsymbol{\alpha}\in E_n(\mathbf{R})$, $|\boldsymbol{\alpha}|^2=\sum\limits_{i=1}^{n}(\boldsymbol{\alpha},\boldsymbol{\alpha}_i)^2$.

§9.3 正 交 变 换

1. 正交变换的定义与性质

在平面几何中，我们十分关心图形的全等，关心保持图形全等的变换. 所谓保持图形的全等，就是变换前后的长度、角度保持不变. 而在建立了直角坐标系的平面 $\mathbf{R}^2$ 上，长度和角度都可以由内积来计算，因此，只要变换前后的内积保持不变，就保持了图形的全等. 这也可以推广到一般的欧氏空间.

定义 9.3.1 欧氏空间 V 上的线性变换 $\mathscr{A}$ 如果保持向量的内积不变，也就是

$$(\mathscr{A}(\boldsymbol{\alpha}),\mathscr{A}(\boldsymbol{\beta}))=(\boldsymbol{\alpha},\boldsymbol{\beta})$$

对所有的 $\boldsymbol{\alpha}$, $\boldsymbol{\beta}\in V$ 成立，就称 $\mathscr{A}$ 是 V 上的**正交变换**(orthogonal transformation). □

由于向量的长度 $|\boldsymbol{\alpha}|$ 和两个向量 $\boldsymbol{\alpha}$, $\boldsymbol{\beta}$ 的夹角 $\langle\boldsymbol{\alpha},\boldsymbol{\beta}\rangle$ 是由内积定义的:

$$|\boldsymbol{\alpha}|=\sqrt{(\boldsymbol{\alpha},\boldsymbol{\alpha})},\quad \cos\langle\boldsymbol{\alpha},\boldsymbol{\beta}\rangle=\frac{(\boldsymbol{\alpha},\boldsymbol{\beta})}{\sqrt{(\boldsymbol{\alpha},\boldsymbol{\alpha})}\sqrt{(\boldsymbol{\beta},\boldsymbol{\beta})}}$$

因此，保持内积不变就保持了长度和角度不变:

$$|\mathscr{A}(\boldsymbol{\alpha})|=\sqrt{(\mathscr{A}(\boldsymbol{\alpha}),\ \mathscr{A}(\boldsymbol{\alpha}))}=\sqrt{(\boldsymbol{\alpha},\boldsymbol{\alpha})}=|\boldsymbol{\alpha}|$$

$$\begin{aligned}\cos\langle\mathscr{A}(\boldsymbol{\alpha}),\mathscr{A}(\boldsymbol{\beta})\rangle&=\frac{(\mathscr{A}(\boldsymbol{\alpha}),\ \mathscr{A}(\boldsymbol{\beta}))}{\sqrt{(\mathscr{A}(\boldsymbol{\alpha}),\ \mathscr{A}(\boldsymbol{\alpha}))}\sqrt{(\mathscr{A}(\boldsymbol{\beta}),\mathscr{A}(\boldsymbol{\beta}))}}\\&=\frac{(\boldsymbol{\alpha},\boldsymbol{\beta})}{\sqrt{(\boldsymbol{\alpha},\boldsymbol{\alpha})}\sqrt{(\boldsymbol{\beta},\boldsymbol{\beta})}}=\cos\langle\boldsymbol{\alpha},\boldsymbol{\beta}\rangle\end{aligned}$$

反过来，保持长度的线性变换一定保持内积.

定理 9.3.1 设 $\mathscr{A}$ 是欧氏空间 V 上的线性变换. 则:

$\mathscr{A}$ 是正交变换 $\Leftrightarrow$ $\mathscr{A}$ 保持所有的向量的长度不变，即 $|\mathscr{A}(\boldsymbol{\alpha})|=|\boldsymbol{\alpha}|$, $\forall\boldsymbol{\alpha}\in V$.

证明 先设 $\mathscr{A}$ 是正交变换，即 $(\mathscr{A}(\boldsymbol{\alpha}),\ \mathscr{A}(\boldsymbol{\beta}))=(\boldsymbol{\alpha},\boldsymbol{\beta})$ 对所有的 $\boldsymbol{\alpha}$, $\boldsymbol{\beta}\in V$ 成立. 特别，对任意 $\boldsymbol{\alpha}\in V$，有 $(\mathscr{A}(\boldsymbol{\alpha}),\ \mathscr{A}(\boldsymbol{\alpha}))=(\boldsymbol{\alpha},\boldsymbol{\alpha})$ 从而 $|\mathscr{A}(\boldsymbol{\alpha})|=\sqrt{(\mathscr{A}(\boldsymbol{\alpha}),\ \mathscr{A}(\boldsymbol{\alpha}))}=\sqrt{(\boldsymbol{\alpha},\boldsymbol{\alpha})}=|\boldsymbol{\alpha}|$.

反过来，设 $|\mathscr{A}(\boldsymbol{\alpha})|=|\boldsymbol{\alpha}|$, $\forall\boldsymbol{\alpha}\in V$ 成立. 对任意 $\boldsymbol{\alpha}$, $\boldsymbol{\beta}\in V$，有

$$|\boldsymbol{\alpha}+\boldsymbol{\beta}|^2=(\boldsymbol{\alpha}+\boldsymbol{\beta})^2=\boldsymbol{\alpha}^2+\boldsymbol{\beta}^2+2(\boldsymbol{\alpha},\boldsymbol{\beta})=|\boldsymbol{\alpha}|^2+|\boldsymbol{\beta}|^2+2(\boldsymbol{\alpha},\boldsymbol{\beta})$$

可见

$$(\boldsymbol{\alpha},\boldsymbol{\beta})=\frac{1}{2}(|\boldsymbol{\alpha}+\boldsymbol{\beta}|^2-|\boldsymbol{\alpha}|^2-|\boldsymbol{\beta}|^2)$$

于是

$$\begin{aligned}(\mathscr{A}(\boldsymbol{\alpha}),\mathscr{A}(\boldsymbol{\beta}))&=\frac{1}{2}(|\mathscr{A}(\boldsymbol{\alpha})+\mathscr{A}(\boldsymbol{\beta})|^2-|\mathscr{A}(\boldsymbol{\alpha})|^2-|\mathscr{A}(\boldsymbol{\beta})|^2)\\&=\frac{1}{2}(|\mathscr{A}(\boldsymbol{\alpha}+\boldsymbol{\beta})|^2-|\mathscr{A}(\boldsymbol{\alpha})|^2-|\mathscr{A}(\boldsymbol{\beta})|^2)\\&=\frac{1}{2}(|\boldsymbol{\alpha}+\boldsymbol{\beta}|^2-|\boldsymbol{\alpha}|^2-|\boldsymbol{\beta}|^2)=(\boldsymbol{\alpha},\boldsymbol{\beta})\end{aligned}$$

这就是证明了 $\mathscr{A}$ 是正交变换. □

定理 9.3.2 设 $\mathscr{A}$ 是欧氏空间 V 上的线性变换. 则以下命题等价，两两互为充分必要条件.

(1) $\mathscr{A}$ 是正交变换；

(2) $\mathscr{A}$ 将标准正交基仍变为标准正交基；

(3) $\mathscr{A}$ 在任意一组标准正交基下的矩阵是正交方阵.

证明 (1)⇒(2)：设 $\{\boldsymbol{\alpha}_1,\cdots,\boldsymbol{\alpha}_n\}$ 是标准正交基. 由于 $\mathscr{A}$ 是正交变换，对任意 $1\leqslant i,\ j\leqslant n$ 有

$$(\mathscr{A}(\boldsymbol{\alpha}_i),\ \mathscr{A}(\boldsymbol{\alpha}_j))=(\boldsymbol{\alpha}_i,\boldsymbol{\alpha}_j)=\begin{cases}1, & 当\ i=j\\0, & 当\ i\neq j\end{cases}$$

可见 $\{\mathscr{A}(\boldsymbol{\alpha}_1),\ \cdots,\ \mathscr{A}(\boldsymbol{\alpha}_n)\}$ 也是标准正交基.

(2)⇒(3)：设 $M=\{\boldsymbol{\alpha}_1,\cdots,\boldsymbol{\alpha}_n\}$ 是标准正交基，由命题(2)成立知 $\{\mathscr{A}(\boldsymbol{\alpha}_1),\cdots,\mathscr{A}(\boldsymbol{\alpha}_n)\}$ 也是标准正交基. 设 $\mathscr{A}$ 在 M 下的矩阵为 $\boldsymbol{A}$. 则 $\boldsymbol{A}$ 的第 i 列 $\boldsymbol{A}_i$ 是 $\mathscr{A}(\boldsymbol{\alpha}_i)$ 在 M 下的坐标. 因此 $\boldsymbol{A}^{\mathrm{T}}A$ 的第 (i,j) 元

$$a_{ij}=\boldsymbol{A}_i^{\mathrm{T}}\boldsymbol{A}_j=(\mathscr{A}(\boldsymbol{\alpha}_i),\ \mathscr{A}(\boldsymbol{\alpha}_j))=\begin{cases}1, & 当\ i=j;\\0, & 当\ i\neq j.\end{cases}$$

这说明了 $\boldsymbol{A}^{\mathrm{T}}\boldsymbol{A}=\boldsymbol{I}$，$\boldsymbol{A}$ 是正交方阵，(3)成立.

(3)⇒(1)：由命题(3)成立知 $\mathscr{A}$ 在标准正交基 M 下的矩阵 $\boldsymbol{A}$ 是正交方阵，$\boldsymbol{A}^{\mathrm{T}}\boldsymbol{A}=\boldsymbol{I}$. 对任意 $\boldsymbol{\alpha}$，$\boldsymbol{\beta}$，设 $\boldsymbol{X}$，$\boldsymbol{Y}$ 分别是 $\boldsymbol{\alpha}$，$\boldsymbol{\beta}$ 在 M 下的坐标，则 $\mathscr{A}(\boldsymbol{\alpha})$，$\mathscr{A}(\boldsymbol{\beta})$ 在 M 下的坐标分别是 $\boldsymbol{AX}$，$\boldsymbol{AY}$. 由于 M 是标准正交基，$(\boldsymbol{\alpha},\boldsymbol{\beta})=\boldsymbol{X}^{\mathrm{T}}\boldsymbol{Y}$，而

$$(\mathscr{A}(\boldsymbol{\alpha}),\ \mathscr{A}(\boldsymbol{\beta}))=(\boldsymbol{AX})^{\mathrm{T}}(\boldsymbol{AY})=\boldsymbol{X}^{\mathrm{T}}\boldsymbol{A}^{\mathrm{T}}\boldsymbol{AY}=\boldsymbol{X}^{\mathrm{T}}\boldsymbol{IY}=\boldsymbol{X}^{\mathrm{T}}\boldsymbol{Y}=(\boldsymbol{\alpha},\boldsymbol{\beta})$$

这证明了 $\mathscr{A}$ 是正交变换. □

命题 9.3.3 同一欧氏空间 V 上的两个正交变换 $\mathscr{A}$，$\mathscr{B}$ 的乘积 $\mathscr{A}\mathscr{B}$ 仍是正交变换，任一正交变换 $\mathscr{A}$ 的逆 $\mathscr{A}^{-1}$ 仍是正交变换.

同阶正交方阵 $\boldsymbol{A}$，$\boldsymbol{B}$ 的乘积 $\boldsymbol{AB}$ 仍是正交方阵，正交方阵 $\boldsymbol{A}$ 的逆仍是正交方阵.

证明 对任意 $\boldsymbol{\alpha}$，$\boldsymbol{\beta}\in V$，有 $(\mathscr{A}\mathscr{B}(\boldsymbol{\alpha}),\mathscr{A}\mathscr{B}(\boldsymbol{\beta}))=(\mathscr{B}(\boldsymbol{\alpha}),\mathscr{B}(\boldsymbol{\beta}))=(\boldsymbol{\alpha},\boldsymbol{\beta})$，且 $(\mathscr{A}^{-1}(\boldsymbol{\alpha}),\mathscr{A}^{-1}(\boldsymbol{\beta}))=(\mathscr{A}\mathscr{A}^{-1}(\boldsymbol{\alpha}),\mathscr{A}\mathscr{A}^{-1}(\boldsymbol{\beta}))=(\boldsymbol{\alpha},\boldsymbol{\beta})$. 这说明 $\mathscr{A}\mathscr{B}$ 与 $\mathscr{A}^{-1}$ 都是正交变换.

由 $\boldsymbol{A}^{\mathrm{T}}\boldsymbol{A}=\boldsymbol{I}$，$\boldsymbol{B}^{\mathrm{T}}\boldsymbol{B}=\boldsymbol{I}$ 知 $(\boldsymbol{AB})^{\mathrm{T}}(\boldsymbol{AB})=\boldsymbol{B}^{\mathrm{T}}\boldsymbol{A}^{\mathrm{T}}\boldsymbol{AB}=\boldsymbol{B}^{\mathrm{T}}\boldsymbol{B}=\boldsymbol{I}$，故 $\boldsymbol{AB}$ 是正交方阵. 由 $\boldsymbol{AA}^{\mathrm{T}}=\boldsymbol{I}$ 知 $(\boldsymbol{A}^{-1})^{\mathrm{T}}(\boldsymbol{A}^{-1})=(\boldsymbol{AA}^{\mathrm{T}})^{-1}=\boldsymbol{I}^{-1}=\boldsymbol{I}$，故 $\boldsymbol{A}^{-1}$ 是正交方阵. □

命题 9.3.4 （1）正交变换和正交方阵的行列式等于 ±1；

（2）正交变换和正交方阵的复特征值 λ_i 的模 $|\lambda_i|=1$，实特征值 $\lambda_i=\pm1$.

证明 正交变换 $\mathscr{A}$ 在标准正交基下的矩阵 $\boldsymbol{A}$ 是正交方阵. $\mathscr{A}$ 的行列式等于 $\boldsymbol{A}$ 的行列式. λ_i 是 $\mathscr{A}$ 的特征值 $\Leftrightarrow\lambda_i$ 是 $\boldsymbol{A}$ 的特征值. 因此，只需证明命题对正交方阵成立，则命题对正交变换成立.

（1）设 $\boldsymbol{A}$ 是正交方阵. 对 $\boldsymbol{A}^{\mathrm{T}}\boldsymbol{A}=\boldsymbol{I}$ 两边取行列式得 $\det\boldsymbol{A}^{\mathrm{T}}\det\boldsymbol{A}=1$ 即 $(\det\boldsymbol{A})^2=1$，从而 $\det\boldsymbol{A}=\pm1$.

（2）设 λ_i 是正交方阵 $\boldsymbol{A}$ 的任一特征值，$\boldsymbol{0}\neq\boldsymbol{X}\in\mathbf{C}^{n\times1}$ 是 $\boldsymbol{A}$ 的属于特征值 λ_i 的特征向量，则

$$\boldsymbol{AX}=\lambda_i\boldsymbol{X}\tag{9.3.1}$$

对等式(9.3.1)两边的矩阵同时取共轭转置，得

$$\overline{\boldsymbol{X}}^{\mathrm{T}}\overline{\boldsymbol{A}}^{\mathrm{T}}=\bar{\lambda}_i\overline{\boldsymbol{X}}^{\mathrm{T}}\tag{9.3.2}$$

由于 $\boldsymbol{A}$ 是实方阵，(9.3.2)中的 $\overline{\boldsymbol{A}}^{\mathrm{T}}=\boldsymbol{A}^{\mathrm{T}}$. 将(9.3.2)两边分别左乘(9.3.1)两边，得

$$\overline{\boldsymbol{X}}^{\mathrm{T}}\boldsymbol{A}^{\mathrm{T}}\boldsymbol{AX}=\bar{\lambda}_i\lambda_i\overline{\boldsymbol{X}}^{\mathrm{T}}\boldsymbol{X}\tag{9.3.3}$$

由于 $\boldsymbol{A}$ 是正交方阵，$\boldsymbol{A}^{\mathrm{T}}\boldsymbol{A}=\boldsymbol{I}$. 又 $\bar{\lambda}_i\lambda_i=|\lambda_i|^2$. 设 $\boldsymbol{X}=(x_1,\cdots,x_n)^{\mathrm{T}}$，则 $x_1,\cdots,x_n$ 是不全为 0 的复数，

$$\overline{\boldsymbol{X}}^{\mathrm{T}}\boldsymbol{X}=(\bar{x}_1,\cdots,\bar{x}_n)\begin{pmatrix}x_1\\\vdots\\x_n\end{pmatrix}=\bar{x}_1x_1+\cdots+\bar{x}_nx_n=|x_1|^2+\cdots+|x_n|^2\neq0$$

因此(9.3.3)即

$$\overline{\boldsymbol{X}}^{\mathrm{T}}\boldsymbol{X}=|\lambda_i|^2\overline{\boldsymbol{X}}^{\mathrm{T}}\boldsymbol{X}\Rightarrow|\lambda_i|^2=1\Rightarrow|\lambda_i|=1.$$

且当 λ_i 是实数时，$|\lambda_i|=1\Leftrightarrow\lambda_i=\pm1$. □

命题 9.3.5 设 $\mathscr{A}$ 是欧氏空间 V 上的正交变换. 如果 1 与 -1 都是 $\mathscr{A}$ 的特征值，则特征子空间 $V_1\perp V_{-1}$.

证明 设 $\boldsymbol{\alpha}\in V_1$，$\boldsymbol{\beta}\in V_{-1}$，则

$$(\boldsymbol{\alpha},\boldsymbol{\beta})=(\mathscr{A}(\boldsymbol{\alpha}),\mathscr{A}(\boldsymbol{\beta}))=(\boldsymbol{\alpha},-\boldsymbol{\beta})=-(\boldsymbol{\alpha},\boldsymbol{\beta})\Rightarrow(\boldsymbol{\alpha},\boldsymbol{\beta})=0.\qquad\square$$

例 1 在几何平面上任取一点 O 作为原点，将平面上每个点 P 与向量 $\overrightarrow{OP}$ 对应起来，将平面看成 2 维欧氏空间 V. 设 $\mathscr{A}$ 是 V 上的正交变换. 则：

(1) 当 $\det\mathscr{A}=1$ 时，$\mathscr{A}$ 是绕原点的旋转，在 V 的任意一组标准正交基下的矩阵

$$\boldsymbol{A}=\begin{pmatrix}\cos\alpha & -\sin\alpha\\ \sin\alpha & \cos\alpha\end{pmatrix}$$

(2) 当 $\det\mathscr{A}=-1$ 时，$\mathscr{A}$ 是关于过原点的某条直线 l 的轴对称，在 V 的某一组标准正交基下的矩阵为 $\mathrm{diag}(1,-1)$.

证明 设 $\mathscr{A}$ 在 $\mathbf{R}^2$ 的任意一组标准正交基 $M=\{\boldsymbol{\beta}_1,\boldsymbol{\beta}_2\}$ 下的矩阵为 $\boldsymbol{A}$，则 $\boldsymbol{A}$ 是正交方阵，它的两列 $\boldsymbol{A}_1$，$\boldsymbol{A}_2$ 分别是 $\mathscr{A}(\boldsymbol{\alpha}_1)$，$\mathscr{A}(\boldsymbol{\alpha}_2)$ 在基 M 下的坐标. 我们有 $|\mathscr{A}(\boldsymbol{\alpha}_1)|=|\boldsymbol{\alpha}_1|=1$. 设由 $\boldsymbol{\alpha}_1$ 绕 O 旋转到 $\mathscr{A}(\boldsymbol{\alpha}_1)$ 所成的角是 α，则 $\boldsymbol{A}_1=\begin{pmatrix}\cos\alpha\\ \sin\alpha\end{pmatrix}$. 由于 $\mathscr{A}(\boldsymbol{\alpha}_2)\perp\mathscr{A}(\boldsymbol{\alpha}_1)$，从 $\boldsymbol{\alpha}_1$ 旋转到 $\mathscr{A}(\boldsymbol{\alpha}_2)$ 所成的角为 $\alpha\pm\dfrac{\pi}{2}$，于是 $\boldsymbol{A}_2=\begin{pmatrix}\cos\left(\alpha\pm\dfrac{\pi}{2}\right)\\ \sin\left(\alpha\pm\dfrac{\pi}{2}\right)\end{pmatrix}=\pm\begin{pmatrix}-\sin\alpha\\ \cos\alpha\end{pmatrix}$. 于是

$$\boldsymbol{A}=\begin{pmatrix}\cos\alpha & -\sin\alpha\\ \sin\alpha & \cos\alpha\end{pmatrix}\quad 或\quad \boldsymbol{A}=\begin{pmatrix}\cos\alpha & \sin\alpha\\ \sin\alpha & -\cos\alpha\end{pmatrix}.$$

将 V 中任意向量 $\boldsymbol{X}$ 用从原点出发的有向线段 $\overrightarrow{OP}$ 表示. 设 $|OP|=r$，从 $\boldsymbol{\alpha}_1$ 的方向旋转到 $\overrightarrow{OP}$ 的方向所成的角为 θ，则 $\boldsymbol{X}=\begin{pmatrix}r\cos\theta\\ r\sin\theta\end{pmatrix}$.

(1) 当 $\boldsymbol{A}=\begin{pmatrix}\cos\alpha & -\sin\alpha\\ \sin\alpha & \cos\alpha\end{pmatrix}$ 时，$\det\mathscr{A}=\det\boldsymbol{A}=1$. 此时 $\mathscr{A}$ 将 $\overrightarrow{OP}=\begin{pmatrix}r\cos\theta\\ r\sin\theta\end{pmatrix}$ 送到

$$\overrightarrow{OP'}=\boldsymbol{AX}=\begin{pmatrix}r\cos\alpha\cos\theta-r\sin\alpha\sin\theta\\ r\sin\alpha\cos\theta+r\cos\alpha\sin\theta\end{pmatrix}=\begin{pmatrix}r\cos(\theta+\alpha)\\ r\sin(\theta+\alpha)\end{pmatrix}$$

这说明将 OP 绕原点 O 旋转 α 就得到 OP'，$\mathscr{A}$：$\overrightarrow{OP}\mapsto\overrightarrow{OP'}$ 是绕原点旋转 α 的变换.

(2) 设 $\boldsymbol{A}=\begin{pmatrix}\cos\alpha & \sin\alpha\\ \sin\alpha & -\cos\alpha\end{pmatrix}$，则 $\det\mathscr{A}=\det\boldsymbol{A}=-1$. $\boldsymbol{A}$ 的特征多项式

$$\varphi_A(\lambda)=|\lambda \boldsymbol{I}-\boldsymbol{A}|=\begin{vmatrix}\lambda-\cos\alpha & -\sin\alpha\\ -\sin\alpha & \lambda+\cos\alpha\end{vmatrix}=(\lambda^2-\cos^2\alpha)-\sin^2\alpha=\lambda^2-1,$$

特征值为 1，-1. 分别求出属于特征值 1，-1 的特征向量 $\boldsymbol{X}_1=\begin{pmatrix}\cos\dfrac{\alpha}{2}\\ \sin\dfrac{\alpha}{2}\end{pmatrix}$和 $\boldsymbol{X}_2=\begin{pmatrix}-\sin\dfrac{\alpha}{2}\\ \cos\dfrac{\alpha}{2}\end{pmatrix}$. 则 $M_1=\{\boldsymbol{X}_1,\boldsymbol{X}_2\}$是 V 的一组标准正交基，$\mathscr{A}(\boldsymbol{X}_1)=\boldsymbol{X}_1$，$\mathscr{A}(\boldsymbol{X}_2)=-\boldsymbol{X}_2$. 设向量 $\boldsymbol{X}_1$ 由有向线段 OP_1 表示，则 $\mathscr{A}$ 是关于直线 OP_1 的轴对称变换，在标准正交基 M 下的矩阵为 $\mathrm{diag}(1,-1)$. □

例 2 设 $\mathbf{R}^3$ 是建立了直角坐标系的几何空间，$\mathscr{A}$ 是 $\mathbf{R}^3$ 上的正交变换，且 $\det\mathscr{A}=1$. 求证：$\mathscr{A}$ 是绕某条过原点的直线的旋转.

证明 设 $\mathscr{A}$ 的特征多项式 $\varphi_{\mathscr{A}}(\lambda)=(\lambda-\lambda_1)(\lambda-\lambda_2)(\lambda-\lambda_3)$，则 $\lambda_1\lambda_2\lambda_3=\det\mathscr{A}=1$. 由于 $f_{\mathscr{A}}(\lambda)$是实系数多项式，至少有一个实根；如果它有虚根 λ_i，则 $\bar{\lambda}_i$ 也是 $\varphi_{\mathscr{A}}(\lambda)$的根.

假如 $\varphi_{\mathscr{A}}(\lambda)$的 3 个根 λ_1，λ_2，λ_3 都是实数，则由 $\lambda_i=\pm1$ 及 $\lambda_1\lambda_2\lambda_3=1$ 知不可能 3 个根都等于-1，至少有一个根 $\lambda_i=1$. 不妨设 $\lambda_3=1$. 设 $\varphi_{\mathscr{A}}(\lambda)$有虚根 λ_i，则其共轭虚数 $\bar{\lambda}_i$ 是另一个根 λ_j，不妨设 λ_1，λ_2 是虚根且 $\lambda_2=\bar{\lambda}_1$，则 $\lambda_1\lambda_2=\lambda_1\bar{\lambda}_1=|\lambda_1|^2=1$，$\lambda_3=\lambda_1\lambda_2\lambda_3=1$. 总之，在任何情况下都可以设 $\lambda_3=1$. 设 $\boldsymbol{X}_3$ 是 $\mathscr{A}$ 的属于特征值 1 的特征向量，则 $\boldsymbol{\beta}_3=\dfrac{1}{|\boldsymbol{X}_3|}\boldsymbol{X}_3$ 也是属于特征值 1 的特征向量并且 $|\boldsymbol{\beta}_3|=1$. $\boldsymbol{\beta}_3$ 可以扩充为 $\mathbf{R}^3$ 的一组标准正交基$\{\boldsymbol{\beta}_1,\boldsymbol{\beta}_2,\boldsymbol{\beta}_3\}$，以其中的基向量为各列组成正交方阵 $\boldsymbol{P}$，$\det\boldsymbol{P}=\pm1$. 如果 $\det\boldsymbol{P}=-1$，可以用$-\boldsymbol{\beta}_1$ 代替 $\boldsymbol{\beta}_1$，得到的 $\{-\boldsymbol{\beta}_1,\boldsymbol{\beta}_2,\boldsymbol{\beta}_3\}$仍是标准正交基，依次以它们为各列组成的方阵仍是正交方阵并且行列式等于 1. 因此，总可以取正交方阵 $\boldsymbol{P}$ 使它的最后一列是 $\boldsymbol{\beta}_3$，并且 $\det\boldsymbol{P}=1$，因而 $\boldsymbol{P}$ 的三列 $\boldsymbol{\beta}_1$，$\boldsymbol{\beta}_2$，$\boldsymbol{\beta}_3$ 组成右手系标准正交基 M. 设

$$\boldsymbol{AP}=\boldsymbol{A}(\boldsymbol{\beta}_1,\boldsymbol{\beta}_2,\boldsymbol{\beta}_3)=(\boldsymbol{\beta}_1,\boldsymbol{\beta}_2,\boldsymbol{\beta}_3)\boldsymbol{B}$$

其中 $\boldsymbol{B}$ 的第 j 列是 $\boldsymbol{A\beta}_j$ 在基 M_1 下的坐标. 特别，$\boldsymbol{B}$ 的第 3 列应是 $\boldsymbol{A\beta}_3=\boldsymbol{\beta}_3$ 在基 M 下的坐标，等于$(0,0,1)^{\mathrm{T}}$. 因此

$$\boldsymbol{B}=\boldsymbol{P}^{-1}\boldsymbol{AP}=\begin{pmatrix}\boldsymbol{B}_{11} & \boldsymbol{0}\\ \boldsymbol{B}_{21} & 1\end{pmatrix}$$

由于 $\boldsymbol{P}$，$\boldsymbol{A}$ 都是正交方阵，$\boldsymbol{B}$ 也是正交方阵. 因此 $\boldsymbol{B}^{\mathrm{T}}\boldsymbol{B}=\boldsymbol{I}$. 但

$$B^{T}B=\begin{pmatrix}B_{11}^{T} & B_{21}^{T}\\ 0 & 1\end{pmatrix}\begin{pmatrix}B_{11} & 0\\ B_{21} & 0\end{pmatrix}=\begin{pmatrix}B_{11}^{T}B_{11}+B_{21}^{T}B_{21} & B_{21}^{T}\\ B_{21} & 1\end{pmatrix}$$

可见 $\boldsymbol{B}_{21}=\boldsymbol{0}$，$\boldsymbol{B}_{11}^{\mathrm{T}}\boldsymbol{B}_{11}=\boldsymbol{I}$.（实际上，由 $\boldsymbol{B}$ 的第 3 列 $(0,0,1)^{\mathrm{T}}$ 与前两列正交可以知道前两列的第 3 分量为 0，直接得出 $\boldsymbol{B}_{21}=\boldsymbol{0}$.）

从而

$$\boldsymbol{B}=\begin{pmatrix}\boldsymbol{B}_{11} & \boldsymbol{0}\\ \boldsymbol{0} & 1\end{pmatrix}$$

其中 $\boldsymbol{B}_{11}$是 2 阶正交方阵，且 $\det \boldsymbol{B}_{11}=\det \boldsymbol{B}=1$. 由例 1 的结论知道

$$\boldsymbol{B}_{11}=\begin{pmatrix}\cos\alpha & -\sin\alpha\\ \sin\alpha & \cos\alpha\end{pmatrix},\quad \boldsymbol{B}=\begin{pmatrix}\cos\alpha & -\sin\alpha & 0\\ \sin\alpha & \cos\alpha & 0\\ 0 & 0 & 1\end{pmatrix} \tag{9.3.4}$$

$\mathbf{R}^3$ 上的正交变换 $\mathscr{A}: \boldsymbol{X}\mapsto \boldsymbol{AX}$ 在基 $M=\{\boldsymbol{\beta}_1,\boldsymbol{\beta}_2,\boldsymbol{\beta}_3\}$ 下的矩阵是(9.3.4)中的 $\boldsymbol{B}$. 按照这组基 M 建立新的直角坐标系 $Ox'y'z'$ 使 $\boldsymbol{\beta}_1$，$\boldsymbol{\beta}_2$，$\boldsymbol{\beta}_3$ 分别是 x'轴，y'轴，z'轴正方向上的单位向量. 则由 $\boldsymbol{B}$ 的第 3 列是$(0,0,1)^{\mathrm{T}}$ 知道在变换过程中 z'轴上的所有的点保持不动，每个点 $P(x',y',z')$ 的 z'坐标保持不变；由 $\boldsymbol{B}_{11}=\begin{pmatrix}\cos\alpha & -\sin\alpha\\ \sin\alpha & \cos\alpha\end{pmatrix}$知道 P 在 $Ox'y'$平面内绕原点 O 旋转同一个角 α. 因此 $\mathscr{A}$ 是绕 z'轴的旋转，旋转角为 α. □

2. 正交方阵的正交相似

例 2 中选择了欧氏空间 V 中适当的标准正交基 M 使正交变换 $\mathscr{A}$ 在这组基下的矩阵为(9.3.4)的简单形式，从而知道 $\mathscr{A}$ 是旋转.

一般地，设 $\mathscr{A}$ 是欧氏空间 V 上的任一线性变换，它在任一组标准正交基 $M_1=\{\boldsymbol{\alpha}_1,\cdots,\boldsymbol{\alpha}_n\}$下的矩阵为 $\boldsymbol{A}$. 设 $\mathscr{A}$ 在 V 的另外一组标准正交基 $M=\{\boldsymbol{\beta}_1,\cdots,\boldsymbol{\beta}_n\}$下的矩阵为 $\boldsymbol{B}$. 则

$$\boldsymbol{B}=\boldsymbol{P}^{-1}\boldsymbol{AP}$$

其中 $\boldsymbol{P}$ 是 M_1 到 M 的过渡矩阵，是正交方阵.

定义 9.3.2　设 $\boldsymbol{A}$，$\boldsymbol{B}$ 是同阶实方阵. 如果存在正交方阵 $\boldsymbol{P}$ 使 $\boldsymbol{B}=\boldsymbol{P}^{-1}\boldsymbol{AP}$，就称 $\boldsymbol{A}$ 与 $\boldsymbol{B}$ **正交相似**(orthogonal similar). □

由于正交方阵 $\boldsymbol{P}$ 满足条件 $\boldsymbol{P}^{-1}=\boldsymbol{P}^{\mathrm{T}}$，因此 $\boldsymbol{B}=\boldsymbol{P}^{-1}\boldsymbol{AP}$ 也就是 $\boldsymbol{B}=\boldsymbol{P}^{\mathrm{T}}\boldsymbol{AP}$，$\boldsymbol{A}$，$\boldsymbol{B}$ 通过 $\boldsymbol{P}$ 正交相似⇔$\boldsymbol{A}$，$\boldsymbol{B}$ 通过 $\boldsymbol{P}$ 相合. 正交相似同时也是相合，同时具有相似和相合的性质.

设欧氏空间 V 上的线性变换 $\mathscr{A}$ 在某一组标准正交基 M_0 下的矩阵为 $\boldsymbol{A}$. 我们希望选择适当的标准正交基 M 使 $\mathscr{A}$ 的矩阵具有尽可能简单的形状，也就

是将实方阵$\boldsymbol{A}$ 正交相似到尽可能简单的形状.

我们先来研究 $\mathscr{A}$ 是正交变换、$\boldsymbol{A}$ 是正交方阵的情形.

引理 9.3.6 设 $\mathscr{A}$ 是欧氏空间 V 上的正交变换，W 是 $\mathscr{A}$ 的不变子空间. 则 $W^{\perp}$ 也是 $\mathscr{A}$ 的不变子空间.

证明 W 是 $\mathscr{A}$ 的不变子空间，$\mathscr{A}(W)=W$，两边用 $\mathscr{A}^{-1}$ 作用得 $W=\mathscr{A}^{-1}(W)$，因此 W 也是 $\mathscr{A}^{-1}$的不变子空间.

设$\boldsymbol{\beta}\in W^{\perp}$. 则对任意 $\boldsymbol{\alpha}\in W$，由 $\mathscr{A}^{-1}(\boldsymbol{\alpha})\in W$ 得

$$(\boldsymbol{\alpha},\mathscr{A}(\beta))=(\mathscr{A}^{-1}(\boldsymbol{\alpha}),\boldsymbol{\beta})=0$$

这就对任意$\boldsymbol{\beta}\in W^{\perp}$证明了 $\mathscr{A}(\beta)\in W^{\perp}$，从而 $W^{\perp}$是 $\mathscr{A}$ 的不变子空间. □

推论 9.3.1 设 W 是正交变换 $\mathscr{A}$ 的不变子空间. $\mathscr{A}|_W$ 在 W 的标准正交基 $M_1=\{\boldsymbol{\alpha}_1,\cdots,\boldsymbol{\alpha}_r\}$下的矩阵是$\boldsymbol{A}_1$，将 M_1 扩充为 V 的任意一组标准正交基 $M=\{\boldsymbol{\alpha}_1,\cdots,\boldsymbol{\alpha}_r,\cdots,\boldsymbol{\alpha}_n\}$，则 $\mathscr{A}$ 在 M 下的矩阵具有形式 $\mathrm{diag}(\boldsymbol{A}_1,\boldsymbol{A}_2)$，其中 $\boldsymbol{A}_2$ 是 $\mathscr{A}|_{W^{\perp}}$在 $W^{\perp}$ 的基 $M_2=\{\boldsymbol{\alpha}_{r+1},\cdots,\boldsymbol{\alpha}_n\}$ 下的矩阵.

$\boldsymbol{A}=\begin{pmatrix}\boldsymbol{A}_1 & \boldsymbol{B}_1\\ \boldsymbol{O} & \boldsymbol{A}_2\end{pmatrix}$是正交方阵$\Leftrightarrow\boldsymbol{B}_1=\boldsymbol{O}$且 $\boldsymbol{A}_1$，$\boldsymbol{A}_2$ 是正交方阵.

证法 1(几何证法) $W^{\perp}$ 也是 $\mathscr{A}$ 的不变子空间，M_2 是它的一组基. 设 $\mathscr{A}|_{W^{\perp}}$在基 M_2 下的矩阵是$\boldsymbol{A}_2$，则 $\mathscr{A}$ 在基 M 下的矩阵是 $\mathrm{diag}(\boldsymbol{A}_1,\boldsymbol{A}_2)$.

证法 2(矩阵证法) $\boldsymbol{A}^{\mathrm{T}}\boldsymbol{A}=\begin{pmatrix}\boldsymbol{A}_1^{\mathrm{T}}\boldsymbol{A}_1 & \boldsymbol{A}_1^{\mathrm{T}}\boldsymbol{B}_1\\ \boldsymbol{B}_1^{\mathrm{T}}\boldsymbol{A}_1 & \boldsymbol{B}_1^{\mathrm{T}}\boldsymbol{B}_1+\boldsymbol{A}_2^{\mathrm{T}}\boldsymbol{A}_2\end{pmatrix}=\begin{pmatrix}\boldsymbol{I} & \boldsymbol{O}\\ \boldsymbol{O} & \boldsymbol{I}\end{pmatrix}\Rightarrow\boldsymbol{A}_1^{\mathrm{T}}\boldsymbol{A}_1=\boldsymbol{I}$，$\boldsymbol{A}_1$ 是正交方阵，可逆；再由 $\boldsymbol{A}_1^{\mathrm{T}}\boldsymbol{B}_1=\boldsymbol{O}$得 $\boldsymbol{B}_1=\boldsymbol{O}$；

再代入 $\boldsymbol{B}_1^{\mathrm{T}}\boldsymbol{B}_1+\boldsymbol{A}_2^{\mathrm{T}}\boldsymbol{A}_2=\boldsymbol{I}$ 得 $\boldsymbol{A}_2^{\mathrm{T}}\boldsymbol{A}_2=\boldsymbol{I}$，$\boldsymbol{A}_2$ 是正交方阵. □

定理 9.3.7 设 n 阶正交方阵 $\boldsymbol{A}$ 的全部特征值为 $\cos\alpha_k+i\sin\alpha_k(1\leqslant k\leqslant s)$，$1(t$ 重)，$-1(n-2s-t$ 重). 则 $\boldsymbol{A}$ 正交相似于如下形式的标准形

$$\boldsymbol{B}=\mathrm{diag}(\boldsymbol{A}_1,\cdots,\boldsymbol{A}_s,\boldsymbol{I}_{(t)},\ -\boldsymbol{I}_{(n-2s-t)})\tag{9.3.5}$$

其中

$$\boldsymbol{A}_k=\begin{pmatrix}\cos\alpha_k & -\sin\alpha_k\\ \sin\alpha_k & \cos\alpha_k\end{pmatrix},\quad\forall\,1\leqslant k\leqslant s$$

证明 对 n 用数学归纳法.

当 $n=1$ 时，$\boldsymbol{A}=(1)$或$\boldsymbol{A}=(-1)$，已经是所说标准形.

当 $n=2$ 时，由例 1 知道 $\boldsymbol{A}$ 具有形式$\begin{pmatrix}\cos\alpha & -\sin\alpha\\ \sin\alpha & \cos\alpha\end{pmatrix}$或正交相似于 $\mathrm{diag}(1,-1)$，定理结论成立.

以下设 $n\geqslant 3$，并假定定理对阶数小于 n 的正交方阵成立.

情况 1 A 有一个实特征值 $\lambda_n=\pm1$. 如果 A 有特征值-1，就取 $\lambda_n=-1$，否则取 $\lambda_n=1$. 设 X_n 是 A 的属于特征值 λ_n 的特征向量，则单位向量 $\boldsymbol{\beta}_n=\dfrac{1}{|X_n|}X_n$ 也是 A 的属于特征值 λ_n 的特征向量. 将 $\boldsymbol{\beta}_n$ 扩充为 $\mathbf{R}^{n\times1}$ 的一组标准正交基 $M_1=\{\boldsymbol{\beta}_1,\cdots,\boldsymbol{\beta}_{n-1},\boldsymbol{\beta}_n\}$，依次以这些基向量为列组成正交方阵 P_1，则由 $A\boldsymbol{\beta}_n=\lambda_n\boldsymbol{\beta}_n$ 知

$$B_1=P_1^{-1}AP_1=\begin{pmatrix}B_{11}&O\\B_{21}&\lambda_n\end{pmatrix}$$

由于 B_1 仍是正交方阵，根据推论 9.3.1 得 $B_{21}=O$，且 B_{11}是 $n-1$ 阶正交方阵，B_{11}的特征值就是 A 的特征值中除去 λ_n 以外的 $n-1$ 个特征值. 由归纳假设知存在 $n-1$ 阶正交方阵 Q_2 使 $Q_2^{-1}B_{11}Q_2$ 具有(9.3.5)所说形式的标准形

$$D_1=\operatorname{diag}(A_1,\cdots,A_s,I_{(t)},\ -I_{(n-1-2s-t)})$$

取 n 阶正交方阵 $P_2=\operatorname{diag}(Q_2,1)$，则 $P=P_1P_2$ 是正交方阵，

$$B=P_2^{-1}B_1P_2=P^{-1}AP=\operatorname{diag}(A_1,\cdots,A_s,I_{(s)},\ -I_{(n-1-2s-t)},\ \lambda_n).$$

当 A 有特征值-1 时 $\lambda_n=-1$，$B=\operatorname{diag}(A_1,\cdots,A_k,I_{(s)},\ -I_{(n-2s-t)})$ 是符合要求的标准形. 否则 $\lambda_n=1$，$n-1-2s-t=0$，$B=\operatorname{diag}(A_1,\cdots,A_s,I_{(n-2s)})$ 符合要求.

情况 2 A 没有实特征值. 此时 A 的特征值全是模为 1 的虚数，而且成对共轭出现，为

$$\cos\alpha_k+i\sin\alpha_k,\quad \forall\,1\leqslant k\leqslant s=\frac{n}{2}$$

$V=\mathbf{R}^{n\times1}$的线性变换 $\mathscr{A}$：$X\mapsto AX$ 有虚特征值 $\cos\alpha_1+\mathrm{i}\sin\alpha_1$，由 §7.8 推论 7.8.1 知 $\mathscr{A}$ 有 2 维不变子空间 W，$\mathscr{A}|_W$ 的特征值为 $\cos\alpha_1\pm\mathrm{i}\sin\alpha_1$.（事实上，设 $X_1+X_2\mathrm{i}$ 是 A 的属于特征值 $\cos\alpha_1+\mathrm{i}\sin\alpha_1$ 的特征向量，其中 $X_1,X_2\in\mathbf{R}^{n\times1}$，则 X_1,X_2 在 V 中生成的子空间 W 就满足所说条件.）

任取 W 的标准正交基$\{\boldsymbol{\beta}_1,\boldsymbol{\beta}_2\}$扩充为 V 的标准正交基 $M=\{\boldsymbol{\beta}_1,\cdots,\boldsymbol{\beta}_n\}$. 则 $\mathscr{A}$ 在 M 下的矩阵

$$D=P_1^{-1}AP_1=\begin{pmatrix}D_1&O\\O&D_2\end{pmatrix}$$

其中 P_1 是 M 的各个基向量为各列组成的正交方阵，D_1，D_2 分别是 2 阶和 $n-2$ 阶正交方阵. D_1 是 $\mathscr{A}|_W$ 在基$\{\boldsymbol{\beta}_1,\boldsymbol{\beta}_2\}$下的矩阵，特征值为 $\cos\alpha_1\pm\mathrm{i}\sin\alpha_1$，行列式为 1，可设 $D_1=\begin{pmatrix}\cos\alpha_1&-\sin\alpha_1\\\sin\alpha_1&\cos\alpha_1\end{pmatrix}$. 又由归纳假设知存在 $n-2$ 阶正交

方阵 Q_2 使 $Q_2^{-1}D_2Q_2$ 具有(9.3.5)所要求的标准形 $\mathrm{diag}(A_2,\cdots,A_s)$. 取 n 阶正交方阵 $P_2=\mathrm{diag}(I_{(2)},\ Q_2)$，则 $P=P_1P_2$ 是正交方阵，

$$B=P_2^{-1}DP_2=P^{-1}AP=\mathrm{diag}(A_1,A_2,\cdots,A_s)$$

其中 $A_k=\begin{pmatrix}\cos\alpha_k & -\sin\alpha_k\\ \sin\alpha_k & \cos\alpha_k\end{pmatrix}$，$\forall\, 1\leqslant k\leqslant s$. B 是所要求的标准形.

根据数学归纳法原理，定理结论对所有的正整数 n 成立.　□

习　题　9.3

1. 证明两个同阶正交矩阵的积仍为正交矩阵，正交矩阵的逆仍为正交矩阵.

2. 给出一个实方阵，它的行两两正交，列不是两两正交.

3. 如果 A，B 都是正交方阵，且 $\det A=-\det B$，求证：$A+B$ 是奇异方阵.

4. 证明任何二阶正交矩阵，必取下面两种形式之一：

$$\begin{pmatrix}\cos\phi & \sin\phi\\ -\sin\phi & \cos\phi\end{pmatrix},\ \begin{pmatrix}\cos\phi & \sin\phi\\ \sin\phi & -\cos\phi\end{pmatrix},\quad -\pi\leqslant\phi<\pi.$$

5. 设 $A=(a_{ij})$ 是三阶正交矩阵，且 $\det A=1$，求证：

(1) $\lambda=1$ 必为 A 的特征值；

(2) 存在正交阵 T，使 $T^{\mathrm{T}}AT=\begin{pmatrix}1&0&0\\0&\cos\phi&\sin\phi\\0&-\sin\phi&\cos\phi\end{pmatrix}$；

(3) $\phi=\cos^{-1}\dfrac{a_{11}+a_{22}+a_{33}-1}{2}$.

6. 给定 $\mathbf{0}\neq\boldsymbol{\alpha}\in E_n(\mathbf{R})$. 定义 $E_n(\mathbf{R})$ 中的线性变换 $\tau_{\boldsymbol{\alpha}}$：$\boldsymbol{\beta}\mapsto\boldsymbol{\beta}-\dfrac{2(\boldsymbol{\beta},\boldsymbol{\alpha})}{(\boldsymbol{\alpha},\boldsymbol{\alpha})}\boldsymbol{\alpha}$，求证：

(1) $\tau_{\boldsymbol{\alpha}}$ 是正交变换；

(2) $\tau_{\boldsymbol{\alpha}}$ 在适当的标准正交基下的矩阵为 $\mathrm{diag}(-1,1,\cdots,1)$.

§ 9.4　实对称方阵的正交相似

1. 欧氏空间上的二次型

例 1　在三维空间直角坐标系下，方程 $x^2+y^2+z^2-2xy-2xz-2yz=2$ 的图像是什么曲面？

问题的分析

设 x，y，z 轴正方向上的单位向量各是 $\boldsymbol{e}_1=(1,0,0)^{\mathrm{T}}$，$\boldsymbol{e}_2=(0,1,0)^{\mathrm{T}}$，$\boldsymbol{e}_3=(0,0,1)^{\mathrm{T}}$，它们组成三维空间 $V=\mathbf{R}^{3\times1}$(由实数域 $\mathbf{R}$ 上全体三维列向量组成)中的一组右手系标准正交基. 另外选取右手系标准正交基 $\boldsymbol{w}_1$，$\boldsymbol{w}_2$，$\boldsymbol{w}_3$，决定一个新的直角坐标系. 设两组基之间的过渡矩阵为 P：

$$(\boldsymbol{w}_1,\boldsymbol{w}_2,\boldsymbol{w}_3)=(\boldsymbol{e}_1,\boldsymbol{e}_2,\boldsymbol{e}_3)\boldsymbol{P}$$

则 $\boldsymbol{P}$ 是正交方阵且 det $\boldsymbol{P}=1$. 任一点在原来的坐标系下的坐标$(x,y,z)^{\mathrm{T}}$与它在新坐标系下的坐标$(x',y',z')^{\mathrm{T}}$之间有坐标变换公式

$$\begin{pmatrix}x\\y\\z\end{pmatrix}=\boldsymbol{P}\begin{pmatrix}x'\\y'\\z'\end{pmatrix}$$

原方程的左边是 x, y, z 的一个二次型

$$Q(x,y,z)=x^2+y^2+z^2-2xy-2xz-2yz=(x,y,z)\boldsymbol{S}\begin{pmatrix}x\\y\\z\end{pmatrix}$$

其中

$$\boldsymbol{S}=\begin{pmatrix}1&-1&-1\\-1&1&-1\\-1&-1&1\end{pmatrix}$$

经过坐标变换后成为

$$Q(x',y',z')=(x',y',z')\boldsymbol{S}_1\begin{pmatrix}x'\\y'\\z'\end{pmatrix}$$

其中 $\boldsymbol{S}_1=\boldsymbol{P}^{\mathrm{T}}\boldsymbol{S}\boldsymbol{P}$

如果能选择 $\boldsymbol{P}$ 使 $\boldsymbol{S}_1=\boldsymbol{P}^{\mathrm{T}}\boldsymbol{S}\boldsymbol{P}$ 等于一个对角阵 $\mathrm{diag}(\lambda_1,\lambda_2,\lambda_3)$，则

$$Q(x',y',z')=\lambda_1x'^2+\lambda_2y'^2+\lambda_3z'^2$$

曲面在新坐标系下的方程为

$$\lambda_1x'^2+\lambda_2y'^2+\lambda_3z'^2=2$$

由 λ_1, λ_2, λ_3 的值就可以知道曲面的形状.

以下就来看是否可以选取满足条件 det $\boldsymbol{P}=1$ 的正交方阵 $\boldsymbol{P}$ 使 $\boldsymbol{S}_1=\boldsymbol{P}^{\mathrm{T}}\boldsymbol{S}\boldsymbol{P}$ 为对角阵 $\mathrm{diag}(\lambda_1,\lambda_2,\lambda_3)$.

假如这样的正交方阵 $\boldsymbol{P}$ 存在，则由 $\boldsymbol{P}^{\mathrm{T}}=\boldsymbol{P}^{-1}$ 知 $\boldsymbol{P}^{\mathrm{T}}\boldsymbol{S}\boldsymbol{P}=\boldsymbol{P}^{-1}\boldsymbol{S}\boldsymbol{P}=\mathrm{diag}(\lambda_1,\lambda_2,\lambda_3)$，也就是说 $\boldsymbol{S}$ 相似于对角阵 $\mathrm{diag}(\lambda_1,\lambda_2,\lambda_3)$，对角元 λ_1, λ_2, λ_3 就是 $\boldsymbol{S}$ 的三个特征值，而 $\boldsymbol{P}$ 的三列 $\boldsymbol{w}_1$, $\boldsymbol{w}_2$, $\boldsymbol{w}_3$ 分别是属于特征值 λ_1, λ_2, λ_3 的特征向量，它们同时又应当是 $\mathbf{R}^3$ 的一组标准正交基. 因此，我们分三个步骤进行：

(1) 求 $\boldsymbol{S}$ 的特征值；

(2) 如果特征值都是实数，分别求出属于各特征值的特征向量；

(3) 如果求得的特征向量组成 $\mathbf{R}^3$ 的一组基，设法将这组基经过 Gram-Schmidt 正交化和单位化得到一组右手系标准正交基；

(4) 如果所求得的标准正交基仍是特征向量，依此以它们为各列组成矩阵 $\boldsymbol{P}$ 即为所求.

例 1 的解答.

(1) $\boldsymbol{S}$ 的特征多项式

$$\varphi_S(\lambda)=\det(\lambda \boldsymbol{I}-\boldsymbol{S})=\begin{vmatrix}\lambda-1 & 1 & 1\\ 1 & \lambda-1 & 1\\ 1 & 1 & \lambda-1\end{vmatrix}=(\lambda-2)^2(\lambda+1)$$

特征值为 2，2，-1.

(2) 求属于特征值 2 的特征向量：

解方程组 $(\boldsymbol{S}-2\boldsymbol{I})\boldsymbol{X}=\boldsymbol{0}$，即

$$\begin{pmatrix}-1 & -1 & -1\\ -1 & -1 & -1\\ -1 & -1 & -1\end{pmatrix}\begin{pmatrix}x_1\\ x_2\\ x_3\end{pmatrix}=\begin{pmatrix}0\\ 0\\ 0\end{pmatrix}$$

得基础解系 $\boldsymbol{\alpha}_1=(1,-1,0)^{\mathrm{T}}$，$\boldsymbol{\alpha}_2=(1,0,-1)^{\mathrm{T}}$.

求属于特征值-1 的特征向量：

解方程组 $(\boldsymbol{S}+\boldsymbol{I})\boldsymbol{X}=\boldsymbol{0}$，即

$$\begin{pmatrix}2 & -1 & -1\\ -1 & 2 & -1\\ -1 & -1 & 2\end{pmatrix}\begin{pmatrix}x_1\\ x_2\\ x_3\end{pmatrix}=\begin{pmatrix}0\\ 0\\ 0\end{pmatrix}$$

得基础解系 $\boldsymbol{\alpha}_3=(1,1,1)^{\mathrm{T}}$.

特征向量 $\boldsymbol{\alpha}_1$，$\boldsymbol{\alpha}_2$，$\boldsymbol{\alpha}_3$ 组成 $\mathbf{R}^3$ 的一组基.

(3) 将 $\boldsymbol{\alpha}_1$，$\boldsymbol{\alpha}_2$，$\boldsymbol{\alpha}_3$ 进行 Gram-Schmidt 正交化和单位化得到一组标准正交基：

易验证 $\boldsymbol{\alpha}_1$，$\boldsymbol{\alpha}_2$ 都与 $\boldsymbol{\alpha}_3$ 正交. 只需将 $\boldsymbol{\alpha}_1$，$\boldsymbol{\alpha}_2$ 作 Gram-Schmidt 正交化. 注意 $\boldsymbol{\alpha}_1$，$\boldsymbol{\alpha}_2$ 是属于同一个特征值 2 的特征向量，对它们作正交化所得的向量一定还是属于特征值 2 的特征向量.

取

$$\boldsymbol{\beta}_2=\boldsymbol{\alpha}_2-\frac{(\boldsymbol{\alpha}_2,\boldsymbol{\alpha}_1)}{(\boldsymbol{\alpha}_1,\boldsymbol{\alpha}_1)}\boldsymbol{\alpha}_1=\boldsymbol{\alpha}_2-\frac{1}{2}\boldsymbol{\alpha}_1=\left(\frac{1}{2},\ \frac{1}{2},\ -1\right)^{\mathrm{T}}.$$

于是 $\boldsymbol{\alpha}_1$，$\boldsymbol{\beta}_2$，$\boldsymbol{\alpha}_3$ 组成正交基. 将它们单位化得到

$$\boldsymbol{w}_1=\left(\frac{1}{\sqrt{2}},\ -\frac{1}{\sqrt{2}},\ 0\right)^{\mathrm{T}},\ \boldsymbol{w}_2=\left(\frac{1}{\sqrt{6}},\ \frac{1}{\sqrt{6}},\ -\frac{2}{\sqrt{6}}\right)^{\mathrm{T}},\ \boldsymbol{w}_3=\left(\frac{1}{\sqrt{3}},\ \frac{1}{\sqrt{3}},\ \frac{1}{\sqrt{3}}\right)^{\mathrm{T}}$$

组成标准正交基. 以 $\boldsymbol{w}_1$，$\boldsymbol{w}_2$，$\boldsymbol{w}_3$ 为各列组成正交方阵

$$\boldsymbol{P}=\begin{pmatrix}\frac{1}{\sqrt{2}} & \frac{1}{\sqrt{6}} & \frac{1}{\sqrt{3}}\\ -\frac{1}{\sqrt{2}} & \frac{1}{\sqrt{6}} & \frac{1}{\sqrt{3}}\\ 0 & -\frac{2}{\sqrt{6}} & \frac{1}{\sqrt{3}}\end{pmatrix}$$

易验证 $\det \boldsymbol{P}=1$.（如果 $\det \boldsymbol{P}=-1$，只需用 $-\boldsymbol{w}_3$ 取代 $\boldsymbol{w}_3$ 即可使 $\det \boldsymbol{P}=1$）.

于是 $\boldsymbol{P}^{\mathrm{T}}\boldsymbol{S}\boldsymbol{P}=\mathrm{diag}(2,2,-1)$ 符合要求.

以 $\boldsymbol{w}_1$，$\boldsymbol{w}_2$，$\boldsymbol{w}_3$ 为基建立右手系直角坐标系，在这个新坐标系下方程为 $2x'^2+2y'^2-z'^2=2$，即 $x'^2+y'^2-\dfrac{z'^2}{2}=1$，其图像为单叶旋转双曲面，由 $x'Oz'$ 平面内的双曲线 $x'^2-\dfrac{z'^2}{2}=1$ 绕 Oz' 轴旋转而成.　□

在例1的解答中，我们成功地找到了所需的正交方阵 $\boldsymbol{P}$ 将实对称方阵 $\boldsymbol{S}$ 通过正交相似（同时也是相合）化成了对角矩阵. 很自然想到：这样的成功是偶然地碰上了好运气呢？还是必然的结果？也就是说：是否对任何一个 n 阶实对称方阵 $\boldsymbol{S}$ 都存在正交方阵 $\boldsymbol{P}$，使得 $\boldsymbol{P}^{\mathrm{T}}\boldsymbol{S}\boldsymbol{P}$ 是对角矩阵？为回答这一问题，我们首先需要看实对称方阵 $\boldsymbol{S}$ 的特征值是否全部都是实数；然后要看是否存在一组标准正交基由 $\boldsymbol{S}$ 的特征向量组成.

定理 9.4.1　实对称方阵 $\boldsymbol{S}$ 的特征值全部都是实数.

证明　设 λ 是 $\boldsymbol{S}$ 的任一特征值，$\boldsymbol{0}\neq \boldsymbol{X}=(x_1,\cdots,x_n)^{\mathrm{T}}\in \mathbf{R}^{n\times 1}$ 是 $\boldsymbol{S}$ 的属于这个特征值的特征向量，即

$$\boldsymbol{S}\boldsymbol{X}=\lambda \boldsymbol{X}$$

将这个矩阵等式两边同时左乘 $\overline{\boldsymbol{X}}^{\mathrm{T}}$，得 $\overline{\boldsymbol{X}}^{\mathrm{T}}\boldsymbol{S}\boldsymbol{X}=\lambda\overline{\boldsymbol{X}}^{\mathrm{T}}\boldsymbol{X}$.

首先，$\overline{\boldsymbol{X}}^{\mathrm{T}}\boldsymbol{X}=\overline{x_1}x_1+\cdots+\overline{x_n}x_n=|x_1|^2+\cdots+|x_n|^2$ 是正实数.

将 $\overline{\boldsymbol{X}}^{\mathrm{T}}\boldsymbol{S}\boldsymbol{X}$ 记为 b. 则 b 是一阶方阵，也就是一个复数，$b^{\mathrm{T}}=b$ 从而 $\bar{b}^{\mathrm{T}}=\bar{b}$. 于是

$$\bar{b}=\bar{b}^{\mathrm{T}}=\overline{\overline{\boldsymbol{X}}^{\mathrm{T}}\boldsymbol{S}\boldsymbol{X}}^{\mathrm{T}}=\overline{\boldsymbol{X}}^{\mathrm{T}}\overline{\boldsymbol{S}}^{\mathrm{T}}\boldsymbol{X}=\overline{\boldsymbol{X}}^{\mathrm{T}}\boldsymbol{S}\boldsymbol{X}=b.$$

（注意这里用到了 $\overline{\boldsymbol{S}}^{\mathrm{T}}=\boldsymbol{S}^{\mathrm{T}}=\boldsymbol{S}$.其中 $\overline{\boldsymbol{S}}=\boldsymbol{S}$ 是因为 $\boldsymbol{S}$ 是实方阵，而 $\boldsymbol{S}^{\mathrm{T}}=\boldsymbol{S}$ 则是因为 $\boldsymbol{S}$ 是对称方阵.）由 $\bar{b}=b$ 即可知道 b 是实数.

$$\lambda=\frac{\overline{\boldsymbol{X}}^{\mathrm{T}}\boldsymbol{S}\boldsymbol{X}}{\overline{\boldsymbol{X}}^{\mathrm{T}}\boldsymbol{X}}$$

是一个实数除以一个正实数所得的商，因此 λ 是实数.　□

定理 9.4.2　实对称方阵 $\boldsymbol{S}$ 正交相似于对角矩阵 $\boldsymbol{D}=\mathrm{diag}(\lambda_1,\cdots,\lambda_n)$，对角元 $\lambda_1,\cdots,\lambda_n$ 就是 $\boldsymbol{S}$ 的全体特征值.

证明　只要 $\boldsymbol{S}$ 正交相似于 $\boldsymbol{D}$，则 $\boldsymbol{D}$ 与 $\boldsymbol{S}$ 具有同样的特征值，就是 $\boldsymbol{D}$ 的全体对角元. 因此，只需证明 $\boldsymbol{S}$ 正交相似于对角矩阵.

设 $\boldsymbol{S}$ 是 n 阶实对称方阵. 对 n 用数学归纳法.

$n=1$ 时，$\boldsymbol{S}$ 已经是对角矩阵，命题成立.

设 $n\geqslant 2$，且假设每个 $n-1$ 阶实方阵都正交相似于对角矩阵.

任取 $\boldsymbol{S}$ 的一个特征值 λ_1. 由定理 9.4.1 知道 λ_1 是实数. 由于 $\boldsymbol{S}-\lambda_1\boldsymbol{I}$ 是实方阵且行列式为 0，n 元齐次线性方程组 $(\boldsymbol{S}-\lambda_1\boldsymbol{I})\boldsymbol{X}=\boldsymbol{0}$ 一定有非零解 $\boldsymbol{X}_1$，它

也就是 λ_1 的一个特征向量. 单位向量 $\boldsymbol{\beta}_1=\dfrac{1}{|\boldsymbol{X}_1|}\boldsymbol{X}_1$ 仍然是 $\boldsymbol{S}$ 的特征向量，可扩充为 $\mathbf{R}^n$ 的标准正交基 $\boldsymbol{\beta}_1,\boldsymbol{\beta}_2,\cdots,\boldsymbol{\beta}_n$. 依此以这组基为各列组成矩阵 $\boldsymbol{P}_1$，则 $\boldsymbol{P}_1$ 是正交方阵，满足

$$\boldsymbol{P}_1^{-1}\boldsymbol{S}\boldsymbol{P}_1=\boldsymbol{S}_1=\begin{pmatrix}\lambda_1 & \boldsymbol{S}_{12}\\ \boldsymbol{0} & \boldsymbol{S}_{22}\end{pmatrix},$$

其中 $\boldsymbol{S}_{12}\in\mathbf{R}_{1\times(n-1)}$，$\boldsymbol{S}_{22}\in\mathbf{R}^{(n-1)\times(n-1)}$. 但 $\boldsymbol{S}_1=\boldsymbol{P}_1^{\mathrm{T}}\boldsymbol{S}\boldsymbol{P}_1$ 与实对称方阵 $\boldsymbol{S}$ 相合，仍应是实对称方阵. 故 $\boldsymbol{S}_{12}=\boldsymbol{0}$，且$\boldsymbol{S}_{22}$是 $n-1$ 阶级实对称方阵.

由归纳假设，存在 $n-1$ 阶正交方阵 $\boldsymbol{P}_2$ 使 $\boldsymbol{P}_2^{\mathrm{T}}\boldsymbol{S}_{22}\boldsymbol{P}_2$ 等于对角矩阵 $\mathrm{diag}(\lambda_2,\cdots,\lambda_n)$. $\boldsymbol{P}=\boldsymbol{P}_1\begin{pmatrix}1 & \boldsymbol{0}\\ \boldsymbol{0} & \boldsymbol{P}_2\end{pmatrix}$是 n 阶正交方阵，满足条件

$$\boldsymbol{P}^{\mathrm{T}}\boldsymbol{S}\boldsymbol{P}=\begin{pmatrix}1 & \boldsymbol{0}\\ \boldsymbol{0} & \boldsymbol{P}_2\end{pmatrix}^{\mathrm{T}}\begin{pmatrix}\lambda_1 & \boldsymbol{0}\\ \boldsymbol{0} & \boldsymbol{S}_{22}\end{pmatrix}\begin{pmatrix}1 & \boldsymbol{0}\\ \boldsymbol{0} & \boldsymbol{P}_2\end{pmatrix}=\mathrm{diag}(\lambda_1,\lambda_2,\cdots,\lambda_n)$$

$\boldsymbol{S}$ 被正交方阵 $\boldsymbol{P}$ 相似(同时也是相合)于对角矩阵. 如所欲证. □

设 Q 是欧氏空间 V 上的二次型，则 Q 在 V 的任何两组标准正交基下的矩阵 $\boldsymbol{S}_1$，$\boldsymbol{S}_2$ 通过正交方阵相合，因而正交相似，$\boldsymbol{S}_1$，$\boldsymbol{S}_2$ 的特征值集合$\{\lambda_1,\cdots,\lambda_n\}$相同，我们将 $\lambda_1,\cdots,\lambda_n$ 也称为二次型 Q 的特征值.

推论 9.4.1 设 Q 是 n 维欧氏空间 V 上的二次型，则 Q 在 V 的适当的标准正交基 M 下可写成唯一的标准形

$$Q(\boldsymbol{\alpha})=\lambda_1x_1^2+\cdots+\lambda_rx_r^2 \tag{9.4.1}$$

其中 $\boldsymbol{X}=(x_1,\cdots,x_n)^{\mathrm{T}}$ 是 $\boldsymbol{\alpha}$ 在 M 下的坐标，$\lambda_1,\cdots,\lambda_r$ 是 Q 的全部非零特征值，按从大到小的顺序排列：$\lambda_1\geqslant\cdots\geqslant\lambda_r$. □

欧氏空间上的二次型 $Q(\boldsymbol{\alpha})$在标准正交基下的标准形(9.4.1)称为二次型 $Q(\boldsymbol{\alpha})$的**主轴形式**(principal axis form).

推论 9.4.2 设 $\boldsymbol{S}$ 是实对称方阵. 则如下命题等价：

(1) $\boldsymbol{S}$ 正定；

(2) $\boldsymbol{S}$ 的特征值全部大于 0；

(3) 存在正定实对称方阵 $\boldsymbol{S}_1$ 使 $\boldsymbol{S}=\boldsymbol{S}_1^2$.

证明 存在正交方阵 $\boldsymbol{P}$ 使 $\boldsymbol{S}=\boldsymbol{P}^{\mathrm{T}}\boldsymbol{D}\boldsymbol{P}$，其中 $\boldsymbol{D}=\mathrm{diag}(\lambda_1,\cdots,\lambda_n)$，$\lambda_1,\cdots,\lambda_n$ 是 $\boldsymbol{S}$ 的特征值.

(1)⇔(2)：$\boldsymbol{S}$ 正定⇔$\boldsymbol{D}$ 正定

⇔二次型 $Q(\boldsymbol{X})=\boldsymbol{X}^{\mathrm{T}}\boldsymbol{D}\boldsymbol{X}=\lambda_1x_1^2+\cdots+\lambda_nx_n^2$ 正定

⇔$\lambda_i>0$，$\forall\, 1\leqslant i\leqslant n$.

(2)⇒(3)：对每个 $1\leqslant i\leqslant n$，由于 $\lambda_i>0$，可以取 $\boldsymbol{D}_1=\mathrm{diag}(\sqrt{\lambda_1},\cdots,\sqrt{\lambda_n})$，其中每个 $\sqrt{\lambda_i}>0$ 且 $\sqrt{\lambda_i}^{\,2}=\lambda_i$，因而 $\boldsymbol{D}_1>0$. 令 $\boldsymbol{S}_1=\boldsymbol{P}^{\mathrm{T}}\boldsymbol{D}_1\boldsymbol{P}$，则 $\boldsymbol{S}_1>0$，且 $\boldsymbol{S}_1^2=\boldsymbol{P}^{\mathrm{T}}\boldsymbol{D}_1{}^2\boldsymbol{P}=\boldsymbol{P}^{\mathrm{T}}\boldsymbol{D}\boldsymbol{P}=\boldsymbol{S}$.

(3)⇒(1)：$\boldsymbol{S}_1>0$ 因而 $\boldsymbol{S}_1$ 可逆. 且 $\boldsymbol{S}_1^{\mathrm{T}}=\boldsymbol{S}_1$，因此 $\boldsymbol{S}=\boldsymbol{S}_1^2=\boldsymbol{S}_1^{\mathrm{T}}\boldsymbol{S}_1>0$. □

对半正定实对称方阵也有类似的结论(证明与推论 9.4.2 类似,略去)：

推论 9.4.3 设 $\boldsymbol{S}$ 是实对称方阵. 则如下命题等价：

(1) $\boldsymbol{S}$ 半正定；

(2) $\boldsymbol{S}$ 的特征值全部大于或等于 0；

(3) 存在半正定实对称方阵 $\boldsymbol{S}_1$，$\mathrm{rank}\ \boldsymbol{S}_1=\mathrm{rank}\ \boldsymbol{S}$，使 $\boldsymbol{S}=\boldsymbol{S}_1^2$. □

例 2 设 $\boldsymbol{A}$，$\boldsymbol{B}$ 是同阶实对称方阵，且 $\boldsymbol{A}>0$. 则存在同一个可逆实方阵 $\boldsymbol{P}$，使 $\boldsymbol{P}^{\mathrm{T}}\boldsymbol{A}\boldsymbol{P}$，$\boldsymbol{P}^{\mathrm{T}}\boldsymbol{B}\boldsymbol{P}$ 都是对角矩阵.

证明 由 $\boldsymbol{A}>0$ 知存在可逆实方阵 $\boldsymbol{P}_1$ 使 $\boldsymbol{P}_1^{\mathrm{T}}\boldsymbol{A}\boldsymbol{P}_1=\boldsymbol{I}$. 记 $\boldsymbol{B}_1=\boldsymbol{P}_1^{\mathrm{T}}\boldsymbol{B}\boldsymbol{P}_1$. 则 $\boldsymbol{B}_1$ 仍是实对称方阵，存在正交方阵 $\boldsymbol{P}_2$ 使 $\boldsymbol{P}_2^{\mathrm{T}}\boldsymbol{B}_1\boldsymbol{P}_2=\boldsymbol{D}$ 是对角矩阵. 而 $\boldsymbol{P}_2^{\mathrm{T}}\boldsymbol{I}\boldsymbol{P}_2=\boldsymbol{I}$. 取可逆实方阵 $\boldsymbol{P}=\boldsymbol{P}_1\boldsymbol{P}_2$，则

$$\boldsymbol{P}^{\mathrm{T}}\boldsymbol{A}\boldsymbol{P}=\boldsymbol{I},\quad \boldsymbol{P}^{\mathrm{T}}\boldsymbol{B}\boldsymbol{P}=\boldsymbol{D}$$

同时是对角矩阵. □

2. 对称变换

在定理 9.4.2 中证明了任意的对称方阵 $\boldsymbol{S}$ 可以通过正交方阵相合于对角矩阵 $\boldsymbol{D}=\boldsymbol{P}^{\mathrm{T}}\boldsymbol{S}\boldsymbol{P}$，这说明了欧氏空间上的二次型 $Q(\boldsymbol{\alpha})$ 都可以在适当的标准正交基下写成标准型 $Q(\boldsymbol{\alpha})=\boldsymbol{X}^{\mathrm{T}}\boldsymbol{D}\boldsymbol{X}=\lambda_1x_1^2+\cdots+\lambda_rx_r^2$. 同时，由于 $\boldsymbol{P}^{\mathrm{T}}=\boldsymbol{P}^{-1}$，$\boldsymbol{P}^{\mathrm{T}}\boldsymbol{S}\boldsymbol{P}=\boldsymbol{P}^{-1}\boldsymbol{S}\boldsymbol{P}$，$\boldsymbol{S}$ 与 $\boldsymbol{D}$ 相似. 因此定理 9.4.2 也可以解释为：

如果欧氏空间 V 上的线性变换 $\mathscr{A}$ 在某一组标准正交基下的矩阵 $\boldsymbol{A}$ 是对称方阵，那么就存在 V 的一组标准正交基 M_1，使 $\mathscr{A}$ 在 M_1 下的矩阵是对角矩阵.

如果 $\mathscr{A}$ 在某组标准正交基下的矩阵 $\boldsymbol{A}$ 是对称方阵，就称 $\mathscr{A}$ 为对称变换. 因此，定理 9.4.2 说的就是：对称变换 $\mathscr{A}$ 在适当的标准正交基下的矩阵是对角矩阵，存在由 $\mathscr{A}$ 的特征向量组成的标准正交基.

对称变换可以通过如下的几何方式定义：

定义 9.4.1 设 $\mathscr{A}$ 是欧氏空间 V 上的线性变换，并且

$$(\mathscr{A}(\boldsymbol{\alpha}),\ \boldsymbol{\beta})=(\boldsymbol{\alpha},\mathscr{A}(\boldsymbol{\beta}))$$

对任意 $\boldsymbol{\alpha}$，$\boldsymbol{\beta}\in V$ 成立，就称 $\mathscr{A}$ 是**对称变换**(symmetric transformation). □

定理 9.4.3 设 $\mathscr{A}$ 是欧氏空间 V 上的线性变换. 则

$\mathscr{A}$ 是对称变换⇔$\mathscr{A}$ 在 V 的任何一组标准正交基下的矩阵 $\boldsymbol{A}$ 是对称方阵.

证明 设 M 是 V 的任一组标准正交基. $\boldsymbol{A}$ 是 $\mathscr{A}$ 在基 M 下的矩阵. 对任

意 $\boldsymbol{\alpha}$, $\boldsymbol{\beta}\in V$，设$\boldsymbol{X}$，$\boldsymbol{Y}$ 分别是 $\boldsymbol{\alpha}$，$\boldsymbol{\beta}$ 在 M 下的坐标. 则

$$(\mathscr{A}(\boldsymbol{\alpha}),\boldsymbol{\beta})=(\boldsymbol{AX})^{\mathrm{T}}\boldsymbol{Y}=\boldsymbol{X}^{\mathrm{T}}\boldsymbol{A}^{\mathrm{T}}\boldsymbol{Y},\ (\boldsymbol{\alpha},\mathscr{A}(\boldsymbol{\beta}))=\boldsymbol{X}^{\mathrm{T}}\boldsymbol{AY}$$

$$\mathscr{A}\text{ 是对称变换}\Leftrightarrow(\mathscr{A}(\boldsymbol{\alpha}),\boldsymbol{\beta})=(\boldsymbol{\alpha},\mathscr{A}(\boldsymbol{\beta}))\quad(\forall\boldsymbol{\alpha},\boldsymbol{\beta}\in V)$$

$$\Leftrightarrow\boldsymbol{X}^{\mathrm{T}}\boldsymbol{A}^{\mathrm{T}}\boldsymbol{Y}=\boldsymbol{X}^{\mathrm{T}}\boldsymbol{AY}(\forall\boldsymbol{X},\boldsymbol{Y}\in\mathbf{R}^{n\times1})\Leftrightarrow\boldsymbol{A}^{\mathrm{T}}=\boldsymbol{A}\Leftrightarrow\boldsymbol{A}\text{ 是对称方阵.}\quad\square$$

既然欧氏空间上的对称变换 $\mathscr{A}$ 在标准正交基下的矩阵 $\boldsymbol{A}$ 是对称方阵，而对称方阵 $\boldsymbol{A}$ 的特征值全部是实数，因此 $\mathscr{A}$ 的特征值也全部是实数. 进一步，我们有：

定理 9.4.4　欧氏空间上 V 上的对称变换 $\mathscr{A}$ 的属于不同特征值的特征子空间相互正交.

证明　设 V_{λ_1}，V_{λ_2}分别是 $\mathscr{A}$ 的属于不同特征值 λ_1，λ_2 的特征子空间，$\boldsymbol{\alpha}\in V_{\lambda_1}$，$\boldsymbol{\beta}\in V_{\lambda_2}$. 则

$$(\mathscr{A}(\boldsymbol{\alpha}),\boldsymbol{\beta})=(\lambda_1\boldsymbol{\alpha},\boldsymbol{\beta})=\lambda_1(\boldsymbol{\alpha},\boldsymbol{\beta})=(\boldsymbol{\alpha},\mathscr{A}(\boldsymbol{\beta}))=(\boldsymbol{\alpha},\lambda_2\boldsymbol{\beta})=\lambda_2(\boldsymbol{\alpha},\boldsymbol{\beta})$$

因而$(\lambda_1-\lambda_2)(\boldsymbol{\alpha},\boldsymbol{\beta})=0$，由 $\lambda_1-\lambda_2\neq0$ 得$(\boldsymbol{\alpha},\boldsymbol{\beta})=0$，$\boldsymbol{\alpha}\perp\boldsymbol{\beta}$.

这证明了　$V_{\lambda_1}\perp V_{\lambda_2}$　□

定理 9.4.5　欧氏空间上的对称变换 $\mathscr{A}$ 在适当的标准正交基下的矩阵是对角矩阵，存在由 $\mathscr{A}$ 的特征向量构成的标准正交基.　□

习　题　9.4

1. 设

$$\boldsymbol{A}=\begin{pmatrix}1&-2&0\\-2&2&-2\\0&-2&3\end{pmatrix}$$

求正交矩阵 $\boldsymbol{T}$，使 $\boldsymbol{T}^{-1}\boldsymbol{AT}$ 是对角矩阵，并求 $\boldsymbol{A}^k$(k 是正整数).

2. 设 $\boldsymbol{S}$ 是 n 阶实对称方阵. 求证：定义在 $\mathbf{R}^{n\times1}$的子集 $U=\{\boldsymbol{X}\in\mathbf{R}^{n\times1}\ |\ |\boldsymbol{X}|=1\}$上的函数 $f(\boldsymbol{X})=\boldsymbol{X}^{\mathrm{T}}\boldsymbol{SX}$ 的最大值和最小值分别是 $\boldsymbol{S}$ 的最大和最小的特征值.

3. 证明：下列三个条件中只要有两个成立，另一个也必然成立.

(1) $\boldsymbol{A}$ 是对称的；　(2) $\boldsymbol{A}$ 是正交的；　(3) $\boldsymbol{A}^2=\boldsymbol{I}$.

4. 用正交矩阵化下列二次型为标准形：

(1) $Q(x_1,x_2,x_3)=2x_1^2+x_2^2-4x_1x_2-4x_2x_3$;

(2) $Q(x_1,x_2,x_3)=3x_1^2+4x_1x_2+8x_1x_3+4x_2x_3+3x_3^2$;

(3) $Q(x_1,x_2,x_3)=4x_1^2+x_2^2+9x_3^2-2x_1x_2-4x_1x_3+2x_2x_3$;

(4) $Q(x_1,x_2,x_3)=x_1x_2+x_1x_3+x_2x_3$.

5. 在建立了直角坐标系的 3 维几何空间中，如下的方程表示什么图形？

(1) $x^2+y^2+z^2-4xy-6xz+8yz=12$;　(2) $4x^2+y^2+9y^2-2xy-4xz+2yz=12$;

(3) $xy+yz+zx=5$;　(4) $xy+yz+zx=0$.

6. 在建立了直角坐标系的 3 维几何空间中，证明方程

$$2x^2+4y^2+8z^2-2xy+4xz+6yz-20=0$$

的图像是椭球面，并求出这个椭球面所围成的立体的体积. $\left(\text{已知椭球面}\dfrac{x^2}{a^2}+\dfrac{y^2}{b^2}+\dfrac{z^2}{c^2}=1\text{ 所围成的立体体积为}\dfrac{4}{3}\pi abc.\right)$

7. 在建立了直角坐标系的3维几何空间中，试利用坐标轴的旋转和平移将方程 $a_{11}x^2+a_{22}y^2+a_{33}z^2+2a_{12}xy+2a_{13}xz+2a_{23}yz+2a_1x+2a_2y+2a_3z+a_0=0$ 化简，讨论它的图像的各种可能的形状. 特别，请给出图像是椭球面、单叶双曲面、双叶双曲面的条件.

8. 设 $\boldsymbol{A}$ 是 n 阶实对称矩阵，且 $\boldsymbol{A}^2=\boldsymbol{I}$，证明：存在正交矩阵 $\boldsymbol{T}$，使得

$$\boldsymbol{T}^{-1}\boldsymbol{A}\boldsymbol{T}=\begin{pmatrix}\boldsymbol{I}_r & \boldsymbol{O}\\ \boldsymbol{O} & -\boldsymbol{I}_{n-r}\end{pmatrix}\quad(0\leqslant r\leqslant n)$$

9. 设 $\boldsymbol{A}$ 是 n 阶实对称矩阵，且 $\boldsymbol{A}^2=\boldsymbol{A}$，证明：存在正交矩阵 $\boldsymbol{T}$，使得

$$\boldsymbol{T}^{-1}\boldsymbol{A}\boldsymbol{T}=\begin{pmatrix}\boldsymbol{I}_r & \boldsymbol{0}\\ \boldsymbol{0} & 0\end{pmatrix}\quad(0\leqslant r\leqslant n)$$

10. 设 $\boldsymbol{A}$，$\boldsymbol{B}$ 均为 n 阶实对称正定矩阵，证明：如果 $\boldsymbol{A}-\boldsymbol{B}$ 正定，则 $\boldsymbol{B}^{-1}-\boldsymbol{A}^{-1}$ 亦正定.

11. 设 $\boldsymbol{A}$，$\boldsymbol{B}$ 均为 n 阶实对称阵，其中 $\boldsymbol{A}$ 正定. 证明：当实数 t 充分大后，$t\boldsymbol{A}+\boldsymbol{B}$ 亦正定.

§9.5 规范变换与规范方阵

1. 伴随变换

我们知道，在选定线性空间 V 的一组基 M 之后，V 上每个线性变换 $\mathscr{A}$ 与它在 M 下的矩阵 $\boldsymbol{A}$ 相对应. 如果线性变换 $\mathscr{A}$，$\mathscr{B}$ 分别对应于矩阵 $\boldsymbol{A}$，$\boldsymbol{B}$，则它们的和、差、积 $\mathscr{A}\pm\mathscr{B}$，$\mathscr{A}\mathscr{B}$ 以及 $\mathscr{A}$ 的常数倍 $\lambda\mathscr{A}$ 分别对应于矩阵的和、差、积、常数倍 $\boldsymbol{A}\pm\boldsymbol{B}$，$\boldsymbol{A}\boldsymbol{B}$，$\lambda\boldsymbol{A}$.

很自然要问：V 上什么线性变换对应于矩阵 $\boldsymbol{A}$ 的转置 $\boldsymbol{A}^{\mathrm{T}}$？

命题 9.5.1 设 V 是欧氏空间，$\mathscr{A}$ 是 V 上的线性变换. 则存在 V 上唯一的线性变换 $\mathscr{A}^*$，使

$$(\mathscr{A}(\boldsymbol{\alpha}),\boldsymbol{\beta})=(\boldsymbol{\alpha},\mathscr{A}^*(\boldsymbol{\beta}))\text{ 对所有的 }\boldsymbol{\alpha},\ \boldsymbol{\beta}\in V\text{ 成立}$$

如果 $\mathscr{A}$ 在 V 的任意一组标准正交基 M 下的矩阵是 $\boldsymbol{A}$，则 $\mathscr{A}^*$ 在 M 下的矩阵是 $\boldsymbol{A}^{\mathrm{T}}$.

证明 设 $\boldsymbol{\alpha}$，$\boldsymbol{\beta}\in V$ 在 M 下的坐标分别为 $\boldsymbol{X}$，$\boldsymbol{Y}$，则 $\mathscr{A}(\boldsymbol{\alpha})$ 在 M 下的坐标为 $\boldsymbol{A}\boldsymbol{X}$，

$$(\mathscr{A}(\boldsymbol{\alpha}),\boldsymbol{\beta})=(\boldsymbol{A}\boldsymbol{X})^{\mathrm{T}}\boldsymbol{Y}=\boldsymbol{X}^{\mathrm{T}}\boldsymbol{A}^{\mathrm{T}}\boldsymbol{Y}\tag{9.5.1}$$

V 上有唯一的线性变换 $\mathscr{A}^*$ 在 M 下的矩阵为 $\boldsymbol{A}^{\mathrm{T}}$，$\boldsymbol{X}^{\mathrm{T}}\boldsymbol{A}^{\mathrm{T}}\boldsymbol{Y}=(\boldsymbol{\alpha},\mathscr{A}^*(\boldsymbol{\beta}))$，等式(9.5.1)成为

$$(\mathscr{A}(\boldsymbol{\alpha}),\boldsymbol{\beta})=(\boldsymbol{\alpha},\mathscr{A}^*(\boldsymbol{\beta})),\quad\forall\,\boldsymbol{\alpha},\ \boldsymbol{\beta}\in V.\quad\square\tag{9.5.2}$$

以上通过线性变换 $\mathscr{A}^*$ 的矩阵等于 $\boldsymbol{A}^{\mathrm{T}}$ 来说明了 $\mathscr{A}^*$ 的唯一性. 事实上, 由等式(9.5.2)本身就可以说明 $\mathscr{A}^*$ 的唯一性. 一般地, 我们有

引理 9.5.2 设 $\boldsymbol{\beta}_1$, $\boldsymbol{\beta}_2\in V$, 如果

$$(\boldsymbol{\alpha},\boldsymbol{\beta}_1)=(\boldsymbol{\alpha},\boldsymbol{\beta}_2)$$

对所有的 $\boldsymbol{\alpha}\in V$ 成立, 则 $\boldsymbol{\beta}_1=\boldsymbol{\beta}_2$.

证明 由原题条件知 $(\boldsymbol{\alpha},\boldsymbol{\beta}_1-\boldsymbol{\beta}_2)=0$ 对所有的 $\boldsymbol{\alpha}\in V$ 成立. 特别, 取 $\boldsymbol{\alpha}=\boldsymbol{\beta}_1-\boldsymbol{\beta}_2$ 得

$$(\boldsymbol{\beta}_1-\boldsymbol{\beta}_2,\boldsymbol{\beta}_1-\boldsymbol{\beta}_2)=0$$

由欧氏空间中内积的正定性得 $\boldsymbol{\beta}_1-\boldsymbol{\beta}_2=\mathbf{0}$, $\boldsymbol{\beta}_1=\boldsymbol{\beta}_2$. □

由引理 9.5.2 知道, 如果

$$(\mathscr{A}(\boldsymbol{\alpha}),\boldsymbol{\beta})=(\boldsymbol{\alpha},\mathscr{A}^*(\boldsymbol{\beta}))=(\boldsymbol{\alpha},\mathscr{B}(\boldsymbol{\beta}))$$

对所有的 $\boldsymbol{\alpha}$, $\boldsymbol{\beta}\in V$ 成立, 则 $\mathscr{A}^*(\boldsymbol{\beta})=\mathscr{B}(\boldsymbol{\beta})$ 对所有的 $\boldsymbol{\beta}\in V$ 成立, $\mathscr{B}=\mathscr{A}^*$.

定义 9.5.1 设 $\mathscr{A}$ 为欧氏空间 V 上的线性变换. 则命题 9.5.1 中所说的满足条件

$$(\mathscr{A}(\boldsymbol{\alpha}),\boldsymbol{\beta})=(\boldsymbol{\alpha},\mathscr{A}^*(\boldsymbol{\beta})),\quad \forall\,\boldsymbol{\alpha},\ \boldsymbol{\beta}\in V$$

的唯一的线性变换 $\mathscr{A}^*$ 称为 $\mathscr{A}$ 的**伴随变换**(adjoint transformation). □

引理 9.5.3 伴随变换有如下性质:

(1) $(\mathscr{A}^*)^*=\mathscr{A}$;

(2) $(\mathscr{A}+\mathscr{B})^*=\mathscr{A}^*+\mathscr{B}^*$;

(3) $(\lambda\mathscr{A})^*=\lambda\mathscr{A}^*$, $\quad\forall\,\lambda\in\mathbf{R}$;

(4) $(\mathscr{A}\mathscr{B})^*=\mathscr{B}^*\mathscr{A}^*$.

证明 由于线性变换 $\mathscr{A}$ 与它的伴随变换 $\mathscr{A}^*$ 在同一组标准正交基下的矩阵 $\boldsymbol{A}$, $\boldsymbol{A}^{\mathrm{T}}$ 互为转置, 由转置矩阵的性质 $(\boldsymbol{A}^{\mathrm{T}})^{\mathrm{T}}=\boldsymbol{A}$, $(\boldsymbol{A}+\boldsymbol{B})^{\mathrm{T}}=\boldsymbol{A}^{\mathrm{T}}+\boldsymbol{B}^{\mathrm{T}}$, $(\lambda\boldsymbol{A})^{\mathrm{T}}=\lambda\boldsymbol{A}^{\mathrm{T}}$, $(\boldsymbol{A}\boldsymbol{B})^{\mathrm{T}}=\boldsymbol{B}^{\mathrm{T}}\boldsymbol{A}^{\mathrm{T}}$ 立即推出伴随变换的上述性质. 由伴随变换的定义也可以直接推出以上性质. 以性质(1)为例:

性质(1): 由欧氏空间内积的对称性, $\mathscr{A}^*$ 所满足的条件

$$(\mathscr{A}(\boldsymbol{\alpha}),\boldsymbol{\beta})=(\boldsymbol{\alpha},\mathscr{A}^*(\boldsymbol{\beta}))\quad(\forall\,\boldsymbol{\alpha},\boldsymbol{\beta}\in V)$$

也可以写为

$$(\mathscr{A}^*(\boldsymbol{\beta}),\boldsymbol{\alpha})=(\boldsymbol{\beta},\mathscr{A}(\boldsymbol{\alpha}))\quad(\forall\,\boldsymbol{\alpha},\boldsymbol{\beta}\in V)\tag{9.5.2$'$}$$

根据伴随变换的定义, (9.5.2′)说明 $(\mathscr{A}^*)^*=\mathscr{A}$.

作为练习, 试自己证明引理所说的其余 3 个性质. □

按照伴随变换的概念, 我们有:

$$\mathscr{A}\text{ 是正交变换}\Leftrightarrow(\boldsymbol{\alpha},\boldsymbol{\beta})=(\mathscr{A}(\boldsymbol{\alpha}),\mathscr{A}(\boldsymbol{\beta}))=(\boldsymbol{\alpha},\mathscr{A}^*(\mathscr{A}(\boldsymbol{\beta}))),\ \forall\,\boldsymbol{\alpha},\ \boldsymbol{\beta}\in V$$

$$\Leftrightarrow\mathscr{A}^*\mathscr{A}=\mathscr{I}\Leftrightarrow\boldsymbol{A}^{\mathrm{T}}\boldsymbol{A}=\boldsymbol{I}\Leftrightarrow\boldsymbol{A}\text{ 是正交方阵.}$$

$$\mathscr{A}\text{ 是对称变换}\Leftrightarrow(\mathscr{A}(\boldsymbol{\alpha}),\boldsymbol{\beta})=(\boldsymbol{\alpha},\mathscr{A}^*(\boldsymbol{\beta}))=(\boldsymbol{\alpha},\mathscr{A}(\boldsymbol{\beta})),\ \forall\,\boldsymbol{\alpha},\ \boldsymbol{\beta}\in V$$

$$\Leftrightarrow \mathscr{A}^* = \mathscr{A} \Leftrightarrow \boldsymbol{A}^{\mathrm{T}} = \boldsymbol{A} \Leftrightarrow \boldsymbol{A} \text{ 是对称方阵.}$$

由于对称变换 $\mathscr{A}$ 的伴随 $\mathscr{A}^*$ 等于 $\mathscr{A}$ 本身，也称对称变换为**自伴变换**(self-adjoint transformation).

2. 规范方阵的正交相似标准形

正交变换 A 的伴随 $\mathscr{A}^* = \mathscr{A}^{-1}$，对称变换 $\mathscr{A}$ 的伴随 $\mathscr{A}^* = \mathscr{A}$，它们的共同点是：$\mathscr{A}^*$ 与 $\mathscr{A}$ 在变换乘法下可交换：$\mathscr{A}^*\mathscr{A} = \mathscr{A}\mathscr{A}^*$. 它们的矩阵 $\boldsymbol{A}$ 也有对应的性质：$\boldsymbol{A}^{\mathrm{T}}\boldsymbol{A} = \boldsymbol{A}\boldsymbol{A}^{\mathrm{T}}$.

定义 9.5.2 如果欧氏空间 V 上的线性变换 $\mathscr{A}$ 满足条件 $\mathscr{A}^*\mathscr{A} = \mathscr{A}\mathscr{A}^*$，就称 $\mathscr{A}$ 是**规范变换**(normal transformation). 如果实方阵 $\boldsymbol{A}$ 满足条件 $\boldsymbol{A}^{\mathrm{T}}\boldsymbol{A} = \boldsymbol{A}\boldsymbol{A}^{\mathrm{T}}$，就称 $\boldsymbol{A}$ 是**规范方阵**(normal matrix). □

由命题 9.5.1，有

推论 9.5.1 $\mathscr{A}$ 是规范变换$\Leftrightarrow\mathscr{A}$ 在标准正交基下的矩阵是规范方阵. □

推论 9.5.2 与规范方阵 $\boldsymbol{A}$ 正交相似的方阵 $\boldsymbol{B}$ 仍是规范方阵.

证明 考虑 $\mathbf{R}^{n\times 1}$ 上的线性变换 $\mathscr{A}$：$\boldsymbol{X} \mapsto \boldsymbol{A}\boldsymbol{X}$. 则规范方阵 $\boldsymbol{A}$ 是 $\mathscr{A}$ 在 $\mathbf{R}^{n\times 1}$ 自然基下的方阵，因而 $\mathscr{A}$ 是规范变换. $\boldsymbol{B}$ 是规范变换 $\mathscr{A}$ 在 $\mathbf{R}^{n\times 1}$ 的某组标准正交基下的方阵，因而是规范方阵.

也可直接利用矩阵运算证明如下：

存在正交方阵 $\boldsymbol{P}$ 使 $\boldsymbol{B} = \boldsymbol{P}^{-1}\boldsymbol{A}\boldsymbol{P} = \boldsymbol{P}^{\mathrm{T}}\boldsymbol{A}\boldsymbol{P}$. 于是

$$\begin{aligned} \boldsymbol{B}^{\mathrm{T}}\boldsymbol{B} &= (\boldsymbol{P}^{\mathrm{T}}\boldsymbol{A}\boldsymbol{P})^{\mathrm{T}}(\boldsymbol{P}^{\mathrm{T}}\boldsymbol{A}\boldsymbol{P}) = \boldsymbol{P}^{\mathrm{T}}\boldsymbol{A}^{\mathrm{T}}\boldsymbol{P}\boldsymbol{P}^{\mathrm{T}}\boldsymbol{A}\boldsymbol{P} = \boldsymbol{P}^{\mathrm{T}}\boldsymbol{A}^{\mathrm{T}}\boldsymbol{A}\boldsymbol{P} \\ &= \boldsymbol{P}^{\mathrm{T}}\boldsymbol{A}\boldsymbol{A}^{\mathrm{T}}\boldsymbol{P} = (\boldsymbol{P}^{\mathrm{T}}\boldsymbol{A}\boldsymbol{P})(\boldsymbol{P}^{\mathrm{T}}\boldsymbol{A}^{\mathrm{T}}\boldsymbol{P}) = \boldsymbol{B}\boldsymbol{B}^{\mathrm{T}} \end{aligned}$$

可见 $\boldsymbol{B}$ 是规范方阵. □

已经知道正交变换和对称变换是规范变换，正交方阵和实对称方阵是规范方阵. 还可以举出一些其他的例子：

如果变换 $\mathscr{A}$ 满足条件 $\mathscr{A}^* = -\mathscr{A}$，就称 $\mathscr{A}$ 是**反对称变换**(anti-symmetric transformation)，也称为**反自伴变换**. 反对称变换在标准正交基下的方阵 $\boldsymbol{A}$ 满足条件 $\boldsymbol{A}^{\mathrm{T}} = -\boldsymbol{A}$，是反对称方阵. 显然，反对称变换是规范变换，反对称方阵是规范方阵.

正交变换 $\mathscr{A}$ 的常数倍 $\lambda\mathscr{A}$ 是规范变换，正交方阵 $\boldsymbol{A}$ 的常数倍 $\lambda\boldsymbol{A}$ 是规范方阵. 但当 $\lambda \neq \pm 1$ 时 $\lambda\mathscr{A}^*$ 不是正交变换，$\lambda\boldsymbol{A}$ 不是正交方阵.

在 §9.3 和 §9.4 中我们已经找到了正交方阵和实对称方阵的正交相似标准形，也就是正交变换和对称变换在适当的标准正交基下的最简单形式的矩阵. 用类似的方法可以找到一般的实规范方阵的正交相似标准形.

例 1 试确定所有的 2 阶实规范方阵.

解 设 $\boldsymbol{A} = \begin{pmatrix} a & b \\ c & d \end{pmatrix}$ 是 2 阶实方阵. 则

$\boldsymbol{A}$ 是规范方阵

$$\Leftrightarrow \boldsymbol{A}^{\mathrm{T}}\boldsymbol{A}=\begin{pmatrix} a^2+c^2 & ab+cd \\ ab+cd & b^2+d^2 \end{pmatrix}=\boldsymbol{A}\boldsymbol{A}^{\mathrm{T}}=\begin{pmatrix} a^2+b^2 & ac+bd \\ ac+bd & c^2+d^2 \end{pmatrix}$$

$$\Leftrightarrow \begin{cases} a^2+c^2=a^2+b^2 \\ ab+cd=ac+bd \\ b^2+d^2=c^2+d^2 \end{cases}$$

而 $a^2+c^2=a^2+b^2 \Leftrightarrow b^2=c^2 \Leftrightarrow c=\pm b$.

当 $c=b$ 时，$\boldsymbol{A}$ 是对称方阵，已是规范方阵.

设 $c=-b\neq 0$，代入 $ab+cd=ac+bd$ 得 $ab-bd=-ab+bd$，即 $b(a-d)=-b(a-d)$. 由于 $b\neq 0$，只能 $a-d=0$，$d=a$. 此时 $\boldsymbol{A}=\begin{pmatrix} a & b \\ -b & a \end{pmatrix}$，易验证这样的 $\boldsymbol{A}$ 是规范方阵.

因此，2 阶规范实方阵 $\boldsymbol{A}$ 必然是下面两种矩阵之一：

(1) 对称矩阵. 此时 $\boldsymbol{A}$ 有两个实特征值.

(2) $\boldsymbol{A}=\begin{pmatrix} a & b \\ -b & a \end{pmatrix}$，其中 $b\neq 0$. 此时 $\boldsymbol{A}$ 有一对相互共轭的虚根 $a\pm b\mathrm{i}$. □

命题 9.5.4 如果实方阵 $\boldsymbol{A}$ 是

准上三角形矩阵 $\boldsymbol{A}=\begin{pmatrix} \boldsymbol{A}_1 & \boldsymbol{A}_2 \\ \boldsymbol{0} & \boldsymbol{A}_3 \end{pmatrix}$ 或准下三角形矩阵 $\boldsymbol{A}=\begin{pmatrix} \boldsymbol{A}_1 & \boldsymbol{0} \\ \boldsymbol{A}_2 & \boldsymbol{A}_3 \end{pmatrix}$，

其中 $\boldsymbol{A}_1$，$\boldsymbol{A}_3$ 是方阵. 则

$\boldsymbol{A}$ 是规范方阵 $\Leftrightarrow \boldsymbol{A}_2=\boldsymbol{0}$，且 $\boldsymbol{A}_1$，$\boldsymbol{A}_3$ 是规范方阵.

证明 显然当 $\boldsymbol{A}_1$，$\boldsymbol{A}_3$ 是规范方阵时 $\boldsymbol{A}=\mathrm{diag}(\boldsymbol{A}_1,\boldsymbol{A}_3)$ 是规范方阵.

反过来，设 $\boldsymbol{A}$ 是规范方阵，即 $\boldsymbol{A}^{\mathrm{T}}\boldsymbol{A}=\boldsymbol{A}\boldsymbol{A}^{\mathrm{T}}$. 证明 $\boldsymbol{A}_2=\boldsymbol{0}$ 且 $\boldsymbol{A}_1$，$\boldsymbol{A}_3$ 是规范方阵.

先设 $\boldsymbol{A}$ 是准上三角形矩阵. 则

$$\boldsymbol{A}^{\mathrm{T}}\boldsymbol{A}=\begin{pmatrix} \boldsymbol{A}_1^{\mathrm{T}} & \boldsymbol{0} \\ \boldsymbol{A}_2^{\mathrm{T}} & \boldsymbol{A}_3^{\mathrm{T}} \end{pmatrix}\begin{pmatrix} \boldsymbol{A}_1 & \boldsymbol{A}_2 \\ \boldsymbol{0} & \boldsymbol{A}_3 \end{pmatrix}=\begin{pmatrix} \boldsymbol{A}_1^{\mathrm{T}}\boldsymbol{A}_1 & * \\ * & * \end{pmatrix}$$

$$\boldsymbol{A}\boldsymbol{A}^{\mathrm{T}}=\begin{pmatrix} \boldsymbol{A}_1 & \boldsymbol{A}_2 \\ \boldsymbol{0} & \boldsymbol{A}_3 \end{pmatrix}\begin{pmatrix} \boldsymbol{A}_1^{\mathrm{T}} & \boldsymbol{0} \\ \boldsymbol{A}_2^{\mathrm{T}} & \boldsymbol{A}_3^{\mathrm{T}} \end{pmatrix}=\begin{pmatrix} \boldsymbol{A}_1\boldsymbol{A}_1^{\mathrm{T}}+\boldsymbol{A}_2\boldsymbol{A}_2^{\mathrm{T}} & * \\ * & * \end{pmatrix}$$

$$\begin{aligned}\boldsymbol{A}^{\mathrm{T}}\boldsymbol{A}=\boldsymbol{A}\boldsymbol{A}^{\mathrm{T}} &\Rightarrow \boldsymbol{A}_1^{\mathrm{T}}\boldsymbol{A}_1=\boldsymbol{A}_1\boldsymbol{A}_1^{\mathrm{T}}+\boldsymbol{A}_2\boldsymbol{A}_2^{\mathrm{T}} \\ &\Rightarrow \mathrm{tr}(\boldsymbol{A}_1^{\mathrm{T}}\boldsymbol{A}_1)=\mathrm{tr}(\boldsymbol{A}_1\boldsymbol{A}_1^{\mathrm{T}})+\mathrm{tr}(\boldsymbol{A}_2\boldsymbol{A}_2^{\mathrm{T}})\end{aligned}$$

再由 $\mathrm{tr}(\boldsymbol{A}_1^{\mathrm{T}}\boldsymbol{A}_1)=\mathrm{tr}(\boldsymbol{A}_1\boldsymbol{A}_1^{\mathrm{T}})$ 得 $\mathrm{tr}(\boldsymbol{A}_2\boldsymbol{A}_2^{\mathrm{T}})=0$.

设 $\boldsymbol{A}_2=(b_{ij})_{r\times k}$，则 $\boldsymbol{A}_2^{\mathrm{T}}=(b'_{ij})_{k\times r}$，其中 $b'_{ij}=b_{ji}$.

记 $\boldsymbol{A}_2\boldsymbol{A}_2^{\mathrm{T}}=\boldsymbol{S}=(s_{ij})_{r\times r}$，　　则 $s_{ij}=\sum_{t=1}^{k}b_{it}b'_{tj}=\sum_{t=1}^{k}b_{it}b_{JT}$.

于是

$$\mathrm{tr}(\boldsymbol{A}_2\boldsymbol{A}_2^{\mathrm{T}})=\mathrm{tr}\boldsymbol{S}=\sum_{i=1}^{r}s_{ii}=\sum_{i=1}^{r}\sum_{t=1}^{k}b_{it}^2=0$$

$$\Leftrightarrow b_{it}=0,\ \forall\,1\leqslant i\leqslant r,\ 1\leqslant t\leqslant k\Leftrightarrow \boldsymbol{A}_2=\boldsymbol{0}$$

因此，$\boldsymbol{A}$ 是规范方阵$\Rightarrow\boldsymbol{A}=\begin{pmatrix}\boldsymbol{A}_1 & \\ & \boldsymbol{A}_3\end{pmatrix}$

$$\Rightarrow\boldsymbol{A}^{\mathrm{T}}\boldsymbol{A}=\begin{pmatrix}\boldsymbol{A}_1^{\mathrm{T}}\boldsymbol{A}_1 & \\ & \boldsymbol{A}_3^{\mathrm{T}}\boldsymbol{A}_3\end{pmatrix}=\boldsymbol{A}\boldsymbol{A}^{\mathrm{T}}=\begin{pmatrix}\boldsymbol{A}_1\boldsymbol{A}_1^{\mathrm{T}} & \\ & \boldsymbol{A}_3\boldsymbol{A}_3^{\mathrm{T}}\end{pmatrix}$$

$\Rightarrow\boldsymbol{A}_1^{\mathrm{T}}\boldsymbol{A}_1=\boldsymbol{A}_1\boldsymbol{A}_1^{\mathrm{T}}$ 且 $\boldsymbol{A}_3^{\mathrm{T}}\boldsymbol{A}_3=\boldsymbol{A}_3\boldsymbol{A}_3^{\mathrm{T}}\Rightarrow\boldsymbol{A}_1$ 与 $\boldsymbol{A}_3$ 都是规范方阵.

如果 $\boldsymbol{A}$ 是准下三角形规范方阵，则 $\boldsymbol{A}^{\mathrm{T}}=\begin{pmatrix}\boldsymbol{A}_1^{\mathrm{T}} & \boldsymbol{A}_2^{\mathrm{T}}\\ \boldsymbol{O} & \boldsymbol{A}_3^{\mathrm{T}}\end{pmatrix}$是准上三角形规范方阵，由以上证明知 $\boldsymbol{A}_2^{\mathrm{T}}=\boldsymbol{O}$，仍得到所需结论.　□

推论 9.5.3　设 W 是欧氏空间 V 上的规范变换 $\mathscr{A}$ 的不变子空间，则 $W^{\perp}$ 也是 $\mathscr{A}$ 的不变子空间.

证明　将 W 的标准正交基$\{\boldsymbol{\beta}_1,\cdots,\boldsymbol{\beta}_r\}$扩充为 V 的标准正交基 $M=\{\boldsymbol{\beta}_1,\cdots,\boldsymbol{\beta}_n\}$，则$\{\boldsymbol{\beta}_{r+1},\cdots,\boldsymbol{\beta}_n\}$是 $W^{\perp}$ 的标准正交基. 由于 W 是 $\mathscr{A}$ 的不变子空间，$\mathscr{A}$ 在基 M 下的矩阵为准上三角形矩阵

$$\boldsymbol{A}=\begin{pmatrix}\boldsymbol{A}_1 & \boldsymbol{A}_2\\ \boldsymbol{O} & \boldsymbol{A}_3\end{pmatrix}$$

由命题 9.5.4 知 $\boldsymbol{A}_2=\boldsymbol{O}$，因此 $W^{\perp}$ 也是 $\mathscr{A}$ 的不变子空间.　□

定理 9.5.5　设虚数 $a_1\pm b_1\mathrm{i},\cdots,a_s\pm b_s\mathrm{i}$(所有的 $b_k>0,\forall\,1\leqslant k\leqslant s$)及实数 $\lambda_{2s+1},\cdots,\lambda_n$ 是 n 阶实规范方阵 $\boldsymbol{A}$ 的全部特征值，则 $\boldsymbol{A}$ 正交相似于如下的标准形

$$\boldsymbol{D}=\mathrm{diag}\left(\begin{pmatrix}a_1 & b_1\\ -b_1 & a_1\end{pmatrix},\cdots,\begin{pmatrix}a_s & b_s\\ -b_s & a_s\end{pmatrix},\lambda_{2s+1},\cdots,\lambda_n\right)\qquad(9.5.3)$$

证明　对 n 用数学归纳法.

$n=1$ 时，$\boldsymbol{A}=(a)$已经是标准形.

$n=2$ 时，由例 1 的结论知：如果 $\boldsymbol{A}$ 的特征值 λ_1，λ_2 全为实数，则 $\boldsymbol{A}$ 是对称方阵，正交相似于 $\mathrm{diag}(\lambda_1,\lambda_2)$. 否则 $\boldsymbol{A}$ 至少有一个特征值是虚数，因而两

个特征值是相互共轭的虚数 $a\pm b\mathrm{i}$，且不妨设 $b>0$，$\boldsymbol{A}=\begin{pmatrix} a & \pm b \\ \mp b & a \end{pmatrix}$，可用正交方阵 $\boldsymbol{P}=\begin{pmatrix} 1 & \\ & \pm 1 \end{pmatrix}$将 $\boldsymbol{A}$ 相似于

$$\boldsymbol{P}^{-1}\boldsymbol{A}\boldsymbol{P}=\begin{pmatrix} a & b \\ -b & a \end{pmatrix}$$

以下设 $n\geqslant 3$，并且假设阶数小于 n 的规范方阵正交相似于(9.5.3)所说形状的标准形.

如果 $\boldsymbol{A}$ 有实特征值 λ_n，则存在属于特征值 λ_n 的特征向量 $\boldsymbol{Y}_n\in\mathbf{R}^{n\times 1}$ 使 $\boldsymbol{A}\boldsymbol{Y}_n=\lambda_n\boldsymbol{Y}_n$. 单位向量 $\boldsymbol{X}_n=\dfrac{1}{|\boldsymbol{Y}_n|}\boldsymbol{Y}_n$ 仍是属于特征值 λ_n 的特征向量. $\boldsymbol{X}_n$ 可以扩充为 $\mathbf{R}^{n\times 1}$ 的一组标准正交基 $M_1=\{\boldsymbol{X}_1,\cdots,\boldsymbol{X}_{n-1},\boldsymbol{X}_n\}$，依次以 $\boldsymbol{X}_1,\cdots,\boldsymbol{X}_n$ 为各列组成的矩阵 $\boldsymbol{P}_1$ 是正交方阵.

$$\boldsymbol{A}\boldsymbol{P}_1=\boldsymbol{A}(\boldsymbol{X}_1,\cdots,\boldsymbol{X}_n)=(\boldsymbol{X}_1,\cdots,\boldsymbol{X}_n)\boldsymbol{B}=\boldsymbol{P}_1\boldsymbol{B},\quad \boldsymbol{B}=\boldsymbol{P}_1^{-1}\boldsymbol{A}\boldsymbol{P}_1$$

其中 $\boldsymbol{B}$ 的第 j 列是 $\boldsymbol{A}\boldsymbol{X}_j$ 在基 M_1 下的坐标，特别由 $\boldsymbol{A}\boldsymbol{X}_n=\lambda_n\boldsymbol{X}_n$ 知道 $\boldsymbol{B}$ 的最后一列等于$(0,\cdots,0,\lambda_n)^{\mathrm{T}}$，

$$\boldsymbol{B}=\begin{pmatrix} \boldsymbol{B}_{11} & \boldsymbol{0} \\ \boldsymbol{B}_{21} & \lambda_n \end{pmatrix}$$

由命题 9.5.4 知道 $\boldsymbol{B}_{21}=\boldsymbol{O}$，且 $\boldsymbol{B}_{11}$是 $n-1$ 阶规范方阵. 由归纳假设，存在 $n-1$阶正交方阵 $\boldsymbol{Q}_2$ 使

$$\boldsymbol{Q}_2^{-1}\boldsymbol{B}_{11}\boldsymbol{Q}_2=\mathrm{diag}\left(\begin{pmatrix} a_1 & b_1 \\ -b_1 & a_1 \end{pmatrix},\cdots,\begin{pmatrix} a_s & b_s \\ -b_s & a_s \end{pmatrix},\lambda_{2s+1},\cdots,\lambda_{n-1}\right)$$

取 n 阶正交方阵 $\boldsymbol{P}_2=\mathrm{diag}\ (\boldsymbol{Q}_2,\ 1)$ 及 $\boldsymbol{P}=\boldsymbol{P}_1\boldsymbol{P}_2$，则

$$\boldsymbol{P}^{-1}\boldsymbol{A}\boldsymbol{P}=\boldsymbol{P}_2^{-1}\boldsymbol{B}\boldsymbol{P}_2=\mathrm{diag}\left(\begin{pmatrix} a_1 & b_1 \\ -b_1 & a_1 \end{pmatrix},\cdots,\begin{pmatrix} a_s & b_s \\ -b_s & a_s \end{pmatrix},\lambda_{2s+1},\cdots,\lambda_{n-1},\lambda_n\right)$$

具有(9.5.3)所说的标准形.

设 $\boldsymbol{A}$ 没有实特征值，$a_1\pm b_1\mathrm{i}$ 是 $\boldsymbol{A}$ 的一对相互共轭的虚特征值，其中 $b_1>0$. 由第 7 章推论 7.8.1 知道 $\mathbf{R}^{n\times 1}$上的线性变换 $\mathscr{A}$：$\boldsymbol{X}\mapsto\boldsymbol{A}\boldsymbol{X}$ 存在 2 维不变子空间 W，$\mathscr{A}|_W$ 的特征值是 $a_1\pm b_1\mathrm{i}$.（设 $\boldsymbol{X}_1+\boldsymbol{X}_2\mathrm{i}$ 是 $\boldsymbol{A}$ 的属于特征值 $a_1+b_1\mathrm{i}$ 的特征向量，其中 $\boldsymbol{X}_1,\boldsymbol{X}_2\in\mathbf{R}^{n\times 1}$，则 $\boldsymbol{X}_1,\boldsymbol{X}_2$ 在 V 中生成的子空间 W 就满足所说条件.）

任取 W 的一组标准正交基$\{\boldsymbol{Y}_1,\boldsymbol{Y}_2\}$扩充为 $\mathbf{R}^{n\times 1}$ 的标准正交基 $M=\{\boldsymbol{Y}_1,$

$\boldsymbol{Y}_2,\cdots,\boldsymbol{Y}_n\}$，设 $\boldsymbol{P}_1$ 是依次以 $\boldsymbol{Y}_1,\boldsymbol{Y}_2,\cdots,\boldsymbol{Y}_n$ 为各列组成的正交方阵. 则 $\mathscr{A}$ 在基 M 下的矩阵为

$$\boldsymbol{P}_1^{-1}\boldsymbol{A}\boldsymbol{P}_1=\boldsymbol{B}=\begin{pmatrix}\boldsymbol{B}_1 & \boldsymbol{B}_2\\ \boldsymbol{O} & \boldsymbol{B}_3\end{pmatrix}$$

其中 $\boldsymbol{B}_1$ 是 $\mathscr{A}|_W$ 在基 $\{\boldsymbol{Y}_1,\boldsymbol{Y}_2\}$ 下的矩阵，特征值为 $a_1\pm b_1\mathrm{i}$. $\boldsymbol{B}$ 与规范方阵 $\boldsymbol{A}$ 正交相似，因此 $\boldsymbol{B}$ 也是规范方阵. 由命题 9.5.4 知 $\boldsymbol{B}_2=\boldsymbol{O}$，且 $\boldsymbol{B}_1$，$\boldsymbol{B}_3$ 是规范方阵. 由例 1 的结果知特征值为 $a_1\pm b_1\mathrm{i}$ 的 2 阶规范方阵

$$\boldsymbol{B}_1=\begin{pmatrix}a_1 & \pm b_1\\ \mp b_1 & a_1\end{pmatrix}$$

取正交方阵 $\boldsymbol{Q}_1=\mathrm{diag}(1,\pm 1)$，则

$$\boldsymbol{Q}_1^{-1}\boldsymbol{B}_1\boldsymbol{Q}_1=\begin{pmatrix}a_1 & b_1\\ -b_1 & a_1\end{pmatrix}$$

根据归纳假设，存在正交方阵 $\boldsymbol{Q}_2$ 将 $n-2$ 阶规范方阵 $\boldsymbol{B}_3$ 相似于(9.5.3)所说形状的标准形：

$$\boldsymbol{Q}_2^{-1}\boldsymbol{B}_3\boldsymbol{Q}_2=\mathrm{diag}\left(\begin{pmatrix}a_2 & b_2\\ -b_2 & a_2\end{pmatrix},\cdots,\begin{pmatrix}a_s & b_s\\ -b_s & a_s\end{pmatrix},\lambda_{2s+1},\cdots,\lambda_n\right)$$

取 n 阶正交方阵 $\boldsymbol{P}_2=\mathrm{diag}(\boldsymbol{Q}_1,\boldsymbol{Q}_2)$，$\boldsymbol{P}=\boldsymbol{P}_1\boldsymbol{P}_2$. 则

$$\begin{aligned}\boldsymbol{P}^{-1}\boldsymbol{A}\boldsymbol{P}=\boldsymbol{P}_2^{-1}\boldsymbol{B}\boldsymbol{P}_2&=\begin{pmatrix}\boldsymbol{Q}_1 & \\ & \boldsymbol{Q}_2\end{pmatrix}^{-1}\begin{pmatrix}\boldsymbol{B}_1 & \\ & \boldsymbol{B}_3\end{pmatrix}\begin{pmatrix}\boldsymbol{Q}_1 & \\ & \boldsymbol{Q}_2\end{pmatrix}\\&=\begin{pmatrix}\boldsymbol{Q}_1^{-1}\boldsymbol{B}_1\boldsymbol{Q}_1 & \\ & \boldsymbol{Q}_2^{-1}\boldsymbol{B}_3\boldsymbol{Q}_2\end{pmatrix}\\&=\mathrm{diag}\left(\begin{pmatrix}a_1 & b_1\\ -b_1 & a_1\end{pmatrix},\begin{pmatrix}a_2 & b_2\\ -b_2 & a_2\end{pmatrix},\cdots,\begin{pmatrix}a_s & b_s\\ -b_s & a_s\end{pmatrix},\lambda_{2s+1},\cdots,\lambda_n\right)\end{aligned}$$

具有(9.5.3)所说形状.

根据数学归纳法原理，对任意正整数 n，任意 n 阶规范方阵正交相似于(9.5.3)所说形状的标准形. □

根据实规范方阵的正交相似标准形，可以重新得出正交方阵和实对称方阵的正交相似标准形：

由于正交方阵的特征值的模等于 1，虚特征值形如 $\cos\alpha_k\pm\mathrm{i}\sin\alpha_k$，实特征值为±1. 由定理 9.5.5 得

推论 9.5.4 正交方阵正交相似于标准形

$$\operatorname{diag}\left(\begin{pmatrix}\cos\alpha_1 & \sin\alpha_1\\ -\sin\alpha_1 & \cos\alpha_1\end{pmatrix},\cdots,\begin{pmatrix}\cos\alpha_s & \sin\alpha_s\\ -\sin\alpha_s & \cos\alpha_s\end{pmatrix},\boldsymbol{I}_{(t)},-\boldsymbol{I}_{(n-2s-t)}\right)\quad\square$$

由于实对称方阵的特征值 $\lambda_1,\cdots,\lambda_n$ 都是实数，由定理 9.5.5 得

推论 9.5.5 实对称方阵正交相似于标准形

$$\operatorname{diag}(\lambda_1,\cdots,\lambda_n).\quad\square$$

易验证与反对称实方阵相合(包括正交相似)的方阵仍是反对称方阵. 因此与反对称实方阵正交相似的标准形(9.5.3)中的对角元 $a_k(1\leqslant k\leqslant s)$ 及 $\lambda_j(2s+1\leqslant j\leqslant n)$ 都等于 0，由此得到

推论 9.5.6 反对称实方阵 $\boldsymbol{A}$ 正交相似于标准形

$$\operatorname{diag}\left(\begin{pmatrix}0 & b_1\\ -b_1 & 0\end{pmatrix},\cdots,\begin{pmatrix}0 & b_s\\ -b_s & 0\end{pmatrix},\boldsymbol{O}_{(n-2s)}\right)$$

其中 $b_k>0(\forall\, 1\leqslant k\leqslant 2s=\operatorname{rank}\boldsymbol{A})$.

反对称方阵的特征值都是纯虚数或者 0. □

例 2 设 $\boldsymbol{S}$ 是 n 阶正定实对称方阵，$\boldsymbol{K}$ 是 n 阶非零反对称方阵. 求证：

$$\det(\boldsymbol{S}+\boldsymbol{K})\geqslant\det\boldsymbol{S}.$$

证明 存在实可逆方阵 $\boldsymbol{P}_1$ 使 $\boldsymbol{P}_1^{\mathrm{T}}\boldsymbol{S}\boldsymbol{P}_1=\boldsymbol{I}$. 记 $\boldsymbol{K}_1=\boldsymbol{P}_1^{\mathrm{T}}\boldsymbol{K}\boldsymbol{P}_1$，则 $\boldsymbol{K}_1$ 仍为非零反对称方阵. 存在正交方阵 $\boldsymbol{Q}_1$ 使

$$\boldsymbol{Q}_1^{\mathrm{T}}\boldsymbol{K}_1\boldsymbol{Q}_1=\boldsymbol{K}_0=\operatorname{diag}\left(\begin{pmatrix}0 & b_1\\ -b_1 & 0\end{pmatrix},\cdots,\begin{pmatrix}0 & b_s\\ -b_s & 0\end{pmatrix},\boldsymbol{O}_{(n-2s)}\right)$$

其中 $b_k>0(\forall\, 1\leqslant k\leqslant 2s=\operatorname{rank}\boldsymbol{K})$. 且 $\boldsymbol{Q}_1^{\mathrm{T}}\boldsymbol{I}\boldsymbol{Q}_1=\boldsymbol{I}$.

令 $\boldsymbol{P}=\boldsymbol{P}_1\boldsymbol{Q}_1$，则 $\boldsymbol{P}^{\mathrm{T}}\boldsymbol{S}\boldsymbol{P}=\boldsymbol{I}$，$\boldsymbol{P}^{\mathrm{T}}\boldsymbol{K}\boldsymbol{P}=\boldsymbol{K}_0$，$\boldsymbol{P}^{\mathrm{T}}(\boldsymbol{S}+\boldsymbol{K})\boldsymbol{P}=\boldsymbol{I}+\boldsymbol{K}_0$.

$$\begin{aligned}\det(\boldsymbol{P}^{\mathrm{T}}(\boldsymbol{S}+\boldsymbol{K})\boldsymbol{P})&=\det(\boldsymbol{I}+\boldsymbol{K}_0)\\&=\operatorname{diag}\left(\begin{pmatrix}1 & b_1\\ -b_1 & 1\end{pmatrix},\cdots,\begin{pmatrix}1 & b_s\\ -b_s & 1\end{pmatrix},\boldsymbol{I}_{(n-2s)}\right)\\&=(1+b_1^2)\cdots(1+b_s^2)>1=\det\boldsymbol{I}=\det(\boldsymbol{P}^{\mathrm{T}}\boldsymbol{S}\boldsymbol{P})\end{aligned}\tag{9.5.4}$$

但

$$\det(\boldsymbol{P}^{\mathrm{T}}(\boldsymbol{S}+\boldsymbol{K})\boldsymbol{P})=(\det\boldsymbol{P})^2\det(\boldsymbol{S}+\boldsymbol{K}),\quad\det(\boldsymbol{P}^{\mathrm{T}}\boldsymbol{S}\boldsymbol{P})=(\det\boldsymbol{P})^2\det\boldsymbol{S}$$

因此，(9.5.4)就是

$$(\det\boldsymbol{P})^2\det(\boldsymbol{S}+\boldsymbol{K})>(\det\boldsymbol{P})^2\det\boldsymbol{S}\tag{9.5.5}$$

由于 $\boldsymbol{P}$ 可逆，$\det\boldsymbol{P}\neq 0$，$(\det\boldsymbol{P})^2>0$，因此(9.5.5)导致

$$\det(\boldsymbol{S}+\boldsymbol{K})>\det\boldsymbol{S}$$

如所欲证. □

3. 欧氏空间上的线性函数与伴随变换

在本章一开始，为了引入伴随变换，利用矩阵运算证明了欧氏空间的线性变换的伴随变换的存在性和唯一性(即命题9.5.1). 但是，线性变换的伴随变换是几何概念，可以通过纯几何的方式来建立. 为此，需要借助于欧氏空间上的线性函数.

对任意数域 F 上的线性空间 V，我们将线性映射 $f:V\to F$ 称为 V 上的线性函数. n 维线性空间 V 上全体线性函数构成 F 上的一个 n 维线性空间 V^*，称为 V 的对偶空间. 取定 V 的一组基 $M=\{\boldsymbol{\alpha}_1,\cdots,\boldsymbol{\alpha}_n\}$，将每个 $\boldsymbol{\alpha}\in V$ 用它在基 M 下的坐标 $\boldsymbol{X}\in F^{n\times 1}$ 表示，则 $\boldsymbol{\alpha}\mapsto \boldsymbol{X}$ 是 V 到列向量空间 $F^{n\times 1}$ 的同构. 将每个 $f\in V^*$ 用行向量 $\boldsymbol{A}=(f(\boldsymbol{\alpha}_1),\cdots,f(\boldsymbol{\alpha}_n))\in F^{1\times n}$ 表示，则 $f\mapsto \boldsymbol{A}$ 是 V^* 到行向量空间 $F^{1\times n}$ 的同构. 通过这两个同构将 V，V^* 分别用 $F^{n\times 1}$，$F^{1\times n}$ 代表，则 $f\in V^*$ 对 $\boldsymbol{\alpha}\in V$ 的作用

$$f(\boldsymbol{\alpha})=\boldsymbol{AX}$$

通过行向量 $\boldsymbol{A}$ 与列向量 $\boldsymbol{X}$ 的乘法来实现.

对每个 $1\leqslant i\leqslant n$，取 V 上线性变换 α_i^* 将每个 $x_1\boldsymbol{\alpha}_1+\cdots+x_n\boldsymbol{\alpha}_n\mapsto x_i$，从而 α_i^* 将所有的 $\boldsymbol{\alpha}_j\mapsto 0(\forall j\neq i)$，而 $\alpha_i^*(\boldsymbol{\alpha}_i)=1$，$\alpha_i^*$ 在基 M 下的矩阵为第 i 个分量为1、其余分量为0的行向量 $\boldsymbol{e}_i$. 由于 $\{\boldsymbol{e}_1,\cdots,\boldsymbol{e}_n\}$ 是 $F^{1\times n}$ 的自然基，$M^*=\{\boldsymbol{\alpha}_1^*,\cdots,\boldsymbol{\alpha}_n^*\}$ 是 V^* 的一组基，每个 $f\in V^*$ 在基 M^* 下的坐标就是 f 在 M 下的矩阵 $(f(\boldsymbol{\alpha}_1),\cdots,f(\boldsymbol{\alpha}_n))$. M^* 称为 M 的对偶基.

欧氏空间 V 上定义了内积，V 上的线性函数与内积有密切的关系.

欧氏空间 V 上的内积是 V 上的二元函数，两个向量 $\boldsymbol{\alpha}$，$\boldsymbol{\beta}$ 决定一个实数 $(\boldsymbol{\alpha},\boldsymbol{\beta})$. 如果让 $\boldsymbol{\alpha}$ 保持不变，则内积 $(\boldsymbol{\alpha},\boldsymbol{\beta})$ 可以看作 $\boldsymbol{\beta}$ 的函数

$$f_{\boldsymbol{\alpha}}:V\to\mathbf{R},\boldsymbol{\beta}\mapsto(\boldsymbol{\alpha},\boldsymbol{\beta}),$$

这个函数由 $\boldsymbol{\alpha}$ 决定. 我们来研究 $f_{\boldsymbol{\alpha}}$ 的性质，以及对应关系 $\boldsymbol{\alpha}\mapsto f_{\boldsymbol{\alpha}}$ 的性质.

定理 9.5.6 设 V 是 n 维欧氏空间. 则

(1) 对每个给定的 $\boldsymbol{\alpha}\in V$，映射 $f_{\boldsymbol{\alpha}}:V\to\mathbf{R}$，$\boldsymbol{\beta}\mapsto(\boldsymbol{\alpha},\boldsymbol{\beta})$ 是 V 上的线性函数，因而是 V 的对偶空间 V^* 中的一个元素；

(2) 映射 σ：$V\to V^*$，$\boldsymbol{\alpha}\mapsto f_{\boldsymbol{\alpha}}$ 是 n 维线性空间 V 到 V^* 的同构映射；

(3) 对每个 $f\in V^*$，存在 $\boldsymbol{\alpha}\in V$ 使 $f(\boldsymbol{\beta})=(\boldsymbol{\alpha},\boldsymbol{\beta})$ 对所有的 $\boldsymbol{\beta}\in V$ 成立.

证法1（几何证法） (1) 由于内积的双线性性，对任意 $\boldsymbol{\beta}_1$，$\boldsymbol{\beta}_2$ 和 c_1，$c_2\in\mathbf{R}$，有

$$\begin{aligned}f_{\boldsymbol{\alpha}}(c_1\boldsymbol{\beta}_1+c_2\boldsymbol{\beta}_2)&=(\boldsymbol{\alpha},c_1\boldsymbol{\beta}_1+c_2\boldsymbol{\beta}_2)=c_1(\boldsymbol{\alpha},\boldsymbol{\beta}_1)+c_2(\boldsymbol{\alpha},\boldsymbol{\beta}_2)\\&=c_1f_{\boldsymbol{\alpha}}(\boldsymbol{\beta}_1)+c_2f_{\boldsymbol{\alpha}}(\boldsymbol{\beta}_2).\end{aligned}$$

这说明 $f_{\boldsymbol{\alpha}}$ 是 V 上的线性函数，也就是 V 的对偶空间 V^* 中的一个元素.

(2) 由于内积的双线性性，对任意 $\boldsymbol{\alpha}_1$，$\boldsymbol{\alpha}_2$，$\boldsymbol{\beta}\in V$ 和 c_1，$c_2\in\mathbf{R}$，有

$$f_{c_1\boldsymbol{\alpha}_1+c_2\boldsymbol{\alpha}_2}(\boldsymbol{\beta})=(c_1\boldsymbol{\alpha}_1+c_2\boldsymbol{\alpha}_2,\boldsymbol{\beta})=c_1(\boldsymbol{\alpha}_1,\boldsymbol{\beta})+c_2(\boldsymbol{\alpha}_2,\boldsymbol{\beta})$$
$$=(c_1f_{\boldsymbol{\alpha}_1}+c_2f_{\boldsymbol{\alpha}_2})(\boldsymbol{\beta}).$$

这说明了

$$\sigma(c_1\boldsymbol{\alpha}_1+c_2\boldsymbol{\alpha}_2)=f_{c_1\boldsymbol{\alpha}_1+c_2\boldsymbol{\alpha}_2}=c_1f_{\boldsymbol{\alpha}_1}+c_2f_{\boldsymbol{\alpha}_2}=c_1\sigma(\boldsymbol{\alpha}_1)+c_2\sigma(\boldsymbol{\alpha}_2).$$

可见 $\sigma:V\to V^*$ 是线性空间 V 到 V^* 的线性映射.

$$\boldsymbol{\alpha}\in\mathrm{Ker}\sigma\Rightarrow\sigma(\boldsymbol{\alpha})=f_{\boldsymbol{\alpha}}=0\Rightarrow f_{\boldsymbol{\alpha}}(\boldsymbol{\beta})=(\boldsymbol{\alpha},\boldsymbol{\beta})=0,\quad\forall\boldsymbol{\beta}\in V$$
$$\Rightarrow(\boldsymbol{\alpha},\boldsymbol{\alpha})=0\Rightarrow\boldsymbol{\alpha}=\mathbf{0}$$

反过来，显然 $0\in\mathrm{Ker}\ \sigma$. 因此 $\mathrm{Ker}\ \sigma=0$. 由于 $\dim V=\dim V^*$，因此 σ 是可逆线性映射，即同构映射.

(3) 由于 $\sigma:V\to V^*$ 是同构映射，因此是 V 与 V^* 之间的一一对应，每个 $f\in V^*$ 对应于唯一的 $\boldsymbol{\alpha}\in V$ 使 $\sigma(\boldsymbol{\alpha})=f$，即 $f(\boldsymbol{\beta})=f_{\boldsymbol{\alpha}}(\boldsymbol{\beta})=(\boldsymbol{\alpha},\boldsymbol{\beta})$ 对所有的 $\boldsymbol{\beta}\in V$ 成立.

证法 2（矩阵证法） 取 V 的任意一组标准正交基 M. 将任意 $\boldsymbol{\alpha}$，$\boldsymbol{\beta}\in V$ 用它们在基 M 下的坐标 $\boldsymbol{X}$，$\boldsymbol{Y}\in\mathbf{R}^{n\times1}$ 表示. 则：

(1) 映射 $f_{\boldsymbol{\alpha}}:V\to\mathbf{R}$，$\boldsymbol{\beta}\mapsto(\boldsymbol{\alpha},\boldsymbol{\beta})=\boldsymbol{X}^{\mathrm{T}}\boldsymbol{Y}$ 用坐标表示为 $f_{\boldsymbol{X}}:\boldsymbol{Y}\mapsto\boldsymbol{X}^{\mathrm{T}}\boldsymbol{Y}$. $f_{\boldsymbol{X}}$ 是 $\mathbf{R}^{n\times1}$ 上由行向量 $\boldsymbol{X}^{\mathrm{T}}$ 的左乘引起的线性函数，因此 $f_{\boldsymbol{\alpha}}$ 是 V 上线性函数，在基 M 下的矩阵为 $\boldsymbol{X}$.

(2) 将 V 中每个向量用它在 M 下的坐标表示，V 上每个线性函数 $f\in V^*$ 用它在 M 下的矩阵表示，从而将 V，V^* 分别用列向量空间 $\mathbf{R}^{n\times1}$ 和行向量空间 $\mathbf{R}^{1\times n}$ 表示. 设 $\boldsymbol{\alpha}\in V$ 在 M 下的坐标为 $\boldsymbol{X}$，则 $f_{\boldsymbol{\alpha}}$ 在 M 下的矩阵为 $\boldsymbol{X}^{\mathrm{T}}$，映射 σ：$V\to V^*$，$\boldsymbol{\alpha}\mapsto f_{\boldsymbol{\alpha}}$ 被表示为 $\sigma':\mathbf{R}^{n\times1}\to\mathbf{R}^{1\times n}$，$\boldsymbol{X}\mapsto\boldsymbol{X}^{\mathrm{T}}$. 显然 $\boldsymbol{X}\mapsto\boldsymbol{X}^{\mathrm{T}}$ 是 $\mathbf{R}^{n\times1}$ 到 $\mathbf{R}^{1\times n}$ 的同构映射，因此 σ 是 V 到 V^* 的同构映射.

(3) 设 $f\in V^*$ 在 M 下的矩阵 $\boldsymbol{A}=(f(\boldsymbol{\alpha}_1),\cdots,f(\boldsymbol{\alpha}_n))$，取 $\boldsymbol{\alpha}=f(\boldsymbol{\alpha}_1)\boldsymbol{\alpha}_1+\cdots+f(\boldsymbol{\alpha}_n)\boldsymbol{\alpha}_n$，则对任意 $\boldsymbol{\beta}=x_1\boldsymbol{\alpha}_1+\cdots+x_n\boldsymbol{\alpha}_n\in V$，有

$$f(\boldsymbol{\beta})=x_1f(\boldsymbol{\alpha}_1)+\cdots+x_nf(\boldsymbol{\alpha}_n),$$
$$(\boldsymbol{\alpha},\boldsymbol{\beta})=(f(\boldsymbol{\alpha}_1)\boldsymbol{\alpha}_1+\cdots+f(\boldsymbol{\alpha}_n)\boldsymbol{\alpha}_n,x_1\boldsymbol{\alpha}_1+\cdots+x_n\boldsymbol{\alpha}_n)$$
$$=f(\boldsymbol{\alpha}_1)x_1+\cdots+f(\boldsymbol{\alpha}_n)x_n,$$

可见 $f(\boldsymbol{\beta})=(\boldsymbol{\alpha},\boldsymbol{\beta})$ 对任意 $\boldsymbol{\beta}\in V$ 成立. □

由于定理 9.5.6 中所说的映射 $\sigma:V\to V^*$，$\boldsymbol{\alpha}\mapsto f_{\boldsymbol{\alpha}}$（其中 $f_{\boldsymbol{\alpha}}(\boldsymbol{\beta})=(\boldsymbol{\alpha},\boldsymbol{\beta})$）是 V 到 V^* 的同构映射，σ 将 V 的任意一组基 $M=\{\boldsymbol{\alpha}_1,\cdots,\boldsymbol{\alpha}_n\}$ 映到 V^* 的一组基 $M'=\{f_{\boldsymbol{\alpha}_1},\cdots,f_{\boldsymbol{\alpha}_n}\}$，也称 M' 是 M 关于 V 的内积的对偶基. 如果 M 是 V 的标准正交基，则 M' 中的每个基向量 $f_{\boldsymbol{\alpha}_i}$ 将 $\boldsymbol{\alpha}_j\mapsto(\boldsymbol{\alpha}_i,\boldsymbol{\alpha}_j)=0(\forall j\neq i)$，而 $f(\boldsymbol{\alpha}_i)=(\boldsymbol{\alpha}_i,\boldsymbol{\alpha}_i)=1$. 此时 M' 就是将 V 作为一般的线性空间时 M 的对偶基.

现在可以通过几何的方式证明关于伴随变换的命题 9.5.1.

命题 9.5.1 的几何证法

设 $\mathscr{A}$ 是欧氏空间 V 上的线性变换. 我们要证明存在 V 上唯一的线性变换 $\mathscr{A}^*$, 使

$$(\mathscr{A}(\boldsymbol{\alpha}),\boldsymbol{\beta})=(\boldsymbol{\alpha},\mathscr{A}^*(\boldsymbol{\beta})),\quad \forall\,\boldsymbol{\alpha},\ \boldsymbol{\beta}\in V \tag{9.5.6}$$

并且证明 $\mathscr{A}$, $\mathscr{A}^*$ 在同一组标准正交基下的矩阵互为转置.

对任意 $\boldsymbol{\beta}\in V$ 记 $f_{\boldsymbol{\beta}}:V\to\mathbf{R}$, $\boldsymbol{\alpha}\mapsto(\boldsymbol{\beta},\boldsymbol{\alpha})$, 则对每个 $\boldsymbol{\beta}\in V$, 映射 $f:V\to\mathbf{R}$, $\boldsymbol{\alpha}\mapsto(\boldsymbol{\beta},\mathscr{A}(\boldsymbol{\alpha}))$是两个线性映射 $\mathscr{A}:V\to V$ 与 $V\to\mathbf{R}$, $\boldsymbol{\beta}\mapsto(\boldsymbol{\beta},\boldsymbol{\alpha})$的复合映射, 因此是 V 到 F 的线性映射, 即 V 上的线性函数. 由定理 9.5.6 知存在唯一的向量 $\tilde{\boldsymbol{\beta}}\in V$ 使 $f=f_{\tilde{\boldsymbol{\beta}}}$, 也就是$(\boldsymbol{\beta},\mathscr{A}(\boldsymbol{\alpha}))=f(\boldsymbol{\alpha})=(\tilde{\boldsymbol{\beta}},\boldsymbol{\alpha})$对所有的 $\boldsymbol{\alpha}\in V$ 成立.

对给定的 $\mathscr{A}$, $\tilde{\boldsymbol{\beta}}$ 由 $\boldsymbol{\beta}$ 唯一决定, 因此 $\mathscr{A}$ 决定了 V 上一个变换 $\mathscr{A}^*:\boldsymbol{\beta}\mapsto\tilde{\boldsymbol{\beta}}$, 满足条件

$$(\boldsymbol{\beta},\mathscr{A}(\boldsymbol{\alpha}))=(\mathscr{A}^*(\boldsymbol{\beta}),\boldsymbol{\alpha}),\quad \forall\,\boldsymbol{\alpha}\in V$$

对任意 $\boldsymbol{\beta}_1$, $\boldsymbol{\beta}_2\in V$ 和 c_1, $c_2\in\mathbf{R}$, 由

$$(\mathscr{A}^*(c_1\boldsymbol{\beta}_1+c_2\boldsymbol{\beta}_2),\boldsymbol{\alpha})=(c_1\boldsymbol{\beta}_1+c_2\boldsymbol{\beta}_2,\mathscr{A}(\boldsymbol{\alpha}))=c_1(\boldsymbol{\beta}_1,\mathscr{A}(\boldsymbol{\alpha}))+c_2(\boldsymbol{\beta}_2,\mathscr{A}(\boldsymbol{\alpha}))$$
$$=c_1(\mathscr{A}^*(\boldsymbol{\beta}_1),\boldsymbol{\alpha})+c_2(\mathscr{A}^*(\boldsymbol{\beta}_2),\boldsymbol{\alpha})=(c_1\mathscr{A}^*(\boldsymbol{\beta}_1)+c_2\mathscr{A}^*(\boldsymbol{\beta}_2),\boldsymbol{\alpha})\quad(\forall\,\boldsymbol{\alpha}\in V)$$

得

$$\mathscr{A}^*(c_1\boldsymbol{\beta}_1+c_2\boldsymbol{\beta}_2)=c_1\mathscr{A}^*(\boldsymbol{\beta}_1)+c_2\mathscr{A}^*(\boldsymbol{\beta}_2)$$

这说明了 $\mathscr{A}^*$ 是 V 上的线性变换, 满足条件

$(\mathscr{A}^*(\boldsymbol{\beta}),\boldsymbol{\alpha})=(\boldsymbol{\beta},\mathscr{A}(\boldsymbol{\alpha}))$即$(\mathscr{A}(\boldsymbol{\alpha}),\boldsymbol{\beta})=(\boldsymbol{\alpha},\mathscr{A}^*(\boldsymbol{\beta}))$, $\forall\,\boldsymbol{\alpha}$, $\boldsymbol{\beta}\in V$,

设 $\mathscr{A}$, $\mathscr{A}^*$ 在标准正交基 M 下的矩阵分别是 $\boldsymbol{A}$, $\boldsymbol{B}$, 向量 $\boldsymbol{\alpha}$, $\boldsymbol{\beta}\in V$ 在 M 下的坐标分别是 $\boldsymbol{X}$, $\boldsymbol{Y}$, 则等式(9.5.6)成为

$$\boldsymbol{X}^{\mathrm{T}}\boldsymbol{A}\boldsymbol{Y}=(\boldsymbol{B}\boldsymbol{X})^{\mathrm{T}}\boldsymbol{Y}=\boldsymbol{X}^{\mathrm{T}}\boldsymbol{B}^{\mathrm{T}}\boldsymbol{Y},\quad \forall\,\boldsymbol{X},\boldsymbol{Y}\in\mathbf{R}^{n\times1}$$

这说明了 $\boldsymbol{B}^{\mathrm{T}}=\boldsymbol{A},\boldsymbol{B}=\boldsymbol{A}^{\mathrm{T}}$. □

习 题 9.5

1. 利用伴随变换的定义证明伴随变换的如下性质:

(1) $(\mathscr{A}+\mathscr{B})^*=\mathscr{A}^*+\mathscr{B}^*$; (2) $(\lambda\mathscr{A})^*=\lambda\mathscr{A}^*$, $\forall\,\lambda\in\mathbf{R}$; (3) $(\mathscr{A}\mathscr{B})^*=\mathscr{B}^*\mathscr{A}^*$.

2. 设 $\boldsymbol{A}$ 是 n 阶反对称实方阵.

(1) 求证: $\boldsymbol{A}^2$ 的特征值都是实数且$\leqslant 0$;

(2) 设 $\boldsymbol{X}_1$ 是 $\boldsymbol{A}^2$ 的属于特征值 λ_1 的特征向量. 则当 $\lambda_1=0$ 时 $\boldsymbol{A}\boldsymbol{X}_1=\boldsymbol{0}$; 当 $\lambda_1\neq0$ 时 $W=V(\boldsymbol{X}_1,\boldsymbol{A}\boldsymbol{X}_1)$是 $\mathscr{A}:\boldsymbol{X}\mapsto\boldsymbol{A}\boldsymbol{X}$ 的不变子空间, $\mathscr{A}|_W$ 在 W 的任何一组标准正交基下的矩阵为$\begin{pmatrix}0 & b_1\\ -b_1 & 0\end{pmatrix}$, 其中$\pm b_1\mathrm{i}$ 是 $\mathscr{A}|_W$ 的特征值且 $\lambda_1=-b_1^2$.

3. 设 $\boldsymbol{A}=\begin{pmatrix}0&1&1&1\\-1&0&1&1\\-1&-1&0&1\\-1&-1&-1&0\end{pmatrix}$. 求正交方阵 $\boldsymbol{P}$ 使 $\boldsymbol{P}^{-1}\boldsymbol{AP}$ 为标准形.（提示:利用第2题的结论).

4. 证明：n 维欧氏空间 V 的线性变换 $\mathscr{A}$ 的不变子空间 W 的正交补 $W^{\perp}$ 是 $\mathscr{A}$ 的伴随变换 $\mathscr{A}^*$ 的不变子空间.

5. 设 $\mathscr{A}$ 是 n 维欧氏空间 V 的线性变换，$\mathscr{A}^*$ 是 $\mathscr{A}$ 的伴随变换. 证明：$\mathrm{Im}\,\mathscr{A}^*$ 是 $\mathrm{Ker}\,\mathscr{A}$ 的正交补.

6. 证明：$\mathscr{A}$ 是规范变换$\Leftrightarrow |\mathscr{A}(\boldsymbol{\alpha})|=|\mathscr{A}^*(\boldsymbol{\alpha})|$ 对所有的 $\boldsymbol{\alpha}\in V$ 成立.

7. 举出这样的实方阵 $\boldsymbol{A}$，$\boldsymbol{A}$ 不是规范方阵，但 $\boldsymbol{A}^2$ 是规范方阵.

8. 方阵 $\boldsymbol{A}$ 与 $\boldsymbol{A}^{\mathrm{T}}\boldsymbol{A}$ 可交换，这样的方阵 $\boldsymbol{A}$ 是否一定是规范的？

9. 实数域 $\mathbf{R}$ 上全体 n 阶方阵构成 $\mathbf{R}$ 上 n^2 维线性空间 $V=\mathbf{R}^{n\times n}$，在 V 中定义了内积 $(\boldsymbol{X},\boldsymbol{Y})=\mathrm{tr}(\boldsymbol{XY}^{\mathrm{T}})$ 之后成为欧氏空间. 对 V 上如下的线性函数 f，求 $\boldsymbol{B}\in V$ 使 $f(\boldsymbol{X})=(\boldsymbol{X},\boldsymbol{B})$.

（1）$f(\boldsymbol{X})=\mathrm{tr}\boldsymbol{X}$；

（2）对给定的 $\boldsymbol{A}$，$\boldsymbol{D}\in\mathbf{R}^{n\times n}$，$f(\boldsymbol{X})=\mathrm{tr}(\boldsymbol{AXD})$；

（3）对给定的 $\boldsymbol{A}$，$\boldsymbol{D}\in\mathbf{R}^{n\times n}$，$f(\boldsymbol{X})=\mathrm{tr}(\boldsymbol{AX}-\boldsymbol{XD})$；

（4）对给定的 $\boldsymbol{\alpha}$，$\boldsymbol{\beta}\in\mathbf{R}^{1\times n}$，$f(\boldsymbol{X})=\boldsymbol{\alpha X\beta}^{\mathrm{T}}$.

§9.6 酉 空 间

我们尝试将内积推广到复数域 $\mathbf{C}$ 上的线性空间 V.

比如，先直接考虑 $\mathbf{C}$ 上的列向量空间 $V=\mathbf{C}^{n\times 1}$. 仿照欧氏空间的情形，似乎仍可以选一个对称方阵 $\boldsymbol{S}$，对任意 $\boldsymbol{X}$，$\boldsymbol{Y}$ 定义

$$(\boldsymbol{X},\boldsymbol{Y})=\boldsymbol{X}^{\mathrm{T}}\boldsymbol{SY}$$

最简单地是选 $\boldsymbol{S}=\boldsymbol{I}$，对 $\boldsymbol{X}=(x_1,\cdots,x_n)$，$\boldsymbol{Y}=(y_1,\cdots,y_n)\in V$ 直接定义

$$(\boldsymbol{X},\boldsymbol{Y})=\boldsymbol{X}^{\mathrm{T}}\boldsymbol{Y}=x_1y_1+\cdots+x_ny_n \tag{9.6.1}$$

则内积的双线性性和对称性仍然满足. 但是，对于任意的非零复向量 $\boldsymbol{X}$，

$$(\boldsymbol{X},\boldsymbol{X})=x_1^2+\cdots+x_n^2 \tag{9.6.2}$$

不一定是实数，更不一定$\geqslant 0$. 将(9.6.1)稍加修改为

$$(\boldsymbol{X},\boldsymbol{Y})=\overline{\boldsymbol{X}}^{\mathrm{T}}\boldsymbol{Y}=\bar{x}_1y_1+\cdots+\bar{x}_ny_n \tag{9.6.1$'$}$$

则(9.6.2)变为

$$(\boldsymbol{X},\boldsymbol{X})=\bar{x}_1x_1+\cdots+\bar{x}_nx_n=|x_1|^2+\cdots+|x_n|^2>0 \tag{9.6.2$'$}$$

这里的关键是在(9.6.1)中将 $\boldsymbol{X}$ 的每个坐标 x_i 换成它的共轭 $\bar{x}_i$. 这样，(9.6.2)中的复数的平方 x_i^2 就换成了 $\bar{x}_ix_i=|x_i|^2$，成为 x_i 的模的平方，仍能保证正定性：当 $\boldsymbol{X}\neq\boldsymbol{0}$ 时 $(\boldsymbol{X},\boldsymbol{X})$ 是正实数. 但这就导致了欧氏空间对内积的前两

条要求：双线性性和对称性都需要作调整．我们有：

定义 9.6.1 设在复数域 $\mathbf{C}$ 上线性空间 V 上定义了 2 元复函数，将每一对向量 $\boldsymbol{\alpha}$，$\boldsymbol{\beta}$ 对应到一个复数$(\boldsymbol{\alpha},\boldsymbol{\beta})$，并且满足如下条件：

(1)（共轭双线性）$(\boldsymbol{\alpha}_1+\boldsymbol{\alpha}_2,\boldsymbol{\beta})=(\boldsymbol{\alpha}_1,\boldsymbol{\beta})+(\boldsymbol{\alpha}_2,\boldsymbol{\beta})$，$(\lambda\boldsymbol{\alpha}_1,\boldsymbol{\beta})=\bar{\lambda}(\boldsymbol{\alpha}_1,\boldsymbol{\beta})$

$$(\boldsymbol{\beta},\boldsymbol{\alpha}_1+\boldsymbol{\alpha}_2)=(\boldsymbol{\beta},\boldsymbol{\alpha}_1)+(\boldsymbol{\beta},\boldsymbol{\alpha}_2),\ (\boldsymbol{\beta},\lambda\boldsymbol{\alpha}_1)=\lambda(\boldsymbol{\beta},\boldsymbol{\alpha}_1)$$

对任意 $\boldsymbol{\alpha}_1$，$\boldsymbol{\alpha}_2$，$\boldsymbol{\beta}\in V$ 和 $\lambda\in F$ 成立；

(2)（共轭对称性）$(\boldsymbol{\alpha},\boldsymbol{\beta})=\overline{(\boldsymbol{\beta},\boldsymbol{\alpha})}$对任意 $\boldsymbol{\alpha}$，$\boldsymbol{\beta}\in V$ 成立；

(3)（正定性）$(\boldsymbol{\alpha},\boldsymbol{\alpha})>0$ 对任意$\mathbf{0}\neq\boldsymbol{\alpha}\in V$ 成立，

就称$(\boldsymbol{\alpha},\boldsymbol{\beta})$为**内积**(inner product)，$V$ 为**酉空间**(unitary space)．

例 1 设 V 是复数域上 n 维数组空间 $\mathbf{C}^n$．对 $\boldsymbol{X}=(x_1,\cdots,x_n)$，$\boldsymbol{Y}=(y_1,\cdots,y_n)$定义

$$(\boldsymbol{X},\boldsymbol{Y})=\bar{x}_1y_1+\cdots+\bar{x}_ny_n$$

则$(\boldsymbol{X},\boldsymbol{Y})$是内积，$\mathbf{C}^n$ 成为酉空间．

特别如果将 $\mathbf{C}^n$ 写成列向量空间 $\mathbf{C}^{n\times 1}$，则内积就是$(\boldsymbol{X},\boldsymbol{Y})=\overline{\boldsymbol{X}}^{\mathrm{T}}\boldsymbol{Y}$；如果将 $\mathbf{C}^n$ 写成行向量空间 $\mathbf{C}^{1\times n}$，则内积就是$(\boldsymbol{X},\boldsymbol{Y})=\overline{\boldsymbol{X}}\boldsymbol{Y}^{\mathrm{T}}$． □

酉空间的内积的很多性质与欧氏空间类似．但是有以下两点需要注意：

1. 将系数 λ 从内积$(\lambda\boldsymbol{\alpha},\boldsymbol{\beta})$中的第一个向量中提出来，需要用共轭作用：$(\lambda\boldsymbol{\alpha},\boldsymbol{\beta})=\bar{\lambda}(\boldsymbol{\alpha},\boldsymbol{\beta})$；而从第二个向量中提出来，则不需要共轭：$(\boldsymbol{\alpha},\lambda\boldsymbol{\beta})=\lambda(\boldsymbol{\alpha},\boldsymbol{\beta})$．

2. 内积$(\boldsymbol{\alpha},\boldsymbol{\beta})$中的两个向量交换位置，需要用共轭作用：$(\boldsymbol{\alpha},\boldsymbol{\beta})=\overline{(\boldsymbol{\beta},\boldsymbol{\alpha})}$．而$(\boldsymbol{\alpha},\boldsymbol{\alpha})=\overline{(\boldsymbol{\alpha},\boldsymbol{\alpha})}$恰说明$(\boldsymbol{\alpha},\boldsymbol{\alpha})$是实数．

与欧氏空间类似，有$(\mathbf{0},\boldsymbol{\alpha})=(0\,\mathbf{0},\boldsymbol{\alpha})=0(\mathbf{0},\boldsymbol{\alpha})=0$．特别$(\mathbf{0},\mathbf{0})=0$．因此，内积的正定性也可以叙述为：

$(\boldsymbol{\alpha},\boldsymbol{\alpha})\geqslant 0$ 对任意 $\boldsymbol{\alpha}\in V$ 成立，其中等号成立仅当 $\boldsymbol{\alpha}=\mathbf{0}$．

由内积的正定性可以定义任意向量 $\boldsymbol{\alpha}$ 的长度 $|\boldsymbol{\alpha}|=\sqrt{(\boldsymbol{\alpha},\boldsymbol{\alpha})}$．则 $|\boldsymbol{\alpha}|\geqslant 0$，且 $|\boldsymbol{\alpha}|=0\Leftrightarrow\boldsymbol{\alpha}=\mathbf{0}$．

长度为 1 的向量称为**单位向量**(unit vector)．对任意 $\boldsymbol{\alpha}\neq\mathbf{0}$，$\boldsymbol{\alpha}_0=\dfrac{1}{|\boldsymbol{\alpha}|}\boldsymbol{\alpha}$ 是与 $\boldsymbol{\alpha}$ 方向相同的单位向量．

仍有 Cauchy-Schwarz 不等式，不过要稍加修改：

定理 9.6.1 (Cauchy-Schwarz 不等式)对酉空间 V 中任意 $\boldsymbol{\alpha}$，$\boldsymbol{\beta}\in V$，

$$|(\boldsymbol{\alpha},\boldsymbol{\beta})|^2\leqslant(\boldsymbol{\alpha},\boldsymbol{\alpha})(\boldsymbol{\beta},\boldsymbol{\beta})$$

成立，其中的等号仅当 $\boldsymbol{\alpha}$，$\boldsymbol{\beta}$ 线性相关时成立．

证明 只需考虑 $\boldsymbol{\alpha}\neq\mathbf{0}$ 的情形．由内积的正定性得

$$(-(\boldsymbol{\alpha},\boldsymbol{\beta})\boldsymbol{\alpha}+(\boldsymbol{\alpha},\boldsymbol{\alpha})\boldsymbol{\beta},-(\boldsymbol{\alpha},\boldsymbol{\beta})\boldsymbol{\alpha}+(\boldsymbol{\alpha},\boldsymbol{\alpha})\boldsymbol{\beta})\geqslant 0$$

展开得

$$\overline{(\boldsymbol{\alpha},\boldsymbol{\beta})}(\boldsymbol{\alpha},\boldsymbol{\beta})(\boldsymbol{\alpha},\boldsymbol{\alpha})-(\boldsymbol{\alpha},\boldsymbol{\alpha})(\boldsymbol{\alpha},\boldsymbol{\beta})(\boldsymbol{\beta},\boldsymbol{\alpha})-\overline{(\boldsymbol{\alpha},\boldsymbol{\beta})}(\boldsymbol{\alpha},\boldsymbol{\alpha})(\boldsymbol{\alpha},\boldsymbol{\beta})+$$
$$(\boldsymbol{\alpha},\boldsymbol{\alpha})^2(\boldsymbol{\beta},\boldsymbol{\beta})\geqslant 0$$

两边同除以正实数$(\boldsymbol{\alpha},\boldsymbol{\alpha})$，并注意到$\overline{(\boldsymbol{\alpha},\boldsymbol{\beta})}(\boldsymbol{\alpha},\boldsymbol{\beta})=|(\boldsymbol{\alpha},\boldsymbol{\beta})|^2$，$(\boldsymbol{\alpha},\boldsymbol{\beta})(\boldsymbol{\beta},\boldsymbol{\alpha})=(\boldsymbol{\alpha},\boldsymbol{\beta})\overline{(\boldsymbol{\alpha},\boldsymbol{\beta})}=|(\boldsymbol{\alpha},\boldsymbol{\beta})|^2$，得

$$(\boldsymbol{\alpha},\boldsymbol{\alpha})(\boldsymbol{\beta},\boldsymbol{\beta})\geqslant|(\boldsymbol{\alpha},\boldsymbol{\beta})|^2$$

等号成立仅当$-(\boldsymbol{\alpha},\boldsymbol{\beta})\boldsymbol{\alpha}+(\boldsymbol{\alpha},\boldsymbol{\alpha})\boldsymbol{\beta}=\mathbf{0}$，$\boldsymbol{\alpha}$，$\boldsymbol{\beta}$线性相关. □

将定理 9.6.1 应用到例 1 中，得到

$$|\bar{x}_1y_1+\cdots+\bar{x}_ny_n|^2\leqslant(|x_1|^2+\cdots+|x_n|^2)(|y_1|^2+\cdots+|y_n|^2)$$

对任意复数 x_i，$y_i(1\leqslant i\leqslant n)$成立.

由 Cauchy-Schwarz 不等式得到

推论 9.6.1（三角形不等式） 对欧氏空间 V 中任意向量 $\boldsymbol{\alpha}$，$\boldsymbol{\beta}$，有

$$|\boldsymbol{\alpha}+\boldsymbol{\beta}|\leqslant|\boldsymbol{\alpha}|+|\boldsymbol{\beta}|.\quad\square$$

在酉空间中不能像欧氏空间中那样定义任意两个向量的夹角，但可以定义正交：

对酉空间 V 中任意向量 $\boldsymbol{\alpha}$，$\boldsymbol{\beta}$，如果$(\boldsymbol{\alpha},\boldsymbol{\beta})=0$，就称 $\boldsymbol{\alpha}$，$\boldsymbol{\beta}$ 正交，记为 $\boldsymbol{\alpha}\perp\boldsymbol{\beta}$.

注意 虽然一般来说$(\boldsymbol{\alpha},\boldsymbol{\beta})$与$(\boldsymbol{\beta},\boldsymbol{\alpha})$不一定相等，但$(\boldsymbol{\alpha},\boldsymbol{\beta})=0\Leftrightarrow(\boldsymbol{\beta},\boldsymbol{\alpha})=0$，也就是说，正交关系是对称的：$\boldsymbol{\alpha}\perp\boldsymbol{\beta}\Leftrightarrow\boldsymbol{\beta}\perp\boldsymbol{\alpha}$.

与欧氏空间类似，在酉空间中也可以证明：两两正交的非零向量线性无关.

与欧氏空间类似，在酉空间中也可以用坐标表示内积. 具体做法如下：

由内积的共轭双线性性可以推出：对酉空间 V 中任意一组向量 $\boldsymbol{\alpha}_i$，$\boldsymbol{\beta}_j$ 和一组复数 x_i，y_j，$(1\leqslant i\leqslant k,1\leqslant j\leqslant m)$，有

$$\left(\sum_{i=1}^{k}x_i\boldsymbol{\alpha}_i,\sum_{j=1}^{m}y_j\boldsymbol{\beta}_j\right)=\sum_{i=1}^{k}\sum_{j=1}^{m}\bar{x}_iy_j(\boldsymbol{\alpha}_i,\boldsymbol{\beta}_j)$$

特别，取 V 的任意一组基 $M=\{\boldsymbol{\alpha}_1,\cdots,\boldsymbol{\alpha}_n\}$，设 $\boldsymbol{\alpha}$，$\boldsymbol{\beta}$ 在这组基 M 下的坐标分别是

$$\boldsymbol{X}=(x_1,\cdots,x_n)^{\mathrm{T}},\ \boldsymbol{Y}=(y_1,\cdots,y_n)^{\mathrm{T}}$$

则

$$(\boldsymbol{\alpha},\boldsymbol{\beta})=\left(\sum_{i=1}^{n}x_i\boldsymbol{\alpha}_i,\sum_{j=1}^{n}y_j\boldsymbol{\alpha}_j\right)=\sum_{1\leqslant i,j\leqslant n}\bar{x}_iy_j(\boldsymbol{\alpha}_i,\boldsymbol{\alpha}_j)=\overline{\boldsymbol{X}}^{\mathrm{T}}\boldsymbol{A}\boldsymbol{Y}\qquad(9.6.3)$$

其中 $\boldsymbol{A}=(a_{ij})_{n\times n}$，$a_{ij}=(\boldsymbol{\alpha}_i,\boldsymbol{\alpha}_j)$，$\forall 1\leqslant i,\ j\leqslant n$.

对任意复矩阵 $\boldsymbol{B}$，我们将 $\boldsymbol{B}$ 的共轭转置 $\overline{\boldsymbol{B}}^{\mathrm{T}}$ 记为 $\boldsymbol{B}^*$. 则(9.6.3)就成为

$$(\boldsymbol{\alpha},\boldsymbol{\beta})=\boldsymbol{X}^*\boldsymbol{A}\boldsymbol{Y}\qquad(9.6.3')$$

由 $\boldsymbol{B}^*$ 的定义 $\boldsymbol{B}^*=\overline{\boldsymbol{B}}^{\mathrm{T}}$ 容易验证

$$(\boldsymbol{B}^*)^*=\boldsymbol{B},\quad (\boldsymbol{B}_1\boldsymbol{B}_2)^*=\boldsymbol{B}_2^*\boldsymbol{B}_1^*$$

对任意复矩阵 $\boldsymbol{B}$, $\boldsymbol{B}_1$, $\boldsymbol{B}_2$ 成立(当然要求乘法 $\boldsymbol{B}_1\boldsymbol{B}_2$ 有意义.)

(9.6.3)中的矩阵 $\boldsymbol{A}$ 是由基 M 中的向量两两的内积组成的矩阵，称为内积 $(\boldsymbol{\alpha},\boldsymbol{\beta})$ 在基 M 下的**度量矩阵**(metric matrix)，也称为 Gram 方阵.

由于内积的共轭对称性，$a_{ij}=(\boldsymbol{\alpha}_i,\boldsymbol{\alpha}_j)=\overline{(\boldsymbol{\alpha}_j,\boldsymbol{\alpha}_i)}=\bar{a}_{ji}$，度量矩阵 $\boldsymbol{A}$ 满足条件 $\boldsymbol{A}^*=\boldsymbol{A}$，满足这样的条件的复方阵称为**Hermite 方阵**(Hermitian matrix).

由于内积的正定性，$\boldsymbol{X}^*\boldsymbol{AX}>0$ 对所有 $\boldsymbol{X}\neq\boldsymbol{0}$ 成立，满足这样的条件的 Hermite 方阵 $\boldsymbol{A}$ 称为**正定的**(positive definite)，记为 $\boldsymbol{A}>0$. 满足条件 $\boldsymbol{X}^*\boldsymbol{AX}\geqslant 0$ ($\forall \boldsymbol{X}\neq\boldsymbol{0}$)的Hermite 方阵称为**半正定的**(semi-positive definite)，记为 $\boldsymbol{A}\geqslant 0$ 类似地，对所有的 $\boldsymbol{X}\neq\boldsymbol{0}$ 满足条件 $\boldsymbol{X}^*\boldsymbol{AX}<0$(或 $\boldsymbol{X}^*\boldsymbol{AX}\leqslant 0$)的 Hermite 方阵 $\boldsymbol{A}$ 称为**负定的**(negative definite)(或**半负定的**(semi-negative))，记为 $\boldsymbol{A}<0$(或 $\boldsymbol{A}\leqslant 0$).

设 M, M_1 是酉空间 V 的两组不同的基，从 M 到 M_1 的过渡矩阵是 $\boldsymbol{P}$. 设 $\boldsymbol{A}$, $\boldsymbol{B}$ 分别是 V 的内积在基 M, M_1 下的过渡矩阵. 我们来求 $\boldsymbol{A}$, $\boldsymbol{B}$ 之间的关系. 设 $\boldsymbol{\alpha}$, $\boldsymbol{\beta}\in V$ 在基 M_1 下的坐标分别是 $\boldsymbol{X}$, $\boldsymbol{Y}$，则

$$(\boldsymbol{\alpha},\boldsymbol{\beta})=\boldsymbol{X}^*\boldsymbol{BY}$$

另一方面，$\boldsymbol{\alpha}$, $\boldsymbol{\beta}$ 在基 M 下的坐标分别是 $\boldsymbol{PX}$, $\boldsymbol{PY}$，于是又有

$$(\boldsymbol{\alpha},\boldsymbol{\beta})=(\boldsymbol{PX})^*\boldsymbol{A}(\boldsymbol{PY})=\boldsymbol{X}^*\boldsymbol{P}^*\boldsymbol{APY}$$

因此，$\boldsymbol{X}^*\boldsymbol{BY}=\boldsymbol{X}^*(\boldsymbol{P}^*\boldsymbol{AP})\boldsymbol{Y}$ 对所有的 $\boldsymbol{X}$, $\boldsymbol{Y}\in\mathbf{C}^{n\times 1}$成立. 这说明了 $\boldsymbol{B}=\boldsymbol{P}^*\boldsymbol{AP}$.

一般地，如果对同阶复方阵 $\boldsymbol{A}$, $\boldsymbol{B}$ 存在可逆复方阵 $\boldsymbol{P}$ 使 $\boldsymbol{B}=\boldsymbol{P}^*\boldsymbol{AP}$ 成立，就称 $\boldsymbol{A}$, $\boldsymbol{B}$ **共轭相合**(conjunctive matrices). 前面所得的结论就是:

酉空间的同一内积在不同的基下的度量矩阵共轭相合.

如果酉空间的内积在某一组基 $M=\{\boldsymbol{\beta}_1,\cdots,\boldsymbol{\beta}_n\}$ 下的度量矩阵为单位矩阵 $\boldsymbol{I}$，也就是$(\boldsymbol{\beta}_i,\boldsymbol{\beta}_j)=0$($\forall i\neq j$)且$(\boldsymbol{\beta}_i,\boldsymbol{\beta}_j)=1$($\forall 1\leqslant i\leqslant n$)，就称 M 是标准正交基.

与欧氏空间类似，酉空间中的任意一组基可以通过 Gram-Schmidt 正交化或者通过度量矩阵的共轭相合改造成一组标准正交基. 这样就得到

定理 9.6.2 酉空间存在标准正交基. 任一组两两正交的单位向量可以扩充为标准正交基. □

定理 9.6.3 任一正定的 Hermite 方阵 $\boldsymbol{H}$ 可以通过上三角形可逆方阵 $\boldsymbol{T}$ 共轭相合于单位矩阵:

$$\boldsymbol{T}^*\boldsymbol{HT}=\boldsymbol{I}\quad\square$$

定理 9.6.4 酉空间中两组标准正交基之间的过渡矩阵 $\boldsymbol{P}$ 满足条件 $\boldsymbol{P}^*\boldsymbol{P}=\boldsymbol{I}$. □

定义 9.6.2 如果复方阵 $\boldsymbol{U}$ 满足条件 $\boldsymbol{U}^*\boldsymbol{U}=\boldsymbol{I}$，即 $\boldsymbol{U}^*=\boldsymbol{U}^{-1}$，就称 $\boldsymbol{U}$ 为

酉方阵(unitary matrix). □

这样，定理 9.6.4 就可以重新叙述为：

酉空间中标准正交基之间的过渡矩阵是酉方阵.

容易看出：

定理 9.6.5　U 是酉方阵$\Leftrightarrow U$ 的列向量构成 $\mathbf{C}^{n\times 1}$ 在标准内积下的一组标准正交基$\Leftrightarrow U$ 的行向量构成 $\mathbf{C}^{1\times n}$ 在标准内积下的一组标准正交基. □

习　题　9.6

1. 在复数域上 2 维数组空间 $\mathbf{C}^2$ 上定义函数

$$f(\boldsymbol{X},\boldsymbol{Y})=ax_1\bar{y}_1+bx_1\bar{y}_2+cx_2\bar{y}_1+dx_2\bar{y}_2$$

当复数 a，b，c，d 满足什么样的条件时，f 是 $\mathbf{C}^2$ 上的内积.

2. 在复数域 $\mathbf{C}$ 上 3 维行向量空间 $V=\mathbf{C}^{1\times 3}$ 中定义标准内积$(\boldsymbol{X},\boldsymbol{Y})=\boldsymbol{X}\boldsymbol{Y}^*$ 使 V 成为酉空间. 对向量组 $\boldsymbol{\alpha}_1=(1,\mathrm{i},0)$，$\boldsymbol{\alpha}_2=(1,1+\mathrm{i},1-\mathrm{i})$，$\boldsymbol{\alpha}_3=(0,\mathrm{i},1)$ 作正交化求出 V 的一组标准正交基.

3. 证明：酉空间 V 中的向量 $\boldsymbol{\alpha}$，$\boldsymbol{\beta}$ 正交的充分必要条件是，对任意复数 x，y，$|x\boldsymbol{\alpha}+y\boldsymbol{\beta}|^2=|x\boldsymbol{\alpha}|^2+|y\boldsymbol{\beta}|^2$ 成立.

4. 在 $m\times n$ 复矩阵构成的复线性空间 $V=\mathbf{C}^{m\times n}$ 上定义函数 $f(\boldsymbol{X},\boldsymbol{Y})=\mathrm{tr}(\boldsymbol{X}\boldsymbol{Y}^*)$，求证：

(1) f 是内积，$\mathbf{C}^{m\times n}$ 在 f 下成为酉空间；

(2) 如果 $\boldsymbol{U}_1$，$\boldsymbol{U}_2$ 分别是 m 阶、n 阶酉方阵，则 V 上的线性变换 $\boldsymbol{X}\mapsto \boldsymbol{U}_1\boldsymbol{X}\boldsymbol{U}_2$ 是酉变换.

5. 在 n 阶复方阵构成的复线性空间 $V=\mathbf{C}^{n\times n}$ 中定义内积$(\boldsymbol{X},\boldsymbol{Y})=\mathrm{tr}(\boldsymbol{X}\boldsymbol{Y}^*)$. 求 V 中所有的对角矩阵构成的子空间 W 的正交补.

6. 若 $A\in\mathbf{C}^{m\times n}$，证明：$\mathrm{rank}\,\boldsymbol{A}=\mathrm{rank}\,\boldsymbol{A}^*\boldsymbol{A}$；特别，$\boldsymbol{A}^*\boldsymbol{A}=\boldsymbol{0}\Leftrightarrow\boldsymbol{A}=\boldsymbol{0}$.

7. 复方阵 $\boldsymbol{U}=\boldsymbol{A}+\mathrm{i}\boldsymbol{B}$，其中 $\boldsymbol{A}$，$\boldsymbol{B}$ 是实方阵. 求证：$\boldsymbol{U}$ 是酉方阵的充分必要条件是，$\boldsymbol{A}^{\mathrm{T}}\boldsymbol{B}$ 对称，且 $\boldsymbol{A}^{\mathrm{T}}\boldsymbol{A}+\boldsymbol{B}^{\mathrm{T}}\boldsymbol{B}=\boldsymbol{I}$.

§9.7　复方阵的酉相似

我们知道：酉空间 V 中任意两组标准正交基 M_0，M 之间的过渡方阵 $\boldsymbol{U}$ 是酉方阵. 因此，如果 V 上的线性变换 $\mathscr{A}$ 在这两组标准正交基 M_0，M 下的矩阵分别是 $\boldsymbol{A}$，$\boldsymbol{B}$，则 $\boldsymbol{A}$，$\boldsymbol{B}$ 之间通过酉方阵 $\boldsymbol{U}$ 相似：

$$\boldsymbol{B}=\boldsymbol{U}^{-1}\boldsymbol{A}\boldsymbol{U}$$

我们称满足这样条件的复方阵 $\boldsymbol{A}$，$\boldsymbol{B}$ **酉相似**(unitary similar). 我们希望选择适当的标准正交基使线性变换 $\mathscr{A}$ 的矩阵尽可能简单，也就是希望通过酉相似将 $\mathscr{A}$ 在任一组标准正交基下的矩阵化为尽可能简单的形式 $\boldsymbol{B}$.

1. 规范方阵和规范变换

与欧氏空间上的正交变换与对称变换类似，在酉空间上也有两类变换具有特别的重要性.

定义 9.7.1 设 V 是酉空间. $\mathscr{A}$ 是 V 上的线性变换.

(1) 如果 $\mathscr{A}$ 保持向量的内积不变，即 $(\mathscr{A}(\boldsymbol{\alpha}),\mathscr{A}(\boldsymbol{\beta}))=(\boldsymbol{\alpha},\boldsymbol{\beta})$ 对任意的 $\boldsymbol{\alpha}$, $\boldsymbol{\beta}\in V$ 成立，就称 $\mathscr{A}$ 是**酉变换**(unitary transformation).

(2) 如果 $(\mathscr{A}(\boldsymbol{\alpha}),\boldsymbol{\beta})=(\boldsymbol{\alpha},\mathscr{A}(\boldsymbol{\beta}))$ 对任意的 $\boldsymbol{\alpha}$, $\boldsymbol{\beta}\in V$ 成立，就称 $\mathscr{A}$ 是 **Hermite 变换**(Hermitian transformation). □

命题 9.7.1 设 $\mathscr{A}$ 是酉空间 V 上的线性变换，$\boldsymbol{A}$ 是 $\mathscr{A}$ 在标准正交基 M 下的矩阵. 则

(1) $\mathscr{A}$ 是酉变换 $\Leftrightarrow \boldsymbol{A}$ 是酉方阵;

(2) $\mathscr{A}$ 是 Hermite 变换 $\Leftrightarrow \boldsymbol{A}$ 是 Hermite 方阵.

证明 (1) $\mathscr{A}$ 是酉变换 $\Leftrightarrow(\mathscr{A}(\boldsymbol{\alpha}),\mathscr{A}(\boldsymbol{\beta}))=(\boldsymbol{\alpha},\boldsymbol{\beta}) \quad (\forall\boldsymbol{\alpha},\boldsymbol{\beta}\in V)$

$$\Leftrightarrow(\boldsymbol{AX})^*(\boldsymbol{AY})=\boldsymbol{X}^*\boldsymbol{A}^*\boldsymbol{AY}=\boldsymbol{X}^*\boldsymbol{Y}(\forall \boldsymbol{X},\boldsymbol{Y}\in\mathbf{C}^{n\times 1})$$

$$\Leftrightarrow\boldsymbol{A}^*\boldsymbol{A}=\boldsymbol{I}\Leftrightarrow\boldsymbol{A}\text{ 是酉方阵.}$$

(2) $\mathscr{A}$ 是 Hermite 变换 $\Leftrightarrow(\mathscr{A}(\boldsymbol{\alpha}),\boldsymbol{\beta})=(\boldsymbol{\alpha},\mathscr{A}(\boldsymbol{\beta})) \quad (\forall\boldsymbol{\alpha},\boldsymbol{\beta}\in V)$

$$\Leftrightarrow(\boldsymbol{AX})^*\boldsymbol{Y}=\boldsymbol{X}^*\boldsymbol{A}^*\boldsymbol{Y}=\boldsymbol{X}^*\boldsymbol{AY} \quad (\forall \boldsymbol{X},\boldsymbol{Y}\in\mathbf{C}^{n\times 1})$$

$$\Leftrightarrow\boldsymbol{A}^*=\boldsymbol{A}\Leftrightarrow\boldsymbol{A}\text{ 是 Hermite 方阵.}$$ □

我们希望选择酉空间 V 的适当的标准正交基 M 使 V 上的酉变换或 Hermite 变换 $\mathscr{A}$ 的矩阵尽可能简单，也就是将 $\mathscr{A}$ 在任意一组标准正交基下的矩阵 $\boldsymbol{A}$ (酉方阵或 Hermite 方阵)酉相似于尽可能简单的形式. 注意酉方阵 $\boldsymbol{A}$ 满足条件 $\boldsymbol{A}^*=\boldsymbol{A}^{-1}$，Hermite 方阵 $\boldsymbol{A}$ 满足条件 $\boldsymbol{A}^*=\boldsymbol{A}$，二者有一个共同点是 $\boldsymbol{A}^*$ 与 $\boldsymbol{A}$ 在矩阵乘法下可交换：$\boldsymbol{AA}^*=\boldsymbol{A}^*\boldsymbol{A}$.

定义 9.7.2 满足条件 $\boldsymbol{AA}^*=\boldsymbol{A}^*\boldsymbol{A}$ 的复方阵 $\boldsymbol{A}$ 称为**规范方阵**(normal matrix). □

显然酉方阵与 Hermite 方阵都是规范方阵.

与欧氏空间中类似，酉空间 V 上也可以定义伴随变换和规范变换，并且有：$\mathscr{A}$ 是规范变换 $\Leftrightarrow\mathscr{A}$ 在标准正交基下的矩阵是规范方阵.

命题 9.7.2 设 $\mathscr{A}$ 是酉空间 V 上一个线性变换，则存在 V 上唯一的线性变换 $\mathscr{A}^*$ 使

$$(\mathscr{A}(\boldsymbol{\alpha}),\boldsymbol{\beta})=(\boldsymbol{\alpha},\mathscr{A}^*(\boldsymbol{\beta}))$$

对所有的 $\boldsymbol{\alpha}$, $\boldsymbol{\beta}\in V$ 成立. 设 $\mathscr{A}$ 在标准正交基 M 下的矩阵是 $\boldsymbol{A}$，则 $\mathscr{A}^*$ 就是在同一组基 M 下以 $\boldsymbol{A}^*$ 为矩阵的线性变换.

证明 设 M 是 V 的任意一组标准正交基. 向量 $\boldsymbol{\alpha}$, $\boldsymbol{\beta}\in V$ 在基 M 下的坐标分别是 $\boldsymbol{X}$, $\boldsymbol{Y}\in\mathbf{C}^{n\times 1}$. 设 V 上线性变换 $\mathscr{A}$ 在基 M 下的矩阵是 $\boldsymbol{A}$，则 $\mathscr{A}(\boldsymbol{\alpha})$ 在基 M 下的坐标为 $\boldsymbol{AX}$,

$$(\mathscr{A}(\boldsymbol{\alpha}),\boldsymbol{\beta})=(\boldsymbol{AX})^*\boldsymbol{Y}=\boldsymbol{X}^*\boldsymbol{A}^*\boldsymbol{Y}=(\boldsymbol{\alpha},\mathscr{A}^*(\boldsymbol{\beta})) \tag{9.7.1}$$

其中 $\mathscr{A}^*$ 是 V 上的线性变换，在 M 下的矩阵为 $\boldsymbol{A}^*$. □

定义 9.7.3 设 $\mathscr{A}$ 是酉空间 V 上的线性变换. V 上满足条件

$$(\mathscr{A}(\boldsymbol{\alpha}),\boldsymbol{\beta})=(\boldsymbol{\alpha},\mathscr{A}^*(\boldsymbol{\beta})),\quad \forall\boldsymbol{\alpha},\ \boldsymbol{\beta}\in V$$

的线性变换 $\mathscr{A}^*$ 称为 $\mathscr{A}$ 的**伴随变换**(adjoint transformation).

如果 $\mathscr{A}^*\mathscr{A}=\mathscr{A}\mathscr{A}^*$ 成立，就称 $\mathscr{A}^*$ 是**规范变换**(normal transformation). □

由酉方阵 $\boldsymbol{A}$ 满足条件 $\boldsymbol{A}^*=\boldsymbol{A}^{-1}$ 知酉变换 $\mathscr{A}$ 满足条件 $\mathscr{A}^*=\mathscr{A}^{-1}$；由 Hermite 方阵 $\boldsymbol{A}$ 满足条件 $\boldsymbol{A}^*=\boldsymbol{A}$ 知 Hermite 变换 $\mathscr{A}^*$ 满足条件 $\mathscr{A}^*=\mathscr{A}$. 因此，酉变换和 Hermite 变换 $\mathscr{A}$ 都与 $\mathscr{A}^*$ 在矩阵乘法下可交换，都是规范变换. 一般地，有：

推论 9.7.1 $\mathscr{A}$ 是酉空间 V 上的规范变换⇔$\mathscr{A}$ 在 V 的任意一组标准正交基下的矩阵是规范方阵. □

2. 规范方阵的酉相似标准形

我们先来研究规范变换在标准正交基下的最简形式的矩阵，也就是研究规范方阵的酉相似标准形. 然后将所得到的结论应用于酉方阵和 Hermite 方阵、酉变换和 Hermite 变换.

先从一般的复方阵开始.

定理 9.7.3 任一复方阵 $\boldsymbol{A}$ 酉相似于上三角形矩阵.

证明 对 $\boldsymbol{A}$ 的阶数 n 用数学归纳法.

当 $n=1$ 时，$\boldsymbol{A}=(a)$ 已经是上三角形矩阵.

设 $n\geqslant 2$，并且假设任一 $n-1$ 阶复方阵酉相似于上三角形矩阵.

设 λ_1 是 $\boldsymbol{A}$ 的任一特征值，$\boldsymbol{Y}_1$ 是属于这个特征值的特征向量. 则单位向量 $\boldsymbol{X}_1=\dfrac{1}{|\boldsymbol{Y}_1|}\boldsymbol{Y}_1$ 也是 $\boldsymbol{A}$ 的属于特征值 λ_1 的特征向量.

$\boldsymbol{X}_1$ 可以扩充为 $\mathbf{C}^{n\times 1}$ 的一组标准正交基 $M_1=\{\boldsymbol{X}_1,\cdots,\boldsymbol{X}_n\}$. 依次以 M_1 中的基向量为各列组成酉方阵 $\boldsymbol{U}_1$，设

$$\boldsymbol{A}(\boldsymbol{X}_1,\cdots,\boldsymbol{X}_n)=(\boldsymbol{X}_1,\cdots,\boldsymbol{X}_n)\boldsymbol{B}_1,\ \text{即}\ \boldsymbol{A}\boldsymbol{U}_1=\boldsymbol{U}_1\boldsymbol{B}_1$$

其中 $\boldsymbol{B}_1$ 的第 j 列是 $\boldsymbol{A}\boldsymbol{X}_j$ 在基 M_1 下的坐标. 特别，由 $\boldsymbol{A}\boldsymbol{X}_1=\lambda_1\boldsymbol{X}_1$ 知 $\boldsymbol{B}$ 的第一列为 $(\lambda_1,0,\cdots,0)^{\mathrm{T}}$. 因此

$$\boldsymbol{U}_1^{-1}\boldsymbol{A}\boldsymbol{U}_1=\boldsymbol{B}_1=\begin{pmatrix}\lambda_1 & \boldsymbol{B}_{12}\\ \boldsymbol{0} & \boldsymbol{B}_{22}\end{pmatrix}$$

由归纳假设知：存在 $n-1$ 阶酉方阵 $\boldsymbol{U}_2$ 将 $\boldsymbol{B}_{22}$ 相似到上三角形矩阵

$$\boldsymbol{T}_2=\boldsymbol{U}_2^{-1}\boldsymbol{B}_{22}\boldsymbol{U}_2=\begin{pmatrix}\lambda_2 & \cdots & *\\ & \ddots & \vdots\\ & & \lambda_n\end{pmatrix}$$

则 $\mathrm{diag}(1,\boldsymbol{U}_2)$ 是 n 阶酉方阵，从而 $\boldsymbol{U}=\boldsymbol{U}_1\mathrm{diag}(1,\boldsymbol{U}_2)$ 是 n 阶酉方阵，

$$\boldsymbol{U}^{-1}\boldsymbol{A}\boldsymbol{U}=\begin{pmatrix}1 & \\ & \boldsymbol{U}_2\end{pmatrix}^{-1}\begin{pmatrix}\lambda_1 & \boldsymbol{B}_{12}\\ \boldsymbol{0} & \boldsymbol{B}_{22}\end{pmatrix}\begin{pmatrix}1 & \\ & \boldsymbol{U}_2\end{pmatrix}=\boldsymbol{T}=\begin{pmatrix}\lambda_1 & * & \cdots & * \\ & \lambda_2 & \ddots & \vdots \\ & & \ddots & * \\ & & & \lambda_n\end{pmatrix}$$

$\boldsymbol{A}$ 被酉相似到上三角形矩阵 $\boldsymbol{T}$.

根据数学归纳法原理，定理结论对任意阶复方阵 $\boldsymbol{A}$ 成立. □

再来看规范方阵. 根据定理 9.7.3，规范方阵 $\boldsymbol{A}$ 也酉相似于上三角形矩阵 $\boldsymbol{T}$. 我们先证明：与规范方阵酉相似的上三角形矩阵 $\boldsymbol{T}$ 仍是规范方阵. 再证明：规范的上三角形矩阵 $\boldsymbol{T}$ 只能是对角矩阵. 这就可以得出结论：规范方阵酉相似于对角矩阵.

命题 9.7.4 与规范方阵 $\boldsymbol{A}$ 酉相似的方阵 $\boldsymbol{B}$ 仍是规范方阵.

证明 设 $\boldsymbol{B}=\boldsymbol{U}^{-1}\boldsymbol{A}\boldsymbol{U}=\boldsymbol{U}^*\boldsymbol{A}\boldsymbol{U}$，其中 $\boldsymbol{U}$ 是酉方阵，即 $\boldsymbol{U}^{-1}=\boldsymbol{U}^*$.

则 $\boldsymbol{B}^*=(\boldsymbol{U}^*\boldsymbol{A}\boldsymbol{U})^*=\boldsymbol{U}^*\boldsymbol{A}^*\boldsymbol{U}$. 由 $\boldsymbol{A}\boldsymbol{A}^*=\boldsymbol{A}^*\boldsymbol{A}$ 得

$$\begin{aligned}\boldsymbol{B}\boldsymbol{B}^* &=\boldsymbol{U}^{-1}\boldsymbol{A}\boldsymbol{U}\cdot\boldsymbol{U}^{-1}\boldsymbol{A}^*\boldsymbol{U}=\boldsymbol{U}^{-1}\boldsymbol{A}\boldsymbol{A}^*\boldsymbol{U}=\boldsymbol{U}^{-1}\boldsymbol{A}^*\boldsymbol{A}\boldsymbol{U}\\ &=\boldsymbol{U}^{-1}\boldsymbol{A}^*\boldsymbol{U}\cdot\boldsymbol{U}^{-1}\boldsymbol{A}\boldsymbol{U}=\boldsymbol{B}^*\boldsymbol{B}\end{aligned}$$

这证明了 $\boldsymbol{B}$ 是规范方阵. □

命题 9.7.5 上三角形矩阵 $\boldsymbol{T}$ 是规范方阵 $\Leftrightarrow \boldsymbol{T}$ 是对角矩阵.

证明 显然对角矩阵是规范方阵.

设上三角形矩阵 $\boldsymbol{T}$ 是规范方阵. 对 $\boldsymbol{T}$ 的阶数 n 用数学归纳法，证明 $\boldsymbol{T}$ 是对角矩阵.

当 $n=1$ 时显然.

设 $n\geqslant 2$. 并且假设：$n-1$ 阶上三角形矩阵是规范方阵仅当它是对角矩阵. 设

$$\boldsymbol{T}=(t_{ij})_{n\times n}=\begin{pmatrix}t_{11} & t_{12} & \cdots & t_{1n}\\ 0 & t_{22} & \ddots & \vdots \\ \vdots & \ddots & \ddots & t_{n-1,n}\\ 0 & \cdots & 0 & t_{nn}\end{pmatrix}$$

我们有

$$\boldsymbol{T}^*\boldsymbol{T}=\begin{pmatrix}\bar{t}_{11} & 0 & \cdots & 0\\ * & * & \ddots & \vdots\\ \vdots & \vdots & \ddots & 0\\ * & * & \cdots & *\end{pmatrix}\begin{pmatrix}t_{11} & * & \cdots & *\\ 0 & * & \cdots & *\\ \vdots & \ddots & \ddots & \vdots\\ 0 & \cdots & 0 & *\end{pmatrix}=\begin{pmatrix}\bar{t}_{11}t_{11} & * & \cdots & *\\ * & * & \cdots & *\\ \vdots & \vdots & & \vdots\\ * & * & \cdots & *\end{pmatrix}$$

$$TT^* = \begin{pmatrix} t_{11} & t_{12} & \cdots & t_{1n} \\ 0 & * & \cdots & * \\ \vdots & \ddots & \ddots & \vdots \\ 0 & \cdots & 0 & * \end{pmatrix} \begin{pmatrix} \bar{t}_{11} & 0 & \cdots & 0 \\ \bar{t}_{12} & * & \ddots & \vdots \\ \vdots & \vdots & \ddots & 0 \\ \bar{t}_{1n} & * & \cdots & * \end{pmatrix} = \begin{pmatrix} \sigma_{11} & * & \cdots & * \\ * & * & \cdots & * \\ \vdots & \vdots & & \vdots \\ * & * & \cdots & * \end{pmatrix}$$

其中 $\sigma_{11} = \bar{t}_{11}t_{11} + \bar{t}_{12}t_{12} + \cdots + \bar{t}_{1n}t_{1n}$.

比较 $\boldsymbol{T}^*\boldsymbol{T}$ 与 $\boldsymbol{T}^*\boldsymbol{T}$ 的第(1,1)元，得

$$\begin{aligned} \bar{t}_{11}t_{11} = \sigma_{11} &= \bar{t}_{11}t_{11} + \bar{t}_{12}t_{12} + \cdots + \bar{t}_{1n}t_{1n} \\ &= \bar{t}_{11}t_{11} + |t_{12}|^2 + \cdots + |t_{1n}|^2. \end{aligned}$$

因此 $\boldsymbol{T}^*\boldsymbol{T} = \boldsymbol{T}\boldsymbol{T}^* \Rightarrow |t_{12}|^2 + \cdots + |t_{1n}|^2 = 0 \Rightarrow t_{12} = \cdots = t_{1n} = 0$.

可见

$$\boldsymbol{T} = \begin{pmatrix} t_{11} & \boldsymbol{0} \\ \boldsymbol{0} & \boldsymbol{T}_{22} \end{pmatrix}$$

其中 $\boldsymbol{T}_{22} = (t_{ij})_{2 \leqslant i,j \leqslant n}$ 是 $n-1$ 阶上三角形矩阵.

$\boldsymbol{T}^*\boldsymbol{T} = \boldsymbol{T}\boldsymbol{T}^* \Rightarrow \boldsymbol{T}_{22}^*\boldsymbol{T}_{22} = \boldsymbol{T}_{22}\boldsymbol{T}_{22}^* \Rightarrow \boldsymbol{T}_{22}$ 是规范方阵.

由归纳假设，$\boldsymbol{T}_{22}$ 是规范方阵 $\Rightarrow \boldsymbol{T}_{22}$ 是对角矩阵 $\Rightarrow \boldsymbol{T}$ 是对角矩阵.

根据数学归纳法原理，定理结论对任意阶上三角形矩阵成立. □

定理 9.7.6 复方阵 $\boldsymbol{A}$ 是规范方阵 $\Leftrightarrow \boldsymbol{A}$ 酉相似于对角矩阵.

证明 对角矩阵是规范方阵. 因此，$\boldsymbol{A}$ 酉相似于对角矩阵 $\Rightarrow \boldsymbol{A}$ 是规范方阵.

反过来，设 $\boldsymbol{A}$ 是规范方阵. 由命题 9.7.3，$\boldsymbol{A}$ 酉相似于上三角形矩阵 $\boldsymbol{T}$. 由命题 9.7.4，$\boldsymbol{T}$ 是规范方阵. 由命题 9.7.5，$\boldsymbol{T}$ 是对角矩阵. 因此 $\boldsymbol{A}$ 酉相似于对角矩阵. □

设规范方阵 $\boldsymbol{A}$ 酉相似于对角矩阵 $\boldsymbol{D} = \mathrm{diag}(\lambda_1, \cdots, \lambda_n)$，则 $\boldsymbol{D}$ 的对角元 $\lambda_1, \cdots, \lambda_n$ 就是 $\boldsymbol{D}$ 的全部特征值. 由于 $\boldsymbol{D}$ 与 $\boldsymbol{A}$ 相似，$\lambda_1, \cdots, \lambda_n$ 也就是 $\boldsymbol{A}$ 的全部特征值，由 $\boldsymbol{A}$ 唯一决定(只有排列顺序可以任意调整). 因此，与规范方阵 $\boldsymbol{A}$ 酉相似的对角矩阵由 $\boldsymbol{A}$ 唯一决定(排列顺序可以任意调整)，称为 $\boldsymbol{A}$ 的**酉相似标准形**(unitarily similar canonical form).

3. 酉方阵和 Hermite 方阵的酉相似标准形

由于酉方阵和 Hermite 方阵都是规范方阵，它们都酉相似于对角矩阵. 以下只需说明酉方阵和 Hermite 方阵酉相似于怎样的对角矩阵.

命题 9.7.7 (1) 酉方阵的乘积仍是酉方阵. 酉方阵的逆仍是酉方阵. 与酉方阵酉相似的方阵仍是酉方阵；

(2) 与 Hermite 方阵共轭相合的方阵仍是 Hermite 方阵. 与 Hermite 方阵酉相似的方阵仍是 Hermite 方阵.

证明 (1) 设 $\boldsymbol{A}$，$\boldsymbol{B}$ 都是酉方阵，则

$$(AB)^*(AB)=B^*A^*AB=B^*IB=B^*B=I$$

$$AA^*=I\Rightarrow(AA^*)^{-1}=I\Rightarrow(A^{-1})^*(A^{-1})=I$$

这说明 AB 与 A^{-1} 都是酉方阵.

设酉方阵 A 与方阵 D 酉相似，存在酉方阵 U 使 $D=U^{-1}AU$. 由于 U^{-1}，A，U 都是酉方阵，它们的乘积 D 也是酉方阵.

(2) 设 H 是 Hermite 方阵，B 与 H 共轭相合. 存在可逆复方阵 P 使 $B=P^*HP$，因而

$$B^*=(P^*HP)^*=P^*H^*P=P^*HP=B$$

这说明 B 是 Hermite 方阵.

设复方阵 A 与 Hermite 方阵 H 酉相似，存在酉方阵 U 使 $A=U^{-1}HU=U^*HU$，A 与 H 共轭相合，因而是 Hermite 方阵. □

定理 9.7.8 (1) A 是酉方阵$\Leftrightarrow A$ 酉相似于 $\mathrm{diag}(\lambda_1,\cdots,\lambda_n)$，其中 $|\lambda_k|=1$ 即 $\lambda_k=\cos\alpha_k+i\sin\alpha_k$，$\forall 1\leqslant k\leqslant n$；

(2) A 是 Hermite 方阵$\Leftrightarrow A$ 酉相似于 $\mathrm{diag}(\lambda_1,\cdots,\lambda_n)$，其中 $\lambda_1,\cdots,\lambda_n$ 都是实数.

证明 A 酉相似于对角矩阵 $D=\mathrm{diag}(\lambda_1,\cdots,\lambda_n)$.

(1) A 是酉方阵$\Leftrightarrow D$ 是酉方阵$\Leftrightarrow D^*D=\mathrm{diag}(\bar\lambda_1\lambda_1,\cdots,\bar\lambda_n\lambda_n)=I$

$$\Leftrightarrow\bar\lambda_k\lambda_k=|\lambda_k|^2=1 \text{ 即 } |\lambda_k|=1,\ \lambda_k=\cos\alpha_k+i\sin\alpha_k,\quad \forall 1\leqslant k\leqslant n.$$

(2) A 是 Hermite 方阵$\Leftrightarrow D$ 是 Hermite 方阵

$$\Leftrightarrow D^*=\mathrm{diag}(\bar\lambda_1,\cdots,\bar\lambda_n)=D=\mathrm{diag}(\lambda_1,\cdots,\lambda_n)$$

$$\Leftrightarrow\bar\lambda_k=\lambda_k,\ \forall 1\leqslant k\leqslant n\Leftrightarrow\lambda_1,\cdots,\lambda_n \text{ 都是实数.}$$ □

推论 9.7.2 酉方阵的特征值的模都等于 1. Hermite 方阵的特征值都是实数.

证法 1（利用定理 9.7.8） 酉方阵或 Hermite 方阵 A 酉相似于对角矩阵 $D=\mathrm{diag}(\lambda_1,\cdots,\lambda_n)$. 由于 A 与 D 相似，特征值相同. D 的全体对角元 $\lambda_1,\cdots,\lambda_n$ 就是 D 的全体特征值，因此也是 A 的全体特征值. 由定理 9.7.8 知：当 A 是酉方阵时所有这些特征值的模 $|\lambda_i|=1$，当 A 是 Hermite 方阵时所有这些特征值 λ_i 是实数.

证法 2（直接证明） 设 λ_i 是复方阵 A 的任一特征值，$X=(x_1,\cdots,x_n)^{\mathrm{T}}$ 是相应的特征向量. 则

$$AX=\lambda_iX \tag{9.7.2}$$

如果 A 是酉方阵，将(9.7.2)两边同时取共轭转置得

$$X^*A^*=\bar\lambda_iX^* \tag{9.7.3}$$

将(9.7.3)两边左乘(9.7.2)两边，得

$$X^*A^*AX=\bar\lambda_i\lambda_iX^*X \tag{9.7.4}$$

由于 $A^*A=I$，且 $X^*X=\bar{x}_1x_1+\cdots+\bar{x}_nx_n=|x_1|^2+\cdots+|x_n|>0$，由(9.7.4)得 $\bar{\lambda}_i\lambda_i=|\lambda_i|^2=1$，$|\lambda_i|=1$.

如果 A 是 Hermite 方阵，将(9.7.2)两边左乘 X^* 得

$$X^*AX=\lambda_iX^*X \tag{9.7.5}$$

其中 X^*AX 是 1 阶方阵，也就是一个复数，它的转置等于自身，并且 $A^*=A$，可得

$$\overline{X^*AX}=\overline{X^*AX}^{\mathrm{T}}=(X^*AX)^*=X^*A^*X=X^*AX$$

因此 X^*AX 是实数. 又 X^*X 是正实数. 由(9.7.5)得到

$$\lambda_i=\frac{X^*AX}{X^*X}$$

因此 λ_i 是实数. □

由于正交方阵就是实的酉方阵，实对称方阵就是实的 Hermite 方阵，因此由推论 9.7.2 再次得到：

正交方阵的特征值的模都等于 1，实对称方阵的特征值都是实数.

推论 9.7.3　n 阶 Hermite 方阵 H 共轭相合于实对角矩阵 $\mathrm{diag}(I_{(p)},-I_{(r-p)},O_{(n-r)})$，其中 $r=\mathrm{rank}\ H$.

证明　存在酉方阵 U 将 H 酉相似于实对角矩阵 $S=U^*AU$. 又存在实可逆对角矩阵 Λ 将 S 相合于 $D=\mathrm{diag}(I_{(p)},-I_{(r-p)},O_{(n-r)})$. 取可逆复方阵 $P=U\Lambda$，则 $P^*HP=D$. □

注：推论 9.7.3 也可以不利用酉相似的结论，直接用矩阵运算证明. 与实对称方阵的相合规范形类似，可以证明与 Hermite 方阵共轭相合的 $\mathrm{diag}(I_{(p)},-I_{(r-p)},O_{(n-r)})$ 中的 p 是唯一的，等于 H 的正的特征值的个数；因而 D 是唯一的，是 Hermite 方阵共轭相合的规范形.

推论 9.7.4　Hermite 方阵 H 正定⇔H 的特征值全部是正实数. □

例 1　设 A，B 是同阶 Hermite 方阵，并且 A 正定. 求证：存在可逆复方阵 P 使 P^*AP 与 P^*BP 都是对角矩阵.

证明　由 A 正定，存在可逆复方阵 P_1 使 $P_1^*AP_1=I$. 记 $B_1=P_1^*BP_1$. 则 B_1 仍是 Hermite 方阵. 存在酉方阵 U 使 $D=U^*B_1U$ 是对角矩阵. 取 $P=P_1U$，则 P 是可逆复方阵，且

$$P^*AP=U^*IU=I,\quad P^*BP=U^*B_1U=D$$

都是对角矩阵. □

例 2　满足条件 $A^*=-A$ 的复方阵 A 称为反 **Hermite 方阵**(anti-Hermitian matrix). 求反 Hermite 方阵的酉相似标准形.

解法 1　$A^*=-A$ 与 A 在矩阵乘法下可交换，因此 A 是规范方阵，酉相

似于对角矩阵 $D=\mathrm{diag}(\lambda_1,\cdots,\lambda_n)$. 对任意可逆复方阵 P, $(P^*AP)^*=P^*A^*P=P^*(-A)P=-P^*AP$, 可见与反 Hermite 方阵 A 共轭相合的方阵 P^*AP 都是反 Hermite 方阵. 特别, 与反 Hermite 方阵酉相似的方阵是反 Hermite 方阵.

A 是反 Hermite 方阵 $\Leftrightarrow D=\mathrm{diag}(\lambda_1,\cdots,\lambda_n)$ 是反 Hermite 方阵

$$\Leftrightarrow \overline{\lambda}_k=-\lambda_k(\forall 1\leqslant k\leqslant n)\Leftrightarrow \lambda_1,\cdots,\lambda_n \text{ 是纯虚数或者 } 0.$$

解法 2 设 $A^*=-A$, 则 $(\mathrm{i}A)^*=\overline{\mathrm{i}}(-A)=(-\mathrm{i})(-A)=\mathrm{i}A$, 可见 $\mathrm{i}A$ 是 Hermite 方阵. 存在酉方阵 U 使 $U^*(\mathrm{i}A)U=D=\mathrm{diag}(a_1,\cdots,a_n)$, 其中 $a_k(1\leqslant k\leqslant n)$ 都是实数, 因此 $U^*AU=\mathrm{i}^{-1}D=\mathrm{diag}(-a_1\mathrm{i},\cdots,-a_n\mathrm{i})$, 其中 $-a_k\mathrm{i}(1\leqslant k\leqslant n)$ 是 A 的全部特征值, 都是纯虚数或者 0. □

例 3 求证: 复规范方阵 A 的属于不同特征值 λ_1, λ_2 的特征向量相互正交.

证明 设 $\lambda_1,\lambda_2,\cdots,\lambda_t$ 是 A 的全部不同的特征值, 重数分别为 $n_1,n_2,\cdots,n_t$. 则存在酉方阵 U 使

$$U^{-1}AU=D=\mathrm{diag}(\lambda_1 I_{(n_1)},\lambda_2 I_{(n_2)},\cdots,\lambda_t I_{(n_t)})$$

U 的各列 $\beta_1,\cdots,\beta_n$ 组成 $\mathbf{C}^{n\times 1}$ 在标准内积下的一组标准正交基,

$$A\beta_k=\lambda_1\beta_k\Leftrightarrow 1\leqslant k\leqslant n_1;\ A\beta_k=\lambda_2\beta_k\Leftrightarrow n_1+1\leqslant k\leqslant n_1+n_2$$

因此 $\beta_1,\cdots,\beta_{n_1}$ 是属于特征值 λ_1 的特征子空间 V_{λ_1} 的一组基; $\beta_{n_1+1},\cdots,\beta_{n_1+n_2}$ 是属于特征值 λ_2 的特征子空间 V_{λ_2} 的一组基. 设 X_1, X_2 分别是属于特征值 λ_1, λ_2 的特征向量, 则 $X_1\in V_{\lambda_1}$, $X_2\in V_{\lambda_2}$,

$$X_1=\sum_{i=1}^{n_1}x_i\beta_i,\ X_2=\sum_{j=1}^{n_2}y_{n_1+j}\beta_{n_1+j}$$

对某一组 x_i, $y_{n_1+j}\in\mathbf{C}(1\leqslant i\leqslant n_1,1\leqslant j\leqslant n_2)$ 成立. 由于 $\beta_1,\cdots,\beta_n$ 是 $\mathbf{C}^{n\times 1}$ 的标准正交基.

$$(\beta_i,\beta_{n_1+j})=0$$

对所有的 $1\leqslant i\leqslant n_1$, $1\leqslant j\leqslant n_2$ 成立. 因此

$$(X_1,X_2)=\left(\sum_{i=1}^{n_1}x_i\beta_i,\sum_{j=1}^{n_2}y_{n_1+j}\beta_{n_1+j}\right)=\sum_{i=1}^{n_1}\sum_{j=1}^{n_2}\overline{x}_i y_{n_1+j}(\beta_i,\beta_{n_1+j})=0$$

$$\Rightarrow X_1\perp X_2 \quad \square$$

例 4 已知 Hermite 方阵

$$H=\begin{pmatrix}0&-\mathrm{i}&1\\ \mathrm{i}&0&\mathrm{i}\\ 1&-\mathrm{i}&0\end{pmatrix}$$

试求酉方阵 $\boldsymbol{U}$ 使 $\boldsymbol{U}^{-1}\boldsymbol{H}\boldsymbol{U}$ 是对角矩阵.

证明 特征多项式 $\varphi_{\boldsymbol{H}}(\lambda)=\det(\lambda\boldsymbol{I}-\boldsymbol{H})=(\lambda+1)^2(\lambda-2)$，$\boldsymbol{H}$ 的特征值为 2，-1，-1.

对特征值 2 求特征向量. 解方程组 $(\boldsymbol{H}-2\boldsymbol{I})\boldsymbol{X}=\boldsymbol{0}$，即

$$\begin{pmatrix}-2 & -\mathrm{i} & 1\\ \mathrm{i} & -2 & \mathrm{i}\\ 1 & -\mathrm{i} & -2\end{pmatrix}\begin{pmatrix}x_1\\ x_2\\ x_3\end{pmatrix}=\begin{pmatrix}0\\0\\0\end{pmatrix}$$

得基础解 $\boldsymbol{X}_1=\begin{pmatrix}1\\ \mathrm{i}\\ 1\end{pmatrix}$.

对特征值-1 求特征向量. 解方程组 $(\boldsymbol{H}+\boldsymbol{I})\boldsymbol{X}=\boldsymbol{0}$，即

$$\begin{pmatrix}1 & -\mathrm{i} & 1\\ \mathrm{i} & 1 & \mathrm{i}\\ 1 & -\mathrm{i} & 1\end{pmatrix}\begin{pmatrix}x_1\\ x_2\\ x_3\end{pmatrix}=\begin{pmatrix}0\\0\\0\end{pmatrix}$$

得基础解 $\boldsymbol{X}_2=\begin{pmatrix}0\\ 1\\ \mathrm{i}\end{pmatrix}$，$\boldsymbol{X}_3=\begin{pmatrix}-1\\ 0\\ 1\end{pmatrix}$.

将 $\boldsymbol{X}_1$ 单位化得 $\boldsymbol{Y}_1=\dfrac{1}{|\boldsymbol{X}_1|}\boldsymbol{X}_1=\dfrac{1}{\sqrt{3}}(1,\mathrm{i},1)^{\mathrm{T}}$.

将 $\boldsymbol{X}_2$，$\boldsymbol{X}_3$ 正交化，选 λ 使 $\widetilde{\boldsymbol{X}}_3=\boldsymbol{X}_3-\lambda\boldsymbol{X}_2$ 与 $\boldsymbol{X}_2$ 正交，即

$$(\boldsymbol{X}_2,\boldsymbol{X}_3-\lambda\boldsymbol{X}_2)=(\boldsymbol{X}_2,\boldsymbol{X}_3)-\lambda(\boldsymbol{X}_2,\boldsymbol{X}_3)=0,\quad \lambda=\frac{(\boldsymbol{X}_2,\boldsymbol{X}_3)}{(\boldsymbol{X}_2,\boldsymbol{X}_2)}=-\frac{\mathrm{i}}{2}$$

$$\widetilde{\boldsymbol{X}}^3=\boldsymbol{X}_3+\frac{\mathrm{i}}{2}\boldsymbol{X}_2=\left(-1,\frac{\mathrm{i}}{2},\frac{1}{2}\right)^{\mathrm{T}}.$$

将 $\boldsymbol{X}_2$，$\widetilde{\boldsymbol{X}}_3$ 单位化，得

$$\boldsymbol{Y}_2=\frac{1}{|\boldsymbol{X}_2|}\boldsymbol{X}_2=\frac{1}{\sqrt{2}}(0,1,\mathrm{i})^{\mathrm{T}},\quad \boldsymbol{Y}_3=\frac{1}{|\widetilde{\boldsymbol{X}}_3|}\widetilde{\boldsymbol{X}}_3=\frac{1}{\sqrt{6}}(-2,\mathrm{i},1)^{\mathrm{T}}$$

依次以 $\boldsymbol{Y}_1$，$\boldsymbol{Y}_2$，$\boldsymbol{Y}_3$ 为各列组成酉方阵

$$\boldsymbol{U}=\begin{pmatrix}\dfrac{1}{\sqrt{3}} & 0 & -\dfrac{2}{\sqrt{6}}\\ \dfrac{\mathrm{i}}{\sqrt{3}} & \dfrac{1}{\sqrt{2}} & \dfrac{\mathrm{i}}{\sqrt{6}}\\ \dfrac{1}{\sqrt{3}} & \dfrac{\mathrm{i}}{\sqrt{2}} & \dfrac{1}{\sqrt{6}}\end{pmatrix}$$

则由 $\boldsymbol{A}\boldsymbol{Y}_1=2\boldsymbol{Y}_1$，$\boldsymbol{A}\boldsymbol{Y}_2=-\boldsymbol{Y}_2$，$\boldsymbol{A}\boldsymbol{Y}_3=-\boldsymbol{Y}_3$ 知

$$\boldsymbol{U}^{-1}\boldsymbol{A}\boldsymbol{U}=\mathrm{diag}(2,-1,-1)\quad \square$$

习　题　9.7

1. 证明：

(1) 酉方阵的不同特征值所对应的特征向量是正交的；

(2) Hermite 方阵的不同特征值所对应的特征向量是正交的.

2. (1) 设 $\boldsymbol{H}$ 为可逆 Hermite 方阵，则 $\boldsymbol{H}^{-1}$ 为可逆 Hermite 方阵；

(2) 设 $\boldsymbol{A}$，$\boldsymbol{B}$ 都是 n 阶 Hermite 方阵，则 $\boldsymbol{AB}$ 也是 Hermite 方阵$\Leftrightarrow\boldsymbol{AB}=\boldsymbol{BA}$.

3. 设 Hermite 方阵

$$\boldsymbol{H}=\begin{pmatrix} \dfrac{1}{3} & -\dfrac{1}{3\sqrt{2}} & -\dfrac{\mathrm{i}}{\sqrt{6}} \\ -\dfrac{1}{3\sqrt{2}} & \dfrac{1}{6} & \dfrac{\mathrm{i}}{2\sqrt{3}} \\ \dfrac{\mathrm{i}}{\sqrt{6}} & -\dfrac{\mathrm{i}}{2\sqrt{3}} & \dfrac{1}{2} \end{pmatrix}$$

求酉方阵 $\boldsymbol{U}$ 使 $\boldsymbol{U}^{-1}\boldsymbol{HU}$ 为对角矩阵，并求 $\boldsymbol{H}^{k}$(k 为正整数).

4. 设 $\boldsymbol{U}$ 为酉方阵，且 -1 不是 $\boldsymbol{U}$ 的特征值. 证明：

(1) $\boldsymbol{I}+\boldsymbol{U}$ 为可逆方阵；

(2) $\boldsymbol{H}=(\boldsymbol{I}-\boldsymbol{U})(\boldsymbol{I}+\boldsymbol{U})^{-1}$为反 Hermite 方阵.

5. 设 $\boldsymbol{A}$ 为规范方阵，$\boldsymbol{U}$ 为酉方阵，证明：$\boldsymbol{U}^{-1}\boldsymbol{AU}$ 是规范方阵.

6. 若 $\boldsymbol{A}^{*}=-\boldsymbol{A}$，证明：$\boldsymbol{A}\pm\boldsymbol{I}$ 为可逆矩阵.

7. 设 $\lambda_1,\lambda_2,\cdots,\lambda_n$ 是 n 阶规范方阵 $\boldsymbol{A}$ 的特征值，$\mu_1,\mu_2,\cdots,\mu_n$ 是 $\boldsymbol{A}^{*}\boldsymbol{A}$ 的特征值，证明：

$$\sum_{i=1}^{n}\mu_i=\sum_{i=1}^{n}|\lambda_i|^2$$

8. 设 $\boldsymbol{U}$ 为酉方阵，且 $\boldsymbol{U}^{-1}\boldsymbol{AU}=\boldsymbol{B}$，证明：$\operatorname{tr}(\boldsymbol{A}^{*}\boldsymbol{A})=\operatorname{tr}(\boldsymbol{B}^{*}\boldsymbol{B})$.

9. 设 $\boldsymbol{H}_1$，$\boldsymbol{H}_2$ 都是 n 阶正定 Hermite 方阵，且 $\boldsymbol{H}_1-\boldsymbol{H}_2$ 正定. 求证：$\boldsymbol{H}_2^{-1}-\boldsymbol{H}_1^{-1}$ 正定.

10. 设 $\boldsymbol{H}_1$，$\boldsymbol{H}_2$ 都是 n 阶 Hermite 方阵，且 $\boldsymbol{H}_1$ 正定. 求证：$\boldsymbol{H}_1+\boldsymbol{H}_2$ 正定的充分必要条件是：方阵 $\boldsymbol{H}_1^{-1}\boldsymbol{H}_2$ 的特征值都大于-1.

§9.8　双线性函数

我们知道欧氏空间 V 上的内积满足三个条件：双线性，对称性，正定性. 我们将内积的概念推广到复数域上的线性空间，将双线性和对称性稍加修改变为共轭双线性和共轭对称性，保持了正定性，得到了酉空间. 在科学研究和应用中还需要将内积作进一步的推广，只要求它具有双线性或共轭双线性而不要求对称性和正定性，这样的“内积”称为双线性函数或共轭双线性函数.

1. 若干实例

例 1　将我们生活的空间中的位置和时间综合起来看待，称为**时空**，其中

每一个点 P 称为**事件**. 在一个惯性系中建立坐标系 T, 将每个事件 P 发生的地点用位置坐标 (x_1,x_2,x_3) 表示, 发生的时间用 t 表示, 事件 P 用 4 维实向量 $\boldsymbol{X}=(x_1,x_2,x_3,x_4)^{\mathrm{T}}$ 作为坐标来表示, 其中 $x_4=ct$, c 是光在真空中的速度. 这样, 所有的时空点组成实数域上的 4 维空间 V, 以 $\mathbf{R}^4$ 中的向量为坐标. 设 V 两个事件 P, Q 的坐标分别是 $\boldsymbol{X}=(x_1,x_2,x_3,x_4)^{\mathrm{T}}$ 和 $\boldsymbol{Y}=(y_1,y_2,y_3,y_4)^{\mathrm{T}}$, 则定义两个事件 P, Q 的距离 $|PQ|$ 的平方为

$$\begin{aligned}|PQ|^2&=(x_1-y_1)^2+(x_2-y_2)^2+(x_3-y_3)^2-(x_4-y_4)^2\\&=(\boldsymbol{X}-\boldsymbol{Y})^{\mathrm{T}}\boldsymbol{D}(\boldsymbol{X}-\boldsymbol{Y}),\end{aligned}$$

其中

$$\boldsymbol{D}=\begin{pmatrix}1&&&\\&1&&\\&&1&\\&&&-1\end{pmatrix}$$

这相当于用矩阵 $\boldsymbol{A}$ 在 $\mathbf{R}^4$ 中的向量之间定义了"内积"

$$(\boldsymbol{X},\boldsymbol{Y})=\boldsymbol{X}^{\mathrm{T}}\boldsymbol{D}\boldsymbol{Y}$$

$|\boldsymbol{X}-\boldsymbol{Y}|^2=(\boldsymbol{X}-\boldsymbol{Y},\boldsymbol{X}-\boldsymbol{Y})$ 就是在这个内积下的"距离"的平方. 显然这个"内积"满足双线性和对称性, 但不满足正定性, 距离平方 $|\boldsymbol{X}-\boldsymbol{Y}|^2$ 有可能是负实数, 因此距离 $|\boldsymbol{X}-\boldsymbol{Y}|$ 可能是虚数. 定义了这种内积的 4 维实向量空间称为 **Lorentz 空间** (Lorentz space). 保持 Lorentz 内积的变换称为 Lorentz 变换 (Lorentz transformation).

Lorentz 空间内积在 Einstein 的相对论中有重要意义. 如果将坐标系 T 换成另外一个坐标系, 新老坐标 $\boldsymbol{X}$, $\boldsymbol{\xi}$ 之间有变换公式

$$\boldsymbol{\xi}=\boldsymbol{A}\boldsymbol{X}+\boldsymbol{\xi}_0$$

(其中矩阵 $\boldsymbol{A}\in\mathbf{R}^{4\times4}$ 与向量 $\boldsymbol{\xi}_0\in\mathbf{R}^{4\times1}$ 及 $\boldsymbol{X}$ 的坐标无关), 并且坐标变换保持时空距离的计算公式不变:

$$\begin{aligned}&(x_1-y_1)^2+(x_2-y_2)^2+(x_3-y_3)^2-(x_4-y_4)^2\\=&(\xi_1-\eta_1)^2+(\xi_2-\eta_2)^2+(\xi_3-\eta_3)^2-(\xi_4-\eta_4)^2\end{aligned}$$

即

$$(\boldsymbol{X}-\boldsymbol{Y})^{\mathrm{T}}\boldsymbol{D}(\boldsymbol{X}-\boldsymbol{Y})=(\boldsymbol{\xi}-\boldsymbol{\eta})^{\mathrm{T}}\boldsymbol{D}(\boldsymbol{\xi}-\boldsymbol{\eta})$$

那么 T' 也是惯性系. □

例 2 设 $\boldsymbol{A}\in F^{n\times n}$, 对任意 $\boldsymbol{X}=(x_1,\cdots,x_n)^{\mathrm{T}}\in F^{n\times1}$ 定义二次型 $Q(\boldsymbol{X})=\boldsymbol{X}^{\mathrm{T}}\boldsymbol{A}\boldsymbol{X}$.
如果 $Q(\boldsymbol{X})=0$ 对所有的 $\boldsymbol{X}\in\mathbf{R}^{n\times1}$ 成立, $\boldsymbol{A}$ 应当满足什么条件?

解法 1 设 $\boldsymbol{A}=(a_{ij})_{n\times n}$. 则对 $\boldsymbol{X}=(x_1,\cdots,x_n)^{\mathrm{T}}$ 有

$$Q(\boldsymbol{X})=\boldsymbol{X}^{\mathrm{T}}\boldsymbol{A}\boldsymbol{X}=\sum_{i=1}^{n}a_{ii}x_i^2+\sum_{1\leqslant i<j\leqslant n}(a_{ij}+a_{ji})x_ix_j=0 \tag{9.8.1}$$

对每个 $1\leqslant i\leqslant n$，取 $x_i=1$ 且其余 $x_j=0(\forall j\neq i)$，代入(9.8.1)得 $a_{ii}=0$.

再任意 $1\leqslant i<j\leqslant n$，取 $x_i=x_j=1$ 且其余 $x_k=0(\forall k\notin\{i,j\})$，代入公式(9.8.1)得 $a_{ij}+a_{ji}=0$，$a_{ij}=-a_{ji}$.

当 $a_{ii}=0(\forall 1\leqslant i\leqslant n)$ 及 $a_{ij}=-a_{ji}(\forall 1\leqslant i<j\leqslant n)$ 时由(9.8.1)知 $Q(X)=0$ 对所有 $X\in F^{n\times 1}$ 成立.

因此 $A=(a_{ij})_{n\times n}$ 满足的充分必要条件为所有的 $a_{ii}=0(\forall 1\leqslant i\leqslant n)$ 且 $a_{ij}=-a_{ji}(\forall 1\leqslant i<j\leqslant n)$，即 $A^{\mathrm{T}}=-A$，A 是反对称方阵.

解法 2 $X^{\mathrm{T}}AX$ 是 1 阶方阵，因此 $X^{\mathrm{T}}AX=(X^{\mathrm{T}}AX)^{\mathrm{T}}=X^{\mathrm{T}}A^{\mathrm{T}}X$. 对任意 $X\in F^{n\times 1}$ 有

$$X^{\mathrm{T}}A^{\mathrm{T}}X=X^{\mathrm{T}}AX=0，从而\ X^{\mathrm{T}}A^{\mathrm{T}}X+X^{\mathrm{T}}AX=X^{\mathrm{T}}(A^{\mathrm{T}}+A)X=0$$

对称方阵 $A^{\mathrm{T}}+A$ 决定的二次型 $X^{\mathrm{T}}(A^{\mathrm{T}}+A)X$ 恒等于 $0\Leftrightarrow A^{\mathrm{T}}+A=O\Leftrightarrow A^{\mathrm{T}}=-A$，$A$ 是反对称方阵. □

注意例 2 的答案并非 $A=O$，而是 $A^{\mathrm{T}}=-A$. 如果利用任何一个反对称方阵 A 在 $V=F^{n\times 1}$ 上定义“内积”

$$(X,Y)=X^{\mathrm{T}}AY$$

这个内积仍满足双线性，但既不对称也不正定，反而导致所有非零向量 X 的“长度”的平方$(X,X)=0$. 当 A 是可逆反对称方阵时，由 A 定义的“内积”称为**辛内积**(symplectic inner product)，定义了辛内积的空间 V 称为**辛空间**(symplectic space).

2. 双线性函数的定义及矩阵

定义 9.8.1 设 V 是数域 F 上线性空间. 如果给定了 V 上的 2 元实函数，将 V 中任意两个向量 α，β 对应到 F 中一个数 $f(\alpha,\beta)$，并且对任意 α_1，α_2，$\beta\in V$ 和 $\lambda\in F$ 满足如下条件：

$$f(\alpha_1+\alpha_2,\beta)=f(\alpha_1,\beta)+f(\alpha_2,\beta),\quad f(\lambda\alpha_1,\beta)=\lambda f(\alpha_1,\beta)$$

$$f(\beta,\alpha_1+\alpha_2)=f(\beta,\alpha_1)+f(\beta,\alpha_2),\quad f(\beta,\lambda\alpha_1)=\lambda f(\beta,\alpha_1)$$

则(α,β)称为 V 上的**双线性函数**(bilinear function). □

例 3 任取数域 F 上任意 n 维线性空间 V 的一组基 $M=\{\alpha_1,\cdots,\alpha_n\}$，任意取定矩阵 $A\in F^{n\times n}$，对任意 α，$\beta\in V$，设它们在基 M 下的坐标分别为 X，$Y\in F^{n\times 1}$，定义 $f(\alpha,\beta)=X^{\mathrm{T}}AY$. 则 f 是 V 上的双线性函数. □

反过来，容易看到：V 上所有的双线性内积都具有例 3 所说的形式.

定理 9.8.1 设 F 上的线性空间 V 上定义了双线性函数 f，$M=\{\alpha_1,\cdots,\alpha_n\}$ 是 V 的任意一组基. 则任意 α，$\beta\in V$ 在双线性函数 f 下的值 $f(\alpha,\beta)$ 可以由 α，β 在基 M 下的坐标 X，Y 按如下公式计算：

$$f(\alpha,\beta)=X^{\mathrm{T}}AY \tag{9.8.2}$$

其中 $\boldsymbol{A}=(a_{ij})_{n\times n}$ 由 $a_{ij}=f(\boldsymbol{\alpha}_i,\boldsymbol{\alpha}_j)$ 组成，称为 f 在基 M 下的矩阵.

证明 设 $\boldsymbol{\alpha}$，$\boldsymbol{\beta}$ 在基 M 下的坐标分别为 $\boldsymbol{X}=(x_1,\cdots,x_n)^{\mathrm{T}}$ 和 $\boldsymbol{Y}=(y_1,\cdots,y_n)^{\mathrm{T}}$. 则

$$f(\boldsymbol{\alpha},\boldsymbol{\beta})=f\left(\sum_{i=1}^{n} x_i\boldsymbol{\alpha}_i,\ \sum_{j=1}^{n} y_j\boldsymbol{\alpha}_j\right)$$

与欧氏空间中类似，由 f 的双线性可以推出

$$f\left(\sum_{i=1}^{n} x_i\boldsymbol{\alpha}_i,\ \sum_{j=1}^{n} y_j\boldsymbol{\alpha}_j\right)=\sum_{1\leqslant i,\ j\leqslant n} x_i\, f(\boldsymbol{\alpha}_i,\boldsymbol{\alpha}_j)\,y_j=\boldsymbol{X}^{\mathrm{T}}\boldsymbol{A}\boldsymbol{Y}$$

其中 $\boldsymbol{A}=(a_{ij})_{n\times n}$，$a_{ij}=f(\alpha_i,\alpha_j)$. □

f 之所以称为双线性函数，是因为由任意一个给定的向量 $\boldsymbol{\alpha}\in V$ 决定的映射

$$f_{\boldsymbol{\alpha}}:V\to F,\ \boldsymbol{\beta}\mapsto f(\boldsymbol{\alpha},\boldsymbol{\beta})\text{ 和 }\varphi_{\boldsymbol{\alpha}}:V\to F,\ \boldsymbol{\beta}\mapsto f(\boldsymbol{\beta},\boldsymbol{\alpha})$$

都是 V 上的线性函数，也就是说 $f_{\boldsymbol{\alpha}}$，$\varphi_{\boldsymbol{\alpha}}$ 都是 V 的对偶空间 V^* 中的向量.

由 f 在任意一组基 M 下的坐标表示 $f(\boldsymbol{\alpha},\boldsymbol{\beta})=\boldsymbol{X}^{\mathrm{T}}\boldsymbol{A}\boldsymbol{Y}$ 知道 $f_{\boldsymbol{\alpha}}:\boldsymbol{Y}\mapsto\boldsymbol{X}^{\mathrm{T}}\boldsymbol{A}\boldsymbol{Y}$ 是由行向量 $\boldsymbol{X}^{\mathrm{T}}\boldsymbol{A}$ 决定的线性函数，也就是说 $f_{\boldsymbol{\alpha}}$ 在基 M 下的矩阵是 $\boldsymbol{X}^{\mathrm{T}}\boldsymbol{A}$. $\boldsymbol{\alpha}$，$f_{\boldsymbol{\alpha}}$ 的坐标分别是 $\boldsymbol{X}$，$\boldsymbol{X}^{\mathrm{T}}\boldsymbol{A}$，因此从 $\boldsymbol{\alpha}$ 到 $f_{\boldsymbol{\alpha}}$ 的对应关系由坐标表示为 $\boldsymbol{X}\mapsto\boldsymbol{X}^{\mathrm{T}}\boldsymbol{A}=(\boldsymbol{A}^{\mathrm{T}}\boldsymbol{X})^{\mathrm{T}}$，这是 V 到 V^* 的线性映射.

类似地，$\varphi_{\boldsymbol{\alpha}}$ 可以用坐标表示为 $\boldsymbol{X}\mapsto\boldsymbol{Y}^{\mathrm{T}}\boldsymbol{A}\boldsymbol{X}=(\boldsymbol{Y}^{\mathrm{T}}\boldsymbol{A}\boldsymbol{X})^{\mathrm{T}}=\boldsymbol{X}^{\mathrm{T}}\boldsymbol{A}^{\mathrm{T}}\boldsymbol{Y}$，$\varphi_{\boldsymbol{\alpha}}$ 在基 M 下的矩阵是 $\boldsymbol{X}^{\mathrm{T}}\boldsymbol{A}^{\mathrm{T}}$，映射 $V\to V^*$，$\boldsymbol{\alpha}\mapsto\varphi_{\boldsymbol{\alpha}}$ 可由坐标表示为 $\boldsymbol{X}\mapsto\boldsymbol{X}^{\mathrm{T}}\boldsymbol{A}^{\mathrm{T}}=(\boldsymbol{A}\boldsymbol{X})^{\mathrm{T}}$，也是线性映射.

将线性空间 V 上的全体双线性函数 f 组成的集合记作 $L(V,V,F)$. 取定了任意一组基 M 之后，就在 $L(V,V,F)$ 与 $F^{n\times n}$ 之间建立了 1-1 对应：$\sigma:L(V,V,F)\to F^{n\times n}$，将每个双线性函数 f 对应到 f 在基 M 下的矩阵 $\boldsymbol{A}$.

对于 V 上任意两个双线性函数 f，g，可以定义它们的和

$$(f+g)(\boldsymbol{\alpha},\boldsymbol{\beta})=f(\boldsymbol{\alpha},\boldsymbol{\beta})+g(\boldsymbol{\alpha},\boldsymbol{\beta}),\ \forall\,\boldsymbol{\alpha},\ \boldsymbol{\beta}\in V$$

以及 f 与任意 $a\in F$ 的乘积

$$(af)(\boldsymbol{\alpha},\boldsymbol{\beta})=a(f(\boldsymbol{\alpha},\boldsymbol{\beta})),\qquad\forall\,\boldsymbol{\alpha},\ \boldsymbol{\beta}\in V.$$

设 $\boldsymbol{\alpha}$，$\boldsymbol{\beta}\in V$ 在基 M 下的坐标分别是 $\boldsymbol{X}$，$\boldsymbol{Y}$，f，g 在基 M 下的矩阵分别是 $\boldsymbol{A}$，$\boldsymbol{B}$，则

$$(f+g)(\boldsymbol{\alpha},\boldsymbol{\beta})=f(\boldsymbol{\alpha},\boldsymbol{\beta})+g(\boldsymbol{\alpha},\boldsymbol{\beta})=\boldsymbol{X}^{\mathrm{T}}\boldsymbol{A}\boldsymbol{Y}+\boldsymbol{X}^{\mathrm{T}}\boldsymbol{B}\boldsymbol{Y}=\boldsymbol{X}^{\mathrm{T}}(\boldsymbol{A}+\boldsymbol{B})\boldsymbol{Y}$$

$$(af)(\boldsymbol{\alpha},\boldsymbol{\beta})=a(f(\boldsymbol{\alpha},\boldsymbol{\beta}))=a(\boldsymbol{X}^{\mathrm{T}}\boldsymbol{A}\boldsymbol{Y})=\boldsymbol{X}^{\mathrm{T}}(a\boldsymbol{A})\boldsymbol{Y}$$

这说明了 $f+g$，af 也是 V 上的双线性函数，并且它们在基 M 下的矩阵分别是 $\boldsymbol{A}+\boldsymbol{B}$，$a\boldsymbol{A}$.

可见，$L(V,V,F)$对于以上定义的加法和数乘运算封闭，显然这样的加法和数乘也满足线性空间的 8 条运算律，因此 $L(V,V,F)$是 F 上的线性空间，前面定义的对应关系

$$\sigma: L(V,V,F)\to F^{n\times n}$$

是线性空间之间的同构. 我们知道 $F^{n\times n}$是 F 上的 n^2 维空间，因此 $L(V,V,F)$也是 F 上 n^2 维空间，并且可以由 $F^{n\times n}$的基得出 $L(V,V,F)$的基.

由 V 上每一个双线性函数 f 的坐标表示 $f(\boldsymbol{\alpha},\boldsymbol{\beta})=\boldsymbol{X}^{\mathrm{T}}\boldsymbol{A}\boldsymbol{Y}$ 知道，$Q(\boldsymbol{\alpha})=f(\boldsymbol{\alpha},\boldsymbol{\alpha})=\boldsymbol{X}^{\mathrm{T}}\boldsymbol{A}\boldsymbol{X}$ 是 V 上的二次型. 由于 $\boldsymbol{X}^{\mathrm{T}}\boldsymbol{A}\boldsymbol{X}=(\boldsymbol{X}^{\mathrm{T}}\boldsymbol{A}\boldsymbol{X})^{\mathrm{T}}=\boldsymbol{X}^{\mathrm{T}}\boldsymbol{A}^{\mathrm{T}}\boldsymbol{X}$,

$$Q(\boldsymbol{\alpha})=\frac{1}{2}(\boldsymbol{X}^{\mathrm{T}}\boldsymbol{A}\boldsymbol{X}+\boldsymbol{X}^{\mathrm{T}}\boldsymbol{A}^{\mathrm{T}}\boldsymbol{X})=\boldsymbol{X}^{\mathrm{T}}\boldsymbol{S}\boldsymbol{X}$$

其中 $\boldsymbol{S}=\frac{1}{2}(\boldsymbol{A}+\boldsymbol{A}^{\mathrm{T}})$是对称方阵，因此 $f(\boldsymbol{\alpha},\boldsymbol{\alpha})$就是由对称方阵$\frac{1}{2}(\boldsymbol{A}+\boldsymbol{A}^{\mathrm{T}})$决定的二次型. 由于 $\boldsymbol{A}$ 可以任意选取，即使 F 是实数域，$\frac{1}{2}(\boldsymbol{A}+\boldsymbol{A}^{\mathrm{T}})$也可以不是正定方阵，因此一般不能通过$|\boldsymbol{\alpha}|^2=f(\boldsymbol{\alpha},\boldsymbol{\alpha})$来定义向量的长度$|\boldsymbol{\alpha}|$.

设 V 上定义了双线性函数，M，M_1 是 V 的两组基，$\boldsymbol{A}$，$\boldsymbol{B}$ 分别是 f 在基 M，M_1 下的矩阵. 设基 M 到 M_1 的过渡矩阵为 $\boldsymbol{P}$，则任意向量 $\boldsymbol{\alpha}$，$\boldsymbol{\beta}$ 在 M 下的坐标 $\boldsymbol{X}$，$\boldsymbol{Y}$ 与 $\boldsymbol{\alpha}$，$\boldsymbol{\beta}$ 在 M_1 下的坐标 $\boldsymbol{\xi}$，$\boldsymbol{\eta}$ 之间有坐标变换公式

$$\boldsymbol{X}=\boldsymbol{P}\boldsymbol{\xi},\quad \boldsymbol{Y}=\boldsymbol{P}\boldsymbol{\eta}$$

代入 f 在两组基下的坐标表示式

$$f(\boldsymbol{\alpha},\boldsymbol{\beta})=\boldsymbol{X}^{\mathrm{T}}\boldsymbol{A}\boldsymbol{Y}=\boldsymbol{\xi}^{\mathrm{T}}\boldsymbol{B}\boldsymbol{\eta}$$

得到

$$f(\boldsymbol{\alpha},\boldsymbol{\beta})=(\boldsymbol{P}\boldsymbol{\xi})^{\mathrm{T}}\boldsymbol{A}(\boldsymbol{P}\boldsymbol{\eta})=\boldsymbol{\xi}^{\mathrm{T}}(\boldsymbol{P}^{\mathrm{T}}\boldsymbol{A}\boldsymbol{P})\boldsymbol{\eta}=\boldsymbol{\xi}^{\mathrm{T}}\boldsymbol{B}\boldsymbol{\eta},\quad \forall\,\boldsymbol{\xi},\ \boldsymbol{\eta}\in F^{n\times 1}$$

因此

$$\boldsymbol{B}=\boldsymbol{P}^{\mathrm{T}}\boldsymbol{A}\boldsymbol{P} \tag{9.8.3}$$

这就是同一个双线性函数 f 在两组基下的矩阵 $\boldsymbol{A}$，$\boldsymbol{B}$ 之间的关系. 我们称满足关系式(9.8.3)的方阵 $\boldsymbol{A}$ 与 $\boldsymbol{B}$ 相合.

3. 正交性

设线性空间 V 上定义了双线性函数 f. 由于 f 不一定正定，因此不能利用 f 来定义向量的长度和夹角，但是仍然可以定义正交.

定义9.8.2 设线性空间 V 上定义了双线性函数 f. 如果向量 $\boldsymbol{\alpha}$，$\boldsymbol{\beta}\in V$ 满足条件 $f(\boldsymbol{\alpha},\boldsymbol{\beta})=0$，就称 $\boldsymbol{\alpha}$ 关于 f **左正交**于 $\boldsymbol{\beta}$，记为 $\boldsymbol{\alpha}\perp_{\mathrm{L}}\boldsymbol{\beta}$；同时也称 $\boldsymbol{\beta}$ 关于 f **右正交**于 $\boldsymbol{\alpha}$，记为 $\boldsymbol{\beta}\perp_{\mathrm{R}}\boldsymbol{\alpha}$. 设 S_1，S_2 是 V 的子集. 如果对每个 $\boldsymbol{\alpha}\in S_1$ 和 $\boldsymbol{\beta}\in S_2$ 都成立 $f(\boldsymbol{\alpha},\boldsymbol{\beta})=0$，就称 S_1 关于 f 左正交于 S_2，S_2 关于 f 右正交于 S_1，分别记为 $S_1\perp_{\mathrm{L}}S_2$，$S_2\perp_{\mathrm{R}}S_1$. □

这里，之所以区分左正交与右正交，是因为$(\boldsymbol{\alpha},\boldsymbol{\beta})=0$ 与$(\boldsymbol{\beta},\boldsymbol{\alpha})\neq 0$ 可能

同时成立，这样，就出现 $\boldsymbol{\alpha}$ 与 $\boldsymbol{\beta}$ 左正交、但并不与 $\boldsymbol{\beta}$ 右正交的情形. 例如，在 $\mathbf{R}^{2\times 2}$ 中取 $\boldsymbol{A}=\begin{pmatrix}0&0\\1&0\end{pmatrix}$，定义双线性函数 $f(\boldsymbol{X},\boldsymbol{Y})=\boldsymbol{X}^{\mathrm{T}}\boldsymbol{A}\boldsymbol{Y}$，则对 $\boldsymbol{e}_1=(1,0)^{\mathrm{T}}$，$\boldsymbol{e}_2=(0,1)^{\mathrm{T}}$ 有

$$f(\boldsymbol{e}_1,\boldsymbol{e}_2)=0,\quad 但\quad f(\boldsymbol{e}_2,\boldsymbol{e}_1)=1\neq 0$$

因此 $\boldsymbol{e}_1\perp_{\mathrm{L}}\boldsymbol{e}_2$ 与 $\boldsymbol{e}_2\perp_{\mathrm{R}}\boldsymbol{e}_1$ 成立，但 $\boldsymbol{e}_1\perp_{\mathrm{R}}\boldsymbol{e}_2$ 与 $\boldsymbol{e}_2\perp_{\mathrm{L}}\boldsymbol{e}_1$ 都不成立.

与欧氏空间中的情形类似，由子集之间的正交可以得出子集生成的子空间之间的正交：

命题 9.8.2 $S_1\perp_{\mathrm{L}}S_2\Leftrightarrow V(S_1)\perp_{\mathrm{L}}V(S_2)$. □

定义 9.8.3 对 V 的任意子集 S，定义 $S^{\perp_{\mathrm{L}}}$ 为 V 中所有的左正交于 S 的向量组成的集合，$S^{\perp_{\mathrm{R}}}$ 为 V 中所有的右正交于 S 的向量组成的集合，即：

$$S^{\perp_{\mathrm{L}}}=\{\boldsymbol{\beta}\in V\mid\boldsymbol{\beta}\perp_{\mathrm{L}}S\},\qquad S^{\perp_{\mathrm{R}}}=\{\boldsymbol{\beta}\in V\mid S\perp_{\mathrm{L}}\boldsymbol{\beta}\}$$

特别，$V^{\perp_{\mathrm{L}}}$ 与 $V^{\perp_{\mathrm{R}}}$ 分别称为 V 在 f 下的**左根基**(left radical)和**右根基**(right radical). □

由定义 9.8.3 及命题 9.8.2 容易得出：

命题 9.8.3 (1) 设 W 是由集合 S 生成的子空间，则 $S^{\perp_{\mathrm{L}}}=W^{\perp_{\mathrm{L}}}$，$S^{\perp_{\mathrm{R}}}=W^{\perp_{\mathrm{R}}}$；

(2) 设 W 是 V 的子空间，则 $(W^{\perp_{\mathrm{L}}})^{\perp_{\mathrm{R}}}\supseteq W$，$(W^{\perp_{\mathrm{R}}})^{\perp_{\mathrm{L}}}\supseteq W$；

(3) 设 W，U 是 V 的子空间，则 $W\subseteq U\Rightarrow W^{\perp_{\mathrm{L}}}\supseteq U^{\perp_{\mathrm{L}}}$ 且 $W^{\perp_{\mathrm{L}}}\supseteq U^{\perp_{\mathrm{L}}}$. □

由 f 的坐标表示可以将求 $W^{\perp_{\mathrm{L}}}$ 和 $W^{\perp_{\mathrm{R}}}$ 的问题化为齐次线性方程组来解.

例 4 设在 3 维行向量空间 $V=F^{1\times 3}$ 上定义了双线性函数

$$f(\boldsymbol{X},\boldsymbol{Y})=\boldsymbol{X}\boldsymbol{A}\boldsymbol{Y}^{\mathrm{T}},\quad 其中\quad \boldsymbol{A}=\begin{pmatrix}1&2&1\\2&4&0\\-1&-2&0\end{pmatrix}$$

W 是由向量 $\boldsymbol{X}_1=(1,0,0)$，$\boldsymbol{X}_2=(-2,1,0)$ 生成的子空间. 分别求出 $W^{\perp_{\mathrm{L}}}$，$W^{\perp_{\mathrm{R}}}$，$V^{\perp_{\mathrm{L}}}$，$V^{\perp_{\mathrm{R}}}$ 的一组基.

解 $\boldsymbol{Y}\in W^{\perp_{\mathrm{R}}}\Leftrightarrow\begin{cases}\boldsymbol{X}_1\boldsymbol{A}\boldsymbol{Y}^{\mathrm{T}}=0\\\boldsymbol{X}_2\boldsymbol{A}\boldsymbol{Y}^{\mathrm{T}}=0\end{cases}\Leftrightarrow\begin{cases}(1,0,0)\boldsymbol{A}\boldsymbol{Y}^{\mathrm{T}}=0\\(-2,1,0)\boldsymbol{A}\boldsymbol{Y}^{\mathrm{T}}=0\end{cases}$

$$\Leftrightarrow\begin{pmatrix}1&0&0\\-2&1&0\end{pmatrix}\begin{pmatrix}1&2&1\\2&4&0\\-1&-2&0\end{pmatrix}\begin{pmatrix}y_1\\y_2\\y_3\end{pmatrix}=\begin{pmatrix}0\\0\end{pmatrix}$$

$$\Leftrightarrow\begin{pmatrix}1&2&1\\0&0&-2\end{pmatrix}\begin{pmatrix}y_1\\y_2\\y_3\end{pmatrix}=\begin{pmatrix}0\\0\end{pmatrix}\Leftrightarrow\boldsymbol{Y}=t(2,-1,0)$$

$$Y\in W^{\perp L}\Leftrightarrow Y\,AX_i^{\mathrm T}=\mathbf 0\ (\forall i=1,2)\Leftrightarrow X_iA^{\mathrm T}Y^{\mathrm T}=\mathbf 0\ (\forall i=1,2)$$

$$\Leftrightarrow\begin{pmatrix}1&0&0\\-2&1&0\end{pmatrix}\begin{pmatrix}1&2&-1\\2&4&-2\\1&0&0\end{pmatrix}\begin{pmatrix}y_1\\y_2\\y_3\end{pmatrix}=\begin{pmatrix}0\\0\end{pmatrix}$$

$$\Leftrightarrow\begin{pmatrix}1&2&-1\\0&0&0\end{pmatrix}\begin{pmatrix}y_1\\y_2\\y_3\end{pmatrix}=\begin{pmatrix}0\\0\end{pmatrix}\Leftrightarrow Y=t_1(2,-1,0)+t_2(1,0,1)$$

因此，$W^{\perp L}$的一组基为$\{(2,-1,0),(1,0,1)\}$，$W^{\perp R}$的一组基为$\{(2,-1,0)\}$.

又　$Y\in V^{\perp R}\Leftrightarrow X\,AY^{\mathrm T}=\mathbf 0$，$\forall X\in V\Leftrightarrow AY^{\mathrm T}=\mathbf 0$.

解方程组 $AY^{\mathrm T}=0$ 即

$$\begin{pmatrix}1&2&-1\\2&4&-2\\1&0&0\end{pmatrix}\begin{pmatrix}y_1\\y_2\\y_3\end{pmatrix}=\begin{pmatrix}0\\0\\0\end{pmatrix}$$

得解空间的一组基$\{(0,1,2)\}$，这就是$V^{\perp R}$的一组基.

$$Y\in V^{\perp L}\Leftrightarrow Y\,AX^{\mathrm T}=\mathbf 0,\ \forall X\in V\Leftrightarrow YA=\mathbf 0\ \Leftrightarrow A^{\mathrm T}Y^{\mathrm T}=\mathbf 0.$$

解方程组 $A^{\mathrm T}Y^{\mathrm T}=0$ 即

$$\begin{pmatrix}1&2&1\\2&4&0\\-1&-2&0\end{pmatrix}\begin{pmatrix}y_1\\y_2\\y_3\end{pmatrix}=\begin{pmatrix}0\\0\\0\end{pmatrix}$$

得解空间的一组基$\{(2,-1,0)\}$，这就是$V^{\perp L}$的一组基.　□

例 4 的算法适用于求一般的线性空间中的子空间 W 的 $W^{\perp L}$和 $W^{\perp R}$.

一般地，设已经将数域 F 上 n 维线性空间 V 中的向量都用它们在一组给定的基 M 下的坐标来表示，从而将 V 与 $F^{n\times 1}$等同起来. 则双线性函数 f 可以通过它在 M 下的矩阵 A 表示为

$$f(X,Y)=X^{\mathrm T}AY$$

（如果将向量的坐标写成行向量，则 $f(X,Y)=X\,AY^{\mathrm T}$）.

设 V 的子空间的一组基 W 的坐标分别是 $X_1,\cdots,X_r$. 则 $W^{\perp R}$中的向量的坐标 Y 满足的充分必要条件为

$$X_i^{\mathrm T}AY=\mathbf 0,\quad \forall\, 1\leqslant i\leqslant r \tag{9.8.4}$$

依次以 $X_1,\cdots,X_r$ 为各列组成矩阵 B 来代表子空间 W，则条件(9.8.4)就是

$$B^{\mathrm T}AY=\mathbf 0$$

因此，以 $B^{\mathrm T}A$ 为系数矩阵的齐次线性方程组 $B^{\mathrm T}AY=\mathbf 0$ 的解空间就是 $W^{\perp R}$中的向量的坐标组成的空间，V 中以 $B^{\mathrm T}AY=\mathbf 0$ 的基础解系为坐标的向量组成 $W^{\perp R}$的一组基.

类似地，$W^{\perp L}$中向量的坐标 $\boldsymbol{Y}$ 满足的充分必要条件为

$$\boldsymbol{Y}^{T}\boldsymbol{A}\boldsymbol{X}_i^{T}=\boldsymbol{0}\text{ ，即 }\boldsymbol{X}_i^{T}\boldsymbol{A}^{T}\boldsymbol{Y}=\boldsymbol{0}\text{ ，}\quad \forall\, 1\leqslant i\leqslant r \tag{9.8.5}$$

也就是

$$\boldsymbol{B}^{T}\boldsymbol{A}^{T}\boldsymbol{Y}=\boldsymbol{0}$$

因此，以 $\boldsymbol{B}^{T}\boldsymbol{A}^{T}$ 为系数矩阵的齐次线性方程组 $\boldsymbol{B}^{T}\boldsymbol{A}^{T}\boldsymbol{Y}=\boldsymbol{0}$ 的基础解系对应的向量就是 $W^{\perp L}$的一组基.

当 $W=V$ 时可以取单位矩阵 $\boldsymbol{I}$ 的各列作为 V 的一组基的坐标. 根据以上结论，方程组 $\boldsymbol{AY}=\boldsymbol{0}$ 和 $\boldsymbol{A}^{T}\boldsymbol{Y}=\boldsymbol{0}$ 的基础解系对应的向量分别是 $V^{\perp R}$和 $V^{\perp L}$的基.

以上结论可以总结为：

定理 9.8.4 设 f 是数域 F 上 n 维线性空间 V 上的双线性函数，$\boldsymbol{A}$ 是 f 在基 M 下的矩阵，W 是 V 的子空间. 设 $\boldsymbol{B}$ 是以 W 的一组基为各列组成的矩阵. 则

(1) $W^{\perp R}$由 V 中以 $\boldsymbol{B}^{T}\boldsymbol{AY}=\boldsymbol{0}$ 的解为坐标的全体向量组成，维数等于 $n-\operatorname{rank}\boldsymbol{B}^{T}\boldsymbol{A}$；

(2) $W^{\perp L}$由 V 中以 $\boldsymbol{B}^{T}\boldsymbol{A}^{T}\boldsymbol{Y}=\boldsymbol{0}$ 的解为坐标的全体向量组成，维数等于 $n-\operatorname{rank}\boldsymbol{AB}$；

(3) $V^{\perp R}$与 $V^{\perp L}$分别由 V 中以 $\boldsymbol{AY}=\boldsymbol{0}$ 和 $\boldsymbol{A}^{T}\boldsymbol{Y}=\boldsymbol{0}$ 的解为坐标的全体向量组成，维数等于 $n-\operatorname{rank}\boldsymbol{A}$. □

在例 4 中我们看到，不但 $W^{\perp R}$与 $W^{\perp L}$可能不相等，它们的维数都可能不相等. 由定理 9.8.4 知道：虽然 $V^{\perp R}$与 $V^{\perp L}$可能不相等，但它们的维数一定相等. 由定理 9.8.4 还可得出：

如果双线性函数 f 在某一组基下的矩阵 $\boldsymbol{A}$ 是可逆方阵，则 $V^{\perp R}=V^{\perp L}=\boldsymbol{0}$，并且 $\dim W^{\perp R}=\dim W^{\perp L}=n-\dim W$.

定义 9.8.4 设 f 是数域 F 上 n 维线性空间 V 上的双线性函数，$\boldsymbol{A}$ 是 f 在 V 的任意一组基下的矩阵. 则 rank $\boldsymbol{A}$ 称为 f 的**秩**(rank)，记为 rank f. 如果 rank f= $\dim V$，则称 f 为**非退化的**(nondegenerate)双线性函数. □

注意 f 在不同基下的矩阵相合，具有相同的秩，因此 rank f 的定义与基的选择无关，是 f 本身的性质.

按照非退化双线性函数的定义，由定理 9.8.4 可以推出：

推论 9.8.1 设 f 是有限维线性空间 V 上的非退化双线性函数，W 是 V 的任何一个子空间 W. 则以下结论成立：

(1) $\dim W^{\perp L}=\dim W^{\perp R}=\dim V-\dim W$；

(2) $(W^{\perp L})^{\perp R}=W=(W^{\perp R})^{\perp L}$. □

并且还有：

定理 9.8.5 设 f 是有限维线性空间 V 上的双线性函数. 则以下每一个命

题都是f非退化的充分必要条件：

(1) $V^{\perp L}=\mathbf{0}$;

(2) $V^{\perp R}=\mathbf{0}$;

(3) 对每个$\boldsymbol{\alpha}$定义线性函数$f_{\boldsymbol{\alpha}}:\boldsymbol{\beta}\mapsto f(\boldsymbol{\alpha},\boldsymbol{\beta})$和$\varphi_{\boldsymbol{\alpha}}:\boldsymbol{\beta}\mapsto f(\boldsymbol{\beta},\boldsymbol{\alpha})$. 则$\boldsymbol{\alpha}\mapsto f_{\boldsymbol{\alpha}}$与$\boldsymbol{\alpha}\mapsto\varphi_{\boldsymbol{\alpha}}$都是线性空间$V$到$V^*$的同构；

(4) 对每个V上每个线性函数φ，存在唯一的$\boldsymbol{\alpha}_1$，$\boldsymbol{\alpha}_2\in V$使$\varphi(\boldsymbol{\beta})=(\boldsymbol{\alpha}_1,\boldsymbol{\beta})=(\boldsymbol{\beta},\boldsymbol{\alpha}_2)$对所有$\boldsymbol{\beta}\in V$成立.

证明　任取一组基M，将V中的每个向量$\boldsymbol{\alpha}$用它在基M下的坐标$\boldsymbol{X}$来表示，设$\boldsymbol{A}$是f在基M下的矩阵，则$f(\boldsymbol{X},\boldsymbol{Y})=\boldsymbol{X}^{\mathrm{T}}\boldsymbol{A}\boldsymbol{Y}$.

根据定理9.8.4，$V^{\perp R}$与$V^{\perp L}$分别由方程组$\boldsymbol{AY}=\mathbf{0}$和$\boldsymbol{A}^{\mathrm{T}}\boldsymbol{Y}=\mathbf{0}$的解空间代表. 于是

$$V^{\perp R}=\mathbf{0}\Leftrightarrow \boldsymbol{A}\text{ 可逆}\Leftrightarrow f\text{ 非退化}\Leftrightarrow \boldsymbol{A}^{\mathrm{T}}\text{ 可逆}\Leftrightarrow V^{\perp L}=\mathbf{0}$$

这就证明了(1)，(2)都是f非退化的充分必要条件.

$f_{\boldsymbol{\alpha}}$，$\varphi_{\boldsymbol{\alpha}}$可以分别用坐标表示为$f_{\boldsymbol{X}}:\boldsymbol{Y}\mapsto\boldsymbol{X}^{\mathrm{T}}\boldsymbol{AY}$和$\varphi_{\boldsymbol{X}}:\boldsymbol{Y}\mapsto\boldsymbol{Y}^{\mathrm{T}}\boldsymbol{AX}=(\boldsymbol{Y}^{\mathrm{T}}\boldsymbol{AX})^{\mathrm{T}}=\boldsymbol{X}^{\mathrm{T}}\boldsymbol{A}^{\mathrm{T}}\boldsymbol{Y}$. 因此$f_{\boldsymbol{\alpha}}$，$\varphi_{\boldsymbol{\alpha}}$在基$M$下的矩阵分别是行向量$\boldsymbol{X}^{\mathrm{T}}\boldsymbol{A}$和$\boldsymbol{X}^{\mathrm{T}}\boldsymbol{A}^{\mathrm{T}}$.

f非退化　$\Leftrightarrow\boldsymbol{A}$可逆$\Leftrightarrow$线性映射$\boldsymbol{X}\mapsto\boldsymbol{X}^{\mathrm{T}}\boldsymbol{A}$与$\boldsymbol{X}\mapsto\boldsymbol{X}^{\mathrm{T}}\boldsymbol{A}^{\mathrm{T}}$是同构

$\Leftrightarrow V$到V^*的线性映射$\boldsymbol{\alpha}\mapsto f_{\boldsymbol{\alpha}}$与$\boldsymbol{\alpha}\mapsto\varphi_{\boldsymbol{\alpha}}$是同构，(3)成立

$\Leftrightarrow V$到V^*的线性映射$\boldsymbol{\alpha}\mapsto f_{\boldsymbol{\alpha}}$与$\boldsymbol{\alpha}\mapsto\varphi_{\boldsymbol{\alpha}}$是满射，(4)成立.　□

定理9.8.5中所列的3个充分必要条件中的每一个都可以作为f非退化的定义. 特别是(1)，(2)两条说的是：如果只有零向量与V中所有的向量正交，则f是非退化的. 对于欧氏空间V，由于内积正定，每个非零向量$\boldsymbol{\alpha}$与自身的内积$(\boldsymbol{\alpha},\boldsymbol{\alpha})>0$因而$\boldsymbol{\alpha}$与自身不正交，当然也就不能与$V$中所有的向量正交，这说明$V$中的内积非退化. 可见正定的双线性函数必然非退化. 反过来，非退化不一定正定. 因此，可以认为非退化是正定在某种意义下的推广.

设f是线性空间V上的双线性函数，W是V的子空间. 则在W上可以定义双线性函数$f|_W$使$f|_W(\boldsymbol{\alpha},\boldsymbol{\beta})=f(\boldsymbol{\alpha},\boldsymbol{\beta})$对所有的$\boldsymbol{\alpha}$，$\boldsymbol{\beta}\in W$成立. $f|_W$称为f在W上的**限制**(restriction).

设$\dim W=r$，将W的任意一组基$M_1=\{\boldsymbol{\alpha}_1,\cdots,\boldsymbol{\alpha}_r\}$扩充为$V$的一组基$M=\{\boldsymbol{\alpha}_1,\cdots,\boldsymbol{\alpha}_r,\cdots,\boldsymbol{\alpha}_n\}$，则$f$在基$M$下的矩阵$\boldsymbol{A}=(a_{ij})_{n\times n}$的前$r$行和前$r$列交叉位置的元组成的$r$阶方阵$\boldsymbol{A}_1$就是$f|_W$在基$M_1$下的矩阵.

如果$f|_W$非退化，即$\boldsymbol{A}_1$可逆，也就是$W\cap W^{\perp L}=W\cap W^{\perp R}=\mathbf{0}$，就称$W$是$V$的**非退化子空间**(nondegenerate subspace). 我们有：

命题9.8.6　设f是n维线性空间V上的双线性函数，W是V的关于f的非退化子空间. 则

$$V=W\oplus W^{\perp_L}=W\oplus W^{\perp_R}$$

证明 先证明 $V=\dim W+\dim W^{\perp_R}=\dim W+\dim W^{\perp_L}$.

对任意 $\boldsymbol{\alpha}\in V$，定义

$$\varphi_1:W\to F,\ \boldsymbol{\beta}\mapsto f(\boldsymbol{\alpha},\boldsymbol{\beta}),\ \varphi_2:W\to F,\ \boldsymbol{\beta}\mapsto f(\boldsymbol{\beta},\boldsymbol{\alpha})$$

则 φ_1，φ_2 都是 W 上的线性函数. 由于 W 非退化，即 $f|_W$ 非退化. 对 $f|_W$ 应用定理 9.8.5 的条件(4)，知道存在唯一的 $\boldsymbol{\alpha}_1$，$\boldsymbol{\alpha}_2\in W$，对所有的 $\boldsymbol{\beta}\in W$ 分别满足条件

$$f(\boldsymbol{\alpha}_1,\boldsymbol{\beta})=\varphi_1(\boldsymbol{\beta})=f(\boldsymbol{\alpha},\boldsymbol{\beta})\quad 和\quad f(\boldsymbol{\beta},\boldsymbol{\alpha}_2)=\varphi_2(\boldsymbol{\beta})=f(\boldsymbol{\beta},\boldsymbol{\alpha})$$

从而

$$f(\boldsymbol{\alpha}-\boldsymbol{\alpha}_1,\boldsymbol{\beta})=f(\boldsymbol{\beta},\boldsymbol{\alpha}-\boldsymbol{\alpha}_2)=0,\ \boldsymbol{\alpha}-\boldsymbol{\alpha}_1\in W^{\perp_L},\ \boldsymbol{\alpha}-\boldsymbol{\alpha}_2\in W^{\perp_R}$$

这证明了每个 $\boldsymbol{\alpha}\in V$ 可以写成

$$\boldsymbol{\alpha}=\boldsymbol{\alpha}_1+(\boldsymbol{\alpha}-\boldsymbol{\alpha}_1)\in W+W^{\perp_L},\ \boldsymbol{\alpha}=\boldsymbol{\alpha}_2+(\boldsymbol{\alpha}-\boldsymbol{\alpha}_2)\in W+W^{\perp_R}$$

可见

$$V=W+W^{\perp_L}=W+W^{\perp_R}$$

又由 W 非退化知道 $W\cap W^{\perp_L}=W\cap W^{\perp_R}=\mathbf{0}$，从而

$$V=W+W^{\perp_L}=W\oplus W^{\perp_L},\ V=W+W^{\perp_R}=W\oplus W^{\perp_R}\qquad\square$$

4. 正交关系的对称性

设在线性空间 V 上定义了双线性函数 f，则可以按照 f 定义向量之间的正交关系：

$$f(\boldsymbol{\alpha},\boldsymbol{\beta})=0\Leftrightarrow\boldsymbol{\alpha}\perp_L\boldsymbol{\beta}$$

如果对任意的 $\boldsymbol{\alpha}$，$\boldsymbol{\beta}\in V$ 有 $\boldsymbol{\alpha}\perp_L\boldsymbol{\beta}\Leftrightarrow\boldsymbol{\beta}\perp_L\boldsymbol{\alpha}$，也就是 $f(\boldsymbol{\alpha},\boldsymbol{\beta})=0\Leftrightarrow f(\boldsymbol{\beta},\boldsymbol{\alpha})=0$，就称 f 定义的正交关系是**对称的**(symmetric).

由例 4 看到，对于一般的双线性函数，正交关系可能不对称. 但是不对称的正交关系与我们的习惯差距太大，我们更常用到的是正交关系对称的情况.

容易想到，下面两种双线性函数定义的正交关系是对称的：

定义 9.8.5 设 f 是线性空间 V 上的双线性函数.

(1) 如果 $f(\boldsymbol{\alpha},\boldsymbol{\beta})=f(\boldsymbol{\beta},\boldsymbol{\alpha})$ 对所有的 $\boldsymbol{\alpha}$，$\boldsymbol{\beta}\in V$ 成立，就称 f 是**对称双线性函数**(symmetric bilinear function)；

(2) 如果 $f(\boldsymbol{\alpha},\boldsymbol{\beta})=-f(\boldsymbol{\beta},\boldsymbol{\alpha})$ 对所有的 $\boldsymbol{\alpha}$，$\boldsymbol{\beta}\in V$ 成立，就称 f 是**反对称双线性函数**(anti-symmetric bilinear function). □

容易验证：

命题 9.8.7 设 $\boldsymbol{A}$ 是双线性函数 f 在任意一组基下的矩阵. 则

f 对称 $\Leftrightarrow\boldsymbol{A}^{\mathrm{T}}=\boldsymbol{A}$，即 $\boldsymbol{A}$ 是对称方阵.

f 反对称 $\Leftrightarrow\boldsymbol{A}^{\mathrm{T}}=-\boldsymbol{A}$，即 $\boldsymbol{A}$ 是反对称方阵. □

容易验证，对称或者反对称双线性函数定义的正交关系是对称的. 进一步，我们有

定理 9.8.8 设 f 是线性空间 V 上的双线性函数，则：

f 定义的正交关系对称 $\Leftrightarrow f$ 是对称或反对称双线性函数.

证明 显然，对称或反对称双线性函数 f 定义的正交关系是对称的. 反过来，设 f 定义的正交关系是对称的，我们证明 f 是对称或反对称的双线性函数.

任取 V 的一组基 M，设 $\boldsymbol{A}$ 是 f 在基 M 下的矩阵，将 V 中每个向量用它在 M 下的坐标 $\boldsymbol{X}$ 来表示，则

$$f(\boldsymbol{X},\boldsymbol{Y})=\boldsymbol{X}^{\mathrm{T}}\boldsymbol{A}\boldsymbol{Y}$$

当 $\boldsymbol{A}=\boldsymbol{O}$ 时 $f(\boldsymbol{X},\boldsymbol{Y})=0$ 对所有的 $\boldsymbol{X}$，$\boldsymbol{Y}$ 成立，此时当然 f 是对称的(同时也是反对称的). 因此只需考虑 $\boldsymbol{A}\neq\boldsymbol{O}$ 的情形.

我们证明 $\boldsymbol{A}$ 是对称或反对称方阵. 只要能证明 $\boldsymbol{A}^{\mathrm{T}}=a\boldsymbol{A}$ 对某个非零常数 a 成立. 则由 $\boldsymbol{A}=(\boldsymbol{A}^{\mathrm{T}})^{\mathrm{T}}=(a\boldsymbol{A})^{\mathrm{T}}=a^2\boldsymbol{A}$ 就可得出 $a^2=1$，$a=\pm1$，$\boldsymbol{A}^{\mathrm{T}}=\pm\boldsymbol{A}$，$\boldsymbol{A}$ 是对称或反对称方阵.

由正交关系的对称性，有

$$f(\boldsymbol{X},\boldsymbol{Y})=\boldsymbol{X}^{\mathrm{T}}\boldsymbol{A}\boldsymbol{Y}=0\Leftrightarrow f(\boldsymbol{Y},\boldsymbol{X})=\boldsymbol{Y}^{\mathrm{T}}\boldsymbol{A}\boldsymbol{X}=0 \tag{9.8.6}$$

由于 $\boldsymbol{Y}^{\mathrm{T}}\boldsymbol{A}\boldsymbol{X}$ 是 1 阶方阵，$\boldsymbol{Y}^{\mathrm{T}}\boldsymbol{A}\boldsymbol{X}=(\boldsymbol{Y}^{\mathrm{T}}\boldsymbol{A}\boldsymbol{X})^{\mathrm{T}}=\boldsymbol{X}^{\mathrm{T}}\boldsymbol{A}^{\mathrm{T}}\boldsymbol{Y}$. 因此(9.8.6)成为

$$\boldsymbol{X}^{\mathrm{T}}\boldsymbol{A}\boldsymbol{Y}=0\Leftrightarrow\boldsymbol{X}^{\mathrm{T}}\boldsymbol{A}^{\mathrm{T}}\boldsymbol{Y}=0 \tag{9.8.7}$$

(9.8.7)对所有的 $\boldsymbol{X}$，$\boldsymbol{Y}\in F^{n\times1}$ 成立. 任意给定 $\boldsymbol{X}\neq\boldsymbol{0}$，$\boldsymbol{X}^{\mathrm{T}}\boldsymbol{A}\boldsymbol{Y}=0$ 与 $\boldsymbol{X}^{\mathrm{T}}\boldsymbol{A}^{\mathrm{T}}\boldsymbol{Y}=0$ 可以看作以 $\boldsymbol{Y}$ 的各个分量 $y_1,\cdots,y_n$ 为未知数的两个齐次线性方程，系数矩阵分别是行向量 $\boldsymbol{X}^{\mathrm{T}}\boldsymbol{A}$ 与 $\boldsymbol{X}^{\mathrm{T}}\boldsymbol{A}^{\mathrm{T}}$. (9.8.7)说明这两个方程的解空间 $V_{\boldsymbol{X}^{\mathrm{T}}\boldsymbol{A}}$ 与 $V_{\boldsymbol{X}^{\mathrm{T}}\boldsymbol{A}^{\mathrm{T}}}$ 相同. 两个方程组成的联立方程组

$$\begin{cases}\boldsymbol{X}^{\mathrm{T}}\boldsymbol{A}\boldsymbol{Y}=0\\\boldsymbol{X}^{\mathrm{T}}\boldsymbol{A}^{\mathrm{T}}\boldsymbol{Y}=0\end{cases} \tag{9.8.8}$$

的解空间等于 $V_{\boldsymbol{X}^{\mathrm{T}}\boldsymbol{A}}\cap V_{\boldsymbol{X}^{\mathrm{T}}\boldsymbol{A}^{\mathrm{T}}}=V_{\boldsymbol{X}^{\mathrm{T}}\boldsymbol{A}}=V_{\boldsymbol{X}^{\mathrm{T}}\boldsymbol{A}^{\mathrm{T}}}$. (9.8.8)的方程组与(9.8.7)的两个方程同解，因而它们的系数矩阵 $\begin{pmatrix}\boldsymbol{X}^{\mathrm{T}}\boldsymbol{A}\\\boldsymbol{X}^{\mathrm{T}}\boldsymbol{A}^{\mathrm{T}}\end{pmatrix}$，$\boldsymbol{X}^{\mathrm{T}}\boldsymbol{A}$ 及 $\boldsymbol{X}^{\mathrm{T}}\boldsymbol{A}^{\mathrm{T}}$ 的秩相同(都等于 $n-\dim V_{\boldsymbol{X}^{\mathrm{T}}\boldsymbol{A}}$)，因而行向量组 $\{\boldsymbol{X}^{\mathrm{T}}\boldsymbol{A},\boldsymbol{X}^{\mathrm{T}}\boldsymbol{A}^{\mathrm{T}}\}$ 与 $\boldsymbol{X}^{\mathrm{T}}\boldsymbol{A}$ 及 $\boldsymbol{X}^{\mathrm{T}}\boldsymbol{A}^{\mathrm{T}}$ 都等价，这证明了 $\boldsymbol{X}^{\mathrm{T}}\boldsymbol{A}$ 与 $\boldsymbol{X}^{\mathrm{T}}\boldsymbol{A}^{\mathrm{T}}$ 相互等价. 互为常数倍.

首先，有

$$\boldsymbol{X}^{\mathrm{T}}\boldsymbol{A}=\boldsymbol{0}\Leftrightarrow\boldsymbol{X}^{\mathrm{T}}\boldsymbol{A}^{\mathrm{T}}=\boldsymbol{0} \tag{9.8.9}$$

如果 $\boldsymbol{X}^{\mathrm{T}}\boldsymbol{A}\neq\boldsymbol{0}$，则存在由 $\boldsymbol{X}$ 决定的非零常数 a_X 使

$$\boldsymbol{X}^{\mathrm{T}}\boldsymbol{A}^{\mathrm{T}}=a_X\boldsymbol{X}^{\mathrm{T}}\boldsymbol{A} \tag{9.8.10}$$

以下证明 a_X 与 X 无关. 也就是对任意 X_1，X_2 且

$$\mathbf{0} \neq \boldsymbol{X}_1^{\mathrm{T}}\boldsymbol{A}^{\mathrm{T}} = a_{X_1}\boldsymbol{X}_1^{\mathrm{T}}\boldsymbol{A},\ \mathbf{0} \neq \boldsymbol{X}_2^{\mathrm{T}}\boldsymbol{A}^{\mathrm{T}} = a_{X_2}\boldsymbol{X}_2^{\mathrm{T}}\boldsymbol{A} \tag{9.8.11}$$

证明 $a_{X_1} = a_{X_2}$.

如果 $\boldsymbol{X}_1^{\mathrm{T}}\boldsymbol{A}$ 与 $\boldsymbol{X}_2^{\mathrm{T}}\boldsymbol{A}$ 线性相关，存在非零常数 $c \in F$ 使 $\boldsymbol{X}_2^{\mathrm{T}}\boldsymbol{A} = c\boldsymbol{X}_1^{\mathrm{T}}\boldsymbol{A}$，则 $(\boldsymbol{X}_2 - c\boldsymbol{X}_1)^{\mathrm{T}}\boldsymbol{A} = \mathbf{0}$. 由(9.8.9)知道$(\boldsymbol{X}_2 - c\boldsymbol{X}_1)^{\mathrm{T}}\boldsymbol{A}^{\mathrm{T}} = \mathbf{0}$，从而 $\boldsymbol{X}_2^{\mathrm{T}}\boldsymbol{A}^{\mathrm{T}} = c\boldsymbol{X}_1^{\mathrm{T}}\boldsymbol{A}^{\mathrm{T}}$.

$$\boldsymbol{X}_1^{\mathrm{T}}\boldsymbol{A}^{\mathrm{T}} = a_{X_1}\boldsymbol{X}_1^{\mathrm{T}}\boldsymbol{A} \xrightarrow{\text{同乘 } c} c\boldsymbol{X}_1^{\mathrm{T}}\boldsymbol{A}^{\mathrm{T}} = a_{X_1}c\boldsymbol{X}_1^{\mathrm{T}}\boldsymbol{A} \text{ 即 } \boldsymbol{X}_2^{\mathrm{T}}\boldsymbol{A}^{\mathrm{T}} = a_{X_1}\boldsymbol{X}_2^{\mathrm{T}}\boldsymbol{A}$$

与 $\boldsymbol{X}_2^{\mathrm{T}}\boldsymbol{A}^{\mathrm{T}} = a_{X_2}\boldsymbol{X}_2^{\mathrm{T}}\boldsymbol{A}$ 比较得 $a_{X_1}\boldsymbol{X}_2^{\mathrm{T}}\boldsymbol{A} = a_{X_2}\boldsymbol{X}_2^{\mathrm{T}}\boldsymbol{A}$，由 $\boldsymbol{X}_2^{\mathrm{T}}\boldsymbol{A} \neq \mathbf{0}$ 即得 $a_{X_1} = a_{X_2}$.

设 $\boldsymbol{X}_1^{\mathrm{T}}\boldsymbol{A}$ 与 $\boldsymbol{X}_2^{\mathrm{T}}\boldsymbol{A}$ 线性无关. 此时$(\boldsymbol{X}_1 + \boldsymbol{X}_2)^{\mathrm{T}}\boldsymbol{A} = \boldsymbol{X}_1^{\mathrm{T}}\boldsymbol{A} + \boldsymbol{X}_2^{\mathrm{T}}\boldsymbol{A} \neq \mathbf{0}$，因而

$$(\boldsymbol{X}_1 + \boldsymbol{X}_2)^{\mathrm{T}}\boldsymbol{A}^{\mathrm{T}} = a_{X_1+X_2}(\boldsymbol{X}_1 + \boldsymbol{X}_2)^{\mathrm{T}}\boldsymbol{A} = a_{X_1+X_2}\boldsymbol{X}_1^{\mathrm{T}}\boldsymbol{A} + a_{X_1+X_2}\boldsymbol{X}_2^{\mathrm{T}}\boldsymbol{A} \tag{9.8.12}$$

另一方面，由(9.8.11)得

$$(\boldsymbol{X}_1 + \boldsymbol{X}_2)^{\mathrm{T}}\boldsymbol{A}^{\mathrm{T}} = \boldsymbol{X}_1^{\mathrm{T}}\boldsymbol{A}^{\mathrm{T}} + \boldsymbol{X}_2^{\mathrm{T}}\boldsymbol{A}^{\mathrm{T}} = a_{X_1}\boldsymbol{X}_1^{\mathrm{T}}\boldsymbol{A} + a_{X_2}\boldsymbol{X}_2^{\mathrm{T}}\boldsymbol{A} \tag{9.8.13}$$

将同一向量$(\boldsymbol{X}_1 + \boldsymbol{X}_2)^{\mathrm{T}}\boldsymbol{A}^{\mathrm{T}}$ 在(9.8.12),(9.8.13)中的两个表达式相减，得

$$(a_{X_1+X_2} - a_{X_1})\boldsymbol{X}_1^{\mathrm{T}}\boldsymbol{A} + (a_{X_1+X_2} - a_{X_2})\boldsymbol{X}_2^{\mathrm{T}}\boldsymbol{A} = \mathbf{0}$$

由 $\boldsymbol{X}_1^{\mathrm{T}}\boldsymbol{A}$ 与 $\boldsymbol{X}_2^{\mathrm{T}}\boldsymbol{A}$ 线性无关知

$$a_{X_1+X_2} - a_{X_1} = a_{X_1+X_2} - a_{X_2} = 0,\ \Rightarrow \quad a_{X_1} = a_{X_1+X_2} = a_{X_2}$$

这样，在所有的情况下都证明了 $a_{X_1} = a_{X_2}$.

这说明 a_X 的取值与 X 的选择无关，对所有使 $\boldsymbol{X}^{\mathrm{T}}\boldsymbol{A} \neq \mathbf{0}$ 的 $\boldsymbol{X}$ 都有同一个非零常数 $a \in F$ 使 $\boldsymbol{X}^{\mathrm{T}}\boldsymbol{A}^{\mathrm{T}} = a\boldsymbol{X}^{\mathrm{T}}\boldsymbol{A}$. 显然，当 $\boldsymbol{X}^{\mathrm{T}}\boldsymbol{A} = \mathbf{0}$ 从而 $\boldsymbol{X}^{\mathrm{T}}\boldsymbol{A}^{\mathrm{T}} = \mathbf{0}$ 时也有 $\boldsymbol{X}^{\mathrm{T}}\boldsymbol{A}^{\mathrm{T}} = a\boldsymbol{X}^{\mathrm{T}}\boldsymbol{A}$. 因此，$\boldsymbol{X}^{\mathrm{T}}\boldsymbol{A}^{\mathrm{T}} = a\boldsymbol{X}^{\mathrm{T}}\boldsymbol{A}$ 对所有的 $\boldsymbol{X} \in F^{n\times 1}$ 成立. 特别，依次取 $\boldsymbol{X}$ 为 $F^{n\times 1}$ 的自然基中的向量 $\boldsymbol{e}_i$ $(1 \leqslant i \leqslant n)$（其中每个 $\boldsymbol{e}_i$ 的第 i 个分量为 1、其余分量为 0），得到

$$\boldsymbol{e}_i^{\mathrm{T}}\boldsymbol{A}^{\mathrm{T}} = a\boldsymbol{e}_i^{\mathrm{T}}\boldsymbol{A},\ \forall\, 1 \leqslant i \leqslant n. \tag{9.8.14}$$

其中 $\boldsymbol{e}_i^{\mathrm{T}}\boldsymbol{A}^{\mathrm{T}}$，$\boldsymbol{e}_i^{\mathrm{T}}\boldsymbol{A}$ 分别是 $\boldsymbol{A}^{\mathrm{T}}$ 与 $\boldsymbol{A}$ 的第 i 行. 因此，(9.8.14)说的是：$\boldsymbol{A}^{\mathrm{T}}$ 的每一行都是 $\boldsymbol{A}$ 的同一行的 a 倍. 因此 $\boldsymbol{A}^{\mathrm{T}}$ 是 $\boldsymbol{A}$ 的 a 倍：

$$\boldsymbol{A}^{\mathrm{T}} = a\boldsymbol{A}$$

由于假定了 $\boldsymbol{A} \neq \mathbf{0}$，由

$$\boldsymbol{A} = (\boldsymbol{A}^{\mathrm{T}})^{\mathrm{T}} = (a\boldsymbol{A})^{\mathrm{T}} = a^2\boldsymbol{A}$$

得到 $a^2 = 1$，$a = \pm 1$，$\boldsymbol{A}^{\mathrm{T}} = \pm\boldsymbol{A}$，$\boldsymbol{A}$ 是对称（当 $a = 1$）或反对称（当 $a = -1$）方阵，f 是对称或反对称双线性函数. □

设 f 是定义在线性空间 V 上的对称或反对称双线性函数. 由于 f 定义的正交关系是对称的，$f(\boldsymbol{\alpha}, \boldsymbol{\beta}) = 0 \Leftrightarrow f(\boldsymbol{\beta}, \boldsymbol{\alpha}) = 0$，即 $\boldsymbol{\alpha} \perp_{\mathrm{L}} \boldsymbol{\beta} \Leftrightarrow \boldsymbol{\beta} \perp_{\mathrm{R}} \boldsymbol{\alpha}$. 因此不需

要区别左正交和右正交，将左正交和右正交都称为正交，将 $\perp_L$，$\perp_R$ 都写为 $\perp$．例如，当 $f(\boldsymbol{\alpha},\boldsymbol{\beta})=0$ 时称 $\boldsymbol{\alpha}$ 与 $\boldsymbol{\beta}$ 关于 f 正交，记为 $\boldsymbol{\alpha}\perp\boldsymbol{\beta}$；对 V 的任意子集 S 记 $S^{\perp}=\{\boldsymbol{\beta}\in V\mid f(\boldsymbol{\alpha},\boldsymbol{\beta})=0,\ \forall\boldsymbol{\alpha}\in S\}$.

5. 对称和反对称双线性函数

我们知道，数域 F 上 n 维线性空间 V 上的全体双线性函数组成 F 上线性空间 $L(V,V,F)$．给定 V 的一组基 M，则每个 $f\in L(V,V,F)$ 到 f 在 M 下矩阵 $\boldsymbol{A}$ 的对应 $\sigma: f\mapsto\boldsymbol{A}$ 是线性空间 $L(V,V,F)$ 到 $F^{n\times n}$ 的同构.

V 上全体对称双线性函数组成的集合 $S(V,V,F)$ 是 $L(V,V,F)$ 的子空间；$F^{n\times n}$ 中全体对称方阵组成的集合 $S(n,F)$ 是 $F^{n\times n}$ 的子空间．双线性函数到矩阵的上述对应 σ 引起 $S(V,V,F)$ 到 $S(n,F)$ 的同构：$\sigma_1: S(V,V,F)\to S(n,F)$，$f\mapsto\sigma(f)$.

V 上全体反对称双线性函数组成的集合 $K(V,V,F)$ 是 $L(V,V,F)$ 的子空间，$F^{n\times n}$ 中全体反对称方阵组成的集合 $K(n,F)$ 是 $F^{n\times n}$ 的子空间．σ_2: $K(V,V,F)\to K(n,F)$，$f\mapsto\sigma(\varphi)$ 是线性空间之间的同构.

双线性函数 f 在两组基 M，M_1 下的矩阵 $\boldsymbol{A}$，$\boldsymbol{B}$ 相合：$\boldsymbol{B}=\boldsymbol{P}^{\mathrm{T}}\boldsymbol{A}\boldsymbol{P}$，其中可逆矩阵 $\boldsymbol{P}$ 是 M 到 M_1 的过渡矩阵．根据对称方阵和反对称方阵的相合标准形，可以选择适当的基使对称或反对称双线性函数 f 的矩阵取最简单的形式.

第 7 章 §7.2 中已经知道对称方阵相合于对角矩阵，由此得到：

定理 9.8.9 设数域 F 上 n 维线性空间上定义了对称双线性函数 f，则 V 中存在正交基 $M=\{\boldsymbol{\alpha}_1,\cdots,\boldsymbol{\alpha}_n\}$，使 f 在 M 下的矩阵为对角阵

$$\boldsymbol{A}=\mathrm{diag}(a_1,\cdots,a_r,0,\cdots,0)$$

其中 $r=\mathrm{rank}\,f$，$a_i\neq 0$，$\forall\, 1\leqslant i\leqslant r$.

当 F 是实数域 $\mathbf{R}$ 时，可以进一步使

$$\boldsymbol{A}=\mathrm{diag}(\boldsymbol{I}_{(p)},-\boldsymbol{I}_{(r-p)},\boldsymbol{O}_{(n-r)})$$

当 F 是复数域 $\mathbf{C}$ 时，可以进一步使

$$\boldsymbol{A}=\mathrm{diag}(\boldsymbol{I}_{(r)},\boldsymbol{O}_{(n-r)}) \quad \square$$

对于反对称双线性函数 f 和反对称方阵 $\boldsymbol{A}$，我们有：

定理 9.8.10 设 f 是数域 F 上线性空间 V 上的反对称双线性函数，则存在 V 的基 M 使 f 在 $\boldsymbol{M}$ 下的矩阵为准对角矩阵

$$\boldsymbol{D}=\mathrm{diag}\left(\begin{pmatrix}0&1\\-1&0\end{pmatrix},\cdots,\begin{pmatrix}0&1\\-1&0\end{pmatrix},0,\cdots,0\right) \qquad (9.8.15)$$

F 上任意反对称方阵 $\boldsymbol{A}$ 相合于(9.8.15)中的准对角矩阵.

证明 对 $n=\dim V$ 用数学归纳法．当 $n=1$ 时 f 在任意一组基下的矩阵为 1 阶反对称方阵 $\boldsymbol{A}=(0)$，具有(9.8.15)所说形状.

设 $n\geqslant 2$，并且设维数低于 n 的线性子空间上的反对称双线性函数在适当的基下的矩阵具有(9.8.15)所说形状，证明 n 维线性空间 V 上的反对称双线性函数在适当的基下的矩阵具有(9.8.15)所说形状.

如果 $f=0$，即 $f(\boldsymbol{\alpha},\boldsymbol{\beta})=0$ 对所有的 $\boldsymbol{\alpha},\boldsymbol{\beta}\in V$ 成立，则 f 在每一组基下的矩阵都是零方阵，具有(9.8.15)所说形状.

以下设 $f\neq 0$. 存在 $\boldsymbol{\alpha}_1,\boldsymbol{\beta}_1\in V$ 使 $f(\boldsymbol{\alpha}_1,\boldsymbol{\beta})=a\neq 0$. 取 $\boldsymbol{\alpha}_2=a^{-1}\boldsymbol{\beta}$，则 $f(\boldsymbol{\alpha}_1,\boldsymbol{\alpha}_2)=f(\boldsymbol{\alpha}_1,\boldsymbol{\beta}_1)a^{-1}=1$. 另外还有 $f(\boldsymbol{\alpha}_1,\boldsymbol{\alpha}_1)=f(\boldsymbol{\alpha}_2,\boldsymbol{\alpha}_2)=0$，$f(\boldsymbol{\alpha}_2,\boldsymbol{\alpha}_1)=-\varphi(\boldsymbol{\alpha}_1,\boldsymbol{\alpha}_2)=-1$. 设 $W=V(\boldsymbol{\alpha}_1,\boldsymbol{\alpha}_2)$ 是 $\boldsymbol{\alpha}_1,\boldsymbol{\alpha}_2$ 生成的子空间. 则 $f|_W$ 在基 $\{\boldsymbol{\alpha}_1,\ \boldsymbol{\alpha}_2\}$ 下的矩阵为

$$\boldsymbol{D}_1=\begin{pmatrix}0&1\\-1&0\end{pmatrix}$$

由于 $\det\boldsymbol{D}_1=1$，$\boldsymbol{D}_1$ 可逆，W 是 V 的非退化子空间. 由命题 9.8.6，$V=W\oplus W^{\perp}$.

由于 $\dim W^{\perp}=n-2$，根据归纳假设，存在 $W^{\perp}$ 的一组基 $M_2=\{\boldsymbol{\alpha}_3,\cdots,\boldsymbol{\alpha}_n\}$ 使 $f|_{W^{\perp}}$ 在基 M_2 下的矩阵 $\boldsymbol{D}_2$ 具有(9.8.15)所说形状

$$\boldsymbol{D}_2=\operatorname{diag}\left(\begin{pmatrix}0&1\\-1&0\end{pmatrix},\cdots,\begin{pmatrix}0&1\\-1&0\end{pmatrix},0,\cdots,0\right)$$

于是 $M=\{\boldsymbol{\alpha}_1,\boldsymbol{\alpha}_2,\boldsymbol{\alpha}_3,\cdots,\boldsymbol{\alpha}_n\}$ 是 V 的一组基，f 在这组基下的矩阵

$$\boldsymbol{D}=\operatorname{diag}(\boldsymbol{D}_1,\boldsymbol{D}_2)=\operatorname{diag}\left(\begin{pmatrix}0&1\\-1&0\end{pmatrix},\cdots,\begin{pmatrix}0&1\\-1&0\end{pmatrix},0,\cdots,0\right)$$

具有(9.8.15)所说形状.

根据数学归纳法原理，定义了反对称双线性函数 f 的任意维数的线性空间 V 都存在这样的基 M，使 f 在 M 下的矩阵具有(9.8.15)所说的形状.

对任意 n 阶反对称方阵 $\boldsymbol{A}\in F^{n\times n}$，在 $F^{n\times 1}$ 上定义双线性函数 $f(\boldsymbol{X},\boldsymbol{Y})=\boldsymbol{X}^{\mathrm{T}}\boldsymbol{A}\boldsymbol{Y}$，则 f 是反对称双线性函数. 由前面的结论知：存在 $F^{n\times 1}$ 的基 $M=\{\boldsymbol{X}_1,\cdots,\boldsymbol{X}_n\}$ 使 f 在这组基下的矩阵 $\boldsymbol{D}$ 具有(9.8.15)所说形状. 依次以 $\boldsymbol{X}_1,\cdots,\boldsymbol{X}_n$ 为各列组成可逆方阵 $\boldsymbol{P}$，则 $\boldsymbol{P}^{\mathrm{T}}\boldsymbol{A}\boldsymbol{P}=\boldsymbol{D}$. □

注：对于定理 9.8.9 中定义了对称双线性函数的线性空间，可以用几何方法直接找出一组正交基来证明定理结论的正确性. 对于定理 9.8.10 中的反对称方阵 $\boldsymbol{A}$，可以直接作相合变换将它化为(9.8.15)的形状来证明定理结论的正确性. 你不妨自己试一试.

作为欧氏空间的推广，可以将任意数域 F 上线性空间 V 上定义的非退化对称双线性函数 f 作为 V 上的内积，V 上保持这个内积不变(即满足条件 $f(\mathscr{A}(\boldsymbol{\alpha}),\mathscr{A}(\boldsymbol{\beta}))=f(\boldsymbol{\alpha},\boldsymbol{\beta})$，$\forall\boldsymbol{\alpha},\boldsymbol{\beta}\in V$)的可逆线性变换 $\mathscr{A}$ 称为 V 上的正交变换.

任意数域 F 上线性空间 V 上定义的非退化反对称双线性函数 f 称为 V 上的**辛内积**(symplectic inner product)，定义了辛内积的空间称为**辛空间**(symplectic space)，辛空间上保持辛内积不变的可逆线性变换称为**辛变换**(symplectic transformation).

6. 共轭双线性函数简介

对于复数域上 $\mathbf{C}$ 的线性空间 V，可以讨论共轭双线性函数 f，它将 V 中每一对向量 $\boldsymbol{\alpha}$，$\boldsymbol{\beta}$ 对应到一个复数 $f(\boldsymbol{\alpha},\boldsymbol{\beta})$，并且满足如下条件：

$$(\boldsymbol{\alpha}_1+\boldsymbol{\alpha}_2,\boldsymbol{\beta})=(\boldsymbol{\alpha}_1,\boldsymbol{\beta})+(\boldsymbol{\alpha}_2,\boldsymbol{\beta}),\quad (\lambda\boldsymbol{\alpha}_1,\boldsymbol{\beta})=\overline{\lambda}(\boldsymbol{\alpha}_1,\boldsymbol{\beta})$$
$$(\boldsymbol{\beta},\boldsymbol{\alpha}_1+\boldsymbol{\alpha}_2)=(\boldsymbol{\beta},\boldsymbol{\alpha}_1)+(\boldsymbol{\beta},\boldsymbol{\alpha}_2),\quad (\boldsymbol{\beta},\lambda\boldsymbol{\alpha}_1)=\lambda(\boldsymbol{\beta},\boldsymbol{\alpha}_1)$$

对任意 $\boldsymbol{\alpha}_1,\boldsymbol{\alpha}_2,\boldsymbol{\beta}\in V$ 和 $\lambda\in F$ 成立.

任取 V 的一组基 $M=\{\boldsymbol{\alpha}_1,\cdots,\boldsymbol{\alpha}_n\}$，则可以通过任意向量 $\boldsymbol{\alpha},\boldsymbol{\beta}\in V$ 在基 M 下的坐标来计算 $f(\boldsymbol{\alpha},\boldsymbol{\beta})$

$$f(\boldsymbol{\alpha},\boldsymbol{\beta})=\boldsymbol{X}^*\boldsymbol{A}\boldsymbol{Y}$$

其中 $\boldsymbol{X}^*=\overline{\boldsymbol{X}}^{\mathrm{T}}$，$\boldsymbol{A}=(a_{ij})_{n\times n}$ 由 $a_{ij}=f(\boldsymbol{\alpha}_i,\boldsymbol{\alpha}_j)(\forall 1\leqslant i,j\leqslant n)$ 组成，称为 f 在基 M 下的矩阵. 设 $\boldsymbol{B}$ 是 f 在另一组基 M_1 下的矩阵，则 $\boldsymbol{B}=\boldsymbol{P}^*\boldsymbol{A}\boldsymbol{P}$，其中可逆矩阵 $\boldsymbol{P}$ 是基 M 到 M_1 的过渡矩阵.

一般地，如果对复方阵 $\boldsymbol{A}$，$\boldsymbol{B}$ 存在可逆方阵 $\boldsymbol{P}$ 使 $\boldsymbol{B}=\boldsymbol{P}^*\boldsymbol{A}\boldsymbol{P}$，就称 $\boldsymbol{A}$，$\boldsymbol{B}$ 共轭相合. $\boldsymbol{A}$，$\boldsymbol{B}$ 共轭相合 $\Leftrightarrow\boldsymbol{A}$，$\boldsymbol{B}$ 是同一个共轭双线性函数在两组基下的矩阵.

如果共轭双线性函数 f 满足条件：$f(\boldsymbol{\alpha},\boldsymbol{\beta})=\overline{f(\boldsymbol{\beta},\boldsymbol{\alpha})}$，$\forall\boldsymbol{\alpha}$，$\boldsymbol{\beta}\in V$，就称 f 是 Hermite 的. f 是 Hermite 的 $\Leftrightarrow f$ 在任一组基下的矩阵 $\boldsymbol{A}$ 是 Hermite 方阵(即 $\boldsymbol{A}^*=\boldsymbol{A}$). Hermite 矩阵共轭相合于规范形 $\mathrm{diag}(\boldsymbol{I}_{(p)},-\boldsymbol{I}_{(r-p)},\boldsymbol{O}_{(n-r)})$. 可以适当选择 V 的基使 Hermite 共轭双线性函数 f 在这组基下的矩阵是规范形 $\mathrm{diag}(\boldsymbol{I}_{(p)},-\boldsymbol{I}_{(r-p)},\boldsymbol{O}_{(n-r)})$.

复线性空间 V 上每个 Hermite 共轭双线性函数 f 决定 V 上一个一元函数 $H(\boldsymbol{\alpha})=f(\boldsymbol{\alpha},\boldsymbol{\alpha})$，称为 V 上的 Hermite 型. 注意每个 $H(\boldsymbol{\alpha})$ 取值为实数. 由 f 在 V 的基 M 下的矩阵 $\boldsymbol{A}$ 可以得到 $H(\boldsymbol{\alpha})$ 的坐标表示

$$H(\boldsymbol{\alpha})=\boldsymbol{X}^*\boldsymbol{A}\boldsymbol{X}$$

其中 $\boldsymbol{X}$ 是 $\boldsymbol{\alpha}$ 在基 M 下的坐标. 如果 $H(\boldsymbol{\alpha})>0$ 对 V 中所有的非零向量 $\boldsymbol{\alpha}$ 成立，就称 Hermite 型 H 是正定的，此时也称 Hermite 共轭双线性函数 f 是正定的. Hermite 型正定 $\Leftrightarrow f$ 在任意一组基下的矩阵 $\boldsymbol{A}$ 正定.

如果共轭双线性函数 f 满足条件：$f(\boldsymbol{\alpha},\boldsymbol{\beta})=-\overline{f(\boldsymbol{\beta},\boldsymbol{\alpha})}$，$\forall\boldsymbol{\alpha},\boldsymbol{\beta}\in V$，就称 f 是反 Hermite 的. f 是反 Hermite 的 $\Leftrightarrow f$ 在任一组基下的矩阵 $\boldsymbol{A}$ 是反 Hermite 方阵(即 $\boldsymbol{A}^*=-\boldsymbol{A}$). 由于反 Hermite 方阵 $\boldsymbol{A}$ 可以写成 $\boldsymbol{A}=\mathrm{i}(-\mathrm{i}\boldsymbol{A})$ 的形式，其中 $(-\mathrm{i}\boldsymbol{A})^*=-\overline{\mathrm{i}}\boldsymbol{A}^*=-\mathrm{i}\boldsymbol{A}$，$-\mathrm{i}\boldsymbol{A}$ 是 Hermite 方阵. 而 f 相应地写成 $\mathrm{i}(-\mathrm{i}f)$ 的形式，其中 $-\mathrm{i}f$ 是 Hermite 的. 既然反 Hermite 共轭双线性函数和反 Hermite 方

阵分别是 Hermite 共轭双线性函数和 Hermite 方阵的 i 倍，由 Hermite 共轭双线性函数和 Hermite 方阵的性质可以直接导出反 Hermite 共轭双线性函数和反 Hermite方阵的相应性质.

习　题　9.8

1. 求证：线性空间 V 上每个双线性函数 f 都可以写成对称双线性函数与反对称双线性函数之和.

2. 设 Q 是线性空间 V 上的二次型. 在 V 上定义 $f(\boldsymbol{\alpha},\boldsymbol{\beta})=Q(\boldsymbol{\alpha}+\boldsymbol{\beta})-Q(\boldsymbol{\alpha})-Q(\boldsymbol{\beta})$，求证：

(1) $f(\boldsymbol{\alpha},\boldsymbol{\beta})$ 是 V 上的对称双线性函数；

(2) $Q(\boldsymbol{\alpha})=\dfrac{1}{2}f(\boldsymbol{\alpha},\boldsymbol{\alpha})$ 对所有的 $\boldsymbol{\alpha}\in V$ 成立；

(3) 对 V 上任意线性变换 $\mathscr{A}$，$f(\mathscr{A}(\boldsymbol{\alpha}),\mathscr{A}(\boldsymbol{\beta}))=f(\boldsymbol{\alpha},\boldsymbol{\beta})(\forall\boldsymbol{\alpha},\boldsymbol{\beta}\in V)$ 的充分必要条件是 $Q(\mathscr{A}(\boldsymbol{\alpha}))=Q(\boldsymbol{\alpha})(\forall\boldsymbol{\alpha}\in V)$.

3. 求证：线性空间 V 上的双线性函数 $f(\boldsymbol{\alpha},\boldsymbol{\beta})$ 可以写成线性函数 f_1，f_2 之积 $f(\boldsymbol{\alpha},\boldsymbol{\beta})=f_1(\boldsymbol{\alpha})f_2(\boldsymbol{\beta})$ 的充分必要条件是，$\operatorname{rank} f=1$.

4. 设 $V=\mathbf{R}^{1\times 2}$ 是实数域 $\mathbf{R}$ 上 2 维行向量空间. 向量 $\boldsymbol{X}=(x_1,x_2)$，$\boldsymbol{Y}=(y_1,y_2)\in V$. 在 V 上定义的下列函数是否为双线性函数？是否为对称或反对称双线性函数？

(1) $f(\boldsymbol{X},\boldsymbol{Y})=\begin{vmatrix} x_1 & x_2\\ y_1 & y_2\end{vmatrix}$；

(2) $f(\boldsymbol{X},\boldsymbol{Y})=(\boldsymbol{X}-\boldsymbol{Y})(\boldsymbol{X}-\boldsymbol{Y})^{\mathrm{T}}$；

(3) $f(\boldsymbol{X},\boldsymbol{Y})=Q(\boldsymbol{X}+\boldsymbol{Y})-Q(\boldsymbol{X})-Q(\boldsymbol{Y})$，其中 $Q(\boldsymbol{X})=\boldsymbol{X}\boldsymbol{X}^{\mathrm{T}}(\forall\boldsymbol{X}\in V)$.

5. 证明：如果 $V=F^{2\times 1}$ 上的反对称双线性函数 f 满足条件 $f\left(\begin{pmatrix}1\\0\end{pmatrix},\begin{pmatrix}0\\1\end{pmatrix}\right)=1$，则 f 就是行列式函数 $f(\boldsymbol{X},\boldsymbol{Y})=\det(\boldsymbol{X},\boldsymbol{Y})$，其中 $(\boldsymbol{X},\boldsymbol{Y})$ 是依次以 $\boldsymbol{X},\boldsymbol{Y}$ 为列组成的矩阵.

6. 在数域 F 上 2 维列向量空间 $V=F^{2\times 1}$ 上定义函数 $f(\boldsymbol{X},\boldsymbol{Y})=\boldsymbol{X}^{\mathrm{T}}\begin{pmatrix}0 & 1\\ -1 & 0\end{pmatrix}\boldsymbol{Y}$.

(1) 证明 $f(\boldsymbol{X},\boldsymbol{Y})=\det(\boldsymbol{X},\boldsymbol{Y})$；

(2) 当 $f(\boldsymbol{X},\boldsymbol{Y})=0$ 时定义 $\boldsymbol{X}\perp\boldsymbol{Y}$. 证明 $\boldsymbol{X}\perp\boldsymbol{Y}\Leftrightarrow\boldsymbol{Y}\perp\boldsymbol{X}\Leftrightarrow\boldsymbol{X}$ 与 $\boldsymbol{Y}$ 线性相关；

(3) 如果 V 上线性变换 $\mathscr{A}$：$\boldsymbol{X}\mapsto\boldsymbol{A}\boldsymbol{X}$ 满足条件

$$f(\mathscr{A}(\boldsymbol{X}),\mathscr{A}(\boldsymbol{Y}))=f(\boldsymbol{X},\boldsymbol{Y}),\quad \forall\boldsymbol{X},\boldsymbol{Y}\in V$$

就称 $\mathscr{A}$ 是 V 上的**辛变换**(symplectic transformation). 证明：

$$\mathscr{A}\text{ 是辛变换 }\Leftrightarrow\boldsymbol{A}^{\mathrm{T}}\begin{pmatrix}0 & 1\\ -1 & 0\end{pmatrix}\boldsymbol{A}=\begin{pmatrix}0 & 1\\ -1 & 0\end{pmatrix}\Leftrightarrow\det\boldsymbol{A}=1$$

7. 证明：设数域 F 上 n 维线性空间 V 上定义了非退化反对称双线性函数 f.

(1) 证明：n 是偶数；

（2）证明：f 在 V 的适当的基 M 下的矩阵是 $\boldsymbol{H}=\begin{pmatrix}\boldsymbol{O} & \boldsymbol{I}_{(m)}\\ \boldsymbol{I}_{(m)} & \boldsymbol{O}\end{pmatrix}$，其中 $m=\dfrac{n}{2}$；

（3）证明：$\mathscr{A}$ 是 V 上的辛变换 $\Leftrightarrow A$ 在基 M 下的矩阵 $\boldsymbol{A}$ 满足条件 $\boldsymbol{A}^{\mathrm{T}}\boldsymbol{H}\boldsymbol{A}=\boldsymbol{H}$；

（4）满足条件 $\boldsymbol{A}^{\mathrm{T}}\boldsymbol{H}\boldsymbol{A}=\boldsymbol{H}$ 的方阵称为辛方阵. 要使以下方阵

$$\begin{pmatrix}\boldsymbol{P} & \boldsymbol{O}\\ \boldsymbol{O} & \boldsymbol{Q}\end{pmatrix},\ \begin{pmatrix}\boldsymbol{I} & \boldsymbol{X}\\ \boldsymbol{O} & \boldsymbol{I}\end{pmatrix},\ \begin{pmatrix}\boldsymbol{I} & \boldsymbol{O}\\ \boldsymbol{X} & \boldsymbol{I}\end{pmatrix}$$

是辛方阵，其中的 m 阶块 $\boldsymbol{P},\boldsymbol{Q},\boldsymbol{X}$ 应当满足什么样的充分必要条件？

§9.9 更多的例子

例 1 设 $\boldsymbol{H}$ 是 Hermite 方阵. 证明：

（1）$\boldsymbol{I}\pm\mathrm{i}\boldsymbol{H}$ 是可逆方阵；

（2）$\boldsymbol{U}=(\boldsymbol{I}+\mathrm{i}\boldsymbol{H})(\boldsymbol{I}-\mathrm{i}\boldsymbol{H})^{-1}$ 是酉方阵.

证明 存在酉方阵 $\boldsymbol{P}$ 使 $\boldsymbol{D}=\boldsymbol{P}^{-1}\boldsymbol{H}\boldsymbol{P}=\mathrm{diag}(\lambda_1,\cdots,\lambda_n)$，其中 $\lambda_1,\cdots,\lambda_n$ 全部是实数. 而 $\boldsymbol{H}=\boldsymbol{P}\boldsymbol{D}\boldsymbol{P}^{-1}$.

（1）$\boldsymbol{I}\pm\mathrm{i}\boldsymbol{H}=\boldsymbol{I}\pm\mathrm{i}\boldsymbol{P}\boldsymbol{D}\boldsymbol{P}^{-1}=\boldsymbol{P}(\boldsymbol{I}\pm\mathrm{i}\boldsymbol{D})\boldsymbol{P}^{-1}$. 其中对角矩阵

$$\boldsymbol{I}\pm\mathrm{i}\ \boldsymbol{D}=\mathrm{diag}(1\pm\lambda_1\mathrm{i},\cdots,1\pm\lambda_n\mathrm{i})$$

的对角元 $1+\lambda_k\mathrm{i}\neq 0(\forall 1\leqslant k\leqslant n)$，因此 $\boldsymbol{I}\pm\mathrm{i}\boldsymbol{D}$ 可逆，从而 $\boldsymbol{P}(\boldsymbol{I}\pm\mathrm{i}\boldsymbol{D})\boldsymbol{P}^{-1}$ 可逆.

这就证明了 $\boldsymbol{I}\pm\mathrm{i}\boldsymbol{H}$ 可逆.

（2）
$$\begin{aligned}\boldsymbol{U}&=(\boldsymbol{I}+\mathrm{i}\boldsymbol{H})(\boldsymbol{I}-\mathrm{i}\boldsymbol{H})=\boldsymbol{P}(\boldsymbol{I}+\mathrm{i}\boldsymbol{D})(\boldsymbol{I}-\mathrm{i}\boldsymbol{D})^{-1}\boldsymbol{P}^{-1}\\&=\boldsymbol{P}\mathrm{diag}\left(\frac{1+\lambda_1\mathrm{i}}{1-\lambda_1\mathrm{i}},\cdots,\frac{1+\lambda_n\mathrm{i}}{1-\lambda_n\mathrm{i}}\right)\boldsymbol{P}^{-1}\end{aligned}$$

其中每个 $\mu_k=\dfrac{1+\lambda_k\mathrm{i}}{1-\lambda_k\mathrm{i}}(1\leqslant k\leqslant n)$ 的模

$$|\mu_k|=\frac{|1+\lambda_k\mathrm{i}|}{|1-\lambda_k\mathrm{i}|}=\frac{\sqrt{1+\lambda_k^2}}{\sqrt{1+\lambda_k^2}}=1$$

因此 $\mathrm{diag}(\mu_1,\cdots,\mu_n)$ 是酉方阵. 而 $\boldsymbol{P}$ 是酉方阵，因此

$$\boldsymbol{U}=\boldsymbol{P}\mathrm{diag}(\mu_1,\cdots,\mu_n)\boldsymbol{P}^{-1}$$

是酉方阵. □

如果只是证明 $\boldsymbol{I}\pm\mathrm{i}\boldsymbol{H}$ 可逆，则不必将 $\boldsymbol{H}$ 通过酉相似对角化，可以采用另一种证法如下：

如果 $\boldsymbol{I}\pm\mathrm{i}\boldsymbol{H}$ 不可逆，则 $\pm\mathrm{i}(\boldsymbol{I}\pm\mathrm{i}\boldsymbol{H})=\pm\mathrm{i}\boldsymbol{I}-\boldsymbol{H}$ 不可逆，从而行列式 $\det(\pm\mathrm{i}\boldsymbol{I}-\boldsymbol{H})=0$，也就是说 $\lambda=\pm\mathrm{i}$ 是 $\boldsymbol{H}$ 的特征多项式 $\varphi_{\boldsymbol{H}}=\det(\lambda\boldsymbol{I}-\boldsymbol{H})$ 的

根，±i 是 $\boldsymbol{H}$ 的特征值. 然而 Hermite 方阵 $\boldsymbol{H}$ 的特征值全是实数，不可能等于纯虚数±i. 这就证明了 $\boldsymbol{I}\pm\mathrm{i}\boldsymbol{H}$ 可逆.

例 2 设复方阵 $\boldsymbol{A}=(a_{ij})_{n\times n}$ 与 $\boldsymbol{B}=(b_{ij})_{n\times n}$ 酉相似，求证：$\boldsymbol{A}$ 的元的模的平方和等于 $\boldsymbol{B}$ 的元的模的平方和

$$\sum_{1\leqslant i,\ j\leqslant n}|a_{ij}|^2=\sum_{1\leqslant i,\ j\leqslant n}|b_{ij}|^2$$

证明 首先，注意 $\boldsymbol{H}=\boldsymbol{A}^*\boldsymbol{A}=(h_{ij})_{n\times n}$ 的对角元

$$h_{jj}=\bar{a}_{1j}a_{1j}+\bar{a}_{2j}a_{2j}+\cdots+\bar{a}_{nj}a_{nj}=\sum_{i=1}^{n}|a_{ij}|^2$$

因此 $\boldsymbol{A}^*\boldsymbol{A}$ 的对角元之和

$$\mathrm{tr}(\boldsymbol{A}^*\boldsymbol{A})=\sum_{j=1}^{n}h_{jj}=\sum_{j=1}^{n}\sum_{i=1}^{n}|a_{ij}|^2$$

等于 $\boldsymbol{A}$ 的所有元的模的平方和. 同理，$\mathrm{tr}(\boldsymbol{B}^*\boldsymbol{B})$ 等于 $\boldsymbol{B}$ 的所有元的模的平方和.

由于 $\boldsymbol{A}$ 与 $\boldsymbol{B}$ 酉相似，存在酉方阵 $\boldsymbol{U}$ 使 $\boldsymbol{B}=\boldsymbol{U}^{-1}\boldsymbol{A}\boldsymbol{U}=\boldsymbol{U}^*\boldsymbol{A}\boldsymbol{U}$. 于是

$$\boldsymbol{B}^*\boldsymbol{B}=(\boldsymbol{U}^*\boldsymbol{A}\boldsymbol{U})^*(\boldsymbol{U}^*\boldsymbol{A}\boldsymbol{U})=\boldsymbol{U}^*\boldsymbol{A}^*\boldsymbol{U}\boldsymbol{U}^*\boldsymbol{A}\boldsymbol{U}=\boldsymbol{U}^*\boldsymbol{A}^*\boldsymbol{A}\boldsymbol{U}=\boldsymbol{U}^{-1}(\boldsymbol{A}^*\boldsymbol{A})\boldsymbol{U}$$

$\boldsymbol{A}^*\boldsymbol{A}$ 与 $\boldsymbol{B}^*\boldsymbol{B}$ 相似，迹相等：$\mathrm{tr}(\boldsymbol{A}^*\boldsymbol{A})=\mathrm{tr}(\boldsymbol{B}^*\boldsymbol{B})$，也就是说 $\boldsymbol{A}$ 的所有元的模的平方和等于 $\boldsymbol{B}$ 的所有元的平方和. □

例 3（Schur 不等式） $\boldsymbol{A}=(a_{ij})_{n\times n}$ 是 n 阶复方阵，$\lambda_1,\cdots,\lambda_n$ 是 $\boldsymbol{A}$ 的全体特征值. 求证：

$$\mathrm{tr}(\boldsymbol{A}^*\boldsymbol{A})=\sum_{1\leqslant i,\ j\leqslant n}|a_{ij}|^2\geqslant\sum_{i=1}^{n}|\lambda_i|^2 \tag{9.9.1}$$

其中的等号成立当且仅当 $\boldsymbol{A}$ 是规范方阵.

证明 存在酉方阵 $\boldsymbol{U}$ 使 $\boldsymbol{B}=\boldsymbol{U}^{-1}\boldsymbol{A}\boldsymbol{U}=(b_{ij})_{n\times n}$ 是上三角形矩阵

$$\boldsymbol{B}=\begin{pmatrix} b_{11} & b_{12} & \cdots & b_{1n}\\ 0 & b_{22} & \ddots & \vdots\\ \vdots & \ddots & \ddots & b_{n-1,n}\\ 0 & \cdots & 0 & b_{nn}\end{pmatrix}$$

$\boldsymbol{B}$ 的全体对角元 $b_{11},\cdots,b_{nn}$ 就是 $\boldsymbol{B}$ 的全体特征值，也就是 $\boldsymbol{A}$ 的全体特征值 $\lambda_1,\cdots,\lambda_n$，

$$\begin{aligned}\sum_{i=1}^{n}|\lambda_i|^2=\sum_{i=1}^{n}b_{ii}\leqslant\sum_{1\leqslant i\leqslant j\leqslant n}|b_{ij}|^2=\mathrm{tr}(\boldsymbol{B}^*\boldsymbol{B})\\ =\mathrm{tr}(\boldsymbol{U}^*\boldsymbol{A}^*\boldsymbol{A}\boldsymbol{U})=\mathrm{tr}(\boldsymbol{U}^{-1}(\boldsymbol{A}^*\boldsymbol{A})\boldsymbol{U})=\mathrm{tr}(\boldsymbol{A}^*\boldsymbol{A})\end{aligned}$$

其中 $\leqslant$ 的等号成立 $\Leftrightarrow b_{ij}=0$ 对所有的 $i<j$ 成立

$\Leftrightarrow\boldsymbol{B}$ 是对角矩阵 $\Leftrightarrow\boldsymbol{A}$ 是规范方阵. □

例 4（樊畿(Ky Fan)与 O. Tausky）　设 $\boldsymbol{H}_1$，$\boldsymbol{H}_2$ 都是 Hermite 方阵，$\boldsymbol{H}_1>0$，且 $\boldsymbol{H}_1\boldsymbol{H}_2$ 是 Hermite 方阵．证明：$\boldsymbol{H}_1\boldsymbol{H}_2>0 \Leftrightarrow \boldsymbol{H}_2>0$

证明　$\boldsymbol{H}_1>0 \Rightarrow \boldsymbol{H}_1^{-1}=(\boldsymbol{H}_1^{-1})^*\boldsymbol{H}_1\boldsymbol{H}_1^{-1}>0$.

存在可逆复方阵 $\boldsymbol{P}_1$ 使 $\boldsymbol{P}_1^*\boldsymbol{H}_1^{-1}\boldsymbol{P}_1=\boldsymbol{I}$. $\boldsymbol{A}_2=\boldsymbol{P}_1^*\boldsymbol{H}_2\boldsymbol{P}_1$ 也是 Hermite 方阵，存在酉方阵 $\boldsymbol{U}$ 使 $\boldsymbol{U}^*\boldsymbol{A}_2\boldsymbol{U}=\boldsymbol{D}=\mathrm{diag}(\lambda_1,\cdots,\lambda_n)$ 是对角矩阵．$\boldsymbol{D}$ 仍是 Hermite 阵从而是实对角矩阵．记 $\boldsymbol{Q}=\boldsymbol{P}_1\boldsymbol{U}$，则 $\boldsymbol{Q}^*\boldsymbol{H}_1^{-1}\boldsymbol{Q}=\boldsymbol{I}$，$\boldsymbol{Q}^*\boldsymbol{H}_2\boldsymbol{Q}=\boldsymbol{D}$．记 $\boldsymbol{P}=\boldsymbol{Q}^{-1}$，则

$$\boldsymbol{H}_1^{-1}=\boldsymbol{P}^*\boldsymbol{P},\quad \boldsymbol{H}_2=\boldsymbol{P}^*\boldsymbol{D}\boldsymbol{P}$$

于是 $\boldsymbol{H}_1\boldsymbol{H}_2=(\boldsymbol{H}_1^{-1})^{-1}\boldsymbol{H}_2=\boldsymbol{P}^{-1}\boldsymbol{D}\boldsymbol{P}$．因此 $\boldsymbol{D}$ 的全部特征值就是 $\boldsymbol{H}_1\boldsymbol{H}_2$ 的全部特征值.

$$\boldsymbol{H}_1\boldsymbol{H}_2>0 \Leftrightarrow \boldsymbol{H}_1\boldsymbol{H}_2\text{ 的特征值全为正 } \Leftrightarrow \boldsymbol{D}\text{ 的特征值全为正}$$
$$\Leftrightarrow \boldsymbol{D}>0 \Leftrightarrow \boldsymbol{H}_2=\boldsymbol{P}^*\boldsymbol{D}\boldsymbol{P}>0 \quad \square$$

我们知道：每个半正定实对称方阵 $\boldsymbol{S}$ 都可以写成某个半正定实对称方阵 $\boldsymbol{S}_1$ 的平方：$\boldsymbol{S}=\boldsymbol{S}_1^2$．进一步，可以证明这个 $\boldsymbol{S}_1$ 是由 $\boldsymbol{S}$ 唯一决定的．更一般地，我们证明每个半正定 Hermite 方阵 $\boldsymbol{H}$ 都可以写成某个半正定 Hermite 方阵 $\boldsymbol{H}_1$ 的平方，而且 $\boldsymbol{H}_1$ 由 $\boldsymbol{H}$ 唯一决定.

例 5（半正定 Hermite 方阵的平方根）　设 $\boldsymbol{H}$ 是半正定 Hermite 方阵．则存在唯一的半正定 Hermite 方阵 $\boldsymbol{H}_1$ 满足条件 $\boldsymbol{H}=\boldsymbol{H}_1^2$.

证明　$\boldsymbol{H}$ 酉相似于实对角矩阵 $\boldsymbol{D}=\mathrm{diag}(\lambda_1,\cdots,\lambda_r,0,\cdots,0)$，其中 $r=\mathrm{rank}\boldsymbol{H}$，$\lambda_1,\cdots,\lambda_r$ 是 $\boldsymbol{H}$ 的非零特征值，且由 $\boldsymbol{H}\geqslant 0$ 知 $\lambda_i>0$，$\forall 1\leqslant i\leqslant r$．且可调整顺序使 $\lambda_1\geqslant\lambda_2\geqslant\cdots\geqslant\lambda_r>0$．存在酉方阵 $\boldsymbol{U}$ 使 $\boldsymbol{H}=\boldsymbol{U}^*\boldsymbol{D}\boldsymbol{U}$．对每个 $1\leqslant i\leqslant r$ 记 $\mu_i=\sqrt{\lambda_i}>0$，则 $\mu_1\geqslant\mu_2\geqslant\cdots\geqslant\mu_r>0$．取

$$\boldsymbol{H}_1=\boldsymbol{U}^*\mathrm{diag}(\mu_1,\cdots,\mu_r,0,\cdots,0)\boldsymbol{U}$$

则 $\boldsymbol{H}_1\geqslant 0$ 且 $\boldsymbol{H}_1^2=\boldsymbol{H}$，符合要求.

设另有半正定 Hermite 方阵 $\boldsymbol{H}_2$ 使 $\boldsymbol{H}=\boldsymbol{H}_2^2$．存在酉方阵 $\boldsymbol{U}_2$ 使

$$\boldsymbol{H}_2=\boldsymbol{U}_2^*\mathrm{diag}(\nu_1,\cdots,\nu_s,0,\cdots,0)\boldsymbol{U}_2$$

其中 $s=\mathrm{rank}\boldsymbol{H}_2$，且 $\nu_1\geqslant\nu_2\geqslant\cdots\nu_s>0$．由

$$\boldsymbol{H}=\boldsymbol{H}_2^2=\boldsymbol{U}_2^*\mathrm{diag}(\nu_1^2,\cdots,\nu_s^2,0,\cdots,0)\boldsymbol{U}_2$$

知 $s=\mathrm{rank}\boldsymbol{H}=r$，$\nu_1^2,\cdots,\nu_r^2$ 是 $\boldsymbol{H}$ 的全部非零特征值，分别等于 λ_1，$\lambda_2,\cdots,\lambda_r$，于是每个 $\nu_i=\sqrt{\lambda_i}=\mu_i$，$\forall 1\leqslant i\leqslant r$.

由 $\boldsymbol{H}_1^2=\boldsymbol{H}=\boldsymbol{H}_2^2$ 得

$$\boldsymbol{U}^*\mathrm{diag}(\mu_1^2,\cdots,\mu_r^2,0,\cdots,0)\boldsymbol{U}=\boldsymbol{U}_2^*\mathrm{diag}(\mu_1^2,\cdots,\mu_r^2,0,\cdots,0)\boldsymbol{U}_2$$

$$\mathrm{diag}(\mu_1^2,\cdots,\mu_r^2,0,\cdots,0)\boldsymbol{U}\boldsymbol{U}_2^*=\boldsymbol{U}\boldsymbol{U}_2^*\mathrm{diag}(\mu_1^2,\cdots,\mu_r^2,0,\cdots,0) \quad (9.9.2)$$

设 $\mu_1,\cdots,\mu_r$ 中全部不同的值为 $\mu_{t_1}>\mu_{t_2}>\cdots>\mu_{t_k}$，将 $\mathrm{diag}(\mu_1,\cdots,\mu_r,0,\cdots,0)$ 写成分块形式

$$\mathrm{diag}(\mu_{t_1}\boldsymbol{I}_{(n_1)},\mu_{t_2}\boldsymbol{I}_{(n_2)},\cdots,\mu_{t_k}\boldsymbol{I}_{(n_k)},\boldsymbol{O}_{(n-r)})$$

从而 $\mathrm{diag}(\mu_1^2,\cdots,\mu_r^2,0,\cdots,0)$ 写成分块形式

$$\mathrm{diag}(\mu_{t_1}^2\boldsymbol{I}_{(n_1)},\mu_{t_2}^2\boldsymbol{I}_{(n_2)},\cdots,\mu_{t_k}^2\boldsymbol{I}_{(n_k)},\boldsymbol{O}_{(n-r)})$$

其中 $\mu_{t_1}^2>\mu_{t_2}^2>\cdots>\mu_{t_k}^2>0$.

将 $\boldsymbol{U}\boldsymbol{U}_2^*$ 也写成分块形式

$$\boldsymbol{U}\boldsymbol{U}_2^*=(\boldsymbol{U}_{ij})_{(k+1)\times(k+1)}=\begin{pmatrix}\boldsymbol{U}_{11} & \cdots & \boldsymbol{U}_{1,k+1}\\ \vdots & & \vdots\\ \boldsymbol{U}_{k+1,1} & \cdots & \boldsymbol{U}_{k+1,k+1}\end{pmatrix}$$

使每个块 $\boldsymbol{U}_{ij}$ 是 $n_i\times n_j$ 矩阵.（其中 $n_{k+1}=n-r$.）

代入(9.9.2)得

$$\begin{aligned}&\mathrm{diag}(\mu_{t_1}^2\boldsymbol{I}_{(n_1)},\mu_{t_2}^2\boldsymbol{I}_{(n_2)},\cdots,\mu_{t_k}^2\boldsymbol{I}_{(n_k)},\boldsymbol{O}_{(n-r)})(\boldsymbol{U}_{ij})_{(k+1)\times(k+1)}\\ &=(\boldsymbol{U}_{ij})_{(k+1)\times(k+1)}\mathrm{diag}(\mu_{t_1}^2\boldsymbol{I}_{(n_1)},\mu_{t_2}^2\boldsymbol{I}_{(n_2)},\cdots,\mu_{t_k}^2\boldsymbol{I}_{(n_k)},\boldsymbol{O}_{(n-r)}).\end{aligned}\tag{9.9.3}$$

比较等式(9.9.3)两边的第 (i,j) 块得

$$\mu_{t_i}^2\boldsymbol{U}_{ij}=\boldsymbol{U}_{ij}\mu_{t_j}^2\quad（其中\ \mu_{t_{k+1}}=0）$$

当 $i\neq j$ 时，由于 $\mu_{t_i}^2\neq\mu_{t_j}^2$，导致 $\boldsymbol{U}_{ij}=\boldsymbol{O}$. 于是 $\boldsymbol{U}\boldsymbol{U}_2^*$ 是准对角矩阵：

$$\boldsymbol{U}\boldsymbol{U}_2^*=\mathrm{diag}(\boldsymbol{U}_{11},\boldsymbol{U}_{22},\cdots,\boldsymbol{U}_{k+1,k+1})$$

由此可知

$$\begin{aligned}&\mathrm{diag}(\mu_{t_1}\boldsymbol{I}_{(n_1)},\mu_{t_2}\boldsymbol{I}_{(n_2)},\cdots,\mu_{t_k}\boldsymbol{I}_{(n_k)},\boldsymbol{O}_{(n-r)})\boldsymbol{U}\boldsymbol{U}_2^*\\ &=\boldsymbol{U}\boldsymbol{U}_2^*\,\mathrm{diag}(\mu_{t_1}\boldsymbol{I}_{(n_1)},\mu_{t_2}\boldsymbol{I}_{(n_2)},\cdots,\mu_{t_k}\boldsymbol{I}_{(n_k)},\boldsymbol{O}_{(n-r)})\end{aligned}$$

即

$$\begin{aligned}&\boldsymbol{U}^*\,\mathrm{diag}(\mu_{t_1}\boldsymbol{I}_{(n_1)},\mu_{t_2}\boldsymbol{I}_{(n_2)},\cdots,\mu_{t_k}\boldsymbol{I}_{(n_k)},\boldsymbol{O}_{(n-r)})\boldsymbol{U}\\ &=\boldsymbol{U}_2^*\,\mathrm{diag}(\mu_{t_1}\boldsymbol{I}_{(n_1)},\mu_{t_2}\boldsymbol{I}_{(n_2)},\cdots,\mu_{t_k}\boldsymbol{I}_{(n_k)},\boldsymbol{O}_{(n-r)})\boldsymbol{U}_2\end{aligned}$$

这就是 $\boldsymbol{H}_1=\boldsymbol{H}_2$. 这就证明了 $\boldsymbol{H}_1$ 的唯一性. □

对半正定 Hermite 方阵 $\boldsymbol{H}$，满足条件 $\boldsymbol{H}_1^2=\boldsymbol{H}$ 的唯一的半正定Hermite 方阵 $\boldsymbol{H}_1$ 称为 $\boldsymbol{H}$ 的**平方根**(square root)，记作 $\boldsymbol{H}^{\frac{1}{2}}$ 或 $\sqrt{\boldsymbol{H}}$. 对半正定实对称方阵 $\boldsymbol{S}$，已经知道有半正定实对称方阵 $\boldsymbol{S}_1$ 使 $\boldsymbol{S}_1^2=\boldsymbol{S}$. 由 $\boldsymbol{S}^{\frac{1}{2}}$ 的唯一性知道 $\boldsymbol{S}^{\frac{1}{2}}=\boldsymbol{S}_1$.

例 6(矩阵的酉相抵) 设 $\boldsymbol{A}$ 是 $m\times n$ 复矩阵. 求证：存在 m 阶酉方阵 $\boldsymbol{U}$ 和 n 阶酉方阵 $\boldsymbol{Q}$ 使

$$UAQ=\begin{pmatrix}\mu_1 & & & \\ & \ddots & & \\ & & \mu_r & \\ & & & O\end{pmatrix} \tag{9.9.4}$$

其中 $r=\operatorname{rank}\boldsymbol{A}$, $\mu_1,\cdots,\mu_r$ 是 $\boldsymbol{A}^*\boldsymbol{A}$ 的全部非零特征值 $\lambda_1,\cdots,\lambda_r$ 的算术平方根，称为矩阵 $\boldsymbol{A}$ 的**奇异值**(singular value).

证明 对任意 $\boldsymbol{X}\in\mathbf{C}^{m\times n}$，有 $\boldsymbol{X}^*\boldsymbol{A}^*\boldsymbol{A}\boldsymbol{X}=\boldsymbol{Y}^*\boldsymbol{Y}=|y_1|^2+\cdots+|y_r|^2\geqslant 0$，其中 $\boldsymbol{Y}=\boldsymbol{A}\boldsymbol{X}=(y_1,\cdots,y_r,0,\cdots,0)^{\mathrm{T}}$. 因此 $\boldsymbol{A}^*\boldsymbol{A}$ 是半正定实对称方阵. 存在 n 阶酉方阵 $\boldsymbol{Q}$ 使

$$\boldsymbol{Q}^*\boldsymbol{A}^*\boldsymbol{A}\boldsymbol{Q}=\operatorname{diag}(\lambda_1,\cdots,\lambda_r,0,\cdots,0)$$

其中 $\lambda_1,\cdots,\lambda_r$ 是 $\boldsymbol{A}^*\boldsymbol{A}$ 的全部非零特征值因而都是正实数，不妨适当排列顺序使 $\lambda_1\geqslant\cdots\geqslant\lambda_r>0$.

取 n 阶对角矩阵 $\boldsymbol{D}=\operatorname{diag}(\mu_1,\cdots,\mu_r,1,\cdots,1)$，其中每个 $\mu_i=\sqrt{\lambda_i}$，即$\mu_i>0$ 且 $\mu_i^2=\lambda_i$，$\forall\, 1\leqslant i\leqslant r$. 则

$$\boldsymbol{D}^{-1*}\boldsymbol{Q}^*\boldsymbol{A}^*\boldsymbol{A}\boldsymbol{Q}\boldsymbol{D}^{-1}=\operatorname{diag}(\boldsymbol{I}_{(r)},\boldsymbol{O}_{(n-r)}) \tag{9.9.5}$$

记 $\boldsymbol{B}=\boldsymbol{A}\boldsymbol{Q}\boldsymbol{D}^{-1}\in\mathbf{C}^{m\times n}$，则(9.9.5)成为

$$\boldsymbol{B}^*\boldsymbol{B}=\operatorname{diag}(\boldsymbol{I}_{(r)},\boldsymbol{O}_{(n-r)}) \tag{9.9.6}$$

记 $\boldsymbol{B}$ 的各列依次为 $\boldsymbol{\beta}_1,\cdots,\boldsymbol{\beta}_n\in\mathbf{C}^{m\times 1}$. 则(9.9.6)说明列向量 $\boldsymbol{\beta}_1,\cdots,\boldsymbol{\beta}_n$ 两两相互正交，且 $\boldsymbol{\beta}_1,\cdots,\boldsymbol{\beta}_r$ 是单位向量，而对 $r+1\leqslant j\leqslant n$ 有$(\boldsymbol{\beta}_j,\boldsymbol{\beta}_j)=0$ 因此 $\boldsymbol{\beta}_j=\boldsymbol{0}$. 两两正交的单位向量 $\boldsymbol{\beta}_1,\cdots,\boldsymbol{\beta}_r$ 扩充为 $\mathbf{C}^{m\times 1}$ 的一组标准正交基 $M=\{\boldsymbol{\beta}_1,\cdots,\boldsymbol{\beta}_r,\boldsymbol{Y}_{r+1},\cdots,\boldsymbol{Y}_m\}$，存在 m 阶酉方阵 $\boldsymbol{U}$ 通过酉变换 $\boldsymbol{X}\mapsto\boldsymbol{P}\boldsymbol{X}$ 将标准正交基 M 映到 $\mathbf{C}^{m\times 1}$的标准正交基 $M_0=\{\boldsymbol{e}_1,\cdots,\boldsymbol{e}_m\}$，其中每个 $\boldsymbol{e}_i$ 是第 i 个分量为 1、其余分量为 0 的 m 维列向量. 对每个 $1\leqslant i\leqslant r$ 有 $\boldsymbol{U}\boldsymbol{\beta}_i=\boldsymbol{e}_i$，因而

$$\boldsymbol{U}\boldsymbol{A}\boldsymbol{Q}\boldsymbol{D}^{-1}=\boldsymbol{U}\boldsymbol{B}=\boldsymbol{U}(\boldsymbol{\beta}_1,\cdots,\boldsymbol{\beta}_r,0,\cdots,0)=(\boldsymbol{e}_1,\cdots,\boldsymbol{e}_r,0,\cdots,0)=\begin{pmatrix}\boldsymbol{I}_{(r)} & \boldsymbol{O}\\ \boldsymbol{O} & \boldsymbol{O}\end{pmatrix}$$

$$\boldsymbol{U}\boldsymbol{A}\boldsymbol{Q}=\begin{pmatrix}\boldsymbol{I}_{(r)} & \boldsymbol{O}\\ \boldsymbol{O} & \boldsymbol{O}\end{pmatrix}\boldsymbol{D}=\begin{pmatrix}\mu_1 & & & \\ & \ddots & & \\ & & \mu_r & \\ & & & \boldsymbol{O}\end{pmatrix}\qquad\square$$

如果对复矩阵 $\boldsymbol{A}$，$\boldsymbol{B}\in\mathbf{C}^{m\times n}$，存在酉方阵 $\boldsymbol{U}$，$\boldsymbol{Q}$ 使 $\boldsymbol{B}=\boldsymbol{U}\boldsymbol{A}\boldsymbol{Q}$，就称 $\boldsymbol{A}$ 与 $\boldsymbol{B}$ **酉相抵**(unitary equivalent). 例 6 的结论可以作为定理来使用，它在等式(9.9.4)右边给出的就是复矩阵的酉相抵标准形.

(9.9.4)可以改写为

$$A=U_1\begin{pmatrix}\mu_1 & & & \\ & \ddots & & \\ & & \mu_r & \\ & & & O\end{pmatrix}U_2^* \tag{9.9.7}$$

其中 U_1，U_2 是酉方阵. (9.9.7)称为复矩阵 A 的**奇异值分解**(singular value decomposition).

类似地，如果对实矩阵 A，$B\in\mathbf{R}^{m\times n}$ 存在正交方阵 P，Q 使 $B=PAQ$，就称 A 与 B **正交相抵**(orthogonal equivalent). 当 A 是实矩阵时，仿照例 6 的证明过程(只是将所有的复矩阵、复向量、酉方阵分别改为实矩阵、实向量、正交方阵，将复矩阵的转置共轭改为实矩阵的转置)，可以证明实矩阵正交相抵于与(9.9.4)右边同样的标准形. 因而可以在分解式(9.9.7)中要求 U_1，U_2 是正交方阵，此时分解式(9.9.7)称为实矩阵 A 的奇异值分解.

例 7（矩阵的极分解）　求证：任意 n 阶复方阵 A 都可以分解为一个半正定 Hermite 方阵 H(或者 H_1)与一个酉方阵 U 的乘积：

$$A=HU\quad 或者\quad A=UH_1$$

而且其中的半正定 Hermite 方阵 H(或者 H_1)由方阵 A 唯一确定.

证明　由例 6，A 酉相抵于标准形

$$D=\mathrm{diag}(\mu_1,\cdots,\mu_r,0,\cdots,0)$$

其中 $\mu_1,\cdots,\mu_r$ 是 A 的奇异值，都是正实数. 存在酉方阵 U_1,U_2 使 $A=U_1DU_2$，从而

$$A=(U_1DU_1^*)(U_1U_2)=(U_1U_2)(U_2^*DU_2)$$

记 $U=U_1U_2$，$H=U_1DU_1^{\mathrm{T}}$，$H_1=U_2^*DU_2$. 则 U 是正交方阵. H，H_1 都与半正定 Hermite 方阵 D 酉相似(因而共轭相合)，都是半正定 Hermite 方阵. 且

$$A=HU=UH_1$$

我们有 $AA^*=HUU^*H^*=H^2$，AA^* 是半正定 Hermite 方阵. 由例 5 知满足条件 $H^2=AA^*$ 的半正定 Hermite 方阵 $H=\sqrt{AA^{\mathrm{T}}}$ 是唯一的.

类似地，有 $A^*A=H_1^*U^*UH_1=H_1^2$，满足条件 $H_1^2=A^*A$ 的半正定 Hermite 方阵 $H_1=\sqrt{A^*A}$ 也是唯一的.　□

例 7 中所说的分解式 $A=HU=UH_1$ 称为复方阵 A 的**极分解**(polar decomposition). 如果 A 是实方阵，则极分解式中的 U 是正交方阵，H，H_1 是半正定实对称方阵.

设 $\mathscr{A}$ 是欧氏空间 V 上的正交变换，将 V 中任意一组向量 $\boldsymbol{\alpha}_1,\cdots,\boldsymbol{\alpha}_m$ 映到 $\mathscr{A}(\boldsymbol{\alpha}_1),\cdots,\mathscr{A}(\boldsymbol{\alpha}_m)$，则 $(\mathscr{A}(\boldsymbol{\alpha}_i),\mathscr{A}(\boldsymbol{\alpha}_j))=(\boldsymbol{\alpha}_i,\boldsymbol{\alpha}_j)$ 对所有的 i，j 成立. 反过来有：

例 8（Witt 扩张定理）　如果 V 中任意两组向量 $S=\{\boldsymbol{\alpha}_1,\cdots,\boldsymbol{\alpha}_m\}$ 与 $T=\{\boldsymbol{\beta}_1,\cdots,\boldsymbol{\beta}_m\}$ 满足条件 $(\boldsymbol{\alpha}_i,\boldsymbol{\alpha}_j)=(\boldsymbol{\beta}_i,\boldsymbol{\beta}_j)$（$\forall 1\leqslant i,j\leqslant m$），则存在正交变换 $\mathscr{A}$ 将 $\boldsymbol{\alpha}_i\mapsto\boldsymbol{\beta}_i$，$\forall 1\leqslant i\leqslant m$. 试证明之.

证明　任取 V 的一组标准正交基 M. 设对每个 $1\leqslant i\leqslant m$，$\boldsymbol{\alpha}_i$，$\boldsymbol{\beta}_i$ 在 M 下的坐标分别是 $\boldsymbol{X}_i$，$\boldsymbol{Y}_i\in\mathbf{R}^{n\times 1}$. 依次以 $\boldsymbol{X}_i(1\leqslant i\leqslant m)$ 为各列组成 $n\times m$ 矩阵 $\boldsymbol{A}$，$\boldsymbol{Y}_i(1\leqslant i\leqslant m)$ 为各列组成 $n\times m$ 矩阵 $\boldsymbol{B}$. 则对任意 $1\leqslant i$，$j\leqslant m$，$\boldsymbol{A}^{\mathrm{T}}\boldsymbol{A}$ 的第 (i,j) 元 $\boldsymbol{X}_i^{\mathrm{T}}\boldsymbol{X}_j=(\boldsymbol{\alpha}_i,\boldsymbol{\alpha}_j)$ 与 $\boldsymbol{B}^{\mathrm{T}}\boldsymbol{B}$ 的第 (i,j) 元 $\boldsymbol{Y}_i^{\mathrm{T}}\boldsymbol{Y}_j=(\boldsymbol{\beta}_i,\boldsymbol{\beta}_j)$ 相等. 因此　$\boldsymbol{A}^{\mathrm{T}}\boldsymbol{A}=\boldsymbol{B}^{\mathrm{T}}\boldsymbol{B}$.

$\boldsymbol{A}^{\mathrm{T}}\boldsymbol{A}$ 是半正定实对称方阵，存在正交方阵 $\boldsymbol{P}_1$ 使

$$\boldsymbol{P}_1^{\mathrm{T}}\boldsymbol{A}^{\mathrm{T}}\boldsymbol{A}\boldsymbol{P}_1=\boldsymbol{P}_1^{\mathrm{T}}\boldsymbol{B}^{\mathrm{T}}\boldsymbol{B}\boldsymbol{P}_1=\mathrm{diag}(\lambda_1,\cdots,\lambda_r,0,\cdots,0)$$

其中 $\lambda_1\geqslant\lambda_2\geqslant\cdots\geqslant\lambda_r>0$. 对每个 $1\leqslant i\leqslant r$，记 $\mu_i=\sqrt{\lambda_i}>0$. 取对角矩阵

$$\boldsymbol{D}=\mathrm{diag}(\mu_1,\cdots,\mu_r,1,\cdots,1)$$

则

$$\boldsymbol{D}^{-1}\boldsymbol{P}_1^{\mathrm{T}}\boldsymbol{A}^{\mathrm{T}}\boldsymbol{A}\boldsymbol{P}_1\boldsymbol{D}^{-1}=\boldsymbol{D}^{-1}\boldsymbol{P}_1^{\mathrm{T}}\boldsymbol{B}^{\mathrm{T}}\boldsymbol{B}\boldsymbol{P}_1\boldsymbol{D}^{-1}=\mathrm{diag}(\boldsymbol{I}_{(r)},\boldsymbol{O}_{(n-r)})\tag{9.9.8}$$

记 $A_1=AP_1D^{-1}$，$B_1=BP_1D^{-1}$. 则(9.9.8)成为

$$\boldsymbol{A}_1^{\mathrm{T}}\boldsymbol{A}_1=\boldsymbol{B}_1^{\mathrm{T}}\boldsymbol{B}_1=\mathrm{diag}(\boldsymbol{I}_{(r)},\boldsymbol{O}_{(m-r)})\tag{9.9.9}$$

(9.9.9)说明 $\boldsymbol{A}_1$ 的各列两两正交，前 r 列为单位向量，后 $m-r$ 列为 $\mathbf{0}$. $\boldsymbol{B}_1$ 的各列也是如此. $\boldsymbol{A}_1$ 的前 r 列是两两正交的单位向量，可以扩充为 $\mathbf{R}^{n\times 1}$ 的一组标准正交基 M_1；$\boldsymbol{B}_1$ 的前 r 列也是两两正交的单位向量，也可以扩充为 $\mathbf{R}^{n\times 1}$ 的一组标准正交基 M_2. 依次以 M_1 的各向量为各列组成 n 阶方阵 $\boldsymbol{Q}_1$，依次以 M_2 的各向量为各列组成 n 阶方阵 $\boldsymbol{Q}_2$，则 $\boldsymbol{Q}_1$，$\boldsymbol{Q}_2$ 都是正交方阵，$\boldsymbol{P}_2=\boldsymbol{Q}_2\boldsymbol{Q}_1^{-1}$ 是正交方阵，且 $\boldsymbol{P}_2\boldsymbol{Q}_1=\boldsymbol{Q}_2$，$\mathbf{R}^{n\times 1}$ 上的正交变换 $\boldsymbol{X}\mapsto\boldsymbol{P}_2\boldsymbol{X}$ 将 $\boldsymbol{Q}_1$ 的前 r 列分别变到 $\boldsymbol{Q}_2$ 的前 r 列，也就是将 $\boldsymbol{A}_1$ 的前 r 列分别变到 $\boldsymbol{B}_1$ 的前 r 列. 而 $\boldsymbol{A}_1$ 的后 $m-r$ 列与 $\boldsymbol{B}_1$ 的后 $m-r$ 列都是零，正交变换 $\boldsymbol{X}\mapsto\boldsymbol{P}_2\boldsymbol{X}$ 当然也将 $\boldsymbol{A}_1$ 的后 $m-r$ 列分别变到 $\boldsymbol{B}_1$ 的后 $m-r$ 列. 因此，$\boldsymbol{X}\mapsto\boldsymbol{P}_2\boldsymbol{X}$ 将 $\boldsymbol{A}_1$ 的各列分别变到 $\boldsymbol{B}_1$ 的各列，从而

$$\boldsymbol{P}_2\boldsymbol{A}_1=\boldsymbol{B}_1$$

即

$$\boldsymbol{P}_2\boldsymbol{A}\boldsymbol{P}_1\boldsymbol{D}^{-1}=\boldsymbol{B}\boldsymbol{P}_1\boldsymbol{D}^{-1}$$

这导致

$$\boldsymbol{P}_2\boldsymbol{A}=\boldsymbol{B}$$

这说明 $\mathbf{R}^{n\times 1}$ 上的正交变换 $\boldsymbol{X}\mapsto\boldsymbol{P}_2\boldsymbol{X}$ 将 $\boldsymbol{A}$ 的各列 $\boldsymbol{X}_1,\cdots,\boldsymbol{X}_m$ 分别映到 $\boldsymbol{B}$ 的各列 $\boldsymbol{Y}_1,\cdots,\boldsymbol{Y}_m$.

对应地，V 上在标准正交基 M 下的矩阵为 $\boldsymbol{P}_2$ 的正交变换将 $\boldsymbol{\alpha}_1,\cdots,\boldsymbol{\alpha}_m$ 分

别映到$\boldsymbol{\beta}_1,\cdots,\boldsymbol{\beta}_m$. □

例 8 的结论说明：欧氏空间 V 中两组向量$\{\boldsymbol{\alpha}_1,\cdots,\boldsymbol{\alpha}_m\}$与$\{\boldsymbol{\beta}_1,\cdots,\boldsymbol{\beta}_m\}$之间保内积的对应关系 $\boldsymbol{\alpha}_i\mapsto\boldsymbol{\beta}_i$ 可以扩充为 V 上的正交变换. 这个结论称为 **Witt 扩张定理**(Witt's extension theorem). 容易证明，类似的结论对于酉空间也成立.

习 题 9.9

1. 设 $\boldsymbol{H}_1$，$\boldsymbol{H}_2$ 都是 n 阶正定 Hermite 方阵，求证：$\boldsymbol{H}_1\boldsymbol{H}_2$ 的特征值都是正的.

2. 设 n 阶 Hermite 方阵 $\boldsymbol{H}$ 的秩为 r，证明：$r\geqslant\dfrac{(\mathrm{tr}\boldsymbol{H})^2}{\mathrm{tr}(\boldsymbol{H}^2)}$.

3. 设 $\boldsymbol{H}=(h_{ij})_{n\times n}$是正定 Hermite 方阵，求证：$\det\boldsymbol{H}\leqslant h_{11}\cdots h_{nn}$.

4. 设 $\boldsymbol{A}=(a_{ij})_{n\times n}$是 n 阶复方阵，求证：

$$|\det\boldsymbol{A}|^2\leqslant\prod_{j=1}^{n}\sum_{i=1}^{n}|a_{ij}|^2.$$

5. 证明：复方阵 $\boldsymbol{A}$ 是规范方阵 ⇔存在复系数多项式 $f(\lambda)$ 使 $\boldsymbol{A}^*=f(\boldsymbol{A})$.

6. 证明：实方阵的每个奇异值都是特征值的充分必要条件是 $\boldsymbol{A}\geqslant 0$.

7. 设 n 阶正定 Hermite 方阵 $\boldsymbol{H}=\boldsymbol{A}+\mathrm{i}\boldsymbol{B}$，其中 $\boldsymbol{A}$，$\boldsymbol{B}$ 是 n 阶实方阵，$\mathrm{i}^2=-1$. 证明$\det\boldsymbol{A}\geqslant\det\boldsymbol{H}$，其中的等号成立当且仅当 $\boldsymbol{B}=\boldsymbol{0}$.

8. (复系数线性方程组的最小二乘解)设 $\boldsymbol{A}\in\mathbf{C}^{m\times n}$，$\boldsymbol{\beta}\in\mathbf{C}^{m\times 1}$. 如果非齐次线性方程组 $\boldsymbol{A}\boldsymbol{X}=\boldsymbol{\beta}$ 无解，我们求 $\boldsymbol{X}_0\in\mathbf{C}^{n\times 1}$使 $\det(\boldsymbol{A}\boldsymbol{X}_0-\boldsymbol{\beta})$最小，这样的 $\boldsymbol{X}_0$ 称为 $\boldsymbol{A}\boldsymbol{X}=\boldsymbol{\beta}$ 的最小二乘解. 求证：$\boldsymbol{X}_0$ 是 $\boldsymbol{A}\boldsymbol{X}=\boldsymbol{\beta}$ 的最小二乘解 ⇔$\boldsymbol{X}_0$ 是方程组 $\boldsymbol{A}^*\boldsymbol{A}\boldsymbol{X}=\boldsymbol{A}^*\boldsymbol{\beta}$ 的解.

9. (M-P 广义逆)设 $\boldsymbol{A}$ 是 $m\times n$ 复矩阵. 如果 $n\times m$ 复矩阵 $\boldsymbol{B}$ 同时满足以下 4 个条件，就称 $\boldsymbol{B}$ 是 $\boldsymbol{A}$ 的一个 Morre-Penrose 广义逆，简称 M-P 广义逆：

(1) $\boldsymbol{ABA}=\boldsymbol{A}$； (2) $\boldsymbol{BAB}=\boldsymbol{B}$； (3) $(\boldsymbol{AB})^*=\boldsymbol{AB}$； (4) $(\boldsymbol{BA})^*=\boldsymbol{BA}$.

试通过以下步骤研究 Morre-Penrose 逆的存在性，唯一性及与解方程组的关系.

(1) 选择 m 阶酉方阵 $\boldsymbol{U}_1$ 和 n 阶酉方阵 $\boldsymbol{U}_2$ 将 $\boldsymbol{A}$ 酉相抵到标准形

$$\boldsymbol{A}_1=\boldsymbol{U}_1\boldsymbol{A}\boldsymbol{U}_2=\begin{pmatrix}\mu_1 & & & \\ & \ddots & & \\ & & \mu_r & \\ & & & \boldsymbol{O}\end{pmatrix}$$

其中 $\mu_1\geqslant\cdots\geqslant\mu_r>0$. 令 $\boldsymbol{B}_1=\boldsymbol{U}_2^*\boldsymbol{B}\boldsymbol{U}_1^*$. 求证：

$\boldsymbol{B}$ 是 $\boldsymbol{A}$ 的 M-P 广义逆 ⇔$\boldsymbol{B}_1$ 是 $\boldsymbol{A}_1$ 的 M-P 广义逆.

(2) 证明：$\boldsymbol{A}_1$ 存在唯一的 M-P 广义逆，从而 $\boldsymbol{A}$ 存在唯一的 M-P 广义逆. 我们将 $\boldsymbol{A}$ 的唯一的 M-P 广义逆记作 $\boldsymbol{A}^+$.

(3) 对任意 $\boldsymbol{\beta}\in\mathbf{C}^{m\times 1}$，求证：$\boldsymbol{X}=\boldsymbol{A}^+\boldsymbol{\beta}$ 是线性方程组 $\boldsymbol{A}\boldsymbol{X}=\boldsymbol{\beta}$ 的最小二乘解. 如果最小二乘解不唯一，则 $\boldsymbol{X}=\boldsymbol{A}^+\boldsymbol{\beta}$ 还是模$|\boldsymbol{X}|$最小的最小二乘解.

(4) 设 $\boldsymbol{A}\in\mathbf{C}^{m\times n}$的秩为 r，则可写 $\boldsymbol{A}=\boldsymbol{BC}$ 使 $\boldsymbol{B}\in\mathbf{C}^{m\times r}$，$\boldsymbol{C}\in\mathbf{C}^{r\times n}$，$\mathrm{rank}\,\boldsymbol{B}=\mathrm{rank}\,\boldsymbol{C}=r$. 已经知道 $\boldsymbol{B}^*\boldsymbol{B}$，$\boldsymbol{CC}^*$ 可逆. 试验证

$$\boldsymbol{A}^+=\boldsymbol{C}^*(\boldsymbol{CC}^*)^{-1}(\boldsymbol{B}^*\boldsymbol{B})^{-1}\boldsymbol{B}^*$$

满足 M-P 广义逆的 4 个条件.

读者意见反馈

为收集对教材的意见建议，进一步完善教材编写并做好服务工作，读者可将对本教材的意见建议通过如下渠道反馈至我社。

咨询电话　400-810-0598

反馈邮箱　hepsci@ pub.hep.cn

通信地址　北京市朝阳区惠新东街 4 号富盛大厦 1 座
高等教育出版社理科事业部

邮政编码　100029

策划编辑　马　丽
责任编辑　崔梅萍　蒋　青
封面设计　张申申
责任绘图　尹　莉
版式设计　王　莹
责任校对　刘　莉
责任印制　朱　琦